河库系统生态需水核算方法及调控技术

许继军　尹正杰　叶玉适　赵伟华 等　著

科 学 出 版 社

北　京

内 容 简 介

本书主要面向河流健康、生态流量保障及生态调控等国家生态保护与修复重大需求，分析水电开发条件下河库系统特征及分类，并针对不同类型河库系统的生态需水问题，探讨生态需水保障对象及其需水特征，揭示典型河库系统生态需水规律。在此基础上，研究提出高坝大库、山区小水电等不同类型河库系统的生态需水核算方法，构建不同类型河库系统生态需水调控指标与阈值体系，并在金沙江下游和云南景谷河流域典型河库系统开展生态需水调控应用实践研究，为国内河库系统生态流量调度提供决策理论和技术支持。

本书可供水文与水资源、水环境及水生态等相关领域的科研人员、高等院校相关教师和研究生，以及从事生态流量管理的技术人员参考。

图书在版编目（CIP）数据

河库系统生态需水核算方法及调控技术/许继军等著. —北京：科学出版社，2023.10

ISBN 978-7-03-076575-8

Ⅰ.①河… Ⅱ.①许… Ⅲ.①河流-生态环境-需水量-研究 ②水库-生态环境-需水量-研究 Ⅳ.①X143

中国国家版本馆 CIP 数据核字（2023）第 191409 号

责任编辑：何 念/责任校对：高 嵘
责任印制：彭 超/封面设计：无极书装

科学出版社 出版
北京东黄城根北街 16 号
邮政编码：100717
http://www.sciencep.com
武汉精一佳印刷有限公司印刷
科学出版社发行 各地新华书店经销
*
开本：787×1092 1/16
2023 年 10 月第 一 版 印张：10 3/4
2023 年 10 月第一次印刷 字数：252 000

定价：129.00 元

（如有印装质量问题，我社负责调换）

前　言

自然条件下连续的河流生态系统在物质能量输移、生物迁徙等方面发挥着不可替代的作用，水电开发改变了河流天然的径流过程，使其上下游水文情势、水沙情势、水质、水温等发生显著变化。同时，修坝建库后阻断了鱼类的洄游通道，使得上下游的物质能量单向流动，生境连通性降低，对鱼类栖息产生了最直接的不利影响。因此，尽管水电站建设在防洪、供水、发电、航运和灌溉等方面给人类带来了巨大的经济效益，但其使驱动河流生物生命循环的水文过程发生变化，改变了河流自然的生态过程，进而影响河流生态系统作用的正常发挥。河流生态需水研究即生态流量研究，是水库生态调度、河流生态保护及自然水文情势恢复的重要依据。随着水电开发等人类活动的逐渐增多，对生态流量的研究也越来越深入，研究重要鱼类、底栖动物生境、水质、水温等与水文过程变化之间的响应关系，成为近年来河流生态流量研究的热点。

本书以长江流域两种典型河库系统为研究对象，立足水库建设后河库系统水文情势及生态系统特征的变化，重点针对高坝大库河库系统鱼类产卵繁育受损、山区小水电河库系统脱水断流使底栖动物生境破坏等关键生态问题，通过现场调研、监测分析、试验探究、数值模拟等方法，摸清不同类型河库系统的生态需水问题，探讨不同类型河库系统生态需水保障对象及其生态需水特征，揭示不同类型河库系统生态需水规律，研究提出两种类型河库系统生态需水核算方法，开发基于水文—水质—生物生境的生态需水调控技术，并应用示范于金沙江下游和云南景谷河流域典型河库系统生态需水调控。

本书由许继军统稿，并负责书稿的统筹、谋划、大纲编排、人员分工及“第 1 章　绪论”和“第 6 章　不同类型河库系统生态需水调控应用示范”的撰写工作；尹正杰负责书稿的校核、审稿及“第 5 章　不同类型河库系统生态需水调控指标与阈值”的撰写工作；叶玉适负责书稿的汇总及“第 3 章　高坝大库河库系统生态需水核算方法”的撰写工作；赵伟华负责“第 4 章　山区小水电河库系统生态需水核算方法”的撰写工作；刘学勤负责“第 2 章　河库系统特征分类及生态需水规律”的撰写工作。

本书在写作过程中得到了北京师范大学、中国科学院水生生物研究所、中国水产科学研究院长江水产研究所、长江水资源保护科学研究所等单位的大力支持，在此谨表谢意。鉴于国内外有关河流生态流量研究的理论、方法和实践不断迅速发展，同时，作者水平有限，本书相关研究内容还要持续充实和完善，敬请广大读者批评指正。

作　者

2022 年 11 月

目　录

第 1 章

绪　　论

1.1 河库系统生态需水研究的重要性

随着人口的增加，城市化和现代化的推进，全球能源需求正在迅速增长。水电作为一种清洁和可再生能源，有利于减少温室气体排放和保护生态环境，提供了全球45%的可再生能源和16%的电力（杨子儒 等，2022）。随着未来化石燃料的逐步被替代，全球对水电的需求将会逐渐增加。在我国积极推进碳达峰、碳中和的背景下，水电仍然是能源发展的重要方向。

河流是一个复杂的生态系统类型，是人类及一切生物、生命系统存在与发展所依赖的基础和资源，具有显著的区域特性。不同地区的自然环境塑造了不同特性的河流，同一流域内不同区域间的水文条件、河流功能也存在差异，不同区间所要求的河道需水量的多少也不相同。河流上下游的生境异质性和纵向的蜿蜒性，以及小尺度的断面形态、河床底质、流速、流态等的多样性，都是维护河流生态系统健康的基础。水利水电工程的修建虽然在防洪、供水、发电、航运和灌溉等方面给人类带来了巨大的经济效益，但影响了河流的自然生态功能，对河流生态系统造成负面影响，改变了流域自然的生态过程（李婷 等，2020；梁媛，2019；毛战坡 等，2005）。水电站的修建使得驱动河流生物生命循环的水文过程发生改变，进而影响水库所在河段水生生物对特定水流条件、生境等的需求。全球397个大型河流生态系统约有27%处于梯级开发状态，河流水电开发导致了生态的严重退化和生物多样性的丧失，而河流系统自然的生态水文特征对水生生物尤其是鱼类的生命活动具有重要的意义（Williams，1996；Allan and Flecker，1993）。加强对筑坝河流系统内重要的生物和非生物生态水文响应过程的研究是目前河流生态系统研究的热点问题之一（Williams，1996）。自然条件下连续的河流生态系统在物质能量输移、生物迁徙等方面发挥着不可替代的作用。水电开发阻断了鱼类的洄游通道，使得上下游的物质能量单向流动，生境连通性降低，对鱼类栖息产生了最直接的不利影响；此外，大坝建设后，改变了河流天然的径流过程，使其上下游径流水文情势、水沙情势、水温结构等发生显著变化（毛劲乔和戴会超，2016）。水电开发对河流生态环境的影响主要分为生境和生物两大类，研究筑坝引起的河流水文情势、水环境、生源物质等生境因子的变化对河流中鱼类等生物的产卵繁殖、栖息地环境等的影响，科学地进行水库生态调度是当前生态流量研究的热点。

河流生态流量是河流生态保护、自然水文情势恢复及水库生态调度的重要依据，国外关于河流生态需水的研究始于20世纪40年代，美国鱼类及野生动植物管理局对河道内流量与鱼类生长、繁殖的关系等问题进行了研究，以估算最小可接受流量，来满足污染稀释和重要鱼类生存等需求。直到20世纪90年代之前，生态流量的研究主要还是指“最低流量”（Williams，1996；Allan and Flecker，1993）。20世纪90年代后期，陆续出现了河流连续统、自然水文情势、洪水脉冲概念等生态流量理论（董哲仁 等，2017）。

21世纪以来，生态流量的研究内容更加完善，开始逐步考虑其对水环境状态、生物群落等的综合影响（Ruth and Richter，2007），以及重要鱼类、底栖动物生境等与生态水文过程变化之间的响应关系。

1.2 生态需水理论和生态流量计算方法的研究概况

1.2.1 生态需水理论

为科学解决水资源失衡及生态环境问题，各国学者对河流生态流量进行了一系列的研究，目前其已成为国内外广泛关注的热点，涉及水文学、生态学、环境科学等多个学科（崔瑛 等，2010）。

国外关于河流生态流量的研究始于20世纪40年代，美国为了维持西部河道内鱼类的生存开展了河道基流研究，之后发展到河岸带生态需水研究，直到现在开展的流域尺度、区域尺度上的生态需水研究。澳大利亚、英国和南非等国在20世纪80年代相继开展了该方面的研究工作。国外的生态需水研究起源于生态学的应用领域——渔业生态学，从20世纪40年代美国鱼类及野生动植物管理局对河道内流量进行研究开始，直到20世纪80年代初期美国全面调整对流域的开发和管理目标，在此期间形成了生态需水分配研究的雏形。Gleick（1998）最先提出基本生态需水量的概念，即提供一定质量和数量的水维持自然生境，以求最小限度地改变（或最大限度地恢复）天然生态系统，保证物种多样性和生态完整性，并把此概念进一步与水资源短缺、危机和配置联系到一起；Raskin等（1996）提出了可持续的水利用要保证足够的水量来保护河流、湖泊和湿地生态系统；Whipple等（1999）也提出了类似的观点，认为水资源的规划和管理需要更多地考虑环境的需求与调整；Baird和Wilby（1999）针对各类型生态系统的基本结构和功能，较详细地分析了植物和水文过程的相互关系，强调了水作为环境因子对自然保护和恢复的作用。为使生态需水得以保障，国外的生态需水研究中广泛融合了水文水资源的研究理论和方法，强调水资源在整个生态系统中的地位和作用，使其具有坚实的生态学和水文学基础与内涵。

国内河流生态流量需求的研究起步较晚，始于20世纪80年代，当时国内部分学者以西北干旱地区旱地植被生态系统为基础进行了生态需水研究。在90年代后期，国内关于生态用水方面的研究取得了一些成就，之后才进入起步性研究阶段。汤奇成（1995）提出水资源应该包括生态环境用水和国民经济用水两部分。贾宝全和慈龙骏（2000）、贾宝全和许英勤（1998）以新疆为例对干旱区生态用水的概念及其分类方法进行了探讨和界定，并估算了新疆的生态用水，这是第一次对生态需水进行定量研究。贺东辰和刘唯义（1998）在对柴达木盆地的研究中，将河川径流的25%留作柴达木盆地的生态需水量。刘燕华（2000）对西北部分区域的生态环境需水量进行了估算。刘昌明（1999）提出了水热平衡、水盐平衡、水沙平衡、水量供需平衡“四大平衡”理论及其与生态需水的相关关系，探讨了“三生”（生产、生活、生态）用水之间的共享性。2000 年在由中国工程院组织实施、43 位院士和近 300 位院外专家参加与完成的《中国可持续发展水资源战略研究综合报告》中初步提出了生态环境需水理论，并估算了全国范围的生态需水（中国工程院“21 世纪中国可持续发展水资源战略研究”项目组，2000）。随后，许多专家学者都开始研究这个前沿课题，构建理论体系和计算方法，并取得了不少成果。李丽娟和郑红星（2000）以海滦河为例研究了河道生态环境需水问题，认为海滦河生态需水量为流域地表径流总量的 54%。杨志峰和张远（2003）分别分析了河道、湿地、湖泊生态环境需水量的内涵和阈值，并对其进行了估算和分析。杨志峰等（2003）从概念界定等理论出发，探究各种生态系统生态需水计算、等级划分的方法，并以黄淮海地区为研究案例，出版了《生态环境需水量理论、方法与实践》，成为中国生态需水研究领域的一部重要专著。近年来，我国学者已在黄河、海河、长江和汉江等河流开展了较多的生态流量研究。

总体而言，我国河流生态流量需求研究大致经历了以下几个阶段：①萌芽阶段，主要表现是对生态需水的概念内涵、计算方法的归纳和总结（何永涛 等，2005；杨志峰 等，2003）；②尝试阶段，主要表现是对国外一些计算方法的应用，主要是利用水文学法和水力学法对国内一些河流进行生态需水研究（胡波 等，2007；王西琴 等，2007；王雁林 等，2004；严登华 等，2001），其结果是考虑输沙用水、水质稀释用水、植物蒸发用水等多个目标，最终得到一个最小或最适的环境需水流量；③发展阶段，主要表现是以一定的水生生物如鱼类、底栖动物或植物为指示物种，通过水力学法、栖息地模拟法或整体分析法对河流生态流量进行研究（蒋晓辉 等，2009；傅小城 等，2008；班璇和李大美，2007）。

对比来看，国外生态需水研究主要集中在河流，对湖泊生态需水的研究较少。Einarsson 等（2004）分析了湖泊的生态特征在时间和空间上的变化，指出了营养物质的释放在春季及夏季等不同时期的变化，这些变化都对生物群有一定的影响。在国内，生态需水研究范围更为广泛，涉及了水域（河流、湖泊、沼泽湿地等）、陆地（干旱区植被、森林）、城市等诸多生态系统（马育军 等，2011）。湖泊生态系统是水生态系统的重要类型之一，是最为重要的淡水生态系统。湖泊、湿地在其所在流域的水生态系统中相当重要，具有调蓄水量、削减洪峰、涵养水源、调节气候、净化水体、提供栖息地、保持生物多样性等多种功效，其生态需水的研究应得到充分的重视（李英和孙以兰，2004）。

在生态需水研究中，不同的研究学者分别根据不同的研究对象，如干旱区、湿润区、河流、湖泊、湿地等（崔保山 等，2005；刘静玲和杨志峰，2002），以及对需水与用水、生态与环境和生态环境等概念内涵的不同理解（郭利丹 等，2009；王礼先，2002），提出了生态用水、生态需水、生态耗水、生态流量、环境用水、环境需水、环境流量、生态环境用水与生态环境需水等概念（Richter，2010；刘桂民和王根绪，2004）。在这些与生态需水相关的概念中，其差别主要集中在需水、用水与耗水，以及环境和生态几个关键词上。对于生态需水与环境需水的区别，杨志峰等（2006）提出，两者之间存在交叉和重合的部分，但是两者不同。生态需水侧重在生物维持自身发展及保护生物多样性方面，环境需水则主要体现在环境改善方面。

当前，水域生态需水研究领域的热点与难点，从应用上看，主要是水资源开发利用中的生态需水量的确定及其理论问题。不同的水文水资源和生态学者持有不同的观点与理解，有不同的要求与定义（刘昌明，2002）。关于河流和湖泊水文要素变化的生态学作用及其与生态学特征之间关系的研究，目前尚处于初步阶段。我国目前在生态水文问题上进行的大多数研究都直接移用或借鉴国外的相关理论和方法，在实用和推广上缺乏系统性。我国不同地区具有不同水文特征和生态学特征的河流与湖泊的生态需水研究还有较长的路要走。

1.2.2　生态流量计算方法

20 世纪 60 年代以来，国内外很多学者对河流生态需水量的计算和评价方法进行过研究。但是由于问题的复杂性，至今仍没有一种大家公认的、普遍适用的方法，不同的水文水资源学者和生态学者持有不同的观点。

1. 国外河流生态流量计算方法

目前，国外生态流量需求的计算方法大致可以分为五类：水文学法、水力学法、栖息地模拟法、整体分析法、各种方法结合使用的综合法。前两类方法均是利用历史水文数据或河道地形来估算最小需水量，无法反映水生生物的实际需求；栖息地模拟法和整体分析法都需要应用指示生物，其结果更容易被大众接受和理解，也能反映水生生物的实际流量需求，但传统的栖息地模拟法需要通过实际调查或室内模拟获得指示生物的适合度曲线，这对于鱼类等移动性强的生物来说非常困难，而且其只能解决流量大小的问题。现有各类计算方法汇总见表 1.1。

表 1.1　国外河流生态流量计算方法汇总表

类别	代表性方法	参考文献
水文学法	Tennant 法	Tennant（1976，1972）
	7Q10 法	United States Environmental Protection Agency（1997）
	Texas 法	Matthews 和 Bao（1991）
	变化范围法（range of variability approach，RVA）	Richter 等（1998，1996）
水力学法	湿周法	Reiser 等（1989）
	R2-CROSS 法	Espegren（1996）

续表

类别	代表性方法	参考文献
栖息地模拟法	河道内流量增加法（instream flow incremental methodology，IFIM）	Bovee（1982）
	物理栖息地模拟模型（physical habitat simulation model，PHABSIM）法	Bovee（1986）
	河流群落生境评估修复法（riverine community habitat assessment and restoration concept，RCHARC）	Nestler 等（1996）
整体分析法	南非建块法（building block methodology，BBM）	Tharme 和 King（1998）
	澳大利亚下游河道流量变化响应（downstream response to imposed flow transformations，DRIFT）法	Arthington 和 Zalucki(1998)

1）水文学法

水文学法主要以河流历史流量数据为基础，通过对水文数据指标的统计分析得到河流生态流量需求，是根据观测资料估计河流流量范围的一种简单、易行的方法。此类方法具有操作简单，对数据精度要求不高，可以与决定河道内流量需求的生态数据相关联，以及能够与河流管理和规划模型相结合等优点。该类方法的缺点是过于简化河流的实际情况，没有直接考虑生物需求和生物间的相互影响，只能在优先度不高的河段使用，或者作为其他方法的一种粗略检验。水文学法的代表性方法主要有 Tennant 法、7Q10 法、Texas 法和 RVA。

2）水力学法

水力学法根据河道水力参数（如水深、流速和湿周等）分析确定河流所需流量，它是在河道的水力几何参数与流量之间建立相关关系，即基于调查断面数据，通过曼宁公式、谢才公式、水面线计算等建立不同流量下水力几何参数与流量的关系。水力学法选取的调查断面通常位于浅滩和鱼类洄游通道等区域，该方法需要实地调查或根据河流形态学模拟获取断面数据。其代表性方法有湿周法和 R2-CROSS 法。该方法主要适用于：小型河流或流量很小且相对稳定的河流；泥沙含量小，水环境污染不明显的河流；推荐的流量主要是为了满足某些无脊椎动物及特殊物种保护的需要。

水力学法的优点是：包含了更多较为具体的河流信息；只需要进行简单的现场测量，不需要详细的物种-生境关系数据，数据容易获得。该方法的缺点是：忽视了水流流速的变化，未能考虑河流中具体的物种不同生命阶段的需求；该类方法的基础是假定河道在时间尺度上是稳定的，并且所选择的横断面能够确切地表征整个河道的特征，而实际情况并非如此；体现不出季节变化因素，不适用于确定季节性河流流量。同时，该方法也没有与生物需求相结合，缺乏明确的生态含义。

3）栖息地模拟法

栖息地模拟法主要依据生物对象的栖息地适宜度曲线，计算不同流量条件下的河段水深、流速、水质等栖息地参数，通过栖息地指标和流量的关系确定合适的生态流量范围，是基于生物学原则的定量方法，反映了生态需水在某种水力条件下的适宜程度。该方法不局限于水生生物，还可以应用于景观需水量的计算。当考虑多个物种的需水量时，用栖息地模拟法计算的需水量会产生矛盾，某一物种的需水量降低而另一物种的需水量增加。其代表性方法有 IFIM、PHABSIM 法和 RCHARC 等。

栖息地模拟法的优点有：在水力学的基础上考虑了水量、流速、水质和水生物种等影响因素，比水文学法和水力学法都更具灵活性；其可以考虑全年中许多生物物种及其在不同生命阶段所利用的栖息地的变化，从而选择能提供这种栖息地的流量。该方法的缺点是：要达到上述优点，就意味着需要对水生态系统有足够的了解和清晰的管理目标，以便解决不同物种或不同生命阶段在栖息地需求上的矛盾，这就需要投入相当多的时间、资金和技术，同时这类方法所需要的河道断面参数及定量化的生物学信息等资料一般不易获得，故应用上受到一定限制。适用范围：特别适合于“比较权衡”，可以将栖息地的变化与资源的社会经济效益相比较，栖息地与流量的关系可以用来评估不同的流量管理目标，并成为选择适当流量的信息基础。该方法对于解决较小型河道的生态环境需水问题较为实用；对于大河而言，需要有更多的实践和参数资料。

4）整体分析法

整体分析法是从河流生态系统整体出发，在认识、理解河流生态系统各要素（如底栖动物、浮游植物、鱼类、河岸带群落）之间关系的基础上，提出满足河流生态系统需求的流量，意在分析整个生态系统的需水要求，包括河流发源地、河道、河岸带、洪积平原、地下水、湿地和河口等。该方法的原则是尽量维持河流水生态系统的天然功能。为了维护河流生态系统功能的整体性，整体分析法要求必须保留诸如径流季节性特征，枯水时期和断流时期，各种洪水、流量持续时间和重现期，以及洪水冲刷流量等河流天然生态系统的根本特征。整体分析法的优点在于对生态系统的保护考虑全面，能够最大限度地反映河流天然状况。但是其缺点也在于面临监测范围较广，工作量较大，计算过程烦琐等众多问题，其代表性方法有南非的 BBM 和澳大利亚的 DRIFT 法。

整体分析法综合考虑了多学科专家小组的意见和生态整体功能，克服了栖息地模拟法只针对一两种指示物种的缺点，强调河流是一个生态系统整体，是目前最为合理的一种方法。但是该方法需要的人力、物力是最大的，费用最高、数据最多，使其应用受到一定的限制。可能有时所需生态资料中的部分资料无法得到满足，只有依靠专家有限的经验确定生态需水，使其计算结果的可靠性受到质疑。该方法的结果虽然符合河流天然水流节律，但考虑的因素太多，较为复杂，整个过程需要来自多学科的有经验的科学家团体的参与，一般对于小流域不容易实现。尽管这种综合性的方法将成为今后生态水文学或环境流量领域研究的热点，但是在目前乃至未来的一段时间内，并不容易实施，比如在中国，由于很多河流和地区缺乏生态资料，很难真正建立生态-水文之间的响应关系。

现有河流生态流量各类计算方法的优缺点总结见表 1.2。

表 1.2　河流生态流量计算方法汇总及其优缺点评述（崔瑛 等，2010）

方法类型	优点	缺点
水文学法	简单易用；快速、低成本	很难准确反映水生生物的实际需求
水力学法	通过水力指标来估算期望的河道内流量值，相对简单，成本较低，属于特定地点依赖方法	假设流量和环境效果之间存在联系
栖息地模拟法	可提供考虑环境要素的所需水量；可获得指示物种在整个生命周期的流量要求；自然流量的建立不依赖还原数据	一般只考虑某一生物类群或某一河段，且不能对生态流量做出动态的分配
整体分析法	考虑整个生态系统的流量过程和生物生活史过程，能反映生物类群和系统的实际需求	需要多学科交叉，数据量需求大，成本较高，需要的时间也较长

2. 国内河流生态流量计算方法

国内关于河流生态流量计算的研究起步较晚，但是近年来发展较快，其研究方式是对国外相关方法的学习和改进。总体来讲，国内河流生态流量的计算方法大致分为以下五类（李捷，2008）。

第一类是河流基流量计算方法，包括最小月平均流量法、10 年最枯月平均流量法、河床形态分析法、逐月最小生态径流计算法、逐月频率计算法及逐月最大生态径流计算法。

第二类是为维持水生生物栖息地生态平衡的需水量计算方法，包括生物空间最小需求法及估算法。

第三类是为保持河流水质的需水量计算方法，包括输沙需水量计算法、防止海水入侵所需维持水量计算法、环境功能设定法、水质目标约束法等。

第四类是补充渗漏和蒸发消耗生态环境需水量计算方法。

第五类是为维持河流系统景观及水上娱乐所需水量计算方法，包括假设法、权重-属性决策分析法等。

3. 国内外生态流量计算方法总结

纵观国内外关于生态需水研究的现状及进展，目前普遍存在的问题是在研究内容上还不够深入，在研究方法上还不够成熟。例如，没有形成一个统一的、整合的、确切的生态需水量概念；对河道内流量研究较多，而对其他类型生态系统的研究较少，也不够系统；对于流域或区域生态需水量研究，并没有从整体角度出发，缺乏各类系统之间的内在联系，也没有提出明确的计算方法和评价指标体系（崔瑛 等，2010）。

就目前已有的河流生态需水计算方法而言，国内与国外研究方法在以下方面存在差异。

1）研究条件的限制

国外许多关于河流生态需水的研究方法涉及大量的生物资料，需要现场数据的支撑；而我国开展这方面监测和研究的时间比较晚，缺乏足够的现场观测数据，研究成果还比较少，所以国外研发的计算方法不一定适合我国河流的实际情况。例如，国外的整体分析法，虽然被认为是目前最合理的一种方法，但是它的运用需要大量的生态资料或数据，需要耗费大量人力、物力、财力，而目前为止，我国这部分资料可能还无法得到满足，使该方法在我国的应用受到很大的限制。

2）研究的侧重点各异

生态需水具有时空变化性，在不同的时间、空间尺度上，生态需水量研究的重点是不同的。因此，我国学者在参考国外研究方法的同时，需要根据所研究河流系统的实际生态环境和水文条件等特点，对方法进行适当改进，以使其满足所要研究河流的实际情况。例如，鉴于黄河含沙量高这一突出特点，估算黄河的生态需水量时就必须优先保证其输沙需水得到满足，罗华铭等（2004）提出了相应的输沙需水量计算法。而对于一些水质性缺水的河流，其生态需水量研究可能更侧重于环境需水，即估算防治河流水质污染所需的那部分水量。不同时间、不同区域生态需水研究的侧重点不一样，采用的方法自然应有所不同。

3）研究者的学科背景不同

生态需水量研究是水文科学、生态科学、环境科学和系统科学的融合，而各个领域的研究者关注的重点不同，往往导致认识水平和思维方式上的差异，所以也可能使其采用不同的方法去计算生态需水量。国内外在生态需水研究方面的起源学科不同，国外多数是起源于生态学的应用领域，而我国则是起源于水文水资源学科领域。

当然，虽然国内外在计算河流生态需水的方法上存在很大的不同，但在一定程度上又可以相互借鉴。河流水系的自然属性决定了河流生态需水研究中一些框架理论或理念相通，应用的关键是具体问题要具体分析，符合各河流的实际情况。

1.3　本书的主要内容

以长江流域不同类型的河库系统为研究对象，针对水库运行改变河流水文水质、破坏鱼类生境等关键生态问题，拟通过现场调研、监测数据分析、试验探究、数值模拟等方法，揭示水库运行对河流水文水质、生物生境的影响机理，建立面向不同类型河库系统的生态需水核算方法，开发面向河库系统的生态需水调控技术，支撑我国河流生态保护与水资源可持续发展。本书主要内容包括：

一是河库系统的特征分类及生态需水规律研究。研究水电和航运等开发条件下河库系统的特征及分类，针对不同类型河库系统的生态需水问题，探讨不同类型河库系统的生态需水保障对象，研究其需水特点，构建基于水文—水质—生物生境的不同类型河库系统的生态需水模型，揭示不同类型河库系统的生态需水规律。

二是不同类型河库系统生态需水核算技术。立足水文情势及生态系统特征，针对高坝大库河库系统，建立水文过程与特有鱼类产卵繁育的响应关系；针对山区引水式水电站开发形成的河库系统，建立水文过程与河流底栖生态系统的响应关系。综合考虑人类活动和气候变化的双重影响，寻求恢复河库系统自然水文节律的方法，研发不同类型河库系统生态需水核算技术。

三是不同类型河库系统生态需水调控技术及指标与阈值体系的研究。针对高坝大库河库系统的鱼类生境破坏、山区引水式水电站河库系统的脱水断流等关键问题，利用基于水文—水质—生物生境的不同类型河库系统的生态需水模型，开发面向河库系统的生态需水调控技术，通过河库系统水文过程调控，寻求恢复河库系统自然水文节律的方法，缓解建坝蓄水对河库系统的负面影响，兼顾库区及上下游生态环境保护的基本环境目标和敏感生物目标，构建河库系统生态需水调控指标与阈值体系。

第2章 河库系统特征分类及生态需水规律

2

2.1 河库系统基本特征及分类

2.1.1 河库系统特征

大坝是一种被用于截留河水，改变河流水流变化幅度和时机的建筑。人类通过大坝减少洪涝灾害，为在泛滥平原上定居和耕作创造条件；制造电能，促进经济发展；水库蓄水，为旱季补充用水。根据国际大坝委员会（International Commission on Large Dams，ICOLD）对全球大型水坝的数量统计，截至 2020 年，全球现有 5.87 万座大坝，其中中国大坝数量为 2.38 万座，约占全球大坝总量的 40.55%。河库系统的特征与大坝结构、库容大小及运行方式等相关，由于建坝目的不同，以及建坝位置地形地貌各异，大坝的结构和运行方式也会各不相同，所以对河流生态系统的生物与非生物环境的影响也有所差异。

诚然大坝满足了人类在防洪、发电、供水、灌溉等多方面的需求，带来了巨大的经济效益，但也带来了明显的生态环境问题。Dudgeon 等（2006）认为大坝是淡水生物多样性降低的主要因素。目前来看，大坝对河流生态系统的影响主要表现在以下几个方面：一是改变下游河流水文节律和水沙条件，影响了生物化学循环和水生及岸线生境的结构与动态；二是改变水温和水质，影响生物的生物能量学指标和重要的生命指标；三是阻碍上游和下游之间的生物与营养交流，影响了河流生态系统的生物性交换。同时，大坝的建造和运行改变了河流的水文节律，降低了洪涝和干旱等自然灾害的发生频率，为一些无法在极端环境生存的外来生物的入侵创造了条件。因此，在时间和空间上，大坝建造和运行造成的基本环境变化都对河流生态系统有着巨大的影响，如图 2.1 所示。

大量研究显示，大坝对局部环境影响显著。蓄水和拦沙改变了下游水文节律与泥沙的输送模式，进而造成了一系列的生态环境变化。对于下游来说，下游流量变化幅度的减小造成了主河道与泛滥平原的分隔，影响了岸线植被的延展生长和鱼类对泛滥平原生境的利用。同时，很多发电站的运行造成了下游水位短期内的高频、快速波动（水文峰），改变了下游岸线植物的生活类型、分布高程等（图 2.2）。再者，水库泄洪，细颗粒沉积物被优先输送，使河床底质颗粒沉积物越来越大，越来越硬，严重影响了底栖生境的质量。长期的蓄水和季节性泄洪也严重改变了下游食物链与生物生产力。例如，如果水库超过了一定深度，水流非常缓慢，就会出现热分层现象。表层和底层水温差异显著，水库放水会带来下游夏冷冬暖的水温变化，而这将严重影响水生生物的生长发育速率，并改变生物群落的构成。

同时，大坝对景观环境的影响也很严重。很多流域都会同时建有很多大坝，目前对大坝累积效应的研究还很匮乏。自由水流被过度碎片化，造成了生态系统的隔离，这不仅导致海洋洄游性鱼类无法进入产卵场，更会影响内陆鱼类的分布和物种数量的维持，甚至造成同种生物间的地域隔离。例如，有研究人员认为欧洲河流岸线植物群落多样性

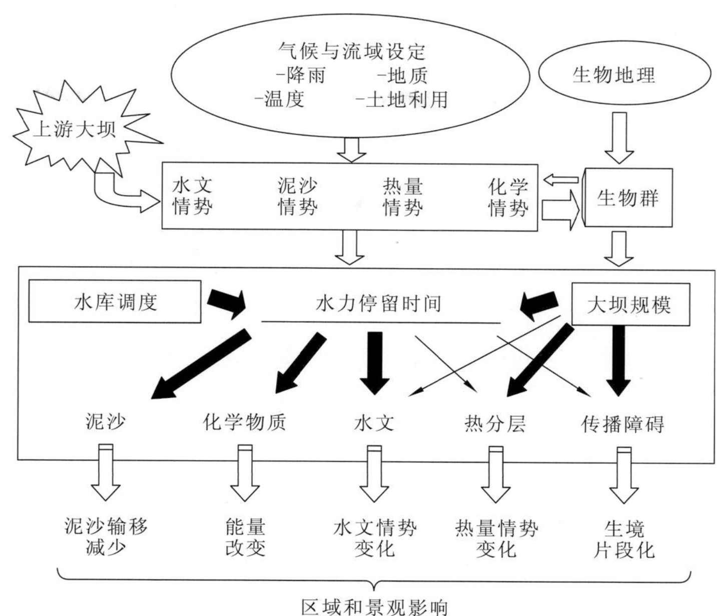

图 2.1 大坝的建造和运行对河流基本生物物理过程的改变示意图（Poff and Hart，2002）

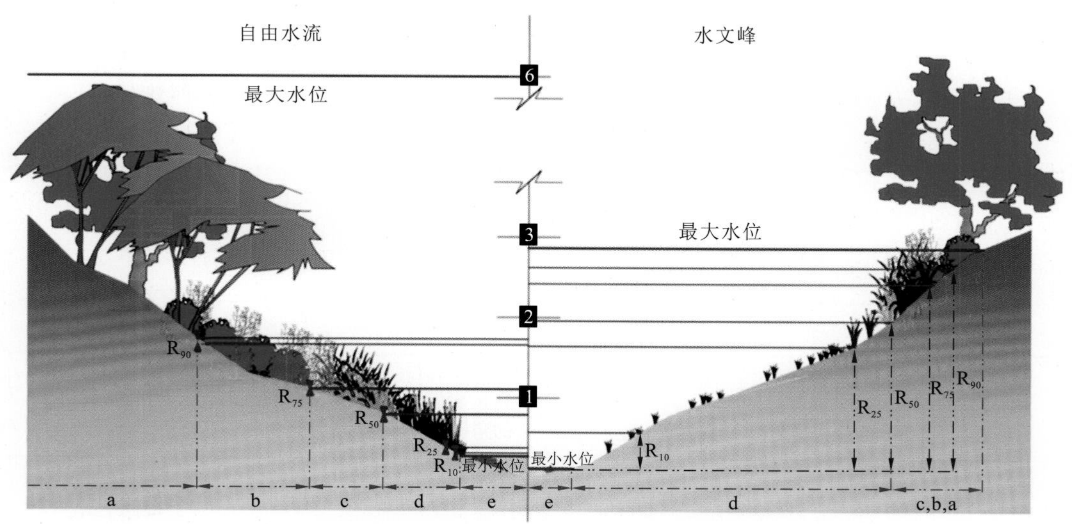

图 2.2 水文变化对岸线植物群落组成和垂直分布的影响示意图（Bejarano et al.，2018）

a 为河岸带树林；b 为灌木丛；c 为草本植物；d 为挺水植物；e 为漂浮、浮叶和沉水植物。最大水位/最小水位指年均最大/最小小时水位。其他水平线和垂直箭头代表水位到达日水位变幅的 90%（R_{90}）、75%（R_{75}）、50%（R_{50}）、25%（R_{25}）和 10%（R_{10}）

的降低，很可能是因为大坝干扰了植物种子通过水流的传播（Nilsson and Berggren，2000）。而大坝的累积影响不仅如此，还包括海平面的改变、温室气体的产生、对流向海洋的水流的干扰（Poff and Hart，2002）。因此，大坝对淡水生态系统甚至全球环境有着严重影响。

2.1.2 河库系统分类

1. 现有大坝分类分析

目前，在全球范围内，大坝的改进和运行方式的调整成为保护淡水生态系统的重要措施。对大坝进行合理的分类，有利于对环境流量需求的研究，为大坝的改进和运行方式的调整奠定基础。国内外对大坝的分类方式繁多，但大多数是工程分类，例如，根据大坝的大小、运行目的、坝龄及安全性进行分类。我国河流众多，基于不同目的、不同河流形态所建造的大坝的类型也多种多样。

1）国际上常用的大坝分类方法

（1）按坝高划分。依托不同地理地貌及水利工程强度，会建造不同高度的大坝，根据 ICOLD 1997 年发布的 109 号公报，将坝高超过 15 m，或者坝高在 5～15 m 且蓄水量超过 300 万 m^3 的挡水结构称为大坝，将高度在 5～15 m 的挡水结构称为小坝。另外，坝高在 10～15 m 的一些挡水结构也被划为大坝范畴，这主要取决于坝长（大于 500 m）、库容（大于 1×10^6 m^3）、下泄流量（大于 2 000 m^3/s）及坝基工程地质条件。

（2）按溃坝后果划分。在欧美发达国家，基于风险管理理念，普遍采用溃坝后果对大坝进行分类，并据此确定大坝设计与运行管理标准。根据溃坝后果严重程度，将大坝分为极严重、严重、低和极低四类（表 2.1）。

表 2.1 溃坝后果严重程度分类

溃坝后果严重程度	生命损失	经济、社会和环境破坏	大坝安全复核周期/年	按确定性推出的最大设计地震	最大设计地震
极严重	死亡很多人	极严重破坏	5	最大可信地震	1/10 000
严重	死亡一些人	较大破坏	7	50%～100%最大可信地震	1/10 000～1/1 000
低	没有人员死亡	中等破坏	10	根据经济风险和其他影响确定	1/1 000～1/100
极低	不会发生人员死亡	只有微小破坏			

欧美发达国家之所以根据溃坝后果对大坝进行分类，与其经济社会发展水平有关。随着我国经济社会的快速发展和“以人为本”为核心的科学发展观的贯彻落实，该分类方法也是我国今后的发展方向。

2）中国大坝分类方法

（1）按坝型划分。我国大坝繁多，分类没有统一模式，可按不同的坝型进行分类。按工作性态，可分为刚性坝、柔性坝和半刚半柔坝三大类；按筑坝材料，可分为混凝土坝、浆砌石坝、土坝、堆石坝等；按受力方式，可分为重力坝、拱形重力坝、重力拱坝、拱坝、支墩坝、均质坝、面板坝、心墙坝、重力墙堆石坝等；按防渗形式，可分为混凝土防渗坝、沥青混凝土防渗坝、土防渗坝、土工膜防渗坝、橡胶防渗坝、钢板防渗坝等；按结构形式，可分为整体式、宽缝式、空腹式等重力坝，单曲、双曲等拱坝，连拱、大头、平板等支墩坝，均质、分区等土坝，土质、混凝土、沥青混凝土、土工膜、钢板等心墙堆石坝，混凝土、沥青混凝土、土工膜、喷混凝土等面板堆石坝，还有橡胶坝等；按坝身是否过水，可分为溢流坝、非溢流坝；按施工工艺，可分为浇筑混凝土坝、碾压混凝土坝、砌石坝、水力冲填式土石坝、抛填式土石坝、定向爆破土石坝、碾压式土石坝等。

截至 2005 年年底，我国已建在建坝高 30 m 以上大坝中土石坝有 2 865 座，重力坝有 545 座，堆石坝有 391 座，拱坝有 729 座，其他有 330 座（贾金生 等，2006）。我国坝高 30 m 以上大坝坝型分布见图 2.3。

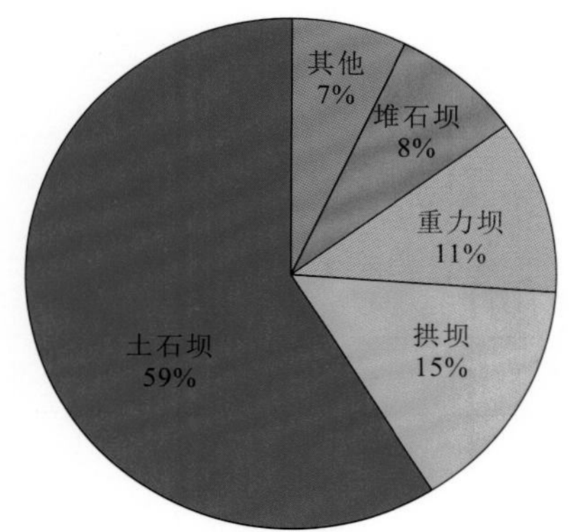

图 2.3 我国坝高 30 m 以上坝坝型分布图

（2）按水电站开发方式划分。依据集中水头的手段和水电站的工程布置，可分为坝式水电站、引水式水电站和坝-引水混合式水电站三种基本类型。

坝式水电站是指通过筑坝抬高水头，集中调节天然水流，用以生产电力的水电站。其主要特点是拦河坝和水电站厂房集中布置于很短的同一河段中，水电站的水头基本上全部由坝抬高水位获得。目前世界上已建的坝式水电站有很多，如巴西的伊泰普水电站，装机容量达 1 260 万 kW。我国已建成有多种坝型、各种布置形式的坝式水电站。其中，常规的坝式水电站有东江水电站、龙羊峡水电站等。当前世界上最大的坝式水电站当属我国的三峡水电站，总装机容量达 2 250 万 kW。

在山区小流域中，多以引水式水电站开发为主，即将河流中的水通过引水建筑物引取一段距离，获得一定的集中水头后，再引入发电厂房。这种水电站基本都属于径流式水电站，只具有日调节性能，与具有周、季调节能力的坝式水电站有明显不同，有其自身特点：产生减水河段，对库区及下游河段水生生态环境有影响；其次，引水式水电站多为梯级开发，水库容量小，调节能力弱，对河流的改造作用大，甚至使得河流下游多处河段的河床干涸，河流的自然生境和景观发生很大变化。与坝式水电站相比，引水式水电站引用的流量通常较小，又无蓄水库调节径流，水量利用率较低，综合利用效益较小。但引水式水电站主要优点为无水库淹没损失，工程量较小，单位造价较低。

坝-引水混合式水电站是采用坝和有压引水道共同集中水头，或者主要用坝取得水头，并依靠引水道引水以开发水能的水电站。这种开发方式具有坝式水电站和引水式水电站的共同优点，当河段上游坡降较缓且有筑坝建库条件，而下游河段坡降很大时，特别适合使用这种布置形式。我国建造了较多的坝-引水混合式水电站，如狮子滩水电站、流溪河水电站、古田溪水电站等。

（3）按库容、建坝目的、效益指标划分。我国挡水建筑有关设计规范依据大坝拦蓄的总库容、建坝目的（防洪、治涝、灌溉、发电等）、效益指标等，将水库枢纽工程划分为五个等级，即 I 等、II 等、III 等、IV 等、V 等，对应工程规模分别称为大（一）型、大（二）型、中型、小（一）型、小（二）型，作为水库枢纽工程主要水工建筑物的大坝则相应划分为五个级别，分别为 1 级坝、2 级坝、3 级坝、4 级坝和 5 级坝（表 2.2）。

表 2.2 我国水库大坝等级划分标准

大坝级别	水库		防洪		治涝	灌溉	供水	水电站
	工程规模	总库容/（亿 m^3）	重要性	保护农田/（万 hm^2）	治涝面积/（万 hm^2）	灌溉面积/（万 hm^2）	重要性	装机容量/（万 kW）
1	大（一）型	≥10	特别重要	≥33.33	≥13.33	≥10.00	特别重要	≥120
2	大（二）型	1.0～<10	重要	6.67～<33.33	4.00～<13.33	3.33～<10.00	重要	30～<120
3	中型	0.1～<1.0	中等	2.00～<6.67	1.00～<4.00	0.33～<3.33	中等	5～<30
4	小（一）型	0.01～<0.1	一般	0.33～<2.00	0.20～<1.00	0.033～<0.33	一般	1～<5
5	小（二）型	0.001～<0.01		0～<0.33	0～<0.20	0～<0.033		0～<1

按库容、建坝目的、效益指标划分水库工程与大坝级别，有其合理的一面，如在规划设计阶段，根据开发目标及地形和建坝目的，即可确定总库容和效益指标，从而可以确定工程等别、大坝级别与设计标准，可操作性强。同时，该方法也考虑了下游影响等安全因素，在一定程度上体现了风险理念。但该方法也存在一些不合理之处，如没有量化考虑溃坝后果影响；下游影响（防洪保护、供水对象等）的重要性划分标准欠缺；坝高影响的重要性没有得到充分体现。

2. 基于环境流量需求的河库系统分类

环境流量是指维持淡水和河口生态系统完整及其对人类的服务功能所需水流的质、量和发生时刻。它是水文生态调度的科学基础，为目前河流生态系统管理的核心内容。受拦河筑坝、引水工程及全球气候变化等影响，世界上多数河流的水文过程发生显著改变，导致生物多样性和生态系统服务功能受到严重威胁。如何科学分配水资源以减小水利工程影响、修复河流生态系统，是目前河流管理面临的重要科学问题。

我国河流众多，大坝类型也多种多样，因不同大坝对河流水文情势的改变状况不同，所以需将不同类型的大坝区分开来，以便对各类型大坝的水文情势调控方法加以研究。

1）分类依据

考虑到大坝建设形成的河库系统对生态系统可能产生影响的途径，从坝高、水库总库容及水库调蓄能力三个方面，对现有的河库系统进行分类。

（1）依据参数 1：坝高。

生态学意义：坝高是大坝分类的一个主要参数，同时坝高也可以反映河道的形态特征及形成水库的深度，与河库系统的水环境及生态系统特征有较大关系。

现有分类：ICOLD 将坝高为 15 m 以上的坝定义为大型坝，依据该标准我国大型坝有 22 000 余座，数量很大。很显然，以 15 m 为标准对我国的河库系统进行划分可能不太合适。有学者将坝高超过 30 m 的水坝单独统计，我国坝高超过 30 m 的大坝有 4 800 余座。依据目前我国大坝建设情况，坝高超过 100 m 的大坝就有 130 余座。其中，位于四川凉山的锦屏一级水电站坝高达到 305 m，为世界第一高双曲拱坝。

本书分类：综合上述考虑，将坝高超过 100 m 的河库系统定义为超高坝河库系统，坝高为 30～100 m 的河库系统定义为高坝河库系统，坝高小于 30 m 的河库系统定义为低坝河库系统。

（2）依据参数 2：水库总库容。

生态学意义：水库总库容是反映水库大小的一个主要指标，我国水库主要依据库容大小进行分类。库容大小也反映了水库对河流生态系统的影响大小。一般库容越大，大坝建设对河流生态系统的影响范围越大。

现有分类：依据中华人民共和国水利部发布的《中国水库名称代码》（SL 259－2000），总库容大于等于 1 亿 m^3 的水库为大型水库，其中总库容大于等于 10 亿 m^3 的为大（一）型水库，总库容在 1 亿～10 亿 m^3（不包含 10 亿 m^3）的为大（二）型水库；总库容为 0.1 亿～1 亿 m^3（不包含 1 亿 m^3）的水库为中型水库；总库容在 0.001 亿～0.1 亿 m^3（不包含 0.1 亿 m^3）的为小型水库，其中总库容为 0.01 亿～0.1 亿 m^3（不包含 0.1 亿 m^3）的为小（一）型水库，总库容为 0.001 亿～0.01 亿 m^3（不包含 0.01 亿 m^3）的为小（二）型水库；总库容小于 0.001 亿 m^3 的为其他水库。

本书分类：在我国水库总库容分类的基础上，将总库容大于等于 100 亿 m^3 的河库系统划分为超大型河库系统，总库容为 10 亿～100 亿 m^3（不包含 100 亿 m^3）的河库系统为大（一）型河库系统，总库容为 1 亿～10 亿 m^3（不包含 10 亿 m^3）的河库系统为大（二）型河库系统，总库容为 0.1 亿～1 亿 m^3（不包含 1 亿 m^3）的河库系统为中型河库系统，总库容为 0.01 亿～0.1 亿 m^3（不包含 0.1 亿 m^3）的河库系统为小型河库系统。

（3）依据参数 3：水库调蓄能力。

生态学意义：水库调蓄能力反映了河库系统对上游径流的调节能力，水库的排水量及运行模式对河流生态系统影响较大。水文情势是河流生态系统的主要驱动力，同时也是河流水生生物类群繁衍必需的环境条件。水库对河流生态系统的影响，主要通过两个途径起作用：一是建坝阻隔了上下游的水文连通；二是改变流量过程，改变了河流径流量及流量季节或年际分配。

现有分类：库容系数是水库兴利库容（调节库容）与多年平均来水量的比值，是反映水库调蓄能力的一个重要指标。库容系数大，表示水库调节性能好，调节周期长；反之，表示水库调节性能差，调节周期短。依据库容系数，我国将水库分为多年调节水库、年调节水库、季调节水库、周调节水库和日调节水库。库容系数大于等于 0.3 的水库为多年调节水库，库容系数为 0.08～0.3（不包含 0.3）的水库为年调节水库，库容系数为 0.02～0.08（不包含 0.08）的水库为季调节水库（不完全年调节水库）。季调节以下（日调节、周调节）则没有明确的划分界线。无调节表示水库基本没有兴利库容。径流式水电站和引水式水电站虽然也形成水库，但这些水库对上游径流的调节很弱或基本无调节能力，这类水库称为无调节能力水库。

本书分类：大部分水库的库容系数没有数据资料可查，但是对水库的调节模式都有明确标注。以水库的调节模式为基础，可将河库系统分为多年调节型河库系统、年（季）调节型河库系统、日（周）调节型河库系统。

2）分类结果

依据坝高、水库总库容及水库调蓄能力将河库系统划分为 28 个类型，见表 2.3，包括四个层级的分类。第一层级分为两类：调节型河库系统和无调节河库系统。调节型河库系统是指那些具有调蓄能力的河库系统，无调节河库系统是指那些没有调节能力或调节能力非常弱的河库系统。第二层级中调节型河库系统分为三类——超高坝大库河库系统、高坝河库系统和低坝河库系统；无调节河库系统分为两类——山区小水电河库系统和径流式水电站河库系统。每类河库系统又依据坝高、水库总库容及具体的调节模式进行细分。第三层级依据坝高和水库总库容进行分类，分为 16 个类型。第四层级依据调节模式将河库系统分为 28 个类型。对各类型河库系统进行如下简要描述。

类型 1：超高坝超大型河库系统—多年调节型。

此类河库系统为典型的高坝大库型河库系统，坝高大于 100 m，总库容大于等于 100 亿 m^3，调节模式为多年调节。典型例子为糯扎渡河库系统，位于云南普洱思茅和澜沧交界处的澜沧江下游干流，是澜沧江下游水电核心工程。

类型 2：超高坝超大型河库系统—年（季）调节型。

此类河库系统为典型的高坝大库型河库系统，坝高大于 100 m，总库容大于等于 100 亿 m^3，调节模式为年调节或不完全年调节（季调节）。大部分的高坝超大型河库系统均为此类型，典型的有三峡河库系统（三峡水库）、小浪底河库系统。

在超高坝超大型河库系统中，不存在日（周）调节型。

类型 3：超高坝大（一）型河库系统—多年调节型。

此类河库系统为典型的高坝大库型河库系统，坝高大于 100 m，总库容为 10 亿～100 亿 m^3（不包含 100 亿 m^3），调节模式为多年调节。典型的有三板溪河库系统、洪家渡河库系统，这两个河库系统分别位于贵州沅水和贵州乌江干流，均为龙头水库，位于梯级开发的龙头位置。

表 2.3　河库系统的类型、分类依据及案例

一级分类	二级分类	坝高/m	水库总库容/（亿 m^3）	三级分类	四级分类	编号	案例	案例位置
调节型河库系统	超高坝大库河库系统	>100	≥100	超高坝超大型河库系统	多年调节型	1	糯扎渡河库系统	云南普洱思茅和澜沧交界处的澜沧江下游干流
					年（季）调节型	2	三峡河库系统、小浪底河库系统	湖北宜昌、河南黄河干流
			10～<100	超高坝大（一）型河库系统	多年调节型	3	三板溪河库系统、洪家渡河库系统	贵州沅水龙头水库、贵州乌江干流龙头水库
					年（季）调节型	4	向家坝河库系统、二滩河库系统、乌江渡河库系统	四川宜宾金沙江梯级末端、四川雅砻江梯级龙头水库、贵州乌江干流梯级中部
					日（周）调节型	5	拉西瓦河库系统、观音岩河库系统	青海贵德黄河干流、云南丽江金沙江梯级末端
			1～<10	超高坝大（二）型河库系统	多年调节型	6	冶勒河库系统	四川凉山大渡河支流龙头水库
					年（季）调节型	7	巴山河库系统	重庆城口
					日（周）调节型	8	官地河库系统、金安桥河库系统	四川凉山雅砻江梯级中部、云南丽江金沙江中段梯级中部
			0.1～<1	超高坝中型河库系统	多年调节型	9	金造桥河库系统	福建屏南金造溪龙头水库
					年（季）调节型	10	中梁一级河库系统	重庆大宁河梯级龙头水库
					日（周）调节型	11	格里桥河库系统	贵州开阳清水河干流梯级中部
	高坝河库系统	30～100	≥10	高坝大（一）型河库系统	多年调节型	12	丹江口河库系统、陈村河库系统、南水河库系统、梅山河库系统	湖北丹江口汉江、安徽泾县长江支流青弋江、广东乳源南水河、安徽金寨淮河支流
					年（季）调节型	13	万安河库系统	江西赣江
					日（周）调节型	14	长洲河库系统	广西西江水系干流浔江下游河段
			1～<10	高坝大（二）型河库系统	多年调节型	15	布仑口河库系统、以礼河一级河库系统	新疆克孜勒苏柯尔克孜阿克陶境内的盖孜河、云南会泽金沙江支流以礼河梯级龙头水库

续表

一级分类	二级分类	坝高/m	水库总库容/（亿 m^3）	三级分类	四级分类	编号	案例	案例位置
调节型河库系统	高坝河库系统	30～100	1～<10	高坝大（二）型河库系统	年（季）调节型	16	王甫洲河库系统	湖北汉江梯级第 10 级
					日（周）调节型	17	高坝洲河库系统	湖北宜都清江口下游梯级末端
			0.1～<1	高坝中型河库系统	年（季）调节型	18	小溪口河库系统	湖北恩施清江左岸支流马水河上游
					日（周）调节型	19	桐子林河库系统	四川攀枝花雅砻江梯级末级
			0.01～<0.1	高坝小型河库系统	日（周）调节型	20	窄巷口河库系统、鱼剑口河库系统、姚河坝河库系统	贵州修文、重庆丰都、四川石棉
	低坝河库系统	<30	1～<10	低坝大（二）型河库系统	日（周）调节型	21	新政河库系统	四川仪陇新政
			0.1～<1	低坝中型河库系统	日（周）调节型	22	居龙滩河库系统	江西赣县赣江水系贡江支流桃江下游
			0.01～<0.1	低坝小型河库系统	日（周）调节型	23	回龙寨河库系统	重庆长寿龙溪河梯级第 3 级
无调节河库系统	山区小水电河库系统	<15	0～<0.1	山区非蓄水引水式河库系统	引部分流量，非蓄水	24	那邦水电站河库系统	云南勐乃河干流上
				山区小型蓄水河库系统	无调节，蓄水，形成减水、脱水河段	25	柏香林水电站河库系统	云南昭通境内洒渔河中下游河段
				山区引水式水电站河库系统	无调节功能，引大部分流量，形成减水、脱水河段	26	红山电站河库系统	湖北咸宁通城台源
				山区径流式水电站河库系统	无调节，非蓄水，径流式	27	团坡水电站河库系统	贵州惠水境内
	径流式水电站河库系统	≥15	0～< 10	径流式水电站河库系统	无调节功能	28	葛洲坝河库系统、大盈江二级河库系统、木加甲一级河库系统	湖北宜昌、云南德宏盈江、云南怒江福贡马吉境内

类型4：超高坝大（一）型河库系统—年（季）调节型。

此类河库系统为典型的高坝大库型河库系统，坝高大于100 m，总库容为10亿～100亿m^3（不包含100亿m^3），调节模式为年调节或不完全年调节（季调节）。该类型河库系统多数属于河流梯级水电开发形成的河库系统。典型的有向家坝河库系统、二滩河库系统、乌江渡河库系统，它们分别位于四川宜宾金沙江、四川雅砻江和贵州乌江干流。向家坝河库系统位于梯级水电开发的末端；二滩河库系统位于梯级水电开发的龙头，属于龙头水库；乌江渡河库系统则位于梯级水电开发的中部。

类型5：超高坝大（一）型河库系统—日（周）调节型。

此类河库系统为典型的高坝大库型河库系统，坝高大于100 m，总库容为10亿～100亿m^3（不包含100亿m^3），调节模式为日（周）调节，调蓄能力较弱。典型的有拉西瓦河库系统、观音岩河库系统，分别位于青海贵德黄河干流和云南丽江金沙江。拉西瓦河库系统位于水资源缺乏的黄河流域，观音岩河库系统则位于水资源丰沛区梯级水电开发的末端，两者调蓄能力都较弱。

类型6：超高坝大（二）型河库系统—多年调节型。

此类河库系统为典型的高坝大库型河库系统，坝高大于100 m，总库容为1亿～10亿m^3（不包含10亿m^3），调节模式为多年调节。这类水库多位于西南山区，典型的有冶勒河库系统，位于四川凉山大渡河支流，属于梯级水电开发中的龙头水库。

类型7：超高坝大（二）型河库系统—年（季）调节型。

此类河库系统为典型的高坝大库型河库系统，坝高大于100 m，总库容为1亿～10亿m^3（不包含10亿m^3），调节模式为年调节或不完全年调节（季调节）。这类水库多位于西南山区，典型的有巴山河库系统，位于重庆城口。

类型8：超高坝大（二）型河库系统—日（周）调节型。

此类河库系统为典型的高坝大库型河库系统，坝高大于100 m，总库容为1亿～10亿m^3（不包含10亿m^3），调节模式为日（周）调节，调蓄能力较弱。这类河库系统多位于梯级水电开发的中部。典型的有官地河库系统、金安桥河库系统，两者分别位于四川凉山雅砻江和云南丽江金沙江中段，均位于梯级水电开发的中部，调蓄能力较弱。

类型9：超高坝中型河库系统—多年调节型。

此类河库系统为典型的高坝中库型河库系统，坝高大于100 m，总库容为0.1亿～1亿m^3（不包含1亿m^3），调节模式为多年调节。这类水库库容相对不大，多为中型河流水电开发中的龙头水库。典型的有金造桥河库系统，位于福建屏南金造溪，为龙头水库。

类型10：超高坝中型河库系统—年（季）调节型。

此类河库系统为典型的高坝中库型河库系统，坝高大于100 m，总库容为0.1亿～1亿m^3（不包含1亿m^3），调节模式为年调节或不完全年调节（季调节）。这类河库系统库容较小，多为中型河流梯级开发龙头水库或位于大型河流梯级开发中末段。典型的有中梁一级河库系统，位于重庆大宁河，属于梯级水电开发中的龙头水库。

类型11：超高坝中型河库系统—日（周）调节型。

此类河库系统为典型的高坝中库型河库系统，坝高大于100 m，总库容为0.1亿～

1 亿 m^3（不包含 1 亿 m^3），调节模式为日（周）调节，调蓄能力较弱。这类河库系统库容较小，多位于中型河流梯级开发中末段。典型的有格里桥河库系统，位于贵州开阳清水河干流，属于梯级水电开发的中部。

在超高坝大库河库系统中，库容均大于等于 0.1 亿 m^3，故该大类中没有小型河库系统。

类型 12：高坝大（一）型河库系统—多年调节型。

此类河库系统为典型的高坝大型枢纽河库系统，坝高为 30～100 m，总库容大于等于 10 亿 m^3，调节模式为多年调节。这类河库系统多位于梯级开发河流中，库容一般不超过 50 亿 m^3。典型的有丹江口河库系统、陈村河库系统、南水河库系统、梅山河库系统等，分别位于湖北丹江口汉江、安徽泾县长江支流青弋江、广东乳源南水河和安徽金寨淮河支流。丹江口河库系统库容很大，约为 290 亿 m^3。

类型 13：高坝大（一）型河库系统—年（季）调节型。

此类河库系统为典型的高坝大型枢纽河库系统，坝高为 30～100 m，总库容大于等于 10 亿 m^3，调节模式为年调节或不完全年调节（季调节）。此类河库系统多位于低海拔区域，典型的有位于江西赣江的万安河库系统。

类型 14：高坝大（一）型河库系统—日（周）调节型。

此类河库系统为典型的高坝大型枢纽河库系统，坝高为 30～100 m，总库容大于等于 10 亿 m^3，调节模式为日（周）调节，调蓄能力较弱。此类河库系统多位于中型河流下游，典型的有长洲河库系统，位于广西西江水系干流浔江下游河段。

类型 15：高坝大（二）型河库系统—多年调节型。

此类河库系统为典型的高坝大型枢纽河库系统，坝高为 30～100 m，总库容为 1 亿～10 亿 m^3（不包含 10 亿 m^3），调节模式为多年调节。这类河库系统多位于中小型河流或大型河流的支流，典型的有布仑口河库系统、以礼河一级河库系统，两者分别位于新疆克孜勒苏柯尔克孜阿克陶境内的盖孜河和云南会泽金沙江支流以礼河。以礼河一级河库系统为梯级水电开发中的龙头水库。

类型 16：高坝大（二）型河库系统—年（季）调节型。

此类河库系统为典型的高坝大型枢纽河库系统，坝高为 30～100 m，总库容为 1 亿～10 亿 m^3（不包含 10 亿 m^3），调节模式为年调节或不完全年调节（季调节）。这类河库系统多位于中小型河流或大型河流梯级开发的中末段。典型的有王甫洲河库系统，位于湖北汉江梯级第 10 级。

类型 17：高坝大（二）型河库系统—日（周）调节型。

此类河库系统为典型的高坝大型枢纽河库系统，坝高为 30～100 m，总库容为 1 亿～10 亿 m^3（不包含 10 亿 m^3），调节模式为日（周）调节，调蓄能力较弱。这类河库系统多位于梯级水电开发的末端，如位于湖北宜都清江口下游梯级末端的高坝洲河库系统。

类型 18：高坝中型河库系统—年（季）调节型。

此类河库系统为典型的高坝中型河库系统，坝高为 30～100 m，总库容为 0.1 亿～1 亿 m^3（不包含 1 亿 m^3），调节模式为年调节或不完全年调节（季调节）。这类河库系统多位于中小型河流或大型河流梯级开发的中末段。典型的有小溪口河库系统，位于湖北恩施清江左岸支流马水河上游。

类型19：高坝中型河库系统—日（周）调节型。

此类河库系统为典型的高坝中型河库系统，坝高为30～100 m，总库容为0.1亿～1亿m^3（不包含1亿m^3），调节模式为日（周）调节，调蓄能力较弱。这类河库系统多位于中小型河流或大型河流梯级开发的中末段。典型的有桐子林河库系统，位于四川攀枝花雅砻江梯级水电开发的末级。

在高坝中型河库系统中，没有多年调节型。

类型20：高坝小型河库系统。

此类河库系统为典型的高坝小型河库系统，坝高为30～100 m，总库容为0.01亿～0.1亿m^3（不包含0.1亿m^3），库容较小，调节模式为日（周）调节，调蓄能力较弱。这类河库系统多位于山区中小型河流，典型的有窄巷口河库系统、鱼剑口河库系统、姚河坝河库系统，分别位于贵州修文、重庆丰都、四川石棉。

高坝小型河库系统中仅有日（周）调节型，无多年调节型和年（季）调节型。

类型21：低坝大（二）型河库系统。

此类河库系统坝高<30 m，总库容为1亿～10亿m^3（不包含10亿m^3），库容较小，调节模式为日（周）调节，调蓄能力较弱。这类河库系统位于中小型河流或中型河流梯级中末段。典型的有四川仪陇新政的新政河库系统。

类型22：低坝中型河库系统。

此类河库系统坝高<30 m，总库容为0.1亿～1亿m^3（不包含1亿m^3），库容较小，调节模式为日（周）调节，调蓄能力较弱。这类河库系统位于中小型河流或中型河流梯级中末段。典型的有江西赣县赣江水系贡江支流桃江下游的居龙滩河库系统。

类型23：低坝小型河库系统。

此类河库系统坝高<30 m，总库容为0.01亿～0.1亿m^3（不包含0.1亿m^3），库容较小，调节模式为日（周）调节，调蓄能力较弱。这类河库系统位于中小型河流或中型河流梯级中末段。典型的有回龙寨河库系统，位于重庆长寿龙溪河梯级第3级。

类型24：山区非蓄水引水式河库系统。

此类河库系统属于山区小水电河库系统，山区小水电河库系统为无调节河库系统，总库容不大，小于0.1亿m^3。坝高则依河流地形差异较大，大部分小于10 m。该类河库系统数量较多，广泛分布于山区，以西部山区最多，可开发量占全国的60%以上。典型的有那邦水电站河库系统，位于云南勐乃河干流上。山区非蓄水引水式河库系统为非蓄水式引水河库系统，引取河流部分径流。

类型25：山区小型蓄水河库系统。

此类河库系统属于山区小水电河库系统的一种，以蓄水灌溉为主。山区小水电河库系统为无调节河库系统，总库容不大，小于0.1亿m^3。坝高则依河流地形差异较大，大部分小于10 m。该类河库系统数量较多，广泛分布于山区，以西部山区最多。例如，云南昭通境内洒渔河中下游河段的柏香林水电站河库系统。

类型 26：山区引水式水电站河库系统。

此类河库系统属于山区小水电河库系统的一种，引取大部分或全部径流，形成减水、脱水河段。其库容不大，小于 0.1 亿 m^3。坝高则依河流地形差异较大，大部分小于 10 m。该类河库系统数量较多，广泛分布于山区，以中西部山区最多。例如，湖北咸宁通城台源的红山电站河库系统。

类型 27：山区径流式水电站河库系统。

此类河库系统属于山区小水电河库系统的一种，水电站为径流式，不会导致河段减脱水。库容不大，小于 0.1 亿 m^3。坝高则依河流地形差异较大，大部分小于 10 m。该类河库系统数量较少。例如，贵州惠水境内的团坡水电站河库系统。

类型 28：径流式水电站河库系统。

此类河库系统为无调节河库系统，库容较大。坝高则依河流地形差异较大，大部分小于 30 m。该类型河库系统数量较少。典型的有大盈江二级河库系统、木加甲一级河库系统，分别位于云南德宏盈江、云南怒江福贡马吉境内。葛洲坝河库系统也可以归为这类河库系统，在三峡河库系统下游，对三峡河库系统起反向调节作用。

2.2 不同河库系统的生态需水问题及保障对象

2.2.1 不同河库系统生态需水问题

1. 高坝大库河库系统生态需水问题

高坝大库库容大，对河流径流量的调节能力很强，对河流生态系统的影响最大。高坝大库的主要生态需水问题是：①水文水动力问题。河道中建设高坝后，水位整体上升，流速减慢，水面积扩大，流量变幅减小；库区水动力减弱，水体由急流变为缓流甚至静止，泥沙和营养物质沉积，对水体透明度及水质等将造成影响。另外，大坝下泄冲刷，造成河床下切，引起河流流速和流量的变化，给下游河道形态及洲滩演变带来影响。②水质问题。高坝建成后形成的大型水库导致库区水流变缓甚至静止，加之外源营养物质的输入，容易导致库区水质恶化，甚至在局部区域暴发水华。③生物繁殖问题。流量调节改变下游水文情势，洪峰削平阻碍了生物繁衍特别是江湖洄游性鱼类的繁殖；春季萌发季节维持的高水位不利于下游洲滩湿地植物的萌发与生长。④栖息地问题。高坝大库流量下泄对下游河道形成强烈的冲刷，导致下游河道下切。以三峡水库为例，三峡水库蓄水后，年均输沙量减少了 63%～86%，出库泥沙明显偏细，导致河床冲刷，已发展至下游大通江段。河道下切与急剧冲刷导致底栖动物栖息地的丧失、洲滩湿地的萎缩。同时，库区由于水库调节运行，产生了大面积裸露的消落带区域，植被难以生长定植。

下面以三峡高坝大库河库系统为例，对主要生态需水问题进行分析。

（1）对水文水动力的影响及问题。三峡大坝建成后，原有连续的河流生态系统被分隔成不连续的两个环境单元，造成生态景观破碎化，其作为高坝大库的典型代表，对长江水系的生态系统产生了一定程度的影响。例如，它在一定程度上改变了河流流量的季节格局，由于其显著减少了泥沙向下游的输送，影响了下游河床或河岸带的冲刷，并进一步改变了自然的江湖关系。此外，其对河流生态系统的主要生物群落如水生植物、底栖动物、鱼类等造成了影响。对于鱼类，大坝对其最直接的不利影响是改变了河流自然的水文情势，造成下游河段关键生态水文要素的改变或丧失，影响鱼类产卵繁殖。对于其他生物，会影响其生活节律、妨碍建群等，并会进一步影响一些物种的生存，最终会对生态系统的结构和功能产生影响。

2003 年 6 月三峡大坝建成并开始蓄水。三峡水库蓄水前，坝下游宜昌站、汉口站、大通站年均径流量分别为 4 369 亿 m^3、7 111 亿 m^3、9 052 亿 m^3，输沙量分别为 4.92 亿 t、3.98 亿 t、4.27 亿 t。三峡水库蓄水后，出库泥沙明显偏细，导致河床冲刷，已发展至下游大通江段，汛期同流量下长江水位下降 0.1～1 m。三峡水库蓄水后，长江中下游各站年均径流量除监利站基本持平外，平均偏枯 5%～10%（图 2.4）；年均输沙量沿程偏少 64%～88%，且沿程递减（图 2.5）。同时，调蓄和河床下切改变长江干流与通江湖泊的水位及波动节律。蓄水期长江中游干流水位下降 2～3 m，1～3 月升高 0.6～0.8 m；洞庭湖和鄱阳湖的春季水位上升 0.5～1.4 m，夏秋季下降 0.1～2.2 m。总体而言，三峡水库蓄水后坝下河段丰水期流量减小，枯水期流量增大，径流量极大值变小，极小值变大，流量趋于均一化。

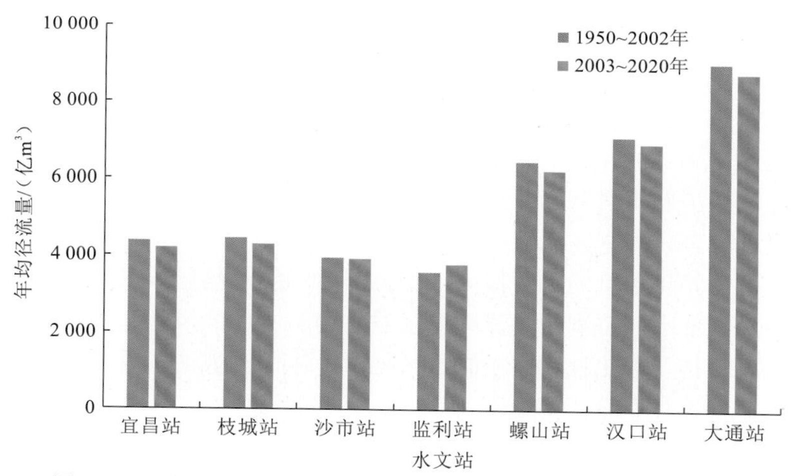

图 2.4 三峡水库蓄水前后长江中下游主要水文站年均径流量变化

（2）对水质的影响及问题。三峡库区江段全长 600 多千米，沿江而建的主要城镇有重庆主城区、长寿、涪陵、丰都、忠县、万州、云阳、奉节、巫山、巴东、秭归。目前对长江流域三峡库区江段造成污染的污染源主要有：以重庆主城区、涪陵、万州为主的工业污染源；重庆主城区、长寿、涪陵、丰都、忠县等沿岸大中小城镇产生的城镇生活污染及城市径流污染；沿江农田产生的农田径流污染及穿梭往来的船舶造成的污染。由于长江水量大、流速快、江水扩散自净能力强，环境容量大，所以在大坝建成前，这些

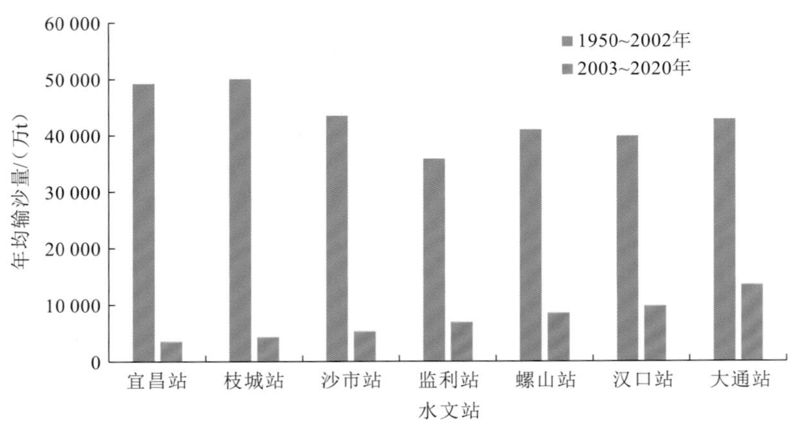

图 2.5　三峡水库蓄水前后长江中下游主要水文站年均输沙量变化

污染所造成的影响较小。而在三峡大坝建成后，库区江段江面扩大，形成许多库湾和静水区，排入水库的污染物由于水流速度减缓，扩散自净能力降低，易在排污口附近形成局部污染，从而加重岸边污染带的污染程度，随着污染物排入量的增加，加速了局部水质的恶化，进而向整个库区扩散。

在藻类等浮游植物生长方面，三峡库区及其次级河流的浮游植物种类较丰富，共 129 种，分属于 7 门 67 属。次级河流藻类组成以蓝藻、绿藻、硅藻为主，藻类组成可分为硅-绿藻型、硅-蓝藻型、蓝-绿藻型。有研究表明，香溪河曾经发生过严重的甲藻、硅藻及隐藻水华，童庄河、大溪河、东溪河、黄金河等支流也发生过严重的甲藻水华，大宁河发生过绿藻水华。

三峡水库蓄水运行后，三峡库区支流如乌江、嘉陵江、大溪河、大宁河、东溪河、黄金河、蓬溪河、香溪河等的部分河段出现了不同程度的富营养化现象。结果表明：①三峡库区支流水华发生时间主要集中在光照与气温适宜的 4～9 月春夏之交、夏秋之交。并且，靠近坝首、回水区流速小的区域，富营养化呈现加重趋势。②水文条件的变化是库区支流富营养化加重的重要原因，水体滞留时间长易导致水体富营养化。蓄水位的增加，有增加部分水域特别是支流库湾区发生富营养化的风险。③库区支流回水区中段的营养盐浓度和富营养化程度高于回水区尾段。④监测表明，受光照的影响，在宽阔水域的中心区域，因其更易接受光照而比岸边更容易发生水华，且藻类在表层水面的生长比在深层水更旺盛。

（3）对水生生物的影响及问题。底栖动物广泛分布于河流生态系统中，其寿命长，建群时间短，迁移能力有限，可以很好地反映生境的水文特性，因此是很好的水文指示种。

近年来，大坝造成的清水下泄带来的冲刷导致底质不稳定，底栖动物无法建群。研究表明，在洪水暴发时，低流量区域更容易成为避难所，如浅濑是鞘翅目、毛翅目、蜉蝣目和蚤状钩虾极好的避难场所，而高流量区域物种丰富度的降低主要是由于该区域不适宜软体动物、扁形动物与水蛭的生存。在经历大洪水事件后，底栖动物类群中的捕食者和非捕食者的恢复力也有很大的差异。高水位时期的底栖动物的物种多样性也明显低于低水位时期。此外，河流水温的改变也会影响水生昆虫的发育。

大坝对鱼类最直接的不利影响是阻隔了其洄游通道，这对生活史过程中需要进行大范围迁移的种类来说往往是毁灭性的；对在局部水域内能完成生活史的种类，则可能影响不同水域群体之间的遗传交流，导致种群整体遗传多样性的丧失。

对于国家一级保护动物中华鲟，葛洲坝水库的建成使性成熟的中华鲟无法上溯至原有产卵场，而三峡水库蓄水后，进一步改变了坝下产卵场的水文条件（表2.4），如宜昌站水文要素的变化可能使中华鲟长期适应的产卵场遭到破坏，给中华鲟繁殖带来影响，其中流量、水位下降，会缩小中华鲟产卵场的实际水面，尤其是水温上升，影响其产卵时的温度条件，导致产卵时间推迟，甚至停止产卵（图2.6）。20世纪70年代，长江流域中华鲟繁殖群体有1万余尾，1983～1984年下降到2 176尾，2005～2007年下降至203～257尾，到2010年只剩数十尾。

表2.4 三峡水库蓄水前后宜昌站10～11月生态水文要素比较

水文变量	10月			11月		
	蓄水前	蓄水后	变化	蓄水前	蓄水后	变化
流量/（m^3/s）	19 231	14 478	−4 753	10 376	8 368	−2 008
水温/℃	19.8	21.4	1.6	16.3	18.6	2.3
水位/m	46.10	44.0	−2.1	42.90	41.26	−1.64
含沙量/（kg/m^3）	0.69	0.04	−0.65	0.35	0.01	−0.34

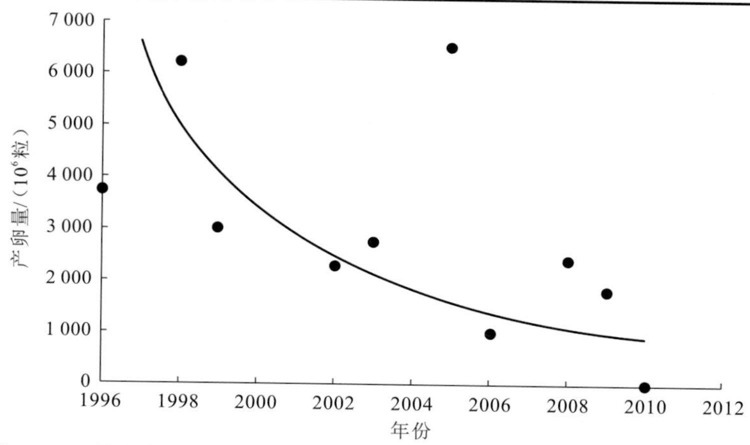

图2.6 三峡水库蓄水前后中华鲟产卵量变化（长江水产研究所监测结果）

四大家鱼即青鱼、草鱼、鲢和鳙，是我国天然捕捞和淡水养殖的主要对象。长江是我国四大家鱼的主要天然产地。保护好长江四大家鱼的天然种群资源，对维护四大家鱼的基因多样性和淡水鱼类养殖业的持续发展具有重要意义。

三峡大坝建成后，四大家鱼繁殖所需的水文过程也相继发生改变。以宜昌江段为例，四大家鱼繁殖期主要集中在每年的4～6月，三峡工程运行后，改变了坝下游河道的来水过程，4 月流量变化不大，5 月和 6 月上旬水库降低水位运行，加大泄量，坝下游河道流量增大，其中 5 月增大了近 30%（表 2.5）。水位方面，由于三峡水库蓄水运行对下泄径流的调节作用，4 月流量变化较小，但由于河床出现了一定程度的冲刷下切，宜昌江段月平均水位降低了 0.500 m，5 月由于加大了泄量，抵消了河床下切降低水位的作用，宜昌江段月平均水位抬高了 0.825 m（表 2.6）。流速方面，天然情况下，宜昌江段在 4 月、5 月、6 月的主河槽流速一般分别为 0.4～1.0 m/s、0.8～1.0 m/s 和 1.0～2.4 m/s。三峡水库蓄水运行后，由于改变了下泄径流过程，加之河床发生了冲淤调整，宜昌江段流速发生了一定程度的变化。总之，三峡水库的蓄水运行，使 5～6 月上游发生的洪水主要通过水库运行下泄，与自然涨水过程有较大差异，水库运行形成的水文过程显著改变原有的自然节律，缺少洪峰过程，对四大家鱼繁殖产生不利影响，使其不能产卵或产卵期推迟、产卵规模大幅度减少。图 2.7 显示了 1997～2014 年长江干流监利江段鱼苗径流量的变化。

表 2.5 长江干流宜昌江段月流量变化

时段	运行前/(m^3/s)	运行后/(m^3/s)	增减量/(m^3/s)	增减率/%
4 月	7 054	6 999	−55	−0.78
5 月	11 333	14 684	3 351	29.57
6 月	18 656	19 218	562	3.01

表 2.6 长江干流宜昌江段月平均水位变化 （单位：m）

时段	运行前	运行后	增减量
4 月	38.230	37.730	−0.500
5 月	40.357	41.182	0.825
6 月	43.210	42.877	−0.333

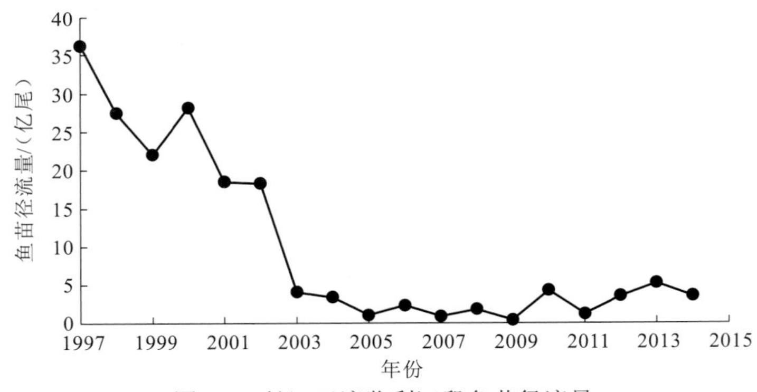

图 2.7 长江干流监利江段鱼苗径流量

三峡水库的运行导致江湖关系发生改变，使长江渔业资源进一步下降。我国最大的两个淡水湖——洞庭湖和鄱阳湖都位于长江中游，其多年平均径流量分别为 3 126 亿 m^3 和 1 460 亿 m^3。20 世纪 50 年代以来，虽然湖泊面积有所下降，酷渔滥捕日趋严重，但两湖渔业产量并未出现显著下降，其多年鱼类捕捞量都在 2 万～4 万 t，且 20 世纪 90 年代之后比 20 世纪 50～80 年代更高。与此形成鲜明对比，长江干流的渔业产量从 1954 年的 43 万 t 下降至 2011 年的 8 万 t（图 2.8）。

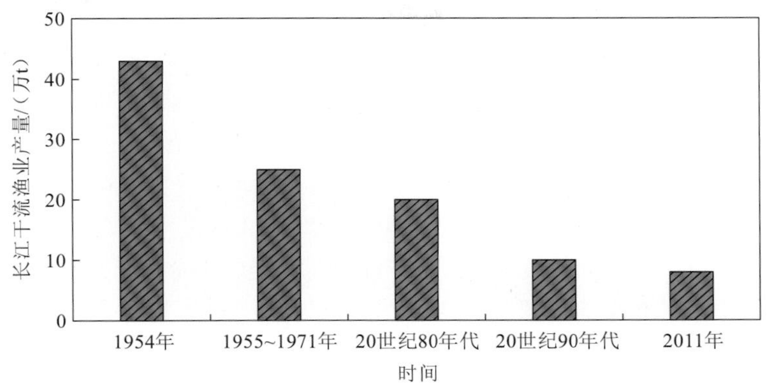

图 2.8　长江干流渔业产量变化

因此，长江干流渔业资源衰退的主要因素并不是酷渔滥捕，更有可能是大坝建设导致江湖关系改变，从而使渔业资源下降。在三峡大坝运行前（1990～2002 年），鄱阳湖平均倒灌 5.15 天，倒灌量为 $1.283\times10^9\ m^3$；三峡水库蓄水初期（2003～2008 年），平均倒灌 15.83 天，倒灌量为 $3.591\times10^9\ m^3$；三峡水库 175 m 试验性蓄水（2009 年）以来，平均倒灌 2.14 天，倒灌量为 $1.46\times10^8\ m^3$。因此，从与长江的生态联系来看，四大家鱼这些产漂流性卵鱼类的幼鱼目前已很难在洪水季节进入鄱阳湖育肥，加上干流饵料贫瘠，长江渔业资源下降已成必然趋势。

（4）对栖息地的影响及问题。水文情势改变对中下游水生生物栖息地产生了严重的不利影响，主要有：①夏秋季水位降低将阻碍河流与泛滥平原间的物质和能量联系，导致泛滥平原面积和异质性减小、物种多样性下降。②河床冲刷及河床下切导致河道底质波动加剧，影响底栖动物的建群与发育。③水位波动节律改变影响河漫滩植被发育，春季水位上升影响湿生植物和挺水植物萌发，秋季水位下降导致沉水植物等枯死。干流的河漫滩面积甚大，是底栖动物、鱼类、候鸟等动物的重要觅食栖息地。

2. 低坝枢纽河库系统生态需水问题

低坝枢纽河库系统对河流径流量的调节作用很大，其带来的主要生态需水问题有：①水文水动力问题。水能梯级开发会使水量重新分配和大坝下泄冲刷，造成河床下切，引起河流流速和流量的变化。对上游的影响主要表现为，整体水位上升，流速减慢，水面积扩大，流量变幅减小。对下游的影响主要表现为，削峰补平，改变了河流原有流量、水位和洪水脉冲过程，扰乱了自然河流的洪水周期及依靠洪水过程塑造的河流环境自然特征和过程（如营养补给和河床形态等）。②水质问题。梯级开发对水体水质影响显著，主要表现在水体污染净化能力的下降。对于大坝上游，建库后，由于水库对泥沙的沉降作用，上游水体的透明度会得到一定的改善，如我国西南地区已建的数座水库的观测结果表明，建坝后上游水体的透明度可由 10 cm 提高到 3.0～5.0 m。建坝造成的水文情势的变化也是影响水质的一个因素，它不仅直接影响水体中污染物质的化学转化速度，而且能够通过影响水体中微生物的活动对生物化学降解速度产生影响。对河流自净功能影响最大的是水体的流速及水体的循环速度，河流流速、流量也会直接影响移流强度和紊动扩散，流速和流量大，不仅水体中污染物浓度的稀释扩散能力会加强，而且水气界面上的空气交换速度也会增大。随着干流水电梯级开发的逐步推进，河流流动水体所占比例逐渐降低。加之外源营养物的输入，梯级水库库区水质易恶化，甚至在局部区域暴发水华。③重要鱼类繁殖问题。梯级水库的开发使洄游性鱼类的生殖洄游被阻隔；同时，由于许多经济鱼类都是产漂流性卵鱼类，产卵量与产卵期涨水过程密切相关，即涨水持续的时间越长，流量和流速增长的幅度越大，其产卵量也就越大，而梯级开发造成的流速降低、流量涨幅减小，会影响鱼类产卵孵化。④湿地萎缩问题。上游水库蓄水淹没大量陆地，使河滩水杨柳灌丛大量被淹没。特别是在龙头水库区域，易产生大面积裸露的消落带，植物无法定植生长。下游则由于水量调节，洪峰削平，湿地栖息地面积减小，湿地植物分布高程上移。

下面以汉江丹江口下游梯级水库河库系统为例，对低坝枢纽河库系统的主要生态需水问题进行分析。

（1）对水文水动力的影响及问题。丹江口水库建成后，洪峰流量大大削弱，中下游流量过程变得较为平缓，变差减小，枯水期流量增大，平水期延长。襄阳以上江段流量小，水位变化幅度小。崔家营大坝的建成改变了汉江襄阳市区段的水文情势，库区的年平均水位由 2.96 m 提升到 5.70 m，年平均流速由 0.83 m/s 下降到 0.33 m/s。水位抬高将使库区原有的一部分陆地变成水域，回水区域内水体容积增加。襄阳以下江段受到地区性降雨及支流来水影响，流量年变幅较襄阳以上江段大，水位涨落与流量增减一致。仙桃至河口段水位受长江顶托的影响较大，尤其是枯水季节影响更为显著，其河段范围内水位变幅减小（图 2.9）。

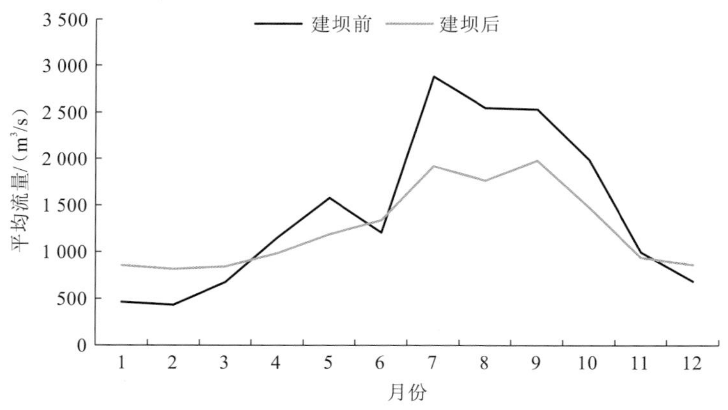

图 2.9　丹江口水库建坝前后襄阳站平均流量[数据引自欧阳晓（2007）]

（2）对水质的影响及问题。水温是生态系统中一个重要的物理因子。河流水温受梯级开发影响十分明显，具有累积效应。梯级大坝增加了河道水深，降低流速，改变流态，水电站运行后上游水库垂向上呈现出有规律的水温分层现象，并进一步引起溶解氧分层、水生生物分层、化学分层和深水层水质分层现象。同时，还会改变下游河道水温变化规律，表现为春夏水温下降，秋冬水温升高。例如，丹江口水库对水温的影响表现在各测站的水温比建坝前高，而且是离坝址越近，相比建坝前变化越大（图 2.10）。丹江口水库建坝后，坝下水温变化有所延迟（图 2.11）。

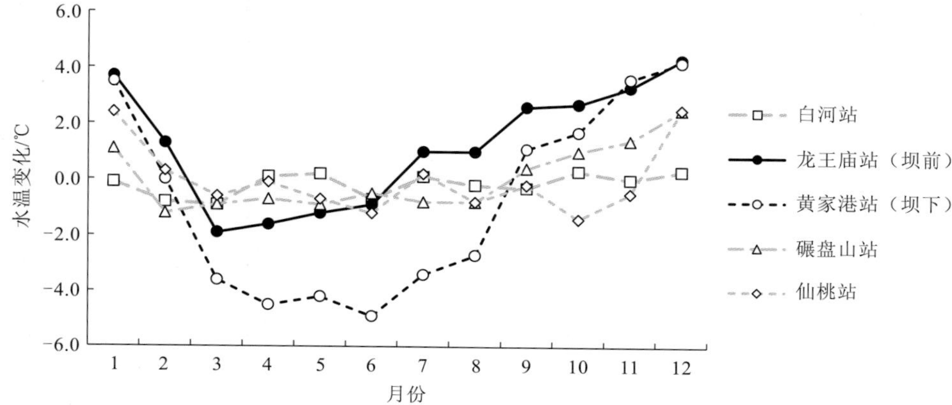

图 2.10　丹江口水库建坝后汉江中下游各测站水温变化[数据引自郛红娟等（2005）]

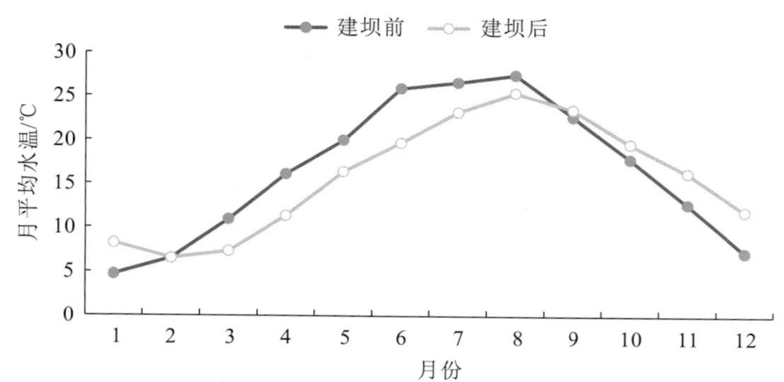

图 2.11　黄家港站建坝前后月平均水温变化[数据引自史方方和黄薇（2009）]

2003 年 2 月中旬，距坝 30 km 库区范围内发生甲藻水华现象，水华呈条带状分布，持续近一个月，而在此之前该水库并未有水华发生的报道。这期间水体中总磷的质量浓度从无水华期的 0.05 mg/L 上升到水华期的 0.41 mg/L。比较白河站和黄家港站建坝前后的水化学参数及丹江口水库入库站和出库站水质可以看出，水库建成后，襄阳市区上游至崔家营大坝坝址处，自然流态转变为相对静止的湖泊状态，丹江口大坝下游襄阳至沙洋段的水位均有下降，这说明丹江口水库蓄水确实引起了下游河道枯水期流量的减少和水位的下降，导致汉江水体的运动性能变差，不利于污染物扩散及自净，为水华暴发提供了必要条件。而这种改变对水生生物特别是浮游生物的生长繁殖是十分有利的。窦明等（2002）研究认为，氮、磷等水质因子和水温等气候因子不是制约汉江水华发生的关键因子，流量、流速等水文因子才是制约汉江水华暴发的关键因子。但胡安焱等（2010）

认为，虽然2000年和2002年汉江中下游均发生水华现象，但主要原因是污染增加，次要原因是水量减少。

（3）对水生生物的影响及问题。首先，上游水流环境变化，改变了库区原有的鱼类群落结构。其次，洄游性鱼类的生殖洄游被阻隔；同时，由于许多经济鱼类都是产漂流性卵鱼类，即涨水持续的时间越长，流量和流速增长的幅度越大，其产卵量的增加幅度也就越大，而梯级开发使流速降低、流量减少、水流动不能形成旋滚，会造成大量鱼卵下沉，无法孵化。这不仅造成了许多土著物种濒危，而且大大影响了经济鱼类的生产力。最后，工程作业所造成的短期影响同样不可忽视，尤其对于梯级开发河流上游的一些土著鱼类和珍稀物种。

水利水电工程的建设直接阻隔了河流生态系统的连续性，造成了河流连续统一体的中断，改变了水文情势，造成了河流连续生态系统的片段化与破碎化，进而进一步影响依赖于水生生态系统的鱼类群落的结构组成。研究结果表明，大坝的修建造成大坝以上河段水文条件的极大变化，引起鱼类多样性的明显降低。水库修建明显改变了库区的水文条件，原有天然流水河道转变形成了湖泊性水库，河流原有土著鱼类要求的栖息环境消失，总地表现为喜流水性鱼类减少，喜静水性鱼类增加，外来物种显著增加。

由于丹江口水库对径流的调节作用，洪峰消落，特别是谷城以上的江段，由于王甫洲水库的兴建和没有大流量的支流补给，水位变化幅度很小，条件难以满足四大家鱼和铜鱼产卵的需求，汉江中游四大家鱼中草鱼、鲢减少，青鱼、鳙及铜鱼消失。再者，深水大库下泄的低温水对下游河段的影响范围大，导致产卵期缩短或推迟。建库后河水夏季变凉，冬季变暖，加上中下游水流透明度变大，使部分水生植物数量增加，对鱼类越冬和催肥有利。另外，泥沙中的有机物和无机物是部分鱼类食物的重要来源，丹江口水库建成后，中下游泥沙量锐减，导致鱼类食物资源减少。同时，流速降低也使喜急流的鱼类种类或数量减少（胡安焱 等，2010）。

同时，水利水电工程建设施工期间，如果近河道作业，会对在近岸带活动的小型经济鱼类的索饵和栖息地有一定的影响。低强度噪声会使鱼类受到惊吓和干扰而逃离作业水域，影响鱼类在该水域的正常活动：当其值达到一定强度时，会导致鱼类器官受损，甚至死亡。因此，对于一些土著鱼类，因其具有较高的遗传价值，应采取相应措施，减小对这些鱼类产生的负面影响。

丹江口水库、王甫洲水库、崔家营水库等梯级枢纽的建设和运行，对汉江中下游鱼类的影响表现为产卵场萎缩退化（表2.7）、繁殖期缩短、产卵量明显下降、四大家鱼产卵比例下降等（图2.12）。秦烜等（2014）于1976～1978年进行了调查，发现汉江中下游共有鱼类75种，主要经济鱼类为草鱼、铜鱼和长春鳊，占到整个渔获物的48%。近30年来，汉江中下游的经济鱼类的组成发生了较大变化，从以产漂流性卵的鱼类为主发展成以产黏性或沉性卵的定居性鱼类为主（何力 等，2007）。

表 2.7 汉江中下游产漂流性卵鱼类产卵场的变迁[修改自秦烜等（2014）]

位置	1960 年	1977 年	1998 年	2004 年	2012 年
三官殿	DES	—	—	—	—
王甫洲	DES	DES	—	—	—
茨河	DES	DES	DES	DES	ES
襄阳	DES	DES	DES	ES	S
郭滩	DES	DES	DES	ES	ES
埠口	DES	DES	DES	ES	ES
宜城	DES	DES	DES	DES	DES
钟祥	DES	DES	DES	DES	DES
马良	DES	DES	DES	DES	DES
泽口	DES	DES	DES	DES	DES

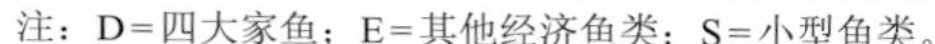
注：D=四大家鱼；E=其他经济鱼类；S=小型鱼类。

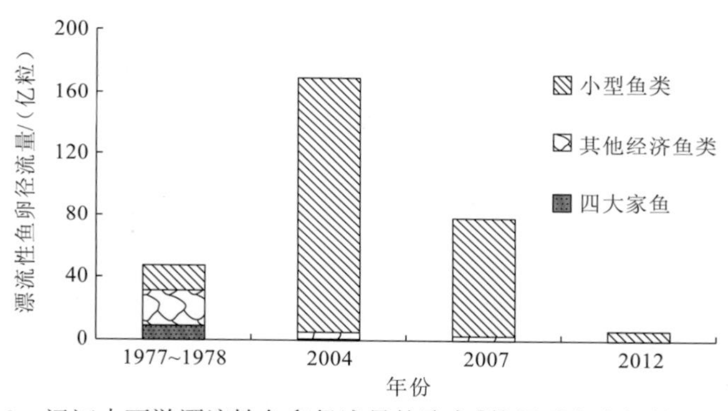

图 2.12 汉江中下游漂流性鱼卵径流量的演变[数据引自秦烜等（2014）]

梯级开发导致大坝上游水库水流流速减缓，水生植物生长，有利于底栖动物的生存和建群。但由于大坝上游水库可能出现分层现象和富营养化，同时，生境异质性较低，因此，底栖生物多样性通常较低，库区多以耐受性较强的种类为主，河岸植被带会有水生昆虫和其他底栖动物分布。例如，1958 年对丹江口地区汉江的底栖动物漂流物进行调查发现，秋季沿岸带底栖生物寡毛类和摇蚊科数量均较少，寡毛类密度约为 0.01 ind./m^2，摇蚊科密度约为 0.018 ind./m^2，其他昆虫类密度约为 0.07 ind./m^2，河流平均底栖动物密度为 0.41 ind./m^2。相比之下，丹江口水库建成之后，坝前底栖动物生物量大量增加，夏季最高密度达 33 792 ind./m^2。大坝下游泄洪造成水温和流速的剧烈变化，底质冲刷严重，不利于底栖动物的生长。

梯级开发，大坝上游蓄水，水体由流水变为静水。加之蓄水淹没大量陆地，带入大量陆源营养，通常会大大促进坝上水库浮游生物生物量的增加。浮游生物尤其是水华类浮游植物，需要大量营养、静水环境和适宜温度，因此，梯级开发常常增加了坝上水库夏季水华发生的可能性。而藻类水华也可能导致浮游动物生物量的下降，减少浮游动物对鱼类的食物供给。

波鲁茨基等（1959）对汉江和丹江进行了调查，记录的浮游植物以硅藻、甲藻和绿藻为主，季节变化不大；丹江口浮游植物的密度为 1.4×10^5 ind./L。之后的调查中汉江中下游藻类的种类组成一直以硅藻门的种类最多，所占比例最高，所占比例中游较下游高，绿藻为第二优势类群。丹江口水库兴建前，汉江浮游植物的数量很少，主要从支流和附属水体带入，20 世纪 70 年代末，汉江干流浮游植物的数量比建坝前略有增加，中游数量比下游高，中游江段平均藻细胞密度为 6.325×10^5 ind./L，下游为 6.63×10^4 ind./L，越靠近水库，藻细胞数量越多，坝下丹江口江段的藻类数量约为下游汉川脉旺江段的 18 倍。1994 年，汉江中游的浮游植物种数明显低于下游江段，密度最高值出现在武汉江段，为 5.26×10^6 ind./L，最低值在襄阳江段，为 1.49×10^6 ind./L，分别比 20 世纪 70 年代末增加 7～20 倍。1992 年和 1998 年汉江中下游硅藻大量繁殖，造成水质恶化。丹江口水库蓄水后，黄家港站低流量脉冲出现的频率增加，但持续的天数变短。流量变化导致黄家港江段的藻类数量急剧减少，排入河段的有机物质的增加又导致部分种类的藻类数量增加。

梯级水电开发会使上下游水生植物群落结构发生较大变化。上游水库蓄水淹没大量陆地，使河滩水杨柳灌丛大量被淹没；流水变静水，促进了漂浮植物、浮叶植物和沉水植物的生长。下游水文峰作用，导致植物分布高程发生变化，不同高程分布的植物类群也发生一定的改变。

以汉江为例，2002 年调查发现，汉江中下游共有水生植物 18 科 22 属 34 种；2013～2014 年调查发现，共有水生维管束植物 28 科 49 属 69 种。两次调查除水生植物多样性发生变化外，汉江中下游水生植物优势种也发生了较大的变化。早期研究表明，汉江中游主要以沉水植物为优势类群，而下游江段类群较单一，主要为挺水植物，沉水植物仅见金鱼藻、穗花狐尾藻等几种适合较深水位的耐污群落类型。而 2013～2014 年调查发现，汉江中下游共有挺水植物群丛、漂浮植物群丛、沉水植物群丛、浮叶植物群丛和湿地植物群丛 5 个群丛类型，19 个群丛。对比 2002 年的调查发现，汉江中游沉水植物群落仍然占优势，但优势地位有所下降，原先的优势种沉水植物篦齿眼子菜和穗花狐尾藻分布面积急剧减少，轮叶黑藻、苦草和菹草变为亚优势种或伴生种；而挺水植物芦苇、南荻和喜旱莲子草变为优势种。其主要原因可能是南水北调工程的兴建使得上游的来水减少并且流速变缓，而挺水植物和湿生植物可以很好地适应坝下流量节律变化，使其在短期内形成小群聚或优势种群。南水北调之后，汉江中下游平均径流量变小，流速减慢，径流年内分配趋于均匀化，这使得部分适合急流的水生植物如竹叶眼子菜的生存环境丧失。

3. 山区小水电河库系统生态需水问题

山区引水式水电站河库系统尽管水库容量不大，但建坝后上游水流速度减小，河水挟沙能力减弱，改变了河床形态，从而干扰了河流生态的自然过程，水温和水位等也发生改变（图 2.13）。丰水季节，在引水坝的下游产生冲刷，长期的冲刷会导致下游河床冲刷加剧。山区小水电河库系统的主要生态需水问题有：①减水河段问题。由于引水式水电站的建设，在上游拦水大坝与下游水电站之间形成了不同长度的减水河段，河段流量极低甚至干涸。减水河段的形成使该区域鱼类、底栖动物等水生生物无法生存。同时，外源污染的排入，易导致减水河段水质恶化。②栖息地萎缩问题。由于引水式水电站高程落差较大，水量下泄将加剧下游河道的冲刷，对河床底质及下游湿地产生不良影响，冲刷河段底栖动物资源量减少，下游河段湿地面积减小。③鱼类上溯迁移通道受阻问题。在西南部地区及高原地区，山区河流多有特有鱼类的分布，如裂腹鱼、高原鳅等。一部分山溪性鱼类具有上溯迁移的习性，引水式水电站建设导致鱼类上溯迁移通道受阻，对鱼类的繁殖生长具有影响。

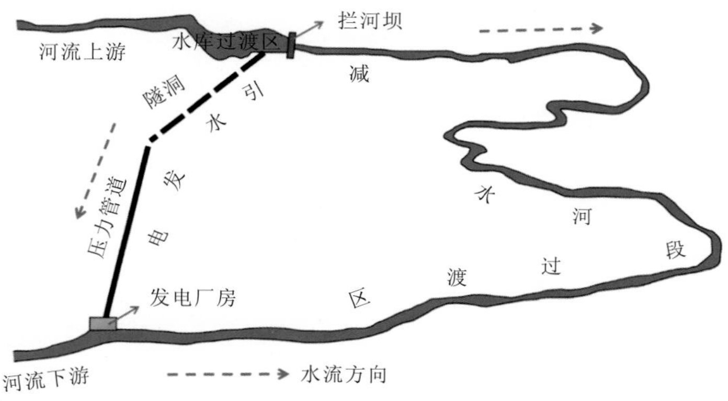

图 2.13　山区引水式水电站河库系统示意图

对山区小水电河库系统主要生态需水问题具体分析如下。

（1）减水河段的影响及问题。引水式水电站的修建，使大坝和厂房之间形成减水河段。由于人们在对河流进行开发建设的过程中，考虑较多的是区域经济的发展和发电效益，而对保护生态水环境考虑得较少，没有考虑坝下游生态和水环境保护的要求。其后果表现为，减水河段径流减少，甚至出现断流，水体自净能力减弱，而生活垃圾日益增多，河道污染严重。例如，在水电站施工期产生的废水可能使局部水体 pH 和固体悬浮物浓度升高、溶解氧减少，对鱼类生长、繁殖造成一定影响。这在水环境容量较大的情况下影响不大，但在水环境容量较小的河段，若生产废水及生活污水不进行处理直接排入水体，将对河流水生生态产生较大的影响。

（2）栖息地萎缩问题。引水式水电站的建设使河流生境的物理因子（如流速和水深）发生了较大的改变，这进一步影响了底栖动物的分布。由于底栖动物活动能力差，水库蓄水之后库区中大多数底栖动物会消失。水库的修建使底质环境差异变小，底栖动物物种丰度、密度和生物多样性降低，群落类型趋于简单，优势类群表现不明显，并且水库建成的年代越久，底栖动物的丰度、密度就越低，群落的组成类群就越少。

（3）鱼类上溯迁移通道受阻问题。引水式水电站工程对鱼类洄游是个主要障碍，甚至可能造成某些种群的消失。修建引水式水电站等局部建筑物直接阻止了鱼类的纵向迁移，破坏了水系的功能单元间的连接度。建造的鱼道必须吸引鱼类离开大坝下游处的河流出口，不仅要使鱼类后代向下游运动，而且要起到向上游迁移鱼类的作用。鱼道能使问题得到一定的缓解，但并不能完全弥补大坝产生的负面影响。因此，引水式水电站工程影响了河流中的常栖生物和迁移生物。水流的中断阻断或减慢了水生生物的通路或迁移，从而影响了与河道功能有关的食物链，阻断鱼类洄游通道，导致鱼类资源减少，生物多样性降低。

2.2.2　不同河库系统生态需水保障对象

1. 高坝大库河库系统生态需水保障对象

以三峡河库系统为例，三峡水库蓄水以来，不可避免地改变了坝区及上下游的水文特性，包括洪水脉冲模式、泥沙过程、水温过程等，这会影响河床冲刷、江（河）湖关系及江河水质等，进而可能显著改变栖息于其中的水生动植物群落，这种改变对一些高度依赖河流连续统一体或江湖复合系统的水生动物（特别是鱼类）来说，可能会带来致命的后果。筑坝对生态的负面影响是多方面的，如使鱼类失去行为刺激、阻断洄游通道、失去产卵场、卵和幼鱼的存活率降低、饵料生物减少等。20 世纪，长江干流的渔业资源从 1954 年的 43 万 t 下降到 20 世纪 80 年代的 20 万 t，最后到 2011 年的 8 万 t（降幅为 81%）；重要物种，如白鳍豚和白鲟已宣布灭绝，而江豚和中华鲟也已进入濒危状态。对于我国主要经济鱼类——四大家鱼而言，三峡水库建成后，四大家鱼繁殖所需的水文过程也相继发生改变。例如，5～6 月上游发生的涨水过程通过水库运行调节后，与自然涨水过程相比有较大差异，原有的自然节律和生态洪峰过程破坏，对四大家鱼繁殖产生不利影响。

因此，高坝大库河库系统的生态需水保障对象主要为：①重要物种如产漂流性卵鱼类（四大家鱼等）的繁殖；②下游洲滩湿地系统；③库区水质。

2. 低坝枢纽河库系统生态需水保障对象

流水环境中的植物群落因受到水流水深变化、底质等环境因子的限制，其分布面积不如湖泊那样大，群落的种类组成也较为单一，结构较简单。例如，汉江中对流水和水深变化适应能力较差的挺水植物、漂浮植物和浮叶植物较难形成大面积的植物群落，一般只带性分布在水流较缓慢的河湾水潭边缘、河滩低洼处、遗留水塘等，对流水和水深变化适应能力较强的部分沉水植物则能克服上述不良环境条件形成各类植物群落。水电梯级开发使水的输入和输出具有极大的人为性。水位波动引起环境因子的变化，如使水体浑浊、光照和透明度降低，使许多有机碎屑和营养物质随水流失，过量的洪水冲毁水生植物的附着基底，将底泥连同植株一同冲走，从而造成水生植物死亡。例如，在汉江上游汉中江段、城固江段等，由于基底多为砾石和砂质基质，且受石泉水库及丹江口水库蓄水排水的影响，在上游江段水位波动较大，水流较急，加之部分江段大中型挖砂船的过度作业，江水浑浊，泥沙含量大，光照度小，上游江段的水生植物为以耐受型的微齿眼子菜、竹叶眼子菜、狐尾藻为主的沉水植物。在中游丹江口、老河口等江段，石泉水库和丹江口水库的拦截作用，对江水澄清和流速缓冲起到积极作用，在这部分江段水流平缓，水质清澈，光照度好，水体透明度大，基底为砂石及软泥沙，故在上中游江段以竹叶眼子菜、穿叶眼子菜、微齿眼子菜、篦齿眼子菜等为优势种的沉水植物发育较为完全，浮叶植物和挺水植物群落结构完整、复杂。因此，水生植物的生长受梯级开发影响显著。

梯级枢纽所覆盖的海拔梯度大，从上游高原山地到下游平原，影响多种鱼类的生活史。梯级水电站所在河流上游生活的鱼类主要为适应高原、急流水环境的冷水性鱼类，以裂腹鱼类和高原鳅类为主，下游生活的鱼类种类较多，为暖水性鱼类。上游鱼类生活在流速较大的流域中，多为春季繁殖，繁殖过程多发生在涨水之后，一定的水流刺激可以促进产卵行为的发生。下游生活的暖水性鱼类以四大家鱼为主，常见的鲤、鲫、长春鳊、黄颡鱼等也是主要的经济鱼类。繁殖适宜水温在 20～30 ℃，产卵过程也需要一定的涨水刺激。

汉江产漂流性卵的鱼类至少有 25 种，其中经济鱼类有草鱼、青鱼、鲢、鳙、鯮、鳡、鳤、鳊、长春鳊、赤眼鳟、铜鱼、吻鮈、鳜及三种红鲌属鱼类，占 16 种，其他为小型鱼类。这些鱼类产卵均需要有江河的涨水过程。在河流涨水的诸多水文要素中，流速的增大，对促使产卵起着主要作用。不同的鱼类产卵对流水的要求是有差异的，其中，鱼类的产卵规模与江水的流速增大紧密相关。梯级枢纽对产漂流性卵鱼类繁殖的影响主要表现在，给上游提供了规模较大的繁殖群体。若产卵场分布在接近水库的江段，会导致上游大部分鱼卵在孵化前随江水流入水库，无法孵化。同时，水库的低温水和大坝对径流的调节，改变了上下游的水文条件，导致产卵场的变迁、繁殖季节的推迟和产卵规模的缩小。

研究表明，梯级开发对汉江陕西江段土著鱼类产生了较大影响。其中，日本鳗鲡为降河洄游性鱼类，丹江口水库及石泉水库建成后，其在汉江上游已绝迹；贝氏哲罗鲑及秦岭细鳞鲑两种鲑科鱼类为国家二级保护鱼类，种群数量稀少，主要分布在海拔 1 100 m 以上的汉江北侧支流的上游；被列入《中国物种红色名录》的有贝氏哲罗鲑、秦岭细鳞鲑、鯮及青鳉 4 种鱼类，历史上主要经济鱼类青鱼罕见，赤眼鳟仅在白河江段捕获 1 尾。

梯级水电的开发和运营对栖息地的破坏表现为短期破坏和长期破坏。短期破坏即直接破坏，主要表现在施工期，如施工期的工程占地、水库淹没，对植物的砍伐和对动物的捕杀等行为，直接破坏是短暂的；长期破坏主要表现在运营期，如径流调节、大坝阻隔及其带来的区域地质灾害和气候变化等对栖息地是一种长期的持续性破坏。这两种破坏作用的叠加最终会使地形地貌、水文水质、气候等条件发生改变，而这些条件的改变又会导致栖息地面积、连续性、稳定性、价值、形态和栖息环境的变化。例如，梯级电站联合运营后，澜沧江栖息地环境指数从建坝前的 1.00 下降至 0.33，栖息地多样性指数从 1.00 下降为 0.52。对栖息地的影响大坝上下游有所差异：对大坝上游的影响往往大于大坝下游。梯级开发对栖息地完整性的影响主要表现在：水库蓄水淹没了大量林地、灌丛、草地和农田等生态系统，改变了大坝周边的土地利用类型，使得植被和陆生动物的栖息地面积减少；同时，水域面积的扩大增加了水生动植物的栖息地面积。梯级大坝的建设和运营对栖息地多样性的影响主要表现在：水位上升，淹没了江心洲、岩石险滩、曲折蜿蜒的河道等，使原本形态多样、异质性高的栖息地变得简单，原本曲折交错的河网变得平直，改变了河道的基底状态等。这些改变对栖息地的多样性有很大影响，尤其是对上游库区的栖息地。例如，随着澜沧江干流梯级水电的开发，栖息地多样性指数呈现降低的趋势。

综合上述分析，低坝枢纽河库系统生态需水保障对象主要为：①梯级水库水质；②湿地栖息地；③洄游性鱼类迁移通道与繁殖。

3. 山区小水电河库系统生态需水保障对象

河道生态需水量主要是指，维持河道基本形态及输沙、输盐、河口生态等基本功能不变所需的最小生态需水量。引水式水电站主要分布于山区，河道蜿蜒，坡降较大，河道挟沙量小，生态需水可以不考虑输沙需水的要求。但河道生态需水除满足基本的、较小的河道自净需水要求外，还需保障底栖动物，尤其是鱼类的生态需求。

山区河流中底栖动物的优势种与长江、黄河及通江湖泊中底栖动物的优势种有着很大区别。例如，雅江流域以水生昆虫为主，水生昆虫不仅是多种经济鱼类特别是底层鱼类如鲤、鳃、青鱼等的天然优良饵料，而且在水体环境保护方面也起着重要的作用。部分水生昆虫能摄食水体底部沉积的有机物质，在加速水体内的物质循环、促进水体的自净方面起着积极的作用；在环境水质系统监测及评价中，还可以根据水生昆虫的种群结构、数量分布及其变动情况等资料来确定水质污染状况；西南山区宝兴河流域以软体动物为主，底栖软体动物作为系统内部调控，在水生生态系统物质和能量循环中处于十分重要的地位，它们种类多、分布广、食性广，对污染水体具有明显的净化效应。

在山区的河流生态系统中，鱼类的密度和生物量较平原河流湖泊并不大，但仍然有着十分重要的作用。首先，它是食物网中必不可少的一员，能够促进物质循环、能量流动；其次，山区河流中存在着许多特有种及珍稀鱼类，如西南山区的青石爬鮡、黄石爬鮡和中华鮡等，保证了河流生态系统的多样性，并且有些种类有着极大的研究价值；最后，山区水库养鱼也具有相当大的经济价值和食用价值。例如，长江上游特有物种长薄鳅，它色泽鲜艳，头部和躯干部体表分布有不规则的深褐色斑纹。此外，它富含蛋白质、脂肪和必需氨基酸，且有利尿、滋阴等药用功效，市场上价格昂贵。因此，长薄鳅是观赏和食用兼备的名贵鱼类，发展养殖具有广阔的前景。同时，其也是鳅科鱼类中个体最大的一种。

综合上述分析，山区小水电河库系统生态需水的主要保障对象是：①减水河段生态基流；②鱼类和底栖动物等的栖息地；③重要鱼类迁移通道。

2.3 河库系统生态需水保障对象的生态需水特征

2.3.1 河库系统湿地植物生态需水特征

1. 湿地植物类群生态需水规律

湿地植物是湿地系统的主要组成部分，是重要的需水保障对象。湿地植物遍及世界各地，常常是生态系统中最明显的组成部分。对湿地植物的定义，往往基于这些物种对水文节律的需求。总地来说，所有维管束植物都存在于对水文条件耐受的连续统一体当中，即从适应极端干旱情况的陆生植物到生活史完全在水体中完成的水生植物都生活在连续统一体中。在这个连续统一体中，所有物种通过对水分的需求联系起来，所以陆生植物和湿地植物之间并不存在一个明显的界线。在河库系统中，典型的湿地植物有水生植物和河岸带植物。其中，水生植物的典型代表有湿生植物灰化苔草和虉草、挺水植物芦苇和南荻、沉水植物穗状狐尾藻和苦草、浮叶植物黄花荇菜和菱，河岸带植物的典型代表有杨树和柳树等。

湿地植物作为生态系统最重要的组成部分，在许多方面都发挥着重要作用，具体表现在以下方面：①湿地植物是湿地生态系统的主要初级生产者，是湿地其他生物类群生长和新陈代谢所需能量的主要来源。湿地植物通过光合作用把无机环境和有机环境联系起来，虽然不同的植物群落初级生产力有很大差异，但是一些草本植物群落却拥有极其高的初级生产力，如挺水植物的初级生产力是地球上最高的。②湿地植物是湿地生态系统最重要的组成部分，良好的植被条件是湿地生态系统结构和功能完整性的必要基础。③湿地植物通过拦蓄沉积物、对地表水的遮阴及蒸腾作用影响着湿地的水文过程。④湿地植物创造了多样化的生境，为其他生物（如鱼类、底栖动物、固着生物和浮游动物等）提供栖息地，从而直接影响食物网的结构。⑤对水体物理和化学性质有重要影响。湿地植物在生长过程中能够直接吸收底泥或水体中的营养物质，起到净化水质、降低水体营养水平、防止湖泊富营养化的作用。⑥能够降低水体表面的风速，减轻风浪对湖底的扰动和对沿岸带的侵蚀，减少水体底部动植物残体和悬浮物质的再悬浮，增加水下光照的可利用性。⑦不仅能同藻类竞争营养、光照和空间等条件，一些湿地植物对藻类还具有化感作用，能够分泌出克藻物质，起到抑制藻类生长的作用。⑧湿地植物在水土保持、含蓄水源、调节气候等方面也发挥着一定的作用。⑨具有美学价值、经济价值和娱乐功能。

水生植物不同生活史时期对水位有不同的需求，总体生态需水模式如图 2.14 所示。2～3 月是水生植物的萌发期，适宜保持低水位。4～6 月是水生植物的快速生长期，对水分（湿生植物和挺水植物）和空间（沉水植物）有更大的需求，适宜保持中等水位。水生植物一般在 6～7 月就已经成熟，在其生长期不耐受淹没。7～9 月是水生植物的扩张期，适宜保持高水位，一方面促进水生植物分布范围向外扩展，另一方面可以防止消落区萎缩。10～11 月是水生植物的种子传播期，适宜保持中等水位，促进种子的成熟和传播。12 月～次年 1 月是水生植物的休眠期，适宜保持中等至低水位。水生植物保持以上生态需水规律的生态学意义见表 2.8。

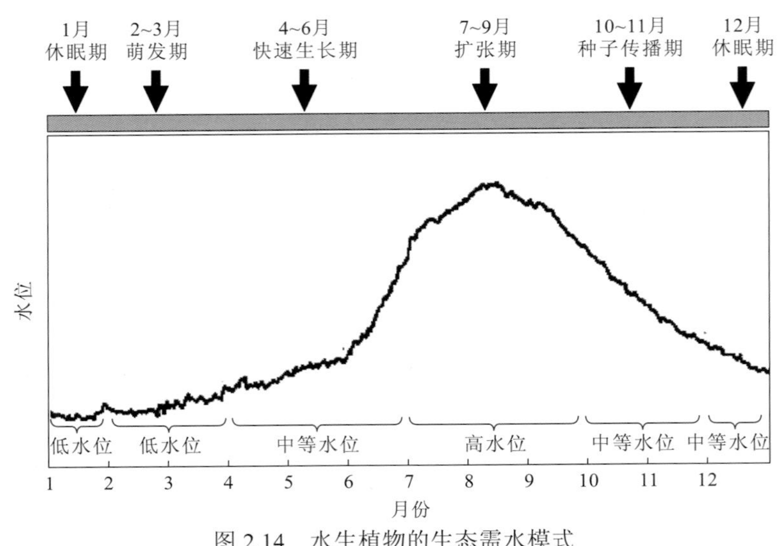

图 2.14　水生植物的生态需水模式

表 2.8　水生植物生态需水规律及其生态学意义

月份	水位	生态学意义
2～3	低水位	植物萌发期，增加光照可利用性，为水生植物萌发创造条件
4～6	中等水位	植物快速生长期，为水生植物的生长提供足够的水分，为沉水植物和浮叶植物的生长提供充足的空间
7～9	高水位	植物扩张期，扩大水生植物的分布范围，排除外来物种，防止湿生植物向消落区转移，防止消落区萎缩
10～11	中等水位	植物种子传播期，促进水生植物种子的成熟及其种子和繁殖体的传播
12～次年 1	中等至低水位	植物休眠期，为水生植物提供足够的栖息地，增加水体光照，改善底质物理、化学条件

图 2.15 给出的是水生生态系统中水生植物的生态需水示意图。

2～3 月，系统中水位较低，水体中光照条件较好，沉水植物和浮叶植物的冬芽、地下茎或种子开始萌发，消落区挺水植物和湿生植物也在此时开始萌发。

4～5 月，植物开始快速生长，对水分需求较大，此时水位缓慢上涨。浮叶植物和沉水植物生长迅速；香蒲和菰等挺水植物由于分布高程较低，处于浅水淹没状态；湿生植物由于分布高程较高，基本不被淹没。此外，一些一年生湿生植物（如稻槎菜）和多年生湿生植物（如灰化苔草）在此时开花结果，生活史基本完成。

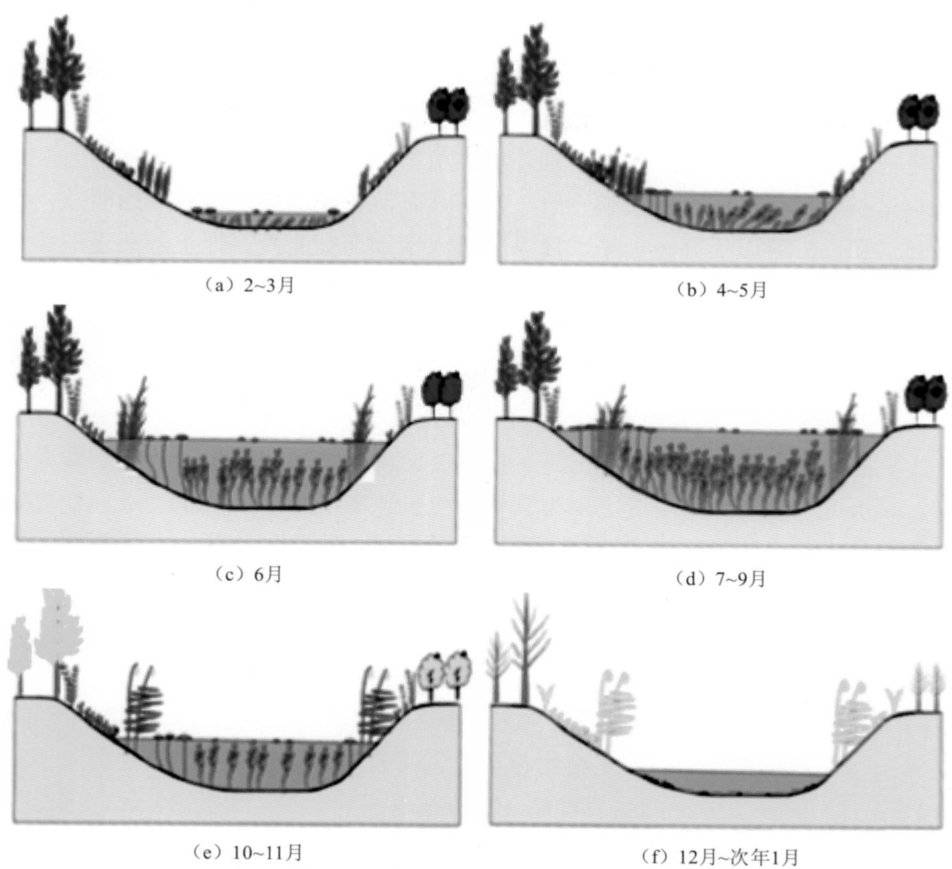

图 2.15　水生植物的生态需水示意图

6 月，随着汛期的到来，系统中水位快速上涨。浮叶植物和沉水植物继续快速生长；香蒲等高大挺水植物由于已经具备一定的高度，快速淹没难以造成其死亡；一些一年生湿生植物（如稻槎菜）在淹没中死亡，一些多年生湿生植物（如灰化苔草）的地上部分死亡，地下部分进入休眠状态，还有一些湿生植物（如飞蓬）由于分布高程较高基本不被淹没。

7～9 月，水位达到最大，此时沉水植物和浮叶植物开始通过断枝或其他方式向消落区浅水区域不断扩张，分布范围不断扩大。消落区大部分湿生植物也都被淹没，一些挺水植物由于植株高大并没有被完全淹没。

10～11 月，水位不断下降，香蒲和菰等水生植物的种子大部分在这个时期成熟并传播。此时，消落区许多湿生植物获得再次萌发并生长的机会，稻槎菜等一年生植物以种子形式再次萌发生长，灰化苔草等植物则从地下茎重新萌发生长，还有一部分湿生植物的种子也在这个时期成熟并传播。

12 月～次年 1 月，水位继续降低，系统中大部分沉水植物和浮叶植物以冬芽或种子的形式进入休眠。消落区湿生植物和挺水植物的地上部分也枯死，以种子或地下茎的形式进入休眠。

2. 典型湿地植物的生态需水规律

灰化苔草、芦苇和穗状狐尾藻分别是湿生植物、挺水植物和沉水植物的典型代表。

以灰化苔草为代表的湿生植物一般一年内具有两轮生活史，初春开始萌发，4 月达到生长旺盛期，5 月以后开花结果。夏季因进入汛期而被淹没，地上部分逐渐腐烂，地下部分休眠。汛期过后，洲滩显露，再次萌发，开始秋冬季生活史。整个生活史过程，其萌发的迟早、生长期的长短、生长状况等都对水位波动有特殊的需求。湿生植物适宜生长在 1～5 月水位较低且稳定，水位波动幅度中等（5～6 m）的间歇性波动水体中。萌发期（2～3 月）对土壤含水率的耐受下限和上限分别为 5%、50%，最适值为 15%～30%，且在水下不能萌发。幼苗生长期（4～5 月）对静态淹没水深的耐受上限为不超过其茎部，对水位上涨速率的耐受上限为其平均生长速率（约 1.2 cm/d）。成熟期夏季淹没并非湿生植物必须经历的生活史阶段，但在野外环境，淹没能消除一些不耐淹的物种，从而为湿生植物削弱种间竞争。为保证春夏季生活史顺利完成，最佳淹没时机为 5 月以后。汛期过后，只要保证露滩时机在 11 月之前，湿生植物秋冬季生活史就能顺利进行，且秋季萌发对土壤含水率的需求与春季基本一致。

以芦苇为代表的挺水植物的萌发、生长和繁殖也受水位波动控制，但由于其生活史、生长速率和生存策略等方面与湿生植物存在较大的差异，它们的水位波动需求不同。萌发期（2～3 月）对淹没的抵抗能力较差，对淹没水深的耐受上限为 80 cm，因而需要适当的低水位。快速生长期（4～6 月）对水分需求较大，因此需要上涨的水位波动节律。扩张期发生在 7～9 月，此时淹没不会影响其种群的稳定和维持，所以该阶段是最适宜的淹没时机，水位可达最高。此后的 10 月～次年 1 月挺水植物多已成熟并产生种子，所以它们对秋季露滩时机的需求并不像具有秋冬季生活史的湿生植物那样严格，只需维持一定的水位下降速率，保证种子存活所需的含水率即可。

以穗状狐尾藻为代表的沉水植物对水位波动的需求主要是其萌发、生长和繁殖对水下光照条件的需求。研究表明，沉水植物适宜生长在水位波动幅度较小的近自然波动水体或水库型波动水体中，整个生活史时期始终保持淹没。萌发期（2～3 月）需要保持浅水环境，在约 2 倍透明度水深的以上区域萌发；快速生长期（4～6 月）需要一定的水位上升，以便为其生长提供更大的发展空间；扩张期（7～9 月）水位达到最大，有利于该类植物向消落区浅水区域扩展；种子传播期（10～11 月）水位逐渐降低，有利于扩大其分布范围；休眠期（12 月～次年 1 月）需要低水位，有利于改善底质理化性质，为来年萌发创造条件。

综合上述分析，河库系统湿生植物、挺水植物和沉水植物三种生活型的水生植物的生态水位需求模式如图 2.16 所示。

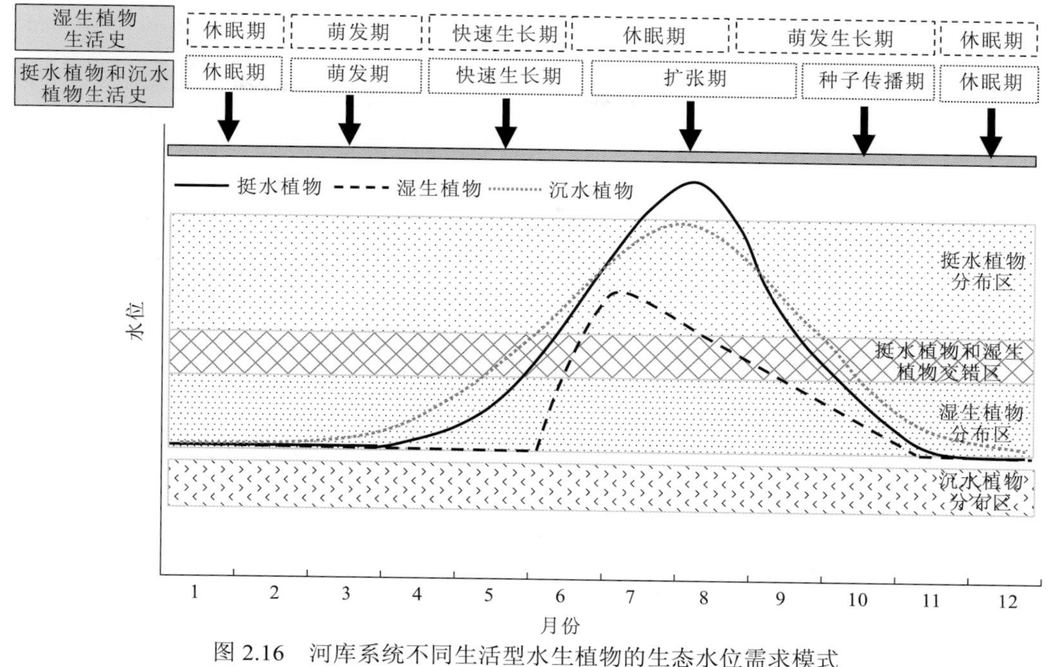

图 2.16 河库系统不同生活型水生植物的生态水位需求模式

3. 河岸带植物的生态需水规律

河岸带植物作为河流湿地生态系统的重要组成部分，对水陆生态系统间的物质流动、能量流动和信息流动能发挥廊道、过滤器和屏障等作用，具有截污、改善水质、控制沉积和侵蚀等环境功能；具有保持生物多样性，提供鱼类繁殖、鸟类栖息的场所，调蓄洪水等生态功能；还具有重要的经济和观赏价值。

以杨树和柳树为代表的河岸带植物生态需水的关键期是种子萌发期和幼苗生长期，幼苗生长期过后，树木的生长和死亡主要取决于水分的可利用性。种子萌发期，要保证种子的活性并顺利萌发，水位下降速率不宜过快，杨树种子萌发期水位不宜下降过快。幼苗生长期，杨树和柳树幼苗成活均要求洪水后水位下降的速率低于植物根部的生长速率，若退水速率超过植物根部的生长速率，植物幼苗就会缺水死亡。

2.3.2 河库系统重要鱼类生态需水特征

鱼类的生态需水特征主要表现为对洄游通道的需求、繁殖期对水文条件的需求及对适宜栖息地的需求。鱼类是河流生态系统中的顶级物种，多数河流鱼类具有不同程度的洄游迁移习性，如内陆河流中典型的江湖洄游性鱼类和部分山溪中的短距离迁移鱼类。

1. 产漂流性卵鱼类的需水特征

研究表明，梯级枢纽对产漂流性卵鱼类的受精卵孵化会产生一定的影响。对长江、汉江中下游产漂流性卵鱼类、早期资源及产卵场的研究表明，产漂流性卵鱼类的产卵繁殖与产卵的规模对水文条件有一定的要求，其与涨水情况及江水的流速、温度等因素密切相关。梯级枢纽运行后出现了产漂流性卵鱼类资源量减少，产卵量逐年下降，鱼类趋于小型化、低龄化的现象。研究人员对丹江口水库漂流性鱼卵的下沉速度与损失率进行了研究，结果表明汉江白河江段蜀河口、白河及前房等产卵场所产出的漂流性鱼卵孵化前都进入缓流区而沉没库底，实地测试显示，江水流速在 0.27 m/s 时漂流性鱼卵开始下沉，在 0.18～0.25 m/s 时陆续下沉，在 0.15 m/s 时几乎全部下沉。对 1977～1993 年鱼类产卵量的每年递减率进行计算，结果表明，漂流性鱼卵每年的平均损失率为 5.45%，其中青鱼、草鱼、鲢、鳙的损失率为 16.84%，其他经济鱼类的损失率为 4.46%，小型鱼类的损失率为 4.94%，如果以受精卵孵化时间为 2 天计算，在平均流速为 0.1 m/s 的情况下，漂流性鱼卵孵化流程约为 86.4 km。在丹江口水库二期工程完建后，水库回水至天河口时，蜀河口、白河及前房产卵场的漂流性鱼卵在孵出前都会在原郧县前后段下沉。梯级开发对上游鱼类的影响也不容忽视，张海斌等（2006）对汉江陕西江段河流湿地鱼类多样性进行的研究表明，汉江湿地环境日趋恶化、功能日渐衰退，鱼类物种多样性面临极大威胁，由濒危至绝迹的物种达 19 种，占整个物种数的 17.75%。

20 世纪 70 年代，当汉江日平均涨水幅度在 0.01～9.39 m 时，都可引起产漂流性卵鱼类的繁殖。当日平均涨水幅度在 0.4 m 以上时，产卵活动较为强烈。产卵性鱼类的繁殖期每年有 3 个多月。这些鱼类在汉江上游开始产卵的时间主要在 5 月初～5 月中旬。油餐、逆鱼、银鲴、蛇鮈、鳡、鳜和吻鮈等开始于 5 月初；草鱼、鲢、铜鱼、长春鳊、赤眼鳟和红鲌属鱼类等开始于 5 月中旬，而青鱼和鯮则开始于 5 月下旬，鳙更是迟至 6 月中旬。产卵结束的时间也有差异。除铜鱼和鳜 6 月底或 7 月初结束产卵外，一般均可延至 7 月底～8 月中旬。在汉江中下游，受丹江口水库排出的低温水的影响，鱼类繁殖期有所推迟，一般开始于 5 月中旬，除鳡、鯮、铜鱼等结束于 7 月下旬外，其他经济鱼类皆延续到 8 月中旬～8 月底。

在鱼类繁殖季节，江河的涨水过程包含着水位升高、流量增大、流速加快、流态紊乱和透明度减小等多种水文因素的变化。虽然这些水文因素的出现是相互关联的，对鱼类繁殖所起的作用是综合的，但根据这些鱼类的繁殖活动是在水的上层，甚至表层进行的特点，以及家鱼人工繁殖时需要冲水以促使产卵的事实，流速的增大在促进鱼类繁殖的诸多水文因素中是起着主要作用的。在日平均流速增加 0.01～1.87 m/s 的情况下，都可以促使鱼类产卵。

2. 四大家鱼生态需水特征

长江流域四大家鱼都属于江湖洄游性鱼类，每年繁殖季节，成熟亲鱼集群溯流回到长江中游干流的产卵场中产卵。繁殖后的亲鱼和幼鱼常集中于江河弯道及通江湖泊中育肥，冬季在江河、湖泊的深水处过冬。

四大家鱼的繁殖特性比较类似。它们同属产漂流性卵鱼类，鱼卵没有黏性，需要在一定流速的水流中顺流漂流，在适温条件下发育成具有主动游泳能力的仔鱼。自然条件下，四大家鱼在长江中上游的产卵时间是 4 月底～7 月初，其产卵需满足一定的水温、水文和气象条件。四大家鱼产卵时的水温变动范围为 18～30 ℃，最适温度是 20～24 ℃，18 ℃是家鱼繁殖的下限温度。除水温条件外，四大家鱼还需要满足涨水或“生水”汇入等条件才能产卵。涨水即流量增加、水位上升、流速加大，对家鱼产卵起刺激作用，一般四大家鱼会在江水起涨后 0.5～2 天，甚至 3 天开始产卵，涨水停止时，产卵也停止。宜昌三峡产卵场流速和四大家鱼产卵时间之间的关系如图 2.17 所示。当产卵场附近发生暴雨，山洪暴发即“生水”汇入河流时，即使没有水位上涨和流速增加，也会刺激四大家鱼产卵。

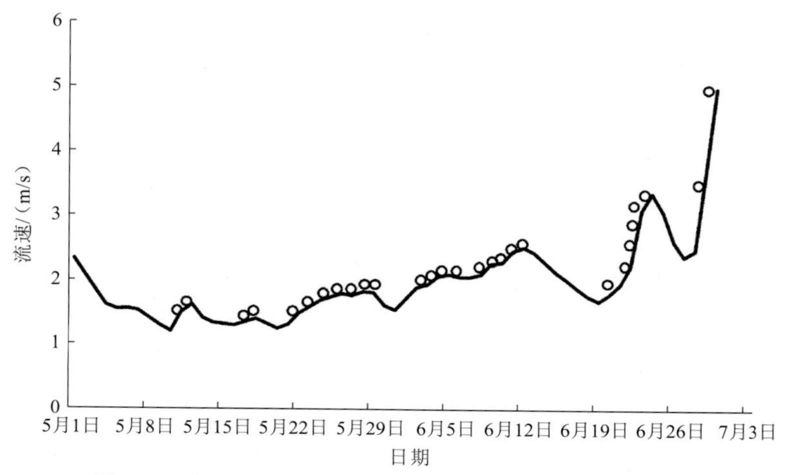

图 2.17　宜昌三峡产卵场流速与四大家鱼产卵时间的关系

四大家鱼鱼苗丰度与涨水持续时间和涨水率有关，在涨水率处于 900～1 300 m^3/(s·d)，且涨水持续时间为 5～8 天时，有利于四大家鱼的繁殖。因为在三峡水库蓄水后，四大家鱼的主要繁殖期已由蓄水前的 5～6 月逐渐推迟到 6 月中旬～7 月中旬，所以涨水过程发生时间应为 6 月中旬～7 月中旬。水温也是四大家鱼繁殖的一项重要限制因素，有学者认为，涨水过程应发生在长江中游水温为 20～25 ℃时。综上所述，在繁殖期对水文条件的需求方面，促进四大家鱼繁殖的环境流量需求如表 2.9 和图 2.18 所示。

表 2.9　促进四大家鱼繁殖的环境流量需求

水文指标	涨水持续时间/天	涨水率/[m^3/（s·d）]	涨水发生时间	水温/℃	最大流量/（m^3/s）	发生频次
变化范围	5～8	900～1 300	6 月中旬～7 月中旬	20～25	≤30 000	≥1

3. 山溪性鱼类生态需水特征

山区多为急流水体，鱼类体型与之相适应，鱼体侧扁，长形，尾柄长，游泳能力较强。产黏性卵的鱼类一般生活于河道大的回水弯处或分汊河道，这种生境岸边有较为丰富的植被，流速较慢，水流平缓，底质为砂砾或砾石，水浅或河床部分裸露，以便鱼卵

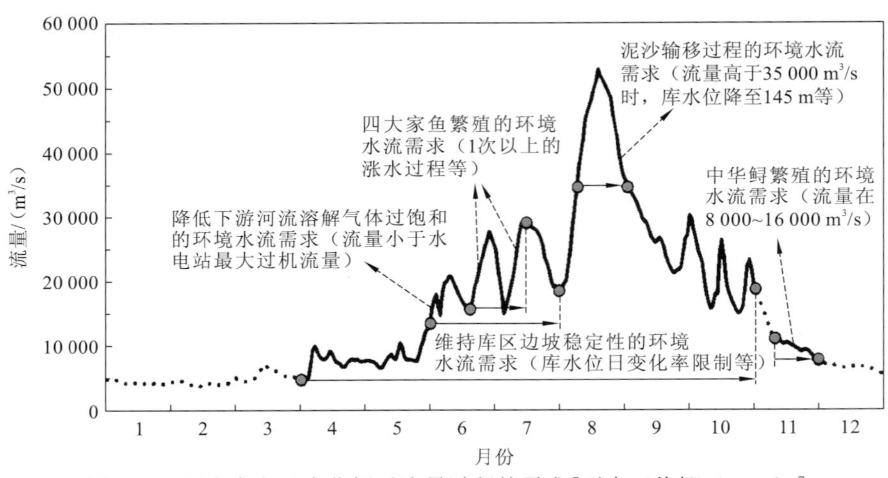

图 2.18 四大家鱼及中华鲟对流量过程的需求[引自王俊娜（2011）]

附着，同时周边又有一定的深水区，供亲鱼活动和藏身。产漂流性卵鱼类的生活环境需要保证一定的流速，以确保鱼卵可以漂浮，而且需要一定的洄游距离，洄游到保证受精卵能正常孵化的距离后，产卵孵出的鱼苗才能存活，如果距离不够，受精卵就会沉入水底，窒息死亡。鱼类的产卵需要一定的水流刺激，一般伴随着涨水过程发生。

裂腹鱼类鱼体侧扁，长形，尾柄长，游泳能力强，适应于急流水，一般在流水环境中生活，以着生藻类或底栖动物为食。裂腹鱼类产黏沉性鱼卵，产卵时间在每年的 3～4 月，其产卵繁殖活动对水力生境要求较高，一般选择在河床底质砾石相对粗大、水流缓急交错的地方进行，产卵时需要一定的水流刺激，在产卵期，天然情况下河流水文情势多以涨水过程为主，并伴随着短距离的生殖洄游。产卵期流量涨水率、落水率的适宜范围均为 0.005～0.015 m^3/（s·d）；非产卵期涨水率的适宜范围为 0.01～0.05 m^3/（s·d），落水率的适宜范围为 0.02～0.04 m^3/（s·d）。裂腹鱼产卵期偏好水深范围为 0.5～1.5 m，偏好流速范围为 0.5～2.0 m/s。金沙江上游裂腹鱼栖息地生态水文学指标见表 2.10。

表 2.10 金沙江上游裂腹鱼栖息地适宜的生态水文学指标统计

生态水文学指标		适宜范围
产卵期（3～4 月）	涨水率	0.005～0.015 m^3/（s·d）
	落水率	0.005～0.015 m^3/（s·d）
非产卵期（5～10 月）	涨水率	0.01～0.05 m^3/（s·d）
	落水率	0.02～0.04 m^3/（s·d）

鮈亚科鱼类的生态习性及繁殖行为多样，属于淡水生活鲤科鱼类，在江河湖泊中较常见。鮈亚科作为长江上游的重要类群，在渔获物中有较高的比例，还包括多种长江上游特有鱼类，生态类型多样，多数种类为产漂流性卵鱼类。水利工程修建对鮈亚科的繁殖有较大的影响。鮈亚科许多种类产漂流性鱼卵，鱼卵可以随水漂流，产卵量较高的鱼类铜鱼属和吻鮈属，还具有洄游习性。

长江上游鮈亚科鱼卵数量最多的为铜鱼属，产漂流性卵鱼类产卵需要一定的水文条件，水位上涨可以刺激铜鱼产卵，涨水后的几天铜鱼仍然可以产卵，产卵场多在水流湍急、流态复杂的江段。研究发现，当长江上游流量处在 6 000～12 000 m^3/s 时，较适宜铜鱼产卵。铜鱼产卵所需的透明度为 3～15 cm，透明度越低，产卵量越高，透明度降低提高了铜鱼产卵的可能性，可能是因为透明度的降低和流量的上涨有一定的关系，同时透明度降低可以降低铜鱼鱼卵和初孵仔鱼漂流过程中被捕食的概率。

2.3.3 河库系统主要底栖动物生态需水特征

底栖动物的生态需水特征主要表现在对流速、底质及不同栖息生境的需求。河流底栖动物对自然的水文情势形成了一系列的适应模式，包括生活史、行为及形态结构的适应。生活史适应模式是底栖动物对多年水文情势的适应，有的物种通过长期形成的滞育或羽化等与低水位期同步以减少旱季的死亡率等。例如，石蛾的滞育期与水文过程中的枯水期同步，减少了石蛾在枯水期的死亡率。行为适应模式是动物对洪水或干旱的直接应答，有的物种在高流量时主动迁移以躲避冲刷作用；有的物种通过筑巢、钻泥等习性躲避不利环境等。例如，洪水期前急流区水流下泄时，负子蝽科会利用突发水文情势下降雨的变化远离溪流生境。形态结构适应模式主要是指生物在生理结构上的变化、不同器官或生物量之间的配比等，如有的物种身体趋于扁平以抵御冲刷作用，如扁蜉属等；有的物种在高强度流量干扰下通过改变体长和发育时间的配比来适应环境等。

底栖动物的繁殖、发育和扩散都需要水流的作用。对于繁殖需求，有些体外受精的物种的卵没有主动扩散的能力，需要借助水流的作用来完成繁殖需求，有的物种会在缓流中排卵如鳌石蛾科，有的物种会选择在急流中产卵。对于发育需求，有些物种在生活史的某一阶段对水流需求较大，其余阶段需求较弱，如昆虫滞育等对水流需求较弱。对于扩散需求，底栖动物群落的扩散需要借助水流的作用。

对长江中下游干流底栖动物的研究发现，影响干流底栖动物整体分布的主要因素是水文要素，底质和水质影响不大。底栖动物总密度和总生物量随近底流速的分布一致，即当近底流速小于 0.7 m/s 时，现存量与流速关系不大；当近底流速在 0.7～1.3 m/s 时，呈负相关关系；当近底流速大于 1.3 m/s 时，无底栖动物分布。参考河流动力学原理，当底质中值粒径均值为 0.64 mm 时，对应的起动流速为 0.5～0.8 m/s。当近底流速超过起动流速时，底质移动加剧，冲刷作用加强，导致底栖动物现存量减少（图 2.19）。同时，由于目前中下游悬移质粒径偏细，泥沙以搬运为主，沉积过程很弱，有机质等营养物质不易积累，对底栖动物的生存和建群不利。受三峡水库蓄水的影响，一方面大部分粗颗粒泥沙被拦截在库内，出库泥沙粒径明显偏细；另一方面坝下游水流含沙量大幅减少，河床沿程冲刷加剧，目前已发展至大通江段。推移质的粒径减小，使起动流速变小，而悬移质沉积作用弱，使中下游极不稳定地冲刷底质，这是目前干流底栖动物现存量大幅减少的主要原因。

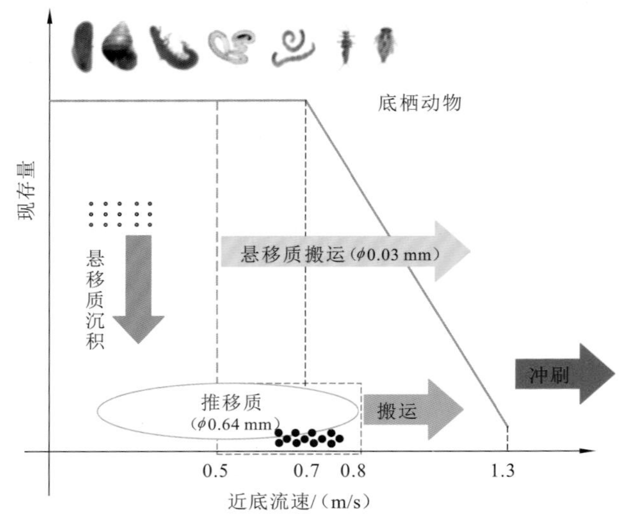

图 2.19　长江中下游干流流速对底栖动物的影响机制

2.3.4　河库系统水华藻类抑制生态需水特征

水文情势对藻类的作用主要表现在，水体滞留时间、水位、流速、含沙量、水体交换率的调节，改变浮游植物种类组成，稀释或降低浮游植物的现存量，破坏藻类的生存条件。

（1）水体滞留时间。水在库区的滞留情况和水体交换情况直接影响悬浮物的沉淀及磷等有机物的滞留。水库水体滞留时间的长短决定了水库中浮游生物种群能否维持，滞留时间太短，浮游生物由于缺乏足够的时间进行繁殖，种群数量将难以维持。

在枯水期或枯水年，水流变缓，滞留时间过长，易发生藻类水华。水体滞留时间的长短与水质密切相关。当入库水流化学物质的浓度维持不变时，出库水流中该物质的输出负荷量随滞留时间的增加呈指数函数减少。研究发现，只有当水体滞留时间超过 2 周或更长时间时，浮游生物及藻类才能维持较高的种群数量，增大水体交换。同时，缩短水体滞留时间，能有效地防止水温分层，增加水体混合层，破坏藻类等浮游植物繁殖和生存的条件，进而减缓富营养化进程，降低藻类水华发生的频率。

（2）水位。水库水位一般由水库的调蓄决定，水位的高低反映了水库的水量平衡，水位高表明水量大，反之则小。库区水质与蓄水量密切相关，入库水量越大，水体自净能力越强，水质越好。反之，入库水量越少即水位越低，水质越差。

水位与浮游植物现存量存在着显著的负相关关系，在枯水年（期），尽可能保持高水位，有益于水质的改善，表现在：①水位高，库容大，对浮游植物有稀释作用；②高水位时水体有跃温层出现，水体保持相对静止，抑制库底营养物质向水中释放，浮游生物现存量低；③高水位可扩大鱼类产卵场和鱼类补充群体，从而增加对蓝藻、绿藻的摄食压力，这种通过食物链及营养级联作用的下行影响，可控制这些藻类群体，有利于防止藻类的滋生和藻类水华的形成。

（3）流速。不同藻种的水华对流速的敏感程度不同，因此抑制水华暴发的临界流速也不同，需要综合考虑。水流速度达到 0.01 m/s 为破坏藻群结构的最低流速，流速达到 0.03～0.04 m/s 能够去除河流着生藻类。大部分水体中，流速为 0.01～0.05 m/s 时可抑制藻类的生长。

（4）含沙量。泥沙中挟带有大量的氮、磷等营养元素，当上游河流流经水库时，水库中含沙量增加，使水体的浊度减小，而且大量的营养盐沉积到水体底部，造成了营养物质的富集，为藻类的大量繁殖和增长提供了充足的物质基础，水质逐渐恶化，进而暴发水华。通过分析国内外典型多泥沙水库调水调沙期间含沙量与部分水质指标的相关关系发现：①调水调沙期间水库下泄水流水质指标化学需氧量、生物需氧量、总氮、总磷的质量浓度均增加明显；②调水调沙期间水库下泄水流部分水质指标化学需氧量、总氮、总磷均与下泄水流含沙量相关性良好；③国内外水库排沙期间水质指标随含沙量的变化过程不同，但都出现了拐点。因此，对含沙量进行适当的控制，将有利于抑制水库水华的形成。

（5）水体交换率。水库的底泥中常年积累了大量营养盐，水体交换时这些物质会进行循环迁移。沉积在水库底部的底泥有着较大的表面积，因此可以吸附下层流速较慢而沉降的氮、磷等营养物质，这些物质又会随着沉积物间隙水与上覆水进行物理、化学及生物等作用，使得物质再次进行交换。因此，在水体交换时，这些吸附在沉积物上的污染物会再次释放出来，主要表现在当水体交换加强时，库底的沉积物会因为水流的作用力再次向水体释放。这就导致底泥中富集的营养盐扩散到上层水体中，浮游生物及藻类则会因为营养盐浓度的增高而大量生长，现存量较大，从而增加水华暴发的可能性。

2.4 不同河库系统生态需水规律

2.4.1 高坝大库河库系统生态需水规律

高坝大库河库系统生态需水的主要时期为汛前 3～6 月和汛后 9～11 月，汛前以水位和流量脉冲需求为主。水位的控制可以有效改善下游湿地生态系统及库区的生态系统，增加栖息地面积，流量脉冲的控制则可以满足鱼类繁殖的需求。汛后主要控制水位，满足秋季植物萌发的需求及洲滩湿地的露滩需求。高坝大库河库系统生态需水的总量一般较大，但比例不高，调节频率不高。高坝大库河库系统的生态水流管理，应注重以下几个方面。

（1）调水调沙同步进行。高坝大库由于库容大，下游河段受下泄水冲刷严重，河槽下切，生物栖息地遭受破坏。在考虑生态流量调节的同时，应考虑调沙，减缓清水下泄对河道的冲刷作用，稳定河槽形态，减小冲刷对生物栖息地的影响。下游河道的生态修复应以栖息地修复为主，如开展护滩、岸线稳固等修复工程。

（2）加强生物生长繁殖等关键时期的生态调度。河流生物群落一般在春季开始逐步萌发、生长和繁殖，此时期河道流量较小，生态调度易于操作，且有操作空间。到夏季汛期，防洪等压力增大，生态调度能力减弱。同时，应针对重要物种如四大家鱼、底栖性鱼类等的繁殖需求，开展有针对性的流量管理。洪水季节大部分生物都已完成生活史或具有适应洪水的能力，故夏季洪水季节生态调度可以相对弱化，河流管理以水资源管理和防洪等为主。

2.4.2 低坝枢纽河库系统生态需水规律

低坝枢纽河库系统的生态需水与高坝大库河库系统类似，但其更强调梯级枢纽间的联合调度运行。同样地，低坝枢纽河库系统生态需水主要是控制关键时期（主要为 1～3 月）的水位及流量脉冲，应同时调节流速和水质以抑制库区水质恶化与水华发生等。低坝枢纽河库系统生态需水的总量一般较大，但比例不高，调节频率较高。低坝枢纽河库系统的生态水流管理，应注重以下两个方面。

一是加强水文水动力及水生态改善。低坝枢纽河库系统一般建设在海拔较低的区域，且多以梯级水库群的形式存在。低坝枢纽的建设使河流水动力过程减弱，水流减缓，水库温度上升，极易出现水质恶化事件，如藻类水华。因此，低坝枢纽应加强流量调控的频率，通过流量调控改善水库群及下游河道的水动力环境。在夏季高温季节，低坝枢纽河库系统应同时调节水沙以抑制库区水质恶化和水华发生等。

二是加强重要生物类群关键生活史时期的流量调度。针对四大家鱼等重要经济鱼类的生长、繁殖等需求，在关键生活史时期开展流量调度。同时，加强生态流量调度，恢复下游湿地的面积，恢复生物洄游通道。

2.4.3 山区小水电河库系统生态需水规律

山区小水电河库系统的生态需水规律与上述河库系统有较大差异。这类河库系统的主要需求是维持减水河段的生态基流。在水电站的建设和运行过程中，除需考虑将相当大一部分的水引去发电之外，要求在任何季节都保证在坝址后按照该断面多年平均流量的 10%预留生态流量，以补充减水河段流量。如难以达到生态基流标准，可考虑预留水深 20 cm 以上的流量作为基流，以维持底栖动物和鱼类的生境及迁移通道。山区小水电河库系统生态需水总量不大，但需长期维持。

山区小水电河库系统的生态水流管理，应注意以下两个方面。

一是维持下游河段的生态基流。引水式水电站的流量调度应以日或周为时间单元，加强调度的频率，维持下游河段的生态基流，尽量避免脱水河段的出现。同时，在下游河流的生态修复中，应加强栖息地的恢复，如建设深潭阶梯连续生态系统，保证在枯水季节或减脱水严重时段为水生生物提供避难场所。

二是加大春季生长季节的下泄流量。在保证生态基流的基础上，引水式水电站还应在春季生物生长的季节加大下泄流量，增加下游湿地和生境面积。

2.5 本章小结

本章分析了水电和航运等开发条件下河库系统的特征及分类，针对不同类型河库系统的生态需水问题，探讨了不同类型河库系统的生态需水保障对象，研究了其需水特点，揭示了高坝大库、低坝枢纽、山区小水电等典型河库系统的生态需水规律。

（1）分析了河库系统的基本特征及分类。河库系统的特征与大坝、库容大小及运行方式等相关，大坝建设对河流生态系统的影响主要有：改变下游河流水文节律和水沙条件，影响了生物化学循环和水生及岸线生境的结构与动态；改变水温，影响生物的生物能量学指标和重要的生命指标；阻碍上游和下游之间的生物与营养交流，影响了河流生态系统的生物性交换。依据坝高、总库容及水库调节能力，从四个层级对河库系统进行了分类，分为超高坝大库河库系统、高坝河库系统、低坝河库系统、山区小水电河库系统、径流式水电站河库系统 5 个大类共 28 个子类型。

（2）针对水利水电工程建设形成的河库系统中存在的主要问题，探讨了主要河库类型高坝大库河库系统、低坝枢纽河库系统和山区小水电河库系统的生态需水问题及保障对象。高坝大库库容大，对河流径流量的调节能力很强，对河流生态系统的影响最大，其主要生态需水问题是：水文水动力问题；水质问题；生物繁殖问题；栖息地问题。生态需水保障对象主要为：重要物种如四大家鱼的繁殖；下游洲滩湿地系统；库区水质。低坝枢纽河库系统对河流径流量的调节作用很大，上游整体水位上升，流速减慢，水面积扩大，流量变幅减小，下游河流原有流量、水位和洪水脉冲过程改变，其主要生态需水问题有：水文水动力问题；水质问题；重要鱼类繁殖问题；湿地萎缩问题。生态需水保障对象主要为：梯级水库水质；湿地栖息地；洄游性鱼类迁移通道与繁殖。山区小水电河库系统建坝后上游水流速度降低，河水挟沙能力减弱，改变了河床形态。丰水季节，引水式水电站下游长期冲刷会使下游河床冲刷加剧，其主要生态需水问题有：减水河段问题；栖息地萎缩问题；鱼类上溯迁移通道受阻问题。生态需水的主要保障对象是：减水河段生态基流；鱼类和底栖动物等的栖息地；重要鱼类迁移通道。

（3）为明确河库系统主要生态保护对象的用水需求，分析了河库生态系统湿地植物、重要鱼类、底栖动物及抑制藻类水华的生态需水特征，分析了湿地植物的水文情势需求。水生植物不同生活史时期对水位有不同的需求，2～3 月适宜保持低水位，4～6 月对水分（湿生植物和挺水植物）和空间（沉水植物）有更大的需求，但不宜淹没。对于水生植物而言，7～9 月适宜保持高水位，10～11 月适宜保持中等水位，12 月～次年 1 月适宜保持中等至低水位。重要鱼类的生态需水特征主要表现为对洄游通道的需求、繁殖期对水文条件的需求及对适宜栖息地的需求。四大家鱼产漂流性卵鱼类，鱼卵没有黏性，需要在一定流速的水流中顺流漂流，在适温条件下发育成具有主动游泳能力的仔鱼。除水温条件外，四大家鱼还需要满足涨水条件才能产卵。在对栖息地的需求方面，多数河流鱼类喜缓流或静水区域，主要原因是这些区域食物丰富，同时在缓流区可节省能量消耗。底栖动物的生态需水特征主要表现在对流速、底质及不同栖息生境的需求。底栖动物对自然的水文情势形成了一系列的适应模式，包括生活史、行为及形态结构的适应。水文情势对藻类的作用主要表现在，水体滞留时间、水位、流速、含沙量、水体交换率的调节，改变浮游植物种类组成，稀释或降低浮游植物的现存量，破坏藻类的生存条件。

（4）分析了高坝大库河库系统、低坝枢纽河库系统和山区小水电河库系统的生态需水规律。高坝大库河库系统：高坝大库河库系统生态需水的主要时期为汛前 3～6 月和汛后 9～11 月，汛前以水位和流量脉冲需求为主，水位的控制可以有效改善下游湿地生态系统及库区的生态系统，增加栖息地面积，流量脉冲的控制则可以满足鱼类繁殖的需求。高坝大库河库系统生态需水的总量一般较大，但比例不高，调节频率不高。低坝枢纽河库系统：低坝枢纽河库系统与高坝大库河库系统的生态需水类似，但其更强调梯级枢纽间的联合调度运行，低坝枢纽河库系统生态需水主要是控制关键时期（主要为 1～3 月）的水位及流量脉冲，应同时调节流速和水质以抑制库区水质恶化与水华发生等。低坝枢纽河库系统生态需水的总量一般较大，但比例不高，调节频率较高。山区小水电河库系统：山区小水电河库系统的主要需求是维持减水河段的生态基流。除保障水电站引水发电流量外，还应全年保障水电站下游河道至少 10%的生态基流，以补充减水河段流量。如难以达到生态基流标准，可考虑预留水深 20 cm 以上的流量作为基流，以维持底栖动物和鱼类的生境及迁移通道。山区小水电河库系统生态需水总量不大，但需长期维持。

第3章

高坝大库河库系统生态需水核算方法

3.1 研究区域概况

3.1.1 金沙江下游梯级水库概况

金沙江干流以石鼓和攀枝花为界，石鼓以上为金沙江上游，石鼓至攀枝花段为金沙江中游，攀枝花至宜宾岷江口段为金沙江下游。金沙江下游指从攀枝花到宜宾岷江口河长约 768 km 的干流河道，金沙江下游河段是长江流域水能资源最富集的河段，自上而下规划有乌东德水库、白鹤滩水库、溪洛渡水库和向家坝水库 4 级水库，水库均以发电、防洪、拦沙为主要目标。其中，向家坝水库于 2012 年 10 月建成蓄水，溪洛渡水库于 2013 年 5 月建成蓄水，乌东德水库于 2020 年 1 月建成蓄水，白鹤滩水库于 2021 年 4 月建成蓄水。

金沙江下游河段内在建和规划建设 4 座大型水电站，设计总装机容量超 4 500 万 kW，多年平均总发电量超 1 850 亿 kW·h，水库总库容约 410 亿 m^3，其中总调节库容约 208 亿 m^3，总防洪库容约 155 亿 m^3。金沙江下游梯级水库群工程特征见表 3.1。向家坝水库与溪洛渡水库的相继蓄水及后期试运行将改变向家坝水库下游保护区河段的水文情势。随着向家坝水库和溪洛渡水库的蓄水运行，自 2007 年开展长期监测以来，长江上游珍稀特有鱼类国家级自然保护区（以下简称“保护区”）的鱼类早期资源量总体呈现下降趋势。

表 3.1 金沙江下游梯级水库群工程特征表

项目	乌东德水库	白鹤滩水库	溪洛渡水库	向家坝水库
正常蓄水位/m	975	825	600	380
正常库容/（亿 m^3）	58.63	190.06	115.7	49.77
死水位/m	950	765	540	370
死库容/（亿 m^3）	32.48	85.7	51.1	40.74
汛限水位/m	962.5	785	560	370
防洪库容/（亿 m^3）	14.24	74.99	46.5	9.03
调节库容/（亿 m^3）	26.15	104.36	64.6	9.03
装机容量/MW	10 200	16 000	1 260	7 200
建成蓄水年份	2020	2021	2013	2012

3.1.2 金沙江下游梯级水库蓄水运行情况

1. 蓄水计划

向家坝水库和溪洛渡水库是金沙江下游 4 个规划梯级水库中率先开发的，向家坝水库于 2012 年 10 月建成蓄水，溪洛渡水库于 2013 年 5 月建成蓄水。金沙江下游梯级水库和保护区主要水文、水位站点示意图如图 3.1 所示。

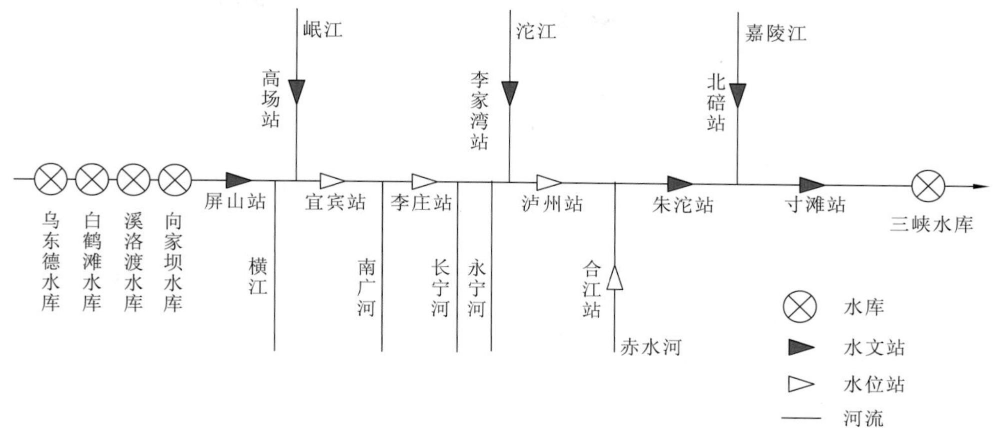

图 3.1 保护区干支流主要水文、水位站点示意图

根据向家坝水库 2012 年、2013 年防洪度汛方案和工程蓄水计划，向家坝水库下闸蓄水主要分三个阶段进行：第一阶段于 2012 年 10 月上旬开始下闸蓄水，初期蓄水至高程 354 m；第二阶段于 2013 年汛期前 6 月蓄水至高程 370 m；第三阶段于 2013 年 9 月上旬末～12 月蓄水至正常蓄水位 380 m。

根据金沙江溪洛渡水库 2014 年汛期蓄水和调度运用方案，溪洛渡水库 2013 年 5 月 4 日开始第一阶段蓄水，将从 440 m 蓄至 540 m 高程，水位抬升 100 m，库容将达 51.1 亿 m^3；2013 年 11 月 1 日开始第二阶段蓄水，逐步蓄至 560 m；2014 年蓄水计划包括两个阶段，第一阶段计划于 2014 年 6 月开始蓄水，将水库水位抬升至汛限水位 560 m，第二阶段计划于 2014 年 8 月底开始蓄水，将水库水位分步抬升至水位 580 m 和正常蓄水位 600 m。

2014 年底两水库均已蓄至正常蓄水位，后期进入试运行阶段。

2. 梯级水库实际蓄水及试运行过程

向家坝水库、溪洛渡水库实际蓄水及试运行过程见图 3.2。

从图 3.2 中可以看出，向家坝水库在 2013 年 9 月中旬库水位已接近水库正常蓄水位 380 m，水库蓄水基本结束，后期将进入试运行期。向家坝水库蓄水与调度运行对下游河道径流影响较大的时期主要集中在蓄水期的 2012 年 10 月 10～16 日（水位从 280.6 m 蓄至 353 m）、2013 年 6 月 26 日～7 月 6 日（水位从 355.6 m 蓄至 371.5 m）、2013 年 9 月 7～14 日（水位从 371.6 m 蓄至 379.8 m）及试运行期的 2014 年 6 月 26 日～7 月 3 日（水位从 378 m 降至 370.57 m）、2014 年 8 月 29 日～9 月 12 日（水位从 371.5 m 蓄至 379.87 m）、2015 年 6 月 22～29 日（水位从 376.11 m 降至 370.97 m）、2015 年 8 月 27 日～9 月 21 日（水位从 371.83 m 蓄至 379.63 m）、2016 年 2 月 5～15 日（水位从 379.16 m 降至 373.90 m）、2016 年 2 月 15 日～3 月 12 日（水位从 373.90 m 蓄至 379.08 m）、2016

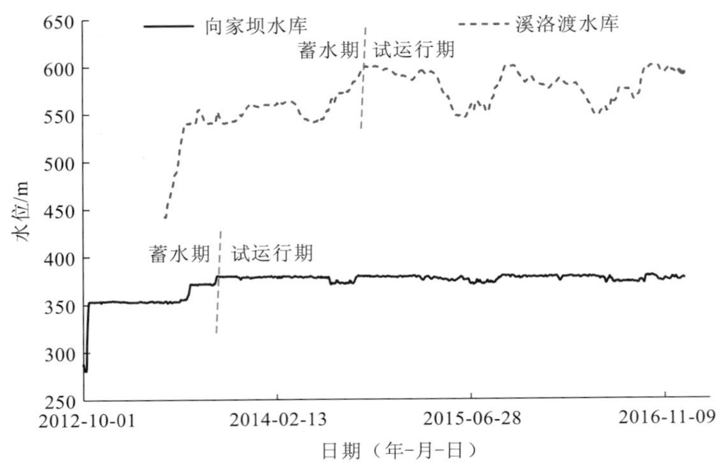

图 3.2 向家坝水库、溪洛渡水库实际蓄水及试运行过程图

年 6 月 12～21 日（水位从 371.28 m 蓄至 378.15 m）、2016 年 6 月 21 日～7 月 2 日（水位从 378.15 m 降至 371.93 m）、2016 年 9 月 18～26 日（水位从 371.53 m 蓄至 379.32 m）。

向家坝水库 2012 年 10 月 1 日～2016 年 12 月 31 日出入库流量对比分析见图 3.3。向家坝水库因兴利库容较小，仅 9.03 亿 m^3，蓄水用时较短，试运行阶段与溪洛渡水库相比，向家坝水库水位变化平缓。

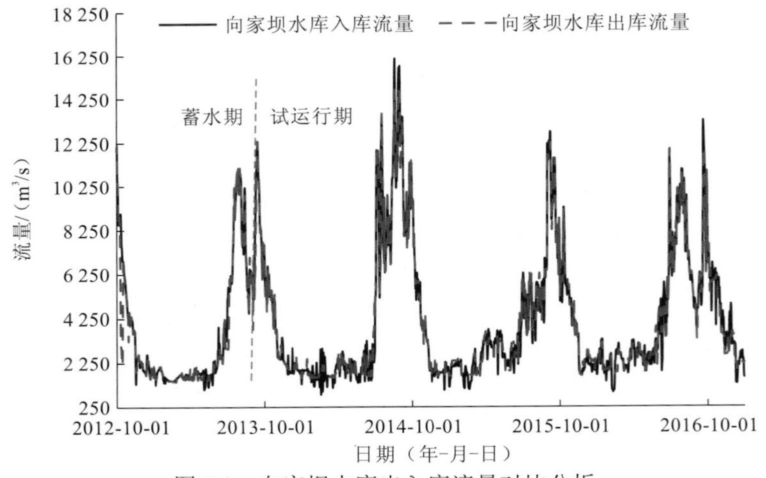

图 3.3 向家坝水库出入库流量对比分析

从图 3.2 中可以看出，溪洛渡水库在 2014 年 9 月底库水位已接近水库正常蓄水位 600 m，水库蓄水基本结束，后期将进入试运行期。溪洛渡水库蓄水与调度运行对河道径流影响较大的时期主要集中在蓄水期的 2013 年 5 月 4 日～6 月 23 日（水位从 440 m 蓄至 540 m）、2013 年 11 月 1 日～12 月 8 日（水位从 542.5 m 蓄至 560 m）、2014 年 4 月 1 日～6 月 5 日（水位从 560.9 m 降至 550 m）、2014 年 6 月 6 日～9 月 28 日（水位从 540.9 m 蓄至 599.78 m）及试运行期的 2015 年 3 月 20 日～6 月 14 日（水位从 593.9 m

降至 545.18 m）、2015 年 8 月 13 日～10 月 9 日（水位从 550.63 m 蓄至 599.73 m）、2016 年 3 月 27 日～5 月 22 日（水位从 581.16 m 降至 546.74 m）、2016 年 5 月 23 日～7 月 17 日（水位从 546.74 m 蓄至 575.19 m）、2016 年 8 月 26 日～9 月 28 日（水位从 563.68 m 蓄至 598.23 m）。

溪洛渡水库 2013 年 5 月 1 日～2016 年 12 月 31 日出入库流量对比分析见图 3.4。

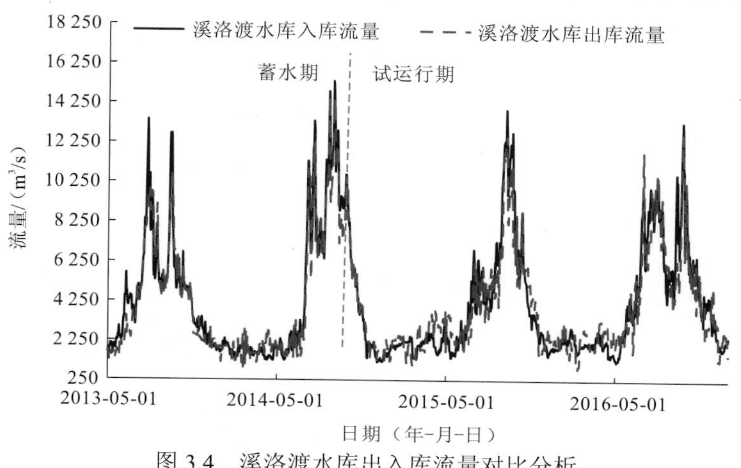

图 3.4 溪洛渡水库出入库流量对比分析

3.2 金沙江下游高坝大库河库系统生态环境特征需求

3.2.1 金沙江下游高坝大库河库系统特征

金沙江下游干流 4 个梯级水库在正常蓄水位下，库容达 49.77 亿～190.06 亿 m^3，水深达 120～255 m，均为高坝型水库。金沙江下游梯级水库最后一级——向家坝水库距保护区上游仅 1.8 km。保护区范围包括：自金沙江下游向家坝水库坝下 1.8 km 开始，下游延伸至重庆松溉溪；支流赤水河的干流及其部分支流；岷江下游和越溪河支流；南广河、长宁河、沱江和永宁河河口区河段。保护区总河长 1 162.6 km。保护区按照功能分为核心区、缓冲区和试验区，其中向家坝水库下游至南溪段为保护区的核心区。保护区的保护对象包括白鲟、达氏鲟、胭脂鱼 3 种珍稀鱼类和圆口铜鱼、长薄鳅、岩原鲤等 66 种特有鱼类。

保护区在长江上游生态系统中非常具有典型性和代表性，而随着金沙江梯级水电的开发，向家坝水库、溪洛渡水库等相继建成蓄水运行，原本连通的河流被水库大坝阻隔，河流的连通性受到水库影响，下游保护区江段的水文情势和生境条件发生了不同程度的改变，特别是向家坝水库的运行可能会对保护区珍稀、特有鱼类的产卵繁殖造成较大影响。因此，研究保护区在水库建设运行前后的生态水文变化对于长江上游水生生物保护显得尤为重要。

3.2.2 金沙江下游高坝大库河库系统主要水生态环境问题

金沙江下游梯级水库运行后水文过程的改变对保护区内珍稀、特有鱼类生长繁殖的影响一直是国内外专家学者关注的生态环境重点问题。

保护区江津断面鱼类早期资源量自 2007 年开展长期监测以来，总体呈现下降趋势，中间有波动，但总体下降趋势一直持续。长江上游干流河道断面（向家坝水库下游屏山站）的流量监测数据表明，金沙江下游高坝大库的建成运行使长江河道流量过程坦化（图 3.5），5～6 月自然的高流量脉冲过程损害（图 3.6），造成鱼类产卵期过程性缺水，鱼类产卵总量下降。

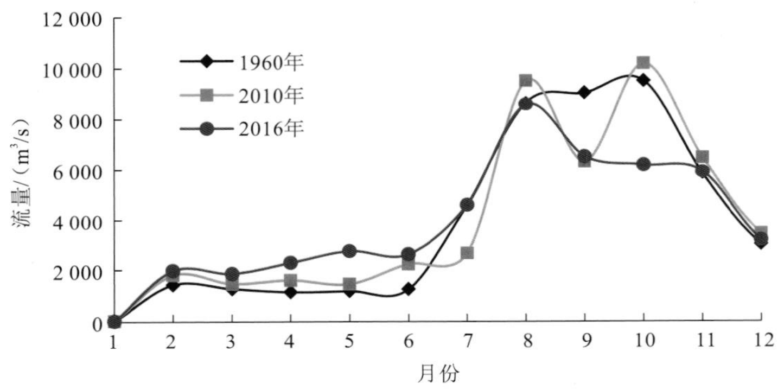

图 3.5 1960 年、2010 年、2016 年屏山站流量监测结果

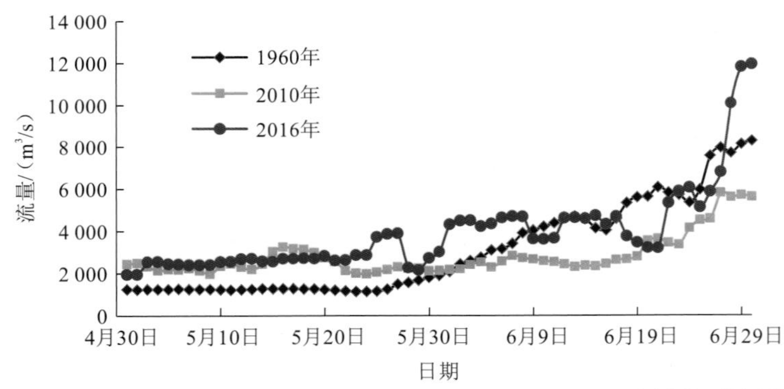

图 3.6 1960 年、2010 年、2016 年屏山站 5～6 月逐日流量监测结果

尤其是向家坝水库蓄水次年（向家坝水库蓄水始于 2012 年 10 月，对鱼类产卵繁殖的影响始于 2013 年），鱼类产卵规模呈现急剧下降趋势，蓄水运行初期的 2014 年和 2015 年产卵规模有一定程度的回升，但未恢复至蓄水前规模（图 3.7）。

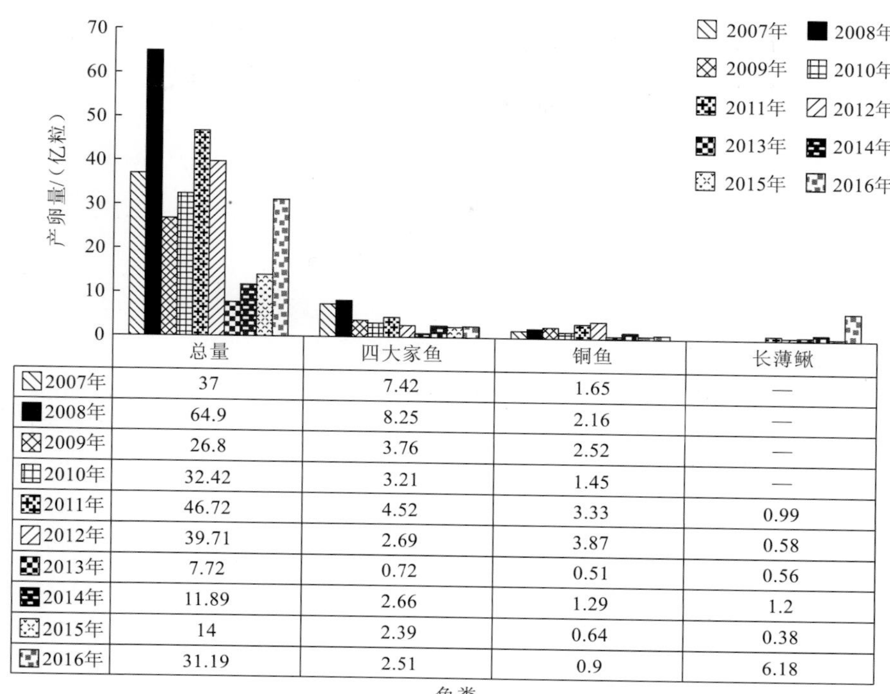

	总量	四大家鱼	铜鱼	长薄鳅
2007年	37	7.42	1.65	—
2008年	64.9	8.25	2.16	—
2009年	26.8	3.76	2.52	—
2010年	32.42	3.21	1.45	—
2011年	46.72	4.52	3.33	0.99
2012年	39.71	2.69	3.87	0.58
2013年	7.72	0.72	0.51	0.56
2014年	11.89	2.66	1.29	1.2
2015年	14	2.39	0.64	0.38
2016年	31.19	2.51	0.9	6.18

图 3.7　蓄水前后长江上游保护区鱼类产卵规模变化（2007～2016 年）

四大家鱼、铜鱼和长薄鳅虽属不同生活史类型的鱼类，但在产卵规模的变化上呈现出较为相似的规律，尤其是 2013 年产卵规模急剧下降后，2014 年有较大幅度回升，2015 年又略有下降，初步判断 2014 年这三类鱼产卵规模上升的原因可能是 2013 年向家坝水库蓄水，水文情势急剧变化，部分鱼类不能完成生殖过程，积累了大量的繁殖群体在 2014 年集中完成繁殖过程，较多的繁殖群体积累和新生代繁殖群体一起导致 2014 年产卵量较 2013 年大幅上升，但 2015 年又恢复原有水平，与 2014 年水文情势较 2013 年稳定后，鱼类能正常完成繁殖过程，无繁殖群体积累有关。同时，注意到 2015 年总产卵规模较 2014 年上升，但具体到四大家鱼、铜鱼和长薄鳅等长江上游重要经济鱼类和特有鱼类，其产卵规模仍较前一年有所下降。2016 年总产卵规模较 2015 年上升，具体到铜鱼和长薄鳅，铜鱼较 2015 年稍有上升，而长薄鳅产卵规模较 2015 年大幅上升，具体原因尚不明确。

从保护区鱼类早期资源变化的主要因素看，鱼类早期资源变化与保护区上游向家坝水库和溪洛渡水库的蓄水试运行是紧密相关的。2013 年产卵繁殖期的 5 月和 6 月，由于向家坝水库蓄水，两个月的平均流量分别减少 25.97%和 34.63%。而当年 5 月和 6 月保护区产漂流性卵鱼类的产卵规模急剧大幅降低，且今后几年都未能回到蓄水前的规模，说明水库蓄水运行带来的水文情势的变化直接导致了鱼类产卵规模的下降。

对保护区鱼类而言，高坝大库河库系统梯级水库运行造成的水文情势变化体现在如下几个方面：一是水文过程，包括流量、流速、水位等；二是水体理化性质，包括水温、溶解氧、透明度等；三是泥沙和营养物质。其中，水文过程的变化是主导性的，水体理化性质和泥沙、营养物质的变化是伴生性的。

3.2.3 金沙江下游高坝大库河库系统主要生态保护需求

1. 高坝大库河段下游影响区

在金沙江上，高坝大库水库的修建使河流局部范围内的空间地貌形态发生根本性变化，导致水流的水文水力特征发生变化，这种变化影响了该河段及其下游生态系统的能量流动、物质循环和空间结构等，进而影响了该区域生物的种群密度、种群结构，以及生物的多样性和景观格局。根据河流的功能、大坝对河流水文水力特征的影响和对生态系统的胁迫作用，把高坝大库水力过渡区划分为回水区、库区、坝区、消能区和惯性区，上下游区为衔接区。本节基于保护区特有鱼类的生态保护需求，着重研究高坝大库的下游影响区。向家坝水库和溪洛渡水库分别于 2012 年、2013 年开始蓄水试运行，保护区江段的水文情势发生了一定程度的改变，对保护区内生活、繁育的珍稀特有鱼类的生境产生了不利影响。

金沙江下游梯级水库蓄水试运行对保护区江段产生的影响主要表现为，年内水文过程改变，清水下泄对下游河床的冲刷加强，河床泥沙被带走，进而改变河道形态等，致使下游河床结构发生了一系列的变化。尤其是对长江上游鱼类生境多样化的重要栖息地的影响，致使鱼类栖息地发生变迁或改变，从而对鱼类生长和繁殖产生影响。同时，下游区生态系统的变化主要受下泄水量的影响，水库蓄水及下泄影响河道水位、流量、流速等水文过程。水库对洪峰的调节，改变了自然河流下游年内丰枯的水文周期规律，影响河道水、沙、水温和营养盐变化。高坝大库丰水期的高流量对鱼类产卵起到触发作用，水库对径流的调节作用使下游季节性高峰流量丧失，导致鱼类产卵、孵化的水文条件不能满足，改变了水生生物的食物网结构。

2. 保护区鱼类产卵繁殖的水文需求

2013 年向家坝水库开始初期蓄水，即水库从零库容蓄水到死库容，由于水库尚未形成，这一年 5 月和 6 月基本不影响保护区江段的水温，水体理化性质和泥沙、营养物质的变化也较小。因此，这一年鱼类产卵规模的急剧减小应该与水文过程的变化最相关，即产卵繁殖期的径流过程，特别是作为产漂流性卵鱼类产卵信号的涨水过程的变化直接导致了鱼类产卵规模的下降。

2013 年以后，随着溪洛渡水库的相继蓄水，到 2014 年 10 月两个水库都蓄水至正常蓄水位并进入试运行期，水库对保护区水文情势的影响才全方位体现。水温方面，有关研究表明，溪洛渡水库和向家坝水库正常运行后，向家坝水库坝下水温达到 18℃的时间将推后约 45 天，即由天然情况下的 3 月 28 日推后至 5 月 12 日；对于朱沱站，由于区间支流的汇入，水库下泄低温水的影响将有所缓和，水温达到 18℃的时间较天然情况推后约 15 天，一般在 4 月下旬～5 月上旬。泥沙含量和透明度方面，水库运行后，保护区河流的泥沙含量明显减少，透明度有所上升。这些因素的变化都会对鱼类产卵行为或鱼类产卵生境造成影响。尽管试运行期后影响鱼类产卵的因素有很多，但研究认为最关键的因素还是水文过程。

产漂流性卵鱼类的产卵需要一定的水文条件，铜鱼属于长江上游典型的产漂流性卵鱼类，水位上涨可以刺激铜鱼产卵，涨水后的几天铜鱼仍然可以产卵，产卵场多在水流湍急、流态复杂的江段。研究发现，当长江上游流量处在 6 000～12 000 m^3/s，且流量快速上涨时，较适宜铜鱼产卵。

3.3 金沙江下游高坝大库河库系统生态需水需求分析

3.3.1 金沙江下游梯级水库联合运行的水文情势变化

向家坝水库与溪洛渡水库的相继蓄水及后期试运行将改变向家坝水库下游保护区江段的水文情势。通过收集 2012 年 10 月 1 日以来向家坝水库和溪洛渡水库蓄水期及试运行期的出入库实测水文资料，分析向家坝水库及溪洛渡水库蓄水后对下游保护区江段水文情势变化的影响。

1. 溪洛渡水库、向家坝水库蓄水及试运行对向家坝水库坝下径流的影响

溪洛渡水库、向家坝水库蓄水及试运行对向家坝水库坝下水文情势的影响分析，主要是对比向家坝水库坝址处的天然流量过程与向家坝水库实际出库流量过程。由于向家坝水库和溪洛渡水库蓄水及试运行后，向家坝水库下游水文站的实测流量数据已不能反映河流天然的水文过程，因此向家坝水库坝址处的天然流量需要通过还原计算得到。还原计算的思路是将水文站实测流量加上上游水库的蓄水流量（或是减去上游水库的泄水流量），以抵消水库蓄水或泄水的影响，还原得到剔除上游水库调节影响的自然水文过程。

向家坝水库坝址处的天然流量在 2013 年 5 月 4 日之前可直接采用向家坝水库入库流量，2013 年 5 月 4 日及之后则由溪洛渡水库入库流量及向家坝水库与溪洛渡水库的区间入流组成，其中向家坝水库与溪洛渡水库的区间入流由溪洛渡水库的泄流与向家坝水库的入库流量相减得到。2012 年 10 月 1 日～2016 年 12 月 31 日向家坝水库坝址处天然流量过程与向家坝水库出库流量过程见图 3.8。

从图 3.8 中可以看出，与向家坝水库坝址处天然流量相比，溪洛渡水库、向家坝水库蓄水与试运行后向家坝水库坝下流量仅在溪洛渡水库、向家坝水库消落期和蓄水期有较大幅度的改变，主要集中在汛前、汛后；在汛期溪洛渡水库拦蓄了部分洪水，使得向家坝水库坝下保护区的洪水过程变缓。

2012 年 10 月～2014 年 9 月水库蓄水期向家坝水库坝址处天然流量与向家坝水库实际出库流量的对比分析见表 3.2。

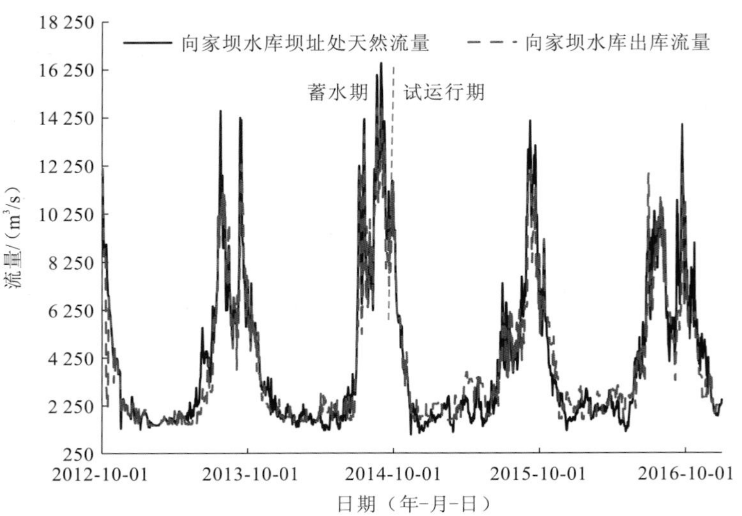

图 3.8 向家坝水库坝址处天然流量过程与向家坝水库出库流量过程

表 3.2 蓄水期向家坝水库坝址处天然流量与实际出库流量的对比分析

年	月	天然月均流量（①）/（m^3/s）	实际月均出库流量（②）/（m^3/s）	实际与天然月均流量的差值（②-①）/（m^3/s）	变化程度[（②/①-1）×100]/%	水库蓄泄水量
2012	10	7 245	6 186	-1 059	-14.62	向家坝水库蓄水 28.4 亿 m^3
2012	11	3 122	3 120	-2	-0.06	
2012	12	1 981	1 974	-7	-0.35	
2013	1	1 749	1 752	3	0.17	
2013	2	1 480	1 447	-33	-2.23	
2013	3	1 667	1 629	-38	-2.28	
2013	4	1 774	1 747	-27	-1.52	
2013	5	2 163	1 602	-561	-25.94	向家坝水库、溪洛渡水库蓄水 69.42 亿 m^3
2013	6	4 107	2 685	-1 422	-34.62	
2013	7	8 136	7 426	-710	-8.73	
2013	8	7 122	7 597	475	6.67	溪洛渡水库泄水 12.7 亿 m^3
2013	9	8 336	8 036	-300	-3.60	向家坝水库蓄水 7.77 亿 m^3
2013	10	5 283	5 155	-128	-2.42	
2013	11	2 992	2 469	-523	-17.48	向家坝水库、溪洛渡水库蓄水 11.68 亿 m^3
2013	12	2 017	1 961	-56	-2.78	溪洛渡水库蓄水 3.01 亿 m^3
2014	1	1 859	1 772	-87	-4.68	
2014	2	1 803	1 702	-101	-5.60	

续表

年	月	天然月均流量（①）/（m³/s）	实际月均出库流量（②）/（m³/s）	实际与天然月均流量的差值（②-①）/（m³/s）	变化程度[（②/①-1）×100]/%	水库蓄泄水量
2014	3	1 710	1 674	-36	-2.11	
2014	4	1 522	2 152	630	41.39	向家坝水库、溪洛渡水库泄水 17.02 亿 m³
2014	5	1 821	1 828	7	0.38	
2014	6	2 694	2 396	-298	-11.06	溪洛渡水库蓄水 7.09 亿 m³
2014	7	9 265	8 633	-632	-6.82	向家坝水库、溪洛渡水库蓄水 54.76 亿 m³
2014	8	11 325	10 787	-538	-4.75	
2014	9	11 176	10 190	-986	-8.82	

注：较小的流量变化程度可能是水库调节引起的波动或误差。

从表 3.2 可以看出，2012 年向家坝水库蓄水导致 10 月坝下实际流量比天然流量减小 1 059 m³/s，减小比例达 14.62%，其他月份向家坝水库蓄水对天然流量过程的改变较小。

2013 年 5～12 月因溪洛渡水库和向家坝水库分阶段蓄水，改变了向家坝水库坝址处天然流量过程，其中 6 月实际流量比天然流量减小 1 422 m³/s，减小比例达 34.62%，为最高；其次分别为 5 月、11 月、7 月、9 月和 12 月；在 8 月，因溪洛渡水库汛期加大泄水，出库流量增加 475 m³/s，增大比例为 6.67%。

2014 年 6～9 月因溪洛渡水库和向家坝水库蓄水，改变了向家坝水库坝址处天然流量过程，其中 6 月实际流量比天然流量减小 298 m³/s，减小比例达 11.06%，为最高；9 月实际流量比天然流量减少 986 m³/s，减小比例达 8.82%，为数量最高，其次分别为 7 月、8 月；在 4 月，因溪洛渡水库汛前加大泄水，出库流量增加 630 m³/s，增大比例为 41.39%。

2014 年 10 月～2016 年 12 月水库试运行期，向家坝水库坝址处天然流量与向家坝水库实际出库流量的对比分析见表 3.3。

表 3.3 试运行期向家坝水库坝址处天然流量与实际出库流量的对比分析

年	月	天然月均流量/（m³/s）	实际月均出库流量/（m³/s）	实际与天然月均流量的差值/（m³/s）	变化程度/%	水库蓄泄水量
2014	10	5 838	5 784	-54	-0.92	
2014	11	2 281	2 502	221	9.69	溪洛渡水库、向家坝水库泄水 26.53 亿 m³
2014	12	1 411	1 813	402	28.49	
2015	1	1 804	2 178	374	20.73	
2015	2	1 973	1 657	-316	-16.02	溪洛渡水库蓄水 10.45 亿 m³，向家坝水库泄水 2.8 亿 m³

续表

年	月	天然月均流量/（m^3/s）	实际月均出库流量/（m^3/s）	实际与天然月均流量的差值/（m^3/s）	变化程度/%	水库蓄泄水量
2015	3	2 195	2 395	200	9.11	溪洛渡水库、向家坝水库泄水 50.86 亿 m^3
2015	4	2 133	3 250	1 117	52.37	
2015	5	1 965	2 584	619	31.50	
2015	6	3 414	3 220	−194	−5.68	
2015	7	4 910	4 968	58	1.18	
2015	8	6 190	5 402	−788	−12.73	溪洛渡水库、向家坝水库蓄水 57.28 亿 m^3
2015	9	11 133	9 737	−1 396	−12.54	
2015	10	5 593	6 049	456	8.15	溪洛渡水库、向家坝水库泄水 36.87 亿 m^3
2015	11	2 850	3 085	235	8.25	
2015	12	1 677	2 372	695	41.44	
2016	1	2 358	2 213	−145	−6.15	溪洛渡水库蓄水 3.89 亿 m^3
2016	2	2 095	2 110	15	0.72	溪洛渡水库、向家坝水库泄水 31.18 亿 m^3
2016	3	2 269	2 340	71	3.13	
2016	4	1 878	2 636	758	40.36	
2016	5	2 308	2 654	346	14.99	
2016	6	5 422	5 200	−222	−4.09	向家坝水库泄水 3.9 亿 m^3，溪洛渡水库蓄水 23.34 亿 m^3
2016	7	8 953	8 441	−512	−5.72	
2016	8	6 787	7 139	352	5.19	溪洛渡水库泄水 9.42 亿 m^3
2016	9	8 551	6 926	−1 625	−19.00	溪洛渡水库、向家坝水库蓄水 85.73 亿 m^3
2016	10	6 666	6 036	−630	−9.45	
2016	11	4 187	3 155	−1 032	−24.65	
2016	12	2 259	2 445	186	8.23	溪洛渡水库、向家坝水库泄水 4.98 亿 m^3

2014 年 10 月溪洛渡水库和向家坝水库完成初期蓄水，进入试运行阶段，2014 年 11 月初两水库水位基本在正常蓄水位附近，至 2015 年 1 月底，库水位均有不同程度的降低，其中溪洛渡水库降幅较大，达 14.32 m。在此期间，平均出库流量大于平均入库流量，其中 2014 年 11 月向家坝水库月均实际流量比天然流量大 221 m^3/s，2014 年 12 月向家坝水库月均实际流量比天然流量大 402 m^3/s，2015 年 1 月向家坝水库月均实际流量比天然流量大 374 m^3/s，两水库共泄水 26.53 亿 m^3，其中溪洛渡水库泄水 20.73 亿 m^3，向家坝水库泄水 5.8 亿 m^3。

因即将进入汛期，2015 年 3～5 月溪洛渡水库、向家坝水库共泄水 50.86 亿 m^3，其中溪洛渡水库泄水 50.78 亿 m^3，向家坝水库泄水 0.08 亿 m^3。至 2015 年 5 月底，库水位均有不同程度的降低，其中溪洛渡水库降幅较大，达 46.36 m。在此期间，平均出库流量大于平均入库流量，其中 2015 年 3 月向家坝水库月均实际流量比天然流量大 200 m^3/s，2015 年 4 月向家坝水库月均实际流量比天然流量大 1 117 m^3/s，2015 年 5 月向家坝水库月均实际流量比天然流量大 619 m^3/s。

在 2015 年汛末 8～9 月溪洛渡水库、向家坝水库开始蓄水，共蓄水 57.28 亿 m^3，其中溪洛渡水库蓄水 50.58 亿 m^3，向家坝水库蓄水 6.70 亿 m^3。在此期间，平均出库流量小于平均入库流量，其中 2015 年 8 月向家坝水库月均实际流量比天然流量小 788 m^3/s，2015 年 9 月向家坝水库月均实际流量比天然流量小 1 396 m^3/s。

在 2015 年 10～12 月，溪洛渡水库、向家坝水库逐渐降低库水位，加大泄流，共下泄水量 36.87 亿 m^3，其中溪洛渡水库泄水 28.44 亿 m^3，向家坝水库泄水 8.43 亿 m^3。在此期间，平均出库流量大于入库流量，其中 2015 年 10 月向家坝水库月均实际流量比天然流量大 456 m^3/s，2015 年 11 月向家坝水库月均实际流量比天然流量大 235 m^3/s，2015 年 12 月向家坝水库月均实际流量比天然流量大 695 m^3/s。

2016 年向家坝水库库容波动不大，在 2～5 月向家坝水库、溪洛渡水库逐渐降低水位，共泄水 31.18 亿 m^3，特别是在 4 月、5 月加大了下泄水量，溪洛渡水库的水位从 578.93 m 下降至 551.69 m，腾空库容 27.53 亿 m^3；6 月、7 月向家坝水库泄水 3.9 亿 m^3，溪洛渡水库拦截部分洪水，蓄水 23.34 亿 m^3，库水位从 552.69 m 升至 574.55 m，8 月将所蓄洪水下泄出库，库水位下降至 566.57 m；进入 9 月，向家坝水库、溪洛渡水库均开始蓄水，9～11 月共蓄水 85.73 亿 m^3，其中向家坝水库蓄水 26.98 亿 m^3，库水位由 371.87 m 升至 378.04 m，溪洛渡水库蓄水 58.75 亿 m^3，库水位由 566.56 m 升至 597.56 m。

通过对蓄水期 2012 年 10 月～2014 年 9 月实际监测数据的分析发现，溪洛渡水库和向家坝水库在初期蓄水阶段蓄水和泄水比较集中的月份，对天然流量过程的调节作用较大，如 2013 年的 5 月、6 月和 11 月，2014 年的 4 月和 6 月，月均流量最大改变程度为 41.39%，其他月份蓄水对天然流量过程的影响不大（基本在 10%以内），蓄水期间月均流量的改变程度为 8.7%。在试运行期 2014 年 10 月至今，因溪洛渡水库调节能力较强，在水库消落期对天然流量过程的影响较大，其中 2015 年 4 月、5 月的实际下泄流量分别高于天然月均流量 1 117 m^3/s、619 m^3/s，对天然月均流量的改变程度分别达 52.37%、31.50%；在 2016 年 9 月实际下泄流量低于天然月均流量 1 625 m^3/s，对天然月均流量的改变程度达 19.00%，11 月实际下泄流量低于天然月均流量 1 032 m^3/s，对天然月均流量的改变程度达 24.65%。

2. 溪洛渡水库、向家坝水库模拟调度运行下保护区水文情势分析

尽管溪洛渡水库和向家坝水库总库容较大，分别为 115.7 亿 m^3 和 49.77 亿 m^3，但蓄水后运行期的调节库容分别为 64.6 亿 m^3 和 9.03 亿 m^3，相对于金沙江下游的天然径流量（多年平均约为 1 000 亿 m^3）而言，两者合起来不到 10%。溪洛渡水库、向家坝水库调度运行后，屏山站水文过程中改变较大的是月均流量、年 1～3 日极值流量和流量逆转次

数。其中，汛前 3～4 月因水库泄水流量增加约 13.9%，汛后 9 月因水库蓄水流量平均减小 14.0%，如图 3.9 所示。年最大 1 日平均流量减小到 12 800 m^3/s，减小约 21.0%。连续日流量上涨率有一定程度的增加，连续日流量下降率增加明显，流量逆转的次数也增加明显，由自然状况的 72 次增加到 163 次。

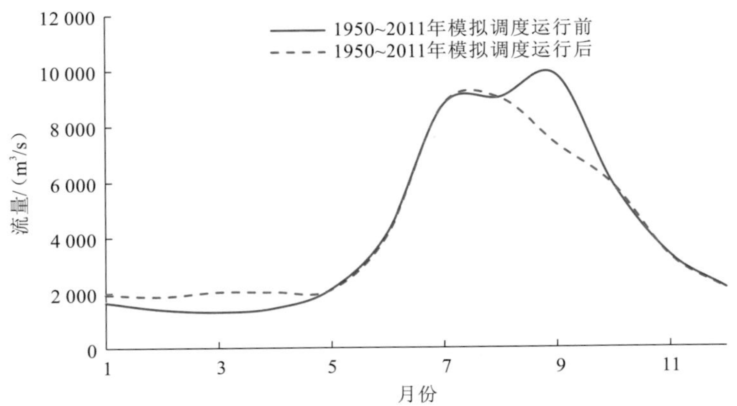

图 3.9　溪洛渡水库、向家坝水库调度运行前后屏山站水文情势变化图

总体来看，溪洛渡水库、向家坝水库正常运行后，金沙江下游河段的年内水文过程日趋坦化，年最小流量有所增大，而年最大流量有所减小，流量逆转次数显著增多，反映出自然水文过程受水库调度影响，流量平稳性和可预测性程度的降低。

3.3.2　高坝大库河库系统水文过程与代表性鱼类产卵繁育的响应关系

1. 高坝大库河库系统代表性鱼类的选择

为了描述高坝大库河库系统对鱼类保护区的生态流量需求，鱼类专家将金沙江保护区的鱼类分为三组作为生态保护目标。这三组代表性鱼类分别包括：①产沉性和黏性卵的鱼类，如白鲟、达氏鲟、胭脂鱼；②产漂流性卵的鱼类 I，如圆口铜鱼、长薄鳅；③产漂流性卵的鱼类 II，如铜鱼、四大家鱼。

专家认为三组保护目标具有代表性，特别对第 3 组鱼类（铜鱼及四大家鱼）进行了分析，认为虽然它们不是珍稀、濒危物种，但可以作为指示物种，进行生态流量研究。另外，中国水产科学研究院长江水产研究所近年来的保护区鱼类资源监测资料显示，目前金沙江河段保护区已监测不到白鲟和达氏鲟，胭脂鱼的监测数据也很少；而第 3 组产漂流性卵鱼类——铜鱼和四大家鱼的监测数据较多，具备较为完整的产卵时间、规模及产卵场监测数据可供分析。此外，白鲟、达氏鲟、胭脂鱼等产沉性和黏性卵的鱼类的产卵情况与产卵场、栖息地都缺乏相应的监测记录。因此，将铜鱼（产漂流性卵的鱼类 II）和长薄鳅（产漂流性卵的鱼类 I）作为生态流量评估的代表性鱼类。

铜鱼属鲤形目，鲤科，鮈亚科，铜鱼属。俗名金鳅、水密子、尖头棒、铜线、芝麻鱼、长江铜鱼。铜鱼体细长，前端圆棒状，后端稍侧扁，是长江流域上游的重要经济鱼类，主要分布于长江上游干、支流和金沙江下游，长江中下游干、支流及与其相通的一些湖泊也有分布，但数量远比长江上游少，是长江上游重要的经济鱼类，可占渔获物总量的 15%～20%，有些江段甚至可达 50%以上。铜鱼为典型的产漂流性卵鱼类，喜欢在深潭浅滩相对密集的地方和敞水滩上产卵，其产卵场主要分布于长江上游，达到性成熟的亲鱼多上溯到长江上游进行产卵，产卵场的环境条件较复杂，一般在岩石或乱石较多、水流湍急、流态复杂的河滩或峡谷地区产卵，卵粒受精后顺水漂流孵化；部分漂流到中游以下江段的鱼苗，在成长过程中逐渐向上游洄游，产卵后常成群上溯，进入支流，觅食育肥，8～9 月又逐渐回到长江干流或支流找寻越冬场所。铜鱼为喜流水的底栖性鱼类，成鱼是偏动物食性的杂食性鱼类，主要摄食软体动物、水生昆虫、虾、浮游生物等。因软体动物、水生昆虫等主要活动在近岸浅水区域，考虑铜鱼主要在 0～6 m 深的水域生长摄食。考虑到不同断面水深范围不同，将水深较大的区域即水深大于 12 m 的范围视为铜鱼的产卵喜好区。铜鱼产卵时间一般在每年的 5～7 月，最早的产卵记录在 4 月下旬，最晚的在 7 月中旬，高峰期集中在 5 月中旬～6 月。但干流各个产卵江段因水温差异，产卵开始和结束时间不同。

长薄鳅为鲤形目鳅科薄鳅属的鱼类，俗名薄花鳅、红沙鳅钻等，是中国的特有物种。主要分布于长江中上游干、支流及其附属水域。长薄鳅一般栖息于水流较急的河流底层，集群在水底砂砾间或岩石缝隙中，是偏动物食性的杂食性鱼类，主食小鱼虾、腹足类等，幼鱼主食浮游动物、水蚯蚓等。长薄鳅也主要在 0～6 m 深的浅水域生长摄食。长薄鳅的繁殖时间为 5～7 月，产漂流性卵，产前需要大幅度的流速上涨。

基于铜鱼和长薄鳅的早期资源监测资料和同期水文数据，认识鱼类产卵繁殖期的生态水文特征，从而提出其产卵繁殖期的生态流量需求。

2. 代表性鱼类的产卵繁育特征

1）铜鱼产卵繁育的水文过程响应特征

选取 2010～2016 年 5～7 月重庆江津断面铜鱼产卵监测数据进行研究，每年的产卵活动于 5 月上旬开始，产卵高峰期出现在 5 月中旬～6 月下旬，7 月上旬后产卵基本结束。利用 2010～2016 年重庆江津断面监测的铜鱼和长薄鳅的产卵数据对长江上游保护区内铜鱼和长薄鳅的产卵繁殖生态流量需求进行研究。表 3.4 给出了 2010～2016 年铜鱼产卵起止时间、产卵量等情况。

表 3.4 重庆江津断面 2010～2016 年铜鱼产卵起止时间、产卵量等情况

起止时间	2010 年 5 月 19 日～ 7 月 3 日	2011 年 5 月 11 日～ 7 月 2 日	2012 年 5 月 5 日～ 7 月 1 日	2013 年 5 月 12 日～ 7 月 7 日	2014 年 5 月 6 日～ 7 月 5 日	2015 年 5 月 10 日～ 7 月 5 日	2016 年 5 月 15 日～ 7 月 6 日
总产卵量/（10^7 粒）	11.13	33.31	38.74	4.83	12.92	6.24	8.98

图 3.10 和图 3.11 分别反映的是铜鱼 2012 年、2014 年的产卵量与流量变化。可见，在产卵期 5～7 月铜鱼的产卵不是连续的，而是与河流水文条件相关，呈现出间断的脉冲状态。产漂流性卵鱼类中，目前已有很多文献证实四大家鱼只在河流涨水时产卵（同时要求水温大于 18℃），且涨水还必须具备一定的涨幅和持续时间。铜鱼与四大家鱼在产卵时间上具有一定的同步性，铜鱼产卵也需要一定的涨水条件（要求水温大于 17℃），但并不严格只在流量上涨过程中产卵，在涨水最高点后的波动和落水过程中也有产卵。这表明，铜鱼和四大家鱼的产卵都和涨水过程中的流速增大、水位快速波动有关，其产卵高峰期主要发生在一定幅度和历时的涨水（高流量脉冲）过程中。

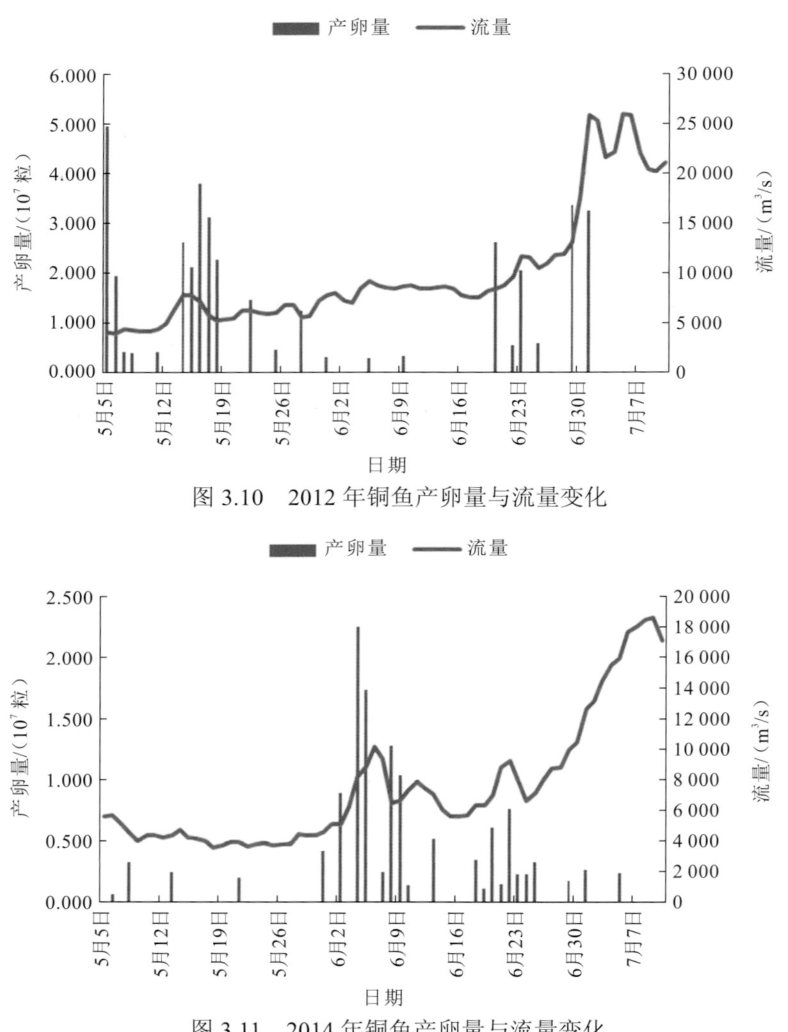

图 3.10 2012 年铜鱼产卵量与流量变化

图 3.11 2014 年铜鱼产卵量与流量变化

表 3.5 列出了长江上游重庆江津断面监测的 2010～2016 年铜鱼产卵高峰期的情况，分析可见高峰期的产卵量基本占全年产卵量的 80%以上。

表 3.5 重庆江津断面 2010～2016 年铜鱼产卵高峰期监测数据

年份	第一次		第二次		第三次		第四次		合计	
	起止时间	产卵量/(10^7粒)	起止时间	产卵量/(10^7粒)	起止时间	产卵量/(10^7粒)	起止时间	产卵量/(10^7粒)	高峰期产卵量/(10^7粒)	占总产卵量的比例/%
2010	5月19～22日	2.93	6月6～14日	2.18	6月17～25日	2.66	6月28日～7月3日	1.67	9.44	84.8
2011	5月20～26日	4.27	5月30日～6月7日	4.01	6月9～16日	5.90	6月18～26日	13.10	27.28	81.9
2012	5月5～8日	7.74	5月14～18日	13.94	6月20～25日	5.86	6月29日～7月1日	6.62	34.16	88.2
2013	5月12～13日	1.20	5月27～30日	0.76	6月13～20日	1.38	7月4～7日	0.82	4.16	86.1
2014	5月31日～6月10日	8.02	6月18～25日	2.81	7月1～5日	0.52	—	—	11.35	87.8
2015	6月6～11日	3.33	6月15～18日	0.67	6月23～24日	0.57	6月28日～7月2日	0.61	5.18	83.0
2016	5月26～27日	1.27	6月8～10日	2.43	6月18～23日	1.85	7月4～6日	0.97	6.52	72.6

2）长薄鳅产卵繁育的水文过程响应特征

长薄鳅也属于产漂流性卵鱼类，其产卵时间一般在每年的 5～7 月，由于长薄鳅适宜的产卵水温要求在 22℃以上，高于铜鱼 17℃和四大家鱼 18℃的产卵水温需求，故长薄鳅的产卵要滞后于铜鱼和四大家鱼，往往发生在铜鱼和四大家鱼产卵阶段的后期。根据中国水产科学研究院长江水产研究所监测的 2010～2016 年产卵数据，长薄鳅最早产卵时间在 5 月下旬，最晚在 7 月上旬，高峰期集中在 6 月中旬～7 月上旬，产卵大多发生在高流量脉冲期间。表 3.6 分析了重庆江津断面 2010～2016 年长薄鳅产卵起止时间、产卵量等情况。

表 3.6 重庆江津断面 2010～2016 年长薄鳅产卵起止时间、产卵量等情况

起止时间	2010年5月22日～7月2日	2011年6月18日～7月4日	2012年5月28日～7月8日	2013年6月8日～7月7日	2014年7月4～10日	2015年7月1～9日	2016年6月8日～7月14日
总产卵量/(10^7粒)	2.94	9.94	5.8	4.12	3.46	2.39	61.67

图 3.12 和图 3.13 分别反映的是长薄鳅 2010 年、2014 年的产卵量与流量变化。长薄鳅的产卵过程与铜鱼相近，产卵也需要一定的涨水条件（要求水温大于 22℃），且其不只在流量上涨过程中产卵，在涨水最高点后的波动和落水过程中也有产卵。这表明，长薄鳅产卵与涨水过程中的流速增大、水位快速波动有关，其产卵高峰期主要发生在一定幅度和历时的涨水（高流量脉冲）过程中。

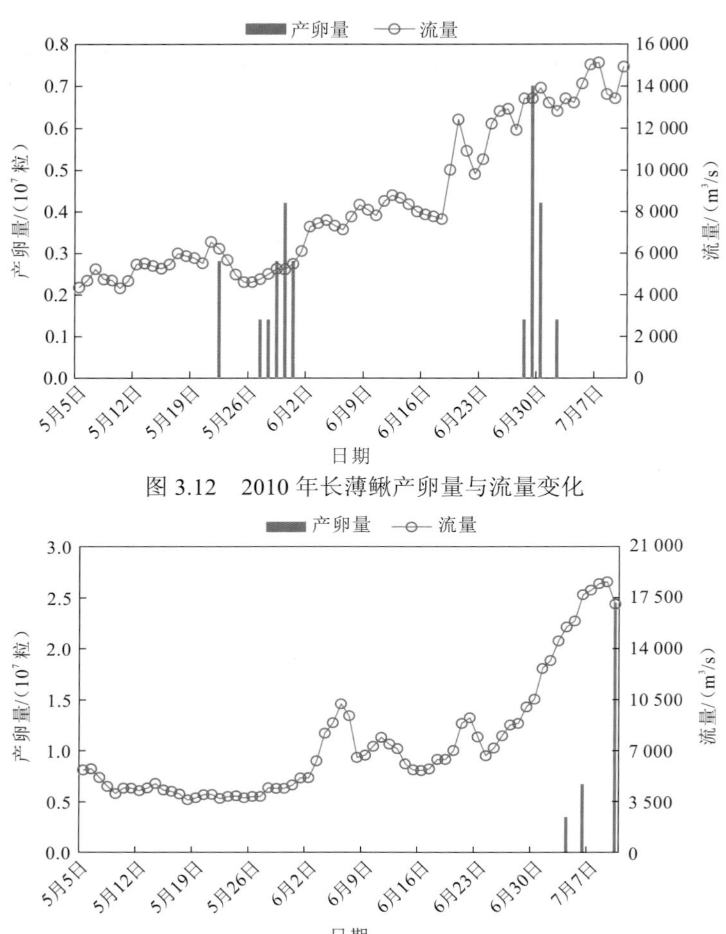

图 3.12 2010 年长薄鳅产卵量与流量变化

图 3.13 2014 年长薄鳅产卵量与流量变化

表 3.7 列出了长江上游重庆江津断面监测的长薄鳅 2010～2016 年的产卵高峰期情况，可见高峰期的产卵量占全年产卵量的 85%以上。

表 3.7 重庆江津断面 2010～2016 年长薄鳅产卵高峰期监测数据

年份	第一次		第二次		合计	
	起止时间	产卵量/(10^7粒)	起止时间	产卵量/(10^7粒)	高峰期产卵量/(10^7粒)	占总产卵量的比例/%
2010	5 月 27～31 日	1.26	6 月 28 日～7 月 2 日	1.40	2.66	90.5
2011	6 月 18～21 日	4.11	6 月 26 日～7 月 4 日	5.83	9.94	100.0
2012	6 月 23 日～7 月 1 日	2.24	7 月 7～8 日	3.37	5.61	96.7
2013	6 月 25～27 日	3.58	—	—	3.58	86.9
2014	7 月 4～10 日	3.46	—	—	3.46	100.0
2015	7 月 1～9 日	2.39	—	—	2.39	100.0
2016	6 月 20～29 日	10.53	7 月 7～14 日	47.19	57.72	93.6

3.3.3 满足代表性鱼类产卵繁育的生态需水满足率分析

溪洛渡水库和向家坝水库蓄水运行前（1951～2011 年）屏山站、朱沱站和寸滩站自然状况下的生态流量满足率分别为 87.3%、85.0%和 80.0%。

通过生态流量分析可以看出，金沙江下游溪洛渡水库和向家坝水库正常运行后，保护区三站的 7 日滑动平均生态流量满足率分别为 50.6%、58.4%和 60.2%。蓄水后的生态流量满足率较自然状况下有明显的降低，生态流量满足率降低的月份主要发生在汛前泄水期的 3 月、4 月、5 月和 6 月，以及蓄水期的 8 月、9 月和 10 月，具体见表 3.8。从空间上看，下游的生态流量满足率较上游高，表明沿途支流流量的汇入在一定程度上减小了金沙江下游梯级水库调度的影响。

表 3.8 金沙江下游溪洛渡水库、向家坝水库正常运行后保护区三站的生态流量满足率（单位：%）

时间	屏山站		朱沱站		寸滩站	
	自然	调度后	自然	调度后	自然	调度后
1 月	99.1	98.6	99.7	99.9	99.8	100.0
2 月	99.8	77.8	99.6	87.5	99.7	90.8
3 月	99.5	27.8	97.2	42.8	96.2	51.2
4 月	96.1	2.1	87.4	12.0	81.1	19.6
5 月	84.2	0.1	72.5	6.8	67.0	20.2
6 月	66.6	10.6	64.1	26.7	60.4	38.4
7 月	65.7	55.5	68.4	63.4	55.1	52.8
8 月	71.0	40.7	66.5	49.6	59.4	47.9
9 月	78.7	28.9	77.9	43.9	69.2	42.9
10 月	90.2	70.9	91.4	77.1	81.3	71.0
11 月	97.1	96.1	95.5	94.2	91.6	91.0
12 月	99.2	97.9	99.6	97.7	99.4	97.5
全年	87.3	50.6	85.0	58.4	80.0	60.2

与溪洛渡水库、向家坝水库调度相比，金沙江下游梯级 4 个水库的调节能力更强，且各水库分期错开蓄水，最早开始蓄水的白鹤滩水库从 7 月下旬就逐步蓄水，生态流量满足率降低的月份主要发生在汛前的 3 月、4 月、5 月和 6 月，以及蓄水期的 8 月、9 月和 10 月。在 3～6 月，金沙江下游梯级水库为将水库水位降至汛限水位，加大了下泄，故向家坝水库下泄流量超出生态流量上限的次数较自然情况大大增加；在 8～10 月，金沙江下游梯级水库为将水库水位抬至正常蓄水位，逐渐减少出库流量，将来水蓄至库中，

故向家坝水库下泄流量低于生态流量下限的次数较自然情况大大增加，从而出现了溪洛渡水库、向家坝水库消落期与蓄水期生态流量满足率大幅度降低的情况，见表 3.9。

表 3.9 金沙江下游梯级正常运行后保护区两站生态流量破坏次数统计

月份	屏山站				朱沱站			
	自然		调度后		自然		调度后	
	上限	下限	上限	下限	上限	下限	上限	下限
1	8	9	22	4	4	1	1	0
2	2	1	381	1	6	1	204	1
3	3	7	1 364	1	47	4	1 029	0
4	70	2	1 791	0	192	27	1 532	0
5	273	25	1 890	0	424	70	1 673	3
6	586	26	1 627	10	540	84	1 268	7
7	439	210	445	396	360	209	343	315
8	332	216	175	946	304	299	212	694
9	193	197	16	1 285	166	219	47	930
10	54	131	19	532	55	99	32	379
11	17	36	36	35	27	51	50	51
12	3	13	31	9	1	7	32	9
总计	1 980	873	7 797	3 219	2 126	1 071	6 423	2 389

3.4 金沙江下游高坝大库河库系统生态需水核算方法

3.4.1 高坝大库河库系统河流生态流量设计

一直以来，中国多数河流缺乏常规的生态监测，金沙江保护区河流生态方面的资料也很匮乏，目前仅部分代表性鱼类的产卵繁殖有部分监测数据，如铜鱼、长薄鳅 5～7 月的产卵监测数据。为此，本节在水文学法的基础上，结合代表性鱼类产卵繁殖的生态水文特征，从维护鱼类自然产卵繁殖角度提出保护区的生态流量需求，重点是代表性鱼类产卵繁殖期的生态流量过程。研究的特点是在水文学法的基础上，融入了已掌握的生态信息，使得提出的生态流量具有一定的生态机理。

采用的生态流的设计思路是“基流+高流量（洪水）脉冲”，基流的确定依据 Richter

(2010)提出的可持续边界方法，在基流的基础上加上具有特定生态意义的高流量(洪水)脉冲构成完整的生态流量需求。目标是维持自然流量模式中的主要变化特征趋势，特别是强调“生态流组分”。生态流组分包括：高流量脉冲、洪水及其出现时机、频率、流量大小、持续时间、变化率等，生态流的计算规则基于入流过程。

通过以下步骤实现高坝大库河库系统的生态流量核算（图 3.14）。

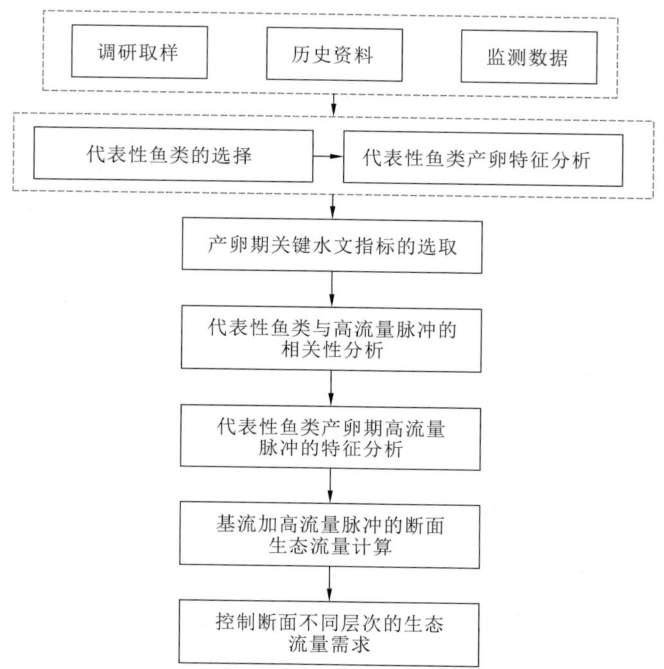

图 3.14　金沙江下游高坝大库河库系统的生态流量核算步骤

3.4.2　高坝大库河库系统生态流量核算方法

1. 代表性鱼类的早期资源监测

1）采集鱼卵和鱼苗样本

在水库下游河段选取典型鱼类产卵场调查断面，在断面左岸、江中和右岸分别设置 3 个采集点，每个采集点在江水表层、中层和底层通过网具收集鱼卵与鱼苗，每次的采集时间为 10～15 min，同时记录水位、流速、水温等参数，具体可以用 LS45A 型旋杯式流速仪记录网口流速，用 YSI Pro ODO 光学溶解氧测量仪记录调查江段水温。采集网具为 50 目圆锥网，网长 2.5 m，网口面积 0.196 m^2，网后接圆柱形集苗器（长 20 cm，直径 12 cm），样本采集断面代表站的水文数据来源于全国水雨情信息网。

2）鉴定采集卵苗的种类

监测依据《内陆水域渔业自然资源调查手册》，同时参考易伯鲁和梁秩燊（1964）、余志堂等（1988）、刘乐和等（1990）的研究方法进行。通过观察及测量卵径、胚体长、卵色泽、发育期及其他特征进行种类鉴定，并对采集的卵苗进行分类，对于当场不能鉴定的种类，将其样本保存于95%的乙醇中，带回实验室提取鱼卵 DNA，经聚合酶链式反应扩增细胞色素 b 基因并进行测序，使用 DNASTAR 软件包中的 SeqMan 对返回序列进行检查，然后在美国国家生物技术信息中心网站中进行比对，以序列相似度最高为鉴定标准。

3）估算产卵规模

某日流经断面的卵苗总径流量为 N_{m}（单位：粒或尾），是 24 h 内定时采集的卵苗径流量之和（$\sum M$）与前后两次采集之间非采集时间内计算出的卵苗径流量之和（$\sum M'$）的总和，即

$$N_{\mathrm{m}} = \sum M + \sum M' \tag{3.1}$$

一次定时采集的断面卵苗径流量（M）的计算公式如下：

$$M=(Q/q)\cdot m\cdot C \tag{3.2}$$

式中：Q 为采集点断面的平均流量（$\mathrm{m^3/s}$），由采集断面代表站的水文监测数据得到；q 为流经网口的流量（$\mathrm{m^3/s}$），由网口流速乘以网口面积得到；m 为断面固定点一次采集到的卵苗数量（粒或尾）；C 为断面卵苗流量系数。

断面卵苗流量系数（C）是调查断面各采集点（一般为左岸、江中、右岸和表层、中层、底层 6 个点）的卵苗平均密度（$\overline{D}$）与常规采集点的卵苗密度（d）之比，即

$$C = \overline{D} / d \tag{3.3}$$

$$\overline{D} = \sum_{i=1}^{n} d_i / n \tag{3.4}$$

式中：$\sum_{i=1}^{n} d_i$ 为调查断面所设各点卵苗密度之和；n 为调查断面所设采集点的数量。

非采集时间的卵苗径流量 M' 用插补法计算，即

$$M' = t' / 2(M_1 / t_1 + M_2 / t_2) \tag{3.5}$$

式中：t' 为前后两次采集之间的时间间隔；t_1、t_2 为前后两次采集的持续时间；M_1、M_2 为前后两次采集的卵苗数量。

4）推求代表性鱼类实际产卵过程，计算逐日实际产卵量数据序列

利用代表性卵苗采集数据，根据卵苗发育阶段所对应的发育时长，推算卵苗的实际产卵日期，得到实际产卵时间（如对于 5 月 20 日 15 时采集的某粒鱼卵，鉴别其处于尾泡期，对应的发育时间为 24 h 25 min，则该鱼卵实际的产卵时间是 5 月 19 日）。根据得到的考虑发育时间的实际产卵过程和当日断面平均流量数据，利用上面的产卵规模估算方法，计算得到逐日实际产卵量数据序列。

2. 代表性鱼类产卵与水文变化指数流量组分的相关性分析

1）鱼类产卵期水文过程的水文变化指数流量组分分析

水文变化指数（indicator of hydrologic alteration，IHA）将河流水文过程分为4种流量组分：基流/低流量、高流量脉冲、小洪水、大洪水。IHA软件将逐日流量数据从大到小进行排列，最大的流量排位数为1，次大的流量排位数为2，以此类推。第i个流量对应的频率P_i定义为

$$P_i = (1 - i/N) \times 100\% \tag{3.6}$$

式中：i为该流量的排位数；N为流量数据的总个数。频率P_i表示比第i个流量小的流量所占的比重，如75%对应的流量表示比该流量小的流量占到总数的75%，即该流量大于所有流量数据中75%的数据。75称为该流量对应的分位数。

根据IHA软件对高流量脉冲的定义，若流量频率大于75%，则全部定义为高流量；高流量的流量频率在50%～75%，且当某天的流量相对于前一天上涨超过25%时，高流量脉冲开始，直到某天的流量相对于前一天下降超过10%时，高流量脉冲结束，基流期开始；若流量频率小于50%，则全部定义为基流。这些参数可依据具体的河流特征进行调整，如根据保护区鱼类早期资源监测断面的实际水文特征，对IHA生态流组分的计算参数进行修正。利用IHA软件对水文过程进行流量组分分析，得到鱼类产卵期每日流量对应的流量组分。

2）鱼类产卵与高流量脉冲的相关性分析

将产卵期逐日水文数据及其对应的流量组分和实际产卵量数据序列综合到一个表中进行分析，统计高流量脉冲次数、高流量脉冲期间发生产卵的次数、高流量脉冲期间的产卵天数、产卵的总天数、高流量脉冲期间产卵天数占总产卵天数的比重、高流量脉冲期间的产卵量、代表性鱼类产卵期的总产卵量及高流量脉冲期间产卵量占总产卵量的比重，通过这些分析可以发现鱼类的产卵行为与高流量脉冲事件是否具有较好的对应性，高流量脉冲期间产卵天数、高流量脉冲期间产卵量是否比低流量时期具有明显优势。

最后，通过计算流量组分与产卵量序列的皮尔逊相关系数，分析代表性鱼类产卵量与高流量脉冲的相关性。这些分析将为代表性鱼类产卵与高流量脉冲事件的密切相关性提供证明。

3. 代表性鱼类产卵期的高流量脉冲统计特征

为认识代表性鱼类产卵期的高流量脉冲事件的特征，对高流量脉冲要素特征指标，包括出现时间T、起涨流量Q_e、起始涨幅Z_e、峰值流量Q_m、平均涨幅Z_a、历时D等做了如下定义。其中，出现时间是指一次高流量脉冲事件的起始日日期（如5月22日）；起涨流量是指由低流量转入高流量脉冲的那个流量，即高流量脉冲出现前一日的流量；起始涨幅为由低流量转入高流量脉冲的首日涨水幅度；峰值流量为一次高流量脉冲过程中的最高峰流量；平均涨幅定义为从起涨流量到峰值流量这一流量上升（涨水）段的平

均涨幅，即峰值流量与起涨流量连线的斜率；历时为一次高流量脉冲过程从开始到结束的总时长。

对历史高流量脉冲事件的特征进行统计分析，设有水文监测数据的1954～2012年在鱼类产卵期5～7月共发生了N_{p}次高流量脉冲，记录每次高流量脉冲事件的特征指标，即出现时间T、起涨流量Q_{e}、起始涨幅Z_{e}、峰值流量Q_{m}、平均涨幅Z_{a}、历时D，得到各个特征指标的数据系列，如T_i、$Q_{\mathrm{e}i}$、$Z_{\mathrm{e}i}$、$Q_{\mathrm{m}i}$、$Z_{\mathrm{a}i}$、$D_i(i=1, 2, \cdots, N_{\mathrm{p}})$。对各个特征指标的数据系列进行频率分析，方法与3.4.2小节第2点中“1）鱼类产卵期水文过程的水文变化指数流量组分分析”相同，最后按分位数25（对应75%的保证率）给出各个特征指标的推荐值，作为产卵期高流量脉冲的特征需求。

4.“基流+高流量脉冲”生态流量设计

基流的设计思路是在低流量时期尽量维持河流流量过程的稳定性和可预测性，避免频繁、较大的流量波动；高流量脉冲的设计思路是在鱼类产卵期，根据实际入流过程，在基流上加入符合鱼类产卵需要的满足一定指标特征的高流量脉冲事件。这些高流量脉冲事件的特征通过对产漂流性卵代表性鱼类产卵期的历史高流量脉冲事件统计特征的分析得到，构成研究河段代表性鱼类产卵繁殖的关键水文信号。

1）基流期的确定

根据IHA软件的默认参数设置，基流定义为：①小于所有流量记录第50个分位数的流量是基流；②大于所有流量记录第75个分位数的流量不是基流；③介于第50个分位数和第75个分位数之间的流量，如果在一天之内增长超过25%，基流期结束，当流量在一天之内减小小于10%时，基流期重新开始。这些参数可以依据具体的河流特征进行调整。

2）确定基流期的可持续流量边界

根据断面水文数据，即梯级水库的入流，确定入流流量是在基流期范围内，还是在一个高流量脉冲范围内，如果入流流量在基流期范围内，通过计算7日流量平均值的移动窗口，确定基流流量范围（图3.15）。以未经水库调节的径流的天然逐日系列为基础，设$\bar{Q}_i$为前7日的平均流量，则有

$$\bar{Q}_i = \sum_{k=i-7}^{i-1} Q_k / 7 \tag{3.7}$$

设置$0.8\bar{Q}_i$为生态流量的下限，$1.2\bar{Q}_i$为生态流量的上限。

3）确定高流量脉冲期的可持续流量边界

当基流分离法表明春末/夏季丰水季节的高流量脉冲事件已经开始，即流量组分进入高流量脉冲期时，高流量脉冲期的基流以进入高流量脉冲期的最后一个基流流量为基础，上下浮动20%的可持续流量范围（图3.16）。

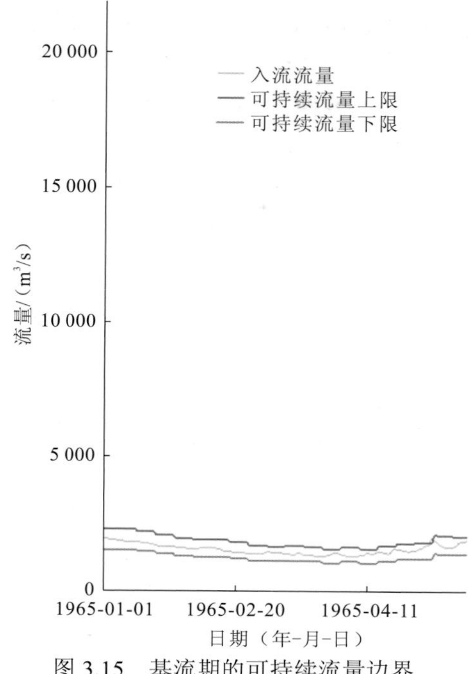

图 3.15　基流期的可持续流量边界

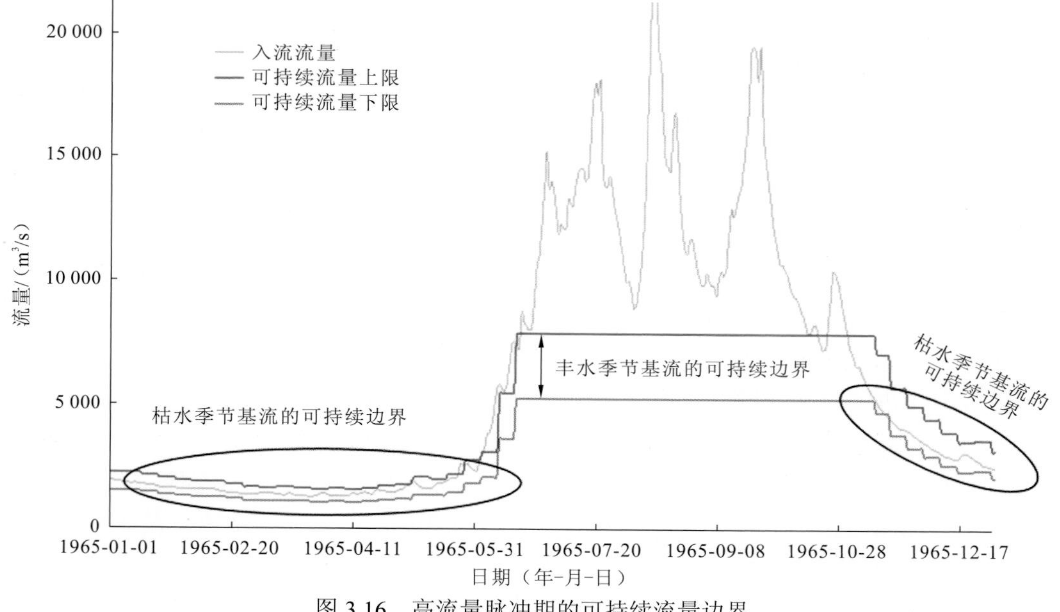

图 3.16　高流量脉冲期的可持续流量边界

4）在高流量脉冲期的基流中加入特定的高流量脉冲

高流量脉冲事件的特征通过对产漂流性卵代表性鱼类产卵期的历史高流量脉冲事件统计特征的分析得到，构成研究河段代表性鱼类产卵繁殖的关键水文信号，在高流量脉冲期基流的基础上叠加鱼类产卵所需的高流量脉冲过程，即得到产卵期的生态流量过程，加入的高流量脉冲的特征需求通过产卵期高流量脉冲特征历史统计分析结果得出（图 3.17）。

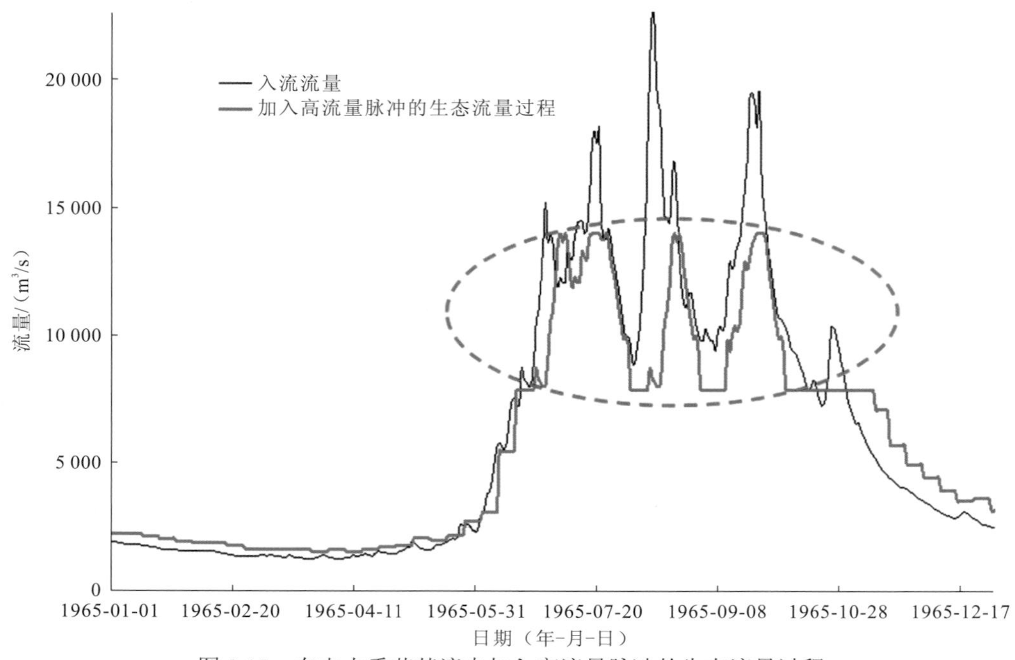

图 3.17 在丰水季节基流中加入高流量脉冲的生态流量过程

3.5 本章小结

高坝大库在我国西南及长江上游地区比较常见，其建成后对河流连通性、下游河流水文节律和生态环境的影响极为明显，且影响范围大，甚至涉及整个河流生态系统。如何通过运行调度等措施来缓解高坝大库建设、运行对河流生态的影响，协调好人类经济社会发展与自然生态保护需求之间的关系，是一个世界性的难题。本章结合我国西南地区大型水利水电工程的建设、运行调度需求，以金沙江下游典型梯级高坝大库为例，在高坝大库河库系统生态环境问题分析的基础上，以金沙江下游梯级水库及其下游保护区江段为典型研究区，以保护代表性鱼类（铜鱼、长薄鳅）产卵繁殖为目标，研究了金沙江下游梯级水库运行对下游河段水文情势变化的影响，分析了鱼类产卵与高流量脉冲的相关性，根据水文过程与鱼类产卵之间的响应关系，提出了“基流+高流量脉冲”的具有生态机理的高坝大库河库系统生态流量核算技术，确定鱼类产卵繁殖期不同层次的生态流量需求。

（1）通过实测水文数据分析了水库蓄水和试运行对保护区水文情势的影响。分析结果表明，2013～2014 年的水库蓄水对保护区月径流量造成了一定的影响，特别是在 2013

年5～7月和2014年6～9月的集中蓄水期，但这一蓄水过程是阶段性的，以后不会再出现。在2015～2016年的水库试运行阶段，水库主要是3～5月的汛前泄水和9～11月的汛后蓄水对保护区水文情势造成了一定的影响，这一试运行过程具有一定的代表性，基本能反映未来水库运行的影响。

（2）利用2010～2016年金沙江下游保护区重庆江津断面铜鱼、长薄鳅的产卵监测数据与水文过程，分析了代表性鱼类产卵与水文过程的响应关系。分析结果表明，铜鱼、长薄鳅产卵与高流量脉冲具有很大的相关性，其产卵高峰期主要发生在满足一定幅度和历时的高流量脉冲过程中，与高流量脉冲过程中的流速增大、水位快速波动有关，高流量脉冲是代表性鱼类产卵所需的关键水文因子。

（3）利用历史长系列水文数据，分析代表性鱼类产卵期的高流量脉冲统计特征，提出了“基流+高流量脉冲”的具有生态机理的高坝大库河库系统生态流量核算技术，依据可持续边界方法确定生态基流，丰水季节在基流的基础上加上具有特定生态意义的高流量脉冲构成完整的生态流量过程需求。利用本方法得到的生态流量，开展水库试验性的生态调度，可以较好地恢复水库下游河段因水库发电调度而受损的高流量脉冲过程，维持产漂流性卵鱼类产卵期所需的生态流量过程，有利于坝下河段鱼类资源的保护与恢复。

第 4 章

山区小水电河库系统生态需水核算方法

4

4.1 研究区域概况

4.1.1 云南景谷河流域概况

云南景谷河为澜沧江水系支流，发源于镇沅振太大光山，流经振太坝、小景谷坝至景谷的钟山和坝芒汇入威远江。景谷河全长 85.6 km，上游景谷河水库坝址处年均流量为 8.33 m^3/s，洪枯水量变化大，下游枯水流量低至 0.064 m^3/s，径流面积为 634 km^2，天然落差为 630 m（赵伟华 等，2020）。景谷河自北向南，流经 42 km 至景谷河梯级水库坝址及零级水电站。

4.1.2 景谷河流域山区小水电站运行概况

景谷河从 1973 年建成二级水电站至今整条河流已开发八级水电站，皆为引水式水电站。零级水电站是一个狭长形不完全年调节水库，总库容为 5 150 万 m^3，有效库容为 4 120 万 m^3，装机容量为 3 200 kW，设计水头为 41.5 m，90%保证流量为 3.16 m^3/s，多年平均发电量为 1 421 万 kW·h，设备利用小时数为 4 440 h，水量利用系数为 0.67。一级水电站装机容量为 6 300 kW；二级水电站装机容量为 7 200 kW；三级水电站装机容量为 3 200 kW，设计水头为 80 m，90%保证流量为 3.97 m^3/s，多年平均发电量为 3 280 万 kW·h，设备利用小时数为 6 560 h，水量利用系数为 0.40；龙塘一级水电站装机容量为 630 kW；龙塘二级水电站装机容量为 400 kW；早谷塘水电站装机容量为 500 kW。

景谷河河流为卵石底质，底质齐，质性好，底质因子不构成改变底栖生态的影响因子。底栖的种类、生物多样性等特征与其栖息地生境的水深和流速相关，在景谷河中，生境类型多样，且减脱水现象明显，因此，景谷河是研究引水式水电站减脱水过渡区生态需水的典型河流。考虑获取的资料和前期的基础工作，研究区域设置为景谷河干流零级水电站和三级水电站减水段过渡区。

4.2 景谷河流域山区小水电河库系统生态环境特征需求

4.2.1 景谷河流域山区小水电河库系统特征

景谷河属于山区河流，河床稳定，河宽基本小于 30 m，河道断面近似为宽浅矩形或抛物线形，河面窄、水浅，年均流量小。研究区域内分布有 1 个坝式水电站，7 个引水式水电站。

在景谷河，水库的修建使得库区至引水河段下游的水文情势发生了显著变化，水文水动力特征发生了改变，河流连续体被破坏。库区及其回水区、下游河段生态系统的能量流动、物质运输和水文过程受到较大的影响，进而引起该区域生物多样性、群落结构的改变，该区域为受山区小水电站建设影响的水力过渡区，简称过渡区。

根据山区河流的功能及水坝对河流水文水动力特征的影响和对生态系统的胁迫作用，把过渡区划分为回水区、库区/引水区、坝区和减脱水区（图4.1）。

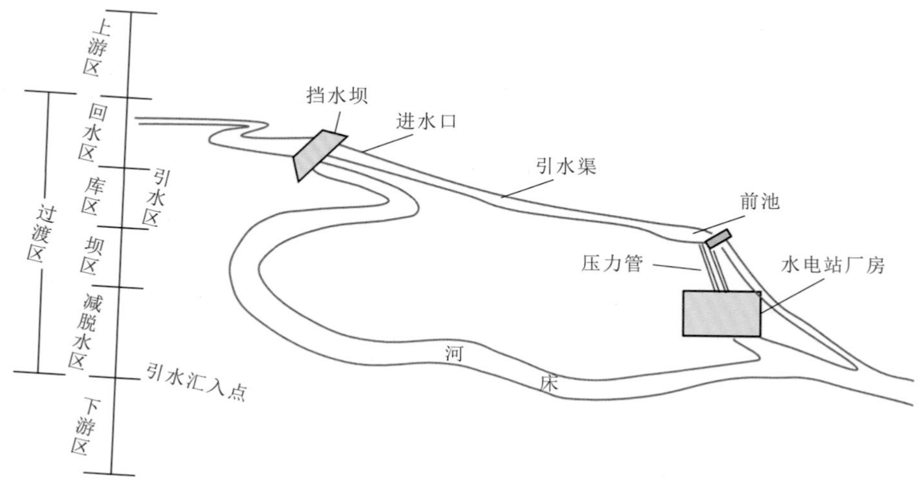

图4.1 山区引水式水电站过渡区示意图

4.2.2 景谷河流域山区小水电河库系统主要水生态环境问题

改革开放初期，为缓解用电紧张，在全国范围内建设了大量引水式山区小水电站，对于2002年前建设的水电站，国家没有强制要求补做环境影响评价（以下简称“环评”），因此这些水电站较少考虑采取生态环境保护措施。然而，即便是做了环评，有些措施也难以落地。以生态流量为例，环评没有规定具体的生态流量下泄措施，水电站无法准确核定下泄流量，更不清楚如何设定生态引水设施。因此，这些早期建设的山区小水电站，受当时条件的限制，有的规划设计不科学，再加上20世纪八九十年代的大规模开发，广泛分布于全国各地的山区小水电站缺乏科学监管，严重威胁生态环境并可能引发各种社会问题。根据水利部《2018农村水利水电工作年度报告》，截至2018年末，全国共有小水电站46 515座，装机容量达到8 043.5万kW，占全国水电总装机容量的22.8%，开发强度较大。根据第一次全国水利普查数据，引水式水电站是长江流域山区小水电站的主要类型，其数量占长江流域全部山区小水电站的80.2%。山区小水电站的过度开发造成河流断流、河床裸露，河流生态面临威胁。

景谷河梯级引水式小水电站的修建，使得河流的纵向连通性被隔断，河流原有的水流经过拦水设施的拦截后，变成一串串不连续的水体。河流生态系统本身的物质交换和能量流动受到影响，鱼类、底栖动物等水生生物的栖息地受到胁迫。另外，天然河道形态改变，坝上游会形成库区生态系统，而坝下由于引水渠的引水，部分河流在枯水期会形成明显的减水或脱水河段，失去了河流的基本特征。梯级水电站运行后，将在一定程度上起到削峰减量的作用，对河流的径流有明显的调节作用，河流原有的洪水过程及其与洪泛平原之间的交流被削弱。山区小水电站对景谷河主要水生态环境的影响如下。

1. 山区小水电站对河流水文的影响

山区小水电站的建设会改变河流的水文情势。引水式水电站使引水口下游部分河段出现减水甚至脱水现象，坝式水电站的拦河坝使坝下游的流量过程出现均匀化趋势。

1）引水式水电站的影响

引水式水电站对流量的主要影响是使河道出现减脱水河段。一般，引水式水电站通过引水隧洞或引水渠将水流引到下游发电，导致引水口至水电站之间的河段径流减少，在枯水季节甚至会出现断流现象。对于山区小水电站梯级开发的河流，减脱水河段的累积效果对河流天然水文过程的干扰尤为严重。

由于引水式水电站的建设，在景谷河上游拦水大坝与下游水电站之间形成了不同长度的减脱水河段。2018 年 11 月，在景谷河零级水电站的减水河段，卵石河床裸露，如图 4.2 所示；2019 年 4 月 16 日，枯水季节，下游河段断流，如图 4.3 所示，河道断流使得河流中的鱼、虾等水生生物缺水死亡，如图 4.4 所示。

图 4.2　景谷河减脱水导致卵石河床裸露（摄于 2018 年 11 月）

2）坝式水电站的影响

坝式水电站对河流流量的主要影响是使流量均匀化。天然河流的流量过程随气候和降雨变化呈现较大波动，水电站的平稳运行要求发电流量（即出库流量）维持一定的稳定性，从而使大坝下游河道的流量过程逐渐趋向均匀化。

图 4.3　景谷河下游河段形成脱水河段（摄于 2019 年 4 月）

图 4.4　景谷河下游脱水河段内鱼、虾死亡（摄于 2019 年 4 月）

2. 山区小水电站河流水质参数丰枯水期动态特征

云南景谷河丰水期和枯水期水体部分水质参数的测定结果显示，丰水期水体水温、pH、总氮和总磷浓度等的均值均高于枯水期，而枯水期电导率和溶解氧浓度的均值高于丰水期。流域水电站的建设对一些水质参数具有累积影响效应，流域水电装机容量越大，水体溶解氧浓度越低，而总磷浓度越高。云南景谷河枯水期减水河段几乎没有水流，导致减水河段水质污染较为严重。云南景谷河水体总磷与总氮浓度沿河流纵向的变化情况为，河流下游总磷、总氮浓度远高于上游河段。对于引水式水电站，丰水期各河流减水河段与非减水河段水质参数的差异均不显著，仅有库区与坝下的 pH、电导率、总氮有显著性差异。在枯水期，部分河流个别水质参数在减水河段与非减水河段有显著差异，景谷河的水温、pH、电导率、溶解氧和叶绿素 a 在库区与坝下存在显著性差异，且 pH、电导率和溶解氧在减水河段与非减水河段也差异显著（$p<0.05$），如表 4.1 和表 4.2 所示。其原因可能是枯水期减水河段水量减少，但河流面源污染物并没有减少，因此部分水质参数增大。

表 4.1 受水电站影响的景谷河不同河段水质物理参数差异性统计分析

河流	水期	河段	统计参数	水温	pH	电导率	溶解氧
景谷河（参照河流：小黑江）	丰水期	库区/坝下	*t*	−0.82	3.15	−4.21	1.74
			p	0.41	**<0.01**	**<0.01**	0.08
		减水河段/非减水河段	*t*	−0.06	−1.93	1.63	1.58
			p	0.95	0.09	0.14	0.15
		参照/研究	*t*	3.90	0.30	1.93	−1.82
			p	**<0.01**	0.77	0.06	0.08
	枯水期	库区/坝下	*t*	13.01	3.33	4.29	3.41
			p	**<0.01**	**<0.01**	**<0.01**	**<0.01**
		减水河段/非减水河段	*t*	0.8	2.9	3.01	4.05
			p	0.27	**<0.01**	**<0.01**	**<0.01**
		参照/研究	*t*	−2.56	−5.68	−0.99	−2.82
			p	**0.01**	**<0.01**	0.33	**<0.01**

注：黑体表示差异显著；*t* 表示统计量值；*p* 表示显著性水平。

表 4.2 受水电站影响的景谷河不同河段水质化学参数差异性统计分析

河流	水期	河段	统计参数	化学需氧量	总磷	总氮	叶绿素 a
景谷河（参照河流：小黑江）	丰水期	库区/坝下	*t*	—	0.71	−5.83	—
			p	—	0.52	**<0.01**	—
		减水河段/非减水河段	*t*	—	1.59	0.99	—
			p	—	0.19	0.38	—
		参照/研究	*t*	—	0.79	0.71	—
			p	—	0.45	0.49	—
	枯水期	库区/坝下	*t*	1.71	0.55	0.69	3.99
			p	0.18	0.62	0.53	**0.01**
		减水河段/非减水河段	*t*	1.38	0.35	−2.07	1.09
			p	0.22	0.75	0.08	0.31
		参照/研究	*t*	0.99	1.24	0.74	2.28
			p	0.34	0.23	0.47	**0.04**

注：黑体表示差异显著；“—”表示未调查；*t* 表示统计量值；*p* 表示显著性水平。

3. 山区小水电站对河流底栖动物的生态影响

1）引水式水电站的影响

在典型丰水期、平水期和枯水期，对景谷河总氮、总磷质量浓度的沿程分布情况进行了测试分析（图4.5）。受外源营养物质输入较少和来水量较大的影响，丰水期景谷河沿程总氮、总磷的质量浓度明显低于平水期和枯水期。在同一水期，从上游至下游，受五级水坝拦截影响，景谷河总氮、总磷质量浓度呈衰减趋势，尤以枯水期最为显著。以上结果表明，从上游至下游，景谷河总氮、总磷质量浓度随着水坝数量的增加而显著衰减，表明梯级水电站对景谷河氮、磷的拦截作用明显。

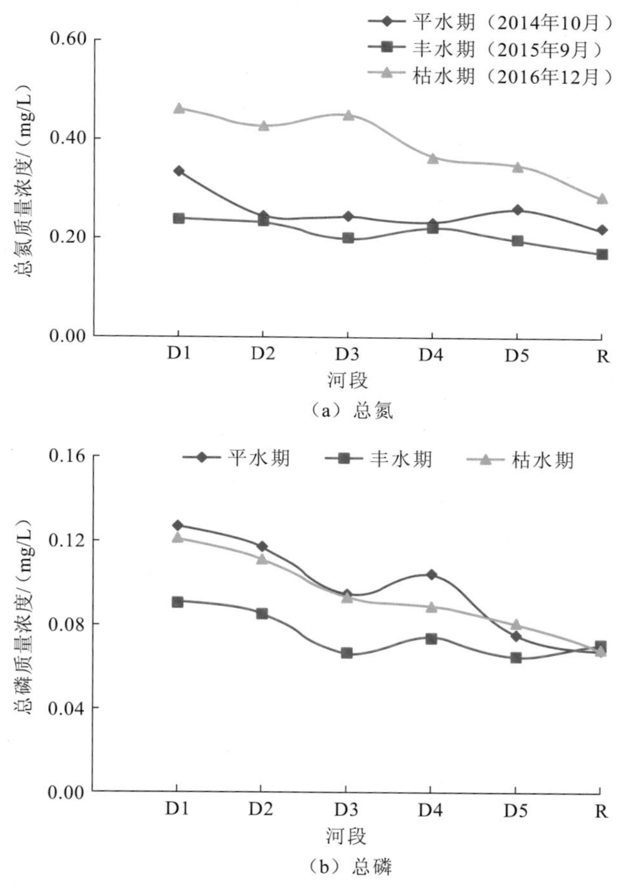

图4.5 景谷河五级筑坝拦截下典型水期沿程总氮、总磷质量浓度的分布

D1、D2、D3、D4和D5分别表示第Ⅰ～Ⅴ级筑坝拦水段，R代表第Ⅴ级水坝下游河段

对于引水式水电站而言，减水河段对底栖动物密度和生物量的影响较为明显。减水河段底栖动物的密度比非减水河段降低42%，减水河段底栖动物的生物量比非减水河段降低17%，见表4.3。

表 4.3 景谷河减水河段与非减水河段底栖动物密度和生物量的比较

河段	密度/（ind./m²）	减水河段密度占非减水河段密度的百分比/%	生物量/（g/m²）	减水河段生物量占非减水河段生物量的百分比/%
减水河段	1 160.5	58	4.92	83
非减水河段	1 993.2		5.95	

综上所述，减水河段和非减水河段底栖动物的生物学特征有一定的差异，主要体现在减水河段底栖动物的生物量和密度小于非减水河段，尤其是减水河段底栖动物的密度显著小于非减水河段。

2）坝式水电站的影响

对于坝式水电站而言，无论是丰水期还是枯水期，大部分河流库区底栖动物的种类数、密度和生物量都要小于坝下（表 4.4）。在丰水期，景谷河中库区底栖动物种类数为坝下的 30%，密度为坝下的 6%，生物量为坝下的 0.7%。在枯水期，景谷河中库区底栖动物种类数为坝下的 36%，密度为坝下的 39%，生物量为坝下的 2%。

表 4.4 景谷河库区与坝下底栖动物种类数、密度和生物量的比较

水期	河段	种类数	库区种类数占坝下种类数的百分比/%	密度/（ind./m²）	库区密度占坝下密度的百分比/%	生物量/（g/m²）	库区生物量占坝下生物量的百分比/%
丰水期	库区	3	30	120.0	6	0.13	0.7
	坝下	10		2 081.7		19.43	
枯水期	库区	4	36	460.0	39	0.20	2
	坝下	11		1 166.0		8.58	

3）梯级水电站的累积影响

为了研究山区梯级小水电站群对底栖动物的影响，以云南景谷河为例，从上游至下游，依次选取景谷河干流上 I 级（零级水电站）、III 级（龙塘二级水电站）、V 级（景谷河三级水电站）共 3 座梯级水电站，开展梯级水电站对底栖动物的影响研究。对不同水电站减水河段和混合段种类数与多样性指数的分析表明，底栖动物种类数和多样性指数的最大值均出现在 V 级水电站混合段，V 级水电站减水河段的种类数虽与其相同，但多样性指数较低；底栖动物种类数和多样性指数的最小值均出现在 I 级水电站混合段（图 4.6）。另外，I 级水电站减水河段的底栖动物多样性指数显著高于其混合段，而其他级水电站河段间差异均不显著。以上结果表明，每个水电站不同河段底栖动物的密度和生物量均表现为混合段大于减水河段，但除 V 级水电站混合段的底栖动物生物量明显高于其减水河段外，两者在其他级水电站的差异均不显著。

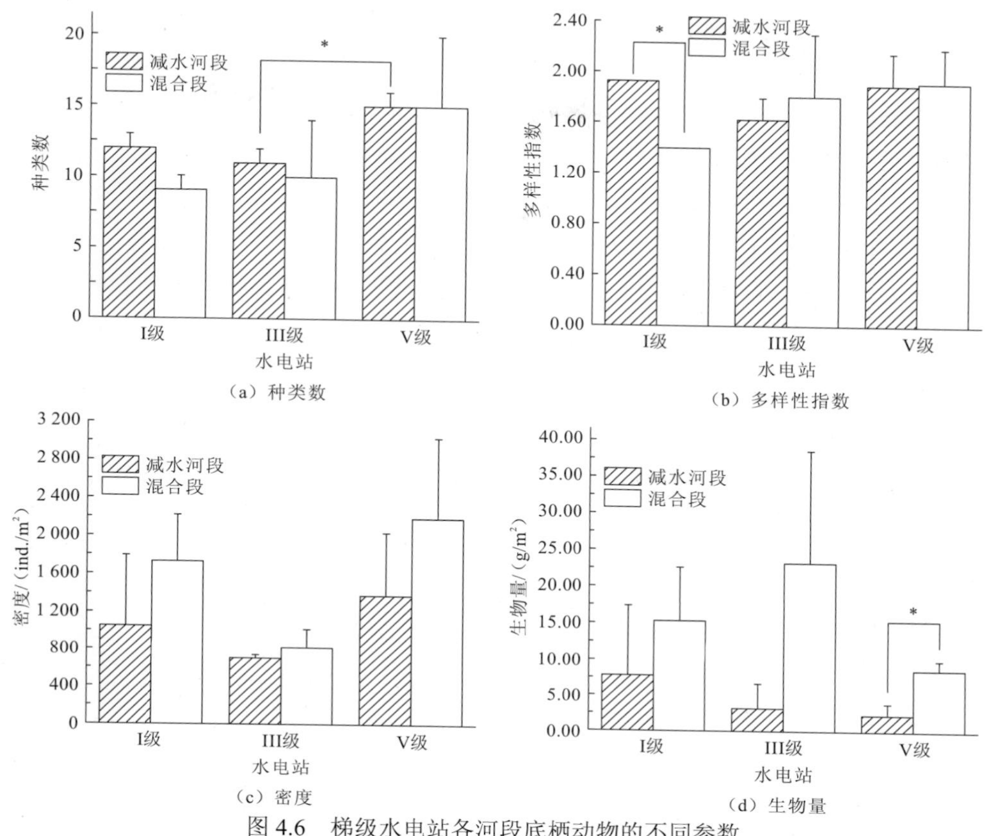

图 4.6 梯级水电站各河段底栖动物的不同参数

Kruskal-Wallis 检验，*表示 $p<0.05$

将样点所采集到的底栖动物划分为 5 个主要功能摄食类群，混合段滤食者、撕食者和捕食者的相对丰度均显著高于减水河段（$p<0.05$），而刮食者和收集者的相对丰度则低于减水河段，但差异性不显著（图 4.7）。减水河段流量小、流速缓，甚至出现断流，有机碎屑易沉积，有利于收集者的摄食和生存，故减水河段收集者的相对丰度较高。

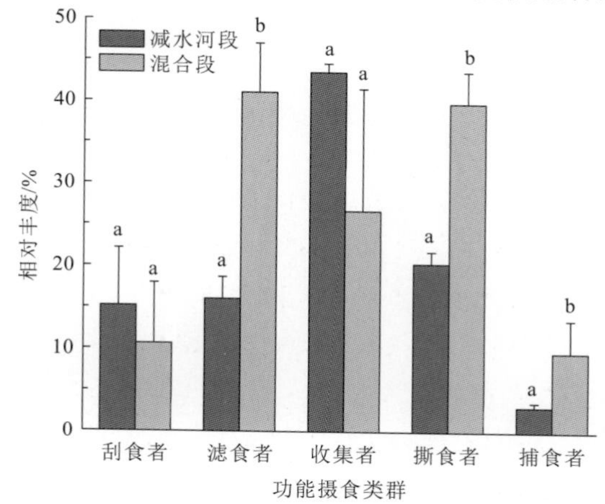

图 4.7 减水河段和混合段不同功能摄食类群相对丰度的对比

a、b 表示有显著性差异

分别在丰水期和枯水期对景谷河的底栖动物进行了调查。丰水期共采集底栖动物 27 种，隶属 12 科 27 属。其中，寡毛类 4 种，软体动物 4 种，水生昆虫 18 种，其他动物 1 种。枯水期共采集底栖动物 56 种，隶属 28 科 54 属。其中，寡毛类 8 种，软体动物 3 种，水生昆虫 45 种，各样点底栖动物种类数见图 4.8（a）。可见，总体上，枯水期种类数远大于丰水期，枯水期景谷河底栖动物种类数自上而下呈增大趋势。景谷河丰水期底栖动物密度和生物量的均值分别为 1 003.3 ind./m^2 和 6.83 g/m^2（湿重），枯水期底栖动物密度和生物量的均值分别为 1 056.3 ind./m^2 和 5.20 g/m^2（湿重）[图 4.8（b）和（c）]。

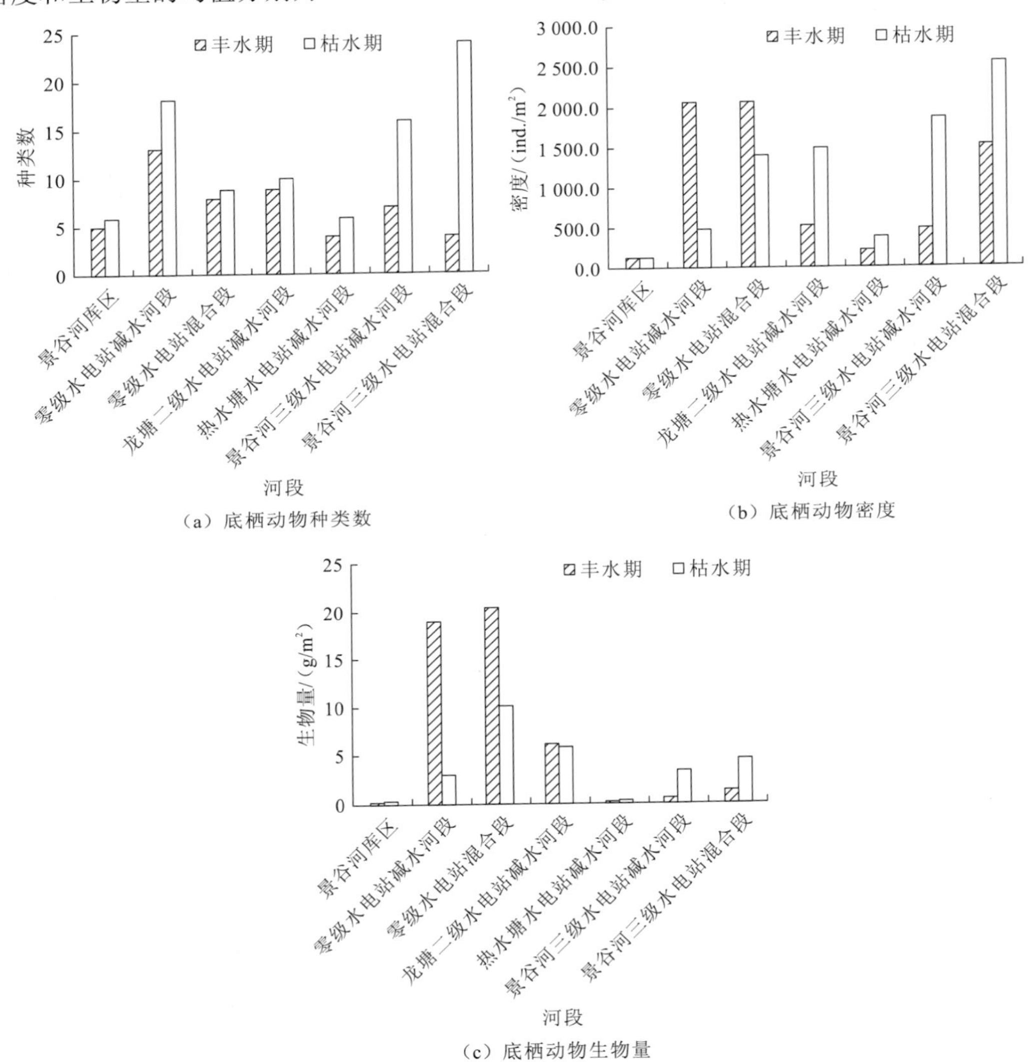

（a）底栖动物种类数

（b）底栖动物密度

（c）底栖动物生物量

图 4.8　云南景谷河丰水期和枯水期各河段的底栖动物种类数、密度和生物量

虽然种类数丰水期和枯水期差异较大，但底栖动物现存量差异并不大。枯水期景谷河三级水电站混合段、景谷河三级水电站减水河段等样点的底栖动物密度较大，均超过 1 500 ind./m^2，景谷河库区和热水塘水电站减水河段底栖动物密度较小，均小于 400 ind./m^2。

生物量最大的采样点是零级水电站混合段，主要是因为这个样点有软体动物出现，生物量最小的是景谷河库区，仅为 0.014 g/m^2。

总体上，山区小水电河库系统丰水期底栖动物的密度和生物量要比枯水期小，主要是因为丰水期流速很大，对底栖动物的冲刷作用较强，减水河段底栖动物的密度和生物量均为非减水河段的约 70%。

以景谷河为例说明建有山区小水电站的河流与未建水利工程的河流中底栖动物现存量的差异。小黑江是澜沧江流域另外一条和景谷河大小相似的基本未受人类活动干扰的山区河流。以小黑江枯水期各样点各底栖动物物种的密度为条件做聚类分析[图 4.9（a）]，结果表明：样点 X_1 和 X_3 较为相近，X_2 与 X_1 和 X_3 在物种组成上差异较大。但总体来说，各样点间的相对距离较小，最大距离不到 5，表明各样点的相似性较高，从一定程度上反映了河流生物类群具有较好的连续性。再以景谷河枯水期各样点各底栖动物物种的密度为条件做聚类分析[图 4.9（b）]，样点 J_1、J_2、J_6、J_4 和 J_5 间的相对距离达到 14，相似性程度已经大大降低。而 J_3、J_7 和 J_8 的相似程度更低，其相对距离高达近 70。这表明：景谷河小水电站的大量修建已经对底栖动物的群落结构造成了一定的影响，使得河流不同断面底栖动物群落的相似程度大大降低。其主要原因是梯级小水电站的修建，阻断了原有自然的河流连续性，使河流的片段化程度加剧，出现了一些不适合底栖动物生存的生境类型，在枯水期时流量大大减小，在部分河段甚至会出现断流现象。而底栖动物的群落结构受底质类型、流速、河流级别、河流宽度、坡度、河岸带植被等河道生境特征的影响较大。

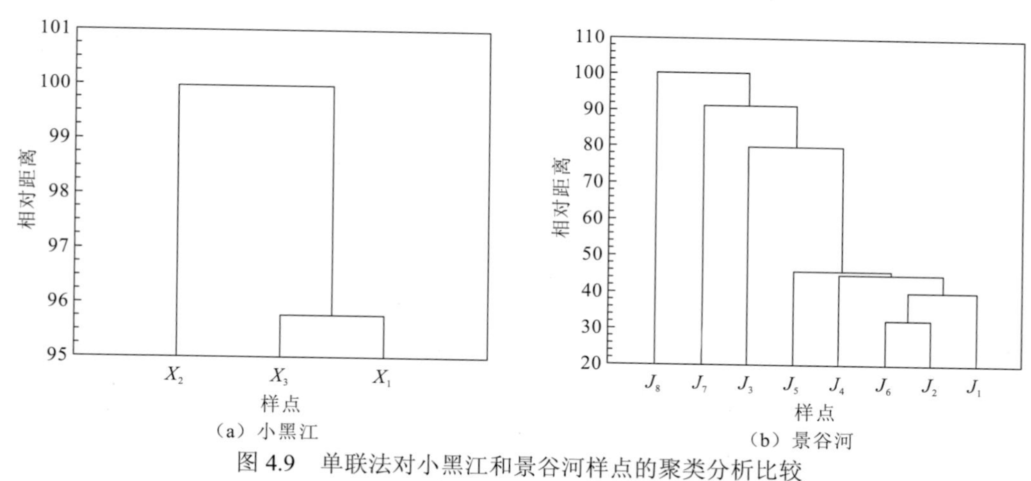

图 4.9　单联法对小黑江和景谷河样点的聚类分析比较

4. 山区小水电站对河流浮游植物的生态影响

1）引水式水电站的影响

对景谷河减水河段与非减水河段浮游植物的种类数和密度进行了比较（表 4.5），结果表明，无论是丰水期还是枯水期，总体上减水河段浮游植物的种类数和密度要小于非减水河段。

表 4.5 景谷河减水河段与非减水河段浮游植物种类数和密度的比较（平均值）

水期	河段	种类数	减水河段种类数占非减水河段种类数的百分比/%	密度/（10^4 cells/L）	减水河段密度占非减水河段密度的百分比/%
枯水期	减水河段	8	62	21.3	36
	非减水河段	13		59.1	
丰水期	减水河段	10	71	54.5	55
	非减水河段	14		98.5	

2）坝式水电站的影响

对景谷河库区与坝下浮游植物种类数和密度进行了比较（表 4.6）。结果表明，无论是丰水期还是枯水期，库区浮游植物的密度均远远大于坝下，而大部分河流库区种类数也大于坝下，说明坝式水电站建设对河流浮游植物的影响是非常显著的。

表 4.6 景谷河库区与坝下浮游植物种类数和密度的比较（平均值）

水期	河段	种类数	库区种类数占坝下种类数的百分比/%	密度/（10^4 cells/L）	库区密度占坝下密度的百分比/%
丰水期	库区	13	100	84.1	1 201
	坝下	13		7.0	
枯水期	库区	13	144	86.8	536
	坝下	9		16.2	

3）卷载影响及累积效应

卷载效应是指电厂取、排水过程对水中水生生物所造成的损害，包括三种效应：系统内的瞬时高温冲击（热效应）、机械损伤（机械效应，包括压力变化）、化学因素（Li et al., 2018）。本节从宏观的藻类生物量到微观的细胞形态结构，以及细胞生理生化水平方面分析了小型引水式水电站对浮游植物的卷载效应。其中，浮游植物生物量用叶绿素 a 质量浓度表示。藻类细胞生理生化方面选取了活性氧水平、细胞代谢活性两个参数，其中活性氧水平是氧化胁迫的直接证据；细胞代谢活性以荧光素二乙酸酯（fluorescein diacetate，FDA）的值来反映，细胞代谢活性越高，生命力越旺盛，FDA 的值越大。细胞形态结构通过细胞膜完整性及细胞的超微结构来表示，细胞膜完整性用碘化丙啶（propidium iodide，PI）的值来表示，当细胞破碎后，PI 进入细胞内，PI 值越高，表示细胞膜损伤越厉害。对景谷河上的三座引水式水电站水轮机的卷载效应进行了研究。

从叶绿素 a 质量浓度的变化来看（图 4.10），入水口叶绿素 a 的质量浓度均大于出水口，下游 300 m 和 1 000 m 处的叶绿素 a 质量浓度大都高于出水口而低于入水口。单因素方差分析表明，只有入水口浮游植物叶绿素 a 的质量浓度显著高于出水口，其他样点之间差异不显著。这说明卷载效应对浮游植物现存量造成了一定程度的损伤，现存量损失率的变化范围在 8.1%～43.4%，平均损失率为 20.6%。

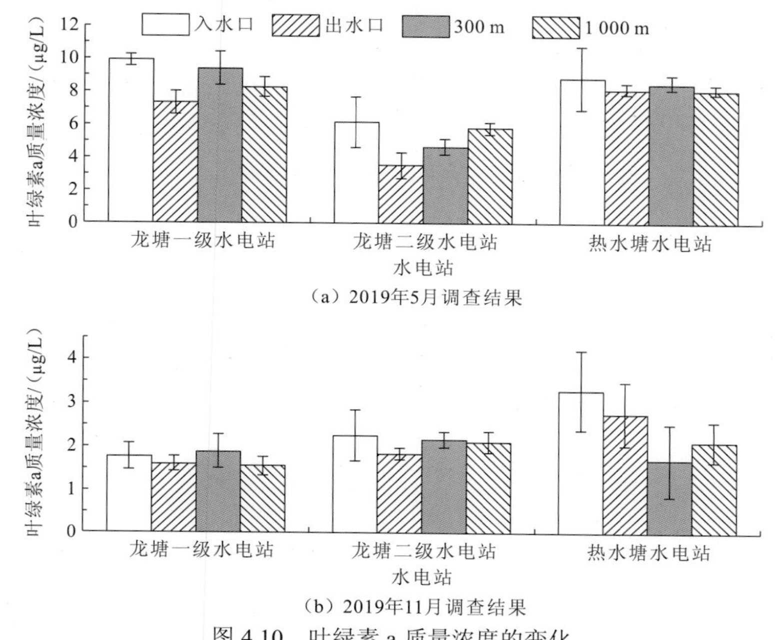

（a）2019年5月调查结果

（b）2019年11月调查结果

图 4.10　叶绿素 a 质量浓度的变化

从藻类细胞活性氧水平来看（图 4.11），入水口均显著低于出水口。除龙塘一级水电站外，入水口均极显著低于 300 m 处，1 000 m 处均极显著低于出水口。该研究结果说明，引水式水电站的卷载效应对浮游植物造成了显著的氧化胁迫，而胁迫消除后，活性氧水平又降低了。

从藻类细胞代谢活性（FDA 值）来看（图 4.12），5 月调查结果显示，入水口 FDA 值均低于出水口、300 m 及 1 000 m 处，龙塘一级和二级水电站的变化趋势一致。1 000 m 处的 FDA 值极显著高于入水口及出水口，入水口与出水口、300 m 处之间无显著差异。11 月调查结果表明，入水口显著低于出水口，300 m 处显著低于出水口，其他样点之间差异不显著。这说明引水式水电站的卷载效应在一定程度上提高了浮游植物的细胞代谢活性，当卷载胁迫消失后，细胞代谢活性降低。三个梯级水电站之间的藻类细胞代谢活性并无显著变化规律。

图 4.13 显示了景谷河三个引水式水电站不同位置细胞膜完整性（PI 值）的变化结果。2019 年 5 月调查结果表明，入水口 PI 值均低于出水口、300 m 及 1 000 m 处。单因素方差分析结果表明，入水口显著低于 1 000 m 处。11 月调查结果表明，入水口显著低于出水口，除龙塘一级水电站外，另外两个水电站的变化趋势一致，PI 值逐渐降低，说明引水式水电站的卷载效应对细胞膜造成了一定程度的破坏。

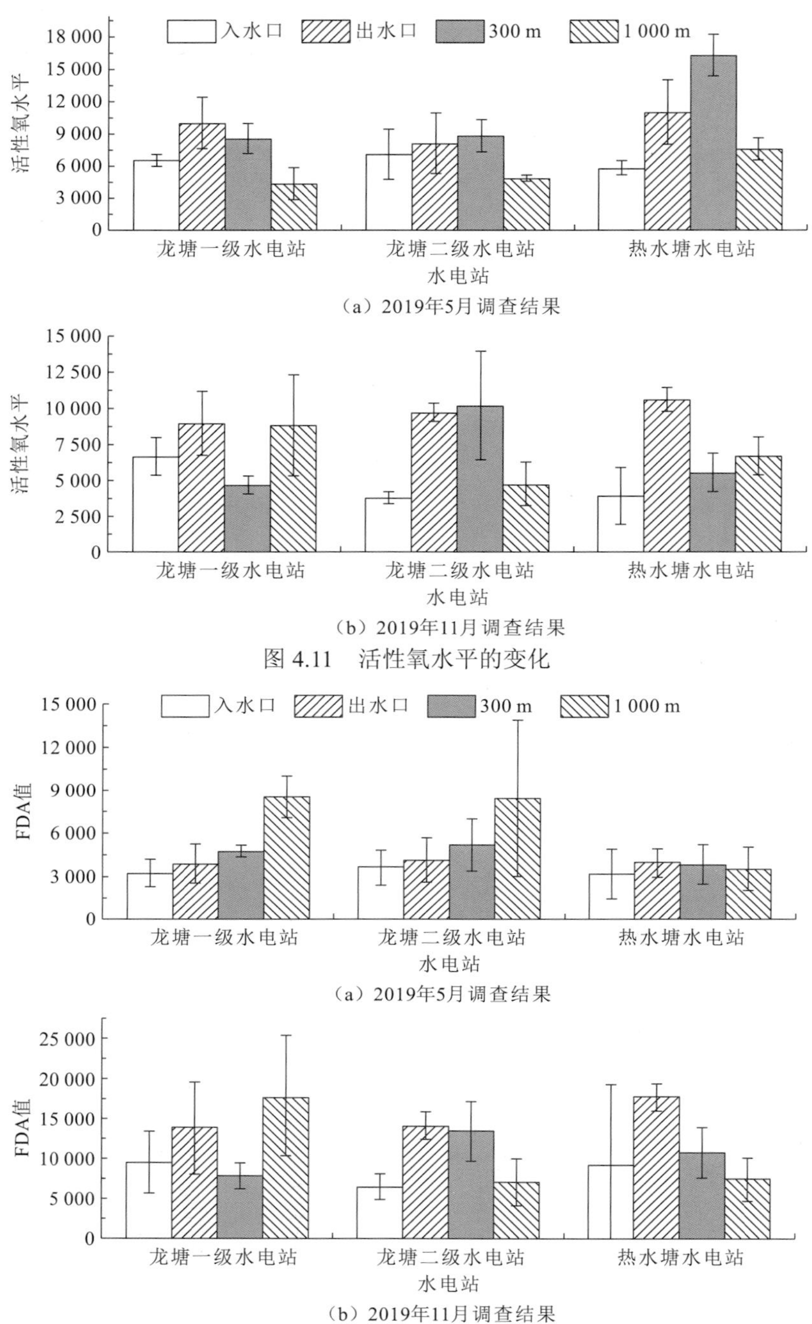

（a）2019年5月调查结果

（b）2019年11月调查结果

图 4.11　活性氧水平的变化

（a）2019年5月调查结果

（b）2019年11月调查结果

图 4.12　细胞代谢活性（FDA 值）的变化

图 4.14、图 4.15 分别显示了入水口与出水口处脆杆藻和小球藻在扫描电镜下形态的改变。它们直观地反映出受损藻细胞在形态上发生了变形、断裂和褶皱等。图 4.16 显示了小球藻在透射电镜下细胞内部结构的变化，结果表明受损的小球藻的细胞器及液泡发生了萎缩，同时细胞壁和细胞膜有断裂、破碎的痕迹。

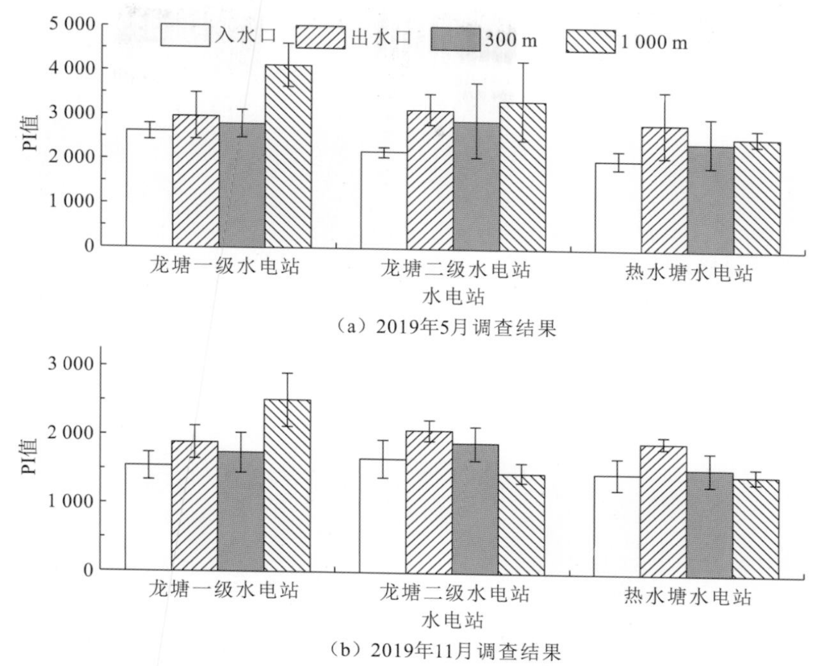

（a）2019年5月调查结果

（b）2019年11月调查结果

图 4.13　细胞膜完整性（PI 值）的变化

（a）入水口处完整的脆杆藻（一）

（b）入水口处完整的脆杆藻（二）

（c）出水口处发生形变的脆杆藻（一）

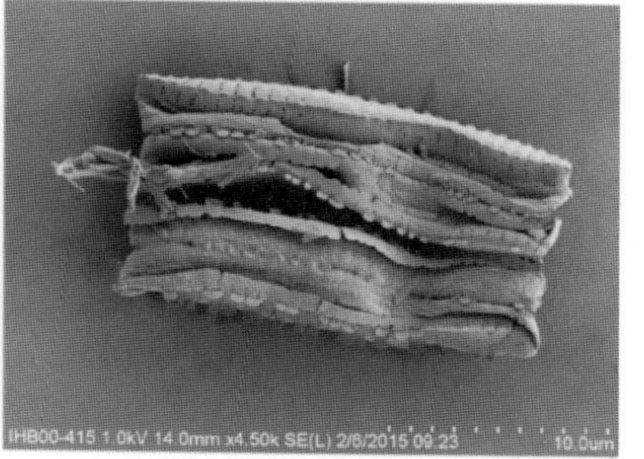

（d）出水口处发生形变的脆杆藻（二）

图 4.14　入水口与出水口处脆杆藻的外部形态

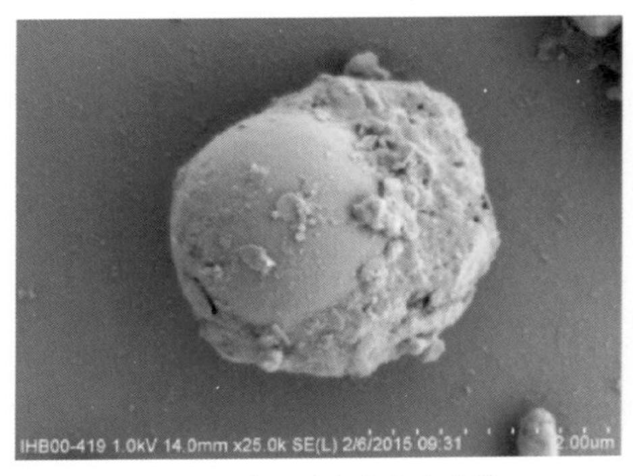

（a）入水口处完整的小球藻

（b）出水口处发生形变的小球藻

图 4.15 入水口与出水口处小球藻的外部形态

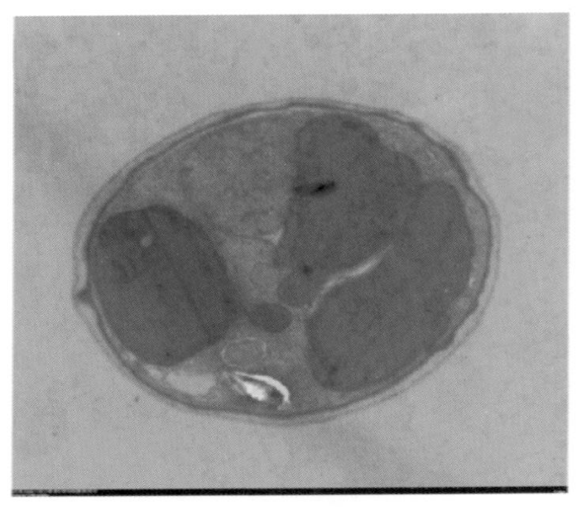

（a）入水口处完整的小球藻

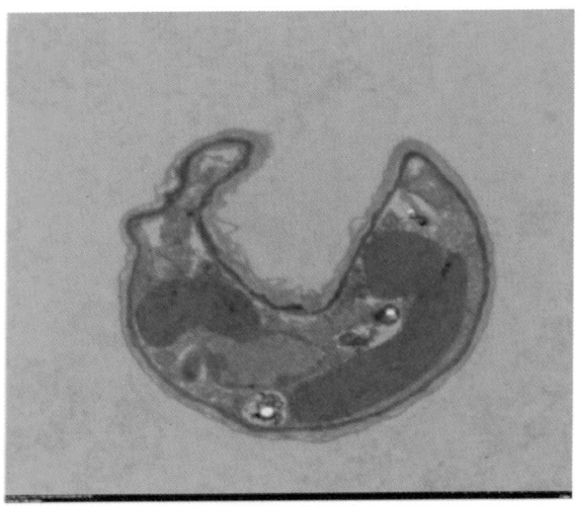

（b）出水口处细胞器萎缩的小球藻

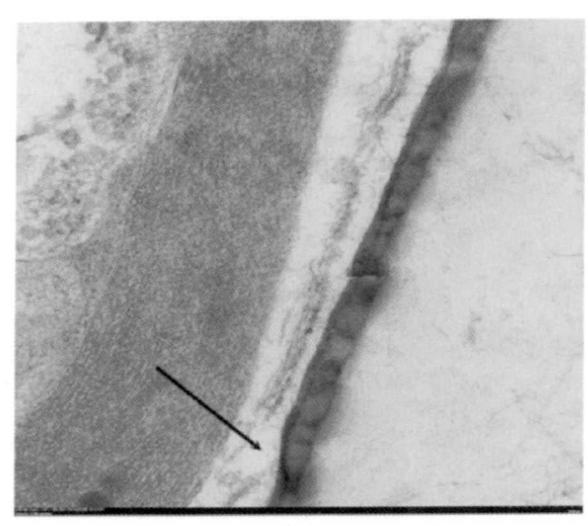

（c）破碎的细胞膜

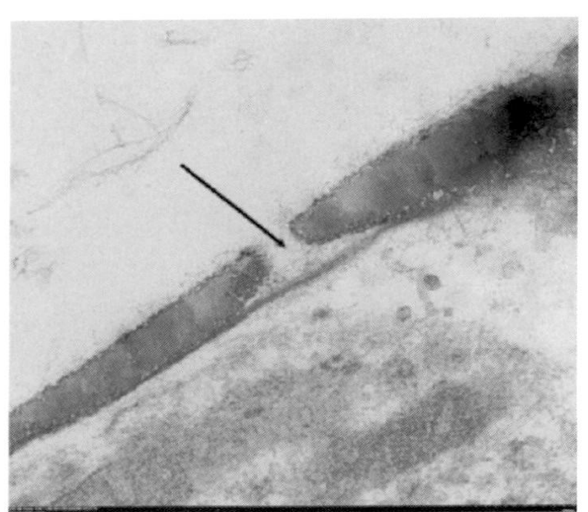

（d）（c）放大图

图 4.16 入水口与出水口处小球藻的内部结构

在逆境胁迫下，藻细胞内会产生大量的活性氧，对藻体造成不同程度的损伤，包括损坏生物大分子、膜及细胞器，减缓代谢等，最终导致细胞破裂死亡，叶绿素 a 质量浓度降低，现存量减少。浮游植物的活性氧水平在出水口下游 1 000 m 处显著降低了，表明活性氧损伤减弱了，而叶绿素 a 质量浓度也有所增加，加之细胞代谢活性也显著升高了，说明胁迫消失后，由于植物体内的活性氧清除酶系统和一些抗氧化物质的作用，浮游植物个体有所恢复。各梯级水电站之间并未呈现规律一致的变化趋势，说明景谷河梯级水电站对浮游植物的累积损伤并不显著。不显著的原因可能是浮游植物本身繁殖能力强，此外浮游植物可以通过群落结构的改变来适应这种逆境作用；景谷河各梯级水电站之间有一些小支流的汇入，可能降低了梯级水电站的累积损伤。

综上所述，浮游植物在通过引水式水电站时现存量减少约 20.63%，出水口藻类活性氧水平显著升高，部分藻类个体在形态上发生了变形、断裂和褶皱，甚至出现了细胞膜断裂、破碎的现象，说明藻类在经过引水式水电站时受到了明显的胁迫作用，对藻类现存量、细胞形态结构、代谢活性等具有显著影响，但越往下游，这种影响有逐渐减小的趋势。此外，景谷河对浮游植物的累积损伤效应并不显著。

5. 山区小水电站对河流鱼类的生态影响

坝式水电站或修筑堤坝的引水式水电站都会在坝上不同程度地形成集水面积，改变了河流原有的流态及水文情势，甚至是底质类型，因此会对鱼类群落产生显著影响。1985 年调查时景谷河有鱼类 28 种，主要为急流性种类，如爬岩鳅、短须裂腹鱼、云南裂腹鱼、南方沙鳅、墨头鱼、南方大口鲶等，而 2019 年实际调查的渔获物仅 10 余种，鱼的种类减少了 60%左右，急流性种类已经基本消失，而非急流性的底栖鱼类，如鮈亚科的大部分属种、鲤亚科和鲇形目的多数种类较多，如麦穗鱼、云南棒花鱼、罗非鱼、墨头鱼、长背鲱、荷马条鳅等。引水式水电站建设使鱼类上溯迁移通道受阻，对鱼类的繁殖、生长有不利影响。

筑坝河流中鱼类种类发生变化及其资源量明显减少的主要原因包括：①水坝阻断了部分河流中洄游性鱼类的迁徙通道；②减脱水河段使鱼类栖息地严重受损，使该河段鱼类资源剧减甚至灭绝；③水轮机等物理机械对鱼类的直接伤害；④其他人为因素，如炸鱼、电鱼等滥捕滥杀行为。

4.2.3 景谷河流域山区小水电河库系统主要生态保护需求

针对景谷河小水电站开发中出现的减脱水问题，保护景谷河水生态环境及河流生物多样性的主要需求是维持减水和脱水河段的生态基流。可按照该断面多年平均流量的 10%预留生态流量，以补充减水河段流量。如难以达到生态基流标准，可考虑预留水深 30 cm、流速 0.3 m/s 以上的流量作为基流，以维持底栖动物及鱼类的生境与迁移通道。景谷河河库系统生态需水总量不大，但需长期维持。

景谷河上的坝式水电站可采用基于生态流量过程线的生态调度方案，景谷河上的其他引水式水电站的最小下泄流量采用改进的栖息地模拟法确定。对于引水式水电站的减脱水问题，还应设置生态过水坝和人工阶梯-深潭系统的生态环境保护设施。

4.3 景谷河流域山区小水电河库系统生态需水分析

4.3.1 水文过程与底栖动物的响应关系

1. 技术路线

选择景谷河零级水电站坝下的减水河段为研究河段，并将上游人为干扰活动较小的小黑江河段作为参照河段，采用河流生态学调查结合数学模拟的手段，提出了基于底栖动物栖息地保护的山区小水电河库系统生态流量核算方法，定量分析了维持景谷河底栖动物群落稳定和物种多样性所需的生态流量，为开展山区小水电站下泄生态流量需求研究提供参考依据，具体技术路线如图 4.17 所示。

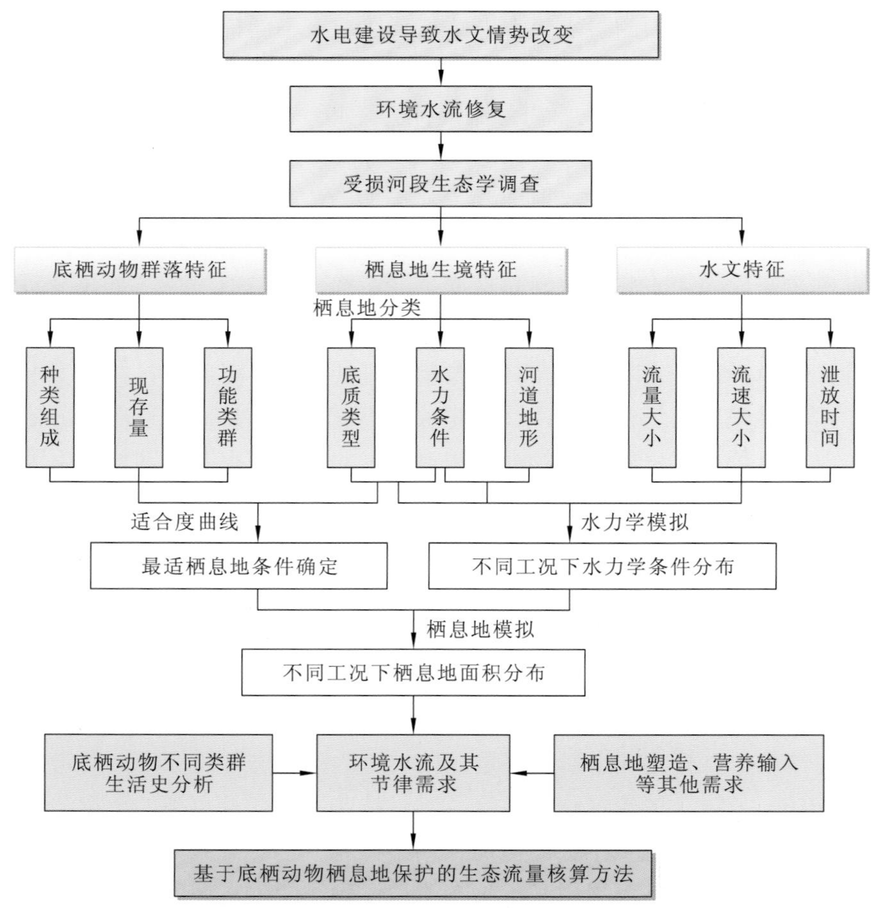

图 4.17 基于底栖动物栖息地保护的山区小水电河库系统生态流量核算方法技术路线

2. 现场调查和野外样品采集

2017 年和 2018 年分别对云南景谷河 8 座小型水电站进行了实地调查，采样点如图 4.18 所示。考虑到不同水文时期栖息地要素的变化给河流生物群落可能带来的影响，在丰、枯水期设置了等量的采样区域，采集底栖动物样本 55 份。其中，2017 年 8 月、9 月为丰水期调查和采样时间，2018 年 1 月、4 月为枯水期调查和采样时间，主要涉及流量调查、河道底质调查和底栖动物调查。

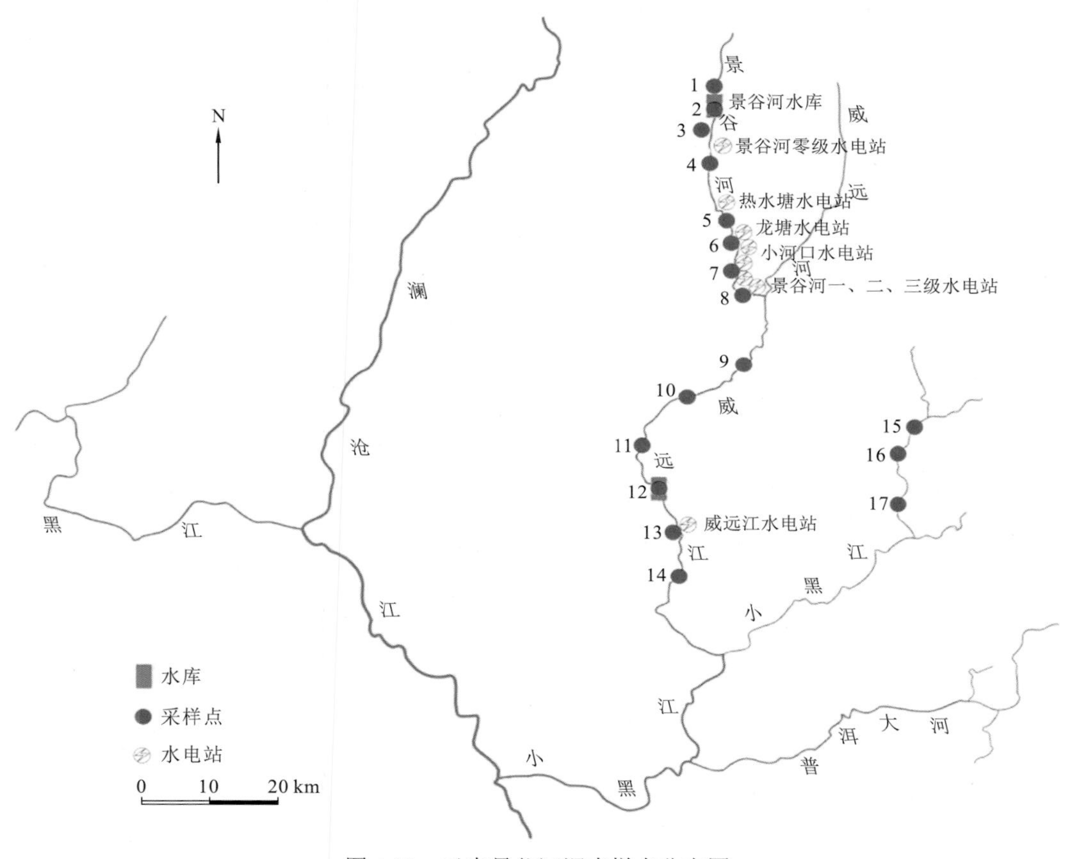

图 4.18　云南景谷河调查样点分布图

1 为景谷河水库 2 号；2 为景谷河水库 3 号；3 为景谷河零级水电站附近的支流木菁河；4 为景谷河零级水电站汇合点；5 为热水塘水电站减水河段；6 为龙塘水电站减水河段；7 为景谷河一、三级水电站减水河段；8 为景谷河三级水电站下游；9 为景谷河水文站；10 为景谷河水文站下游；11 为威远江水电站 1 号；12 为威远江水电站 2 号；13 为威远江水电站坝下 1 号；14 为威远江水电站坝下 2 号；15 为小黑江 1 号；16 为小黑江 2 号；17 为小黑江 3 号

4.3.2　景谷河流域山区小水电河库系统生态需水特征分析

景谷河山区小水电站的过度开发造成河流断流、河床裸露，河流生态面临威胁。山区小水电站最主要的生态环境影响体现在，引水式水电站运行阶段产生的减脱水河段给

河道水文过程和水生态系统带来的不利影响。

从底栖动物种类数来看，景谷河零级水电站减水河段在丰、枯季节底栖动物种类数最高，因此，断面的流速和水深可以作为底栖动物的最适流速与水深阈值。针对河道减脱水严重、生态需水核算依据适用性差和河道生境受损等突出问题，通过 IFIM 进行栖息地模拟，找出最适流速和水深下栖息地面积最大时的流量，即生态流量。

4.4 景谷河流域山区小水电河库系统生态需水核算方法

根据我国山区河流的原有水文情势和水生态特点，以及梯级引水式水电站开发后造成的减水、断流问题对生态系统的影响，以坝下河道微生境的塑造为生态需水的主要目标，研究提出山区小水电河库系统过渡区生态需水调控技术和水量调度方案。

4.4.1 山区小水电河库系统生态需水模型构建

IFIM 是用于河流规划、保护和管理等的决策支持体系，由水动力、水质、水文、生态等专业模型和各类方法组成，其通过将水力学模型和生物信息模型结合，建立起流量和底栖动物适宜栖息地之间的定量关系，再由水文模型确定栖息地的时间序列，为水资源规划提供科学依据。

本节底栖动物生态需水的研究方法使用改进的 IFIM，即指示生物栖息地适合度与地理信息系统（geographic information system，GIS）相结合的方法。首先应用 River2D 建立研究河段的水动力模型，然后利用 ArcGIS 软件进行底栖动物栖息地模拟，得出底栖动物栖息地流量和适宜栖息地面积之间的关系，为水资源管理部门实施切实可行的水利调度管理方案提供科学参考和技术支持。

1. River2D 二维水动力模型构建

1）River2D 二维水动力模型概述

River2D 二维水动力模型是一个可以在天然河道中使用的二维水深平均浅水动力学模型和生物栖息地模型。River2D 二维水动力模型模拟的河段尺寸通常长度小于 10 倍的宽度，它是基于 Petrov-Galerkin 迎风守恒格式和有限元法离散的数值模拟模型。该模型的研究思想基于：①水力模拟采用以浅水方程为基础的二维水动力模型；②栖息地计算单元是三角形。模型假定单元节点的垂向速度相同，压强符合静水压强分布。初始数据包括河床形态、粗糙系数、边界条件和初始流量条件，解方程采用有限元法，根据初始条件和边界条件计算节点的平均水深和平均流速。该模型的显著特点是对于计算河道的边界部分采用了近似超临界法和干湿区域解算法。该模型已经通过了一系列理论、试验和野外试验调查结果的验证。

该模型包括四个模块：①R2D_Bed，主要用来输入与编辑地形资料，利用网络或不规则三角网，进行资料编辑与增修，并且界定河流外部边界条件；②R2D_Mesh，利用R2D_Bed 输出的资料，产生可以用来有效计算水力状况的三角形不规则网格面，并应用在二维深度平均的有限元流体模型上；③R2D_Ice，对河流覆冰问题加以考虑；④River2D，河流栖息地模拟。

使用该模型的优点是对水深平均速度矢量（大小和方向）、水表面高程和水深沿河道逐单元分别进行计算。此外，该模型能模拟复杂的构造物附近的水流，包括分叉流、汇聚流、紊流和低速死水区。因此，该模型能提供较高的空间分辨率和较好的对栖息地指标的评价。由于该模型能提供较高的分辨率，它能较好地适应栖息地构造物的施工设计和评价。

2）River2D 二维水动力模型构建方法

从控制方程、地形及初边值条件、地形条件、水陆边界条件、初始条件五个方面论述构建 River2D 二维水动力模型的方法。

（1）控制方程。控制方程为笛卡儿坐标系下的二维水动力控制方程，为不可压缩流体三维雷诺 Navier-Stokes 平均方程沿水深方向积分的连续性方程和动量方程。

连续性方程：

$$\frac{\partial H}{\partial t}+\frac{\partial q_x}{\partial x}+\frac{\partial q_y}{\partial y}=0$$

x 方向的动量方程：

$$\frac{\partial q_x}{\partial t}+\frac{\partial}{\partial x}(Uq_x)+\frac{\partial}{\partial y}(Vq_x)+\frac{g}{2}\frac{\partial}{\partial x}H^2=gH(S_{0x}-S_{fx})+\frac{1}{\rho}\left[\frac{\partial}{\partial x}(H\tau_{xx})\right]+\frac{1}{\rho}\left[\frac{\partial}{\partial y}(H\tau_{xy})\right]$$

y 方向的动量方程：

$$\frac{\partial q_y}{\partial t}+\frac{\partial}{\partial x}(Uq_y)+\frac{\partial}{\partial y}(Vq_y)+\frac{g}{2}\frac{\partial}{\partial y}H^2=gH(S_{0y}-S_{fy})+\frac{1}{\rho}\left[\frac{\partial}{\partial x}(H\tau_{yx})\right]+\frac{1}{\rho}\left[\frac{\partial}{\partial y}(H\tau_{yy})\right]$$

式中：H 为水深；U、V 分别为 x、y 方向水深上的平均流速；q_x、q_y 分别为 x、y 方向与流速相关的流量强度，$q_x=HU$，$q_y=HV$；g 为重力加速度；ρ 为水的密度；S_{0x}、S_{0y} 分别为 x、y 方向上的河床坡度；S_{fx}、S_{fy} 分别为 x、y 方向上的阻力坡度；τ_{xx}、τ_{xy}、τ_{yx}、τ_{yy} 分别为水平方向上紊动应力张量的分量。

（2）地形及初边值条件。针对景谷河脱水河段，在 Google Earth 中提取江岸轮廓线的经纬度，在 ArcGIS 中转换为大地坐标，导入模型网格生成器，生成非结构化三角形网格。其中，水域网格边长约为 1 m，两岸予以细化，细化的网格边长约为 0.5 m（图 4.19）。

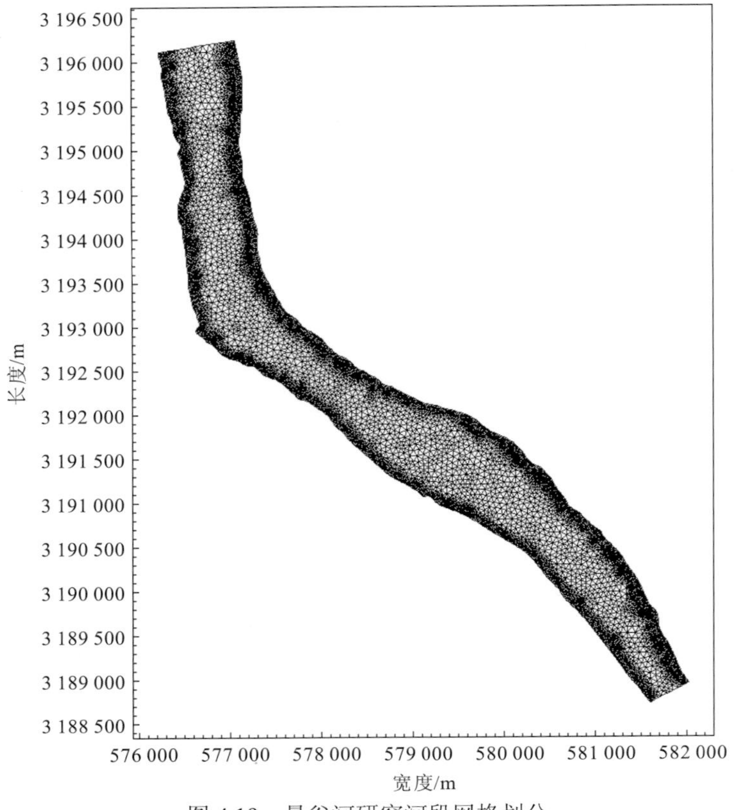

图 4.19　景谷河研究河段网格划分

（3）地形条件。采用最近邻点法进行插值，得到每个网格单元的高程来绘制景谷河减水河段蓄水前后的地形。

（4）水陆边界条件。①陆边界：法向流量为零，即 $Q_n=0$。②水边界：上边界为进水流量，分别取 0.5 m^3/s、1 m^3/s、1.5 m^3/s、2 m^3/s、2.5 m^3/s、3 m^3/s、3.2 m^3/s、3.5 m^3/s、4 m^3/s、4.5 m^3/s、7 m^3/s、9 m^3/s、12 m^3/s（平均流量为 8.33 m^3/s），下边界为出水水位。

（5）初始条件。纵向流速、横向流速的初始值均取 0。对于天然河道流场而言，流量、地形是影响流场的两个最重要的因素。在固定边界的数值模型或物理模型中，流量通常作为边界输入条件提供给模型，由模型计算得出相应流量下研究区域的流场分布。把通过声学多普勒海流剖面仪（acoustic Doppler current profiler，ADCP）实测的地形数据（高程、流速、坐标）导入 ArcGIS 中的 ArcMap，设置边界的地形高程并进行实测河床高程的校正，然后导入 River2D 形成河床地形文件（.bed），分析研究河段的水文条件（水位-流量关系），确定模拟河段进出口的目标流量和目标水位，利用 River2D 的网格生成模块，生成非结构的有限元计算网格（.mesh），利用实测水深和流速数据，来验证模型的计算结果，并计算不同流量下目标河段的水力分布。

2. 底栖动物适宜栖息地面积模拟

对于底栖动物来说，由于其种类繁多，生活史多样化，对生境的需求也是多样化的，对流量的需求可能不尽相同，特别是对某一流量组分的需求可能不像鱼类或沿岸带植物那样迫切，很难通过流量恢复法来推荐生态需水。因此，本节对底栖动物生态需水的研究采用了栖息地模拟法。采用这种方法是基于这样的假设：如果保护或维持最适合底栖动物生存的栖息地类型，就能使底栖动物保持较高的多样性。认为流量在年内的变化频率及时间对底栖动物来说不是最重要的，最重要的是提供稳定且有相当大面积的栖息地。

本节应用了由美国环境系统研究所公司（Environmental Systems Research Institute，ESRI）开发的 ArcGIS 软件对水动力学的计算结果进行图层的筛选、叠加和面积的计算，采用 ArcGIS 中的 Raster 功能来栅格化 River2D 计算得出的水深和流速结果，然后利用 Reclassify 来筛选不同适宜度标准的适宜栖息地范围，并根据栅格的分辨率来计算适宜栖息地面积。

不同的目标种在不同的生长阶段对水力条件的需求是不一致的。例如，底栖动物中蜉蝣目和毛翅目的昆虫喜欢流速较大、水深较小、底质为卵石的生境。因此，本节通过筛选目标生物所喜好的水力特性的变量值，来找出与目标生物水力偏好特性相对应的适宜栖息地范围。栖息地模拟基于以下假定：①栖息地适宜性是流量的函数，且与物种数量之间存在一定的比例关系；②水深、流速、底质和覆盖物是流量变化对物种数量和分布造成影响的主要因素，它们之间相互影响，共同确定河流的微生境条件；③河床形状在模拟的过程中保持不变；④模拟过程中，适宜栖息地面积最大时对应的流量为生态流量。

将研究河段 River2D 二维水动力模型模拟的结果导入 ArcMap 中，利用 ArcMap 的重筛选工具（Reclassify），找出同时满足栖息地水深和流速条件的水力图层，进行叠加水力图层处理，找出最适栖息地的范围，并利用计算栅格点像素的方法得出适宜栖息地面积的大小，绘制不同流量与适宜栖息地面积的关系曲线。当然，目标生物所需求的其他图层要素，如底质类型或覆盖物等都可以在此基础上进行叠加。

通过适合度曲线来获得指示生物适宜栖息地的水力参数，并结合 ArcGIS 软件来分析各流量状况下指示生物栖息地面积的变化，并选择出同时满足水深和流速要求的栖息地面积及分布范围。利用 ArcGIS 软件计算栅格点像素的方法得出适宜栖息地面积的大小，以确定不同流量与适宜栖息地面积的对应结果（图 4.20）。

根据适宜栖息地面积随流量变化的关系曲线，找出最大的适宜栖息地面积值，最大的适宜栖息地面积值对应的流量即所需的生态流量。

4.4.2 满足河流底栖动物生境条件的生态需水核算方法

根据研究河段的实际情况将生物栖息地类型分为以下 4 种：①深潭，深潭底质均为淤泥或泥沙，水深较大，流速几乎为零，部分深潭有沉水植物；②浅濑，浅濑一般底质

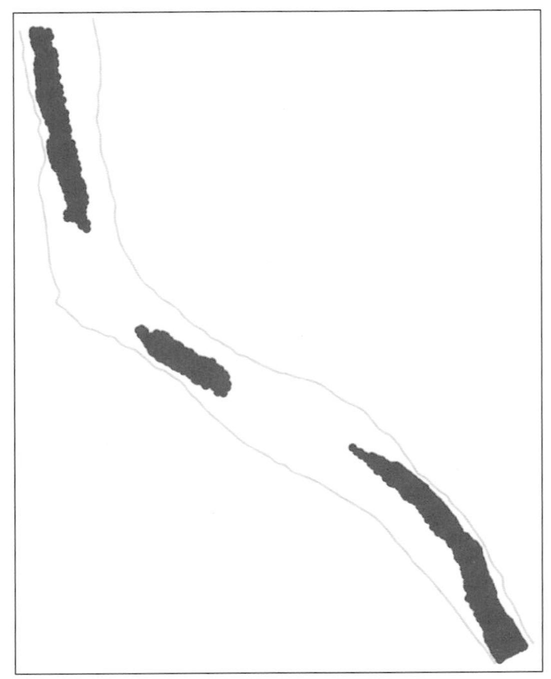

图 4.20 ArcGIS 绘制适宜栖息地面积

为卵石、砾石等，流速较大，水深较小，一般无沉水植物；③边滩，边滩指流速、水深都很小的区域，一般位于河道两边，底质以泥沙为主，一般有挺水植物分布；④深流，深流指流速、水深都较大的区域，底质一般为泥沙，分布于河道的中间，由于流速较大，一般底栖动物种类少、密度也较小。

用水力学模拟软件 River2D 模拟了水深和流速在不同流量下的分布状态，为下一步的栖息地模拟奠定了基础。本节模拟了景谷河研究河段从 0.5 m^3/s 到 12.0 m^3/s 13 种流量（0.5 m^3/s、1.0 m^3/s、1.5 m^3/s、2.0 m^3/s、2.5 m^3/s、3.0 m^3/s、3.2 m^3/s、3.5 m^3/s、4.0 m^3/s、5.0 m^3/s、7.0 m^3/s、9.0 m^3/s、12.0 m^3/s）条件下的水深分布和平均流速分布。图 4.21 显示了流量为 3.2 m^3/s 时景谷河研究河段流速和水深的模拟结果。

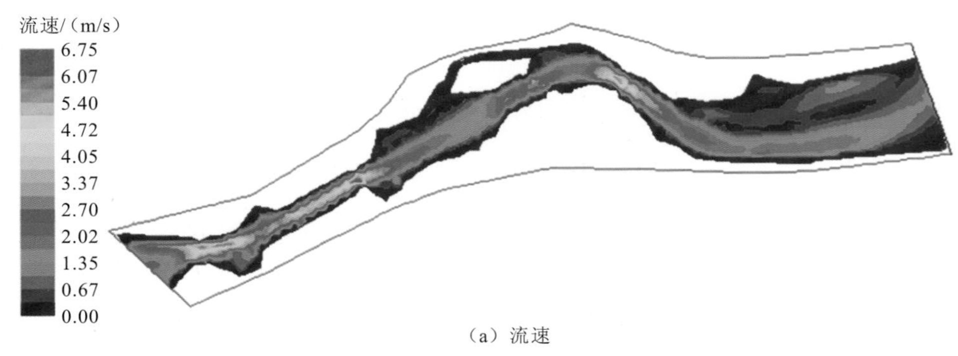

（a）流速

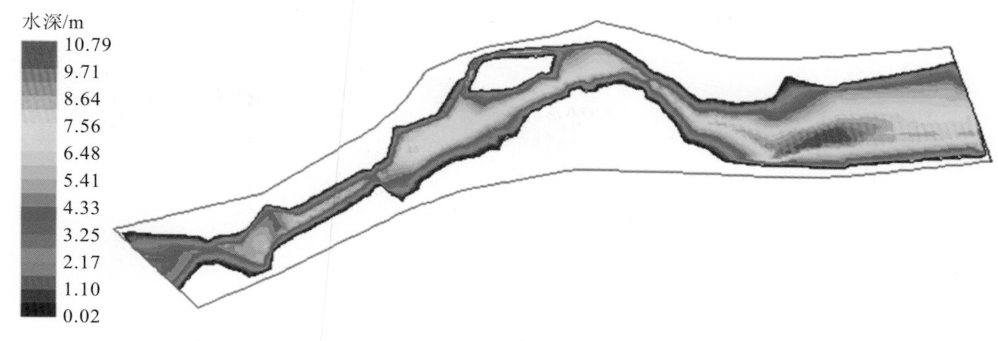

（b）水深

图 4.21 流量为 3.2 m³/s 时景谷河研究河段流速和水深的模拟结果

景谷河研究河段 13 种流量下 4 种栖息地类型的面积见表 4.7。

表 4.7 景谷河研究河段 13 种流量下 4 种栖息地类型的面积

流量/（m³/s）	栖息地的面积/m²			
	深潭	边滩	浅濑	深流
0.5	54.81	79.65	56.48	291.32
1.0	8.68	72.60	32.47	432.83
1.5	8.85	89.37	19.70	511.26
2.0	10.07	163.31	42.70	581.53
2.5	9.00	132.70	95.23	591.96
3.0	9.58	203.86	157.30	658.58
3.2	12.94	330.10	168.73	686.77
3.5	12.84	271.19	261.89	655.86
4.0	16.47	241.32	289.25	818.42
5.0	19.78	86.32	269.70	101.50
7.0	24.04	70.65	220.90	116.08
9.0	24.16	62.13	196.83	123.79
12.0	25.25	40.84	173.18	127.18

采用 ArcGIS 对景谷河研究河段不同流量下底栖动物 4 种栖息地的大小及其分布进行了模拟。按照某一栖息地类型的水力条件（流速、水深），分别模拟每一种流量下 4 种栖息地（深潭、深流、浅濑和边滩）面积的大小和分布。图 4.22 显示了在流量为 3.2 m³/s 时景谷河研究河段边滩的分布。

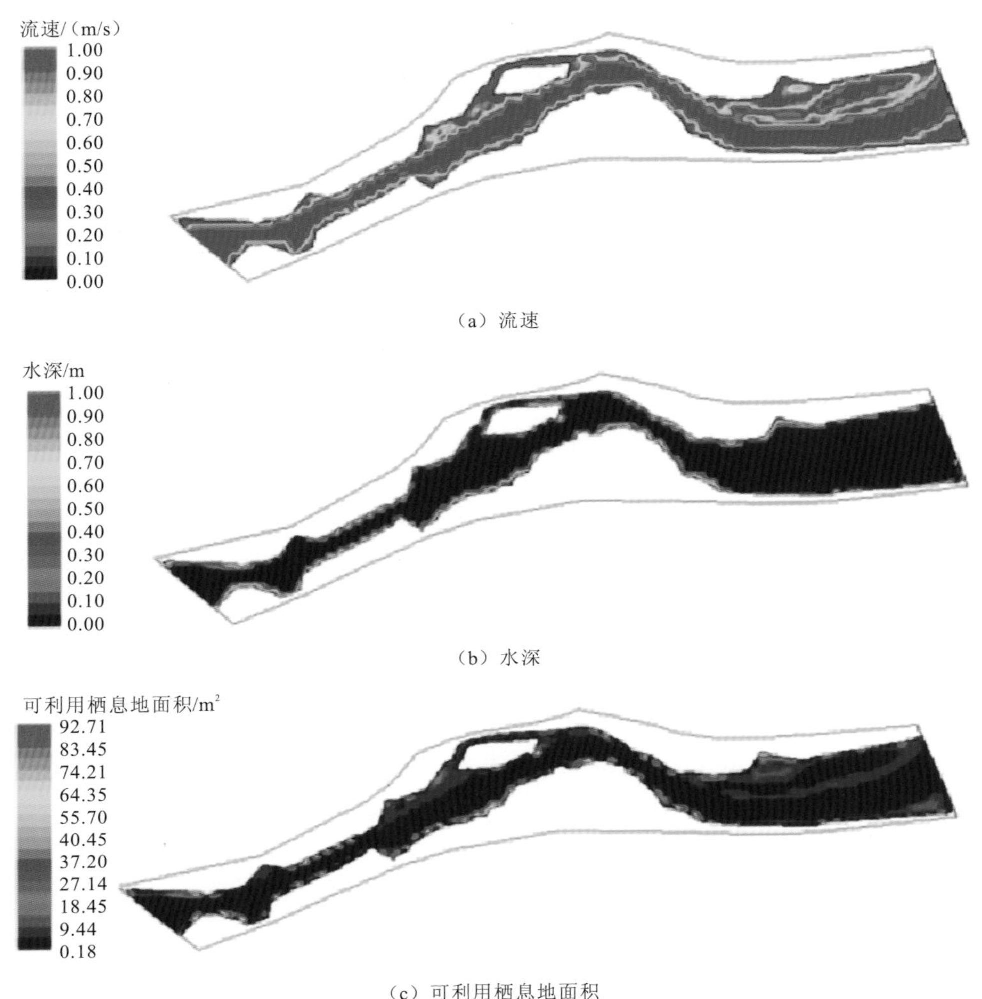

（a）流速

（b）水深

（c）可利用栖息地面积

图 4.22 流量为 3.2 m^3/s 时景谷河研究河段边滩的分布

4.4.3 山区小水电河库系统生态流量确定

根据模拟得到的不同流量组分下河道流速、水深的分布情况（根据研究河流水文数据确定），把利用 River2D 模拟的不同流量下流速、水深的分布和坐标信息导入 ArcGIS 中。按照栖息地类型的水力条件（流速、水深），分别模拟每种流量下 4 种栖息地（深潭、深流、浅濑和边滩）面积的大小和分布。深潭、浅濑和深流的模拟过程同边滩，根据所模拟的栖息地类型的图层栅格数和栅格大小来计算该栖息地类型的面积大小及其分布范围。以此类推，可以计算不同流量下各类型生境的面积大小。

从图 4.23 中可以看出，景谷河边滩的生境面积随着流量的增大一直在增加，直到流量为 3 m^3/s 时面积达到最大，之后随着流量的增加，其面积缓慢减小；对于浅濑，在流量为 3 m³/s 时面积急剧增加，流量达到 4 m³/s 时面积达到最大，之后栖息地面积随着流量的增加而缓慢减小。边滩和浅濑是底栖动物多样性最高的 2 种栖息地类型。综合分析后，依据有效栖息地面积最大，确定景谷河减水河段底栖动物最适的生态流量需求为 3～4 m³/s。

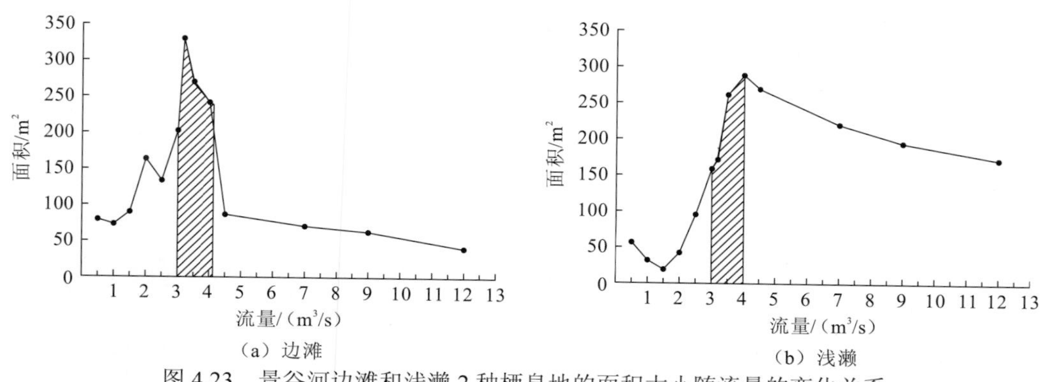

图 4.23　景谷河边滩和浅濑 2 种栖息地的面积大小随流量的变化关系

4.5　本章小结

山区小水电站在我国西南及长江支流上游地区比较常见，这些地区原有河流的生态系统良好、生物多样性丰富。众多小水电站的建设，对原有河流局部生态系统的影响较为明显，尤其是引水式水电站，在其下游形成减脱水河段。本章结合国家提出的小水电站整治的要求，以云南典型小河流为例，以改善减水河段底栖动物生境条件等问题为导向，重点研究山区引水式小水电站组成的河库系统的生态需水规律及计算方法，从而为小水电站整治和生态流量保障提供科学依据与技术方法。山区小水电河库系统生态需水核算方法总结如下。

1）确定生态需水保障对象

根据山区小水电站河流减脱水现象导致的水文、水质和水生态变化幅度，确定底栖动物为山区小水电河库系统生态需水保障对象。然后，绘制底栖动物各生命阶段的周期图表，以此明确研究的时间和物种特征。

2）开展生态需水核算

采用 IFIM 计算河道内底栖动物的生态需水量需求，确定调控目标和阈值，开展水文模拟，绘制调控目标和流量的拟合曲线，以调控目标的阈值确定生态流量，步骤如下。

（1）栖息地调查。①确定河段和设置断面。研究河段设在底栖动物对流量敏感的地区，依据底栖动物中的生境类型设置断面。②栖息地映射。栖息地映射是指在评价每个河段的栖息地可利用面积时，通过计算在研究区域内不同生境类型（深潭、边滩等）的比例，赋予不同的断面权重。③划分单元。将一个断面划分成间隔相等的若干个单元，一般划分的单元应包含河道形态变化明显的地方。④测定流量。在水文站处测定至少 3 个流量，通常将年内高流量、中流量和低流量作为率定流量。⑤数据采集。沿断面与河流的垂直方向，测定每个单元中线处的水深、流速。底栖动物的取样点位置，依栖息地适宜性标准而定。

（2）确定适宜性标准。栖息地适宜性指数是 IFIM 的生物学基础，其模拟的真实性和准确性对于栖息地模拟的成功起着关键的作用。栖息地适宜性标准将底栖动物的数量和微生境影响因子（水深、流速）关联起来，用 0～1 内的数值表示影响因子对底栖动物的影响：最适宜底栖动物生存的情况，给影响因子赋予数值 1；最不适宜底栖动物生存的情况，给影响因子赋予数值 0。栖息地适宜性标准有 3 种：二元格式、单变量格式和多变量格式。二元格式只有两个值，影响因子适宜底栖动物生存的范围对应数值 1，不适宜对应数值 0。单变量格式克服了二元格式缺少中间状态的缺点，是单个影响因子的适宜性连续曲线。多变量格式同时计算一个单元内几个变量的适宜性值。单变量格式是普遍应用的格式。

（3）水力模拟。以一维水力学公式为基础进行水力模拟，模拟水深和流速，适用于断面和水力粗糙系数变化缓慢的稳态水流。水深的计算利用程序中模拟的水表面高程。水位模拟假定同一断面的水表面高程相同，其模拟有 3 种方法：①水位-流量关系法；②曼宁方程法；③水表面轮廓法。流速使用曼宁方程法进行模拟。

（4）栖息地模拟及生态流量确定。底栖动物生态需水的研究使用改进的 IFIM，即指示生物栖息地适合度与 GIS 相结合的方法。首先应用 River2D 建立研究河段的二维水动力模型，接着通过实地调查获得底栖动物对不同微生境的喜好程度，得到最适栖息地类型并对水深、流速等特征参数赋值。然后利用 ArcGIS 软件把水动力模型模拟的结果和底栖动物的栖息地联系起来，筛选出同时满足适宜水深和适宜流速的栖息地范围，得出底栖动物栖息地流量和适宜栖息地面积之间的关系，模拟过程中，适宜栖息地面积最大时对应的流量为生态流量。

第 5 章

5

不同类型河库系统生态需水调控指标与阈值

5.1 高坝大库河库系统生态需水调控指标及其阈值

基于代表性鱼类产卵期的水温需求和生态水文需求，建立河库系统生态需水与水库调控的对应关系。通过工程对水文过程进行调控，缓解建坝蓄水对河库系统的负面影响，兼顾上游河道、库区及下游河道代表性鱼类产卵繁殖的目标，确定高坝大库河库系统生态需水调控指标及其阈值。

5.1.1 高坝大库河库系统生态需水调控指标

1. 鱼类产卵的水温需求分析

水温对鱼类的影响是多方面的，鱼类的性腺发育、产卵繁殖、摄食生长、生存环境等随着水温的变化均有着不同程度的变化。水温的变化直接或间接地影响鱼类生命活动的全过程。直接影响表现为，鱼类开始生殖、索饵、越冬的信号因子成为这些过程开始的天然刺激条件；间接影响表现为，通过对水文、水温、水环境条件的改变，间接对鱼类产生作用（雷欢 等，2017）。各种鱼类在生殖时期都要求一定的温度范围，在适宜的温度范围内，消化速率、摄食率和耗氧量等因素往往与水温呈正相关关系（邓吉河，2019；雷欢 等，2017），水温是鱼类性腺发育的关键环境因子，鱼类的早期发育阶段和生长繁殖阶段对水温的变化尤其敏感。水温升高或降低对鱼类性腺及胚胎发育的影响是显著的，总体而言，在鱼类适温范围内，温度越高，性腺发育越快；高于适宜温度，性腺发育受到抑制；低于适宜水温，性腺发育迟缓（雷欢 等，2017；李倩 等，2012）。鱼类在整个胚胎发育期间，温度的变动不能超出该种鱼类产卵期的水温范围，也就是产卵温度（Kielbassa et al.，2010）。例如，鲤胚胎发育的较适宜水温为 20～25 ℃（邓吉河，2019）；中华鲟产卵的水温阈值范围为 15～21 ℃，较适宜的产卵水温为 17～20 ℃（曹文宣 等，2007）；四大家鱼在 18～25 ℃范围内易于成活，且在水温达到 18 ℃时才产卵（彭期冬 等，2012；杨德国 等，2007）；鲑的鱼卵只能在 0～12 ℃范围内发育，在 12 ℃以下时产卵（刘雪 等，2019）。这些研究都表明，鱼类的生长和繁殖均需要适宜的水温范围，水温升高或降低能刺激性腺发育成熟的鱼类排卵，水温上升或下降到某一阈值时才开始产卵，促发鱼类繁殖活动（刘雪 等，2019）。

国外关于鱼类产卵水温需求的研究如下。Kielbassa 等（2010）运用水温模型分析了水温与杜父鱼生长的相关性，认为水温是影响鱼类生长发育最重要的生态因子之一。Jensen（1990）研究了适宜大麻哈鱼摄食生长的水温需求，结果显示，鱼类的摄食生长受到温度的影响，在饵料充足的条件下，15 ℃的水温与大麻哈鱼体重的相关性最好。

随着我国水利工程的大规模建设，国内众多学者也开展了筑坝对下游水温影响及鱼类产卵繁殖与水温关系的研究。骆辉煌等（2012）运用水温模型模拟了向家坝水库蓄水运行后的下泄水温过程，并分析了下泄水温节律变化对保护区鱼类生长、繁殖的影响。曹俊（2016）通过模拟三峡水库蓄水后下游水温过程的变化，分析了中华鲟产卵繁殖对水温过程的响应，发现中华鲟在自然条件下的繁殖时间主要受水温周期过程推迟的影响。郭文献等（2011）研究了三峡水库蓄水运行前后的水温过程和四大家鱼产卵繁殖情况的变化，结果表明三峡水库蓄水后下泄水温过程相对于自然条件下有一定的滞后，“滞温效应”使得四大家鱼的产卵时间及产卵高峰期向后推迟10天以上。

在我国，有学者从20世纪末开始开展水生生物主要是鱼类的生长、发育对水温积温需求的研究。关忠志等（2008）研究了常规培育和恒温培育两种情况下香鱼从受精到个体发育达到性成熟所需的累积温度。薛慧敏等（2019）运用相关分析法和积温推算方法分析了水温与有效积温对珠江中下游鳜属鱼类早期资源补充的影响，结果表明有效积温与鳜属仔鱼总量、月平均密度均具有显著的正相关关系，水温及有效积温的波动是影响珠江中下游鳜属鱼类早期资源补充的重要因素。陈方平等（2015）分析了积温对大刺鳅产卵的影响，结果表明不同积温对大刺鳅人工繁殖效率的影响非常大，当积温适宜时，鱼卵成熟度高，且受精率和孵化率均较高。沈忱（2015）分析了有效积温与四大家鱼产卵量的相关性，产卵繁殖前期 15～20℃的有效积温对四大家鱼的繁殖有非常重要的影响，足够的积温使得四大家鱼性腺发育良好。众多水温与鱼类繁殖活动关系的研究，主要集中于讨论触发产卵活动时所需水温的上、下限值，关于水温变化对鱼类产卵活动的影响机制及性腺发育所需积温的研究甚少（曹俊，2016；骆辉煌 等，2012；郭文献 等，2011）。水温对鱼类的行为具有重要的影响，目前主要开展的研究是定性地分析鱼类产卵繁殖对水温过程的响应，定量地研究水温变化对鱼类繁殖的影响，还需要结合每一种鱼类自身的生物特性开展进一步研究。目前，关于保护区鱼类产卵水温特性的分析研究较少。

本章通过相关分析法和积温推算方法，以铜鱼产卵江段朱沱站的日水温数据为基础，选取水温过程的相关指标，主要是有效积温指标，分析产卵规模与水温特性的相关性，探究长江上游梯级水库蓄水运行对保护区铜鱼产卵规模的影响规律，为保护区鱼类资源的保护及水库生态调度提供支撑。

2. 鱼类产卵的高流量脉冲需求分析

洪水脉冲理论是 Junk 等（1989）提出的河流生态系统理论，洪水脉冲是河流-洪泛区生态系统中各种生物生存、生长和交互作用的主要驱动力，河流径流的脉冲式变化是河流洪泛区生物群系最主要的控制因子。广义的洪水脉冲概念是指年内水文情势的周期性变化，而狭义的洪水脉冲概念是指洪水期间河流流量的骤然涨落（卢晓宁 等，2007）。洪水脉冲带来的水位涨落会引发不同生物的特定行为，如鸟类的迁徙、两栖动物的繁殖、鱼类的产卵繁殖和洄游、无脊椎动物的繁殖和迁徙等。河流生态系统中蕴藏着生物的生命节律信息，洪水脉冲过程将有利于生物生存活动、生长繁殖的有效信息快速、准确地传达给生物，助其完成生命活动（Wantzen and Machado，2002）。很多产漂流性卵鱼类是依靠涨水、落水等水文情势的变化来完成产卵、孵化和生长过程的（董哲仁，2009）。

在洪水脉冲理论提出后，很多学者对洪水脉冲理论的作用机理、适用性等进行了验证和完善，更加科学、合理地将洪水脉冲理论运用在河流生态系统的研究中（Junk and Wantzen，2003）。

对于鱼类产卵繁殖的洪水脉冲需求，已有学者做了相关研究。梁鹏腾和李继清（2017）根据洪水脉冲理论，提出了与洪水脉冲特征相关的若干个水文指标，探究了水库运行对四大家鱼产卵的影响，指出洪水的涨落历时与四大家鱼的产卵和繁殖在一定程度上呈相关关系。李翀等（2006）也通过实测的四大家鱼卵苗数据和宜昌站水文数据，分析了1964～2001 年四大家鱼鱼苗发生量与宜昌站每年洪水过程之间的生态水文响应关系，认为每年 5～6 月的总涨水日数及平均每次涨水过程的日数是决定四大家鱼卵苗发江量多寡的一个重要的水文条件。王俊娜等（2012）定义了 9 个描述洪水脉冲的水文指标，分析了长江中游的渔业产卵量和各洪水指标之间的相关性，并且建立了洪水指标与渔业产量的回归方程，研究发现渔业产量与洪水脉冲的持续时间、流量大小和发生频率三个洪水指标之间存在显著的正相关关系。班璇等（2018）建立数学模型，选取流量、流速、水深等环境因子，分析了中华鲟产卵栖息地的适宜水力学特性和有利于中华鲟产卵繁殖的水文条件，得出了中华鲟产卵前需要高流量脉冲刺激的结论。张志广等（2016）将日涨水率和日落水率两个生态水文因子作为生态水文指标，分析了金沙江上游天然河流的水文情势及水电站蓄水运行前后栖息地日涨水率和日落水率的变化，确定了苏洼龙水电站坝下河段的生态流量过程。王悦和高千红（2017）选用与涨水过程相关的 8 个生态水文指标，分析了各指标与四大家鱼产卵规模的相关性，得出了长江干流江段四大家鱼产卵主要与断面初始流量、洪峰流量、流量日增率、断面初始水位、洪峰水位、水位日增率相关的结论。

自然水流范式认为未被人类活动干扰的自然状态下的水流对于河流生态系统整体性和物种多样性具有关键意义。Poff 等（1997）用自然水流流量大小、发生频率、出现时机、延续时间和变化率这 5 种水文因子来描述完整的水文过程（张晶和董哲仁，2008）。水文学上一般用洪峰流量、洪峰水位、洪水历时、洪水过程线、洪水总量和洪水频率等多种水文因子来描述完整的洪水过程（陈昂，2019；董哲仁，2009）。在研究洪水与生态过程响应关系方面，则更多关注洪峰水位、水位-时间过程线、洪水频率、洪水历时及洪水发生时机 5 种水文因子。其中，洪峰水位决定了洪水漫溢到河流-滩区的范围大小；水位-时间过程线则反映了河流-滩区生态系统物质交换、信息传递、能量流动的动态特征；洪水频率决定了洪水规模的大小和对河流-滩区生态系统干扰程度的大小，并且能够判断极端条件下的洪水过程；洪水历时则决定了河流与滩区物质交换、信息传递、能量流动的充分程度（Arthington，2012；董哲仁，2009）。

3. 金沙江下游生态需水调控指标

根据保护区水温、流量数据及铜鱼卵苗监测数据，确定选取水温和高流量脉冲为代表性鱼类铜鱼生态需水的关键调控指标，结合铜鱼的产卵量、产卵次数、产卵时间等产卵情况，重点研究铜鱼产卵对有效积温和高流量脉冲的需求，综合水温和高流量脉冲过程分析铜鱼产卵繁殖的生态流量需求，为后期开展适应鱼类产卵繁殖的金沙江下游梯级水库的生态调度提供基础支撑。

1）铜鱼产卵繁殖的水温需求

根据2010～2016年保护区铜鱼产卵期内朱沱站的水温数据，观察蓄水前后的水温变化，选取积温指标，确定生物学零度；分析铜鱼繁殖年度内不同温度区间的有效积温与铜鱼产卵繁殖的相关性；确定最有利于铜鱼产卵繁殖的温度区间的有效积温。

2）铜鱼产卵的高流量脉冲需求

根据2010～2016年保护区铜鱼产卵期内的流量数据，统计满足了铜鱼产卵的有效积温需求后的高流量脉冲过程，观察蓄水前后的高流量脉冲变化；选取高流量脉冲过程的7个特征指标，分析蓄水前后高流量脉冲各特征指标的变化情况，重点分析第一次高流量脉冲过程和与铜鱼产卵高峰期邻近的一次高流量脉冲过程特征的变化情况；观察铜鱼在高流量脉冲过程中的产卵特征，运用相关分析法分析铜鱼产卵情况与第一次高流量脉冲过程、与高峰期邻近的一次高流量脉冲过程各特征指标的相关性，确定有利于铜鱼产卵的高流量脉冲过程各特征指标的需求。

5.1.2 高坝大库河库系统生态需水调控阈值

1. 铜鱼产卵期的水温调控阈值

重点分析金沙江下游保护区江段内铜鱼产卵的水温需求，主要分为三个部分：首先，根据已有的实测水温资料分析铜鱼产卵所需的水温条件。主要分析2010～2012年铜鱼产卵场代表站点朱沱站各月份平均水温变化；统计分析蓄水运行前后铜鱼产卵日均水温条件，并分析日均水温变化及对应的产卵过程中监测到的铜鱼产卵情况，初步分析铜鱼首次产卵日水温及最适水温。其次，开展铜鱼产卵的积温分析。对已有的蓄水运行前2010～2012年的水温资料和铜鱼产卵资料进行统计分析，得到铜鱼产卵所需的有效积温的生物学零度，对铜鱼产卵规模与不同温度区间的有效积温进行相关性分析，确定适宜铜鱼产卵的有效积温温度区间。最后，分析蓄水前后有效积温的变化情况，统计蓄水后2013～2016年满足已确定的适宜铜鱼产卵的有效积温后铜鱼的产卵规模占比，确定适宜铜鱼产卵的有效积温。

1）研究数据和方法

基础数据为2010～2016年金沙江下游保护区江段朱沱站实测水温数据，监测采样的江津几江断面无水文站，因位于监测采样点上游约80 km的朱沱站为长江上游的重要水文站，水文站上下几十千米的江段范围内都是代表性鱼类的重点产卵场，本节选取朱沱站2010～2016年实测水温数据进行分析。

铜鱼产卵繁殖的水温适宜性分析依据 Sturge 规则（殷名称，1995），计算公式如下：

$$M=\frac{I}{1+3.098\times\lg N} \tag{5.1}$$

式中：M 为最佳间隔；I 为水温因子的变化幅度；N 为对铜鱼卵苗出现的监测次数。

研究学者最初从植物生长、发育的需求提出积温，并展开了大量的研究。1735 年国外学者首次发现植物生长需要一定累积的日平均温度（雷欢 等，2017）。在我国，有学者从 20 世纪末开始开展水生生物生长、发育对水温积温需求的研究（雷欢 等，2017；李倩 等，2012）。研究表明，水温积温的研究可为准确预测鱼类的繁殖时间提供可靠的依据（Kielbassa et al.，2010）。常用的积温指标有活动积温与有效积温。活动积温为研究时段的水温累和；有效积温则为在研究时段内有效发育（或称为生物学零度）水温范围内的水温累和（Kielbassa et al.，2010）。活动积温包含了低于有效发育下限水温和高于有效发育上限水温的那部分无效积温，而有效积温则剔除了低于有效发育下限水温和高于有效发育上限水温的那部分无效积温；温度越低或越高，无效积温所占的比例就越大。有效积温为在发育需求范围内的水温累和，其较为稳定，能较确切地反映鱼类对水温的需求（雷欢 等，2017；李倩 等，2012；曹文宣 等，2007）。

活动积温的计算方法：

$$T_j=\begin{cases}T_d, & T_d\geqslant T_0\\ 0, & T_d<T_0\end{cases} \tag{5.2}$$

$$A=\sum_{j=1}^{n}T_jD_j \tag{5.3}$$

式中：T_d 为当日水温（℃）；T_0 为铜鱼产卵繁殖的起始水温（生物学零度）（℃）；A 为活动积温（℃·d）；T_j 为发育时的水温（℃）；D_j 为持续发育的天数；n 为发育的阶段数。

有效积温的计算方法：

$$T_j=\begin{cases}T_d-T_0, & T_d\geqslant T_0\\ 0, & T_d<T_0\end{cases} \tag{5.4}$$

$$A_{\text{eff}}=\sum_{j=1}^{n}T_jD_j \tag{5.5}$$

式中：A_{eff} 为有效积温（℃·d）。

2）铜鱼产卵的水温条件

（1）水温季节变化。2010～2016 年朱沱站月均水温变化如图 5.1 所示。保护区内年内月均水温呈现先升高后降低的趋势，其中 1 月、2 月、12 月水温最低，平均低于 15℃；3 月、4 月开始快速升高，5 月可达到 20℃以上；全年最高水温出现在 7 月、8 月，达到 23.8℃；10 月之后水温开始回落。全年月均水温在 10.2～23.8℃，平均为 18.1℃。铜鱼的产卵繁殖期为 5～7 月，4 月水温迅速升高，铜鱼性腺快速发育成熟，水温达到产卵条件后铜鱼开始产卵，当 8 月水温升高到一定程度后，铜鱼不再产卵。

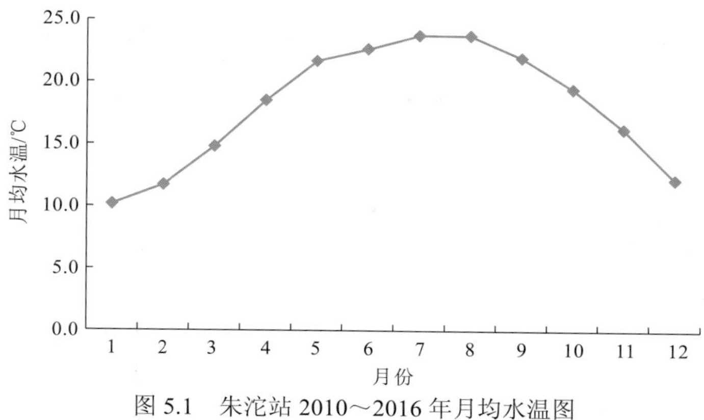

图 5.1 朱沱站 2010～2016 年月均水温图

（2）铜鱼首次产卵日水温及最适水温。蓄水运行前 2010～2012 年首次出现产卵的时间最早为 5 月 5 日（2012 年），水温为 21.4 ℃；最晚为 5 月 19 日（2010 年），水温为 20.8 ℃。首次出现产卵的最低水温是 20.8 ℃（2010 年 5 月 19 日），最高水温是 23.3 ℃（2011 年 5 月 11 日）。由此可知，蓄水运行前，铜鱼首次出现产卵的水温范围为 20.8～23.3 ℃。

铜鱼产卵的水温适宜性分析依据 Sturge 规则（殷名称，1995），计算适宜曲线的间隔，在这里 $I=5$，$N=192$，根据 Sturge 规则，计算出铜鱼产卵繁殖期水温的间隔为 0.5 ℃，并将水温分成 10 个区间。水温为 21.4～21.9 ℃时，产卵频次最高，为 40 次；其次为 21.9～22.4 ℃，为 38 次（图 5.2）。

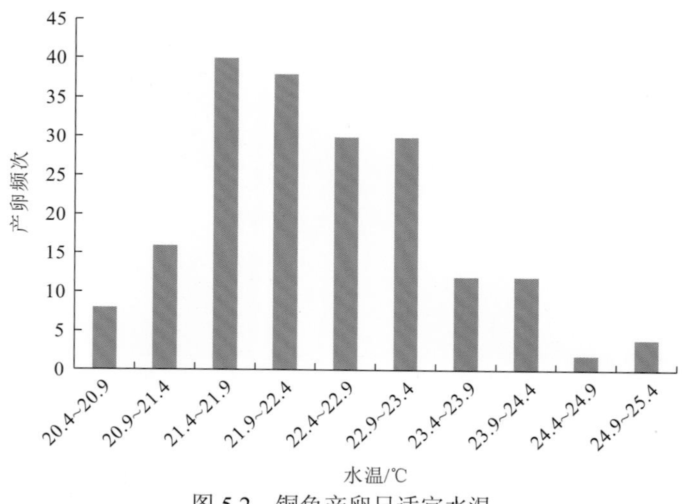

图 5.2 铜鱼产卵日适宜水温

设 P_T 为铜鱼产卵对不同水温的偏好性，当 P_T 最大时最适宜。将铜鱼产卵日水温频次进行归一化处理，可以得到图 5.3 铜鱼产卵日水温适宜曲线，得出铜鱼产卵日的最适宜水温为 21.4～21.9 ℃。

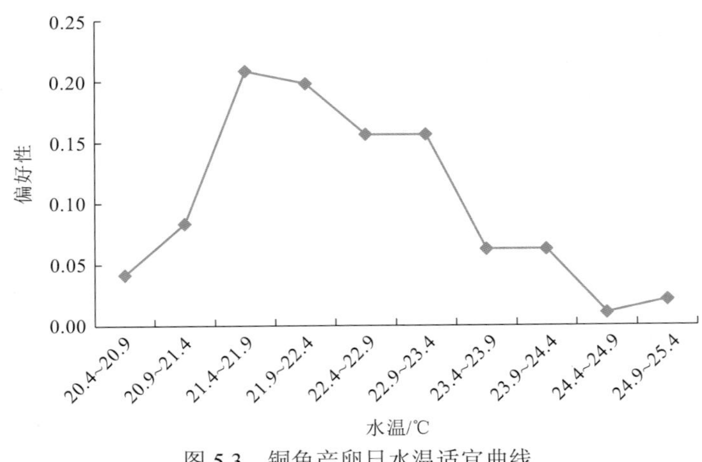

图 5.3 铜鱼产卵日水温适宜曲线

（3）蓄水运行前后铜鱼产卵期水温变化。向家坝水库和溪洛渡水库蓄水运行前的 2010 年、2011 年和蓄水运行后的 2015 年、2016 年铜鱼产卵期的水温变化如图 5.4 所示。可知，蓄水运行前水温的波动幅度大于蓄水运行后，蓄水运行后的 5～7 月日均水温整体上呈逐日增加的趋势；蓄水运行后，5 月的水温低于蓄水运行前，6 月上旬和中旬的水温高于蓄水运行前，6 月下旬和 7 月的水温与蓄水运行前无太大变化。水温被认为是重要的产卵条件，但本节发现在调查期间水温与铜鱼产卵规模并没有相关性，并不是因为水温对铜鱼产卵不重要，而是因为 2010～2016 年调查采样期间，最低水温为 18.8 ℃，最高水温为 25.9 ℃，水温都在 18 ℃以上，满足铜鱼的产卵条件。

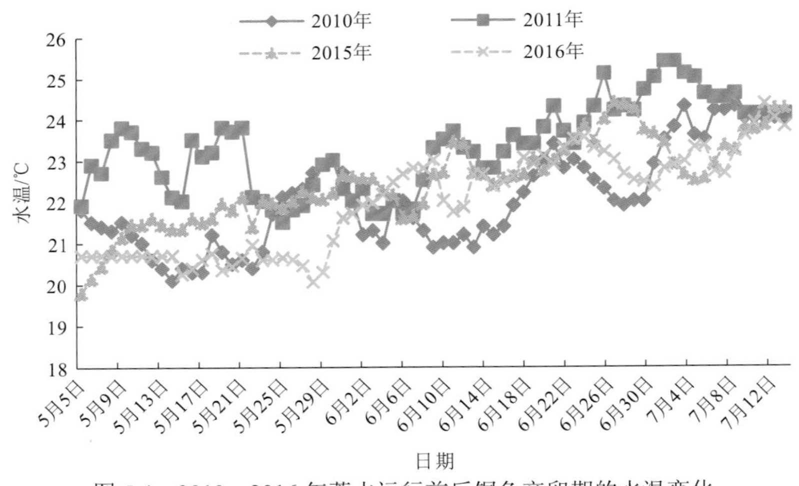

图 5.4 2010～2016 年蓄水运行前后铜鱼产卵期的水温变化

3）铜鱼产卵积温分析

分析可知，铜鱼产卵受到水温的影响，铜鱼产卵日的最适宜水温为 21.4～21.9 ℃，但在调查期间发现水温与铜鱼产卵规模并没有相关性，为探究铜鱼产卵繁殖与水温的相关性，本节将讨论铜鱼性腺发育所需的有效积温。

（1）铜鱼产卵生物学零度。铜鱼的生长发育有其水温需求，升温期是铜鱼主要的发育时期，根据长江铜鱼历史产卵资料，低于8℃时，铜鱼成长缓慢，高于13℃时，生长速度显著加快，当水温达到17℃时，铜鱼亲鱼开始产卵行为，产卵盛期水温为20～22℃，水温高于25℃时，一般产卵结束。对于铜鱼的性腺发育，也有其水温和水温积温需求，且水温积温应处于较稳定且狭窄的范围内。

从目前的研究来看，尚没有关于铜鱼性腺发育的起始水温的研究成果。根据铜鱼生长发育的水温需求，分别假设铜鱼的起始发育温度（生物学零度）为8℃、9℃、10℃、11℃、12℃、13℃，分别计算铜鱼性腺发育所需的有效积温，统计分析6种情景下性腺发育的水温需求。不同情景下水温积温计算的时间为上一年铜鱼最后一次产卵后的次日至本年第一次产卵的前日（一个时间周期），称为一个铜鱼繁殖年度，按照朱沱站2010～2012年日均水温情况计算该时段的有效积温（实测的铜鱼产卵数据为2010～2016年数据）。不同情景下铜鱼性腺发育的有效积温如表5.1所示。可知，由于拟定的性腺发育起始水温不同，最终计算的有效积温随着假定的发育起始水温的升高而下降。比较不同水温情景下的有效积温发现，当性腺发育起始水温取13℃时，历年积温的平均偏差最小，结合铜鱼生长发育对水温的需求和不同水温情景的结果对比，拟选定13℃作为铜鱼产卵的生物学零度，铜鱼生长发育后正常产卵繁殖的有效积温为（1 508.4±71.0）℃·d。

表5.1 不同情景下铜鱼性腺发育的有效积温

年份	有效积温/（℃·d）					
	8℃	9℃	10℃	11℃	12℃	13℃
2010	3 070.9	2 746.9	2 424.1	2 117.6	1 837.0	1 589.6
2011	2 781.6	2 490.1	2 214.9	1 953.6	1 709.6	1 477.6
2012	2 748.6	2 441.3	2 145.3	1 893.1	1 669.8	1 458.0
平均值	2 867.0	2 559.4	2 261.4	1 988.1	1 738.8	1 508.4
平均偏差	177.3	164.2	145.1	116.2	87.3	71.0

在向家坝水库和溪洛渡水库蓄水运行前后，铜鱼产卵所需的性腺发育有效积温存在明显的差异。在蓄水运行前，实测的水温数据显示2010～2012年铜鱼性腺发育的有效积温为1 589.6℃·d、1 477.6℃·d、1 458.0℃·d，均值为（1 508.4±71.0）℃·d；在蓄水运行后，实测的水温数据显示2013～2016年铜鱼性腺发育的有效积温为1 470.1℃·d、1 519.7℃·d、1 563.6℃·d、1 652.7℃·d，均值为（1 551.5±77.5）℃·d；向家坝水库和溪洛渡水库蓄水运行后，有效积温增加43.1℃·d。向家坝水库和溪洛渡水库蓄水运行后，铜鱼繁殖年度内有效积温的增加主要是受库区内水温的“滞温效应”影响。蓄水运行后，铜鱼繁殖年度内的水温变化变为平坦，低温期水温上升，高温期水温下降，年内更多时间段的水温在铜鱼性腺发育水温之上。

向家坝水库和溪洛渡水库蓄水运行前，铜鱼性腺发育平均有效积温为 1 508.4 ℃·d，平均偏差为 71.0 ℃·d，对比铜鱼 2013～2016 年繁殖年度有效积温与平均有效积温发现，各年有效积温与平均有效积温分别相差-38.3 ℃·d、11.3 ℃·d、55.2 ℃·d、144.3 ℃·d；与平均有效积温相比，2014～2016 年各年产卵时间推迟了 1 天、5 天、12 天。根据蓄水运行后 2014～2016 年有效积温与蓄水运行前 2010～2012 年平均有效积温的对比分析，铜鱼繁殖达到产卵积温的日期如图 5.5 所示。建坝前后铜鱼达到产卵积温的日期存在明显差异，建坝后铜鱼达到产卵积温的时间推迟，性腺发育延迟，导致铜鱼产卵时间延后。

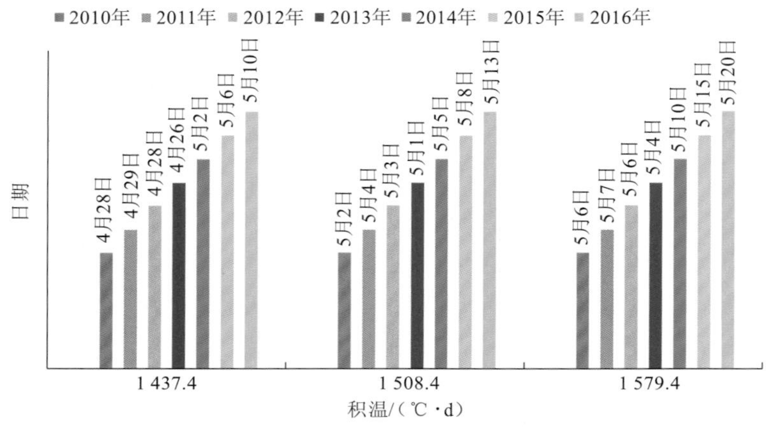

图 5.5　2010～2016 年蓄水运行前后铜鱼繁殖达到产卵积温的日期

（2）铜鱼产卵量与有效积温的相关性。上面讨论了铜鱼性腺发育的生物学零度，并对比分析了蓄水运行前后铜鱼繁殖年度内有效积温的变化情况，为研究有效积温对铜鱼产卵规模的影响，根据铜鱼生长发育的周期，将 13 ℃作为铜鱼的生物学零度，高于 13 ℃时，生长速度显著加快，当水温达到 17 ℃时，铜鱼亲鱼开始产卵行为，产卵盛期水温为 20～22 ℃，水温高于 25 ℃时，一般产卵结束，统计分析 2010～2016 年铜鱼繁殖年度内 13～17 ℃、13～22 ℃、20～25 ℃的有效积温，如表 5.2 所示。

表 5.2　13～17 ℃、13～22 ℃、20～25 ℃的有效积温

项目	年份						
	2010	2011	2012	2013	2014	2015	2016
13～17 ℃有效积温/（℃·d）	212.8	331.8	242.7	295	283.2	387.4	325
13～22 ℃有效积温/（℃·d）	649.7	877.9	744.5	940.1	927.3	1 227.6	1 156.4
20～25 ℃有效积温/（℃·d）	873.9	809.3	903.02	590.1	941.3	858.8	1 019.1
产卵量/（10^7 粒）	11.13	33.31	38.74	4.83	12.92	6.24	8.98

对 13～17 ℃、13～22 ℃、20～25 ℃的有效积温与铜鱼产卵规模进行相关性分析，如图 5.6～图 5.8 所示，可知，产卵期后至下一个产卵期开始前在 13～17 ℃的有效积温与下一个产卵期的早期资源量呈现先递增后减小再增加后又减小的变化规律，产卵量的

峰值位于 240 ℃·d 和 360 ℃·d 的有效积温位置，相关性系数 R^2 达到 0.835 7；而 13～22 ℃的有效积温与下一个产卵期的早期资源量呈现先增加后减小的变化规律，产卵量的峰值位于 720 ℃·d 的有效积温位置，相关性系数 R^2 达到 0.725 5；20～25 ℃的有效积温与下一个产卵期的早期资源量呈现先增加后减小的变化规律，相关性系数 R^2 为 0.389 7，表明积温高反而不利于鱼类的繁殖。

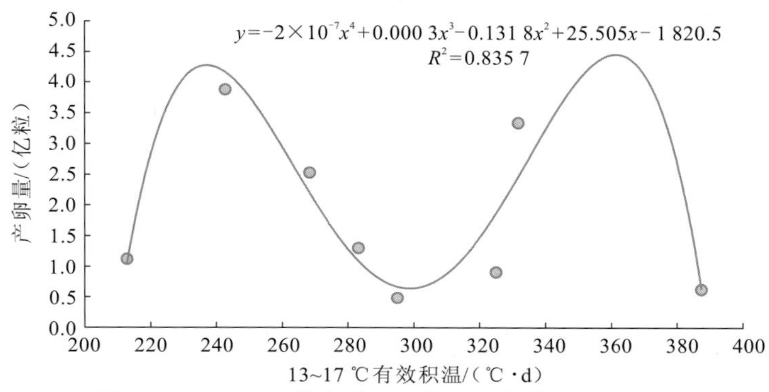

图 5.6　13～17 ℃的有效积温与铜鱼产卵量的相关性

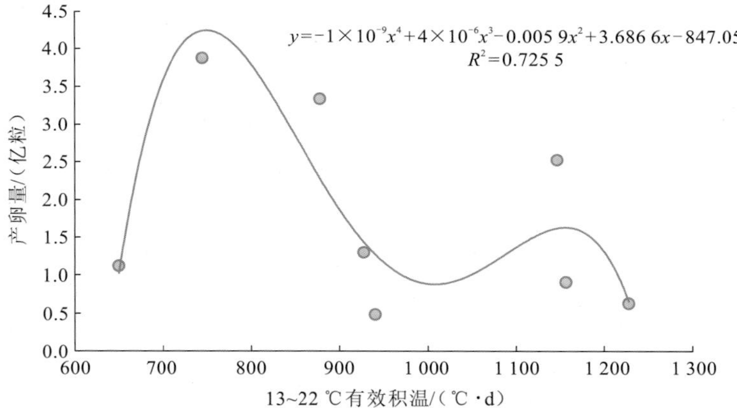

图 5.7　13～22 ℃的有效积温与铜鱼产卵量的相关性

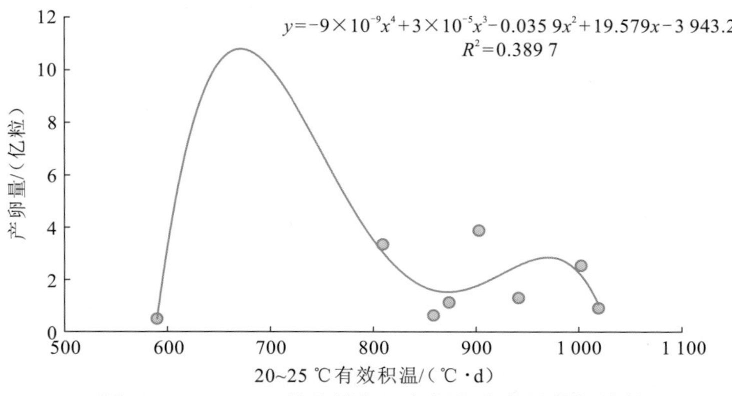

图 5.8　20～25 ℃的有效积温与铜鱼产卵量的相关性

4）铜鱼产卵的有效积温需求

综上所述，将 13 ℃作为铜鱼的生物学零度，铜鱼繁殖年度内的平均有效积温为（1 508.4±71.0）℃·d，铜鱼的产卵繁殖主要受 13～17 ℃的有效积温的影响，根据铜鱼性腺发育的周期性变化规律，通过统计分析得出 13～17 ℃集中于本年产卵期前的 3～4 月；13～22 ℃集中于上一年产卵期后的 10～12 月和本年产卵期前的 3～4 月；20～25 ℃集中于上一年产卵期后的 8～10 月。13～17 ℃有效积温所在月份与铜鱼的早期资源量有显著相关关系，该时期是亲鱼性腺发育直至产卵的重要时期，可见，产卵繁殖前期 13～17 ℃有效积温对铜鱼的繁殖有非常重要的影响，足够的积温使得铜鱼性腺良好发育，在一定涨水及流速过程的驱动下，铜鱼得以正常产卵繁殖。

2. 铜鱼产卵期的高流量脉冲调控阈值

本节重点分析保护区内铜鱼产卵的高流量脉冲需求及其调控阈值，分为 4 个部分：①根据已有的实测流量资料对比分析蓄水运行前后满足 13～17 ℃有效积温均值 293.3 ℃·d 后至产卵结束前出现的有效的高流量脉冲过程；②分析每年第一次高流量脉冲特征指标与铜鱼产卵规模的相关性；③选取邻近铜鱼产卵高峰期的有效的单次高流量脉冲，统计该高流量脉冲的特征指标，并分析其与铜鱼产卵规模的相关性；④确定适宜铜鱼产卵的高流量脉冲条件。

1）研究数据和方法

研究的基础数据为 2010～2016 年朱沱站实测流量数据，朱沱站至江津采样断面之间的长江干流江段无区间入流，流量数据能反映江津断面的水文过程（李婷 等，2020）。因此，选择 2010～2016 年的朱沱站逐日流量数据进行分析。鉴于向家坝水库 2012 年开始蓄水运行，溪洛渡水库于 2013 年开始下闸蓄水，因此将 2010～2012 年的实测数据作为蓄水运行前的数据进行研究，将 2013～2016 年的实测数据作为蓄水运行后的数据进行研究。

IHA 的生态流组分计算参数，将流量过程分为低流量、高流量脉冲、洪水三种环境流量组分，IHA 软件中对每年的高流量脉冲有以下 6 个统计指标：每个水文年出现高流量脉冲的频率、高流量脉冲持续时间、峰值流量、峰值流量的时间、上升速度、回落速度。

按 IHA 软件的默认参数，高流量的流量频率在 50%～75%，且当某天的流量相对于前一天上涨超过 25%时，高流量脉冲开始，直到某天的流量相对于前一天下降超过 10%结束；若流量排频大于 75%，则全部定义为高流量；若流量排频小于 50%，则全部定义为低流量。由于美国中小河流与保护区江段间各水文条件均有显著差异，通过对保护区实际水文特征和鱼类产卵事件的分析，修改 IHA 的生态流组分计算参数，定义低于 45%（4 660 m^3/s）的流量为低流量，高于 70%（10 600 m^3/s）的流量为高流量，流量频率为 45%～70%时，日流量涨幅超过 15%，则高流量脉冲开始，直到某天流量下降超过 10%结束。由于产卵繁殖期洪水发生次数较少，将高流量脉冲和洪水作为一个整体考虑，统称为高流量脉冲。

参考自然水文情势中的5种水文要素、IHA软件中的6个统计指标及相关文献，本节提出了以下7个高流量脉冲特征统计指标：高流量脉冲出现次数、历时（高流量脉冲出现至结束）、起涨流量（高流量脉冲出现前一日的流量）、起始涨幅（高流量脉冲出现的流量与起涨流量的差值）、峰值流量、峰值流量对应历时（高流量脉冲出现到峰值流量出现的历时）和平均涨幅（起涨流量与峰值流量连线的斜率）（图5.9）。分析2010～2012年保护区江津断面的铜鱼产卵监测资料发现，历时3天及以上的高流量脉冲才能监测到卵苗径流量，则铜鱼产卵事件需要高流量脉冲持续一定的时间，因此将历时3天及以上的高流量脉冲作为一次高流量脉冲过程。

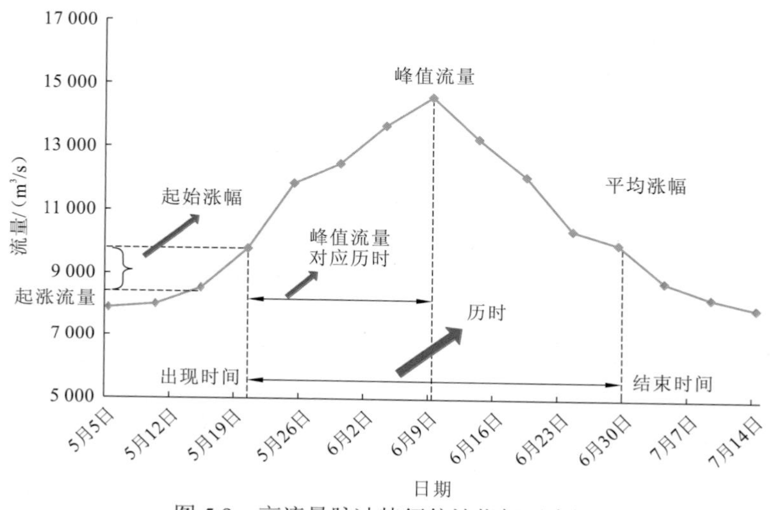

图5.9 高流量脉冲特征统计指标示意图

2）蓄水运行前后高流量脉冲特征的变化

为研究向家坝水库和溪洛渡水库蓄水运行前后的高流量脉冲过程的变化，选取2010年、2011年、2015年、2016年为代表年，对比分析了满足13～17℃有效积温均值293.3℃·d后至产卵结束前出现的有效的高流量脉冲过程（图5.10）。

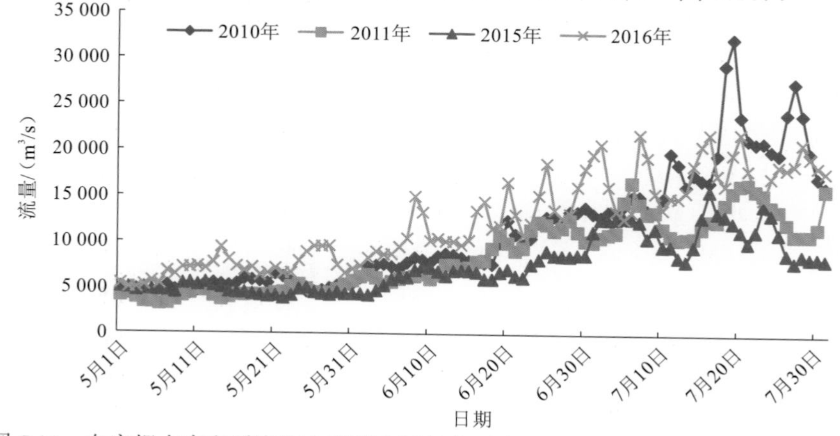

图5.10 向家坝水库和溪洛渡水库蓄水运行前后金沙江下游朱沱站高流量脉冲过程

通过对比向家坝水库和溪洛渡水库蓄水运行前后保护区铜鱼产卵期的朱沱站高流量脉冲过程，可以看出，蓄水前 2010 年、2011 年自然的高流量脉冲表现为一种流量逐步增大，且伴有小波动的循序渐进的过程。蓄水后的高流量脉冲主要表现为两种形式，第一种是台阶状过程（2015 年），流量猛涨后保持一段时间不变，后猛涨或猛落，又保持一种流量不变，造成流量过程的单调性；第二种是锯齿状过程（2016 年），流量频繁地涨落，形成很多历时较短、过程较陡且峰值流量不高的破碎化高流量脉冲过程，造成流量过程的不平稳性。从产漂流性卵鱼类的产卵机理来说，这两种变化对鱼类产卵都是不利的。因为产漂流性卵鱼类产卵需要足够时间的一定流速的水流刺激，即要求高流量脉冲保持足够的历时，或是前期有足够的累积（表现为高流量脉冲前的流量持续小幅上涨），而锯齿状的高流量脉冲过程很突然，来得猛去得快，鱼类缺乏足够的反应时间和持续的激励；台阶状的高流量脉冲过程也基本是由一次大的涨水激发的，一般首日或次日就到达峰值流量，并维持流量基本不变，虽不像锯齿状高流量脉冲那样很快消落，但后期流量缺乏持续上涨空间，鱼类同样缺乏足够的反应时间和持续涨水的激励。

表 5.3 为向家坝水库和溪洛渡水库蓄水运行前后铜鱼产卵期的高流量脉冲特征的变化情况，表 5.3 中的高流量脉冲特征是该时期内所有高流量脉冲特征的均值。由表 5.3 可知，蓄水运行后的 2015 年与蓄水前 2010～2012 年相比，蓄水后高流量脉冲出现次数较蓄水前的自然状况增多，从蓄水前的 2.3 次上升至 3 次；历时显著缩短，从蓄水前的 17.9 天下降至 8.7 天；起涨流量减小，从蓄水前的 6 265 m^3/s 下降至 4 944 m^3/s；起始涨幅持平，无明显变化；峰值流量显著减小，蓄水前的峰值流量均值为 13 926 m^3/s，2015 年峰值流量为 7 781 m^3/s，下降了 6 145 m^3/s；峰值流量对应历时显著缩短，从蓄水前的 14.6 天下降至 6.3 天，缩短了 8.3 天；平均涨幅显著减小，蓄水前平均涨幅的均值为 1 017 $m^3/(s·d)$，2015 年平均涨幅为 448 $m^3/(s·d)$，减小了 569 $m^3/(s·d)$。2016 年和蓄水前 2010～2012 年相比，蓄水后高流量脉冲出现次数较蓄水前的自然状况增多，从蓄水前的 2.3 次上升至 4 次；历时显著缩短，从蓄水前的 17.9 天下降至 5.5 天；起涨流量增大，从蓄水前的 6 265 m^3/s 上升至 8 165 m^3/s；起始涨幅增大，从蓄水前的 1 075 m^3/s 上升至 2 616 m^3/s；峰值流量持平；峰值流量对应历时显著缩短，从蓄水前的 14.6 天下降至 3.5 天，缩短了 11.1 天；平均涨幅增大，蓄水前平均涨幅的均值为 1 017 $m^3/(s·d)$，2016 年平均涨幅为 1 119 $m^3/(s·d)$，增加了 102 $m^3/(s·d)$。

表 5.3　向家坝水库和溪洛渡水库蓄水运行前后金沙江下游朱沱站高流量脉冲特征的变化情况

项目	高流量脉冲出现次数	历时/天	起涨流量/（m^3/s）	起始涨幅/（m^3/s）	峰值流量/（m^3/s）	峰值流量对应历时/天	平均涨幅/[$m^3/(s·d)$]	铜鱼产卵总量/（10^7 粒）
2015 年	3	8.7	4 944	1 095	7 781	6.3	448	6.24
2016 年	4	5.5	8 165	2 616	13 971	3.5	1 119	8.98
2010～2012 年均值	2.3	17.9	6 265	1 075	13 926	14.6	1 017	27.73
2015 年变化	增多	显著缩短	减小	持平	显著减小	显著缩短	显著减小	显著降低
2016 年变化	增多	显著缩短	增大	增大	持平	显著缩短	增大	显著降低

3）铜鱼产卵量与高流量脉冲特征的相关性分析

如图 5.11 所示，汇总了蓄水运行前 2010～2012 年铜鱼日均产卵量与流量过程。可见，在产卵期 5～7 月铜鱼的产卵是不连续的，而是与河流的水文条件有关，呈现出间断

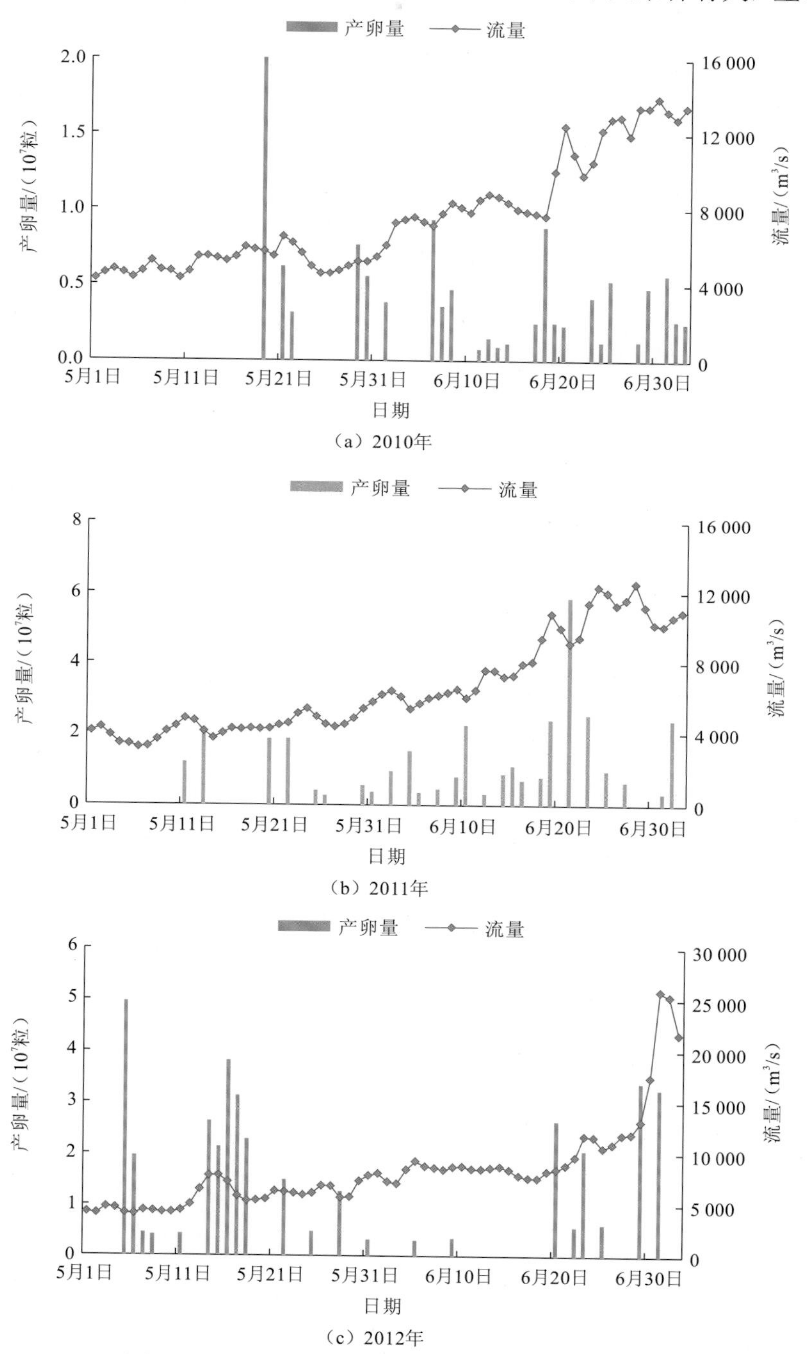

（a）2010年

（b）2011年

（c）2012年

图 5.11　2010～2012 年铜鱼日均产卵量与流量过程

的脉冲状态。铜鱼产卵需要一定的涨水条件，但并不严格地只在流量上涨过程产卵，在涨水最高点的波动和落水过程中也有产卵。这表明，铜鱼产卵和涨水过程中的流速增大、水位快速波动有关，其产卵高峰期主要出现在一定幅度和历时的高流量脉冲过程中。

（1）铜鱼产卵所需的第一次高流量脉冲。每年的第一次涨水对鱼类产卵有重要影响。本节在分析每年所有高流量脉冲组分特征的基础上，单独分析 2010～2016 年每年第一次高流量脉冲的特征，见表 5.4。由表 5.4 可知，第一次高流量脉冲发生时，铜鱼产卵量占总产卵量的百分比最高为 62%，其中有 5 年均超过了 30%。蓄水运行前第一次高流量脉冲的出现时间最早在 5 月中旬，最晚在 6 月中旬，最多在 5 月中旬；蓄水运行后第一次高流量脉冲的出现时间最早在 5 月下旬，最晚在 6 月下旬，最多在 6 月上旬；蓄水运行后第一次高流量脉冲的出现时间较蓄水运行前推迟。蓄水运行前第一次高流量脉冲历时 4～18 天，蓄水运行后历时 6～19 天。蓄水运行前第一次高流量脉冲起涨流量的最小值为 4 650 m^3/s，最大值为 6 430 m^3/s，平均值为 5 357 m^3/s；蓄水运行后起涨流量的最小值为 4 350 m^3/s，最大值为 6 593 m^3/s，平均值为 5 562 m^3/s；蓄水运行前后起涨流量无明显变化，主要集中于 4 500～6 500 m^3/s。蓄水运行前第一次高流量脉冲起始涨幅的最小值为 790 m^3/s，最大值为 1 470 m^3/s，平均值为 1 127 m^3/s；蓄水运行后起始涨幅的最小值为 870 m^3/s，最大值为 1 438 m^3/s，平均值为 1 193 m^3/s；蓄水运行前后起始涨幅无明显变化，主要集中于 1 000～1 500 m^3/s。蓄水运行前第一次高流量脉冲峰值流量的最小值为 6 520 m^3/s，最大值为 12 500 m^3/s，平均值为 8 953 m^3/s；蓄水运行后峰值流量的最小值为 9 573 m^3/s，最大值为 12 580 m^3/s，平均值为 11 181 m^3/s；蓄水运行后峰值流量增大。蓄水运行前第一次高流量脉冲峰值流量对应历时为 2～17 天，蓄水运行后为 2～15 天。蓄水运行前第一次高流量脉冲平均涨幅的最小值为 170 $m^3/(s·d)$，最大值为 950 $m^3/(s·d)$，平均值为 486 $m^3/(s·d)$；蓄水运行后平均涨幅的最小值为 535 $m^3/(s·d)$，最大值为 1 690 $m^3/(s·d)$，平均值为 998 $m^3/(s·d)$；蓄水运行前后平均涨幅增大。

表 5.4　2010～2016 年第一次高流量脉冲特征统计

年份	起止时间	历时/天	起涨流量/（m^3/s）	起始涨幅/（m^3/s）	峰值流量/（m^3/s）	峰值流量对应历时/天	平均涨幅/[$m^3/(s·d)$]	产卵量/（10^7粒）
2010	5 月 12～24 日	13	4 650	790	6 520	10	170	2.928
2011	6 月 12～29 日	18	6 430	1 120	12 500	17	337	15.999
2012	5 月 13～16 日	4	4 990	1 470	7 840	2	950	13.936
2013	5 月 28 日～6 月 15 日	19	4 350	870	12 380	15	535	2.345
2014	6 月 3～8 日	6	5 120	1 150	10 190	2	1 690	8.017
2015	6 月 23 日～7 月 2 日	10	6 185	1 438	12 580	9	1 125	2.809
2016	5 月 24～30 日	7	6 593	1 313	9 573	5	640	1.257

将第一次高流量脉冲的各项特征指标与铜鱼产卵量进行相关性分析，高流量脉冲的各项特征指标与铜鱼产卵量之间的关系不一定只是线性关系，因此采用了多种单变量回归模型对铜鱼产卵量进行回归分析，见表5.5。回归结果显示，铜鱼产卵量与起涨流量、起始涨幅及平均涨幅有较好的相关性。根据蓄水前第一次高流量脉冲的特征及第一次高流量脉冲的各项特征指标与铜鱼产卵量的相关性分析结果，为满足铜鱼产卵繁殖的需求，第一次高流量脉冲应满足起涨流量为 4 500～6 500 m^3/s，起始涨幅为 790～1 127 m^3/s，平均涨幅的最小值为 170～486 m^3/（s·d）的要求。

表 5.5　涨水过程单变量回归铜鱼产卵量所得相关系数

回归模型	历时		起涨流量		起始涨幅		峰值流量		峰值流量对应历时		平均涨幅	
	R^2	sig	R^2	sig	R^2	sig	R^2	sig	R^2	sig	R^2	sig
$y=b_0+b_1x$	0.16	0.14	0.43	0.07	0.23	0.01	0.12	0.18	0.13	0.17	0.27	0.03
$y=b_0+\frac{b_1}{x}$	0.16	0.14	0.27	0.03	0.34	0.02	0.32	0.12	0.13	0.17	0.08	0.21
$y=b_0+b_1x+b_2x^2$	0.32	0.02	0.39	0.01	0.27	0.11	0.47	0.07	0.17	0.12	0.34	0.09
$y=b_0+b_1x+b_2x^2+b_3x^3$	0.32	0.02	0.58	0.05	0.49	0.00	0.72	0.00	0.34	0.04	0.87	0.00
$y=b_0b_1x$	0.16	0.14	0.62	0.02	0.51	0.00	0.23	0.12	0.26	0.09	0.43	0.01
$y=b_0x^{b_1}$	0.16	0.14	0.22	0.01	0.17	0.09	0.11	0.18	0.33	0.04	0.25	0.12
$y=\mathrm{e}^{b_0+\frac{b_1}{x}}$	0.32	0.02	0.35	0.01	0.28	0.17	0.54	0.07	0.14	0.17	0.63	0.00

注：R^2越大，越接近于1，模型拟合效果越好；sig 小于 0.05，说明回归模型显著，sig 大于 0.05，说明回归模型不显著。

（2）铜鱼产卵高峰期有效的单次高流量脉冲。选取邻近铜鱼产卵高峰期的有效的单次高流量脉冲（结束时间为最后一次铜鱼产卵高峰期产卵结束时间），认为该次高流量脉冲是铜鱼产卵繁殖最直接的驱动条件，统计了该高流量脉冲的高流量脉冲出现次数、历时、起涨流量、起始涨幅、峰值流量、峰值流量对应历时和平均涨幅7个特征指标。表3.5列出了长江上游江津断面监测的2010～2016年的产卵高峰期情况。由表3.5可知，除了2014年外，每年均能监测到4次铜鱼产卵高峰期，主要发生在5月下旬、6月上旬、6月下旬；铜鱼产卵高峰期的产卵量基本占全年产卵量的80%以上。

图5.12汇总了2010～2016年铜鱼产卵高峰期的日均产卵量与有效的高流量脉冲过程。结果显示，满足了有效积温的条件后，江津几江断面每年均能捕捉到2～3次产卵高峰期。

表5.6中，汇总了2010～2016年铜鱼产卵高峰期邻近的有效的高流量脉冲过程的特征指标。观察可知，每年适宜于铜鱼产卵的高流量脉冲可归纳为：每年应发生3次高流量脉冲（每次高流量脉冲的特征值应不低于最小值，本节确定的3次高流量脉冲的特征值取最小值至平均值）。

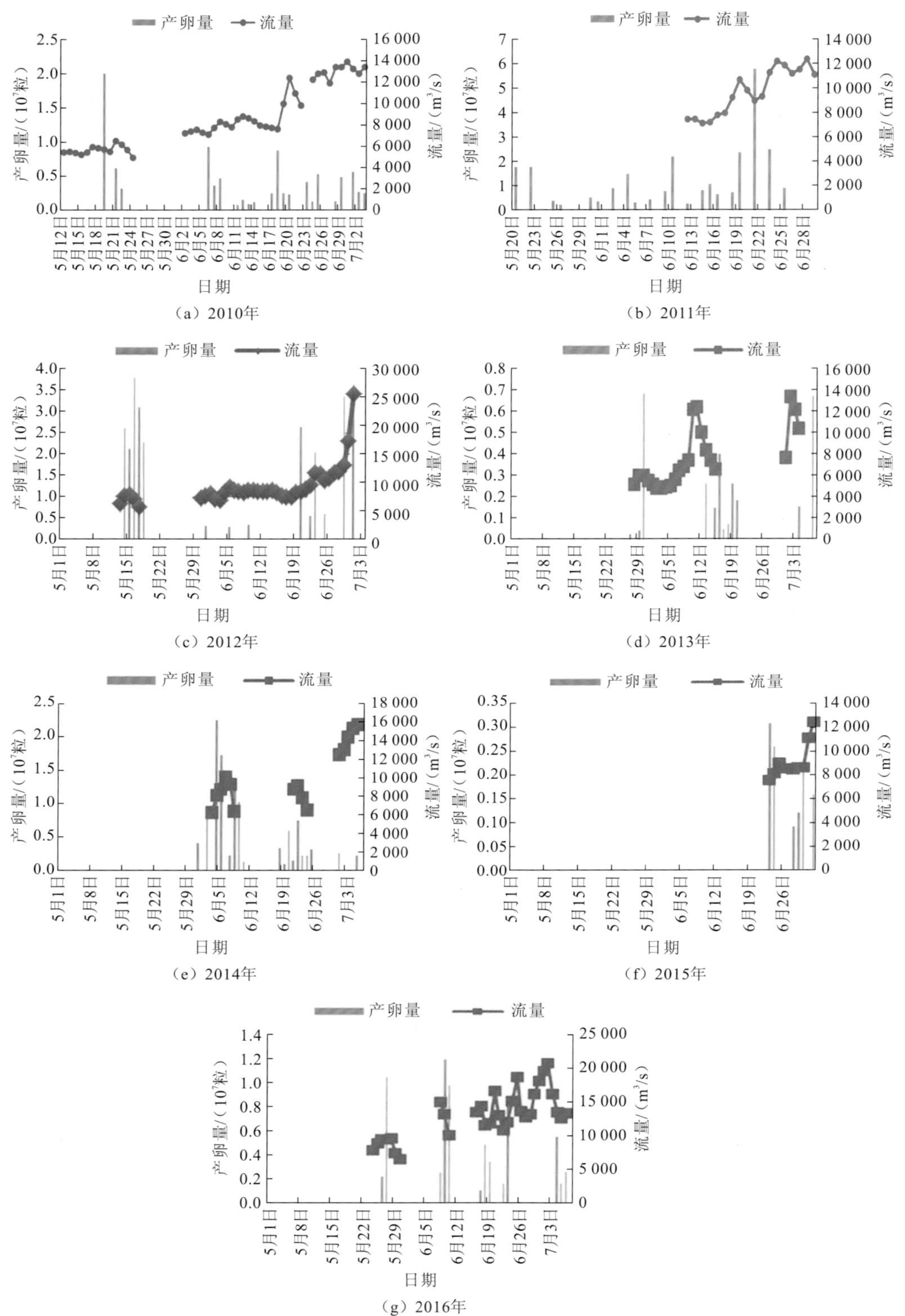

图 5.12　2010～2016 年铜鱼产卵高峰期日均产卵量与邻近的一次高流量脉冲

表 5.6　2010～2016 年产卵高峰期前的有效的高流量脉冲特征

高流量脉冲	起止时间	历时/天	起涨流量/（m³/s）	起始涨幅/（m³/s）	峰值流量/（m³/s）	峰值流量对应历时/天	平均涨幅/[m³/（s·d）]	产卵量/（10⁷粒）
2010 年第一次	5 月 12～24 日	13	4 650	790	6 520	10	170	2.928
2010 年第二次	6 月 2～22 日	21	6 070	1 180	12 400	19	317	3.778
2010 年第三次	6 月 24 日～7 月 3 日	10	10 500	1 700	13 900	7	425	2.731
2011 年第一次	6 月 12～29 日	18	6 430	1 120	12 500	17	337	15.999
2012 年第一次	5 月 13～16 日	4	4 990	1 470	7 840	2	950	13.936
2012 年第二次	5 月 30～7 月 1 日	33	5 740	1 560	25 800	32	806	12.478
2013 年第一次	5 月 28 日～6 月 15 日	19	4 350	870	12 380	15	535	2.345
2013 年第二次	7 月 1～4 日	4	6 290	1 340	13 390	1	3 550	0.823
2014 年第一次	6 月 3～8 日	6	5 120	1 150	10 190	2	1 690	8.017
2014 年第二次	6 月 21～24 日	4	6 980	1 850	9 230	1	1 125	2.809
2014 年第三次	7 月 1～5 日	5	10 500	2 120	15 860	4	1 072	0.515
2015 年第一次	6 月 23 日～7 月 2 日	10	6 185	1 438	12 580	9	1 125	2.809
2016 年第一次	5 月 24～30 日	7	6 593	1 313	9 573	5	640	1.257
2016 年第二次	6 月 8～10 日	3	10 400	4 580	14 980	1	2 290	2.427
2016 年第三次	6 月 16 日～7 月 6 日	21	10 250	3 190	20 750	17	583	2.932

第一次高流量脉冲的适宜发生时间为 5 月 12～24 日，历时为 3～7 天，起涨流量为 4 350～4 550 m^3/s，起始涨幅为 790～1 000 m^3/s，峰值流量为 6 520～10 190 m^3/s，峰值流量对应历时为 2～5 天，平均涨幅为 170～471 $m^3/$（s·d）；第二次高流量脉冲的适宜发生时间为 6 月 3～15 日，历时为 3～10 天，起涨流量为 4 700～6 206 m^3/s，起始涨幅为 760～1 642 m^3/s，峰值流量为 6 920～11 073 m^3/s，峰值流量对应历时为 1～8 天，平均涨幅为 317～986 $m^3/$（s·d）；第三次高流量脉冲的适宜发生时间为 6 月 21 日～7 月 5 日，历时为 4～7 天，高流量脉冲起涨流量为 6 185～8 091 m^3/s，起始涨幅为 1 340～1 690 m^3/s，峰值流量为 9 230～12 992 m^3/s，峰值流量对应历时为 1～5 天，平均涨幅为 425～1 460 $m^3/$（s·d）。

（3）铜鱼产卵与高流量脉冲的相关性。根据目前掌握的 2010～2015 年鱼类产卵监测资料，分析了每年第一次高流量脉冲期间的铜鱼产卵情况，见表 5.7。

表 5.7 2010～2015 年第一次高流量脉冲对应的铜鱼产卵情况

项目	第一次高流量脉冲时间					
	2010 年 5 月 12～24 日	2011 年 6 月 12～29 日	2012 年 5 月 13～16 日	2013 年 5 月 28 日～ 6 月 15 日	2014 年 6 月 3～8 日	2015 年 6 月 23 日～ 7 月 2 日
历时/天	13	18	4	19	6	10
铜鱼是否产卵	是	是	是	是	是	是

可见，在所有第一次高流量脉冲期间都发生了铜鱼产卵（尽管不是高流量脉冲期间的每一天都有产卵），这体现了每年第一次高流量脉冲的重要生态意义。

同时，针对 2010～2015 年 5～7 月的各次高流量脉冲事件，分析了高流量脉冲次数与鱼类产卵次数的对应关系，见表 5.8。监测数据显示，在这 6 年的共 20 次高流量脉冲过程中，有 17 次观测到了铜鱼产卵，表现出很高的相关性。3 次没有发生产卵的高流量脉冲事件中，有 2 次是由于历时较短，分别是 2012 年历时 1 天的高流量脉冲、2015 年历时 2 天的高流量脉冲，还有 1 次是 2011 年历时 9 天（7 月 3～11 日）的高流量脉冲过程，可能是因为在本次高流量脉冲之前鱼类已完成产卵行为。

表 5.8 2010～2015 年 5～7 月高流量脉冲与铜鱼产卵情况统计

统计指标	蓄水前				蓄水后				合计
	2010 年	2011 年	2012 年	小计	2013 年	2014 年	2015 年	小计	
高流量脉冲次数	3	2	3	8	5	4	3	12	20
高流量脉冲期间产卵次数	3	1	2	6	5	4	2	11	17
高流量脉冲期间的产卵天数/天	21	10	13	44	10	11	9	30	74
5～7 月产卵的总天数/天	25	26	22	73	20	24	21	65	138
高流量脉冲期间产卵天数占总产卵天数的比例/%	84	38	59	60	50	46	43	46	54
高流量脉冲期间的产卵量/（10^7 粒）	9.02	18.68	25.11	52.81	3.25	7.51	1.83	12.59	65.4
5～7 月总产卵量/（10^7 粒）	11.13	33.31	38.74	83.18	4.83	12.92	6.24	23.99	107.17
高流量脉冲期间产卵量占总产卵量的比例/%	81	56	65	63	67	58	29	52	61

从产卵时间看，蓄水前后 5～7 月铜鱼产卵的总天数相对稳定，基本在 20～26 天的范围内，高流量脉冲期间的产卵天数有一定程度的波动，最大的是 2010 年的 21 天，最小的是 2015 年的 9 天，高流量脉冲期间产卵天数占总产卵天数的比例最高为 84%，最低为 38%，蓄水前平均为 60%，蓄水后下降为 46%。这表明铜鱼有一部分产卵是发生在

非高流量脉冲期间的，统计分析表明，低流量期间的产卵有两种情况：一种情况是产卵发生于涨水幅度小于 15%、尚未达到高流量脉冲涨水阈值的涨水事件中，如 2011 年 5 月 9 日涨幅为 13.13%的涨水、2011 年 5 月 30 日涨幅为 11.36%的涨水、2012 年 5 月 7 日涨幅为 8.9%的涨水；另一种情况是产卵发生于涨水高峰后的落水期间，如 2011 年 5 月 13 日幅度为−12.88%的落水、2011 年 5 月 25 日和 26 日连续 2 天幅度分别为−8.72%和−8.74%的落水、2012 年 5 月 5 日幅度为−11.04%的落水、2013 年 7 月 4 日幅度为−13.85%的落水。

从产卵规模看，2010～2015 年各年的总产卵量波动较大，高流量脉冲期间的产卵量占总产卵量的比例最高为 2010 年的 81%，最低为蓄水后 2015 年的 29%，平均为 61%。

总地来看，从第一次高流量脉冲的产卵情况，以及高流量脉冲次数与产卵次数的对应情况看，铜鱼产卵行为与高流量脉冲事件具有较好的相关性；高流量脉冲期间产卵天数占总产卵天数的比例、高流量脉冲期间产卵量占总产卵量的比例基本在 60%左右，其相关性显得不是很显著。其主要原因在于：低涨幅的涨水也激发了一部分产卵，涨水高峰后的快速落水过程中也有一部分产卵。尽管从产卵时间看，有相当多一部分产卵是发生在低流量过程中（特别是 2 次高流量脉冲之间的低流量过程中）的，但这些产卵和高流量脉冲也有一定的关联性，可以认为如果低涨幅（小于 15%）的涨水能刺激铜鱼产卵，那么在相同条件下更高涨幅的涨水（即高流量脉冲）也能激发铜鱼产卵。对于落水过程中的一部分产卵，其发生也离不开前期的高流量脉冲，即涨水高峰后的快速落水过程也是与高流量脉冲密切相关的。

（4）高流量脉冲的特征指标。需要说明的是，IHA 软件定义的高流量脉冲与通常说的涨水是有一定区别的。高流量脉冲由满足一定涨幅的涨水触发，但高流量脉冲过程中河流流量并不一定一直处于上涨状态，可以有小的波动或是回落；而严格的涨水则是单调连续的流量上涨过程，一有波动或回落涨水就结束。根据鱼类产卵行为的历史监测资料，四大家鱼只在涨水过程中产卵，而铜鱼除了在涨水过程中产卵外，在高流量脉冲期间的波动或回落过程中也发生产卵。铜鱼高流量脉冲期间的产卵特征是：一般在高流量脉冲发生 1～2 天后产卵，产卵也是脉冲式的，一般连续 2～5 天，间断后又连续 1～2 天，长历时高流量脉冲的后期一般没有产卵。

表 5.9 统计分析了 2010～2015 年重庆江津断面铜鱼产卵高峰期的涨落水情况。从表 5.9 中可知，铜鱼产卵高峰期水文状况中波动、落水与涨水的比例为 1∶5∶17，这体现了铜鱼的产卵行为主要还是由涨水激发的，只是在紧随涨水高峰的波动或回落过程中也发生产卵。因此，高流量脉冲特征指标能够更好地反映代表性鱼类产卵繁殖期保护区的生态水文需求特征。由于在分析某日产卵量时没有考虑采集鱼卵的发育时间，产卵量在时间上可能存在一定的误差，这是否会影响铜鱼产卵与水文状况的对应关系，还有待进一步分析。

表 5.9 重庆江津断面 2010～2015 年铜鱼产卵高峰期的涨落水情况

年份	第一次		第二次		第三次		第四次	
	起止时间	水文状况	起止时间	水文状况	起止时间	水文状况	起止时间	水文状况
2010	5 月 19～22 日	涨水	6 月 6～14 日	涨水	6 月 17～25 日	涨水	6 月 28 日～7 月 3 日	波动
2011	5 月 20～26 日	涨水	5 月 30 日～6 月 7 日	涨水	6 月 9～16 日	涨水	6 月 18～26 日	涨水
2012	5 月 5～8 日	落水	5 月 14～18 日	落水	6 月 20～25 日	涨水	6 月 29 日～7 月 1 日	涨水
2013	5 月 12～13 日	落水	5 月 27～30 日	涨水	6 月 13～20 日	落水	7 月 4～7 日	涨水
2014	5 月 31 日～6 月 10 日	涨水	6 月 18～25 日	涨水	7 月 1～5 日	涨水	—	—
2015	6 月 6～11 日	涨水	6 月 15～18 日	落水	6 月 23～24 日	涨水	6 月 28 日～7 月 2 日	涨水

需要说明的是，这里统计分析的是历时大于等于 3 天的高流量脉冲事件，将历时低于 3 天的高流量脉冲认为是偶然的流量波动，由于其时间较短，对鱼类产卵的刺激作用不明显。高流量脉冲要素特征指标包括出现时间、起涨流量、起始涨幅、峰值流量、平均涨幅、历时等。其中，平均涨幅定义为从起涨流量到峰值流量这一流量上升（涨水）段的平均涨幅，即峰值流量与起涨流量连线的斜率。

鉴于全年第一次高流量脉冲对河流的生态作用，特别统计了 1954～2012 年向家坝水库蓄水前第一次高流量脉冲的特征，见表 5.10～表 5.15，特征指标包括出现时间、起涨流量、起始涨幅、峰值流量、平均涨幅、历时。

表 5.10 1954～2012 年向家坝水库蓄水前每年第一次高流量脉冲出现时间的分布

项目	时间段							
	4 月上旬	4 月中旬	4 月下旬	5 月上旬	5 月中旬	5 月下旬	6 月上旬	6 月中旬
第一次高流量脉冲出现次数	2	2	5	18	15	12	3	2
出现在该时段的比例/%	3.4	3.4	8.5	30.5	25.4	20.3	5.1	3.4
旬平均水温/℃	17.8	19.5	20.4	21.3	21.6	22.3	22.9	23.2

表 5.11 1954～2012 年向家坝水库蓄水前每年高流量脉冲起涨流量频次统计

起涨流量区间/（m^3/s）	第一次高流量脉冲	第二次高流量脉冲	4～7 月所有高流量脉冲
(3 000, 3 500]	4	0	7
(3 500, 4 000]	14	5	25
(4 000, 4 500]	16	7	47
(4 500, 5 000]	17	13	38
(5 000, 5 500]	3	8	21

续表

起涨流量区间/（m³/s）	第一次高流量脉冲	第二次高流量脉冲	4～7月所有高流量脉冲
(5 500，6 000]	3	6	12
(6 000，6 500]	1	3	13
(6 500，7 000]	1	4	13
(7 000，7 500]	0	2	5
(7 500，8 000]	0	4	6
>8 000	0	7	30

表 5.12　第一次高流量脉冲起始涨幅频次统计

项目	起始涨幅区间					
	(660，1 000] m³/s	(1 000，1 500] m³/s	(1 500，2 000] m³/s	(2 000，2 500] m³/s	(2 500，3 000] m³/s	>3 000 m³/s
次数	18	20	9	3	6	3
占比/%	30.51	33.90	15.25	5.08	10.17	5.08

注：占比之和不为100%由四舍五入导致。

表 5.13　第一次高流量脉冲峰值流量频次统计

项目	峰值流量区间			
	(4 500，5 500] m³/s	(5 500，6 500] m³/s	(6 500，7 500] m³/s	(7 500，8 500] m³/s
次数	3	18	12	11
占比/%	5.08	30.51	20.34	18.64
项目	峰值流量区间			
	(8 500，9 500] m³/s	(9 500，10 500] m³/s	(10 500，15 000] m³/s	>15 000 m³/s
次数	7	2	3	3
占比/%	11.86	3.39	5.08	5.08

注：占比之和不为100%由四舍五入导致。

表 5.14　第一次高流量脉冲平均涨幅频次统计

项目	平均涨幅区间				
	(0，300] m³/(s·d)	(300，600] m³/(s·d)	(600，900] m³/(s·d)	(900，1 200] m³/(s·d)	(1 200，1 500] m³/(s·d)
次数	3	8	14	9	9
占比/%	5.08	13.56	23.73	15.25	15.25
项目	平均涨幅区间				
	(1 500，1 800] m³/(s·d)	(1 800，2 100] m³/(s·d)	(2 100，2 400] m³/(s·d)	(2 400，2 700] m³/(s·d)	>2 700 m³/(s·d)
次数	6	4	1	3	2
占比/%	10.17	6.78	1.69	5.08	3.39

注：占比之和不为100%由四舍五入导致。

表 5.15 第一次高流量脉冲历时频次统计

项目	历时区间							
	3～5 天	6～8 天	9～11 天	12～14 天	15～17 天	18～20 天	21～40 天	>40 天
次数	41	4	4	2	2	1	2	3
占比/%	69.49	6.78	6.78	3.39	3.39	1.69	3.39	5.08

注：占比之和不为 100%由四舍五入导致。

由上述 1954～2012 年向家坝水库蓄水前每年第一次高流量脉冲出现时间的分布可见，保护区每年第一次高流量脉冲的出现时间最早在 4 月上旬（一般为丰水年），最晚在 6 月中旬（一般为枯水年），最多在 5 月上旬，达到 18 次，主要在 5 月，占到 76.2%。一般情况下，当江水水温达到或高于铜鱼产卵所需的最低水温（17℃）时，发生高流量脉冲就会有产卵发生。

可见，向家坝水库蓄水前 4～7 月第一次高流量脉冲起涨流量的最小值为 3 020 m^3/s，最大值为 6 620 m^3/s，平均值为 4 410 m^3/s。第一次高流量脉冲的起涨流量主要集中于（3 500，5 000]m^3/s，见表 5.11，比重达到 79.7%，与 4 月中旬～5 月中旬的旬平均流量有比较好的对应关系，而第二次高流量脉冲的起涨流量分布相对分散。

保护区 4～7 月第一次高流量脉冲起始涨幅的最小值为 660 m^3/s，最大值为 5 170 m^3/s，平均值为 1 741 m^3/s。第一次高流量脉冲起始涨幅频次统计情况见表 5.12。从表 5.12 中可知，第一次高流量脉冲起始涨幅主要集中于（660，1 500] m^3/s，占比为 64.41%。从涨幅看，每年第一次高流量脉冲的涨水幅度大多高于 IHA 设置的 15%的下限，显示出保护区第一次高流量脉冲一般是由比较猛烈的涨水触发的。

这也可以从第一次高流量脉冲的峰值流量得到印证，从表 5.13 中可知，第一次高流量脉冲的峰值流量最小值为 4 890 m^3/s，最大值为 31 400 m^3/s，平均值为 8 374 m^3/s，主要集中于（5 500，8 500] m^3/s 的范围内，占比近 70%。

平均涨幅方面，保护区江段 4～7 月第一次高流量脉冲平均涨幅的最小值为 137 $m^3/(s·d)$，最大值为 3 360 $m^3/(s·d)$，平均值为 1 200 $m^3/(s·d)$，平均涨幅主要集中于（300，1 500] $m^3/(s·d)$，占比约为 68%，统计情况见表 5.14。

历时方面，保护区 4～7 月第一次高流量脉冲历时的最小值为 3 天，最大值为 63 天。第一次高流量脉冲历时主要集中于 3～5 天，占比为 69.49%，具体见表 5.15。

4）铜鱼产卵高流量脉冲需求

综上所述，铜鱼产卵量与第一次高流量脉冲的起涨流量、起始涨幅及平均涨幅有较好的相关性。根据蓄水前第一次高流量脉冲的特征及第一次高流量脉冲的各项特征指标与铜鱼产卵量的相关性分析结果，为满足铜鱼产卵繁殖的需求，第一次高流量脉冲应满足起涨流量为 4 500～6 500 m^3/s，起始涨幅为 790～1 127 m^3/s，平均涨幅的最小值为 170～486 $m^3/(s·d)$ 的要求。每年应发生 3 次高流量脉冲（每次高流量脉冲的特征值应不低于最小值）。第一次高流量脉冲的适宜发生时间为 5 月 12～24 日，历时为 3～7 天，起涨流量为 4 350～4 550 m^3/s，起始涨幅为 790～1 000 m^3/s，峰值流量为 6 520～10 190 m^3/s，峰值流量对应历时为 2～5 天，平均涨幅为 170～471 $m^3/(s·d)$；第二次高流量脉冲的适宜发生时间为 6 月 3～15 日，历时为 3～10 天，起涨流量为 4 700～6 206 m^3/s，起始涨幅为 760～1 642 m^3/s，峰值流量为 6 920～11 073 m^3/s，峰值流量对应历时为 1～8 天，平均涨幅为 317～986 $m^3/(s·d)$；第三次高流量脉冲的适宜发生时间为 6 月 21 日～7 月 5 日，历时为 4～7 天，高流量脉冲起涨流量为 6 185～8 091 m^3/s，起始涨幅为 1 340～1 690 m^3/s，峰值流量为 9 230～12 992 m^3/s，峰值流量对应历时为 1～5 天，平均涨幅为 425～1 460 $m^3/(s·d)$。

3. 铜鱼产卵期的生态需水调控阈值

根据金沙江下游保护区江段代表性鱼类铜鱼产卵、繁育生长与水温和高流量脉冲的响应关系，结合上述铜鱼产卵期的水温调控阈值、高流量脉冲调控阈值，确定高坝大库河库系统生态需水调控关键指标——水温指标中的最适水温、有效积温，以及高流量脉冲的起涨流量、峰值流量、平均涨幅、历时等的调控阈值范围，见表 5.16。

表 5.16 铜鱼产卵期生态需水调控指标阈值范围表

调控指标		阈值范围
水温	最适水温	21.4～21.9 ℃
	有效积温	（1 508.4±71.0）℃·d
高流量脉冲	起涨流量	（3 500，5 000] m^3/s
	峰值流量	（5 500，8 500] m^3/s
	平均涨幅	（300，1 500] $m^3/(s·d)$
	历时	3～5 天

5.2 山区小水电河库系统生态需水调控指标及其阈值

5.2.1 山区小水电河库系统生态需水调控指标

Junk 等（1989）基于在亚马孙河和密西西比河的长期观测与数据积累提出了洪水脉冲理论。周期性洪水淹没是维系河流生态系统生物多样性和生物生产力的最主要驱动力。季节性的洪水淹没过程，增加了洪泛区水体间的联系，有利于河流和陆地生态系统间营养物质、生物及能量的交换（Thomaz et al.，2007）。在高水位下，河漫滩中的洼地、水塘和湖泊由水体储存系统变成了水体传输系统，为不同类型物种提供了避难所、栖息地和索饵场（董哲仁 等，2019）。河流挟带着生物生命节律信息。河流连续体是一条信息流，在洪水期间洪水脉冲传递的信息更为丰富和强烈，包含水温、水位、流速等水文因子的突变。鱼类和其他一些水生生物依据水文情势的丰枯变化，完成产卵、孵化、生长、避难和迁徙等生命活动（董哲仁，2009）。山区小水电站的修建破坏了山区河流连续体，使得生境阻隔和破碎化。引水发电改变了减脱水河段的水文情势及水流脉冲过程，使得径流减少，水流脉冲较少，水位坦化时间增加，不利于河岸带淹没区植物的发芽、底栖动物和鱼类的繁殖与扩散。

山区小水电河库系统的生态影响主要体现在，引水式水电站使得下游河道出现减脱水河段，继而对河流栖息地和水生生物造成了不利影响。引水式水电站对减脱水河段底栖动物的影响较为显著，主要体现在减水河段底栖动物生物量和密度少于非减水河段，尤其是减水河段的底栖动物密度显著小于非减水河段。通常情况下，影响底栖动物数量与分布的因子包括水质（pH、电导率、溶解氧、水温、总氮、总磷、化学需氧量、叶绿素 a 等）、底质类型、底质中值粒径、流速、水深等。对减脱水河段水质、底质、水文情势（流速和水深）变化的分析表明，在丰水期，小水电站对所在河流水质的影响不显著；在枯水期，减水河段与非减水河段水体的个别水质参数存在显著差异，这与枯水期减水河段水量减少有关。引水式水电站对河流底质的影响并不显著，山区小水电河库系统各河段粒径为 5～8 mm 的砾石底质的比例超过 90%，在减脱水河段也不发生明显的变化。山区小水电河库系统减脱水河段引起底栖动物数量及分布变化的主要因素为水深和流速。

综上，确定流速、水深和流量为山区小水电河库系统生态需水关键调控指标。

（1）最适流速。使河道生态系统保持其基本生态功能的水流流速，称为生态流速，用 V_E 来表示。其生态目标是，使得底栖动物种类、生物多样性最大的流速范围为底栖动物最适流速范围。

（2）最适水深。为了保证一定的生态目标，使河道生态系统保持其基本生态功能的最低水深，称为生态水深，用 Z_E 来表示。其生态目标是，使得底栖动物种类、生物多样性最大的水深范围为底栖动物最适水深范围。

（3）最适流量。为了维持坝下游水生生物的生存及生态平衡，使下游河道保持的最小流量，称为生态流量，用 F_E 来表示。不同流量对应的流速分布、水深分布不同，根据底栖动物生物多样性最大时的适宜流速和水深，选择出同时满足水深和流速要求的栖息地面积及分布范围。利用 ArcGIS 软件计算栅格点像素的方法计算适宜栖息地面积的大小，确定流量与适宜栖息地面积的对应结果。绘制适宜栖息地面积与流量的关系曲线，适宜栖息地面积最大时的流量为最适流量。

5.2.2 山区小水电河库系统生态需水调控阈值

1. 山区小水电河库系统生态需水调控思路

根据我国南方山区河流的原有水文情势和水生态特点，以及梯级引水式水电站开发后造成的减水、断流问题对生态系统的影响，以坝下河道微生境的塑造为生态需水的主要目标，研究构建山区小水电河库系统过渡区生态需水调控方案。针对不同的减水、断流程度，提出不同的流量调配方案，开发山区小水电河库系统过渡区的生态需水调控技术。

山区小水电河库系统生态需水的调控指标为底栖动物适宜栖息地的水深和流速，采用改进的 IFIM，即指示生物栖息地适合度与 GIS 相结合的方法，通过改变流量的大小来改变栖息地水深和流速的大小，最终改变适宜栖息地面积的大小，进而确定生态流量。

2. 山区小水电河库系统生态需水调控指标的阈值范围

以维持山区小水电河库系统生境多样性为生态需水目标，构建生态目标需求与流量组分之间的概念模型，确定流速、水深和流量间的相关关系，并推求维持河流健康和稳定的流量阈值；以保护生物栖息地及敏感物种为生态需水目标，通过建立研究河段的二维水动力模型，推求最适栖息地类型。对水深、流速等特征参数赋值，筛选出适宜水深和适宜流速的栖息地范围，计算底栖动物栖息地流量和适宜栖息地面积之间的关系，提出山区小水电河库系统过渡区生态需水调控指标流速、水深和流量的阈值范围。

1）景谷河生境与底栖动物群落特征分析

景谷河研究河段总长度为 1.06 km，河道整体上呈锅底状，河床两边部位水深较小，为减水河段。采样点水深为 0.1～3.8 m，平均水深为 0.88 m；流速为 0.0～0.59 m/s，平均流速为 0.32 m/s；水质中叶绿素 a 平均质量浓度为 1.373 mg/L，总氮平均质量浓度为 0.352 mg/L，总磷平均质量浓度为 0.084 mg/L。

2018 年 4 月和 9 月，在研究河段共采集到底栖动物 47 种，隶属于 20 科 42 属，以水生昆虫为主，其中寡毛类 3 种（占 6.4%），软体动物 1 种（占 2.1%），水生昆虫 43 种（占 91.5%）（图 5.13）。水生昆虫中双翅目种类最多。景谷河底栖动物的密度和生物量分别为（292±42） ind./m^2 和（0.253±0.122） g/m^2（图 5.14）。

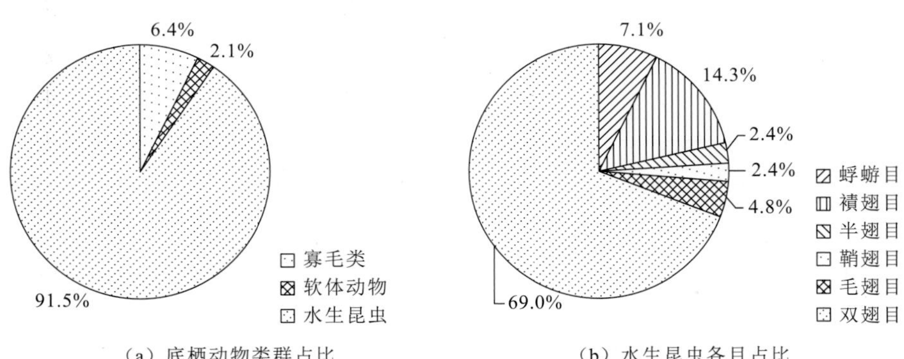

（a）底栖动物类群占比　（b）水生昆虫各目占比

图 5.13　景谷河研究河段底栖动物种类数

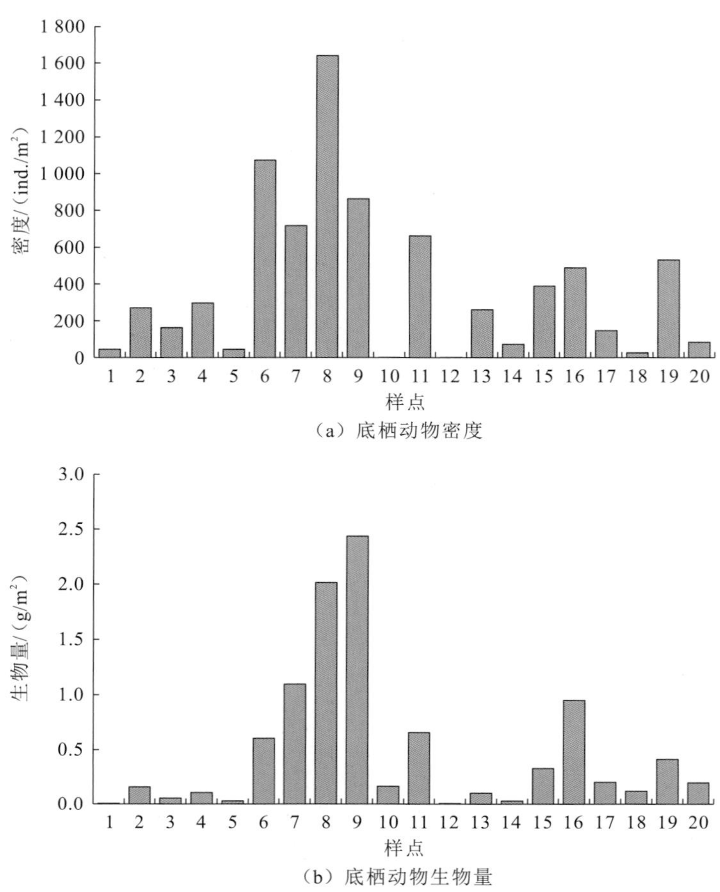

（a）底栖动物密度

（b）底栖动物生物量

图 5.14　景谷河研究河段底栖动物的密度和生物量

2）景谷河最适流速、水深的确定

根据景谷河减水河段实测水深、流速的特征和 Bovee（1982）对小型河流栖息地的研究结果，确定景谷河减水河段生态需水指标，以及以底栖动物为指示生物的水深、流速阈值，将底栖动物栖息地定义为深潭、深流、浅濑和边滩 4 种生境类型，栖息地类型分界的流速为 0.35 m/s，水深为 0.30 m（表 5.17）。

表 5.17　景谷河底栖动物不同栖息地水深和流速的阈值

指标	深潭	浅濑	深流	边滩
水深/m	>0.30	<0.30	>0.30	<0.30
流速/（m/s）	<0.35	>0.35	>0.35	<0.35

通过对比不同栖息地底栖动物的种类数[图 5.15（a）]可以看出，4 种生境类型中，边滩的底栖动物种类数最大，其次为浅濑及深潭，深流最少。调查所得的 47 种底栖动物中，69.0%的种类在边滩中出现，47.3%在浅濑中出现，9.6%在深潭中出现，仅有 3.8%在深流中出现。同时，从景谷河不同栖息地底栖动物的密度分布[图 5.15（b）]可以看

出，边滩和浅濑中的底栖动物密度最大，深流中最小，说明底栖动物现存量最大的生境类型也是边滩和浅濑。因此，景谷河底栖动物大部分种类出现在边滩和浅濑两种生境中，边滩和浅濑是景谷河底栖动物最适合的栖息地类型。

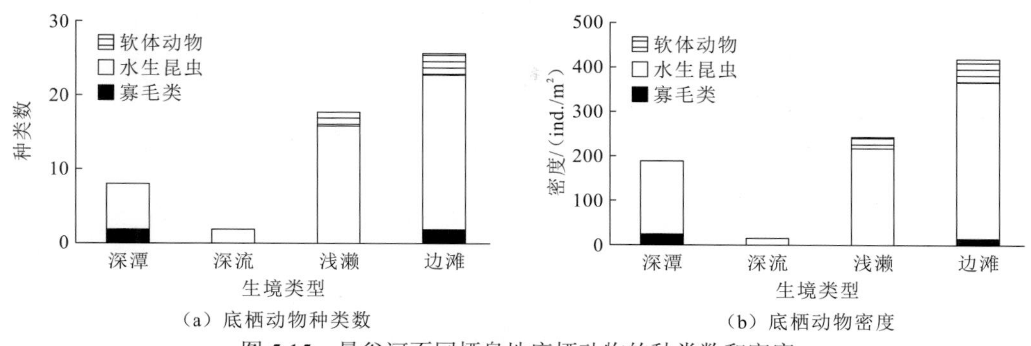

图 5.15　景谷河不同栖息地底栖动物的种类数和密度

3）景谷河最适生态流量的确定及周年生态流量过程分析

根据文献资料记载，景谷河多年平均流量为 8.33 m^3/s。根据底栖动物最适合栖息地的保护需求计算得到景谷河理想的生态流量为 3.0 m^3/s 左右，约占河流多年平均流量的 36%。如果景谷河生态流量按照目前广泛使用的多年平均流量的 10%考虑，仅为 0.833 m^3/s，连基本的河床都覆盖不了，更不用谈生态问题了，因此，确定的 3.0 m^3/s 左右的生态流量既有方法理论的支撑，又符合生态系统的实际需求，具有实践意义。

河流中的水生生物在漫长的进化过程中与河流水文条件已经形成了稳定的内在联系和适应机制。底栖动物生活史中的每一种生态需求都与其所依赖的流量组分之间有联系。除了确定具体的流量之外，还需要对水文节律进行分析。借鉴威远江历史水文情势来分析景谷河水文情势。历史上在 4 月、5 月、8 月均出现了不同大小的流量脉冲，11 月之后流量缓慢下降。综合考虑生态流量大小和历史水文节律，提出的景谷河减水河段生态流量大小和水文节律如下（图 5.16）。

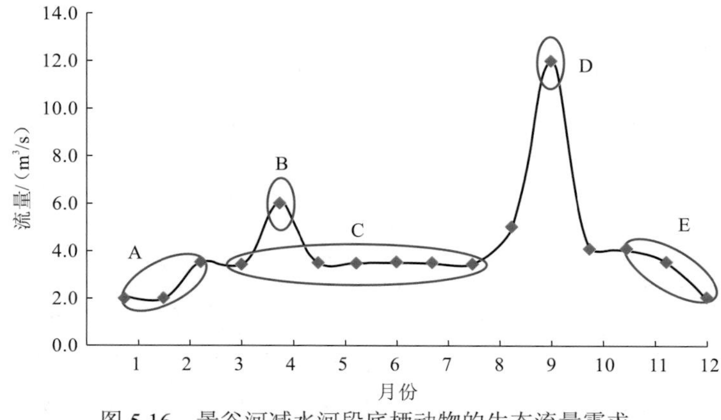

图 5.16　景谷河减水河段底栖动物的生态流量需求

A：基流，在 12 月～次年 2 月使河道维持 2.0 m^3/s 左右的流量，既能给底栖动物提供必要的栖息环境，又能使河岸带植物顺利休眠，此时大部分河道的裸露有利于间歇水体中底栖动物的发展。

B：流量脉冲，在 3 月下旬～4 月中旬提供 3.5～6.0 m^3/s 的流量脉冲，主要是为了让水流在底栖动物繁殖季节淹没更大的范围，为底栖动物繁殖提供必要的水流条件。

C：中流量，在 4 月中旬～7 月上旬提供 3.5 m^3/s 左右的中等流量，主要目的是使底栖动物最适的栖息地面积最大化，有利于底栖动物的生长发育。同时，春季较大的流量能为植物萌发提供充足的水分，为下一步底栖动物扩散到更大的区域内提供必要的食物资源。

D：高流量脉冲，在 9 月中旬提供 12 m^3/s 以上的洪水，主要是基于外源营养物的输入及底栖动物的扩散需求。在洪水期间，大量河岸带的外源营养物可以通过洪水输入河道中，为底栖动物提供更大的生存空间。

E：中流量—低流量，在 11～12 月，流量由 4.0 m^3/s 向 2.0 m^3/s 缓慢降低，主要是为了让生活在河岸带的底栖动物向河道缓慢靠近，避免在冬季停留在枯竭的间歇水体中。

综上，山区小水电河库系统生态需水调控指标流速、水深和流量的阈值范围，具体见表 5.18。

表 5.18　山区小水电河库系统生态需水调控指标阈值范围表

调控指标	阈值范围	说明
水深	边滩<0.30 m；浅濑<0.30 m	水深需求
流速	边滩<0.35 m/s；浅濑>0.35 m/s	流速需求
流量	基流（12 月～次年 2 月），2.0 m^3/s	底栖动物必要的栖息环境
	流量脉冲（3 月下旬～4 月中旬），3.5～6.0 m^3/s	底栖动物繁殖需求
	中流量（4 月中旬～7 月上旬），3.5 m^3/s	适宜栖息地面积最大化
	高流量脉冲（9 月中旬），>12.0 m^3/s	外源营养物输入河流需求
	中流量—低流量（11～12 月），2.0～4.0 m^3/s	缓慢降低过程，越冬迁移需求

5.3 本章小结

本章分别针对高坝大库和山区小水电等河库系统中存在的生态保护问题及其生态需水特征，结合工程特点和调控能力，从减缓或改善生态需水角度，研究生态需水调控的关键指标及其阈值，主要结论如下。

（1）针对高坝大库河库系统，以金沙江下游梯级为例，通过对代表性鱼类——铜鱼产卵前河流水动力学特点和鱼类产卵日水动力学条件的分析，确定了金沙江下游高坝大库河库系统保护区江段生态需水的调控目标，提出将高流量脉冲作为高坝大库河库系统生态需水的关键调控指标。基于金沙江下游铜鱼产卵、繁育生长与河流水温和高流量脉冲的响应关系，确定了水温指标中的最适水温、有效积温，以及高流量脉冲的起涨流量、峰值流量、平均涨幅、历时等金沙江下游高坝大库河库系统主要调控指标的阈值范围体系。其中，最适水温为 21.4～21.9 ℃，有效积温为（1 508.4±71.0）℃·d；高流量脉冲的起涨流量为（3 500，5 000] m^3/s，峰值流量为（5 500，8 500] m^3/s，平均涨幅为（300，1 500] $m^3/(s·d)$，平均历时为 3～5 天。

（2）针对山区小水电河库系统，以云南景谷河为例，根据确立的维持山区小水电河库系统适宜栖息地面积的流速、水深和流量调控目标，确定了景谷河减脱水河段底栖动物适宜的两种栖息地——边滩和浅濑对应的水深和流速范围（边滩，水深<0.30 m，流速<0.35 m/s；浅濑，水深<0.30 m，流速>0.35 m/s），以及周年生态需水过程（12 月～次年 2 月基流，2.0 m^3/s；3 月下旬～4 月中旬流量脉冲，3.5～6.0 m^3/s；4 月中旬～7 月上旬中流量，3.5 m^3/s；9 月中旬高流量脉冲，>12.0 m^3/s；11～12 月中流量—低流量，2.0～4.0 m^3/s）。

第 6 章

不同类型河库系统生态需水调控应用示范

6.1 金沙江下游高坝大库河库系统生态需水调控应用示范

水文条件只是众多环境因子中的一个要素，生态流量需求仅从水文过程方面提出要求，其主要的假设和前提条件如下：①河流水温满足鱼类产卵要求；②水质透明度变化对鱼类产卵影响不大；③泥沙和营养物质变化对鱼类产卵影响不大；④主要产卵场的地形条件未发生较大变化。对于河流水温，水库运行后4～7月坝下河流水温较天然情况下要低，水温达到18℃的时间将推后，由于区间支流的汇入缓解了水库下泄低温水的影响，金沙江下游保护区江段的朱沱站一般在5月上旬就能达到代表性鱼类产卵的最低水温要求，近年来保护区鱼类早期资源的监测证明了这一点，可见保护区江段距离向家坝水库较近的宜宾至泸州段受水温的影响较大，而泸州至江津段由于众多支流（沱江和赤水河等）的汇入，水温的影响较小，水温能够满足鱼类产卵要求。对于河流的泥沙和营养物质，水库运行后河流泥沙含量降低、营养物质变少会对鱼类觅食育肥造成一定的影响，但影响到什么程度、是否对产卵造成影响，这些问题目前也难以回答。对于产卵场的地形条件，地形条件塑造了独特的河流水动力学条件，这就是为什么同样的流量条件下为什么有的地方有鱼类产卵，而有的地方没有鱼类产卵，河道地形和相应的水动力条件可能是鱼类产卵的关键要素。通过对金沙江下游梯级水库蓄水前后的监测发现，金沙江下游保护区江段河道地形基本稳定，主要的鱼类产卵场尚未发生较大变化，所以这一条件也是基本满足的。

综合以上分析，认为在众多影响鱼类产卵繁殖的生态因子中，从水文过程方面提出的保障鱼类产卵的生态流量需求的假设和前提条件基本成立，选择水文过程作为主控因子是合适的。

从河流生态系统的角度，自然的水文过程就是最好的生态流量过程，但这只是理想状态。人类适度地开发利用河流是不可避免的，生态流量是针对人类开发利用河流提出的概念，目的就是要明确河流水文过程中哪些是人类开发利用可以改变的和多大程度改变的，哪些流量要素是需要为生态而保留的。对于未开发的河流，生态流量可为开发利用活动提出限制性边界；对于已开发河流，生态流量提出必须保护的生态水文关键过程。

6.1.1 金沙江下游高坝大库河库系统生态需水调控方法

1. 金沙江下游典型断面（朱沱站）生态流量需求

本节研究生态需水调控的总体思路是采用“基流+高流量脉冲”的方法，其中基流的设计思路是在低流量时期尽量维持河流流量过程的稳定性和可预测性，避免频繁的和较大的流量波动；高流量脉冲的设计思路是在鱼类产卵期，根据实际入流过程，在基流上加入符合鱼类产卵需要的满足一定指标特征的高流量脉冲事件。这些高流量脉冲事件的特征，是基于对产漂流性卵代表性鱼类产卵期历史高流量脉冲事件的统计分析得到的，构成保护区代表性鱼类产卵繁殖的关键水文信号。

根据保护区江津断面的早期鱼类监测数据，通过对产卵场的推求发现，朱沱站上下游几十千米的范围内是铜鱼主要的产卵场分布区，见图 6.1。因此，以金沙江下游高坝大库河库系统典型断面——朱沱站的生态流量需求代表特有鱼类的生态水文需求，开展生态流量设计。

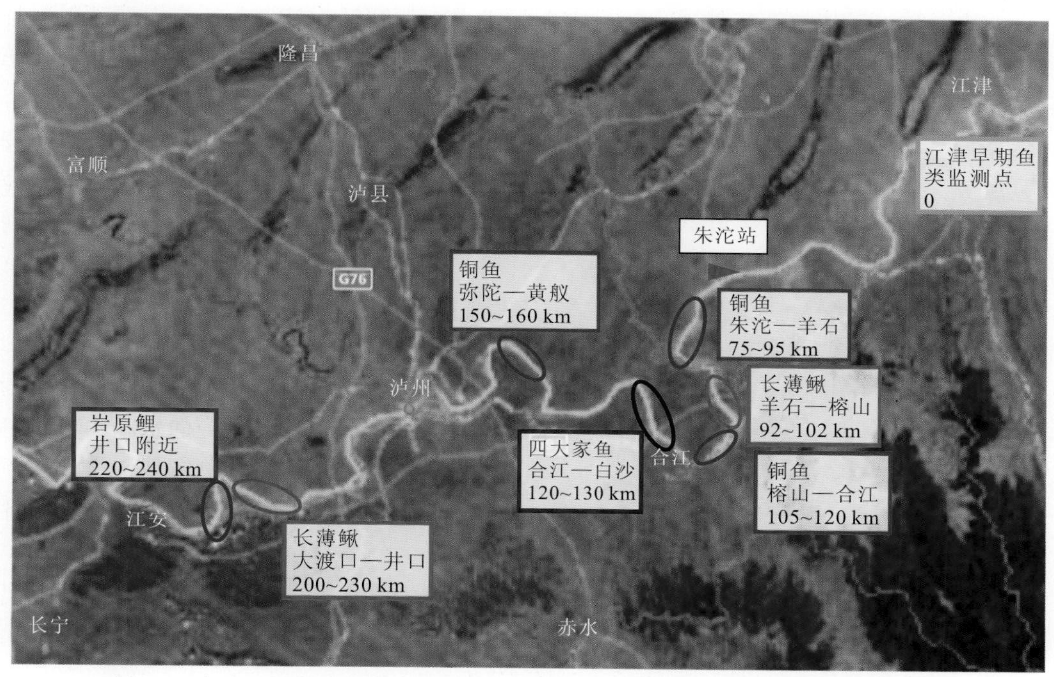

图 6.1　金沙江下游保护区江段代表性鱼类卵苗监测点及主要产卵场位置示意图

金沙江下游保护区江段朱沱站的生态流量应满足以下特征。

（1）在基流期保持流量的稳定性，按 7 日流量滑动平均值的 80%～120%设置基流期生态流量的上下限（基流由调整后的 IHA 参数界定，即小于所有流量记录第 45 个分位数的流量是基流，大于所有流量记录第 70 个分位数的流量不是基流，介于第 45 个分位数和第 70 个分位数之间的流量，如果在一天之内增长超过 15%，基流期结束，直至流量在一天之内减小小于 10%，基流期重新开始）。

（2）在 5 月（5 月 1～31 日）必须有 1 次高流量脉冲，出现时间对应于全年第一次高流量脉冲，在水温达到 17℃以上后，为铜鱼和四大家鱼产卵提供水文信号（未来由于金沙江下游水库的建设运行，保护区江段 4～7 月升温期的水温上升会有一定程度的滞后，发生在 4 月的全年第一次高流量脉冲可能不满足铜鱼和四大家鱼产卵的水温要求，5 月的高流量脉冲可以稳定满足水温要求）。

（3）在6月中旬～7月上旬（6月11日～7月10日）必须有1次高流量脉冲，此时水温达到22℃以上，为长薄鳅产卵提供水文信号。

（4）除上述2次高流量脉冲外，5～7月中旬的其他高流量脉冲可依据来水（主要是区间来水）情况确定是否发生。

（5）7月中旬后的高流量脉冲或洪水对代表性鱼类产卵没有明确的生态意义，主要作用是水库冲沙和塑造下游河道形态，因此7月中旬后的高流量脉冲可按来水和水库水位的某个函数考虑，直到高流量脉冲期结束。

对于金沙江下游高坝大库河库系统的生态流量需求，这里提出了“必须满足的”、“适宜的”和“最佳的”3种层次的生态流量需求。不同层次的生态流量主要体现在产卵期的高流量脉冲次数上。为保障金沙江高坝大库河库系统代表性鱼类——铜鱼和长薄鳅的产卵，将不同层次的生态流量定义如下。

（1）“必须满足的”生态流量，每年在铜鱼主要产卵期5月（5月1～31日）和长薄鳅主要产卵期6月中旬～7月上旬(6月11日～7月10日)必须保证各有1次高流量脉冲；

（2）“适宜的”生态流量，在“必须满足的”生态流量基础上，在5～7月再增加1次高流量脉冲，每年考虑3次高流量脉冲；

（3）“最佳的”生态流量，在“适宜的”生态流量基础上，在5～7月再增加1～2次高流量脉冲，每年考虑4～5次高流量脉冲。

对于某一具体年份，“必须满足的”生态流量是一定要确保的（表6.1），而“适宜的”和“最佳的”生态流量可根据当年的实际来水情况考虑，不要求一定满足。

表6.1 金沙江下游保护区朱沱站“必须满足的”生态流量的高流量脉冲特征

高流量脉冲特征指标	5月第一次高流量脉冲		6月中旬～7月上旬的高流量脉冲	
	基本特征	推荐值	基本特征	推荐值
出现时间	基于来水情况，当出现1～2天的小幅涨水后开始	5月1～31日，对应全年第一次高流量脉冲	基于来水情况，当出现1～2天的小幅涨水后开始	6月11日～7月10日
起涨流量/（m^3/s）	3 500～5 000	不低于3 900（对应频率25%）	4 500～10 500	不低于6 500（对应频率25%）
起始涨幅/（m^3/s）	相对涨幅大于15%；涨幅值为660～2 000	不低于900（对应频率25%）	800～8 700	不低于1 200（对应频率25%）
平均涨幅/[$m^3/(s·d)$]	300～1 500	不低于700（对应频率25%）	220～6 040	不低于760（对应频率25%）
峰值流量/（m^3/s）	5 500～8 000	不低于6 200（对应频率25%）	6 700～50 000	不低于14 000（对应频率25%）
历时/天	3～8	不低于4	3～52	不低于5

2. 金沙江下游高坝大库河库系统生态流量调控设计

在溪洛渡水库、向家坝水库蓄水后保护区江段有实际产卵监测数据的2010～2016

年中，选择蓄水运行后的 2014 年作为代表年，基于生态流量设计方法和高流量脉冲统计特征，设计 2014 年典型年的朱沱站生态调度方案。溪洛渡水库、向家坝水库蓄水调度运行后的 2014 年为平水年，在该年内铜鱼产卵历时较长，5～7 月多次监测到铜鱼鱼卵。

1）金沙江下游高坝大库河库系统生态调度方案设计

根据上述典型断面朱沱站的生态流量需求，针对金沙江下游保护区鱼类产卵过程所需的生态流量过程设计了 2014 年典型年金沙江下游梯级水库生态调度方案，见表 6.2。2014 年分为常规调度与考虑三种生态流量需求的生态调度两种方案。

表 6.2 2014 年典型年金沙江下游梯级水库生态调度方案

年份	方案集	描述说明
2014	常规调度	不考虑生态流量需求
	生态调度	考虑“最佳的”生态流量需求
		考虑“适宜的”生态流量需求
		考虑“必须满足的”生态流量需求

对 2014 年上述各生态调度方案采用逐步优化算法进行梯级水库优化调度计算，在计算过程中，为方便初始值的拟定，调度计算从前一年的 6 月 1 日开始到当年的 12 月 31 日止，即计算时段为 2013 年 6 月 1 日～2014 年 12 月 31 日。

2）各生态调度方案对不同层次生态流量需求的满足情况

对调度结果进行统计分析，得出 2014 年各生态调度方案下向家坝水库坝下月均流量过程（图 6.2），加上区间来水后得出朱沱站月均流量过程（图 6.3）。

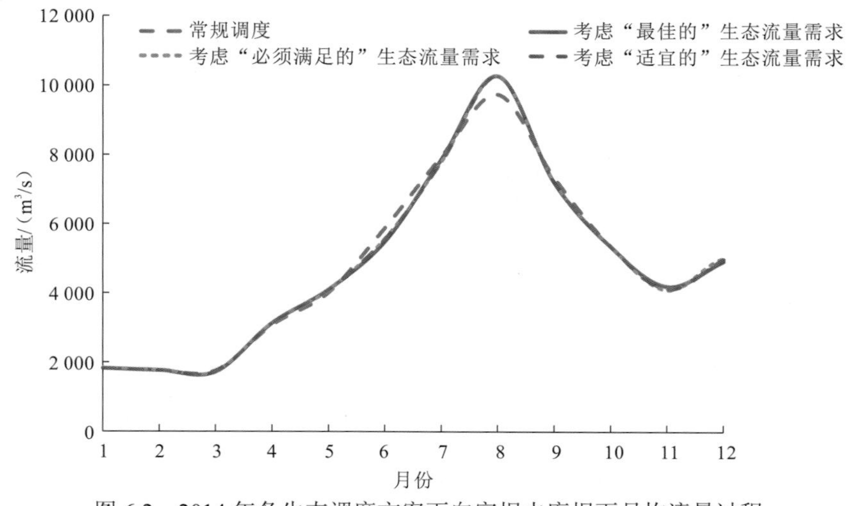

图 6.2 2014 年各生态调度方案下向家坝水库坝下月均流量过程

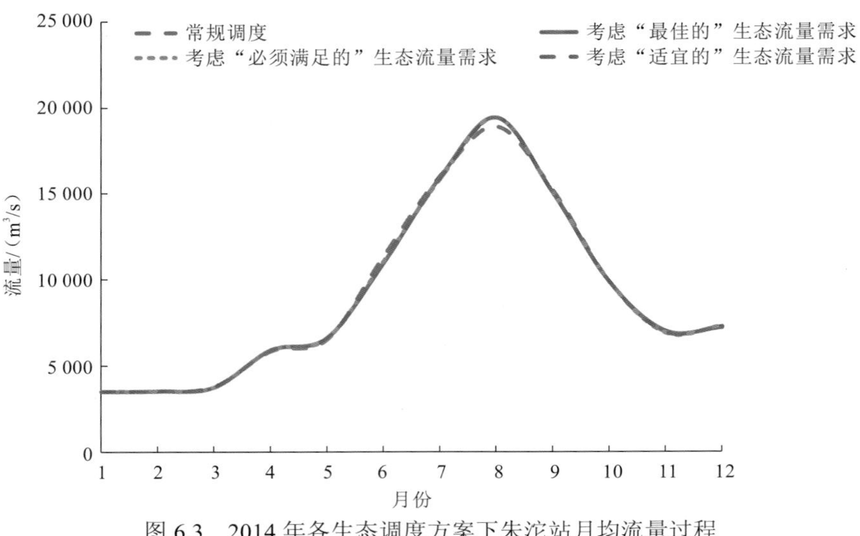

图 6.3 2014 年各生态调度方案下朱沱站月均流量过程

从图 6.2 和图 6.3 可以看出，与生态调度方案相比，常规调度方案下向家坝水库坝下月均流量在 1～2 月基本无差异，3 月月均流量较大，4～5 月月均流量较小，6～7 月月均流量较大，8 月月均流量偏小，9～10 月月均流量较大，11 月月均流量较小，12 月月均流量较大，即常规调度因无生态流量约束，对洪水资源的调蓄能力更强。由于区间流量较大，生态调度与常规调度在朱沱站处的差异缩小。

2014 年不同层次生态流量需求的朱沱站日流量过程具体见图 6.4～图 6.6。

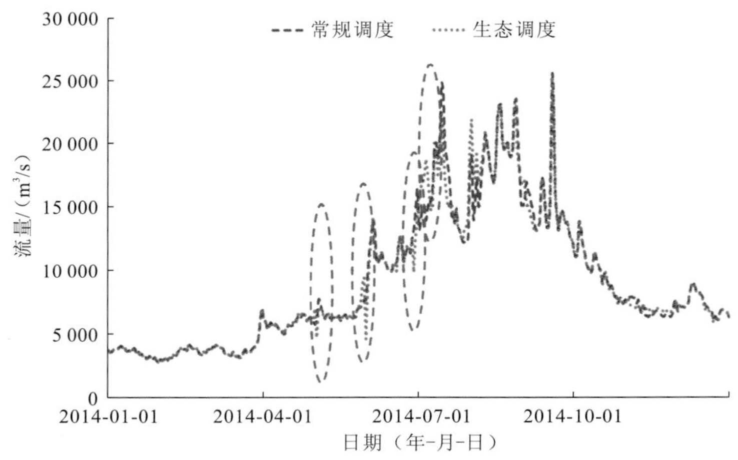

图 6.4 2014 年“最佳的”生态流量需求下朱沱站日流量过程

从图 6.4～图 6.6 可以看出，朱沱站常规调度与生态调度的径流过程基本一致，仅在 4～7 月需要顺势造就高流量脉冲时，生态调度会提前降低流量，再加大流量，确保高流量脉冲的发生。

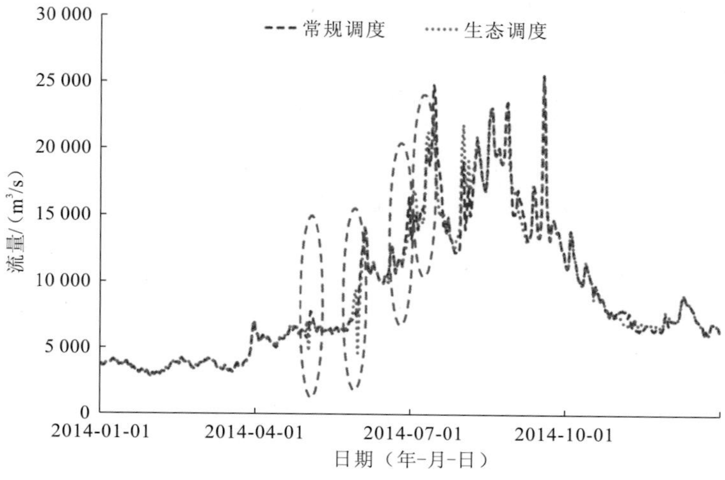

图 6.5 2014 年“适宜的”生态流量需求下朱沱站日流量过程

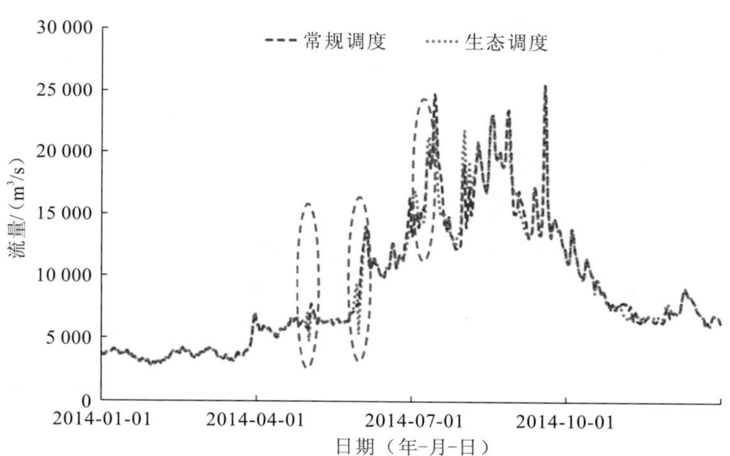

图 6.6 2014 年“必须满足的”生态流量需求下朱沱站日流量过程

3. 金沙江下游促进鱼类自然繁殖的生态需水调控

根据上述设计的三种生态流量需求的生态调度方案，2014 年 5～7 月在金沙江下游高坝大库河库系统开展促进铜鱼自然繁殖的生态调度调控。

2014 年朱沱站自然来水条件下，在铜鱼关键产卵繁殖期的 5～7 月中，共有 4 次高流量脉冲，分别是 5 月 5～8 日的第一次高流量脉冲（历时 4 天）、6 月 3～8 日的第二次高流量脉冲（历时 6 天）、6 月 21～24 日的第三次高流量脉冲（历时 4 天 ）、7 月 4～19 日的第四次高流量脉冲（历时 16 天）（图 6.7），故满足生态需水的高流量脉冲条件的天数为 30 天。

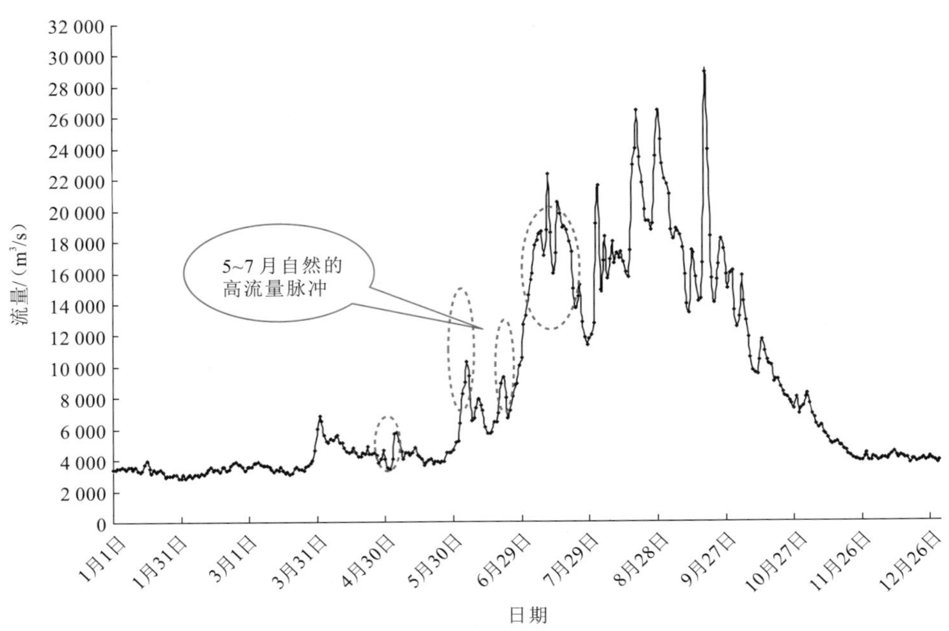

图 6.7　2014 年金沙江下游保护区朱沱站自然来水

根据朱沱站生态流量需求特征，“必须满足的”生态流量中，在 5 月 5～8 日发生一次高流量脉冲（历时 4 天），在 6 月 21～24 日发生一次高流量脉冲（历时 4 天）。对于 5 月 5～8 日的高流量脉冲，因为其各参数都低于推荐的第一次高流量脉冲的参数值，所以按最低推荐值设计，起涨流量等于 3 900 m^3/s，起始涨幅应大于 15%，为 1 500 m^3/s，峰值流量为 6 200 m^3/s，涨水段的平均涨幅为 760 $m^3/$（s·d），历时为 4 天；对于 6 月 21～24 日的高流量脉冲，起涨流量大于 6 500 m^3/s，起始涨幅为 1 200 m^3/s，峰值流量等于自然高流量脉冲的峰值流量 9 200 m^3/s，涨水段的平均涨幅为 900 $m^3/$（s·d），历时为 4 天。

对于“适宜的”生态流量保证需求，确保发生 3 次高流量脉冲，因此确定在上述“必须满足的”生态流量的基础上，加上 6 月 8～11 日的高流量脉冲，该高流量脉冲的起涨流量为 4 360 m^3/s，起始涨幅为 850 m^3/s（大于 15%），峰值流量为 10 200 m^3/s，涨水段的平均涨幅为 1 450 $m^3/$（s·d），历时为 4 天。

最后，根据“最佳的”生态流量需求设计，确定在上述“适宜的”生态流量需求的基础上，再加上 7 月 1～3 日和 7 月 20～23 日的高流量脉冲，脉冲起涨流量为 8 200 m^3/s，起始涨幅为 1 200 m^3/s（大于 15%），峰值流量为 18 600 m^3/s，涨水段的平均涨幅为 1 480 $m^3/$（s·d），历时为 7 天（图 6.8）。

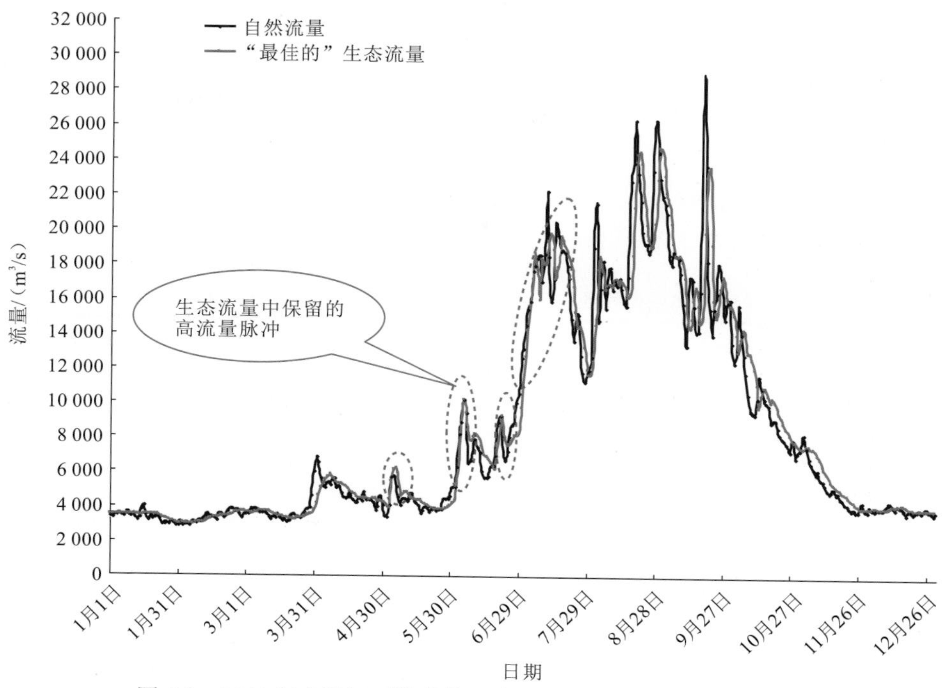

图 6.8　2014 年金沙江下游保护区朱沱站生态需水调控设计流量

6.1.2　金沙江下游高坝大库河库系统生态需水调控效果

1. 2014 年生态调度的兴利效益评估

金沙江下游梯级水库为保障朱沱站生态流量开展生态调度会影响梯级水库的兴利效益，对 2014 年考虑“最佳的”生态流量需求的调度结果进行统计分析，得出典型年下不同生态调度方案金沙江下游梯级水库的发电量，见表 6.3。

表 6.3　2014 年不同生态调度方案下金沙江下游梯级水库的发电量

典型年	调度方案	溪洛渡水库/（亿 kW·h）	向家坝水库/（亿 kW·h）	合计/（亿 kW·h）
2014	常规调度	715.67	357.55	1 073.22
	考虑“最佳的”生态流量需求	701.08	356.75	1 057.83

从表 6.3 可以看出，考虑生态流量需求的生态调度方案对金沙江下游梯级水库的兴利效益影响不大。与常规调度相比，2014 年生态调度方案下金沙江下游梯级水库的发电量减少了 15.39 亿 kW·h，不到常规调度发电量的 1.5%，其中溪洛渡水库的发电量减少了 14.59 亿 kW·h，向家坝水库的发电量变化不大。因此，在每年的 5～7 月可以将溪洛渡水库、向家坝水库的汛前泄水与保护区江段的生态流量需求结合起来，配合保护区区

间支流涨水，适当调整水库下泄过程，营造符合鱼类产卵需求的高流量脉冲，从调度结果看，其对金沙江梯级水库发电效益的影响也较小，在经济上是可行的。

2. 2014 年生态调度的高流量脉冲评估

对向家坝水库蓄水后代表年 2014 年各生态调度方案下，铜鱼产卵期朱沱站 5～7 月的高流量脉冲特征值进行了统计分析，见表 6.4。

表 6.4　2014 年 5～7 月各生态调度方案下朱沱站高流量脉冲特征值统计

调度方案	发生时间段	历时/天	首日涨水率/%	金沙江贡献率/%	区间贡献率/%
常规调度	5 月 5 日～7 月 19 日	30	24.6	5.1	94.9
考虑“最佳的”生态流量需求的生态调度	5 月 5 日～7 月 19 日	30	45.9	29.3	70.7
	6 月 8～11 日	4	22.9	37.5	62.5
	7 月 1～23 日	7	26.4	68.6	31.4

从表 6.4 可知，实施考虑“最佳的”生态流量需求的生态调度后，朱沱站高流量脉冲过程满足设计生态流量需求，生态调度后朱沱站高流量脉冲历时均有所延长，首日涨水率较设计时大，同时对于仅设计 2 次高流量脉冲的“必须满足的”生态流量需求方案，生态调度后朱沱站有 5 次高流量脉冲过程。朱沱站实测径流过程中有 5 次高流量脉冲过程，除最后一次外，其余高流量脉冲历时在 4～6 天范围内，区间来水对首日涨水率贡献较大。

由上述分析可知，区间支流高流量脉冲每年至少发生 2 次，屏山站、朱沱站高流量脉冲每年至少发生 1 次，故在朱沱站每年发生 1 次高流量脉冲时，金沙江下游梯级水库采取不破坏朱沱站高流量脉冲的生态调度方案，即在预测岷江发生长历时高流量脉冲时向家坝水库不得减少下泄；在保障朱沱站一年发生 2 次高流量脉冲的基础上，金沙江下游梯级水库可另外再采取 1 次对区间支流的补偿性生态调度，即配合岷江涨水，考虑流量传播时间加大下泄流量；在保障朱沱站 5～7 月发生 3 次高流量脉冲时，金沙江下游梯级水库需在配合区间支流高流量脉冲过程的基础上适时自发组织高流量脉冲过程，即考虑洪水坦化等影响，结合水库入库流量及库水位于 5～7 月在溪洛渡水库、向家坝水库自发组织一次 5 天以上的高流量脉冲过程，保障朱沱站产生高流量脉冲过程。

3. 2014 年生态调度的生态流量满足率

通过上述金沙江下游保护区江段 2014 年的“基流+高流量脉冲”生态需水调控，在 2014 年 5～7 月生态需水调控的 92 天中，在不考虑生态流量需求的常规调度下，保护区江段朱沱站断面有 30 天满足铜鱼产卵繁育的高流量脉冲生态流量条件，促进铜鱼产卵繁育的生态需水满足率为 32.6%；在采用考虑“最佳的”生态流量需求的生态调度后，保护区江段朱沱站断面在 6 月 8～11 日和 7 月 1～23 日也满足铜鱼产卵繁育的高流量脉冲生态流量条件，高流量脉冲生态流量满足天数共增加了 11 天，合计有 41 天满足铜鱼产卵繁育的生态流量条件，促进铜鱼产卵繁育的生态需水满足率提高至 44.6%。

对比可知，2014 年 5～7 月的生态需水调控期内，采用考虑“最佳的”生态流量需求的生态调度后金沙江下游保护区江段朱沱站断面实际生态需水满足率提高了 12 个百分点。

6.2 景谷河流域山区小水电河库系统生态需水调控应用示范

6.2.1 景谷河流域山区小水电河库系统生态需水调控方法

景谷河一级水电站位于云南景谷威远新民，处于景谷河下游河段，水电站开发河道长度为 0.309 km，设计水头为 81 m，设计流量为 10 m^3/s，装机容量为 6 300 kW，开发方式为引水式水电站，主要建筑物由取水坝、引水渠道、厂区枢纽组成。厂区地理位置为东经 100.676 246°，北纬 23.581 379°，取水口地理位置为东经 100.802 462°，北纬 23.595 392°。景谷河一级水电站于 1989 年 6 月开工建设，1991 年 10 月投入运行发电，2001 年完成水轮机增容改造，2007 年完成调速器自动化改造，2013 年 5 月完成电气部分综合自动化改造及励磁系统改造投运，2013～2018 年发电量为 17 297.16 万 kW·h，综合上网电价为 0.236 6 元/（kW·h）。

景谷河一级水电站无环评审批、环保验收、水资源论证，取水许可证过期。由于水电站建设时期未开展环评审批及水资源论证工作，水电站设计及施工中没有核定生态流量泄放值，现阶段以未经核定过的 0.5 m^3/s 为下泄流量泄放值，2 m×2 m 的泄洪闸为生态流量泄放设施。

1. 景谷河生态流量监测

由于景谷河山区小水电河库系统水文监测站点的缺乏，控制断面的实时流量难以测定，且由于景谷河水深较浅，ADCP 等仪器不适用于该河道水下地形的测定，研究人员采用水深-流速面积法，通过设置控制断面，人工涉水，按 0.5 m 间隔测量河流控制断面监测样点的流速。河流控制断面的流速采用美国 YSI FlowTracker 手持流速流量仪测量，相应样点的河道水深采用标尺法人工逐点测量（图 6.9）。再结合控制断面的河宽数据，根据采用的水深-流速面积法，单宽流量之和为控制断面的流量。

2. 2019 年景谷河维持底栖生境的生态需水调控

景谷河一级水电站取水坝为混凝土拱坝，生态流量下泄措施为通过泄洪闸（2 m×2 m）下泄生态流量。基于外源营养物的输入及底栖动物的扩散需求，在涨水期间，大量河岸带的外源营养物可以通过洪水输入河道中，为底栖动物提供了更大的生存空间，需要在 10～12 月开展河流生态需水调控，下泄生态流量，提供中度洪水脉冲。

图 6.9 课题研究人员在景谷河中进行标线设置和流速测定（摄于 2019 年 10 月）

2019 年 10～12 月在景谷河开展生态需水调控。本次生态需水调控中，根据 4.4.3 小节研究确定的景谷河减水河段底栖动物最适生态流量需求 3～4 m^3/s，对泄洪闸闸门设置限位开关或限位装置等以保证闸门适当开启，以 3～4 m^3/s 的生态流量泄放 3 个月。

6.2.2 景谷河流域山区小水电河库系统生态需水调控效果

1. 景谷河研究河段生态流量实测

2019 年 10 月景谷河生态流量调控之前，对景谷河一级水电站减水河段的水深-流速等水文情势进行了现场监测，测定河段长 500 m，断面间距 100 m，设置 6 个监测断面（图 6.10）。该河段因上游引水发电，水量减少。

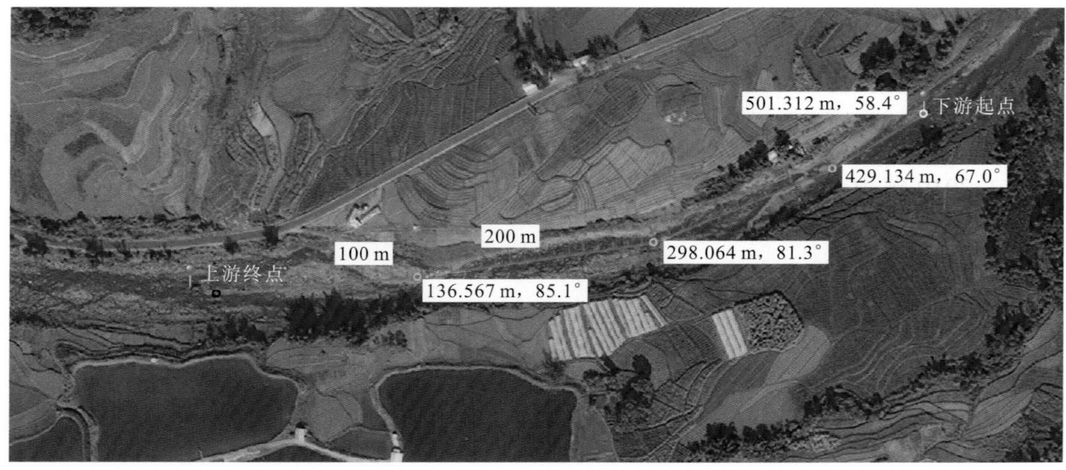

图 6.10 景谷河一级水电站减水河段监测（摄于 2019 年 10 月）

依据断面宽度和河流断面流速的关系（图 6.11），计算得到该时段景谷河研究河段断面流量为 2.2 m^3/s，考虑到无其他支流汇入，该断面的流量 2.2 m^3/s 即景谷河研究河段生态流量调控下泄前的实际流量。

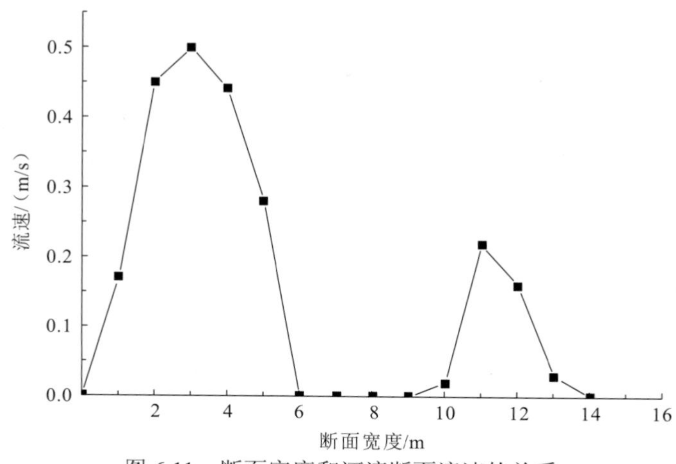

图 6.11　断面宽度和河流断面流速的关系

2. 景谷河底栖动物生态需水调控效果

1）景谷河维持底栖生境生态需水的满足率

2019 年 10 月景谷河生态流量下泄前，枯水期监测河段的实际流量为 2.2 m^3/s。而根据确定的景谷河减水河段底栖动物最适的生态流量需求，2019 年 10～12 月开展生态流量泄放，将景谷河下泄流量保持为 3～4 m^3/s。

在一整年内，底栖动物对适宜栖息地面积均有需求，因此山区小水电河库系统生态需水周期定为一年。2019 年 10～12 月实施生态流量调控泄放后，经统计，该年内景谷河一级水电站断面生态流量满足天数（流量＞3 m^3/s 的天数）从 91 天增加到 134 天，一年内断面生态需水满足率从 24.9%提高到 36.7%，断面生态需水满足率提高了 11.8 个百分点。

2）景谷河底栖动物恢复量

在 2019 年 10～12 月景谷河实施生态流量调控约 3 个月后，2019 年 12 月底课题组评估了研究河段底栖动物的恢复情况。将该河段的底栖动物适宜栖息地面积、种类数、密度和生物量与调控前进行对比分析。结果显示，生态流量下泄后，减水河段底栖动物适宜栖息地面积增加 80%～130%（图 6.12）；底栖动物种类数变化不大，但底栖动物密度和生物量均增加 20%（图 6.13）。

在维持该生态流量泄放的条件下，景谷河减水河段中的底栖动物可以保持较好的种类丰度，底栖动物适宜栖息地面积、密度和生物量均恢复到减水前的水平。从生态需水调控机理上看，适宜栖息地面积扩大后，河岸带的面积增大，更多的有机腐殖质可以作

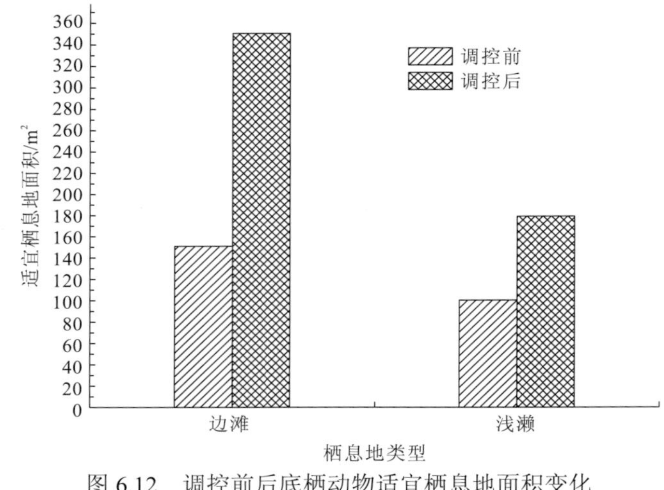

图 6.12　调控前后底栖动物适宜栖息地面积变化

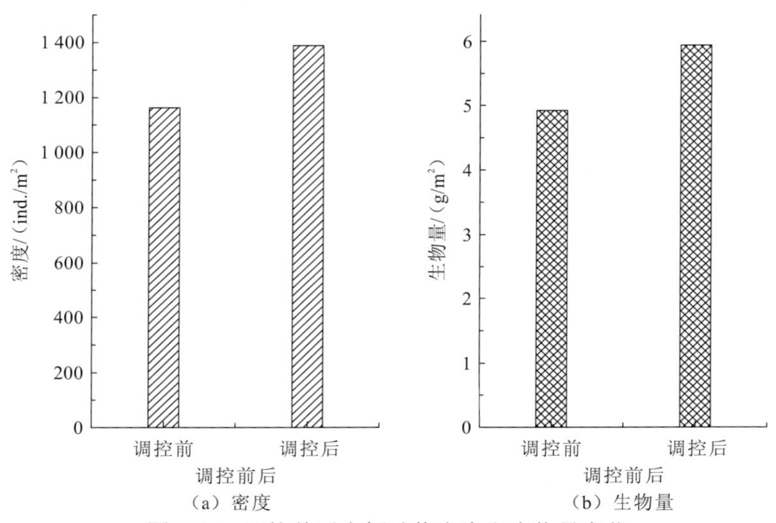

图 6.13　调控前后底栖动物密度和生物量变化

为底栖动物的食物来源，适合于更多底栖群体的摄食。单位面积底栖动物承载量明显增加，表现在密度和生物量的同步增长。底栖动物种类数未见明显增加的原因在于，一个月的短时间（在同一季节）内，底栖动物的群落结构比较稳定。

3）基于景谷河底栖动物生物多样性的生态流量核算方法讨论

（1）栖息地模拟法生态流量与年均流量的关系。目前，在实际工作中，如小水电站清理整改中，大部分水电站生态流量的核定均采用水文学法，即生态流量为多年平均流量的 10%。景谷河多年平均流量为 8.33 m^3/s（赵伟华 等，2020），如果按照目前广泛使用的水文学法，将多年平均流量的 10%作为生态流量，景谷河的生态流量仅为 0.833 m^3/s。在该流量下，大部分河床裸露，且由于下渗和蒸发作用，往下游流量沿程逐渐降低，下游河道将会出现断流的现象。本方法根据底栖动物栖息地模拟计算出的景谷河生态流量为 3～4 m^3/s，为景谷河多年平均流量的 36%～48%。本方法获得的生态流量未考虑河流的丰枯水量变化及不同类群底栖动物生活史的需求，为一种概化的平均生态流量。后续还应根据不同地区、不同河流的水量丰枯变化及底栖动物一年内不同生活史的需求，探究更精细化的生态流量需求。

（2）栖息地模拟法适用于宽浅型河段。底栖动物种类繁多，生活史多样化，对生境的需求也多样化，对流量的需求可能不尽相同，特别是对某一流量组分的需求可能不像鱼类或沿岸带植物那样迫切。因此，难以通过流量恢复法来核算生态需水。所以对底栖动物生态需水的研究宜采用栖息地模拟法。采用这种方法是基于这样的假设：保护或维持了最适合底栖动物生存的栖息地类型，就能使底栖动物保持较高的多样性。至于流量在年内变化的频率及时间，其对底栖动物来说不是最重要的，最重要的是提供稳定且有一定面积的栖息地。但这种方法也有其适用范围，V 字形河道不适合使用本方法。因为流量的增加对栖息地面积的增加影响不大，底栖动物多样性在这种河型的河流中也不高。这种方法对于宽浅型的河道比较合适。

（3）栖息地模拟法能反映底栖动物的生态需求。栖息地保护是生物多样性保护最有效的方法之一，基于此法则，采用评价适宜栖息地面积大小的 IFIM 研究景谷河生态需水是理想的。在大型河流中，水深 5～6 m 处是底栖动物分布较多的区域，深泓中心带的冲刷较强、流速高，不利于底栖动物附着，且有机质等底栖动物的饵料缺乏（段学花 等，2007）；对于小型河流而言，有效栖息地面积大小则是底栖动物生物量的决定性因素，不同流速和水深的栖息地，异质性不同。在景谷河深水区，流速较大，由于巨型（直径 0.5～1.0 m）卵石的存在，在卵石上下游形成冲刷深坑，有机质赋存少，底栖动物不适宜在此生存。对于水边浅水区域，由于边缘效应的存在、人类活动的干扰及陆生动物在该区域的活动，对底栖动物的捕食强度较高，较大流速反而能起到保护作用，适宜吸附能力强的清洁种生存。在浅水缓流区，由于树叶、枯草、树枝等有机质的覆盖，非喜流性底栖动物易于躲藏，且饵料丰富，种类数和生物量较高。

综上所述，通过研究云南景谷河底栖动物的生态流量需求，认为浅水高流速的浅濑和浅水低流速的边滩为底栖动物种类数与生物量较多的区域，提出了基于底栖动物多样性保护的生态流量核算方法，以期为更多的基于研究河段水生生物实际需求的生态流量核算提供借鉴。

生态水文过程考虑了底栖动物的繁殖、栖息地面积、饵料来源及越冬需求，实现了一年内的生态需水过程，具有较好的生态学意义。

6.3 本章小结

本章在生态需水调控指标及其阈值的基础上，针对高坝大库河库系统和山区小水电河库系统，开展了生态需水调控应用示范，进一步验证了生态需水核算方法和调控技术的可行性，主要结论如下。

（1）高坝大库河库系统生态需水调控应用示范。根据金沙江下游高坝大库河库系统必须保护的生态水文关键过程，研究分析了基于代表性鱼类铜鱼产卵期的高流量脉冲次数的“必须满足的”、“适宜的”和“最佳的”3 种层次的生态流量需求。“必须满足的”生态流量应保证每年在铜鱼主要产卵期 5 月（5 月 1～31 日）有 1 次高流量脉冲，在长薄鳅主要产卵期 6 月中旬～7 月上旬（6 月 11 日～7 月 10 日）有 1 次高流量脉冲；“适宜的”生态流量，在“必须满足的”生态流量的基础上，在 5～7 月再增加 1 次高流量脉冲，每年考虑 3 次高流量脉冲；“最佳的”生态流量，在“适宜的”生态流量的基础上，在 5～7 月再增加 1～2 次高流量脉冲，每年考虑 4～5 次高流量脉冲。根据金沙江下游保护区江段的早期鱼类监测数据，采用提出的生态流量设计方法和“基流+高流量脉冲”生态需水调控技术，开展了金沙江下游高坝大库河库系统典型年的生态需水调控。对向家坝水库蓄水后 2019 年典型年朱沱站“必须满足的”、“适宜的”和“最佳的”3 种层次的生态流量过程进行调控，针对 5～7 月铜鱼产卵过程所需的生态流量过程设计了 2014 年典型年金沙江下游梯级水库调度方案，评估了生态调度调控的效果。营造符合鱼类产卵需求的高流量脉冲，从调度结果看，对金沙江梯级水库发电效益的影响较小，在经济上是可行的。金沙江下游保护区江段朱沱站断面在 2014 年 5～7 月生态需水调控期间，生态需水满足天数由 30 天增加到 41 天，生态需水满足率由 32.6%提高到 44.6%，朱沱站断面生态需水满足率提高了 12 个百分点。

（2）山区小水电河库系统生态需水调控应用示范。针对景谷河小水电河库系统中引水式水电站引起的下游减水河段水文情势改变，流量较小，甚至断流的问题，以底栖动物为生态需水目标，以同时满足适宜栖息地面积的水深、流速和流量为调控指标，采用改进的 IFIM，基于 River2D 二维水动力模型，采用 ArcGIS 软件计算栅格点像素的方法计算出适宜栖息地面积的大小，以确定流量与适宜栖息地面积的对应关系，开展满足底栖动物完成生活史需求的生态流量调控。经研究确定，景谷河减水河段保持 3～4 m^3/s 的下泄流量时，底栖动物适宜栖息地边滩和浅濑的面积达到最大。2019 年 10～12 月景谷河实施生态流量调控泄放后，经统计，该年内景谷河一级水电站断面生态流量满足天数（流量>3 m^3/s 的天数）从 91 天增加到 134 天，一年内断面生态需水满足率从 24.9%提高到 36.7%，断面生态需水满足率提高了 11.8 个百分点。在该调控下，景谷河底栖动物适宜栖息地面积增加 80%～130%，底栖动物密度和生物量均增加 20%，景谷河减水河段中底栖动物保持了较好丰度的种类和数量，水生态系统得以改善和恢复。

参 考 文 献

波鲁茨基 E B, 伍献文, 白国栋, 等, 1959. 丹江口水库库区水生生物调查和渔业利用的意见[J]. 水生生物学集刊(1): 33-56.

班璇, 李大美, 2007. 大型水利工程对长江流域中华鲟的生态水文学特征影响[J]. 武汉大学学报(工学版), 40(3): 10-13.

班璇, 高欣, PANAYIOTISD D, 等, 2018. 中华鲟产卵栖息地的三维水力因子适宜性分析[J]. 水科学进展, 29(1): 80-88.

曹俊, 2016. 水温过程对中华鲟自然繁殖的影响[D]. 武汉: 湖北工业大学.

曹文宣, 常剑波, 乔晔, 等, 2007. 长江鱼类早期资源[M]. 北京: 中国水利水电出版社.

陈昂, 2019. 环境流量研究的前沿问题与挑战[J]. 水利水电科技进展, 39(2): 1-6.

陈方平, 李林春, 查广才, 等, 2015. 大刺鳅催产效率与积温的相关性研究[J]. 安徽农业科学, 43(19): 116-117.

崔保山, 赵翔, 杨志峰, 2005. 基于生态水文学原理的湖泊最小生态需水量计算[J]. 生态学报, 25(7): 1788-1795.

崔瑛, 张强, 陈晓宏, 等, 2010. 生态需水理论与方法研究进展[J]. 湖泊科学, 22(4): 465-480.

邓吉河, 2019. 浅谈水温与鱼类的关系[J]. 黑龙江水产(1): 25-27.

董哲仁, 2009. 河流生态系统研究的理论框架[J]. 水利学报, 40(2): 129-137.

董哲仁, 张晶, 赵进勇, 2017. 环境流理论进展述评[J]. 水利学报, 48(6): 670-677.

董哲仁, 赵进勇, 张晶, 2019. 3 流 4D 连通性生态模型[J]. 水利水电技术, 50(6): 134-141.

窦明, 谢平, 夏军, 等, 2002. 汉江水华问题研究[J]. 水科学进展, 13(5): 557-561.

段学花, 王兆印, 田世民, 2007. 河床底质对大型底栖动物多样性影响的野外试验[J]. 清华大学学报(自然科学版), 47(9): 1553-1556.

傅小城, 吴乃成, 周淑婵, 等, 2008. 大型电站对河流底栖动物栖息地的影响及生态需水量[J]. 生态学报, 28(5): 1942-1948.

关忠志, 刘吉明, 李东占, 等, 2008. 香鱼性腺发育与积温关系的初步研究[J]. 水产学杂志, 21(2): 33-36.

郭利丹, 夏自强, 林虹, 等, 2009. 生态径流评价中的 Tennant 法应用[J]. 生态学报, 29(4): 1787-1792.

郭文献, 王鸿翔, 徐建新, 等, 2011. 三峡水库对下游重要鱼类产卵期生态水文情势影响研究[J]. 水力发电学报, 30(3): 22-26.

贺东辰, 刘维义, 1998. 柴达木盆地水资源开发潜力分析[J]. 西北水资源与水工程, 9(2): 53-57.

何力, 张斌, 刘绍平, 等, 2007. 汉江中下游水文特点与渔业资源状况[J]. 生态学杂志 (11): 1788-1792.

何永涛, 闵庆文, 李文华, 2005. 植物生态需水研究进展及展望[J]. 资源科学, 27(4): 8-13.

胡安焱, 张自英, 王菊翠, 2010. 水利工程对汉江中下游水文生态的影响[J]. 水资源保护(2): 9-13.

胡波, 崔保山, 杨志峰, 等, 2007. 澜沧江(云南段)河道生态需水量计算[J]. 生态学报, 26(1): 163-173.

贾宝全, 许英勤, 1998. 干旱区生态用水的概念和分类: 以新疆为例[J]. 干旱区地理, 21(2): 8-12.

贾宝全, 慈龙骏, 2000. 新疆生态用水量的初步估算[J]. 生态学报, 20(2): 243-250.

贾金生, 袁玉兰, 马忠丽, 2006. 2005 年中国与世界大坝建设情况[C]// 水电 2006 国际研讨会文集. 北京: 中国大坝工程学会.

蒋晓辉, ARTHINGTON A, 刘昌明, 2009. 基于流量恢复法的黄河下游鱼类生态需水研究[J]. 北京师范大学学报(自然科学版), 45(5): 537-542.

雷欢, 陈锋, 黄道明, 2017. 水温对鱼类的生态效应及水库温变对鱼类的影响[J]. 环境影响评价, 39(4): 36-39, 44.

李翀, 彭静, 廖文根, 2006. 长江中游四大家鱼发江生态水文因子分析及生态水文目标确定[J]. 中国水利水电科学研究院学报, 4(3): 170-176.

李捷, 2008. 河流生态径流理论及计算方法研究[D]. 南京: 河海大学.

李丽娟, 郑红星, 2000. 海滦河流域河流系统生态环境需水量计算[J]. 地理学报, 55(4): 495-500.

李倩, 李翀, 骆辉煌, 2012. 长江上游珍稀、特有鱼类生态水温目标研究[J]. 中国水利水电科学研究院学报, 10(2): 86-91.

李婷, 唐磊, 王丽, 等, 2020. 溪洛渡至向家坝河段水电开发下鱼类种群分布及生态类型变化[J]. 生态学报(4): 1-13.

李英, 孙以兰, 2004. 长江流域湿润地区生态需水探讨[J]. 中国水利(6): 18-20.

梁鹏腾, 李继清, 2017. 基于洪水脉冲历时的三峡水库生态调度研究[J]. 中国农村水利水电(5): 150-154.

梁媛, 2019. 金沙江上游梯级电站联合运行对下游河道生态影响分析[J]. 水电站设计, 35(4): 42-44, 72.

刘昌明, 1999. 中国 21 世纪水供需分析: 生态水利研究[J]. 中国水利(10): 18-20.

刘昌明, 2002. 关于生态需水量的概念和重要性[J]. 科学对社会的影响, 1(2): 25-29.

刘桂民, 王根绪, 2004. 我国干旱区生态需水若干问题评述[J]. 冰川冻土, 26(5): 650-656.

刘静玲, 杨志峰, 2002. 湖泊生态环境需水量计算方法研究[J]. 自然资源学报, 17(5): 604-609.

刘乐和, 吴国犀, 王志玲, 1990. 葛洲坝水利枢纽兴建后所有样本均为长江干流铜鱼和圆口铜鱼的繁殖生态[J]. 水生生物学报, 14(3): 205-215.

刘雪, 王祥东, 李广雪, 等, 2019. 黄海海水温度月变化与鲑鱼养殖的适应性[J]. 中国海洋大学学报(自然科学版), 49(3): 36-46.

刘燕华, 2000. 柴达木盆地水资源合理利用与生态环境保护研究[M]. 北京: 科学出版社.

卢晓宁, 邓伟, 张树清, 2007. 洪水脉冲理论及其应用[J]. 生态学杂志, 26(2): 269-277.

罗华铭, 李云宏, 倪晋仁, 等, 2004. 多沙河流的生态环境需水特点研究[J]. 中国科学(E 辑: 技术科学), 34(1): 155-164.

骆辉煌, 李倩, 李翀, 2012. 金沙江下游梯级开发对长江上游保护区鱼类繁殖的水温影响[J]. 中国水利水电科学研究院学报, 10(4): 256-259, 266.

马育军, 李小雁, 张思毅, 等, 2011. 基于改进月保证率设定法的青海湖流域河流生态需水研究[J]. 资源科学, 33(2): 265-272.

毛劲乔，戴会超，2016. 重大水利水电工程对重要水生生物的影响与调控[J]. 河海大学学报(自然科学版), 44(3): 240-245.

毛战坡，王雨春，彭文启，等, 2005. 筑坝对河流生态系统影响研究进展[J]. 水科学进展(1): 134-140.

欧阳晓, 2007. 流域梯级水电开发基本模式及对水环境承载力的影响[D]. 武汉：华中科技大学.

彭期冬，廖文根，李翀，等，2012. 三峡工程蓄水以来对长江中游四大家鱼自然繁殖影响研究[J]. 四川大学学报(工程科学版), 44(S2): 228-232.

秦烜，陈君，向芳，2014. 汉江中下游梯级开发对产漂流性卵鱼类繁殖的影响[J]. 环境科学与技术, 37(S2): 501-506.

沈忱, 2015. 长江上游鱼类保护区生态环境需水研究[D]. 北京：清华大学.

史方方，黄薇，2009. 丹江口水库对汉江中下游影响的生态学分析[J]. 长江流域资源与环境，18(10): 954-958.

汤奇成, 1995. 绿洲的发展与水资源的合理利用[J]. 干旱区资源与环境, 9(3): 107-112.

王俊娜, 2011. 基于水文过程与生态过程耦合关系的三峡水库多目标优化调度研究[D]. 北京：中国水利水电科学研究院.

王俊娜，冯顺新，骆辉煌, 2012. 近50年长江中游洪水脉冲与渔业产量的关系演变[J]. 四川大学学报(工程科学版)(S2): 198-205.

王礼先, 2002. 生态环境用水的界定和计算方法[J]. 中国水利, 10: 28-30.

王西琴，张远，刘昌明, 2007. 辽河流域生态需水估算[J]. 地理研究, 26(1): 22-28.

王雁林，王文科，杨泽元, 2004. 陕西省渭河流域生态环境需水量探讨[J]. 自然资源学报, 19(1): 69-78.

王悦，高千红, 2017. 长江水文过程与四大家鱼产卵行为关联性分析[J]. 人民长江, 48(6): 24-27.

邬红娟，余秋梅，沈蕴芬，等，2005. 汉江中下游河段生态系统结构特征及其沿程变化[J]. 华中科技大学学报(自然科学版)(10): 105-107.

薛慧敏，李跃飞，武智，等, 2019. 水温对珠江中下游鳜属鱼类早期资源补充的影响[J]. 淡水渔业, 49(3): 59-65.

严登华，何岩，邓伟, 2001. 东辽河流域河流系统生态需水研究[J]. 水土保持学报, 15(1): 46-49.

杨德国，危起伟，陈细华，等，2007. 葛洲坝下游中华鲟产卵场的水文状况及其与繁殖活动的关系[J]. 生态学报, 27(3): 862-869.

杨志峰，张远, 2003. 河道生态环境需水研究方法比较[J]. 水动力学研究与进展(A 辑), 18(3): 294-301.

杨志峰，崔保山，刘静玲，等, 2003. 生态环境需水理论、方法与实践[M]. 北京：科学出版社.

杨志峰，刘静玲，孙涛，等, 2006. 流域生态需水规律[M]. 北京：科学出版社.

杨子儒，李诚康，周兴波, 2022. 2021 年全球水电发展现状与开发潜力分析[J]. 水利水电科技进展, 42(3): 39-44.

易伯鲁，梁秩燊，1964. 长江家鱼产卵场的自然条件和促使产卵的主要外界因素[J]. 水生生物学集刊, 5(1): 1-15.

殷名称, 1995. 鱼类生态学[M]. 北京：中国农业出版社.

余志堂，邓中粦，许蕴玕，等，1988. 葛洲坝枢纽兴建后长江干流四大家鱼产卵场的现状及工程对家鱼繁殖影响的评价[C]// 葛洲坝水利枢纽与长江四大家鱼. 武汉：湖北科学技术出版社: 47-68.

张海斌，钟林，杨军严，等，2006. 汉江陕西段河流湿地鱼类物种多样性研究[J]. 陕西师范大学学报(自然科学版), 34(S1): 60-66.

张晶，董哲仁, 2008. 洪水脉冲理论及其在河流生态修复中的应用[J]. 中国水利(15): 1-4.

张志广，谭奇林，钟治国，等, 2016. 基于鱼类生境需求的生态流量过程研究[J]. 水力发电, 42(4): 13-17.

赵伟华，杜琦，郭伟杰，2020. 基于底栖动物多样性恢复的减脱水河段生态流量核算[J]. 水生态杂志, 41(5): 9-14.

中国工程院“21 世纪中国可持续发展水资源战略研究”项目组，2000. 中国可持续发展水资源战略研究综合报告[J]. 中国工程科学, 2(8): 1-17.

ALLAN J D, FLECKER A S, 1993. Biodiversity conservation in running waters[J]. Bioscience, 43: 32-43.

ARTHINGTON A H, 2012. Environmental flows: Saving rivers in third millennium[M]. Berkeley: University of California Press.

ARTHINGTON A H, ZALUCKI J M, 1998. Comparative evaluation of environmental flow assessment techniques: Review of holistic methodologies[M]. Canberra: Land and Water Resources Development Corporation.

BAIRD A J, WILBY R L, 1999. Eco-hydrology: Plant and water in terrestrial and aquatic environments[M]. London, New York : Routledge Press.

BEJARANO M D, JANSSON R, NILSSON C, et al., 2018. The effects of hydropeaking on riverine plants: A review[J]. Biological reviews, 93(1): 658-673.

BOVEE K D, 1982. A guide to stream habitat analysis using the instream flow incremental methodology[M]. Washington, D. C. : U. S. Department of the Interior, Fish and Wildlife Service.

BOVEE K D, 1986. Development and evaluation of habitat suitability criteria for use in the instream flow incremental methodology[M]. Washington, D.C.: U.S. Department of the Interior, Fish and Wildlife Service.

DUDGEON D, ARTHINGTON A H, GESSNER M O, et al., 2006. Freshwater biodiversity: Importance, threats, status and conservation challenges[J]. Biological reviews, 81(2): 163-182.

EINARSSON Á, STEFÁNSDÓTTIR G, JÓHANNESSON H, et al., 2004. The ecology of Lake Myvatn and the River Laxá: Variation in space and time[J]. Aquatic ecology, 38(2): 317-348.

ESPEGREN G D, 1996. Development of instream flow recommendations in Colorado using R2CROSS[M]. Denver: Water Conservation Board.

GLEICK P H, 1998. Water in crisis: Paths to sustainable water use[J]. Ecological applications, 8(3): 571-579.

JENSEN A J, 1990. Growth of young migratory brown trout Salmo trutta correlated with water temperature in Norwegian rivers[J]. Journal of animal ecology, 59(2): 603-614.

JUNK W J, WANTZEN K M, 2003. The flood pulse concept: New aspects, approaches and applications-an update[C]//Proceedings of the Second International Symposium on the Management of Large River for Fisheries. Bangkok: Food and Agriculture Organization and Mekong River Commission, FAO Regional Office for Asia and the Pacific: 117-149.

JUNK W J, BAYLEY P B, SPARKS R E, 1989. The flood pulse concept in river-floodplain systems[J].

Canadian journal of fisheries and aquatic sciences, 106: 110-127.

KIELBASSA J, DDLIGNETTE-MULLER M L, PONT D, et al., 2010. Application of a temperature-dependent von Bertalanffy growth model to bullhead (*Cottus gobio*)[J]. Ecological modelling, 221: 2475-2481.

LI H, ZHAO W H, TANG X, et al., 2018. Entrainment effects of a small-scale diversion-type hydropower station on phytoplankton[J]. Ecological engineering, 116: 45-51.

MATTHEWS R C, BAO Y, 1991. The Texas method of preliminary instream flow determination[J]. Rivers, 2(4): 295-310.

NILSSON C, BERGGREN K, 2000. Alteration of riparian ecosystems caused by river regulation[J]. Bioscience, 50(9): 783-792.

NESTLER J M, SCHNEIDER L T, LATKA D, et al., 1996. Impact analysis and restoration planning using the riverine community habitat assessment and restoration concept (RCHARC)[C]//LECLERC M, CAPRA H, VALENTIN S, et al. Proceedings of the 2nd International Symposium on Habitat Hydraulics. INRS-Eau: Que´bec: 871-876.

POFF N L, HART D D, 2002. How dams vary and why it matters for the emerging science of dam removal[J]. Bioscience, 52(8): 659-668.

POFF N L, ALLAN J D, BAIN M B, et al., 1997. The natural flow regime: A paradigm for river conservation and restoration[J]. Bioscience, 47(11): 769-784.

RASKIN P D, HANSEN E, MARGOLIS R M, 1996. Water and sustainability: Global patterns and long - range problems[C]//Natural Resources Forum. Oxford: Blackwell Publishing Ltd. : 1-15.

REISER D W, WESCHE T A, ESTES C, 1989. Status of instream flow legislation and practices in North America[J]. Fisheries, 14: 22-29.

RICHTER B D, 2010. Re-thinking environmental flows: From allocations and reserves to sustainability boundaries[J]. River research and applications, 26(8): 1052-1063.

RICHTER B D, BAUMGARTNER J V, POWELL J, et al., 1996. A method for assessing hydrologic alteration within ecosystems[J]. Conservation biology, 10(4): 1163-1174.

RICHTER B D, BAUMGARTNER J V, BRAUN D P, et al., 1998. A spatial assessment of hydrologic alteration within a river network[J]. Regulated rivers: Research & management, 14(4): 329-340.

RUTH M, RICHTER B D, 2007. Application of the indicators of hydrologic alteration software in environmental flow setting[J]. Journal of the American water resources association, 43(6): 1400-1413.

TENNANT D L, 1972. A method for determining instream flow requirements for fish, wildlife and aquatic environment[C]//Pacific Northwest River Basin Commission Transcript of Proceedings of Instream Flow Requirements Workshops. Oregon: Pacific Northwest River Basin Commission: 3-11.

TENNANT D L, 1976. Instream flow regimens for fish, wildlife, recreation, and related environmental resources[J]. Fisheries, 1(4): 6-10.

THARME R E, KING J M, 1998. Development of the building block methodology for instream flow assessments, and supporting research on the effects of different magnitude flows on riverine ecosystems[R].

Rondebosch: Freshwater Research Unit Zoology Department University of Cape Town .

THOMAZ S M, BINI L M, BOZELLI R L, 2007. Floods increase similarity among aquatic habitats in river-floodplain systems [J]. Hydrobiologia, 579(1): 1-13.

United States Environmental Protection Agency, 1997. Terms of environment: Glossary, abbreviations, and acronyms[M]. [S.l.]: Diane Publishing Company.

WANTZEN K M, MACHADO F A, 2002. Seasonal isotopic changes in fish of the Pantanal wetland[J]. Brazil aquatic sciences, 64: 239-251.

WHIPPLE W, DUBOIS J D, GRIGG N, et al., 1999. A proposed approach to coordination of water resource development and environmental regulations[J]. Journal of the American water resources association, 35(4): 713-716.

WILLIAMS J G, 1996. Lost in space: Minimum confidence intervals for idealized PHABSIM studies[J]. Transactions of the American fisheries society, 125(3): 458-465.

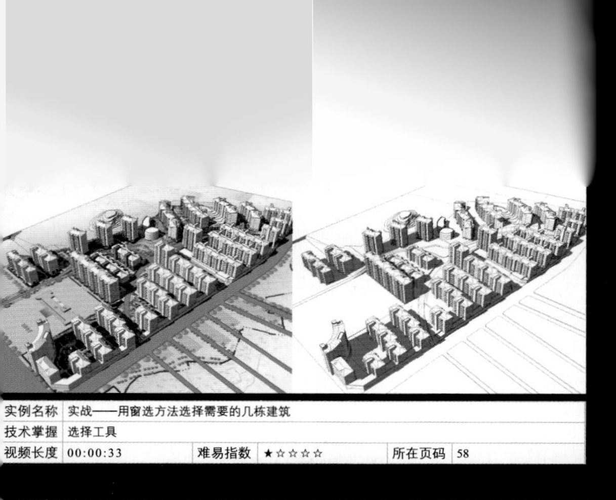

实例名称	实战——用窗选方法选择需要的几栋建筑				
技术掌握	选择工具				
视频长度	00:00:33	难易指数	★☆☆☆☆	所在页码	58

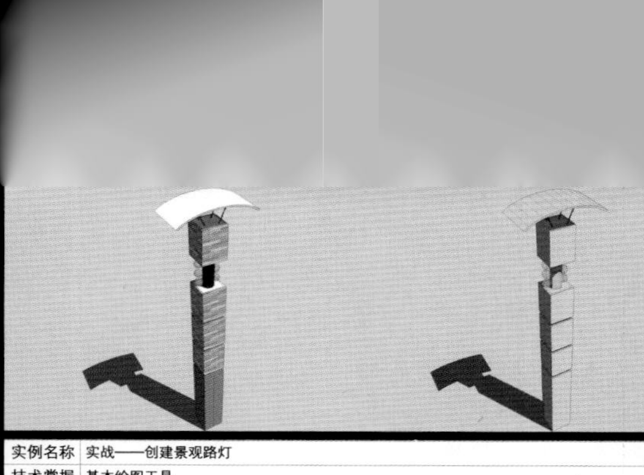

实例名称	实战——创建景观路灯				
技术掌握	基本绘图工具				
视频长度	00:05:28	难易指数	★★☆☆☆	所在页码	64

实例名称	实战——创建儿童木马				
技术掌握	基本绘图工具				
视频长度	00:02:07	难易指数	★★★☆☆	所在页码	65

实例名称	实战——创建办公桌				
技术掌握	“推/拉”工具				
视频长度	00:09:50	难易指数	★★☆☆☆	所在页码	68

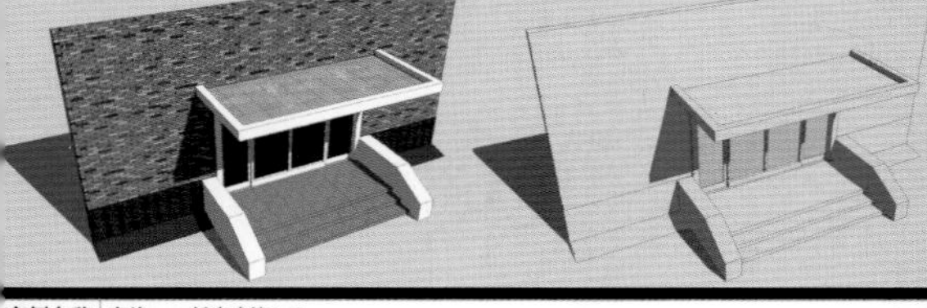

实例名称	实战——创建建筑入口				
技术掌握	“推/拉”工具				
视频长度	00:03:30	难易指数	★★☆☆☆	所在页码	69

实例名称	实战——创建建筑封闭阳台				
技术掌握	“推/拉”工具				
视频长度	00:03:26	难易指数	★★☆☆☆	所在页码	69

实例名称	实战——创建建筑凸窗				
技术掌握	“推/拉”工具				
视频长度	00:03:40	难易指数	★★☆☆☆	所在页码	70

实例名称	实战——创建电视柜				
技术掌握	“推/拉”工具				
视频长度	00:02:36	难易指数	★★☆☆☆	所在页码	71

实例名称	实战——创建路边停车位				
技术掌握	“移动/复制”工具				
视频长度	00:01:39	难易指数	★★☆☆☆	所在页码	73

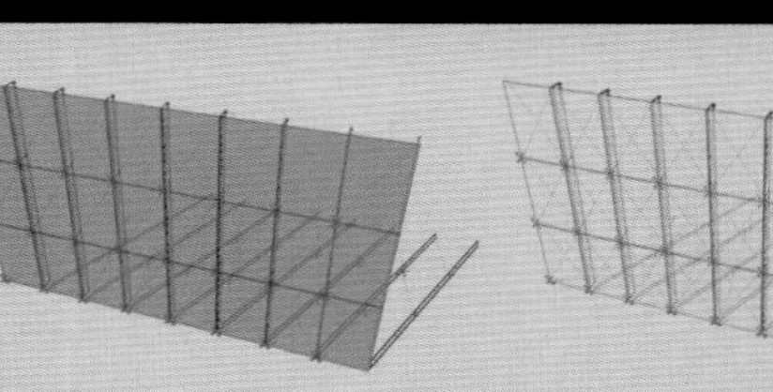

实例名称	实战——创建玻璃幕墙				
技术掌握	“移动/复制”工具				
视频长度	00:02:15	难易指数	★★★☆☆	所在页码	73

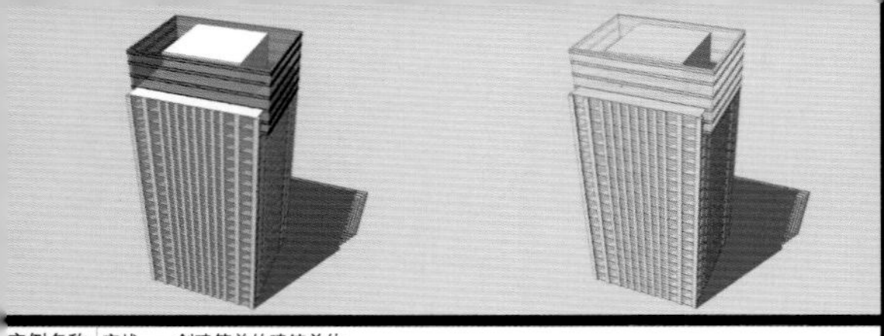

实例名称	实战——创建简单的建筑单体				
技术掌握	“移动/复制”工具				
视频长度	00:02:59	难易指数	★★★☆☆	所在页码	74

实例名称	实战——创建景观廊架				
技术掌握	“移动/复制”工具				
视频长度	00:01:25	难易指数	★★☆☆☆	所在页码	75

实例名称	实战——创建鞋柜				
技术掌握	“移动/复制”工具				
视频长度	00:03:44	难易指数	★★☆☆☆	所在页码	75

实例名称	实战——创建方形吊灯				
技术掌握	“移动/复制”工具				
视频长度	00:02:20	难易指数	★★☆☆☆	所在页码	76

实例名称	实战——创建高架道桥				
技术掌握	“移动/复制”工具				
视频长度	00:03:14	难易指数	★★☆☆☆	所在页码	78

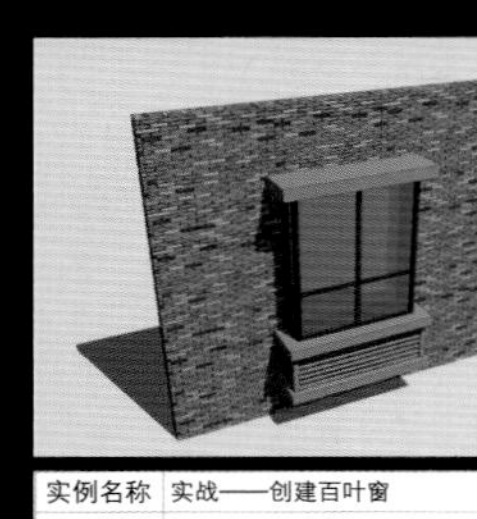

实例名称	实战——创建百叶窗				
技术掌握	“移动/复制”工具及“旋转”工具				
视频长度	00:01:55	难易指数	★★☆☆☆	所在页码	79

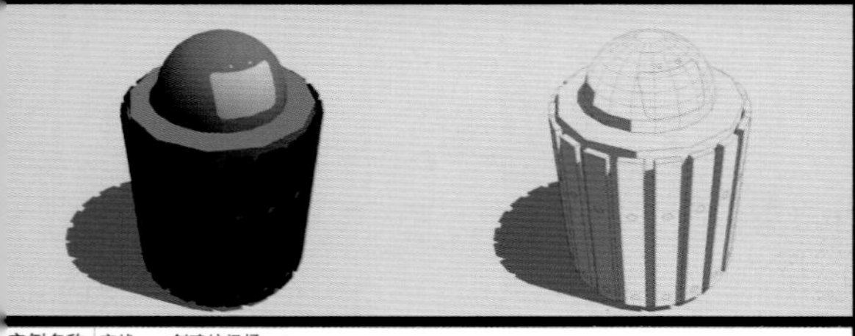

实例名称	实战——创建垃圾桶				
技术掌握	“移动/复制”工具及“旋转”工具				
视频长度	00:00:52	难易指数	★★☆☆☆	所在页码	80

实例名称	实战——创建花形吊灯				
技术掌握	“移动/复制”工具及“旋转”工具				
视频长度	00:00:56	难易指数	★★★☆☆	所在页码	80

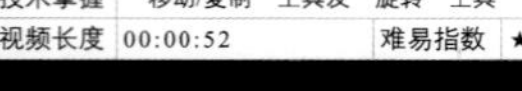

实例名称	实战——创建冰棒树				
技术掌握	“跟随路径”工具				
视频长度		难易指数		所在页码	

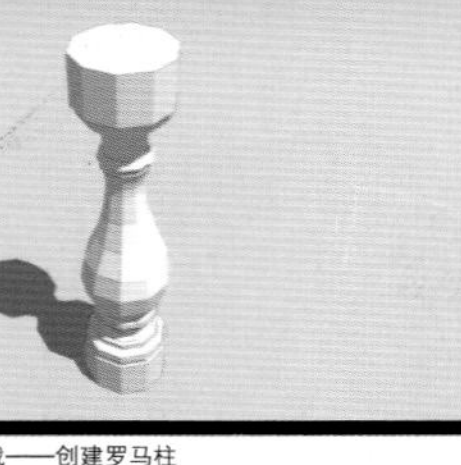

实例名称	实战——创建罗马柱				
技术掌握	“跟随路径”工具				
视频长度		难易指数		所在页码	

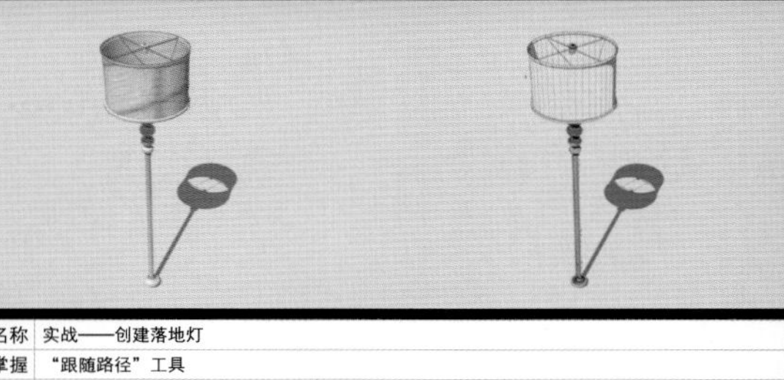

实例名称	实战——创建落地灯				
技术掌握	“跟随路径”工具				
视频长度	00:01:35	难易指数	★★★☆☆	所在页码	85

实例名称	实战——创建花形抱枕				
技术掌握	“跟随路径”工具				
视频长度	00:04:10	难易指数	★★★☆☆	所在页码	85

实例名称	实战——创建装饰画				
技术掌握	“跟随路径”工具				
视频长度	00:01:49	难易指数	★★☆☆☆	所在页码	86

实例名称	实战——创建鸡蛋				
技术掌握	“缩放”工具及“跟随路径”工具				
视频长度	00:01:34	难易指数	★★☆☆☆	所在页码	88

实例名称	实战——创建双开门				
技术掌握	“缩放”工具				
视频长度	00:01:48	难易指数	★☆☆☆☆	所在页码	89

实例名称	实战——创建围墙				
技术掌握	“缩放”工具				
视频长度	00:03:35	难易指数	★★☆☆☆	所在页码	90

实例名称	实战——创建木藤沙发				
技术掌握	“缩放”工具				
视频长度	00:02:06	难易指数	★★★☆☆	所在页码	90

实例名称	实战——创建客厅茶几				
技术掌握	“偏移复制”工具				
视频长度	00:09:12	难易指数	★★☆☆☆	所在页码	91

实例名称	实战——创建曲面玻璃幕墙				
技术掌握	“移动/复制”工具				
视频长度	00:01:11	难易指数	★★★☆☆	所在页码	94

实例名称	实战——创建建筑半圆十字拱顶				
技术掌握	“模型交错”命令及“移动/复制”工具				
视频长度	00:05:35	难易指数	★★★☆☆	所在页码	95

实例名称	实战——创建花瓣状建筑屋顶				
技术掌握	“模型交错”命令及“跟随路径”工具				
视频长度	00:03:10	难易指数	★★★★☆	所在页码	97

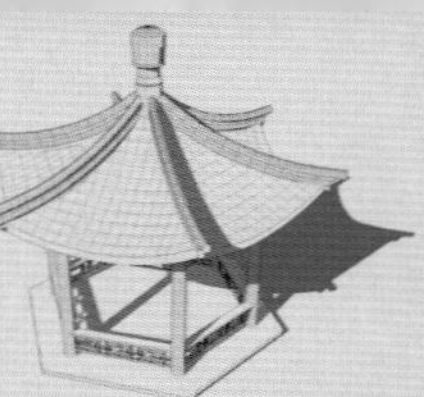

实例名称	实战——创建中式景观亭				
技术掌握	“模型交错”命令、“旋转”工具及“移动复制”工具				
视频长度	00:05:10	难易指数	★★★★☆	所在页码	99

实例名称	实战——创建欧式景观亭				
技术掌握	“模型交错”命令、“旋转”工具及“移动复制”工具				
视频长度	00:06:51	难易指数	★★★☆☆	所在页码	102

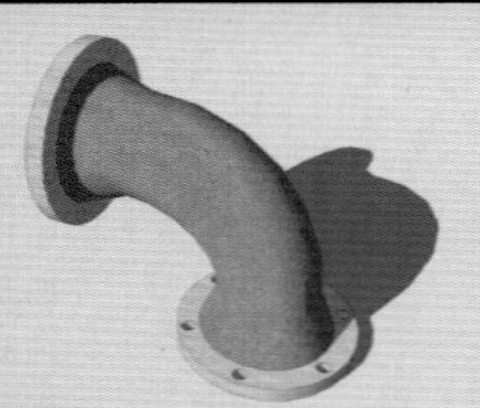

实例名称	实战——创建水管接口				
技术掌握	“跟随路径”工具及“缩放”工具				
视频长度	00:08:02	难易指数	★★★☆☆	所在页码	104

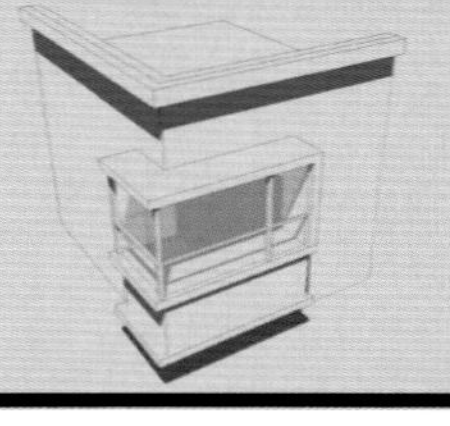

实例名称	实战——创建建筑转角飘窗				
技术掌握	“模型交错”命令				
视频长度	00:02:27	难易指数	★★★☆☆	所在页码	105

实例名称	实战——对茶具模型进行柔化处理				
技术掌握	“边线柔化”命令				
视频长度	00:01:02	难易指数	★☆☆☆☆	所在页码	110

实例名称	实战——根据照片匹配建筑模型				
技术掌握	“照片匹配”功能				
视频长度	00:04:23	难易指数	★★★☆☆	所在页码	111

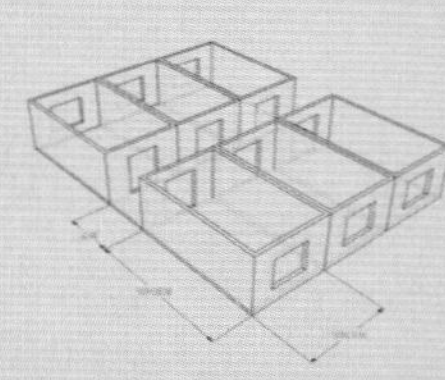
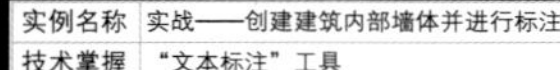

实例名称	实战——创建建筑内部墙体并进行标注				
技术掌握	“文本标注”工具				
视频长度	00:01:37	难易指数	★☆☆☆☆	所在页码	116

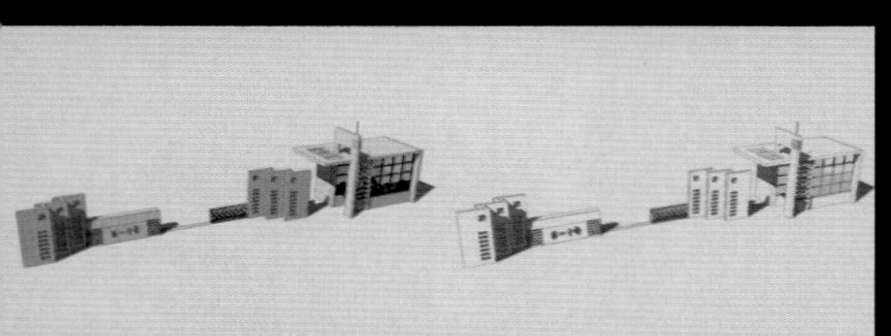

实例名称	实战——为某校大门添加学校名称				
技术掌握	“3D文字”工具				
视频长度	00:01:10	难易指数	★☆☆☆☆	所在页码	117

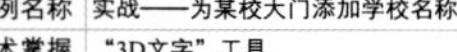

实例名称	实战——提取场景中的材质并填充				
技术掌握	“材质”编辑器				
视频长度	00:02:04	难易指数	★☆☆☆☆	所在页码	125

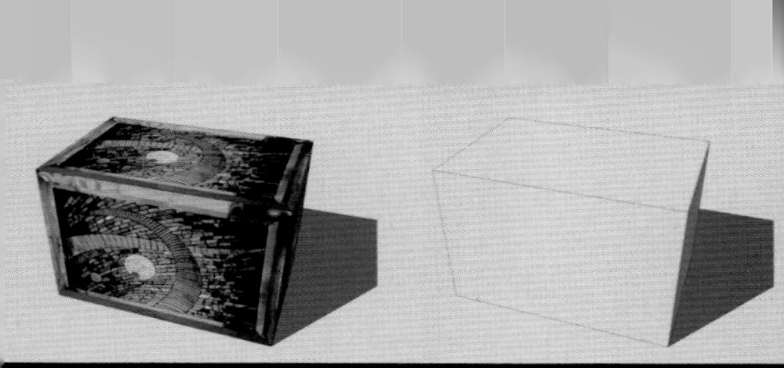

实例名称	实战——创建藏宝箱的箱体贴图				
技术掌握	"材质"编辑器及贴图位置				
视频长度	00:03:28	难易指数	★★☆☆☆	所在页码	129

实例名称	实战——创建笔记本电脑贴图				
技术掌握	"材质"编辑器及贴图位置				
视频长度	00:03:42	难易指数	★★☆☆☆	所在页码	130

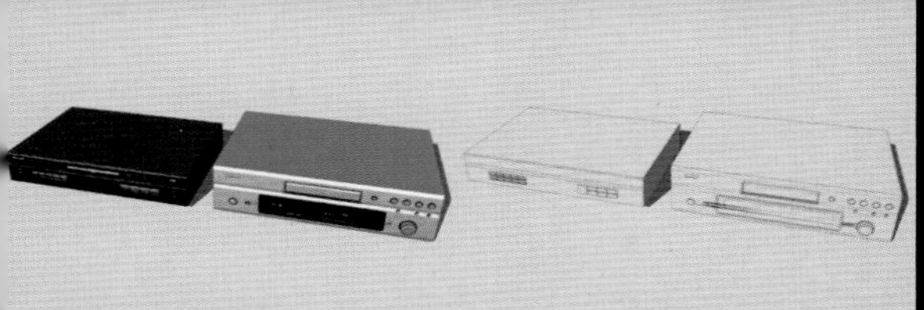

实例名称	实战——创建DVD机贴图				
技术掌握	"材质"编辑器及贴图位置				
视频长度	00:04:25	难易指数	★★☆☆☆	所在页码	131

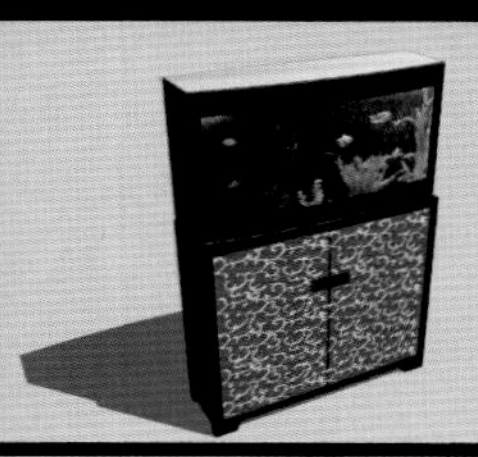

实例名称	实战——创建鱼缸贴图				
技术掌握	"材质"编辑器及贴图位置				
视频长度	00:01:48	难易指数	★★★☆☆	所在页码	132

实例名称	实战——创建古建筑的窗户贴图				
技术掌握	"材质"编辑器及贴图位置				
视频长度	00:02:17	难易指数	★★☆☆☆	所在页码	133

实例名称	实战——创建坡屋顶欧式建筑贴图				
技术掌握	"缩放"工具				
视频长度	00:05:06	难易指数	★★★☆☆	所在页码	134

实例名称	实战——创建城市道路贴图				
技术掌握	"材质"编辑器及贴图位置				
视频长度	00:02:27	难易指数	★★☆☆☆	所在页码	135

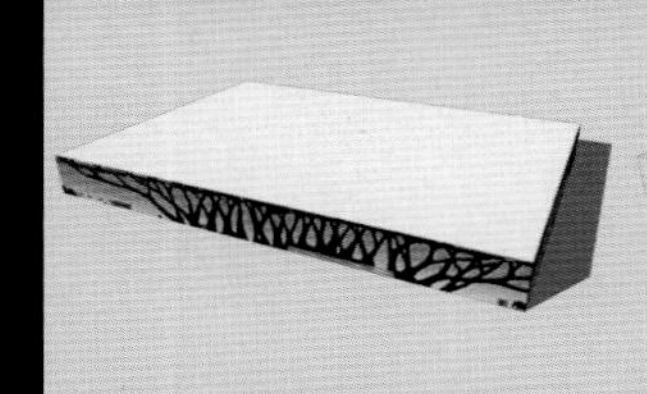

实例名称	实战——展览馆转角贴图制作				
技术掌握	"材质"编辑器及转角贴图				
视频长度	00:01:17	难易指数	★☆☆☆☆	所在页码	138

实例名称	实战——创建珠宝箱贴图				
技术掌握	"材质"编辑器及转角贴图				
视频长度	00:01:19	难易指数	★★☆☆☆	所在页码	139

实例名称	实战——创建绿篱				
技术掌握	"材质"编辑器及转角贴图				
视频长度	00:02:03	难易指数	★★☆☆☆	所在页码	140

实例名称	实战——创建悠嘻猴笔筒贴图				
技术掌握	"材质"编辑器及投影贴图				
视频长度	00:02:03	难易指数	★★★☆☆	所在页码	141

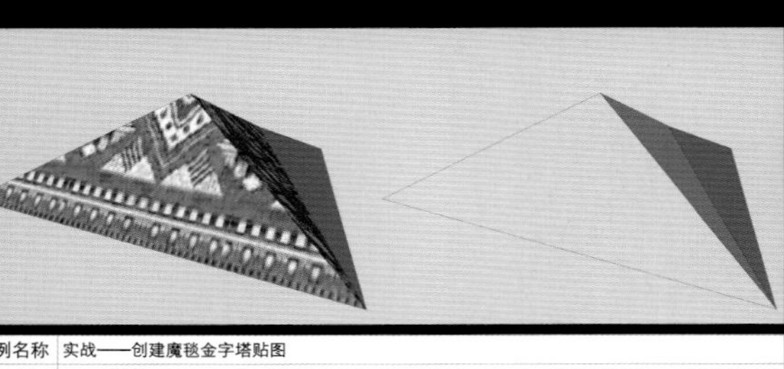

实例名称	实战——创建魔毯金字塔贴图				
技术掌握	"材质"编辑器及投影贴图				
视频长度	00:01:11	难易指数	★★☆☆☆	所在页码	142

实例名称	实战——创建玻璃球贴图				
技术掌握	"材质"编辑器及球面贴图				
视频长度	00:02:32	难易指数	★★★☆☆	所在页码	145

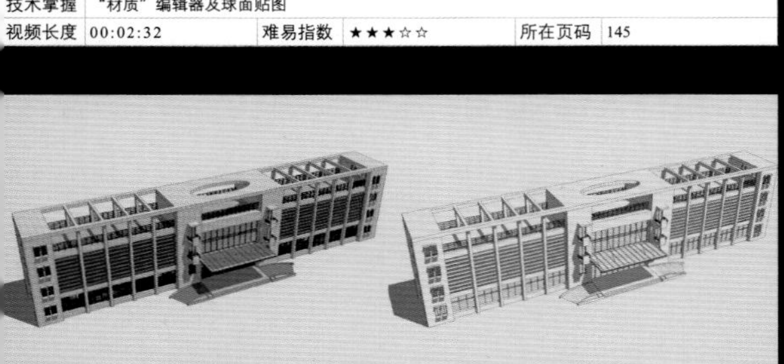

实例名称	实战——为建筑玻璃幕墙赋予城市贴图				
技术掌握	"材质"管理器及透明贴图				
视频长度	00:01:44	难易指数	★★☆☆☆	所在页码	157

实例名称	实战——创建二维仿真树木组件				
技术掌握	"材质"编辑器及PNG贴图				
视频长度	00:01:55	难易指数	★★☆☆☆	所在页码	160

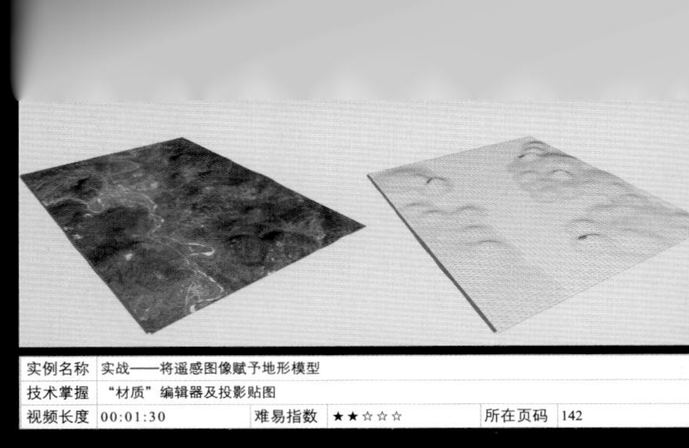

实例名称	实战——将遥感图像赋予地形模型				
技术掌握	"材质"编辑器及投影贴图				
视频长度	00:01:30	难易指数	★★☆☆☆	所在页码	142

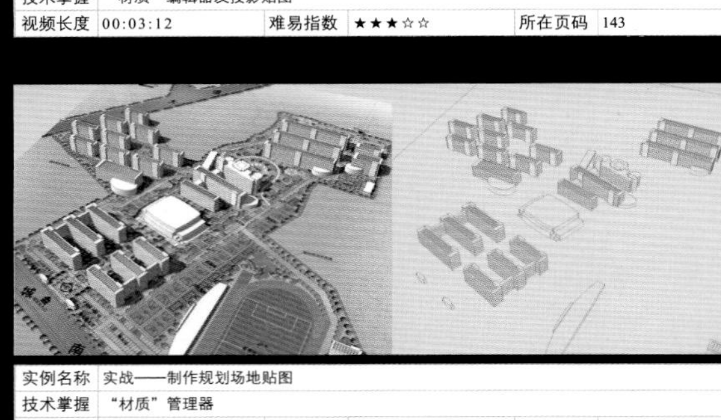

实例名称	实战——创建颜色渐变的山体贴图				
技术掌握	"材质"编辑器及投影贴图				
视频长度	00:03:12	难易指数	★★★☆☆	所在页码	143

实例名称	实战——制作规划场地贴图				
技术掌握	"材质"管理器				
视频长度	00:02:39	难易指数	★★☆☆☆	所在页码	157

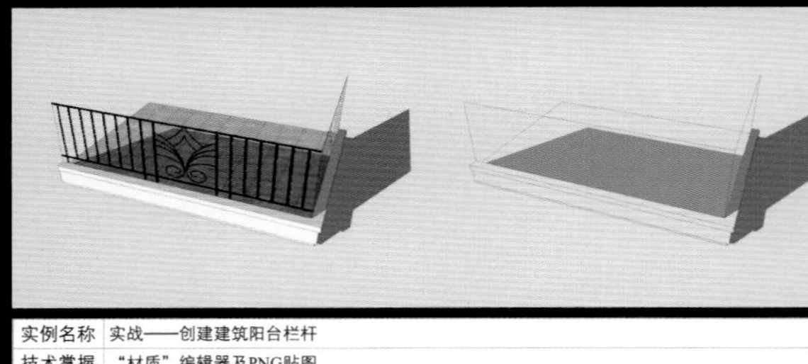

实例名称	实战——创建建筑阳台栏杆				
技术掌握	"材质"编辑器及PNG贴图				
视频长度	00:01:18	难易指数	★★☆☆☆	所在页码	158

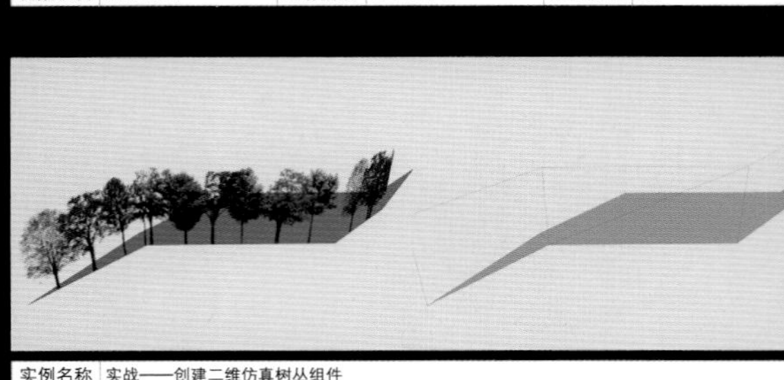

实例名称	实战——创建二维仿真树丛组件				
技术掌握	"材质"编辑器及PNG贴图				
视频长度	00:01:40	难易指数	★★☆☆☆	所在页码	161

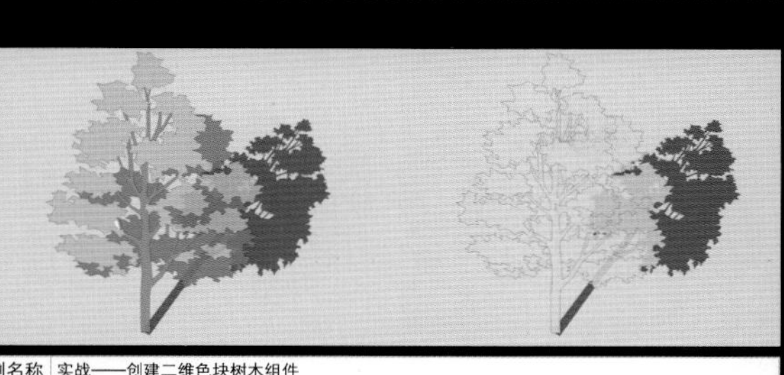
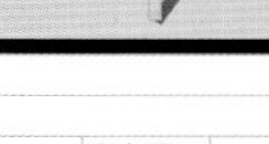

实例名称	实战——创建二维色块树木组件				
技术掌握	"材质"编辑器及PNG贴图				
视频长度	00:03:20	难易指数	★★☆☆☆	所在页码	162

实例名称	实战——创建三维树木组件				
技术掌握	"材质"编辑器及PNG贴图				
视频长度	00:02:35	难易指数	★★★★☆	所在页码	164

实例名称	实战——创建喷泉				
技术掌握	"材质"编辑器及透明贴图				
视频长度	00:00:50	难易指数	★★☆☆☆	所在页码	166

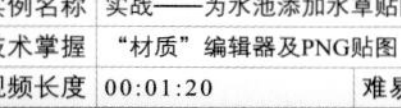

实例名称	实战——为水池添加水草贴图				
技术掌握	"材质"编辑器及PNG贴图				
视频长度	00:01:20	难易指数	★★☆☆☆	所在页码	167

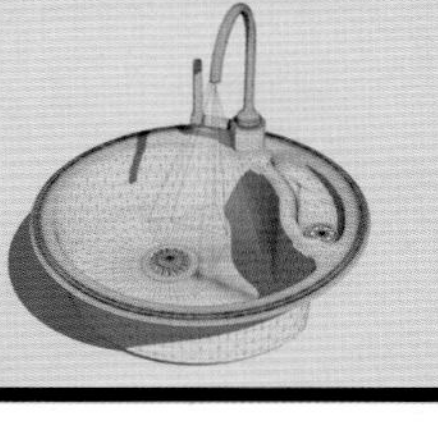

实例名称	实战——创建流水水龙头贴图				
技术掌握	"材质"编辑器及PNG贴图				
视频长度	00:02:23	难易指数	★★★☆☆	所在页码	167

实例名称	实战——制作建筑立面的开口窗组件				
技术掌握	"组件"管理器				
视频长度	00:03:12	难易指数	★★☆☆☆	所在页码	175

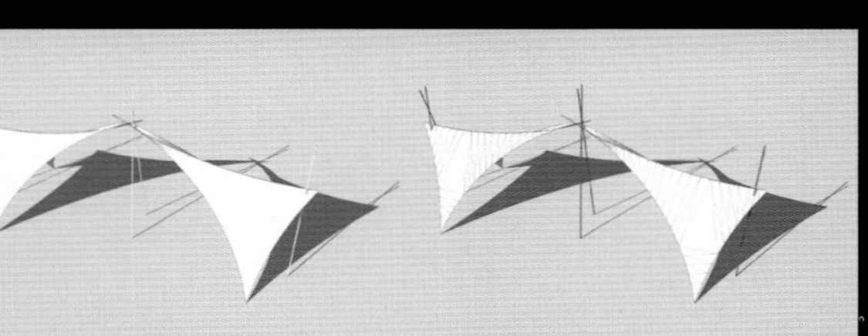

实例名称	实战——创建张拉膜				
技术掌握	"沙盒"工具栏中的"从等高线"工具				
视频长度	00:05:51	难易指数	★★★★☆	所在页码	205

实例名称	实战——创建遮阳伞				
技术掌握	"沙盒"工具栏中的"从等高线"工具				
视频长度	00:05:50	难易指数	★★★★☆	所在页码	207

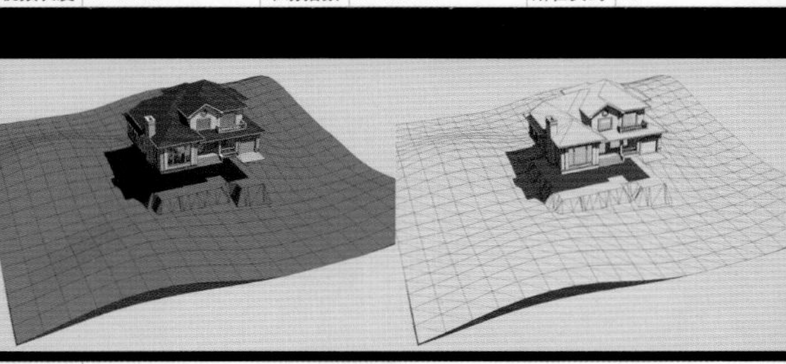

实例名称	实战——使用水印工具创建坡地建筑基底面				
技术掌握	"沙盒"工具栏中的"水印"工具				
视频长度	00:01:27	难易指数	★★★☆☆	所在页码	211

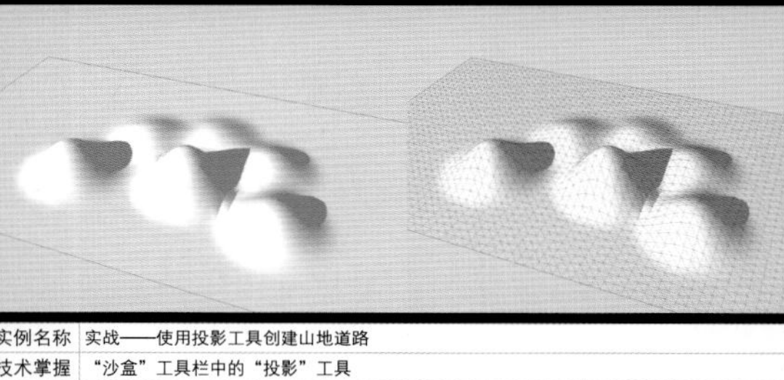

实例名称	实战——使用投影工具创建山地道路				
技术掌握	"沙盒"工具栏中的"投影"工具				
视频长度	00:01:55	难易指数	★★☆☆☆	所在页码	212

本书部分重点实战展示

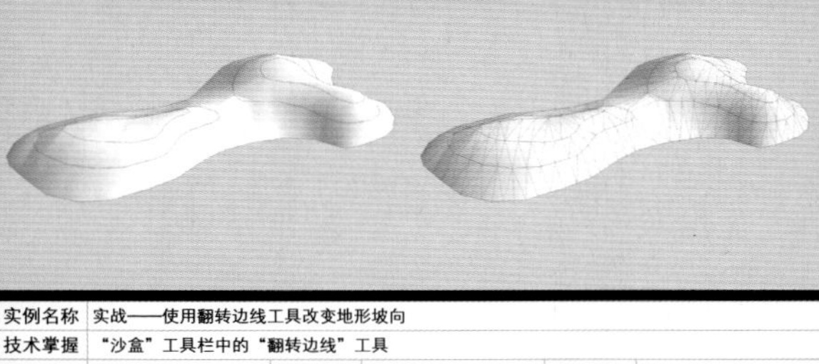

实例名称	实战——使用翻转边线工具改变地形坡向				
技术掌握	“沙盒”工具栏中的“翻转边线”工具				
视频长度	00:00:40	难易指数	★☆☆☆☆	所在页码	213

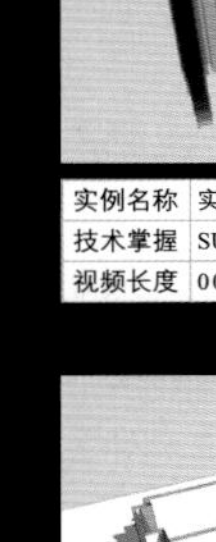

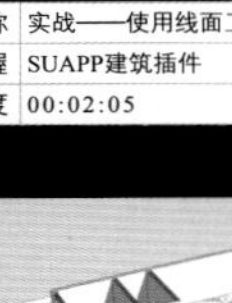

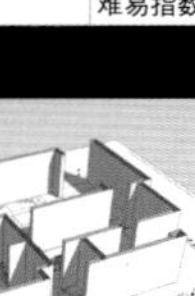

实例名称	实战——使用线面工具制作窗帘				
技术掌握	SUAPP建筑插件				
视频长度	00:02:05	难易指数	★★☆☆☆	所在页码	221

实例名称	实战——结合绘螺旋线命令创建旋转楼梯				
技术掌握	SUAPP建筑插件				
视频长度	00:09:48	难易指数	★★★☆☆	所在页码	222

实例名称	实战——结合拉伸线命令快速拉伸室内墙体				
技术掌握	“拉伸线”插件				
视频长度	00:01:36	难易指数	★★☆☆☆	所在页码	227

实例名称	实战——创建旋转吧台椅				
技术掌握	Joint Push Pull插件				
视频长度	00:01:27	难易指数	★★★☆☆	所在页码	230

实例名称	实战——创建石头				
技术掌握	表面细分/光滑插件（Subdivide&Smooth）的“细分/光滑”工具及“移动/复制”工具				
视频长度	00:01:23	难易指数	★★☆☆☆	所在页码	234

实例名称	实战——创建汤勺				
技术掌握	表面细分/光滑插件（Subdivide&Smooth）的“细分/光滑”工具及“移动/复制”工具、“缩放”工具				
视频长度	00:02:33	难易指数	★★☆☆☆	所在页码	235

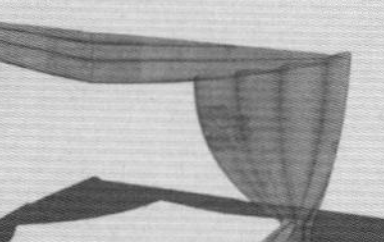

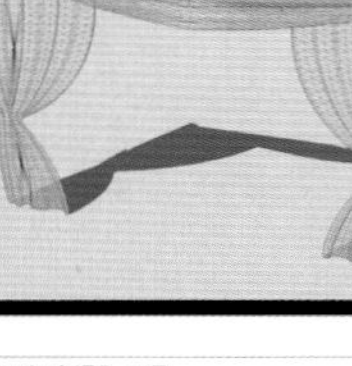

实例名称	实战——创建窗帘				
技术掌握	表面细分/光滑插件（Subdivide&Smooth）的“细分/光滑”工具				
视频长度	00:02:16	难易指数	★★★☆☆	所在页码	237

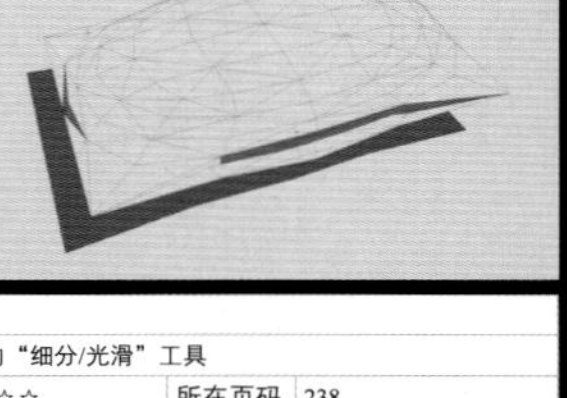

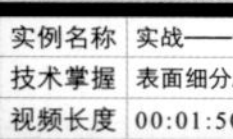

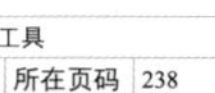

实例名称	实战——创建抱枕				
技术掌握	表面细分/光滑插件（Subdivide&Smooth）的“细分/光滑”工具				
视频长度	00:01:50	难易指数	★★★☆☆	所在页码	238

实例名称	实战——创建沙发凳				
技术掌握	表面细分/光滑插件（Subdivide&Smooth）的“细分/光滑”工具				
视频长度	00:04:20	难易指数	★★★★☆	所在页码	239

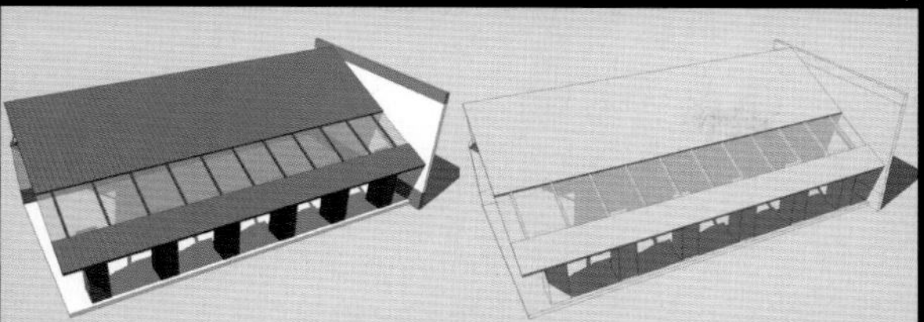

实例名称	实战——制作墙体劈裂效果				
技术掌握	表面细分/光滑插件（Subdivide&Smooth）的“小刀”工具				
视频长度	00:01:05	难易指数	★★☆☆☆	所在页码	242

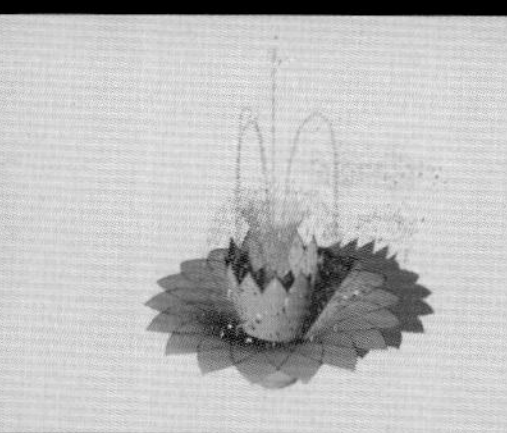

实例名称	实战——创建莲花状喷泉				
技术掌握	FFD插件及“模型交错”命令				
视频长度	00:02:19	难易指数	★★★★☆	所在页码	243

实例名称	实战——创建草丛				
技术掌握	“模型交错”命令				
视频长度	00:01:44	难易指数	★★★☆☆	所在页码	246

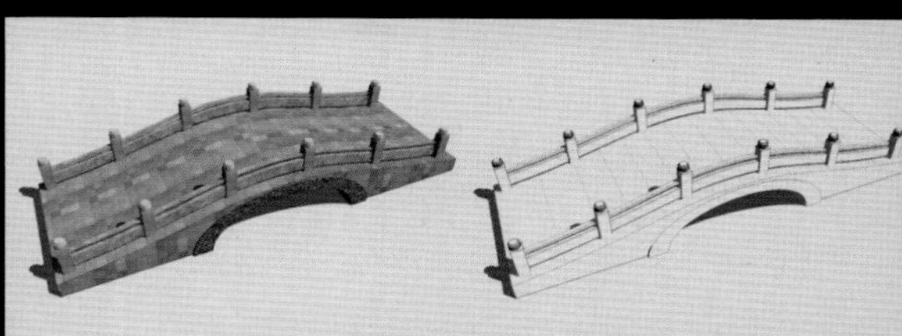

实例名称	实战——创建石拱桥				
技术掌握	Round Corner插件				
视频长度	00:02:18	难易指数	★★★☆☆	所在页码	248

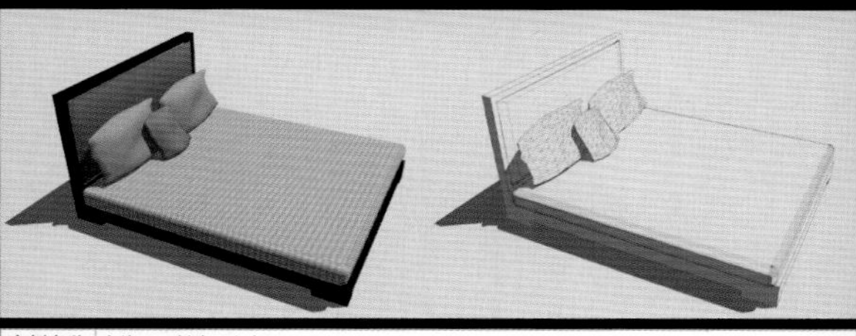

实例名称	实战——创建双人床				
技术掌握	Round Corner插件				
视频长度	00:01:25	难易指数	★★★☆☆	所在页码	250

实例名称	实战——创建客厅沙发				
技术掌握	Round Corner插件				
视频长度	00:01:31	难易指数	★★★☆☆	所在页码	251

入门训练——燃烧的火焰壁炉

本章作为一个入门训练的章节，将带领读者熟悉一下SketchUp的工作界面，并教会读者完善一个壁炉的模型，最后让壁炉中的火焰“燃烧”起来。

视频长度：00:17:04
难易指数：★★☆☆☆
所在页码：20

室内建模实例——现代简约卧室

本实例以一个主卧的室内场景为例，讲解如何使用SketchUp辅助室内设计的工作流程。实例场景为一个卧室的空间，室内设计采用了较为现代的设计风格，大方简洁、时尚典雅。墙面图案采用了咖啡色系的竖向线条，使空间显得更加开阔，流线型的弧形吊顶天花板，不论是白天还是夜晚都为卧室带来一些梦幻般的光影效果。

视频长度：00:23:32
难易指数：★★★☆☆
所在页码：270

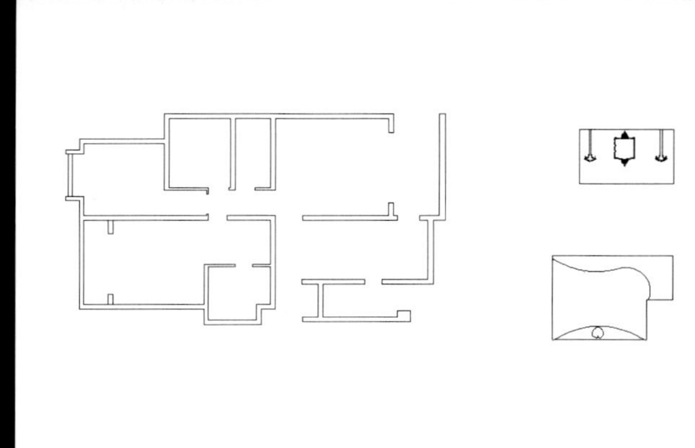

▶ CAD平面图

▶ 人视图1

▶ 人视图2

▶ 渲染角度1

▶ 渲染角度2

景观建模实例——小区中心景观

本实例以一个简单的小区中心景观为例，介绍SketchUp在景观设计中的运用。实例为某小区的一个会所景观中心，广场铺装采用了具有传统风俗特点的“五蝠捧寿”图案。最终的效果采用了较为独特的SketchUp表现风格，希望读者能够通过本例掌握在SketchUp中营造景观的手法，并能学会如何制作出具有SketchUp独特风格的表现图纸。

视频长度：00:43:11　　难易指数：★★★☆☆　　所在页码：271

▶ CAD平面图

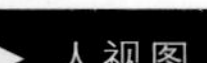

▶ 人视图

▶ 角度1

▶ 角度2

▶ 角度3

▶ 角度4

日景人视效果图

夜景人视效果图

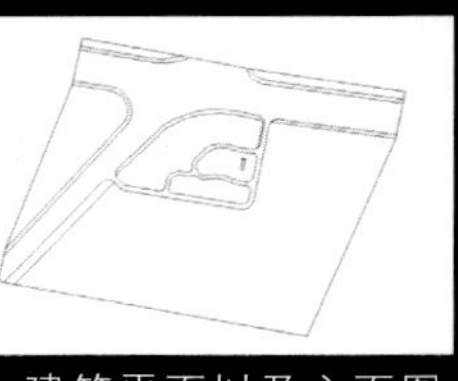

建筑平面以及立面图

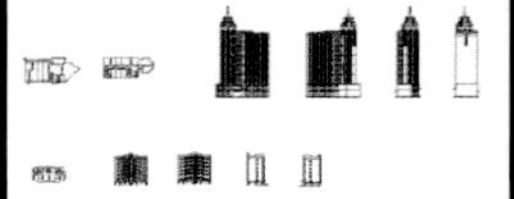

总平面规划图

入口景观效果图

规划建模实例——居住小区

SketchUp在城市规划中的应用非常普遍，本实例以一个综合居住小区的建模与渲染为例，系统介绍“导入CAD图纸→建模→渲染→出图”这一系列步骤，以帮助大家温习前面所学的知识，提高综合运用SketchUp各种工具命令的能力，并在这个过程中掌握修建性详细规划这一层次的建模深度及图纸要求。

视频长度：00:04:28　　难易指数：★★★★☆　　所在页码：271

总体规划构想

功能分区

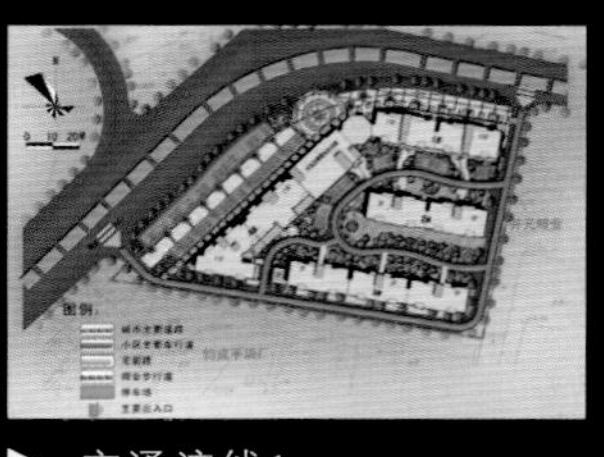

交通流线1

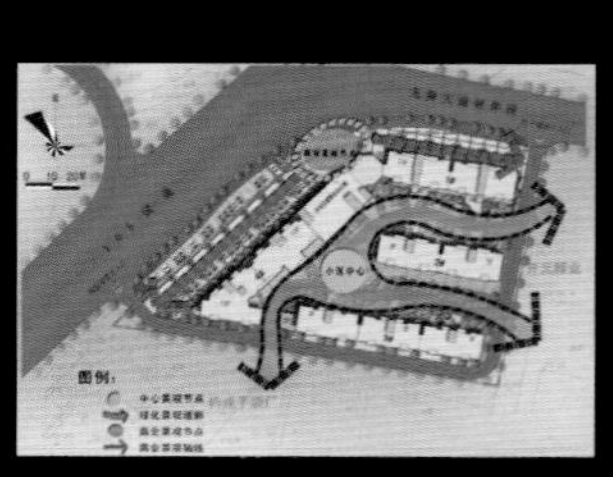

交通流线2

▶ 日景人视效果图

▶ 夜景人视效果图

建筑建模实例——高层办公楼

本实例重点讲解在建筑方案设计中SketchUp的辅助分析及建模的详细流程。本实例在设计初期就应用SketchUp对建筑方案的形体进行了分析，这种方法比传统手法更为简洁明了，在建筑方案创作中常常用到，也是SketchUp辅助建筑方案设计的一大优势。

视频长度：00:12:01　　难易指数：★★★★☆　　所在页码：272

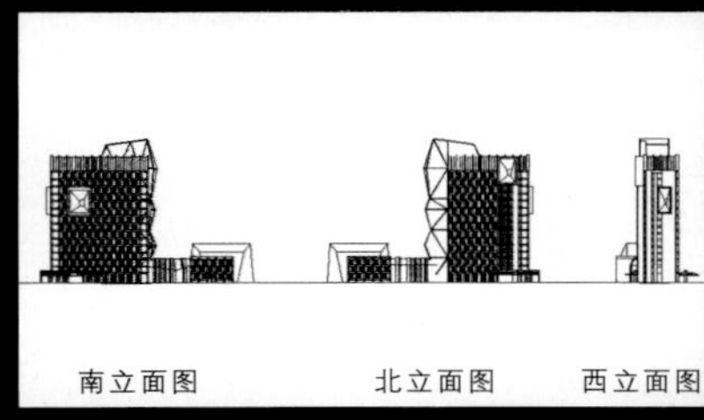

▶ CAD立面图

▶ 南/东立面图

▶ 北/西立面图

建筑建模实例——公建综合体

本实例以一个公建综合体为例，用了较大篇幅介绍实例的设计理念，运用SketchUp搭建模型辅助方案设计分析，并将其运用到设计说明文本之中。这种分析方法和表达手段与传统的设计手法相比，能更加有效、直观地表达设计思维与理念。在方案分析阶段，SketchUp充分发挥了其灵活和直观的优点，将在未来的方案构思中受到设计师的普遍关注与应用。

▶ 日景效果图

▶ 夜景效果图

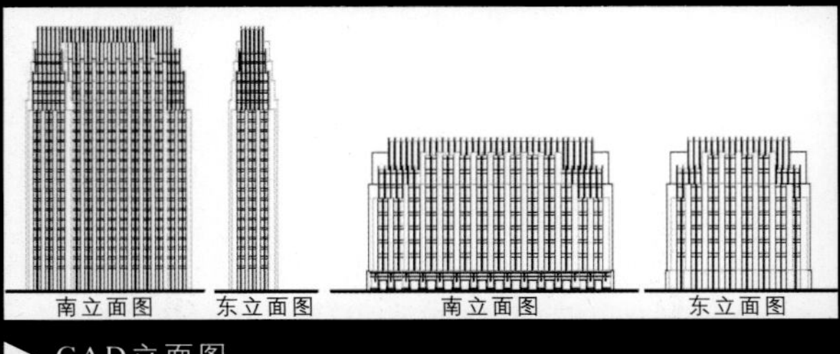

南立面图 东立面图 南立面图 东立面图

▶ CAD立面图

▶ 局部细节图

模型渲染实例——汽车4S店室外渲染

本实例选用一个汽车4S店的场景，主要以表达建筑形体为主，讲解如何用VRay for SketchUp渲染室外场景。建筑日景的场景布光比较简单，常常以太阳光为主要光源，渲染速度也很快。

视频长度：00:11:26　　难易指数：★★★☆☆　　所在页码：273

模型渲染实例——地中海风格客厅室内渲染

本实例选用一个地中海风格的室内场景，讲解如何用VRay for SketchUp渲染室内场景。室内场景的渲染参数设置相对较高，往往需要一个主光源与多个辅光源共同渲染出场景的气氛，材质的调整也比较精细。

视频长度：00:05:59　　难易指数：★★★☆☆　　所在页码：273

中文版

Google SketchUp Pro 8.0 完全自学教程

（第2版）

马亮 编著

人民邮电出版社
北京

图书在版编目（CIP）数据

中文版Google SketchUp Pro 8.0完全自学教程 / 马亮编著. -- 2版. -- 北京 : 人民邮电出版社, 2018.2（2023.2重印）
ISBN 978-7-115-46801-7

Ⅰ. ①中… Ⅱ. ①马… Ⅲ. ①建筑设计－计算机辅助设计－应用软件－教材 Ⅳ. ①TU201.4

中国版本图书馆CIP数据核字(2017)第314870号

内容提要

这是一本全面介绍中文版 SketchUp 8.0 基本功能及实际运用的书。本书完全针对零基础读者开发，是入门级读者快速、全面掌握 SketchUp 8.0 的参考书。

本书从 SketchUp 8.0 的基本操作入手，结合大量的可操作性实例（134 个实战和 8 个综合实例），全面、深入地阐述 SketchUp 8.0 的建模、材质、动画与插件等方面的技术。在软件运用方面，本书结合 3ds Max、Photoshop 与 VRay 渲染器进行讲解，向读者展示如何运用 SketchUp 8.0 结合这些软件及 VRay 渲染器进行城市规划设计、建筑方案设计、景观设计以及室内设计等。

本书共 13 章，每章分别介绍一个技术板块的内容，讲解过程细腻，实例丰富，通过大量的实例练习，读者可以轻松、有效地掌握软件使用技术。

本书的讲解模式新颖，非常符合读者学习新知识的思维习惯。本书附带下载资源，内容包括书中所有实例的源文件、效果图、贴图、场景文件与多媒体视频教学录像，以及综合实例的电子书文件。读者可通过在线方式获取下载资源，具体方法请参看本书前言。另外，本书还提供所有实战、综合实例、技术专题、疑难问答的速查表以及 SketchUp 8.0 的快捷键一览表，以方便读者学习。

本书非常适合作为 SketchUp 初、中级读者的入门及提高参考书，尤其是零基础读者。另外，请读者注意，本书所有内容均采用中文版 SketchUp 8.0、中文版 3ds Max 2010、VRay for SketchUp 1.49.02 进行编写。

◆ 编　　著　马　亮
责任编辑　张丹丹
责任印制　陈　犇
◆ 人民邮电出版社出版发行　　北京市丰台区成寿寺路 11 号
邮编　100164　　电子邮件　315@ptpress.com.cn
网址　http://www.ptpress.com.cn
固安县铭成印刷有限公司印刷
◆ 开本：787×1092　1/16　　　彩插：8
印张：17.5　　　　　　　　2018 年 2 月第 2 版
字数：550 千字　　　　　　2023 年 2 月河北第 9 次印刷

定价：99.00 元

读者服务热线：(010)81055410　印装质量热线：(010)81055316
反盗版热线：(010)81055315
广告经营许可证：京东市监广登字 20170147 号

前言

Google SketchUp是一款非常受欢迎并且易于使用的3D设计软件，官方网站将它比喻为电子设计中的“铅笔”“草图大师”。操作简便、即时显现等优点使它灵性十足，让设计师在设计过程中享受方案创作的乐趣。SketchUp的种种优点使其很快风靡全球，全球很多AEC（建筑工程）企业或大学都采用SketchUp进行创作，国内相关行业近年来也开始迅速流行，受惠人员包括建筑和规划设计人员、装潢设计师、户型设计师和机械产品设计师等。该软件的最新版本是Google SketchUp Pro 8.0（以下简称Sketch Up 8.0）。

本书内容特色

本书第1~2章主要介绍SketchUp的特点、应用领域及安装/卸载方法等，同时安排一个入门案例进行训练，带领读者进入SketchUp的绘图世界；第3~12章全面讲解SketchUp 8.0的各种工具与命令，结合大量的实战进行训练，让读者全面掌握SketchUp 8.0的相关工具与命令的使用方法与技巧；第13章结合室内设计、景观设计、城市规划设计、建筑方案设计的工程案例进行详细讲解，包括建模、渲染及后期处理，以及使用VRay渲染SketchUp模型等一系列的操作流程。

全面的知识：覆盖SketchUp 8.0的所有工具与命令，123个技巧与提示+50个常见疑难问答+26个扩展性技术专题，贯穿所有知识点，层次一目了然。

实用的案例：134个实战+8个综合工程案例+147集多媒体视频教学录像，涵盖城市规划设计、建筑方案设计、景观设计等不同专业设计领域。

方便的索引：实战速查表+综合实例速查表+疑难问答速查表+技术专题速查表+SketchUp 8.0快捷键一览表。

本书版面结构说明

为了让读者能轻松、快速、深入地掌握中文版SketchUp 8.0软件技术，本书专门设计了“技巧与提示”“疑难问答”“扫码看视频”“扫码看电子书”“综合实例”“实战”“技术专题”等项目，分别介绍如下。

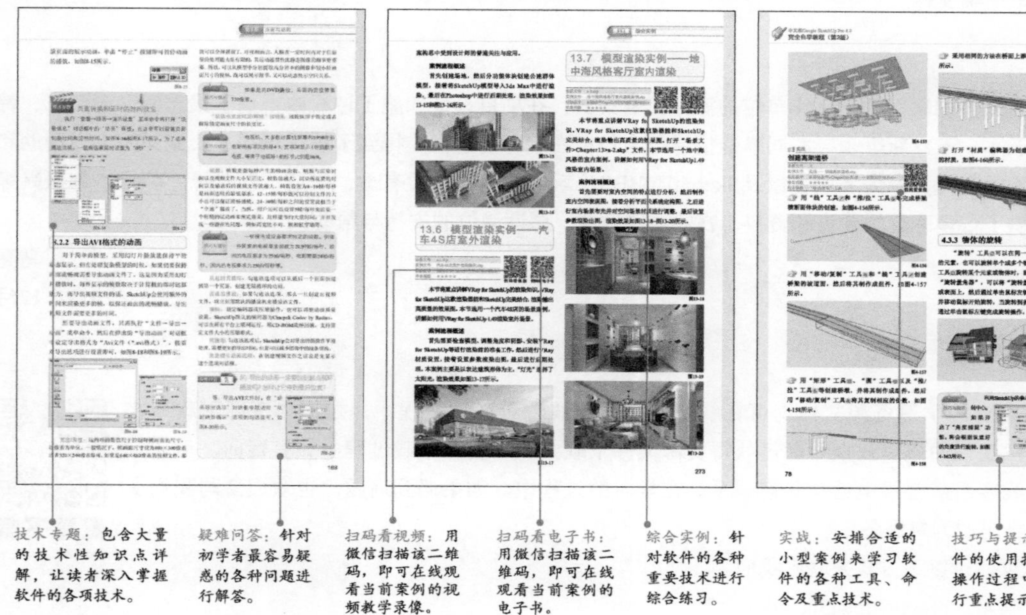

本书移动端学习说明

为了方便读者学习本书的内容，我们在本书所有"实战案例"和"综合实例"的前面都配有一个"扫码看视频"二维码，用微信扫描该二维码，可以在手机或平板电脑等设备上在线观看当前案例的视频教学录像。另外，"综合实例"的前面还配有"扫码看电子书"二维码，用微信扫描该二维码，可以在手机或平板电脑等设备上在线观看当前案例的电子书。这些视频和电子书可以通过扫描封底"资源下载"二维码下载获得。建议读者使用大屏幕的移动设备观看视频和电子书，以获得较好的阅读体验。

本书学习资源

本书附带下载资源，内容包含"实例文件""场景文件""多媒体教学"和"电子书文件"4个文件夹。其中"实例文件"文件夹中包含本书所有实例的源文件、效果图、贴图；"场景文件"文件夹中包含本书所有实例用到的场景文件；"多媒体教学"文件夹中包含本书所有实战、重点技术专题和综合实例的多媒体视频教学录像，用户可以边观看视频教学，边学习书中的实例；"电子书文件"文件夹中包含本书所有综合实例的电子书文件。

鸣谢

本书所采用的案例都是工作单位的实际工程案例，在项目设计和施工过程中得到了梁志明、谢衍忆、韩高峰、许五军、王立新等领导和同事的指导与合作；在编写的过程中得到了编辑王祥、佘战文的大力帮助和支持；我们的老师、家人和朋友以及SketchUpBBS论坛中的蒲强、梁有勇、李江、刘立峰、陈岭、韩振兴等网友也提供了很多有益的建议和资料，在此一并致谢，感谢诸位的支持与帮助！

马亮

2017年12月

售后服务

本书所有的学习资源文件均可在线下载（或在线观看视频教程），扫描"资源下载"二维码，关注我们的微信公众号即可获得资源文件下载方式。资源下载过程中如有疑问，可通过我们的在线客服或客服电话与我们联系。在学习的过程中，如果遇到问题，也欢迎您与我们交流，我们将竭诚为您服务。

资源下载

您可以通过以下方式来联系我们。

客服邮箱：press@iread360.com

客服电话：028-69182687、028-69182657

本书学习资源介绍

本书附带下载资源，内容包含“实例文件”“场景文件”“多媒体教学”和“电子书文件”4个文件夹。其中“实例文件”文件夹中包含本书所有实例的源文件、效果图和贴图；“场景文件”文件夹中包含本书所有实例用到的场景文件；“多媒体教学”文件夹中包含本书所有实例及重点技术专题的多媒体视频教学录像，共147集；“电子书文件”文件夹中包含本书所有综合实例的电子书文件。

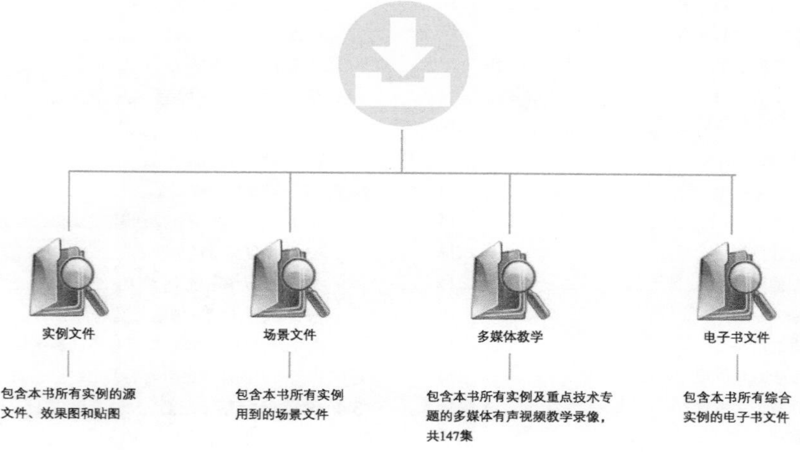

147集多媒体视频教学录像

为了让读者更方便地学习SketchUp 8.0，我们在“多媒体教学”文件夹中提供了本书134个实战、8个综合实例及5个重点技术专题的多媒体视频教学录像，共147集。其中实战视频专门针对SketchUp 8.0的各种工具与命令进行讲解；综合实例视频对实际工作经常遇到的设计项目进行综合讲解。

在“多媒体教学”文件夹中有一个“多媒体教学（启动程序）.exe”文件，双击该文件便可观看本书所有视频，无需其他播放器。

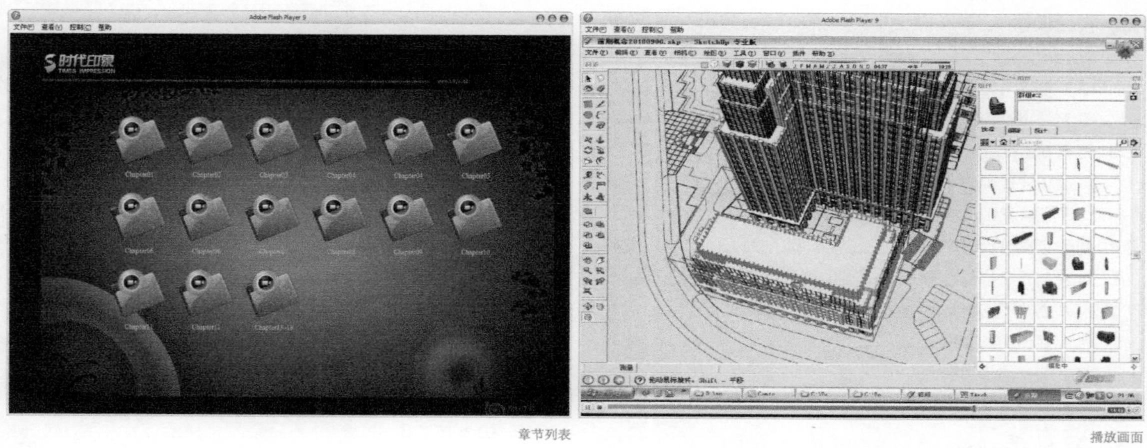

章节列表　　播放画面

★温馨提示★

为了更流畅地播放多媒体视频教学与调用源文件及其他文件，请读者将下载资源中的所有内容下载到计算机硬盘中。另外，请读者珍惜我们的劳动成果，不要将视频文件上传到其他互联网网站上，如若发现，我们将依法追究其法律责任。

目 录

注：为重点实战，读者需勤加练习　印有底色的为实战

第12章 文件的导入与导出......258

第13章 综合实例......270

索引......274

常用SketchUp快捷键一览表......277

第1章 进入SketchUp的世界

POINT

本章先来大致了解一下SketchUp的发展及其在各行业的应用情况，同时了解SketchUp相对于其他软件的优势，并学会安装与卸载SketchUp。

学习重点

了解SketchUp软件的发展及应用
了解SketchUp软件的优势特点
掌握安装及卸载SketchUp软件的方法

1.1 SketchUp的诞生和发展

SketchUp是一款很受欢迎并且易于使用的3D设计软件，官方网站将它比喻为电子设计中的“铅笔”。其开发公司@Last Software成立于2000年，规模虽小，但却以SketchUp而闻名。为了增强Google Earth的功能，让使用者可以利用SketchUp创建3D模型并放入Google Earth中，使Google Earth所呈现的地图更具立体感、更接近真实世界，Google于2006年3月宣布收购3D绘图软件SketchUp及其开发公司@Last Software。使用者可以通过一个名叫Google 3D Warehouse的网站寻找与分享各式各样利用SketchUp创建的模型，如图1-1所示。Google的资源不仅让我们能够更好地服务现有客户，还为我们带来了以往10年都无法达到的年客户量。@Last软件创始人Brad Schell表示，“SketchUp依旧是当初的SketchUp，不过，实力和地位将今非昔比。”

图1-1

技术专题 Google公司及其他主要软件产品

Google（Google Inc.，NASDAQ：GOOG）是一家美国上市公司（公有股份公司），于1998年9月7日以私有股份公司的形式创立，设计并管理一个互联网搜索引擎。Google公司的总部叫Googleplex，位于加利福尼亚山景城。Google创始人Larry Page和Sergey Brin在斯坦福大学的学生宿舍内共同开发了全新的在线搜索引擎，然后迅速传播给全球的信息搜索者。Google目前被公认为全球规模最大的搜索引擎，它提供了简单易用的免费服务，图1-2所示的是Google的标志。

图1-2

Google公司的主要产品有以下几个。

1.Google搜索引擎

Google是非常受欢迎的搜索引擎，使用一种自创的Page Rank（网页级别）技术来索引网页，索引是由程序Googlebot执行的，它会定期请求访问已知的新拷贝网页。页面更新越快，Googlebot访问得越多，如图1-3所示。

图1-3

2.Google工具栏

Google工具栏是一个免费的IE插件，如图1-4所示。其功能包括在不打开Google网页的情况下随时搜索并查看相关页面信息、查看Google对网页的Page Rank、阻止自动弹出窗口、自动填写表单、用不同颜色标识关键字。

图1-4

3.Google Earth

Google Earth（Google地球）是一款Google公司开发的虚拟地球仪软件，它把卫星照片、航空照相和GIS布置在一个三维模型上，如图1-5所示。

图1-5

Google Earth于2005年向全球推出，被《PC世界》杂志评为2005年全球100种最佳新产品之一。用户可以通过一个下载到自己计算机上的客户端软件，免费浏览全球各地的高清卫星图片。

Google Earth提供公共领域的图片、受许可的航空照相图片和很多其他卫星所拍摄的城镇照片。甚至连Google Maps没有提供的图片都有。Google Earth分为免费版与专业版两种。

2009年2月，Google Earth推出最新版5.0，新增加了全球各地的历史影像、探索海洋、音视频录制的简化游览，这3大功能让人惊艳。

技术专题

SketchUp不同版本的界面

SketchUp真正走进中国的版本是SketchUp 3.0，运行图标为■，初始界面如图1-6所示。

SketchUp 4.0的运行图标为■，初始界面如图1-7所示。

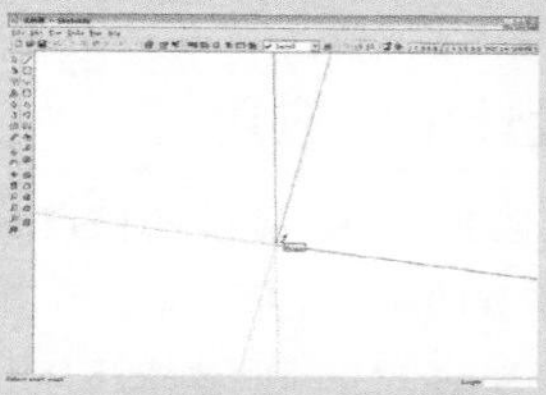

图1-6

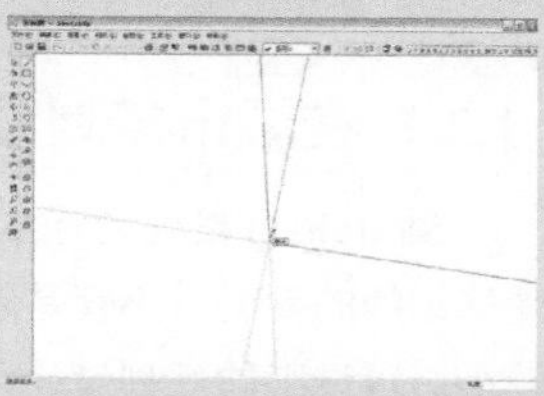

图1-7

SketchUp 5.0的运行图标为■，帮助文件图标为■，初始界面如图1-8所示，帮助文件的界面如图1-9所示。

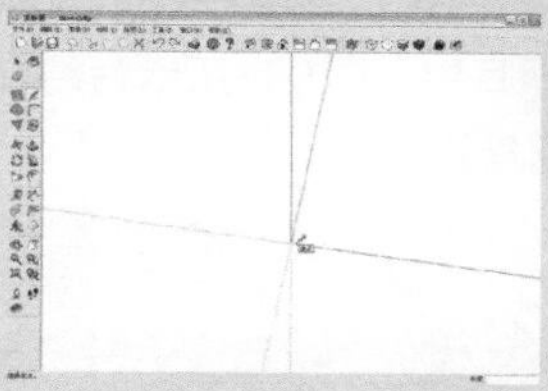

图1-8

图1-9

SketchUp 6.0的运行图标为■，初始界面如图1-10所示。

SketchUp 7.0的运行图标为■，初始界面如图1-11所示。

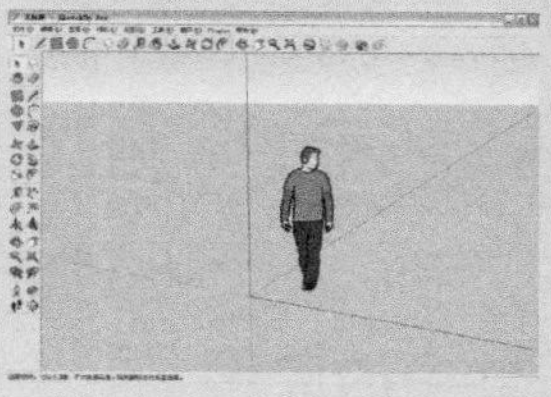

图1-10

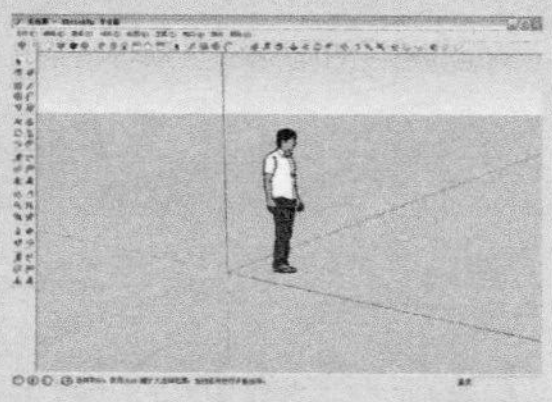

图1-11

SketchUp 8.0运行图标为■，初始界面如图1-12所示。

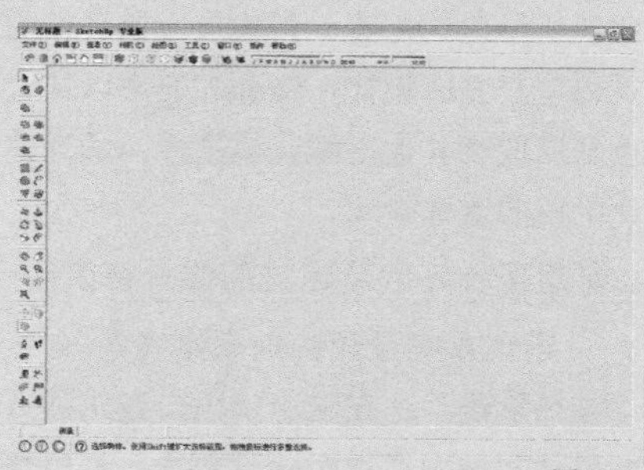

图1-12

1.2 SketchUp的应用领域

SketchUp是一款面向设计师、注重设计创作过程的软件，操作简便、即时显现等优点使它灵性十足，给设计师提供一个在灵感和现实间自由转换的空间，让设计师在设计过程中享受方案创作的乐趣。SketchUp的种种优点使其很快风靡全球，全球很多AEC（建筑工程）企业和大学几乎都采用SketchUp来进行创作，近年来其在国内相关行业中也开始迅速流行，使用人员不仅包括建筑和规划设计人员，还包含装潢设计师和户型设计师、机械产品设计师等。

1.2.1 在城市规划设计中的应用

SketchUp在规划行业以其直观、便捷的优点深受规划师的喜爱，不管是宏观的城市空间形态，还是较小、较详细的规划设计，SketchUp辅助建模及分析功能都大大解放了设计师的思维，提高了规划编制的科学性与合理性。目前，SketchUp被广泛应用于控制性详细规划、城市设计、修建性详细设计以及概念性规划等不同规划类型项目中，图1-13所示为结合SketchUp构建的几个规划场景。

图1-13

1.2.2 在建筑方案设计中的应用

SketchUp在建筑方案设计中应用较为广泛，从前期现状场地的构建，到建筑大概形体的确定，再到建筑造型及立面设计，SketchUp都以其直观、快捷的优点渐渐取代其他三维建模软件，成为建筑师在方案设计阶段的首选软件。

1.前期现状场地及建筑形体分析阶段

建筑方案设计的前期准备阶段也可称为设计的“预热阶段”。在这个阶段，建筑师要对建设项目进行整体把握，通过对建设要求、地段环境、经济因素和相关规范等重要内容进行系统全面的分析研究，为方案设计确立科学的根据。在这个过程中，我们可以利用SketchUp对现状的场地和建筑进行模拟，以提供较为精准的三维空间设计依据，如新建的建筑高度要控制在多高，形体组合是否与周边建筑相协调，是否会对街道景观和重要的视觉通道造成遮挡等问题。SketchUp还支持数字地形高程数据，利用地理信息系统中的这些数据就可以快速构建精确的山体和河流等重要的地形因子。如果和Google Earth相配合，可以快速又方便地截取地表特征，这使SketchUp在现状场地环境的立体构建上有着其他软件无可比拟的优点。由于技术原因，国内还没有大面积搭建完整的三维模型平台，但是在局部地区的建筑设计中，采用SketchUp软件结合Google Earth来还原基地的周边环境，将大大提高项目设计在前期准备阶段的成果价值，使建筑师更为高效、准确地认识和解析现状。

以笔者参与的惠州金山湖体育馆投标设计方案为例，场馆位于广东省惠州市某校区内的一块基地上，群山环绕，环境优美，地标略高于城市道路标。从一开始我们就利用SketchUp模拟出真实场景，如图1-14所示，然后对山体的模型进行简单处理，就得到一个完整的、连续的并且可体验的地形场景，如图1-15所示。

图1-14

图1-15

在建筑形体推敲阶段，不需要很精确的模型，只需初步确立建筑尺寸，构建建筑群的天际轮廓线，从而对单体建筑的高度和建筑群的组合方式做出修改，以及与周边环境相协调。体块模型往往以建筑的功能为基本单位划分为不同的模块，我们可以使用SketchUp将各个功能模块用不同的颜色区分表现，这对于功能分区和交通流线分析有着很大的启发作用，如图1-16所示。

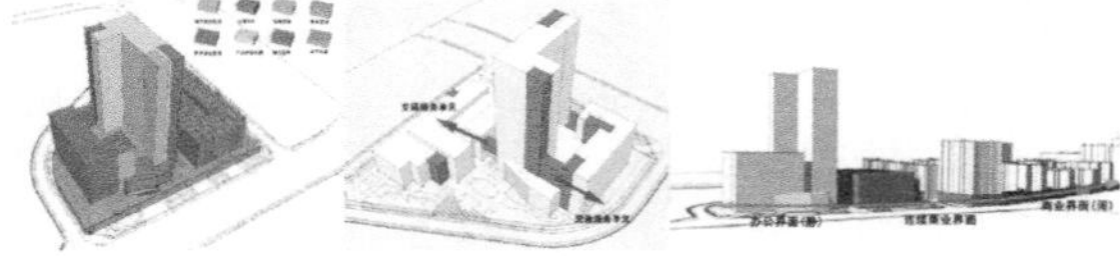

图1-16

2.建筑平面设计构思阶段

传统的平面设计多采用CAD软件，根据草图进行绘制，这种方法将平面设计与三维造型分开进行，在很大程度上限制了对造型的思考，使最终效果与设计草图之间产生较大的差异，并且不利于快速修改。而将SketchUp软件与CAD结合使用，可以在方案设计的初期实现平面和立面的自然融合，保持设计思维的连贯性，互相深化并不断促进设计灵感的创新。在SketchUp中，设计师可以对平面草图进行粗模的搭建，以及从不同角度观察建筑体块的关系是否与场景相协调等，进一步编辑修改方案，再与CAD合作完成标准的图纸绘制。

例如，在某小区的设计过程中，建筑师在前期工作的基础上形成了几种初步的设计概念，手绘出小区规划平面草图，然后利用扫描设备将草图转化为电子图片导入SketchUp软件中，在SketchUp软件中，可以将二维的草图迅速转化为三维的场景模型，验证设计效果是否达到预期目标，如图1-17所示。

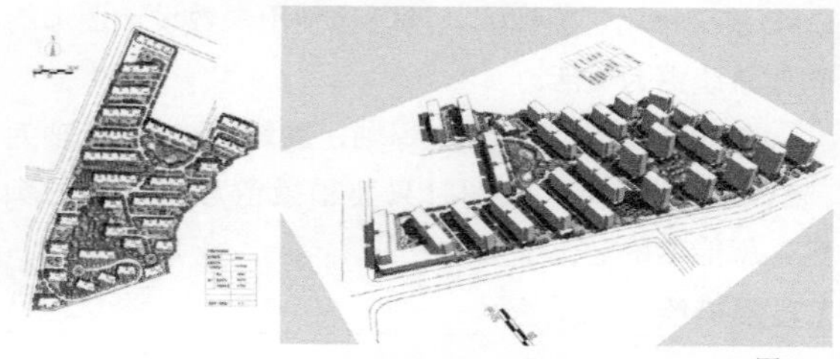

图1-17

3.建筑造型及立面设计阶段

这个阶段的主要任务是在上一阶段确立的建筑体块的基础上进行深入设计。设计师要考虑好建筑风格、窗户形式、屋顶形式、墙体构件等细部元素，丰富建筑构件，细化建筑立面，如图1-18所示。利用SketchUp可以灵活构建三维几何形体，由于计算机拥有对模型参数的强大处理能力，可以使模型构建更为精确和可计量化。在构建建筑形体的时候，SketchUp灵活的图像处理又可以不断激发设计师的灵感，生成原本没有考虑到的新颖的造型形态，还可以不断转换观察角度，随时对造型进行探索和完善，并即时显现修改过程，最终帮助完成设计。

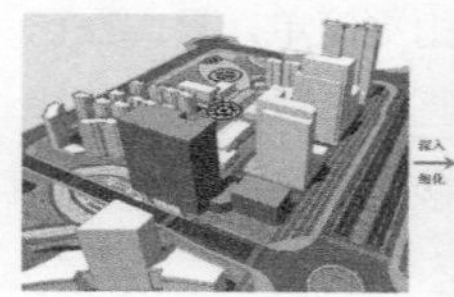

图1-18

另外，在建筑内部空间的推敲、光影及日照间距分析、建筑色彩及质感分析、方案的动态分析及对比分析等方面，SketchUp都拥有方便快捷的直观显示，在后面一节中我们还会提到SketchUp的这些独特优势。

1.2.3 在园林景观设计中的应用

由于SketchUp操作灵巧，在构建地形高差等方面可以生成直观的效果，而且拥有丰富的景观素材库和强大的贴图材质功能，并且SketchUp图纸的风格非常适合景观设计表现，所以当今应用SketchUp进行景观设计已经非常普遍，图1-19所示为结合SketchUp创建的几个简单的园林景观模型场景。

图1-19

1.2.4 在室内设计中的应用

室内设计的宗旨是创造满足人们物质和精神生活需要的室内环境，包括视觉环境和工程技术方面的问题，设计的整体风格和细节装饰在很大程度上受业主的喜好和性格特征的影响，但是传统的2D室内设计表现让很多业主无法理解设计师的设计理念，而3ds Max等类似的三维室内效果图又不能灵活地对设计进行改动。SketchUp能够在已知的房型图基础上快速建立三维模型，并快捷地添加门窗、家具、电器等组件，并且附上地板和墙面的材质贴图，直观地向业主显示出室内效果，图1-20所示为结合SketchUp构建的几个室内场景效果。当然如果再经过渲染会得到更好的商业效果图。

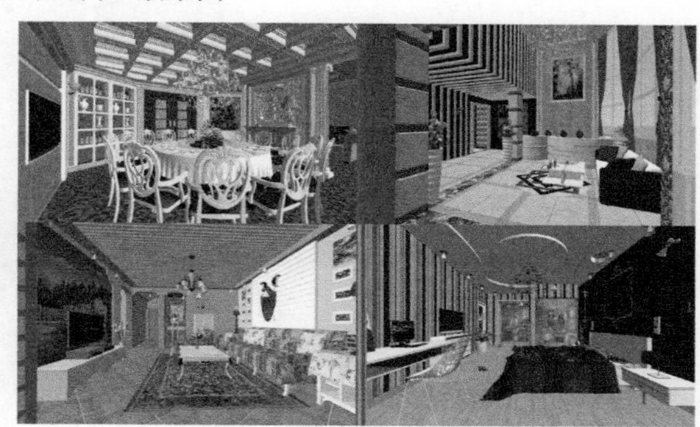

图1-20

1.2.5 在工业设计中的应用

SketchUp在工业设计中的应用也越来越普遍，如机械产品设计、橱窗或展馆的展示设计等，如图1-21所示。

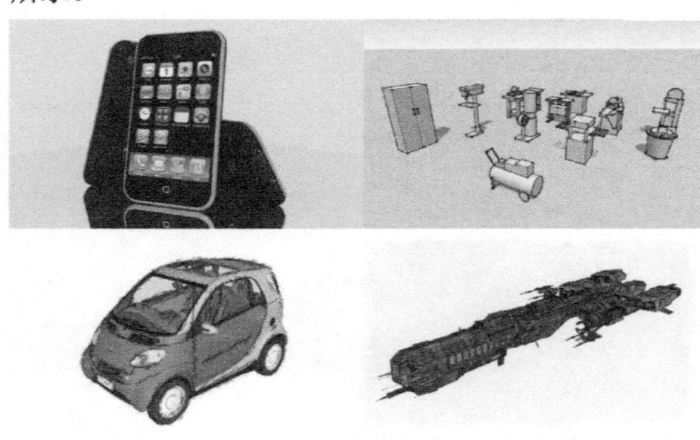

图1-21

1.2.6 在游戏、动漫中的应用

越来越多的用户将SketchUp运用在游戏、动漫中，图1-22所示为结合SketchUp构建的几个游戏、动漫场景效果。

图1-22

1.3 SketchUp的特点

1.3.1 界面简洁、易学易用

1.界面简洁

SketchUp的界面直观简洁，避免了其他相似设计软件的复杂操作缺陷，其绘图工具只有6个，分为3线3面，即“直线”工具、“圆弧”工具、“徒手画笔”工具、“矩形”工具、“圆”工具和“多边形”工具，如图1-23所示。

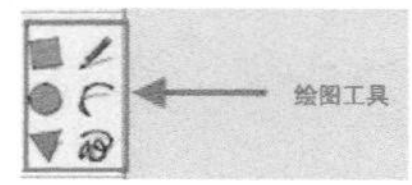

图1-23

2.自定义快捷键

SketchUp的所有命令都可以按照自己的习惯自定义快捷键，这样可以大大提高工作效率。本书配套资源中附带“SU8.0常用快捷键.reg”文件，里面包含所有的快捷键，只需在运行软件之前双击该文件，按照提示步骤进行操作就可以把快捷键导入软件中。

1.3.2 建模方法独特

1.几何体构建灵活

SketchUp取得专利的几何体引擎是专为辅助设计构思而开发的，具有很好的延展性和灵活性，这种几何体由线在三维空间中互相连接组合构成面的架构，而表面则是由这些线围合而成，互相连接的线与面保持着对周边几何体的属性关联，因此与其他简单的CAD系统相比更加智能，同时比使用参数设计图形的软件系统更为灵活。

SketchUp提供三维坐标轴，红轴为x轴、绿轴为y轴、蓝轴为z轴。绘图时只要稍微留意跟踪线的颜色，就能准确定位图形的方位。

2.直接描绘、功能强大

SketchUp“画线成面，推拉成型”的操作流程极为便捷，在SketchUp中无需频繁地切换用户坐标系，有了智能绘图辅助工具（如平行、垂直、量角器等），可以直接在3D界面中轻松而精确地绘制出二维图形，然后拉伸成三维模型。另外，用户还可以通过数值框手动输入数值进行建模，保证模型的尺寸精确。

SketchUp拥有强大的耦合功能和分割功能，耦合功能有自动愈合特性。例如，在SketchUp中，最常用的绘图工具是直线和矩形工具，使用矩形工具可以组合复杂形体，两个矩形可以组合L形平面、3个矩形可以组合H形平面等。对矩形进行组合后，只要删除重合线，就可以完成较复杂的平面制作，而在删除重合线后，原被分割的平面、线段可以自动组合为一体，这就是耦合功能。至于分割功能则更简单，只需在已建立的三维模型某一面上画一条直线，就可以将体块分割成两部分，尽情表现创意和设计思维。

1.3.3 直接面向设计过程

1.快捷直观、即时显现

SketchUp提供了强大的实时显现工具，如基于视图操作的照相机工具，能够从不同角度，以不同显示比例浏览建筑形体和空间效果，并且这种实时处理完毕后的画面与最后渲染输出的图片完全一致，所见即所得，不用花费大量时间等待渲染效果，如图1-24所示。

图1-24

2.表现风格多种多样

SketchUp有多种模型显示模式，例如，线框模式、消隐线模式、着色模式、X光透视模式等，这些模式是根据辅助设计侧重点不同而设置的。表现风格也多种多样，如水粉、马克笔、钢笔、油画风格等。

消隐线模式和X光透视模式的效果分别如图1-25和图1-26所示。

图1-25

图1-26

3.不同属性的页面切换

SketchUp提出了“页面”的概念，页面的形式类似一般软件界面中常用的页框。通过页框标签的选取，能在同一视图窗口中方便地进行多个页面视图的比较，方便对设计对象进行多角度对比、分析、评价。页面的性质就像滤镜一样，可以显示或隐藏特定的设置。如果以特定的属性设置存储页面，当此页面被激活时，SketchUp会应用此设置；页面部分属性如果未存储，则会使用既有的设置。这样能让设计师快速地指定视点、渲染效果、阴影效果等多种设置组合。这种页面的使用特点有利于设计过程，更有利于成果展示，加强与客户的沟通。图1-27所示为在SketchUp中从不同页面角度观看某一建筑方案的效果。

图1-27

4.低成本的动画制作

SketchUp回避了“关键帧”的概念，用户只需设定页面和页面切换时间，便可实现动画自动演示，提供给客户动态信息。另外，利用特定的插件还可以提供虚拟漫游功能，自定义人在建筑空间中的行走路线，给人身临其境的体验，如图1-28所示。通过方案的动态演示，客户能够充分理解设计师的设计理念，并对设计方案提出自己的意见，使最终的设计成果更好地满足客户需求。

图1-28

1.3.4 材质和贴图使用方便

在传统的计算机软件中，色质的表现是一个难点，同时存在色彩调节不自然、材质的修改不能即时显现等问题。而SketchUp强大的材质编辑和贴图使用功能解决了这些问题，通过输入R、G、B或H、V、C的值就可以定位出准确的颜色，通过调节材质编辑器里的相关参数就可以对颜色和材质进行修改。通过贴图的颜色变化，一个贴图能应用为不同颜色的材质，如图1-29所示。

图1-29

另外，在SketchUp中还可以直接使用Google Map的全景照片进行模型贴图。必要时还可以到实地拍照采样，将自然中的材料照片作为贴图运用到设计中，帮助设计师更好地搭配色彩和模拟真实质感，如图1-30所示。

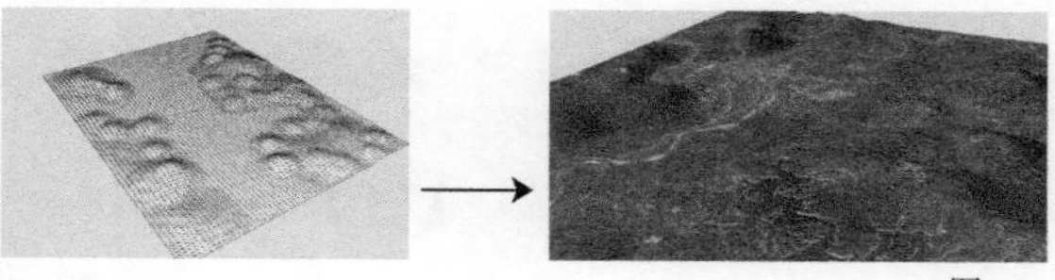
图1-30

技巧与提示

SketchUp的材质贴图可以实时在视屏上显示效果，所见即所得。也正因为“所见即所得”，所以SketchUp资源占用率很高，在建模的时候要适当控制面的数量不要太多。

1.3.5 剖面功能强大

SketchUp能按照设计师的要求方便快捷地生成各种空间分析剖切图，如图1-31所示。剖面可以表达空间关系，更能直观准确地反映复杂的空间结构，如图1-32所示。SketchUp的剖切面让设计师可以看到模型的内部，并且在模型内部工作，结合页面功能还可以生成剖面动画，动态展示模型内部空间的相互关系，或者规划场景中的生长动画等。另外，还可以把剖面导出为矢量数据格式，用于制作图表、专题图等。

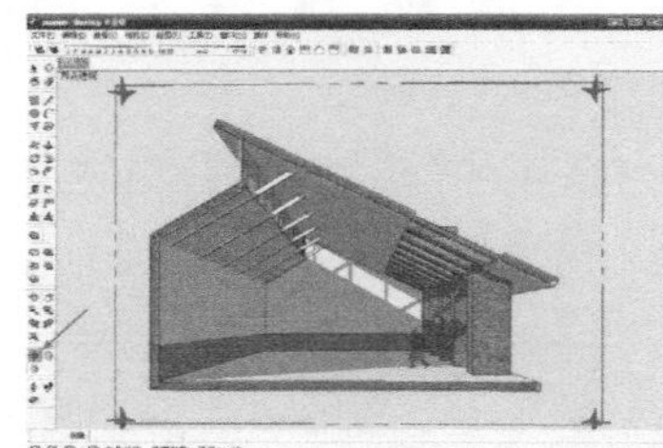

图1-31

图1-32

1.3.6 光影分析直观准确

SketchUp有一套进行日照分析的系统，可设定某一特定城市的经纬度和时间，得到真实的日照效果。投影特性能让人更准确地把握模型的尺度，控制造型和立面的光影效果。另外，还可用于评估一幢建筑的各项日照技术指标，如在居住区设计过程中分析建筑日照间距是否满足规范要求等，如图1-33所示。

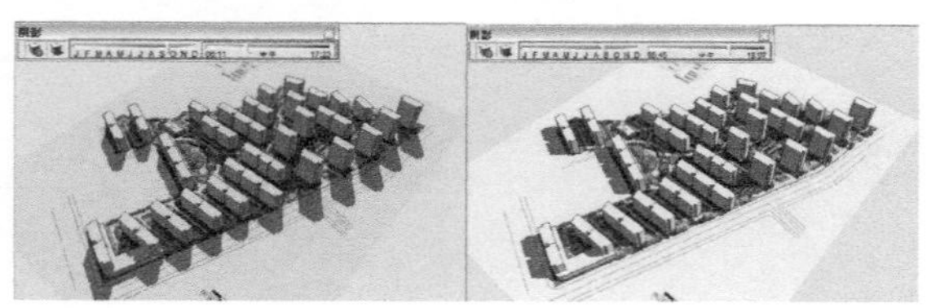

图1-33

1.3.7 组与组件便于编辑管理

绘图软件的实体管理一般是通过层（Layer）与组（Group）来管理，分别提供横向分级和纵向分项的划分，以便于使用和管理。AutoCAD提供完善的层功能，对组的支持只是通过块（Block）或用户自定制实体来实现。而层方式的优势在于协同工作或分类管理，如水暖电气施工图，都是在已有的建筑平面图上进行绘制。为了便于修改打印，其他专业设计师一般在建筑图上添置几个新图层作为自己的专用图层，与原有的图层以示区别。而对于复杂的符号类实体，往往是用块（Block）或定制实体来实现，如门窗家具之类的复合性符号。

SketchUp抓住了建筑设计师的职业需求，不依赖图层，提供了方便实用的“群组”（Group）功能，并附以“组件”（Component）作为补充，这种分类与现实对象十分贴近，使用者各自设计的组件可以通过组件互相交流、共享，减少了大量的重复劳动，而且大大节约了后续修模的时间。就建筑设计的角度而言，组的分类所见即所得的属性，比图层分类更符合设计师的需求，如图1-34所示。

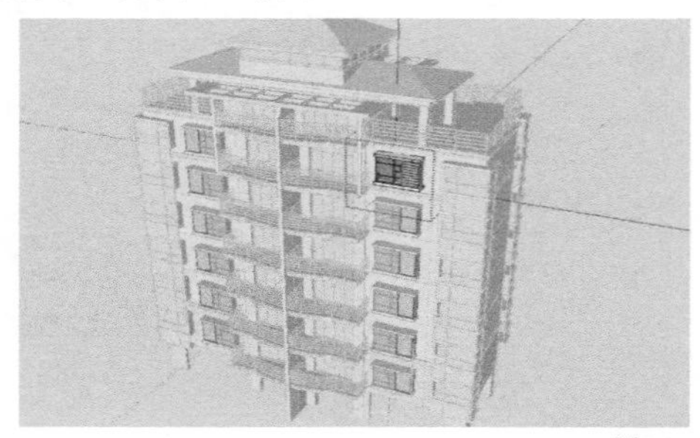

图1-34

1.3.8 与其他软件数据高度兼容

SketchUp可以通过数据交换与AutoCAD、3ds Max等相关图形处理软件共享数据成果，以弥补SketchUp的不足。此外，SketchUp在导出平面图、立面图和剖面图的同时，建立的模型还可以提供给渲染师用Piranesi或Artlantisl等专业图像处理软件渲染成写实的效果图，如图1-35所示。

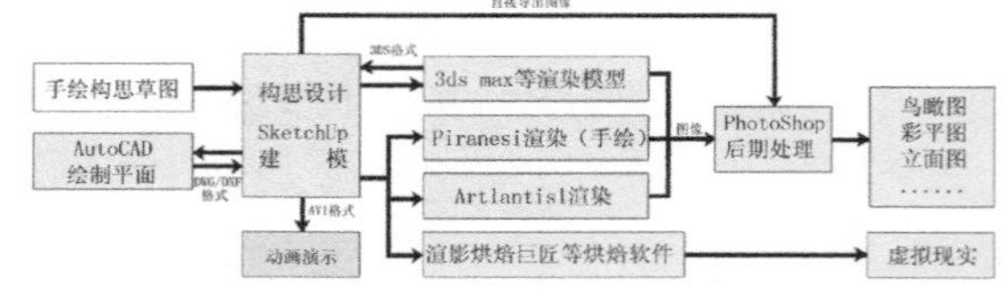

图1-35

1.3.9 缺点及其解决方法

SketchUp偏重设计构思过程表现，对于后期严谨的工程制图和仿真效果图表现相对较弱，对于要求较高的效果图，需将其导出图片，利用Photoshop等专业图像处理软件进行修补和润色。

SketchUp在曲线建模方面显得逊色一些。因此，当遇到特殊形态的物体，特别是曲线物体时，需要先在AutoCAD 中绘制好轮廓线或是剖面，再导入SketchUp中进一步处理。

SketchUp本身的渲染功能较弱，最好结合其他软件（如Piranesi和Artlantisl软件）一起使用。

问：SketchUp软件和3ds Max软件有什么区别?

答：SketchUp被建筑师称为最优秀的建筑草图工具，是一款相当简便易学的工具，一些不熟悉计算机的建筑师也可以很快掌握。SketchUp融合了铅笔画的优美与自然笔触，可以迅速地建构、显示和编辑三维建筑模型，同时可以导出透视图、DWG或DXF格式的2D矢量文件等具有精准尺寸的平面图形。

3ds Max与SketchUp的应用重点不一样，3ds Max在后期的效果图制作、复杂的曲面建模以及精美的动画表现方面胜过于SketchUp，但是操作相对复杂。SketchUp直接面向设计方案创作过程而不只是面向渲染成品或施工图纸，注重的是前期设计方案的体现，它使设计师可以直接在计算机上进行十分直观的构思，最终形成的模型可直接交给其他具备高级渲染能力的软件进行最终渲染。

问：SketchUp软件和AutoCAD软件有什么区别?

答：一般而言，大家会使用AutoCAD软件绘制平面图，使用SketchUp和3ds Max制作三维模型。而SketchUp和它们最大的不同就是操作简单，会用CAD的人可以很快上手。SketchUp可以非常方便地生成立体模型，方便人们体验空间感受，模型精细的话，也可以直接导出效果图，但是SketchUp无法绘制精细的平面。我们可以将CAD的平面图或立面图导入到SketchUp中，参照导入的CAD图形创建立体模型，在本书的几个案例章节中都使用了这种方法，非常方便。

1.4 SketchUp的安装与卸载

安装SketchUp的系统需求

1.显卡

SketchUp运行环境对显卡有一定的要求，推荐配置NVIDIA系列显卡。如果要购买其他系列的显卡，可以把用SketchUp制作的大文件带去，商家现场装机测试后再决定是否购买。

2.CPU

CPU选择双核以上，参考个人经济能力，主频比较高者为妙。

3.内存

建议配置超过2GB的内存。

4.笔记本电脑

在选择适合SketchUp运行的笔记本电脑时也可以参考台式机配置建议，并使用SketchUp现场测试较大模型运行情况。

5.不同系统的推荐配置

<1>Windows XP

（1）软件

Microsoft® Internet Explorer 6.0 或更高版本。

Google SketchUp Pro需要 2.0 版本的.NET Framework。

（2）推荐使用的硬件

2GHz 以上处理器。

2GB以上RAM。

500 MB 可用硬盘空间。

内存为 512 MB 或更高的3D类显卡。请确保显卡驱动程序支持OpenGL36254或更高版本，并及时进行更新。

技巧与提示

SketchUp的性能主要取决于显卡驱动程序及其对OpenGL1.5或更高版本的支持。以前发现在ATI Radeon卡和Intel卡上使用SketchUp会出现问题，因此笔者不推荐用这些显卡来运行SketchUp。

三按钮滚轮鼠标。

（3）最低硬件要求

600 MHz 处理器。

128 MB RAM。

128 MB可用硬盘空间。

内存为128 MB或更高的3D类显卡。请确保显卡驱动程序支持OpenGL 36254或更高版本，并及时进行更新。

（4）Pro 许可

SketchUp不支持广域网（WAN）中的网络许可。目前，许可证不具备跨平台兼容性。例如，Windows许可证无法用于Mac OS X版本的SketchUp Pro。

<2>Windows Vista 和 Windows 7

（1）软件

Microsoft® Internet Explorer 6.0 或更高版本。

Google SketchUp Pro 需要2.0版本的 .NET Framework。

（2）推荐使用的硬件

2GHz 以上处理器。

2GB以上 RAM。

500 MB 可用硬盘空间。

内存为512MB 或更高的3D类显卡。请确保显卡驱动程序支持OpenGL 36254或更高版本，并及时进行更新。

三按钮滚轮鼠标。

（3）最低硬件要求

1GHz 处理器。

1 GB RAM。

160 MB 硬盘空间。

内存为256 MB或更高的3D类显卡。请确保显卡驱动程序支持OpenGL 36254或更高版本，并及时进行更新。

<3>Mac OS X

（1）软件

Mac OS X® 10.4.1、10.5和 10.6。

可用于多媒体教程的QuickTime 5.0和网络浏览器。

Safari。

不支持Boot Camp和Parallels环境。

（2）推荐使用的硬件

2.1GHz G5/Intel™ 处理器。

2 GB RAM。

400 MB可用硬盘空间。

内存为512MB或更高的 3D 类显卡。请确保显卡驱动程序支持OpenGL 1.5或更高版本，并及时进行更新。

三按钮滚轮鼠标。

（3）最低硬件要求

1 GHz PowerPC™ G4。

512 MB RAM。

160 MB可用硬盘空间。

内存为128 MB或更高的3D类视频卡。请确保显卡驱动程序支持OpenGL 1.5或更高版本，并及时进行更新。

三按钮滚轮鼠标。

<4>不支持的环境

（1）Linux

目前未提供Linux版本的Google SketchUp。

（2）VMWare

目前，SketchUp不支持在VMWare环境中操作。

实战

安装SketchUp 8.0

场景文件	无
实例文件	无
视频教学	多媒体教学>Chapter01>实战——安装SketchUp 8.0.flv
难易指数	★☆☆☆☆
技术掌握	SketcUp软件的安装

扫码看视频

1 将SketchUp 8.0安装光盘放入光驱，双击“GoogleSketchUpProWEN8.0.exe”文件，运行安装程序并初始化，如图1-36所示。

图1-36

2 在弹出的“Google SketchUp Pro 8 Setup”对话框中单击“Next”按钮，运行安装程序，如图1-37所示。

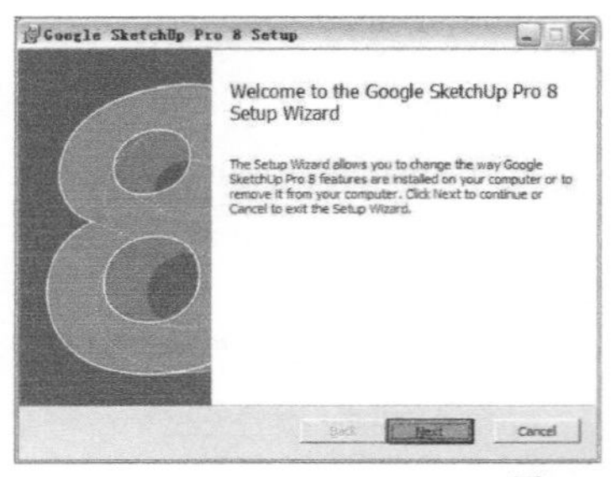

图1-37

3 勾选“I accept the terms in the License Agreement”选项，然后单击“Next”按钮，如图1-38所示。

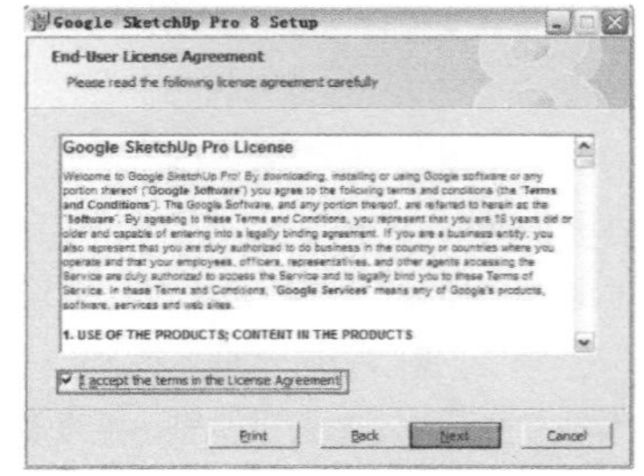

图1-38

4 执行下一步操作时，我们还可以修改安装文件的路径，这里设为“d:\Program Files\Google\Google SketchUp 8\”，然后单击“Next”按钮，如图1-39所示。

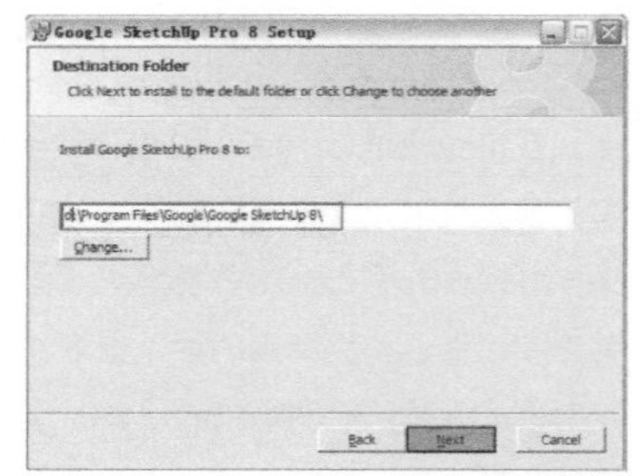

图1-39

5 单击“Install”按钮，开始安装软件，如图1-40和图1-41所示。

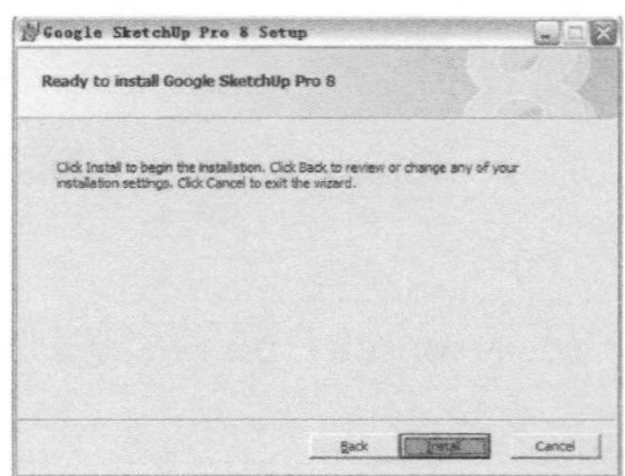

图1-40

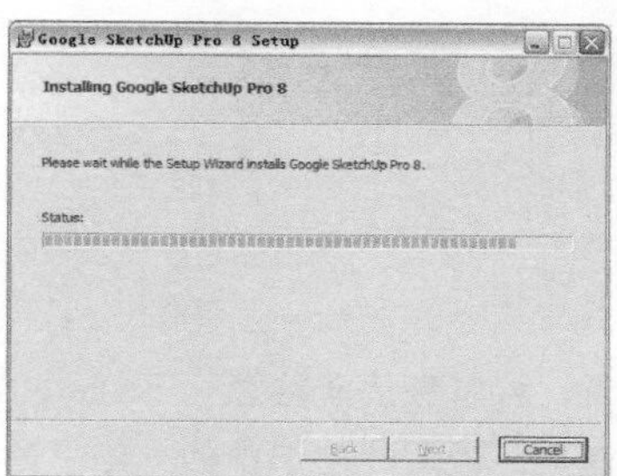

图1-41

6 安装完成后单击“Finish”按钮，如图1-42所示。

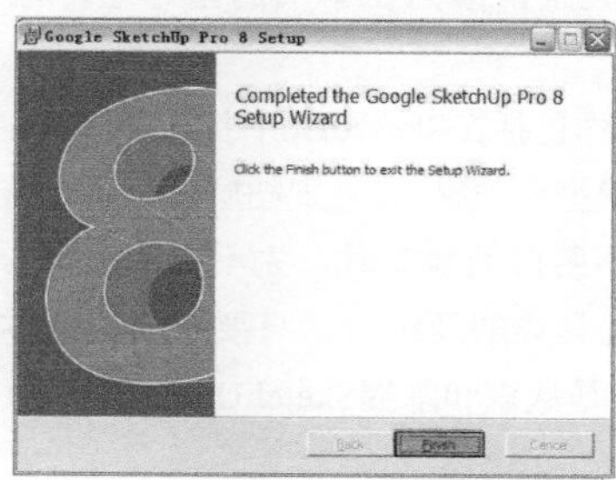

图1-42

技巧与提示

由于SketchUp 8.0没有正式的官方简体中文版，所以需要汉化版的读者可以接着为其安装汉化补丁，步骤如下。

7 单击汉化语言包文件，在弹出的安装对话框中单击“下一步”按钮，如图1-43所示。

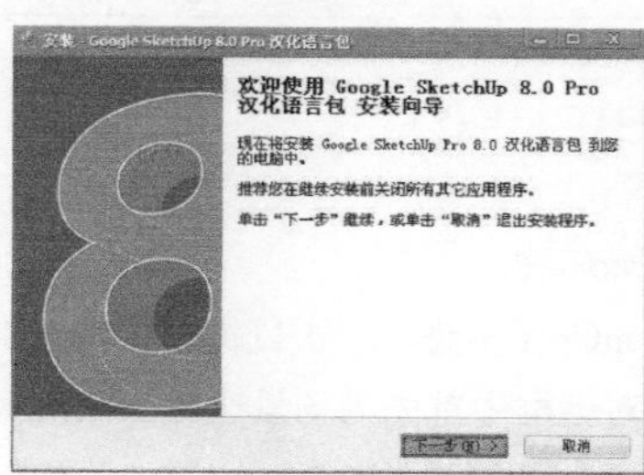

图1-43

8 汉化语言包文件会自动检测出SketchUp 8.0所安装的目录文件，接着单击“下一步”按钮，在后面弹出的对话框中单击“安装”按钮，如图1-44所示。

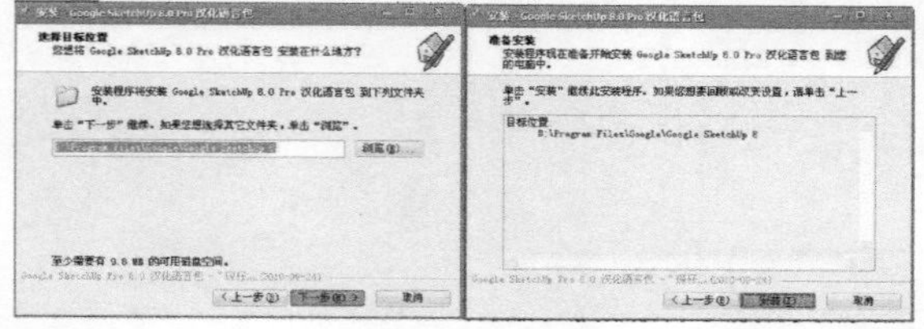

图1-44

9 安装完成后单击“完成”按钮，现在我们就可以使用SketchUp 8.0软件的汉化版了，如图1-45所示。

图1-45

实战

卸载SketchUp 8.0

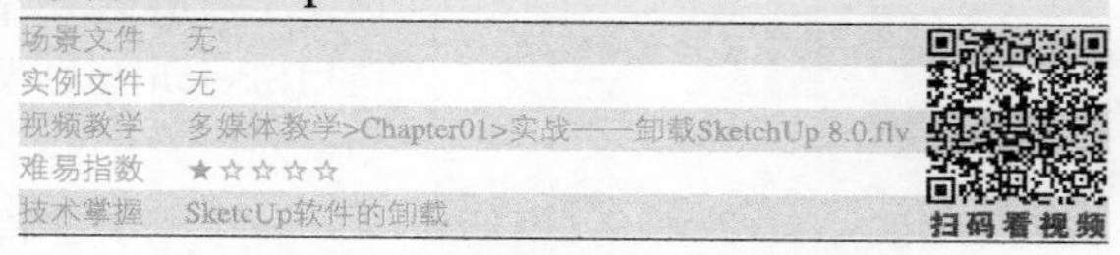

场景文件	无
实例文件	无
视频教学	多媒体教学>Chapter01>实战——卸载SketchUp 8.0.flv
难易指数	★☆☆☆☆
技术掌握	SketcUp软件的卸载

扫码看视频

卸载SketchUp 8.0需要使用Windows的卸载程序。

1 打开Windows控制面板，然后双击“添加或删除程序”图标，在打开的对话框中选择Google SketchUp Pro 8程序，接着单击“删除”按钮，如图1-46所示。

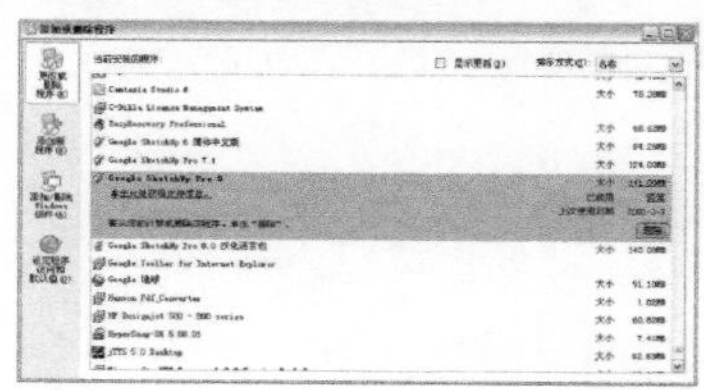

图1-46

2 在弹出的“添加或删除程序”对话框中单击“是”按钮，就可以正确卸载SketchUp 8.0了，如图1-47所示。

图1-47

疑难问答

问：我的计算机启动SketchUp，画几笔就死机是怎么回事?

答：如果你在使用3ds Max、AutoCAD等其他软件的时候也出现同样的情况，说明系统可能不稳定；如果只有在使用SketchUp的时候死机，那么说明SketchUp不稳定，建议卸载重装一遍再试。

疑难问答

问：为什么计算机一打开SketchUp，CPU使用率就会跳到50％以上，即使什么都不做也不会降下来?

答：建议首先杀毒，如果没病毒的话就检查一下CPU风扇是否正常运转，转速是不是足够快以带走CPU散发的热量。如果CPU风扇运转速度正常的话，看看是不是转向反了。如果以上都没有问题，就换个更大的CPU风扇以保证CPU正常工作。

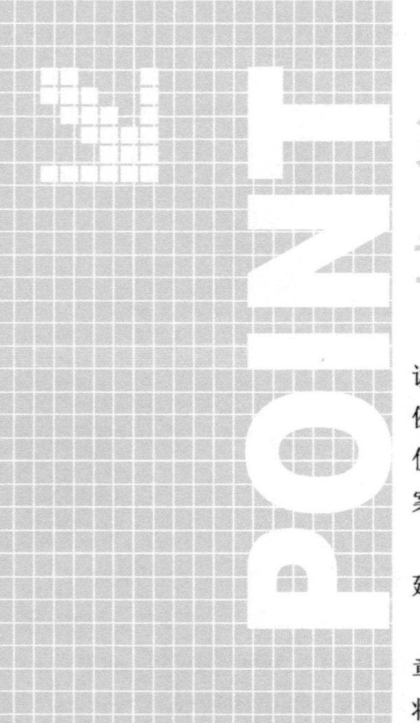

第2章 入门训练——燃烧的火焰壁炉

本章是入门训练章，将带领读者熟悉一下SketchUp的工作界面并教读者完善一个壁炉的模型，最后让壁炉中的火焰“燃烧”起来。这个案例是学习SketchUp的开始，也是学习前的一个热身。即使读者是第一次使用SketchUp也没有关系，因为在本书的指导下，也可以很轻松地完成案例制作。

这个入门案例的制作包括在SketchUp中打开场景、调整视图、建立页面、建立部分场景模型、为模型添加材质、设置图层以及完成场景动画等内容。

在制作过程中有不明白的地方时，先不用着急都弄明白，因为后面的章节会有更为详细的工具详解及练习，只要耐心完成本章的学习即可。这将是一个良好的开始，是认识和掌握SketchUp的第一步。

案例流程概述

首先对SketchUp的界面进行最初的场景环境设置，然后在SketchUp中进行模型的创建，接着制作燃烧火焰的贴图并赋予壁炉，最后使用页面动画完成动画的导出。

学习重点

初步了解SketchUp的基本界面及常用建模工具

初步了解在SketchUp中创建简单模型的方法

初步了解SketchUp场景风格的设置

初步了解在SketchUp中制作页面动画的流程

场景文件	a.skp
实例文件	入门训练——燃烧的火焰壁炉.skp
视频教学	多媒体教学>Chapter02>入门训练——燃烧的火焰壁炉.flv
难易指数	★★☆☆☆
技术掌握	查看模型，创建模型等基本命令

扫码看视频

2.1 进入SketchUp

1. 确定已进入Windows环境。

2. 在桌面上找到SketchUp图标，双击鼠标左键启动SketchUp。在弹出的“欢迎使用SketchUp”对话框中首先为场景选择一个模板。具体步骤为先单击“模板”，然后选择单位为毫米的模板Architectural Design-Millimeters，接着单击“开始使用SketchUp”按钮，如图2-1所示。

3. 单击界面右上角的“最大化”按钮，以全屏幕方式显示，如图2-2所示。

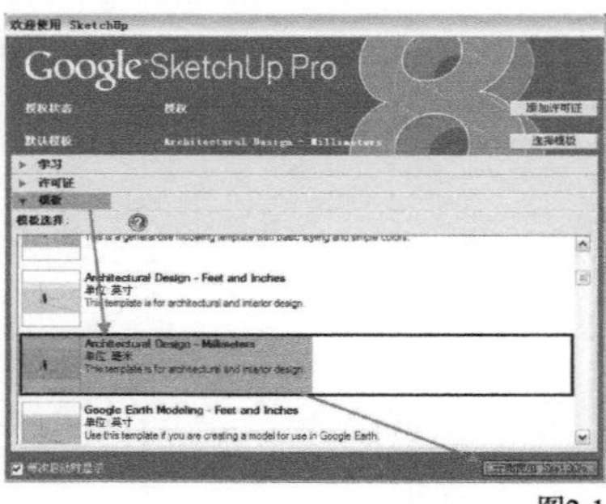

图2-1

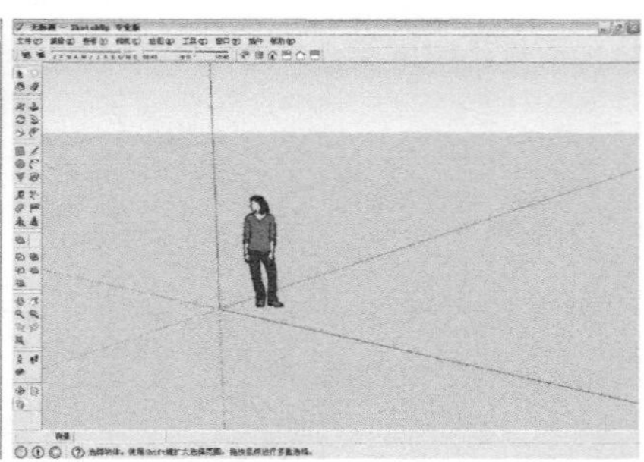

图2-2

2.2 视图操作

在这一节中，打开书中配套资源中已有的场景，学习如何在SketchUp中旋转物体、移动物体以及如何调整场景的阴影光线效果，体验一下SketchUp带来的3D世界。

2.2.1 视图操作

1 打开“场景文件>Chapter02>a.skp”文件。SketchUp默认的操作视图提供了一个透视图，其他的几种视图需要通过单击视图工具栏里相应的图标来完成，如图2-3所示。

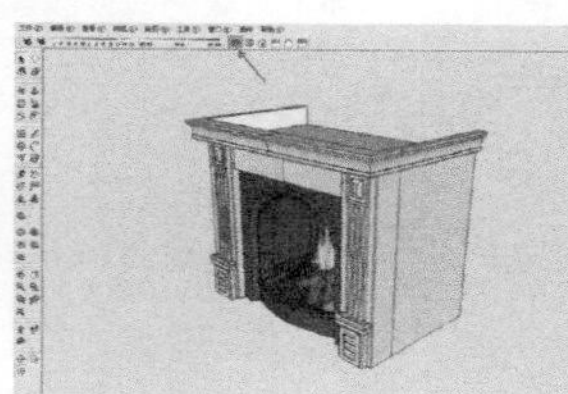

图2-3

疑难问答 问：怎样打开视图工具栏的图标?

答：执行“查看→工具栏→视图”命令，勾选“视图”选项，即可调出视图工具栏，如图2-4所示，调出其他工具栏的方法也一样。工具栏的位置可以通过鼠标进行拖动和对齐。

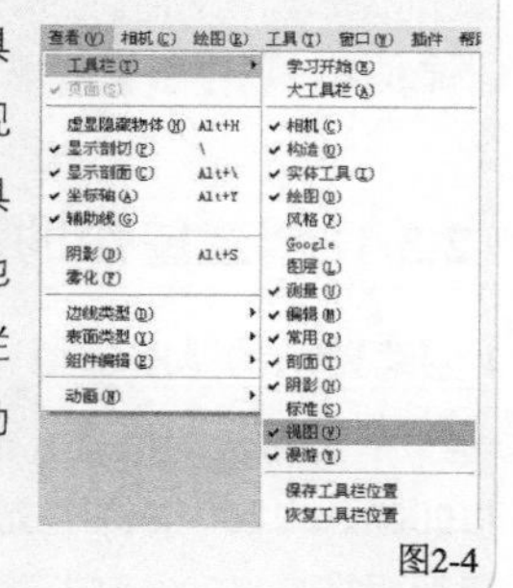

图2-4

2 在工具栏中单击“转动”工具，然后把鼠标光标放在透视图视窗中，按住鼠标左键，通过对鼠标的拖动可以进行视窗内视点的旋转。通过旋转可以观察模型各个角度的情况，如图2-5所示。如果配置了三键鼠标，可以直接按住鼠标中键来执行这项功能。

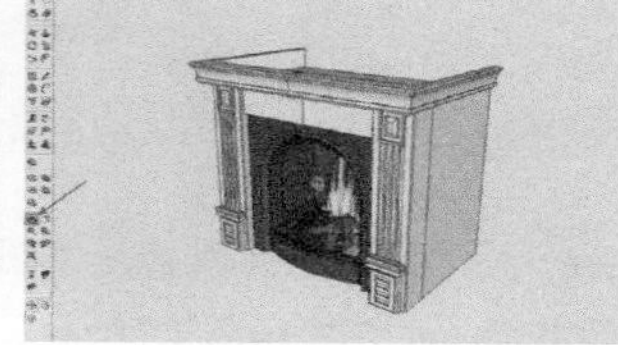

图2-5

3 在工具栏中单击“平移”工具，就可以在视窗中平行移动观察窗口，如图2-6所示。

4 在工具栏中单击“实时缩放”工具，然后把鼠标光标移到透视图视窗中，按住鼠标左键不放，拖动鼠标就可以对视窗中的视角进行缩放。鼠标上移则放大，下移则缩小，由此可以随时观察模型的细部和全局状态，如图2-7所示。

图2-6

图2-7

5 在工具栏中单击“窗口缩放”工具，然后按住鼠标左键不放，在视图中拉出一个窗口框，即可放大显示窗框中的物体，如图2-8所示。

图2-8

6 在工具栏中单击“上一视图”工具，即可看到上一次调整后的视图，如图2-9所示。

7 在工具栏中单击“下一视图”工具，即可看到下一次调整过的视图，当然这个工具是结合“上一视图”工具使用的，如图2-10所示。

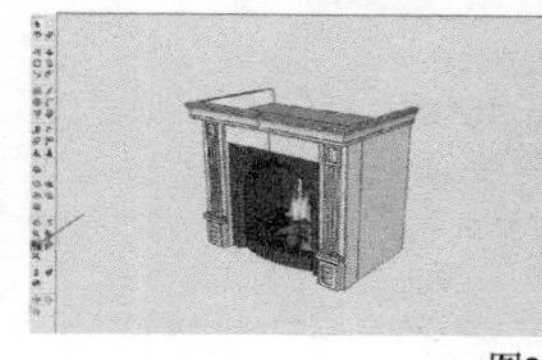

图2-9

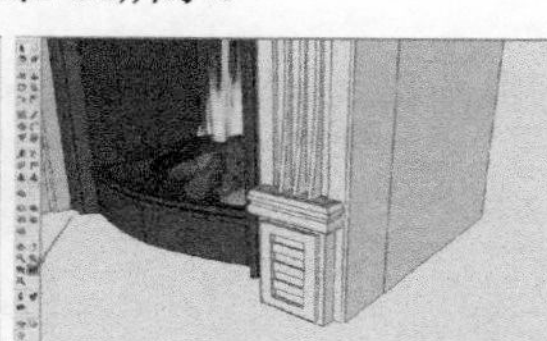

图2-10

8 在工具栏中单击“充满视窗”工具，即可使场景中的模型最大化显示于绘图区中，如图2-11所示。

图2-11

2.2.2 设置阴影并创建页面视图

SketchUp中是没有摄像机的，但是可以通过为场景创建页面来记录不同角度的视图。

1 将视图调整到合适的视角，然后执行"相机→两点透视"菜单命令，将视图调整到两点透视，如图2-12所示。

图2-12

2 执行"窗口→阴影"菜单命令，调出"阴影设置"对话框，单击"阴影显示切换"按钮，以显示阴影。通过拖曳时间、日期、光线及明暗的滑块，调整阴影的显示效果，如图2-13所示。

图2-13

3 执行"窗口→页面管理"菜单命令，调出"页面"管理器，然后单击"添加页面"按钮⊕，创建一个页面，如图2-14所示。

图2-14

2.2.3 导出视图图片

1 执行"文件→导出→2D图像"菜单命令，在弹出的"导出二维消隐线"对话框中，将"文件名"设置为biru，并在"文件类型"下拉选框中选择"JPEG图片（*.jpg）"格式，如图2-15所示。

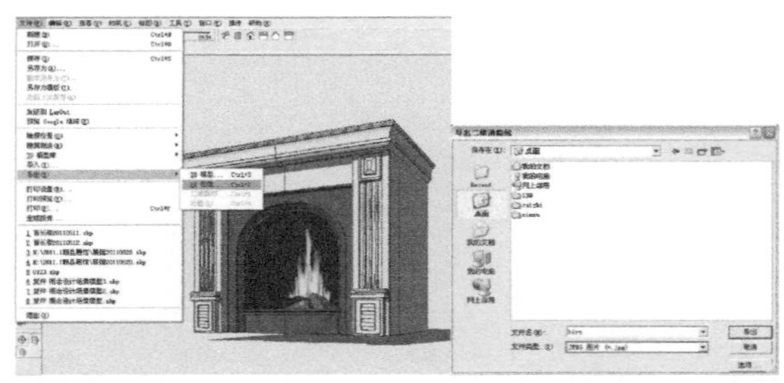

图2-15

2 单击"选项"按钮选项...，在弹出的"JPG导出选项"对话框中取消"使用视图尺寸"的勾选，并将"高度"和"宽度"改成2800像素×1704像素，然后在"绘图表现"选项组下勾选"抗锯齿"选项，接着将"JPG压缩"滑块拖曳至最右端的"更好的品质"处，最后单击"确定"按钮确定，如图2-16所示。

3 导出的图片可以用ACDSee等图像查看软件打开，如图2-17所示。

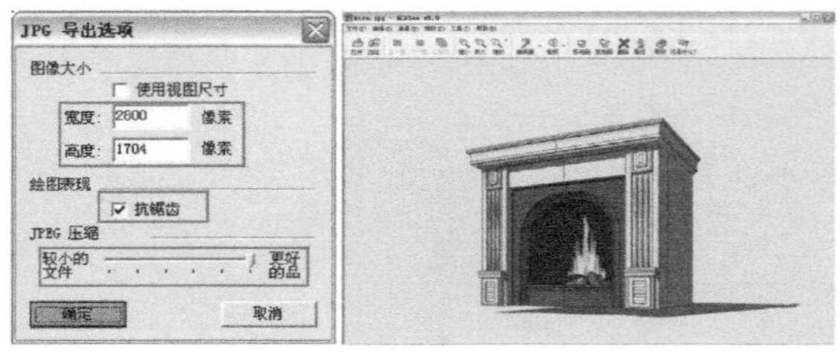

图2-16 图2-17

2.3 完善模型

在本节中需要为场景模型添加壁炉基座及装饰线条，以丰富模型场景。

2.3.1 创建壁炉的基座

1.创建壁炉的基座模型

1 单击右边的组件，然后用"矩形"工具绘制出900mm×800mm的矩形，接着用"推拉"工具将矩形面推拉出50mm的高度，如图2-18所示。

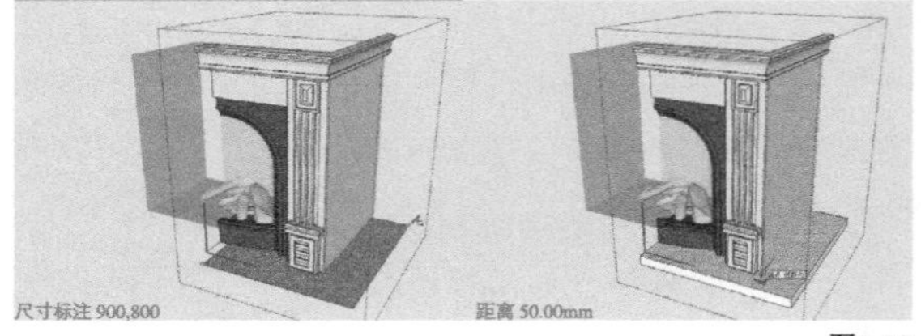

图2-18

2 用"直线"工具及"圆弧"工具绘制出基座的截面，如图2-19所示。

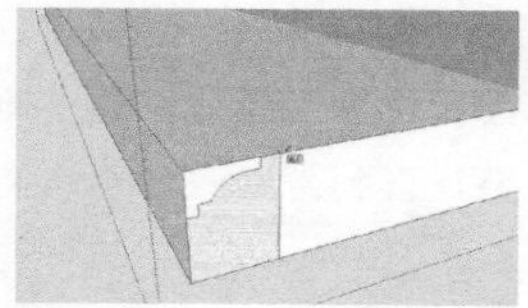

图2-19

3 用“路径跟随”工具将截面沿着基座的边缘进行放样，如图2-20所示。

图2-20

4 选择基座的模型并单击鼠标右键，然后在弹出的菜单中选择“柔化/平滑边线”命令，接着在弹出的对话框中调整平滑属性，如图2-21所示。

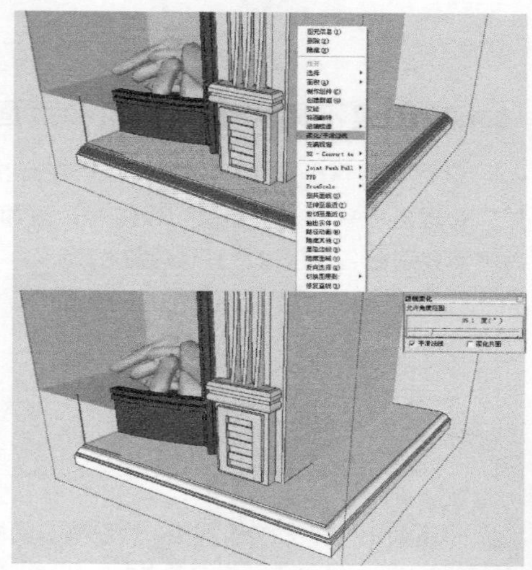

图2-21

5 按Esc键退出组件编辑，可以看到模型另一侧的基座也已经创建完成，如图2-22所示。

图2-22

在对组件进行编辑后，其他相关联的组件也会随着一起变化，这就是组件的关联性，在后面的章节会有详细的讲解。

2.为壁炉的基座模型添加材质

现在要为创建好的基座添加材质属性。

1 执行“窗口→材质”菜单命令，然后在弹出的“材质”编辑器中单击“创建材质”按钮，接着在弹出的“创建材质”对话框中勾选“使用贴图”复选框，如图2-23所示。

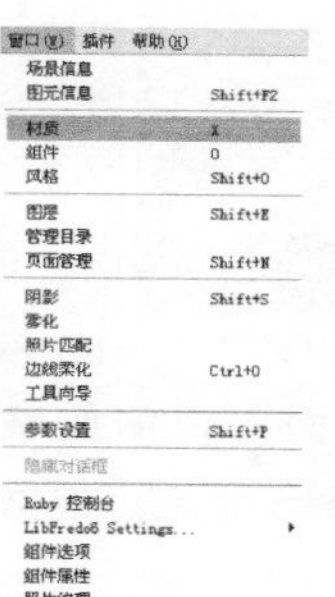

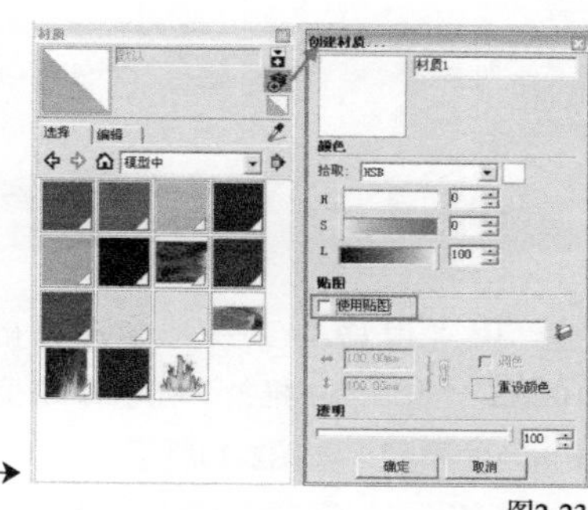

图2-23

2 在弹出的“选择图像”对话框中选择“实例文件→Chapter02→入门训练——燃烧的火焰壁炉→concrete.jpg”大理石贴图文件，然后单击“打开”按钮，如图2-24所示。

3 单击“材质”工具，然后单击创建好的材质，接着单击基座即可将材质赋予壁炉的基座，如图2-25所示。

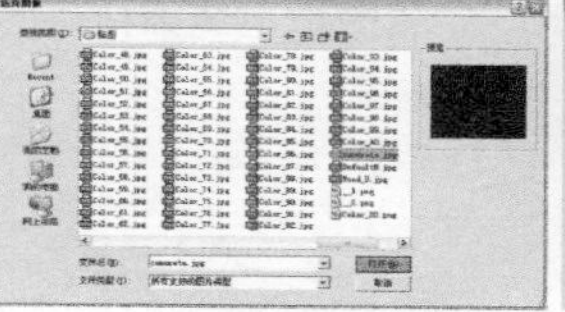

图2-24 图2-25

4 单击“材质”编辑器中的“编辑”选项卡，然后更改贴图的长度与宽度，直至将贴图调整到合适大小为止，如图2-26所示。

5 按Esc键退出组件编辑，完成壁炉的基座创建，如图2-27所示。

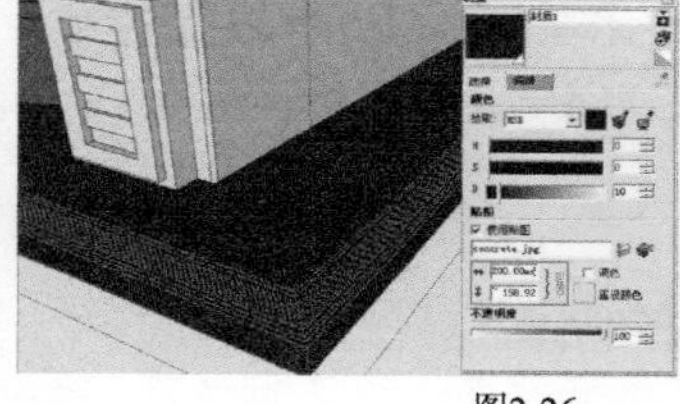

图2-26

图2-27

2.3.2 创建壁炉的装饰

1 双击壁炉的右侧进入组件内部编辑，然后用“矩形”工具绘制出300mm×100mm的矩形，接着用“推拉”工具推拉出10mm的厚度，如图2-28所示。

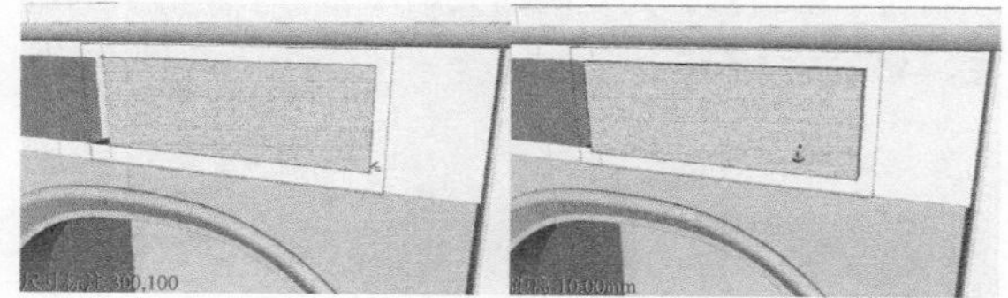

图2-28

2 用“矩形”工具在该体块上绘制出两个矩形，然后用“推拉”工具将其向后面推拉，如图2-29所示。

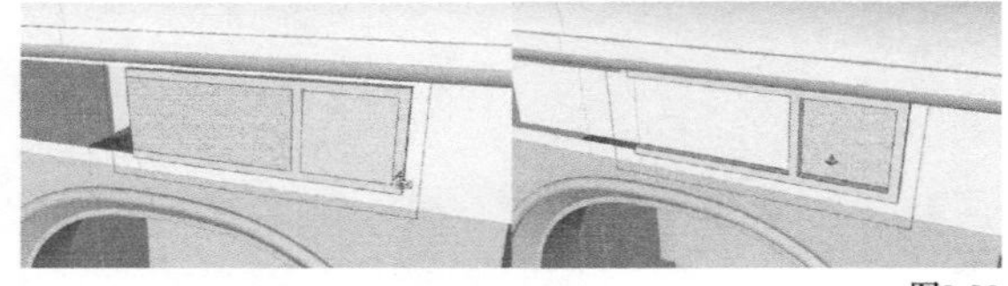

图2-29

3 用“偏移”工具将选择的面向内侧偏移10mm，然后用“推拉”工具将偏移的面向上推拉10mm的厚度，如图2-30所示。

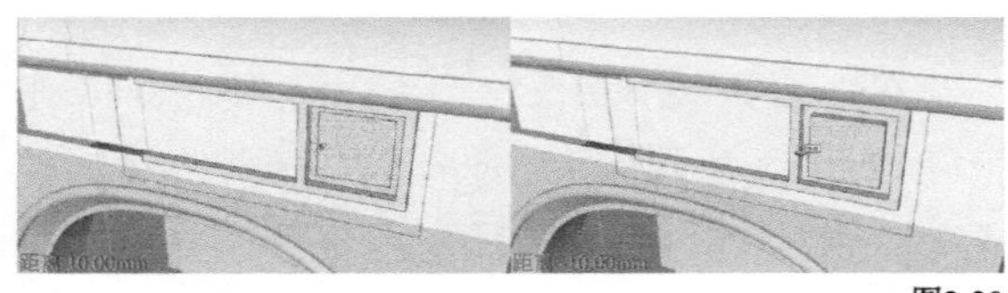

图2-30

4 激活“缩放”工具并按住Ctrl键将其顶面缩放到一个点，如图2-31所示。

5 按Esc键退出组件编辑，完成壁炉上装饰构件的创建，如图2-32所示。

图2-31

图2-32

2.4 制作燃烧的火焰动画

利用SketchUp制作动画有很多种方法，在本案例中主要利用图层管理的方法为火焰创造熊熊燃烧的动态效果，希望读者能够了解这种动画的制作原理。

2.4.1 创建火焰的贴图

1 我们看到场景模型中只存在一个火焰模型，为了创建不同的页面，需要再次创建两个不同的火焰模型。激活“移动”工具并配合Ctrl键，将火焰复制一个，如图2-33所示。

2 按照为壁炉基座添加贴图材质的方法，打开“材质”编辑器，为复制的火焰添加一个新的火焰贴图，如图2-34所示。

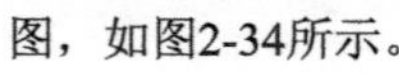

图2-33

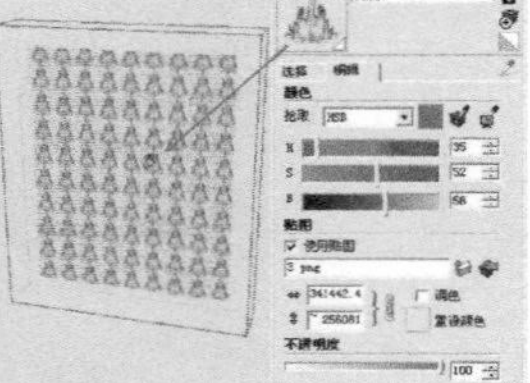

图2-34

3 单击鼠标右键，然后在弹出的菜单中选择“贴图→位置”命令，通过拖曳贴图的指针对贴图进行调整，直到得到满意的效果为止，如图2-35所示。

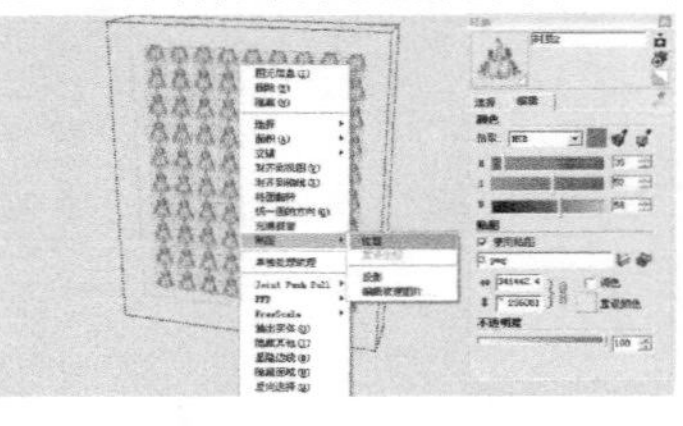

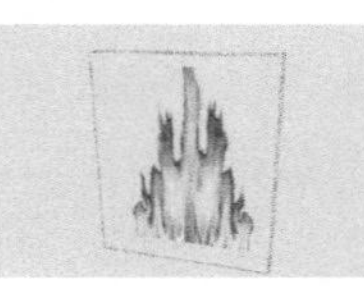

图2-35

4 采用同样的方法再次创建一个火焰贴图，如图2-36所示。

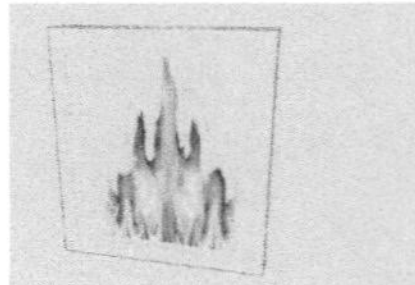

图2-36

技巧与提示

注意，3张火焰贴图的燃烧形态应有所区别。

2.4.2 创建不同火焰的图层和页面

1 执行“窗口→图层”菜单命令，在弹出的“图层”管理器中单击“增加层”按钮⊕，添加3个页面并将其分别命名为1、2、3，如图2-37所示。

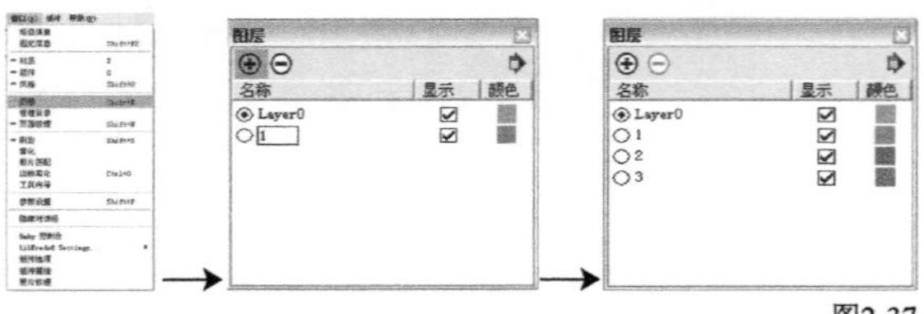

图2-37

2 单击其中一个火焰的群组，然后单击鼠标右键，并在弹出的菜单中选择“图元信息”命令，打开“图元信息”对话框，然后在“图层”下拉列表中选择1，完成第一个火焰的归层操作，如图2-38所示。

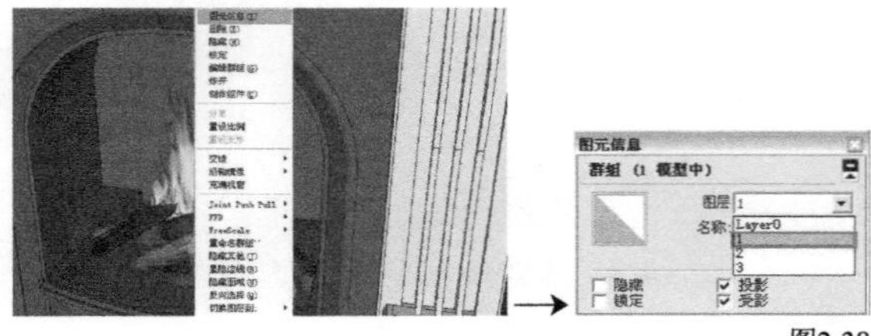

图2-38

3 采用相同的方法将另外两个火焰群组的图层分别归为2和3图层，如图2-39所示。

4 关闭“图层2”与“图层3”的显示，然后执行“窗口→页面”菜单命令，打开“页面”管理器，接着单击“添加页面”按钮⊕，创建一个新页面“页面1”，如图2-40所示。

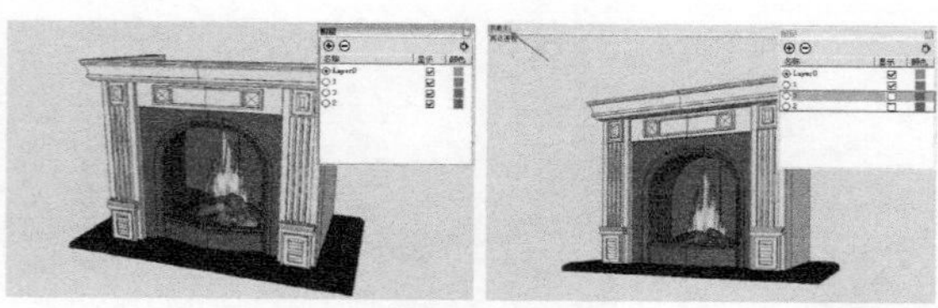

图2-39　　图2-40

5 关闭“图层1”与“图层3”的显示，然后显示“图层2”，接着采用上一步的方法再次创建一个新页面“页面2”，如图2-41所示。

6 采用相同的方法显示“图层3”，并关闭“图层1”与“图层2”的显示，然后创建一个新页面“页面3”，如图2-42所示。

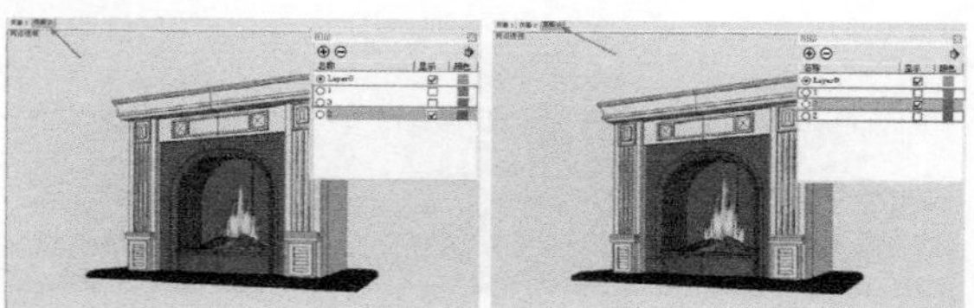

图2-41　　图2-42

7 执行“窗口→场景信息”菜单命令，然后在弹出的“场景信息”对话框中关闭“允许页面过渡”选项，并将“场景延迟”改成1秒，如图2-43所示。

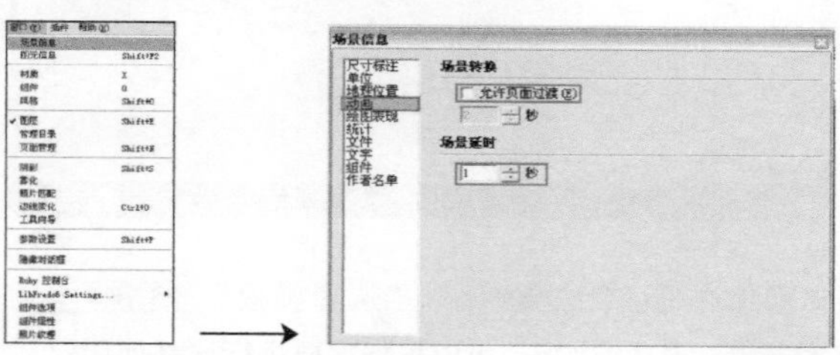

图2-43

2.4.3 存储场景文件

现在所有的制作都基本完成了，如果想保留当前的场景文件，就可以进行保存了。

1 执行“文件→另存为”菜单命令，如图2-44所示。

2 在弹出的“另存为”对话框中输入文件名huoyan，然后单击“保存”按钮 保存(S) ，系统会自动追加SKP作为文件的扩展名，如图2-45所示。对目前的场景进行了保存，以后还能对这个场景进行调用。

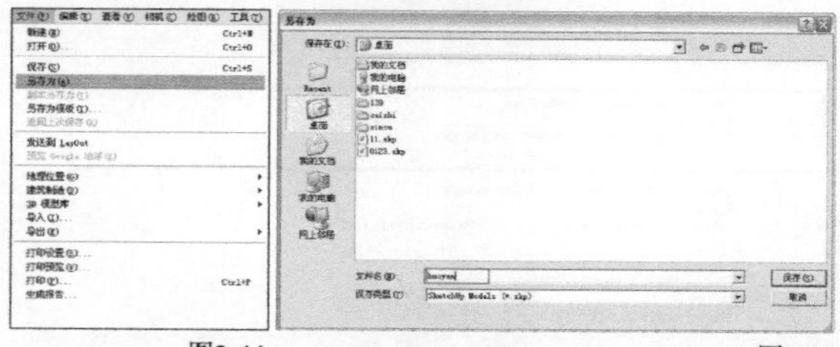

图2-44　　图2-45

2.4.4 制作演示动画

上面的视窗只是对静态的模型进行观察，通过导出动画便可以很直观地看出火焰燃烧的动态效果。

1 执行“文件→导出→动画”菜单命令，然后在弹出的“导出动画”对话框中命名文件名为donghua，并将文件类型改成“AVI文件”的视频格式，如图2-46所示。

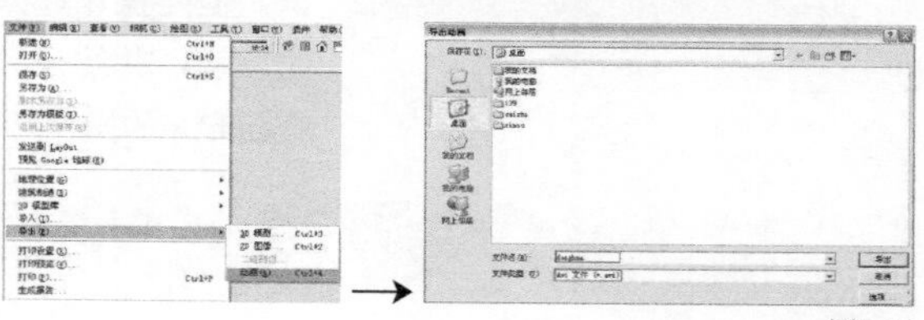

图2-46

2 单击“选项”按钮 选项... ，在弹出的“动画导出选项”对话框中将“宽度”与“高度”分别调整为800×600，然后将“帧数”设置为25，并勾选“从起始页循环”选项，接着在“绘图表现”选项组下勾选“抗锯齿”选项，最后单击“确定”按钮 确定 ，如图2-47所示。

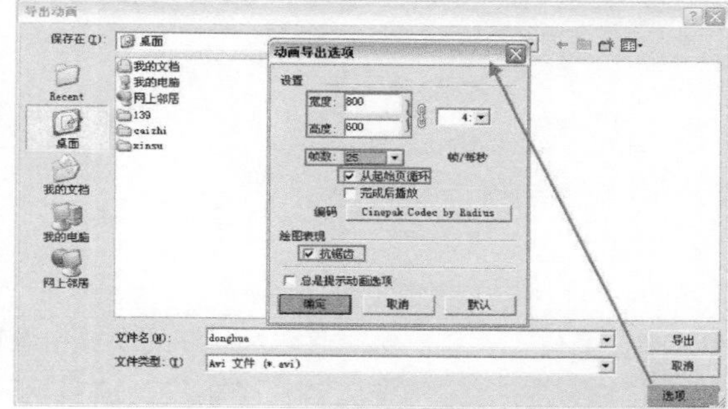

图2-47

3 设置完“动画导出选项”以后就可以单击“导出”按钮 导出 ，将制作好的动画导出，如图2-48所示。

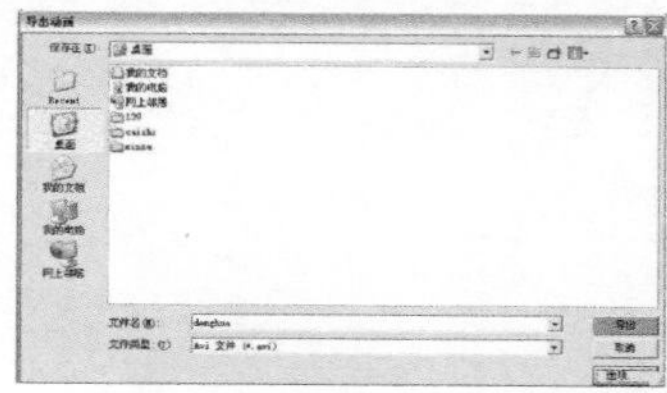

图2-48

导出动画根据本场景的设置需要导出75帧的图像，所以需要一定的渲染时间，经过一段时间的等待后，渲染计算结束，最终的渲染结果会自动保存在已经设定的那个文件夹中，可以通过媒体播放器对最终的动画效果进行观看。

到这里热身的第一个练习已经全部完成了，虽然有些简单，但毕竟是自己动手制作的第一个作品，相信随着学习的慢慢深入，我们创建的作品会越来越精彩！

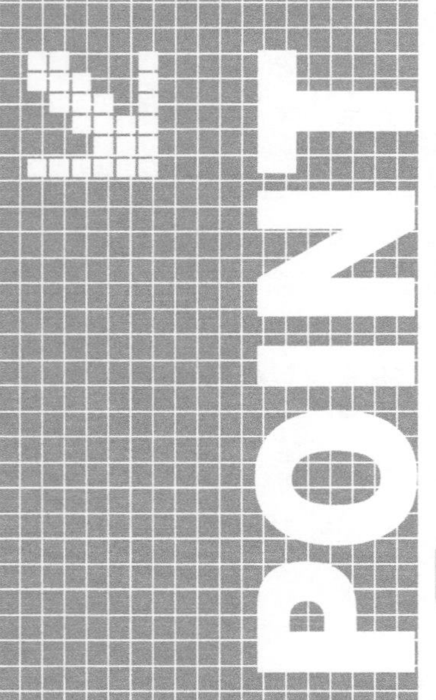

第3章 熟悉SketchUp 8.0的操作界面

通过第2章的训练，相信读者对SketchUp 8.0的界面已经有了一定的认识，但是操作起来并没有完全适应。本章将对SketchUp 8.0界面进行系统的讲解，并结合“疑难问答”“技术专题”和“实战”使读者能完全适应SketchUp的操作环境，为后面的学习打下坚实的基础。

学习重点

熟悉 SketchUp 8.0 的操作界面

熟悉 SketchUp 8.0 的菜单栏命令

掌握优化设置 SketchUp 8.0 界面的方法

掌握在 SketchUp 8.0 中查看模型的方法

3.1 熟悉SketchUp 8.0的向导界面

安装好SketchUp 8.0后，双击桌面上的图标启动软件，首先出现的是“欢迎使用SketchUp”的向导界面，如图3-1所示。

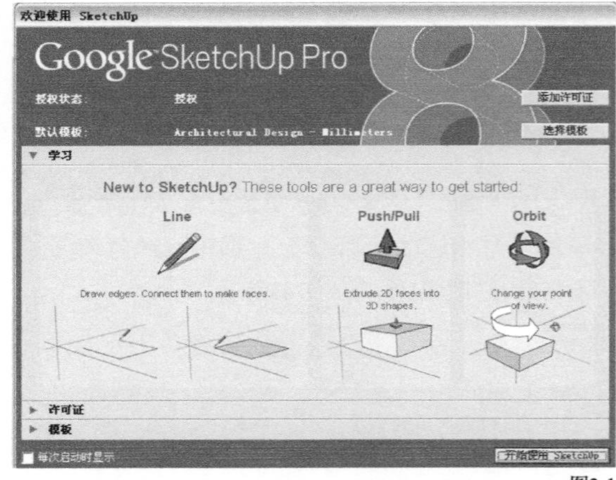

图3-1

向导界面中设置了“添加许可证” 添加许可证 、“选择模板” 选择模板 、“每次启动时显示” 每次启动时显示 等功能按钮，可以根据需要进行选择使用。

技术专题 选择单位为“毫米”的模板

运行SketchUp，在出现的向导界面中，单击“选择模板”按钮 选择模板 ，然后在模板的下拉选项框中单击选择Architectural Design-Millimeters，接着单击“开始使用SketchUp”按钮 开始使用 SketchUp 即可打开SketchUp的工作界面，如图3-2所示。

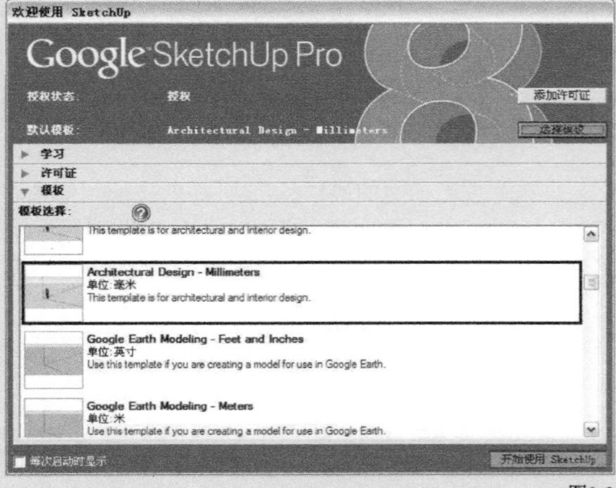

图3-2

SketchUp

疑难问答

问：我将“每次启动时显示”选项前面的钩去掉了，再打开SketchUp时就没有向导界面了，可是我想重新显示向导界面，需要重新安装软件吗？

答：不需要重新安装。打开“帮助”菜单，单击“欢迎使用SketchUp”命令，就会自动弹出向导界面，重新对“每次启动时显示”复选框进行勾选即可，如图3-3所示。

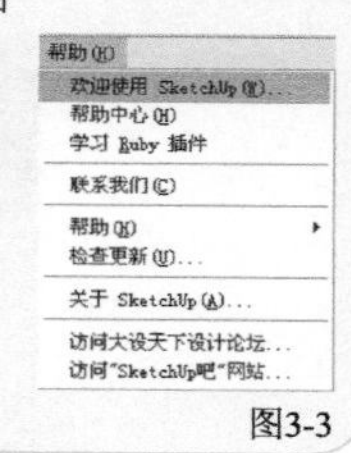

图3-3

SketchUp 8.0的初始界面主要由标题栏、菜单栏、工具栏、绘图区、状态栏、数值控制框和窗口调整柄构成，如图3-4所示。

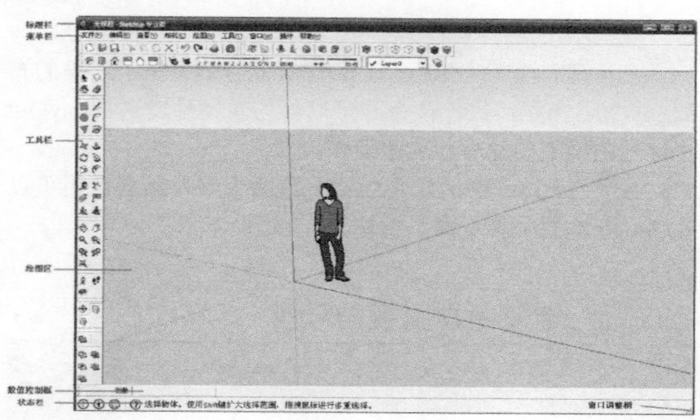

图3-4

3.2 熟悉SketchUp 8.0的工作界面

3.2.1 标题栏

标题栏位于界面的最顶部，最左端是SketchUp的标志，往右依次是当前编辑的文件名称（如果文件还没有保存命名，这里则显示为“无标题”）、软件版本和窗口控制按钮，如图3-5所示。

无标题 - SketchUp Pro

图3-5

3.2.2 菜单栏

菜单栏位于标题栏的下面，包含“文件”“编辑”“查看”“相机”“绘图”“工具”“窗口”“插件”和“帮助”9个主菜单，如图3-6所示。

文件(F) 编辑(E) 查看(V) 相机(C) 绘图(R) 工具(T) 窗口(W) 插件 帮助(H)

图3-6

下面介绍各个菜单中的命令。

1.文件

“文件”菜单用于管理场景中的文件，包括“新建”“打开”“保存”“打印”“导入”和“导出”等常用命令，如图3-7所示。

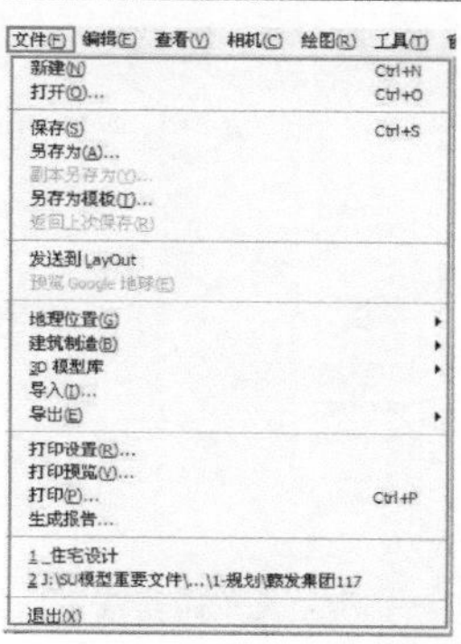

图3-7

新建：快捷键为Ctrl+N，执行该命令后将新建一个SketchUp文件，并关闭当前文件。如果用户没有对当前修改的文件进行保存，在关闭时将会得到提示。如果需要同时编辑多个文件，则需要打开另外的SketchUp应用窗口。

打开：快捷键为Ctrl+O，执行该命令可以打开需要进行编辑的文件。同样，在打开时将提示是否保存当前文件。

保存：快捷键为Ctrl+S，该命令用于保存当前编辑的文件。

技术专题 设置文件自动备份

与其他软件一样，在SketchUp中也有自动保存设置。执行“窗口→参数设置”菜单命令，然后在弹出的“系统属性”对话框中选择“概要”选项，即可设置自动保存的间隔时间，如图3-8所示。

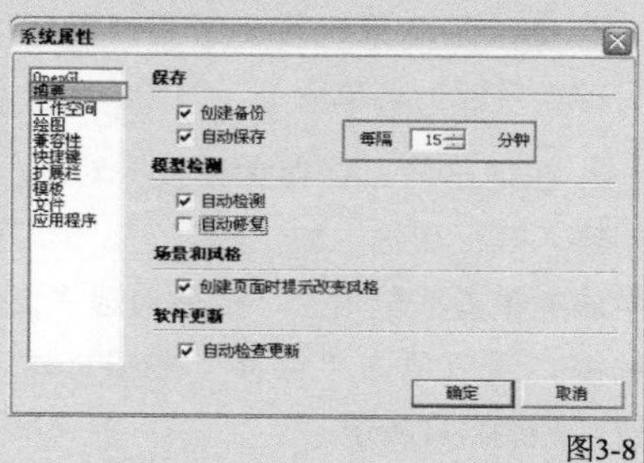

图3-8

技巧与提示

建议大家将保存时间设置为15分钟左右，以免太过频繁地保存影响操作速度。

问：打开一个SKP文件并操作了一段时间后，为什么桌面上会多出很多以阿拉伯数字命名的SKP文件？

答：可能是打开的文件未命名，并且没有关闭SketchUp的“自动保存”功能所造成的。出现这种情况，可以在文件进行保存命名之后再操作；也可以执行“窗口→参数设置”菜单命令，然后在弹出的“系统属性”对话框中选择“概要”选项，接着禁用“自动保存”选项，如图3-9所示。

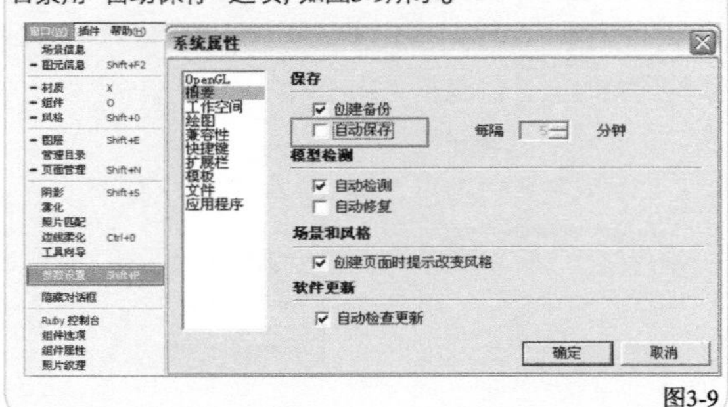

图3-9

另存为：快捷键为Ctrl+Shift+S，该命令用于将当前编辑的文件另行保存。

副本另存为：该命令用于保存过程文件，对当前文件没有影响。在保存重要步骤或构思时，非常便捷。此选项只有在对当前文件命名之后才能激活。

另存为模板：该命令用于将当前文件另存为一个SketchUp模板。

实战

将设定好的场景设置为模板

场景文件	无
实例文件	实战——将设定好的场景设置为模板.skp
视频教学	多媒体教学>Chapter03>实战——将设定好的场景设置为模板.flv
难易指数	★☆☆☆☆
技术掌握	文件中的另存为模板

扫码看视频

在完成场景信息设定后，可以把它保存为一个模板，这样再次打开SketchUp绘制其他建筑图纸的时候就不必再对场景的信息进行重复设置了。

1 调整好场景风格和系统设置后，执行“文件→另存为模板”菜单命令，如图3-10所示。

2 在弹出的“保存为模板”对话框的“名称”框中输入模板名称，如“建筑”，也可以在“注释”框中添加模板注释信息，然后勾选“设为默认模板”复选框，最后单击“保存”按钮，完成模板设置，如图3-11所示。

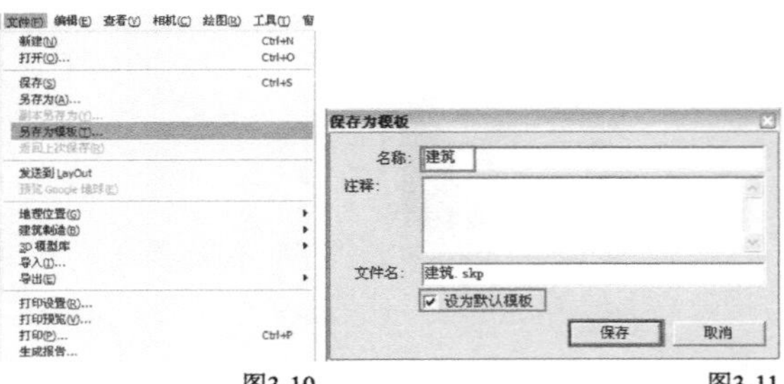

图3-10　图3-11

3 重新启动SketchUp时，系统将会把“建筑.skp”这个文件设置成为默认的模板。如果设置了多个模板，可以在向导界面中单击“选择模板”按钮，选择需要的模板进行使用，如图3-12所示。

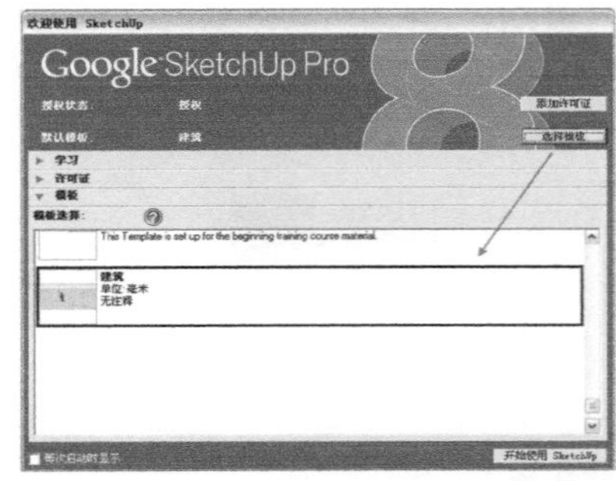

图3-12

返回上次保存：执行该命令后将返回最近一次的保存状态。

发送到LayOut：SketchUp 8.0专业版本发布了增强的布局LayOut3功能，执行该命令可以将场景模型发送到LayOut中进行图纸的布局与标注等操作。

预览Google地球/地理位置：这两个命令结合使用可以在Google地图中预览模型场景。

重点 实战

在Google地图中预览模型场景

场景文件	无
实例文件	实战——在Google地图中预览模型场景.skp
视频教学	多媒体教学>Chapter03>实战——在Google地图中预览模型场景.flv
难易指数	★★☆☆☆
技术掌握	预览Google地球/地理位置

扫码看视频

1 执行“文件→地理位置→添加位置”菜单命令，此时会弹出“添加位置”对话框，如图3-13所示。

图3-13

2 在“添加位置”对话框中输入要查找的城市名称，如Guangzhou，然后单击“搜索”按钮，接着单击“选择区域”按钮，如图3-14所示。

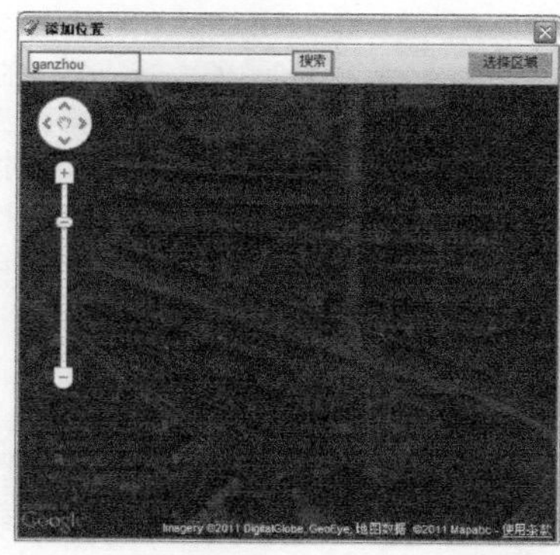

图3-14

3 单击“抓取”按钮抓取将当前图片导入SketchUp中，然后将模型移动到指定的位置，这样就完成了地理位置的添加，如图3-15和图3-16所示。

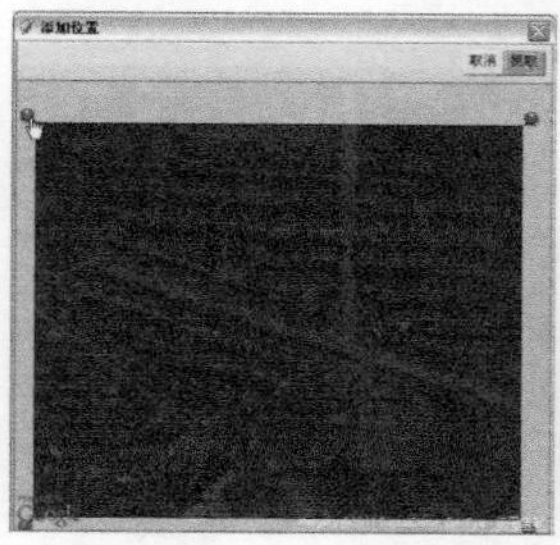

图3-15

图3-16

4 执行“文件→预览Google地球”菜单命令，将模型导入Google地图，显示效果如图3-17所示。

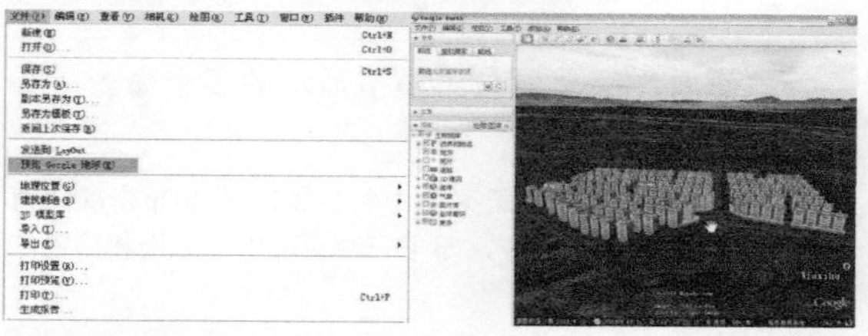

图3-17

建筑制造：通过该命令可以在网上制作建筑模型，利用Google还原真实的街道场景，如图3-18所示。

3D模型库：该命令可以从网上的3D模型库中下载需要的3D模型，也可以将模型上传，如图3-19所示。

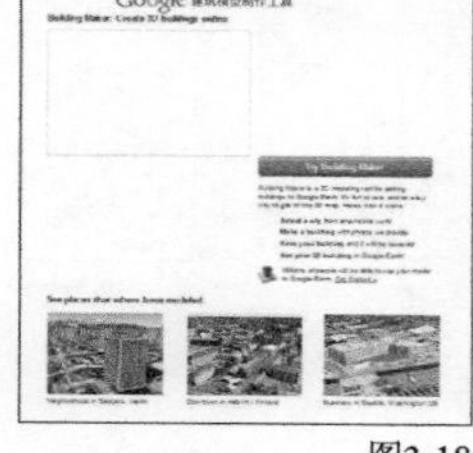

图3-18

图3-19

导出：该命令的子菜单中包括4个命令，分别为“3D模型”“2D图像”“二维剖切”和“动画”，如图3-20所示。

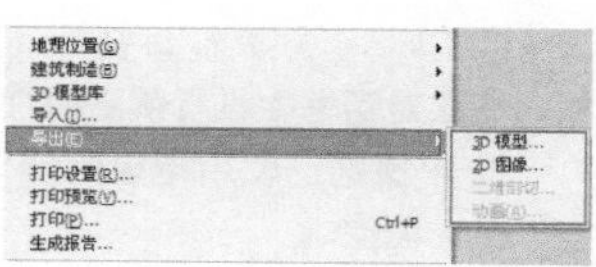

图3-20

3D模型：执行该命令可以将模型导出为DXF、DWG、3DS和VRML格式。

2D图像：执行该命令可以导出2D光栅图像和2D矢量图形。基于像素的图形可以导出为JPEG、PNG、TIFF、BMP、TGA和Epix格式，这些格式可以准确地显示投影和材质，和在屏幕上看到的效果一样；用户可以根据图像的大小调整像素，以更高的分辨率导出图像；当然，更大的图像会需要更多的时间。输出图像的尺寸最好不要超过5000×3500，否则容易导出失败。矢量图形可以导出为PDF、EPS、DWG和DXF格式，矢量输出格式可能不支持一定的显示选项，例如，阴影、透明度和材质。需要注意的是，在导出立面、平面等视图的时候别忘了关闭“透视显示”模式。

二维剖切：执行该命令可以精确地以标准矢量格式导出2D剖切面。

动画：该命令可以将用户创建的动画页面序列导出为视频文件。用户可以创建复杂模型的平滑动画，并可用于刻录VCD。

导入：该命令用于将其他文件插入SketchUp中，包括组件、图像、DWG/DXF文件和3DS文件等。

技巧与提示

导入的图像并不是分辨率越高越好，为避免增加模型的文件量，一般将分辨率控制在72像素/英寸。

将图形导入作为SketchUp的底图时，可以考虑将图形的颜色修改得较鲜明，以便描图时显示得更清晰。

导入DWG和DXF文件之前，先在AutoCAD里将所有线的标高归零，并最大限度地保证线的完整度和闭合度。

导入的文件按照类型可以分为4类。

① 导入组件

将其他的SketchUp文件作为组件导入当前模型中，也可以将文件直接拖放到绘图窗口中。

②导入图像

将一个基于像素的光栅图像作为图形对象放置到模型中，用户也可以直接拖放一个图像文件到绘图窗口。

③导入材质图像

将一个基于像素的光栅图像作为一种可以应用于任意表面的材质插入模型中。

④导入DWG/DXF格式的文件

将DWG和DXF文件导入SketchUp模型中，支持的图形元素包括线、圆弧、圆、多段线、面、有厚度的实体、三维面以及关联图块等。导入的实体会转换为SketchUp的线段和表面放置到相应的图层，并创建为一个组。导入图像后，可以通过全屏窗口缩放（快捷键为Shift+Z）进行察看。

打印设置：执行该命令可以打开“打印设置”对话框，在该对话框中设置所需的打印设备和纸张的大小。

打印预览：使用指定的打印设置后，可以预览将打印在纸上的图像。

打印：该命令用于打印当前绘图区显示的内容，快捷键为Ctrl+P。

退出：该命令用于关闭当前文档和SketchUp应用窗口。

2.编辑

“编辑”菜单用于对场景中的模型进行编辑操作，包括如图3-21所示的命令。

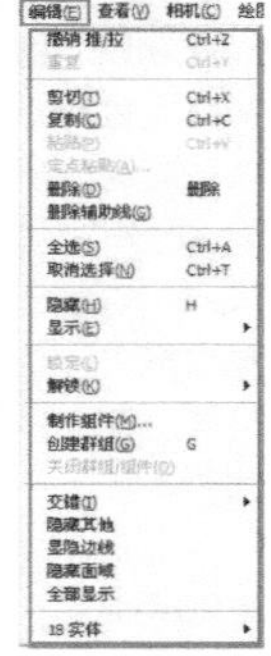

图3-21

撤销：执行该命令将返回上一步的操作，快捷键为Ctrl+Z。注意，只能撤销创建物体和修改物体的操作，不能撤销改变视图的操作。

重复：该命令用于取消“撤销”命令，快捷键为Ctrl+Y。

剪切/复制/粘贴：利用这3个命令可以让选中的对象在不同的SketchUp程序窗口之间进行移动，快捷键依次为Ctrl+X、Ctrl+C和Ctrl+V。

定点粘贴：该命令用于将复制的对象粘贴到原坐标。

删除：该命令用于将选中的对象从场景中删除，快捷键为Delete。

删除辅助线：该命令用于删除场景中所有的辅助线，快捷键为Ctrl+Q。

全选：该命令用于选择场景中的所有可选物体，快捷键为Ctrl+A。

取消选择：与“全选”命令相反，该命令用于取消对当前所有元素的选择，快捷键为Ctrl+T。

隐藏：该命令用于隐藏所选物体，快捷键为H。使用该命令可以帮助用户简化当前视图，或者方便对封闭的物体进行内部的观察和操作。

显示：该命令的子菜单中包含3个命令，分别是“选定”“上一次”和“全部”，如图3-22所示。

选定：用于显示所选的隐藏物体。隐藏物体的选择可以执行“查看→虚显隐藏物体”菜单命令，如图3-23所示。

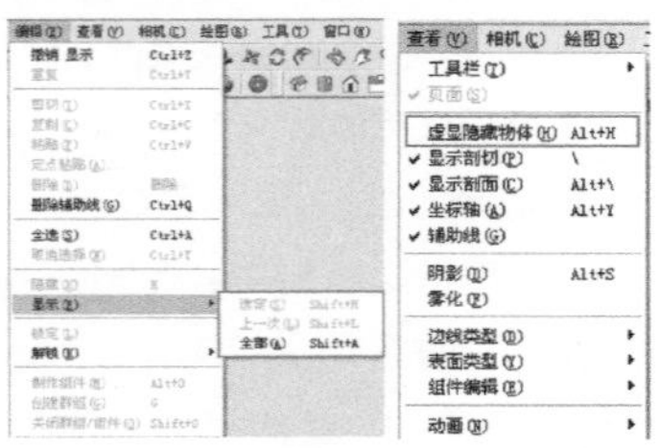

图3-22　图3-23

上一次：该命令用于显示最近一次隐藏的物体。

全部：执行该命令后，所有显示的图层的隐藏对象将被显示。注意，此命令对不显示的图层无效。

锁定/解锁：“锁定”命令用于锁定当前选择的对象，使其不能被编辑；而“解锁”命令则用于解除对象的锁定状态。在单击鼠标右键的下拉菜单中也可以找到这两个命令，如图3-24所示。

图3-24

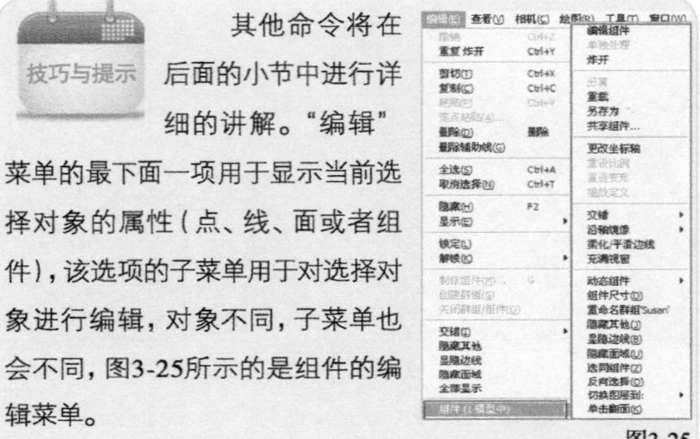

技巧与提示

其他命令将在后面的小节中进行详细的讲解。“编辑”菜单的最下面一项用于显示当前选择对象的属性（点、线、面或者组件），该选项的子菜单用于对选择对象进行编辑，对象不同，子菜单也会不同，图3-25所示的是组件的编辑菜单。

图3-25

3.查看

“查看”菜单包含了模型显示的多个命令，如图3-26所示。

工具栏：该命令的子菜单中包含了SketchUp中的所有工具，单击勾选这些命令，即可在绘图区中显示出相应的工具，如图3-27所示。

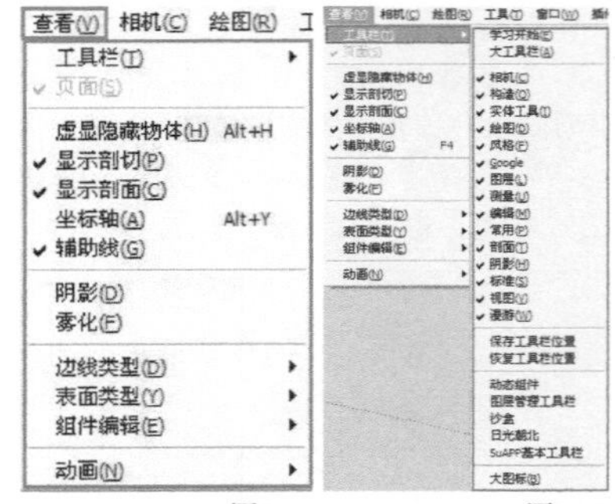

图3-26　图3-27

疑难问答

问：为什么工具栏中的图标那么少？怎样显示所需要的工具栏？

答：这是因为部分工具栏没有被展开显示，如果想要显示这些工具图标，只需在“系统属性”对话框的“扩展栏”参数设置对话框中勾选所有选项，如图3-28所示。

执行“查看→工具栏”主菜单命令，并在弹出的子菜单中单击勾选需要显示的工具栏即可，带有“√”的菜单项为已经显示的工具栏,如图3-29所示。

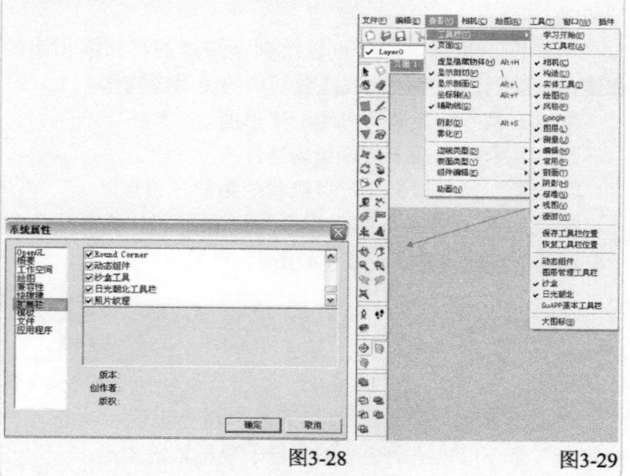

图3-28　　图3-29

疑难问答　问：能否调整图标的大小?

答：执行“查看→工具栏”菜单命令，然后在弹出的子菜单中勾选“大图标”选项，此时图标将变大；如果取消勾选，相反图标将变小，如图3-30所示。

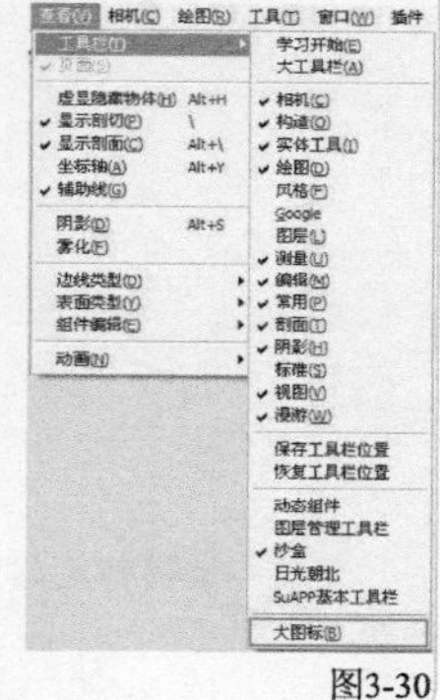

图3-30

页面：用于在绘图窗口的顶部激活页面标签。

虚显隐藏物体：该命令可以将隐藏的物体以虚线的形式显示。

问：在SketchUp中隐藏的物体为什么会以网格方式显示，如图3-31所示?

答：这是因为“查看”菜单中的“虚显隐藏物体”命令被启用，如果对于隐藏的物体不需要虚显，那么禁用该项，模型就会完全隐藏，如图3-32所示。

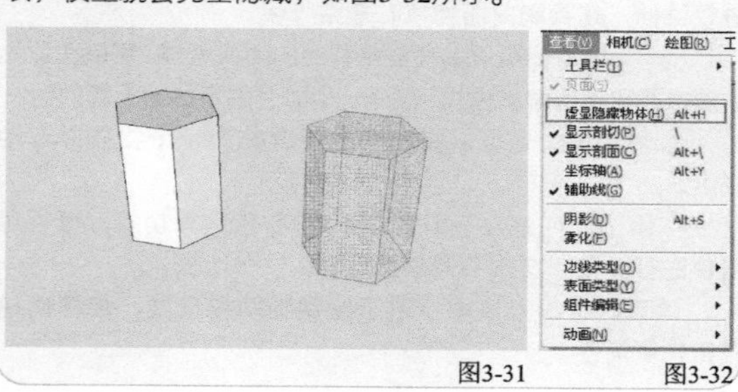

图3-31　　图3-32

疑难问答　问：怎样取消物体的隐藏?

答：如果取消所有物体的隐藏，只需要执行“编辑→显示→全部”菜单命令即可将场景中所有隐藏的物体全部显示出来，如图3-33所示。

如果是只显示部分被隐藏的物体，建议还是启用“查看”菜单中的“虚显隐藏物体”，将隐藏的物体全部以网格形式显示，以方便物体的选择。选择隐藏的物体，右键单击，在右键关联菜单中选择“显示”即可，如图3-34所示。也可以在选定隐藏物体之后，执行“编辑→显示→选定”菜单命令将其显示出来。

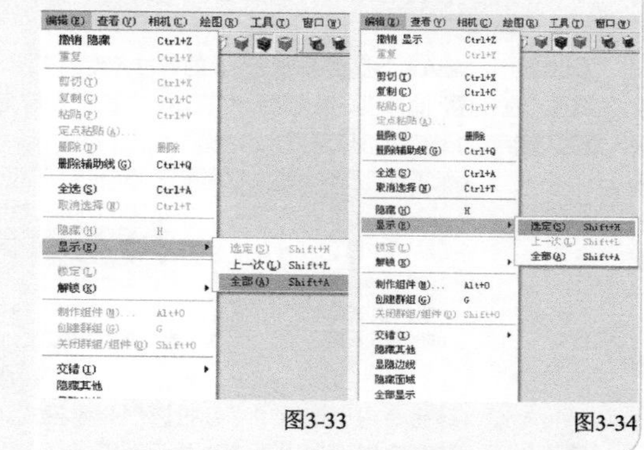

图3-33　　图3-34

显示剖切：该命令用于显示模型的任意剖切面。

显示剖面：该命令用于显示模型的剖面。

坐标轴：该命令用于显示或者隐藏绘图区的坐标轴。

辅助线：该命令用于查看建模过程中的辅助线。

阴影：该命令用于显示模型在地面的阴影。

雾化：该命令用于为场景添加雾化效果。

边线类型：该命令包含了5个子命令，其中“显示边线”和“背面边线”命令用于显示模型的边线，“轮廓线”“深粗线”和“延长线”命令用于激活相应的边线渲染模式，如图3-35所示。

表面类型：该命令包含了6种显示模式，分别为“X光模式”“线框显示”模式、“消隐”模式、“着色”模式，“贴图”模式和“单色”模式，如图3-36所示。

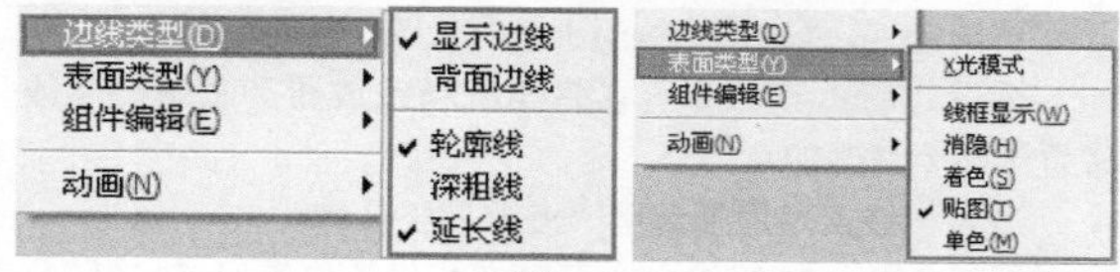

图3-35　　图3-36

组件编辑：该命令包含的子命令用于改变编辑组件时的显示方式，如图3-37所示。

动画：该命令同样包含了一些子命令，如图3-38所示，通过这些子命令可以添加或者删除页面，也可以控制动画的播放和设置。有关动画的具体操作在后面会进行详细的讲解。

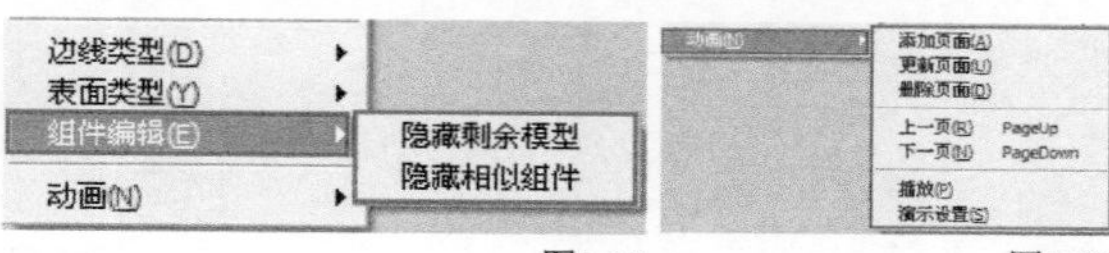

图3-37　　图3-38

4.相机

“相机”菜单包含了改变模型视角的命令，如图3-39所示。

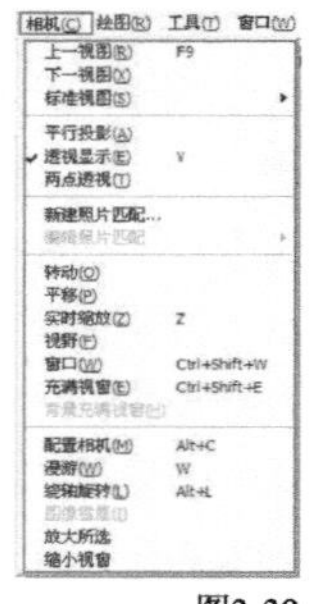

图3-39

上一视图：该命令用于返回翻看上次使用的视角。

下一视图：在翻看上一视图之后，单击该命令可以往后翻看下一视图。

标准视图：SketchUp提供了一些预设的标准角度的视图，包括顶视图、底视图、前视图、后视图、左视图、右视图和等角视图。通过该命令的子菜单可以调整当前视图，如图3-40所示。

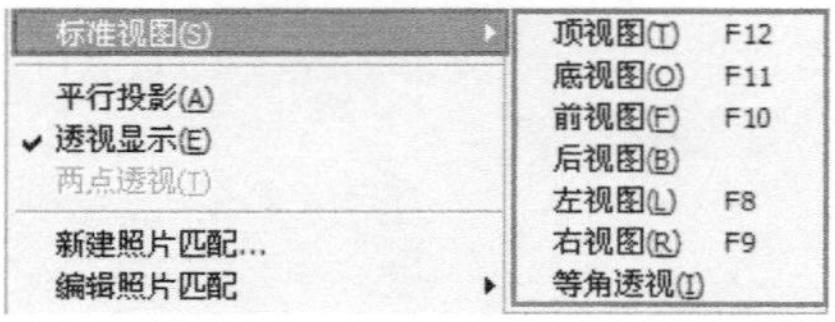

标准视图(S) | 顶视图(T) F12 | 底视图(O) F11 | 前视图(F) F10 | 后视图(B) | 左视图(L) F8 | 右视图(R) F9 | 等角透视(I)
平行投影(A)
透视显示(E)
两点透视(T)
新建照片匹配...
编辑照片匹配

图3-40

平行投影：该命令用于调用“平行投影”显示模式。

透视显示：该命令用于调用“透视显示”模式。

两点透视：该命令用于调用“两点透视”显示模式。

新建照片匹配：执行该命令可以导入照片作为材质，对模型进行贴图。

编辑照片匹配：该命令用于对匹配的照片进行编辑修改。

转动：执行该命令可以对模型进行旋转查看。

平移：执行该命令可以对视图进行平移。

实时缩放：执行该命令后，按住鼠标左键在屏幕上进行拖动，可以进行实时缩放。

视野：执行该命令后，按住鼠标左键在屏幕上进行拖动，可以使视野变宽或者变窄。

窗口：该命令用于放大窗口选定的元素。

充满视窗：该命令用于使场景充满绘图窗口。

背景充满视窗：该命令用于使背景图片充满绘图窗口。

配置相机：该命令可以将相机精确放置到眼睛高度或者置于某个精确的点。

漫游：该命令用于调用“漫游”工具。

绕轴旋转：执行该命令可以在相机的位置沿z轴旋转显示模型。

5.绘图

“绘图”菜单包含了绘制图形的几个命令，如图3-41所示。

图3-41

直线：执行该命令可以绘制直线、相交线或者闭合的图形。

圆弧：执行该命令可以绘制圆弧，圆弧一般是由多个相连的曲线片段组成，但是这些图形可以作为一个弧整体进行编辑。

徒手画：执行该命令可以绘制不规则的、共面相连的曲线，从而创造出多段曲线或者简单的徒手画物体。

矩形：执行该命令可以绘制矩形面。

圆形：执行该命令可以绘制圆。

多边形：执行该命令可以绘制规则的多边形。

沙盒：通过该命令的子命令可以利用“从等高线”或“从网格”创建地形，如图3-42所示。

沙盒 | 从等高线
自由矩形 | 从网格

图3-42

“自由矩形”命令：与“矩形”命令不同，执行“自由矩形”命令可以绘制边线不平行于坐标轴的矩形。

6.工具

“工具”菜单主要包括对物体进行操作的常用命令，如图3-43所示。

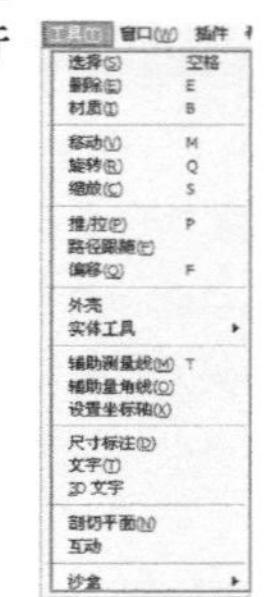

图3-43

选择：选择特定的实体，以便对实体进行其他命令的操作。

删除：该命令用于删除边线、辅助线和绘图窗口的其他物体。

材质：执行该命令将打开“材质”编辑器，用于为面或组件赋予材质。

移动：该命令用于移动、拉伸和复制几何体，也可以用来旋转组件。

旋转：执行该命令将在一个旋转面里旋转绘图要素、单个或多个物体，也可以选中一部分物体进行拉伸和扭曲。

缩放：执行该命令将对选中的实体进行缩放。

推/拉：该命令用来扭曲和均衡模型中的面。根据几何体特性的不同，该命令可以移动、挤压、添加或者删除面。

路径跟随：该命令可以使面沿着某一连续的边线路径进行拉伸，在绘制曲面物体时非常方便。

偏移：该命令用于偏移复制共面的面或者线，可以在原始面的内部和外部偏移边线，偏移一个面会创造出一个新的面。

外壳：该命令可以将两个组件合并为一个物体并自动成组。

实体工具：该命令下包含了5种布尔运算功能，可以对组件进行并集、交集和差集的运算。

辅助测量线：该命令用于绘制辅助测量线，使精确建模操作更简便。

辅助量角线：该命令用于绘制一定角度的辅助量角线。

设置坐标轴：用于设置坐标轴，也可以进行修改。对绘制斜面物体非常有效。

尺寸标注：用于在模型中标示尺寸。

文字：用于在模型中输入文字。

3D文字：用于在模型中放置3D文字，可设置文字的大小和挤压厚度。

剖切平面：用于显示物体的剖切面。

互动：通过设置组件属性，给组件添加多个属性，如多种材质或颜色。运行动态组件时会根据不同属性进行动态变化显示。

沙盒：该命令包含了5个子命令，分别为“曲面拉伸”“水印”“投影”“添加细节”和“翻转边线”，如图3-44所示。

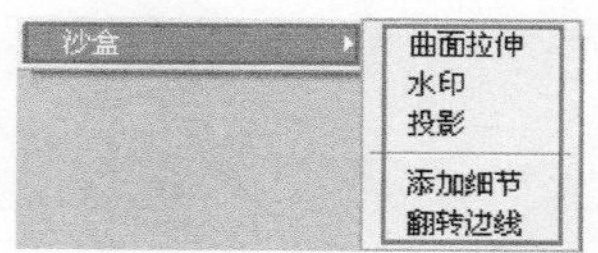

图3-44

7.窗口

“窗口”菜单中的命令代表着不同的编辑器和管理器，如图3-45所示。通过这些命令可以打开相应的浮动窗口，以便快捷地使用常用编辑器和管理器，而且各个浮动窗口可以相互吸附对齐，单击即可展开，如图3-46所示。

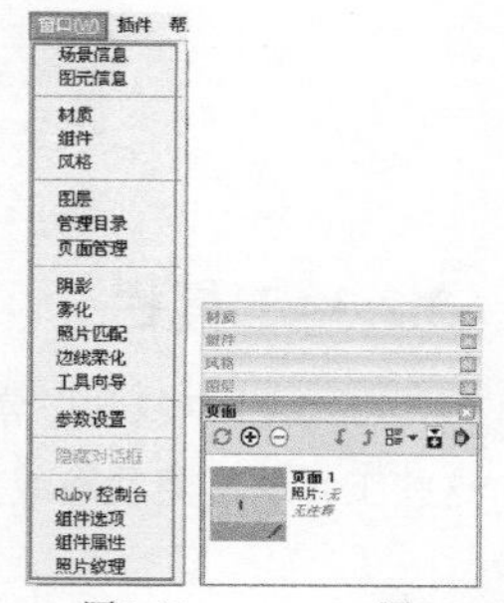

图3-45　　图3-46

场景信息：单击该选项将弹出“场景信息”管理器。

图元信息：单击该选项将弹出“图元信息”浏览器，用于显示当前选中实体的属性。

材质：单击该选项将弹出“材质”编辑器。

组件：单击该选项将弹出“组件”编辑器。

风格：单击该选项将弹出“风格”编辑器。

图层：单击该选项将弹出“图层”管理器。

管理目录：单击该选项将弹出“管理目录”浏览器。

页面管理：单击该选项将弹出“页面”管理器，用于突出当前页面。

阴影：单击该选项将弹出“阴影设置”对话框。

雾化：单击该选项将弹出“雾化”对话框，用于设置雾化效果。

照片匹配：单击该选项将弹出“照片匹配”对话框。

边线柔化：单击该选项将弹出“边线柔化”编辑器。

工具向导：单击该选项将弹出“指导”对话框。

参数设置：单击该选项将弹出“系统属性”对话框，可以通过设置SketchUp的应用参数为整个程序编写各种不同的功能。

隐藏对话框：该命令用于隐藏所有对话框。

Ruby控制台：单击该选项将弹出“Ruby控制台”对话框，用于编写Ruby命令。

组件选项/组件属性：这两个命令用于设置组件的属性，包括组件的名称、大小、位置和材质等。通过设置属性，可以实现动态组件的变化显示。

照片纹理：该命令可以直接从Google地图上截取照片纹理，并作为材质贴图赋予模型物体的表面。

实战

为模型添加Google照片纹理

场景文件	无
实例文件	实战——为模型添加Google照片纹理.skp
视频教学	多媒体教学>Chapter03>实战——为模型添加Google照片纹理.flv
难易指数	★☆☆☆☆
技术掌握	照片纹理命令

扫码看视频

使用该功能可以在减少模型量的同时，最大限度地还原现实场景，在旧街区改造项目中运用较为广泛，例如，废弃工厂的改造、临街建筑立面的翻新、街道设施的设计和添加等。

1 选择立方体的一个面，然后单击鼠标右键在弹出的菜单中执行“添加照片纹理”命令，如图3-47所示。

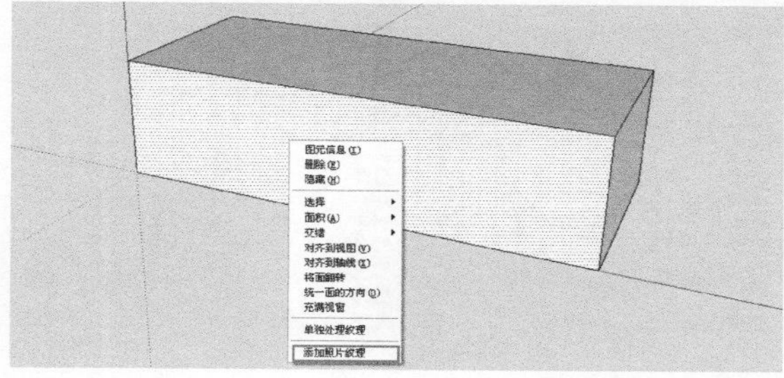

图3-47

2 在弹出的“照片纹理”对话框中输入图片的地理位置，然后单击“搜索”按钮搜索，接着单击“选择区域”按钮选择区域，如图3-48所示。

图3-48

3 单击“抓取”按钮抓取将当前图片导入SketchUp，完成照片纹理的添加，如图3-49和图3-50所示。

图3-49

图3-50

实战

打开浮动窗口并依附对齐显示

场景文件　无
实例文件　无
视频教学　多媒体教学>Chapter03>实战——打开浮动窗口并依附对齐显示.flv
难易指数　★☆☆☆☆
技术掌握　图元信息命令

扫码看视频

1 执行“窗口”菜单命令，单击你所需要的窗口，如“图元信息”，那么界面就会弹出“图元信息”浏览器浮动窗口，并且使“窗口”菜单下的“图元信息”选项前面带有了“√”符号，如图3-51所示。

2 在浮动窗口最上面的名称栏上单击，浮动窗口的内容就会隐藏起来，对应“窗口”菜单下的“图元信息”选项前面就显示“-”符号，如图2-52所示。再次单击名称栏，内容会自动恢复显示。

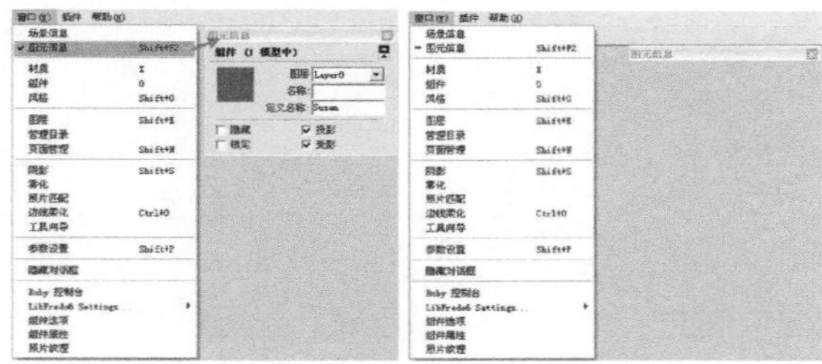
图3-51　　图3-52

3 继续激活其他浮动窗口，使用鼠标将浮动窗口移动至已有浮动窗口的下面，就会自动依附对齐，如图2-53所示。注意，“场景信息”窗口无法依附对齐。

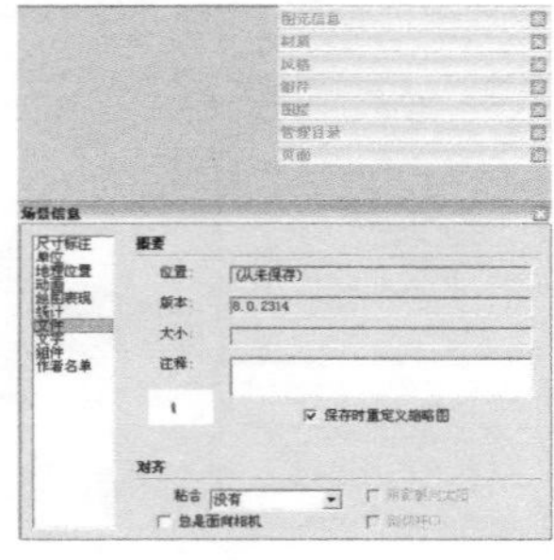
图3-53

8.插件

“插件”菜单如图2-54所示，这里包含了用户添加的大部分插件，还有部分插件可能分散在其他菜单中，在第11章中会对常用插件做详细介绍。

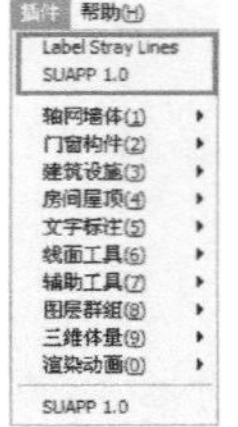

图3-54

9.帮助

通过“帮助”菜单中的命令可以了解软件各个部分的详细信息和学习教程，如图3-55所示。

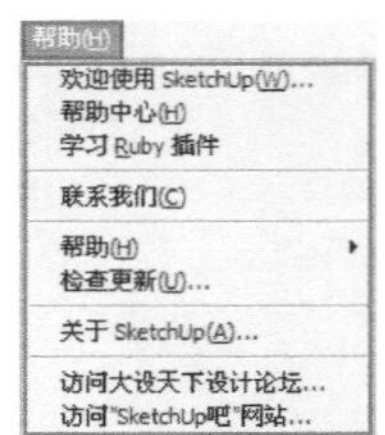

图3-55

疑难问答　问：如何查看软件的版本号？

答：执行“帮助→关于SketchUp”菜单命令将会弹出一个信息对话框，在该对话框中可以找到版本号和用途，如图3-56所示。

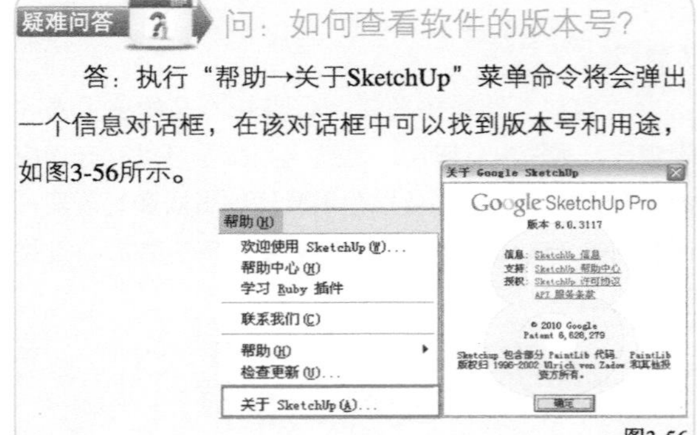

图3-56

3.2.3 工具栏

工具栏中包含了常用的工具，用户可以自定义这些工具的显隐状态或显示大小等，如图3-57所示。

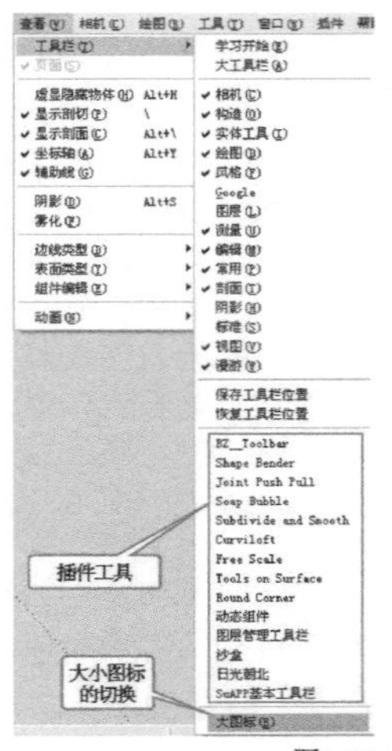

图3-57

技术专题 保存工具栏位置

SketchUp 8.0增加了“保存工具栏位置”的功能，保存了工具栏位置以后，在绘图区界面调整过程中一旦工具栏出现了混乱，单击“恢复工具栏位置”，就可以将工具栏恢复至保存的位置，如图3-58所示。

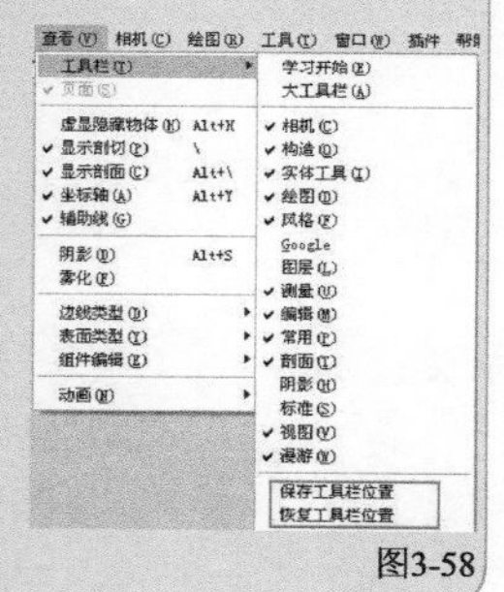

图3-58

3.2.4 绘图区

绘图区又叫绘图窗口，占据了界面中最大的区域，在这里可以创建和编辑模型，也可以对视图进行调整。在绘图窗口中还可以看到绘图坐标轴，分别用红、绿、蓝3色显示。

疑难问答 问：激活绘图工具时，如何取消鼠标处的坐标轴光标？

答：执行“窗口→参数设置”菜单命令，然后在“系统属性”对话框的“绘图”对话框中禁用“显示十字光标”选项，如图3-59和图3-60所示。

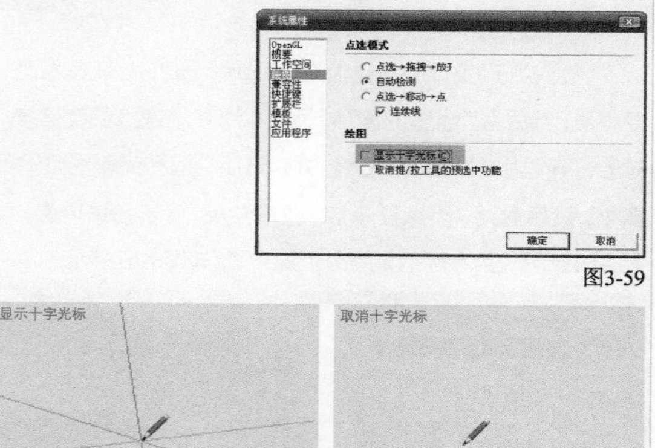

图3-59

图3-60

3.2.5 数值控制框

绘图区的左下方是数值控制框，这里会显示绘图过程中的尺寸信息，也可以接受键盘输入的数值。数值控制框支持所有的绘制工具，其工作特点如下。

① 由鼠标指定的数值会在数值控制框中动态显示。如果指定的数值不符合系统属性指定的数值精度，在数值前面会加上“~”符号，这表示该数值不够精确。

② 用户可以在命令完成之前输入数值，也可以在命令完成后。输入数值后，按Enter确定。

③ 当前命令仍然生效的时候（开始新的命令操作之前），可以持续不断地改变输入的数值。

④ 一旦退出命令，数值控制框就不会再对该命令起作用了。

⑤ 输入数值之前不需要单击数值控制框，可以直接在键盘上输入，数值控制框随时候命。

疑难问答 问：用鼠标单击数值控制框为何没有任何反应？

答：这是初学者最容易碰到的问题，其实在SketchUp中根本无须用鼠标单击数值控制框，只需直接通过键盘输入数据即可。

3.2.6 状态栏

状态栏位于界面的底部，用于显示命令提示和状态信息，是对命令的描述和操作提示，这些信息会随着对象的改变而改变。

3.2.7 窗口调整柄

窗口调整柄位于界面的右下角，显示为一个条纹组成的倒三角符号，通过拖动窗口调整柄可以调整窗口的长宽和大小。当界面最大化显示时，窗口调整柄是隐藏的，此时只需双击标题栏将界面缩小即可。

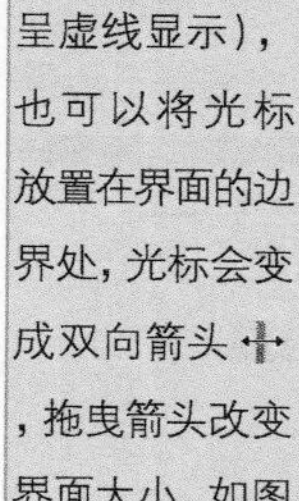

技术专题 调整绘图区窗口大小

扫码看视频

单击绘图区右上角的“向下还原”按钮，该按钮会自动切换为“最大化”按钮，在这种状态下，可以拖曳右下角的窗口调整柄进行调整（界面的边界会呈虚线显示），也可以将光标放置在界面的边界处，光标会变成双向箭头，拖曳箭头改变界面大小，如图3-61所示。

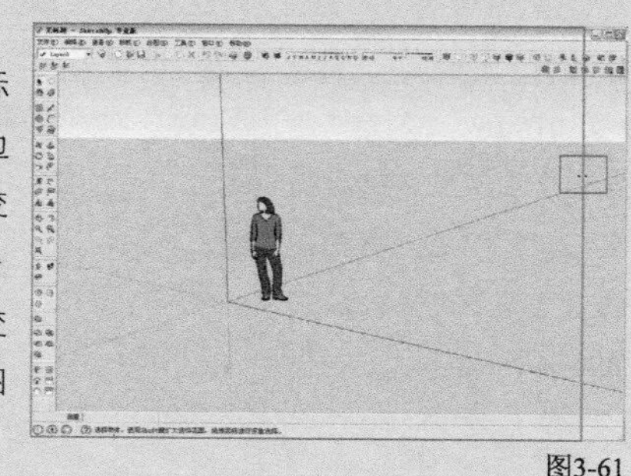

图3-61

3.3 优化设置工作界面

3.3.1 设置场景信息

执行“窗口→场景信息”菜单命令，打开“场景信息”管理器，如图3-62所示。下面对“场景信息”管理器的各个选项对话框进行讲解。

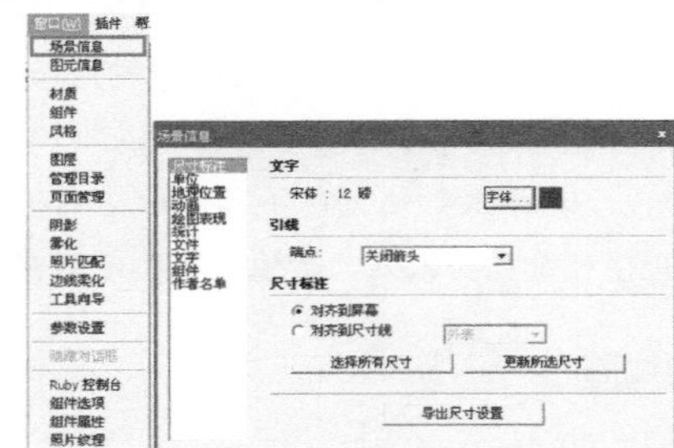

图3-62

1.尺寸标注

“尺寸标注”对话框中的各项设置用于改变模型尺寸标注的样式，包括文字、引线和尺寸标注的形式等，如图3-63所示。

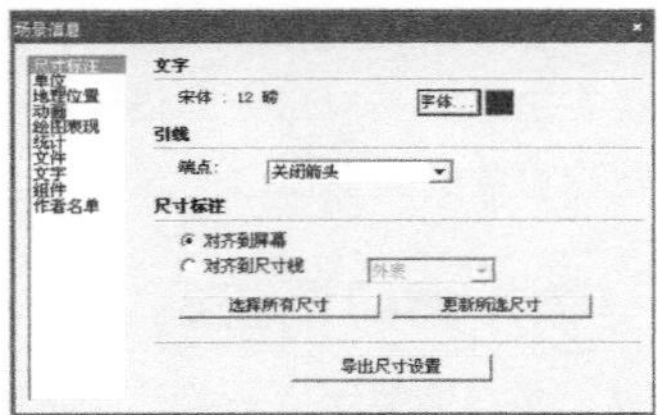

图3-63

2.单位

“单位”对话框用于设置文件默认的绘图单位和角度单位。

技术专题

设置场景的绘图单位为“十进制”“毫米”、精确度为0.00、启用角度捕捉为5。

扫码看视频

执行“窗口→场景信息”菜单命令，打开“场景信息”管理器，然后单击“单位”对话框，在“单位形”下拉列表中选择“十进制”“毫米”，在“精确度”下拉列表中选择“0.00mm”，勾选“角度”选项下的“启用捕捉”选项，并在角度捕捉的下拉框中选择5.0，如图3-64所示。

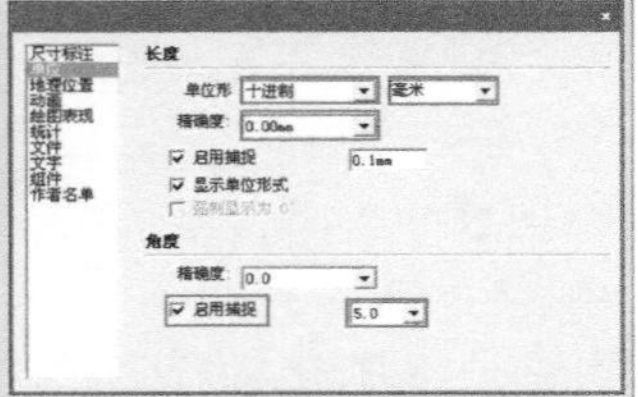

图3-64

3.地理位置

“地理位置”对话框用于设置模型所处的地理位置和太阳的方位，以便更准确地模拟光照和阴影效果，如图3-65所示。

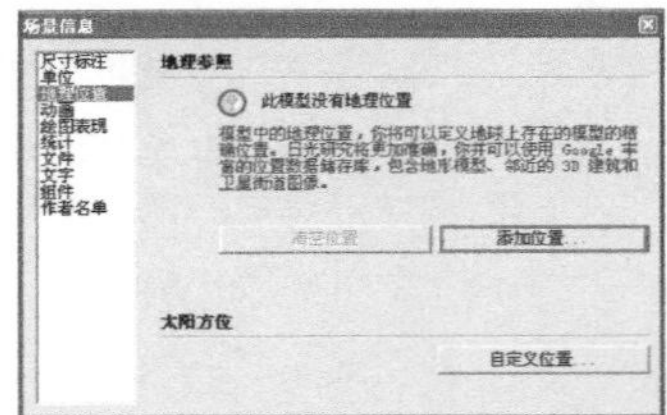

图3-65

技巧与提示

单击“添加位置”按钮 添加位置... 即可设置模型所处的地理位置，添加方法在前面的“实战——为模型添加Google照片纹理”中已经讲过，在此不再重复讲解。另外，在“地理位置”对话框中还可以设置太阳的方位，只需单击“自定义位置”按钮 自定义位置... ，然后在弹出的对话框中进行设置即可，如图3-66所示。

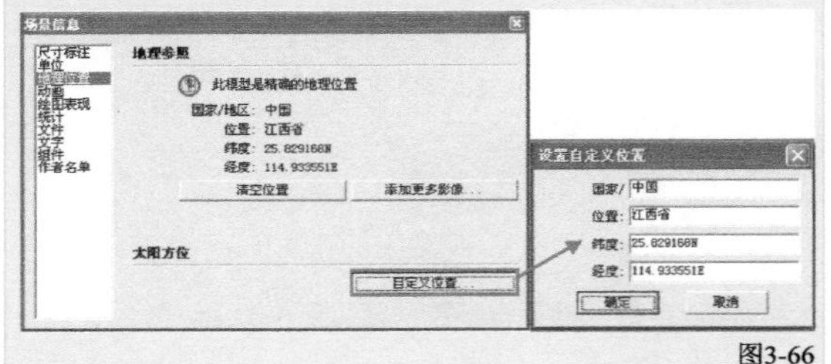

图3-66

疑难问答

问：怎样能得到准确的日照和阴影？

答：执行“窗口→场景信息”菜单命令打开“场景信息”管理器，然后在“地理位置”对话框中添加地理经纬度信息，接着打开“阴影设置”对话框，并对日照时间和光影明暗进行调整，最后激活“阴影显示切换”按钮 显示场景阴影，就能实时显示较为准确的日照分析效果了，如图3-67所示。

图3-67

4.动画

“动画”对话框用于设置页面切换的过渡时间和场景延时时间，如图3-68所示。

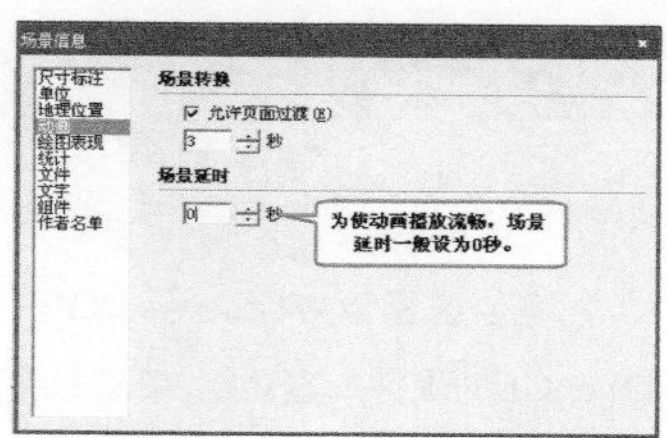

图3-68

5.绘图表现

“绘图表现”对话框用于提高纹理的性能和质量，如图3-69所示。

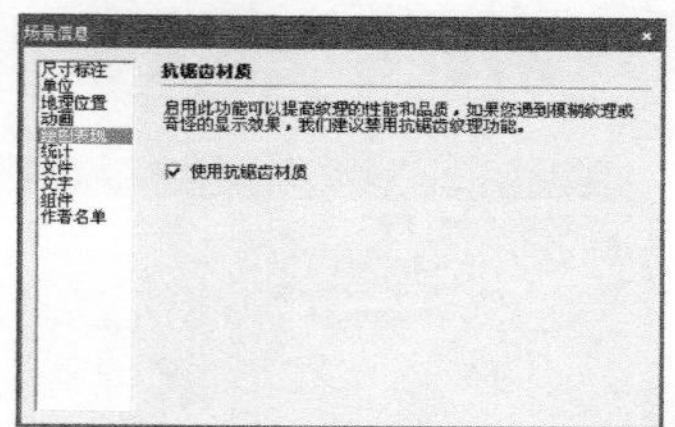

图3-69

6.统计

“统计”对话框用于统计当前场景中各种元素的名称和数量，也可以用于清理未使用的组件、材质和图层等多余元素，这样可以大大减小模型量，如图3-70所示。

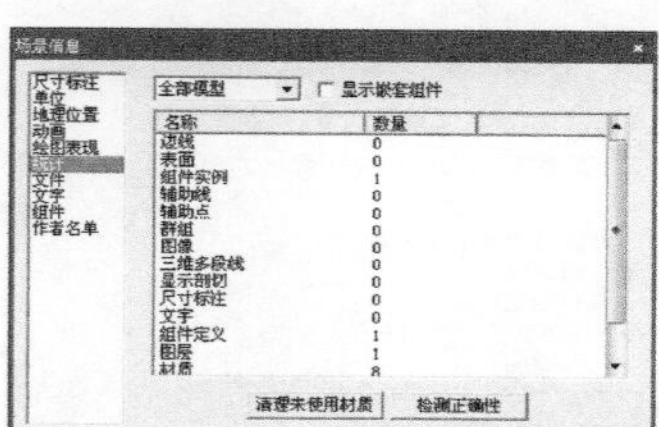

图3-70

7.文件

“文件”对话框中包含了当前文件所在位置、使用版本、文件大小和注释，如图3-71所示。

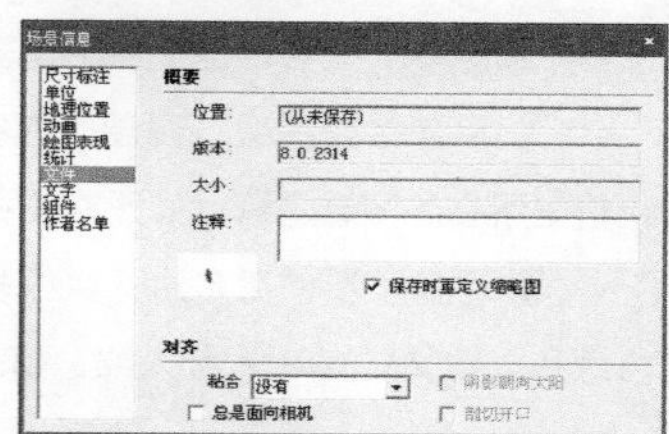

图3-71

“对齐”选项组用于定义组件插入到其他场景时所对齐的面（前提是该组件已经被放置好）。

8.文字

“文字”对话框可以设置“屏幕文字”“引线文字”和引线的字体颜色、样式和大小等，如图3-72所示。

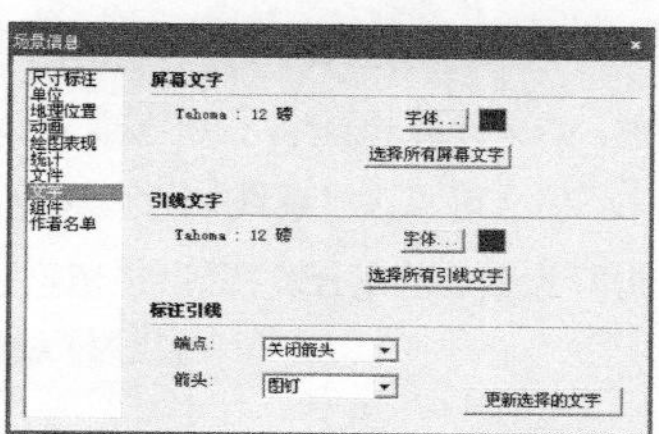

图3-72

9.组件

“组件”对话框可以控制相似组件或其他模型的显隐效果，如图3-73所示。

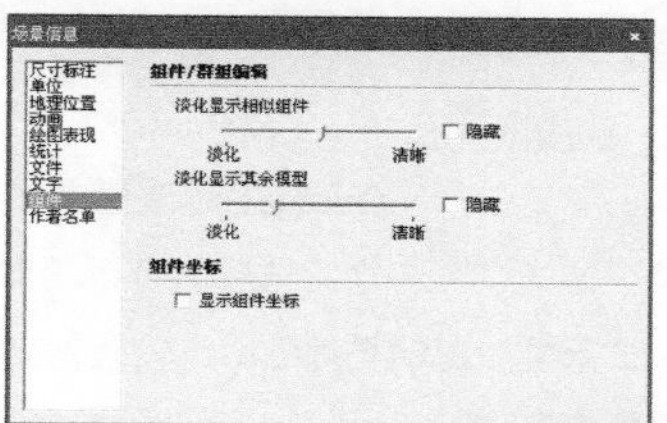

图3-73

10.作者名单

“作者名单”对话框用于显示模型作者和组件作者，如图3-74所示。

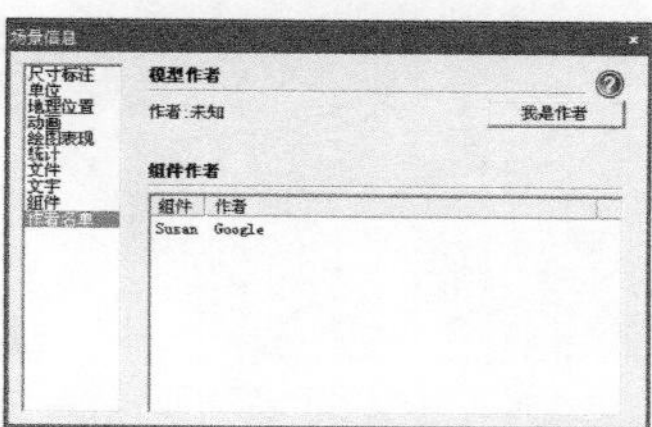

图3-74

3.3.2 设置硬件加速

1.硬件加速和SketchUp

SketchUp是十分依赖内存、CPU、3D显示卡和OpenGL驱动的三维应用软件，运行SketchUp需要100%兼容的OpenGL驱动。

关于OpenGL

OpenGL是众多游戏和应用程序进行三维对象实时渲染的工业标准，Windows和Mac OS X都内建了基于软件加速的OpenGL驱动。OpenGL驱动程序通过CPU计算来“描绘”用户的屏幕，不过，CPU并不是专为OpenGL设计的硬件，因此并不能很好地完成这个任务。

为了提升3D显示性能，一些显卡厂商为他们的产品设计了GPU（图形处理器）来分担CPU的OpenGL运算。GPU比CPU更胜任这个任务，能大幅提高性能（最高达3000%），是真正意义上的“硬件加速”。

安装好SketchUp后，系统默认使用OpenGL软件加速。如果计算机配备了100%兼容OpenGL硬件加速的显示卡，那么可以在“系统属性”对话框的OpenGL对话框中进行设置，以充分发挥硬件加速性能，如图3-75所示。

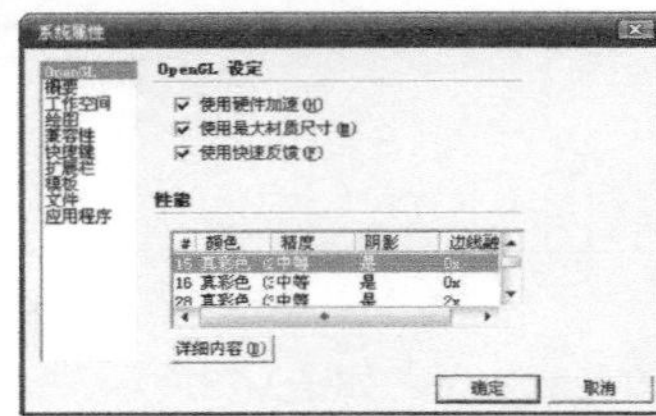

图3-75

技巧与提示

SketchUp 8.0在“系统属性”对话框的OpenGL对话框中增加了“使用最大材质尺寸”选项。可以看到没有勾选“使用最大材质尺寸”时的场地贴图比较模糊，如图3-76所示。

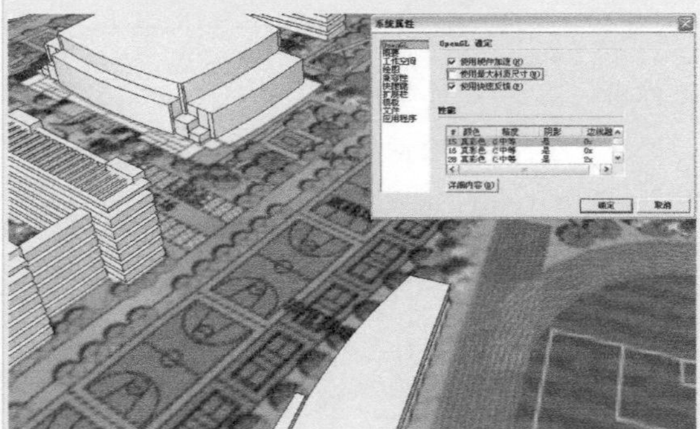

图3-76

勾选了“使用最大材质尺寸”后的场地贴图显示得比较清晰，如图3-77所示。

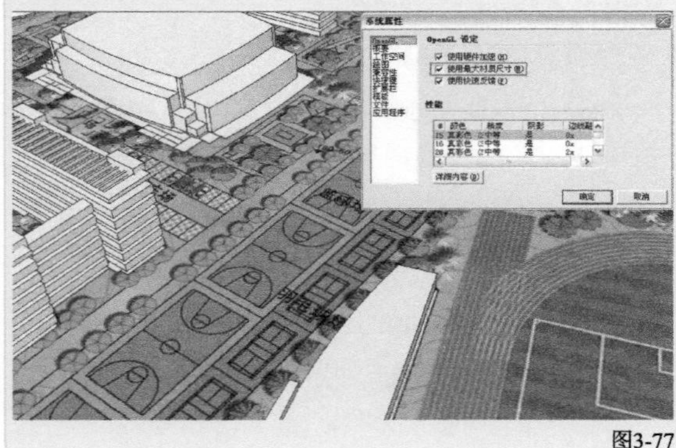

图3-77

疑难问答

问：影响绘图速度的因素有哪些？

答：高分辨率材质、阴影以及透明度对专业显卡的要求较高，而模型边线或细部对CPU的要求较高。

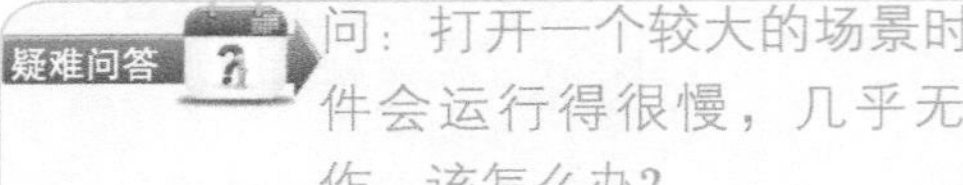

疑难问答

问：打开一个较大的场景时，软件会运行得很慢，几乎无法工作，该怎么办？

答：这里以Windows XP系统为例。首先需要启用OpenGL的硬件加速功能，在“系统属性”对话框的OpenGL对话框中勾选“使用硬件加速”选项，如图3-78所示。

其次是尽量隐藏边线，也就是在“风格“编辑器中禁用“显示边”选项，如图3-79所示。这是为了在编辑的时候避免不必要实时显示的轮廓线、延长线等边线影响速度。

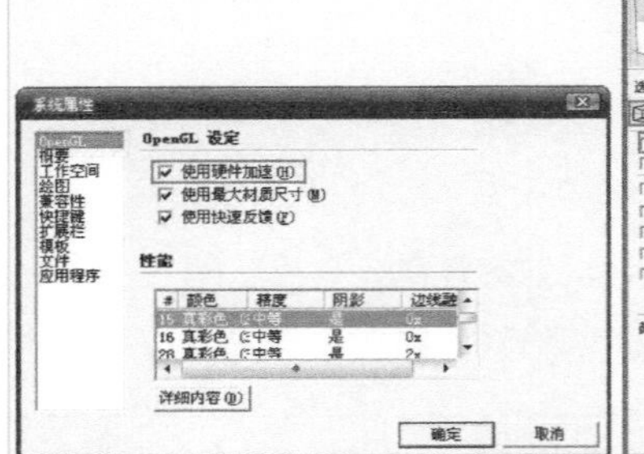

图3-78

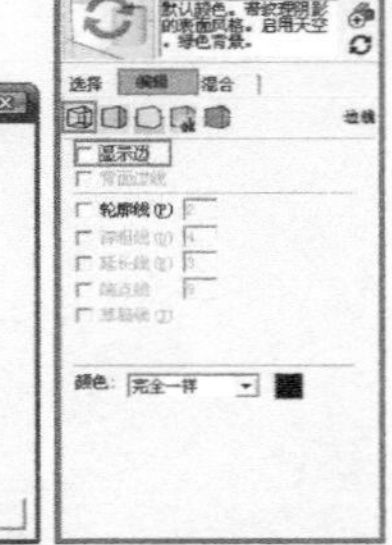

图3-79

最后是关闭阴影显示，关闭的方法有两种，一种是禁用“查看”菜单下的“阴影”选项；另一种是单击“阴影显示切换”按钮，使其处于未激活状态，如图3-80所示。

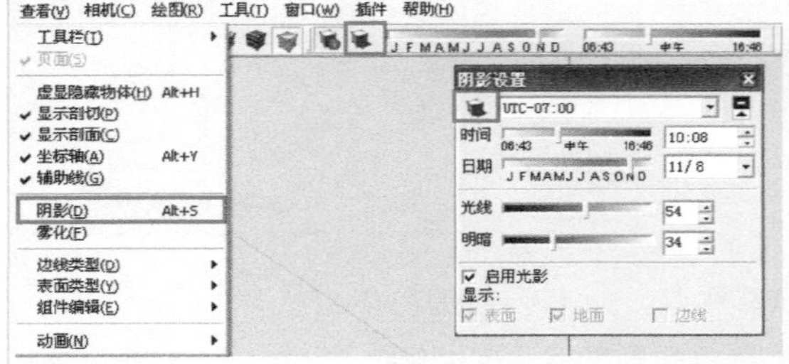

图3-80

除了上述几点外，还要善于利用操作技巧来加快速度，下面列举一些可以提高显示速度和建模速度的技巧。

① 尽量多分图层，以便于在编辑模型时，可以将其余模型所在的图层隐藏，如图3-81所示。

② 尽量不要使用多边形数很多的组件，可以使用2D树木和人物替代3D树木和人物，如图3-82所示。

图3-81　图3-82

③ 在编辑组件时，可以隐藏相似组件或者隐藏组件外的其他模型，在“场景信息”管理器的“组件”对话框中勾选两个“隐藏”选项，如图3-83所示。

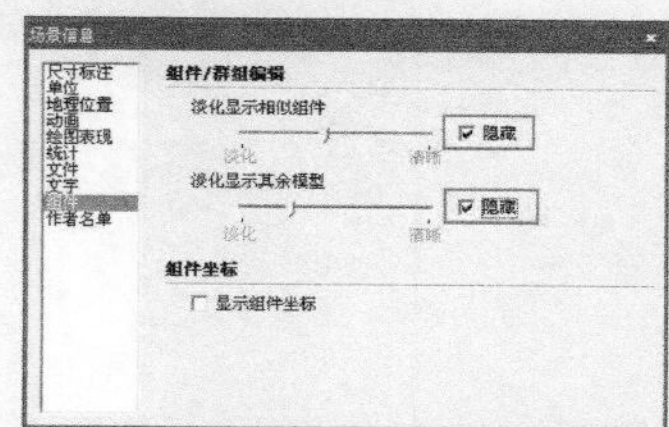

图3-83

④ 如果需要编辑的元素不便于按照上述方法进行显隐，那么可以用鼠标框选一部分暂时不需要编辑的实体，然后单击鼠标右键在弹出的菜单中执行“隐藏”命令（快捷键为H），完成编辑后再取消隐藏（快捷键为Shift+A）。

2.显卡与OpenGL的兼容性问题

如果显卡100%兼容OpenGL，那么SketchUp的工作效率将比软件加速模式要快得多，此时会明显感觉到速度提升。如果确定显卡100%兼容OpenGL硬件加速，但是SketchUp中的选项却不能用，那就需要将颜色质量设为32位色，因为有些驱动不能很好地支持16位色的3D加速。

如果不能正常使用一些工具，或者渲染时会出错，那么显卡可能就不是100%兼容OpenGL。出现这种情况，最好在“系统属性”对话框的OpenGL对话框中关闭“使用硬件加速”选项。

如果在 SketchUp 模型中投影了纹理，并且使用的是ATI Rage Pro或Matrox G400图形卡，那么纹理可能会显示不正确，禁用“使用硬件加速”功能可以解决这个问题。

3.性能低下的OpenGL驱动的症状

以下症状表明OpenGL驱动不能100%兼容OpenGL硬件加速。

① 开启表面接受投影功能时，有些模型出现条纹或变黑。这通常是由于OpenGL软件加速驱动模板的缓存缺陷造成的。

② 简化版的OpenGL驱动会导致SketchUp崩溃。有些3D显卡驱动只适合玩游戏，因此，OpenGL驱动就被简化，而SketchUp则需要完全兼容的OpenGL驱动。有些厂商宣称其产品能100%兼容OpenGL，但实际不行。如果发现了这种情况，可以在SketchUp中将硬件加速功能关闭（默认情况下是关闭的）。

③ 在16位色模式下，坐标轴消失，所有的线都可见且变成虚线，出现奇怪的贴图颜色，这种现象主要出现在使用ATI显示芯片的便携式电脑上。这一芯片的驱动不能完全支持OpenGL加速，可以使用软件加速。

④ 图像翻转。一些显示芯片不支持高质量的大幅图像，可以试着把要导入的图像尺寸改小。

4.双显示器显示

当前，SketchUp不支持操作系统运行双显示器，这样会影响SketchUp的操作和硬件加速功能。

5.抗锯齿

一些硬件加速设备（如3D加速卡等）可以支持硬件抗锯齿，这能减少图形边缘的锯齿显示。

3.3.3 设置快捷键

添加快捷键有两种方法：一是导入快捷键.dat文件，二是双击注册表.reg文件。建议读者使用第二种方法。

1.导入快捷键.dat文件

SketchUp 8.0允许用户导入外部的.dat快捷键文件。下面以一个实战来讲解其操作方法。

实战

通过学习资源中提供的SketchUp8.0.reg文件添加快捷键

场景文件 无
实例文件 实战——通过学习资源中提供的SketchUp8.0.reg文件添加快捷键.dat
视频教学 多媒体教学>Chapter03>实战——通过学习资源提供的SketchUp8.0.reg文件添加快捷键.flv
难易指数 ★☆☆☆☆
技术掌握 场景信息中快捷键面板

01 运行SketchUp，执行“窗口→参数设置”菜单命令，如图3-84所示。

02 在弹出的“系统属性”对话框中展开“快捷键”对话框，然后单击“重设”按钮 重设 将之前的快捷键清除，再单击“输入”按钮 输入... ，如图3-85所示。

窗口(W) 插件 帮助(H)
场景信息
图元信息 Shift+F2
材质 X
组件 O
风格 Shift+O
图层 Shift+E
管理目录
页面管理 Shift+N
阴影 Shift+S
雾化
照片匹配
边线柔化 Ctrl+O
工具向导
参数设置 Shift+P
隐藏对话框
Ruby 控制台
LibFredo6 Settings...
组件选项
组件属性
照片纹理

图3-84

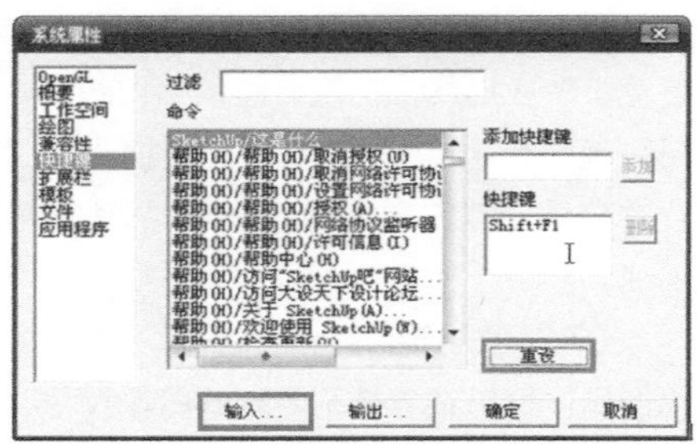

图3-85

3 在弹出的“导入用户设置”对话框里选择本书配套学习资源中的SketchUp 8.0.dat文件（里面包含了所有的SketchUp快捷键，在本书最后也附有快捷键命令索引），然后单击“导入”导入按钮，完成快捷键的导入，如图3-86所示。

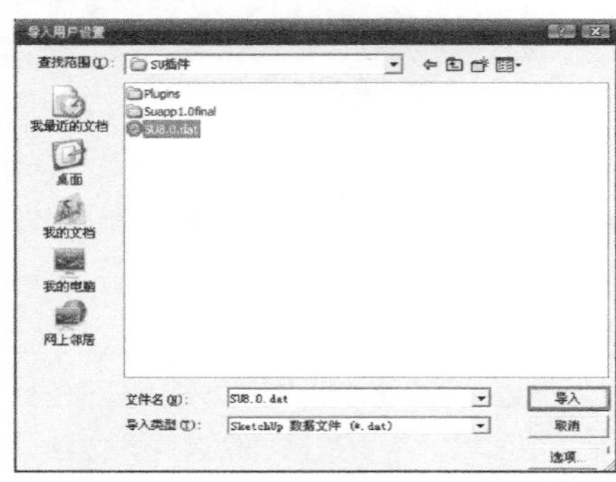

图3-86

技巧与提示

按这种方法导入的快捷键会有一部分丢失，下面介绍一种以注册表形式导出快捷键的方法，可以避免快捷键的丢失。

2.双击注册表文件（.reg文件）导入快捷键

在运行SketchUp之前，找到调整好的注册表文件（.reg文件），双击该文件图标，按照提示单击“确定”就可以完成导入，如图3-87和图3-88所示。

图3-87

图3-88

3.编辑快捷键

SketchUp默认设置了部分命令的快捷键，但是这些快捷键可以进行修改，例如，在“过滤”文本框中输入“矩形”文字，然后在“快捷键”列表框中选中出现的快捷键，接着单击“删除”按钮删除将其删除，再在“添加快捷键”文本框中输入自己习惯的命令（如B），最后单击“添加”按钮添加完成快捷键的修改，如图3-89和图3-90所示。

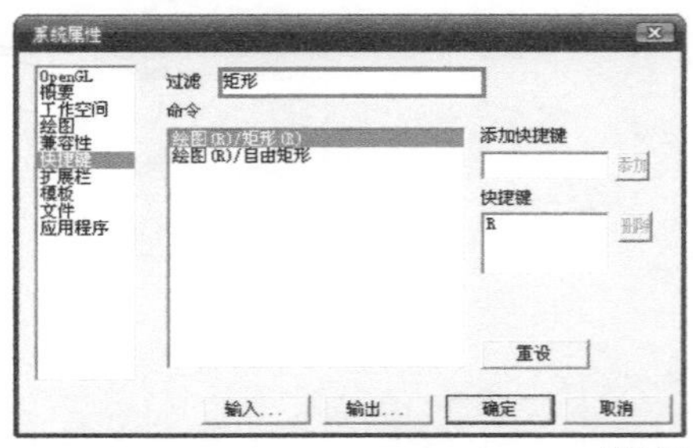

图3-89

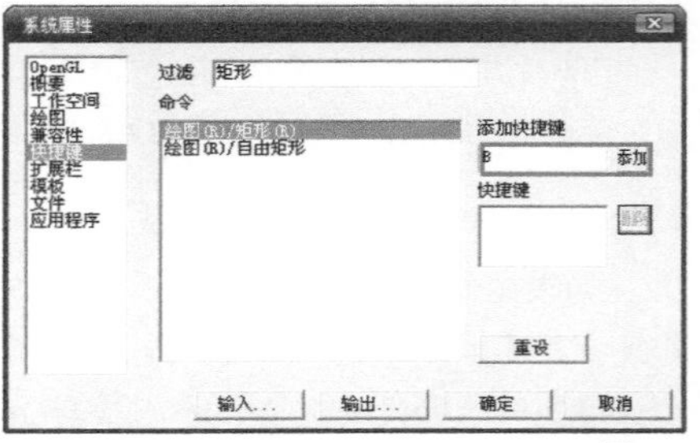

图3-90

4.导出快捷键

设置完常用的快捷键之后，可以将快捷键导出，以便日后使用。导出步骤如下。

① 在桌面的“开始”菜单中单击“运行”选项，然后在弹出的“运行”对话框中输入“regedit”，如图3-91所示。

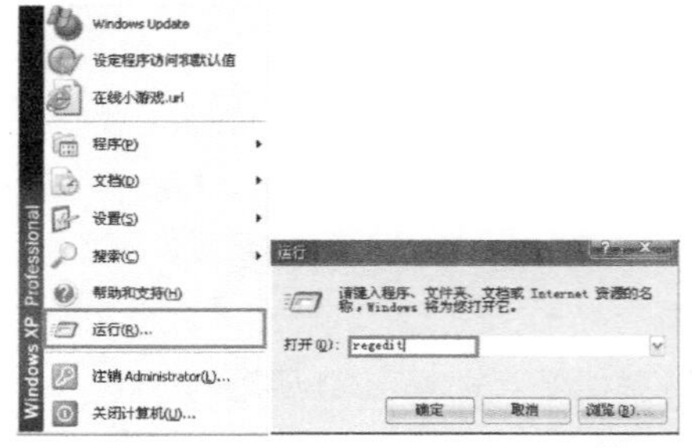

图3-91

② 单击“确定”按钮确定，打开“注册表编辑器”对话框，然后找到“HKEY_CURRENT_USER\Software\Google\Sketchup8\Settings”选项，接着在左侧的Settings文件夹上单击鼠标右键，并在弹出的菜单中执行“导出”命令，如图3-92所示。

③ 在“导出注册表文件”对话框中设置好文件名和导出路径，其中“导出范围”设置为“所选分支”，设置好文件名，如图3-93所示。

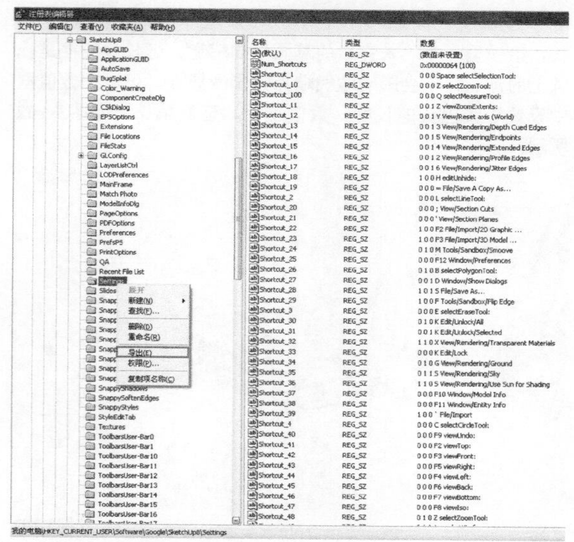

图3-92

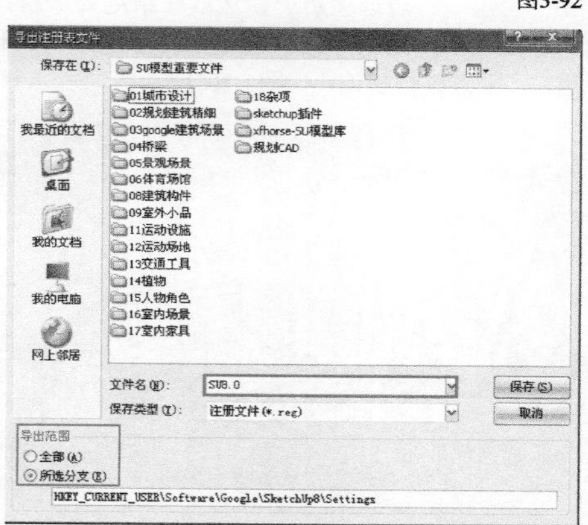

图3-93

④ 完成注册表文件的保存后，便得到一个.reg文件，如图3-94所示。在另外一台计算机上安装的时候，只需要在运行SketchUp之前，双击该注册表文件即可导入这套快捷键。

图3-94

3.3.4 设置显示风格样式

SketchUp包含很多种显示模式，主要通过“风格”编辑器进行设置。“风格”编辑器中包含了背景、天空、边线和表面的显示效果，通过选择不同的显示风格，可以让用户的图面表达更具艺术感，体现强烈的独特个性。

执行“窗口→风格”菜单命令即可调出“风格”编辑器，如图3-95和图3-96所示。

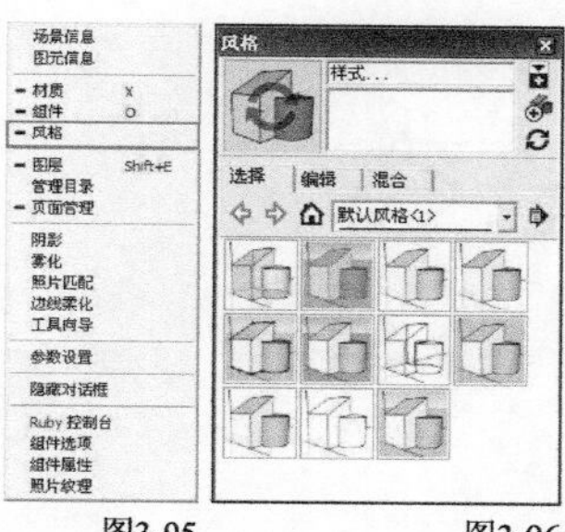

图3-95　　图3-96

1.选择风格样式

SketchUp 8.0自带了7种风格目录，分别是“混合风格”“颜色集”“默认风格”“照片风格”“素描边线”“直线风格”和“Style Builder比赛优秀作品”，用户可以通过单击风格缩略图将其应用于场景中。

技巧与提示

在进行风格预览和编辑的时候，SketchUp只能自动存储自带的风格，在若干次选择和调整后，用户可能找不到过程中某种满意的风格。在此建议使用模板，不管是风格设置、模型信息或者系统设置都可以调好，然后生成一个惯用的模板（执行“文件→另存为模板”菜单命令），当需要使用保存的模板时，只需在向导界面中单击“选择模板”按钮 选择模板 进行选择。当然，也可以使用Style Builder软件创建自己的风格（该软件在安装SketchUp 8.0时会自动安装好），只需添加到Styles文件夹中，就可以随时调用。

2.编辑风格样式

<1>边线设置

在“风格”编辑器中单击“编辑”选项卡，即可看到5个不同的设置对话框，其中最左侧的是“边线设置”对话框，该对话框中的选项用于控制几何体边线的显示、隐藏、粗细以及颜色等，如图3-97所示。

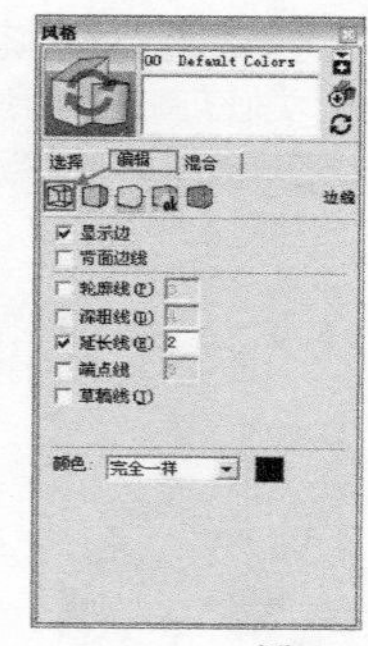

图3-97

显示边：开启此选项会显示物体的边线，关闭则隐藏边线，如图3-98所示。

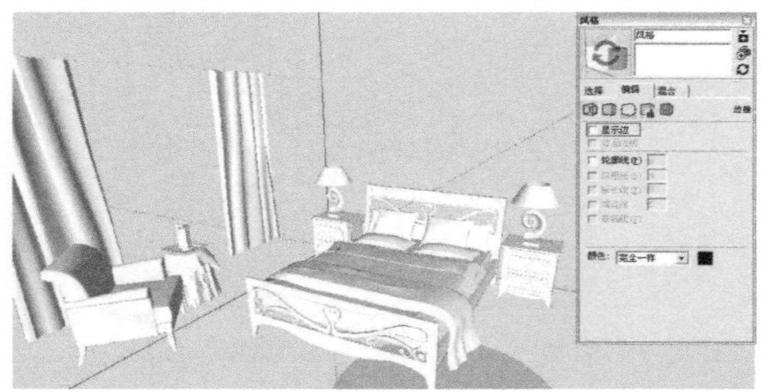
图3-98

背面边线：开启此选项会以虚线的形式显示物体背部被遮挡的边线，关闭则隐藏，如图3-99所示。

图3-99

轮廓线：该选项用于设置轮廓线是否显示（借助于传统绘图技术，加重物体的轮廓线显示，突出三维物体的空间轮廓），也可以调节轮廓线的粗细，如图3-100所示。

图3-100

深粗线：该选项用于强调场景中的物体前景线要强于背景线，类似于画素描时线条的强弱差别。离相机越近的深度线越强，越远则越弱。可以在数值框中设置深粗线的粗细，如图3-101所示。

图3-101

延长线：该选项用于使每一条边线的端点都向外延长，给模型一个“未完成的草图”的感觉。延长线纯粹是视觉上的延长，不会影响边线端点的参考捕捉。可以在数值框中设置边线出头的长度，数值越大，延伸越长，如图3-102所示。

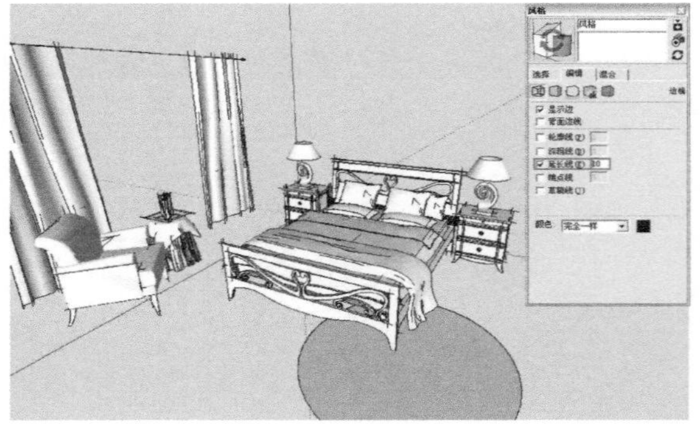
图3-102

端点线：该选项用于使边线在结尾处加粗，模拟手绘效果图的显示效果。可以在数值框中设置端点线长度，数值越大，端点延伸越长，如图3-103所示。

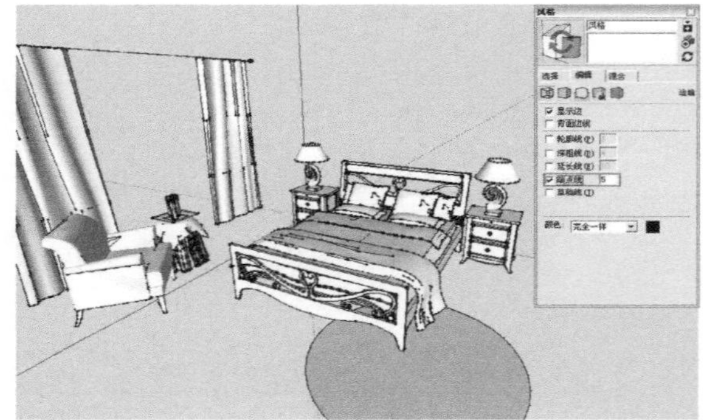
图3-103

草稿线：该选项可以模拟草稿线抖动的效果，渲染出的线条会有所偏移，但不会影响参考捕捉，如图3-104所示。

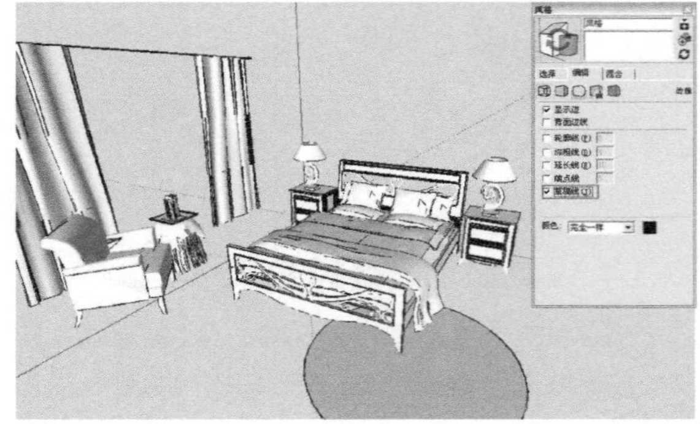
图3-104

颜色：该选项可以控制模型边线的颜色，包含了3种颜色显示方式，如图3-105所示。

图3-105

完全一样：用于使边线的显示颜色一致。默认颜色为黑色，单击右侧的颜色块可以为边线设置其他颜色，如图3-106所示。

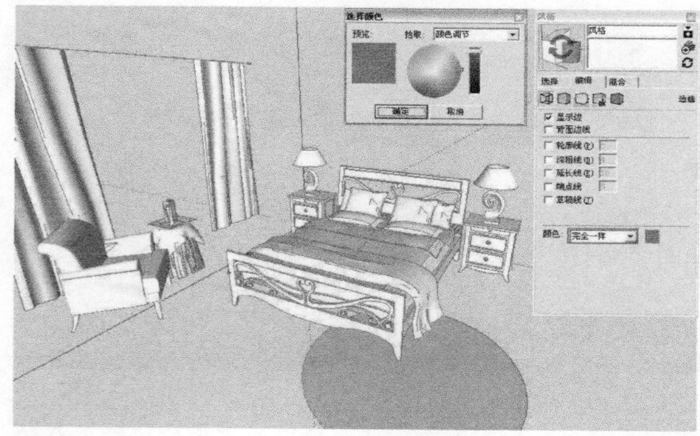

图3-106

按材质：可以根据不同的材质显示不同的边线颜色。如果选择线框模式显示，就能很明显地看出物体的边线是根据材质的不同而不同的，如图3-107所示。

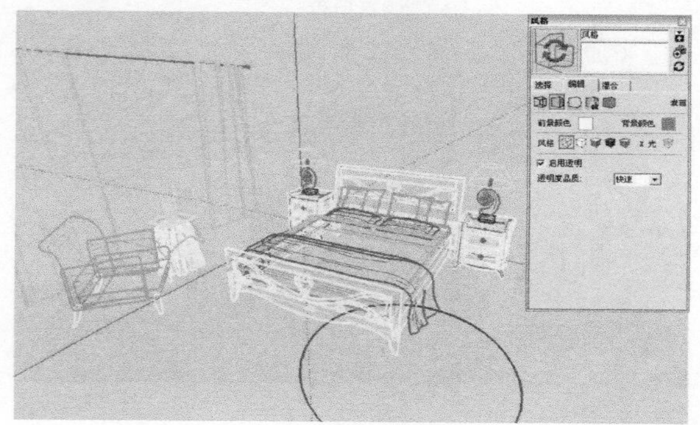

图3-107

按坐标轴：通过边线对齐的轴线不同而显示不同的颜色，如图3-108所示。

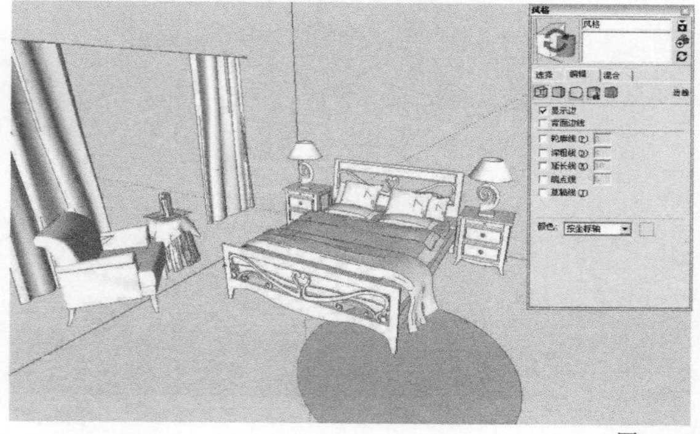

图3-108

疑难问答

问：为物体赋予材质后边缘的黑线会消失，这是为什么？

答：可能是在“风格”编辑器中将边线的颜色设置成了“按材质”显示，只需改回“完全一样”即可，如图3-109所示。

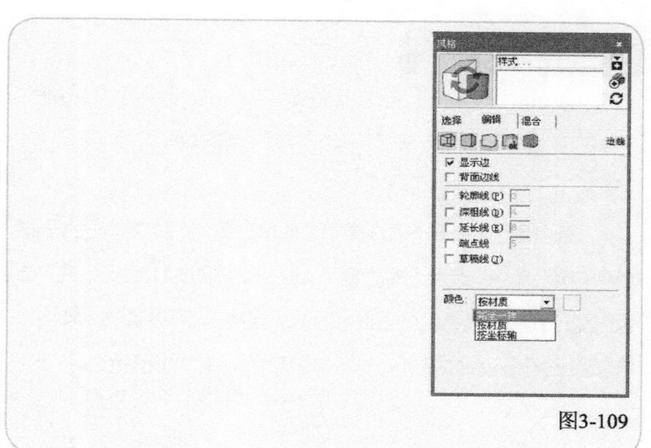

图3-109

<2>面设置

“面设置”对话框中包含了6种表面显示模式，分别是“显示为线框模式”“显示为消隐模式”“显示为着色模式”“显示为贴图模式”“显示着色一致（也就是单色模式）”和“以X-Ray模式显示（X光模式）”。另外，在该对话框中还可以修改材质的前景色和背景色（SketchUp使用的是双面材质），如图3-110所示。

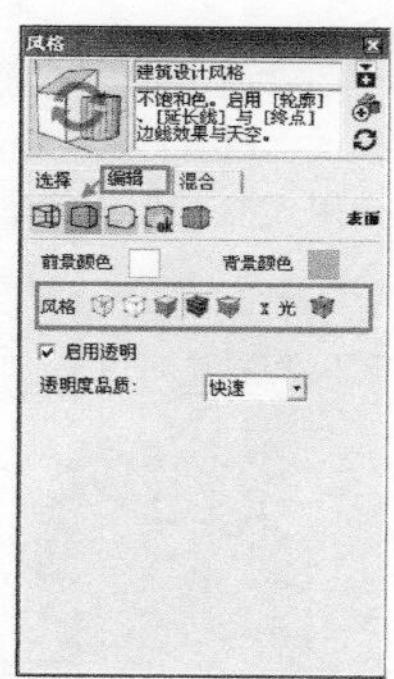

图3-110

技术专题 自定义场景的前景色和背景色

扫码看视频

执行“窗口→风格”菜单命令，在弹出的“风格”编辑器中打开“编辑”选项卡，再单击“面设置”按钮，单击“前景颜色”后面的颜色块，可以对前景色进行颜色的设定；单击“背景颜色”后面的色块，即可改变场景的背景颜色，如图3-111所示。

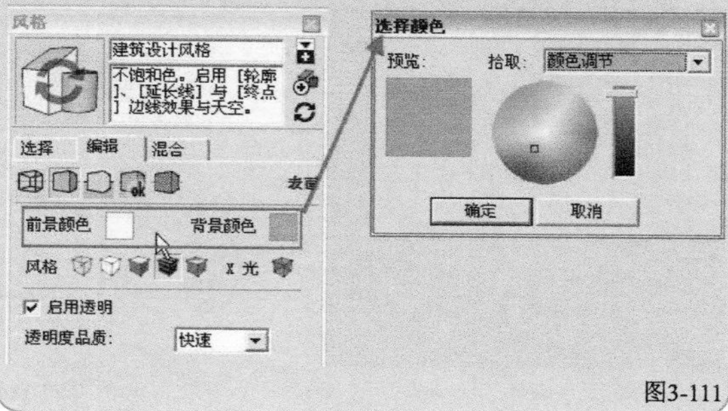

图3-111

疑难问答

问：为群组赋色时不小心使正反面的颜色变为一样，编辑时很不方便，请问有什么好的方法可以让正反面的颜色还原到默认的状态？

答：执行“查看→表面类型”菜单命令，然后在弹出的子菜单中勾选“单色”选项（快捷键为Alt+5），如图3-112所示，在“单色”模式下可以轻易区分正面和反面。当然，也可以通过“风格”编辑器设置正反面的颜色，即“前景颜色”和“背景颜色”。

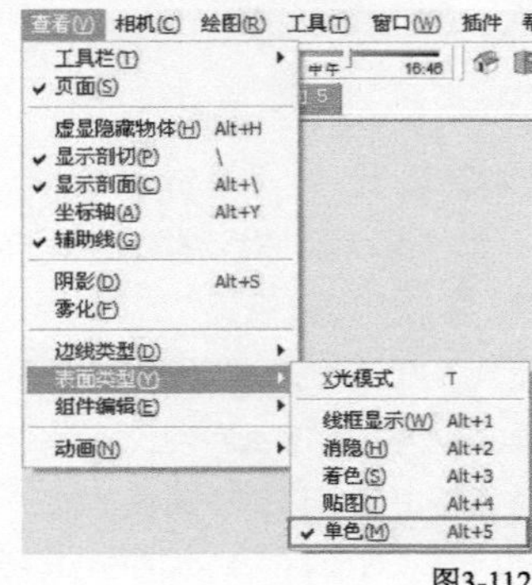

图3-112

“显示为线框模式”按钮：单击该按钮将进入线框模式，模型将以一系列简单的线条显示，没有面，并且不能使用“推/拉”工具，如图3-113所示。

图3-113

“显示为消隐模式”按钮：单击该按钮将以消隐线模式显示模型，所有的面都会有背景色和隐线，没有贴图。这种模式常用于输出图像进行后期处理，如图3-114所示。

图3-114

“显示为着色模式”按钮：单击该按钮将会显示所有应用到面的材质，以及根据光源应用的颜色，如图3-115所示。

图3-115

“显示为贴图模式”按钮：单击该按钮将进入贴图着色模式，所有应用到面的贴图都将被显示出来，如图3-116所示。在某些情况下，贴图会降低SketchUp操作的速度，所以在操作过程中也可以暂时切换到其他模式。

图3-116

“显示着色一致”按钮：在该模式下，模型就像线和面的集合体，跟消隐模式有点相似。此模式能分辨模型的正反面来默认材质的颜色，如图3-117所示。

图3-117

“以X-Ray模式显示”按钮：X光模式可以和其他模式联合使用，将所有的面都显示成透明，这样就可以透过模型编辑所有的边线，如图3-118所示。

图3-118

<3>背景设置

在“背景设置”对话框中可以修改场景的背景色，也可以在背景中展示一个模拟大气效果的天空和地面，并显示地平线，如图3-119所示。详见下一小节设置天空、地面与雾效的讲解。

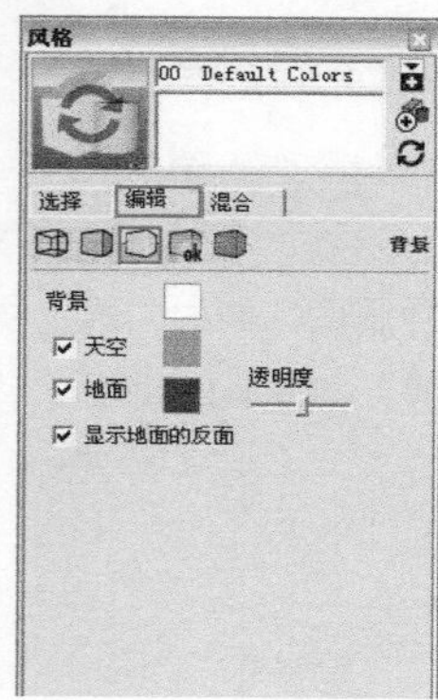

图3-119

<4>水印设置

水印特性可以在模型周围放置2D图像，用来创造背景，或者在带纹理的表面上（如画布）模拟绘画的效果。放在前景里的图像可以为模型添加标签。“水印设置”对话框如图3-120所示。

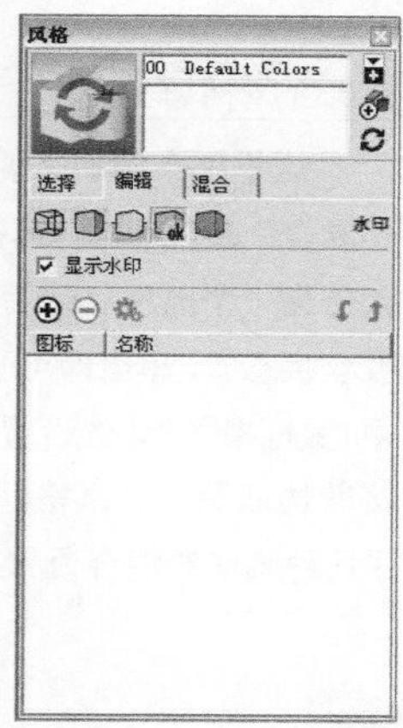

图3-120

“增加水印”按钮⊕：单击该按钮可以增加水印。

“删除水印”按钮⊖：单击该按钮可以删除水印。

“编辑水印设置”按钮：单击该按钮可以对水印的位置、大小等进行调整。

“向下移动水印”按钮/“向上移动水印”按钮：这两个按钮用于切换水印图像在模型中的位置。

技巧与提示

在水印的图标上单击鼠标右键，可以在右键菜单中执行“导出水印图片”命令，将模型中的水印图片导出，如图3-121所示。

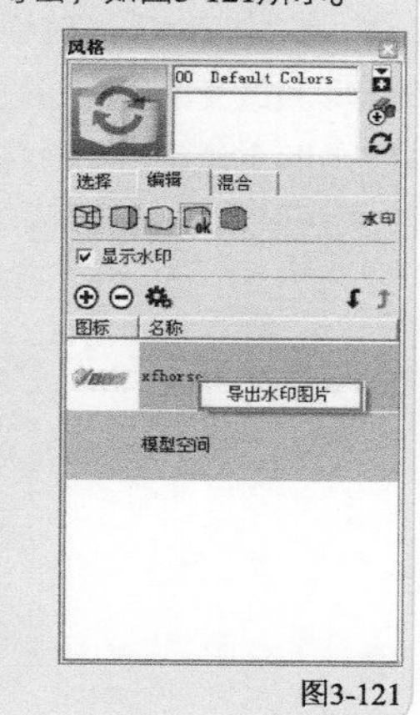

图3-121

实战

为模型添加水印

场景文件	a.skp
实例文件	实战——为模型添加水印.skp
视频教学	多媒体教学>Chapter03>实战——为模型添加水印.flv
难易指数	★☆☆☆☆
技术掌握	风格栏中的水印设置

扫码看视频

1 执行“窗口→风格”命令，在弹出的“风格”编辑器中打开“编辑”选项卡，然后单击“水印设置”按钮，接着单击“增加水印”按钮⊕将弹出“选择水印”对话框，在该对话框中选择“实例文件>Chapter03>xfhorse.png”图片，单击“打开”按钮 打开(O) ，如图3-122所示

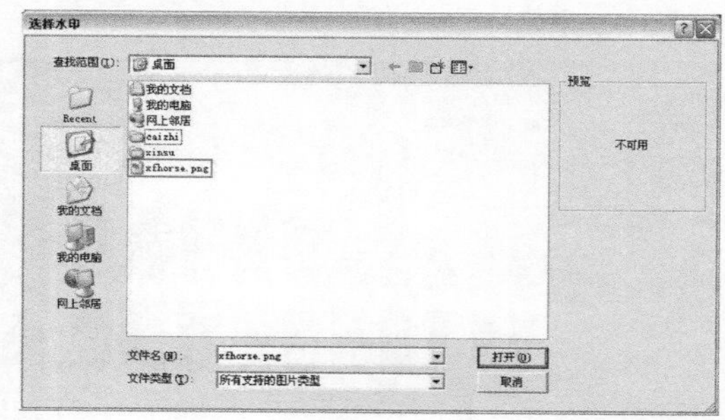

图3-122

2 此时水印图片出现在模型中，同时弹出“创建水印”对话框，选择“覆盖图”选项，然后单击“下一步”按钮，如图3-123所示。

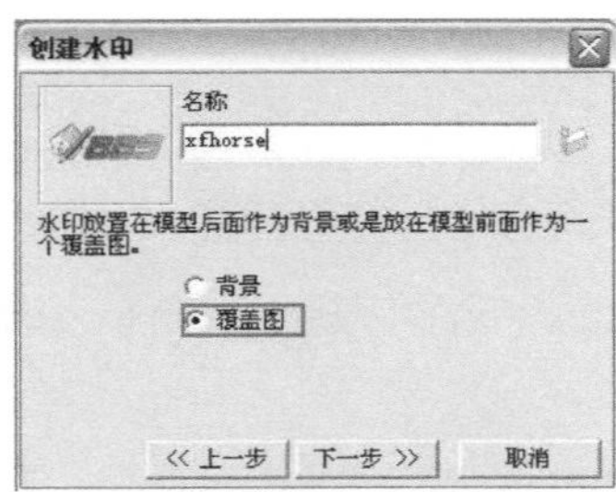

图3-123

3 在“创建水印”对话框中会出现使用高光创建蒙版水印以及改变图片透明度的提示，在此我们不创建蒙版，将透明度的滑块移到最右端，不进行透明显示，然后单击“下一步”按钮[下一步 >>]，如图3-124所示。

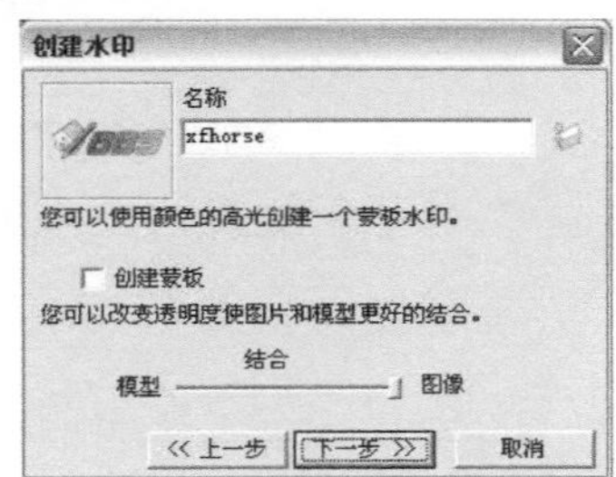

图3-124

4 在弹出“创建水印”的对话框中，单击“中心”单选项，在右侧的定位按钮板上单击右下角的点，然后单击“完成”按钮[完成]，如图3-125所示。

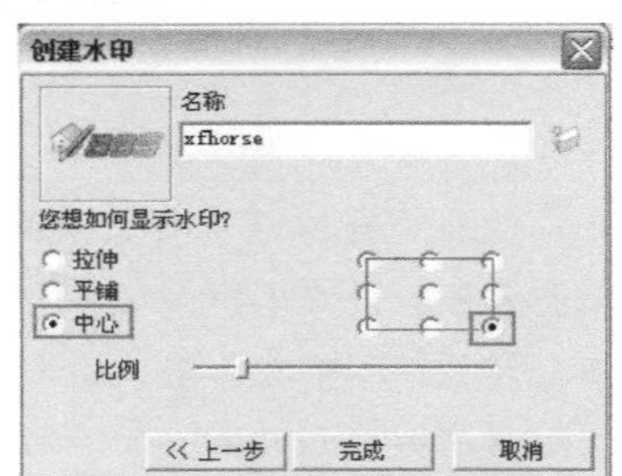

图3-125

5 可以发现水印图片已经出现在界面的右下角，如图3-126所示。

图3-126

当移动模型视图的时候，水印图片的显示将保持不变，当然导出图片的时候水印也保持不变，这就为导出的多张图片增强了统一感。

6 如果对水印图片的显示不满意，可以单击“编辑水印设置”按钮，图3-127所示的是将水印进行缩小并平铺显示的效果。

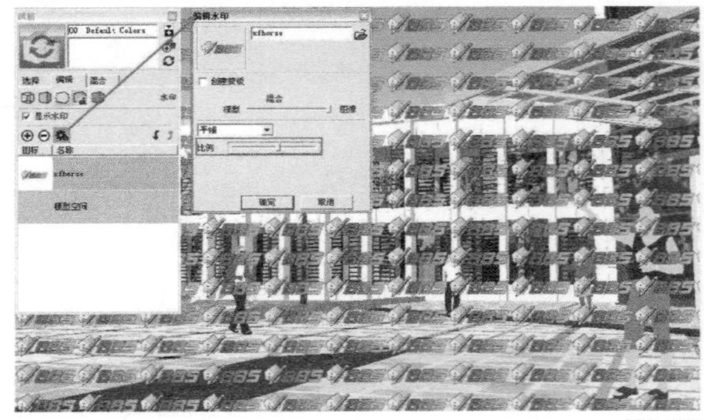

图3-127

<5>模型设置

在“模型设置”对话框中可以修改模型中的各种属性，例如，选定物体的颜色、被锁定物体的颜色等，如图3-128所示。

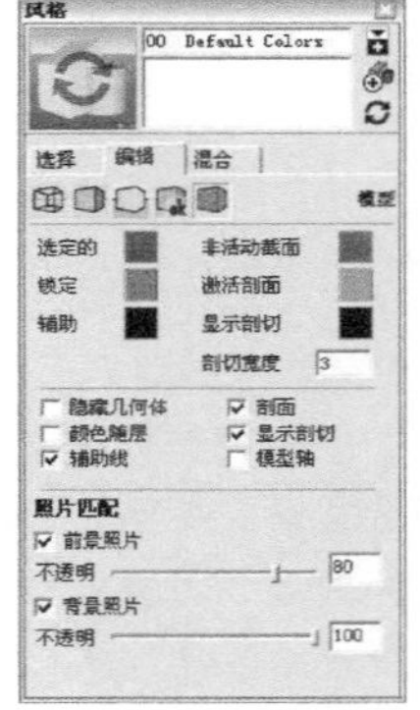

图3-128

3.混合风格样式

这里举个例子来说明设置混合风格的方法。首先在“混合”选项卡的“选择”对话框中选用一种风格（进入任意一个风格目录后，当鼠标指向各种风格时会变成吸取状态，单击即可吸取），然后匹配到“边线设置”中（鼠标指向“边线设置”选项后，会变成填充状态），接着选取另一种风格匹配到“面设置”中，这样就完成了几种风格的混合设置，如图3-129所示。

图3-129

3.3.5 设置天空、地面与雾效

1.设置天空与地面

在SketchUp中，用户可以在背景中展示一个模拟大气效果的渐变天空和地面，以及显示出地平线，如图3-130所示。

图3-130

背景的效果可以在“风格”编辑器中设置，只需在“编辑”对话框中单击“背景设置”按钮，就能展开“背景设置”对话框，对背景颜色、天空和地面进行设置，如图3-131所示。

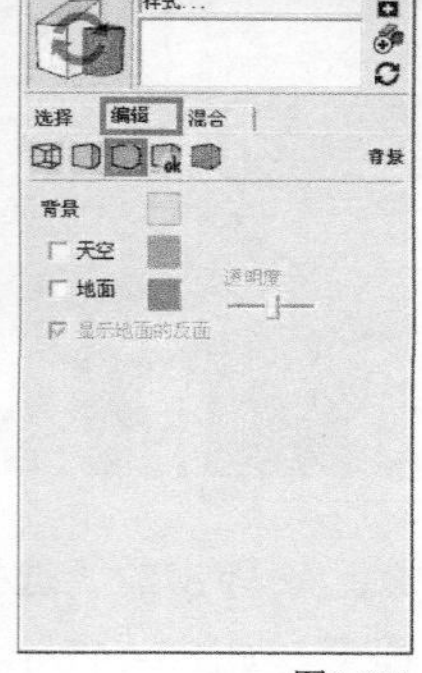

图3-131

背景：单击该项右侧的色块，可以打开“选择颜色”对话框，在该对话框中可以改变场景中的背景颜色，但前提是取消对“天空”和“地面”选项的勾选，如图3-132所示。

图3-132

天空：勾选该选项后，场景中将显示渐变的天空效果。用户可以单击该项右侧的色块调整天空的颜色，选择的颜色将自动应用渐变，如图3-133所示。

图3-133

地面：勾选该选项后，在背景处从地平线开始向下显示指定颜色渐变的地面效果。此时背景色会自动被天空和地面的颜色所覆盖，如图3-134所示。

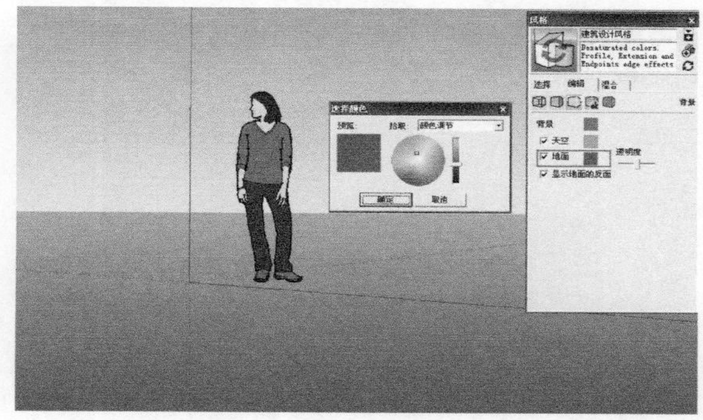

图3-134

“透明度”滑块：该滑块用于显示不同透明等级的渐变地面效果，让用户可以看到地平面以下的几何体。笔者建议在使用硬件渲染加速的条件下使用该滑块。

显示地面的反面：勾选该选项后，当照相机从地平面下方往上看时，可以看到渐变的地面效果，如图3-135所示。

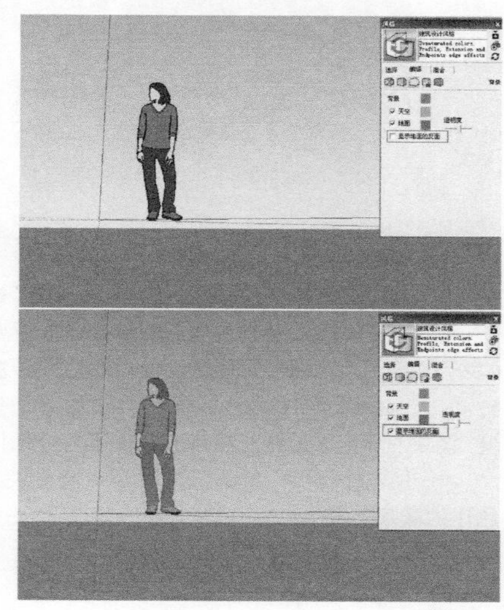

图3-135

2.添加雾效

在SketchUp中可以为场景添加大雾环境的效果。执行“窗口→雾化”菜单命令即可打开“雾化”对话框，在该对话框中可以设置雾的浓度以及颜色等，如图3-136所示。

图3-136

显示雾化：勾选该选项可以显示雾化效果，取消勾选则隐藏雾化效果，图3-137所示为显示雾化与取消雾化的对比效果。

图3-137

“距离”滑块：该滑块用于控制雾效的距离与浓度。数字0表示雾效相当于视点的起始位置，滑块左移则雾效相对视点较近，右移则较远。无穷符号 ∞ 表示雾效开始与结束时的浓度，滑块左移则雾效相对视点浓度较高，右移则浓度较低。

使用背景颜色：勾选该选项后，将会使用当前背景颜色作为雾效的颜色。

实战

为场景添加特定颜色的雾化效果

场景文件	b.skp
实例文件	实战——为场景添加特定颜色的雾化效果.skp
视频教学	多媒体教学>Chapter03>实战——为场景添加特定颜色的雾化效果.flv
难易指数	★☆☆☆☆
技术掌握	窗口中的雾化设置

扫码看视频

01 打开“场景文件>Chapter03>b.skp”文件，执行“窗口→雾化”菜单命令，如图3-138所示。

窗口(W) 插件 帮助(H)
场景信息
图元信息 Shift+F2
材质 X
组件 O
风格 Shift+O
图层 Shift+E
管理目录
页面管理 Shift+N
阴影 Shift+S
雾化
照片匹配
边线柔化 Ctrl+O
工具向导
参数设置 Shift+P
隐藏对话框

图3-138

02 在弹出的“雾化”对话框中勾选“显示雾化”选项，然后取消“使用背景颜色”选项，接着单击该选项右侧的色块，如图3-139所示。

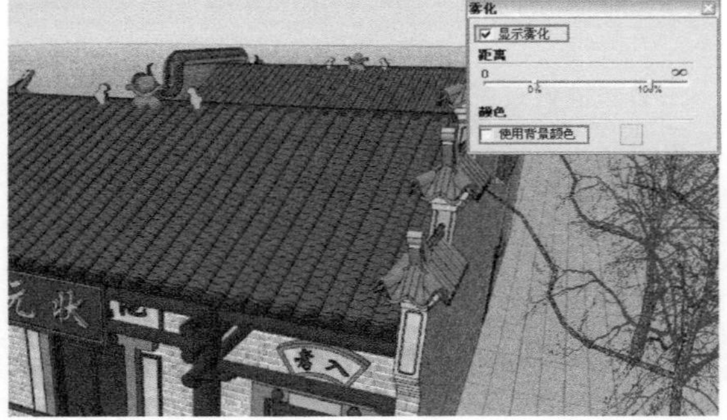

图3-139

03 在弹出的“选择颜色”对话框中选择所需颜色即可，如图3-140所示。

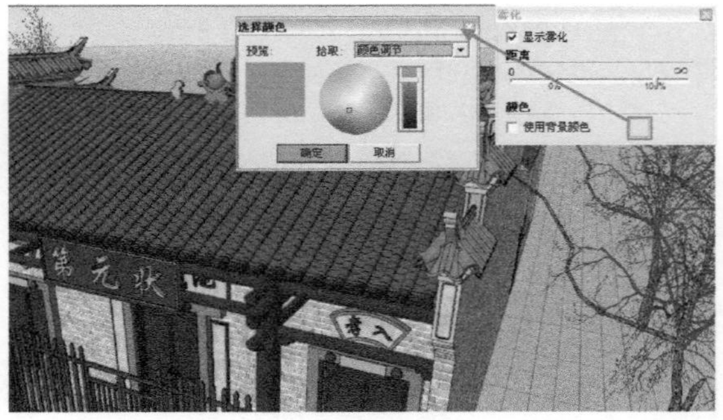

图3-140

04 场景显示了该颜色的雾化效果，如图3-141所示。

图3-141

重点 实战

创建颜色渐变的天空

场景文件	c.skp
实例文件	实战——创建颜色渐变的天空.skp
视频教学	多媒体教学>Chapter03>实战——创建颜色渐变的天空.flv
难易指数	★★☆☆☆
技术掌握	窗口中的雾化设置及风格栏的背景设置

扫码看视频

1 打开“场景文件>Chapter03>c.skp”文件，执行“窗口→风格”菜单命令，在“风格”编辑器中将天空的颜色设置为蓝色，如图3-142和图3-143所示。

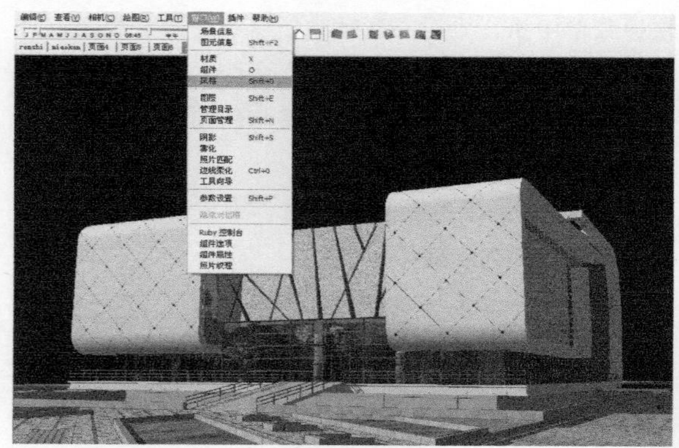

图3-142

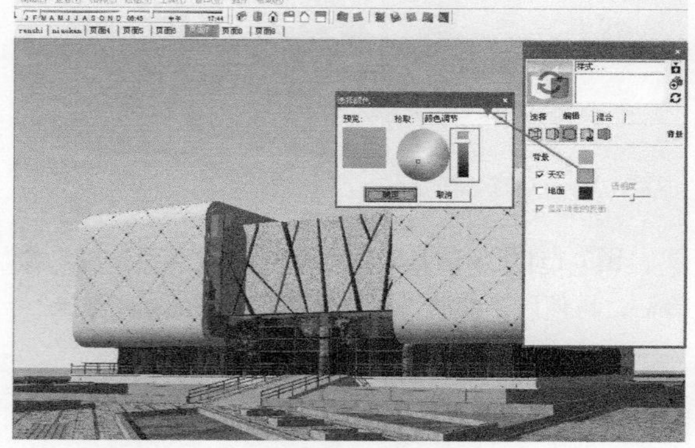

图3-143

2 执行“窗口→雾化”菜单命令，然后在“雾化”对话框中勾选“显示雾化”，接着取消“使用背景颜色”，最后单击后面的颜色框，将颜色调为黄色，如图3-144和图3-145所示。

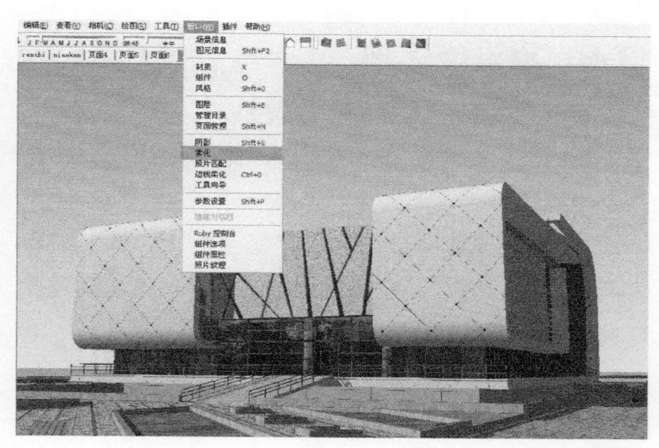

图3-144

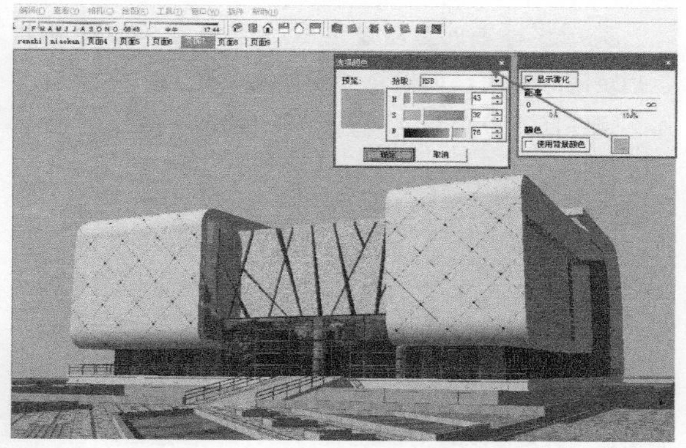

图3-145

3 把雾化栏中的2个滑块分别拉至两端，这样就可以看到天空由下至上由黄色过渡到蓝色的效果了，如图3-146所示。

图3-146

另外，关于360°全景天空的制作将在第6章中进行详细讲解。

3.4 设置坐标系

利用坐标系的功能可以创建斜面，并在斜面上进行精确的操作，利用该功能也可以准确地缩放不在坐标轴平面上的物体。

3.4.1 重设坐标轴

重设坐标轴的具体操作步骤如下。

① 激活“坐标轴”工具，此时光标处会多出一个坐标符号。

② 移动光标至要放置新坐标系的点，该点将作为新坐标系的原点。在捕捉点的过程中，可以通过参考提示来确认是否放置在正确的点上。

③ 确认新坐标系的原点后，移动光标来对齐x轴（红轴）的新位置，然后再对齐y轴（绿轴）的新位置，完成坐标轴的重新设定。

完成坐标轴的重新设定后，z轴（蓝轴）垂直于新指定的xy平面，如果新的坐标系是建立在斜面上，那么现在就可以顺利完成斜面的“缩放”操作了。

疑难问答

问：在轴测视图上绘制一个圆，默认是位于xy平面上，那么在没有参照点的情况下，如何绘制其他平面上的圆呢？有没有快速切换的工具或者快捷键？

答：想要绘制其他平面上的圆，有两种方法可以达到目的。一种是修改xy平面的方向，具体操作过程为在xy平面上绘制一个圆，然后在坐标轴上单击鼠标右键，接着在弹出的菜单中执行“放置”命令，最后通过鼠标操作来修改xy平面的方向，如图3-147所示。当然，也可以通过重设坐标轴的方法来修改平面。

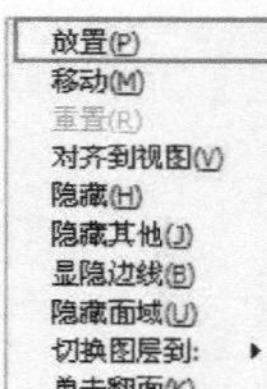

图3-147

另一种方法是先找到参考平面（没有的话就自己建一个），然后激活“圆”工具，接着将鼠标光标移至参考面上，当出现“在表面上”的提示后，按住Shift键以锁定圆的方向，再移动鼠标至合适的位置并单击确定圆心，之后绘制的圆就是与参考面相平行的了，如图3-148所示。

图3-148

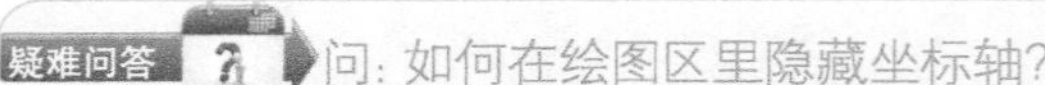

问：如何在绘图区里隐藏坐标轴?

答：执行“查看→坐标轴”菜单命令，取消对“坐标轴”的勾选即可，如图3-149所示。

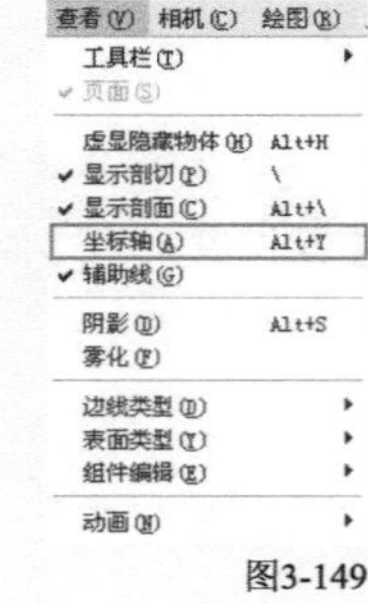

图3-149

3.4.2 对齐

1.对齐到轴线

对齐坐标系可以使坐标轴与物体表面对齐，只需在需要对齐的表面上单击鼠标右键，然后在弹出的快捷菜单中执行“对齐到轴线”命令即可。例如，对屋顶的斜面执行“对齐到轴线”命令，此时在表面上创建物体，物体的默认坐标轴将与斜面相平行，进行“缩放”操作也比较方便。

图3-150所示的是直接使用“缩放”工具对斜面进行操作的显示效果。

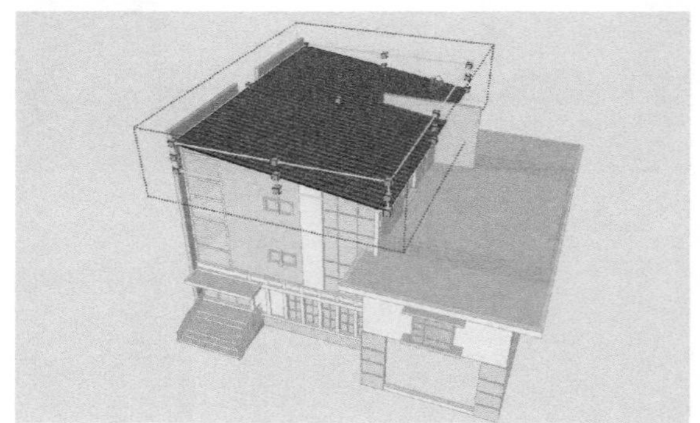

图3-150

图3-151所示的是对斜面执行“对齐到轴线”命令后，再使用“缩放”工具进行操作的显示效果。

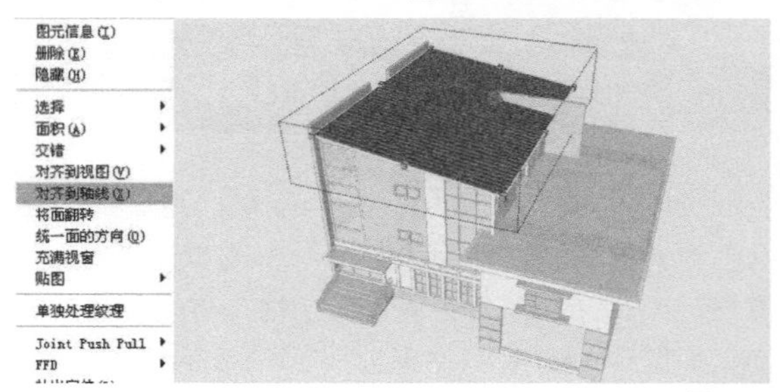

图3-151

2.对齐到视图

在需要对齐的表面上单击鼠标右键，然后在弹出的快捷菜单中执行“对齐到视图”命令，接着将视图垂直于坐标系的z轴（蓝轴），并与xy平面对齐，如图3-152和图3-153所示。

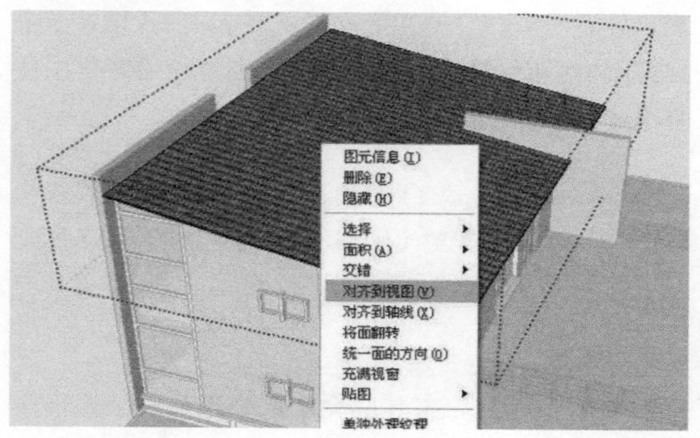

图3-152

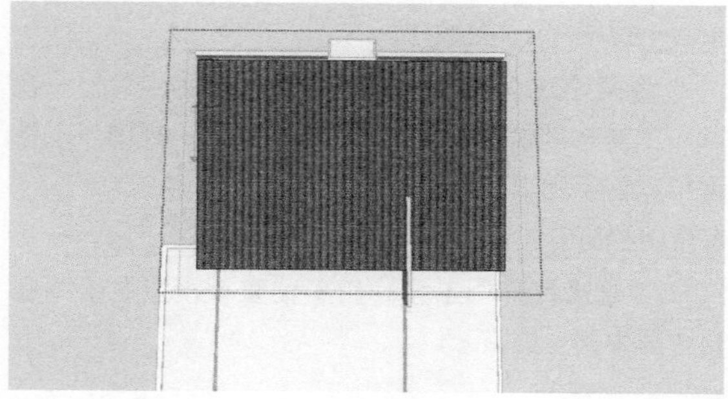

图3-153

3.4.3 显示/隐藏坐标轴

为了方便观察视图的效果，有时需要将坐标轴隐藏。执行“查看→坐标轴”菜单命令即可控制坐标轴的显示与隐藏，如图3-154所示。

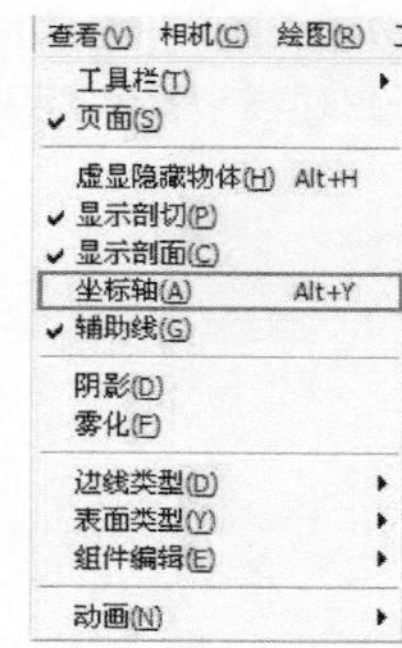

图3-154

3.4.4 日光朝北工具栏

SketchUp 8.0版本新增加了“日光朝北”工具栏，执行“查看→工具栏→日光朝北”菜单命令即可调出该工具栏，使用该工具栏中的工具可以非常方便地显示模型场景的正北方（类似于指北针），如图3-155所示。

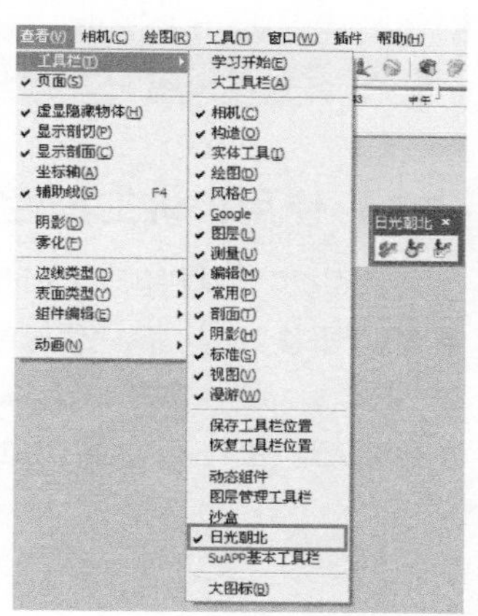

图3-155

“开关朝北箭头”工具：激活该工具后，屏幕上会显示模型的正北方向（默认为y轴（绿轴）），用橙色加粗显示，如图3-156所示。用户可以重新设置正北方向，关闭该工具则隐藏朝北箭头。

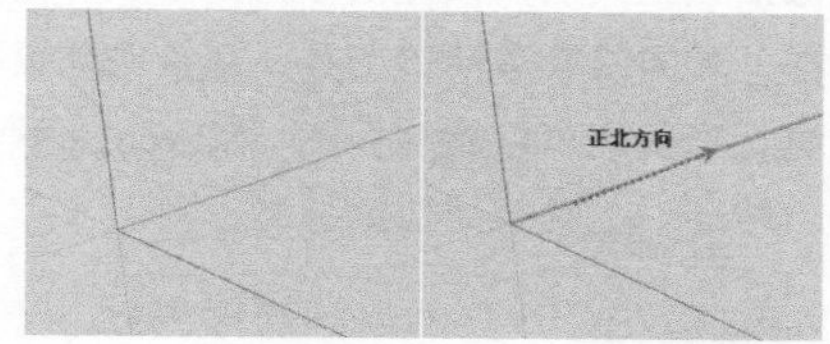

图3-156

“设置朝北工具”工具：激活该工具，然后在任意位置单击，接着移动鼠标到相应的角度，此时就会发现朝北箭头的方向会随着鼠标移动的角度而改变，但是朝北箭头的原点始终在坐标轴的原点。另外，不管鼠标在xz平面或yz平面上作任何角度改变，朝北箭头都只在xy平面上进行移动。为了更清楚地表示，下面分别在不同的角度进行查看，如图3-157～图3-159所示。

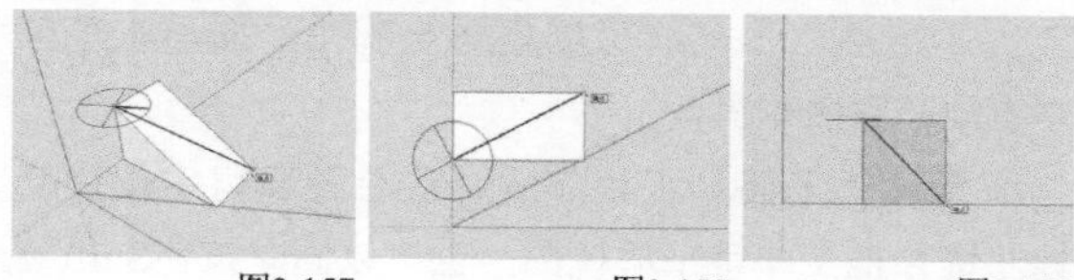

图3-157 图3-158 图3-159

“输入朝北角度”工具：激活该工具将弹出“输入朝北角度”对话框，在该对话框中可以输入朝北箭头偏移的角度。输入正角度值则顺时针偏移，输入负角度值则逆时针偏移，如图3-160和图3-161所示。

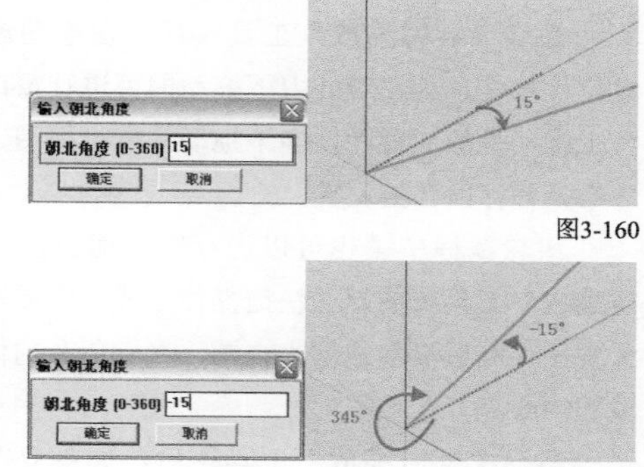

图3-160

图3-161

3.5 在界面中查看模型

3.5.1 使用相机工具栏查看

“相机”工具栏包含了7个工具，分别为“转动”工具、“平移”工具、“实时缩放”工具、“窗口缩放”工具、“上一视图”工具、“下一视图”工具和“充满视野”工具，如图3-162所示。

图3-162

1.转动

“转动”工具可以使照相机绕着模型旋转，激活该工具后，按住鼠标左键不放并拖曳就能旋转视图，如果没有激活该工具，那么按住鼠标中键不放并进行拖曳也可以旋转视图（SketchUp默认鼠标中键为“转动”工具的快捷键）。

如果使用鼠标中键双击绘图区的某处，会将该处旋转置于绘图区中心。这个技巧同样适用于“平移”工具和“实时缩放”工具。

按住Ctrl键的同时旋转视图能使竖直方向的旋转更流畅。

利用页面保存常用视图，可以减少“转动”工具的使用。

2.平移

“平移”工具可以相对于视图平面，水平或垂直地移动照相机。

激活“平移”工具后，在绘图窗口中按住鼠标左键并拖曳即可平移视图，也可以同时按住Shift键和鼠标中键进行平移。

3.实时缩放

“实时缩放”工具可以动态地放大和缩小当前视图，调整相机与模型之间的距离和焦距。

激活“实时缩放”工具后，在绘图窗口的任意位置按住鼠标左键并上下拖动即可进行窗口缩放。向上拖动是放大视图，向下拖动是缩小视图，缩放的中心是光标所在的位置。

滚轮鼠标中键也可以进行窗口缩放，这是“实时缩放”工具的默认快捷操作方式，向前滚动是放大视图，向后滚动是缩小视图，光标所在的位置是缩放的中心点。

激活“实时缩放”工具后，如果双击绘图区的某处，则此处将在绘图区居中显示，这个技巧在某些时候可以省去使用“平移”工具的步骤。

在制作场景漫游的时候常常要调整视野。当激活“实时缩放”工具后，用户可以输入一个准确的值来设置透视或照相机的焦距。例如，输入45deg表示设置一个45°的视野，输入35mm表示设置一个35mm的照相机镜头。用户也可以在缩放的时候按住Shift键进行动态调整。

改变视野的时候，照相机仍然留在原来的三维空间位置上，相当于只是旋转了相机镜头的变焦环。

4.窗口缩放

“窗口缩放”工具允许用户选择一个矩形区域来放大至全屏显示。

5.上一视图/下一视图

这两个工具可以恢复视图的变更，“上一视图”工具可以恢复到上一视图，“下一视图”工具可以恢复到下一视图。

6.充满视野

“充满视野”工具用于使整个模型在绘图窗口中居中并全屏显示。

问：为什么在查看模型的时候会无故出现如图3-163所示的类似破面的效果?

答：这只是显示错误，当出现模型远处有零星的碎片或者模型的地面过大等情况时，都有可能出现这种问题，这应该算是SketchUp的小Bug，遇到这种情况不必担心，使模型充满视窗就可以修正（快捷键为Shift+Z）。

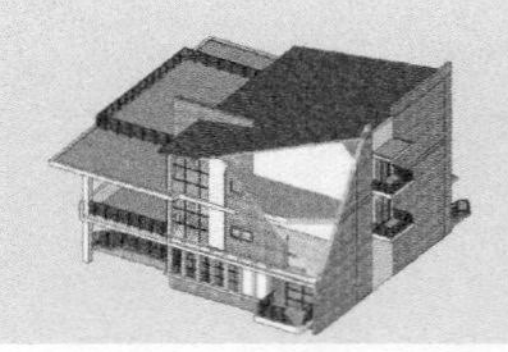
图3-163

3.5.2 使用漫游工具栏查看

“漫游”工具栏包含了3个工具，分别为“相机位置”工具、“漫游”工具和“绕轴旋转”工具，如图3-164所示。

漫游

图3-164

1.相机位置

“相机位置”工具用于放置相机的位置，以控制视点的高度。放置了相机的位置后，在数值控制框中会显示视点的高度，用户可以输入自己需要的高度。

“相机位置”工具有两种不同的使用方法。如果你只需要大致的人眼视角的视图，使用鼠标单击的方法就可以了。

① 鼠标单击：这个方法使用的是当前的视点方向，通过单击鼠标左键将相机放置在拾取的位置上，并设置相机高度为通常的视点高度。如果用户只需要人眼视角的视图，可以使用这种方法。

如果是在平面上放置照相机，默认的视点方向是向上的，也就是一般情况下的北向。

② 单击并拖曳：这个方法可以让用户准确地定位照相机的位置和视线。激活“相机位置”工具后，按住鼠标左键不放确定相机（人眼）所在的位置，然后拖曳光标到需要观察的点再松开鼠标。

“相机位置”工具与“相机”工具栏中的工具不同，在“相机”工具栏中，工具的主体是视图，而“相机位置”工具的主体是人，理解了这一点，可以更快地找到设置相机的方法。

在放置相机位置的时候，可以先使用“测量距离”工具和数值控制框来绘制辅助线，这样有助于更精确地放置相机。

放置好相机后，会自动激活“绕轴旋转”工具，让用户可以从该点向四周观察。此时也可以再次输入不同的视点高度来进行调整。一般透视图视点高度设为0.8~1.6m。0.8m的视点高度好比用儿童的眼睛看建筑，这样显得建筑比较宏伟壮观。

2.漫游

“漫游”工具可以让用户像散步一样地观察模型，还可以固定视线高度，然后让用户在模型中漫步。只有在激活“透视显示”模式的情况下，该工具才有效。

激活“漫游”工具后，在绘图窗口的任意位置单击鼠标左键，将会放置一个十字符号，这是光标参考点的位置。如果按住鼠标左键不放并移动鼠标，向上、下移动分别是前进和后退，向左、右移动分别是左转和右转。距离光标参考点越远，移动速度越快。

实战

使用漫游工具体验建筑空间

场景文件	无
实例文件	实战——使用漫游工具体验建筑空间.skp
视频教学	多媒体教学>Chapter03>实战——使用漫游工具体验建筑空间.flv
难易指数	★☆☆☆☆
技术掌握	“漫游”工具

1 勾选“相机”菜单下的“透视显示”选项，如图3-165所示。

2 激活“漫游”工具，然后输入视线高度值（1600mm），并按Enter键确定，如图3-166所示。

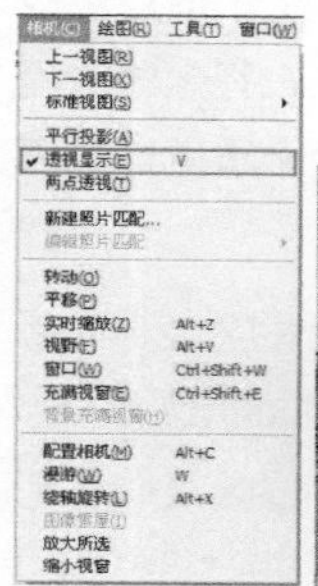

图3-165

图3-166

3 按住鼠标中键的同时拖曳鼠标来调整视线的方向（上下左右皆可，仿佛转动头部的效果），此时鼠标光标会变为，图3-167和图3-168所示的是向上移动鼠标中键和向右移动鼠标中键的效果。

图3-167

图3-168

4 按Esc键，取消视线的方向，鼠标回归为脚步状态，接下来就可以实现漫游了。按住鼠标左键进行自由移动，就好像在场景中自由行走一样。当然，这个过程也可以通过键盘的方向键进行控制，向上是前进，向下是后退，也可以左右移动，如图3-169所示，另外，在行走的过程中可以随时增加页面，如图3-170所示。

图3-169

图3-170

另外，在很多大场景中，可以配合Ctrl键加快漫游速度，实现“快速奔跑”功能。如果在行走的过程中碰到了墙壁，光标会显示为 ，表示无法通过，可以按住Alt键“穿墙而过”。

注意：在进行漫游行走的过程中，尽量不要按Shift键，因为如果按住Shift键上下移动鼠标左键，就会以改变视线的高度“上下飞行”。如果不小心改变了视线高度，在漫游过程中可以随时在数值控制框中重新输入原来的视线高度值。

激活“实时缩放”工具 后（快捷键为Alt+Z），用户可以输入准确的数值设置透视角度和焦距。例如，输入“60deg”表示将视角设置为60°，输入“50mm”表示将相机焦距设置为50mm。

关于相机焦距

相机焦距指的是从镜头的中心点到胶片平面上所形成的清晰影像之间的距离。以常用的35mm胶卷相机（也叫135相机）为例，标准镜头的焦距多为40mm、50mm、55mm。以标准镜头的焦距为界，小于标准镜头焦距的称为广角镜头，大于标准镜头焦距的称为长焦镜头。

① 标准镜头

标准镜头的镜头焦距在40mm~60mm，标准镜头的视角约50°，这是人在头和眼睛不转动的情况下单眼所能看见的视角。从标准镜头中观察的感觉与人们平时所见的景物基本一致。

很多人喜欢用标准镜头做效果图，其实不然。人在观察建筑的时候，头和眼睛都会动，而且是双眼观察，视角会更大。另外，人对建筑的观察并不像照相机那样单纯，而是将观察得到的图像在大脑中处理过的全息图像。例如，当一个人进入了一个房间，会自然地环顾四周，大脑中的图像是包含了整个房间的，并不会因为视角变大而产生透视变形。用一部相机的取景窗观察一个建筑，与人眼观察作对比，可以发现还是有很大差别的，这里的关键是照相机模拟了人眼的构造，但无法模拟出人的大脑处理图像的能力。

② 广角镜头

广角镜头又称为短焦距镜头，其摄影视角比较广，适于拍摄距离近且范围大的景物，有时用来夸大前景表现，特点是远近感以及透视变形强烈。典型广角镜头的焦距为28mm、视角为27°。常用的还有略长一些的35mm、38mm的所谓小广角。

比一般的广角镜头视角更大的是超广角镜头，例如，焦距为24mm、视角达到84°，以及鱼眼镜头，其焦距为8mm、视角可达180°。焦距越短，视角越大，透视变形越强烈。过短的焦距会使建筑严重变形，造成视觉上的误解。

③ 长焦镜头

长焦镜头又称为窄角镜头，适于拍摄远距离景物，相当于望远镜。长焦镜头通常分为3级，135mm以下称为中焦距，例如，焦距为85mm、视角为28°或者焦距为105mm、视角为23°，中焦距镜头经常用来拍摄人像，有时也称为人像镜头；135mm~500mm称为长焦距，如焦距为200mm、视角为12°或者焦距为400mm、视角为6°；500mm以上的称为超长焦距镜头，其视角小于5°，适于拍摄远处的景物（由于无法靠近远处的物体，超长焦距镜头就会发挥极大的作用）。

焦距越长，视角越小，也越能够将远处的物体拉近观察，透视越平缓，甚至趋近于立面效果。它的特点是景深小，视野窄，减弱画面的纵深和空间感，如果用来表现范围较大的场景环境，会产生类似于轴测图的效果。制作鸟瞰图的时候可以考虑使用长焦镜头。

经过长期实践，笔者建议在SketchUp中选择28mm左右的镜头焦距，这样既相对真实，又能表达建筑的宏伟挺拔。

图3-171所示的是不同焦距下的效果对比。

图3-171

问：正在建模时，不知道为什么视图的透视突然变形很厉害，请问该如何调整回默认的透视视图？另外，该如何控制透视变形参数？

答：这种情况大概是在实时缩放（快捷键为Alt+Z）时按住了Shift键进行移动，这样实际上就是在修改相机的视角。可以将SketchUp的透视图想象成一架相机，如果要修改相机的参数值，可以在激活“实时缩放”工具 后，输入**mm或者**deg（**代表数字），例如，输入“50mm”代表50毫米镜头，输入“60deg”代表视角为60°。标准镜头的焦距多为40mm、50mm或55mm，以标准镜头的镜头焦距为界，小于标准镜头的焦距称为广角镜头，大于标准镜头焦距的称为长焦镜头。镜头焦距越小透视变形越大，视角也越大；镜头焦距越大变形越小，视角也越小。

3.绕轴旋转

“绕轴旋转”工具以相机自身为支点旋转观察模型，就如同人转动脖子四处观看。该工具在观察内部空间时特别有用，也可以在放置相机后用来查看当前视点的观察效果。

“绕轴旋转”工具的使用方法比较简单，只需激活后按住鼠标左键不放并进行拖曳即可观察视图。另外，通过在数值控制框中输入数值，可以指定视点的高度。

技巧与提示

“绕轴旋转”工具是以视点为轴，相当于站在视点不动，眼睛左右旋转查看。而使用“转动”工具进行旋转查看是以模型为中心，相当于人绕着模型查看，这两者的查看方式不同。

3.5.3 使用视图工具栏查看

“视图”工具栏中包含了6个工具，分别为“等角透视”工具、“顶视图”工具、“前视图”工具、“右视图”工具、“后视图”工具和“左视图”工具，如图3-172所示。

图3-172

“视图”工具栏中的工具用于将当前视图切换到不同的标准视图，如图3-173所示。

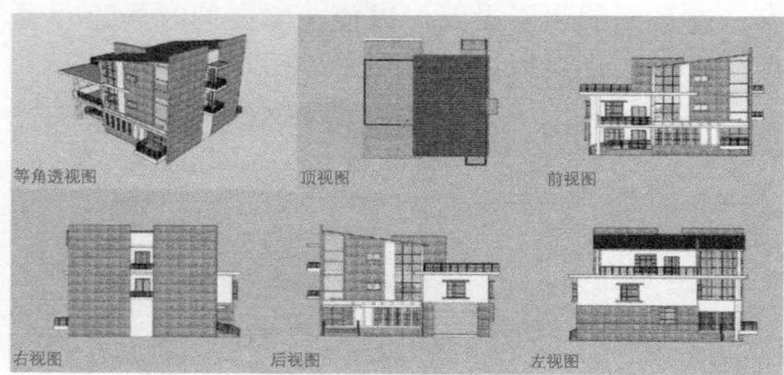

图3-173

技巧与提示

切换到“等角透视”视图后，SketchUp会根据目前的视图状态生成接近于当前视角的等角透视视图。另外，只有在“平行投影”模式（执行“相机→平行投影”菜单命令）下显示的等角透视才是正确的。

如果想在“透视显示”模式下打印或导出二维矢量图，传统的透视法则会起作用，输出的图不能设定缩放比例。例如，虽然视图看起来是顶视图或等角视图，但除非进入“平行投影”模式，否则是得不到真正的平面图和轴测图的（“平行投影”模式也叫“轴测”模式，在该模式下显示的是轴测图）。

技术专题 关于“透视显示”和“平行投影”

①“透视显示”模式

“透视显示”模式模拟的是人眼观察物体的方式，模型中的平行线会消失于远处的灭点，显示的物体会变形。在“透视显示”模式下打印出的平面、立面及剖面图不能正确地反应长度和角度，且不能按照一定的比例打印。

SketchUp的“透视显示”模式是三点透视，当视线处于水平状态时，会生成两点透视。两点透视的设置可以通过放置相机使视线水平；也可以在选定好一定角度后，执行“相机→两点透视”菜单命令，这时绘图区会显示两点透视图，并可以直接在绘图中心显示，如图3-174所示。

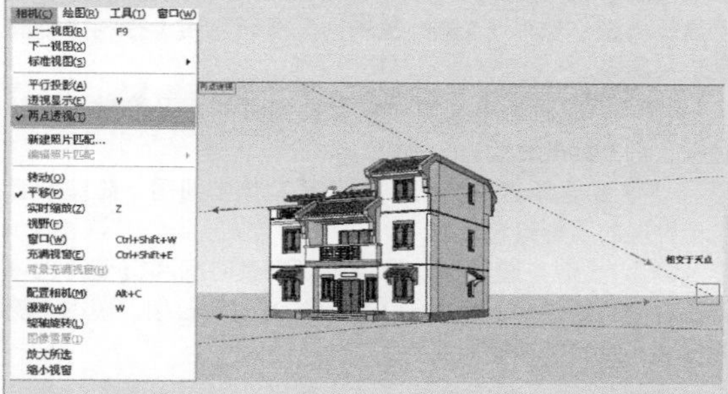

图3-174

②“平行投影”模式

“平行投影”模式是模型的三向投影图。在“平行投影”模式中，所有的平行线在绘图窗口中仍显示为平行，如图3-175所示。

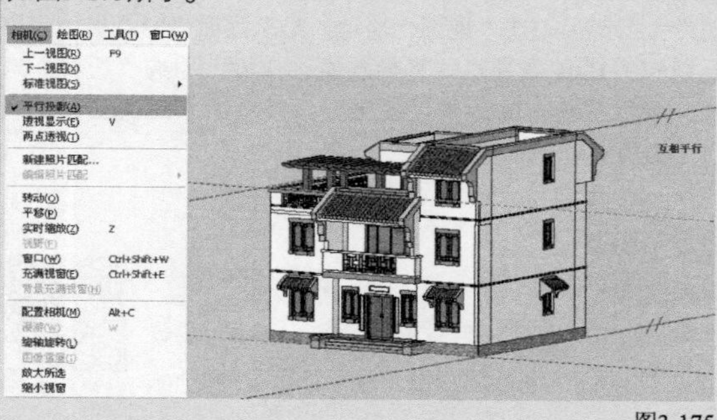

图3-175

3.5.4 查看模型的阴影

1.阴影的设置

<1>“阴影设置”对话框

在“阴影设置”对话框中可以控制SketchUp的阴影特性，包括时间、日期和实体的位置朝向。可以用页面来保存不同的阴影设置，以自动展示不同季节和时间段的光影效果。执行“窗口→阴影”菜单命令即可打开“阴影设置”对话框，如图3-176所示。

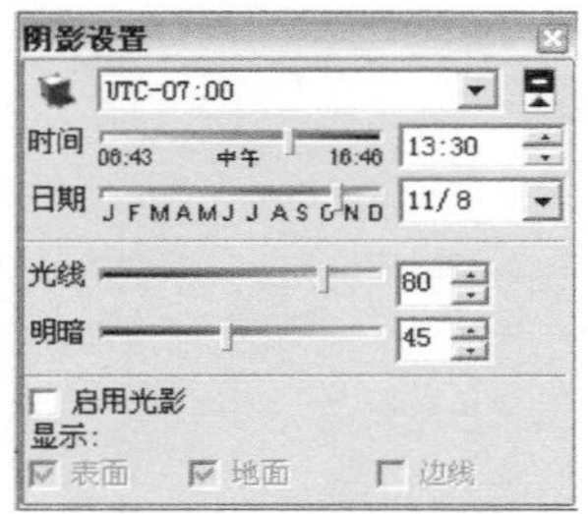

图3-176

“显示/隐藏阴影”按钮：SketchUp 8.0将原来版本的“显示阴影”选项 显示阴影 替换为此按钮，用于控制阴影的显示与隐藏。

UTC：翻译为中文叫作世界协调时间，又称世界统一时间、世界标准时间。

“隐藏/显示详细情况”按钮：该按钮用于隐藏或者显示扩展的阴影设置。

时间/日期：通过拖动滑块可以调整时间和日期，也可以在右侧的数值输入框中输入准确的时间和日期。阴影会随着日期和时间的调整而变化。

光线/明暗：调节光线可以调整模型本身表面的光照强度，调节明暗可以调整模型及阴影的明暗程度。

启用光影：勾选该选项可以在不显示阴影的情况下，仍然按照场景中的光照来显示物体各表面的明暗关系。

显示“表面/地面/边线”：勾选“表面”选项，则阴影会根据设置的光照在模型上产生投影，取消则不会在物体表面产生阴影；勾选“地面”选项，显示地面投影会集中使用到用户的3D图像硬盘，将导致操作变慢；勾选“边线”选项，可以从独立的边线设置投影，不适用于定义表面的线（一般用不着该选项）。

显示场景冬至日的光影效果

扫码看视频

打开“场景文件>Chapter03>d.skp”场景模型。执行“窗口→阴影”菜单命令,打开“阴影设置”对话框，将世界标准时间调为UTC-07:00，日期也进行调整，例如，设置为3月22日，勾选“显示光影”，时间滑块、光影滑块和明暗滑块可自由拖动调整，场景中的光影效果也会随之实时变化，如图3-177和图3-178所示。

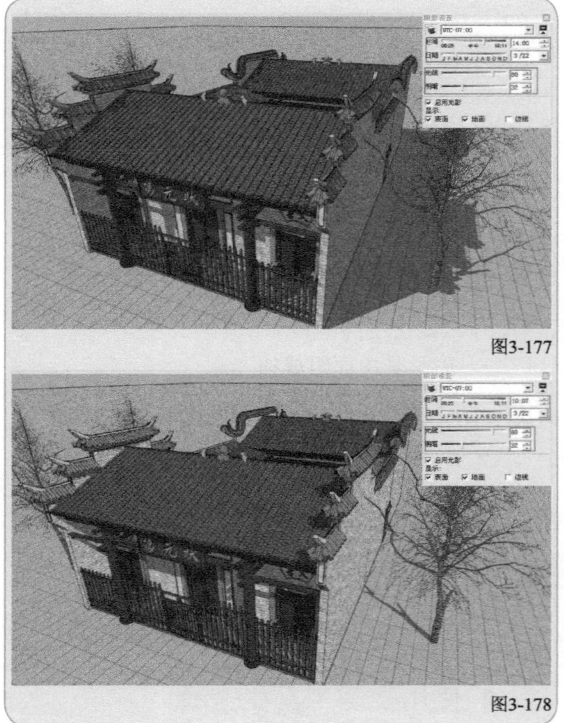

图3-177

图3-178

<2>阴影工具栏

执行“查看→工具栏→阴影”菜单命令即可打开“阴影”工具栏，在“阴影”工具栏中同样可以对阴影的常用属性进行调整，例如，打开“阴影设置”对话框、调整时间和日期等，如图3-179所示。

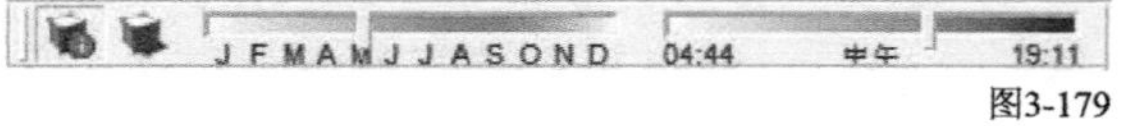

图3-179

2.保存页面的阴影设置

利用页面标签可以勾选Shadow Settings选项，保存当前页面的阴影设置，以便在需要的时候随时调用，如图3-180所示。

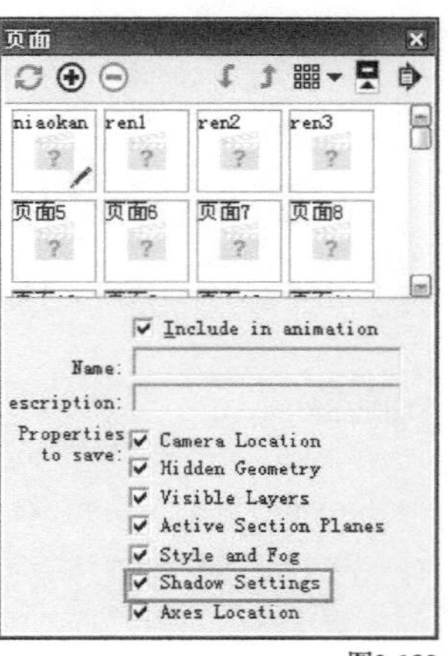

图3-180

3.阴影的限制与失真

<1>透明度与阴影

使用透明材质的表面要么产生阴影，要么不产生阴影，不会产生部分遮光的效果。透明材质产生的阴影有一个不透明度的临界值，只有不透明度在70%以上的物体才能产生阴影，否则不能产生阴影。同样，只有完全不透明的表面才能接受投影，否则不能接受投影。

<2>地面阴影

地面阴影是由面组成的，这些面会遮挡位于地平面（z轴负方向）下面的物体，出现这种情况时，可将物体移至地面以上，如图3-181所示。也可以在产生地面阴影的位置创建一个大平面作为地面接收投影，并在“阴影设置”对话框中关闭“地面”选项，如图3-182和图3-183所示。

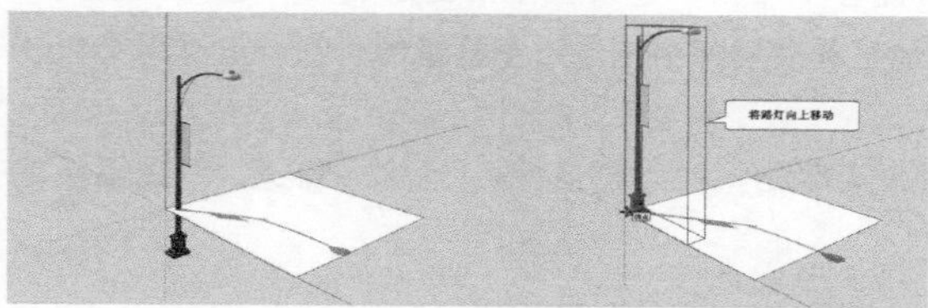

图3-181

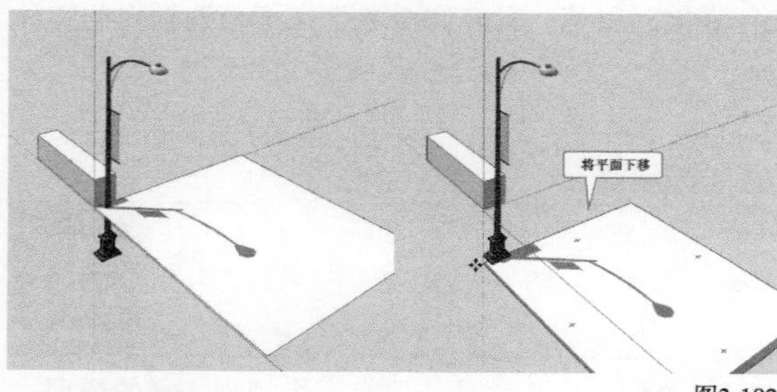

图3-182

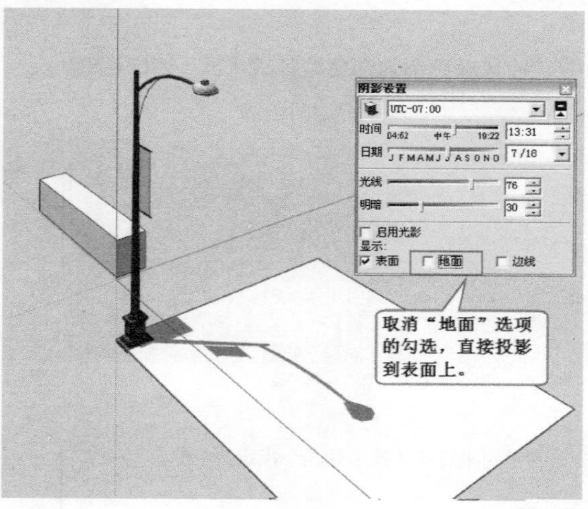

图3-183

<3>阴影的导出

阴影本身不能和模型一起导出。所有的二维矢量导出都不支持渲染特性，包括阴影、贴图和透明度等。能直接导出阴影的只有基于像素的光栅图像和动画。

<4>阴影失真

有的时候，模型表面的阴影会出现条纹或光斑，这种情况一般与用户的OpenGL驱动有关。

SketchUp的阴影特性对硬件系统要求较高，用户最好配置100%兼容OpenGL硬件加速的显卡。通过“系统属性”对话框可以对OpenGL进行设置，如图3-184所示。

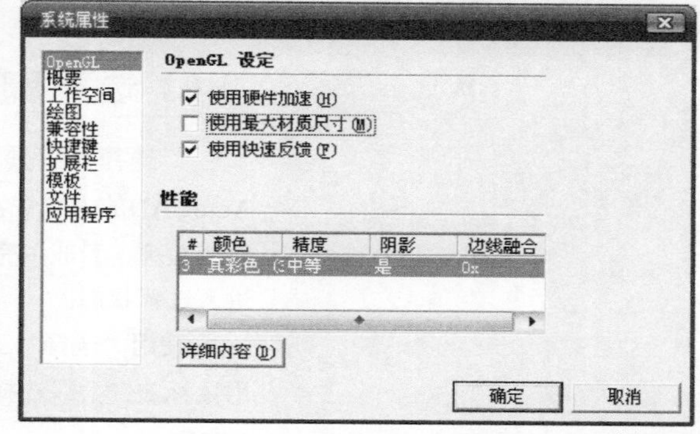

图3-184

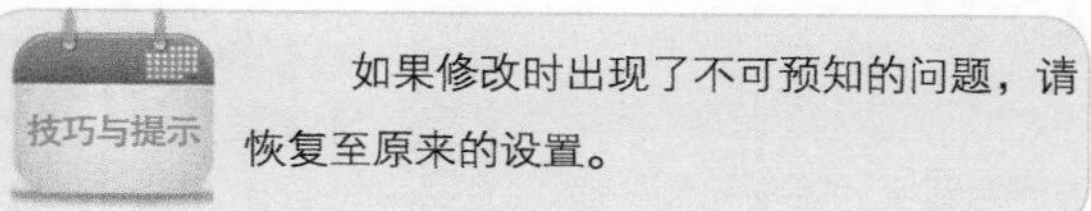

如果修改时出现了不可预知的问题，请恢复至原来的设置。

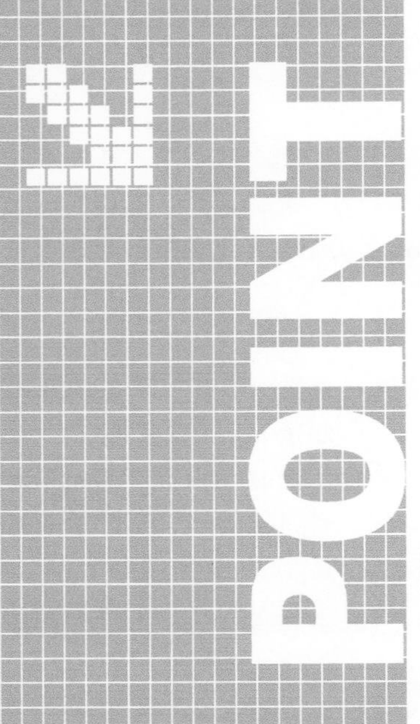

第4章 图形的绘制与编辑

“工欲善其事，必先利其器。”在选择使用SketchUp软件进行方案创作之前，必须熟练掌握SketchUp的一些基本工具和命令，包括图形的选择与删除，圆形、矩形等基本形体的绘制，通过推拉、缩放等基础命令生成三维体块，灵活使用辅助线绘制精准模型以及模型的尺寸标注等操作。

学习重点

掌握使用基本工具进行简单模型制作的方法

掌握编辑修改模型的基本操作方法

掌握进行模型测量和标注的方法

掌握灵活使用辅助线绘制模型的方法

4.1 选择图形与删除图形

4.1.1 选择图形

“选择”工具用于给其他工具命令指定操作的实体，对于用惯了AutoCAD的人来说，可能会不习惯，建议将空格键定义为“选择”工具的快捷键，养成用完其他工具之后随手按一下空格键的习惯，这样就会自动进入选择状态。

使用“选择”工具选取物体的方式有4种：点选、窗选、框选以及使用鼠标右键关联选择。

1.窗选

窗选的方式为从左往右拖动鼠标，只有完全包含在矩形选框内的实体才能被选中，选框是实线。

实战

用窗选方法选择需要的几栋建筑

场景文件	a.skp
实例文件	无
视频教学	多媒体教学>Chapter04>实战——用窗选方法选择需要的几栋建筑.flv
难易指数	★☆☆☆☆
技术掌握	选择工具

扫码看视频

01 打开“场景文件>Chapter04>a.skp”文件，这是一个规划场景的模型，如图4-1所示。

02 用窗选方法选择小区中心处楼梯间为红色涂料的建筑，如图4-2所示。

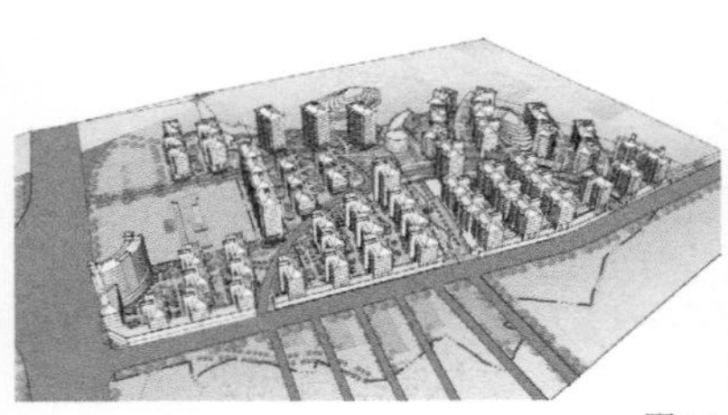

图4-1

图4-2

技巧与提示

窗选方法常常用来选择场景中某几个指定的物体。

SketchUp

2.框选

框选的方法为从右往左拖动鼠标，用这种方法选择的图形包括选框内和选框所接触到的所有实体，选框呈虚线显示。

实战

用框选方法选择场景中的所有物体

场景文件	b.skp
实例文件	无
视频教学	多媒体教学>Chapter04>实战——用框选方法选择场景中的所有物体.flv
难易指数	★☆☆☆☆
技术掌握	选择工具

扫码看视频

1 打开“场景文件>Chapter04>b.skp”文件，是一个规划场景的模型，如图4-3所示。

图4-3

2 用框选方法选择场景中的所有物体，如图4-4所示。

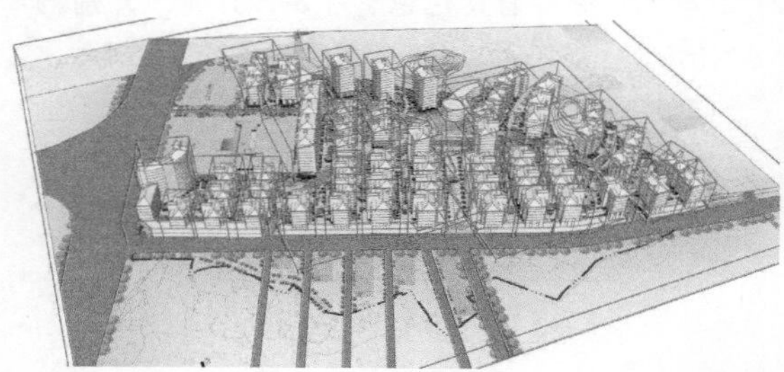

图4-4

技巧与提示

框选方法常常用来选择场景中的全部物体。

3.点选

点选方法就是在物体元素上单击鼠标左键进行选择，在选择一个面时，如果双击该面，将同时选中这个面和构成面的线。如果在一个面上单击3次以上，那么将选中与这个面相连的所有面、线和被隐藏的虚线（组和组件不包括在内），如图4-5~图4-7所示。

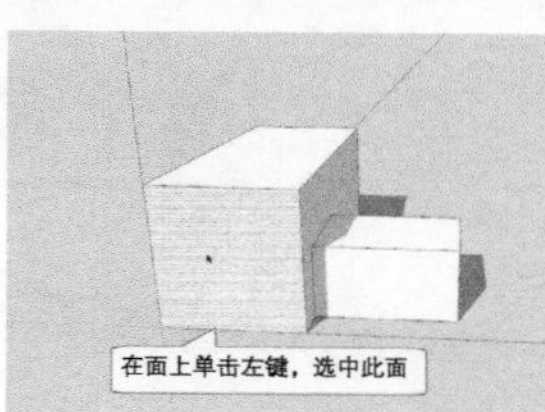

图4-5

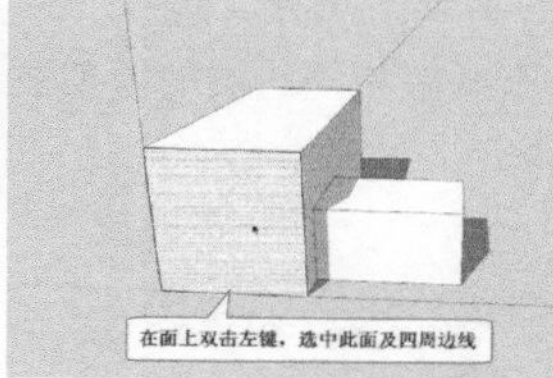

图4-6

图4-7

4.右键关联选取

激活“选择”工具后，在某个物体元素上单击鼠标右键，将会弹出一个菜单，执行“选择”命令可以进行扩展选择，如图4-8所示。

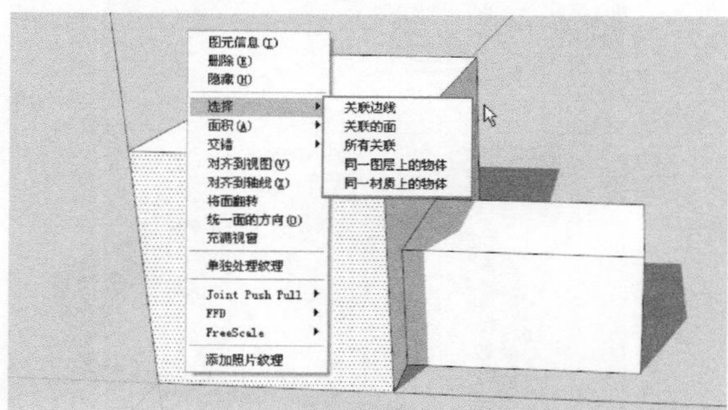

图4-8

技巧与提示

使用“选择”工具并配合键盘上相应的按键也可以进行不同的选择。

激活“选择”工具后，按住Ctrl键可以进行加选，此时光标的形状变为。

激活“选择”工具后，按住Shift键可以交替选择物体的加减，此时光标的形状变为。

激活“选择”工具后，同时按住Ctrl键和Shift键可以进行减选，此时光标的形状变为。

如果要选择模型中的所有可见物体，除了执行“编辑→全选”菜单命令外，还可以使用Ctrl+A组合键。

单击鼠标右键可以指定材质的表面，如果要选择的面在组或组件内部，则需要双击鼠标左键进入组或组件内部进行选择，如图4-9所示。

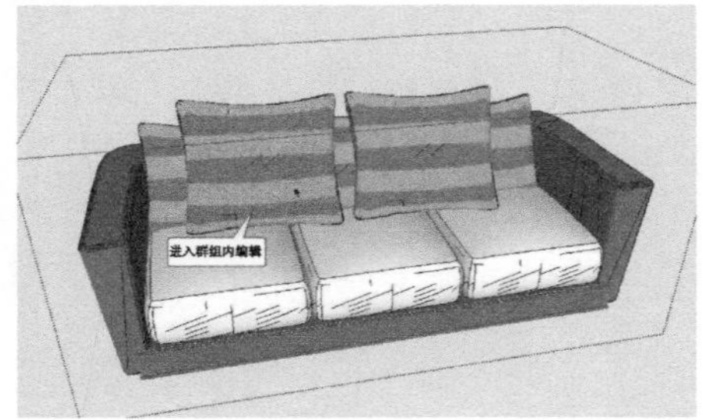

图4-9

单击鼠标右键在弹出的菜单中执行“选择→同一材质上的物体”命令，那么具有相同材质的面都被选中，如图4-10和图4-11所示。

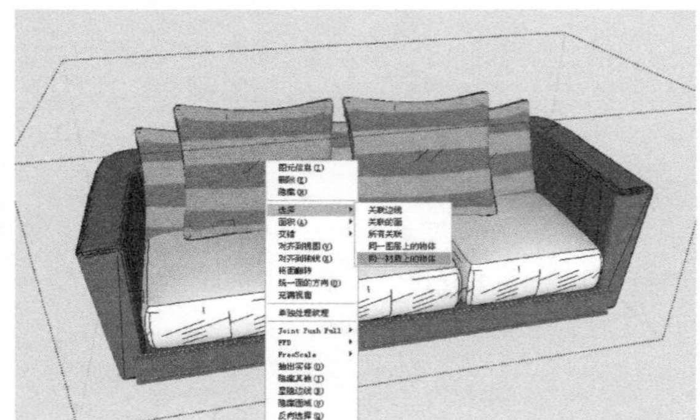
图4-10

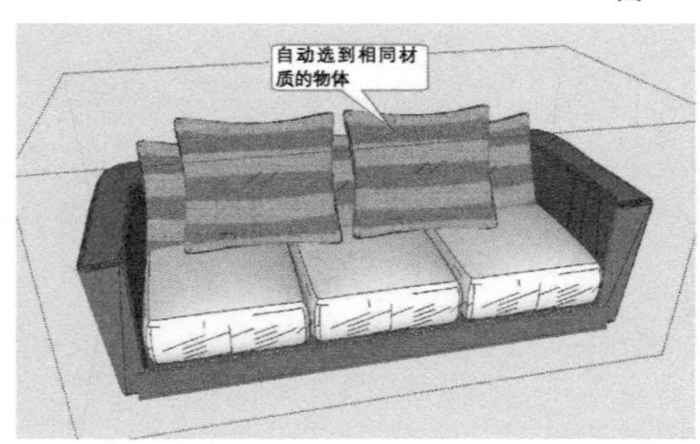

图4-11

技巧与提示

在完成了模型又没有及时创建群组的情况下，使用该命令可以很容易地把相同的材质选择出来并将其群组，以便对材质等属性进行调整。

4.1.2 取消选择

如果要取消当前的所有选择，可以在绘图窗口的任意空白区域单击，也可以执行“编辑→取消选择”菜单命令，或者使用Ctrl+T组合键。

4.1.3 删除图形

1.删除物体

单击“删除”工具后，单击想要删除的几何体即可将其删除。如果按住鼠标左键不放，然后在需要删除的物体上拖曳，此时被选中的物体会呈高亮显示，松开鼠标左键即可全部删除。如果偶然选中了不想删除的几何体，可以在删除之前按Esc键取消这次删除操作。

当鼠标移动过快时，可能会漏掉一些线，这时只需重复拖曳操作即可。

如果是要删除大量的线，更快的方法是先用“选择”工具进行选择，然后按Delete键删除。

2.隐藏边线

使用“删除”工具的同时按住Shift键，将不再是删除几何体，而是隐藏边线。

3.柔化边线

使用“删除”工具的同时按住Ctrl键，将不再是删除几何体，而是柔化边线。

4.取消柔化效果

使用“删除”工具的同时按住Ctrl键和Shift键就可以取消柔化效果。

4.2 基本绘图工具

“绘图”工具栏包含了6个工具，分别为“矩形”工具、“线”工具、“圆”工具、“圆弧”工具、“多边形”工具和“徒手画笔”工具，如图4-12所示。

图4-12

4.2.1 矩形工具

“矩形”工具通过指定矩形的对角点来绘制矩形表面，如图4-13所示。

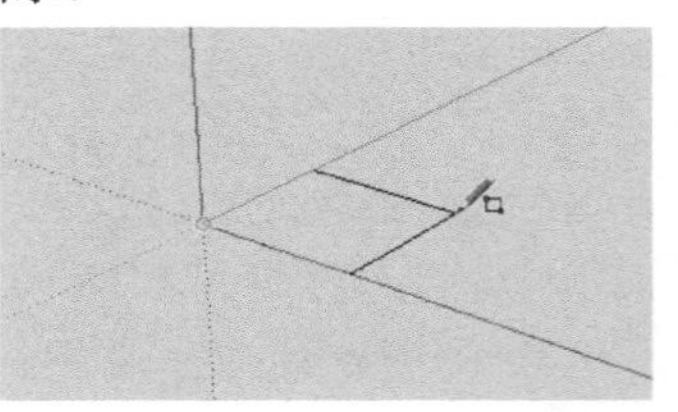
图4-13

在绘制矩形时，如果出现了一条虚线，并且带有“平方”提示，则说明绘制的为正方形；如果出现的是“黄金分割”的提示，则说明绘制的是带黄金分割的矩形，如图4-14所示。

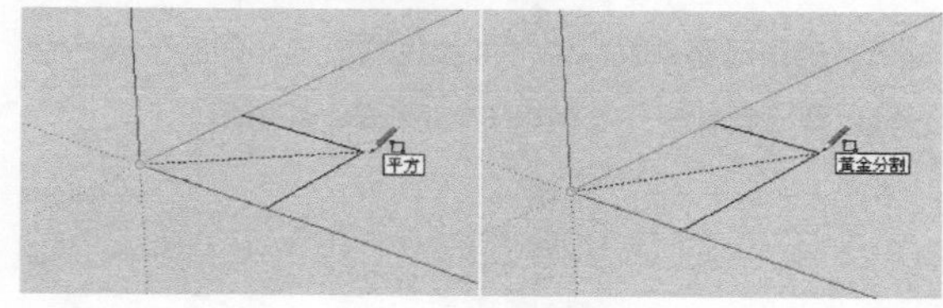

图4-14

如果想要绘制的矩形不与默认的绘图坐标轴对齐，可以在绘制矩形前使用“坐标轴”工具重新放置坐标轴。

绘制矩形时，它的尺寸会在数值控制框中动态显示，用户可以在确定第一个角点或者刚绘制完矩形后，通过键盘输入精确的尺寸。除了输入数字外，用户还可以输入相应的单位，例如，英制的（1’，6“）或者mm等单位，如图4-15所示。

图4-15

没有输入单位时，SketchUp会使用当前默认的单位。

疑难问答

问：如何在SketchUp中准确设定物体的尺寸？

答：在创建一个物体的时候就可以准确设定其尺寸。例如，创建一个宽2000mm、长3000mm、高1000mm的长方体，首先使用“矩形”工具随意绘制一个长方形，然后在数值控制框内输入2000mm，3000mm，此时长方形将自动变为这个尺寸，接着将长方形随意推拉一定的高度，并输入1000mm，那么长方体的高度将自动调整成1000mm，如图4-16和图4-17所示。

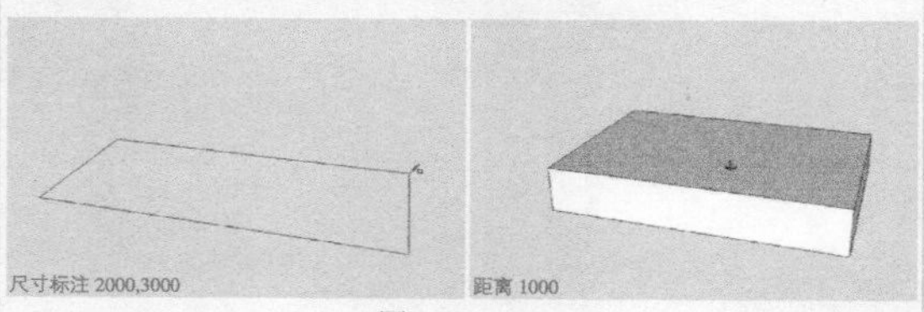

图4-16 图4-17

此外，如果事先通过“场景信息”对话框设定好了绘图单位为“毫米”，那么在绘图过程中在数值控制框中就可以不用输入单位，例如，输入2000,3000，系统则默认为2000mm,3000mm。

4.2.2 线工具

“线”工具可以用来绘制单段直线、多段连接线和闭合的形体，也可以用来分割表面或修复被删除的表面。

同“矩形”工具一样，使用“线”工具绘制线时，线的长度会在数值控制框中显示，用户可以在确定线段终点之前或者完成绘制后输入一个精确的长度，如图4-18所示。

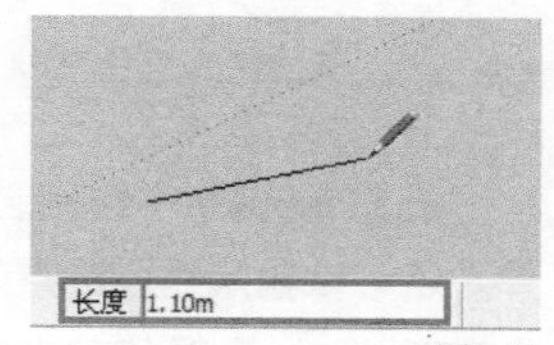

图4-18

3条以上的共面线段首尾相连就可以创建一个面，在闭合一个表面时，可以看到“端点”提示。如果是在着色模式下，成功创建一个表面后，新的面就会显示出来，如图4-19所示。

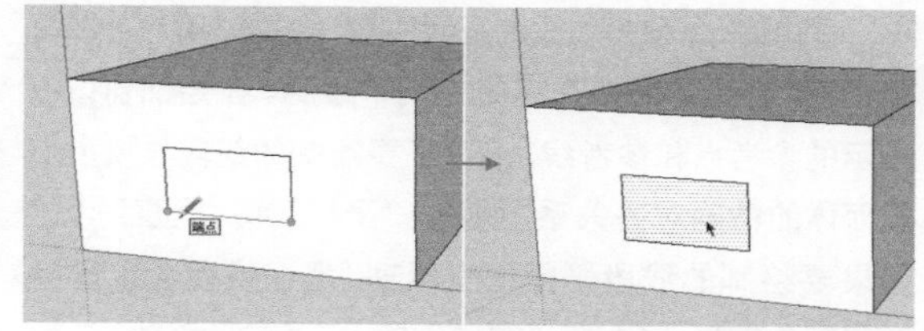

图4-19

如果在一条线段上拾取一点作为起点绘制直线，那么这条新绘制的直线会自动将原来的线段从交点处断开，如图4-20所示。

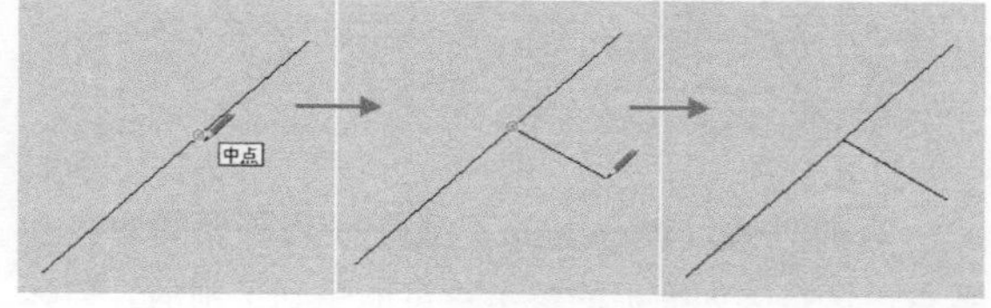

图4-20

如果要分割一个表面，只需绘制一条端点位于表面周长上的线段即可，如图4-21所示。

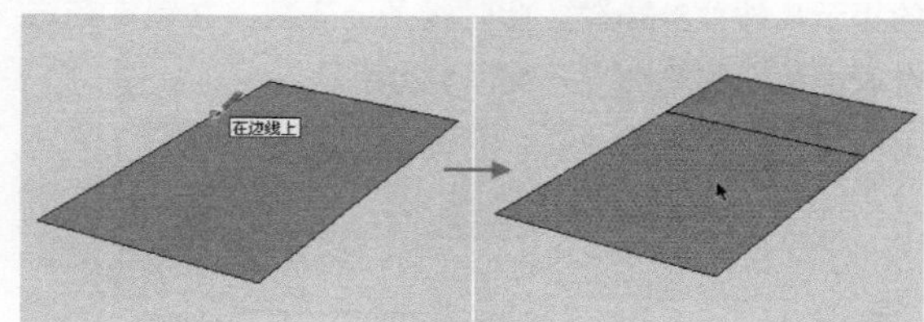

图4-21

有时候，交叉线不能按照用户的需要进行分割，例如，分割线没有绘制在表面上。在打开轮廓线的情况下，所有不是表面周长上的线都会显示为较粗的线。如果出现这样的情况，可以使用“线”工具在该线上绘制一条新的线来进行分割。SketchUp会重新分析几何体并整合这条线，如图4-22所示。

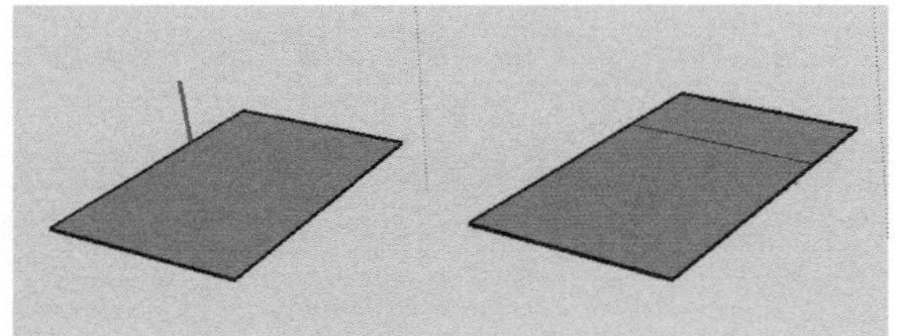
图4-22

在SketchUp中绘制直线时，除了可以输入长度外，还可以输入线段终点的准确空间坐标，输入的坐标有两种，一种是绝对坐标，另一种是相对坐标。

绝对坐标：用中括号输入一组数字，表示以当前绘图坐标轴为基准的绝对坐标，格式为[x/y/z]。

相对坐标：用尖括号输入一组数字，表示相对于线段起点的坐标，格式为<x/y/z>。

利用SketchUp强大的几何体参考引擎，用户可以使用“线”工具直接在三维空间中绘制。在绘图窗口中显示的参考点和参考线，表达了要绘制的线段与模型中几何体的精确对齐关系，例如，“平行”或“垂直”等；如果要绘制的线段平行于坐标轴，那么线段会以坐标轴的颜色亮显，并显示“在红色轴上”“在绿色轴上”或“在蓝轴上”的提示，如图4-23所示。

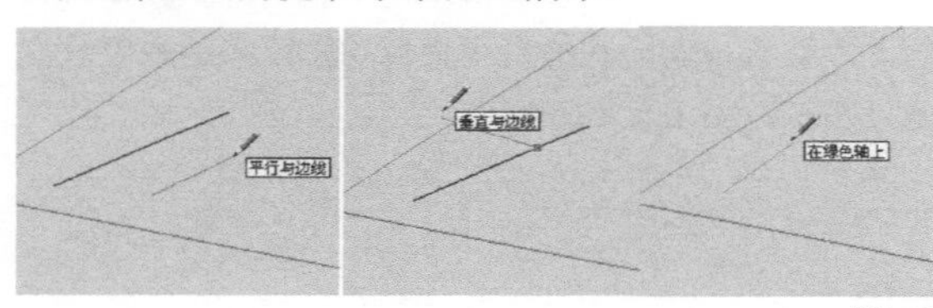

图4-23

有的时候，SketchUp不能捕捉到需要的对齐参考点，这是因为捕捉的参考点可能受到了别的几何体干扰，这时可以按住Shift键来锁定需要的参考点。例如，将光标移动到一个表面上，当显示“在表面上”的提示后按住Shift键，此时线条会变粗，并锁定在这个表面所在的平面上，如图4-24所示。

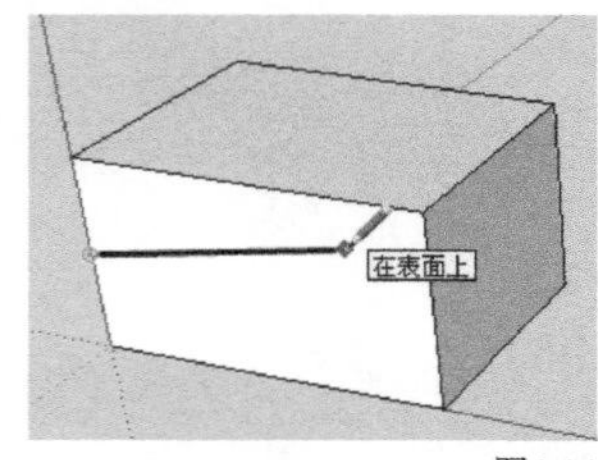

图4-24

疑难问答　问：如何绘制一条直线，使直线的起点在已有面的延伸面上？

答：在绘制线的时候将鼠标光标指向已有的参考面（注意不必单击），当出现“在表面上”的提示后，按住Shift键的同时移动鼠标到需要绘线的地方并单击，然后松开Shift键绘制直线即可，如图4-25和图4-26所示。

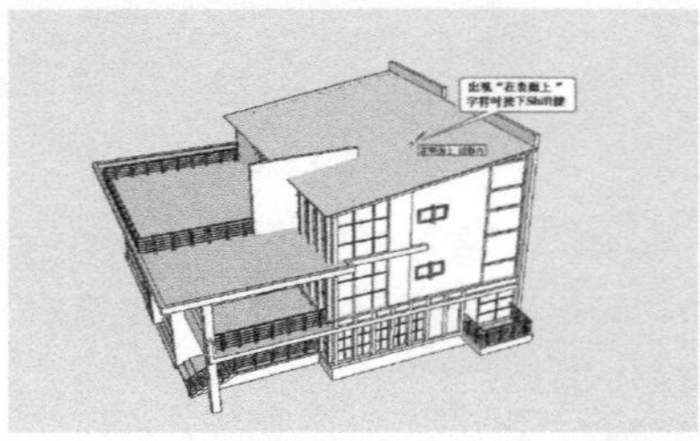
图4-25

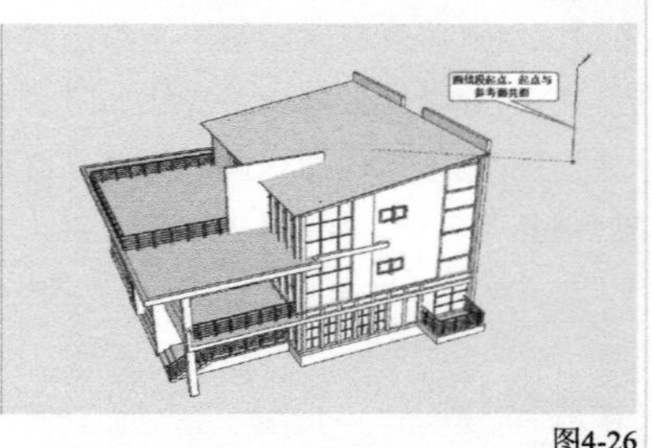
图4-26

线段可以等分为若干段。先在线段上单击鼠标右键，然后在弹出的菜单中执行“等分”命令，接着移动鼠标，系统将自动参考不同等分段数的等分点（也可以直接输入需要等分的段数），完成等分后，单击线段查看，可以看到线段被等分成几个小段，如图4-27所示。

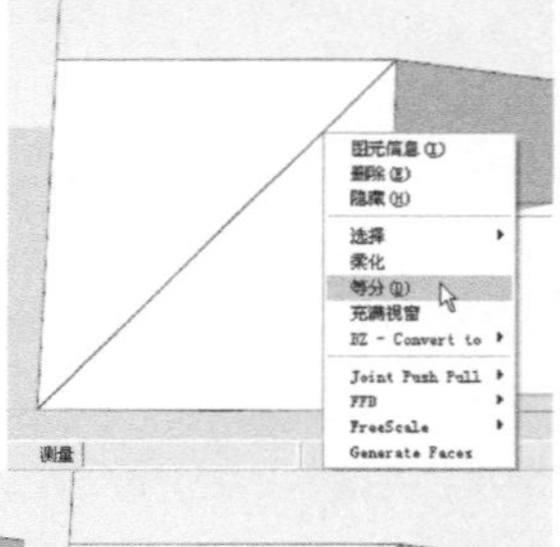

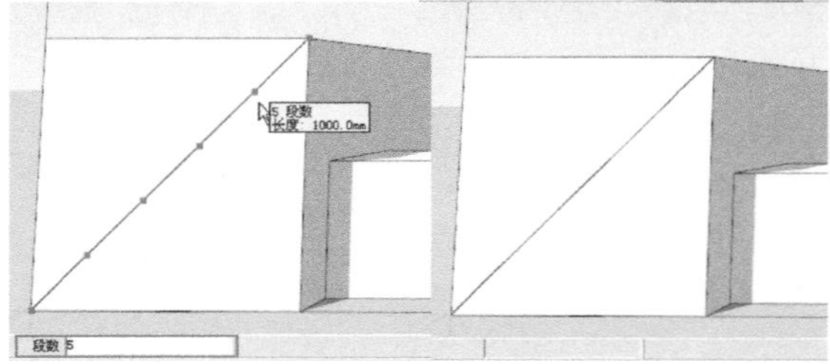

图4-27

4.2.3 圆工具

“圆”工具用于绘制圆，激活该工具后，在光标处会出现一个圆，单击即可确定圆心，然后移动鼠标可以调整圆的半径（半径值会在数值控制框中动态显示，用户也可以直接输入一个半径值），接着再次单击即可完成圆的绘制，如图4-28所示。

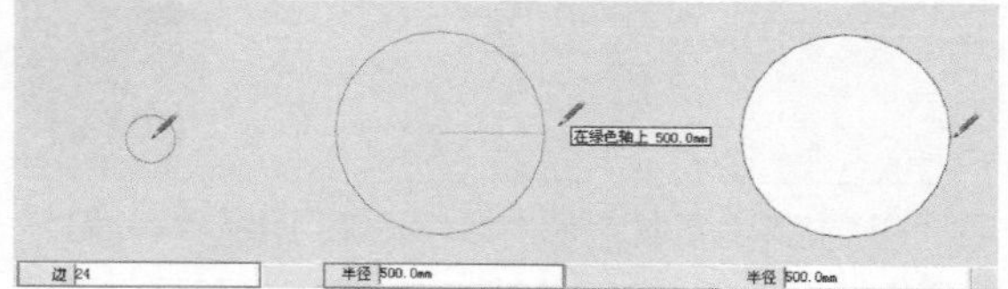

图4-28

如果要将圆绘制在已经存在的表面上，可以将光标移动到那个面上，SketchUp会自动将圆进行对齐，如图4-29所示。也可以在激活圆工具后，移动光标至某一表面，当出现"在表面上"的提示时，按住Shift键的同时移动光标到其他位置绘制圆，那么这个圆会被锁定与在刚才那个表面平行的面上，如图4-30所示。

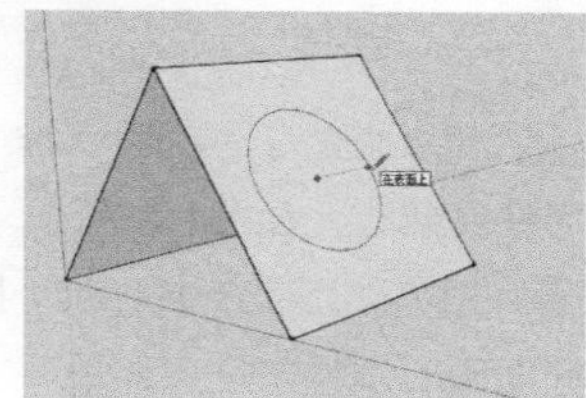

图4-29

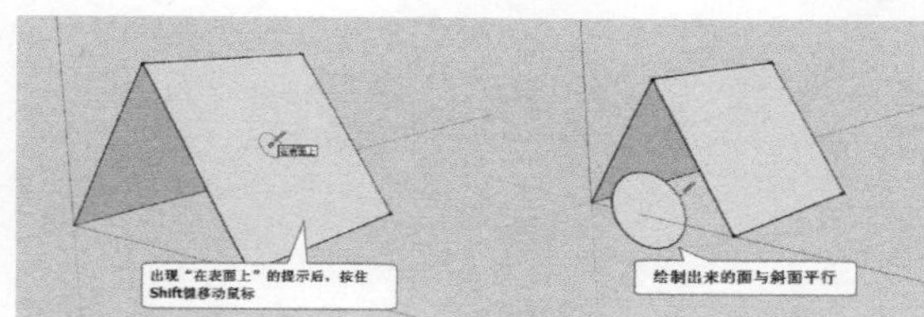

图4-30

一般完成圆的绘制后便会自动封面，如果将面删除，就会得到圆形边线。想要对单独的圆形边线进行封面，可以使用"直线"工具连接圆上的任意两个端点，如图4-31所示。

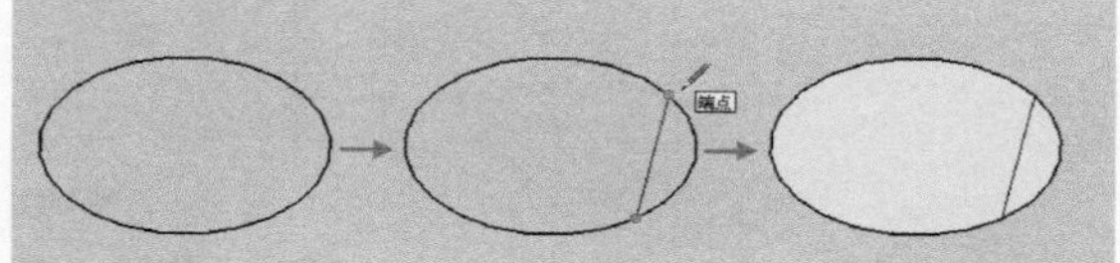

图4-31

单击鼠标右键在弹出的菜单中执行"图元信息"命令，打开"图元信息"对话框，在该对话框中可以修改圆的参数，其中"段数"表示圆的半径、"片段"表示圆的边线段数、"长度"表示圆的周长，如图4-32所示。

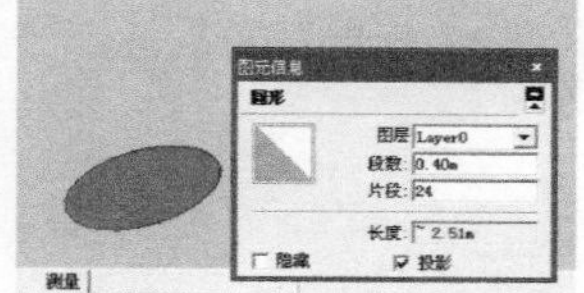

图4-32

技巧与提示

使用"圆"工具绘制的圆，实际上是由直线段围合而成的。圆的片段数较多时，曲率看起来就比较平滑。但是，较多的片段数会使模型变得更大，从而降低系统性能。其实较小的片段数值结合柔化边线和平滑表面也可以取得圆润的几何体外观。

疑难问答 问：如何修改圆或圆弧的半径?

答：方法有两种。一种是在圆的边上单击鼠标右键（注意是边而不是面），然后在弹出的菜单中执行"图元信息"命令，接着调整"段数"参数即可，如图4-33所示。

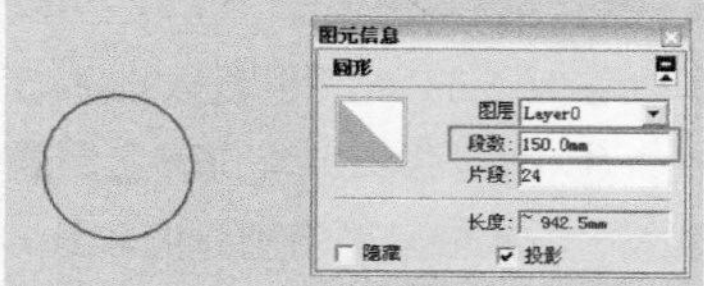

图4-33

另一种是使用"缩放"工具进行缩放（具体的操作方法在后面会进行详细的讲解）。

疑难问答 问：如何修改圆的边数?

答：方法有3种。

第一种：激活"圆"工具，并且在还没有确定圆心前，在数值控制框内输入边的数值（如输入10），然后确定圆心和半径。

第二种：完成圆的绘制后，在开始下一个命令之前，在数值控制框内输入"边数S"的数值（如输入10S）。

第三种：在"图元信息"对话框中修改"片段"的数值，方法与上述修改半径的方法相似。

4.2.4 圆弧工具

"圆弧"工具用于绘制圆弧实体，圆弧是由多个直线段连接而成的，但可以像圆弧曲线那样进行编辑。

在绘制圆弧的时候，单击确定圆弧的起点，再次单击确定圆弧的终点，然后通过移动鼠标调整圆弧的凸出距离（也可以输入确切的圆弧的弦长、凸距、半径和片段数），如图4-34所示。

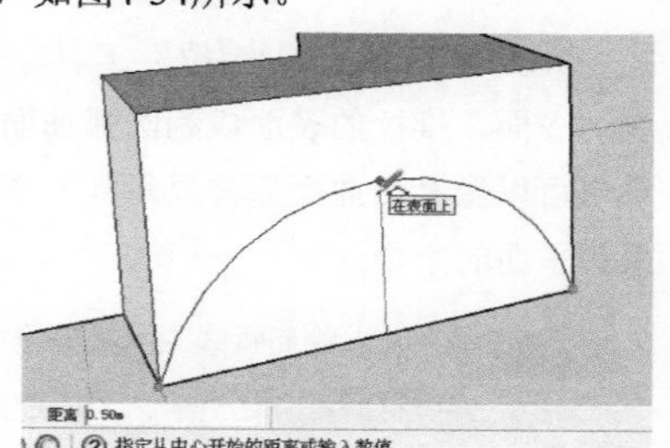

图4-34

调整圆弧的凸出距离时，圆弧会临时捕捉到半圆的参考点，如图4-35所示。

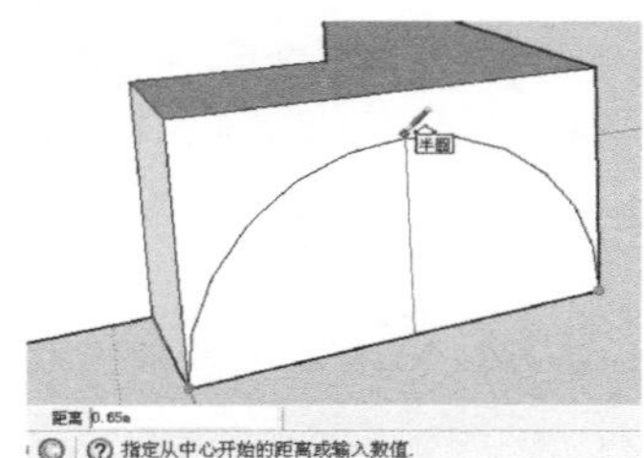

图4-35

在绘制圆弧时，数值控制框首先显示的是圆弧的弦长，然后是圆弧的凸出距离，用户可以输入数值来指定弦长和凸距。圆弧的半径和片段数的输入需要专门的格式。

① 指定弦长：单击确定圆弧的起点后，就可以输入一个数值来确定圆弧的弦长。数值控制框显示为“长度”，输入目标长度。也可以输入负值，表示要绘制的圆弧在当前方向的反向位置，如(-1.5)。

② 指定凸出距离：输入弦长以后，数值控制框将显示“距离”，输入要凸出的距离，负值的凸距表示圆弧往反向凸出。如果要指定圆弧的半径，可以在输入的数值后面加上字母r（如2r），然后确认（可以在绘制圆弧的过程中或完成绘制后输入）。

③ 指定片段数：要指定圆弧的片段数，可以输入一个数字，然后在数字后面加上字母s（如8s），接着单击确认。输入片段数可以在绘制圆弧的过程中或完成绘制后输入。

使用“圆弧”工具可以绘制连续圆弧线，如果弧线以青色显示，则表示与原弧线相切，出现的提示为“正切到顶点”，如图4-36所示。绘制好这样的异形弧线以后，可以进行推拉，形成特殊形体，如图4-37所示。

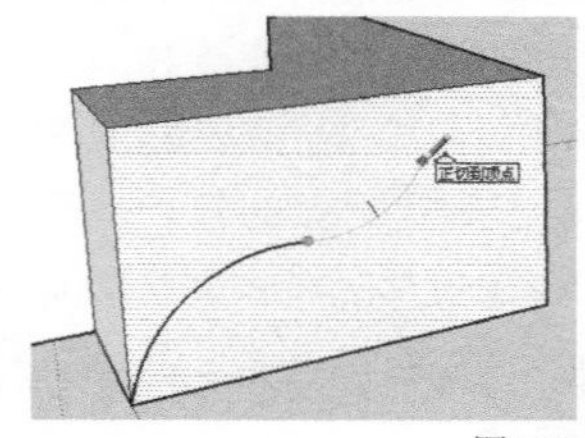

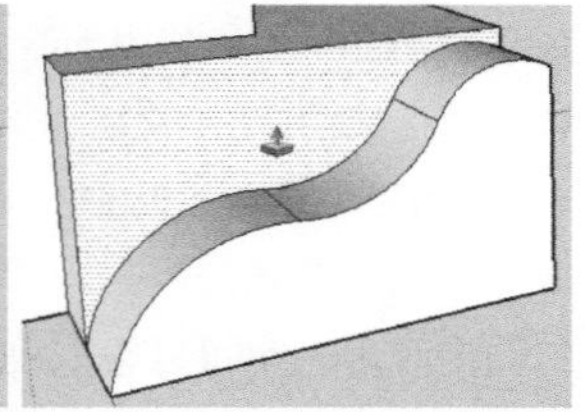

图4-36　　图4-37

用户可以利用“推/拉”工具推拉带有圆弧边线的表面，推拉的表面成为圆弧曲面系统。虽然曲面系统可以像真的曲面那样显示和操作，但实际上是一系列平面的集合。

绘制弧线（尤其是连续弧线）的时候常常会找不准方向，可以通过设置辅助面，然后在辅助面上绘制弧线来解决。

重点 实战

创建景观路灯

场景文件	无
实例文件	实战——创建景观路灯.skp
视频教学	多媒体教学>Chapter04>实战——创建景观路灯.flv
难易指数	★★☆☆☆
技术掌握	基本绘图工具

01 用“矩形”工具和“推/拉”工具绘制好路灯的柱体部分，并将其创建为群组，如图4-38所示。

02 用“偏移复制”工具和“推/拉”工具完成柱体的分隔细节，如图4-39所示。

图4-38　　图4-39

03 用“圆”工具和“推/拉”工具完成路灯的圆形杆件部分，如图4-40所示。

04 用“矩形”工具和“推/拉”工具完成圆形杆件上部的方形构件，如图4-41所示。

图4-40　　图4-41

05 制作几个圆并用“移动/复制”工具将其复制几份，如图4-42所示。

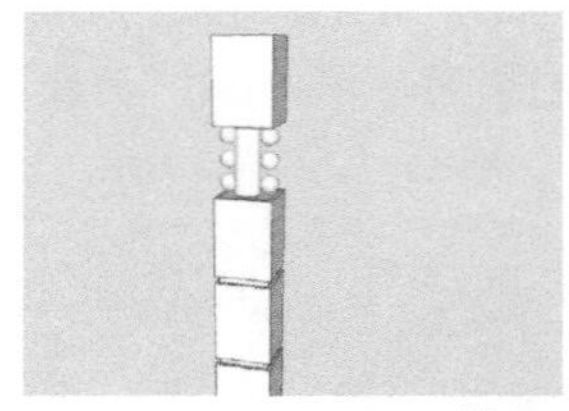

图4-42

06 用“圆弧工具”绘制出灯罩的弧度，并用“偏移复制”工具和“推/拉”工具完成灯罩的制作，如图4-43所示。

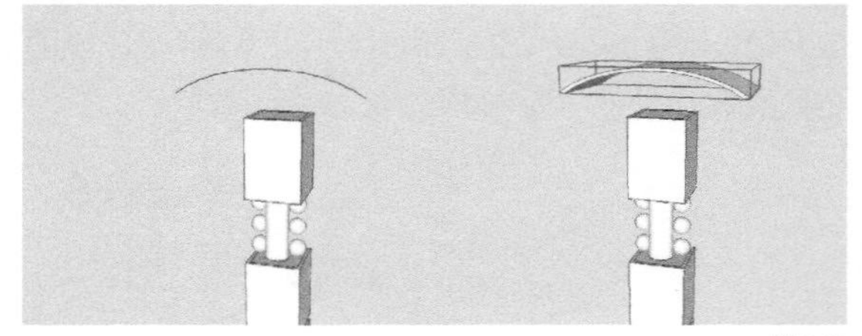

图4-43

7 完善灯罩的支撑杆件，并给模型赋予相应的材质，如图4-44所示。

图4-44

重点 实战

创建儿童木马

场景文件	无
实例文件	实战——创建儿童木马.skp
视频教学	多媒体教学>Chapter04>实战——创建儿童木马.flv
难易指数	★★★☆☆
技术掌握	基本绘图工具

扫码看视频

1 执行“文件→导入”菜单命令，在弹出的“打开”对话框中选择文件类型为JPG格式，打开“实例文件>Chapter04>实战——创建儿童木马>木马01.jpg”图片文件，在右侧勾选“作为图片”选项，然后单击“打开”按钮［打开(O)］，将图片导入场景中，如图4-45所示。

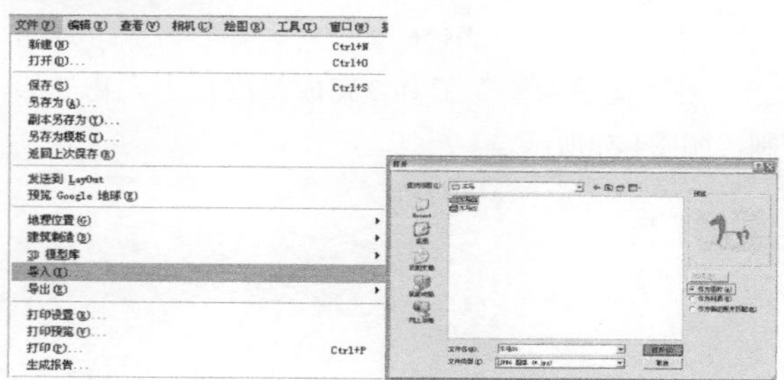

图4-45

2 用“移动/复制”工具和“旋转”工具将木马的两张图片放置到相应的位置，如图4-46所示。

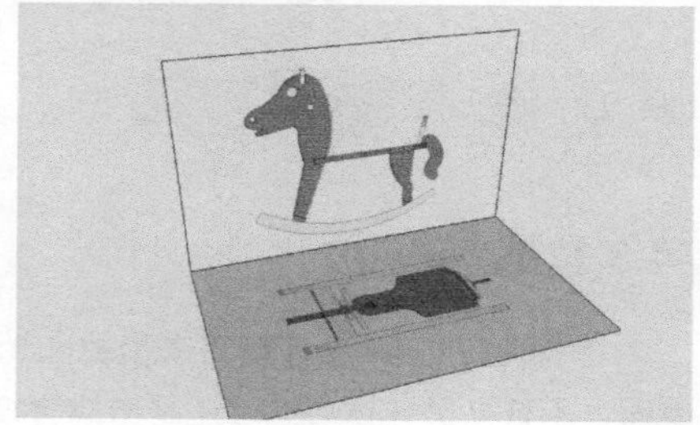

图4-46

3 用“线”工具和“圆弧工具”描绘出木马的立面形态，并用“推/拉”工具推拉出30mm的厚度，如图4-47所示。

图4-47

4 在上一步创建的物体上单击鼠标右键，然后在弹出的右键关联菜单中执行“创建群组”命令（也可以执行“编辑→创建群组”菜单命令），将其创建为群组（快捷键为G键），用“移动/复制”工具将其放置到与顶视图吻合的位置，如图4-48所示。

5 采用相似的方法创建木马的坐板群组，如图4-49所示。

图4-48

图4-49

6 创建木马的支架，然后用“移动/复制”工具将其复制到另外一侧，如图4-50所示。

图4-50

7 采用相同的方法完善木马其他部分的构件，然后将其赋予相应的材质，如图4-51所示。

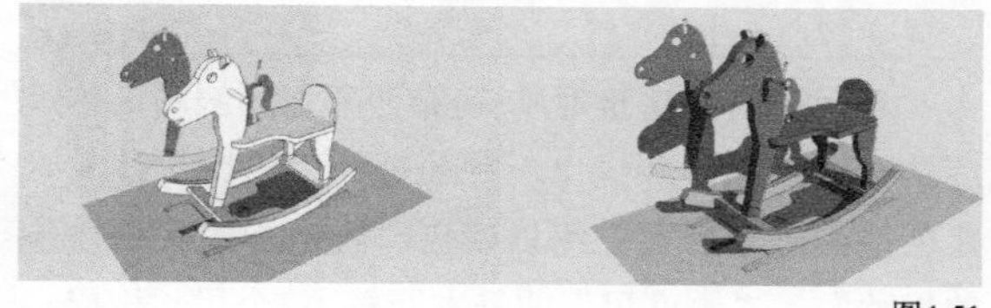

图4-51

4.2.5 多边形工具

“多边形”工具可以绘制3条边以上的正多边形实体，其绘制方法与绘制圆形的方法相似。

实战

使用多边形工具绘制六边形

场景文件	无
实例文件	实战——使用多边形工具绘制六边形.skp
视频教学	媒体教学>Chapter04>实战——使用多边形工具绘制六边形.flv
难易指数	★☆☆☆☆
技术掌握	“多边形”工具

扫码看视频

1 单击“多边形”工具，在输入框中输入6（边数），然后单击鼠标左键确定圆心的位置，如图4-52所示。

2 移动鼠标调整圆的半径，半径值会在数值控制框中动态显示。也可以直接输入一个半径值，如1500mm，如图4-53所示。

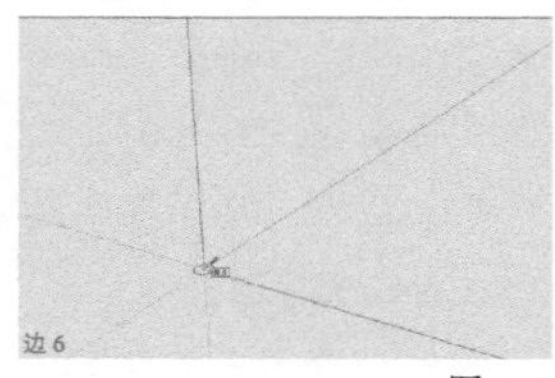

图4-52

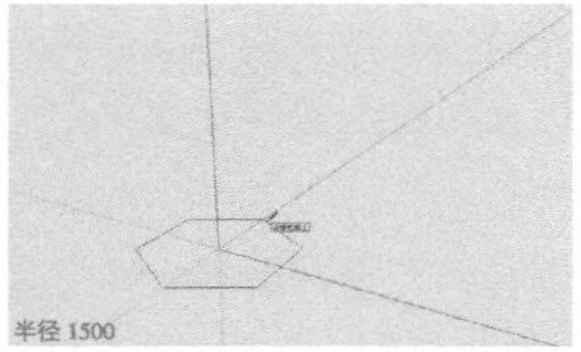

图4-53

3 再次单击鼠标左键，即可完成六边形的绘制，如图4-54所示。

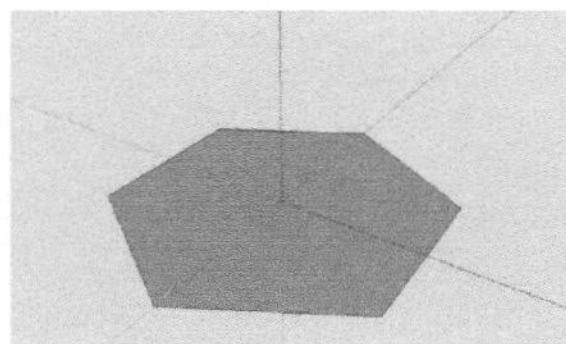
图4-54

4.2.6 徒手画笔工具

“徒手画笔”工具可以绘制不规则的共面的连续线段或简单的徒手草图物体，常用于绘制等高线或有机体。

重点 实战

绘制模度尺

场景文件	无
实例文件	实战——绘制模度尺.skp
视频教学	多媒体教学>Chapter04>实战——绘制模度尺.flv
难易指数	★★☆☆☆
技术掌握	基本绘图工具

扫码看视频

现代著名的建筑师勒•柯布西耶把比例和人体尺度结合在一起，并提出一种独特的“模度”体系。它创造的“模度尺”用以确定“容纳与被容纳物体的尺寸”。“模度尺”的基本网格由3个尺寸构成，113cm、70 cm、43 cm。按黄金分割划分比例如下。

43+70=113

113+70=183

113+70+43=226（2×113）

113、183、226确定了人体所占的空间。勒•柯布西耶不仅将“模度尺”看成一系列具有内在和谐的数字，而且是一个度量体系，支配着一切长度、面积和体积，并“在任何地方都保持着人体的尺度”。

根据以上所学知识，绘制勒•柯布西耶的“模度尺”，熟练掌握常用工具和绘图工具的使用，如图4-55所示。

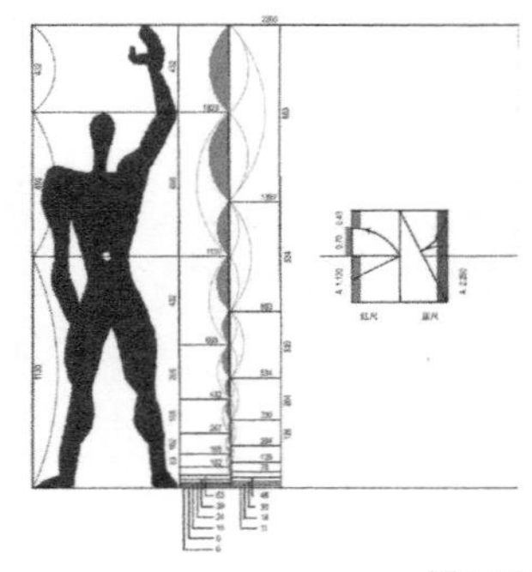
图4-55

1 执行“文件→导入”菜单命令，将“实例文件>Chapter04>实战——绘制模度尺>01.png”图片文件导入SketchUp中，如图4-56所示。

2 用“线”工具和“圆弧工具”先完成图片上模度尺上相关绘图工具的绘制，如图4-57所示。

图4-56

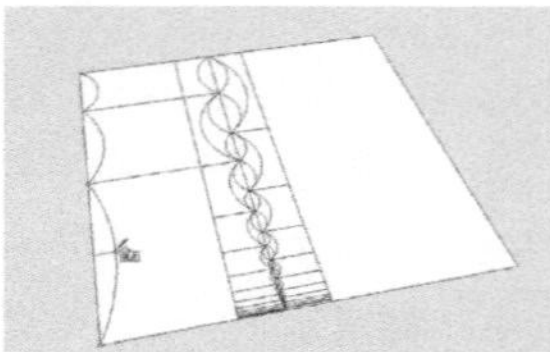
图4-57

3 用“徒手画笔”工具完成模度尺上人物的绘制，如图4-58所示。

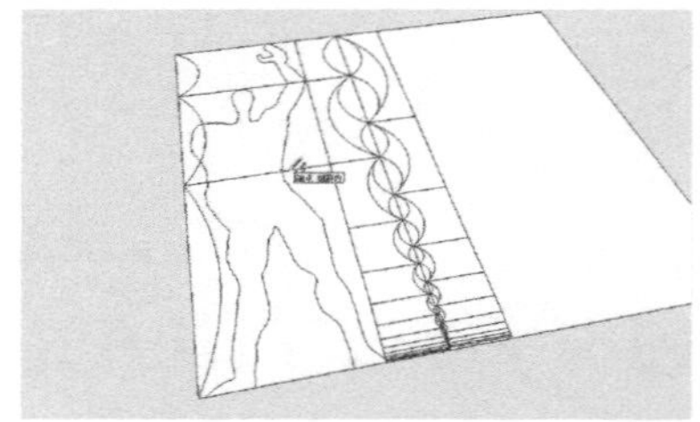
图4-58

4.3 基本编辑方法

4.3.1 面的推/拉

“推/拉”工具可以用来扭曲和调整模型中的表面，不管是进行体块编辑还是精确建模，该工具都是非常有用的。

“推/拉”工具只能作用于表面，因此不能在“线框显示”模式下工作。

根据推拉对象的不同，SketchUp会进行相应的几何变换，包括移动、挤压和挖空。“推/拉”工具可以完全配合SketchUp的捕捉参考进行使用。

使用“推/拉”工具推拉平面时，推拉的距离会在数值控制框中显示。用户可以在推拉的过程中或完成推拉后输入精确的数值进行修改，在进行其他操作之前可以一直更新数值。如果输入的是负值，则表示将往当前方向的反方向推拉。

“推/拉”工具的挤压功能可以用来创建新的几何体，如图4-59所示。用户可以使用“推/拉”工具对几乎所有的表面进行挤压（不能挤压曲面）。

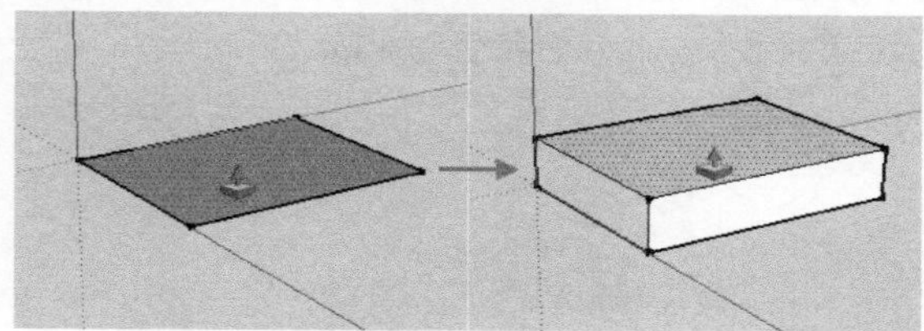

图4-59

将一个面推拉一定的高度后，如果在另一个面上双击鼠标左键，则该面将拉伸同样的高度。

“推/拉”工具还可以用来创建内部凹陷或挖空的模型，如图4-60所示。

图4-60

使用“推/拉”工具并配合键盘上的按键可以进行一些特殊的操作。配合Alt键可以强制表面在垂直方向上推拉，否则会挤压出多余的模型，如图4-61所示。

图4-61

按住Alt键的同时进行推拉可以使物体变形，也可以避免挤压出不需要的模型。

配合Ctrl键可以在推拉的时候生成一个新的面（按下Ctrl键后，鼠标光针的右上角会多出一个“+”号），如图4-62所示。

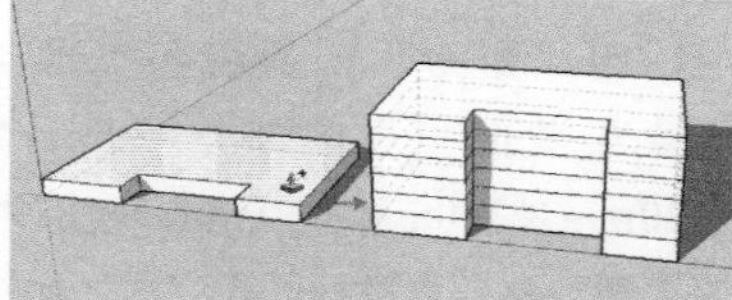

图4-62

疑难问答

问：在SketchUp中能否同时拉伸多个面？

答：SketchUp还没有像3ds Max一样有多重合并然后进行拉伸的命令。但有一个变通的方法，就是在拉伸第一个平面后，在其他平面上进行双击就可以拉伸同样的高度，如图4-63~图4-65所示。

图4-63

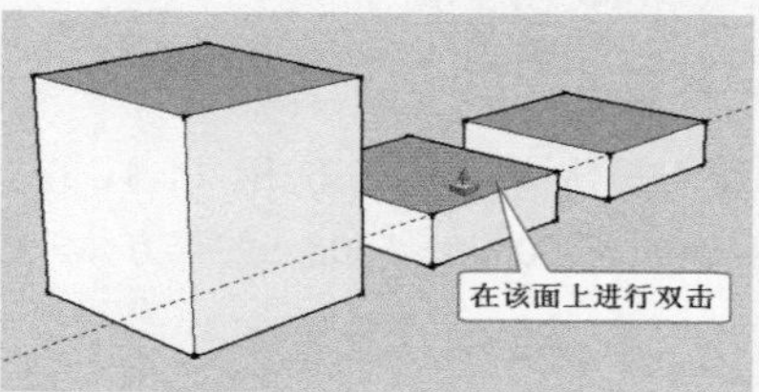

图4-64

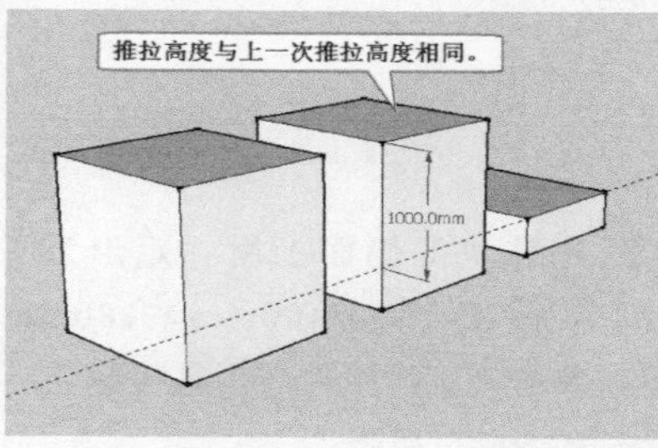

图4-65

也可以同时选中所有需要拉伸的面，然后使用“移动/复制”工具进行拉伸，如图4-66和图4-67所示。

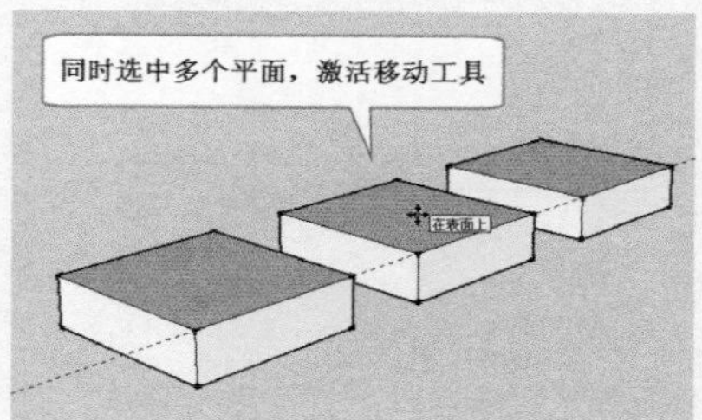

图4-66

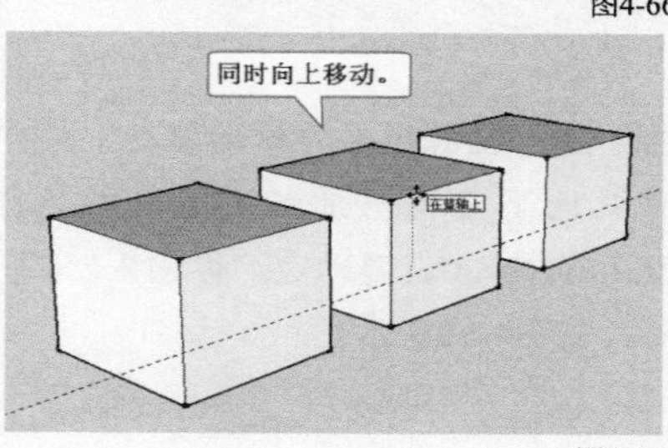

图4-67

重点 实战

创建办公桌

场景文件	无
实例文件	实战——创建办公桌.skp
视频教学	多媒体教学>Chapter04>实战——创建办公桌.flv
难易指数	★★☆☆☆
技术掌握	“推/拉”工具

扫码看视频

1 用“矩形”工具绘制660mm×400mm的矩形，如图4-68所示。

2 用“推/拉”工具将其推拉50mm的高度，如图4-69所示。

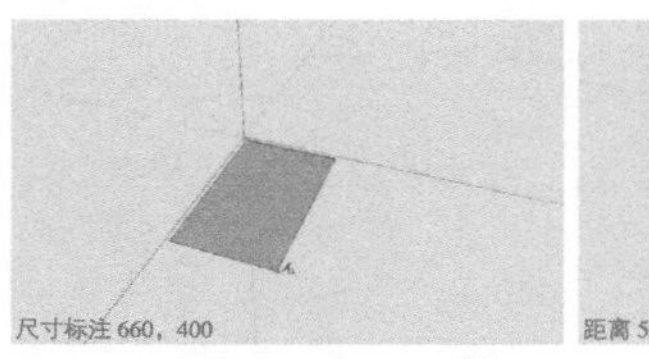

图4-68

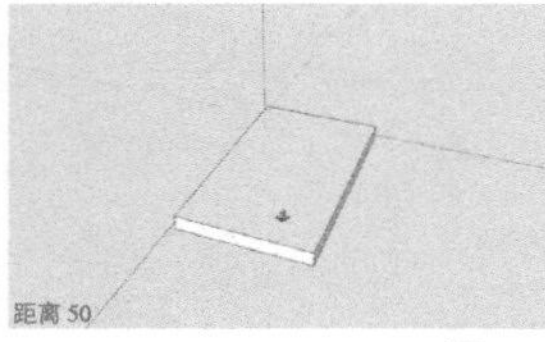

图4-69

3 在体块的上方用相似的方法绘制出440mm×700mm×630mm的正方体，如图4-70所示。

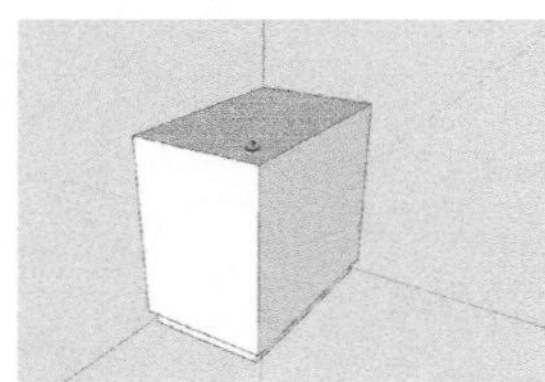
图4-70

4 在体块的侧面上用“矩形”工具、“推/拉”工具绘制出400mm×180mm×20mm的抽屉，单击“制作组件”工具按钮，将其制作成组件，如图4-71所示。

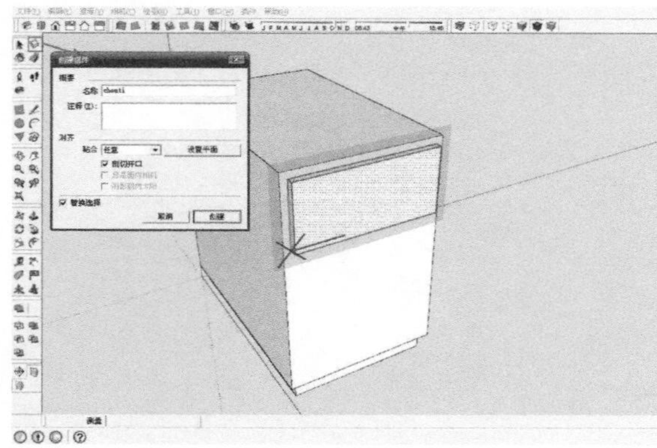
图4-71

5 选择抽屉组件，激活移动工具并按住Ctrl键，将其向下复制，通过键盘在数值控制框中输入200mm按Enter键确定，再输入2X，完成抽屉的复制，如图4-72所示。

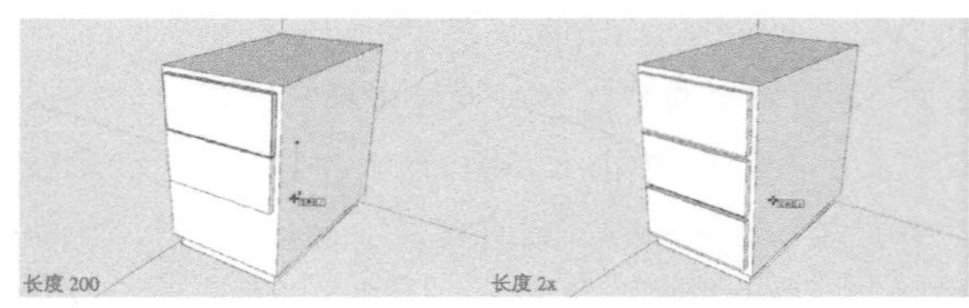

图4-72

6 双击抽屉的组件，进入内部编辑，在抽屉的上部推拉出一个拉槽，如图4-73所示。

7 在距离柜子体块右侧1250mm的地方，用矩形工具绘制出40mm×700mm的矩形，并用“推/拉”工具将其推拉出680mm的高度，如图4-74所示。

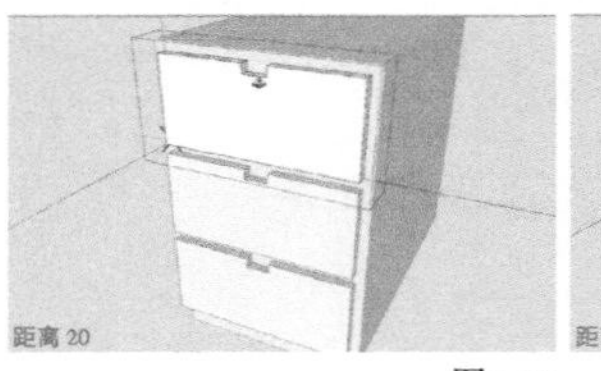

图4-73

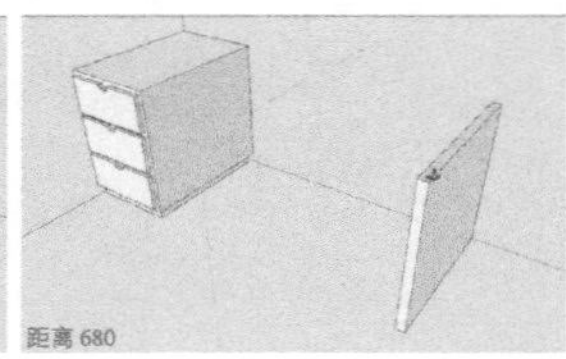

图4-74

8 用“移动/复制”工具的同时按住Ctrl键，将顶部的线向下复制一份，输入40mm按Enter键确定，如图4-75所示。

9 用“推/拉”工具将左侧面向左推拉400mm的长度，如图4-76所示。

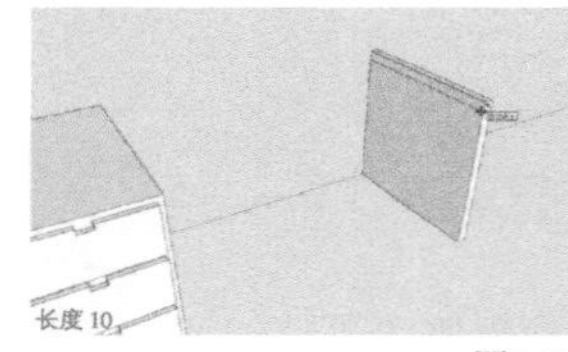

图4-75

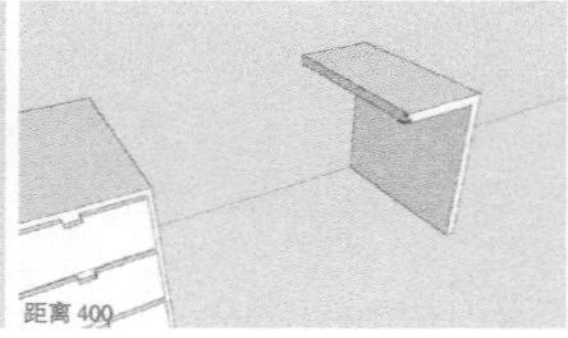

图4-76

10 在柜子的上表面用“矩形”工具绘制出160mm×250mm的矩形，并用“推/拉”工具将其推拉出30mm的厚度，将其制作成组件，并复制一个到另外一侧，如图4-77所示。

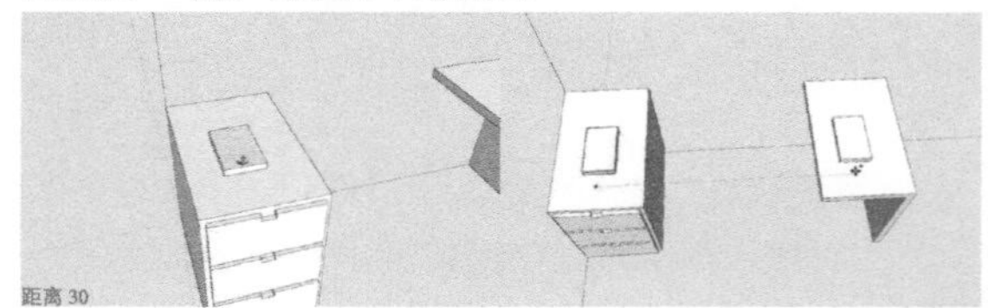

图4-77

11 用“矩形”工具绘制出1700mm×700mm的桌面，并用“推/拉”工具推拉出40mm的厚度，将其制作成组件，如图4-78所示。

12 用“矩形”工具和“推/拉”工具绘制出桌子背面护栏的部分，长、宽及厚度尺寸为1220mm×300mm×30mm，内部为1180mm×70mm的孔洞，办公桌模型创建完成，如图4-79所示。

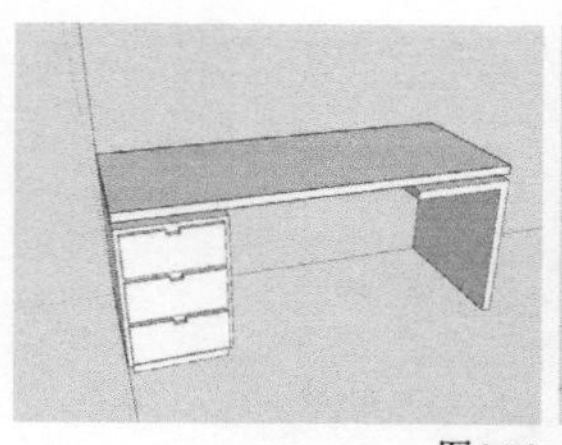
图4-78

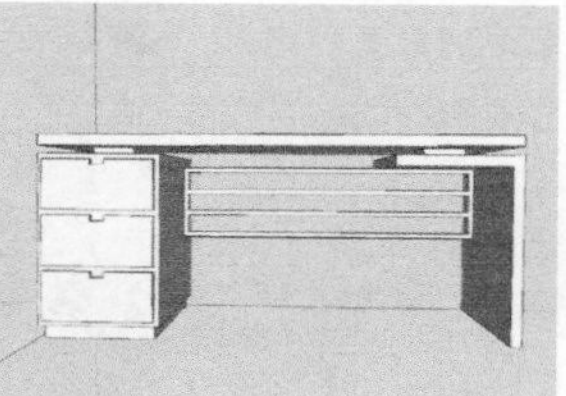
图4-79

重点 实战

创建建筑入口

场景文件	无
实例文件	实战——创建建筑入口.skp
视频教学	多媒体教学>Chapter04>实战——创建建筑入口.flv
难易指数	★★☆☆☆
技术掌握	"推拉"工具

扫码看视频

01 用“矩形”工具和“推/拉”工具绘制8400mm×4500mm×200mm建筑立面墙体，如图4-80所示。

02 用“线”工具和“推/拉”工具完成建筑底部的散水构件，然后单击鼠标右键，在弹出的菜单中执行“创建群组”命令将其创建为群组（快捷键为G键），如图4-81所示。

图4-80

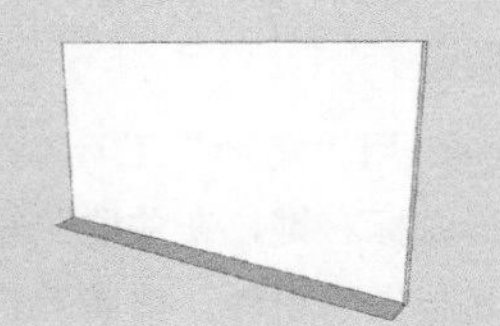
图4-81

03 用“线”工具和“推/拉”工具完成建筑入口台阶的创建，并将其创建为群组（快捷键为G键），如图4-82所示。

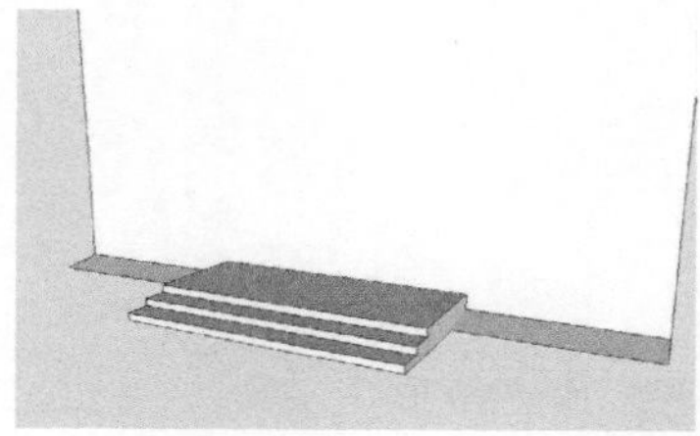
图4-82

04 用“线”工具和“推/拉”工具完成建筑入口台阶侧面的挡板，然后单击鼠标右键，在弹出的菜单中执行“制作组件”命令将其制作为组件，接着将其复制到台阶的另外一面，如图4-83所示。

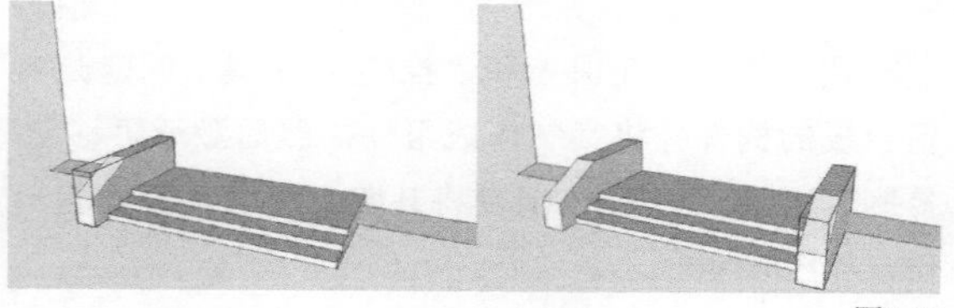
图4-83

05 执行“窗口—组件”菜单命令，从组件库中选择一个建筑的大门移动到场景中，并用“线”工具画出建筑基座的位置，如图4-84所示。

06 用“矩形”工具和“推/拉”工具以及“偏移复制”工具绘制出大门上部的雨棚的构件，并将其创建为群组（快捷键为G键），如图4-85所示。

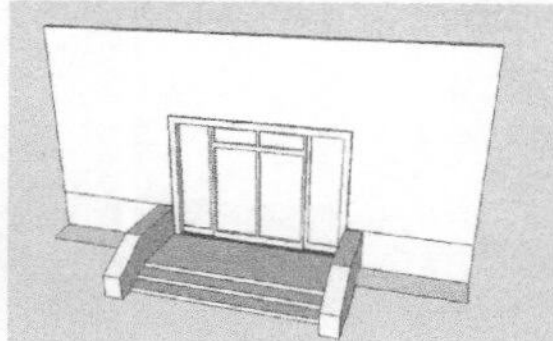
图4-84

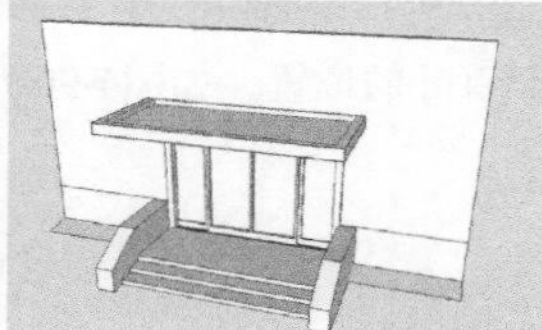
图4-85

07 打开“材质”编辑器为其赋予相应的材质，如图4-86所示。

图4-86

重点 实战

创建建筑封闭阳台

场景文件	无
实例文件	实战——创建建筑封闭阳台.skp
视频教学	多媒体教学>Chapter04>实战——创建建筑封闭阳台.flv
难易指数	★★☆☆☆
技术掌握	"推拉"工具

扫码看视频

01 用“矩形”工具和“推/拉”工具绘制建筑立面墙体，如图4-87所示。

02 用“线”工具和“推/拉”工具完成阳台实体部分，然后单击鼠标右键在弹出的菜单中执行“制作组件”命令将其制作成组件，如图4-88所示。

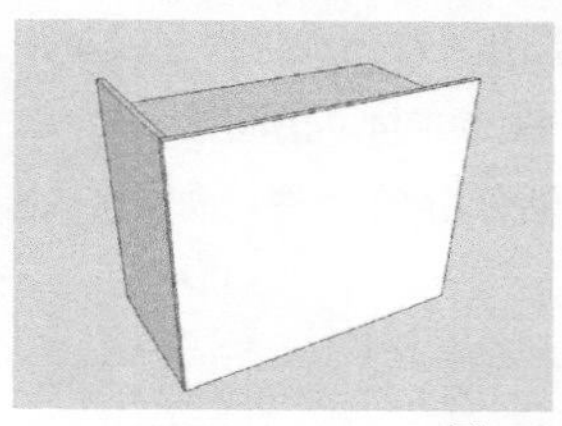
图4-87

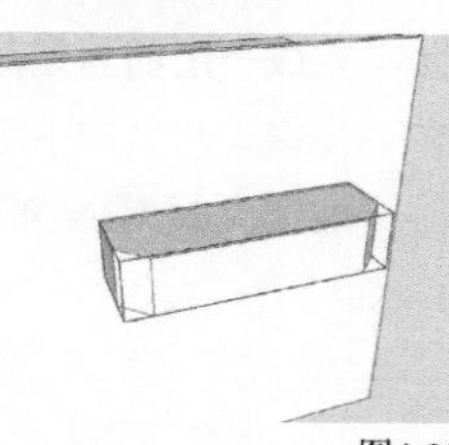
图4-88

03 激活“推/拉”工具，并按住Ctrl键，将阳台推拉出上下两个层次，如图4-89所示。

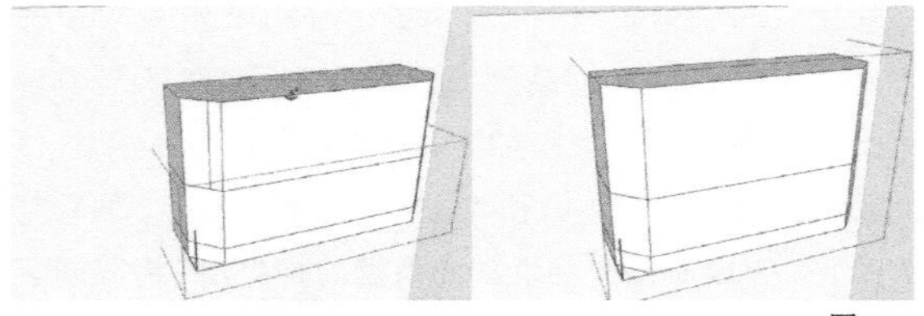

图4-89

4 用“矩形”工具和“推/拉”工具创建出空调百叶的位置，如图4-90所示。

图4-90

5 用“偏移复制”工具和“推/拉”工具完成分隔线脚的创建，并将其制作成组件，然后用“移动/复制”工具并按住Ctrl键将其复制到相应的位置，如图4-91所示。

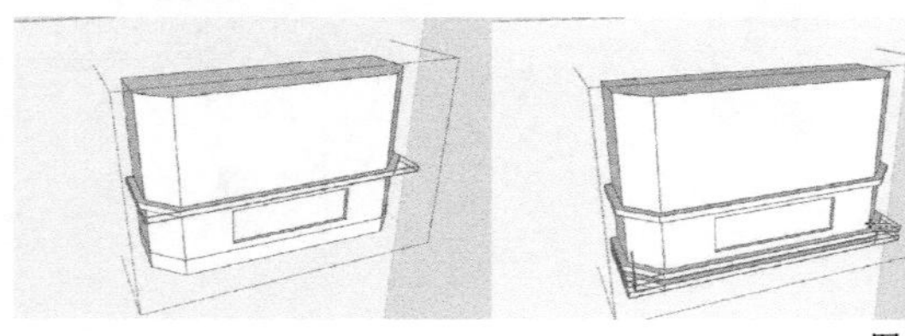

图4-91

6 采用相同的方法完成阳台上部的线脚，如图4-92所示。

7 用“矩形”工具和“推/拉”工具完成阳台窗户的分隔构件，如图4-93所示。

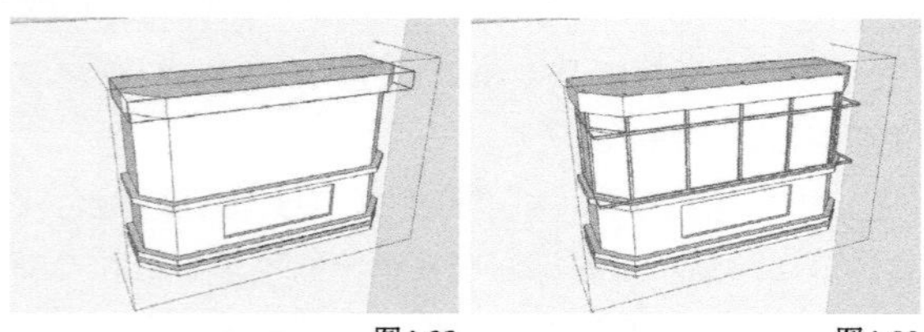

图4-92　图4-93

8 完成一层的封闭阳台后，用“移动/复制”工具并按住Ctrl键，将其向下复制一份，如图4-94所示。

9 继续完成建筑立面其他部分的构件，如图4-95所示。

图4-94　图4-95

10 打开“材质”编辑器为其赋予相应的材质，如图4-96所示。

图4-96

重点 实战

创建建筑凸窗

场景文件	无
实例文件	实战——创建建筑凸窗.skp
视频教学	多媒体教学>Chapter04>实战——创建建筑凸窗.flv
难易指数	★★☆☆☆
技术掌握	“推/拉”工具

扫码看视频

1 用“矩形”工具和“推/拉”工具绘制4800mm×1500mm×200mm的建筑墙面，如图4-97所示。

2 用“矩形”工具在面上绘制一个矩形，然后单击鼠标右键，在关联菜单中执行“制作组件”命令将其制作为组件，接着双击进入组件内部编辑，将面向后推拉，再将后面的面删除，如图4-98所示。

图4-97

图4-98

3 用“矩形”工具和“推/拉”工具创建凸窗玻璃部分，如图4-99所示。

图4-99

4 用“矩形”工具和“推/拉”工具创建凸窗窗台板的构件并将其制作成组件，然后激活“移动/复制”工具并按住Ctrl键将其向上和向下各复制一份，如图4-100所示。

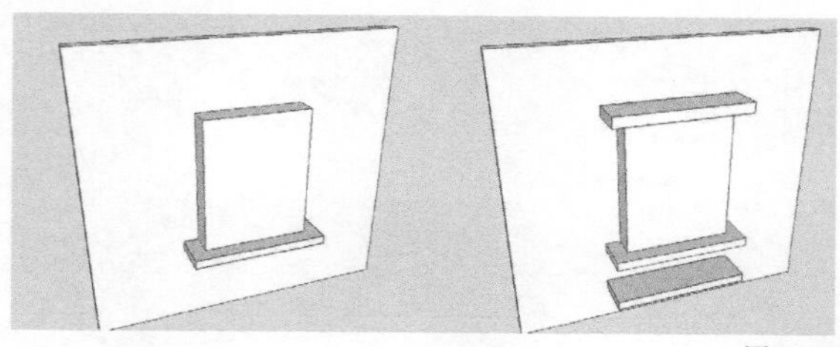

图4-100

5 用“矩形”工具和“推/拉”工具创建空调百叶的群组，如图4-101所示。

6 用“矩形”工具和“推/拉”工具创建玻璃的分隔构件，如图4-102所示。

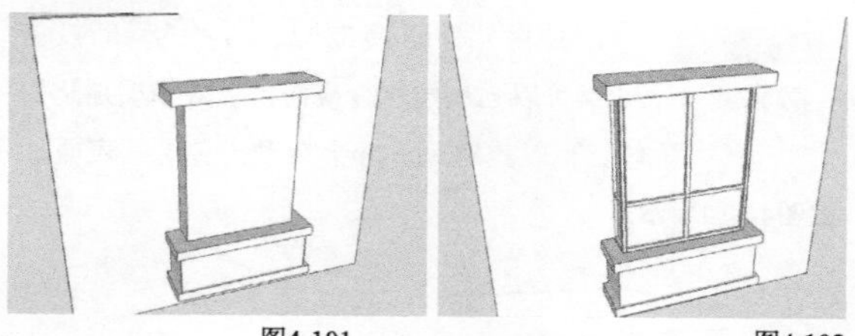

图4-101　　图4-102

7 打开“材质”编辑器，然后为其赋予相应的材质，如图4-103所示。

图4-103

重点 实战

创建电视柜

场景文件	无
实例文件	实战——创建电视柜.skp
视频教学	多媒体教学>Chapter04>实战——创建电视柜.flv
难易指数	★★☆☆☆
技术掌握	“推/拉”工具

扫码看视频

1 用“矩形”工具绘制2500mm×400mm的矩形，并用 “推/拉”工具推拉出420mm的高度，如图4-104所示。

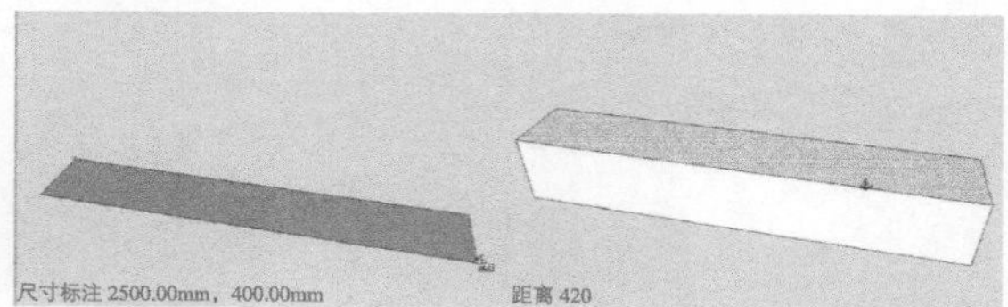

图4-104

2 用“偏移/复制”工具（快捷键为F键）向内偏移50mm的厚度，并用“推/拉”工具将其向内推拉，如图4-105所示。

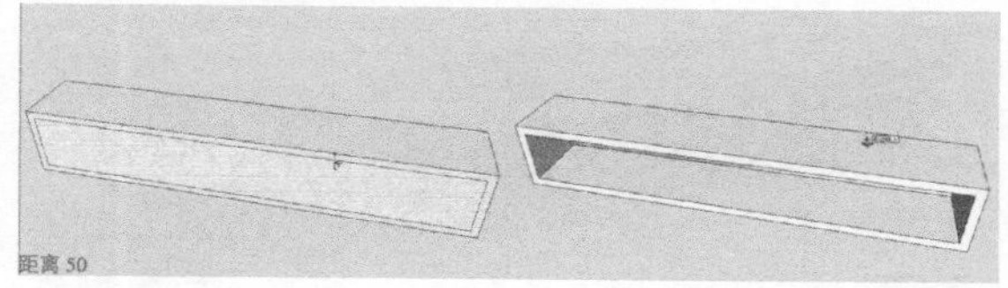

图4-105

3 用“矩形”工具和“推/拉”工具绘制一个正方体，然后单击鼠标右键，选择“制作组件”，将其制作成组件，如图4-106所示。

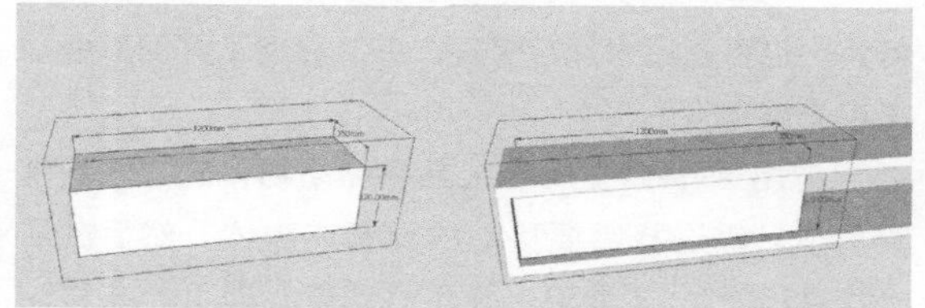

图4-106

4 用“矩形”工具和“推/拉”工具以及其他工具完成抽屉的分隔条，如图4-107所示。

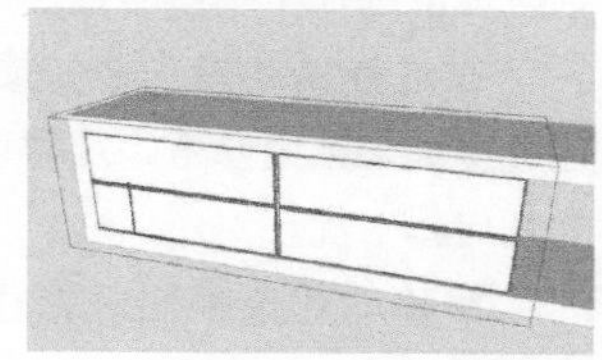

图4-107

5 用“圆”工具绘制一个圆作为截面，然后使用“线”工具和“圆弧工具”绘制一条曲线作为路径，接着激活“路径跟随”工具，然后单击圆形面，沿曲线路径移动鼠标（此时曲线会变成红色）至曲线终点时松开鼠标，完成抽屉把手的创建，如图4-108所示。

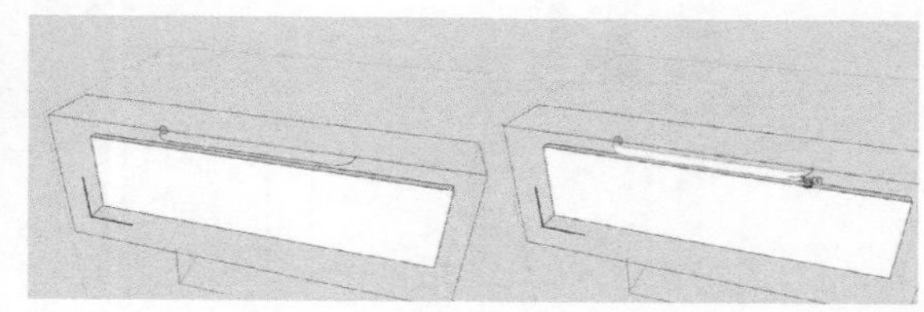

图4-108

6 用“移动/复制”工具完成抽屉的复制，如图4-109所示。

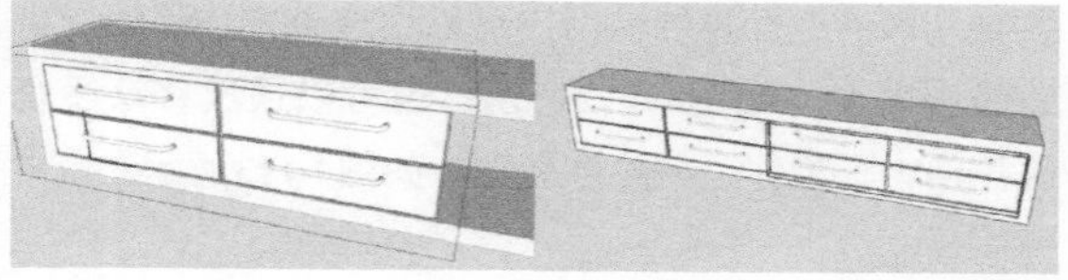

图4-109

7 为创建好的模型赋予相应的材质，如图4-110所示。

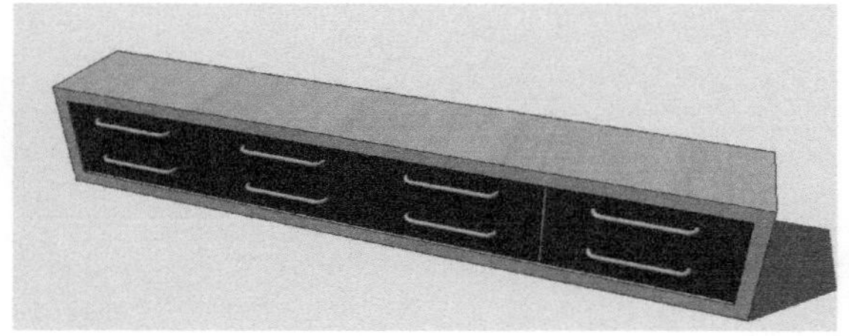

图4-110

4.3.2 物体的移动/复制

“移动/复制”工具可以移动、拉伸和复制几何体，也可以用来旋转组件，并且移动工具的扩展功能也非常有用。

使用“移动/复制”工具移动物体的方法非常简单，只需选择需要移动的元素或物体，然后激活“移动/复制”工具，接着移动鼠标即可。在移动物体时，会出现一条参考线；另外，在数值控制框中会动态显示移动的距离（也可以输入移动数值或者三维坐标值进行精确移动）。

在进行移动操作之前或移动的过程中，可以按住Shift键来锁定参考。这样可以避免参考捕捉受到别的几何体干扰。

在移动对象的同时按住Ctrl键就可以复制选择的对象（按住Ctrl键后，鼠标指针右上角会多出一个“+”号）。

完成一个对象的复制后，如果在数值控制框中输入3/，会在复制间距内等距离复制3份；如果输入3*或3X，将会以复制的间距阵列3份，如图4-111所示。

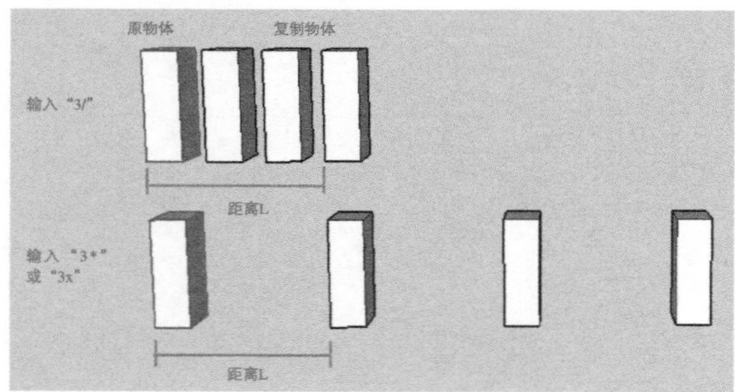

图4-111

当移动几何体上的一个元素时，SketchUp会按需要对几何体进行拉伸。用户可以用这个方法移动点、边线和表面，如图4-112所示。也可以通过移动线段来拉伸一个物体，如拉伸屋顶，如图4-113所示。

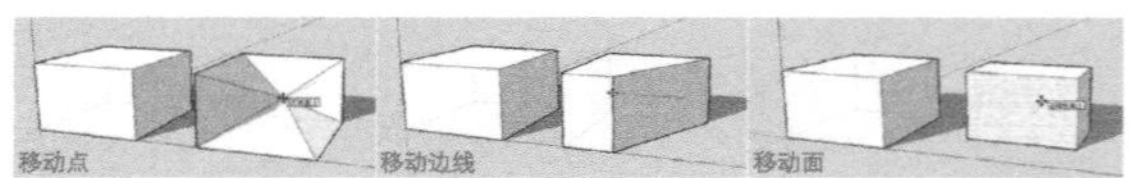

图4-112

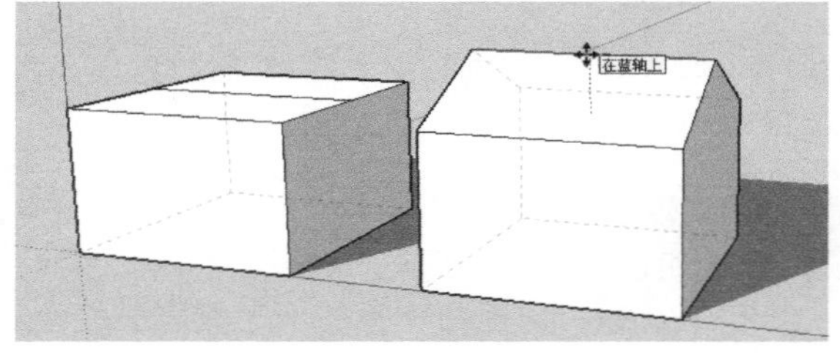

图4-113

使用“移动/复制”工具的同时按住Alt键可以强制拉伸线或面，生成不规则几何体，也就是SketchUp会自动折叠这些表面，如图4-114所示。

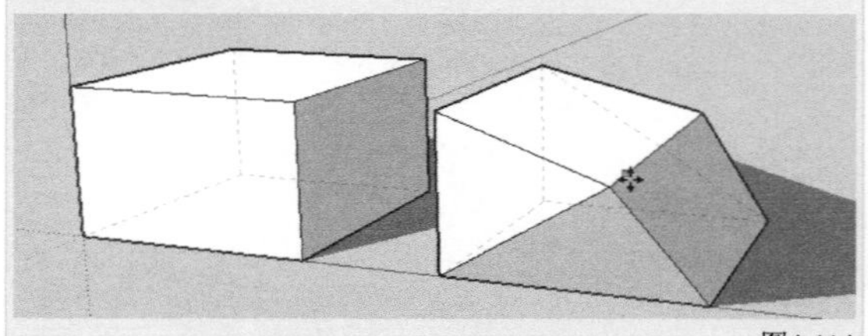

图4-114

问：在SketchUp中怎样才能像3d Max那样编辑面或者线上的某一个点？

答：在SketchUp中可以编辑的点只存在于线段和弧线两端，以及弧线的中点。使用“移动/复制”工具进行编辑，在激活此工具前不要选中任何对象，直接捕捉即可，如图4-115所示。

使用“移动/复制”工具的同时按住Alt键移动点，可实现自动折叠效果，即向某方向强制移动，如图4-116所示。

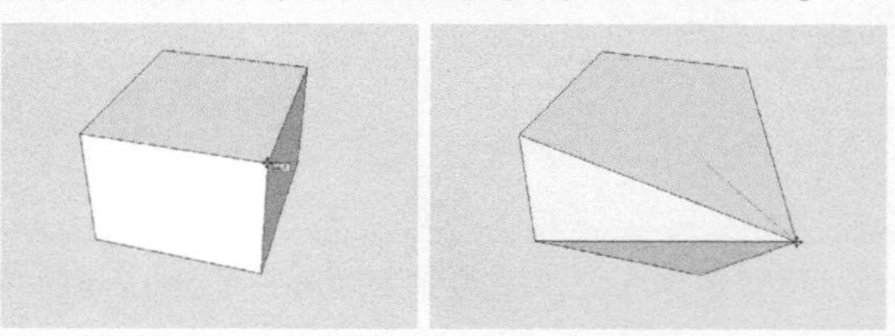

图4-115　图4-116

任何线段都可通过在线上某一个点绘制一条任意线段来分割，如图4-117所示。

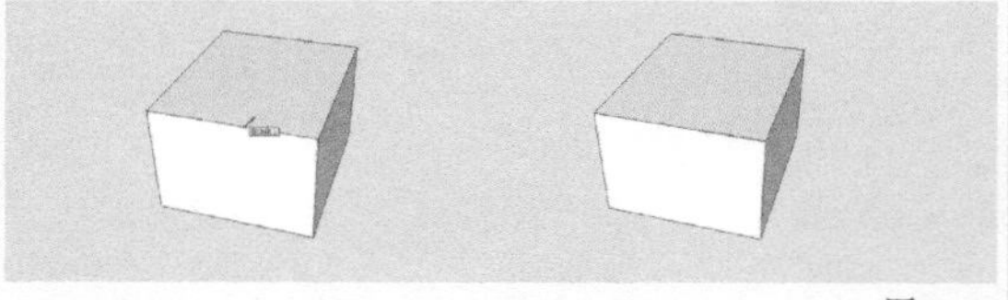

图4-117

重点 实战

创建路边停车位

场景文件 无
实例文件 实战——创建路边停车位.skp
视频教学 多媒体教学>Chapter04>实战——创建路边停车位.flv
难易指数 ★★☆☆☆
技术掌握 "移动/复制"工具

扫码看视频

1 用"矩形"工具和"推/拉"工具等，完成道路以及路边绿地体块的创建，如图4-118所示。

2 用"线"工具、"圆弧工具"以及"偏移/复制"工具等完成停车位道牙石的创建，如图4-119所示。

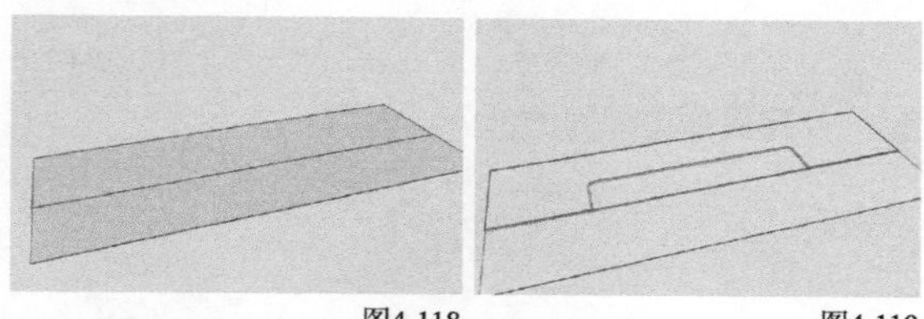
图4-118 图4-119

3 用"矩形"工具和"推/拉"工具创建出停车位的分隔带，并用"移动/复制"工具将其按照间距3000mm的距离进行复制，如图4-120所示。

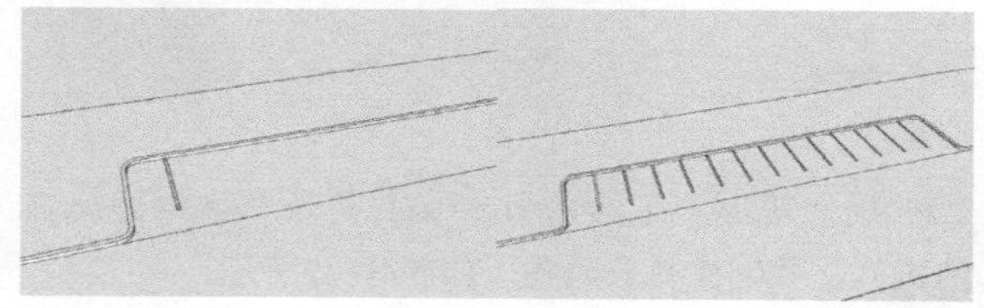
图4-120

4 为创建好的模型赋予相应的材质，并添加轿车的配景，如图4-121所示。

图4-121

重点 实战

创建玻璃幕墙

场景文件 无
实例文件 实战——创建玻璃幕墙.skp
视频教学 多媒体教学>Chapter04>实战——创建玻璃幕墙.flv
难易指数 ★★★☆☆
技术掌握 "移动/复制"工具

扫码看视频

1 用"矩形"工具绘制一块玻璃面，然后用"移动/复制"工具将其按一定距离复制，注意每块玻璃之间需要留有空隙，接着将其创建为群组（快捷键为G键），如图4-122所示。

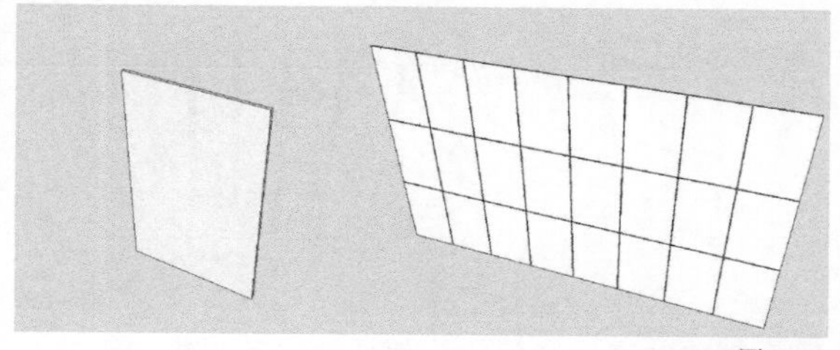
图4-122

2 用"矩形"工具和"推/拉"工具创建玻璃后的钢制杆件，并将其复制一份，如图4-123所示。

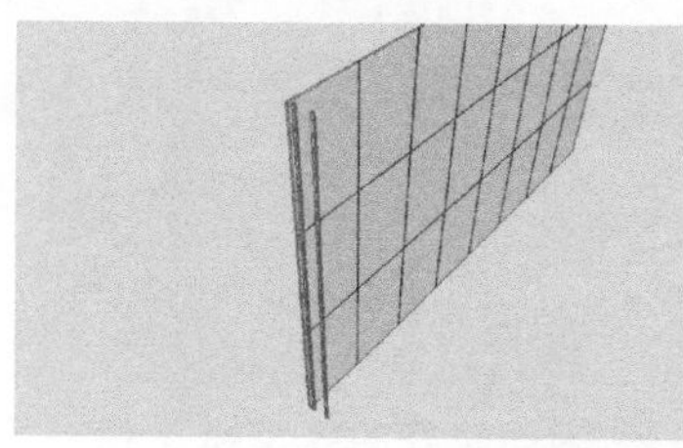
图4-123

3 创建两个杆件之间的链接部分，如图4-124所示。

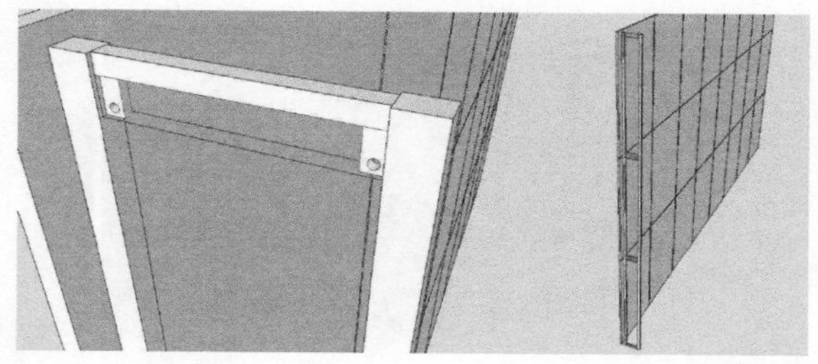
图4-124

4 创建杆件之间的斜拉钢丝，如图4-125所示。

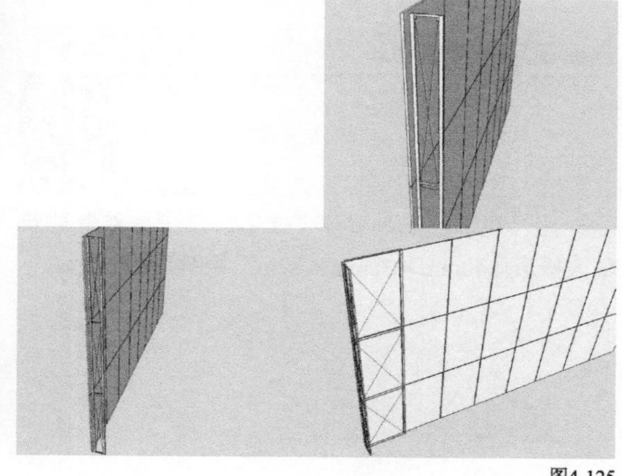
图4-125

5 单击鼠标右键，执行“制作组件”命令，然后将其制作为组件，并对其进行复制，如图4-126所示。

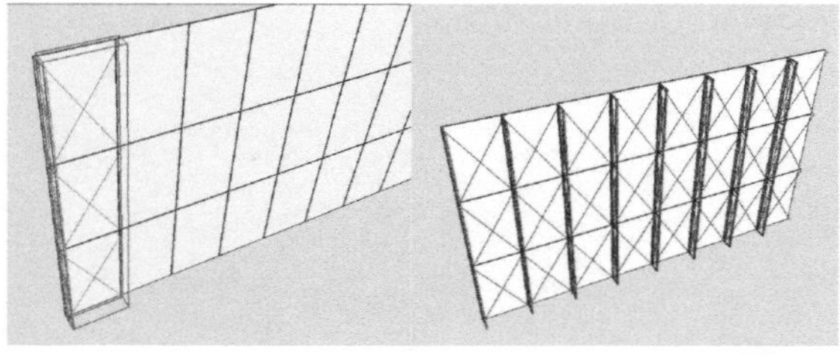

图4-126

6 创建玻璃接缝处的构件，并将其制作成组件，对其进行复制，如图4-127所示。

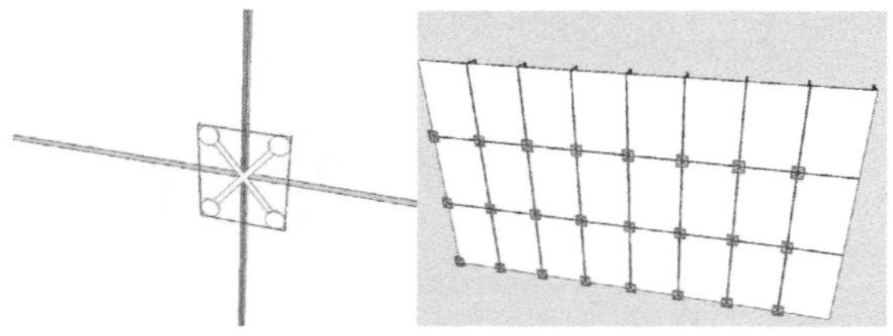

图4-127

7 为创建好的模型赋予相应的材质，如图4-128所示。

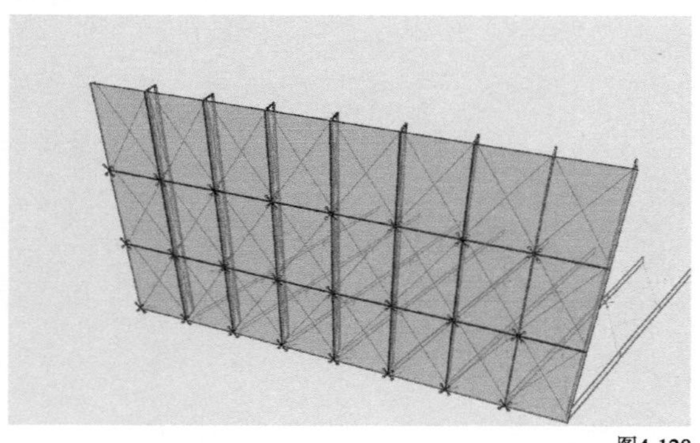

图4-128

重点 实战

创建简单的建筑单体

场景文件	无
实例文件	实战——创建简单的建筑单体.skp
视频教学	多媒体教学>Chapter04>实战——创建简单的建筑单体.flv
难易指数	★★★☆☆
技术掌握	“移动/复制”工具

扫码看视频

1 用“矩形”工具和“推/拉”工具绘制建筑的大概形体40mm×38mm×80m，如图4-129所示。

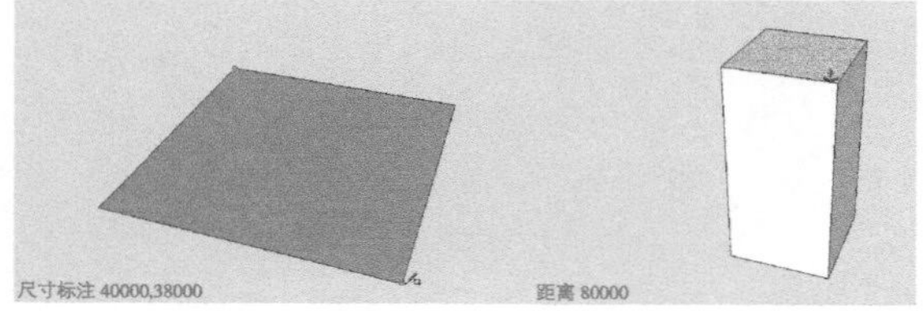

图4-129

2 用“矩形”工具和“推/拉”工具创建建筑立面的竖向分隔条，然后用“移动/复制”工具将其复制到建筑的4个面，如图4-130所示。

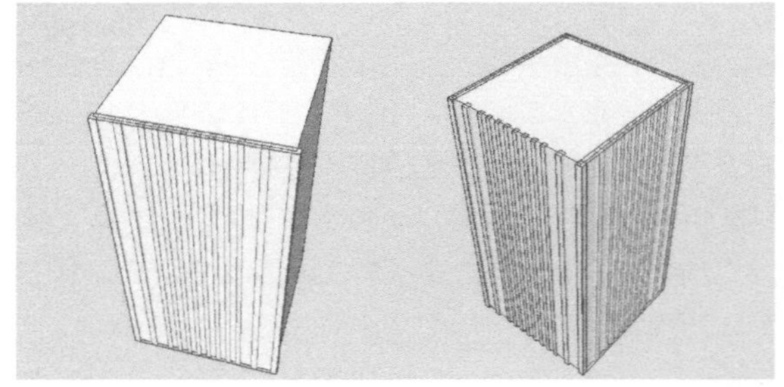

图4-130

3 创建屋顶电梯间的部分，如图4-131所示。

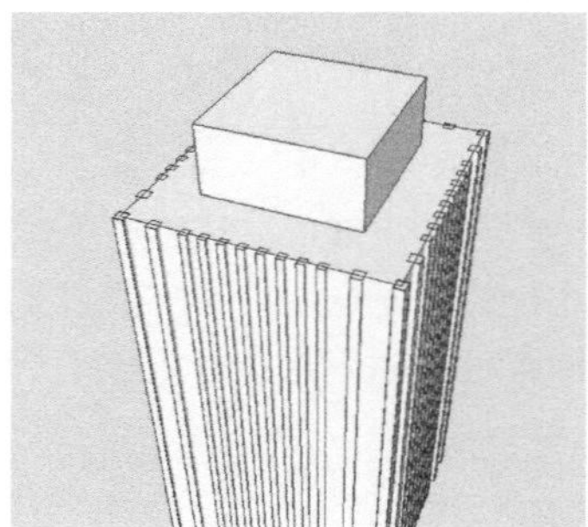

图4-131

4 用“矩形”工具和“推/拉”工具创建屋顶的构件，并创建其分隔条，如图4-132所示。

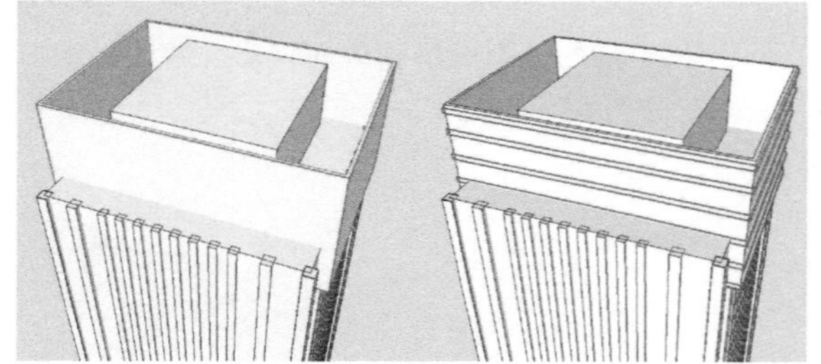

图4-132

5 为建筑赋予透明玻璃的材质，如图4-133所示。

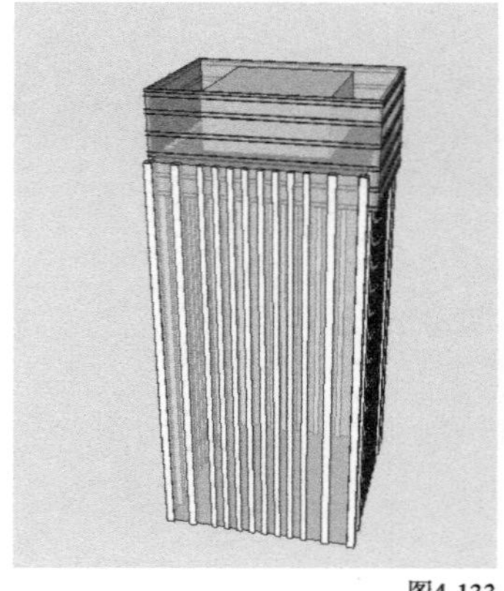

图4-133

6 为了使建筑内部更加丰富，用“矩形”工具和“推/拉”工具及“移动/复制”工具创建建筑的楼板，效果如图4-134所示。

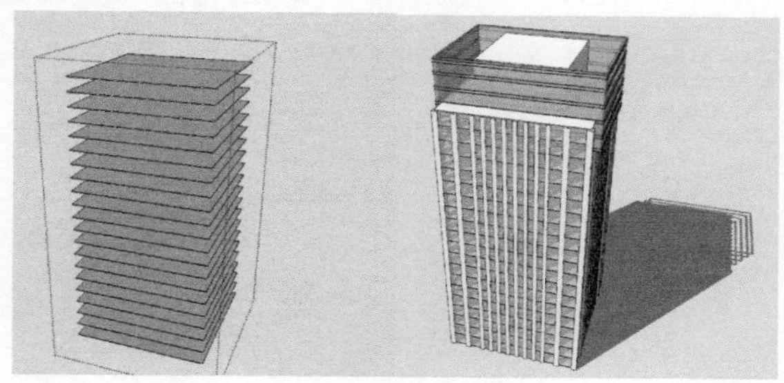

图4-134

重点 实战

创建景观廊架

场景文件	无
实例文件	实战——创建景观廊架.skp
视频教学	多媒体教学>Chapter04>实战——创建景观廊架.flv
难易指数	★★☆☆☆
技术掌握	“移动/复制”工具

扫码看视频

1 用“矩形”工具和“推/拉”工具创建构架，并将其制作成组件，如图4-135所示。

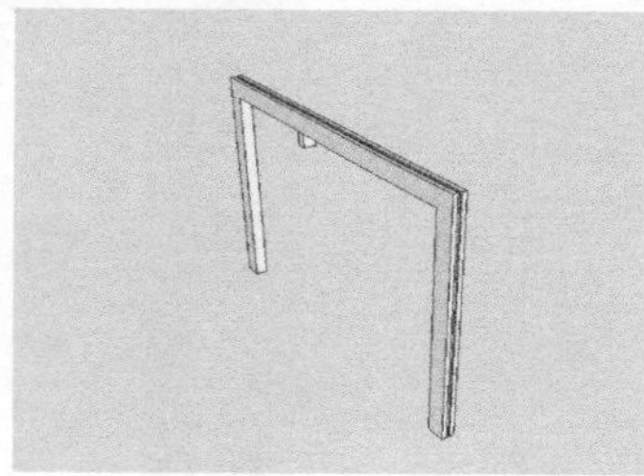

图4-135

2 将其以2400mm的距离复制6份，如图4-136所示。

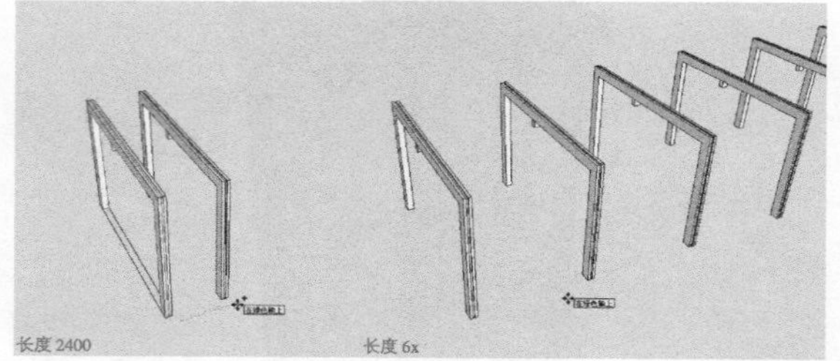

图4-136

3 采用相同的方法完成顶部木构架的创建及复制工作，如图4-137所示。

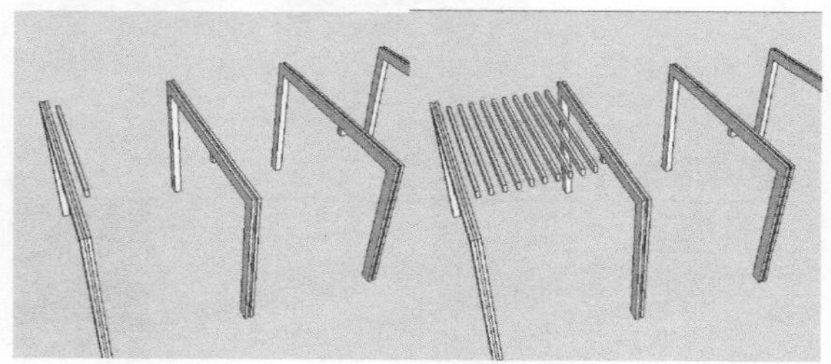

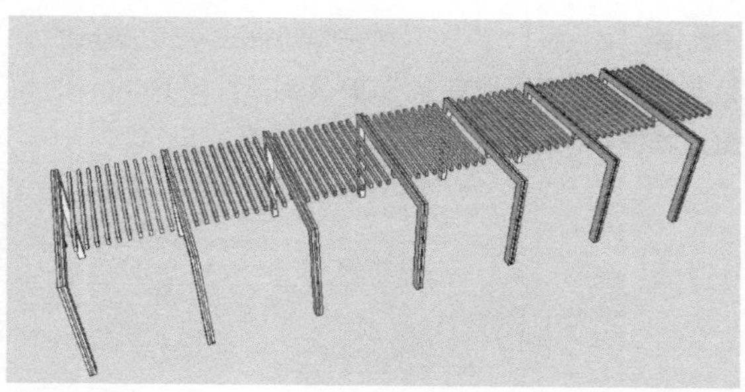

图4-137

4 采用相同的方法完成报刊亭的创建及复制，如图4-138所示。

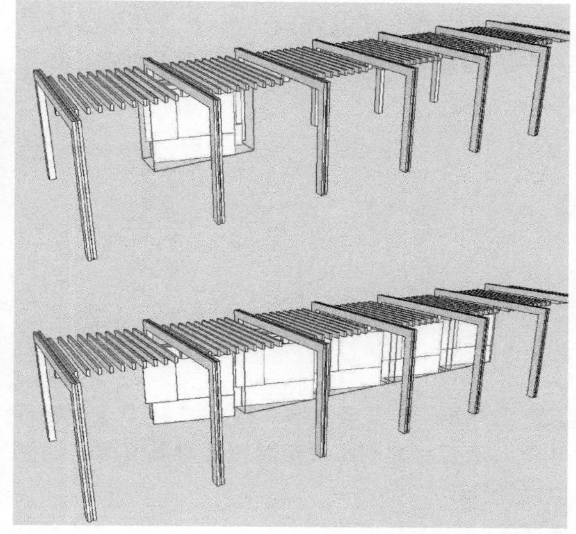

图4-138

5 为创建好的模型赋予相应的材质，如图4-139所示。

图4-139

重点 实战

创建鞋柜

场景文件	无
实例文件	实战——创建鞋柜.skp
视频教学	多媒体教学>Chapter03>实战——创建鞋柜.flv
难易指数	★★☆☆☆
技术掌握	“移动/复制”工具

扫码看视频

1 用“矩形”工具绘制750mm×300mm的鞋柜基座，然后用“推/拉”工具推拉出100mm的高度，如图4-140所示。

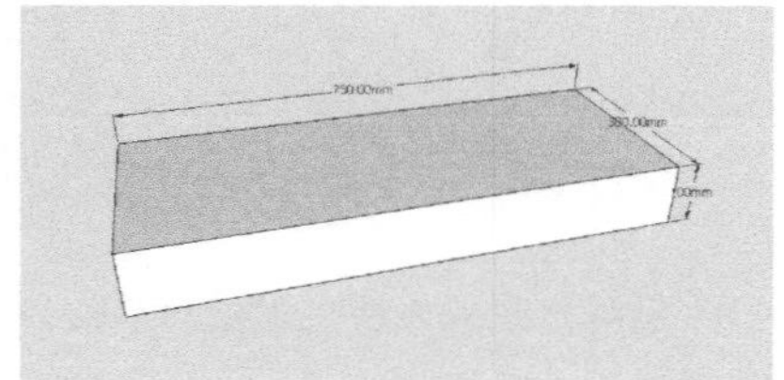

图4-140

2 用“矩形”工具、“推/拉”工具以及“移动/复制”工具完成右侧柜体的创建，如图4-141所示。

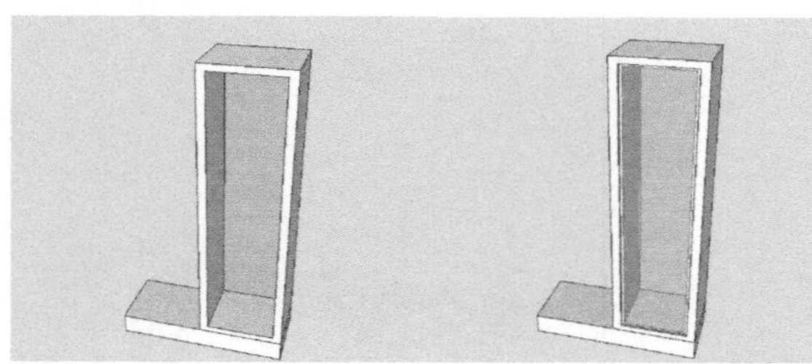

图4-141

3 用“矩形”工具和“推/拉”工具创建百叶片，然后将其制作成组件，并将其复制，如图4-142所示。

图4-142

4 用“圆”工具、“推/拉”工具以及“偏移复制”工具等完成把手的创建，然后将制作好的一侧柜体制作成组件，如图4-143所示。

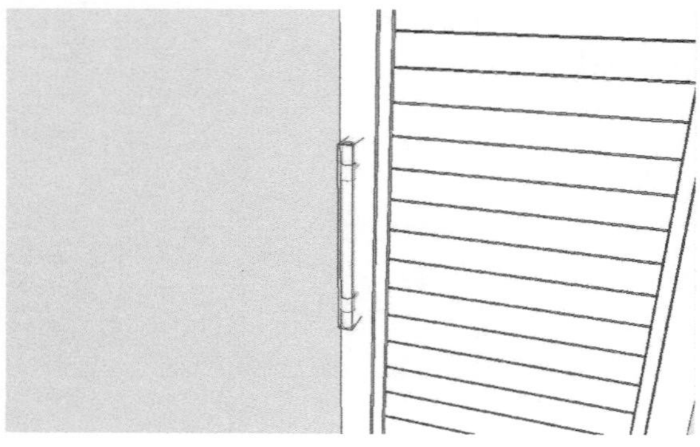

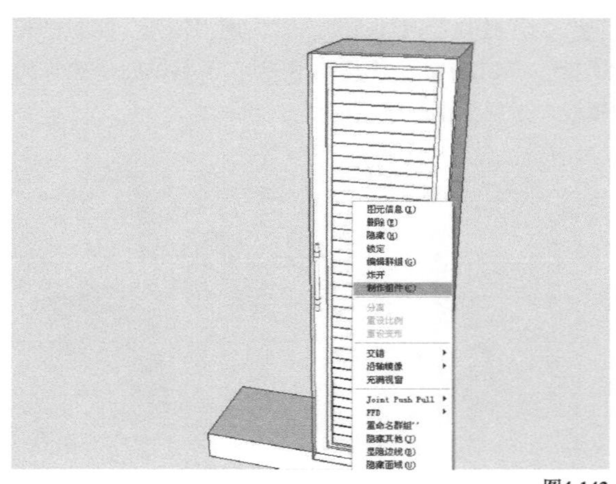

图4-143

5 将上一步创建好的组件复制一份并移动至另外一侧，然后单击鼠标右键在弹出的菜单中执行“沿轴镜像”命令，完成复制组件的镜像，如图4-144所示。

6 用“矩形”工具和“推/拉”工具创建鞋柜的顶盖，如图4-145所示。

图4-144　　图4-145

7 为创建好的模型赋予相应的材质，如图4-146所示。

图4-146

重点 实战

创建方形吊灯

场景文件	无
实例文件	实战——创建方形吊灯.skp
视频教学	多媒体教学>Chapter04>实战——创建方形吊灯.flv
难易指数	★★☆☆☆
技术掌握	“移动/复制”工具

扫码看视频

1 用“矩形”工具绘制1100mm×660mm的矩形，然后用“推/拉”工具推拉至5mm的厚度，如图4-147所示。

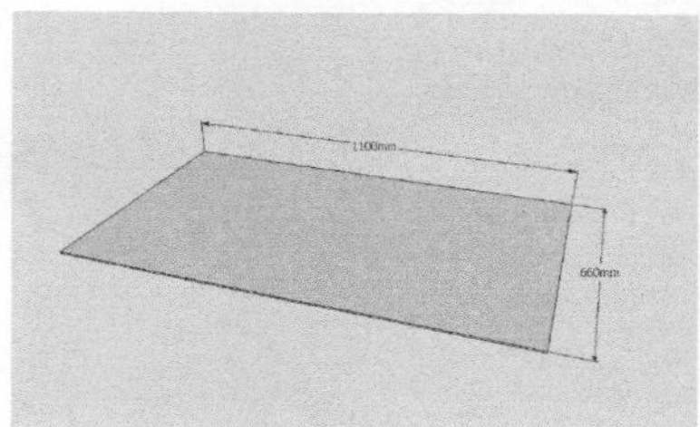

图4-147

2 绘制吊灯的部分，用“矩形”工具绘制120mm×70mm的矩形，然后用“推/拉”工具推拉35mm的厚度，接着将其创建为群组（快捷键为G键），如图4-148所示。

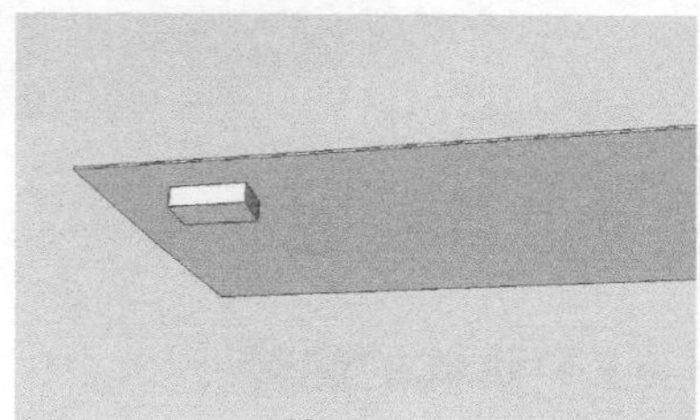

图4-148

3 用“圆”工具和“推/拉”工具绘制灯的吊杆，如图4-149所示。

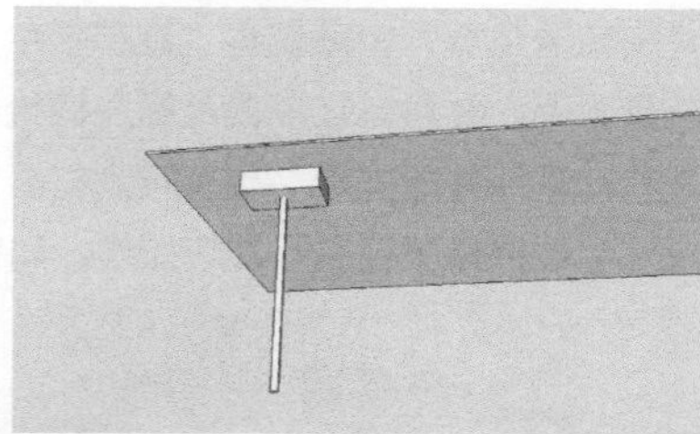

图4-149

4 用“圆”工具、“推/拉”工具以及“偏移复制”工具等完成灯具的绘制，如图4-150所示。

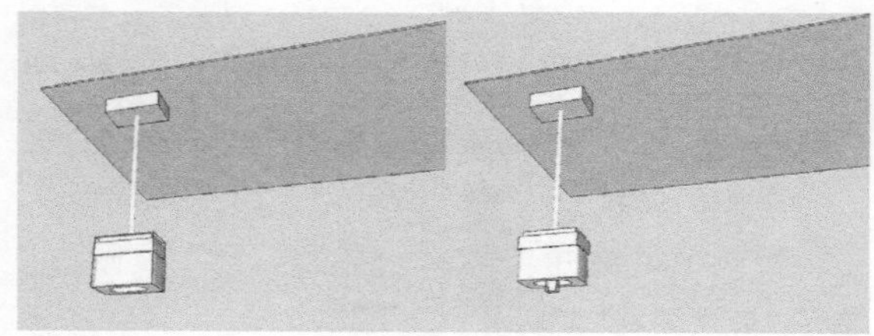

图4-150

5 选择上面制作好的部分，然后单击鼠标右键在弹出的菜单中执行“制作组件”命令，将其制作成组件，如图4-151所示。

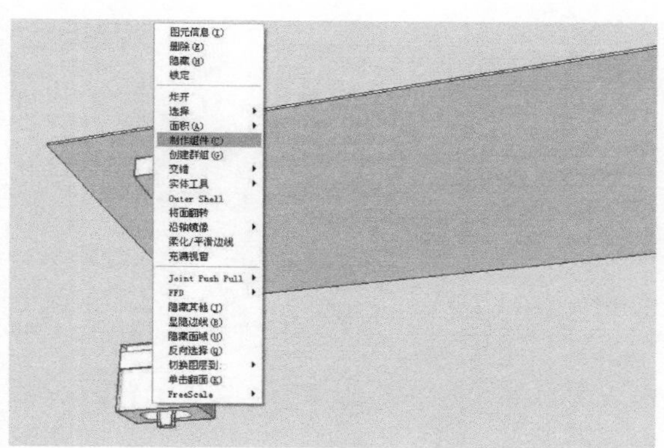

图4-151

6 选择制作好的组件，激活“移动/复制”工具，并按住Ctrl键将其向右以250mm的距离复制3份，如图4-152所示。

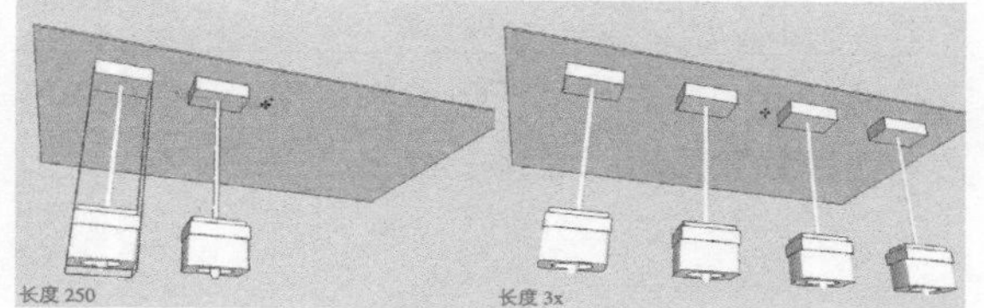

图4-152

7 采用相同的方法，选择复制好的4个吊灯向后以150mm的距离复制3份，如图4-153所示。

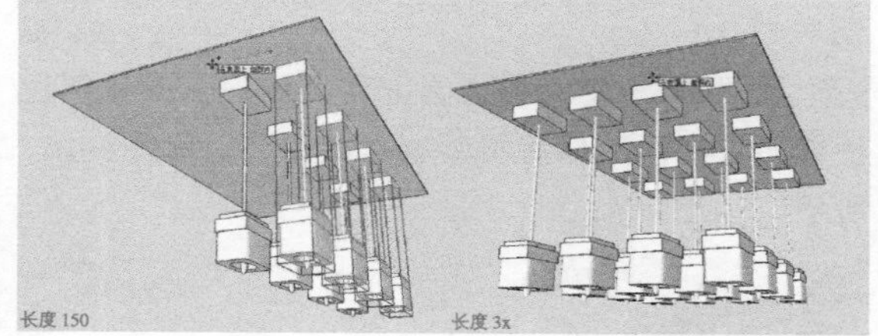

图4-153

8 选择中部的4个吊灯将其向下移动，然后用“矩形”工具和“推/拉”工具创建几个正方体进行连接，如图4-154所示。

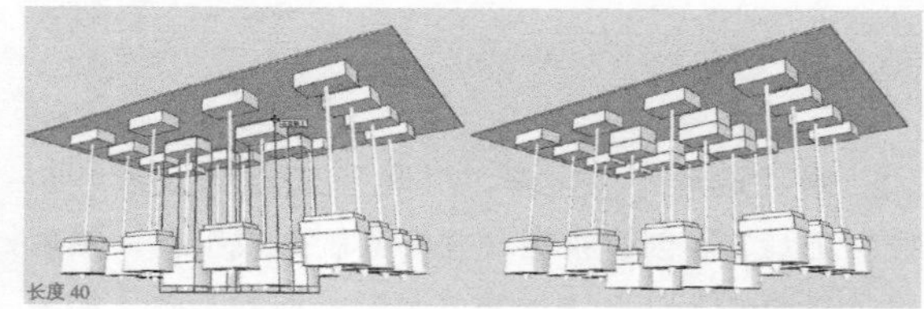

图4-154

9 为创建好的模型赋予相应的材质，最终的效果如图4-155所示。

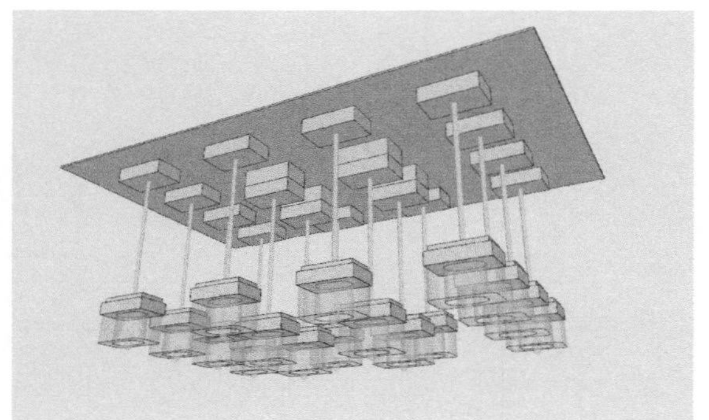

图4-155

重点 实战

创建高架道桥

场景文件	无
实例文件	实战——创建高架道桥.skp
视频教学	多媒体教学>Chapter04>实战——创建高架道桥.flv
难易指数	★★☆☆☆
技术掌握	“移动/复制”工具

1 用“线”工具和“推/拉”工具等完成桥梁横断面体块的创建，如图4-156所示。

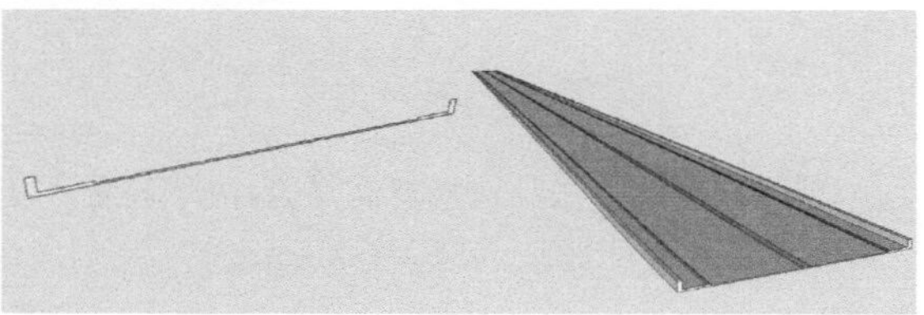

图4-156

2 用“移动/复制”工具和“线”工具创建桥梁的坡道面，然后将其制作成组件，如图4-157所示。

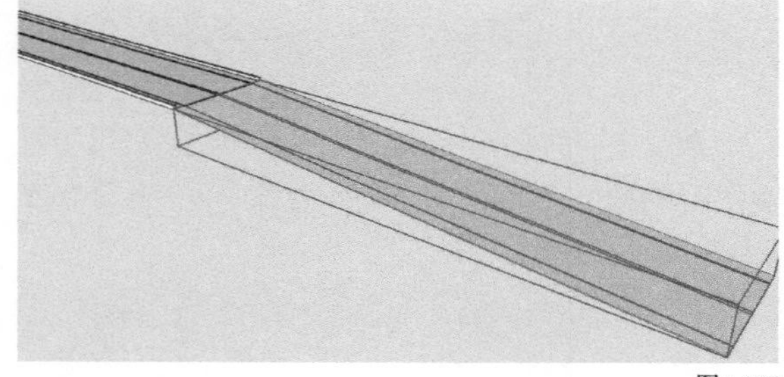

图4-157

3 用“矩形”工具、“圆”工具以及“推/拉”工具等创建桥墩，并将其制作成组件，然后用“移动/复制”工具将其复制相应的份数，如图4-158所示。

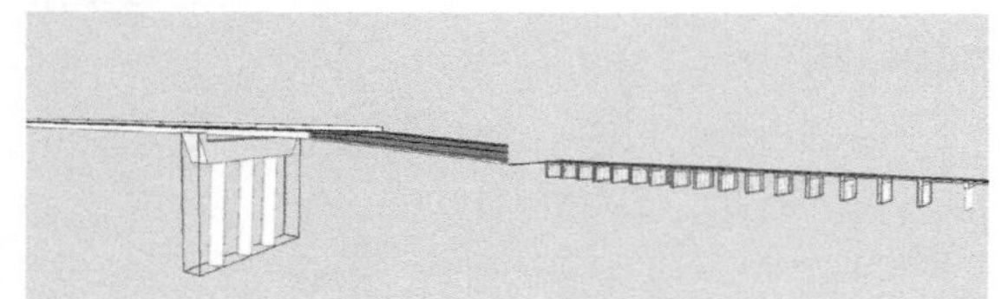

图4-158

4 采用相同的方法在桥面上添加路灯，如图4-159所示。

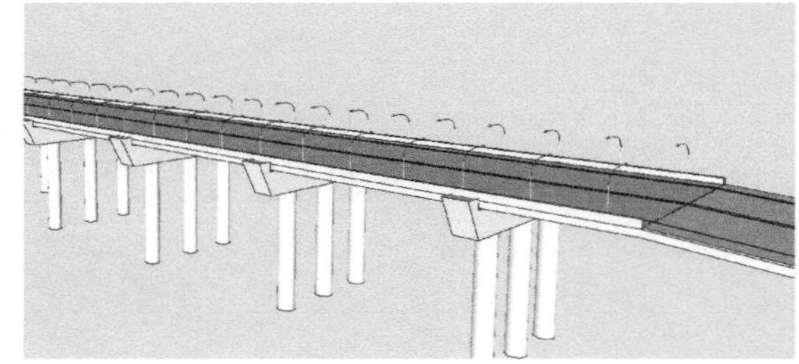

图4-159

5 打开“材质”编辑器为创建好的模型赋予相应的材质，如图4-160所示。

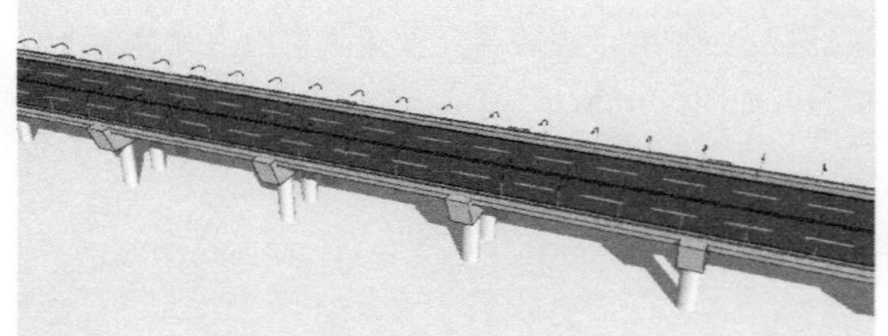

图4-160

4.3.3 物体的旋转

“旋转”工具可以在同一平面上旋转物体中的元素，也可以旋转单个或多个物体。使用“旋转”工具旋转某个元素或物体时，鼠标光标会变成一个“旋转量角器”，可以将“旋转量角器”放置在边线或表面上，然后通过单击鼠标左键拾取旋转的起点，并移动鼠标开始旋转，当旋转到需要的角度后，再次通过单击鼠标左键完成旋转操作，如图4-161所示。

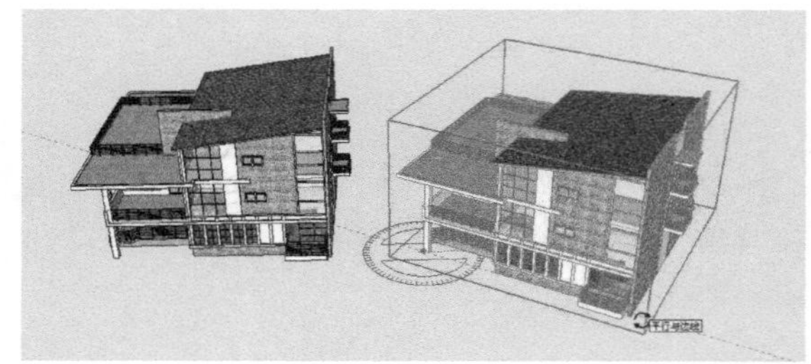

图4-161

技巧与提示

利用SketchUp的参考提示可以精确定位旋转中心。如果开启了“角度捕捉”功能，将会根据设置好的角度进行旋转，如图4-162所示。

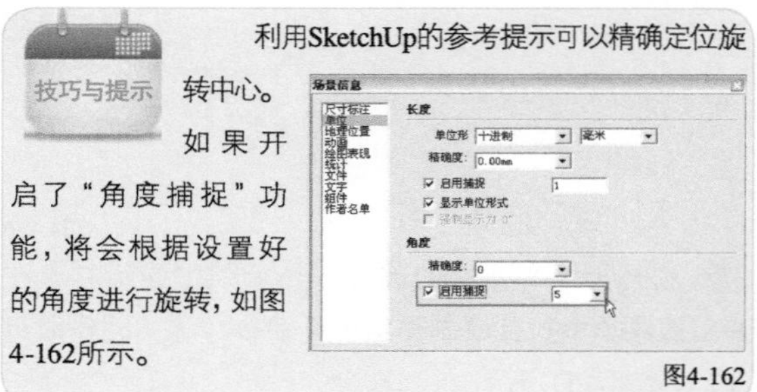

图4-162

使用“旋转”工具并配合Ctrl键可以在旋转的同时复制物体。例如，在完成一个圆柱体的旋转复制后，如果输入7*或者7×就可以按照上一次的旋转角度将圆柱体复制7个，共存在8个圆柱体，如图4-163所示；假如在完成圆柱体的旋转复制后，输入3/，那么就可以在旋转的角度内再复制3份，共存在4个圆柱体，如图4-164所示。

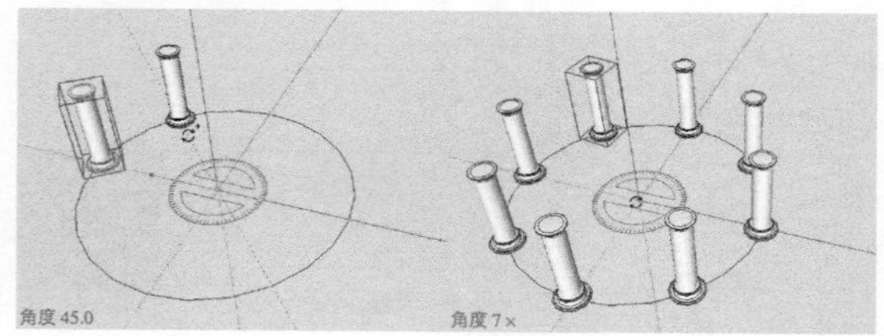

图4-163

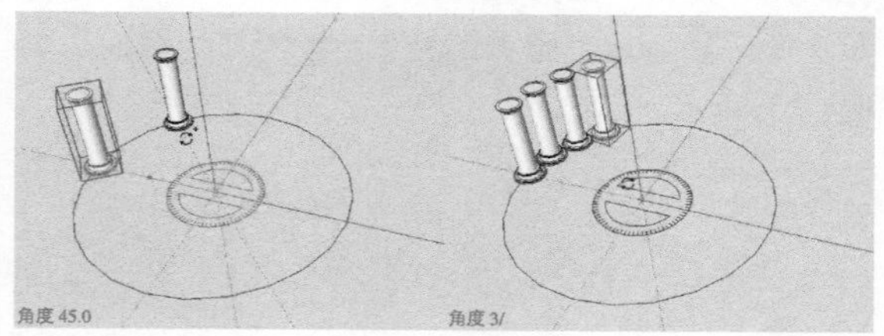

图4-164

使用“旋转”工具只旋转某个物体的一部分时，可以将该物体进行拉伸或扭曲，如图4-165所示。

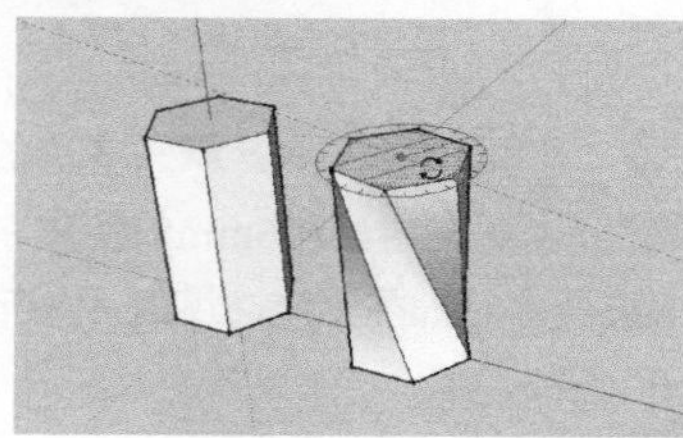

图4-165

如果旋转会导致一个表面被扭曲或变成非平面时，将激活SketchUp的自动折叠功能。

疑难问答

问：在官方的视频教程中能够很轻松地就找到物体自身的旋转轴，而实际操作时必须在辅助线的帮助下才能找到，不然默认轴就是水平面，这是怎么回事？

答：当物体对象是组或者组件时，如果激活“移动/复制”工具（激活前不要选择任何对象），并将鼠标光标指向组或组件的一个面上，那么该面上会出现4个红色的标记点，移动鼠标光标至一个标记点上，会出现红色的旋转符号，此时就可直接在这个平面上让物体沿自身轴旋转，并且可以通过数值控制框输入需要旋转的角度值，而不需要使用“旋转”工具，如图4-166所示。

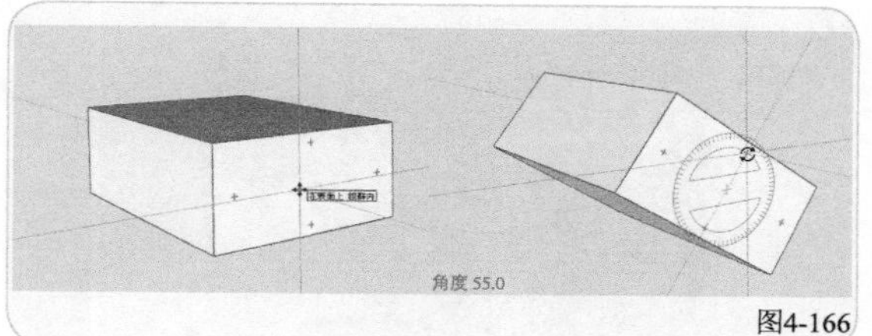

图4-166

重点 实战

创建百叶窗

场景文件	c.skp
实例文件	实战——创建百叶窗.skp
视频教学	多媒体教学>Chapter04>实战——创建百叶窗.flv
难易指数	★★☆☆☆
技术掌握	“移动/复制”工具及“旋转”工具

扫码看视频

1 打开“场景文件>Chapter04>c.skp”文件，然后用“矩形”工具和“推/拉”工具创建一个百叶片，如图4-167所示。

图4-167

2 用旋转命令将百叶旋转45°，如图4-168所示。

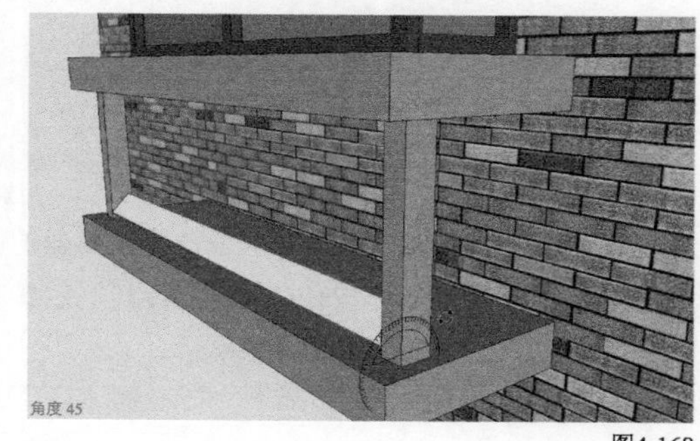

图4-168

3 用移动命令配合Ctrl键将其向上复制相应的份数，如图4-169所示。

图4-169

4 为创建好的模型赋予相应的材质，完成百叶窗的创建，如图4-170所示。

图4-170

重点 实战

创建垃圾桶

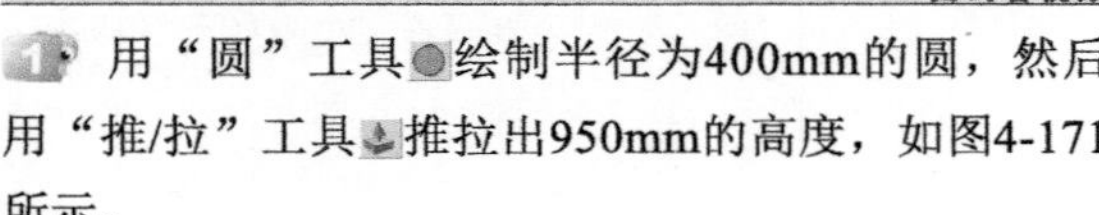

场景文件	无
实例文件	实战——创建垃圾桶.skp
视频教学	多媒体教学>Chapter04>实战——创建垃圾桶.flv
难易指数	★★☆☆☆
技术掌握	"移动/复制"工具及"旋转"工具

扫码看视频

01 用“圆”工具绘制半径为400mm的圆，然后用“推/拉”工具推拉出950mm的高度，如图4-171所示。

02 用“矩形”工具、“圆”工具以及“推/拉”工具绘制出垃圾图外围的木板，然后将其制作成组件，如图4-172所示。

图4-171　图4-172

03 选择木板并激活“旋转”工具将量角器的圆心放置到圆筒的圆心，并按住Ctrl键旋转20°后接着输入17X，复制出17份，如图4-173所示。

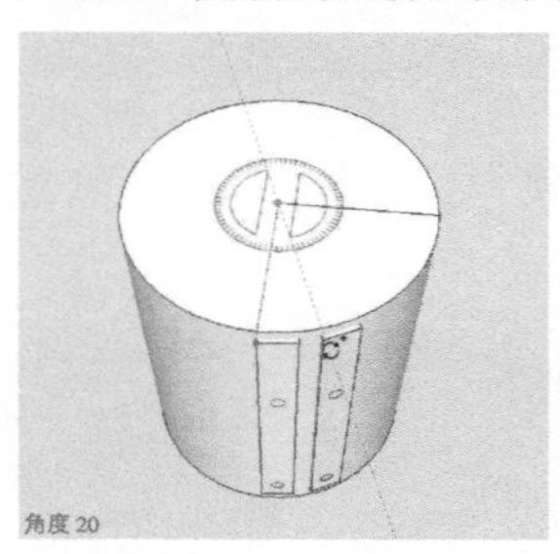

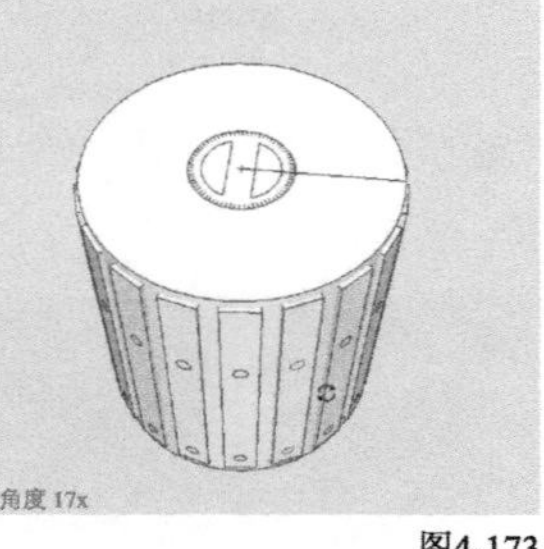

图4-173

04 完善垃圾桶的顶部，并赋予材质后完成垃圾桶的创建，如图4-174所示。

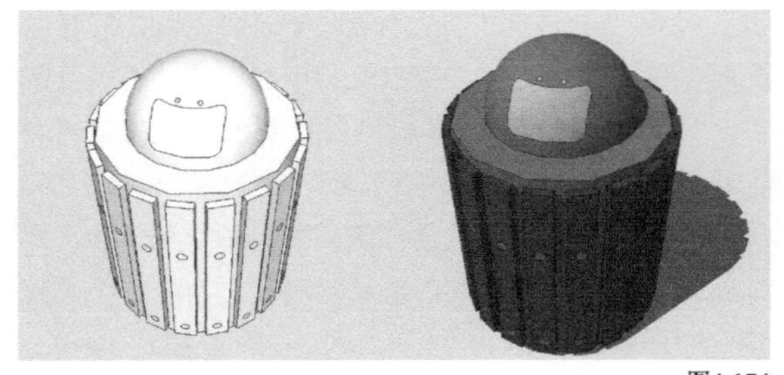

图4-174

重点 实战

创建花形吊灯

场景文件	无
实例文件	实战——创建花形吊灯.skp
视频教学	多媒体教学>Chapter04>实战——创建花形吊灯.flv
难易指数	★★★☆☆
技术掌握	"移动/复制"工具及"旋转"工具

扫码看视频

01 用“矩形”工具绘制530mm×780mm的矩形参考面，然后用“圆弧工具”绘制灯的截面，如图4-175所示。

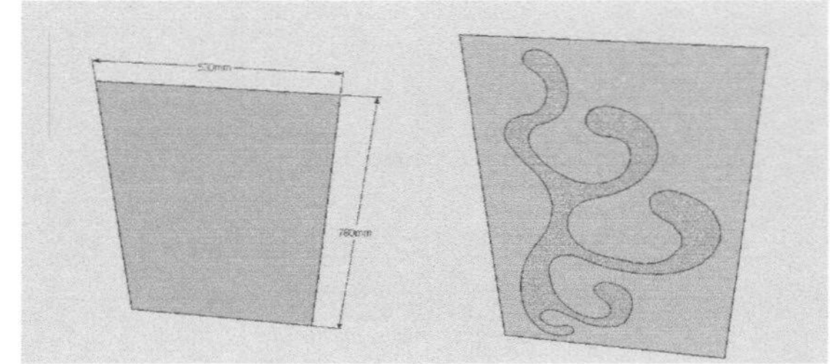

图4-175

02 用“删除”工具删去多余的线，然后用“偏移复制”工具向内偏移6mm的距离，接着用“推/拉”工具推拉出3mm的厚度，如图4-176所示。

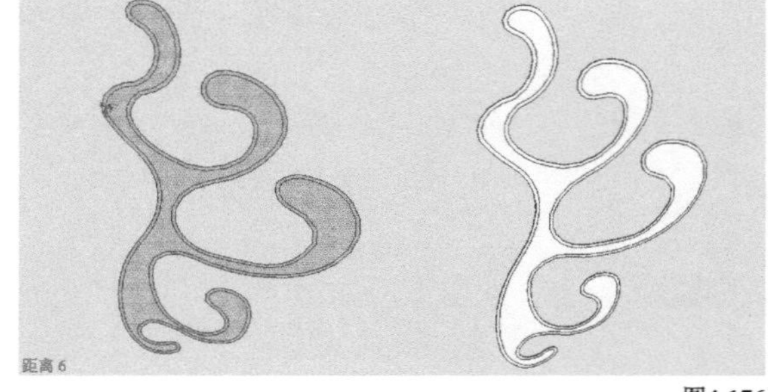

图4-176

03 单击鼠标右键将其制作成组件，用“圆”工具和“推/拉”工具创建吊灯的吊杆，然后用“移动/复制”工具将其放置到灯的圆心的位置，如图4-177所示。

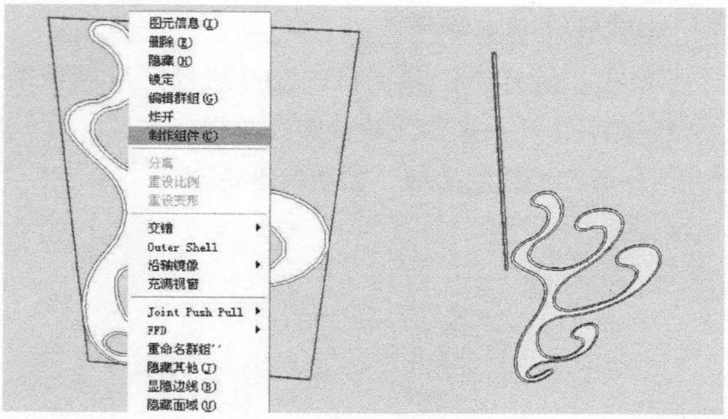

图4-177

4 选择吊灯的截面组件，用“旋转”工具将量角器的圆心放置到吊杆的圆心处，然后按住Ctrl键对其进行旋转复制，接着在角度控制栏里输入45°，按Enter键后输入7X，完成吊灯造型的制作，如图4-178所示。

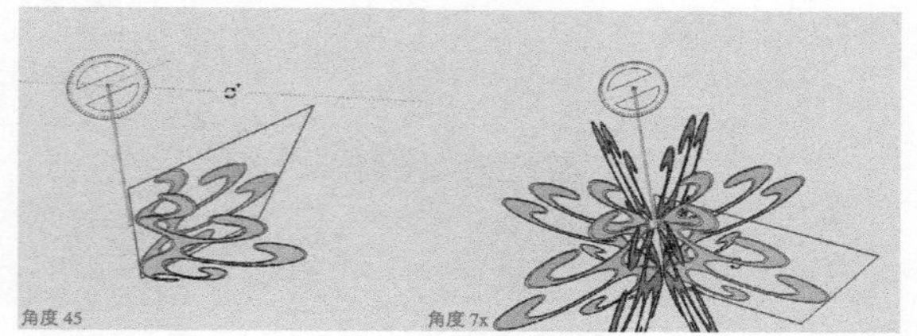

图4-178

5 用“矩形”工具、“圆”工具、“圆弧工具”以及“路径跟随”工具完成灯泡模型的创建，如图4-179所示。

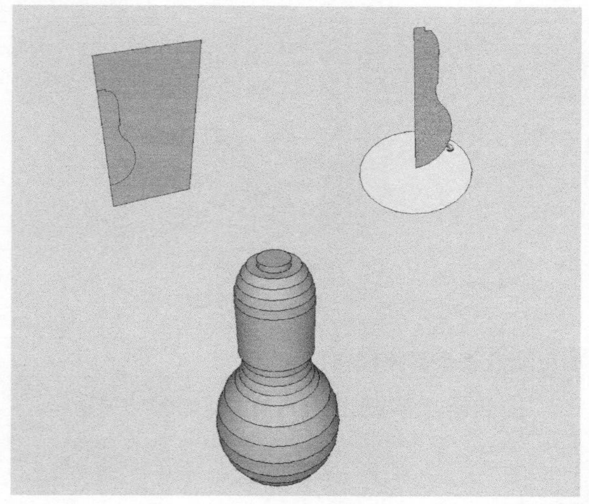

图4-179

6 完成灯泡以后，创建水晶挂饰。用“线”工具绘制出挂饰的截面，然后用“偏移复制”工具向内偏移10mm，将偏移的面复制到距其4.5mm的距离，然后用“线”工具将其封面，如图4-180和图4-181所示。

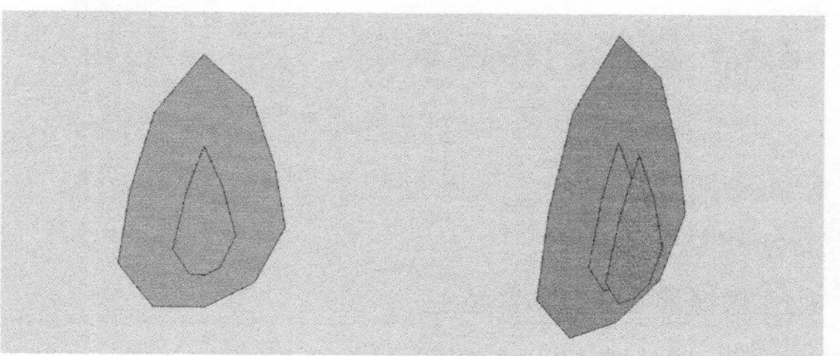

图4-180

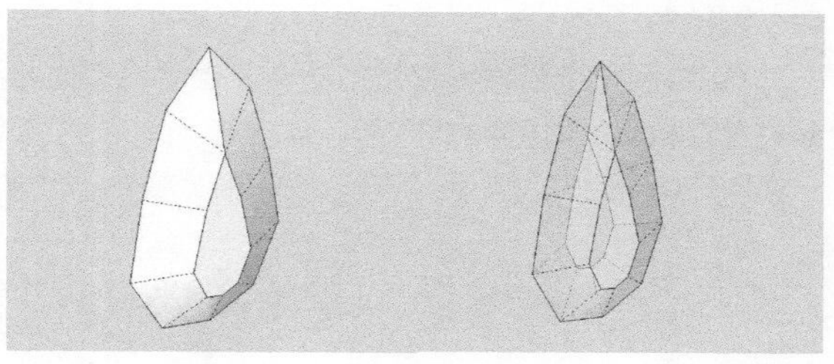

图4-181

7 用“多边形”工具和“推/拉”工具等完成挂饰的吊环，并将其旋转复制到合适的位置，如图4-182所示。

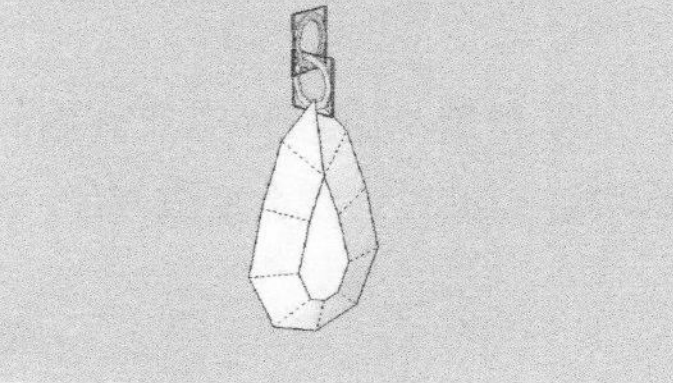

图4-182

8 将水晶挂饰复制到花形截面组件之中，如图4-183所示。

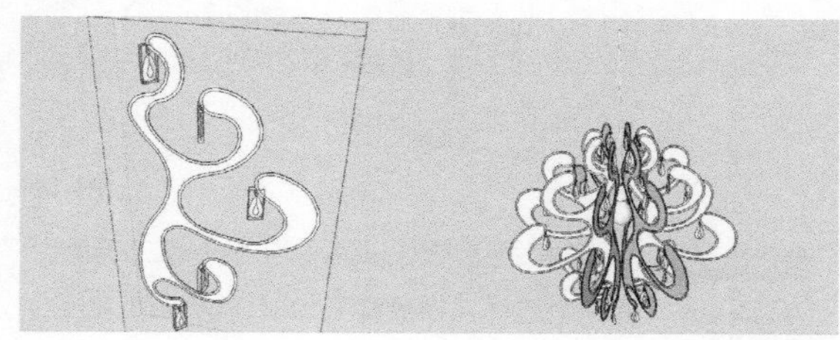

图4-183

9 为创建好的模型赋予相应的材质，最终的效果如图4-184所示。

图4-184

4.3.4 图形的路径跟随

SketchUp中的“跟随路径”工具类似于3ds Max中的放样命令，可以将截面沿已知路径放样，从而创建复杂几何体。

1.沿路径手动挤压成面

① 确定需要修改的几何体的边线，这个边线就叫“路径”。

② 绘制一个沿路径放样的剖面，确定此剖面与路径垂直相交，如图4-185所示。

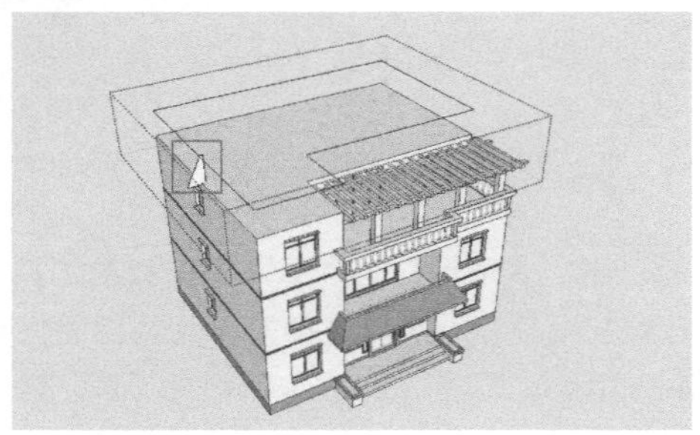

图4-185

③ 使用“跟随路径”工具单击剖面，然后沿路径移动鼠标，此时边线会变成红色，如图4-186所示。

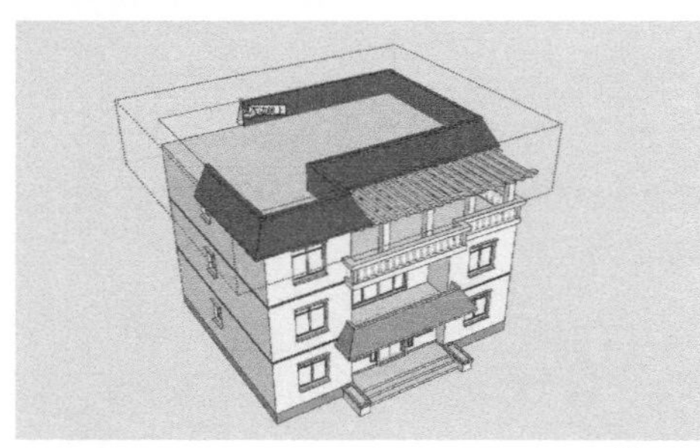

图4-186

为了使“跟随路径”工具从正确的位置开始放样，在放样开始时，必须单击邻近剖面的路径。否则，“跟随路径”工具会在边线上挤压，而不是从剖面到边线。

④ 移动光标到达路径的尽头时，单击鼠标完成操作，如图4-187所示。

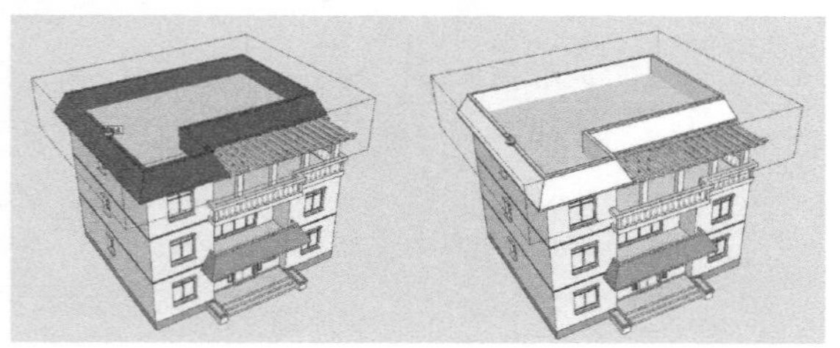

图4-187

2.预先选择连续边线路径

使用“选择”工具预先选择路径，可以帮助“跟随路径”工具沿正确的路径放样。

① 选择连续的边线，如图4-188所示。

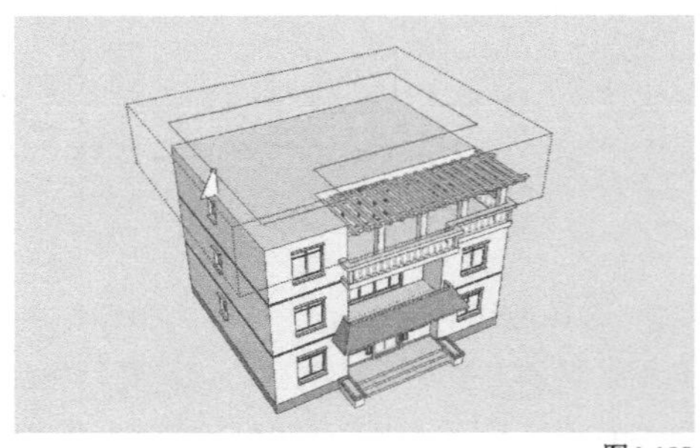

图4-188

② 激活“跟随路径”工具，如图4-189所示。

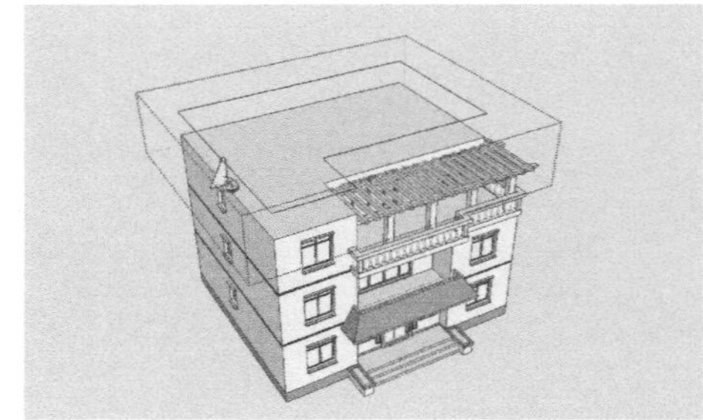

图4-189

③ 单击剖面即可完成。该面将会一直沿预先选定的路径进行挤压，十分方便，如图4-190 所示。

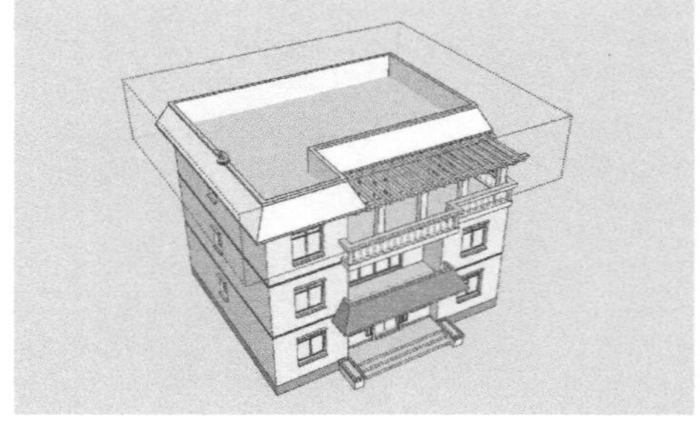

图4-190

3.自动沿某个面路径挤压

① 选择一个与剖面垂直的面，如图4-191所示。

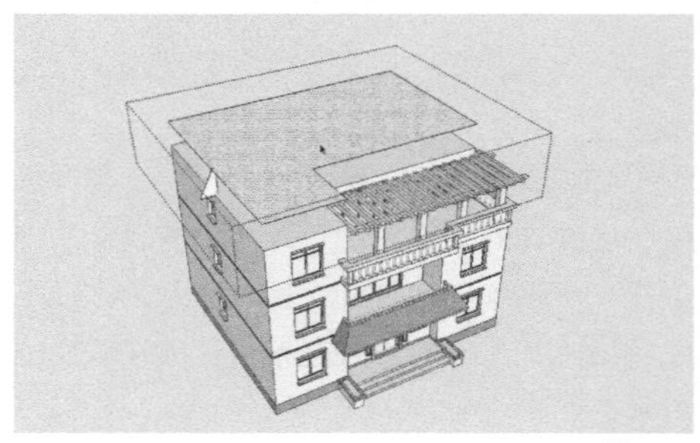

图4-191

② 激活“跟随路径”工具并按住Alt键，然后单击剖面，该面将会自动沿设定面的边线路径进行挤压，如图4-192所示。

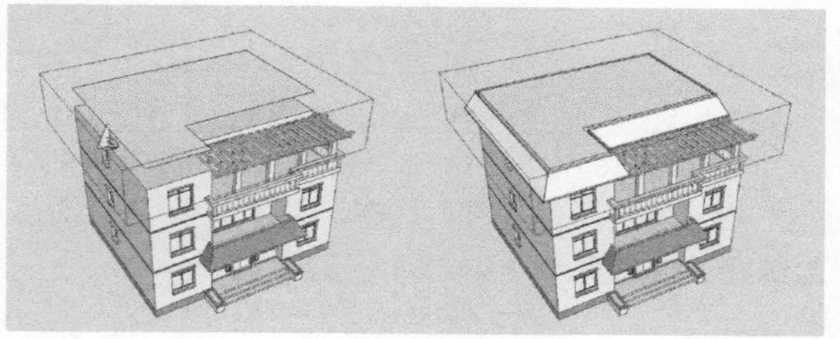

图4-192

4.创建球体

创建球体的方法与上述类似，首先绘制两个互相垂直的同样大小的圆，然后将其中的一个圆的面删除只保留边线，接着选择这条边线，并激活“跟随路径”工具，最后单击平面圆的面，生成球体，如图4-193所示。

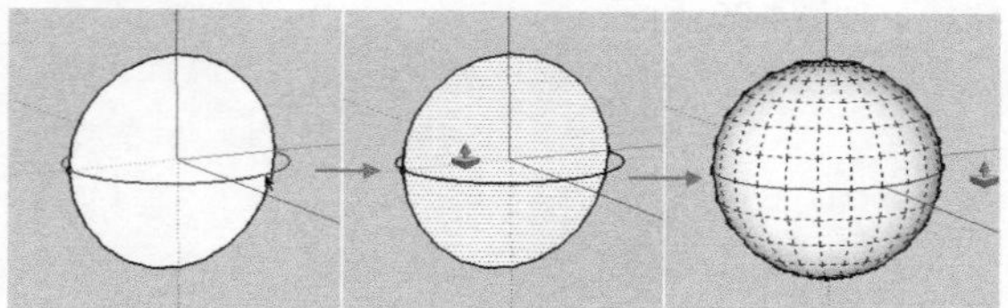

图4-193

椭圆球体的创建跟球体类似，只是将截面改为椭圆形即可。另外，如果将圆面的位置偏移，就可以创建出一个圆环体，如图4-194所示。

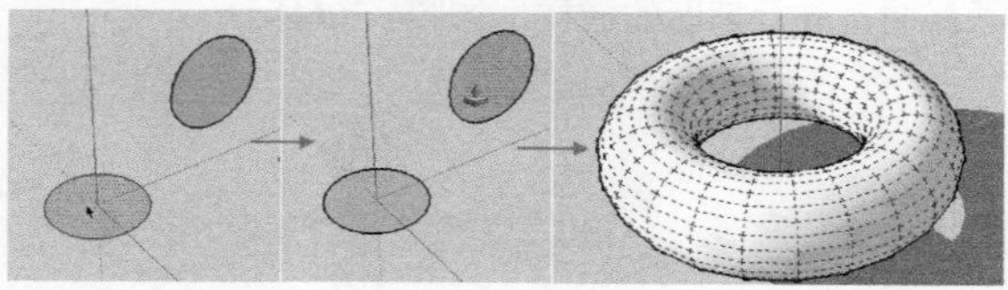

图4-194

技巧与提示

在放样球面的过程中，由于路径线与截面相交，导致放样的球体被路径线分割。其实只要在创建路径和截面时，不让它们相交，即可生成无分割线的球体，如图4-195所示。

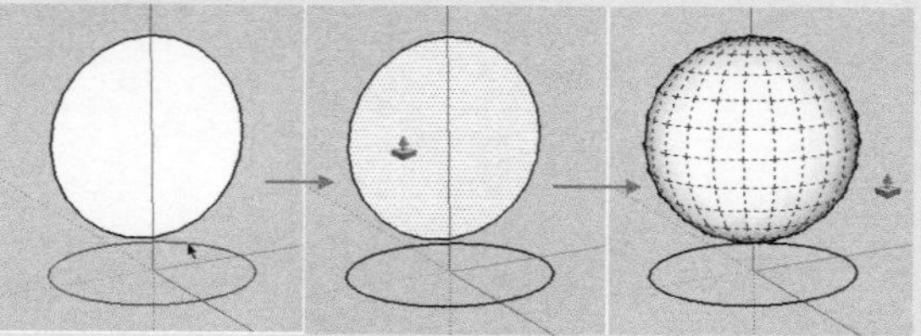

图4-195

对于样条线在一个面上的情况，使用沿面放样方法创建圆锥体非常方便，如图4-196所示。

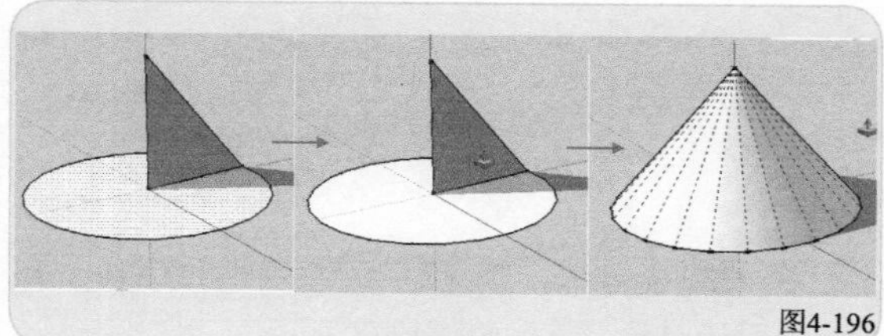

图4-196

重点 实战

创建冰棒树

场景文件	无
实例文件	实战——创建冰棒树.skp
视频教学	多媒体教学>Chapter04>实战——创建冰棒树.flv
难易指数	★★☆☆☆
技术掌握	“跟随路径”工具

扫码看视频

01 用“矩形”工具绘制一个竖直的矩形面，然后用“圆”工具在底部的水平面上绘制一个圆，接着用“线”工具绘制出一条折线，形成树冠截面，如图4-197所示。

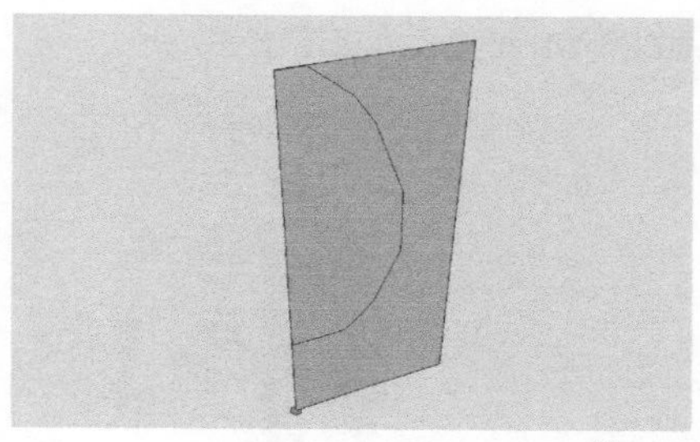

图4-197

02 单击底部圆面，激活“跟随路径”工具，然后单击树冠截面，就可以放样出树冠部分了，如图4-198所示。

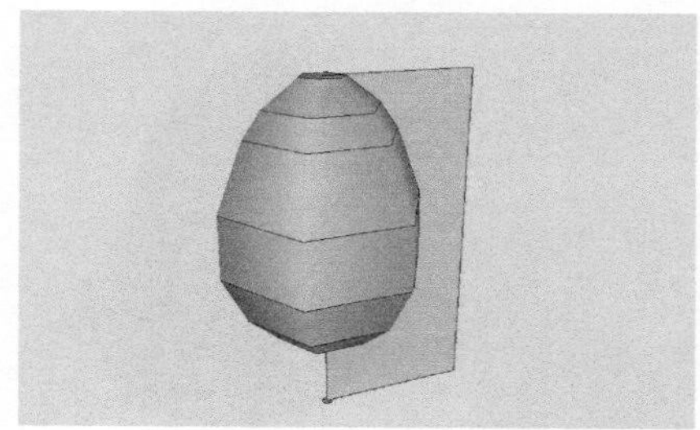

图4-198

技巧与提示

为了节省资源，切面的边线（树冠折线）和放样的路径（圆）的段数要尽量少些，本案例中切面的边线是8段，路径的段数为6段。

03 删除多余的边线，然后选择树冠，单击鼠标右键在弹出的菜单中执行“柔化/平滑边线”命令，拖动角度范围滑块，至模型显示出理想的平滑效果，如图4-199所示。

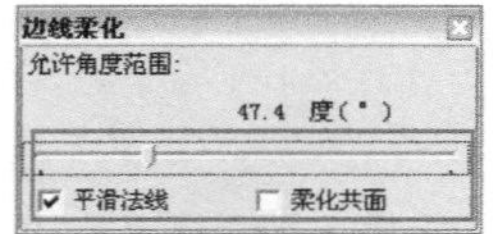

图4-199

4 将面翻转，用“推/拉”工具推拉出树干部分，并赋予材质，效果如图4-200所示。

图4-200

5 单击鼠标右键将制作好的冰棒树制作成组件，如图4-201和图4-202所示。

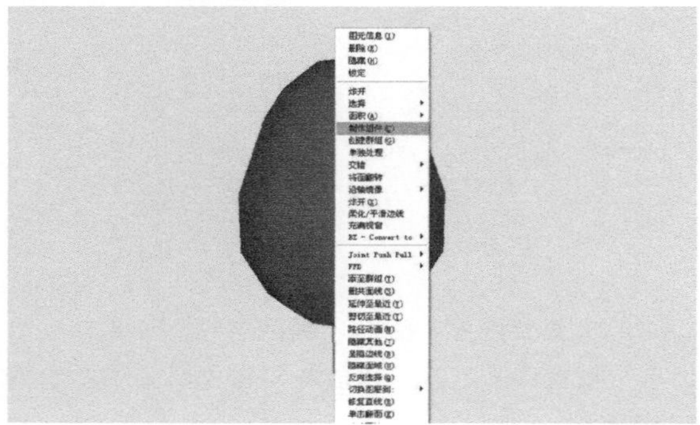

图4-201

图4-202

重点 实战

创建罗马柱

场景文件	无
实例文件	实战——创建罗马柱.skp
视频教学	多媒体教学>Chapter04>实战——创建罗马柱.flv
难易指数	★★☆☆☆
技术掌握	“跟随路径”工具

扫码看视频

1 用“矩形”工具绘制一个垂直的参考面，如图4-203所示。

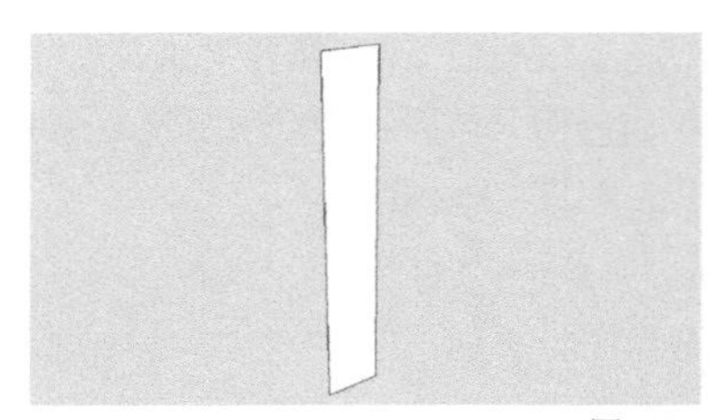

图4-203

2 用“线”工具和“圆弧工具”在参考面上绘制柱子的截面，如图4-204所示。

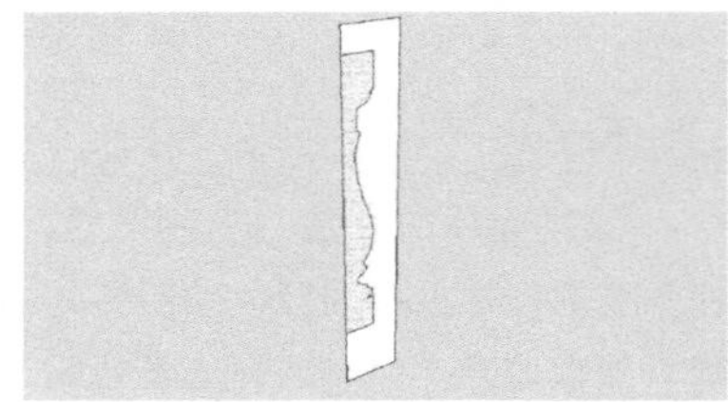

图4-204

3 在柱子截面的底部绘制一个水平的圆作为放样路径，如图4-205所示。

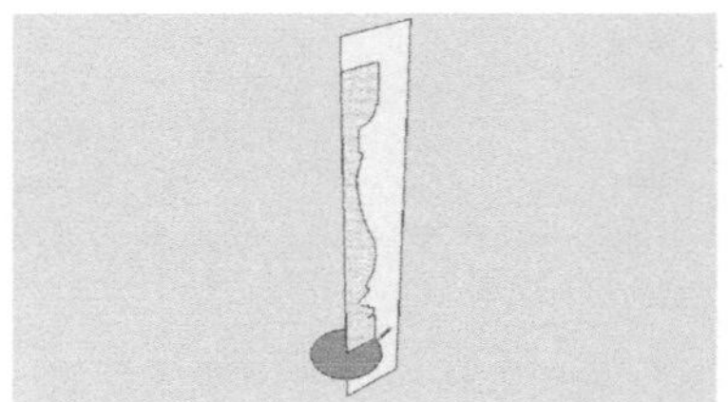

图4-205

4 单击圆，激活“跟随路径”工具，然后单击柱子截面，进行截面的放样，如图4-206所示。

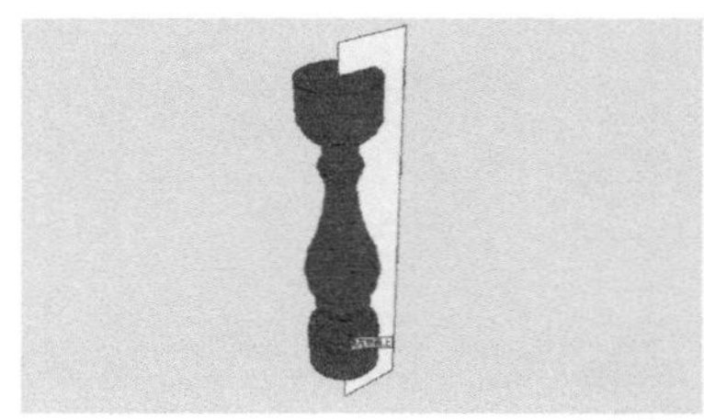

图4-206

5 删除多余的边线，完成罗马柱的创建，如图4-207所示。

图4-207

重点 实战

创建落地灯

场景文件	无
实例文件	实战——创建落地灯.skp
视频教学	多媒体教学>Chapter04>实战——创建落地灯.flv
难易指数	★★★☆☆
技术掌握	"跟随路径"工具

扫码看视频

1 用"矩形"工具创建一个1400mm×400mm的参考面，然后用"线"工具和"圆弧工具"绘制出灯杆的截面，如图4-208所示。

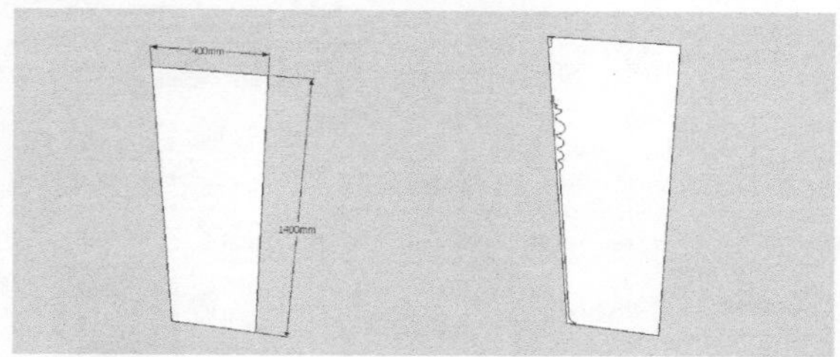

图4-208

2 在截面的底端绘制一个水平的圆，然后用"跟随路径"工具将灯杆截面按照圆的路径进行放样，如图4-209所示。

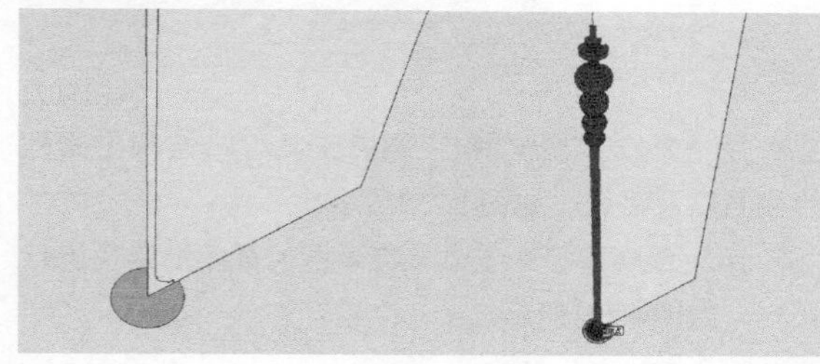

图4-209

3 采用相同的方法把顶端的构件也进行放样，然后删去多余的线，接着将制作好的灯杆创建为群组，如图4-210所示。

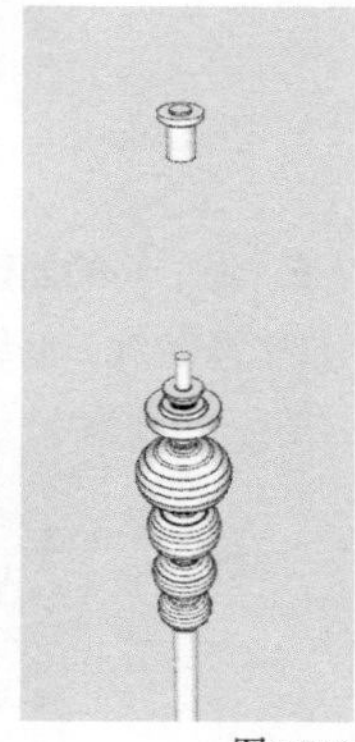

图4-210

4 选中灯杆群组，单击鼠标右键，执行"窗口→边线柔化"菜单命令将其柔化，如图4-211所示。

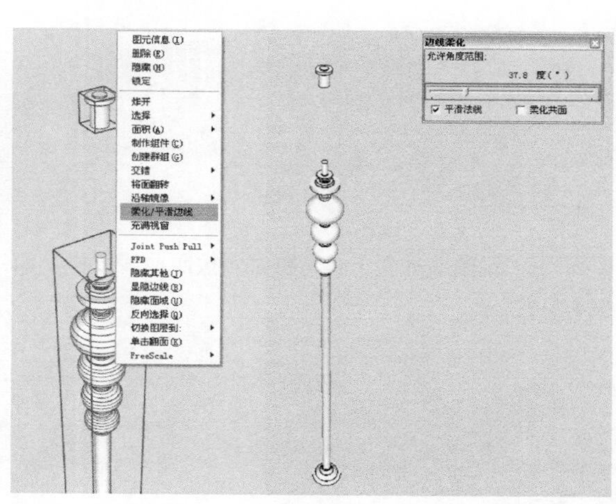

图4-211

5 为落地灯添加灯罩和其他的构件，并赋予相应的材质，最后的效果如图4-212所示。

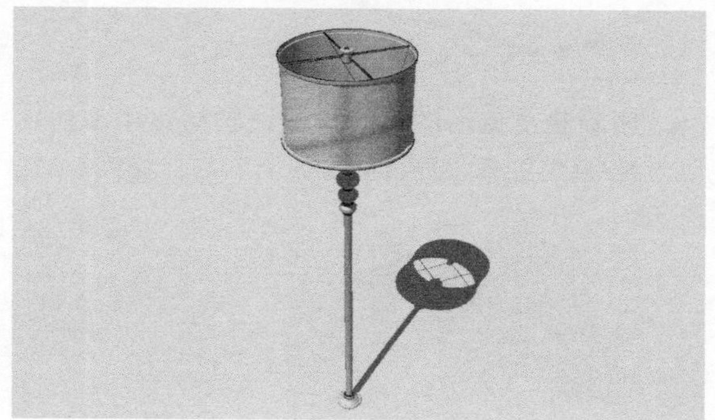

图4-212

重点 实战

创建花形抱枕

场景文件	无
实例文件	实战——创建花形抱枕.skp
视频教学	多媒体教学>Chapter04>实战——创建花形抱枕.flv
难易指数	★★★☆☆
技术掌握	"跟随路径"工具

扫码看视频

1 用"矩形"工具绘制450mm×300mm的矩形，如图4-213所示。

2 用"圆弧工具"围绕矩形进行绘制曲线路径，如图4-214所示。

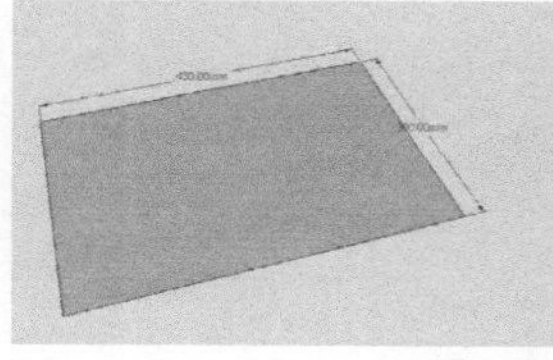

图4-213 图4-214

3 用"矩形"工具在端点绘制一个竖直的参考面，然后在参考面上用"圆弧工具"绘制出弧形截面，如图4-215所示。

4 将水平面上的矩形边线擦除，保留曲线，如图4-216所示。

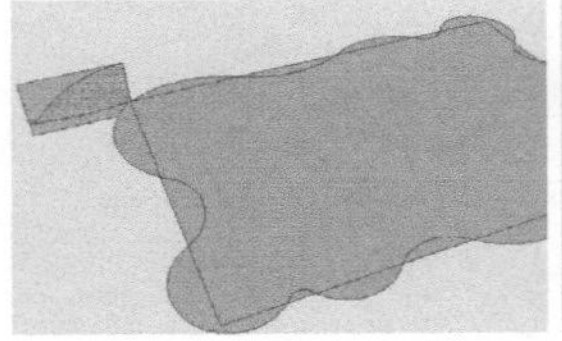
图4-215

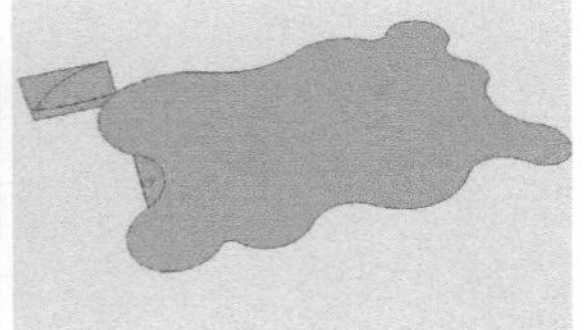
图4-216

5 用“跟随路径”工具将截面按照曲线放样，如图4-217所示。

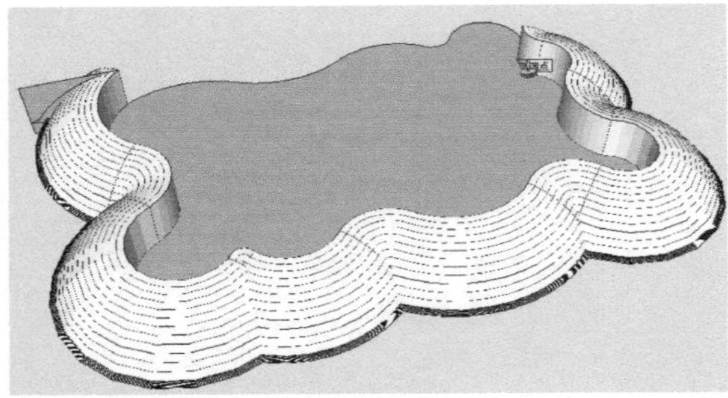
图4-217

6 删除竖直截面的多余边线，然后将中部的面用“推/拉”工具推拉至与曲面同高，如图4-218所示。

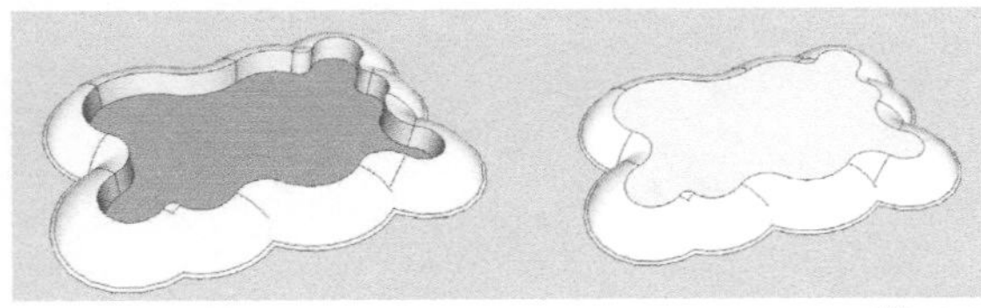
图4-218

7 为抱枕赋予花形布纹的材质，完成抱枕的创建，如图4-219所示。

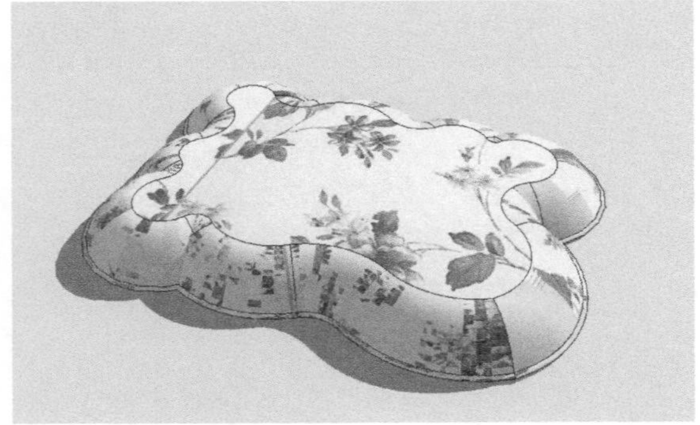
图4-219

重点 实战

创建装饰画

场景文件	d.skp
实例文件	实战——创建装饰画.skp
视频教学	多媒体教学>Chapter04>实战——创建装饰画.flv
难易指数	★★☆☆☆
技术掌握	“跟随路径”工具

扫码看视频

1 执行“文件→导入”菜单命令，在“打开”对话框中打开“实例文件>Chapter04>实战——创建装饰画>画02.jpg”图片文件，单击“打开”按钮打开(O)，完成图片的导入，如图4-220和图4-221所示。

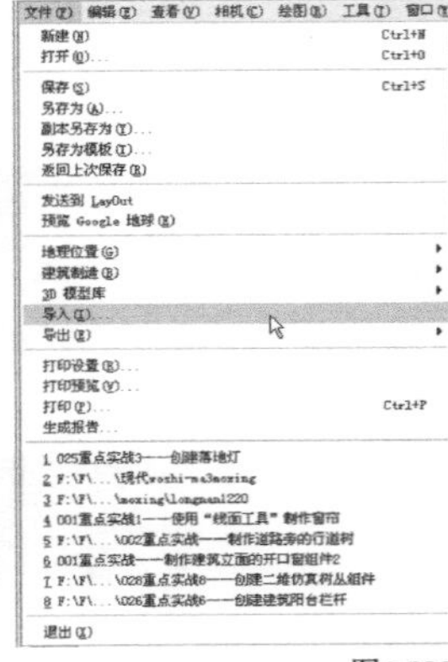
图4-220

图4-221

2 用“线”工具和“圆弧工具”绘制出画框的截面以及路径，如图4-222所示。

3 用“跟随路径”工具将画框的截面沿路径进行放样，如图4-223所示。

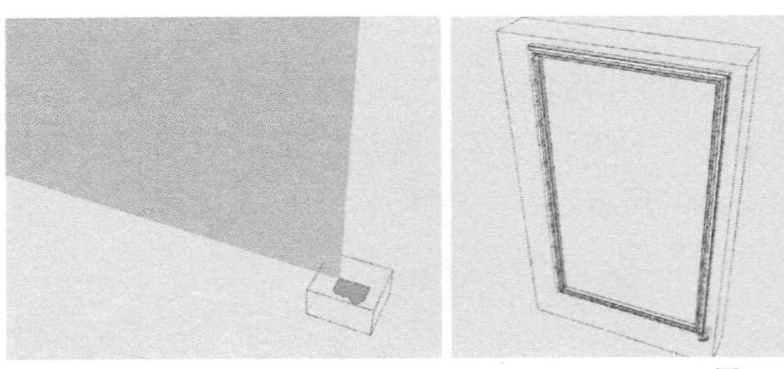
图4-222 图4-223

4 为中间的面赋予材质，然后单击鼠标右键执行“柔化/平滑边线”命令，将画框柔化，如图4-224所示。

图4-224

5 为画框赋予木纹材质，最终的效果如图4-225所示。

图4-225

6 中式的画框与欧式的画框的制作方法相似，只不过把画框的截面换成半圆形，路径改为扇形，同样用“跟随路径”工具将其扇形画框截面进行放样，如图4-226所示。

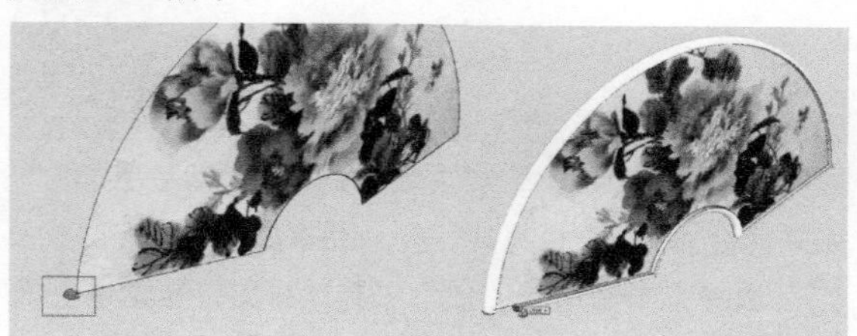

图4-226

7 赋予画框以木纹材质，最终的效果如图4-227所示。

图4-227

4.3.5 物体的缩放

使用“缩放”工具可以缩放或拉伸选中的物体，方法是在激活“缩放”工具后，通过移动缩放夹点来调整所选几何体的大小，不同的夹点支持不同的操作。

在缩放的时候，数值控制框会显示缩放比例，用户也可以在完成缩放后输入一个数值，数值的输入方式有3种。

1.输入缩放比例

直接输入不带单位的数字，如2.5 表示缩放2.5倍、-2.5表示往夹点操作方向的反方向缩放2.5倍。缩放比例不能为0。

2.输入尺寸长度

输入一个数值并指定单位，例如，输入2m表示缩放到“2米”。

3.输入多重缩放比例

一维缩放需要一个数值；二维缩放需要两个数值，用逗号隔开；等比例的三维缩放也只需要一个数值，但非等比的三维缩放却需要3个数值，分别用逗号隔开。

建议读者先选中物体再激活“缩放”工具，如果直接激活“缩放”工具，将只能在一个元素上进行“缩放”操作。

上面说过不同的夹点支持不同的操作，这是因为有些夹点用于等比缩放，有些则用于非等比缩放（即一个或多个维度上的尺寸以不同的比例缩放，非等比缩放也可以看作拉伸）。

图4-228中显示了所有可能用到的夹点，有些隐藏在几何体后面的夹点在光标经过时就会显示出来，而且也是可以操作的。当然，用户也可以打开“X光模式”，这样就可以看到隐藏的夹点了。

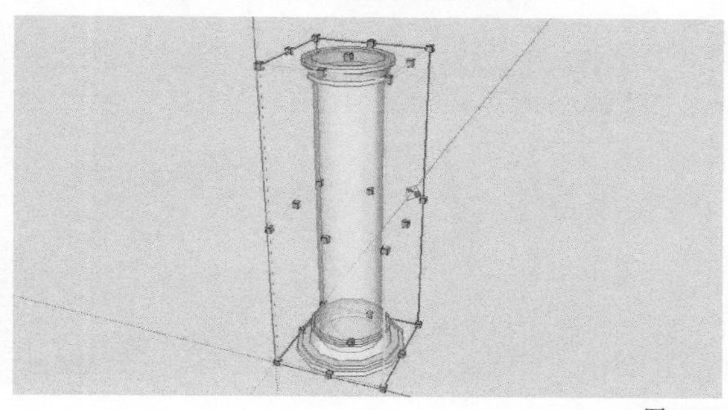

图4-228

下面对各种类型的夹点进行讲解。

对角夹点：移动对角夹点可以使几何体沿对角方向进行等比缩放，缩放时在数值控制框中显示的是缩放比例，如图4-229所示。

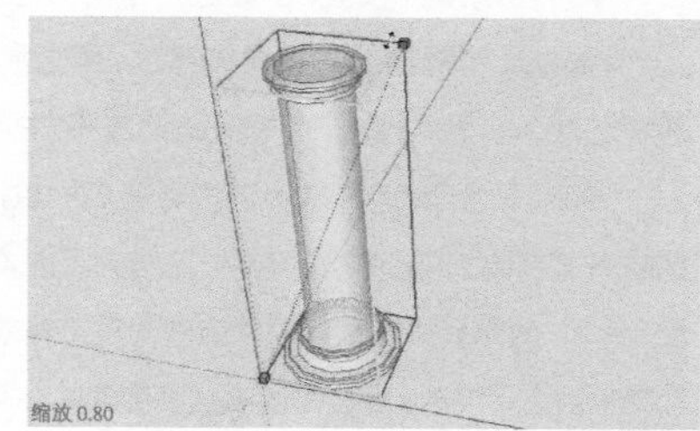

图4-229

边线夹点： 移动边线夹点可以同时在几何体对边的两个方向上进行非等比缩放，几何体将变形，缩放时在数值控制框中显示的是两个用逗号隔开的数值，如图4-230所示。

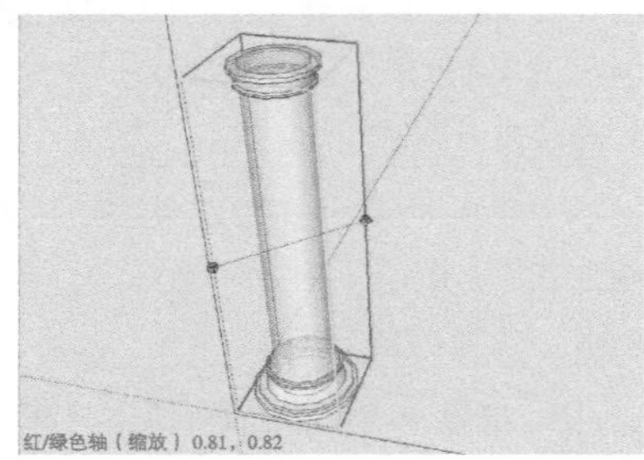

图4-230

表面夹点： 移动表面夹点可以使几何体沿着垂直面的方向在一个方向上进行非等比缩放，几何体将变形，缩放时在数值控制框中显示的是缩放比例，如图4-231所示。

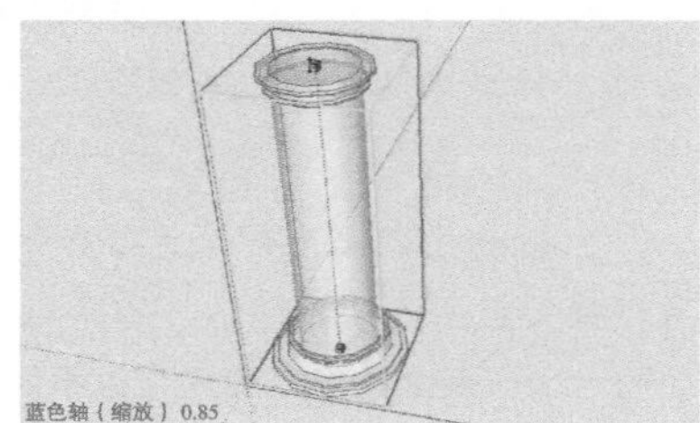

图4-231

二维图形也可以进行缩放，并且可以利用缩放表面来构建特殊形体，如柱台和椎体等。在缩放表面的时候，按住Ctrl键就可以对表面进行中心缩放，如图4-232所示。

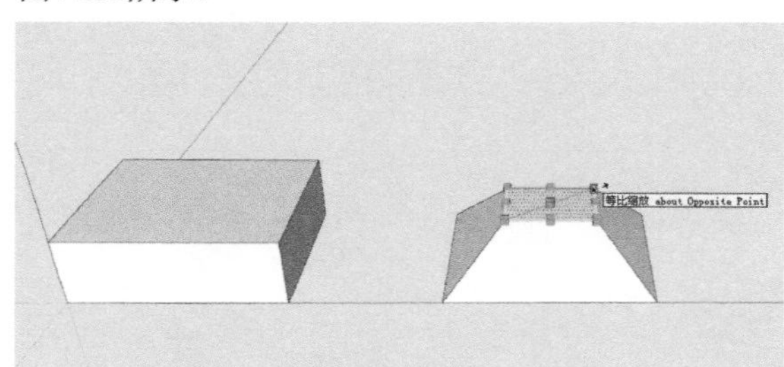

图4-232

夹点缩放默认以所选夹点的对角夹点作为缩放的基点。但是，用户可以在缩放的时候配合键盘上的按键进行特殊缩放，可以如上面所讲述的那样按住Ctrl键进行中心缩放。

如果配合Shift键进行夹点缩放，那么原本默认的等比缩放将切换为非等比缩放，而非等比缩放将切换为等比缩放。

如果配合Ctrl键和Shift键进行夹点缩放，那么所有夹点的缩放方式将改为中心缩放，同时，这些夹点原本的缩放方式将相反。例如，对角夹点的默认缩放方式为等比缩放，如果按住Ctrl键和Shift键进行缩放，那么缩放方式将变为中心非等比缩放。

使用“缩放”工具，还可以镜像物体，只需往反方向拖曳缩放夹点即可，也可以通过输入数值完成缩放，例如，输入负值的缩放比例（-1，-1.5，-2），如果大小不变，只需移动一个夹点，输入-1就将物体进行镜像。

有一点需要注意，缩放普通的几何体与缩放组件和群组是不同的。如果是在组件外对整个组件进行外部缩放，那么并不会改变它的属性定义，只是缩放了该组件的一个关联组件而已，该组件的其他关联组件会保持不变。而如果在组件内部进行缩放，就会修改组件的定义，从而所有的关联组件都会相应地进行缩放。

重点 实战

创建鸡蛋

场景文件	无
实例文件	实战——创建鸡蛋.skp
视频教学	多媒体教学>Chapter04>实战——创建鸡蛋.flv
难易指数	★★☆☆☆
技术掌握	“缩放”工具及“跟随路径”工具

01 用“圆”工具绘制边数为24的圆，然后用“线”工具绘制一条直径将其等分，如图4-233所示。

02 选择上半圆用“缩放”工具将其拉伸为半个椭圆，如图4-234所示。

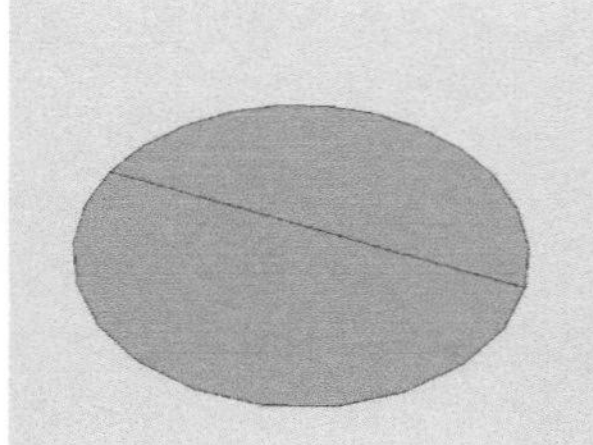

图4-233

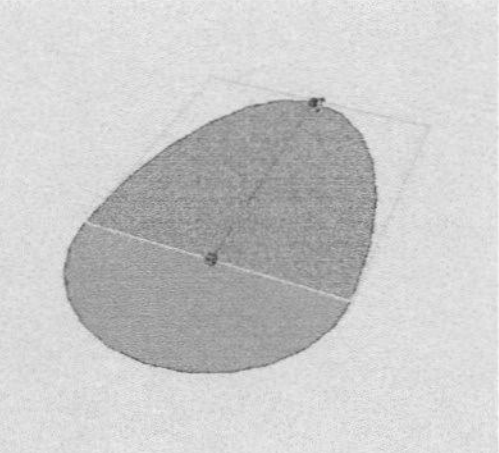

图4-234

由于鸡蛋有其个体的差异，所以制作多个鸡蛋的时候对其半圆缩放的大小可以比较随意，上下两个半圆都可以进行缩放。

03 用“圆”工具在其底部绘制鸡蛋所要放样的圆形路径，并将圆的分隔线删除，如图4-235所示。

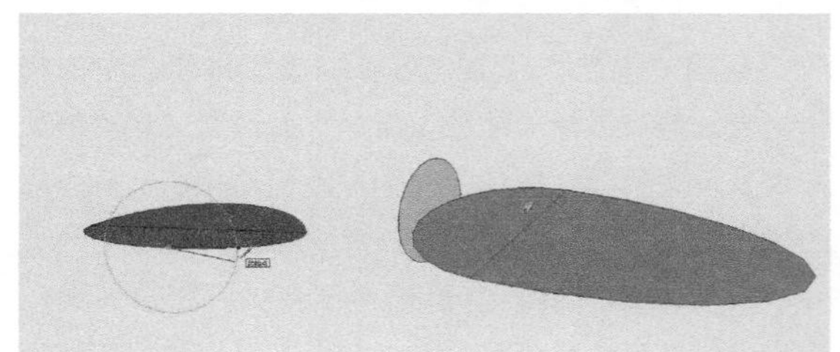

图4-235

4 用“线”工具将鸡蛋的截面进行分隔，并删去一半，如图4-236所示。

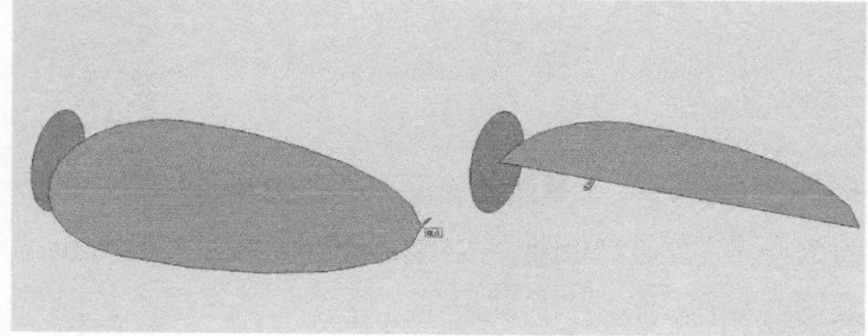

图4-236

5 用“跟随路径”工具将鸡蛋的截面沿着路径放样，然后删去路径，接着将制作好的鸡蛋制作成群组，如图4-237所示。

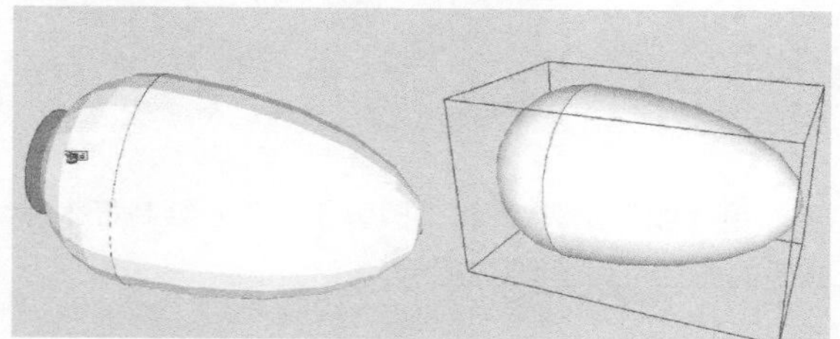

图4-237

6 采用相同的方法，制作出不同形态的鸡蛋，将其放置在盘子里，如图4-238所示。

图4-238

重点 实战

创建双开门

场景文件	e.skp
实例文件	实战——创建双开门.skp
视频教学	多媒体教学>Chapter04>实战——创建双开门.flv
难易指数	★☆☆☆☆
技术掌握	“缩放”工具

扫码看视频

打开“场景文件>Chapter04>e.skp”文件，场景中已经存在了一扇门，然后对这扇门进行镜像复制的操作。

方法一：“沿轴”镜像

1 选择左侧大门，激活“移动/复制”工具并按住键盘的Ctrl键，向右对其进行复制，如图4-239所示。

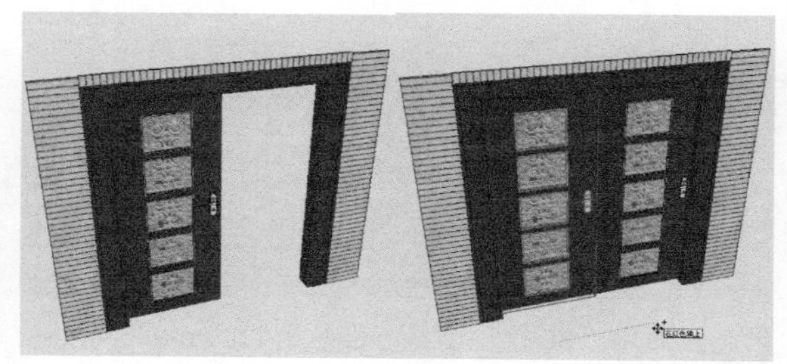

图4-239

2 选中复制出的那扇门，单击鼠标右键执行“沿轴镜像→组件的红轴”命令，如图4-240所示。

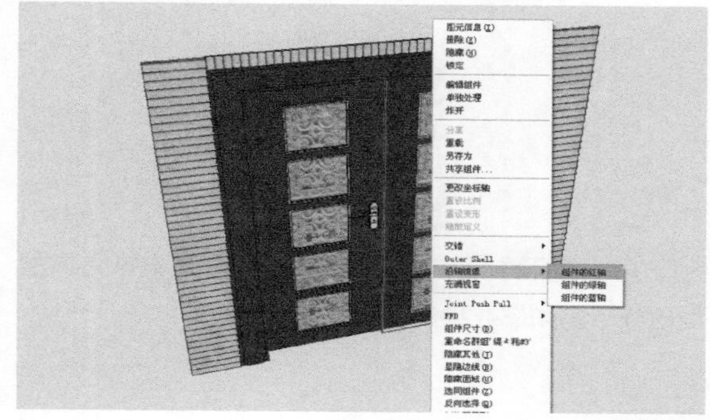

图4-240

3 这样就完成了复制门的镜像操作，最后的效果如图4-241所示。

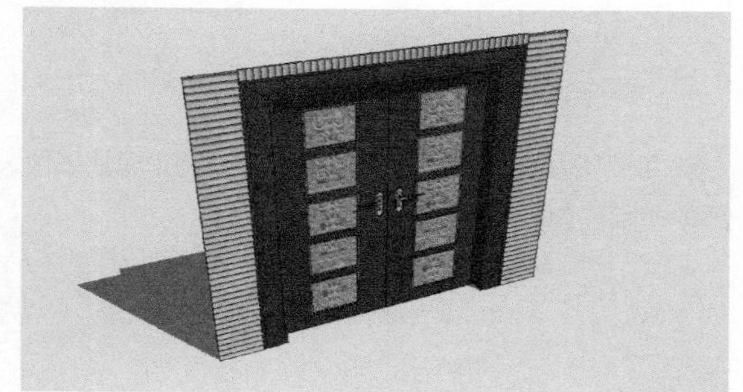

图4-241

方法二：“缩放”镜像

完成门的复制以后，激活“缩放”工具，将门的右侧夹点向左拖曳，并在数值框中输入-1，然后按Enter键，即可完成复制门的镜像，然后将其移动至相应位置，如图4-242所示。

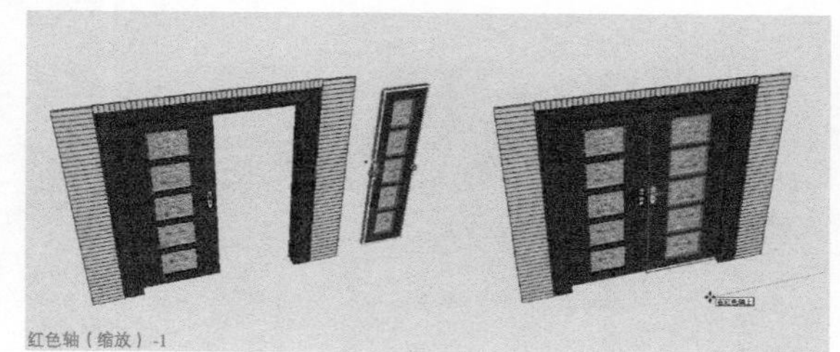

图4-242

重点 实战

创建围墙

场景文件	无
实例文件	实战——创建围墙.skp
视频教学	多媒体教学>Chapter04>实战——创建围墙.flv
难易指数	★★☆☆☆
技术掌握	“缩放”工具

扫码看视频

01 用“矩形”工具绘制440mm×440mm的正方形，然后用“推/拉”工具推拉出1300mm的高度，如图4-243所示。

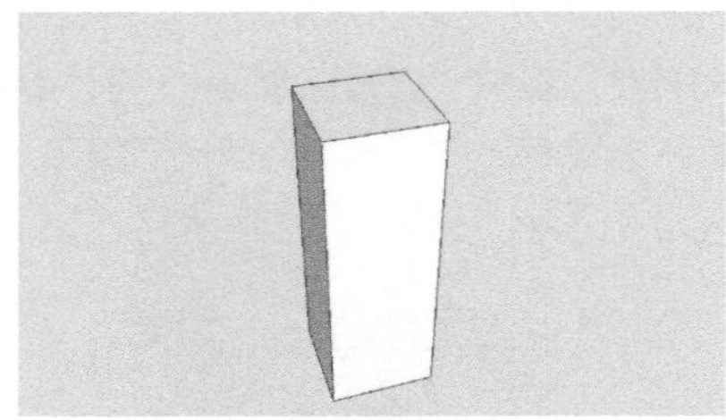

图4-243

02 用“矩形”工具和“推/拉”工具等完善围墙的柱子，如图4-244所示。

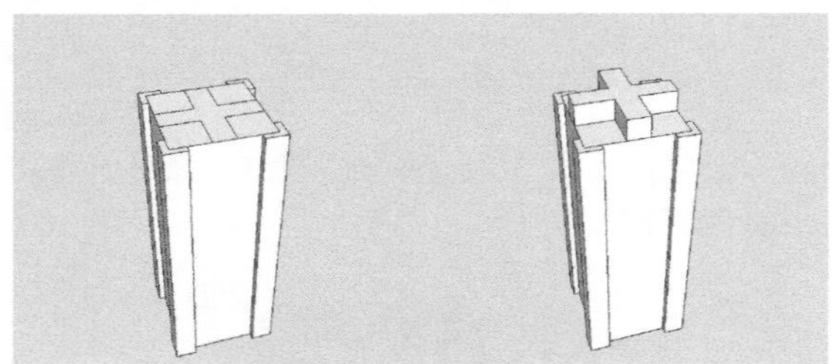

图4-244

03 用“矩形”工具和“缩放”工具完成柱子顶部的凹陷，如图4-245所示。

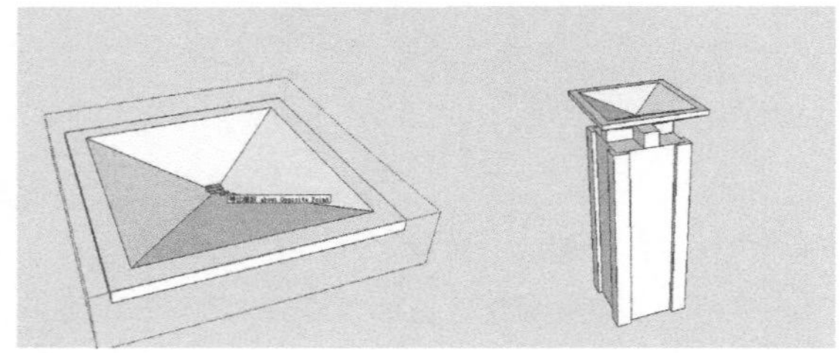

图4-245

04 完成栏杆的围栏部分并赋予相应的材质，如图4-246所示。

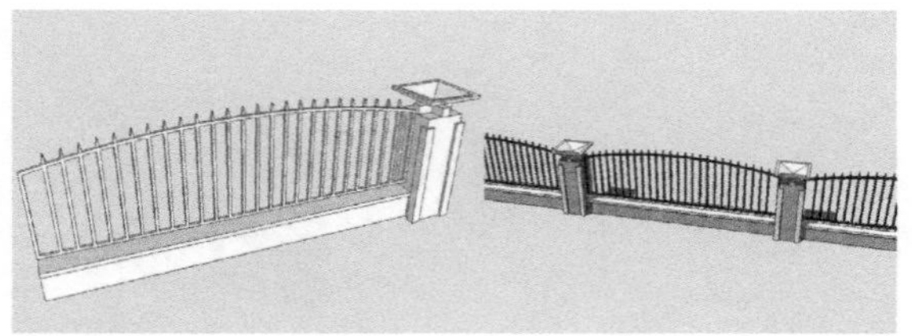

图4-246

重点 实战

创建木藤沙发

场景文件	无
实例文件	实战——创建木藤沙发.skp
视频教学	多媒体教学>Chapter04>实战——创建木藤沙发.flv
难易指数	★★★☆☆
技术掌握	“缩放”工具

扫码看视频

01 用“矩形”工具绘制两个垂直矩形面，两个矩形的大小分别为1150mm×760mm和960mm×760mm，如图4-247所示。

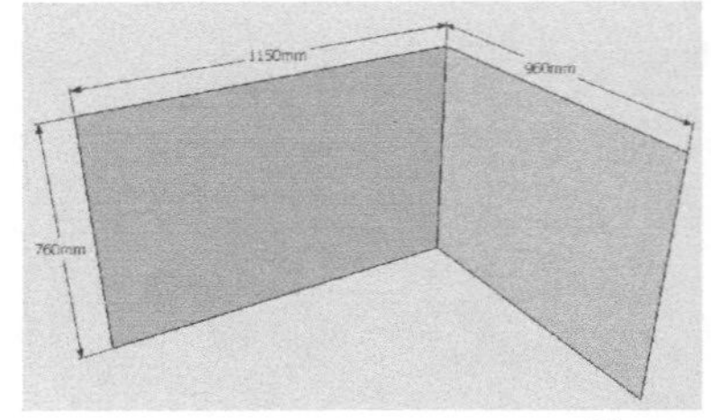

图4-247

02 用“线”工具和“圆弧工具”绘制好木藤扶手的路径，如图4-248所示。

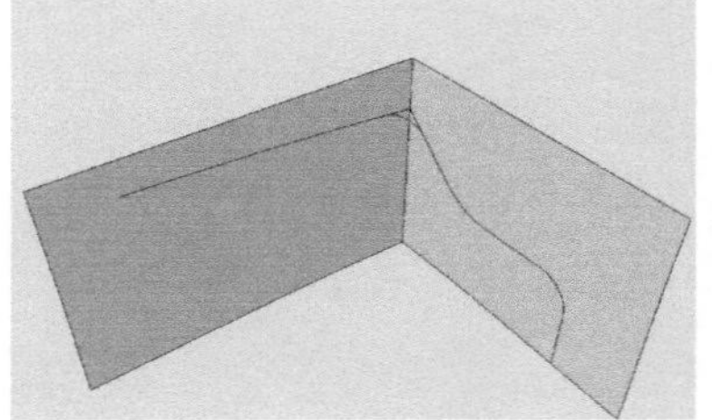

图4-248

03 删除参考面，保留路径，用“圆”工具在路径端点绘制一个半径为30mm的圆，作为木藤扶手的截面，如图4-249所示。

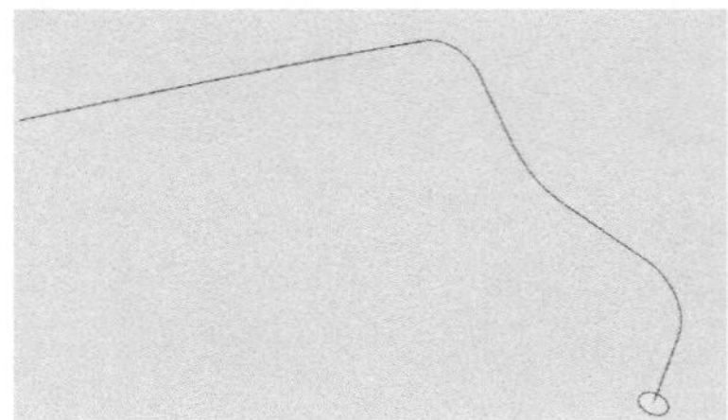

图4-249

04 用“跟随路径”工具将圆沿着路径放样，然后虚显隐藏线（快捷键为Alt+H），如图4-250所示。

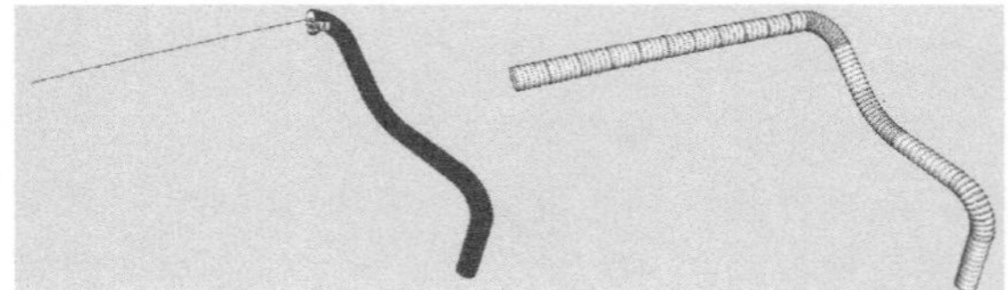

图4-250

5 选择虚显线，用“缩放”工具调整局部木藤扶手的大小，如图4-251所示。

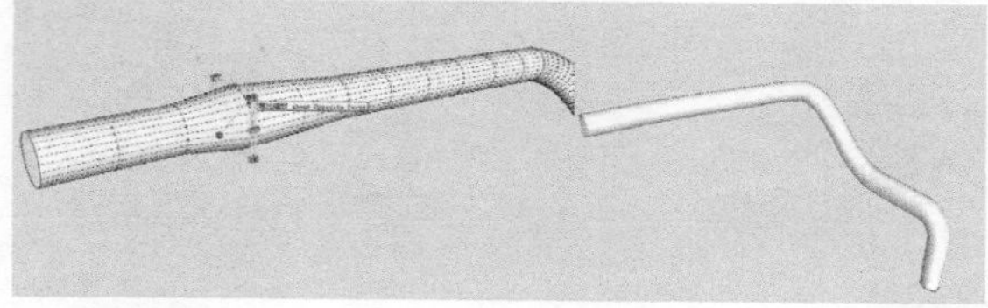

图4-251

6 创建好一侧的扶手后，将其复制到另外一侧并进行镜像，如图4-252所示。

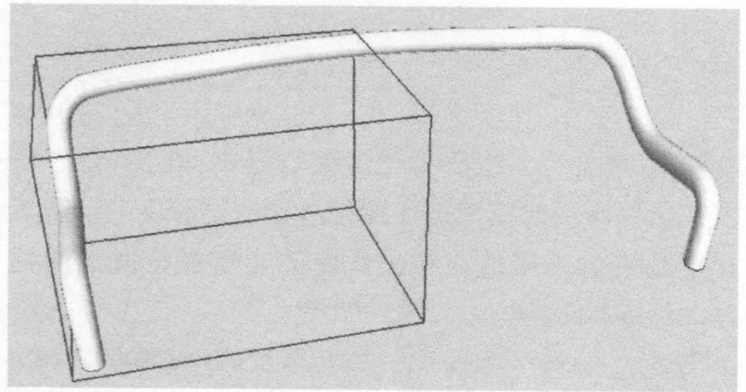

图4-252

7 完成其他模型部分的创建，并放置坐垫和抱枕，如图4-253所示。

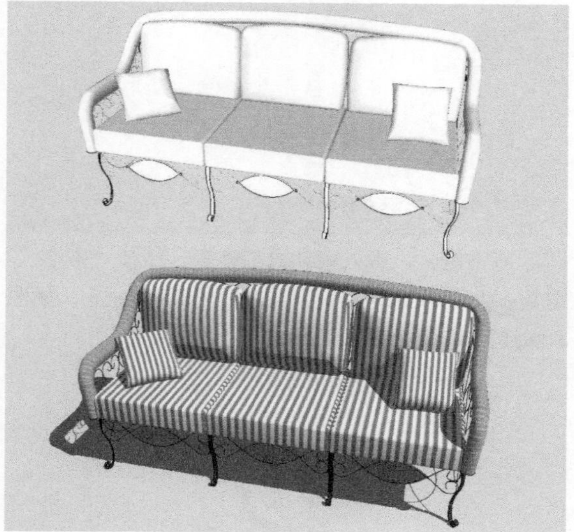

图4-253

4.3.6 图形的偏移复制

使用“偏移复制”工具可以对表面或一组共面的线进行偏移复制，用户可以将对象偏移复制到内侧或外侧，偏移之后会产生新的表面。

技巧与提示

使用“偏移复制”工具一次只能偏移一个面或者一组共面的线。

在偏移面的时候，首先选中要偏移的面，然后激活“偏移复制”工具，接着在所选表面的任意一条边上单击（光标会自动捕捉最近的边线），最后通过拖曳光标来定义偏移的距离（偏移距离同样可以在数值控制框中指定，如果输入了一个负值，那么将往反方向进行偏移），如图4-254所示。

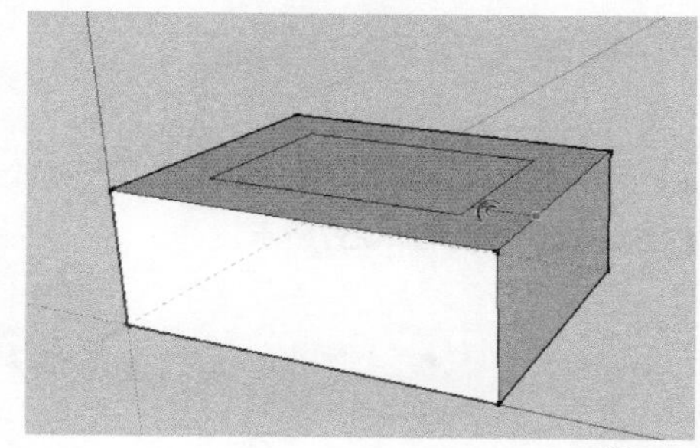

图4-254

线的偏移方法和面的偏移方法大致相同，唯一需要注意的是，选择线的时候必须选择两条以上相连的线，而且所有的线必须处于同一平面上，如图4-255所示。

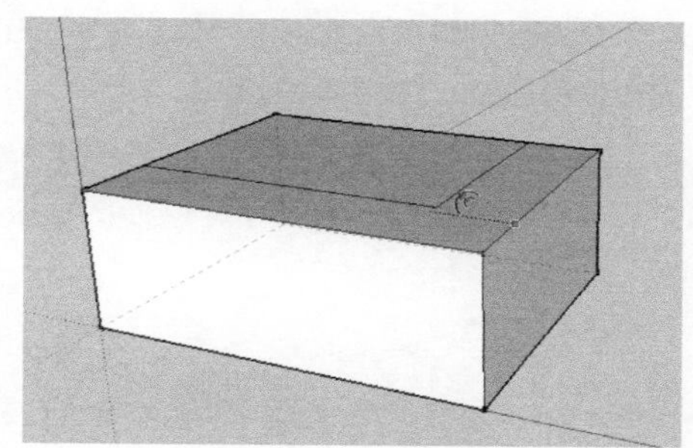

图4-255

疑难问答

问：在SketchUp中可否像AutoCAD那样将一条直线直接偏移成为双线？

答：对于选定的线，通常使用“移动/复制”工具（快捷键为M键）并配合Ctrl键进行复制，复制时可以直接输入复制距离。而对于两条以上连续的线段或者单个面，可以使用“偏移复制”工具（快捷键为F键）进行复制。

重点 实战

创建客厅茶几

场景文件	无
实例文件	实战——创建客厅茶几.skp
视频教学	多媒体教学>Chapter04>实战——创建客厅茶几.flv
难易指数	★★☆☆☆
技术掌握	“偏移复制”工具

扫码看视频

1 用“矩形”工具绘制出一个1220mm×560mm的矩形，然后用“推/拉”工具将矩形面推拉出530mm的高度，如图4-256所示。

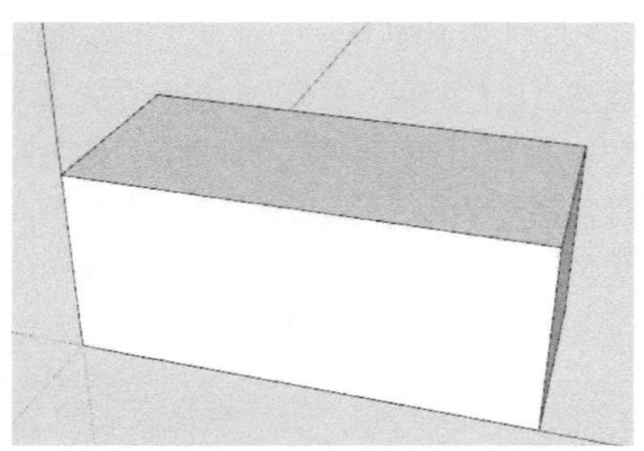

图4-256

2 用“线”工具和“圆弧工具”绘制出茶几的曲面截面，如图4-257所示。

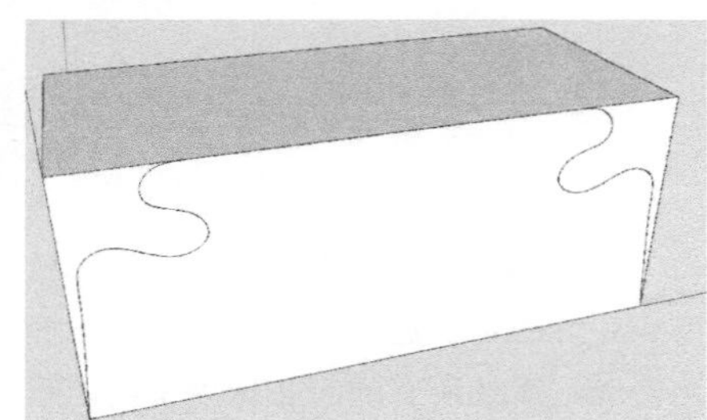

图4-257

3 选择绘制好的曲线，用“偏移复制”工具将其向内偏移15mm，如图4-258所示。

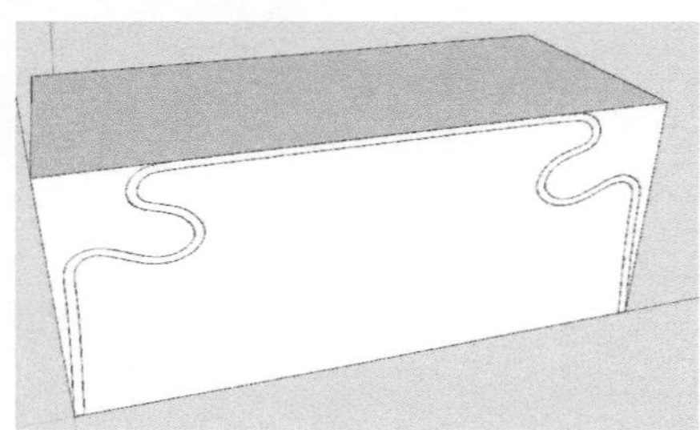

图4-258

4 用“推/拉”工具将多余的面推拉到0的厚度，将面删除，如图4-259所示。

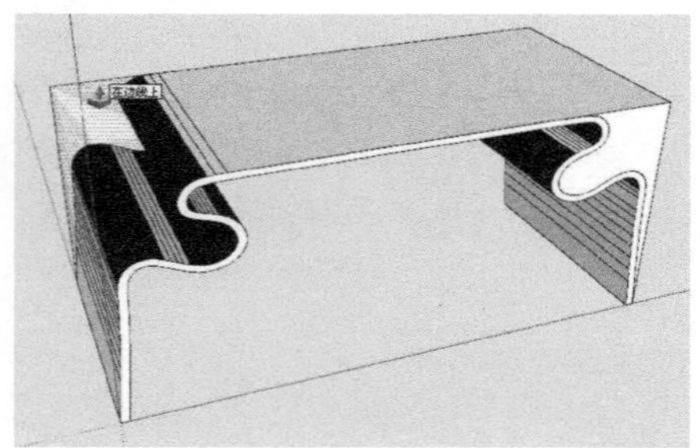

图4-259

5 将剩余的模型制作为组件，选择该组件单击鼠标右键执行“柔化/平滑边线”命令，如图4-260所示。

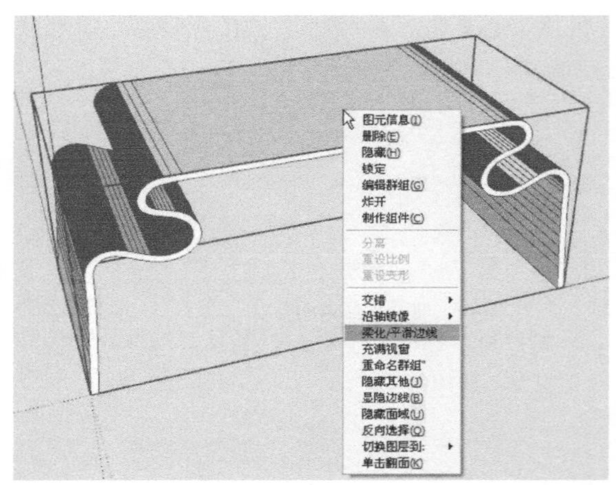

图4-260

6 在弹出的“边线柔化”编辑器中拖动“允许角度范围”滑块对模型进行柔化，拖动该滑块可以调节光滑角度的下限值，超过此值的夹角都将被柔化处理，如图4-261所示。

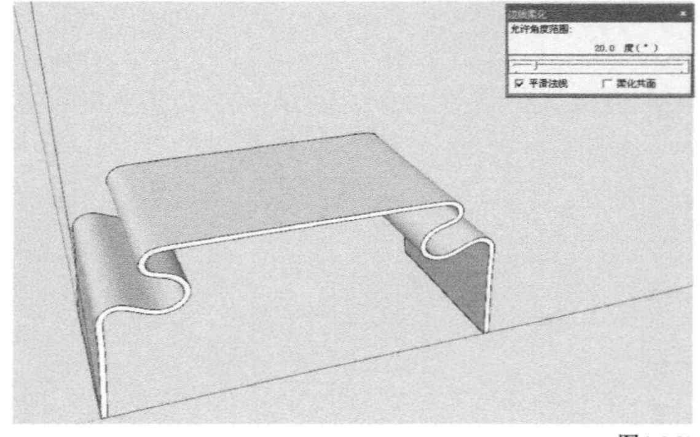

图4-261

7 双击组件，进入组件内部编辑，激活“推/拉”工具并按住Ctrl键推拉出茶几边的厚度10mm，如图4-262所示。

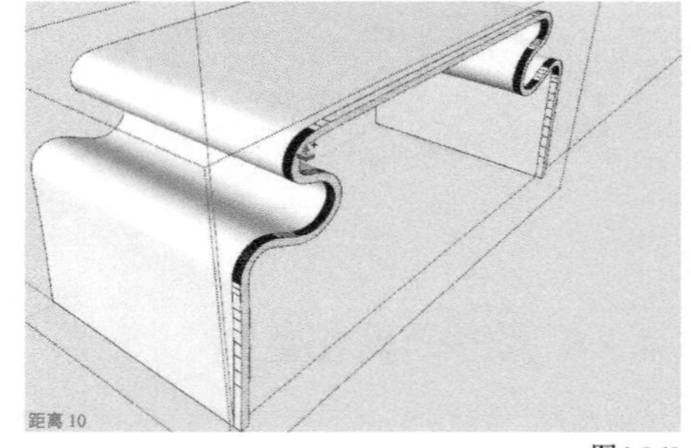

图4-262

8 将该部分制作成组件，进行柔化处理后将其复制到茶几的另外一侧，如图4-263所示。

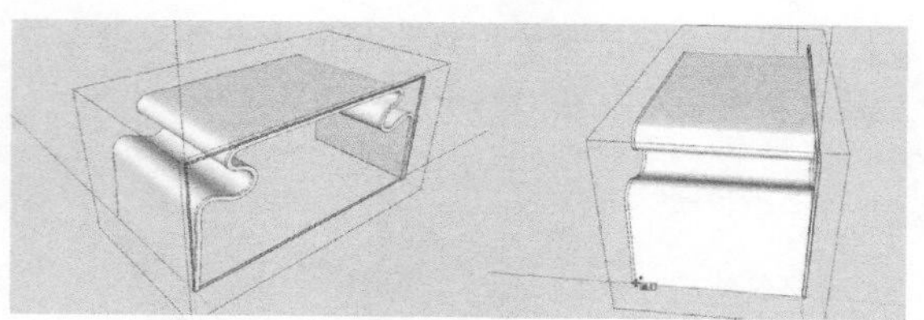

图4-263

9 在茶几表面放上茶杯等模型，一个简单的茶几模型创建完成，如图4-264所示。

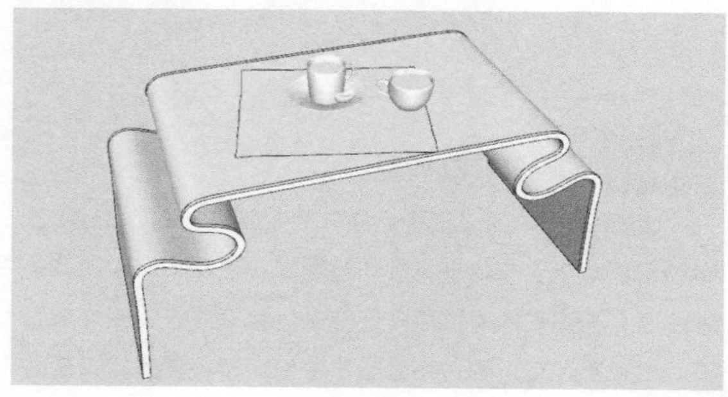

图4-264

重点 实战

创建建筑老虎窗

场景文件	f.skp
实例文件	实战——创建建筑老虎窗.skp
视频教学	多媒体教学>Chapter04>实战——创建建筑老虎窗.flv
难易指数	★★☆☆☆
技术掌握	"偏移复制"工具

扫码看视频

1 打开“场景文件>Chapter04>f.skp”文件，场景中有导入的老虎窗的CAD立面图图形，如图4-265所示。

图4-265

2 双击老虎窗图形群组，用“线”工具描绘出老虎窗屋面的截面，然后用“推/拉”工具将其推拉出一定的厚度，如图4-266所示。

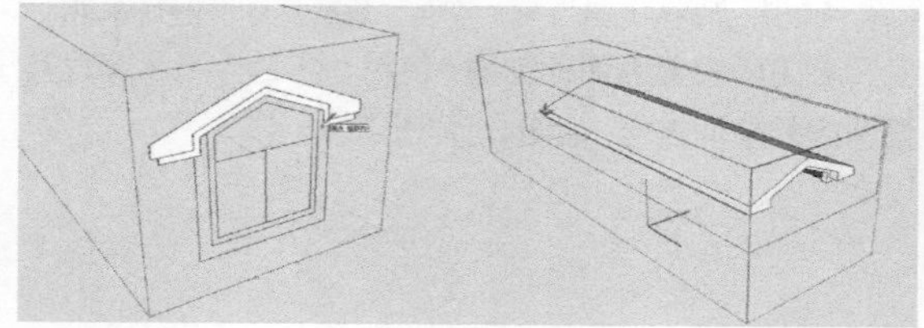

图4-266

3 用“线”工具绘制老虎窗的窗框截面，然后用“推/拉”工具推拉出一定的厚度，如图4-267所示。

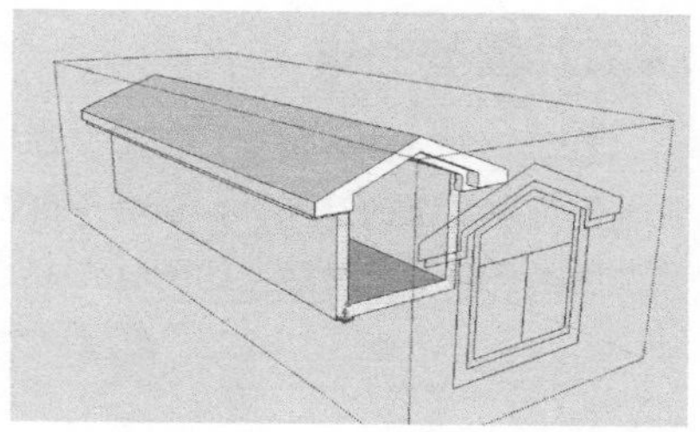

图4-267

4 创建出玻璃及窗户的分隔杆件并赋予相应的材质，如图4-268和图4-269所示。

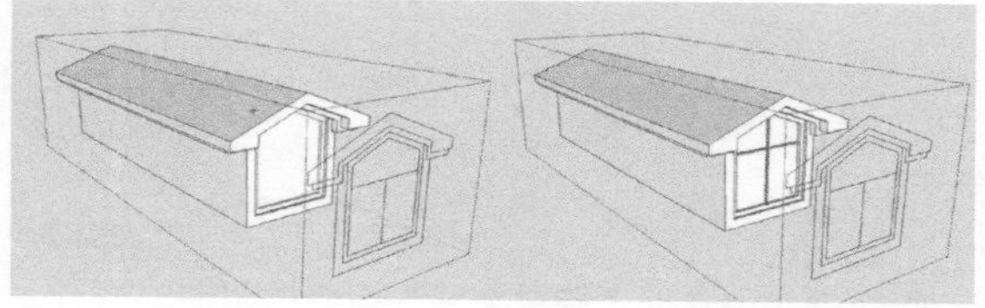

图4-268

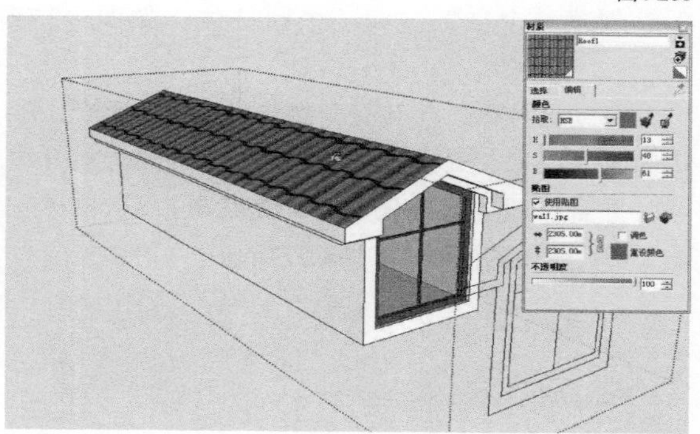

图4-269

5 完成后将老虎窗立面图图形删去，然后激活“移动/复制”工具，同时按住Ctrl键对制作好的老虎窗进行复制，如图4-270所示。

图4-270

4.3.7 模型交错

在SketchUp中，使用“模型交错”命令可以很容易地创造出复杂的几何体，该命令可以在右键菜单或者“编辑”菜单中激活，如图4-271所示。

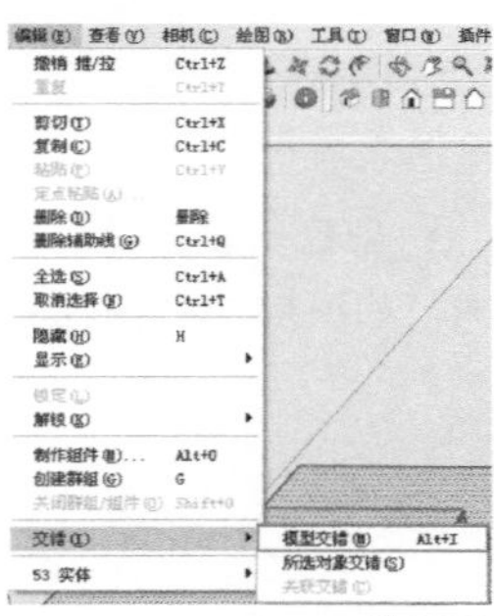

图4-271

下面举例说明“模型交错”命令的用法。

1 创建一个立方体和一个圆柱体，如图4-272所示。

2 移动圆柱体，使其有一部分与立方体重合，移动的时候注意在圆柱体与立方体相交的地方没有边线，并且在圆柱体的任意面上连续单击3次鼠标左键，都只选中圆柱体，如图4-273所示。

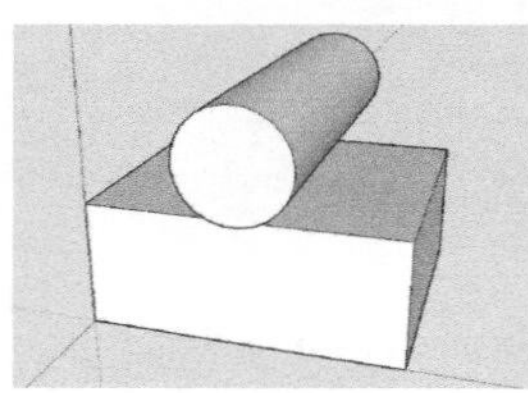

图4-272

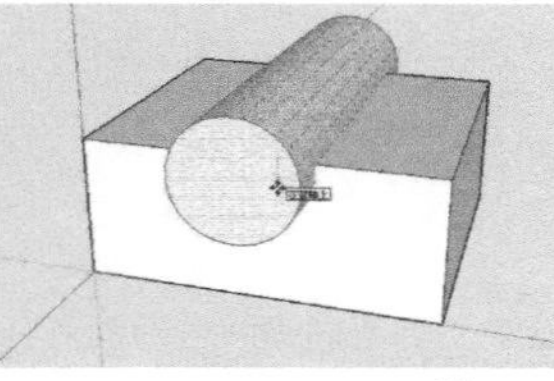

图4-273

3 选中圆柱体，单击鼠标右键，然后在弹出的菜单中执行“交错→模型交错”命令，此时就会在立方体与圆柱体相交的地方产生边线，如图4-274所示。

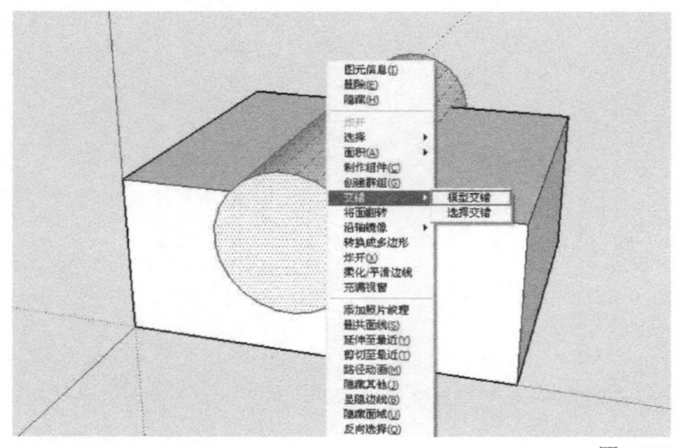

图4-274

技巧与提示

执行“模型交错”命令后，如果连续单击3次圆柱体的面，将会连同立方体一起被选中。

4 删除不需要的部分，SketchUp会在相交的地方创建出新的面，如图4-275所示。

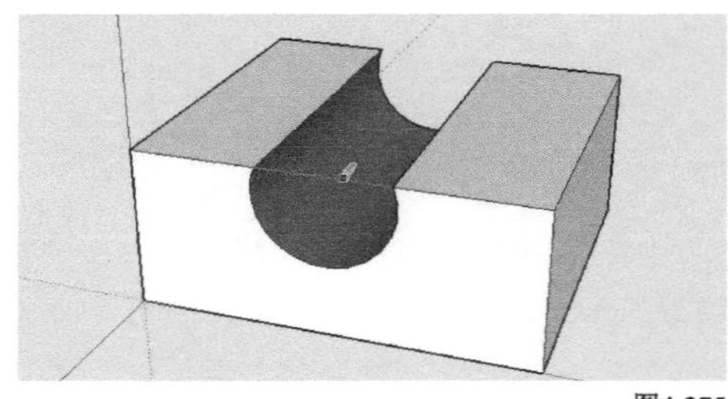

图4-275

技术专题 关于布尔运算

SketchUp中的“模型交错”命令相当于3ds Max中的布尔运算功能。布尔是英国的数学家，在1847年发明了处理二值之间关系的逻辑数学计算法，包括联合、相交、相减。后来在计算机图形处理操作中引用了这种逻辑运算方法，以使简单的基本图形组合产生新的形体，并由二维布尔运算发展到三维图形的布尔运算。

重点 实战

创建曲面玻璃幕墙

场景文件	无
实例文件	实战——创建曲面玻璃幕墙.skp
视频教学	多媒体教学>Chapter04>实战——创建曲面玻璃幕墙.flv
难易指数	★★★☆☆
技术掌握	“移动/复制”工具

扫码看视频

1 在实际的项目中，往往会碰到一些曲面的形体，除了应用插件以外，常用的方法就是多次应用“模型交错”命令进行创建。以某大楼的玻璃幕墙为例，如图4-276所示。具体的操作步骤如下。

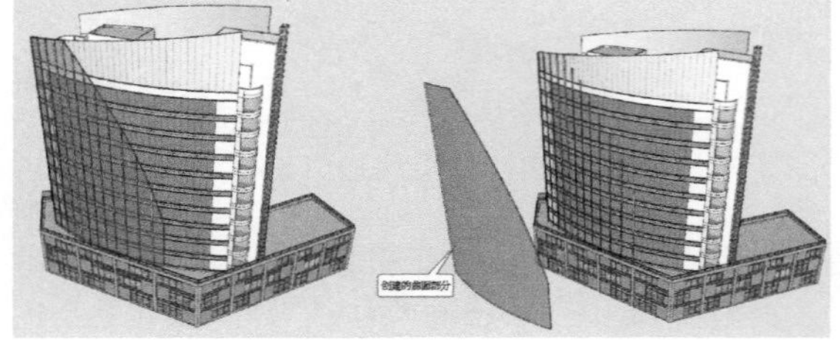

图4-276

2 使用“圆弧工具”、“线”工具和“偏移复制”工具完成底部弧面的创建，使用“推/拉”工具将其推拉到相应的高度，如图4-277所示。

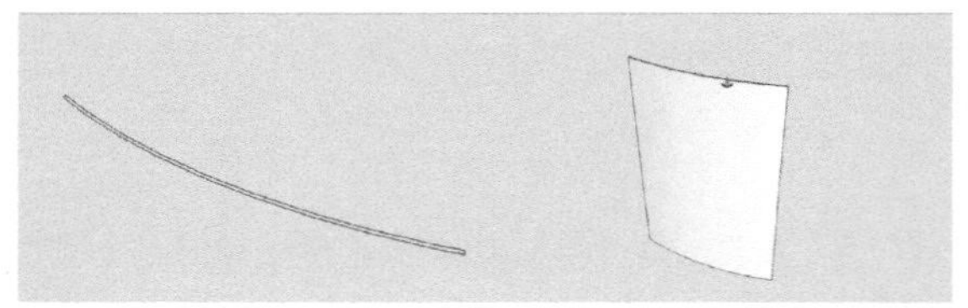

图4-277

3 使用“矩形”工具和“圆弧工具”创建两个倾斜的弧面，然后将这两个弧面分别创建为群组，接着放置到相应的位置，再将其炸开，如图4-278和图4-279所示。

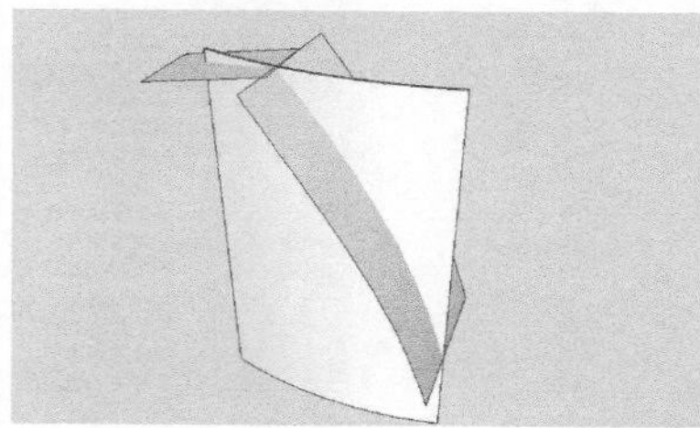

图4-278

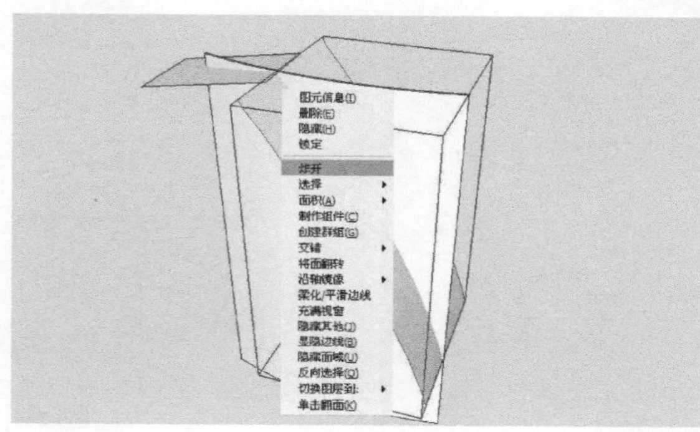

图4-279

4 全选物体，单击鼠标右键在弹出的菜单中，执行“交错→选择交错”命令，并将交错后位于体块右侧的弧形体块删除，完成弧形玻璃幕墙体块的创建，如图4-280和图4-281所示。

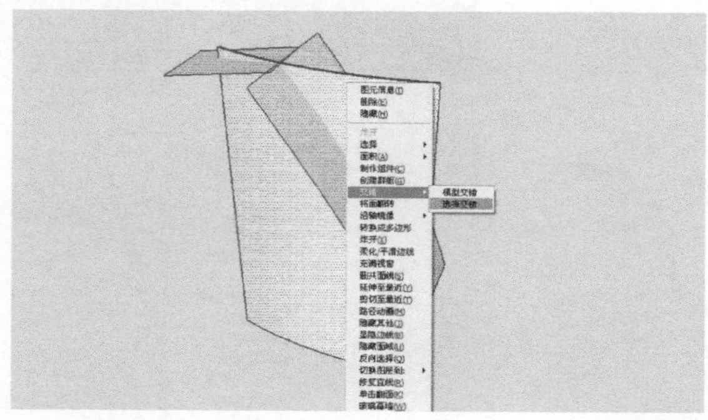

图4-280

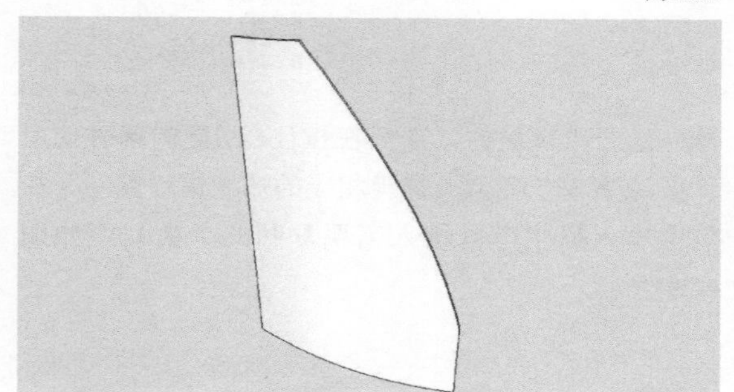

图4-281

重点 实战

创建建筑半圆十字拱顶

场景文件	无
实例文件	实战——创建建筑半圆十字拱顶.skp
视频教学	多媒体教学>Chapter04>实战——创建建筑半圆十字拱顶.flv
难易指数	★★★☆☆
技术掌握	“模型交错”命令及“移动/复制”工具

扫码看视频

拱顶结构是欧洲中世纪建筑的一种常见结构形式，其外型美观而坚固，是技术与艺术的融合体，具有极佳的视觉效果，其参考图如图4-282所示。

图4-282

拱顶结构看上去比较复杂，在SketchUp中制作起来却比较容易，本例以十字拱为例来进行讲解。

1 新建一个SketchUp文件（场景单位使用“毫米”）。使用“矩形”工具绘出长为4100mm，高度分别为2600mm和2000mm的两个矩形，如图4-283所示。

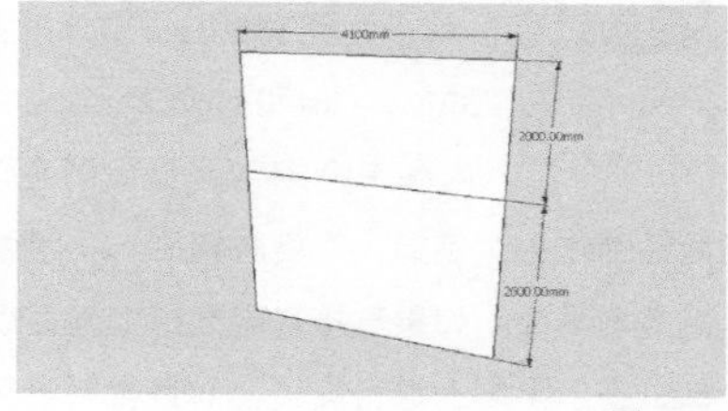

图4-283

2 激活“圆”工具，在数值输入框中输入56作为圆周上的分段数，然后以矩形的中心点为圆心绘制圆，圆要与顶边相切，即半径为2000mm，如图4-284所示。

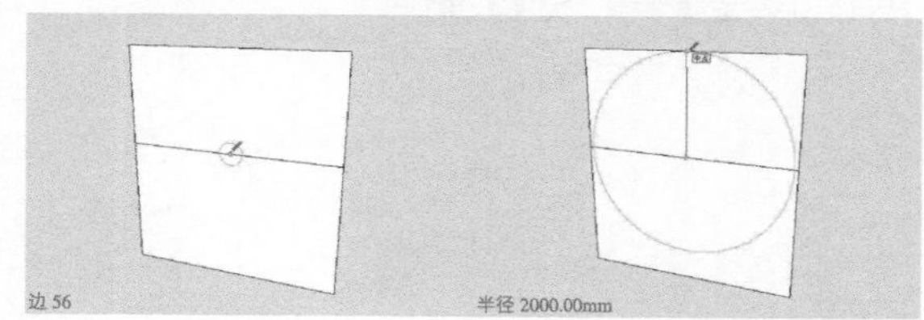

图4-284

3 删除圆形的下半部分及矩形，然后使用“偏移复制”工具将半圆轮廓向内偏移250mm，接着用“线”工具绘制一条线将内外轮廓线的两端连接成一个封闭的面（注意连接线要保持水平），如图4-285所示。

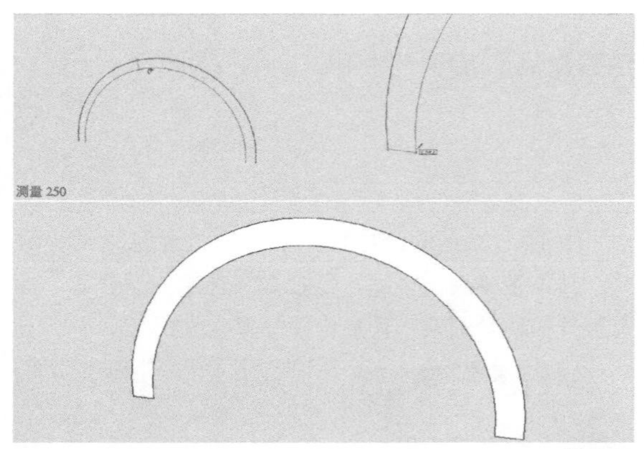

图4-285

4 使用“推/拉”工具将半圆面推出5000mm的长度，以形成半圆拱，然后双击半圆拱以选中所有的表面，接着在按住Ctrl键的同时使用“旋转”工具旋转复制出另外一半圆拱（旋转复制时注意捕捉半圆上母线的中点，以保证对称性），如图4-286所示。

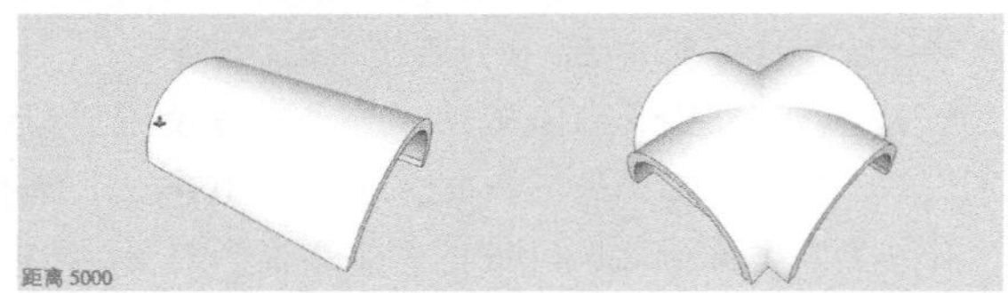

图4-286

在使用SketchUp建模时几乎离不开Shift、Ctrl和Alt这3个功能键，因此在前面的内容中介绍常用命令时专门讲解了这3个功能键的作用。例如，在旋转复制一个半圆拱时，其旋转平面是水平面，如果直接在半圆拱上捕捉点进行旋转，很难保证在水平面上进行旋转，而且复制出来的效果也是错误的。正确的操作是将其放置在一个水平面上，当“旋转”工具呈现出蓝色时表明现在的旋转平面为水平面，然后在按住Shift键的同时将其锁定在水平面上，然后捕捉旋转基点后进行旋转复制，如图4-287所示。

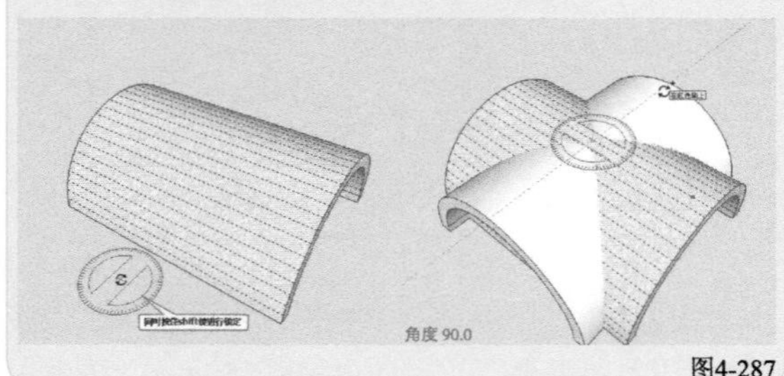

图4-287

5 选中所有物体的表面，然后单击鼠标右键，在弹出的菜单中执行“交错→模型交错”命令，使两个半圆拱产生交线，接着删除中间的多余表面，如图4-288和图4-289所示。

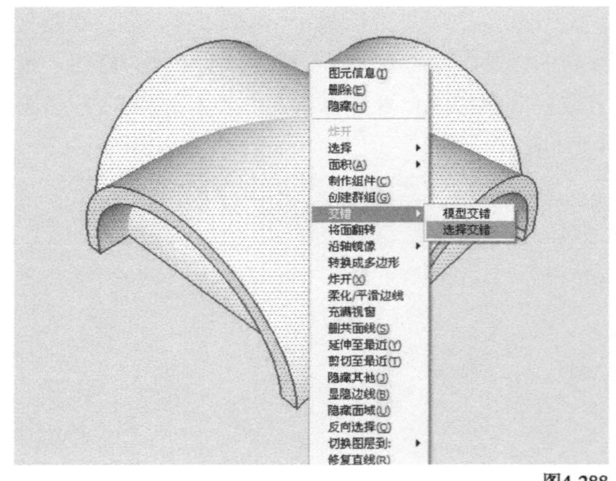

图4-288

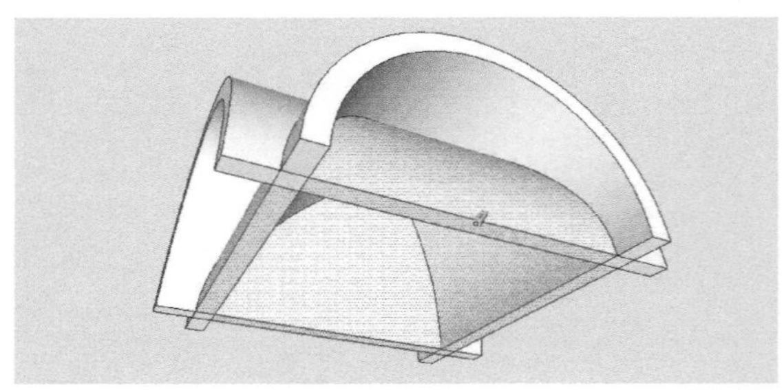

图4-289

6 选择所有的表面，然后单击鼠标右键，接着在弹出的菜单中执行“制作组件”命令，如图4-290所示。

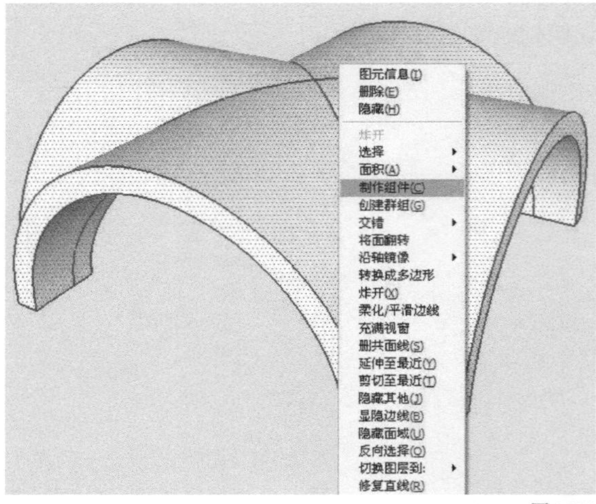

图4-290

7 选择拱顶组件，然后在按住Ctrl键的同时使用“移动/复制”工具捕捉相应的端点进行复制（在数值输入框中可以输入需要复制的个数），如图4-291所示。

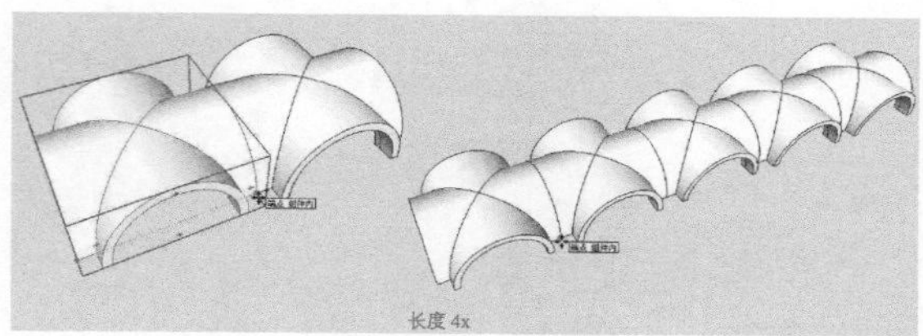

图4-291

8 用"跟随路径"工具和"矩形"工具等完成柱子的创建，如图4-292所示。

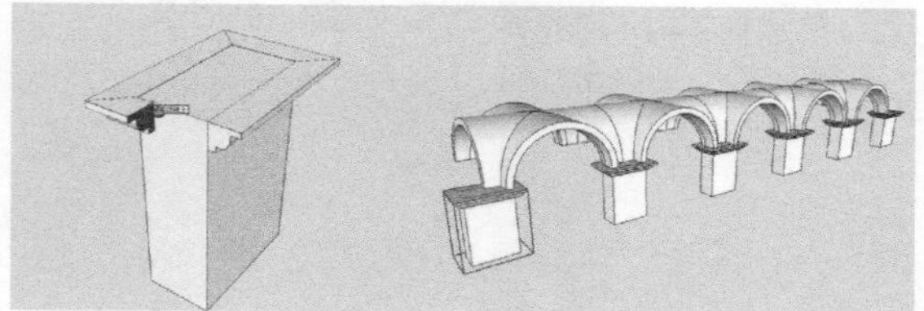

图4-292

9 用"矩形"工具完成柱廊侧面墙体的创建，最后的效果如图4-293所示。

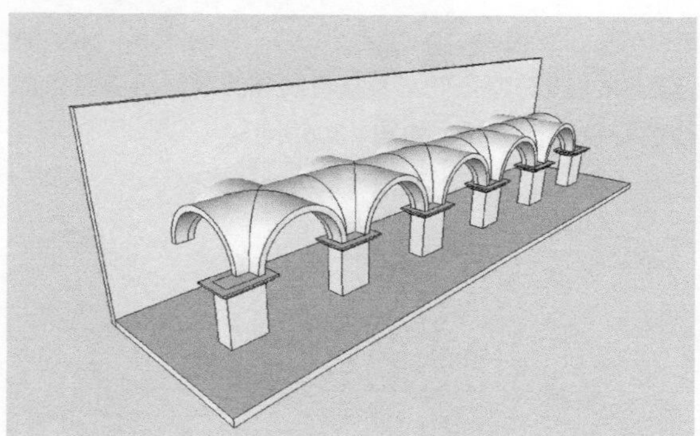

图4-293

技术专题 创建建筑十字尖形拱顶

扫码看视频

上面的实战讲解的是半圆十字拱顶的创建，建筑中常见的还有十字尖形拱顶，其制作流程只比半圆十字拱顶多一个步骤，即拱顶的轮廓线的绘制：首先绘制一条半圆形轮廓线，然后在按住Ctrl键的同时使用"移动/复制"工具移动复制出一条轮廓线（两条半圆线要相交），接着删除两侧多余的线条即可得到尖形拱顶的轮廓线，如图4-294所示。

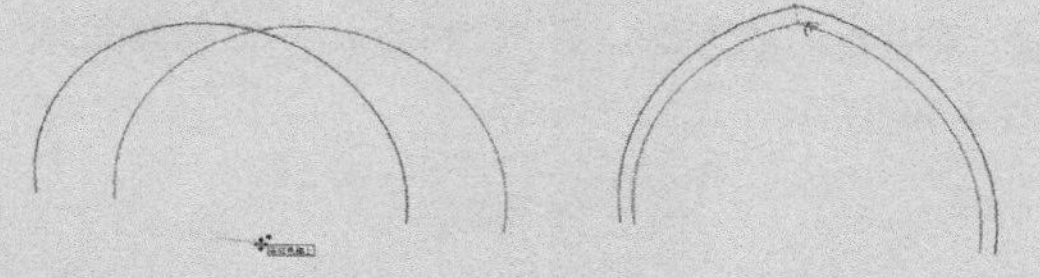

图4-294

接下来的步骤与半圆拱顶相同，最后为拱顶加上墙壁、地面和立柱，效果如图4-295所示。

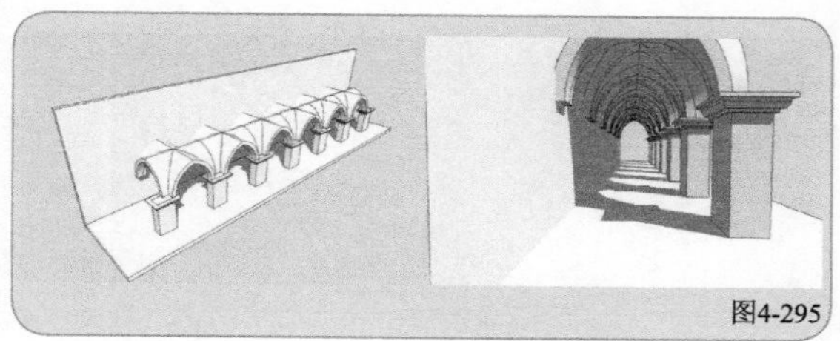

图4-295

重点 实战

创建花瓣状建筑屋顶

场景文件	无
实例文件	实战——创建花瓣状建筑屋顶.skp
视频教学	多媒体教学>Chapter04>实战——创建花瓣状建筑屋顶.flv
难易指数	★★★★☆
技术掌握	"模型交错"命令及"跟随路径"工具

扫码看视频

1 执行"文件→导入"菜单命令，将"实例文件>Chapter04>实战——创建花瓣状建筑屋顶>顶部构架简图.dwg"CAD图形导入SketchUp中，如图4-296所示。

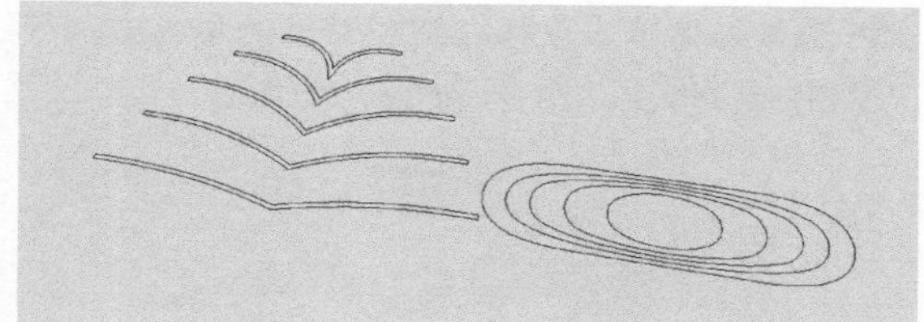

图4-296

2 把立面线条用"旋转"工具进行旋转，与平面线条呈垂直的关系，如图4-297所示。

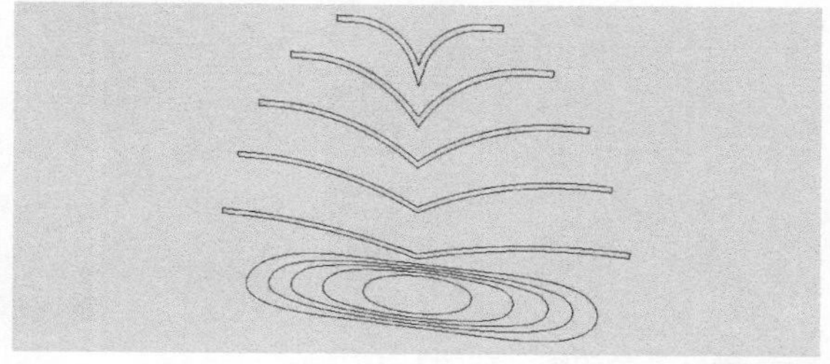

图4-297

3 把平面和立面线条按照对位关系，分成5组，单独提取出来，如图4-298所示。

图4-298

4 以其中一组为例，考察形体特征会发现其为对称关系，所以这里就只要完成其1/4的形体创建即可，用"线"工具绘制1/4平面，如图4-299所示。

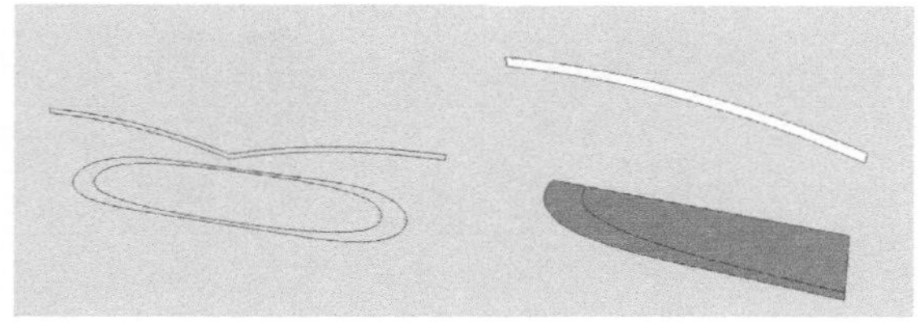

图4-299

5 用“推/拉”工具将面分别进行推拉，使两个形体相交，如图4-300所示。

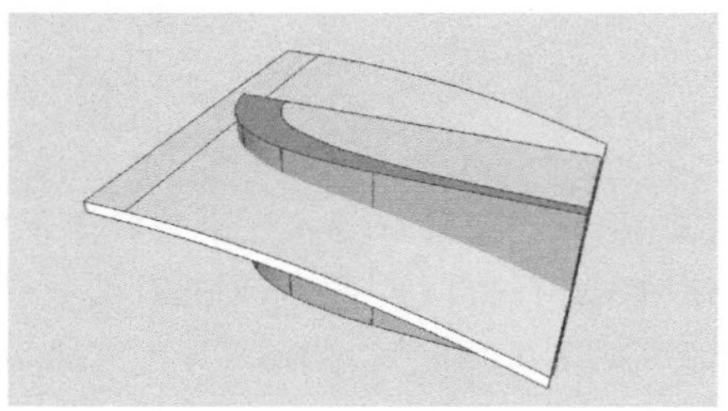

图4-300

6 选择物体单击鼠标右键在弹出的菜单中执行“交错→选择交错”命令，如图4-301所示。

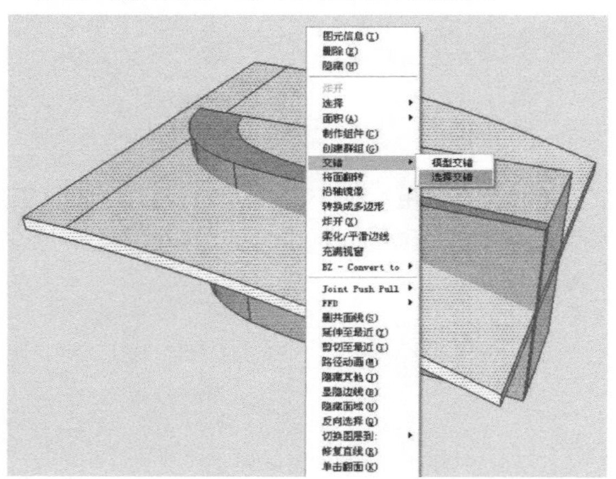

图4-301

7 删除多余的线，如图4-302所示。

8 将其分成玻璃和挑板，分别创建群组，如图4-303所示。

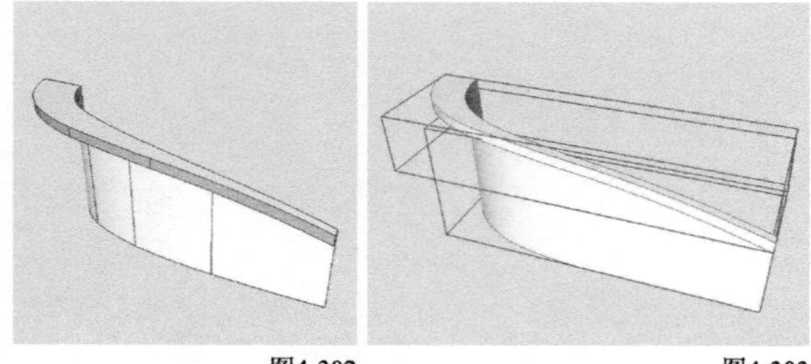

图4-302 图4-303

9 根据造型的需要用“矩形”工具绘制出线脚的截面，截面为正方形，边长分别为150mm，100mm，如图4-304所示。

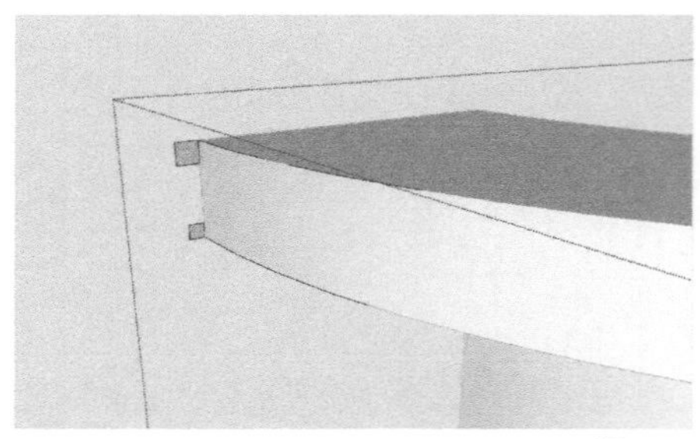

图4-304

10 从挑板边沿复制两条曲线，如图4-305所示。

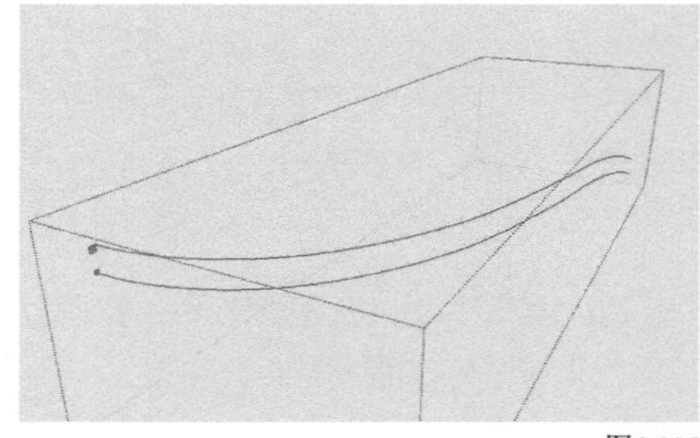

图4-305

11 用“跟随路径”工具将线脚的截面沿着两条曲线的路径进行放样，如图4-306所示。

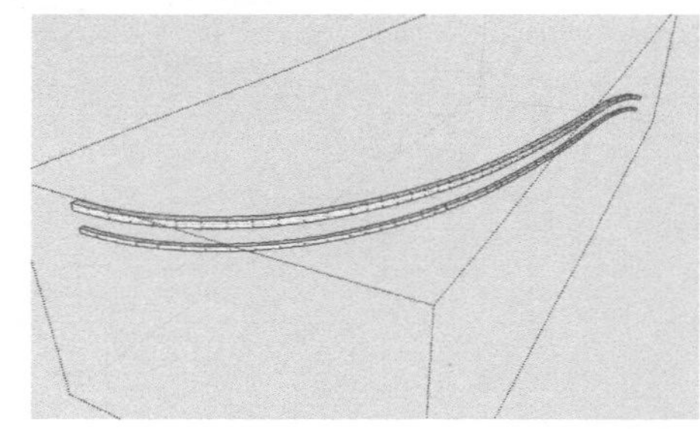

12 将其制作成组件，并赋予相应的材质，如图4-307所示。

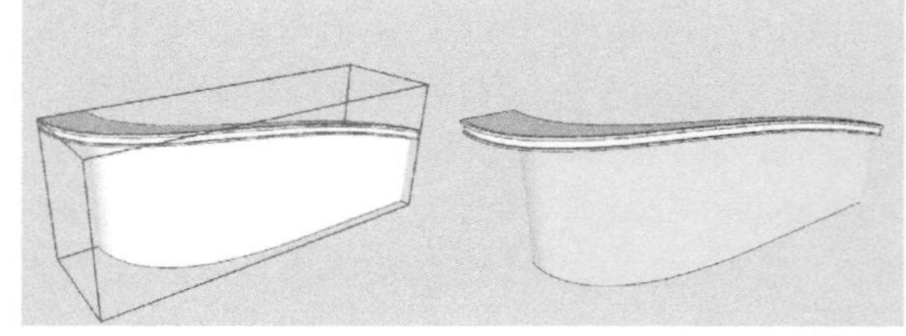

图4-307

13 采用相同的方法，把其余4个构件也创建完成，如图4-308所示。

图4-308

14 按照立面的对应位置，将创建好的5个构件进行拼接，完成建筑屋顶的创建，如图4-309所示。

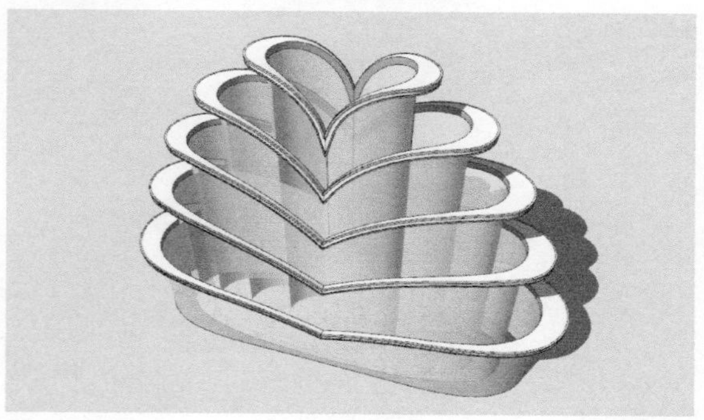

图4-309

15 为模型赋予相应的材质，最终的渲染效果如图4-310所示。

图4-310

实战

创建中式景观亭

场景文件	无
实例文件	实战——创建中式景观亭.skp
视频教学	多媒体教学>Chapter04>实战——创建中式景观亭.flv
难易指数	★★★★☆
技术掌握	“模型交错”命令、“旋转”工具及“移动复制”工具

扫码看视频

中国古建筑的屋面最常见的结构形状是曲线屋面，由于曲线的存在，越往上屋面越陡，这样可使雨水下滑时能冲到更远的地方，以起到保护墙面的作用。在使用SketchUp制作古建模型时，屋面是一个难点，因为其曲面形状并不是一个简单的弧面，所以创建难度很大。本例就以一个典型的六角亭屋面为例讲解曲面模型的制作方法，其渲染效果如图4-311所示。

图4-311

1 单击工具栏上的“多边形”工具，然后在数值输入框中输入6（六边形），接着捕捉原点作为六边形的中心，并在数值输入框中输入半径为2000mm，再用“移动/复制”工具将该六边形向上复制一份，距离为2800mm，如图4-312所示。

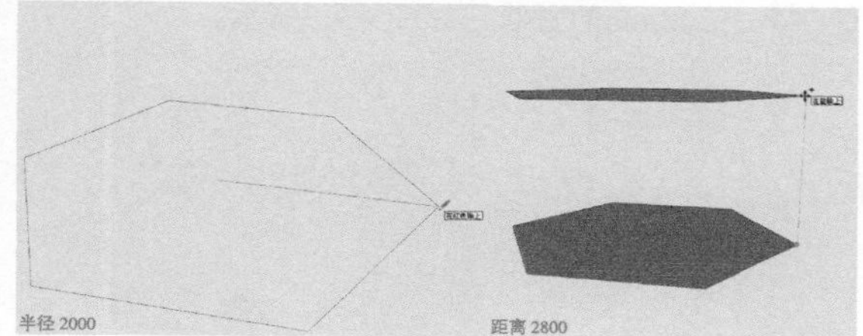

图4-312

技巧与提示

本例主要讲解多边形物体的创建方法，因此尺寸不用太精确。在绘制六边形时要注意其方位，其中一条对角线需要与绿轴重合。

2 用“线”工具在2个六边形面上画出等边三角形，然后用“线”工具在上面的六边形上方沿z轴画出1500mm高的直线，如图4-313所示。

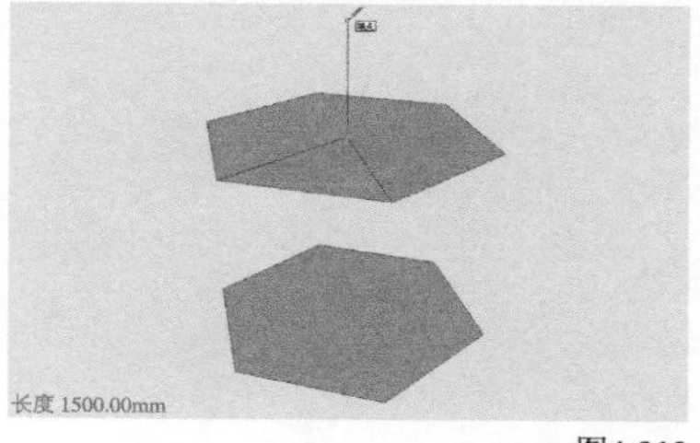

图4-313

3 参照上述1500mm的直线绘制一个竖直的矩形参考面，如图4-314所示。

图4-314

4 使用“圆弧工具”（快捷键为A键）在矩形参考面上绘制屋顶截面放样的路径，圆弧向下300mm，如图4-315所示。

5 在上方的六边形的一边绘制一个竖直矩形面，如图4-316所示。

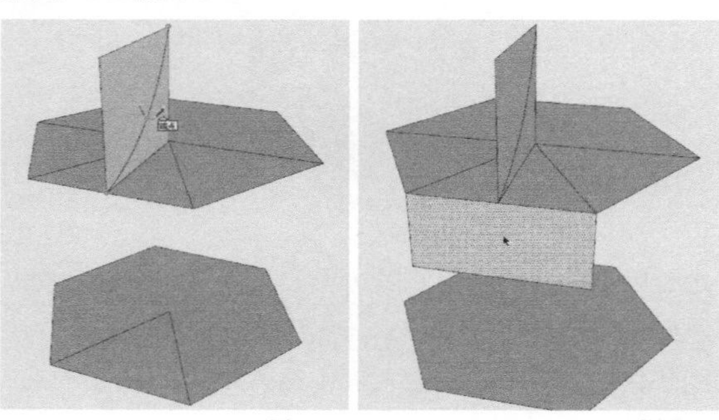

图4-315　　图4-316

6 使用“圆弧工具”在上一步绘制的矩形面上绘制向下300mm的弧线，如图4-317所示。

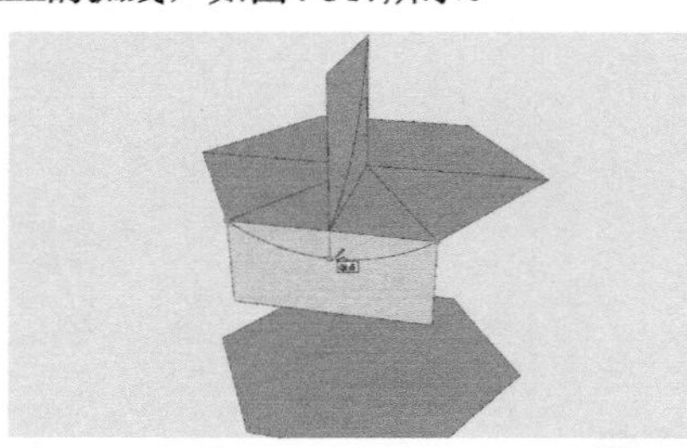

图4-317

7 使用“偏移复制”工具使弧线向下偏移120mm，用“线”工具将多余的线头断掉，删除多余的线头和矩形面，保留偏移出的弧形面，如图4-318所示。

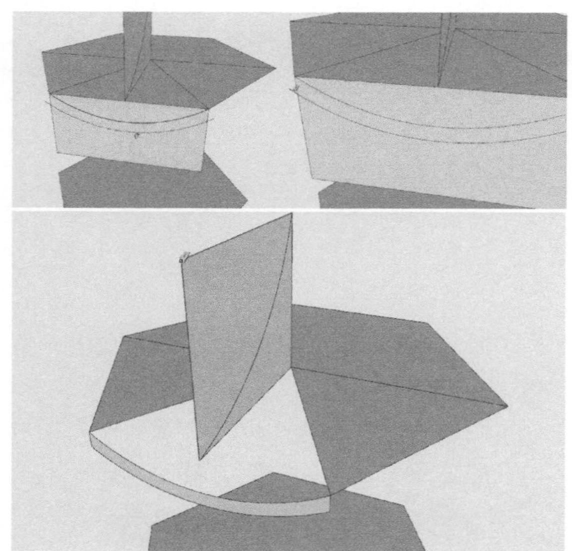

图4-318

8 用“跟随路径”工具将弧形截面沿路径进行放样，并将放样好的屋顶制作成组件，如图4-319和图4-320所示。

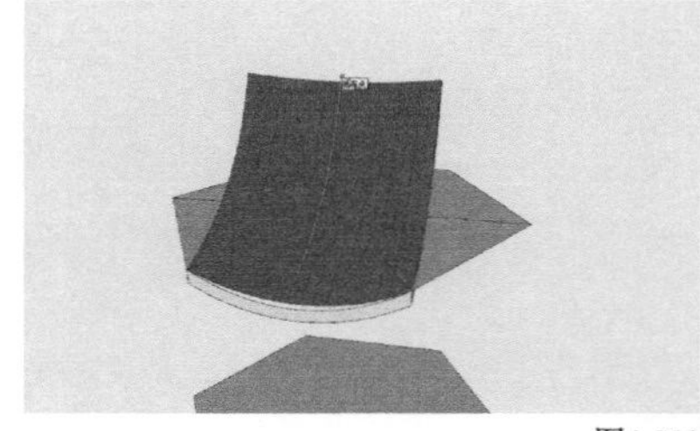

图4-319

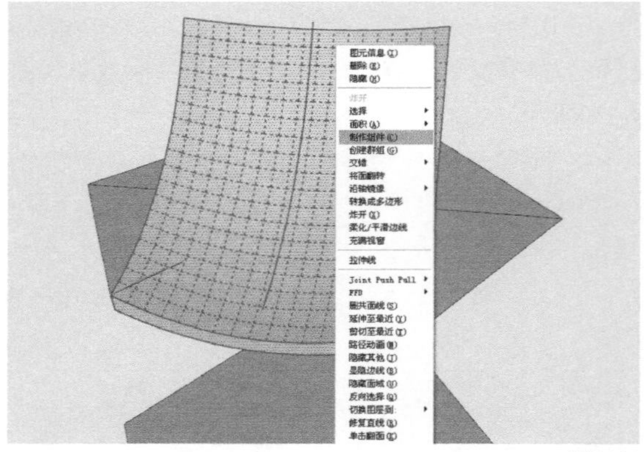

图4-320

9 双击进入组件内编辑，全选组件所有的面，单击鼠标右键在弹出的菜单中执行“将面翻转”命令，如图4-321和图4-322所示。

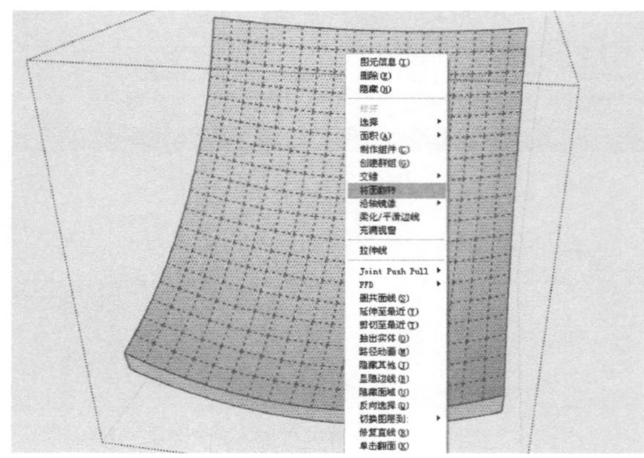

图4-321

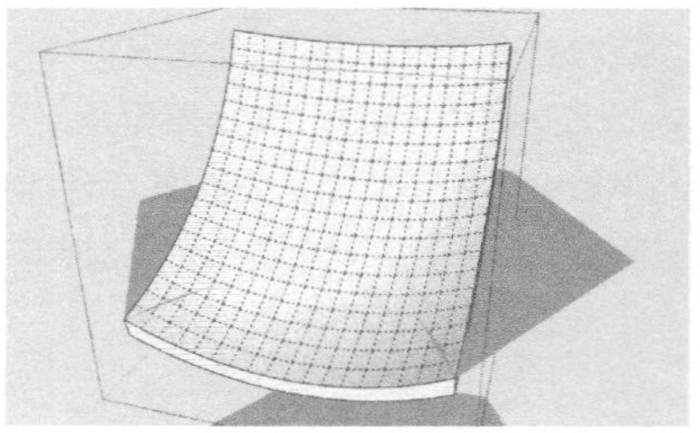

图4-322

10 用“推/拉”工具将底面的等边三角形的面推拉到超过屋顶的位置，将拉伸的体块与屋顶创建为群组，如图4-323所示。

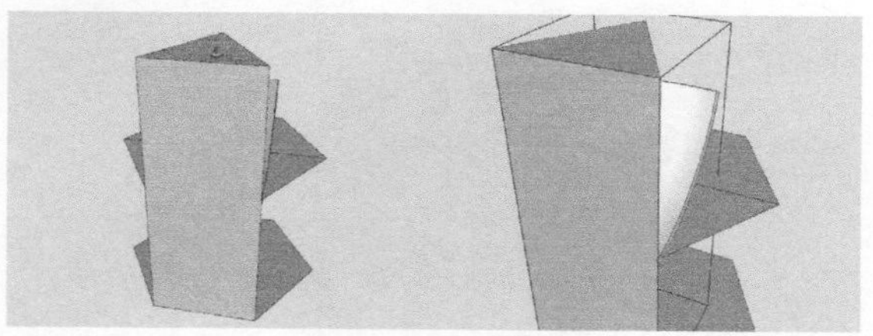

图4-323

11 双击鼠标进入群组内编辑，选择群组内所有物体单击鼠标右键在弹出的菜单中执行“炸开”命令，然后执行“交错→选择交错”命令，接着把多余的部分删除，如图4-324和图4-325所示。

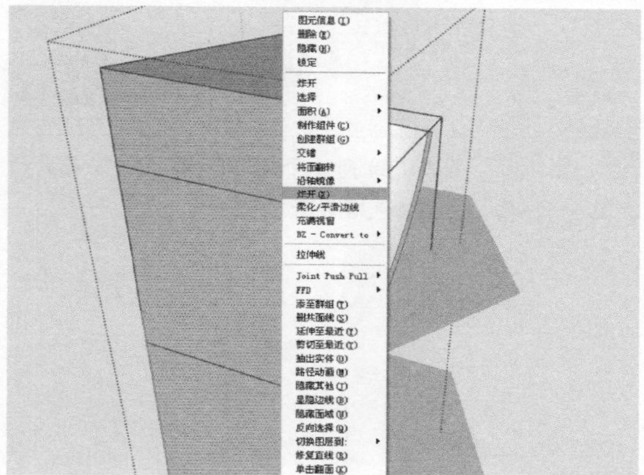

图4-324

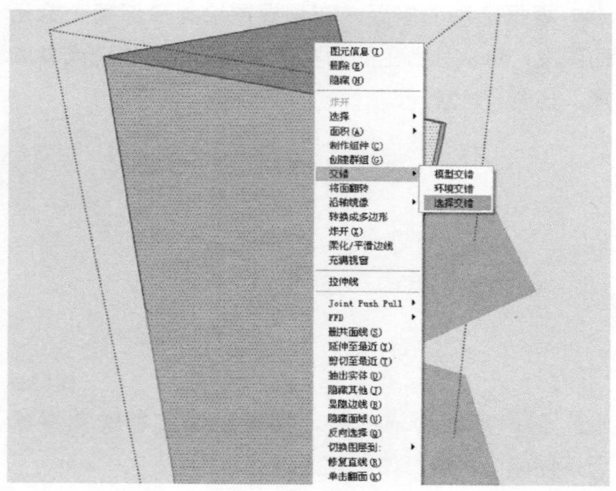

图4-325

技巧与提示

进行模型交错命令的时候需要保持两个交错的物体不是群组的状态才能更好地分割面。

12 删除多余的形体，得到三角弧形屋面，如图4-326所示。

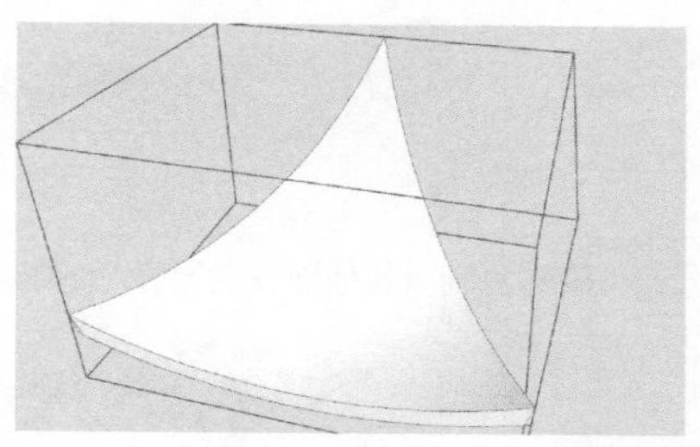

图4-326

13 按住Ctrl键的同时使用“旋转”工具，以顶点为圆心在水平面上旋转复制出5个面，以形成完整的六角亭屋面，如图4-327所示。

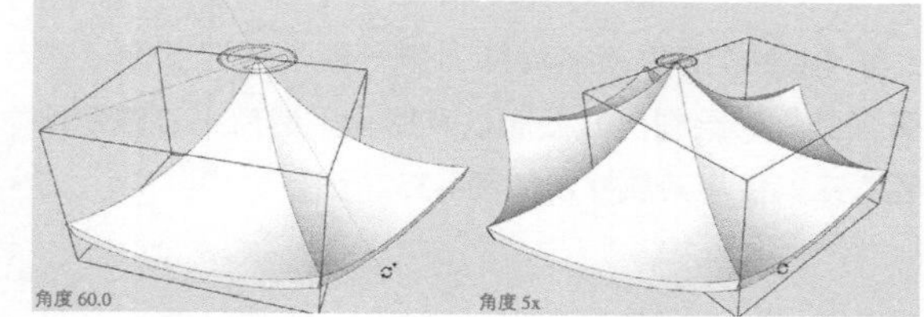

图4-327

14 进入屋面组件内部选择屋脊线，然后按Ctrl+C组合键进行复制，退出组件后按Ctrl+V组合键进行粘贴，并将其放置在合适的位置，接着使用“线”工具、“圆弧工具”等工具绘制出屋脊的截面，再使用“旋转”工具将截面与屋脊线的方向相垂直，如图4-328所示。

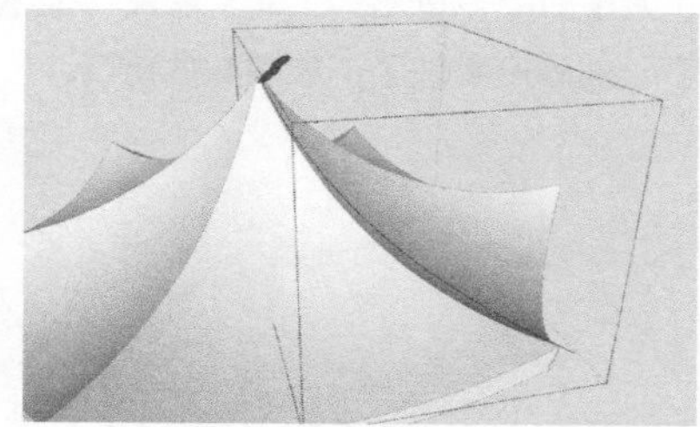

图4-328

15 使用“跟随路径”工具沿屋脊线进行放样，如图4-329所示。

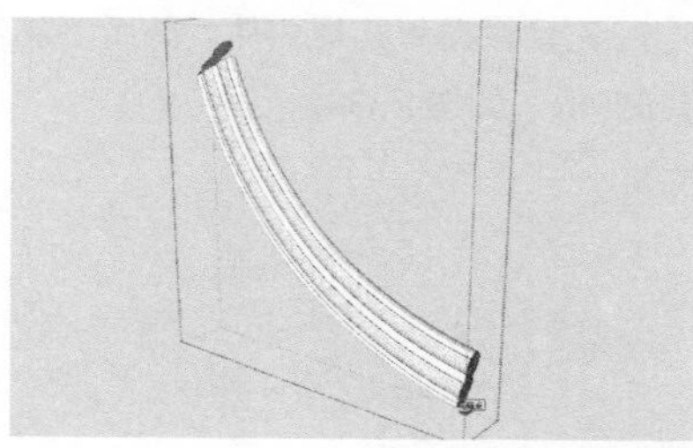

图4-329

16 使用“线”工具和“推/拉”工具处理高屋脊的尾部，如图4-330所示。

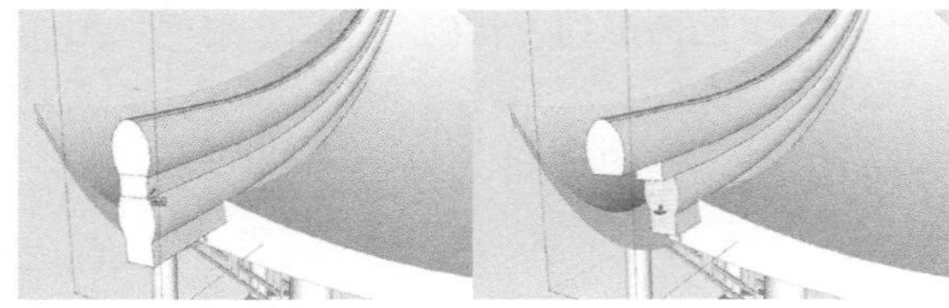
图4-330

17 旋转复制出其他部分的屋脊，如图4-331所示。

图4-331

18 创建屋顶的顶部构件，用“线”工具和“圆弧工具”绘制出其截面以及路径，然后用“跟随路径”工具将其放样，如图4-332所示。

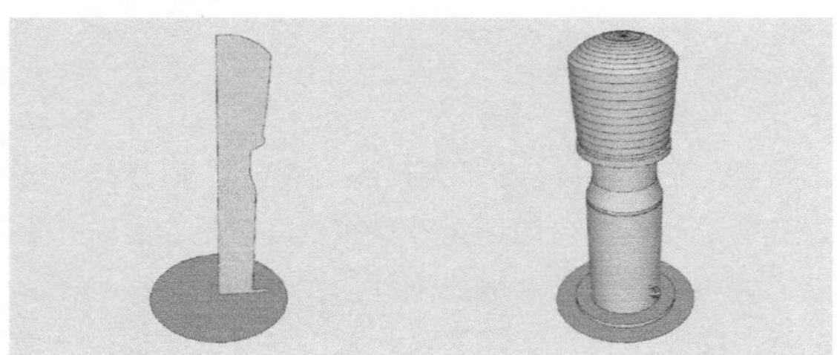
图4-332

19 将屋顶的构件放置到相应位置，然后用“圆”工具和“多边形”工具以及“推/拉”工具绘制亭子的底座和柱子，如图4-333所示。

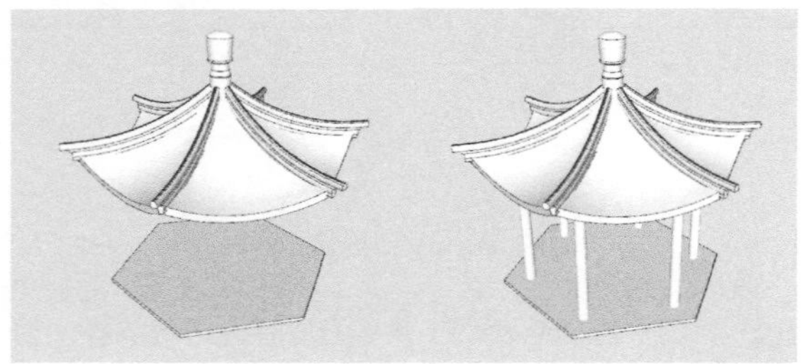
图4-333

20 完善栏栅和其他构件，并用“旋转”工具将其复制5份，如图4-334所示。

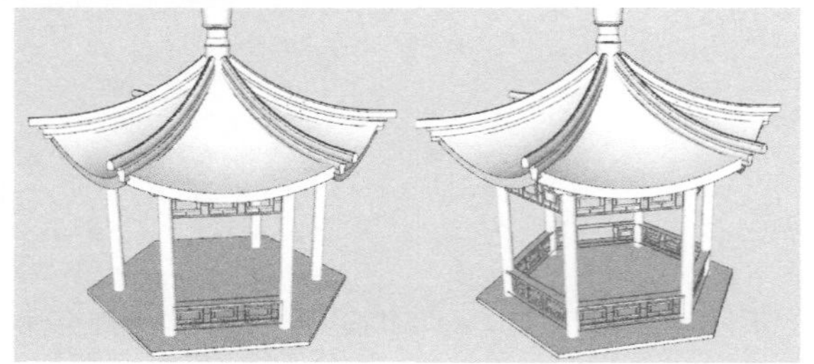
图4-334

21 将模型的各个部分赋予相应的材质，如图4-335所示。

图4-335

重点 实战

创建欧式景观亭

场景文件	无
实例文件	实战——创建欧式景观亭.skp
视频教学	多媒体教学>Chapter04>实战——创建欧式景观亭.flv
难易指数	★★★☆☆
技术掌握	“模型交错”命令、“旋转”工具及“移动复制”工具

扫码看视频

1 用“圆”工具绘制一个圆并使用“线”工具将其分成6份，如图4-336所示。

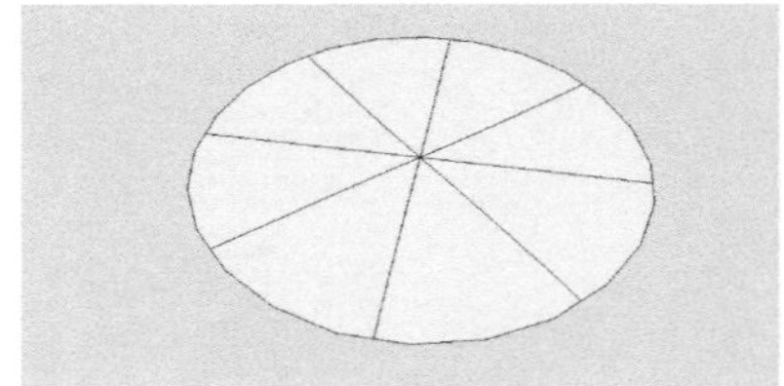
图4-336

2 根据造型的需要，在顶视图绘制顶部某一单元的图案，可认为白色的为实体，灰色的为镂空或者玻璃，如图4-337所示。

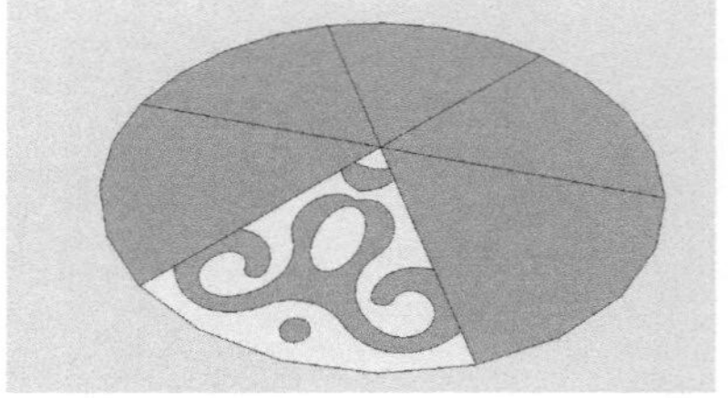
图4-337

3 删掉其他的辅助线，保留一个完整的图案单元，创建为群组，如图4-338所示。

图4-338

4 在平面图的垂直方向上画出扇形面，如图4-339所示。

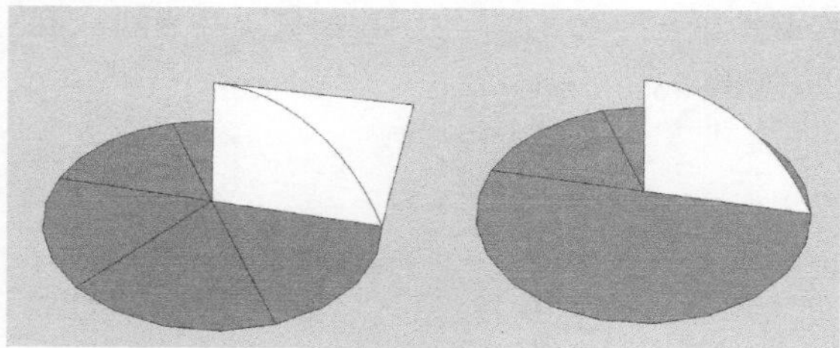

图4-339

5 使用“跟随路径”工具，得出下面的模型（最好是跨3个单元的弧度，这样可避免后面产生微小的差错），如图4-340所示。

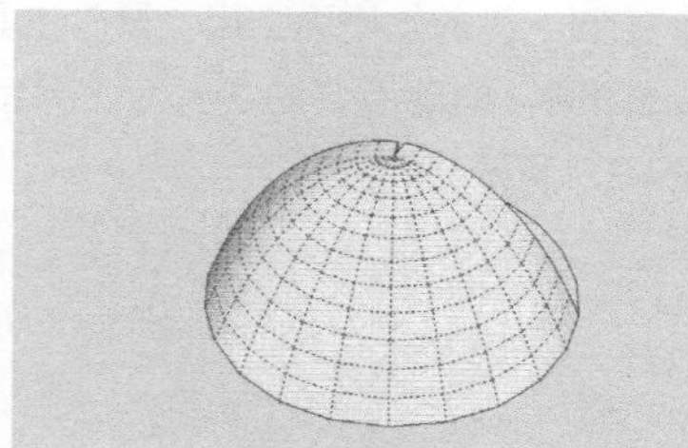

图4-340

6 把第3步做好的完整单元图案根据定位移动到合适的位置，如图4-341所示。

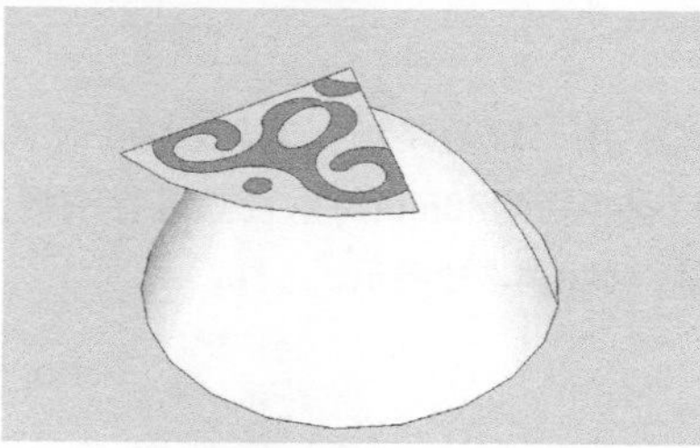

图4-341

7 把图案的白色（即图案的实体部分）往下推拉，然后全选物体单击鼠标右键在弹出的菜单中执行“选择交错→选择交错”命令，如图4-342和图4-343所示。

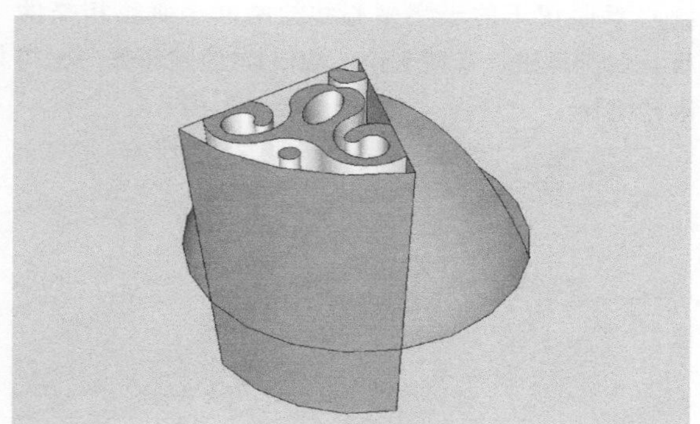

图4-342

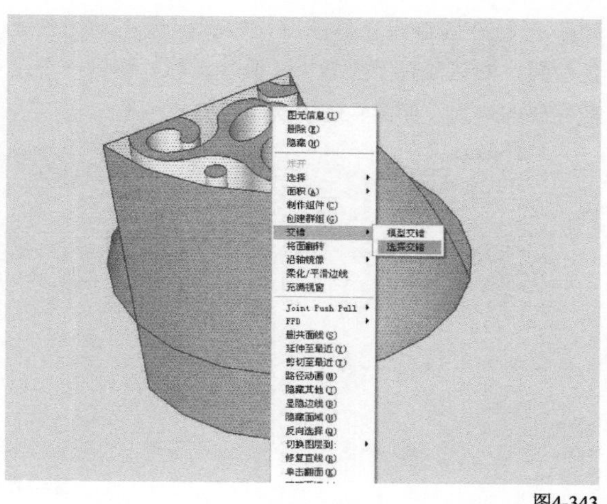

图4-343

8 在模型交错后，根据需要删除多余的线面，得到了一个完整的、立体的单元图案形体，如图4-344所示。

图4-344

9 赋予玻璃材质，然后把玻璃和图案实体创建为群组，接着把其制作成组件，如图4-345所示。

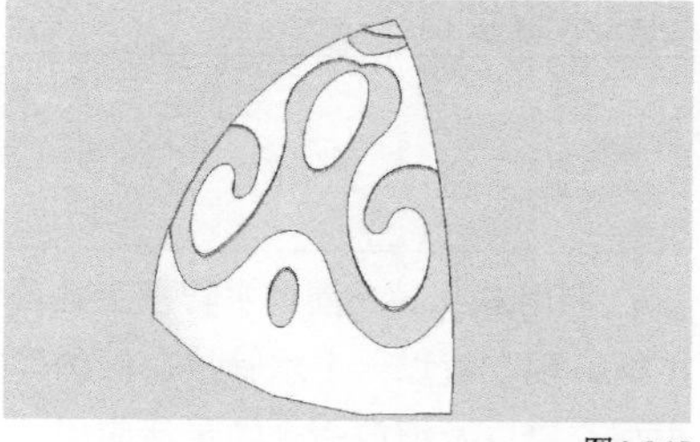

图4-345

10 在平面图的定位下，用“矩形”工具和“圆弧工具”以及“跟随路径”工具，制作出顶部的肋骨，如图4-346所示。

图4-346

11 把做好的单元立体图案，根据定位移动到合适的位置，然后通过“旋转”工具复制，得到一个比较完整的穹顶，如图4-347所示。

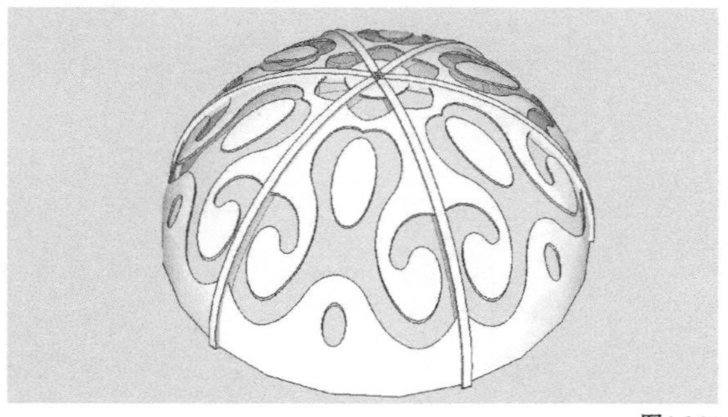
图4-347

12 完善亭子的基座和柱子等构建，这样就完成了最终的欧式亭子，如图4-348所示。

图4-348

重点 实战

创建水管接口

场景文件	无
实例文件	实战——创建水管接口.skp
视频教学	多媒体教学>Chapter04>实战——创建水管接口.flv
难易指数	★★★☆☆
技术掌握	“跟随路径”工具及“缩放”工具

扫码看视频

利用SketchUp创建水管在工业设计中应用得较为广泛，现在就以一个水管接口的制作来讲解SketchUp模型交错以及缩放命令的灵活应用，其渲染效果如图4-349所示。

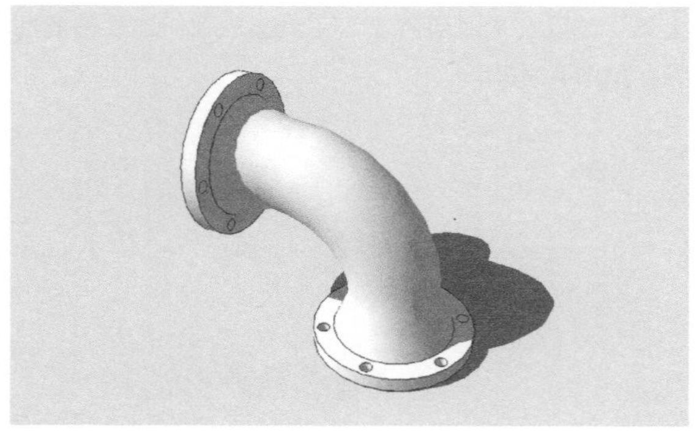
图4-349

01 用“矩形”工具在垂直面上绘制200mm×200mm的矩形，然后用“线”工具绘制出矩形的中心线，接着在交点处用“圆”工具绘制半径为80mm的圆，如图4-350所示。

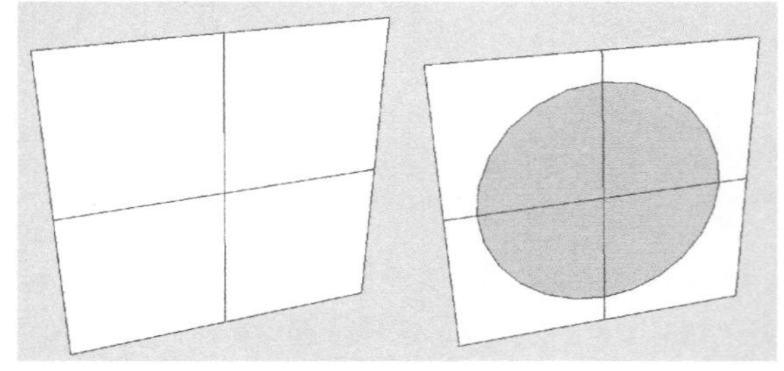
图4-350

02 在圆一侧的水平面上用“圆”工具绘制半径为30mm的圆，删除不要的参考面，保留十字线和圆，如图4-351所示。

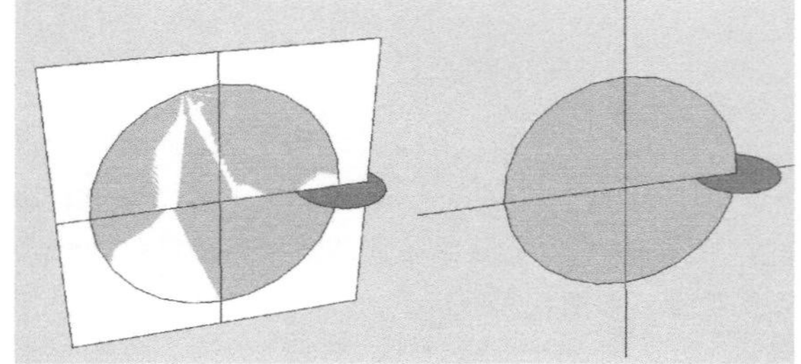
图4-351

03 用“跟随路径”工具将半径为30mm的水平圆沿着半径为80mm的垂直圆进行放样，得到一个圆环体，如图4-352所示。

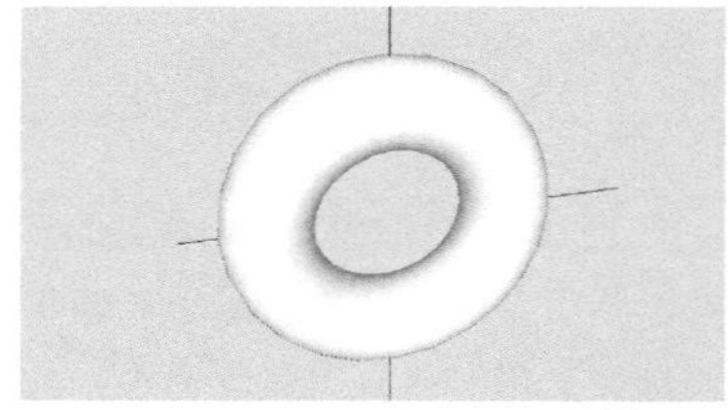
图4-352

04 参照留下的十字中心线绘制两个垂直相交的面，与圆环进行模型交错，截出1/4的圆环体，如图4-353所示。

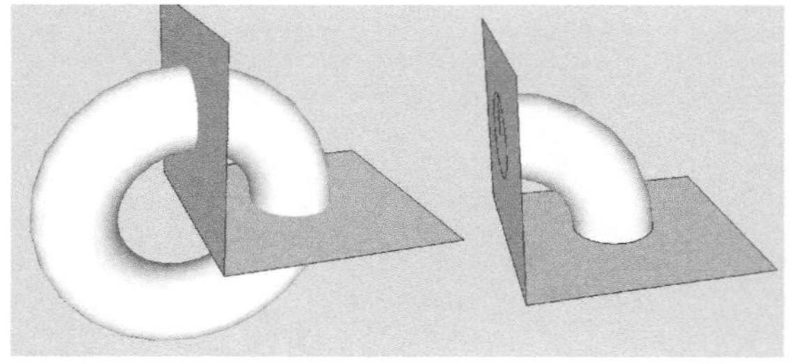
图4-353

5 删除参考面，用“推/拉”工具将圆推拉出25mm的距离，然后用“缩放”工具将推出的面进行放大，如图4-354所示。

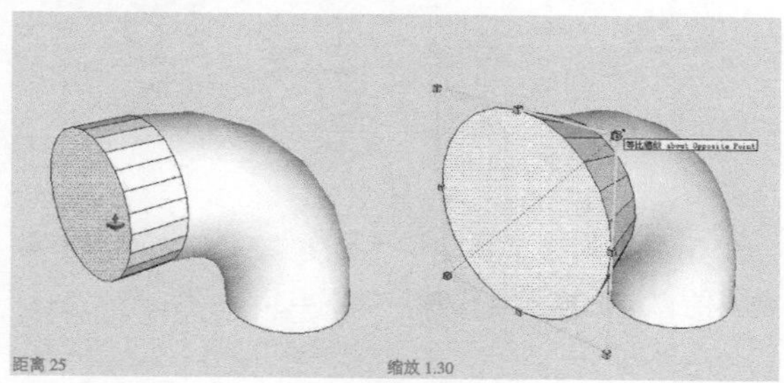

图4-354

6 继续用“偏移复制”工具向外偏移12mm的距离，用“推/拉”工具推拉出10mm的厚度，如图4-355所示。

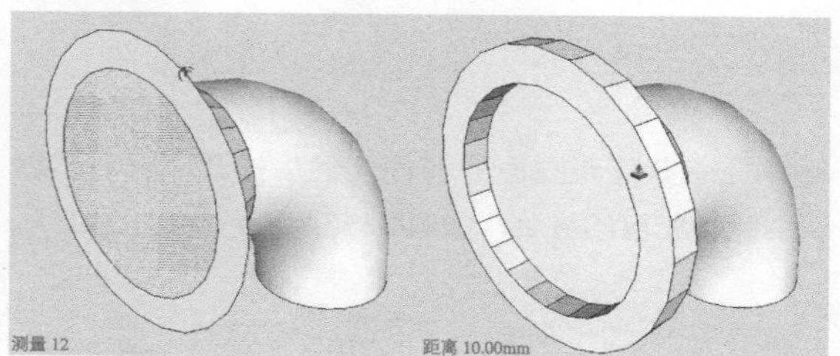

图4-355

7 用“圆”工具绘制出半径为4mm的孔，然后用“旋转”工具将其按角度60°进行旋转复制，如图4-356所示。

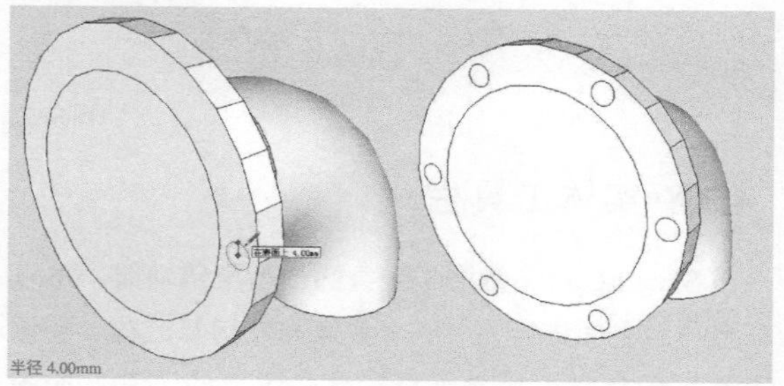

图4-356

8 删除多余的面，然后用“推/拉”工具将阀栏推拉出合适的厚度，接着制作成组件，如图4-357所示。

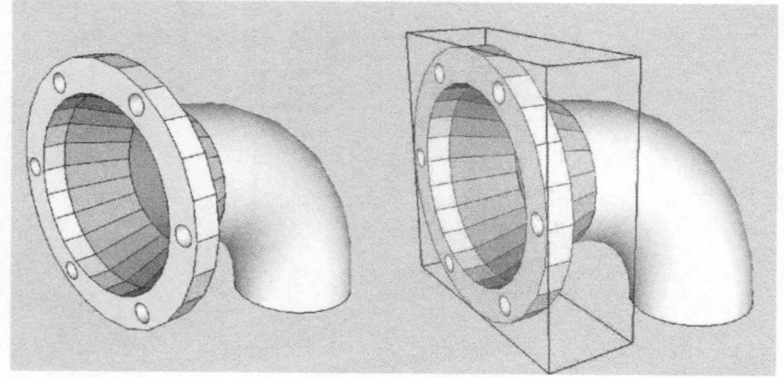

图4-357

9 用“旋转”工具将阀栏部分复制出一份，并将其放置到水管的下方，如图4-358所示。

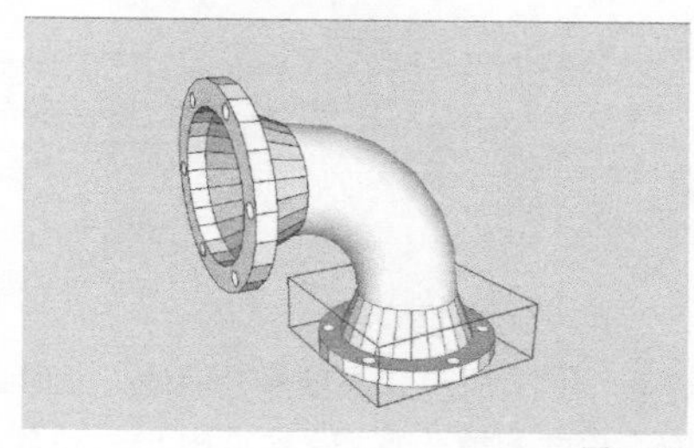

图4-358

10 单击鼠标右键在弹出的菜单中执行“柔化/平滑”命令，将其平滑，完成模型的创建，如图4-359所示。

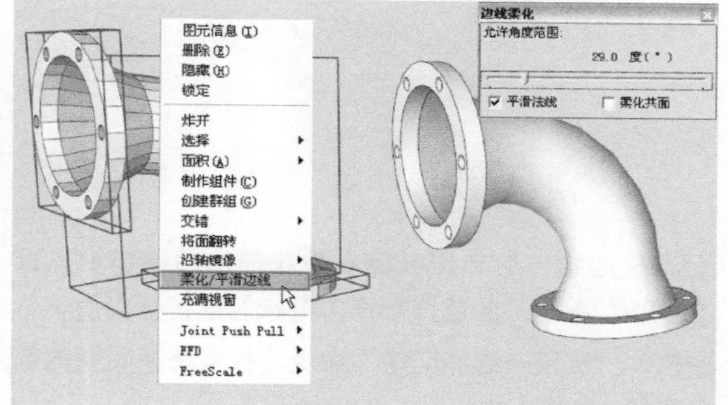

图4-359

11 为创建好的模型赋予相应的材质，如图4-360所示。

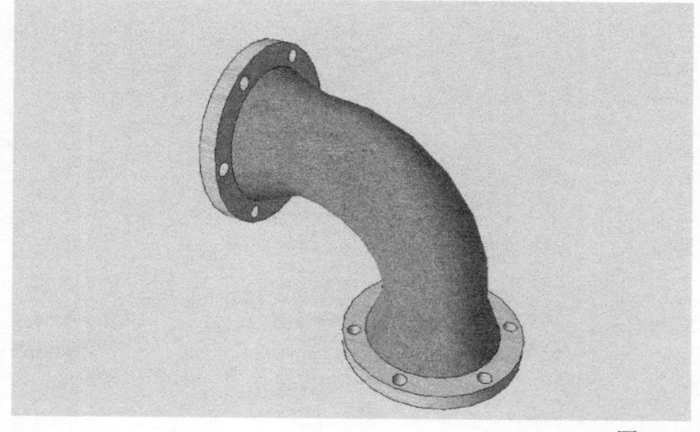

图4-360

重点 实战

创建建筑转角飘窗

场景文件	无
实例文件	实战——创建建筑转角飘窗.skp
视频教学	多媒体教学>Chapter04>实战——创建建筑转角飘窗.flv
难易指数	★★★☆☆
技术掌握	“模型交错”命令

扫码看视频

1 用“矩形”工具和“推/拉”工具创建出的建筑墙面，如图4-361所示。

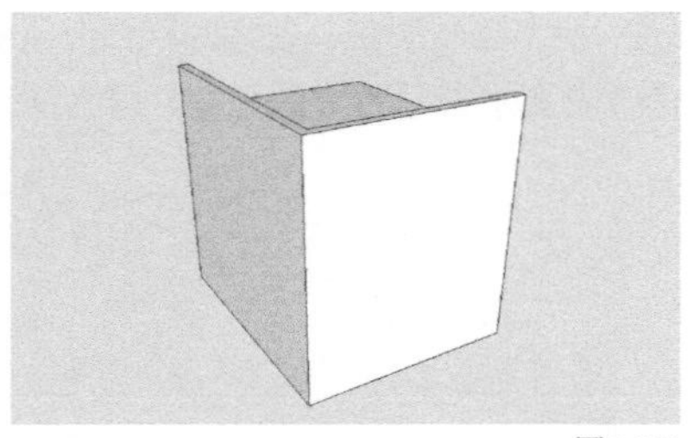

图4-361

2 用“矩形”工具和“推/拉”工具创建一个立方体，将其创建为群组，然后用“移动/复制”工具将其放置到需要开口的位置，如图4-362所示。

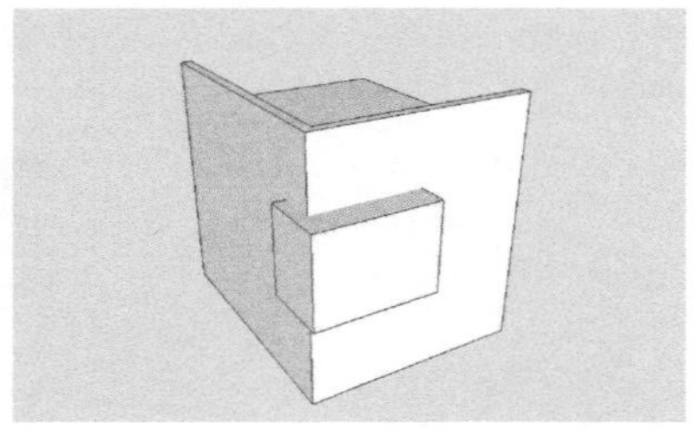

图4-362

3 全选物体后单击鼠标右键在弹出的菜单中执行“炸开”命令，然后再次单击鼠标右键在弹出的菜单中执行“交错→选择交错”命令，接着将不需要的部分删掉，如图4-363~图4-365所示。

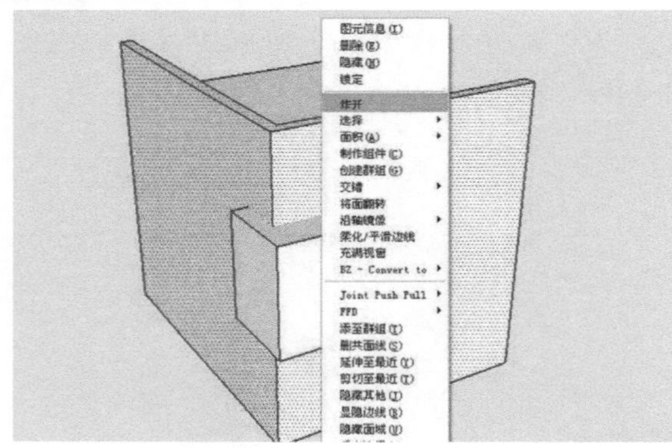

图4-363

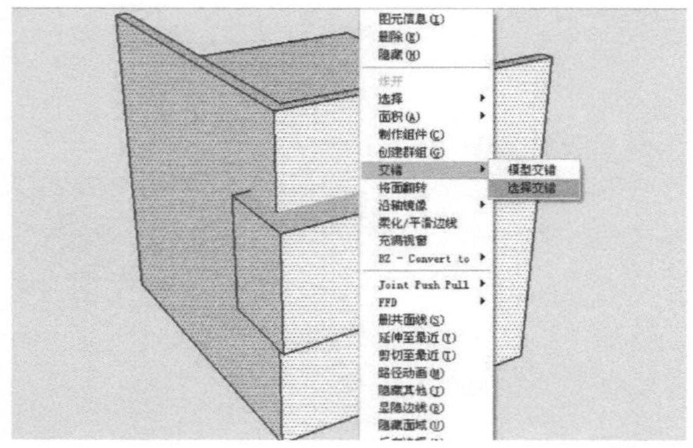

图4-364

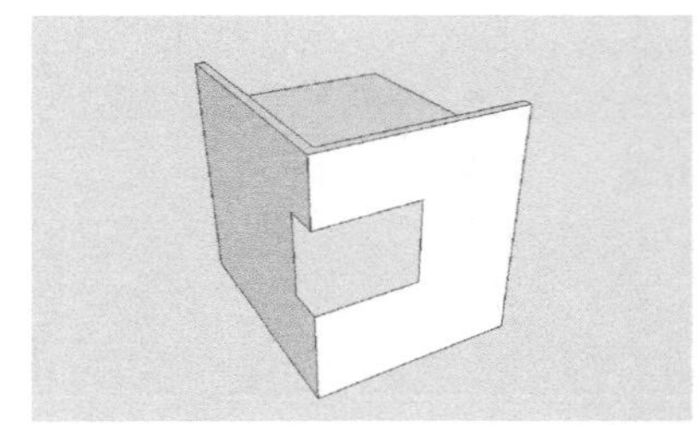

图4-365

4 用“矩形”工具和“推/拉”工具创建出转角窗的窗框、窗棂等构件，如图4-366所示。

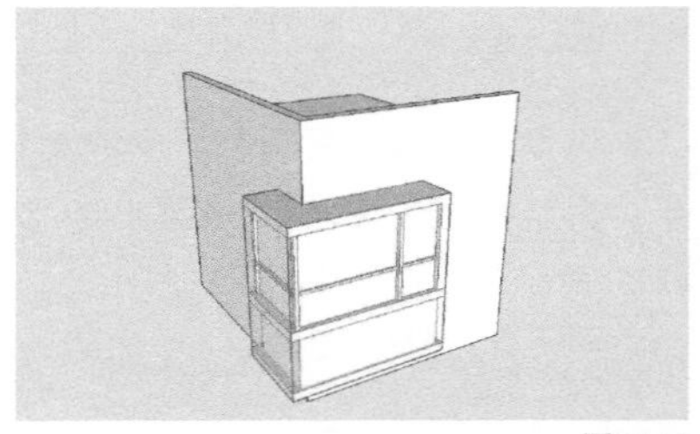

图4-366

5 完善其建筑立面的构件，然后打开“材质”编辑器赋予相应的材质，如图4-367所示。

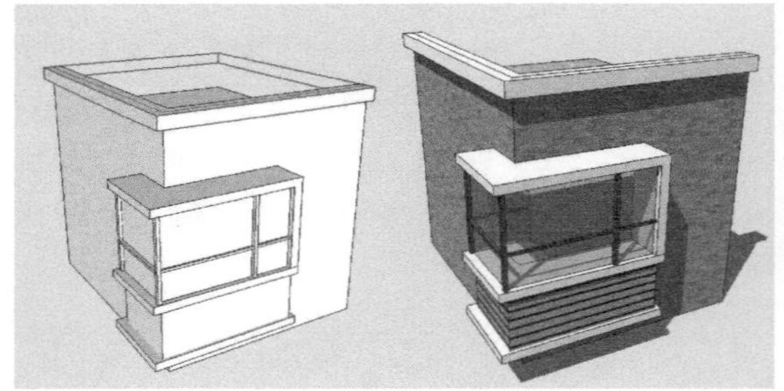

图4-367

4.3.8 实体工具栏

SketchUp 8.0新增了强大的模型交错功能，可以在组与组之间进行并集、交集等布尔运算。在“实体工具”工具栏中包含了执行这些运算的工具，如图4-368所示。

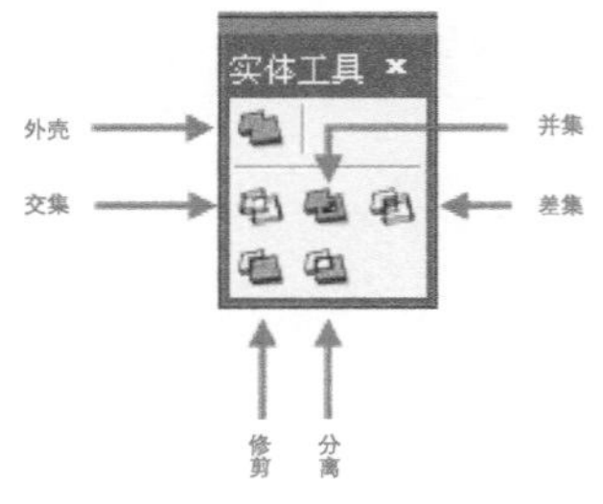

图4-368

1.外壳

“外壳”工具用于对指定的几何体加壳，使其变成一个群组或者组件。下面举例进行说明。

① 激活“外壳”工具，然后在绘图区域移动鼠标，此时鼠标显示为，提示用户选择第一个组或组件，单击选择圆柱体组件，如图4-369所示。

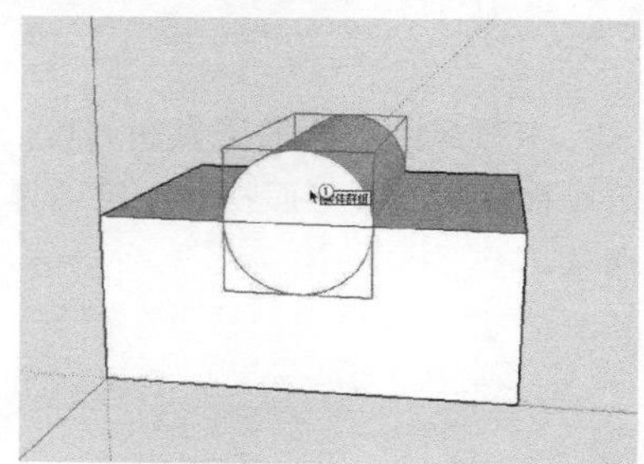

图4-369

② 选择一个组件后，鼠标显示为，提示用户选择第二个组或组件，单击选中立方体组件，如图4-370所示。

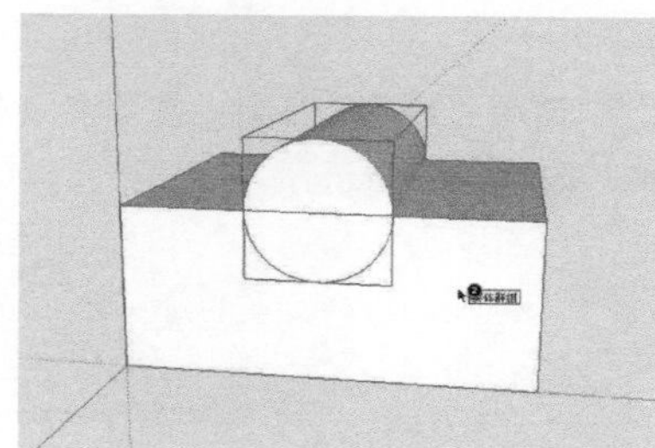

图4-370

③ 完成选择后，组件会自动合并为一体，相交的边线都被自动删除，且自成一个组件。如图4-371所示。

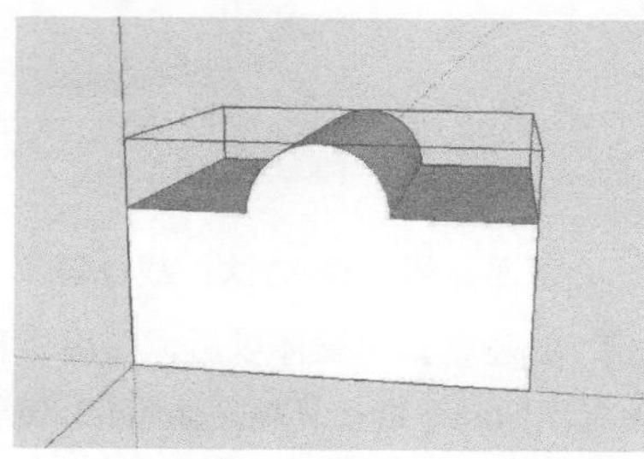

图4-371

技巧与提示

“外壳”工具只对全封闭的几何体有效，并且只有6个面以上的几何体才可以加壳。

2.交集

“交集”工具用于保留相交的部分，删除不相交的部分。该工具的使用方法与“外壳”工具相似，激活“交集”工具后，鼠标会提示选择第一个物体和第二个物体，完成选择后将保留两者相交的部分，如图4-372所示。

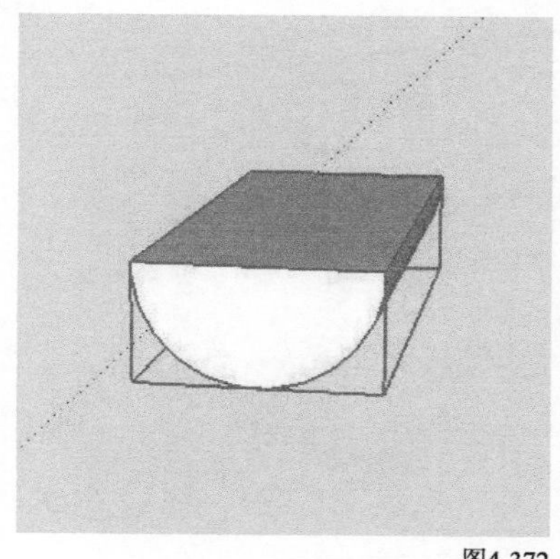

图4-372

3.并集

“并集”工具用来将两个物体合并，相交的部分将被删除，运算完成后两个物体将成为一个物体。这个工具在效果上与“外壳”工具相同，如图4-373所示。

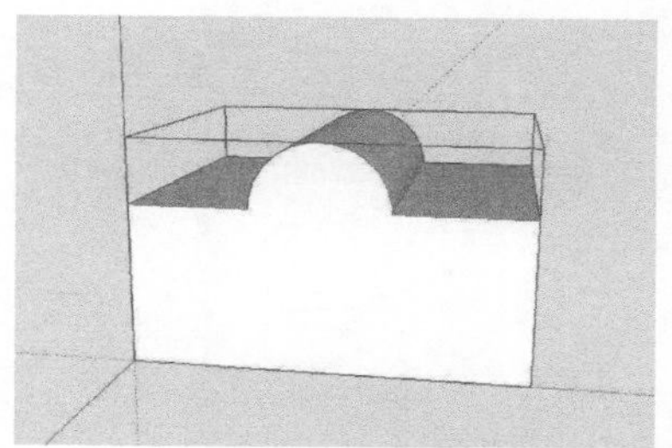

图4-373

4.差集

使用“差集”工具的时候同样需要选择第一个物体和第二个物体，完成选择后将删除第一个物体，并在第二个物体中减去与第一个物体重合的部分，只保留第二个物体剩余的部分。

激活“差集”工具后，如果先选择圆柱体，再选择立方体，那么保留的就是立方体与圆柱体不相交的部分，如图4-374所示。

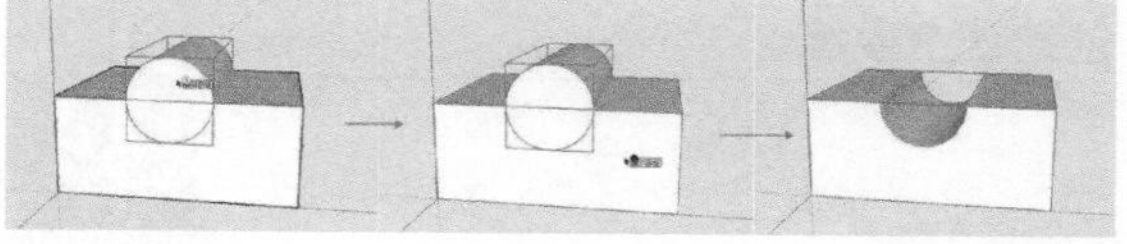

图4-374

5.修剪

激活“修剪”工具，并选择第一个物体和第二个物体后，将在第二个物体中修剪与第一个物体重合的部分，第一个物体保持不变。

激活“修剪”工具后，如果先选择圆柱体，再选择立方体，那么修剪之后圆柱体将保持不变，立方体被挖除了一部分，如图4-375所示

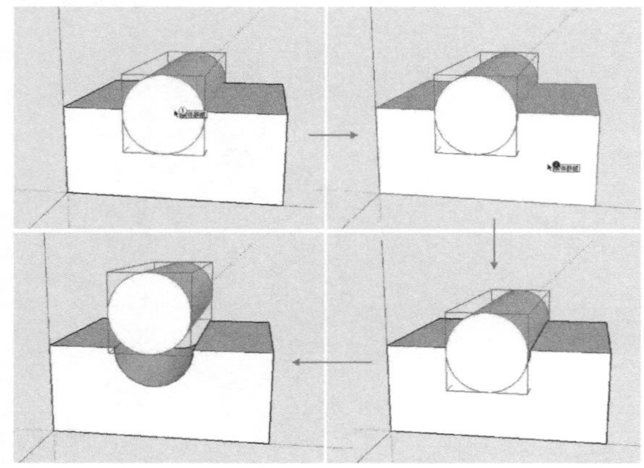

图4-375

6.分离

使用“分离”工具可以将两个物体相交的部分分离成单独的新物体，原来的两个物体被修剪掉相交的部分，只保留不相交的部分，如图4-376所示。

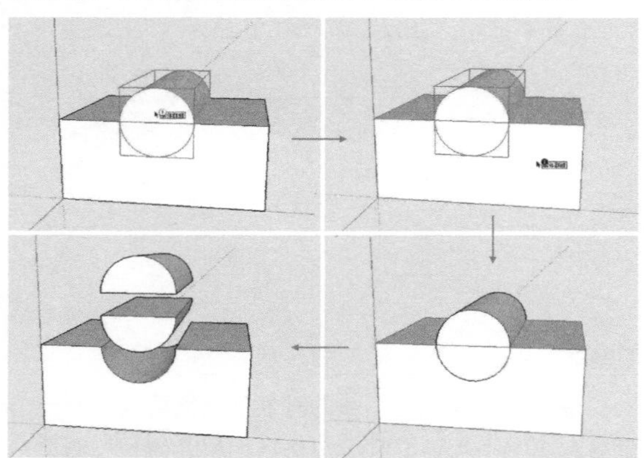

图4-376

如果有3个或3个以上物体时，系统会自动将选择的前两个物体进行操作之后，再与第3个物体进行布尔运算，以此类推。

重点 实战

创建镂空景墙

场景文件	无
实例文件	实战——创建镂空景墙.skp
视频教学	多媒体教学>Chapter04>实战——创建镂空景墙.flv
难易指数	★★☆☆☆
技术掌握	实体工具

扫码看视频

下面介绍第1种方法：推拉边线。

1 画出弧形的墙体，用“线”工具和“推/拉”工具完成门洞的创建，如图4-377所示。

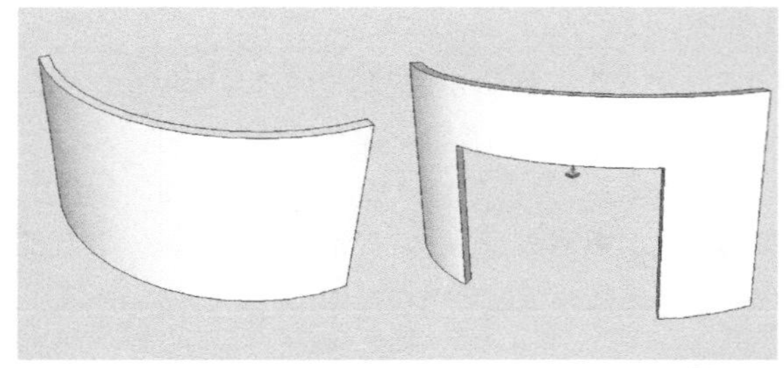

图4-377

2 将弧形的顶面向下复制两份，用“推/拉”工具将复制的弧形面拉伸一定的厚度，如图4-378所示。

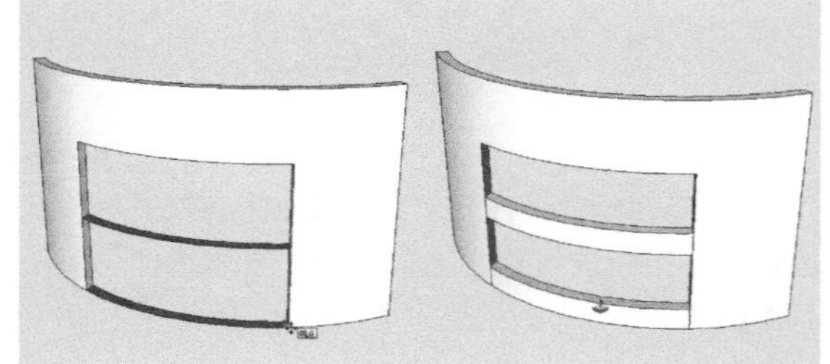

图4-378

3 使用“删除”工具擦除多余的线条，操作完成，如图4-379所示。

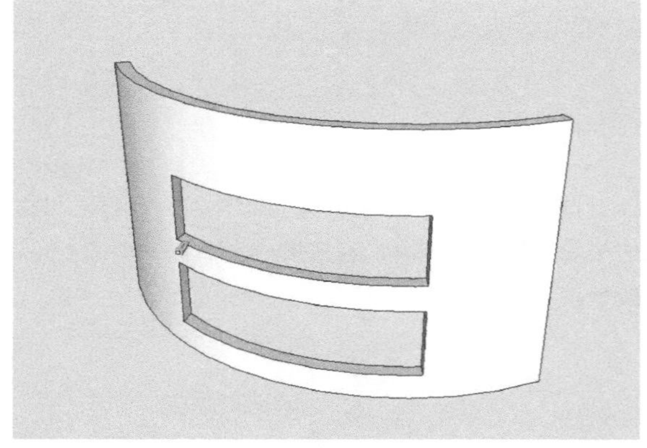

图4-379

下面介绍第2种方法：线分隔。

1 创建完弧形墙体以后，使用“移动/复制”工具将顶面向下进行复制，如图4-380所示。

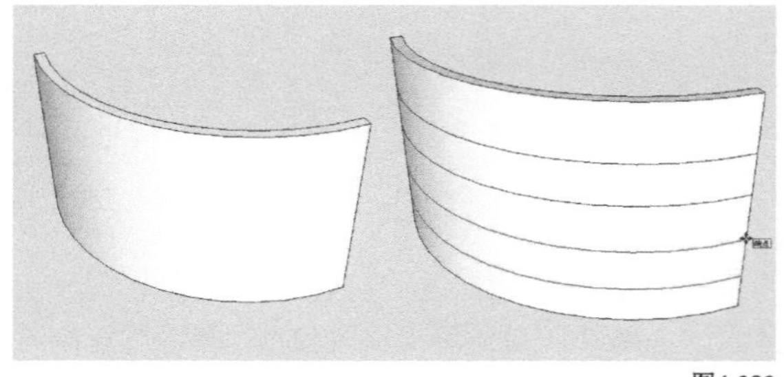

图4-380

2 用“线”工具绘制出竖向边线，然后将形成的面进行隐藏，接着使用“线”工具描出侧面的边线，如图4-381所示。

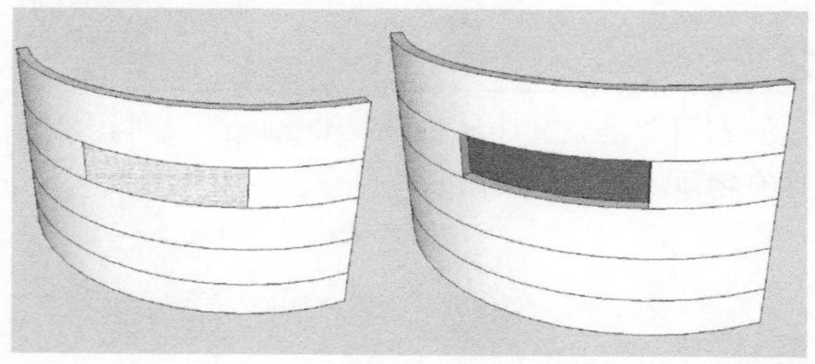

图4-381

3 显示隐藏的面（快捷键为Shift+A），将前后两个面进行擦除或者复制，完成操作，如图4-382所示。

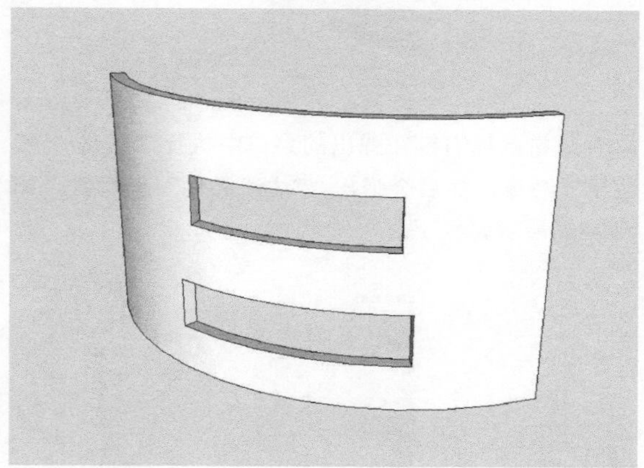

图4-382

下面介绍第3种方法：模型交错。

1 创建弧形墙体创建为群组，然后在需要开口的地方进行体块创建并分别进行群组，如图4-383所示。

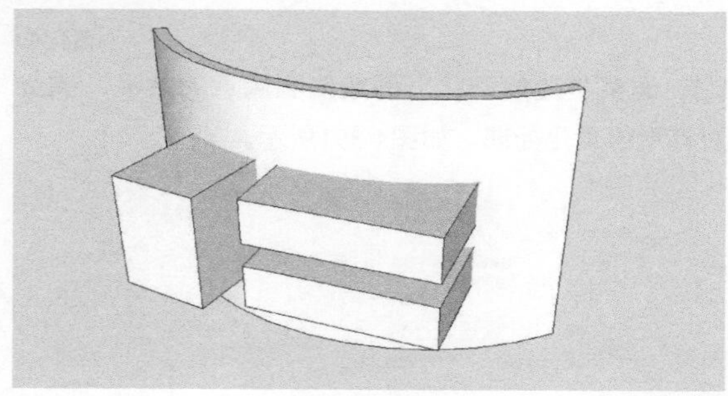

图4-383

2 全选物体，单击鼠标右键执行“炸开”命令，然后再次单击鼠标右键执行“交错→选择交错”命令，接着将不需要的线进行擦除，完成操作，如图4-384和图4-385所示。

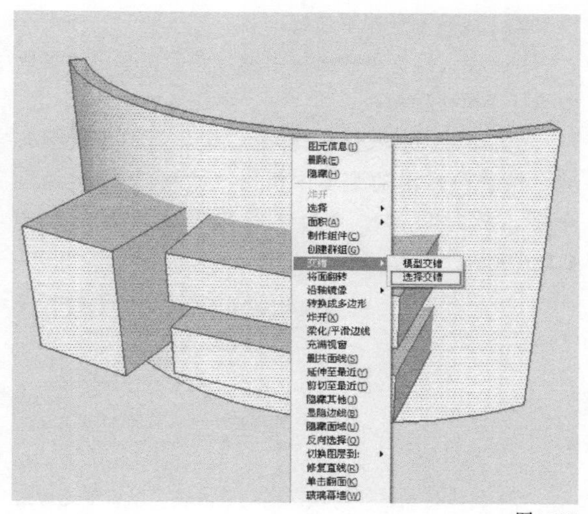

图4-384

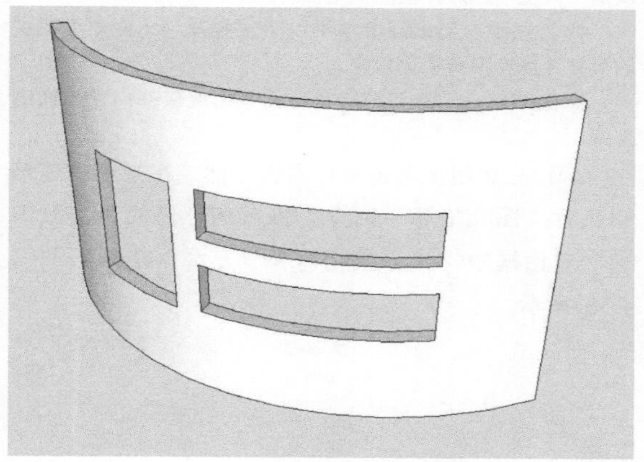

图4-385

3 也可以不将其炸开，首先用“差集”工具单击体块群组，然后单击弧形墙体群组也能得到相同的效果，而且操作更为简便。读者可以自己练习一下，并且尝试其他模型交错命令的使用所带来的不一样的交错效果。

4.3.9 柔化边线

SketchUp的边线可以进行柔化和平滑处理，从而使有棱角的形体看起来更光滑。对柔化的边线进行平滑处理可以减少曲面的可见折线，使用更少的面表现曲面，也可以使相邻的表面在渲染中均匀过渡渐变。柔化的边线会自动隐藏，但实际上还存在于模型中，当执行“查看→虚显隐藏物体”菜单命令时，当前不可见的边线就会显示出来。

1.柔化边线

柔化边线有以下5种方法。

① 使用“删除”工具的同时按住Ctrl键，可

以柔化边线而不是删除边线。

② 在边线上单击鼠标右键，然后在弹出的菜单中执行“柔化”命令。

③ 选中多条边线，然后在选集上单击鼠标右键，接着在弹出的菜单中执行“柔化/平滑边线”命令，此时将弹出“边线柔化”编辑器，如图4-386所示。

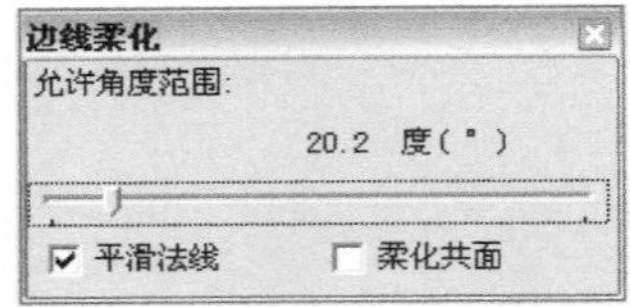

图4-386

“允许角度范围”滑块：拖动该滑块可以调节光滑角度的下限值，超过此值的夹角都将被柔化处理。

平滑法线：勾选该选项可以指定对符合允许角度范围的夹角实施光滑和柔化效果。

柔化共面：勾选该选项将自动柔化连接共面表面间的交线。

④ 在边线上单击鼠标右键，然后在弹出的菜单中执行“图元信息”命令，接着在打开的“图元信息”对话框中勾选“柔化”和“光滑”选项，如图4-387所示。

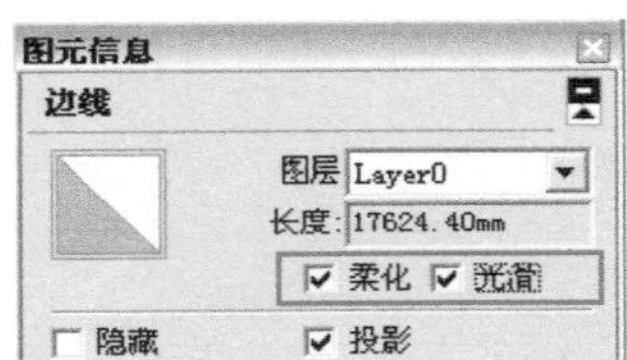

图4-387

⑤ 执行“窗口→边线柔化”菜单命令也可以进行边线柔化操作，如图4-388所示。

窗口(W) 插件 帮助(H)
场景信息
图元信息 Shift+F2
材质 X
组件 O
风格 Shift+O
图层 Shift+E
管理目录
页面管理 Shift+N
阴影 Shift+S
雾化
照片匹配
边线柔化 Ctrl+O
工具向导
参数设置 Shift+P
隐藏对话框
Ruby 控制台
LibFredo6 Settings...
组件选项
组件属性
照片纹理

图4-388

重点 实战

对茶具模型进行柔化处理

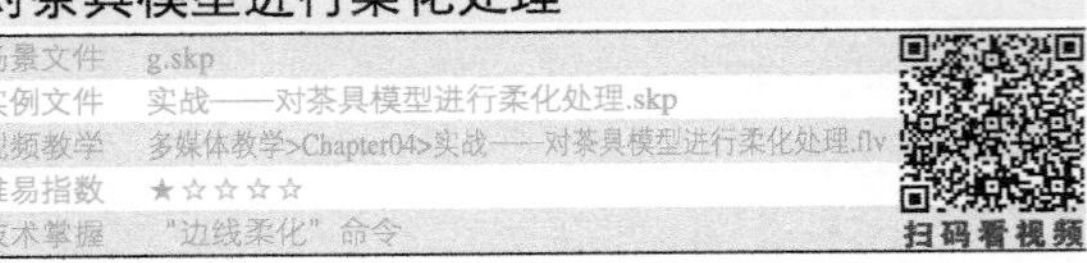

场景文件	g.skp
实例文件	实战——对茶具模型进行柔化处理.skp
视频教学	多媒体教学>Chapter04>实战——对茶具模型进行柔化处理.flv
难易指数	★☆☆☆☆
技术掌握	“边线柔化”命令

扫码看视频

1 打开“场景文件>Chapter04>g.skp”文件，全选所有物体，如图4-389所示。

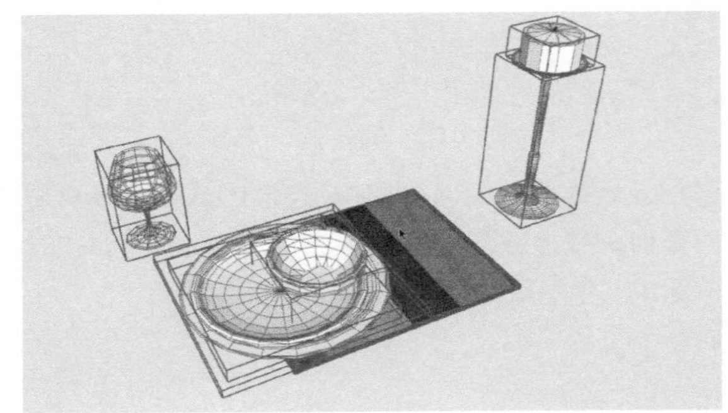
图4-389

2 单击鼠标右键在弹出的菜单中执行“柔化/平滑边线”命令，然后会弹出“边线柔化”编辑器，如图4-390所示。

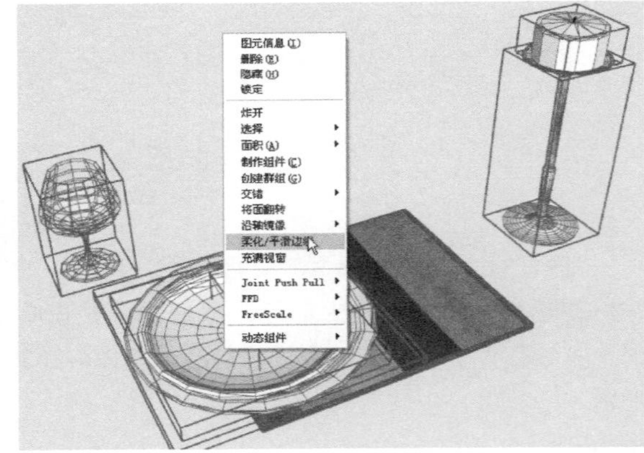

图4-390

3 调整“边线柔化”的数值到满意的效果，完成对模型的柔化处理，如图4-391所示。

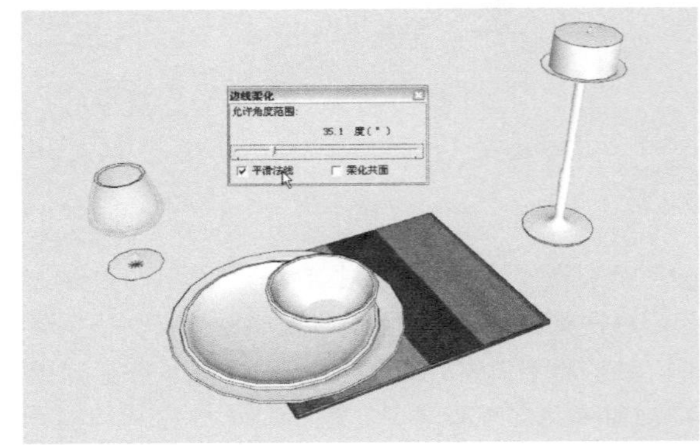

图4-391

2.取消柔化

取消边线柔化效果的方法同样有5种，与柔化边线的5种方法相互对应。

① 使用“删除”工具的同时按住Ctrl+Shift组合键，可以取消对边线的柔化。

② 在柔化的边线上单击鼠标右键，然后在弹出的菜单中执行“取消柔化”命令。

③ 选中多条柔化的边线，在选集上单击鼠标右键，然后在弹出的菜单中执行“柔化/平滑边线”命令，接着在“边线柔化”编辑器中调整允许的角度范围为0。

④ 在柔化的边线上单击鼠标右键，然后在弹出的菜单中执行“图元信息”命令，接着在“图元信息”对话框中取消对“柔化”和“光滑”选项的勾选，如图4-392所示。

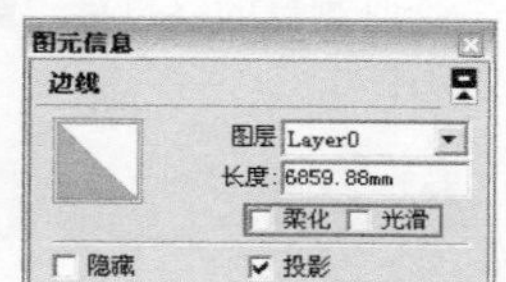

图4-392

⑤ 执行“窗口→柔化边线”菜单命令，然后在弹出的“边线柔化”编辑器中调整允许的角度范围为0。

4.3.10 照片匹配

SketchUp的“照片匹配”功能可以根据实景照片计算出相机的位置和视角，然后在模型中创建与照片相似的环境。

关于照片匹配的命令有两个，分别是“新建照片匹配”命令和“编辑照片匹配”命令，这两个命令可以在“相机”菜单中找到，如图4-393所示。

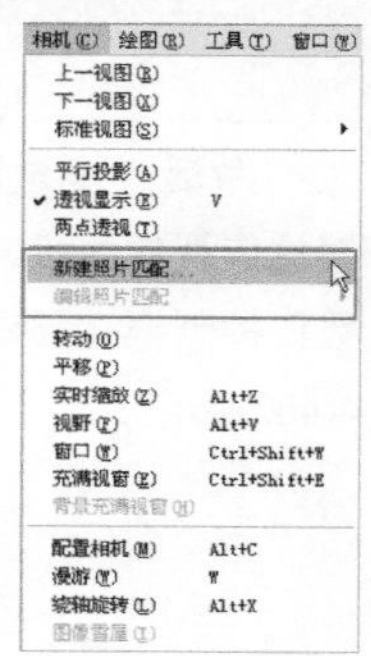

图4-393

当视图中不存在照片匹配时，“编辑照片匹配”命令将显示为灰色状态，这时不能使用该命令，只有新建一个照片匹配后，“编辑照片匹配”命令才能被激活。用户在新建照片匹配时，将弹出“照片匹配”对话框，如图4-394所示。

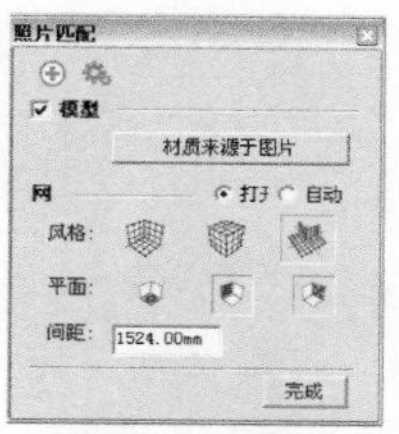

图4-394

“材质来源于图片”按钮 材质来源于图片 ：单击该按钮将会把照片作为贴图覆盖模型的表面材质。

“网”选项组：该选项组下包含了3种网格，分别为“风格”“平面”和“间距”，如图4-395所示。

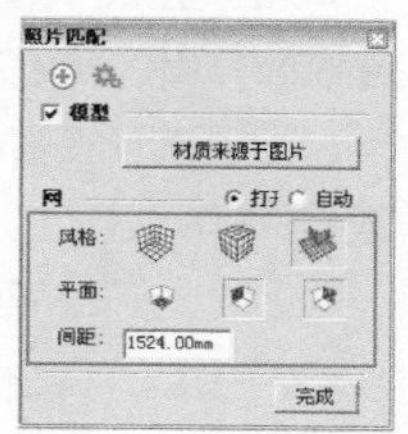

图4-395

技巧与提示

执行“窗口→照片匹配”菜单命令也可以打开“照片匹配”对话框。

重点 实战

根据照片匹配建筑模型

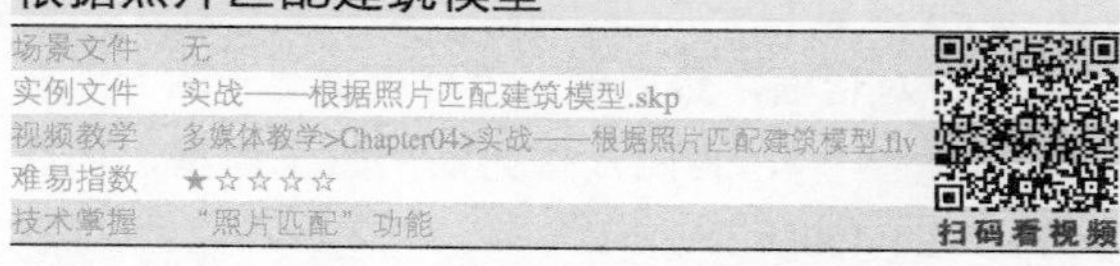

场景文件	无
实例文件	实战——根据照片匹配建筑模型.skp
视频教学	多媒体教学>Chapter04>实战——根据照片匹配建筑模型.flv
难易指数	★☆☆☆☆
技术掌握	“照片匹配”功能

扫码看视频

01 执行“相机→新建照片匹配”菜单命令，然后在弹出的“选择背景图片文件”对话框中，将“实例文件>Chapter04>实战——根据照片匹配建筑模型>01.jpg”图片导入SketchUp中，如图4-396所示。

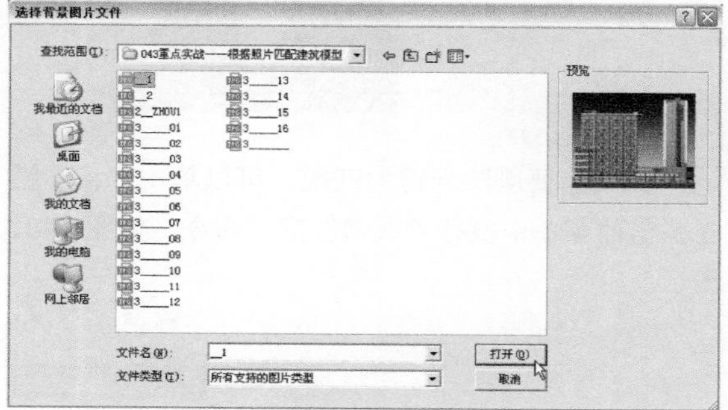

图4-396

02 将图片导入SketchUp后，在图片上将出现一些红色和绿色的短轴，调整这些短轴使其与图片上的透视线对齐，如图4-397所示。

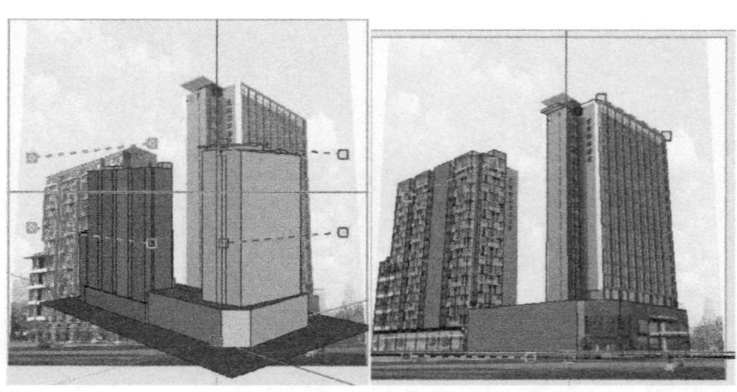
图4-397

3 调整好短轴的位置后，在“照片匹配”对话框中单击“完成”按钮或者在空白处单击，回到建模的界面。此时就可以根据照片的透视来创建实体了，为了便于观察模型，可以启用“X光模式”，如图4-398所示。

图4-398

4 执行“窗口→照片匹配”菜单命令打开“照片匹配”对话框，然后单击“材质来源于图片”按钮 材质来源于图片 ，将照片作为贴图赋予模型，如图4-399和图4-400所示。

图4-399 图4-400

5 如果想要删除当前的匹配，可以单击鼠标右键在弹出的菜单中执行“取消匹配”命令，如图4-401所示。

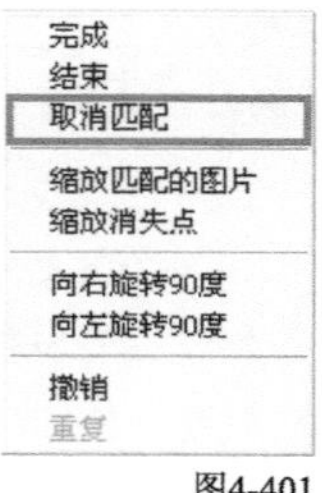

图4-401

4.4 模型的测量与标注

4.4.1 测量距离

“测量距离”工具可以执行一系列与尺寸相关的操作，包括测量两点间的距离、绘制辅助线以及缩放整个模型。关于绘制辅助线的内容会在后面的章节中进行详细讲解，这里仅对测量功能和缩放功能做详细介绍。

1.测量两点间的距离

激活“测量距离”工具，然后拾取一点作为测量的起点，接着拖动鼠标会出现一条类似参考线的“测量带”，其颜色会随着平行的坐标轴而变化，并且数值控制框会实时显示“测量带”的长度，再次单击拾取测量的终点后，测得的距离会显示在数值控制框中。

“测量距离”工具没有平面限制，该工具可以测出模型中任意两点的准确距离。

2.全局缩放

使用“测量距离”工具可以对模型进行全局缩放，这个功能非常实用，用户可以在方案研究阶段先构建粗略模型，当确定方案后需要更精确的模型尺寸时，只要重新制定模型中两点的距离即可。

实战

使用测量工具进行全局缩放

场景文件	无
实例文件	实战——使用测量工具进行全局缩放.skp
视频教学	多媒体教学>Chapter04>实战——使用测量工具进行全局缩放.flv
难易指数	★☆☆☆☆
技术掌握	“测量距离”工具

扫码看视频

1 激活“测量距离”工具，然后选择一条作为缩放依据的线段，接着单击该线段的两个端点，此时数值控制框会显示这条线段的当前长度500mm，如图4-402所示。

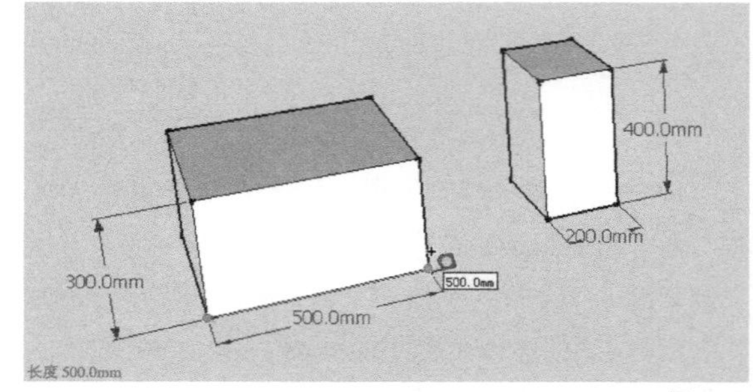

图4-402

2 通过键盘输入一个目标长度1000mm，然后按Enter键确认，此时会出现一个对话框，询问是否调整模型的尺寸，在该对话框中单击“是”按钮 是(Y) ，如图4-403所示。

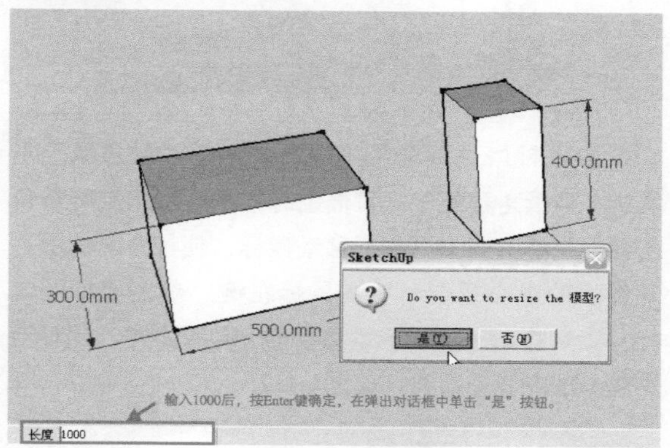

图4-403

3 模型中所有的物体都将按照指定长度和当前长度的比值进行缩放，如图4-404所示，两个体块都扩大了2倍。

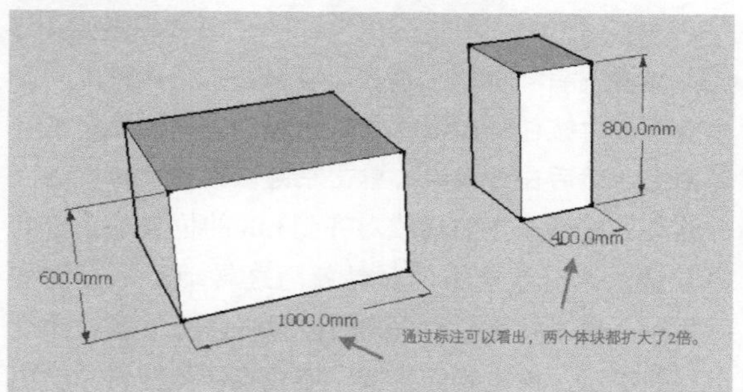

图4-404

全局缩放适用于整个模型场景，如果只想缩放一个物体，就要将物体进行群组，然后使用上述方法进行缩放。

问：如何创建一个已知边长和边数的多边形?

答：在SketchUp中可以通过“多边形”工具（快捷键为Alt+B）创建正多边形，但是只能控制多边形的边数和半径，不能直接输入边长。不过有个变通的方法，就是利用“测量距离”工具进行缩放。以一个边长为5000mm的八边形为例，首先创建一个任意大小的等边八边形，然后将它创建为组并进入组件的编辑状态，然后使用“测量距离”工具（快捷键为Q键）测量一条边的长度，接着通过键盘输入需要的长度5000mm，如图4-405~图4-408所示（注意，一定要先将多边形创建为组，然后进入组内进行编辑，否则会将场景中所有的模型进行缩放）。

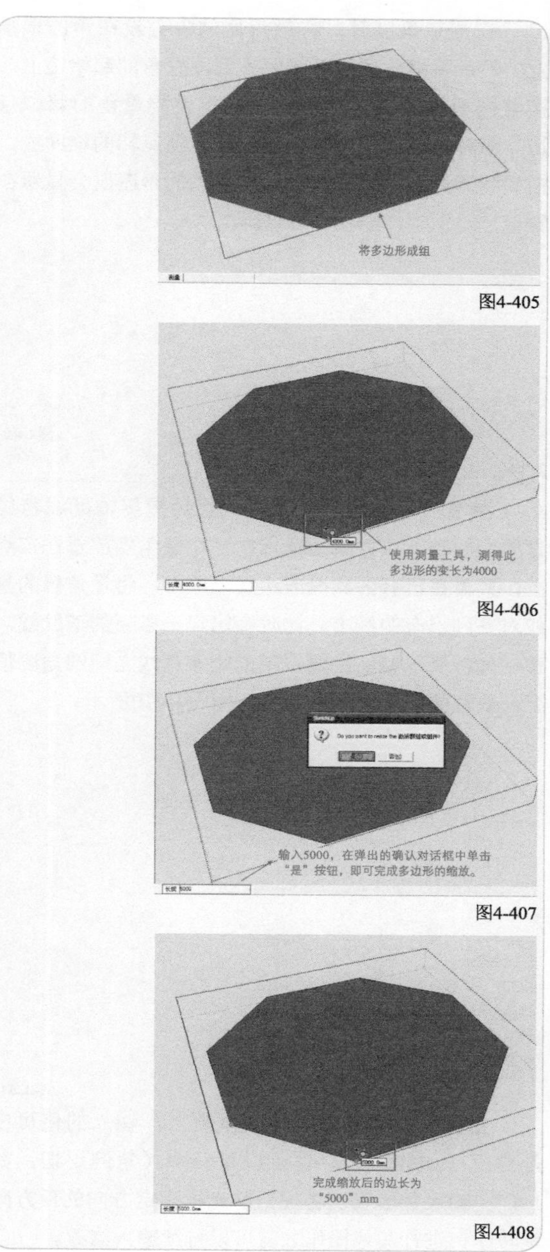

图4-405

图4-406

图4-407

图4-408

4.4.2 测量角度

“量角器”工具可以测量角度和绘制辅助线。

1.测量角度

激活“量角器”工具后，在视图中会出现一个圆形的量角器，鼠标光标指向的位置就是量角器的中心位置，量角器默认对齐红/绿轴平面。

在场景中移动光标时，量角器会根据旁边的坐标轴和几何体而改变自身的定位方向，用户可以按住Shift键锁定所在平面。

在测量角度时，将量角器的中心设在角的顶点上，然后将量角器的基线对齐到测量角的起始边上，接着拖动鼠标旋转量角器，捕捉要测量角的第二条边，此时光标处会出现一条绕量角器旋转的辅助线，捕捉到测量角的第二条边后，测量的角度值会显示在数值控制框中，如图4-409所示。

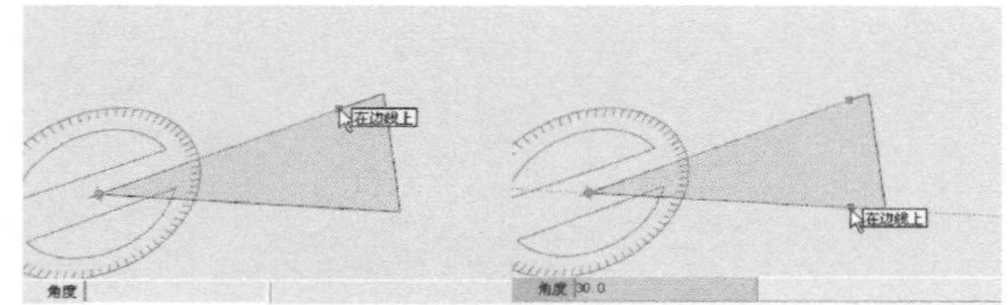

图4-409

2.创建角度辅助线

激活“量角器”工具，然后捕捉辅助线将经过的角的顶点，并单击鼠标左键将量角器放置在该点上，接着在已有的线段或边线上单击，将量角器的基线对齐到已有的线上，此时会出现一条新的辅助线，移动光标到需要的位置，辅助线和基线之间的角度值会在数值控制框中动态显示，如图4-410所示。

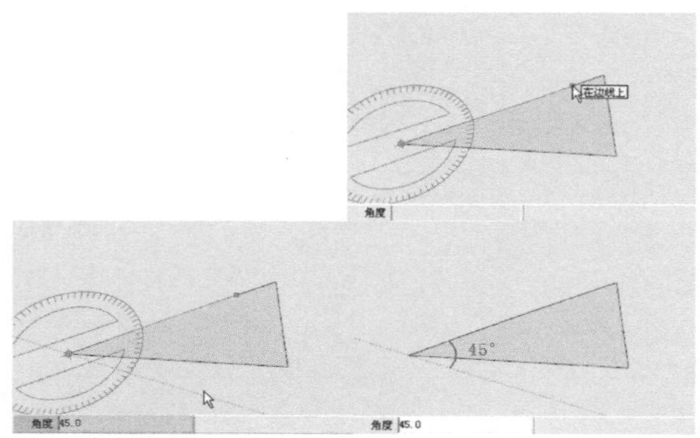

图4-410

角度可以通过数值控制框输入，输入的值可以是角度（如30°），也可以是斜率（角的正切，如1:6）；输入负值表示将往当前光标指定方向的反方向旋转；在进行其他操作之前可以持续输入修改。

3.锁定旋转的量角器

按住Shift键可以将量角器锁定在当前的平面定位上。

实战

使用角度捕捉工具移动钟表时针位置

场景文件	h.skp
实例文件	实战——使用角度捕捉工具移动钟表时针位置.skp
视频教学	多媒体教学>Chapter04>实战——使用角度捕捉工具移动钟表时针位置.flv
难易指数	★☆☆☆☆
技术掌握	“旋转”工具

扫码看视频

1 打开“场景文件>Chapter04>h.skp”文件，模型中钟表的时间为3:00，如图4-411所示。

图4-411

2 双击钟塔进入群组内编辑，激活“量角器”工具，当量角器处于竖直面上时，按住Shift键将量角器锁定在竖直面上，然后移动鼠标，使量角器的中心与钟表的中心重合，单击鼠标左键，确定鼠标的定位。接着移动鼠标旋转量角器到5:00的位置，此时会生成一条虚线辅助线，如图4-412所示。

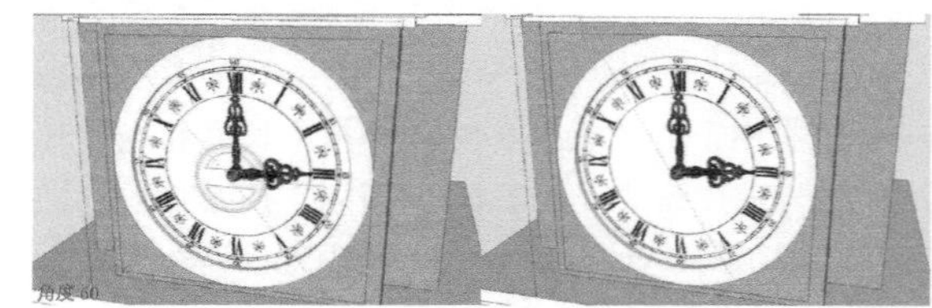

图4-412

3 选择时针，激活“旋转”工具，当旋转工具在垂直面上时按住Shift键将“量角器”工具锁定在竖直面上，然后在钟表中心单击左键以确定旋转中心，并移动鼠标使产生的虚线对齐到3:00的位置，接着单击左键，这时候选中的时针就随之转动了，再次移动鼠标，使时针旋转到5:00的位置时，会出现“在线上”的提示，单击鼠标左键，完成指针的旋转，如图4-413所示。

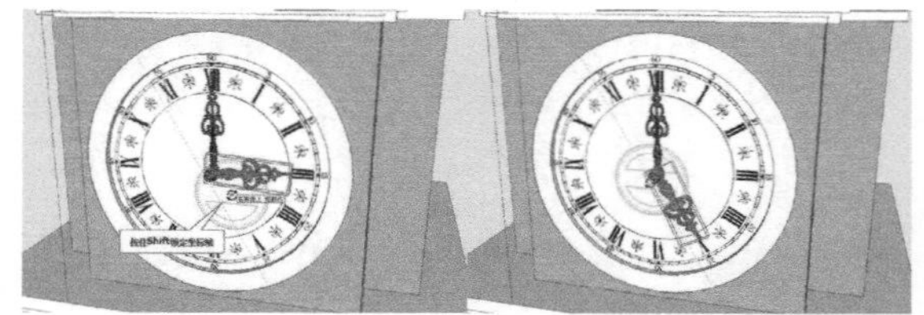

图4-413

4.4.3 标注尺寸

“尺寸标注”工具可以对模型进行尺寸标注。SketchUp中适合标注的点包括端点、中点、边线上的点、交点以及圆或圆弧的圆心。在进行标注时，有时需要旋转模型以让标注处于需要表达的平面上。

尺寸标注的样式可以在“场景信息”管理器的“尺寸标注”面板中进行设置，执行“窗口→场景信息”菜单命令即可打开“场景信息”管理器，如图4-414所示。

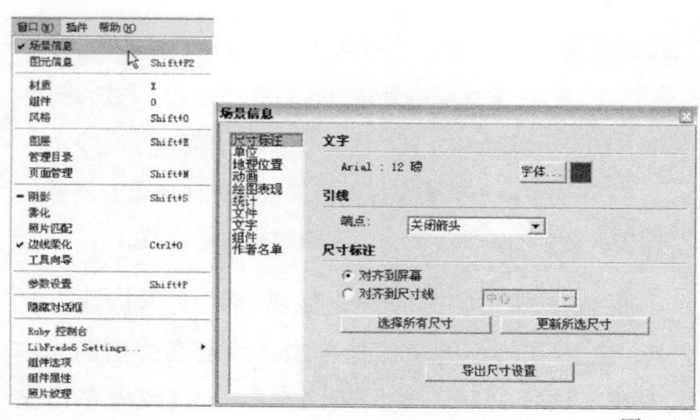

图4-414

1.标注线段

激活“尺寸标注”工具，然后依次单击线段两个端点，接着移动鼠标拖曳一定的距离，再次单击鼠标左键确定标注的位置，如图4-415所示。

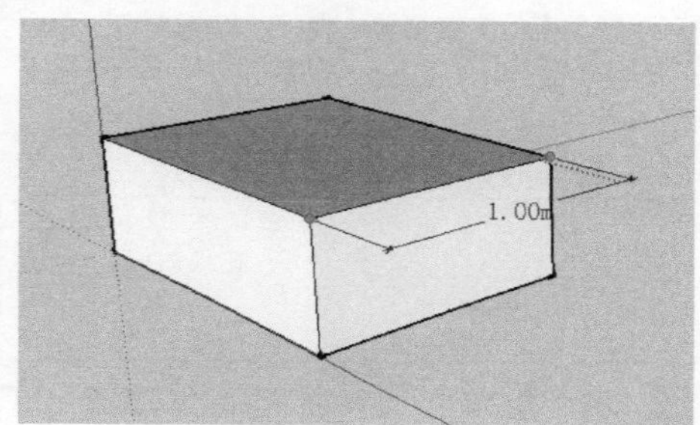

图4-415

用户也可以直接单击需要标注的线段进行标注，选中的线段会呈高亮显示，单击线段后拖曳出一定的标注距离即可，如图4-416所示。

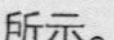

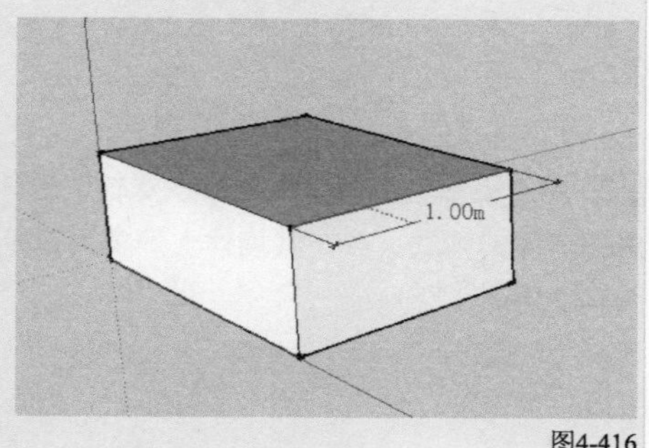

图4-416

2.标注直径

激活“尺寸标注”工具，然后单击要标注的圆，接着移动鼠标拖曳出标注的距离，再次单击鼠标左键确定标注的位置，如图4-417所示。

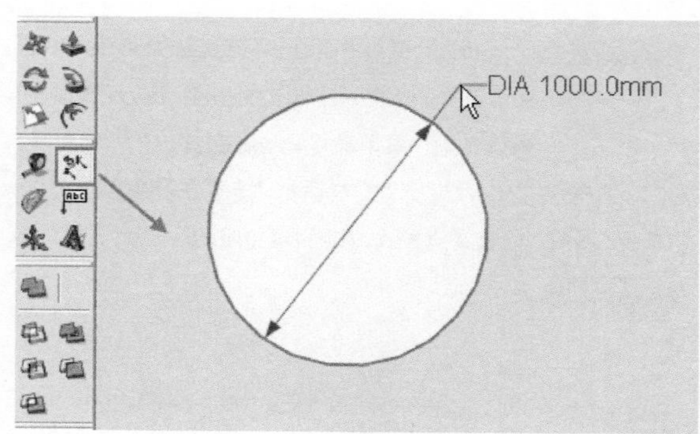

图4-417

3.标注半径

激活“尺寸标注”工具，然后单击要标注的圆弧，接着拖曳鼠标确定标注的距离，如图4-418所示。

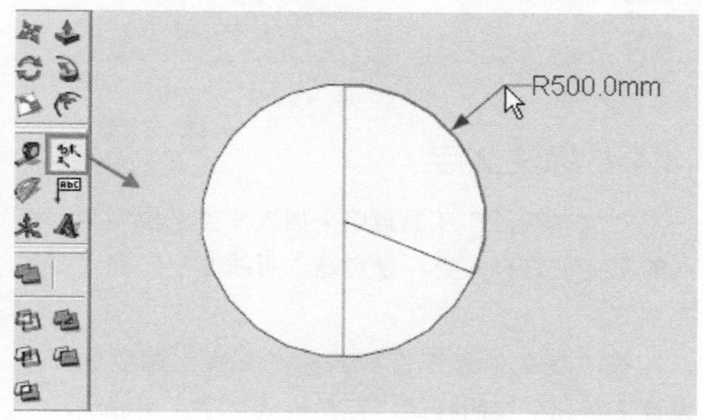

图4-418

4.互换直径标注和半径标注

在半径标注的右键菜单中执行“类型→直径”命令可以将半径标注转换为直径标注，同样，执行“类型→半径”右键菜单命令可以将直径标注转换为半径标注，如图4-419所示。

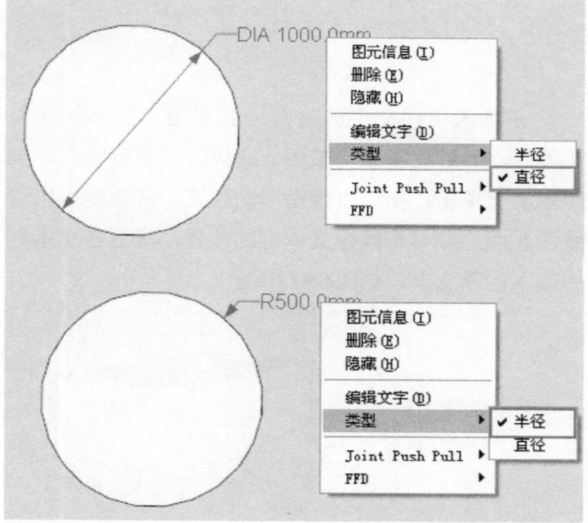

图4-419

技巧与提示

SketchUp中有许多种标注的样式以供使用者选择，修改标注样式的步骤：执行“窗口→场景信息”菜单命令，然后在弹出的“场景信息”对话框中打开“尺寸标注”对话框，接着在引线后的端点中选择“斜杆”或者其他方式，如图4-420所示。

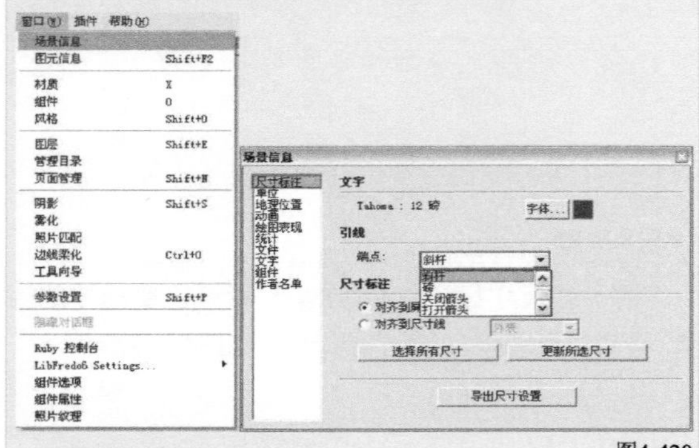

图4-420

4.4.4 标注文字

“文本标注”工具用来插入文字到模型中，插入的文字主要有两类，分别是“引线文字”和“屏幕文字”。

在“场景信息”管理器的“文字”面板中可以设置文字和引线的样式，包括引线文字、引线端点、字体类型和颜色等，如图4-421所示。

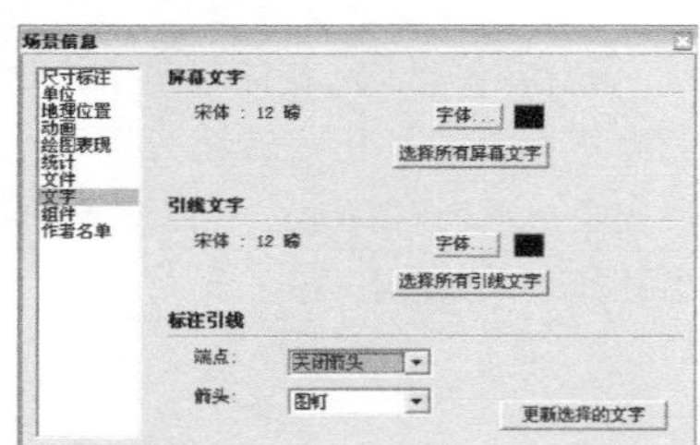

图4-421

在插入引线文字的时候，先激活“文本标注”工具，然后在实体（表面、边线、顶点、组件、群组等）上单击，指定引线指向的位置，接着拖曳出引线的长度，并单击确定文本框的位置，最后在文本框中输入注释文字，如图4-422所示。

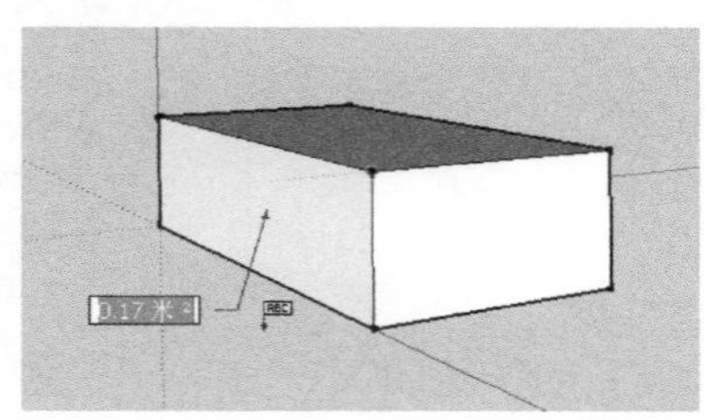

图4-422

技巧与提示

输入注释文字后，按两次Enter或者单击文本框的外侧就可以完成输入，按Esc键可以取消操作。

文字也可以不需要引线而直接放置在实体上，只需在需要插入文字的实体上双击，引线将被自动隐藏。

插入屏幕文字的时候，先激活“文本标注”工具，然后在屏幕的空白处单击，接着在弹出的文本框中输入注释文字，最后按两次Enter键或者单击文本框的外侧完成输入。

技巧与提示

屏幕文字在屏幕上的位置是固定的，不受视图改变的影响。另外，在已经编辑好的文字上双击鼠标左键即可重新编辑文字，也可以在文字的右键菜单中执行“编辑文字”命令。

重点 实战

创建建筑内部墙体并进行标注

场景文件	无
实例文件	实战——创建建筑内部墙体并进行标注.skp
视频教学	多媒体教学>Chapter04>实战——创建建筑内部墙体并进行标注.flv
难易指数	★☆☆☆☆
技术掌握	“文本标注”工具

扫码看视频

01 用“矩形”工具和“推/拉”工具绘制12600mm×16700mm×150mm建筑的楼板，如图4-423所示。

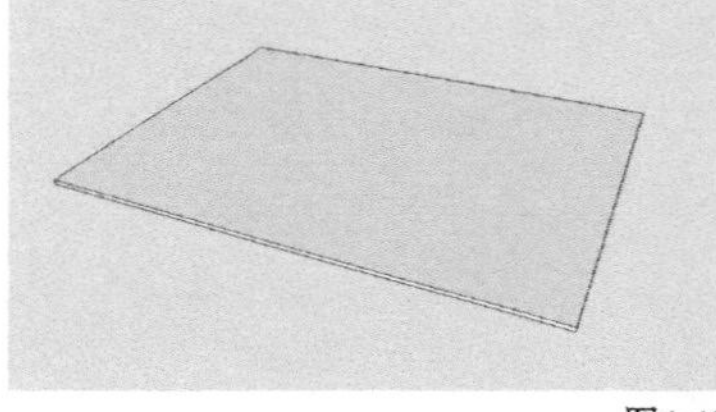

图4-423

02 用“矩形”工具和“偏移复制”工具等创建内部房间的体块，并在其墙体上开窗洞以及门洞，如图4-424所示。

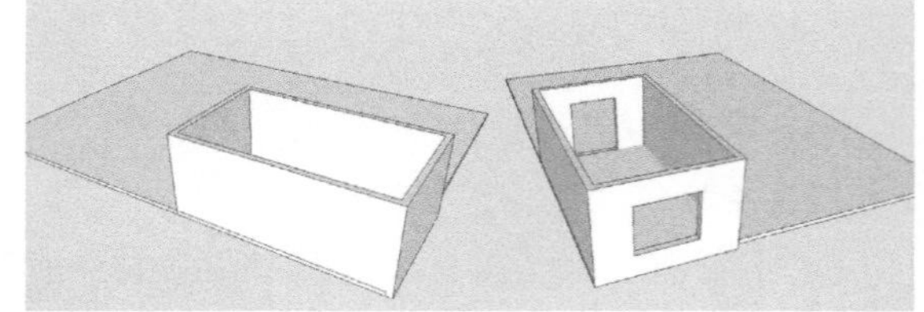

图4-424

03 将其制作成组件，然后将其进行复制，如图4-425所示。

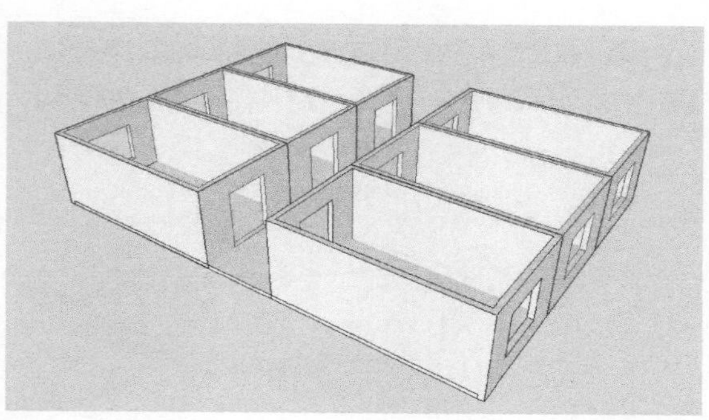

图4-425

4 单击“尺寸标注”工具，然后单击鼠标左键选择需要标注尺寸的点，完成尺寸标注后可以通过双击标注数据修改其内容，如图4-426所示。

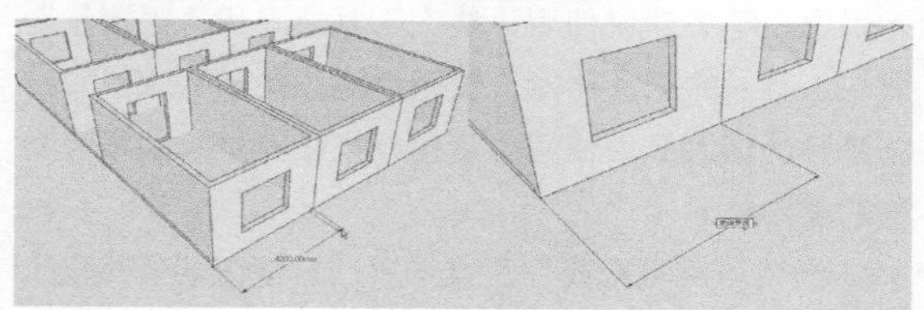

图4-426

5 用相同的方法完成其他的尺寸标注，如图4-427所示。

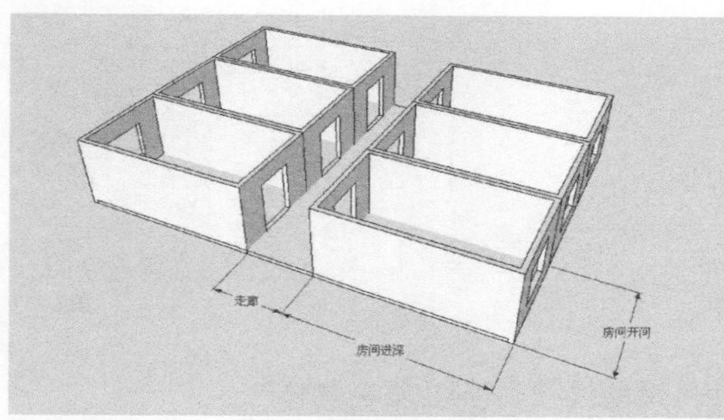

图4-427

4.4.5 3D文字

从SketchUp 6.0开始增加了“3D文字”工具，该工具广泛地应用于广告、logo、雕塑文字等。

激活“3D文字”工具会弹出“放置3D文字”对话框，该对话框中的“高度”表示文字的大小、“挤压”表示文字的厚度，如果没有勾选“填充”选项，生成的文字将只有轮廓线，如图4-428所示。

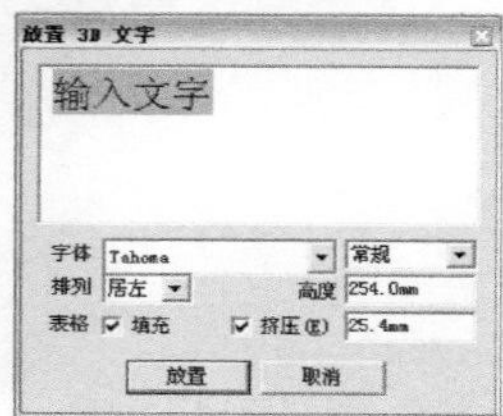

图4-428

在“放置3D文字”对话框的文本框中输入文字后，单击“放置”按钮，即可将文字拖放至合适的位置，生成的文字自动成组，使用“缩放”工具可以对文字进行缩放，如图4-429和图4-430所示。

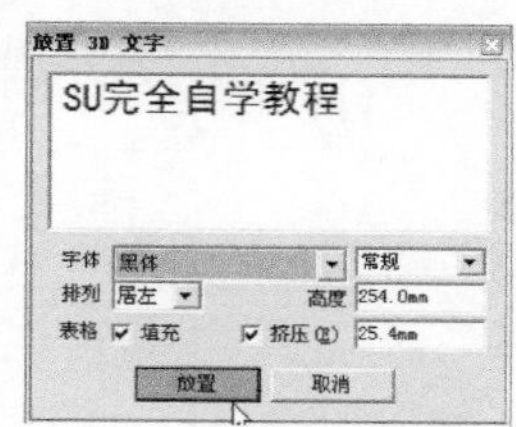

图4-429

图4-430

实战

为某校大门添加学校名称

场景文件	i.skp
实例文件	实战——为某校大门添加学校名称.skp
视频教学	多媒体教学>Chapter04>实战——为某校大门添加学校名称.flv
难易指数	★☆☆☆☆
技术掌握	“3D文字”工具

扫码看视频

1 打开“场景文件>Chapter04>i.skp”文件，如图4-431所示。

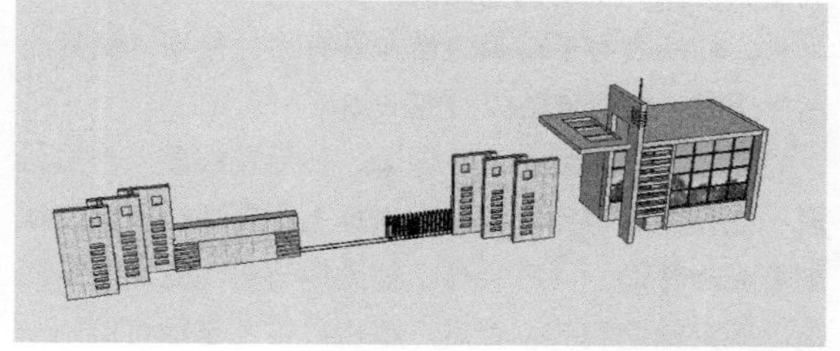

图4-431

2 单击“3D文字”工具，在弹出的“放置3D文字”对话框中输入“第一中学”并将字体改成“华文行楷”，然后单击“放置”按钮，将其放置到相应的位置，如图4-432所示。

图4-432

3 用“缩放”工具调整其大小，如图4-433所示。

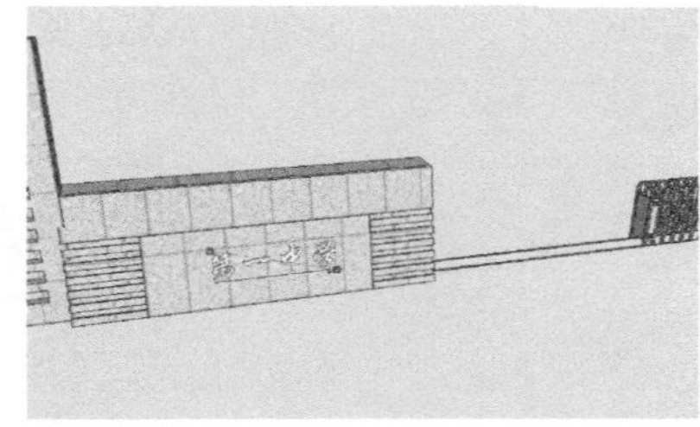
图4-433

4 打开“材质”编辑器为其赋予相应的材质，如图4-434所示。

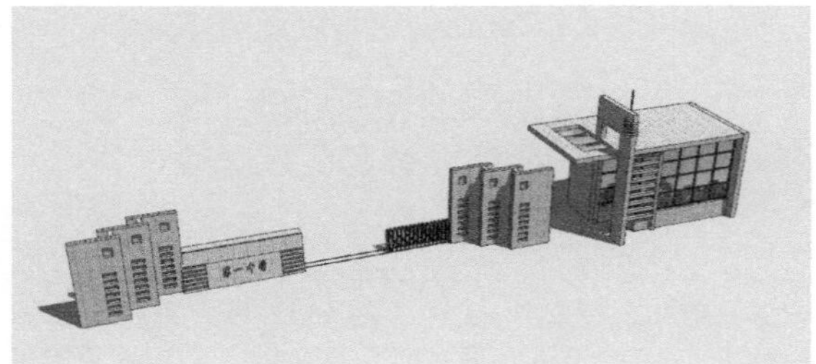
图4-434

4.5辅助线的绘制与管理

4.5.1 绘制辅助线

许多初学者会问，绘制辅助线使用什么工具？其实答案就在于“测量距离”工具和“量角器”工具。辅助线对于精确建模非常有用，使用“测量距离”工具绘制辅助线的方法如下。

激活“测量距离”工具，然后在线段上单击拾取一点作为参考点，此时在光标上会出现一条辅助线随着光标移动，同时会显示辅助线与参考点之间的距离，确定辅助线的位置后，单击鼠标左键即可绘制一条辅助线，如图4-435所示。

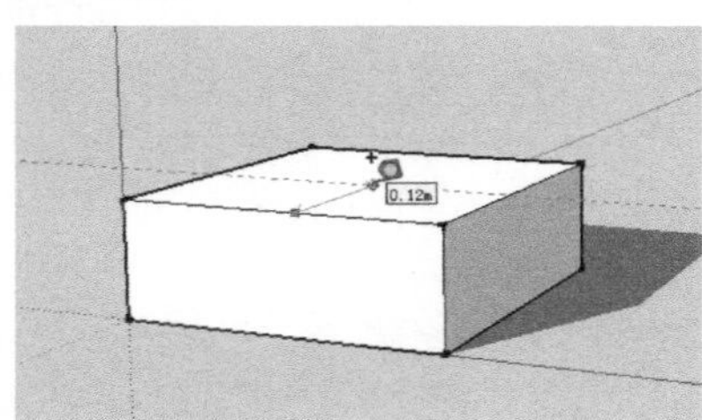

图4-435

技巧与提示

绘制的辅助线将与参考点所在的线段平行。

如果根据端点的提示绘制了一条有限长度的辅助线，那么辅助线的终端会带有一个十字符号，如图4-436所示。

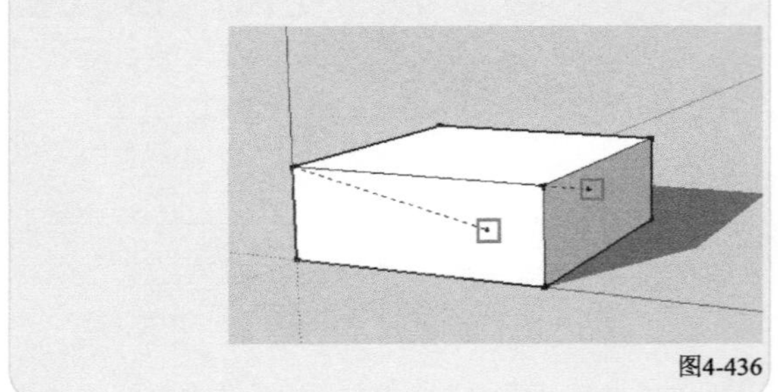
图4-436

在使用“测量距离”工具的时候配合Ctrl键进行操作，就可以只“测量”而不产生线。在实际的运用中，笔者建议使用“线”工具来代替“测量距离”工具的测量功能，使用“测量距离”工具绘制平行的辅助线，使用“量角器”工具绘制带有角度的辅助线。

激活“测量距离”工具后，直接在某条线段上双击鼠标左键，即可绘制一条与该线段重合又无限延长的辅助线，如图4-437所示。

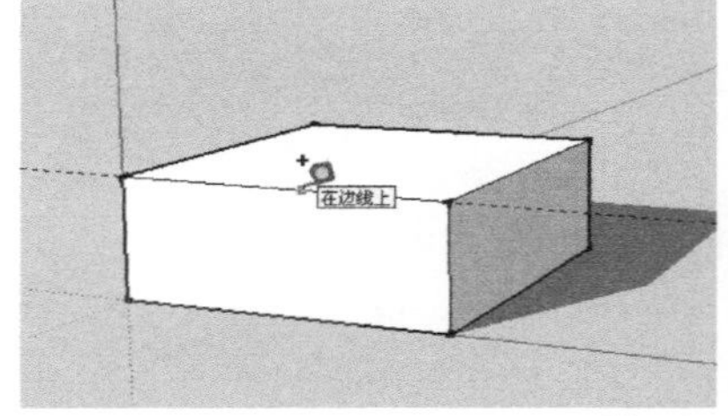

图4-437

实战

使用辅助线精确移动/复制物体

场景文件	j.skp
实例文件	实战——使用辅助线精确移动复制物体.skp
视频教学	多媒体教学>Chapter04>实战——使用辅助线精确移动复制物体.flv
难易指数	★☆☆☆☆
技术掌握	辅助线及“移动/复制”工具

扫码看视频

1 打开“场景文件>Chapter04>j.skp”文件，如图4-438所示。我们需要把窗户精确地移动到离上边墙线1000mm处，离左边墙线1500mm处。

图4-438

2 绘制出离上边线1000mm处、离左边线1500mm处的辅助线，如图4-439所示。

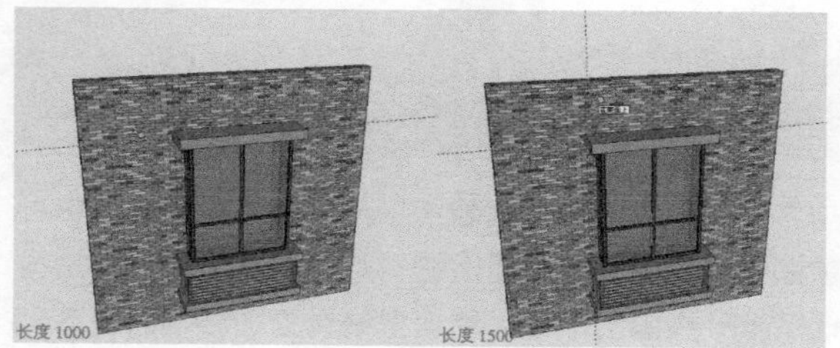

图4-439

3 用“移动/复制”工具将窗户的左上角放置到两条辅助线的交点处，完成窗户的精确位移，如图4-440所示。

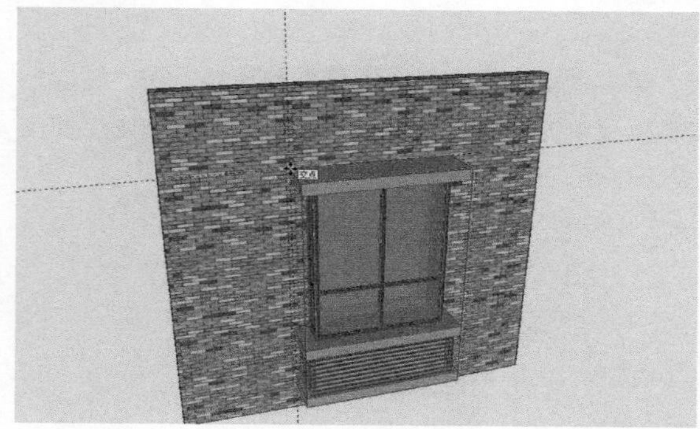

图4-440

4.5.2 管理辅助线

眼花缭乱的辅助线有时候会影响视线，从而产生负面影响，此时可以通过执行“编辑→撤销辅助线”菜单命令、“编辑→重复删除”菜单命令或者“编辑→删除辅助线”菜单命令删除所有的辅助线，如图4-441所示。

在“图元信息”对话框中可以查看辅助线的相关图元信息，并且可以修改辅助线所在的图层，如图4-442所示。

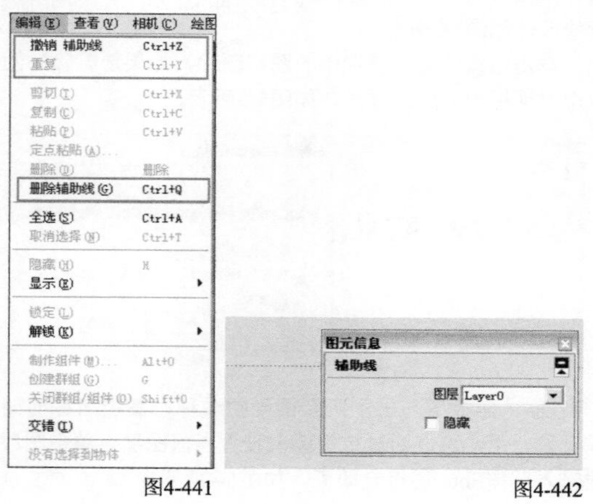

图4-441　图4-442

辅助线的颜色可以通过“风格”编辑器进行设置，在“风格”编辑器中单击“编辑”选项卡，然后对“辅助”选项后面的颜色色块进行调整，如图4-443所示。

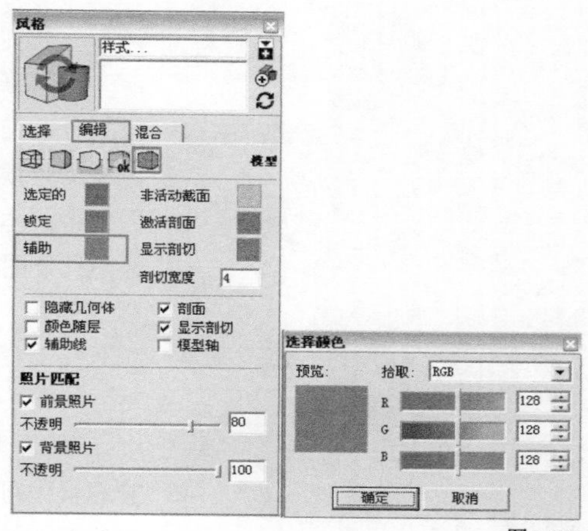

图4-443

4.5.3 导出辅助线

在SketchUp中可以将辅助线导出到AutoCAD中，以便为进一步精确绘制立面图提供帮助。导出辅助线的方法如下。

执行“文件→导出→3D模型”菜单命令，然后在弹出的“导出模型”对话框中设置“文件类型”为AutoCAD DWG File（*.dwg），接着单击“选项”按钮，并在弹出的“AutoCAD导出选项”对话框中勾选“构造几何体”选项，最后依次单击“确定”按钮和“导出”按钮将辅助线导出，如图4-444所示。为了能更清晰地显示和管理辅助线，可以将辅助线单独放在一个图层上再进行导出。

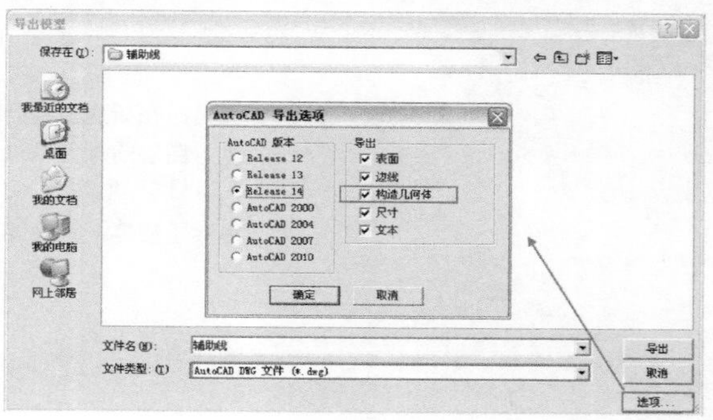

图4-444

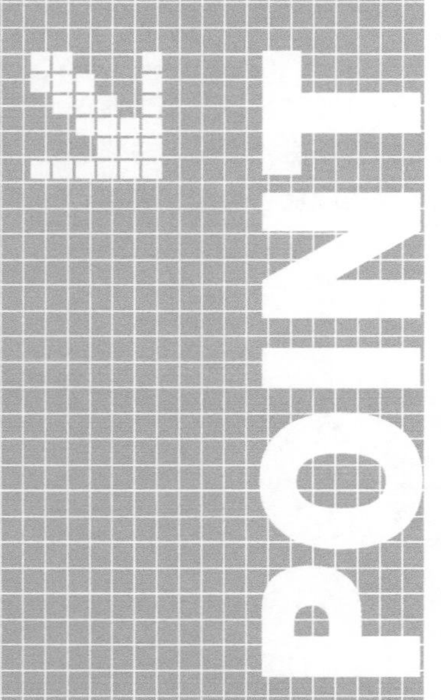

第5章 图层的运用及管理

虽然在SketchUp中管理物体不是特别依赖图层，只依靠组和组件也可以划分几何体，但是掌握图层管理会更方便，特别是在创建大场景和室内建模的时候，有选择地显隐一些图层，可以使模型编辑更加顺畅，提高制图效率。本章将为大家详细讲解“图层”的有关知识，包括图层的建立、显隐以及图层属性的修改等内容。

学习重点

掌握“图层”管理器的运用

了解图层工具栏的运用

掌握新建图层的方法

掌握修改图层属性的方法

5.1 图层管理器

执行“窗口→图层”菜单命令可以打开“图层”管理器，在“图层”管理器中可以查看和编辑模型中的图层，它显示了模型中所有的图层和图层的颜色，并指出图层是否可见，如图5-1所示。

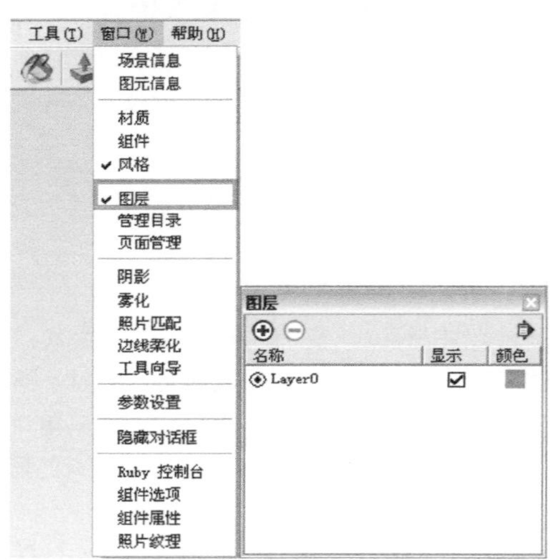

图5-1

“增加层”按钮：单击该按钮可以新建一个图层，用户可以对新建的图层重命名。在新建图层的时候，系统会为每一个新建的图层设置一种不同于其他图层的颜色，图层的颜色可以进行修改，如图5-2所示。

“删除图层”按钮：单击该按钮可以将选中的图层删除，如果要删除的图层中包含了物体，将会弹出一个对话框询问处理方式，如图5-3所示。

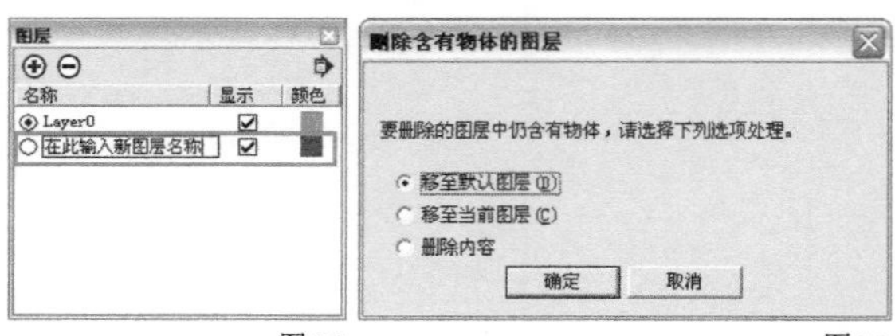

图5-2　　图5-3

“名称”标签：在“名称”标签下列出了所有图层的名称，图层名称前面的圆内有一个点的表示是当前图层，用户可以通过单击圆来设置当前图层。单击图层的名称可以输入新名称，完成输入后按Enter键确定即可，如图5-4所示。

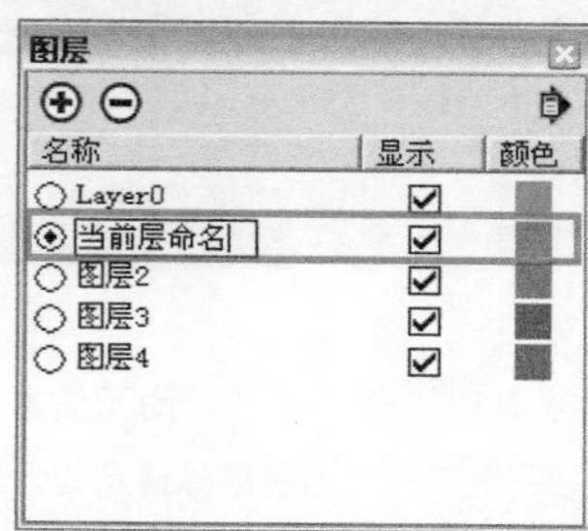

图5-4

"显示"标签："显示"标签下的选项用于显示或者隐藏图层，勾选即表示显示。若想隐藏图层，只需将图层前面的钩去掉即可。如果将隐藏图层置为当前图层，则该图层会自动变成可见层。

"颜色"标签："颜色"标签下列出了每个图层的颜色，单击颜色色块可以为图层指定新的颜色。

"详细信息"按钮：单击该按钮将打开拓展菜单，如图5-5所示。

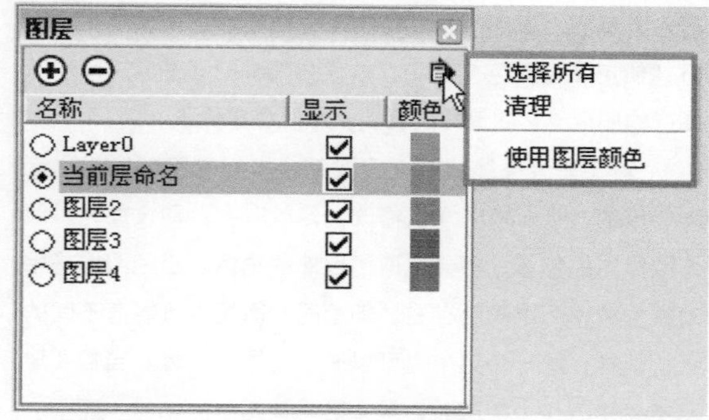

图5-5

选择所有：该选项可以选中模型中的所有图层。

清理：该选项用于清理所有未使用过的图层。

使用图层颜色：如果用户选择了"使用图层颜色"选项，那么渲染时图层的颜色会赋予该图层中的所有物体。由于每一个新图层都有一个默认的颜色，并且这个颜色是独一无二的，因此"使用图层颜色"选项将有助于快速直观地分辨各个图层。

实战

新建图层

场景文件	a.skp
实例文件	实战——新建图层.skp
视频教学	多媒体教学>Chapter05>实战——新建图层.flv
难易指数	★☆☆☆☆
技术掌握	"图层"管理器

扫码看视频

1 执行"窗口→图层"菜单命令，如图5-6所示。

2 在弹出的"图层"管理器中单击"增加层"按钮，然后单击图层的名称框输入新名称"建筑"，完成"建筑"图层的创建，如图5-7所示。

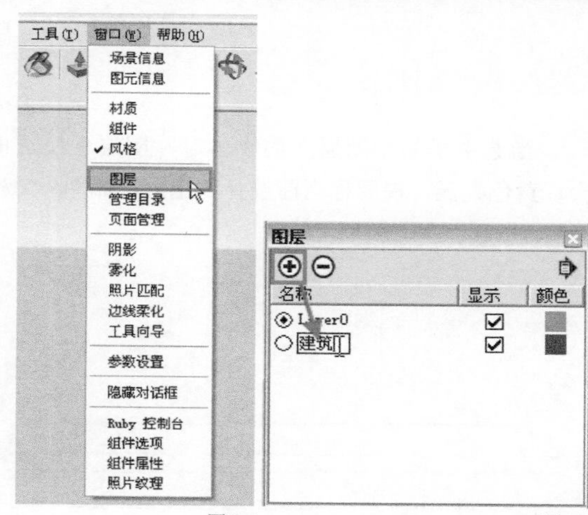

图5-6　图5-7

5.2 图层工具栏

"图层"工具栏可以通过执行"查看→工具栏→图层"菜单命令调出，如图5-8所示。

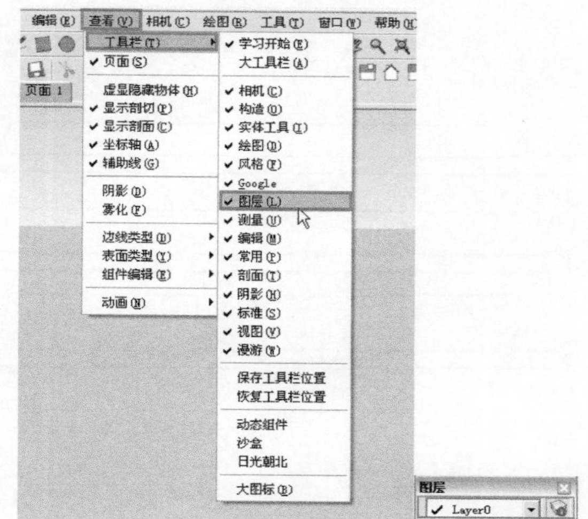

图5-8

单击"图层"工具栏右侧的"图层管理"按钮，即可打开"图层"管理器。在上一节我们讲解了"图层"管理器的相关知识，在此不再赘述。

单击"图层"下拉选框按钮，展开图层下拉选框，会出现模型中所有的图层，然后单击即可选择当前图层。相对应的，在图层管理器中，当前图层会被激活，如图5-9所示。

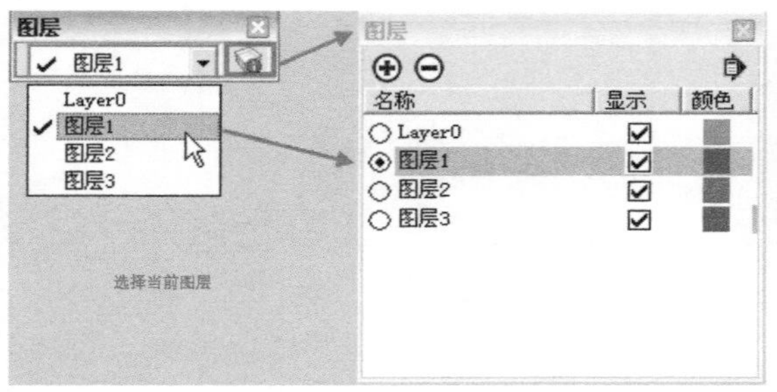

图5-9

当选中了某个图层上的物体时，图层下拉选框会以黄色亮显，提醒你当前选择的图层，如图5-10和图5-11所示。

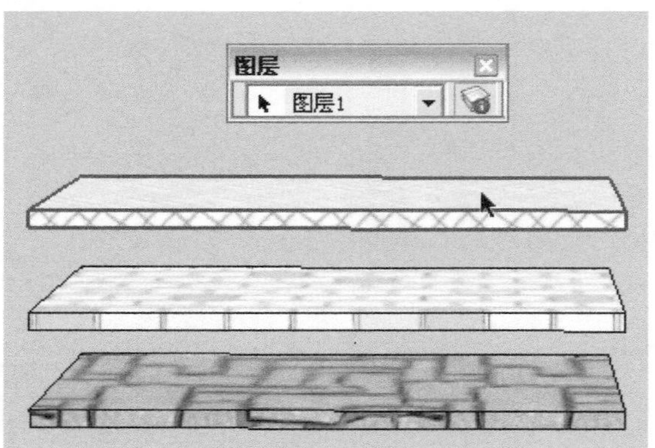

图5-10

图5-11

5.3 图层属性

选中某个元素单击鼠标右键，在弹出的菜单中执行“图元信息”命令可以打开“图元信息”对话框，在该对话框中可以查看选中元素的图元信息，也可以通过“图层”下拉菜单改变元素所在的图层，如图5-12所示。

图5-12

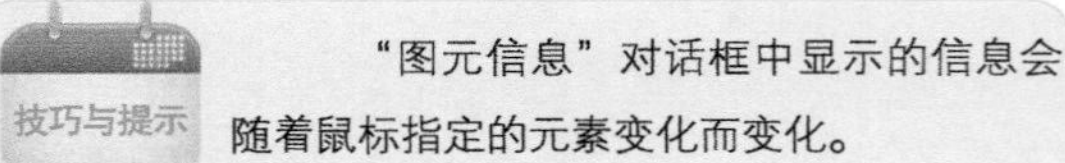

技巧与提示

“图元信息”对话框中显示的信息会随着鼠标指定的元素变化而变化。

疑难问答

问：在SketchUp中图层的概念非常模糊，即使不在当前图层，也会被轻易选中，始终都是跨图层操作，并且也没有图层锁定，有办法解决吗？

答：其实SketchUp图层的主要功能就是用来将物体分类、显示或隐藏，以方便选择和管理。单击“图层”管理器右上角的“详细信息”按钮，然后在弹出的菜单中执行“使用图层颜色”命令，效果如图5-13和图5-14所示。图层的颜色不影响最终的材质，可以任意更改。

对物体分类编辑时一定要结合群组来管理，组是无限层级的，可以随时双击修改。修改时会自动设置为只能修改组内的物体，不会选取到组外的物体。组和图层是相对独立的，可以同时存在，即相同的图层中可以有不同的组；同样，同一个组中也可以有不同层的物体。当需要显示或者隐藏某个图层时，只会影响该图中的物体，而不会影响到同一组中不同图层的物体。

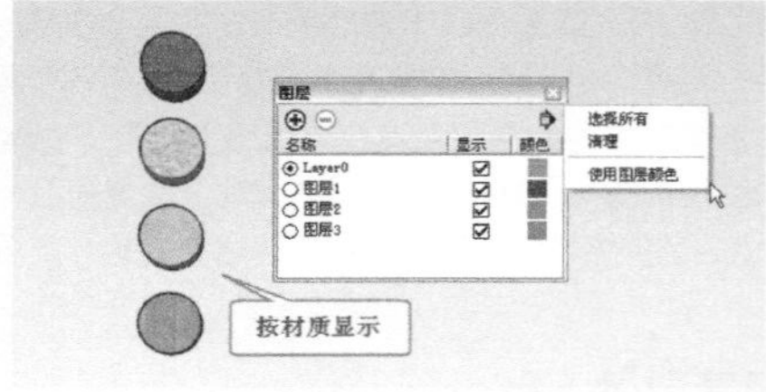

图5-13

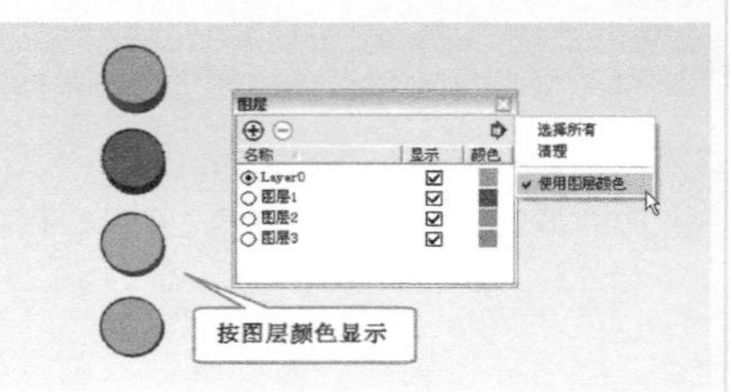

图5-14

重点 实战

将导入的图像进行分图层

场景文件	b.skp
实例文件	实战——将导入的图像进行分图层.skp
视频教学	多媒体教学>Chapter05>实战——将导入的图像进行分图层.flv
难易指数	★★☆☆☆
技术掌握	"图层"管理器及"图元信息"命令

扫码看视频

1 打开"场景文件>Chapter05> b.skp"文件，选择南立面图，然后单击鼠标右键在弹出的菜单中执行"图元信息"命令，如图5-15所示。

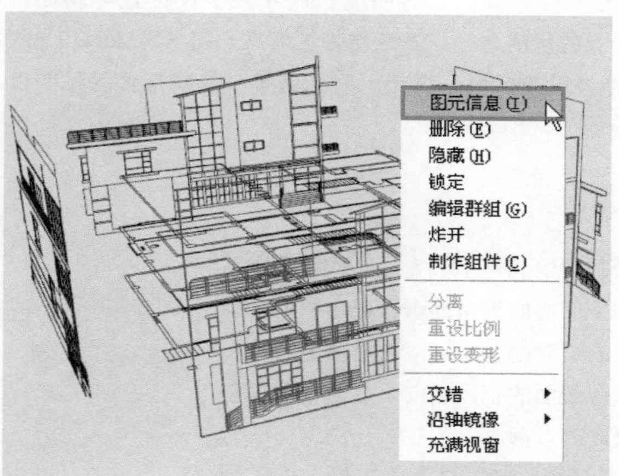

图5-15

2 在弹出的"图元信息"对话框中，选择"图层"下拉选项中"南立面图"图层，如图5-16和图5-17所示。

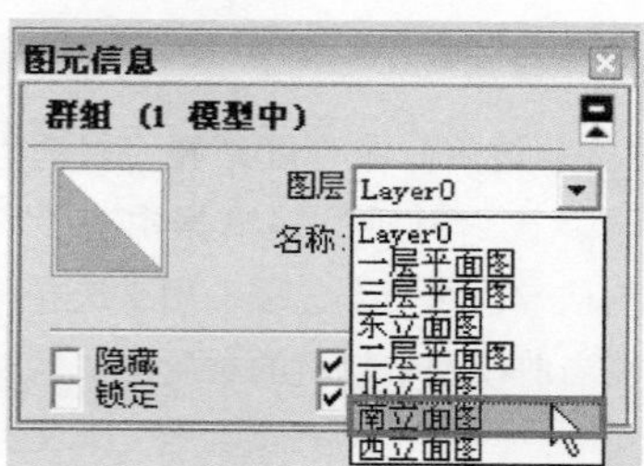

图5-16

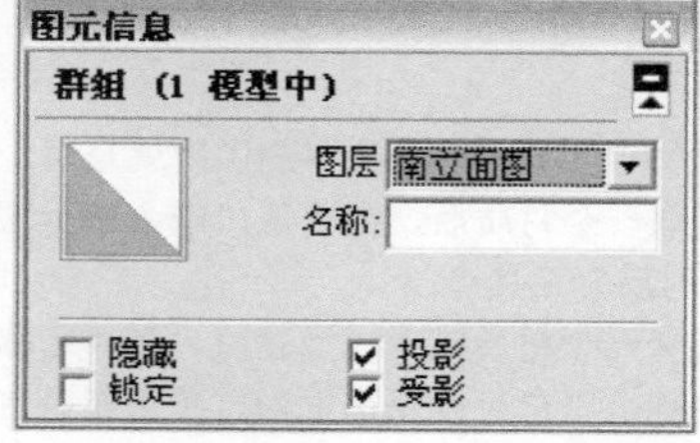

图5-17

3 采用相同的方法可以把其他的图形文件也归到相应的图层中，如图5-18所示。

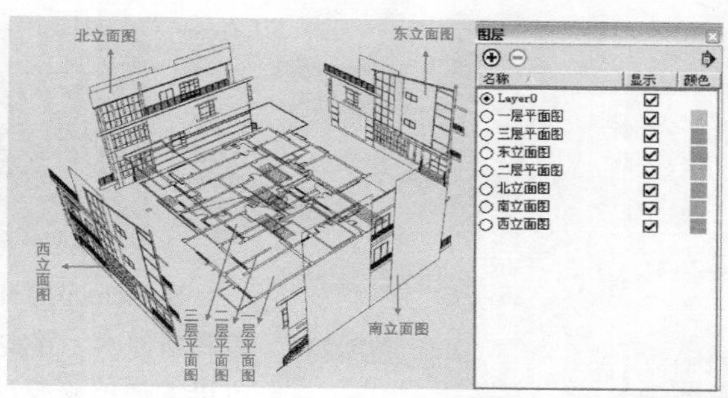

图5-18

POINT

第6章 材质与贴图

SketchUp拥有强大的材质库，可以应用于边线、表面、文字、剖面、组和组件中，并实时显示材质效果，所见即所得。而且在材质赋予以后，可以方便地修改材质的名称、颜色、透明度、尺寸大小及位置等属性特征，这是SketchUp的最大的优势之一。本章将带领大家一起学习SketchUp的材质功能的应用，包括材质的提取、填充、坐标调整、特殊形体的贴图以及PNG贴图的制作及应用等。

学习重点

掌握填充材质的方法
掌握调整贴图坐标的方法
灵活运用材质贴图创建物体
了解制作二维组件的方法

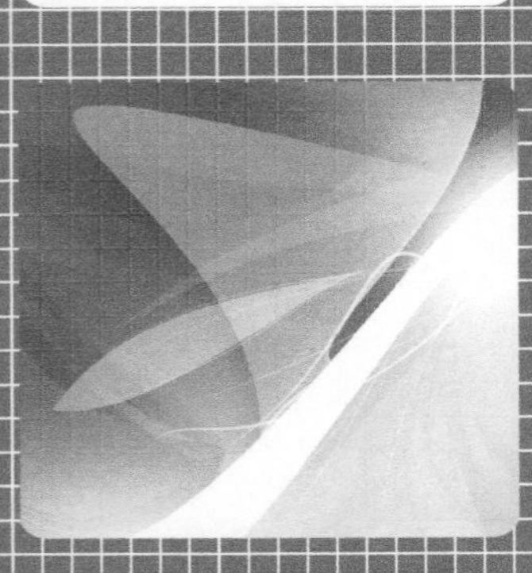

6.1 默认材质

在SketchUp中创建几何体的时候，会被赋予默认的材质。默认材质的正反两面显示的颜色是不同的，这是因为SketchUp使用的是双面材质。双面材质的特性可以帮助用户更容易区分表面的正反朝向，以方便将模型导入其他软件时调整面的方向。

默认材质正反两面的颜色可以在“风格”编辑器的“编辑”选项卡中进行设置，如图6-1所示。

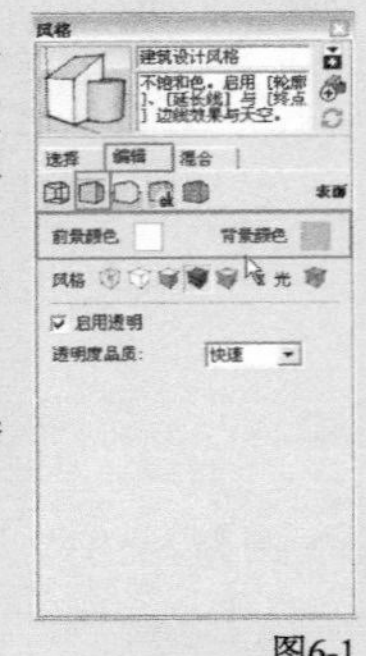
图6-1

6.2 材质编辑器

执行“窗口→材质”菜单命令可以打开“材质”编辑器，如图6-2所示。在“材质”编辑器中有“选择”和“编辑”两个选项卡，这两个选项卡用来选择与编辑材质，也可以浏览当前模型中使用的材质。

图6-2

“单击开始用笔刷绘图”窗口：该窗口的实质就是用于材质预览窗口，选择或者提取一个材质后，在该窗口中会显示这个材质，同时会自动激活“材质”工具。

“名称”文本框：选择一个材质赋予模型以后，在“名称”文本框中将显示材质的名称，用户可以在这里为材质重新命名，如图6-3所示。

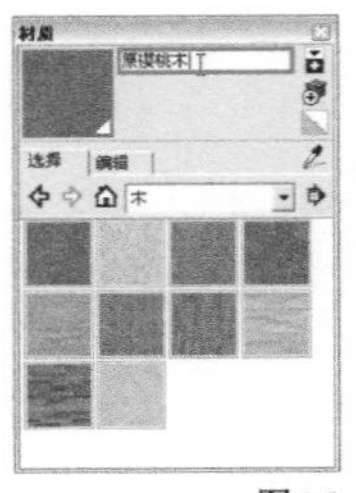
图6-3

“创建材质”按钮：单击该按钮将弹出“创建材质”对话框，在该对话框中可以设置材质的名称、颜色、大小等属性，如图6-4和图6-5所示。

SketchUp

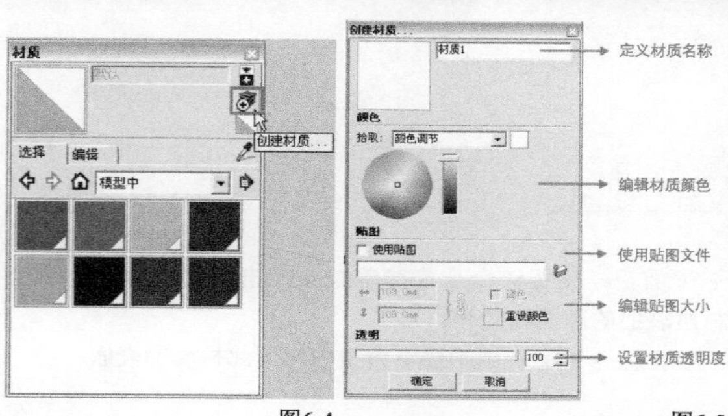

图6-4　　图6-5

6.2.1 选择选项卡

“选择”选项卡的界面如图6-6所示。

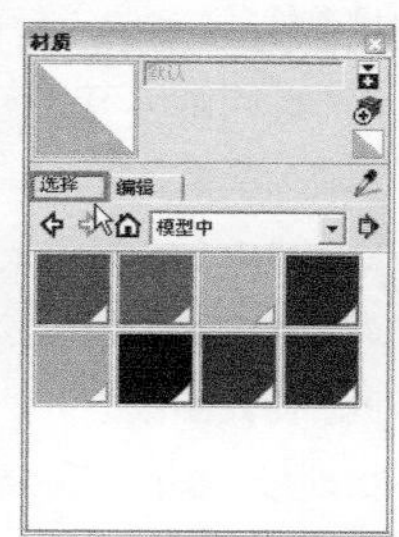

图6-6

“后退”按钮/“前进”按钮：在浏览材质库时，使用这两个按钮可以前进或者后退。

“模型中”按钮：单击该按钮可以快速返回“模型中”材质列表。

“详细信息”按钮：单击该按钮将弹出一个快捷菜单，如图6-7所示。

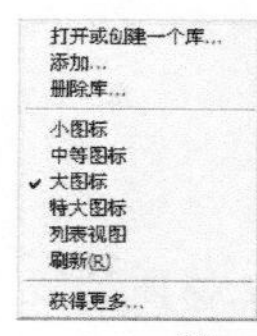

图6-7

打开或创建一个库：该命令用于载入一个已经存在的文件夹或创建一个文件夹到“材质”编辑器中。执行该命令弹出的对话框中不能显示文件，只能显示文件夹。

添加：该命令用于将选择的文件夹添加到收藏夹中。

删除：该命令可以将选择的文件夹从收藏夹中删除。

小图标/中等图标/大图标/特大图标/列表视图：“列表视图”命令用于将材质图标以列表状态显示，其余4个命令用于调整材质图标显示的大小，如图6-8所示。

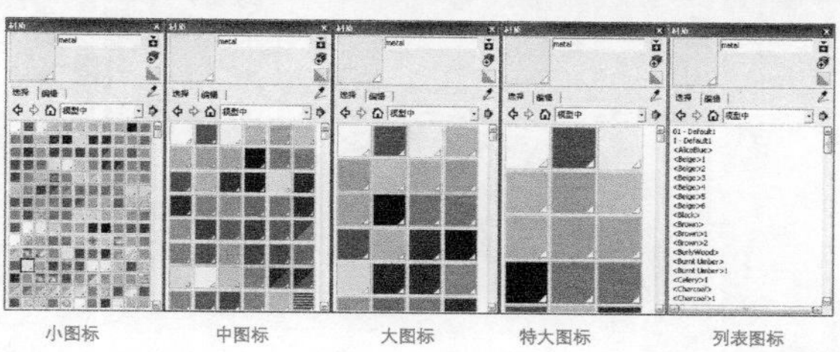

图6-8

“提取材质”工具：单击该按钮可以从场景中提取材质，并将其设置为当前材质。

实战

提取场景中的材质并填充

场景文件	a.skp
实例文件	实战——提取场景中的材质并填充.skp
视频教学	多媒体教学>Chapter06>实战——提取场景中的材质并填充.flv
难易指数	★☆☆☆☆
技术掌握	“材质”编辑器

扫码看视频

01 打开“场景文件>Chapter06>a.skp”文件，然后单击“提取材质”工具，此时光标将变成吸管形状，如图6-9所示。

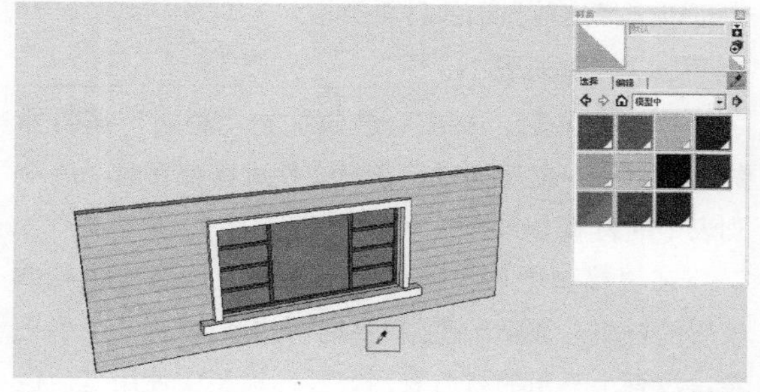

图6-9

02 在要提取的材质上单击鼠标左键，提取的材质将会出现在“单击开始用笔刷绘图”窗口中（也可以使用“材质”工具并配合Alt键提取材质），如图6-10所示。

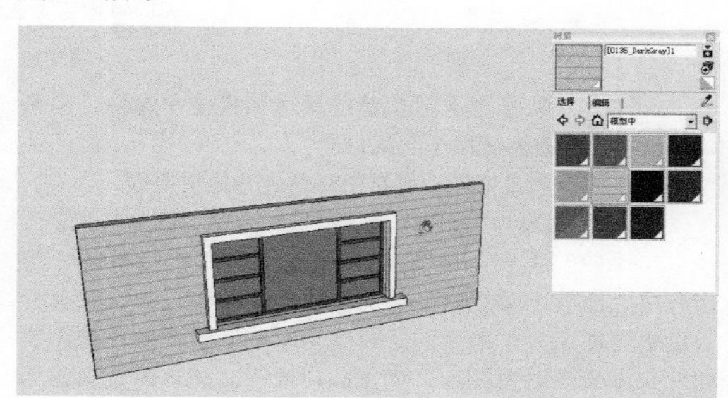

图6-10

3 完成材质的提取后，将自动激活“材质”工具，如果要将提取的材质填充到模型上，可以直接在模型上单击鼠标左键，如图6-11所示。

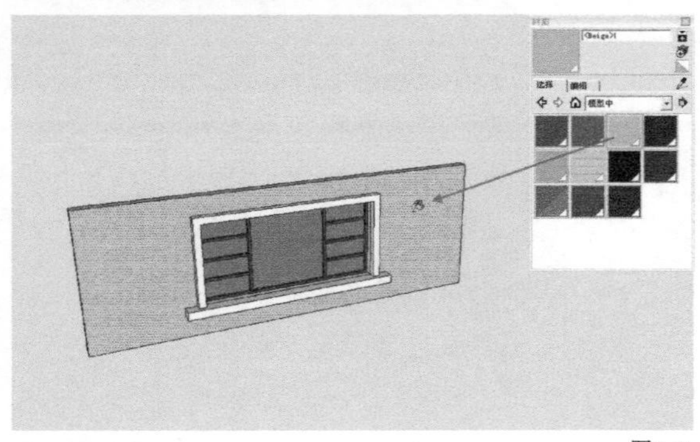

图6-11

“提取材质”工具不仅能提取材质，还能提取材质的大小和坐标。如果不使用“提取材质”工具，而是直接从材质库中选择同样的材质贴图，往往会出现坐标轴对不上的情况，还要重新调整坐标和位置。所以建议读者在进行材质填充操作的时候多使用“提取材质”工具。

除了前面讲解的内容外，在“选择”选项卡的界面中还有一个“列表框”，在该列表框的下拉列表中可以选择当前显示的材质类型。

1.模型中材质列表

应用材质后，材质会被添加到“材质”编辑器的“模型中”材质列表，在对文件进行保存时，这个列表中的材质会和模型一起被保存。

在“模型中”材质列表中显示的是当前场景中使用的材质。被赋予模型的材质右下角带有一个小三角，没有小三角的材质表示曾经在模型中使用过，但是现在没有被使用。

如果在材质列表中的材质上单击鼠标右键，将弹出一个快捷菜单，如图6-12所示。

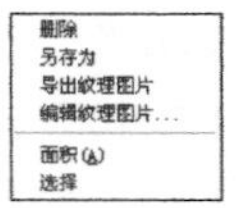

图6-12

删除：该命令用于将选择的材质从模型中删除，原来赋予该材质的物体被赋予默认材质。

另存为：该命令用于将材质存储到其他材质库。

导出纹理图片：该命令用于将贴图存储为图片格式。

编辑纹理图片：如果在“系统属性”对话框的“应用程序”面板中设置过默认的图像编辑软件，那么在执行“编辑纹理图片”命令的时候会自动打开设置的图像编辑软件来编辑该贴图图片，如图6-13所示。默认的编辑器为Photoshop软件。

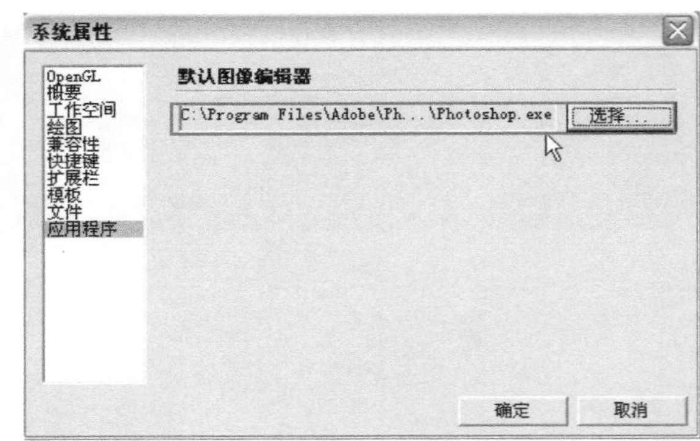

图6-13

面积：执行该命令将准确地计算出模型中所有应用此材质表面的表面积之和。

选择：该命令用于选中模型中应用此材质的表面。

问：如何保存场景中的材质，以便下次使用？

答：打开“材质”编辑器，然后单击“模型中”按钮，接着单击右侧的“详细信息”按钮，并执行“另存库”命令，如图6-14所示。接下来，根据提示就能将当前模型的所有材质保存为后缀名为.skm的文件。将这个文件放置在SketchUp的Materials（材质）目录下，那么在每次打开SketchUp时都可以调用这些材质。利用这个方法可以根据个人习惯把需要归类的一组贴图做成一个材质库文件，可以根据材质特性分类，如地板、墙纸、面砖等，也可以根据场景的材质搭配进行分类，如办公室、厨房、卧室等。

图6-14

2.材质列表

在“材质”列表中显示的是材质库中的材质，如图6-15所示。

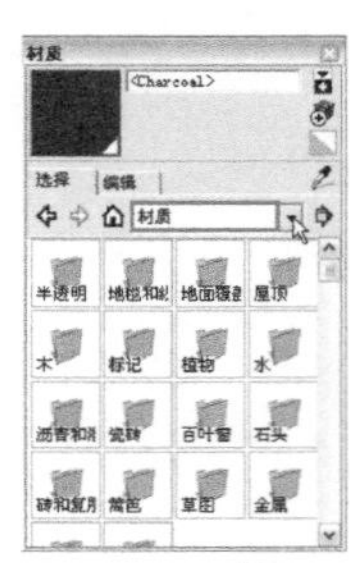

图6-15

在“材质”列表中可以选择需要的材质，例如，选择“屋顶”选项，那么在材质列表中会显示预设的屋顶材质，如图6-16所示。

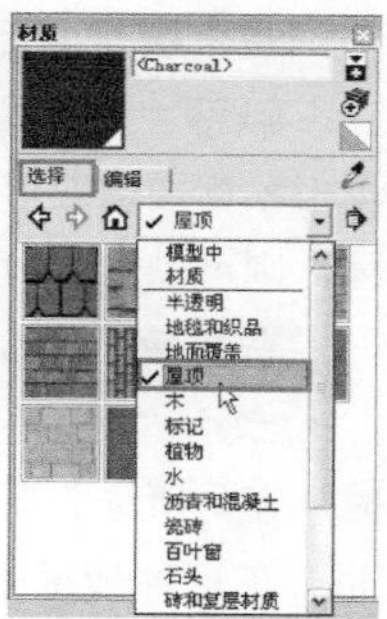

图6-16

6.2.2 编辑选项卡

“编辑”选项卡的界面如图6-17所示。

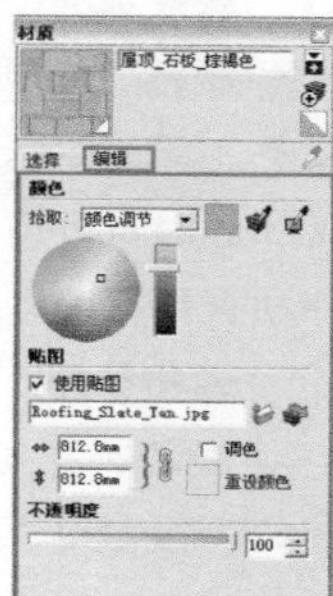

图6-17

拾取：在该项的下拉列表中可以选择SketchUp提供的4种颜色体系，如图6-18所示。

图6-18

颜色调节：使用这种颜色体系可以从色盘上直接取色。用户可以使用鼠标在色盘内选择需要的颜色，选择的颜色会在“单击开始用笔刷绘图”窗口和模型中实时显示以供参考。色盘右侧的滑块可以调节色彩的明度，越向上明度越高，越向下明度越低。

HLS：HLS分别代表色相、亮度和饱和度，这种颜色体系最善于调节灰度值。

HSB：HSB分别代表色相、饱和度和明度，这种颜色体系最善于调节非饱和颜色。

RGB：RGB分别代表红、绿、蓝3色，RGB颜色体系中的3个滑块是互相关联的，改变其中的一个，其他两个滑块颜色也会改变。用户也可以在右侧的数值输入框中输入数值进行调节。

“在模型中提取材质”按钮：单击该按钮将从模型中取样。

“匹配屏幕上的颜色”按钮：单击该按钮将从屏幕中取样。

“长宽比”文本框：SketchUp中的贴图都是连续重复的贴图单元，在该文本框中输入数值可以修改贴图单元的大小。默认的长宽比是锁定的，单击“切换长宽比锁定/解锁”按钮即可解锁，此时图标将变为。

透明度：材质的透明度介于0~100，值越小越透明。对表面应用透明材质，可以使其具有透明性。通过“材质”编辑器可以对任何材质设置透明度，而且表面的正反两面都可以使用透明材质，也可以对单独一个表面用透明材质，另一面不用。

疑难问答 问：在SketchUp中如何调整物体的透明度？

答：透明度是通过“材质”编辑器来调整的，如图6-19所示。如果没有为物体赋予材质，那么物体使用的是默认材质，是无法改变透明度的。

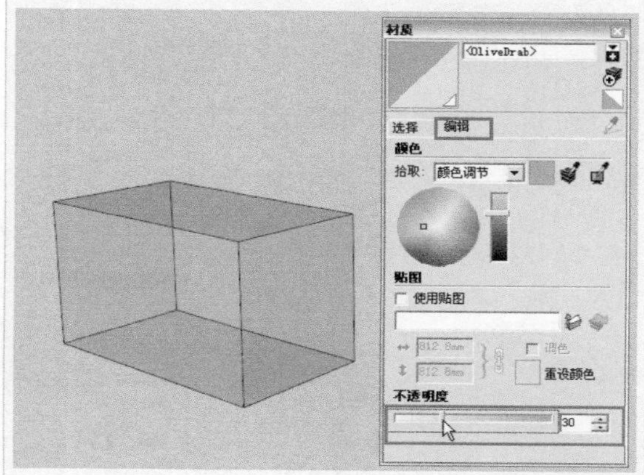

图6-19

疑难问答 问：能否在SketchUp中将部分物体显示为线框，而别的物体保持本身原有的材质显示呢？

答：当然可以，为需要线框显示的物体赋予一个全透明的材质即可，如图6-20所示。

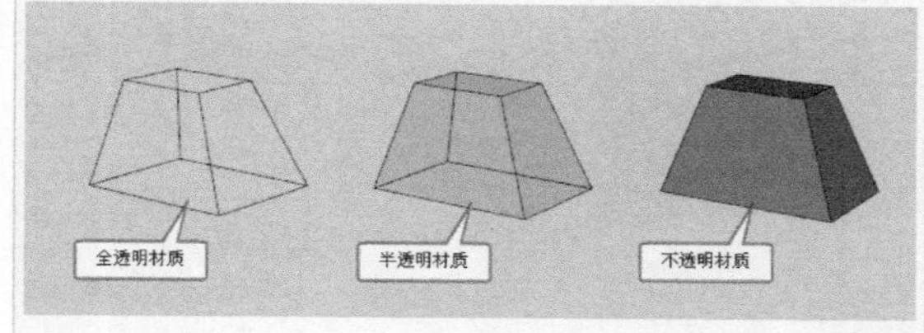

图6-20

技术专题 透明材质的阴影显示

SketchUp的阴影设计为每秒若干次，因此基本上无法提供照片级的阴影效果。模型的表面要么产生整个面的投影，要么不产生投影。如果需要更真实的阴影效果，可以将模型导出至其他渲染软件中进行渲染。透明材质在输出3DS格式时可以被输出。

表面透明度小于70的材质不能产生阴影。只有完全不透明或者透明度为100的表面才能"接受投影"，如图6-21~图6-24所示。

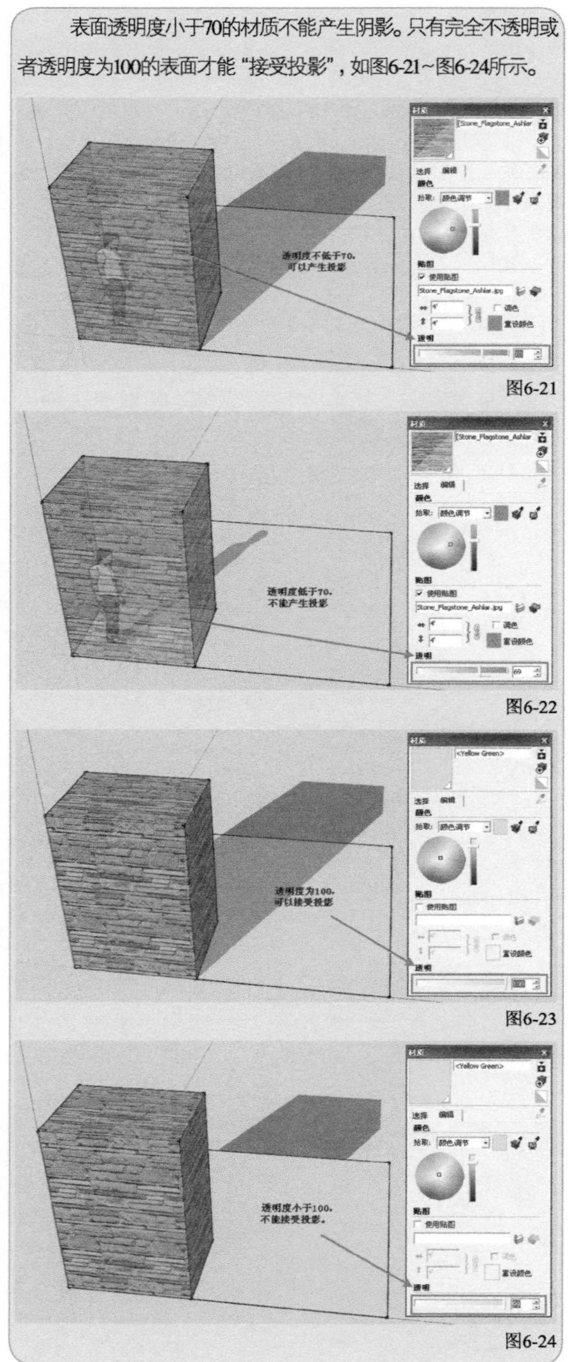

图6-21

图6-22

图6-23

图6-24

6.3 填充材质

使用"材质"工具可以为模型中的实体填充材质（颜色和贴图），既可以为单个元素上色，也可以填充一组组件相连的表面，同时可以覆盖模型中的某些材质。

配合键盘上的按键，使用"材质"工具可以快速为多个表面同时填充材质。下面就对相应的按键功能进行讲解。

单个填充（无需任何按键）

激活"材质"工具后，在单个边线或表面上单击鼠标左键即可填充材质。如果事先选中了多个物体，则可以同时为选中的物体上色。

邻接填充（按住Ctrl键）

激活"材质"工具的同时按住Ctrl键，可以同时填充与所选表面相邻接并且使用相同材质的所有表面。在这种情况下，当捕捉到可以填充的表面时，"材质"工具图标右上角会横放3个小方块，变为。如果事先选中了多个物体，那么邻接填充操作会被限制在所选范围之内。

替换填充（按住Shift键）

激活"材质"工具的同时按住Shift键，"材质"工具图标右上角会直角排列3个小方块，变为，这时可以用当前材质替换所选表面的材质。模型中所有使用该材质的物体都会同时改变材质。

邻接替换（按住Ctrl+Shift组合键）

激活"材质"工具的同时按住Ctrl+Shift组合键，可以实现"邻接填充"和"替换填充"的效果。在这种情况下，当捕捉到可以填充的表面时，"材质"工具图标右上角会竖直排列3个小方块，变为，单击即可替换所选表面的材质，但替换的对象将限制在所选表面有物理连接的几何体中。如果事先选择了多个物体，那么邻接替换操作会被限制在所选范围之内。

提取材质（按住Alt键）

激活"材质"工具的同时按住Alt键，图标将变成，此时单击模型中的实体，就能提取该实体的材质。提取的材质会被设置为当前材质，用户可以直接用来填充其他物体。

6.4 贴图的运用

在"材质"编辑器中可以使用SketchUp自带的材质库，当然，材质库中只是一些基本贴图，在实际工作中，还需自己动手编辑材质。

如果需要从外部获得贴图纹理，可以在"材质"编辑器的"编辑"选项卡中勾选"使用贴图"选项（或者单击"浏览"按钮），此时将弹出一个对话框用于选择贴图并导入SketchUp中。从外部获得的贴图应尽量控制大小，如有必要可以使用压缩的图像格式来减小文件量，如JPGE或者PNG格式。

重点 实战

创建藏宝箱的箱体贴图

场景文件	b.skp
实例文件	实战——创建藏宝箱的箱体贴图.skp
视频教学	多媒体教学>Chapter06>实战——创建藏宝箱的箱体贴图.flv
难易指数	★★☆☆☆
技术掌握	"材质"编辑器及贴图位置

扫码看视频

1 打开"场景文件>Chapter06>b.skp"文件，然后使用"选择"工具选中需要贴图的部分，接着激活"材质"工具，打开"材质"编辑器，并在默认的材质中选择一个赋予物体，如图6-25所示。

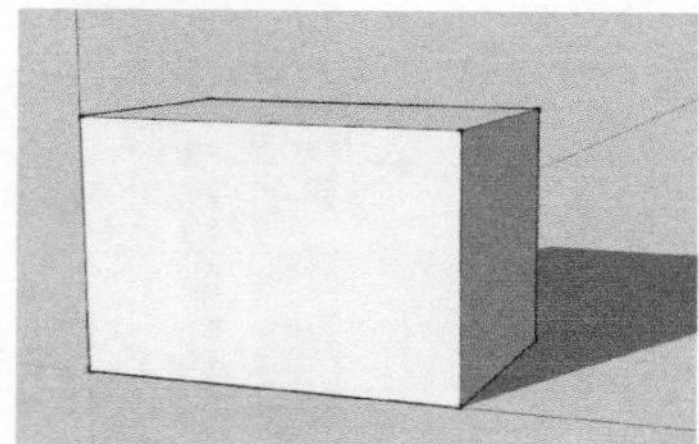

图6-25

2 在"材质"编辑器的"编辑"选项卡中单击"浏览"按钮，打开"实例文件>Chapter06>实战——创建藏宝箱>材质01.jpg"贴图图片，此时贴图将被赋予到物体上，贴图的尺寸为默认尺寸，如图6-26所示。

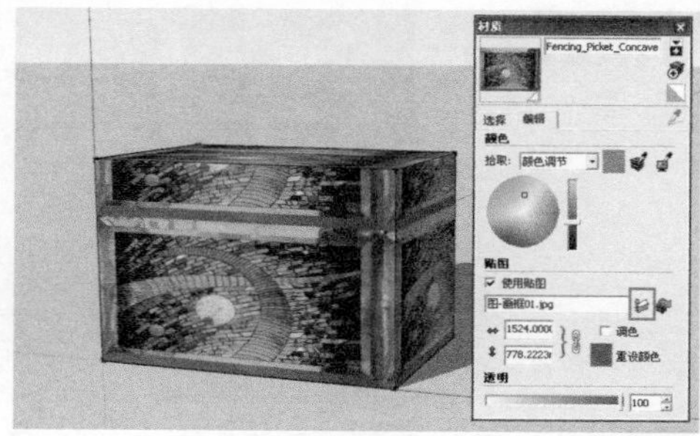

图6-26

3 调整贴图的尺寸，直到满意为止，如图6-27所示。

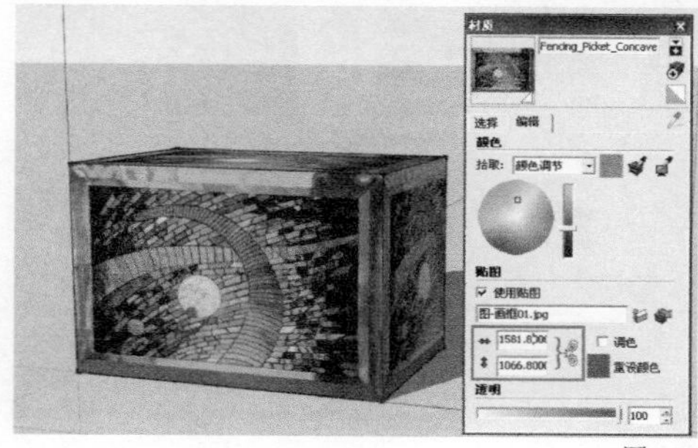

图6-27

4 调整完贴图尺寸后，贴图便被正确赋予了物体表面。但是当移动物体时，贴图不会随着物体一起移动，如图6-28所示。

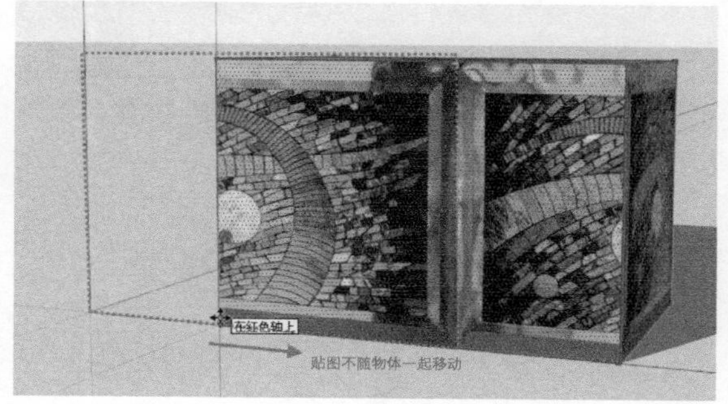

图6-28

疑难问答

问：导致贴图不随物体一起移动的原因是什么，怎样才能使贴图随物体一起移动呢？

答：原因在于贴图图片拥有一个坐标系统，坐标的原点就位于SketchUp坐标系的原点上。如果贴图正好被赋予物体的表面，就需要使物体的一个顶点正好与坐标系的原点相重合，这是非常不方便的。

解决的方法有两种。

第一种:在贴图之前，先将物体制作成组件，由于组件都有其自身的坐标系，且该坐标系不会随着组件的移动而改变，因此先制作组件再赋予材质，就不会出现贴图不随着实体的移动而移动的问题。

第二种:利用SketchUp的贴图坐标，在贴图时单击鼠标右键在弹出的菜单中执行"贴图坐标"命令，进入贴图坐标的编辑状态，然后什么也不用做，只需再次单击鼠标右键在弹出的菜单中执行"完成"命令即可。退出编辑状态后，贴图就可以随着实体一起移动了，如图6-29所示。

图6-29

重点 实战

创建笔记本电脑贴图

场景文件	c.skp
实例文件	实战——创建笔记本电脑贴图.skp
视频教学	多媒体教学>Chapter06>实战——创建笔记本电脑贴图.flv
难易指数	★★☆☆☆
技术掌握	"材质"编辑器及贴图位置

扫码看视频

1 打开“场景文件>Chapter06>c.skp”文件，如图6-30所示。

图6-30

2 创建“显示屏”的贴图。打开“材质”编辑器，单击“添加材质”按钮，如图6-31所示。

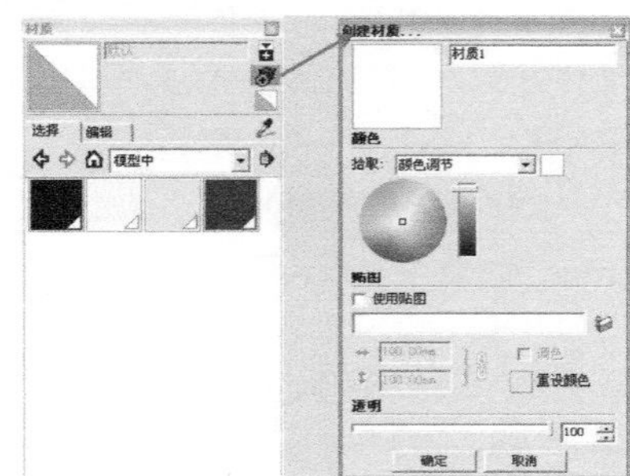

图6-31

3 在弹出的“创建材质”对话框中勾选“使用贴图”选项，然后在弹出的“选择图像”对话框中，打开“实例文件>Chapter06>实战——创建笔记本电脑>显示.jpg”贴图图片，接着单击“打开”按钮 打开(O)，系统会自动回到“创建材质”对话框，最后单击“确定”按钮 确定，即可完成对材质的创建，如图6-32所示。

图6-32

4 单击该材质，将其赋予显示器，如图6-33所示。

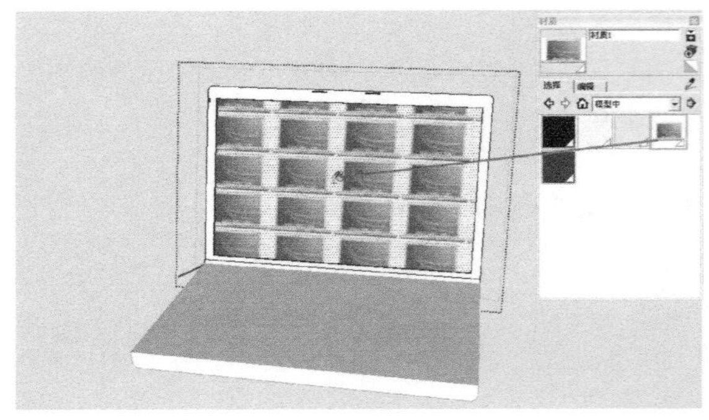

图6-33

5 选择赋予材质的面，然后单击鼠标右键在弹出的菜单中执行“贴图→位置”命令，如图6-34和图6-35所示。

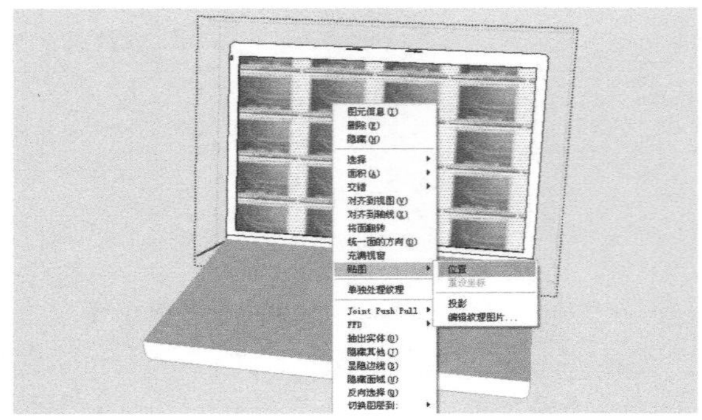

图6-34

图6-35

6 调整贴图的大小与位置，使贴图与显示器契合，如图6-36和图6-37所示。

图6-36

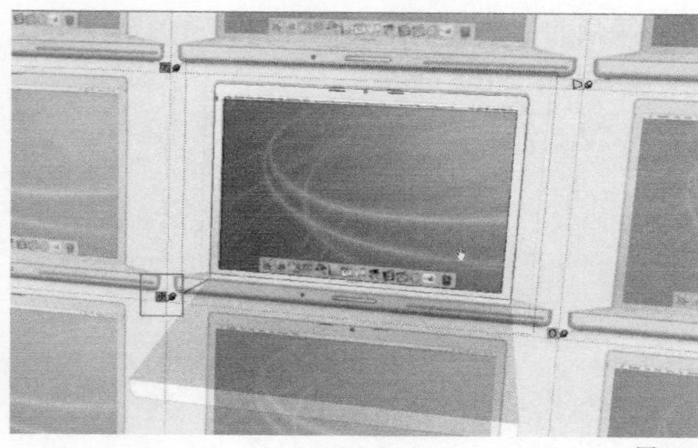
图6-37

7 按Enter键确定完成贴图的调整，如图6-38所示。

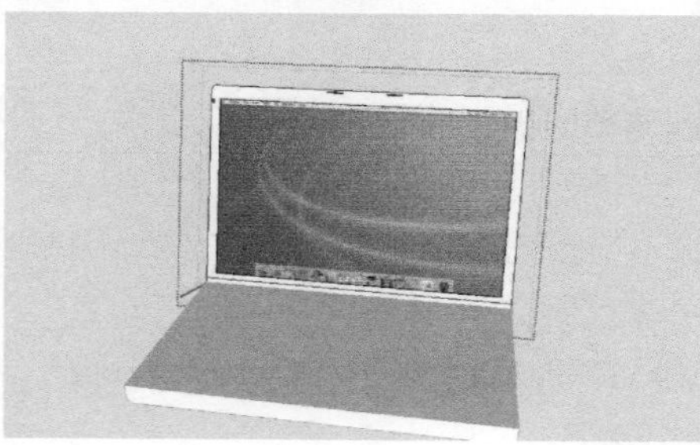
图6-38

8 采用相同的方法，完成笔记本电脑其他材质的赋予，最终效果如图6-39所示。

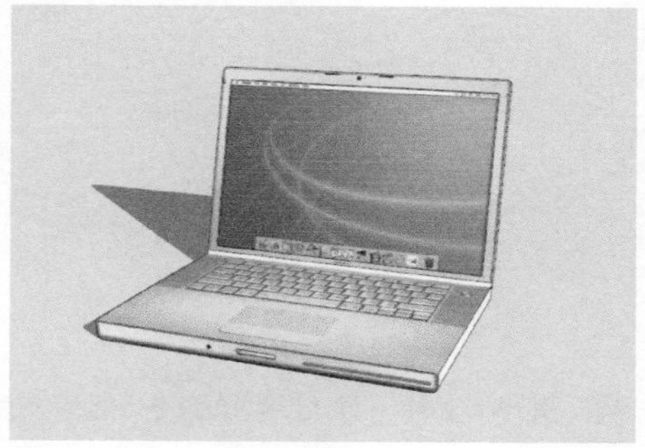
图6-39

重点 实战

创建DVD机贴图

场景文件	d.skp
实例文件	实战——创建DVD机贴图.skp
视频教学	多媒体教学>Chapter06>实战——创建DVD机贴图.flv
难易指数	★★☆☆☆
技术掌握	"材质"编辑器及贴图位置

扫码看视频

1 打开"场景文件>Chapter06>d.skp"文件，如图6-40所示。

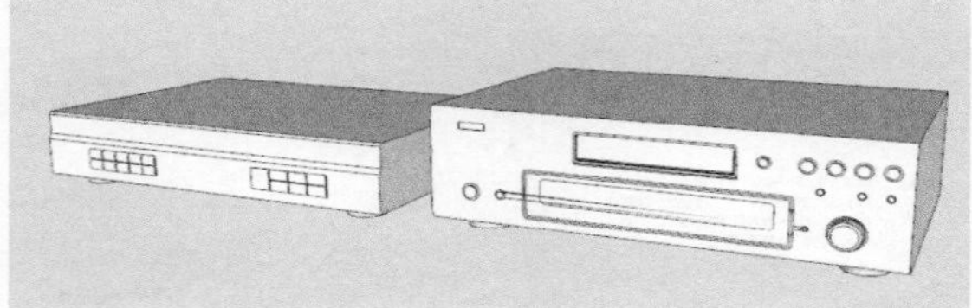
图6-40

2 创建左侧DVD机的贴图，打开"材质"编辑器，单击"添加材质"按钮，如图6-41所示，然后在弹出的"创建材质"对话框中勾选"使用贴图"选项，接着打开"实例文件>Chapter06>实战——创建DVD机>音响01.jpg"贴图图片，最后单击"确定"按钮 确定 ，完成对材质的创建，如图6-42所示。

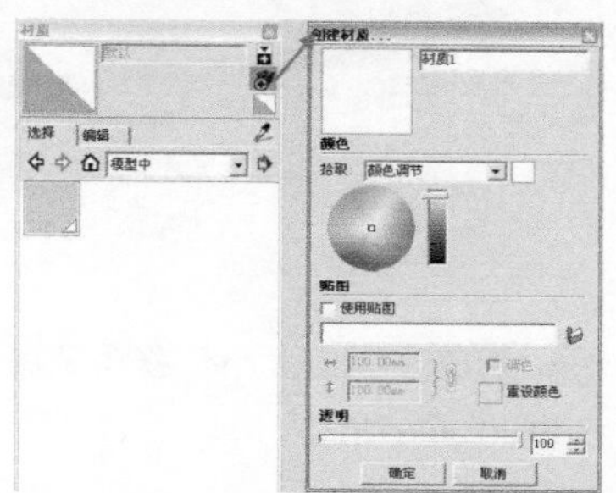
图6-41

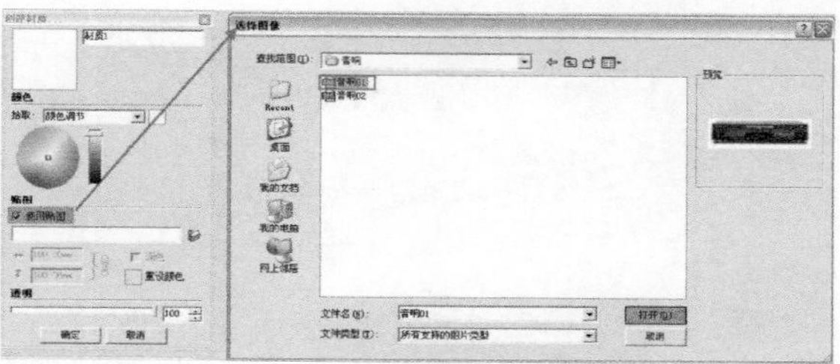
图6-42

3 用"材质"工具赋予音响材质，如图6-43所示。

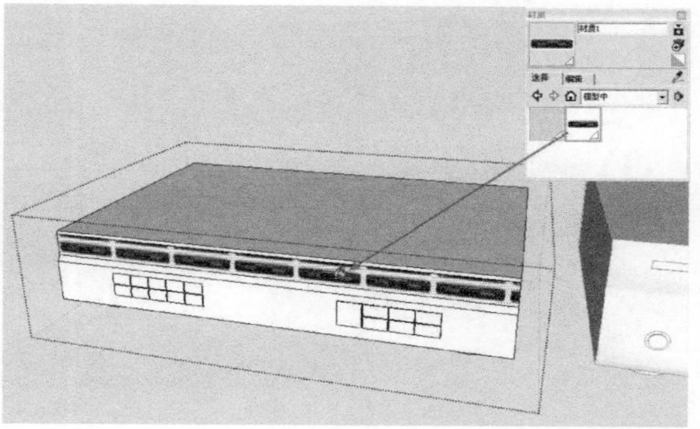
图6-43

4 选择赋予材质的面，然后单击鼠标右键在弹出的菜单中执行"贴图→位置"命令，如图6-44和图6-45所示。

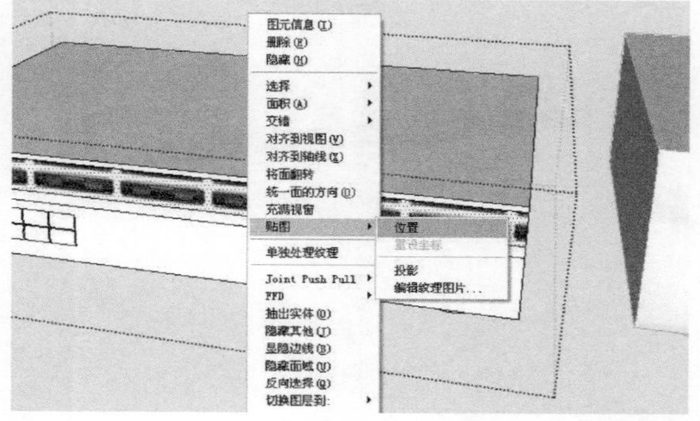

图6-44

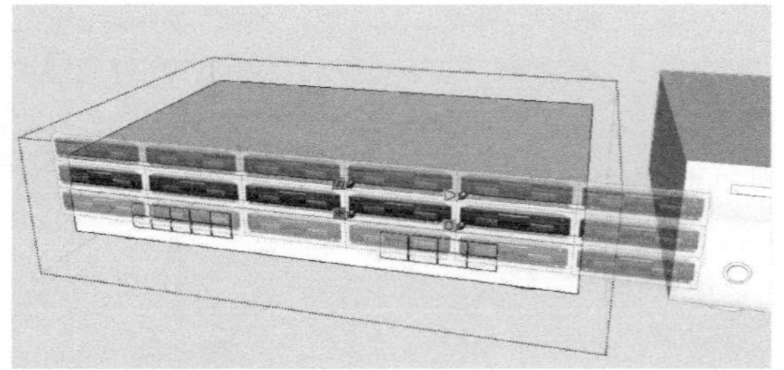
图6-45

5 调整贴图的大小，移动贴图至合适位置，如图6-46和图6-47所示。

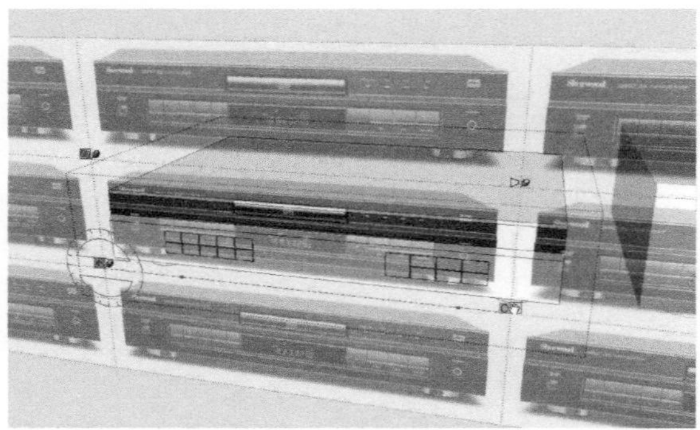
图6-46

图6-47

6 按Enter键完成贴图的调整，如图6-48所示。

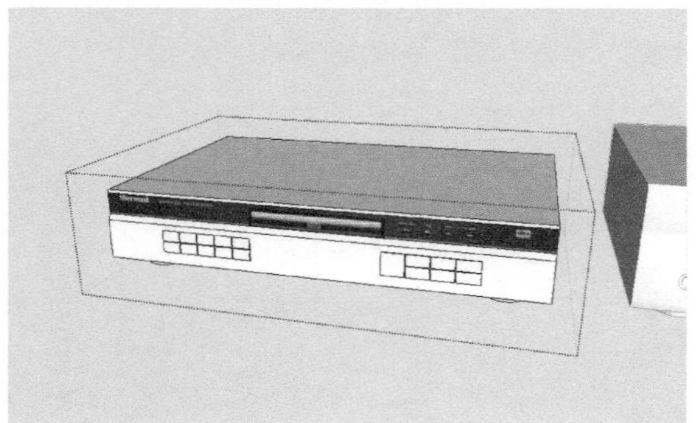
图6-48

7 采用相同的方法，完成其他材质的赋予及调整，最终效果如图6-49所示。

图6-49

重点 实战

创建鱼缸贴图

场景文件	e.skp
实例文件	实战——创建鱼缸贴图.skp
视频教学	多媒体教学>Chapter06>实战——创建鱼缸贴图.flv
难易指数	★★★☆☆
技术掌握	"材质"编辑器及投影贴图

扫码看视频

1 打开“场景文件>Chapter06>e.skp”文件，如图6-50所示。

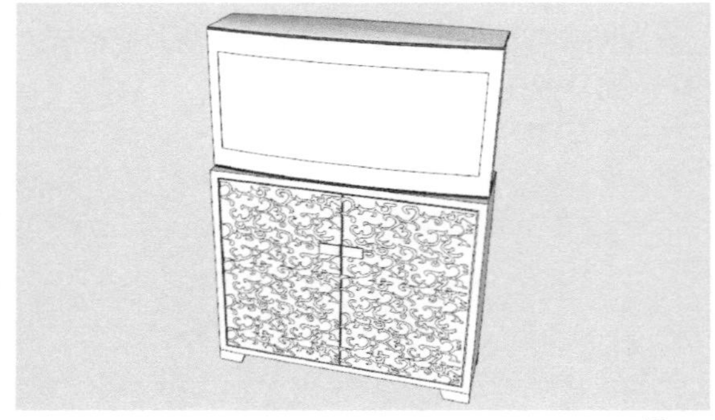
图6-50

2 执行“文件→导入”菜单命令，然后在弹出的“打开”对话框中，打开“实例文件>Chapter06>实战——创建鱼缸>鱼缸001.jpg”贴图图片，在右侧勾选“作为材质”选项，接着单击“打开”按钮[打开(O)]，将图片导入场景中，如图6-51和图6-52所示。

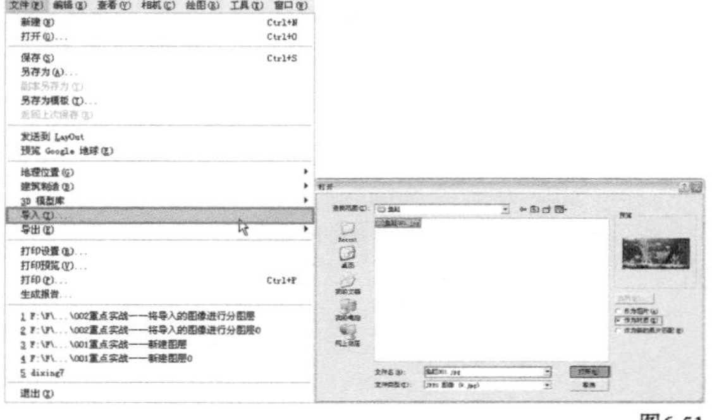
图6-51

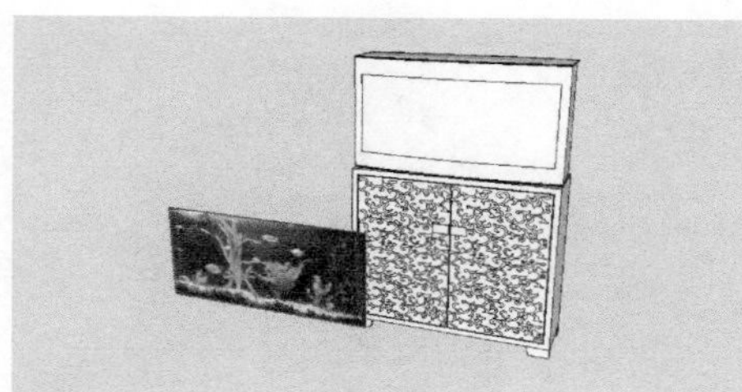

图6-52

3 用“缩放”工具调整贴图的大小与鱼缸的正面大小相同，如图6-53所示。

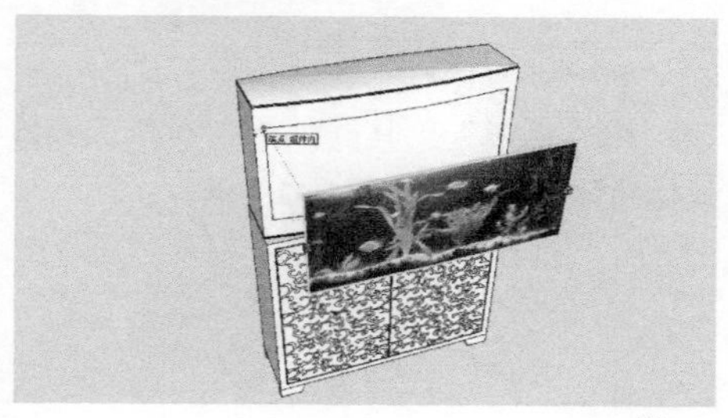

图6-53

4 双击鱼缸群组进入群组内编辑，执行“窗口→材质”菜单命令打开“材质”编辑器，然后用“提取材质”工具提取调整好大小的贴图，接着用“材质”工具将其赋予鱼缸，如图6-54所示。

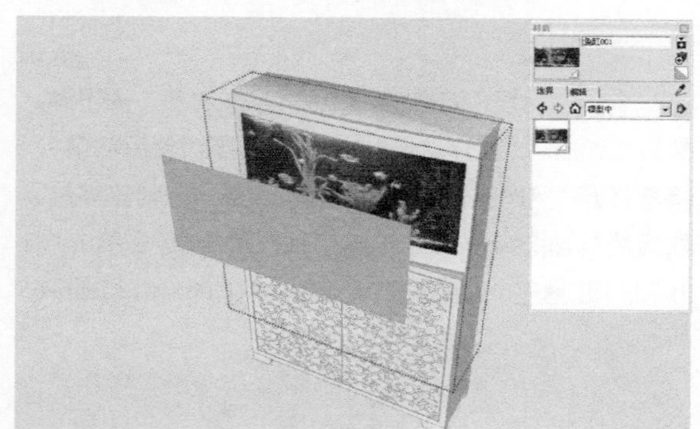

图6-54

5 完成鱼缸其他材质的赋予，最终效果如图6-55所示。

图6-55

由于本案例中的鱼缸部分是曲面形体，所以需要用上面的方法进行材质的赋予才不会使贴图错乱。

重点 实战

创建古建筑的窗户贴图

场景文件	f.skp
实例文件	实战——创建古建筑的窗户贴图.skp
视频教学	多媒体教学>Chapter05>实战——创建古建筑的窗户贴图.flv
难易指数	★★☆☆☆
技术掌握	“材质”编辑器及贴图位置

扫码看视频

1 打开“场景文件>Chapter06>f.skp”文件，如图6-56所示。

图6-56

2 执行“窗口→材质”菜单命令打开“材质”编辑器，然后勾选“使用贴图”选项，接着打开“实例文件>Chapter06>实战——创建古建筑的窗户>F29_4.jpg”贴图图片，接着单击“打开”按钮打开(O)，最后用“提取材质”工具提取门的材质，完成对材质的创建，如图6-57所示。

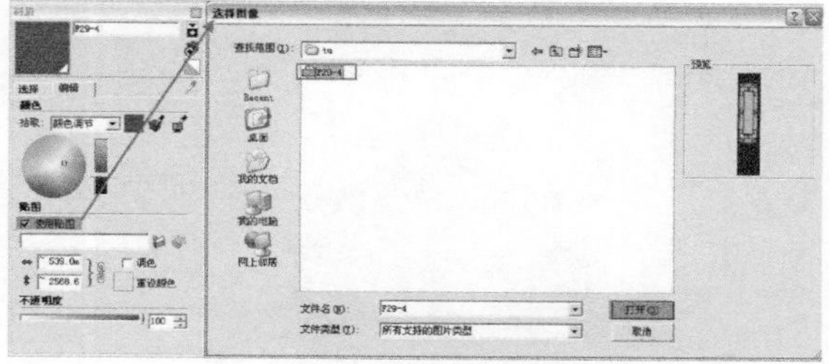

图6-57

3 选择材质的面，然后单击鼠标右键在弹出的菜单中执行“贴图→位置”命令，如图6-58和图6-59所示。

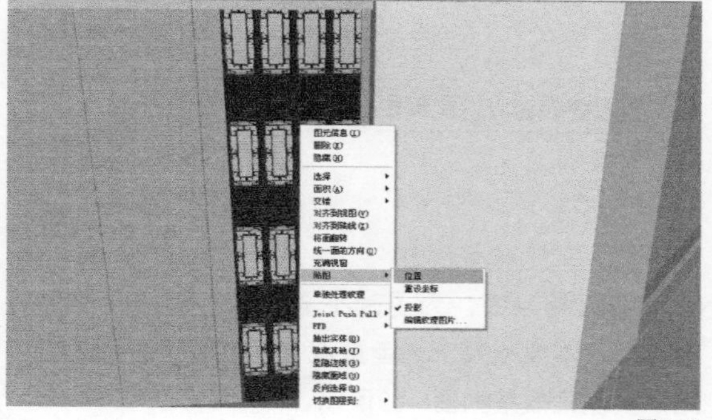

图6-58

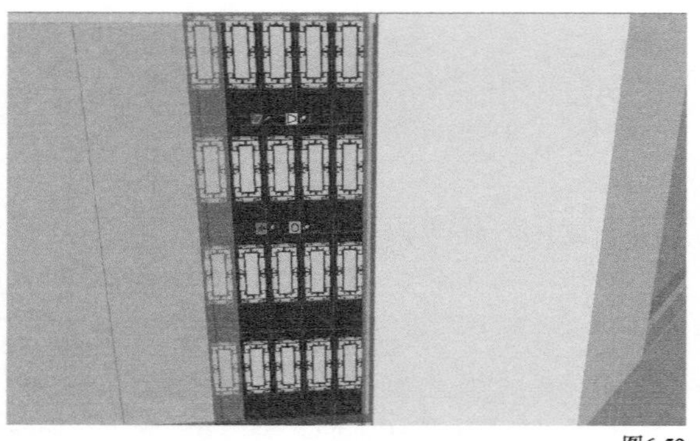

图6-59

4 调整贴图的大小并移动贴图到合适位置，如图6-60所示。

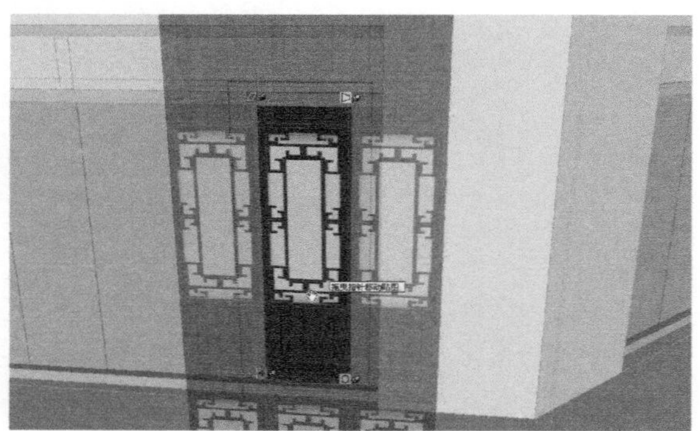

图6-60

5 按Enter键确定完成贴图的调整，最终效果如图6-61所示。

图6-61

重点 实战

创建坡屋顶欧式建筑贴图

场景文件	g.skp
实例文件	实战——创建坡屋顶欧式建筑贴图.skp
视频教学	多媒体教学>Chapter06>实战——创建坡屋顶欧式建筑贴图.flv
难易指数	★★★☆☆
技术掌握	“材质”编辑器及贴图位置

扫码看视频

在大场景中，为了减小文件量，常常会使用贴图模型，本实战要求读者重点掌握贴图坐标命令的运用，其渲染效果如图6-62所示。

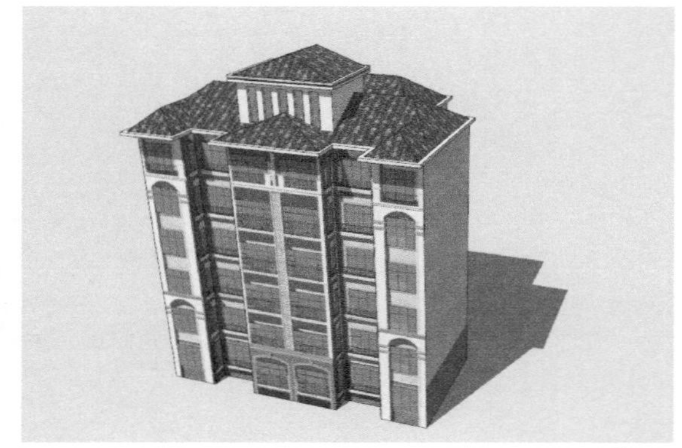

图6-62

1 用“矩形”工具和“推/拉”工具等完成建筑体的体块形体，如图6-63所示。

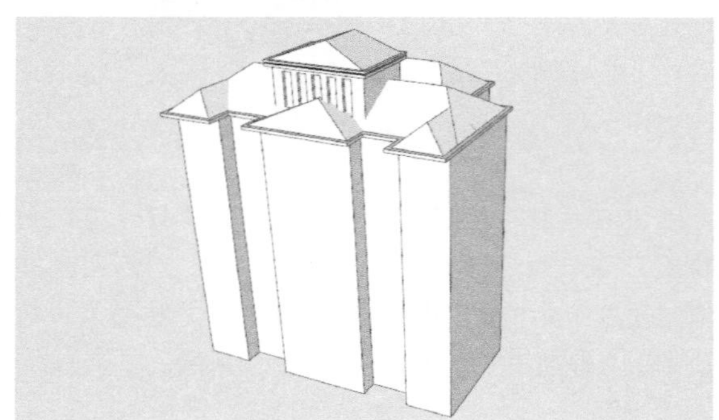

图6-63

2 打开“材质”编辑器，单击“添加材质”按钮，然后在弹出的“创建材质”对话框中勾选“使用贴图”，接着打开“实例文件>Chapter06>实战——创建坡屋顶欧式建筑贴图>zhuzhai01.jpg”贴图图片，最后单击“打开”按钮打开(O)，完成对材质的创建，如图6-64和图6-65所示。

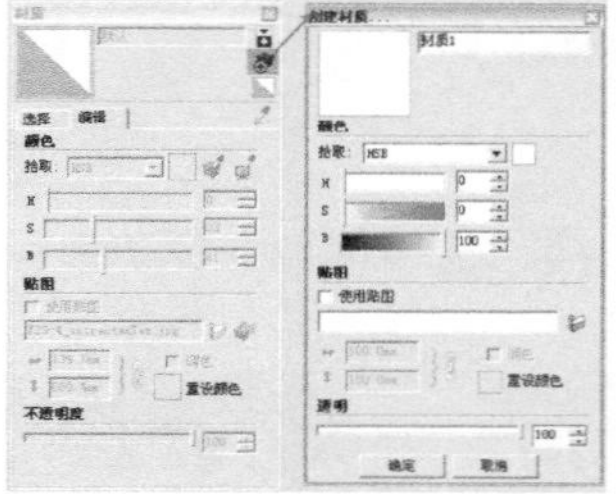

图6-64

图6-65

3 用“材质”工具将材质赋予到建筑的立面上，如图6-66所示。

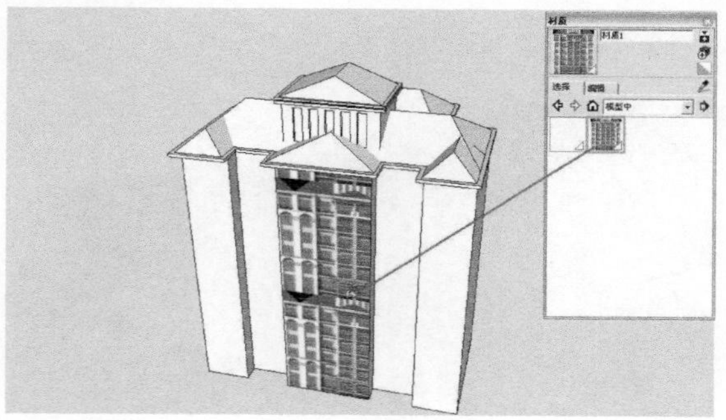

图6-66

4 选择赋予材质的建筑的立面，然后单击鼠标右键在弹出的菜单中执行“贴图→位置”命令，如图6-67和图6-68所示。

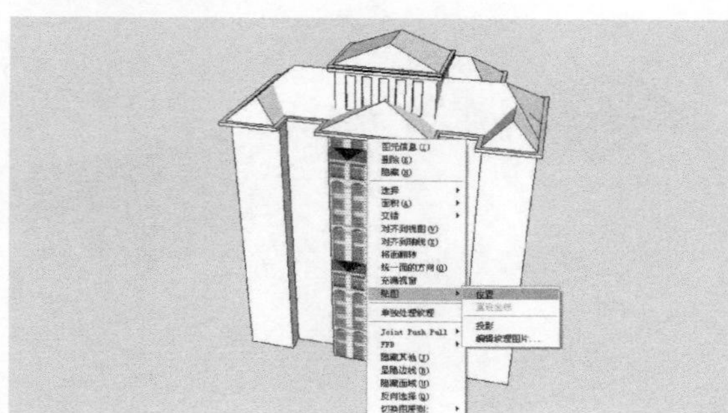

图6-67

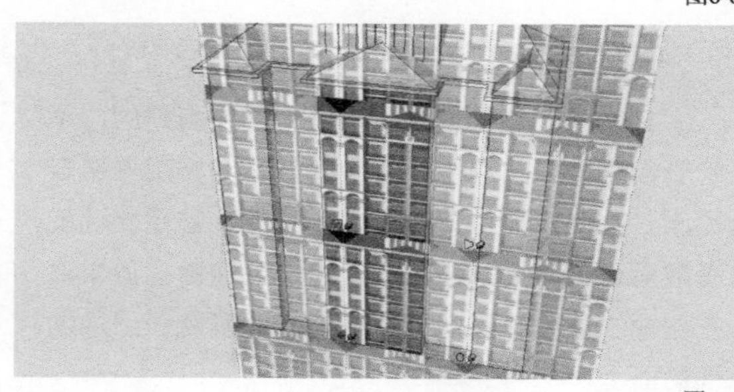

图6-68

5 调整贴图的大小和位置，直至适合建筑立面为止，如图6-69所示。

图6-69

6 按Enter键确定完成贴图的调整，如图6-70所示。

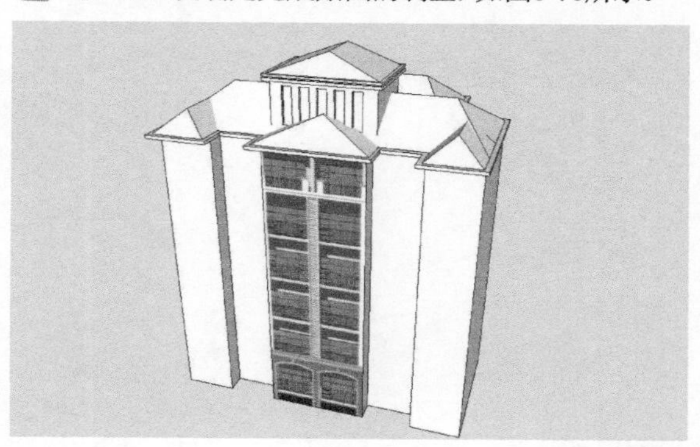

图6-70

7 采用相同的方法完成建筑侧面的材质赋予，最终效果如图6-71所示。

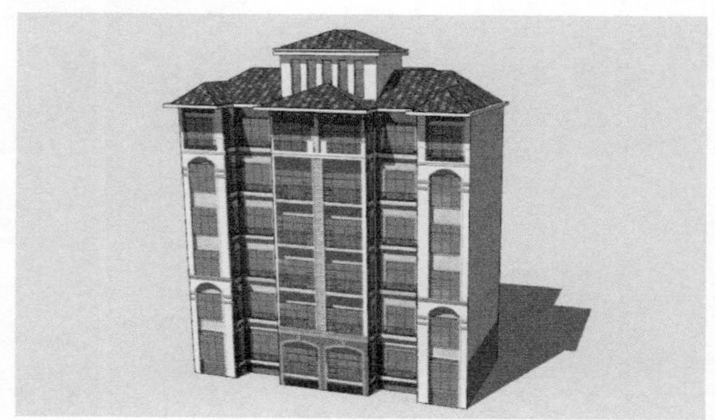

图6-71

重点 实战

创建城市道路贴图

场景文件	无
实例文件	实战——创建城市道路贴图.skp
视频教学	多媒体教学>Chapter05>实战——创建城市道路贴图.flv
难易指数	★★☆☆☆
技术掌握	“材质”编辑器及贴图位置

扫码看视频

1 用“矩形”工具和“推/拉”工具等创建机动车道的体块，如图6-72所示。

图6-72

2 用“矩形”工具、“推/拉”工具、“移动/复制”工具等完成斑马线的制作，如图6-73所示。

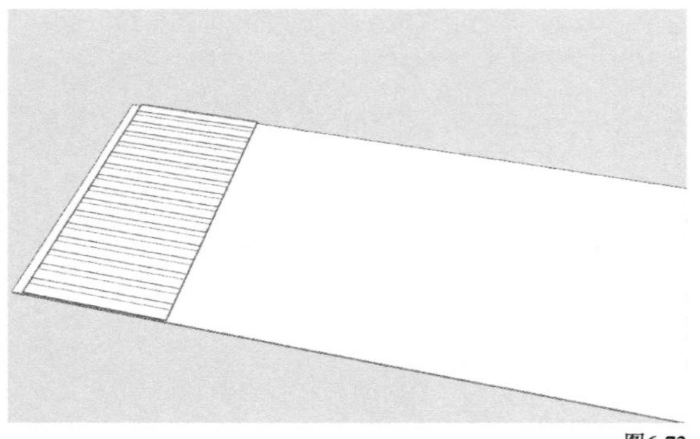
图6-73

3 用“线”工具、“矩形”工具、“推/拉”工具完成人行道的制作，如图6-74所示。

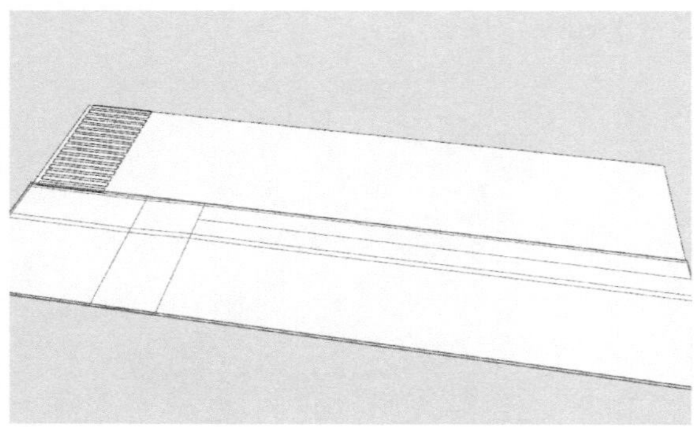
图6-74

4 打开“材质”编辑器为城市道路赋予相应的材质，然后单击鼠标右键在弹出的菜单中执行“贴图→坐标”命令，接着调整贴图坐标的大小和位置，最后按Enter键确定完成道路贴图的赋予，如图6-75和图6-76所示。

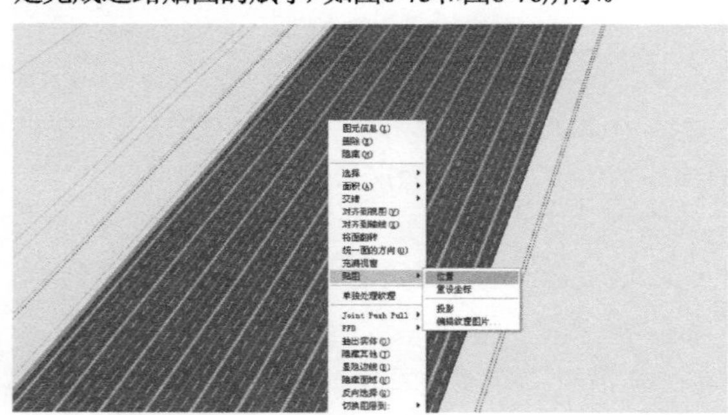
图6-75

图6-76

5 采用相同的方法完成其他材质的赋予，如图6-77所示。

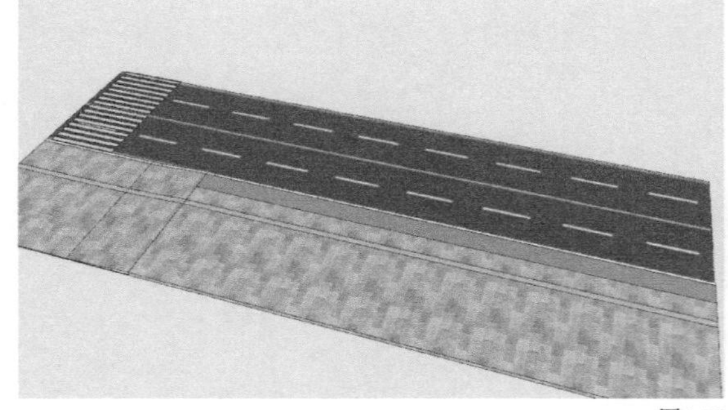
图6-77

6 为其添加树木以及人物的配景组件，最终效果如图6-78所示。

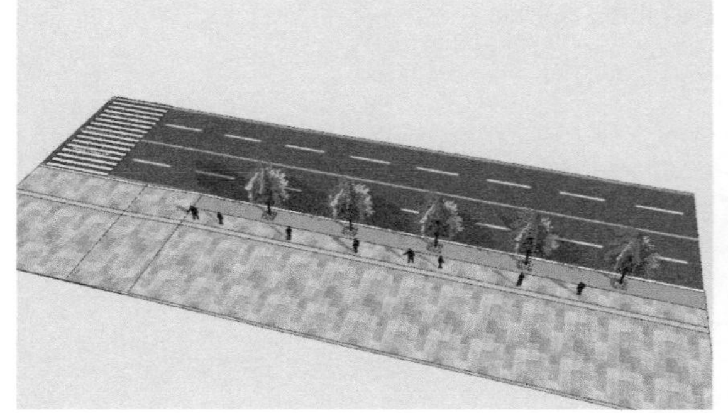
图6-78

6.5 贴图坐标的调整

SketchUp的贴图是作为平铺对象应用的，不管表面是垂直、水平或者倾斜，贴图都附着在表面上，不受表面位置的影响。另外，贴图坐标能有效运用于平面，但是不能赋予到曲面。如果要在曲面上显示材质，可以将材质分别赋予组成曲面的面上。

SketchUp的贴图坐标有两种模式，分别为“锁定别针”模式和“自由别针”模式。

6.5.1 “锁定别针”模式

在物体的贴图上单击鼠标右键在弹出的菜单中执行“贴图→位置”命令，此时物体的贴图将以透明方式显示，并且在贴图上会出现4个彩色的别针，每一个别针都有固定的特有功能，如图6-79和图6-80所示。

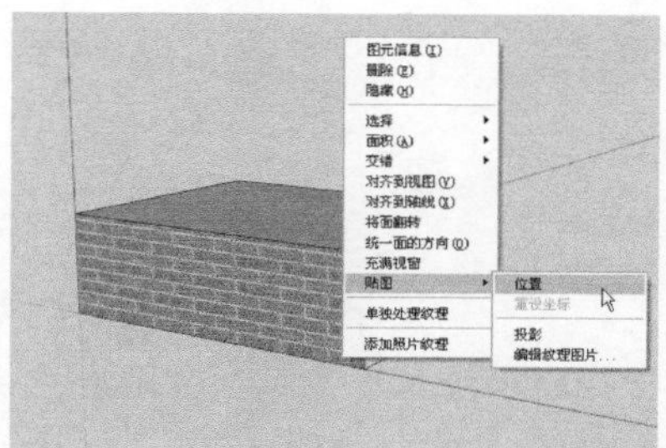

图6-79

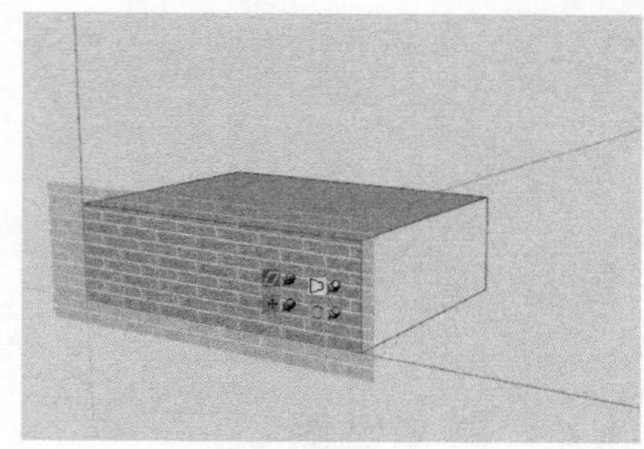

图6-80

“平行四边形变形”别针：拖曳蓝色的别针可以对贴图进行平行四边形变形操作。在移动“平行四边形变形别针”时，位于下面的两个别针（“移动”别针和“缩放旋转”别针）是固定的，贴图变形效果如图6-81所示。

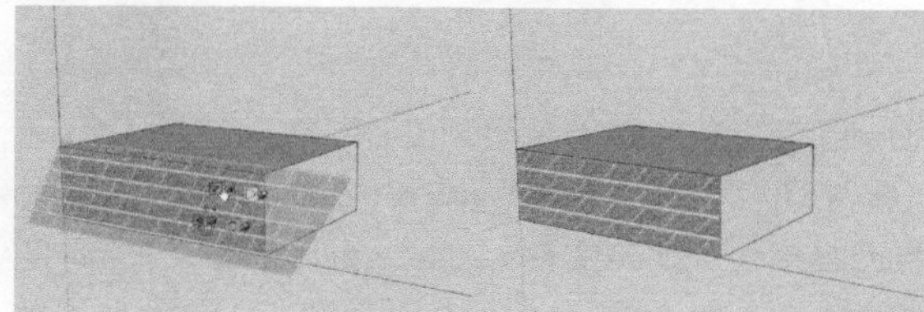

图6-81

“移动”别针：拖曳红色的别针可以移动贴图，如图6-82所示。

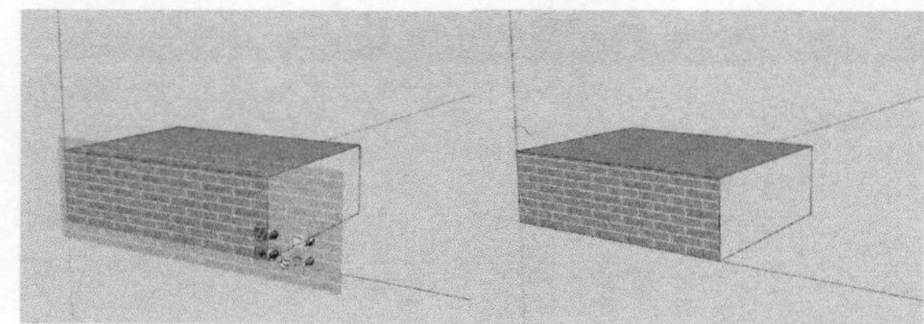

图6-82

“梯形变形”别针：拖曳黄色的别针可以对贴图进行梯形变形操作，也可以形成透视效果，如图6-83所示。

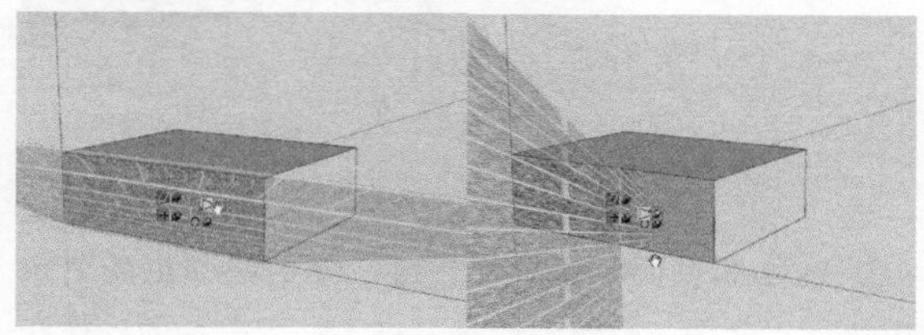

图6-83

“缩放旋转”别针：拖曳绿色的别针可以对贴图进行缩放和旋转操作。单击鼠标左键时贴图上出现旋转的轮盘，移动鼠标时，从轮盘的中心点将放射出两条虚线，分别对应缩放和旋转操作前后比例与角度的变化。沿着虚线段和虚线弧的原点将显示出系统图像的现在尺寸和原始尺寸，或者也可以单击鼠标右键在弹出的菜单中执行“重设”命令。进行重设时，会把旋转和按比例缩放都重新设置，如图6-84所示。

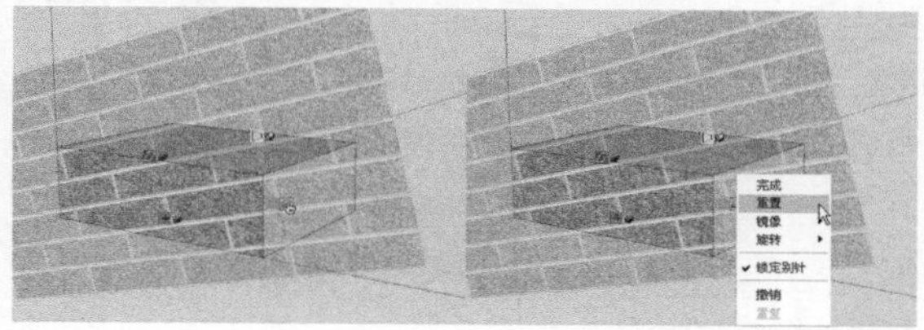

图6-84

在对贴图进行编辑的过程中，按Esc键可以随时取消操作。完成贴图的调整后，单击鼠标右键在弹出的菜单中执行“完成”命令或者按Enter键确定即可。

6.5.2 “自由别针”模式

“自由别针”模式适合设置和消除照片的扭曲。在“自由别针”模式下，别针相互之间都不限制，这样就可以将别针拖曳到任何位置。只需在贴图的右键菜单中取消“锁定别针”选项前面的钩，即可将“锁定别针”模式调整为“自由别针”模式，此时4个彩色的别针都会变成相同模样的黄色别针，用户可以通过拖曳别针进行贴图的调整，如图6-85所示。

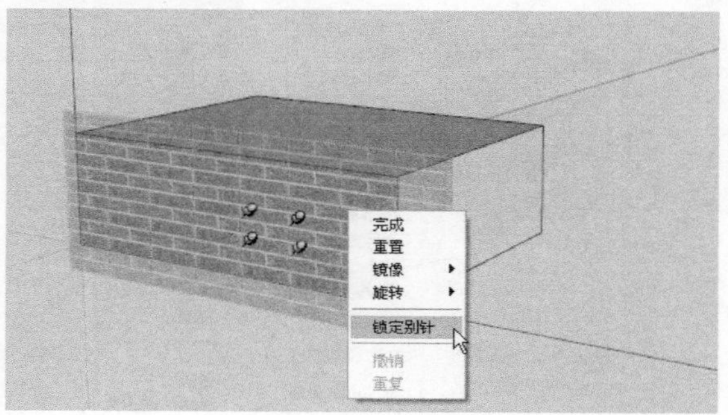

图6-85

为了更好地锁定贴图的角度，可以在“场景信息”管理器中设置角度的捕捉为15°或45°，如图6-86所示。

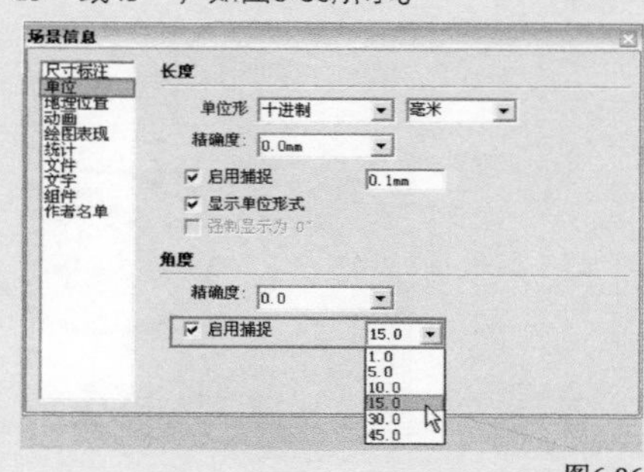

图6-86

重点 实战

调整中心广场的铺地贴图

场景文件	h.skp
实例文件	实战——调整中心广场的铺地贴图.skp
视频教学	多媒体教学>Chapter06>实战——调整中心广场的铺地贴图.flv
难易指数	★★☆☆☆
技术掌握	"材质"编辑器及贴图位置

扫码看视频

1 打开“场景文件>Chapter06>h.skp”文件，然后打开“材质”编辑器，勾选“使用贴图”选项，接着打开“实例文件>Chapter06>实战——调整中心广场的铺地>__1.jpg和__2.jpg”贴图图片，为模型赋予相应的材质如图6-87所示。

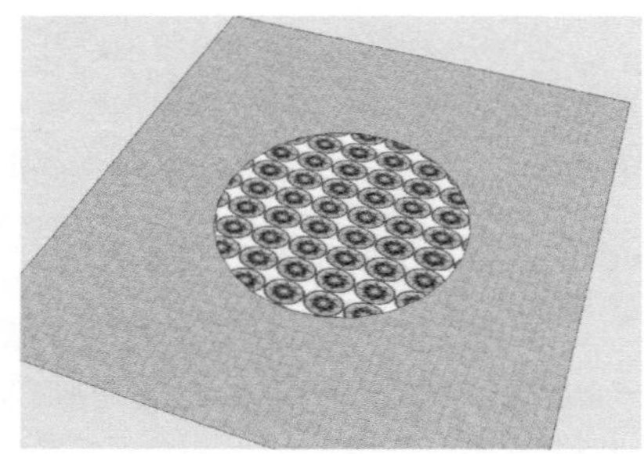

图6-87

2 选择中心圆的面，然后单击鼠标右键在弹出的菜单中执行“贴图→位置”命令，如图6-88所示。

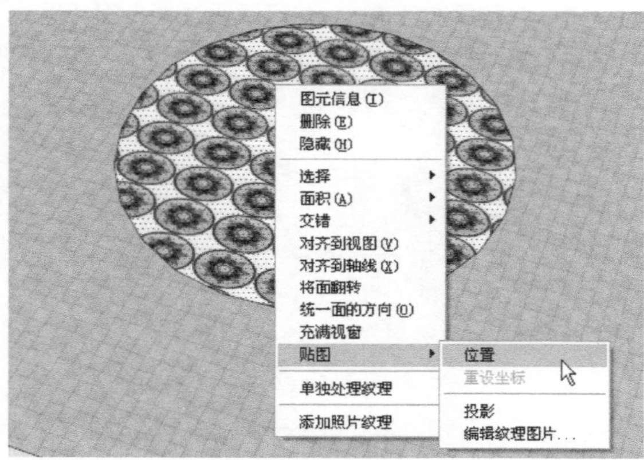

图6-88

3 拖曳“别针”来调整中心景观贴图的大小及位置，然后按Enter键确定完成贴图的调整，如图6-89和图6-90所示。

图6-89

图6-90

6.6 贴图的技巧

6.6.1 转角贴图

SketchUp的贴图可以包裹模型转角。

重点 实战

展览馆转角贴图制作

场景文件	i.skp
实例文件	实战——展览馆转角贴图制作.skp
视频教学	多媒体教学>Chapter06>实战——展览馆转角贴图制作.flv
难易指数	★☆☆☆☆
技术掌握	"材质"编辑器及转角贴图

扫码看视频

1 打开“场景文件>Chapter06>i.skp”文件，然后将光盘中的“实例文件>Chapter06>实战——上海世博会之非洲联合馆>__1.jpg”贴图图片，添加到“材质”编辑器中，接着将贴图材质赋予长方体的一个面，如图6-91和图6-92所示。

图6-91

图6-92

2 在贴图表面单击鼠标右键，然后在弹出的菜单中执行“贴图→位置”命令，进入贴图坐标的操作状态，此时不要做任何操作，直接单击鼠标右键在弹出的菜单中执行“完成”命令，如图6-93所示。

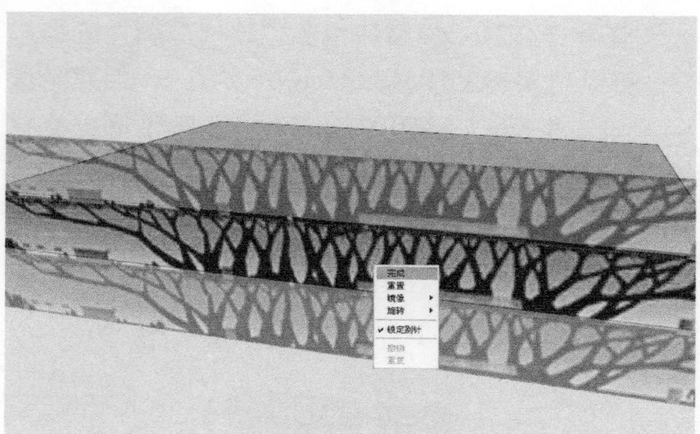

图6-93

单击“材质”编辑器中的“提取材质”按钮（或者使用“材质”工具并配合Alt键），然后单击被赋予材质的面，进行材质取样，接着单击其相邻的表面，将取样的材质赋予相邻表面上，赋予的材质贴图会自动无错位相接，如图6-94和图6-95所示。

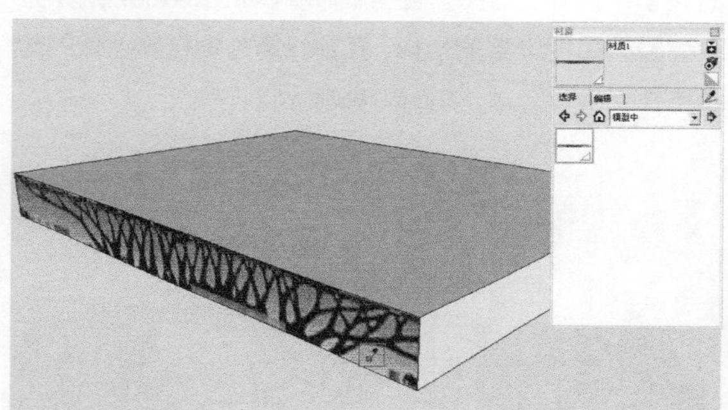

图6-94

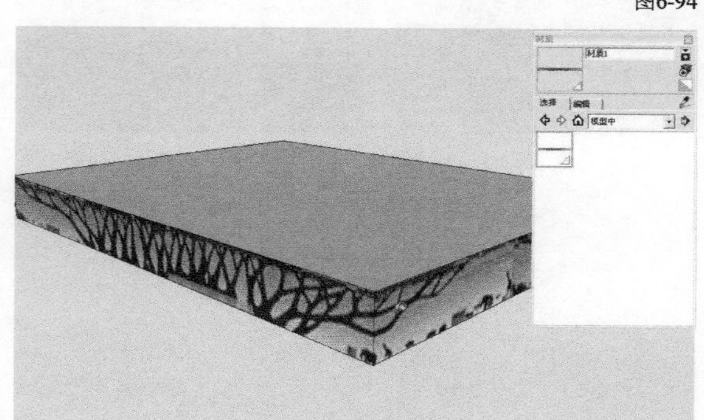

图6-95

重点 实战

创建珠宝箱贴图

场景文件	j.skp
实例文件	实战——创建珠宝箱贴图.skp
视频教学	多媒体教学>Chapter06>实战——创建珠宝箱贴图.flv
难易指数	★☆☆☆☆
技术掌握	“材质”编辑器及转角贴图

扫码看视频

打开“场景文件>Chapter06>j.skp”文件，然后将“实例文件>Chapter06>实战——创建珠宝箱>__23.jpg”贴图图片，添加到“材质”编辑器中，接着将贴图材质赋予长方体的一个面，如图6-96和图6-97所示。

图6-96

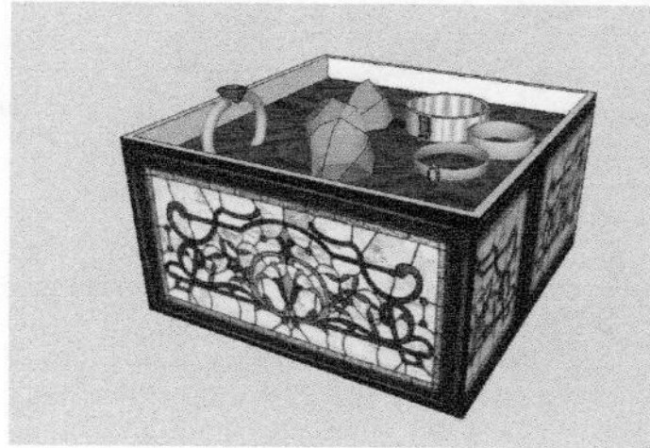

图6-97

在贴图表面单击鼠标右键，然后在弹出的菜单中执行“贴图→位置”命令，进入贴图坐标的操作状态，此时不要做任何操作，直接单击鼠标右键在弹出的菜单中执行“完成”命令，如图6-98所示。

图6-98

单击“材质”编辑器中的“提取材质”按钮（或者使用“材质”工具并配合Alt键），然后单击被赋予材质的面，进行材质取样，接着单击其相邻的表面，将取样的材质赋予相邻表面上，赋予的材质贴图会自动无错位相接，如图6-99和图6-100所示。

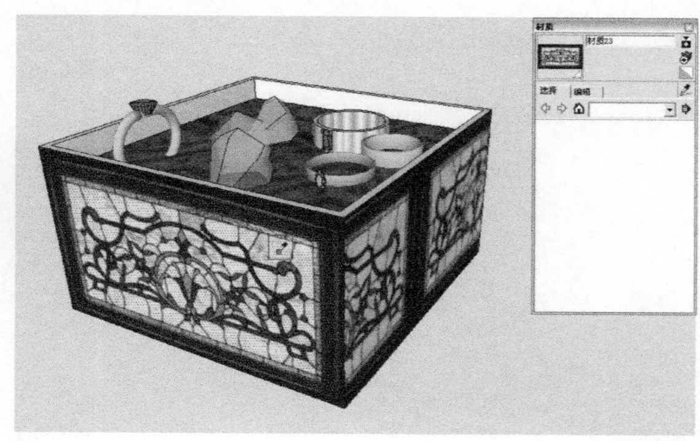

图6-99

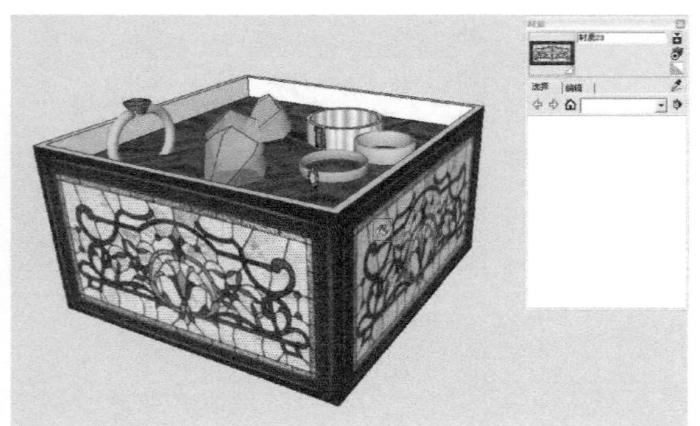

图6-100

重点 实战

创建绿篱

场景文件	无
实例文件	实战——创建绿篱.skp
视频教学	多媒体教学>Chapter05>实战——创建绿篱.flv
难易指数	★★☆☆☆
技术掌握	"材质"编辑器及转角贴图

扫码看视频

1 用"矩形"工具绘制2000mm×300mm的矩形，并用"推/拉"工具推拉400mm的高度，如图6-101所示。

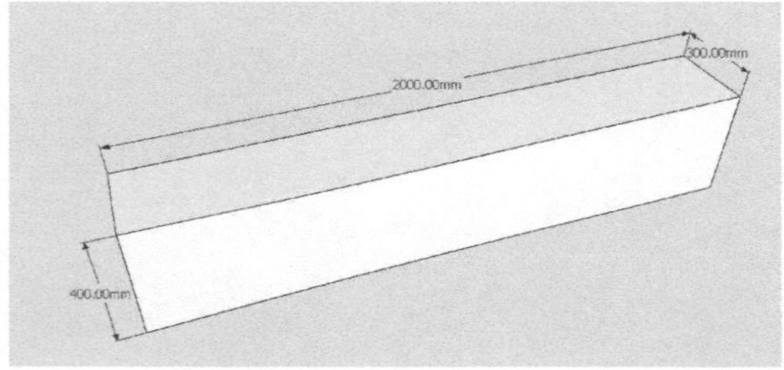

图6-101

2 按住Ctrl键的同时使用"推/拉"工具，向上推拉40mm的距离，并删除顶面，如图6-102和图6-103所示。

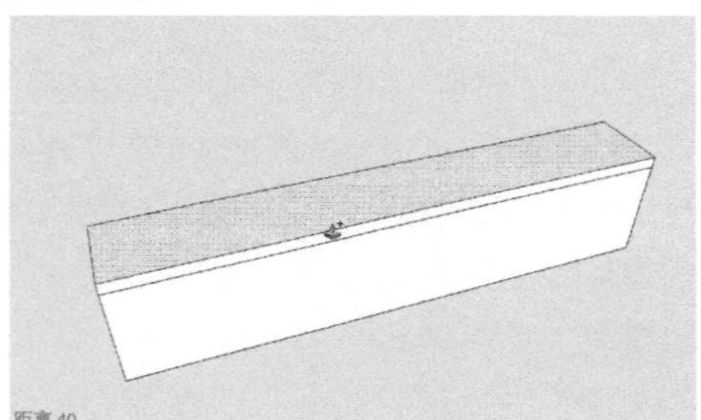

图6-102

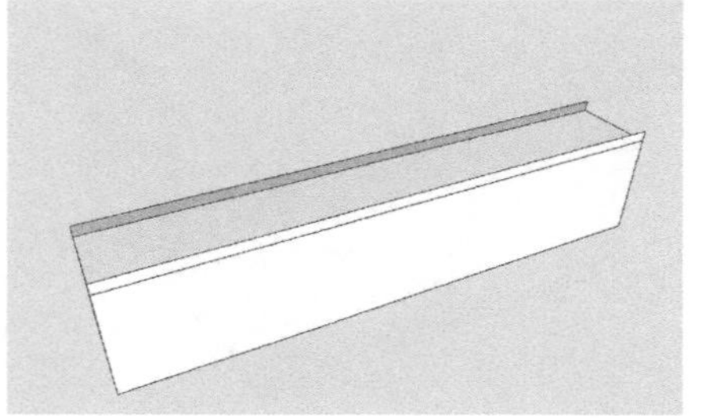

图6-103

3 打开"材质"编辑器勾选"使用贴图"选项，然后打开"实例文件>Chapter06>实战——创建绿篱>____1__5.png"贴图图片，为模型赋予草皮的材质，如图6-104所示。

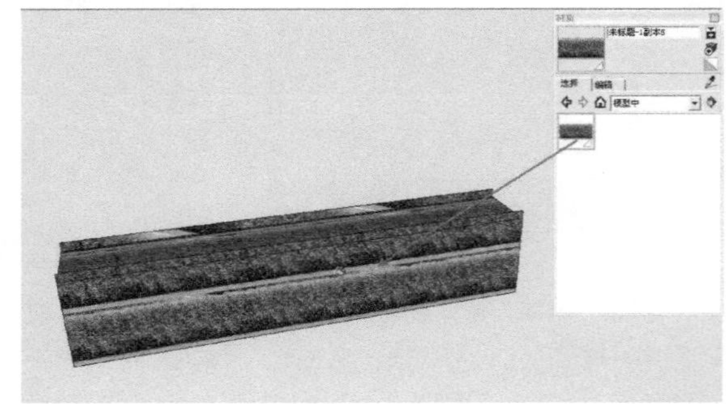

图6-104

4 选择其中一个面的贴图，然后单击鼠标右键在弹出的菜单中选择"贴图→位置"命令，如图6-105所示，接着调整其贴图位置的坐标，直到绿篱外侧自然起伏的边缘与模型吻合为止，如图6-106所示。

图6-105

图6-106

5 激活"删除"工具并按住Shift键，将边线进行柔化，如图6-107所示，最终效果如图6-108所示。

图6-107

图6-108

6.6.2 圆柱体的无缝贴图

在为圆柱体赋予材质时，有时候虽然材质能够完全包裹住物体，但是在连接时还是会出现错位的情况，出现这种情况就要利用物体的贴图坐标和查看隐藏物体来解决。

重点 实战

创建悠嘻猴笔筒贴图

场景文件	k.skp
实例文件	实战——创建悠嘻猴笔筒贴图.skp
视频教学	多媒体教学>Chapter06>实战——创建悠嘻猴笔筒贴图.flv
难易指数	★★★☆☆
技术掌握	"材质"编辑器及投影贴图

扫码看视频

1 打开“场景文件>Chapter06>k.skp”文件，然后将“实例文件>Chapter06>实战——创建悠嘻猴笔筒>__1.jpg”贴图图片赋予圆柱体，并调整贴图的大小。此时转动圆柱体，会发现明显的错位情况，如图6-109所示。

图6-109

2 执行“查看→虚显隐藏物体”菜单命令，将物体的网格线显示出来，如图6-110所示。

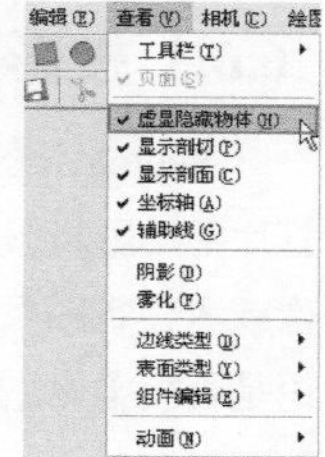

图6-110

3 在物体上单击鼠标右键，然后在弹出的菜单中执行“贴图→位置”命令，接着对圆柱体其中一个分面进行重设贴图坐标操作，再次单击鼠标右键菜单在弹出的菜单中执行“完成”命令，如图6-111和图6-112所示。

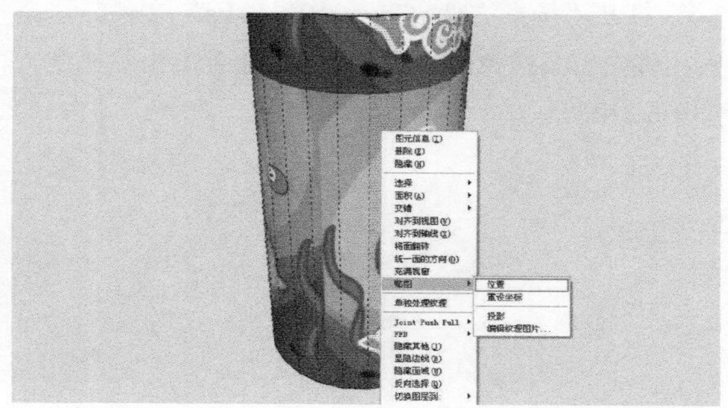

图6-111

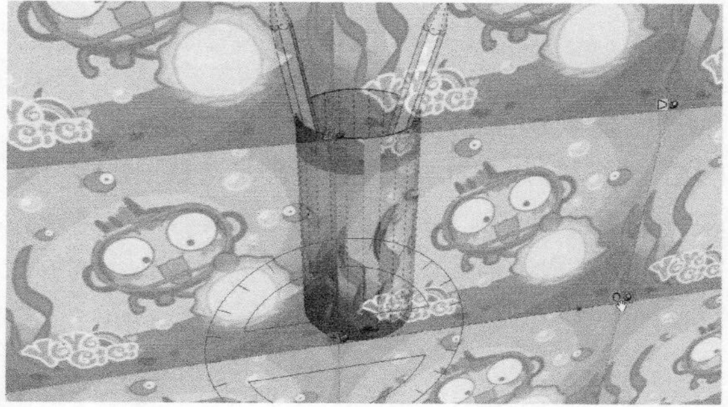

图6-112

4 单击“材质”编辑器中的“提取材质”按钮，然后单击已经赋予材质的圆柱体的面，进行材质取样，接着为圆柱体的其他面赋予材质，此时贴图没有出现错位现象，如图6-113所示。

图6-113

6.6.3 投影贴图

SketchUp的贴图坐标可以投影贴图，就像将一个幻灯片用投影机投影一样。如果希望在模型上投影地形图像或者建筑图像，那么投影贴图就非常有用。任何曲面不论是否被柔化，都可以使用投影贴图来实现无缝拼接。

重点 实战

将遥感图像赋予地形模型

场景文件	l.skp
实例文件	实战——将遥感图像赋予地形模型.skp
视频教学	多媒体教学>Chapter06>实战——将遥感图像赋予地形模型.flv
难易指数	★★☆☆☆
技术掌握	"材质"编辑器及投影贴图

扫码看视频

1 打开"场景文件>Chapter06>l.skp"文件，这是利用沙盒工具推拉出的某地块周边重要的山体模型，如图6-114所示。

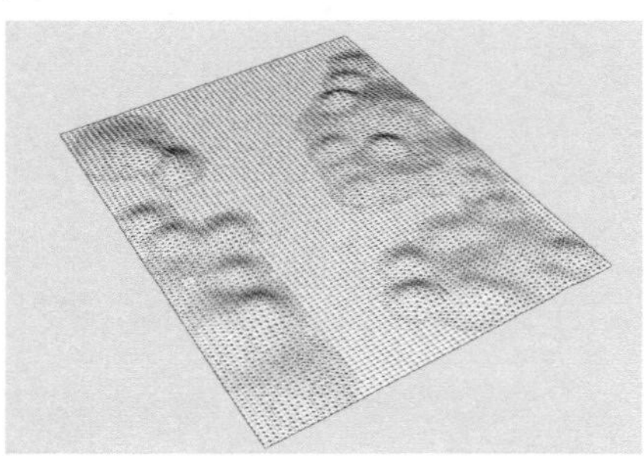

图6-114

2 在该地形的上方用"矩形"工具创建一个矩形面，然后打开"材质"编辑器勾选"使用贴图"选项，接着将"实例文件>Chapter06>实战——将遥感图像赋予地形模型>________.jpg"贴图图片，赋予某地区的模型上，如图6-115所示。

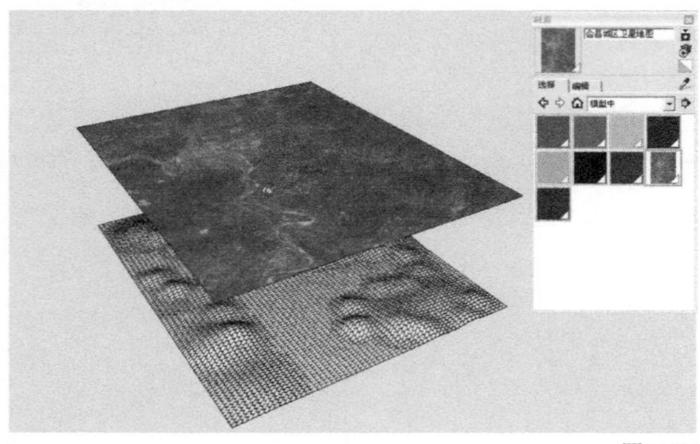

图6-115

3 在贴图上单击鼠标右键，然后在弹出的菜单中执行"贴图→投影"命令，如果"投影"选项是自动开启的，可以直接执行该命令。如果没有开启，请勾选打开此选项，如图6-116所示。

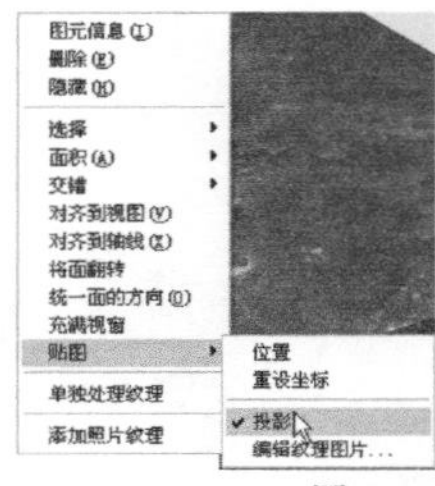

图6-116

4 单击"材质"编辑器中的"提取材质"按钮，然后单击贴图图像，进行材质取样，接着将提取的材质赋予地形模型，如图6-117所示。

图6-117

这种方法可以构建较为直观的地形地貌特征，对整个城市或某片区进行大区域的环境分析，是比较具有现实意义的一种分析方法，如图6-118所示。

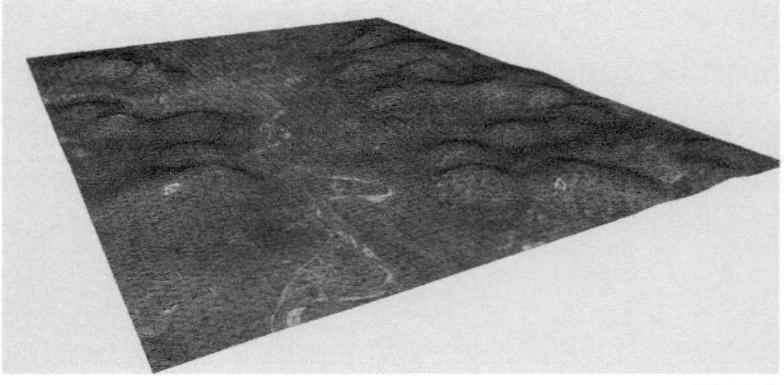

图6-118

技巧与提示

实际上，投影贴图不同于包裹贴图，包裹贴图的花纹是随着物体形状的转折而转折的，花纹大小不会改变，但是投影贴图的图像来源于平面，相当于把贴图拉伸，使其与三维实体相交，是贴图正面投影到物体上形成的形状。因此，使用投影贴图会使贴图有一定变形。

重点 实战

创建魔毯金字塔贴图

场景文件	m.skp
实例文件	实战——创建魔毯金字塔贴图.skp
视频教学	多媒体教学>Chapter06>实战——创建魔毯金字塔贴图.flv
难易指数	★★☆☆☆
技术掌握	"材质"编辑器及投影贴图

扫码看视频

1 制作一个三角锥体，然后将"实例文件>Chapter06>实战——创建魔毯金字塔>_.jpg"贴图图片导入SketchUp场景中，并放置在三角锥体的上方，接着调整贴图图片的大小，使其适合三角锥体的大小，最后炸开图像，并将显示模式调整为"X光模式"，以方便调整物体时查看贴图效果，如图6-119所示。

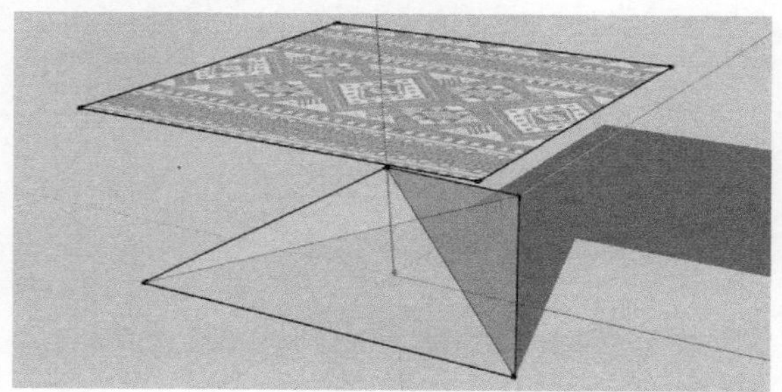
图6-119

2 在贴图上单击鼠标右键，然后在弹出的菜单中执行"贴图→投影"命令，如图6-120所示。

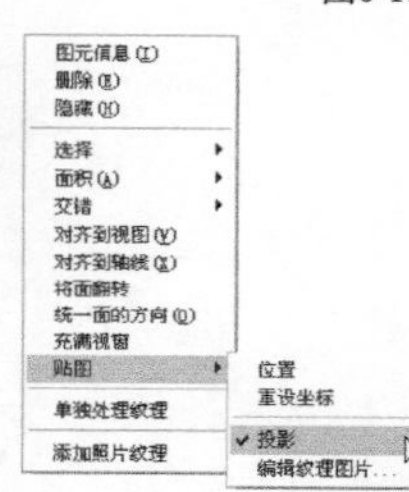

图6-120

3 单击"材质"编辑器中的"提取材质"按钮，然后单击贴图图像，进行材质取样，接着将提取的材质赋予三角锥体，如图6-121所示。

图6-121

4 取消"X光模式"，贴图效果如图6-122所示。

图6-122

重点 实战

创建颜色渐变的山体贴图

场景文件	n.skp
实例文件	实战——创建颜色渐变的山体贴图.skp
视频教学	多媒体教学>Chapter06>实战——创建颜色渐变的山体贴图.flv
难易指数	★★★☆☆
技术掌握	"材质"编辑器及投影贴图

我们可以对山体赋予一个具有渐变色彩的材质，需要使用Photoshop制作一个材质贴图。

1 打开Photoshop软件，然后新建一个文件（快捷键为Ctrl+N），接着在弹出的"新建"对话框中设置文件大小为1024像素×768像素、"分辨率"为"72像素/英寸"、"颜色模式"为"RGB颜色"，如图6-123所示。

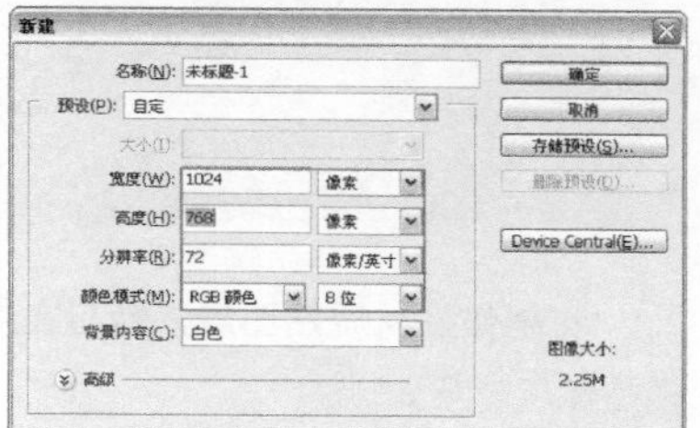

图6-123

2 分别单击前景色和背景色色块，通过"拾色器"调整其颜色为黄色和绿色，如图6-124和图6-125所示。

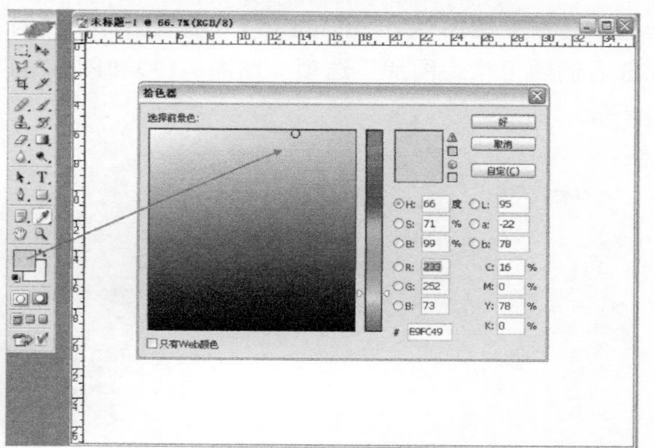

图6-124

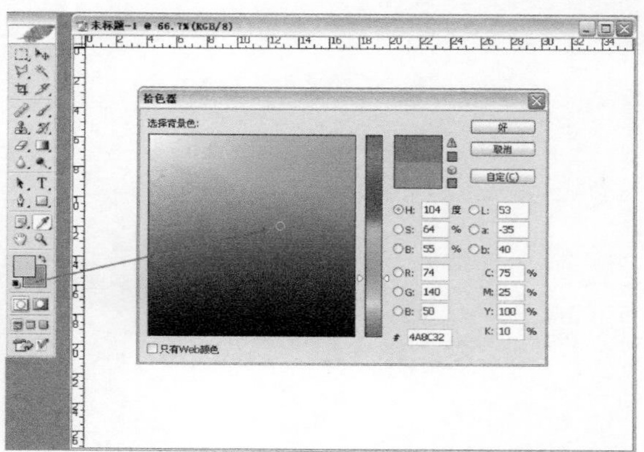

3 按住Shift键的同时单击鼠标左键不放，然后从上往下拖动鼠标，添加渐变效果，也可以使用渐变工具栏，如图6-126所示。渐变的操作可以重复多做几次，直到达到满意的效果为止。完成后将文件保存为JPEG格式。

在制作好材质贴图后，然后在SketchUp中为山体模型赋予材质。

4 打开“场景文件>Chapter06>n.skp”文件，然后执行“文件→导入”菜单命令，接着在“打开”对话框中打开“实例文件>Chapter06>实战——创建颜色渐变的山体>jianbian.jpg”贴图图片，并勾选右侧的“作为图片”选项，如图6-127和图6-128所示。

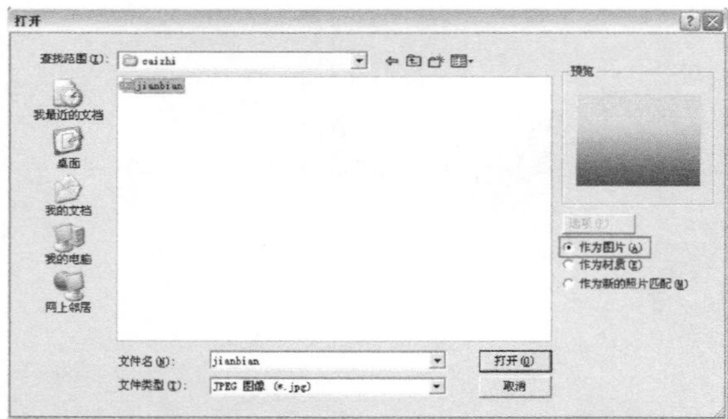

图6-127

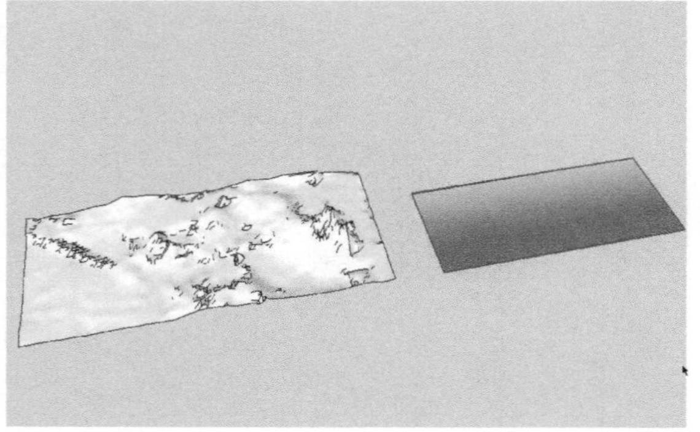

图6-128

5 使用“旋转”工具将图像竖立，然后使用“移动/复制”工具移动图像，使图像与模型位置相对应，如图6-129所示。

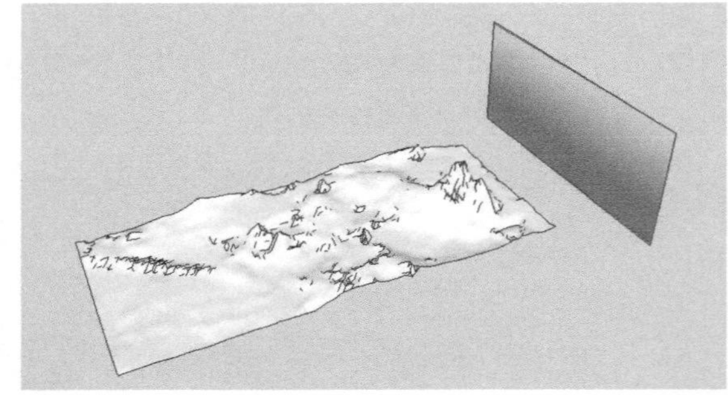

图6-129

6 使用“缩放”工具将图像调整到合适的高度大小，如图6-130所示。

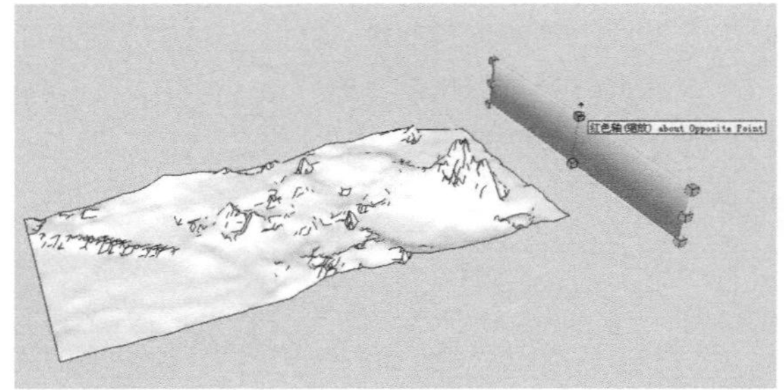

图6-130

7 选择模型，然后单击鼠标右键在弹出的菜单中执行“炸开”命令，将模型炸开，如图6-131所示。

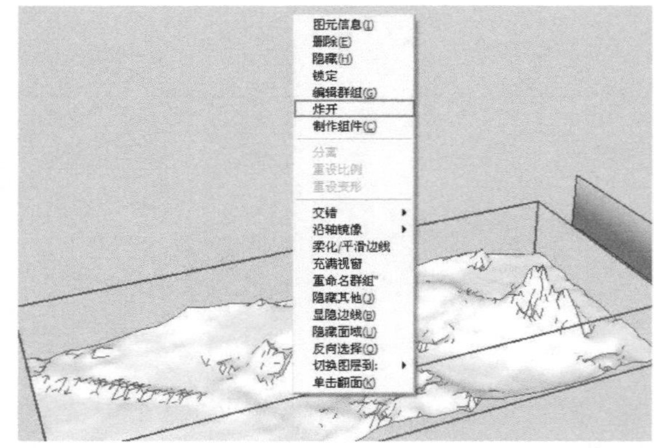

图6-131

8 执行“窗口→材质”菜单命令，打开“材质”编辑器，然后单击“提取材质”按钮，接着单击炸开后的图像，再单击模型，完成模型的上色，如图6-132和图6-133所示。

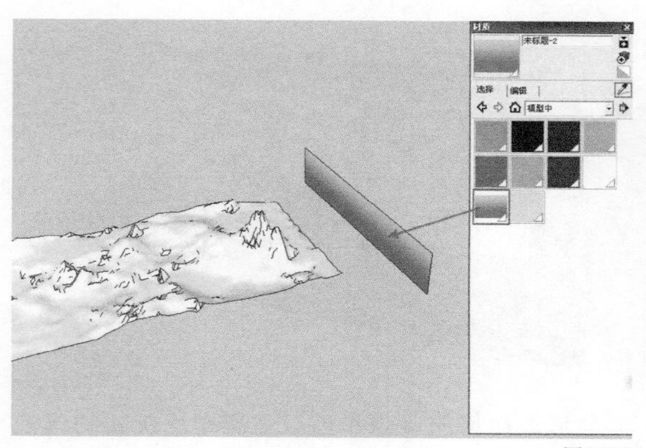
图6-132

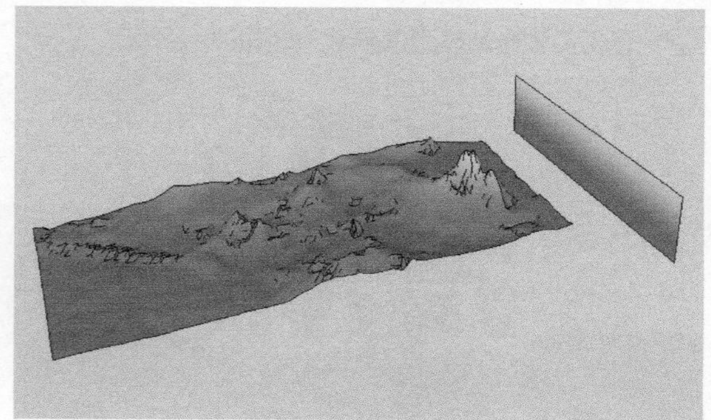
图6-133

6.6.4 球面贴图

明白了投影贴图的原理，那么曲面的贴图自然就会了，因为曲面实际上就是由很多三角面组成的。

实战

创建玻璃球贴图

场景文件	无
实例文件	实战——创建玻璃球贴图.skp
视频教学	多媒体教学>Chapter06>实战——创建玻璃球贴图.flv
难易指数	★★★☆☆
技术掌握	"材质"编辑器及球面贴图

扫码看视频

1 绘制圆球体，方法是绘制两个互相垂直、同样大小的圆，然后将其中一个圆的面删除，只保留边线，接着选择这条边线并激活"跟随路径"工具，最后单击平面圆的面，生成球体。再创建一个竖直的矩形平面，矩形面的长宽与球体直径相一致，如图6-134所示。

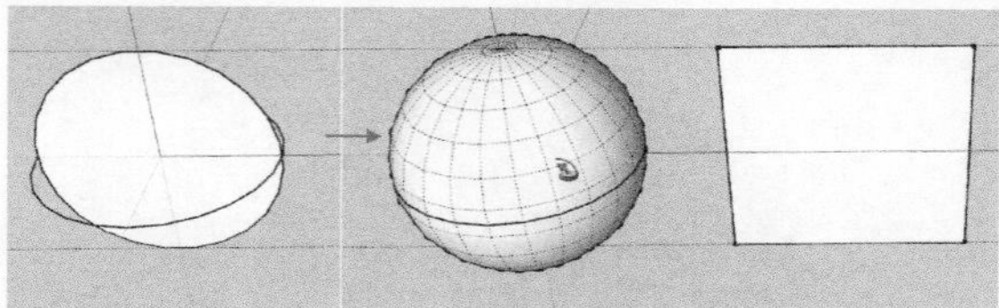
图6-134

2 打开"材质"编辑器勾选"使用贴图"选项，将"实例文件>Chapter06>实战——创建玻璃球>Tile_Bor.png"贴图图片赋予矩形面，如图6-135所示。

图6-135

3 在矩形面贴图上单击鼠标右键，然后在弹出的菜单中执行"贴图→投影"命令，如图6-136所示。

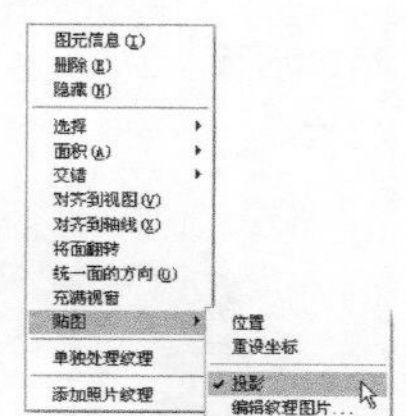
图6-136

4 选中球体，单击"选择"选项卡，然后单击"提取材质"按钮，接着单击平面的贴图图像，进行材质取样，最后将提取的材质赋予球体，如图6-137和图6-138所示。

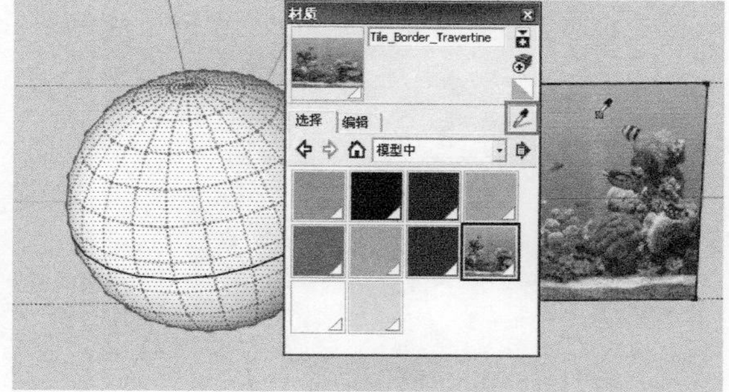

图6-137

图6-138

5 将虚显的球体边线隐藏，完成玻璃水晶球的制作，效果如图6-139所示。

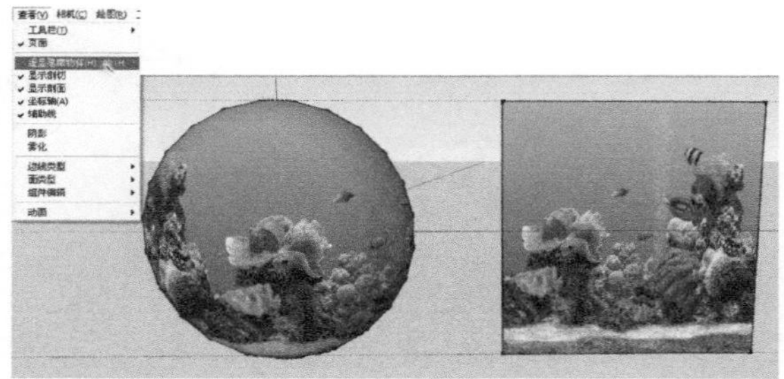

图6-139

技术专题

创建地球仪

采用上面创建玻璃球的方法创建一个地球仪，如图6-140所示。

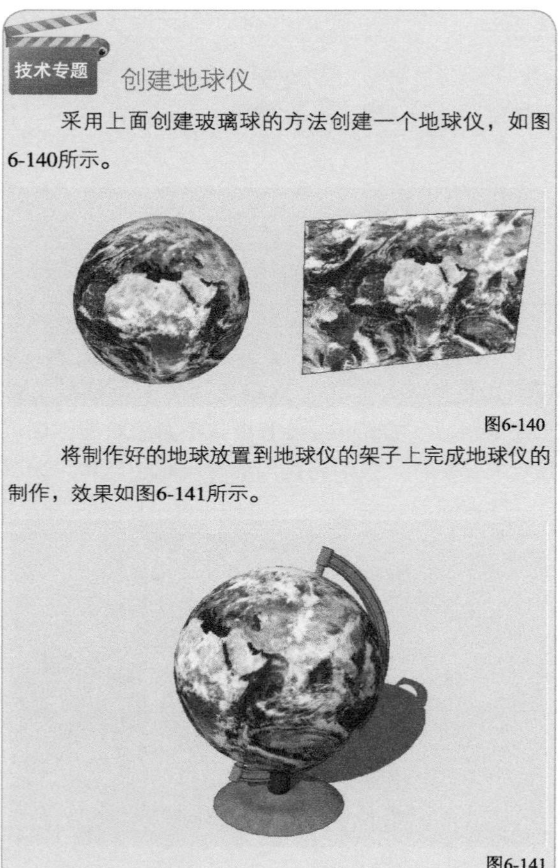

图6-140

将制作好的地球放置到地球仪的架子上完成地球仪的制作，效果如图6-141所示。

图6-141

重点 实战

创建360° 全景天空

场景文件	o.skp
实例文件	实战——创建360° 全景天空.skp
视频教学	多媒体教学>Chapter06>实战——创建360° 全景天空.flv
难易指数	★★★☆☆
技术掌握	"材质"编辑器及球面贴图

扫码看视频

在SketchUp中可以制作出较真实的天空效果，最简单的一种方法就是在场景后面放置一张天空背景图片，如图6-142所示。但是这种方法只能在导出静态图片时模拟背景天空效果，如果进行动画渲染或者在SketchUp中直接演示的话就会露出破绽。

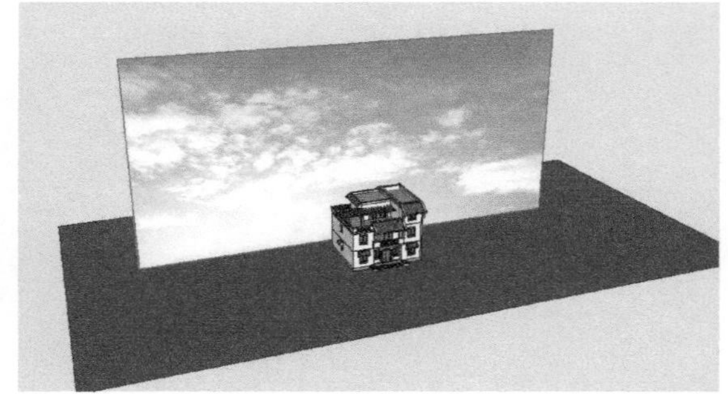

图6-142

那么如何能够制作出以任意角度观察的天空呢？具体操作步骤如下。

1 完成主体建筑模型的创建，如图6-143所示。

图6-143

2 根据模型场景的大小，使用“圆”工具和“跟随路径”工具制作一个半球作为天空，主体建筑要包含在这个半球形天空的内部，如图6-144～图6-146所示。

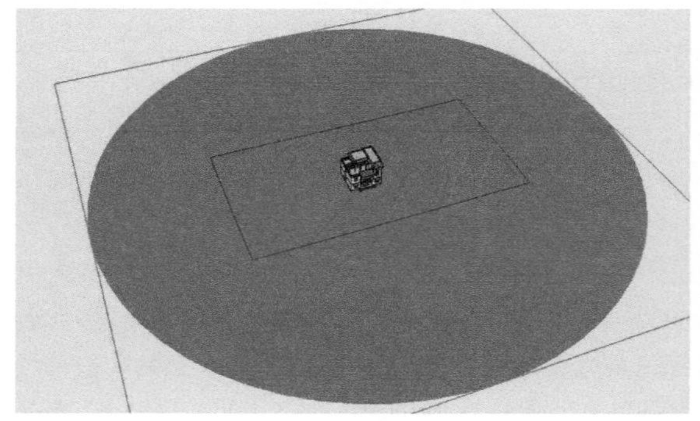

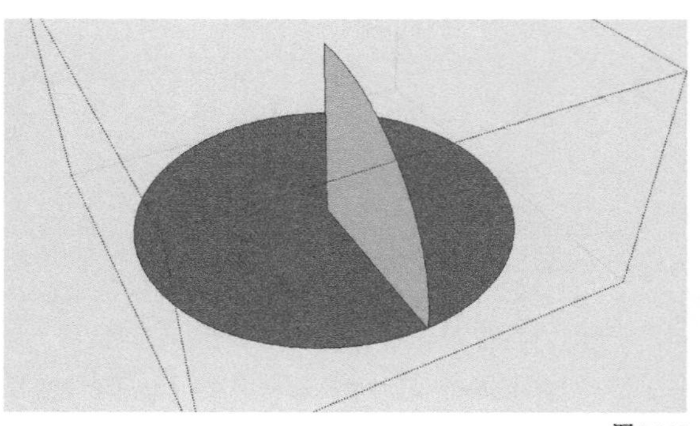

图6-145

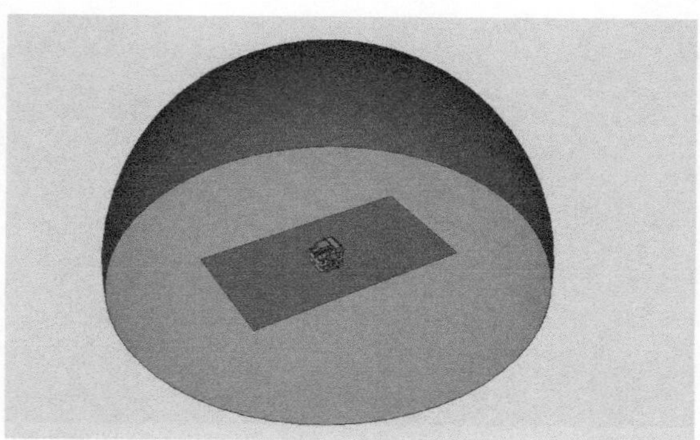

图6-146

在此需要注意控制半球的大小，过小会不真实，过大会留有较多的空白地面，半球的半径一般设置为主体建筑的8~10倍大小就可以了，当然还要依据最终输出动画时相机移动的范围而定，确保相机移动在半球范围之内。

3 接下来要为半球的内部赋予天空的贴图，那么如何保证天空材质的无缝拼接呢？首先导入"实例文件>Chapter06>实战——创建360°全景天空>360-panoramas_018_extractedTex.jpg"贴图图片，在选择导入的图片时要注意，由于要给360°的方向赋予一张天空贴图，因此最好选择比较长的贴图。如果是照片的话，最好选择用广角相机或摇头机拍出的那种涵盖角度特别大的天空照片，如图6-147和图6-148所示。

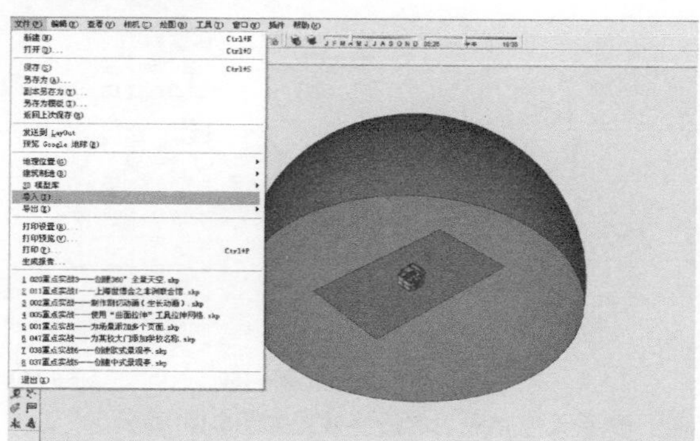

图6-147

图6-148

4 导入图片后，将图片竖立放置，然后调整到合适的位置，要保证图片底边和半球底面在一个平面上，接着缩放图片的大小使其与整个半球的长宽相一致，如图6-149所示。

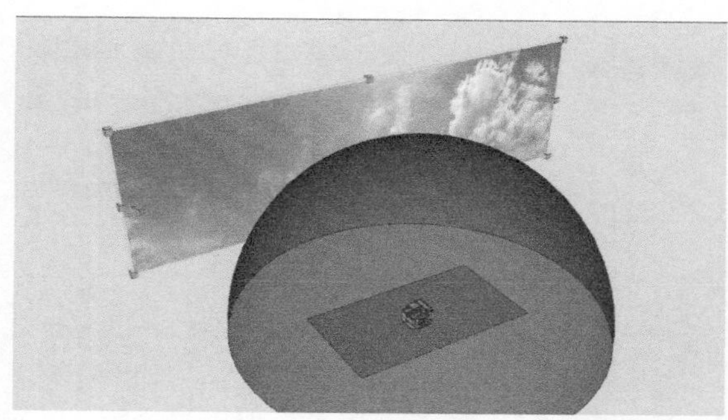

图6-149

5 选择天空图片，然后单击鼠标右键在弹出的菜单中执行"炸开"命令，如图6-150所示。此时会得到一种新的材质，也就是天空图片的贴图。

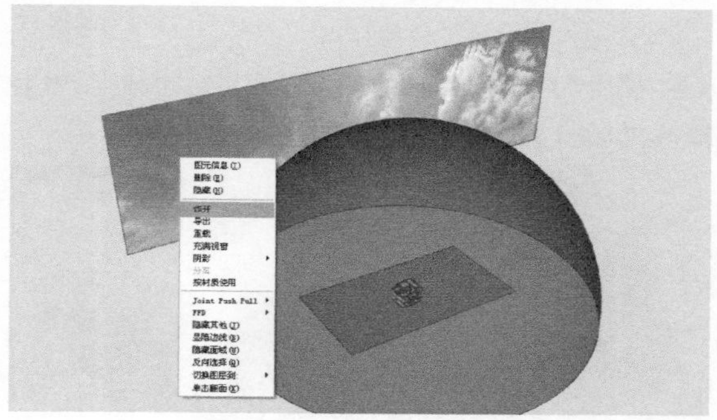

图6-150

6 在赋予半球内部材质的时候，要注意用"提取材质"工具吸取被炸开的图片上的材质，然后赋予半球的内部，如图6-151～图6-152所示。

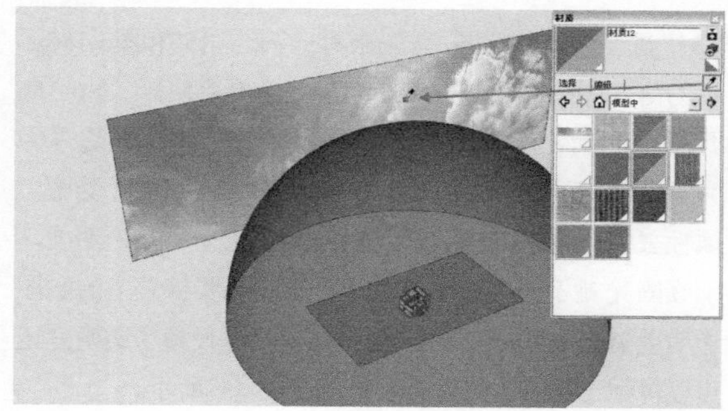

图6-151

图6-152

技巧与提示　如果不使用“提取材质”工具提取材质，而是直接赋予天空材质的话就会出现如图6-153所示的效果。

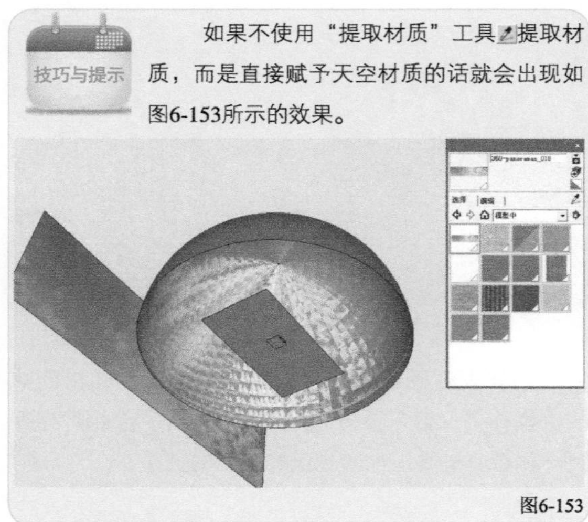

图6-153

07 使用“直线”工具在半球底边进行绘制，封闭半球得到地面，并赋予合适的贴图，如图6-154所示。

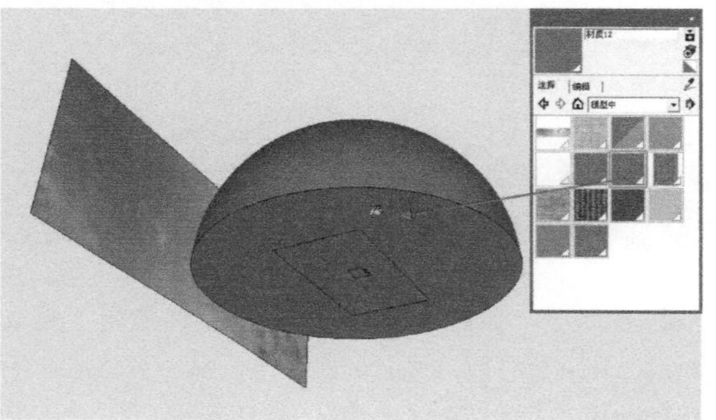

图6-154

08 进一步调整贴图。首先来看一下图6-155和图6-156所示的两张图的对比效果，图6-155没有开启阴影，图6-156开启了阴影，一旦开启阴影，场景就会变得很暗。这是因为半球遮挡了光线，因此要将半球的“投影”和“受影”属性去掉，如图6-157所示。另外，如果天空不是透明的，那么阳光就不会照射到地面上，所以还要将天空的贴图透明度调整到70以下，以保证光线透过，设置了透明度还可以得到一种模糊的远景效果，如图6-158所示。

图6-155

图6-156

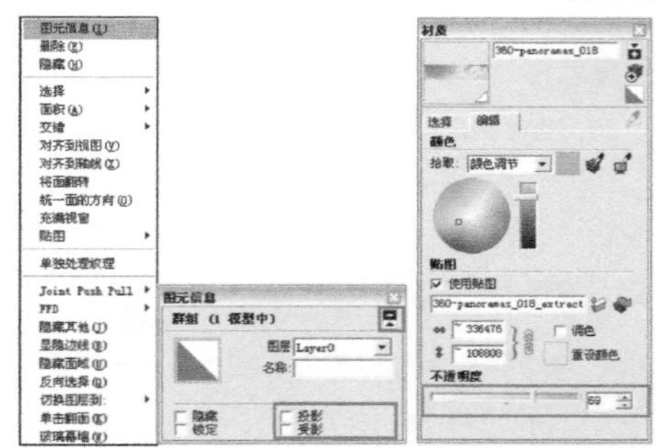

图6-157　图6-158

09 查看模型，如果还是不够亮的话，可以调整一下阴影设置，将“光线”和“明暗”参数的滑块向右移动，使画面更亮些，如图6-159所示。

10 调整背景颜色为蓝色，这样可以使天空显得更加湛蓝透明，如图6-160所示。

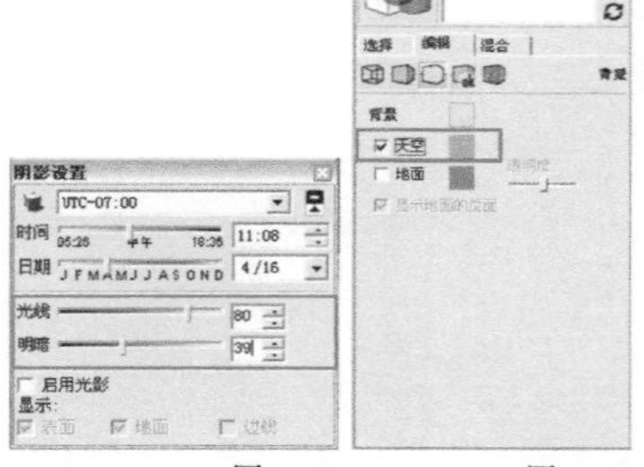

图6-159　图6-160

11 全景天空完成后的最终效果如图6-161所示。

图6-161

6.6.5 PNG贴图

镂空贴图图片的格式要求为PNG格式，或者带有通道的TIF格式和TGA格式。在"材质"编辑器中可以直接调用这些格式的图片。另外，SketchUp不支持镂空显示阴影，要想得到正确的镂空阴影效果，需要将模型中的物体平面进行修改和镂空，尽量与贴图大致相同。

PNG格式是20世纪90年代中期开发的图像文件存储格式，其目的是想要替代GIF格式和TIFF格式。PNG格式增加了一些GIF格式文件所不具备的特性，在SketchUp中主要运用它的透明性。

PNG格式的图片可以在PhotoShop中进行制作。

重点 实战

制作PNG贴图

场景文件	无
实例文件	实战——制作PNG贴图.skp
视频教学	多媒体教学>Chapter06>实战——制作PNG贴图.flv
难易指数	★★☆☆☆
技术掌握	"材质"编辑器及PNG贴图

扫码看视频

这里为大家讲解两种常用的制作贴图的方法，读者可以根据实际工作需要进行选择。

下面介绍第1种方法。

制作流程：将栏杆的CAD图导入SketchUp→封面并赋予材质→导出图片→在Photoshop中处理图像→导出带有透明性质的PNG贴图。

01 绘制栏杆的CAD图，如图6-162所示。

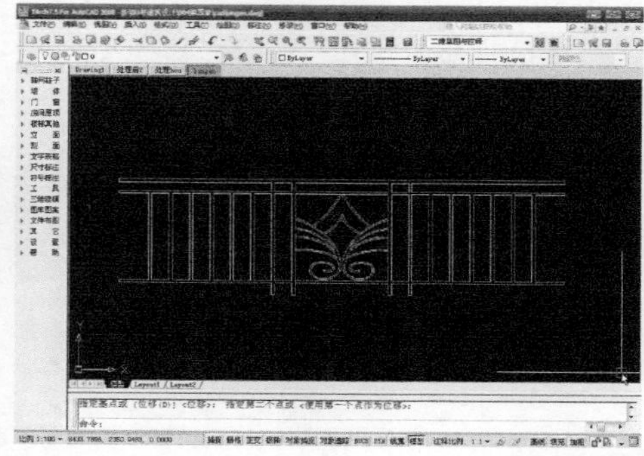

图6-162

02 打开SketchUp，然后执行"文件→导入"菜单命令导入栏杆的CAD图，如图6-163和图6-164所示。

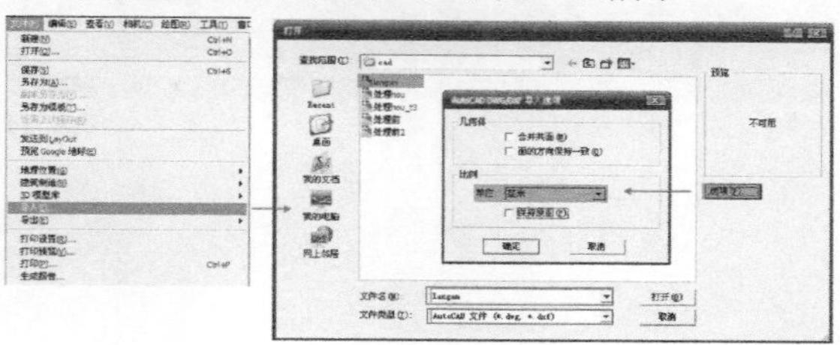

图6-163

图6-164

03 使用"直线"工具（快捷键为L键）对导入的CAD图进行封面，如图6-165所示。

图6-165

04 打开"材质"编辑器，然后创建一个黑色的材质，接着将该材质赋予栏杆，如图6-166所示。

图6-166

05 打开"风格"编辑器，然后调整背景色为白色，如图6-167和图6-168所示。

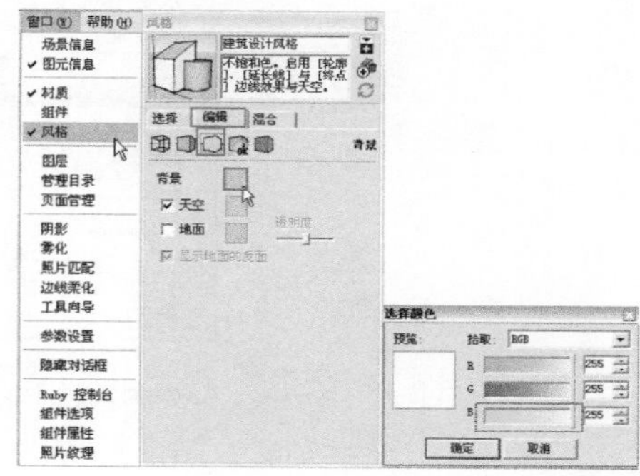

图6-167

图6-168

6 将当前视图调整为顶视图，然后切换到“平行投影”模式（快捷键为V键），如图6-169所示。

图6-169

7 执行“文件→导出→2D图像”菜单命令将模型导出为JPEG格式文件，如图6-170和图6-171所示。

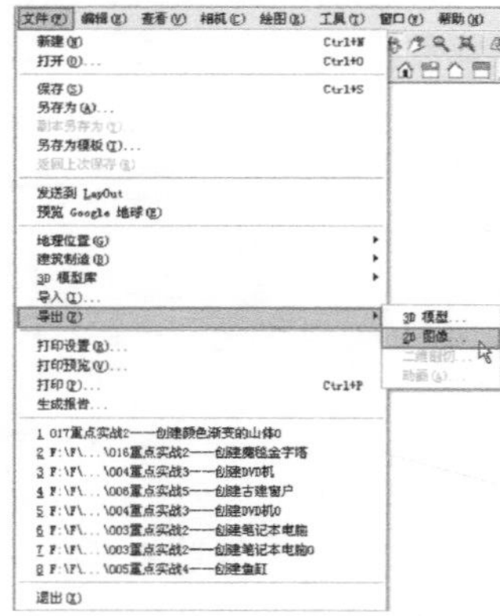

图6-170

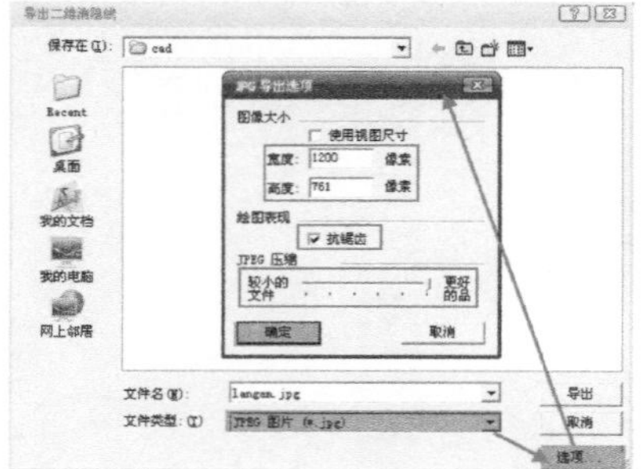

图6-171

8 运行Photoshop软件，打开上一步保存的文件，如图6-172所示。

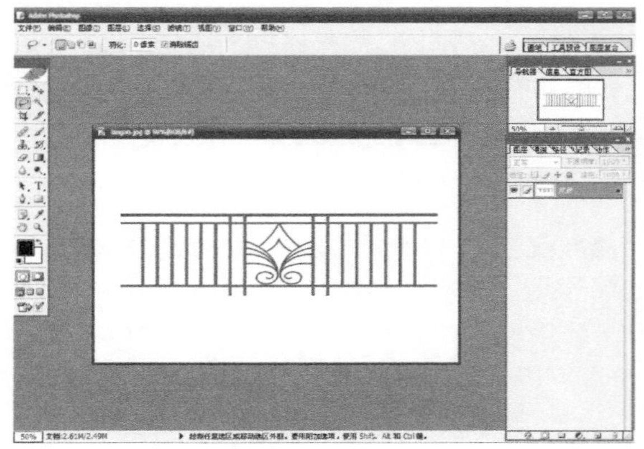

图6-172

9 在图层标签上双击鼠标左键，解锁图层，如图6-173所示。

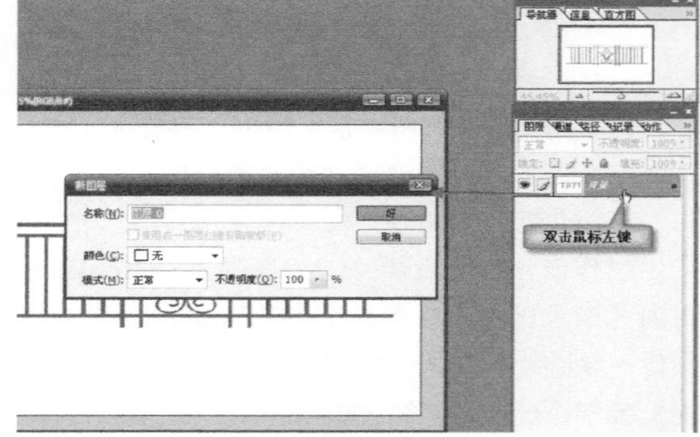

图6-173

10 使用“裁剪工具”（快捷键为C键）裁剪图像，如图6-174和图6-175所示。

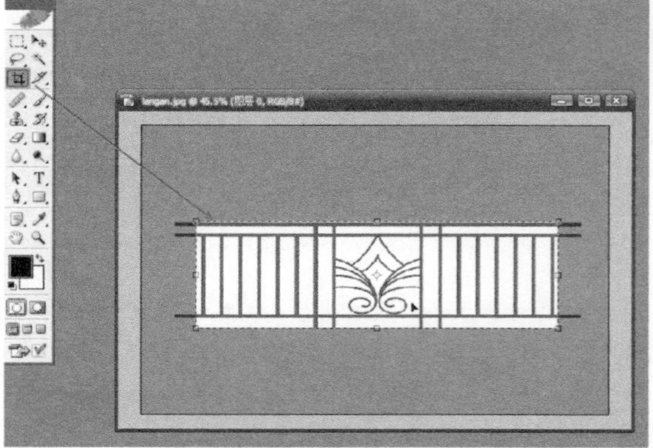

图6-174

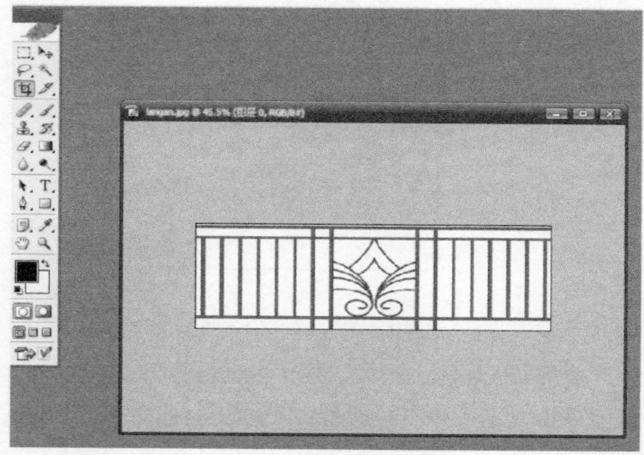

图6-175

11 使用“魔棒工具”（快捷键为W键）选择图像的白色区域，然后单击鼠标右键在弹出的菜单中执行“选取相似”命令，接着将选择的区域删除，如图6-176和图6-177所示。

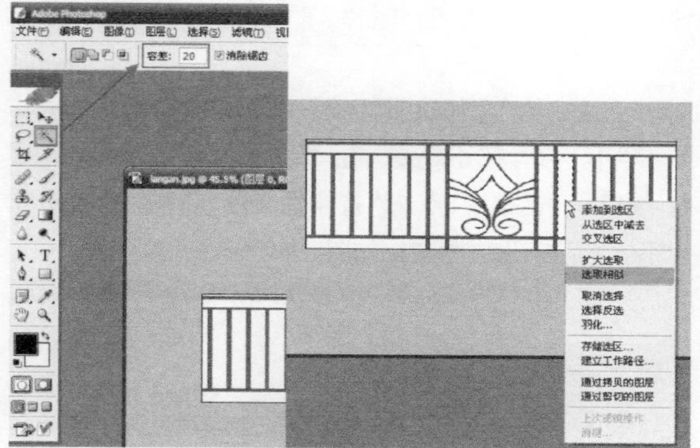

图6-176

图6-177

12 按Ctrl+D组合键将选区取消，如图6-178所示。

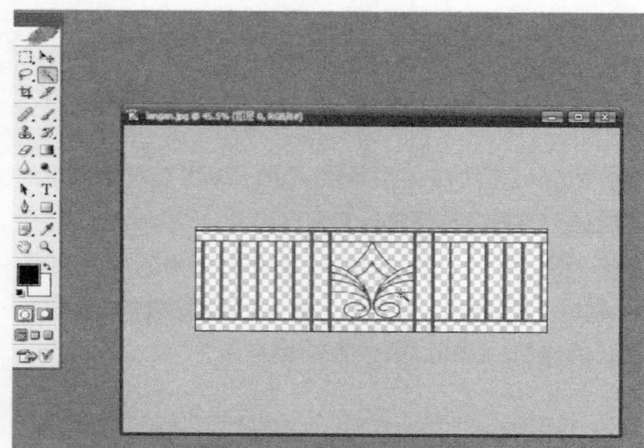

图6-178

13 调整前景色的颜色为黑色，如图6-179所示。

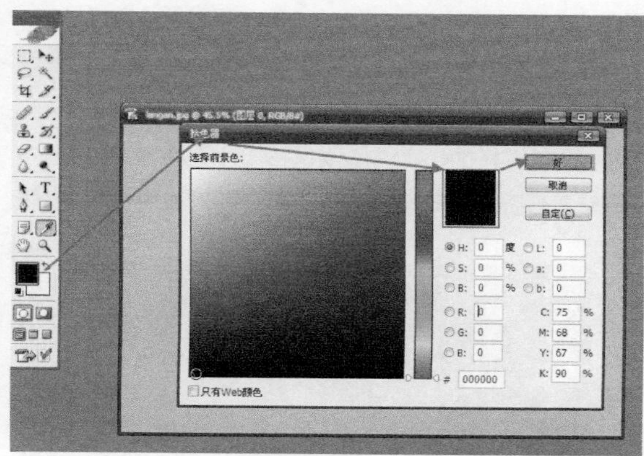

图6-179

14 按住Ctrl键的同时单击图层标签，选择图像的选区，然后将为选区填充前景色（快捷键为Alt+退格键），如图6-180和图6-181所示。

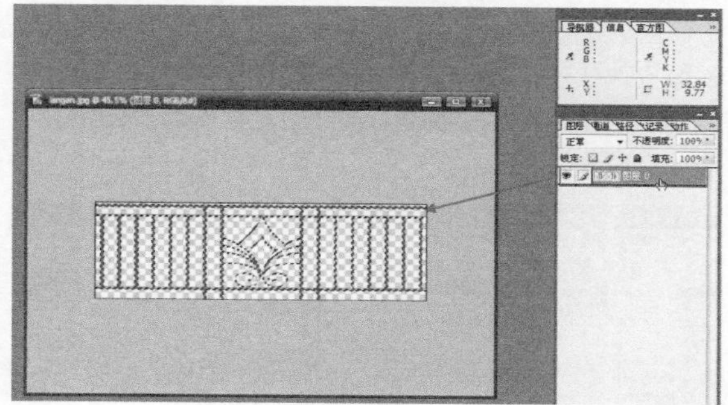

图6-180

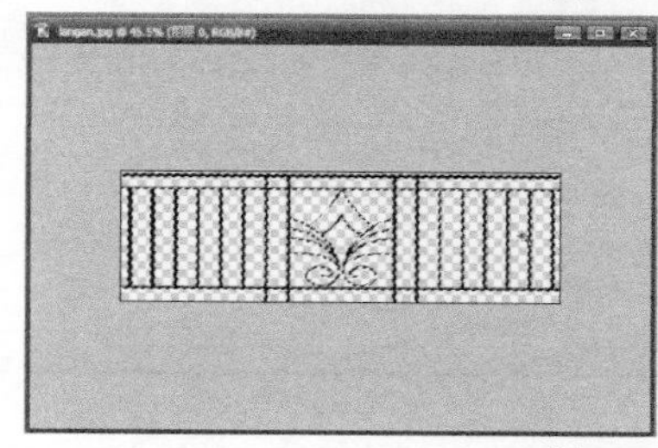

图6-181

15 执行“文件→另存为”菜单命令将图像保存为PNG格式的外部文件，如图6-182和图6-183所示。

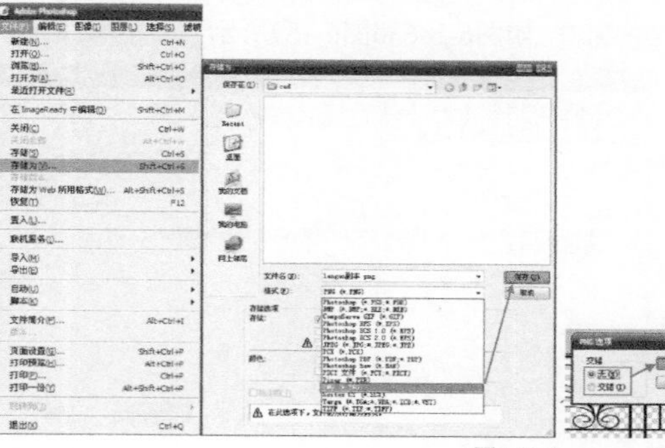

图6-182 图6-183

下面介绍第2种方法。

制作流程：在AutoCAD中将图形导出为EPS格式的外部文件→在Photoshop中处理图像→导出带有透明性质的PNG贴图。

1 绘制栏杆的CAD图，如图6-184所示。

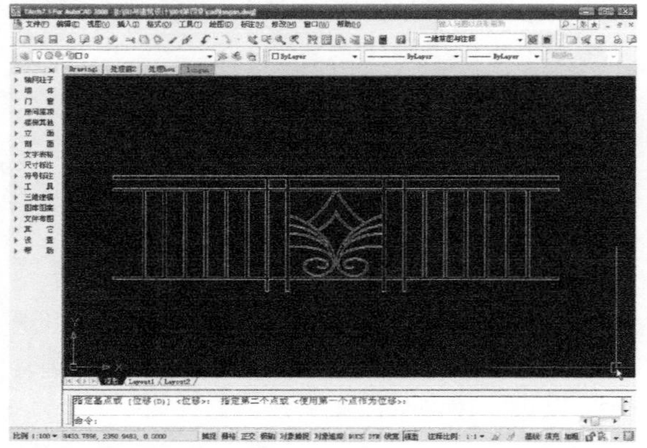

图6-184

2 执行“文件→绘图仪管理器”菜单命令打开Plotters文件夹，然后双击“添加绘图仪向导”图标，如图6-185所示。

图6-185

3 在弹出“添加绘图仪-简介”对话框中，单击“下一步”按钮下一步(N) >，然后在弹出的“添加绘图仪-开始”对话框中，点选“我的电脑”选项，然后单击“下一步”按钮下一步(N) >，如图6-186和图6-187所示。

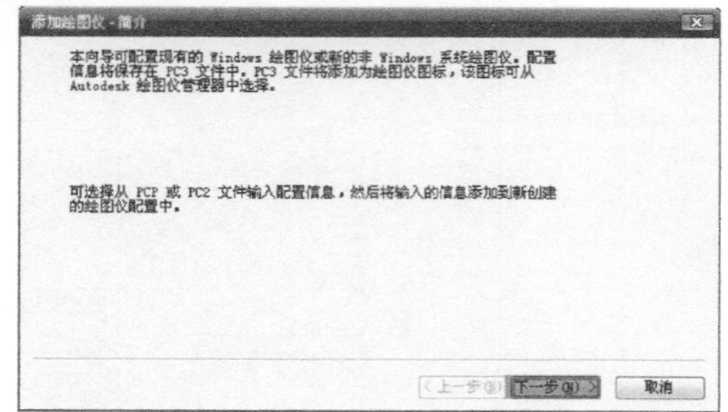

图6-186

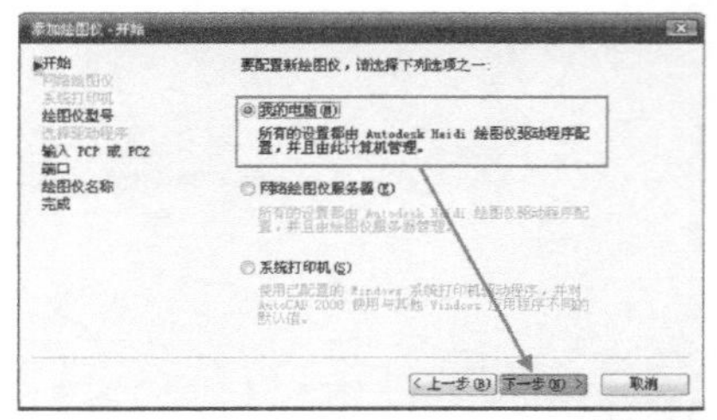

图6-187

4 在弹出的“添加绘图仪-绘图仪型号”对话框中，生产商选择Adobe，型号选择“PostScript Level 2”，然后单击“下一步”下一步(N) >，如图6-188所示。

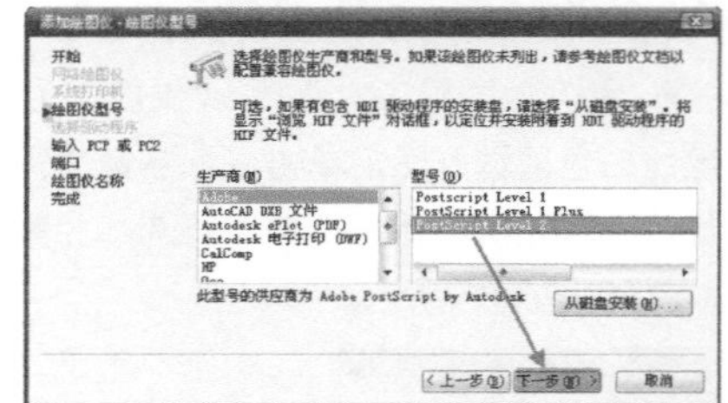

图6-188

5 在弹出的“添加绘图仪-输入PCP或PC2”对话框中，单击“下一步”按钮下一步(N) >，然后在弹出的“添加绘图仪-端口”对话框中，点选“打印到文件”选项，接着单击“下一步”按钮下一步(N) >，如图6-189和图6-190所示。

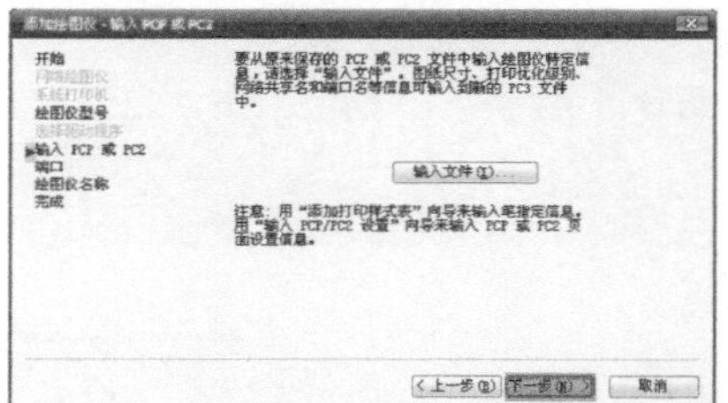

图6-189

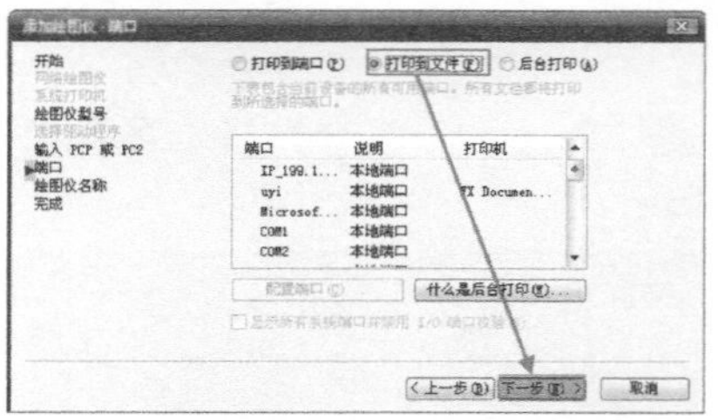

图6-190

6 在弹出的“添加绘图仪-绘图仪名称”对话框中的“绘图仪名称”框中输入自定义名称，如jianzhu，然后单击“下一步”按钮下一步(N) >，接着在弹出的“添加绘图仪-完成”对话框中，单击“完成”按钮完成(F)，完成绘图仪的添加，如图6-191和图6-192所示。

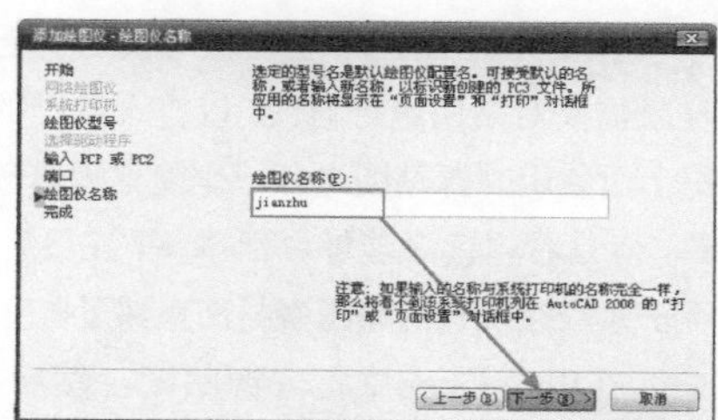
图6-191

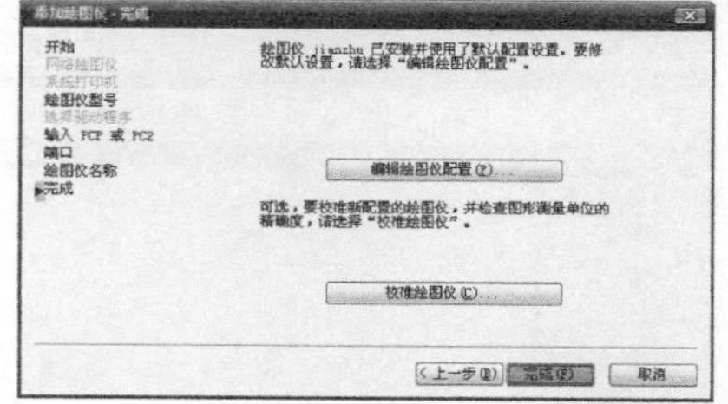
图6-192

7 完成添加后可以在Plotters文件夹中看到新增了一个绘图仪配置文件jianzhu.pc3，如图6-193所示。

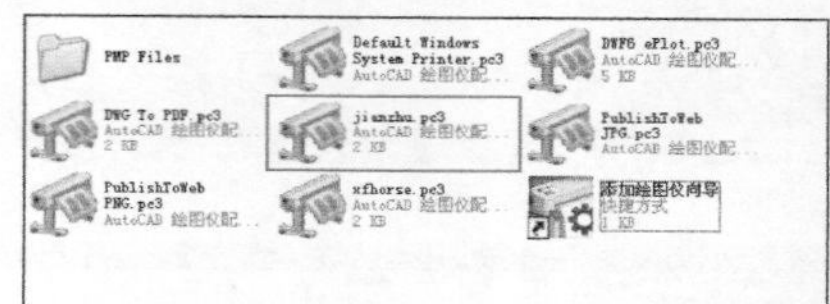
图6-193

8 在AutoCAD中执行“文件→打印”菜单命令，然后在弹出的“打印—模型”对话框中设置“打印机/绘图仪”为之前配置的绘图仪，接着勾选“打印到文件”选项，并设置“图纸尺寸”为A3大小，最后设置“打印样式表”为Tarch7.ctb、“打印范围”为“窗口”，如图6-194和图6-195所示。

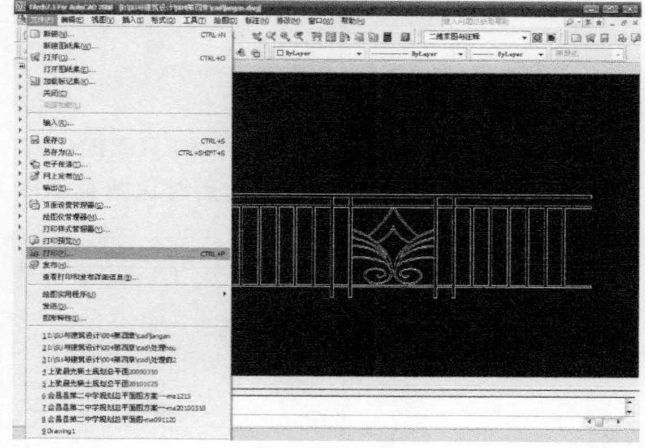
图6-194

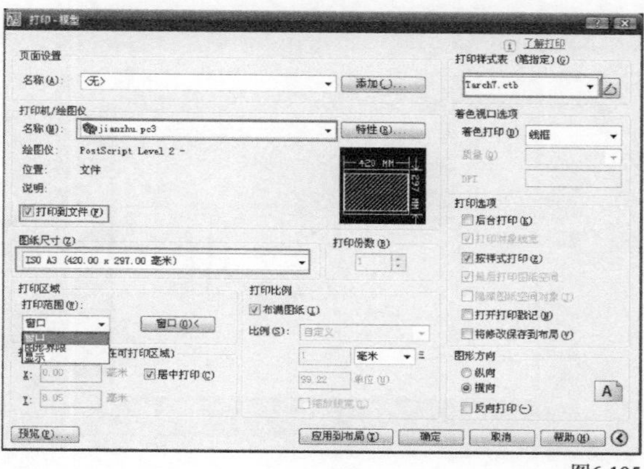
图6-195

9 在“打印—模型”对话框中单击“窗口”按钮 窗口(O)< ，此时系统会自动切换到绘图界面，在绘图界面中拖曳光标确定打印窗口的范围，如图6-196所示。

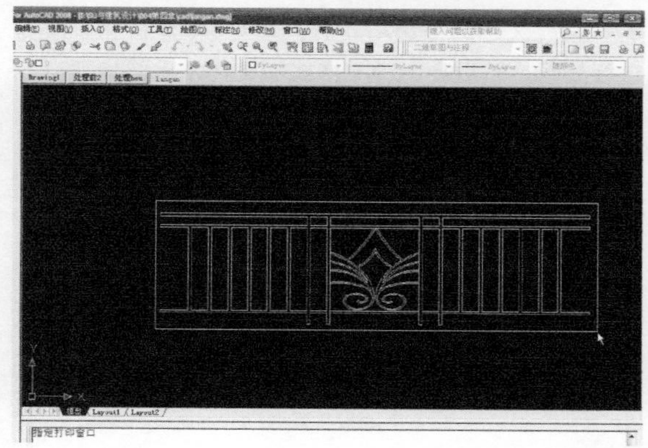
图6-196

10 确定打印范围后，系统会切换回“打印—模型”对话框，在该对话框中勾选“居中打印”选项，然后单击“预览”按钮 预览(P)... 进行打印预览，如图6-197和图6-198所示。

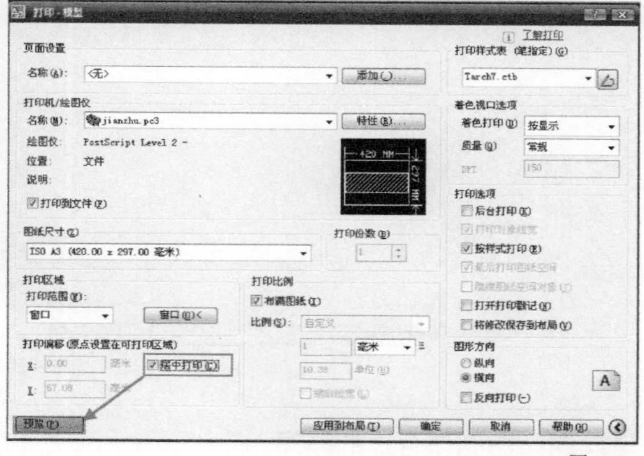
图6-197

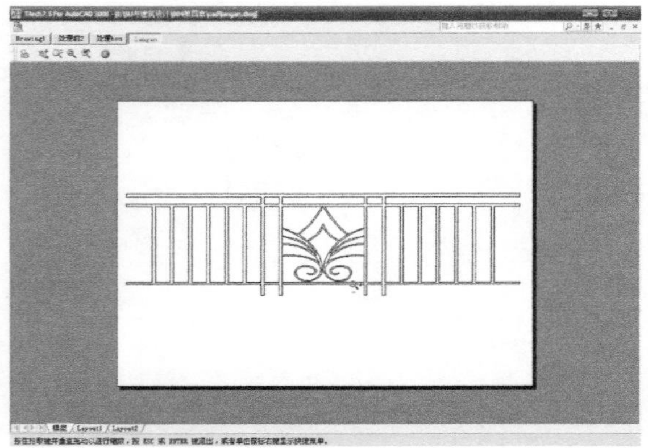

图6-198

11 如果对预览效果满意，可以单击鼠标右键在弹出的菜单中执行“打印”命令，保存虚拟打印图像（保存的文件格式为EPS），如图6-199和图6-200所示。完成文件的导出后，打开Photoshop软件对图像进行处理，然后导出PNG格式的文件，后面步骤与方法1相同，因此这里不再赘述。

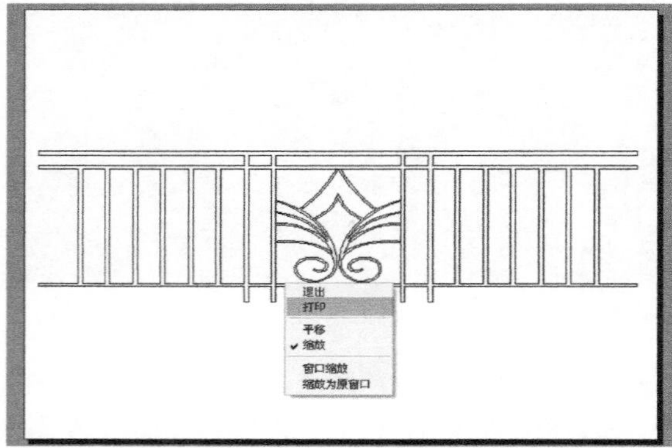

图6-199

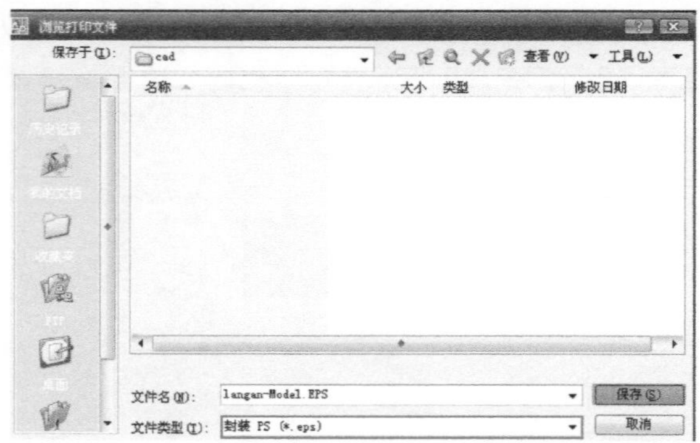

图6-200

实战

修改源贴图制作合适的贴图

场景文件	无
实例文件	实战——修改源贴图制作合适的贴图.skp
视频教学	多媒体教学>Chapter06>实战——修改源贴图制作合适的贴图.flv
难易指数	★★☆☆☆
技术掌握	PS修改材质贴图

扫码看视频

在实际的工作中，往往很难找到完全合适的贴图，这就需要对贴图进行修改，以符合模型的需要。这里针对上面使用的源贴图进行一个简单的修改，步骤虽然简单，但是希望读者能够灵活掌握，在日后使用贴图时不至于太依赖现有的贴图素材而束缚了自己的思维。

1 在Photoshop中打开源贴图，然后在贴图的中心绘制一个圆形选区，并将该选区填充为黑色，如图6-201和图6-202所示。

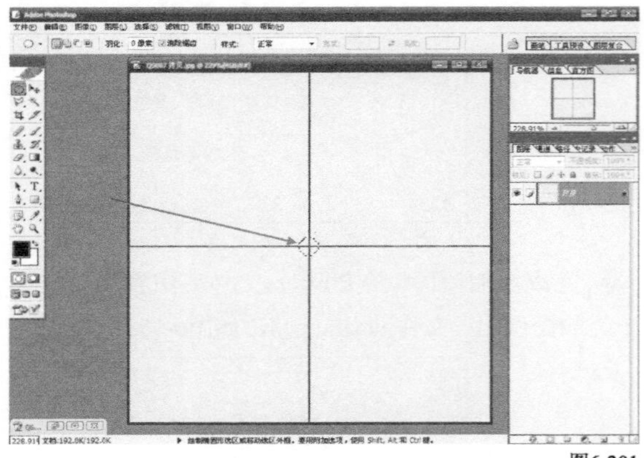

图6-201

图6-202

2 将修改好的贴图另存为一个JPEG或PNG格式的文件，源贴图和修改后的贴图对比效果如图6-203所示。

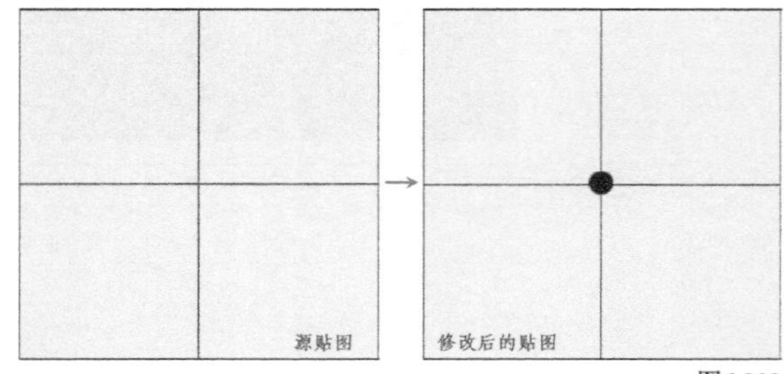

图6-203

重点 实战

制作夜景灯光贴图

场景文件	p-1.skp、p-2.skp
实例文件	实战——制作夜景灯光贴图.skp
视频教学	多媒体教学>Chapter06>实战——制作夜景灯光贴图.flv
难易指数	★★★☆☆
技术掌握	"材质"编辑器及PNG贴图

扫码看视频

SketchUp在设计的过程中虽然拥有很多便捷功能，但是对夜景的表现仍然不足，如果不借助渲染软件进行真正意义上的渲染，想要在设计过程中直观地表达出夜景的效果是非常困难的。

下面介绍一种方法，利用“灯光”的PNG贴图模拟场景的夜景照明效果。

1 在Photoshop中创建一张PNG灯光贴图，贴图的尺寸为300像素×300像素（分辨率为72像素/英寸）。超过此规格的贴图不但不能增强效果还会降低SketchUp的运算速度，如图6-204所示。

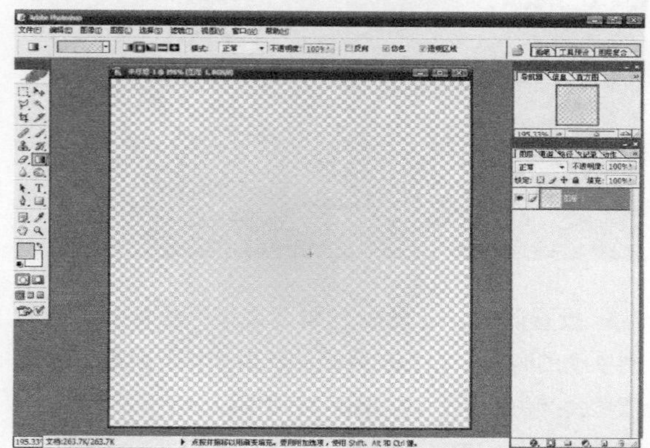

图6-204

2 打开“场景文件>Chapter06>p-1.skp”文件，如图6-205所示。

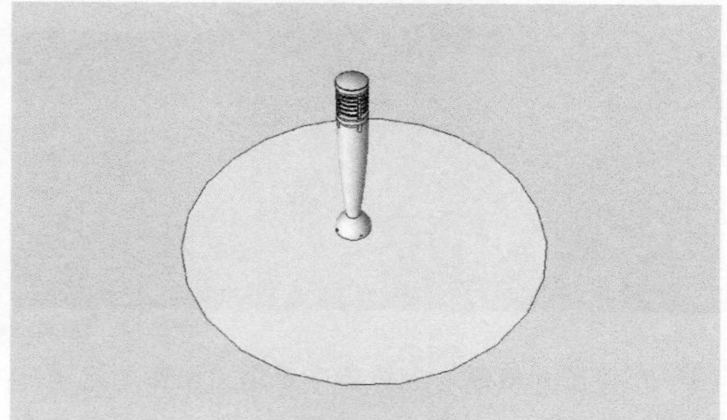

图6-205

3 打开“材质”编辑器，然后将“实例文件>Chapter06>实战——制作夜景灯光贴图>__13.png”贴图图片赋予圆面，并调整贴图的坐标位置，如图6-206和图6-207所示。

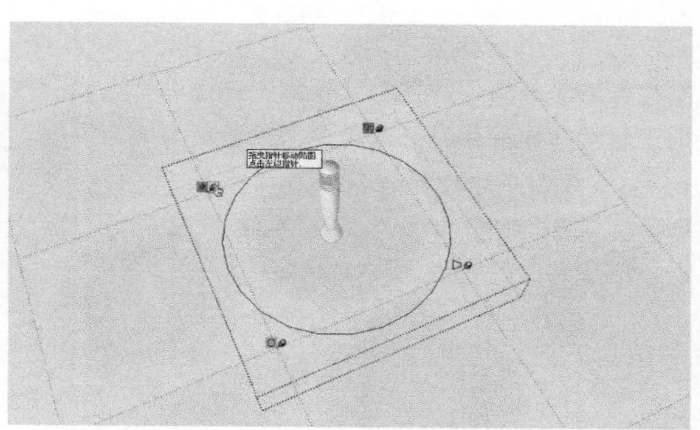

图6-206

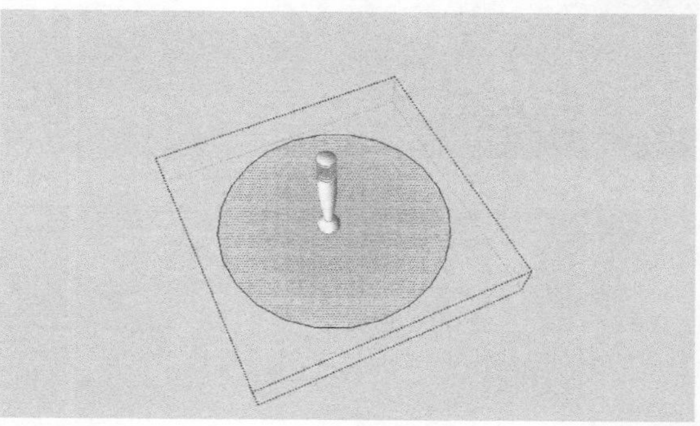

图6-207

4 用鼠标右键单击边线，然后在弹出的菜单中执行“隐藏”命令，此时一张圆形灯光的辐射图就出现了，它生动地表现出了点光源由中心点向外辐射的衰减效果，如图6-208和图6-209所示。

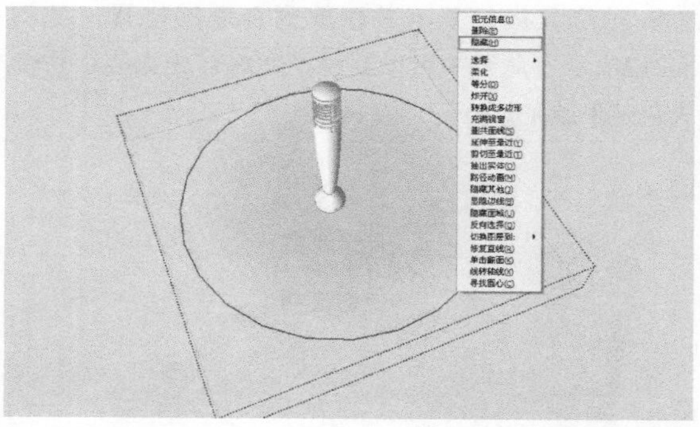

图6-208

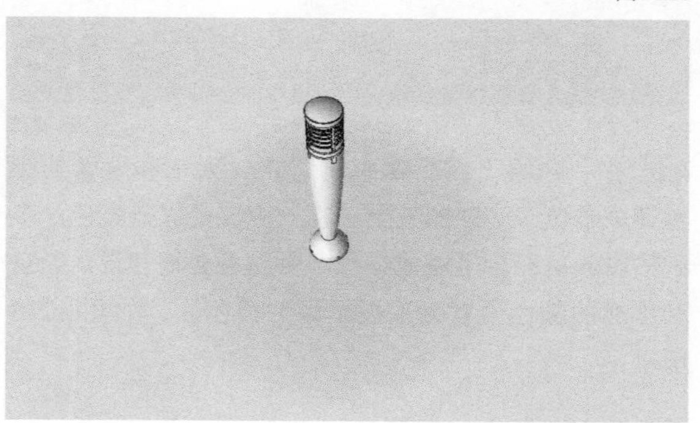

图6-209

5 打开“场景文件>Chapter06>p-2.skp”文件，将制作好的灯具组件放置到此场景中，可以将灯光组件向上移动与地面保持一点距离，以避免与地面重叠，如图6-210和图6-211所示。

图6-210

图6-211

6 对灯具进行复制并摆放到合适的位置，如图6-212所示。从图中可以看出，此时灯光太亮，仿佛天色还早就把灯打开了。

图6-212

7 在“风格”编辑器中将背景、天空和地面的颜色调成暗色（晴朗的天空在晚上应该是深蓝紫色，多云的时候可能会呈现橘红色，所以不要把背景、天空和地面的颜色设置为呆板单调的黑色），如图6-213所示。

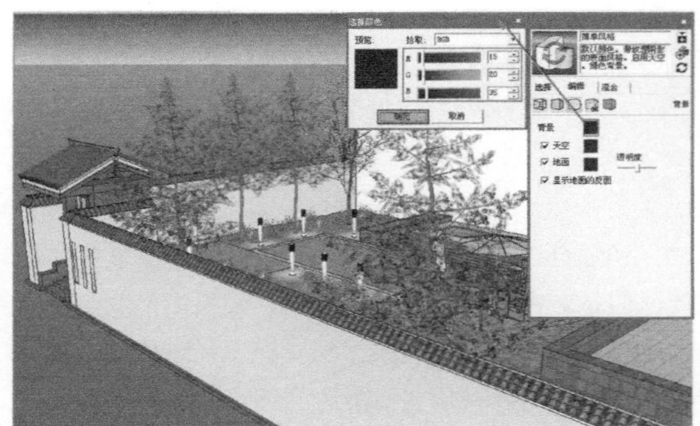

图6-213

8 设置雾化效果，让过渡更加柔和，并且增加夜幕降临的真实感觉，如图6-214所示。

图6-214

9 设置阴影，让光线更加真实（不必将阴影调整到夜晚的时间，因为在月光的照射和灯光照射下物体依然会产生影子），如图6-215所示。

图6-215

10 在“图元信息”浏览器中禁用“阴影”选项，如图6-216所示。如果启用该选项，那么光晕的面会在地面上留下阴影。这里也可以为材质设置一定的透明度，使透过贴图能看到草地，感觉像是灯光照在草地上一样。当然，设置了透明度以后会使灯光的亮度在场景中不够亮，因此可以将光晕向下复制一两个以加强光照强度。

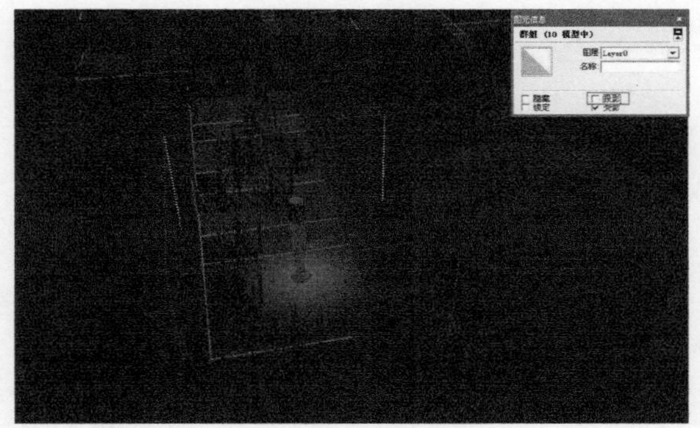

图6-216

11 调整过亮的材质贴图。在光线昏暗的地方，人的眼睛会降低对物体本身的亮度和光泽的感受，对颜色辨识力也会下降。因此如果觉得场景中有贴图过亮，可逐一进行调整，调整后整体场景会更加接近真实效果，如图6-217所示。

图6-217

关于模拟夜景灯光照明的制作方法就讲解到这里，在SketchUp中，PNG贴图的运用常常会带来不一样的惊喜，可以使SketchUp的应用范围得到极大的拓展。另外，读者不要将这个灯光效果与其他软件制作出的效果进行比较，毕竟这里做的是灯光布景，而不是在做精美的效果图。

重点 实战

制作规划场地贴图

场景文件	q.skp
实例文件	实战——制作规划场地贴图.skp
视频教学	多媒体教学>Chapter06>实战——制作规划场地贴图.flv
难易指数	★★☆☆☆
技术掌握	"材质"管理器

扫码看视频

在规划的大场景中，为了丰富场景效果，往往为场地赋予一张规划彩平面底图，操作步骤如下。

1 打开"场景文件>Chapter06>k.skp"文件，然后执行"文件→导入"菜单命令，在弹出的"打开"对话框中打开"实例文件>Chapter06>实战——制作规划场地贴图>____1.jpg"贴图图片，接着将文件类型选择为"JPEG"格式，并勾选右侧的"作为图片"选项，最后单击"打开"按钮 打开(O) ，如图6-218所示。

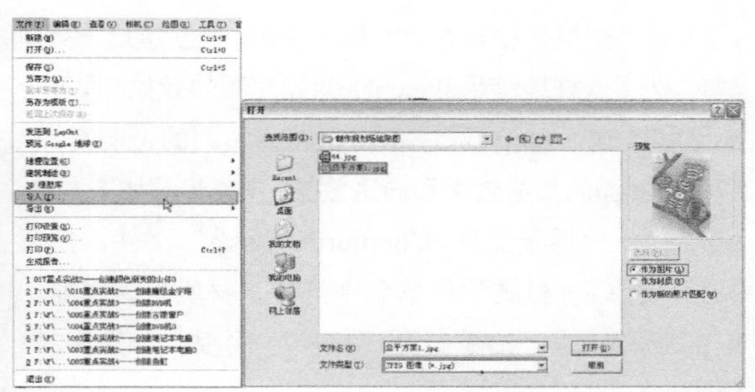

图6-218

2 用鼠标将图片拉升到合适的大小，如图6-219所示。

图6-219

3 用"缩放"工具与"移动/复制"工具将其放置到与模型相匹配的位置，如图6-220所示。

图6-220

技巧与提示 执行"窗口→参数设置"菜单命令，在弹出的"系统属性"对话框中的"OpenGL"面板中勾选"使用最大材质尺寸"选项，可以使图片显示更清晰。

重点 实战

为建筑玻璃幕墙赋予城市贴图

场景文件	r.skp
实例文件	实战——为建筑玻璃幕墙赋予城市贴图.skp
视频教学	多媒体教学>Chapter06>实战——为建筑玻璃幕墙赋予城市贴图.flv
难易指数	★★☆☆☆
技术掌握	"材质"编辑器及透明贴图

扫码看视频

公共建筑往往具有大面积的玻璃，在创建这一类模型时，为了更好地满足SketchUp直接出图的效果，往往会为这些玻璃面赋予城市贴图，再调整贴图的透明度，以增强玻璃面的反射效果和通透效果，操作步骤如下。

1 打开“场景文件>Chapter06>r.skp”文件，然后执行“窗口→材质”菜单命令打开“材质”编辑器，单击玻璃材质，接着打开“编辑”面板，如图6-221所示。

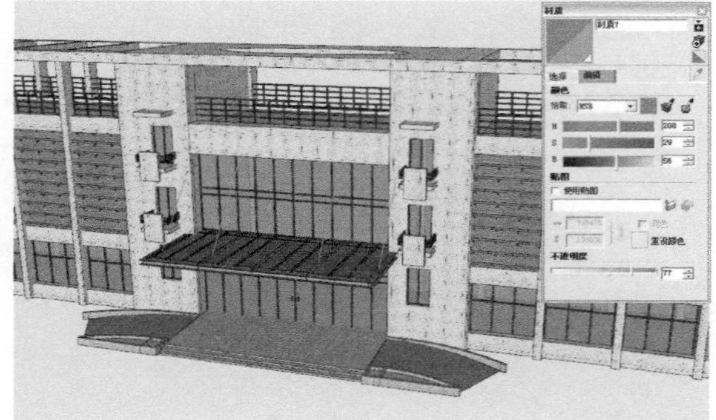

图6-221

2 勾选“使用贴图”选项，然后在弹出的“选择图像”对话框中打开“实例文件>Chapter06>实战——为建筑玻璃幕墙赋予城市贴图>__7.jpg”贴图图片，如图6-222所示。

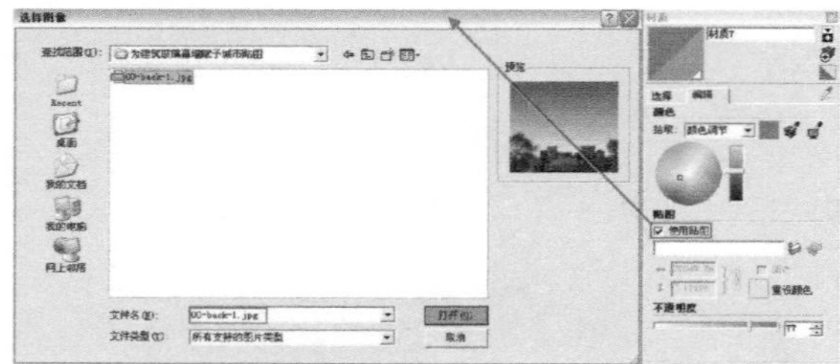

图6-222

3 调整贴图的尺寸和位置直至达到满意的效果，可以看到原来略显死板的玻璃产生了反射和通透效果，如图6-223所示。

图6-223

技巧与提示　由于玻璃面具有一定的透明度，所以往往还会在玻璃面内侧创建楼层分隔线或者创建楼板，以增加玻璃面的层次感，并起到丰富建筑内部空间的效果。

重点 实战

创建建筑阳台栏杆

场景文件	无
实例文件	实战——创建建筑阳台栏杆.skp
视频教学	多媒体教学>Chapter06>实战——创建建筑阳台栏杆.flv
难易指数	★★☆☆☆
技术掌握	“材质”编辑器及PNG贴图

扫码看视频

1 完成阳台板的创建，并赋予其相应的地板砖材质，如图6-224所示。

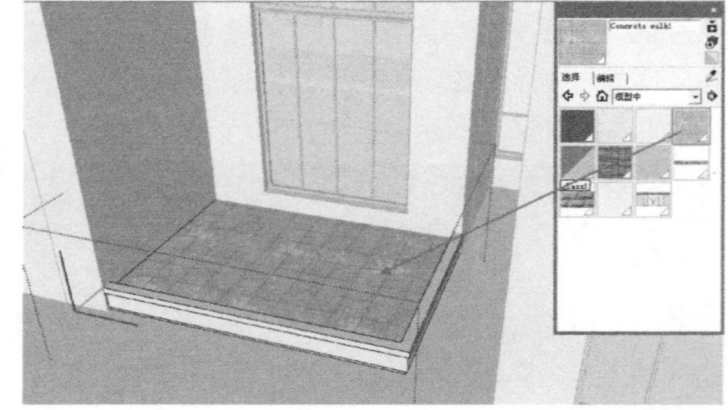

图6-224

2 结合Ctrl键使用“推/拉”工具，推拉出阳台栏杆的高度，然后将前面的面删除，只保留里面的面如图6-225和图6-226所示。

图6-225

图6-226

3 选择栏杆的面，然后单击鼠标右键在弹出的菜单中执行“将面翻转”命令，如图6-227和图6-228所示。

图6-227

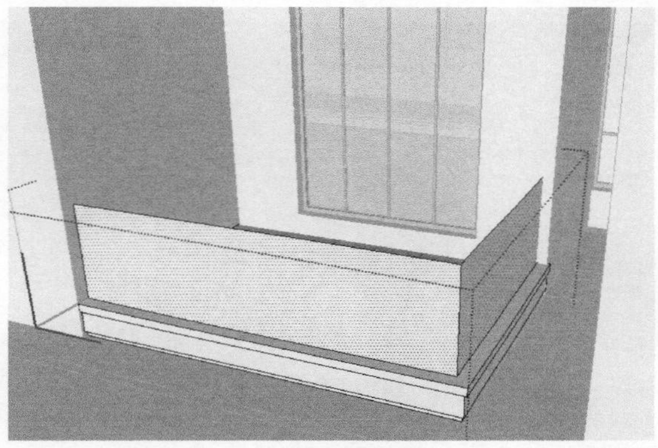

图6-228

4 执行“窗口→材质”菜单命令，打开“材质”编辑器，将“实例文件>Chapter06>实战——创建建筑阳台栏杆>__5.png”贴图图片赋予栏杆的面，如图6-229所示。

图6-229

5 单击材质面，然后单击鼠标右键在弹出的菜单中执行“贴图→位置”命令，拖曳贴图的别针，调整贴图坐标的位置和大小，如图6-230和图6-231所示。

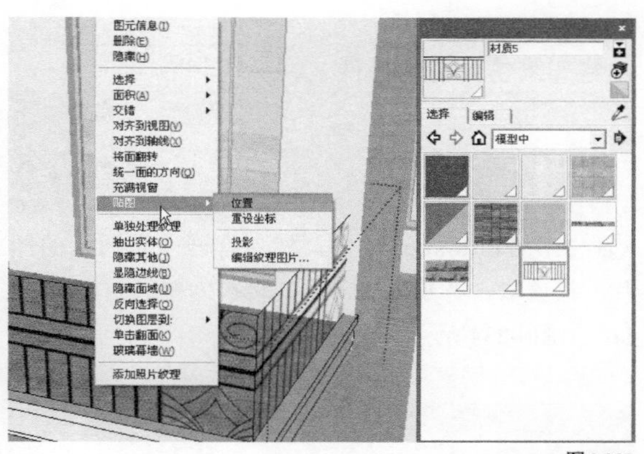

图6-230

图6-231

6 完成栏杆的创建如图6-232所示，最终效果如图6-233所示。

图6-232

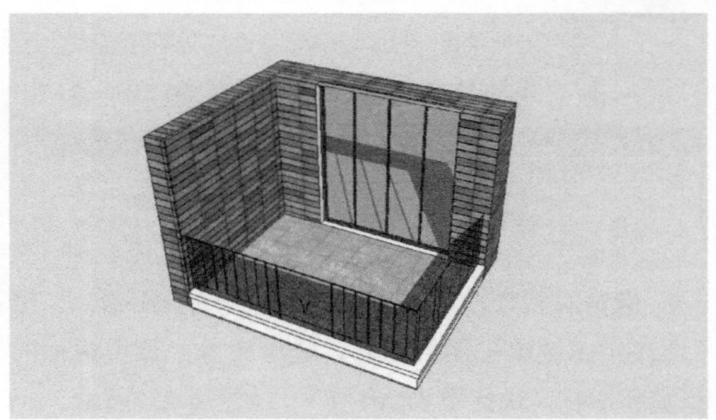

图6-233

重点 实战

创建二维仿真树木组件

场景文件	无
实例文件	实战——创建二维仿真树木组件.skp
视频教学	多媒体教学>Chapter06>实战——创建二维仿真树木组件.flv
难易指数	★★☆☆☆
技术掌握	"材质"编辑器及PNG贴图

扫码看视频

01 打开Photoshop软件，然后打开一张树木的图片，接着双击背景图层，将其转换为普通图层(图层1)，如图6-234所示。

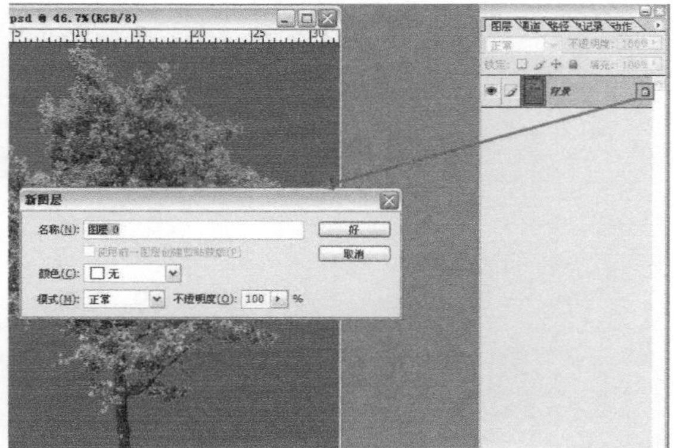

图6-234

02 使用"魔棒工具"（快捷键为W键）选中树木以外的区域，按Delete键删除，如图6-235所示。

图6-235

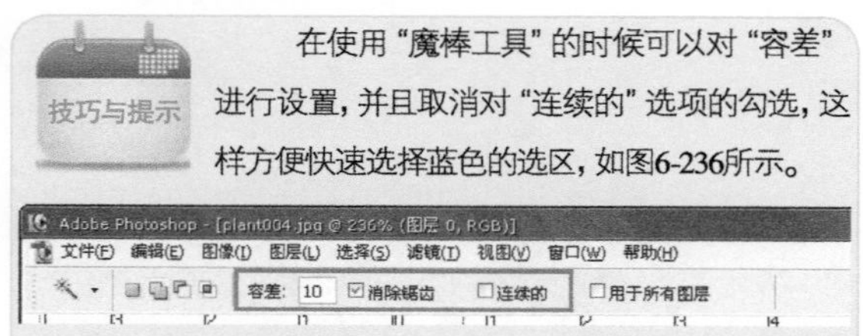

技巧与提示

在使用"魔棒工具"的时候可以对"容差"进行设置，并且取消对"连续的"选项的勾选，这样方便快速选择蓝色的选区，如图6-236所示。

图6-236

03 取消对背景选区的选择（快捷键为Ctrl+D），然后按住Ctrl键单击图层图标，选中树木，调整树木的长宽和形状（快捷键为Ctrl+T），如图6-237所示。

图6-237

04 执行"文件→存储为"菜单命令，将图片另存为PNG格式，然后在"PNG选项"对话框中的"交错"选项中选择"无"，如图6-238和图6-239所示。

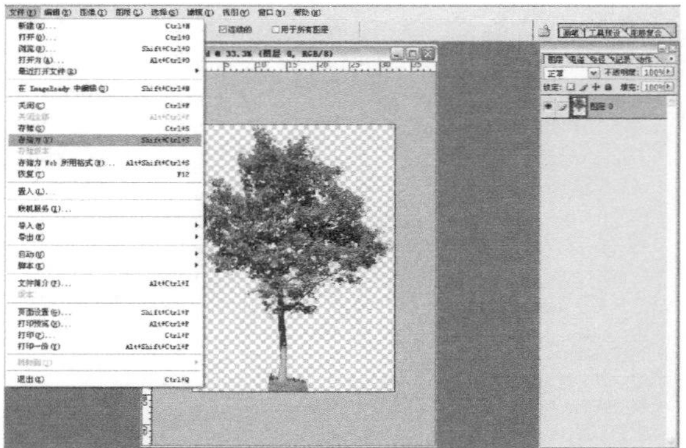

图6-238

图6-239

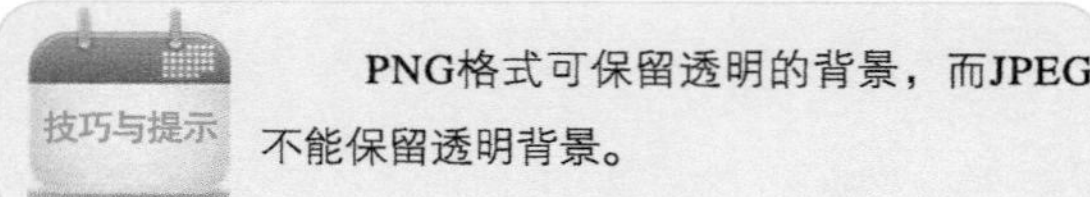

技巧与提示

PNG格式可保留透明的背景，而JPEG不能保留透明背景。

05 将生成的PNG图片导入SketchUp，将树木主干的中心点对齐坐标轴的原点，如图6-240所示。

图6-240

6 选择导入的图片单击鼠标右键在弹出的菜单中执行“炸开”命令，然后用“线”工具描绘出树木的轮廓，如图6-241和图6-242所示。

图6-241

图6-242

> **技巧与提示**
> 在此描出树的轮廓线主要是为了能投影出树木的大概形态，如果不描出轮廓线，投影会呈现矩形形状。但是轮廓线会在接下来的步骤中加以隐藏，所以不需要描得太精细。

7 全选树木，单击鼠标右键在弹出的菜单中执行“显隐边线”命令，然后再次单击鼠标右键在弹出的菜单中执行“制作组件”命令，接着在“创建组件”对话框中为组件命名为tree01，并勾选“总是面向相机”和“阴影面向太阳”选项，这样一个2D的树木组件就创建完成了，如图6-243和图6-244所示。

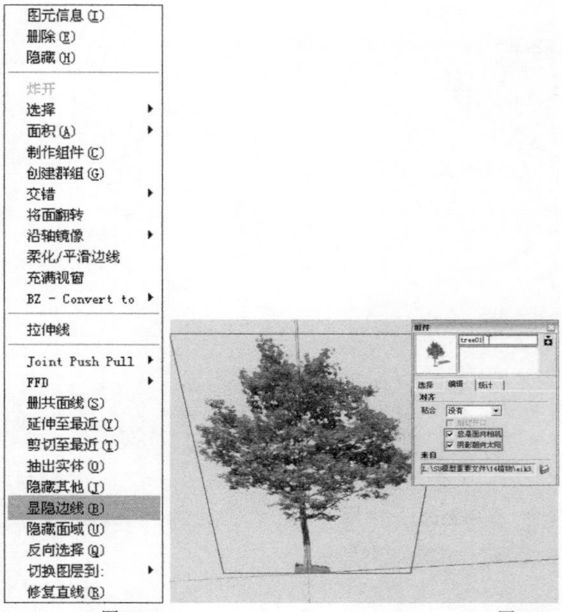

图6-243　　图6-244

实战

创建二维仿真树丛组件

场景文件	无
实例文件	实战——创建二维仿真树丛组件.skp
视频教学	多媒体教学>Chapter06>实战——创建二维仿真树丛组件.flv
难易指数	★★☆☆☆
技术掌握	“材质”编辑器及PNG贴图

扫码看视频

1 将树丛的图片用Photoshop软件打开，双击背景图层，将其转换为普通图层，如图6-245所示。

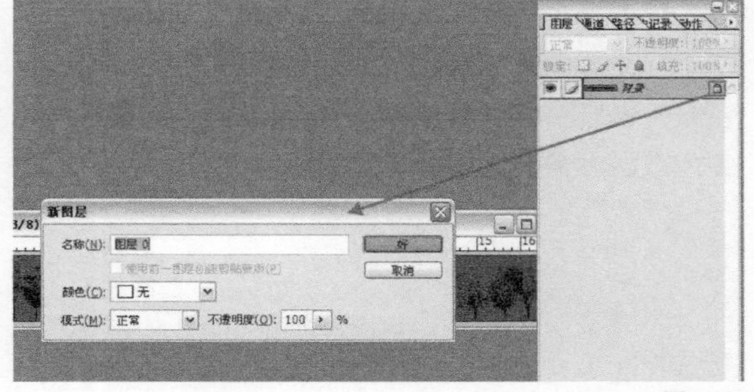

图6-245

2 使用“魔棒工具”（快捷键为W键）选中树木以外的区域，按Delete键删除，如图6-246所示。

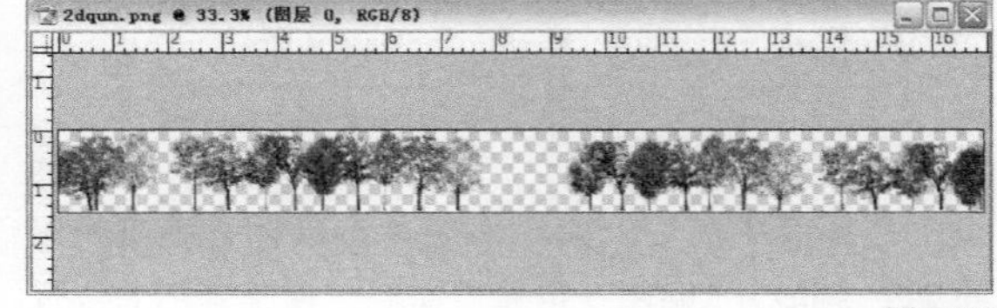

图6-246

3 执行“文件→存储为”菜单命令，将图片另存为PNG格式，然后在“PNG选项”对话框中的“交错”选项中选择“无”，如图6-247所示。

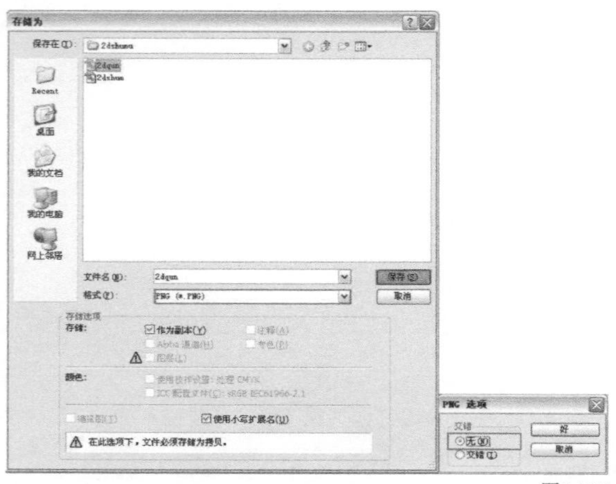
图6-247

4 在SketchUp中用“矩形”工具绘制出几个折叠的矩形，如图6-248所示。

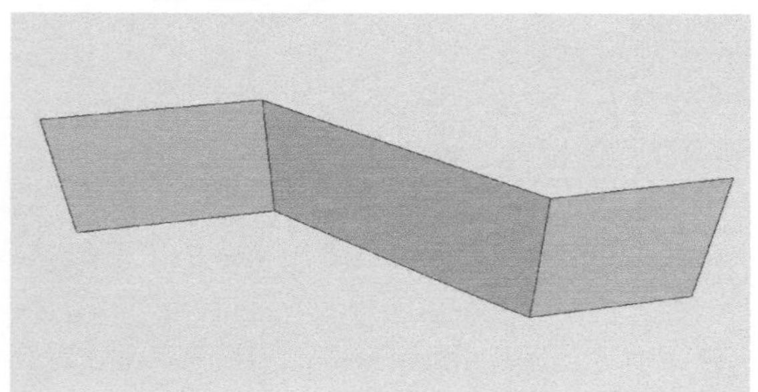
图6-248

5 打开“材质”编辑器，勾选“使用贴图”选项，然后在弹出的“选择图像”对话框中打开“实例文件>Chapter06>实战——创建二维仿真树从组件>TreeLine.png”贴图图片赋予这几个折叠面上，如图6-249所示。

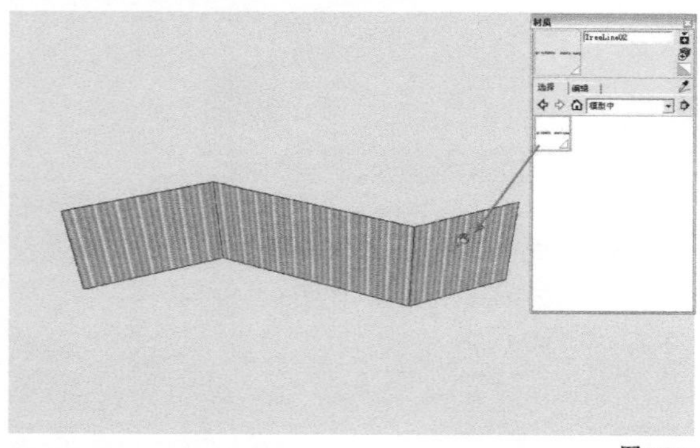
图6-249

6 选择其中的一个面，然后单击鼠标右键在弹出的菜单中执行“贴图→位置”命令，调整贴图的位置坐标，如图6-250和图6-251所示。

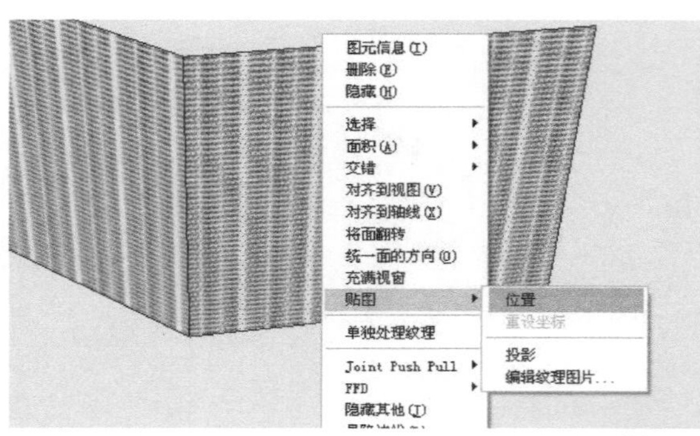

图6-250

图6-251

7 采用相同的方法完成其他面的贴图坐标，然后全选物体，单击鼠标右键在弹出的菜单中执行“显隐边线”命令，将其边线隐藏掉，接着将其创建为群组，如图6-252所示。

图6-252

重点 实战

创建二维色块树木组件

场景文件	无
实例文件	实战——创建二维色块树木组件.skp
视频教学	多媒体教学>Chapter06>实战——创建二维色块树木组件.flv
难易指数	★★☆☆☆
技术掌握	“材质”编辑器及PNG贴图

以下这种二维色块树在SketchUp的场景中的运用较为广泛，具有非常强烈的SketchUp的独特风格，如图6-253~图6-256所示。

图6-253

图6-254

图6-255

图6-256

这种二维色块树木的制作步骤如下。

1 用“线”工具描绘出树木的轮廓线，如图6-257所示。

图6-257

2 执行“窗口→材质”菜单命令，打开“材质”编辑器为场景添加几个新的材质并设置一定的透明度，如图6-258所示。

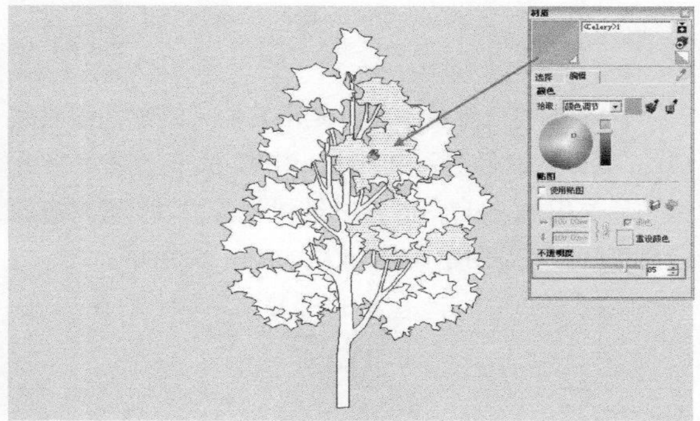

图6-258

3 采用相同的方法为其他部分赋予相应的材质，如图6-259所示。

图6-259

4 单击鼠标右键在弹出的菜单中执行“制作组件”命令，然后在“创建组件”对话框中为组件命名并勾选“总是面向相机”和“阴影面向太阳”选项，这样一个2D的树木组件就创建完成了，打开阴影显示，效果如图6-260和图6-261所示。

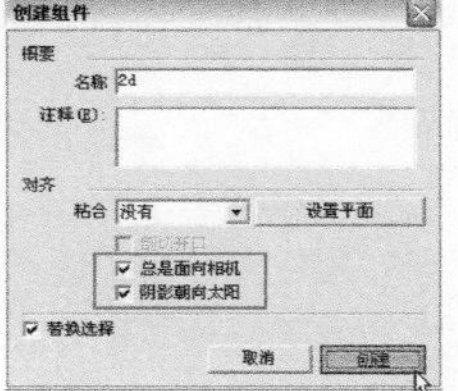

图6-260

图6-261

重点 实战

创建三维树木组件

场景文件	无
实例文件	实战——创建三维树木组件.skp
视频教学	多媒体教学>Chapter06>实战——创建三维树木组件.flv
难易指数	★★★★☆
技术掌握	“材质”编辑器及PNG贴图

扫码看视频

大多数的三维树木组件是由其他三维软件创建完成的，需要的时候导入SketchUp中即可。但是本案例介绍一种使用SketchUp创建三维树木的方法，有兴趣的读者可以尝试着创建一棵，效果如图6-262所示。

图6-262

1 创建树木的主干。用“多边形”工具一个边数为5的多边形，这样不但不会影响效果，还会大大减小模型文件量，提高SketchUp的运行速度，如图6-263所示。

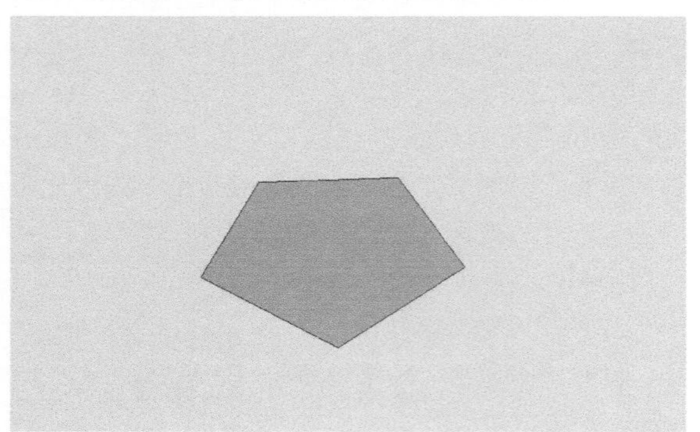

图6-263

2 按住Ctrl键的同时，使用“推/拉”工具将多边形拉伸形成多边形柱体并形成若干段，段数可以根据模型的精细程度来决定，如图6-264所示。

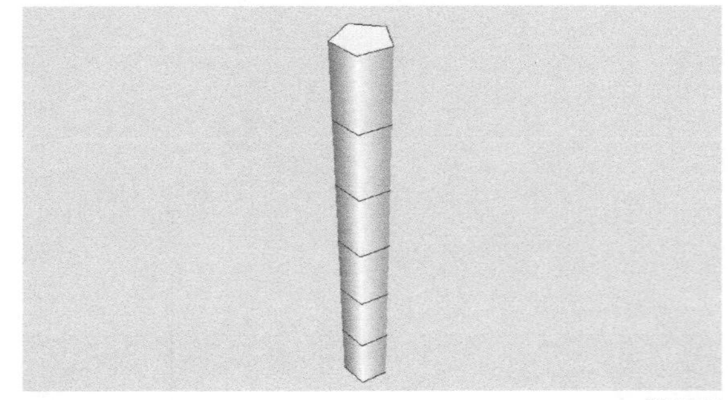

图6-264

3 选中这些分隔线，使用“缩放”工具进行逐个缩放，如图6-265所示。

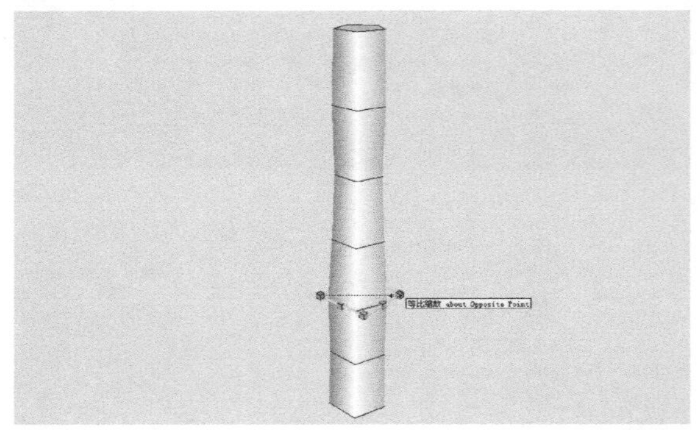

图6-265

4 用“矩形”工具创建一个倾斜的面，并进行复制，如图6-266所示。如果要在大场景中大量使用该组件，就要注意在此处复制的面不宜过多，以3~5个为宜。

图6-266

5 为创建的多个矩形面赋予叶子的PNG贴图材质。叶子的贴图形状应有所区别，分为大叶子与小叶子等，如图6-267和图6-268所示。

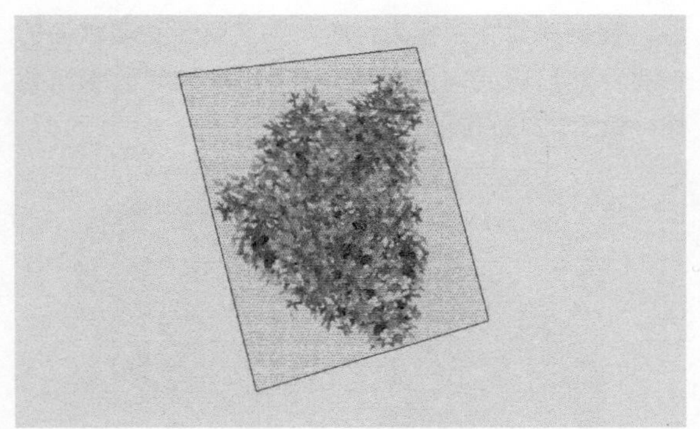

图6-267

图6-268

6 材质赋予完毕，隐藏边线后效果如图6-269所示。

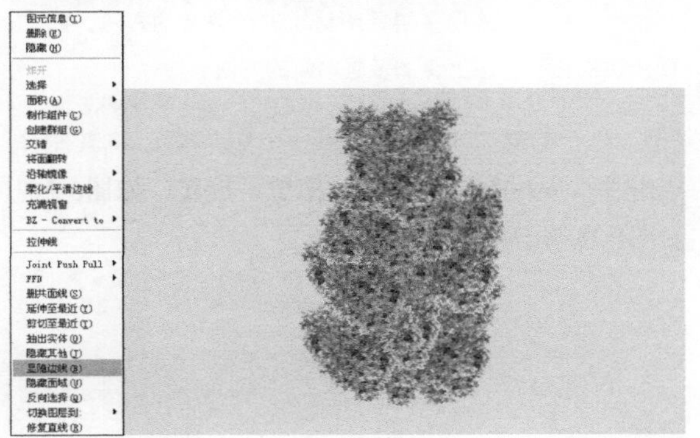

图6-269

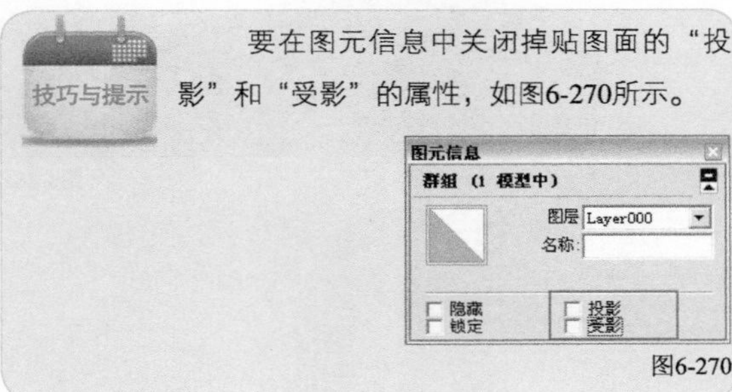

技巧与提示

要在图元信息中关闭掉贴图面的“投影”和“受影”的属性，如图6-270所示。

图6-270

7 为了使树木产生较好的光影效果，就需要在组件中绘制一个轮廓线组件用来投影，可以部分镂空以产生光影斑驳的阴影，如图6-271所示。

图6-271

8 将阴影图案放置到树木的组件中，并将其边线隐藏掉，这样有影子的三维树木就完成了，如图6-272所示。

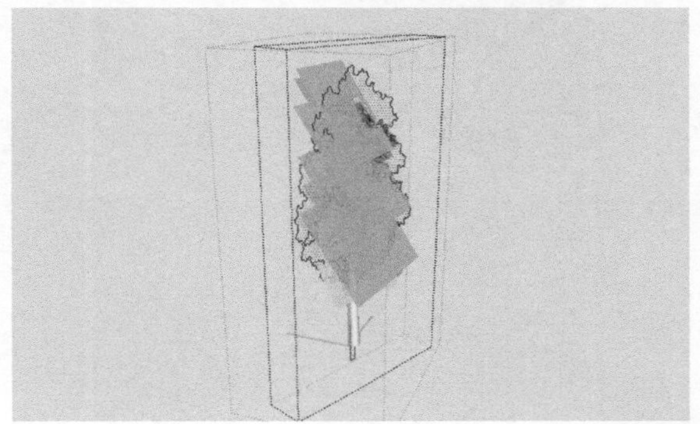

图6-272

9 单击鼠标右键在弹出的菜单中执行“制作组件”命令，为组件命名并勾选“总是面向相机”和“阴影面向太阳”选项，这样一个三维树木组件就创建完成了，如图6-273和图6-274所示。

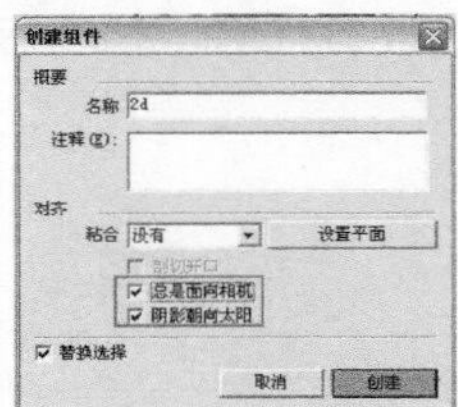

图6-273

图6-274

重点 实战

创建喷泉

场景文件　无
实例文件　实战——创建喷泉.skp
视频教学　多媒体教学>Chapter05>实战——创建喷泉.flv
难易指数　★★☆☆☆
技术掌握　"材质"编辑器及透明贴图

1 用"圆"工具绘制一个圆，然后用"缩放"工具将其缩放成椭圆，接着用"推/拉"工具推拉出一定的厚度，如图6-275和图6-276所示。

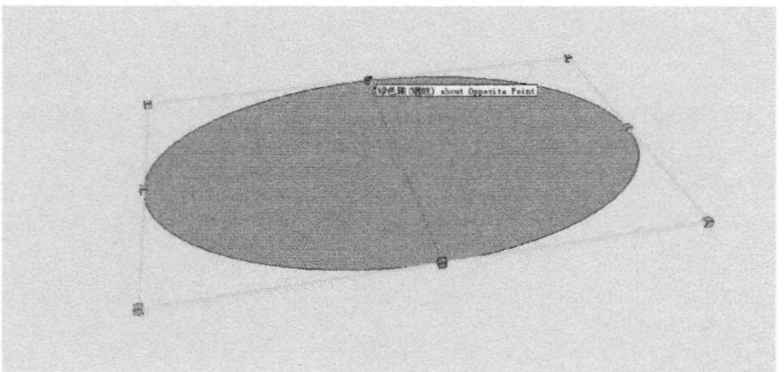

图6-275

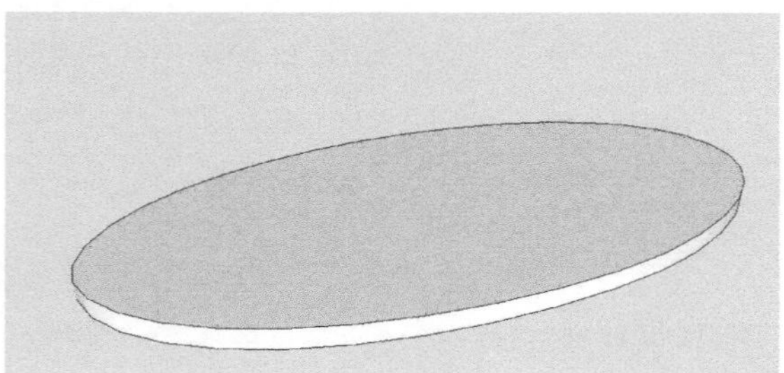

图6-276

2 用"偏移复制"工具和"推/拉"工具推拉出水池边缘的厚度，并赋予水池底部以石子材质，如图6-277和图6-278所示。

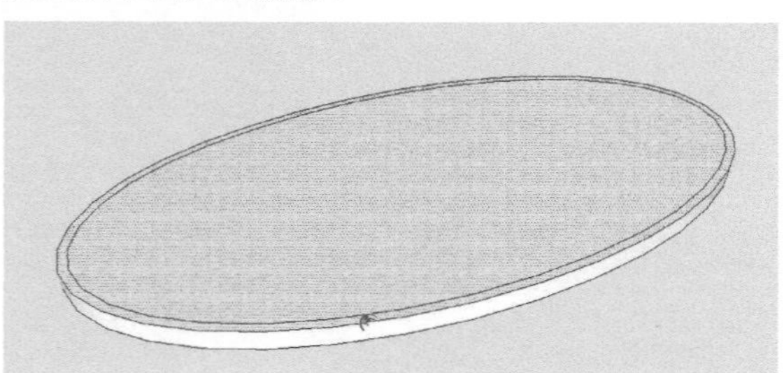

图6-277

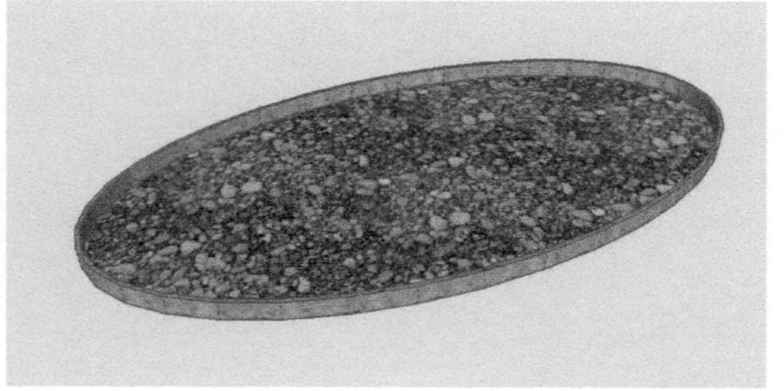

图6-278

3 复制底面并创建为群组，为其赋予透明水面的材质，然后将其向上复制1份，形成较好的水面效果，如图6-279和图6-280所示。

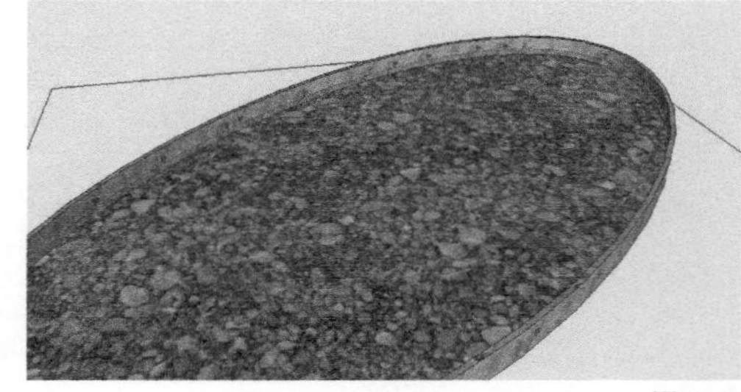

图6-279

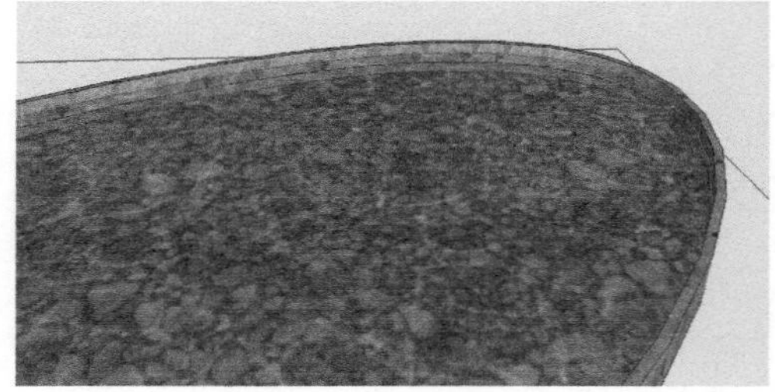

图6-280

水体景观在表现场地环境中的作用非常重要，为了能使水体看起来灵动活泼，往往会采用多层透明材质进行叠加的方法，如上面所讲的在石子层上叠加多层水面的方法。

4 用"矩形"工具绘制一个矩形面，将其制作成组件，并对其进行复制、缩放、旋转，如图6-281和图6-282所示。

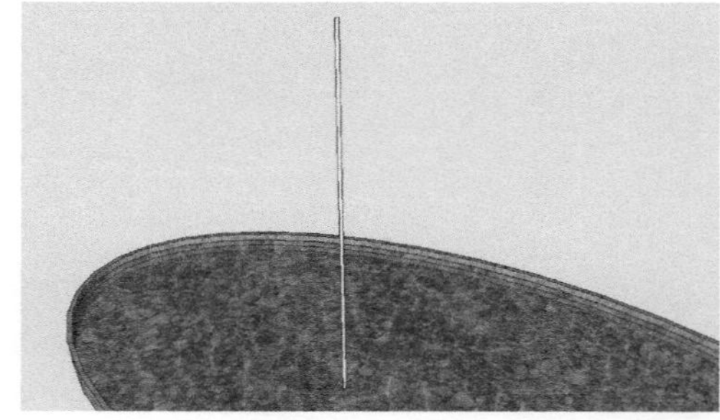

图6-281

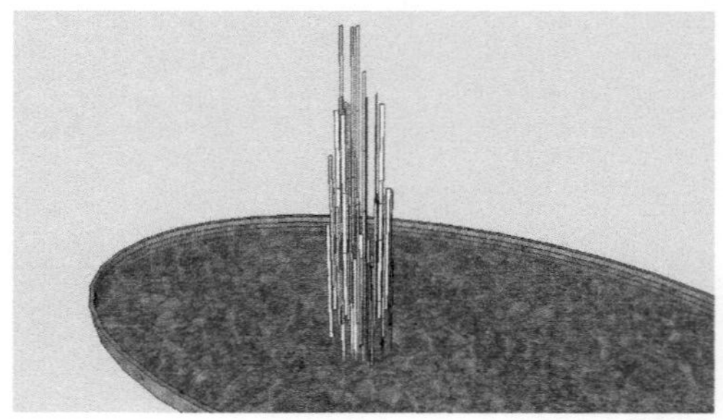

图6-282

5 单击鼠标右键在弹出的菜单中执行“显隐边线”命令，将其边线隐藏，赋予矩形面以透明的白色材质，营造喷水的效果，如图6-283和图6-284所示。

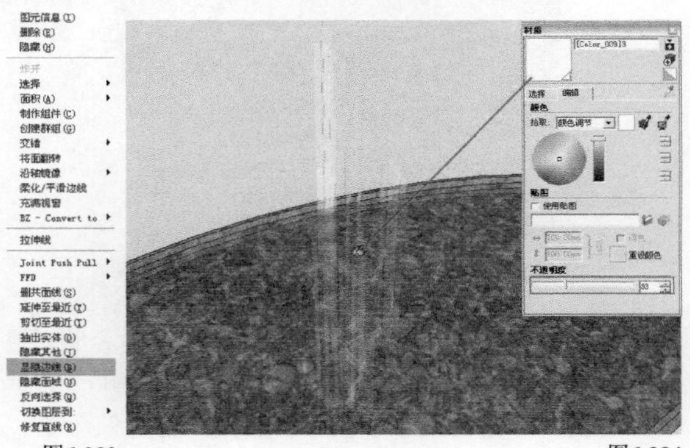

图6-283　　图6-284

6 将喷水进行复制，最终效果如图6-285所示。

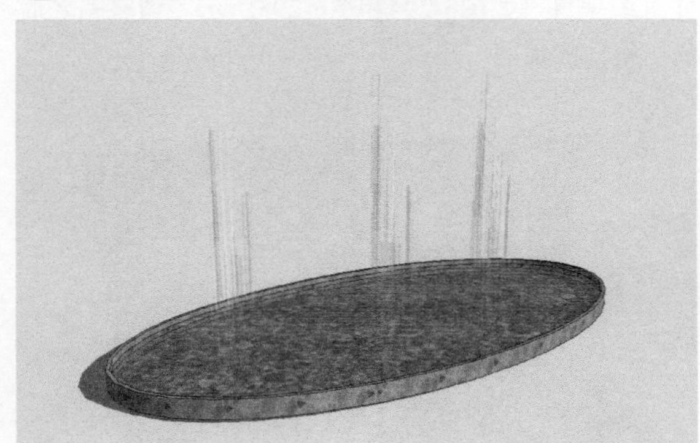

图6-285

重点 实战

为水池添加水草贴图

场景文件	无
实例文件	实战——为水池添加水草贴图.skp
视频教学	多媒体教学>Chapter06>实战——为水池添加水草贴图.flv
难易指数	★★☆☆☆
技术掌握	“材质”编辑器及PNG贴图

扫码看视频

1 按照上述制作喷泉的方法创建水池，如图6-286所示。

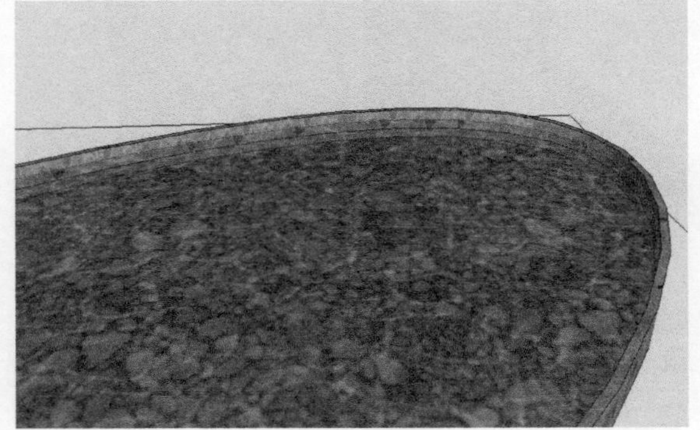

图6-286

2 导入“实例文件>Chapter06>实战——为水池添加水草>16b7ba70.png和Image1_e.png”贴图图片，放置在水池面上，如图6-287和图6-288所示。

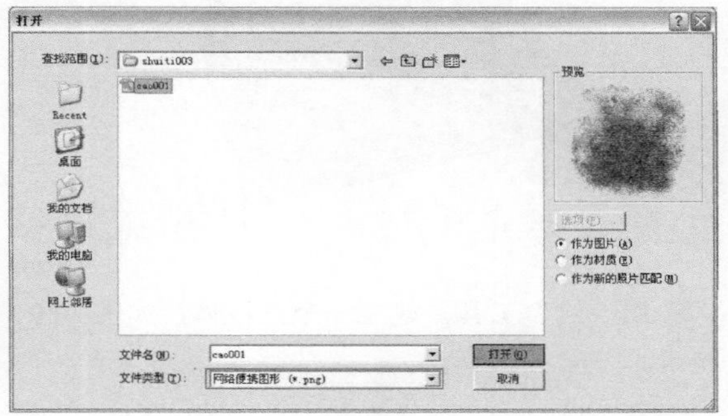

图6-287

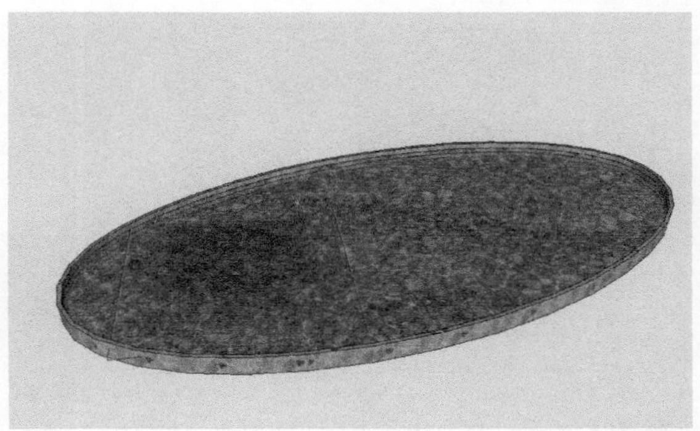

图6-288

3 将水草多复制几份，最终效果如图6-289所示。

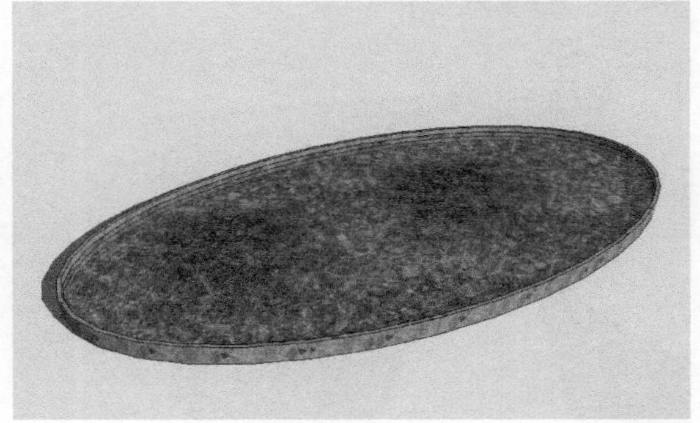

图6-289

重点 实战

创建流水水龙头贴图

场景文件	s.skp
实例文件	实战——创建流水水龙头贴图.skp
视频教学	多媒体教学>Chapter05>实战——创建流水水龙头贴图.flv
难易指数	★★★☆☆
技术掌握	“材质”编辑器及PNG贴图

扫码看视频

1 为了能看清流水的效果，我们用“矩形”工具建立一个深色背景，如图6-290所示。

图6-290

2 用“线”工具建立一个三棱体，如图6-291所示。

图6-291

3 执行“文件→导入”菜单命令，导入“实例文件>Chapter06>实战——创建流水水龙头>__.png”贴图图片，并简单调整图片大小，如图6-292所示。

图6-292

4 将“实例文件>Chapter06>实战——创建流水水龙头>__.png”贴图图片材质赋予这个三棱体，三棱体底面不用赋予贴图，直接删除底面也可以，如图6-293所示。

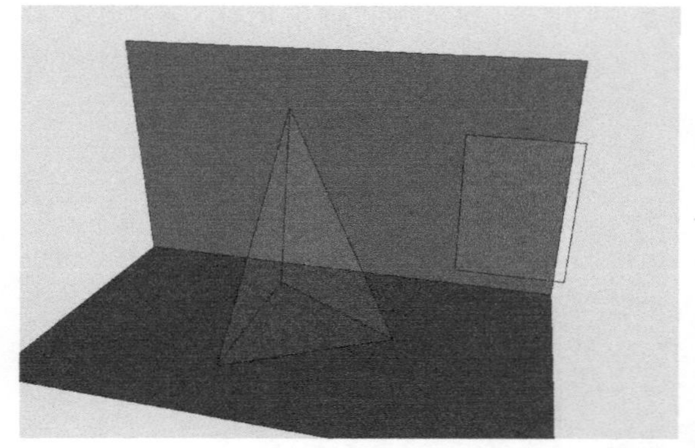

图6-293

5 分别对三棱体的三个侧面进行贴图编辑，单击鼠标右键在弹出的菜单中执行“贴图→位置”命令，对贴图进行调整，在调整时尽可能把水滴的形状拉长并直线垂直，如图6-294和图6-295所示。调整完之后将三棱体成组。

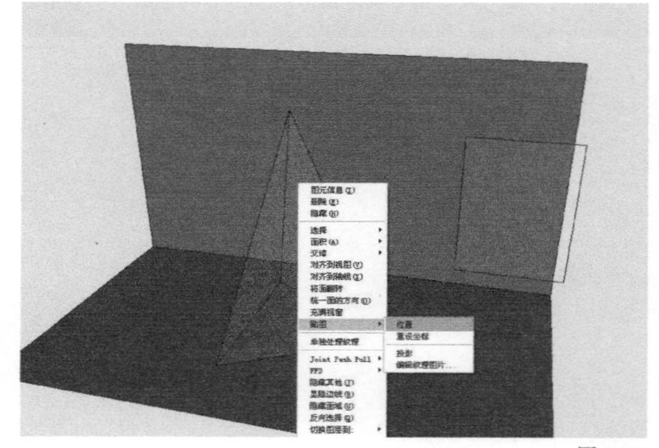

图6-294

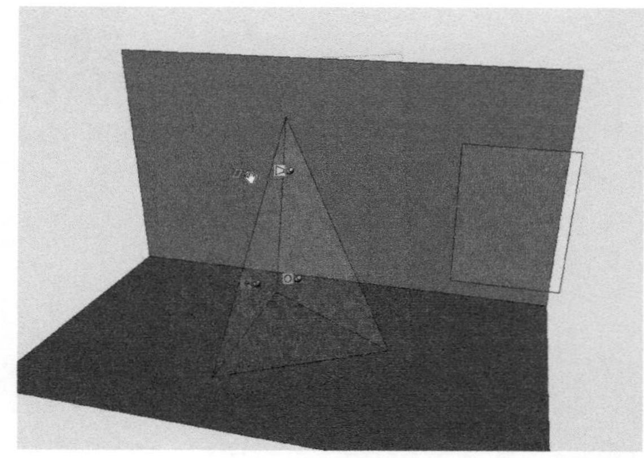

图6-295

6 为了让最终的水滴看起来更有立体感和层次感，我们对其进行复制，然后对其分别进行等比例缩放，缩放至不同大小，如图6-296和图6-297所示。

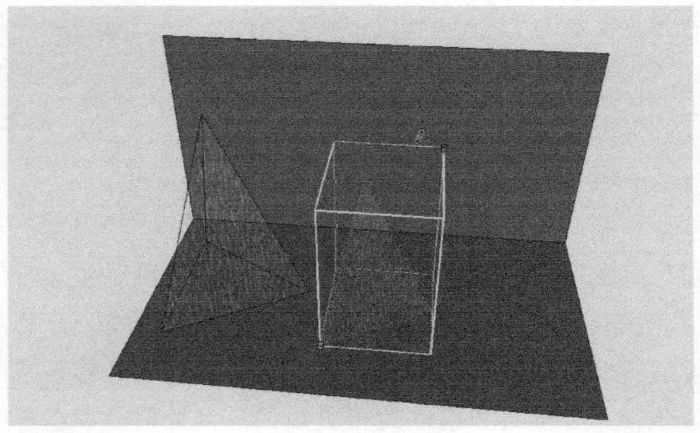

图6-296

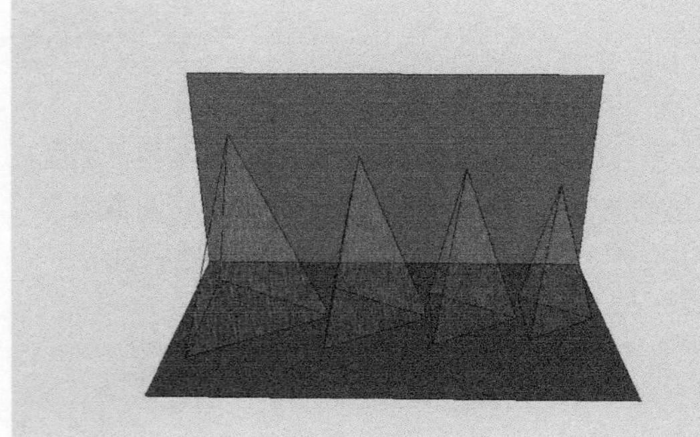

图6-297

7 单击鼠标右键在弹出的菜单中执行“显隐边线”命令，将所有的三棱体的边线进行隐藏，如图6-298所示。

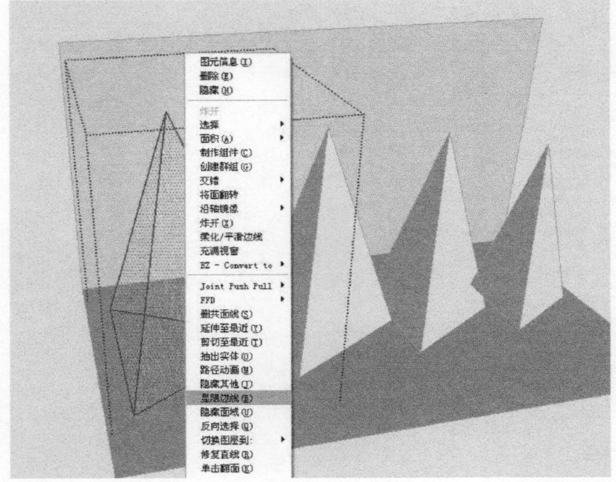

图6-298

8 把其他的小三棱体以顶点为基点移动到大的三棱体内部。另外，移动前在水平面上稍微旋转每个三棱体的角度，这样会使最终水流的效果更加自然。最后，全选所有三棱体创建为群组，流水创建完成。如图6-299和图6-300所示。

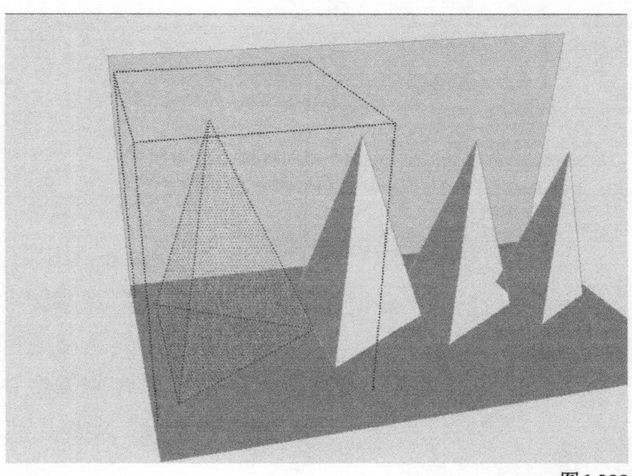

图6-299

图6-300

9 打开“场景文件>Chapter06>s.skp”文件，完善洗手池，最终效果如图6-301所示。

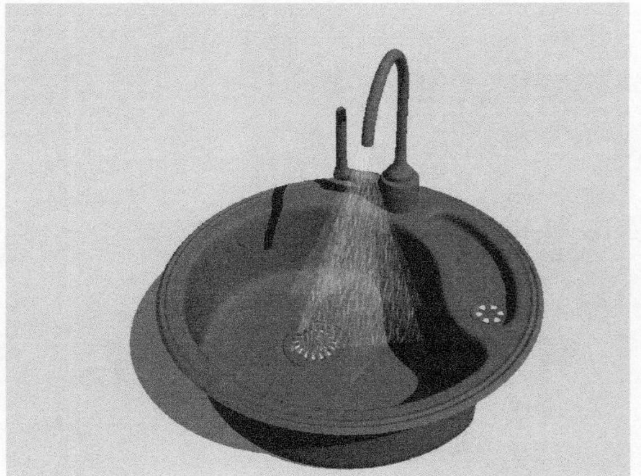

图6-301

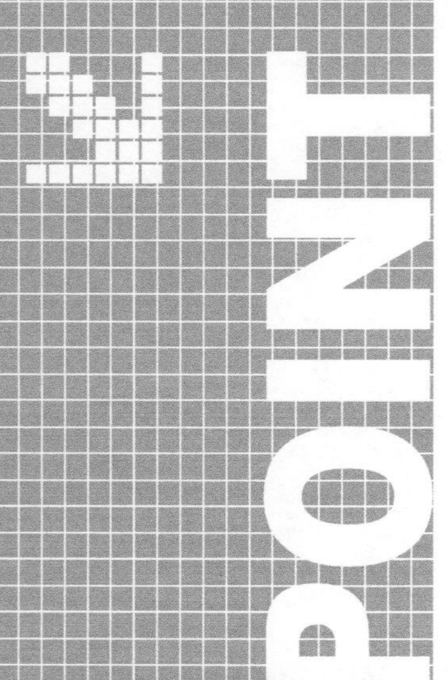

第7章 群组与组件

SketchUp抓住了设计师的职业需求，不依赖图层，而是提供了更加方便的“群组/组件”管理功能，这种分类和现实生活中物体的分类十分相似，用户之间还可以通过群组或组件进行资源共享，并且它们十分容易修改。本章将系统介绍SketchUp中群组和组件的相关知识，包括群组和组件的创建、编辑、共享及动态组件的制作原理。

学习重点

掌握创建群组和组件的方法
掌握编辑群组和组件的方法
了解动态组件的制作原理

7.1 群组

群组（以下简称为组）是一些点、线、面或者实体的集合，与组件的区别在于没有组件库和关联复制的特性。但是群组可以作为临时性的群组管理，并且不占用组件库，也不会使文件变大，所以使用起来还是很方便的。

7.1.1 创建群组

选中要创建为组的物体，然后在物体上单击鼠标右键在弹出的菜单中执行“创建群组”命令。创建群组的快捷键为G键，也可以执行“编辑→创建群组”菜单命令。群组创建完成后，外侧会出现高亮显示的边界框，如图7-1和图7-2所示。

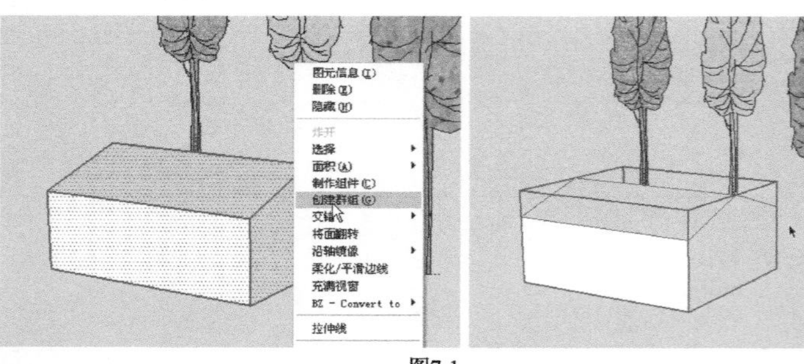

图7-1 图7-2

技术专题 群组的优势

群组的优势有以下5点。

① 快速选择：选中一个组就选中了组内的所有元素。

② 几何体隔离：组内的物体和组外的物体相互隔离，操作互不影响。

③ 协助组织模型：几个组还可以再次成组，形成一个具有层级结构的组。

④ 提高建模速度：用组来管理和组织划分模型，有助于节省计算机资源，提高建模和显示速度。

⑤ 快速赋予材质：分配给组的材质会由组内使用默认材质的几何体继承，而事先制定了材质的几何体不会受影响，这样可以大大提高赋予材质的效率。当组被炸开以后，此特性就无法应用了。

SketchUp

7.1.2 编辑群组

1.炸开群组

创建的组可以被炸开，炸开后组将恢复到成组之前的状态，同时组内的几何体会和外部相连的几何体结合，并且嵌套在组内的组则会变成独立的组。

炸开组的方法：选中要炸开的组，然后单击鼠标右键，接着在弹出的菜单中执行“炸开”命令，如图7-3所示。

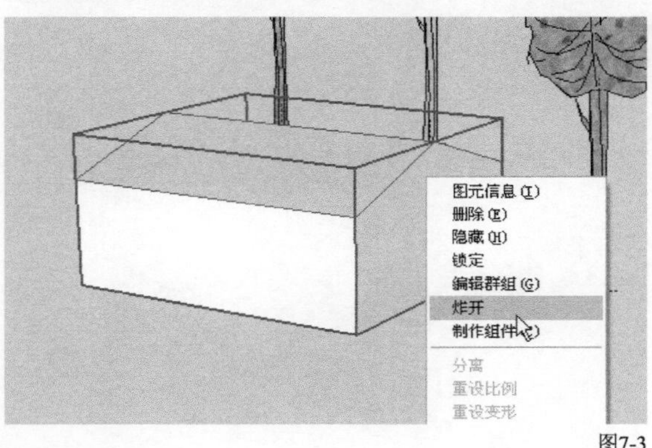

图7-3

2.编辑群组

当需要编辑组内部的几何体时，就需要进入组的内部进行操作。在群组上双击鼠标左键，或者单击鼠标右键在弹出的菜单中执行“编辑群组”命令，即可进入组内进行编辑。

进入组的编辑状态后，组的外框会以虚线显示，其他外部物体以灰色显示（表示不可编辑状态），如图7-4和图7-5所示。在进行编辑时，可以使用外部几何体进行参考捕捉，但是组内编辑不会影响到外部几何体。

图7-4

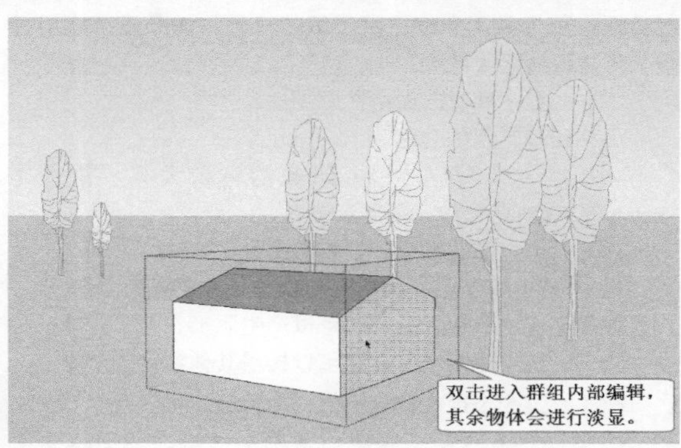

图7-5

完成组内的编辑后，在组外单击鼠标左键或者按Esc键即可退出组的编辑状态，用户也可以通过执行“编辑→关闭群组/组件”菜单命令退出组的编辑状态，如图7-6所示。

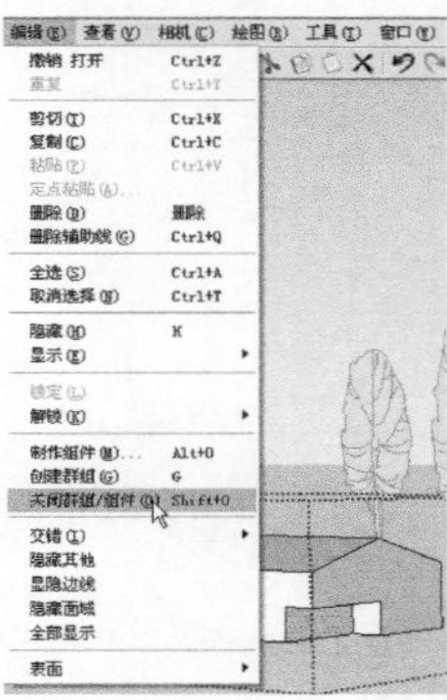

图7-6

3.群组的右键关联菜单

在创建的组上单击鼠标右键，将弹出一个快捷菜单，如图7-7所示。

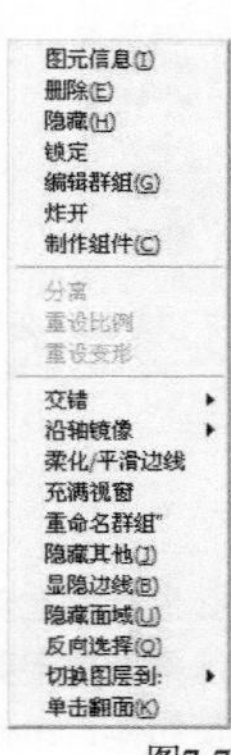

图7-7

图元信息：单击该选项将弹出“图元信息”对话框，以浏览和修改组的属性参数，如图7-8所示。

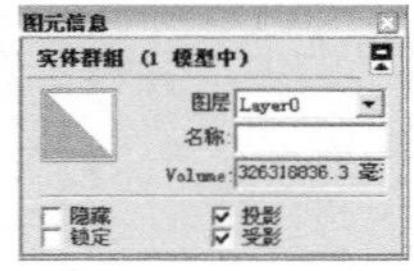

图7-8

“选择材质”窗口：单击该窗口将弹出“选择材质”对话框，用于显示和编辑赋予组的材质。如果没有应用材质，将显示为默认材质。

图层：显示和更改组所在的图层。

名称：编辑组的名称。

Volume（体积）：显示组的体积大小。这也是SketchUp 8.0新增加的一项显示信息。

隐藏：选中该选项后，组将被隐藏。

锁定：选中该选项后，组将被锁定，组的边框将以红色亮显。

投影：选中该选项后，组可以产生阴影。

受影：选中该选项后，组可以接受其他物体的阴影。

删除：该命令用于删除当前选中的组。

隐藏：该命令用于隐藏当前选中的组。如果事先在“查看”菜单中勾选了“虚显隐藏物体”选项（快捷键为Alt+H），则所有隐藏的物体将以网格显示并可选择，如图7-9和图7-10所示。如果想取消该物体的隐藏，单击鼠标右键，然后在弹出的菜单中执行“显示”命令即可。

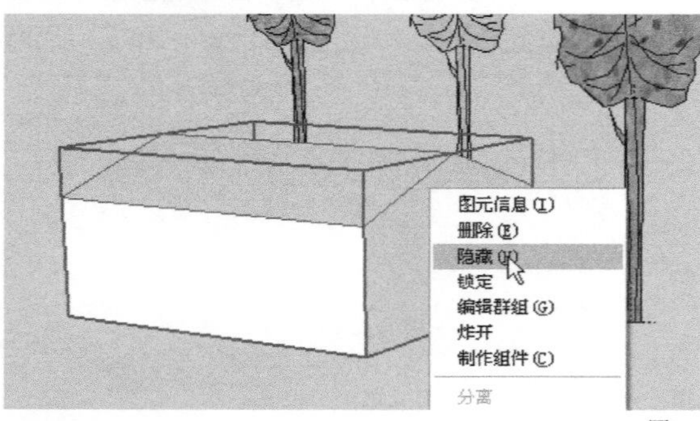

图7-9

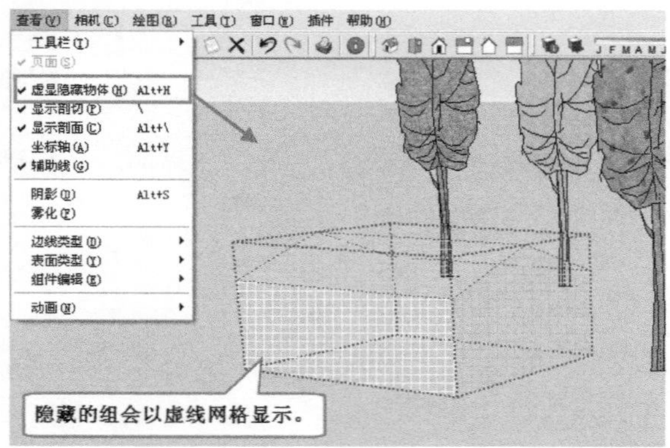

图7-10

制作组件：该命令用于将组转换为组件。

分离：如果一个组件是在一个表面上拉伸创建的，那么该组件在移动过程中就会存在吸附这个面的现象，从而无法参考捕捉其他面的点，这个时候就要执行“分离”命令，使物体自由捕捉参考点进行移动，如图7-11~图7-14所示。

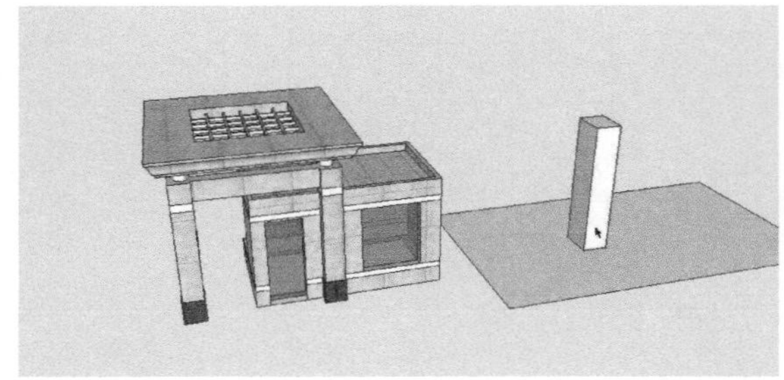

图7-11

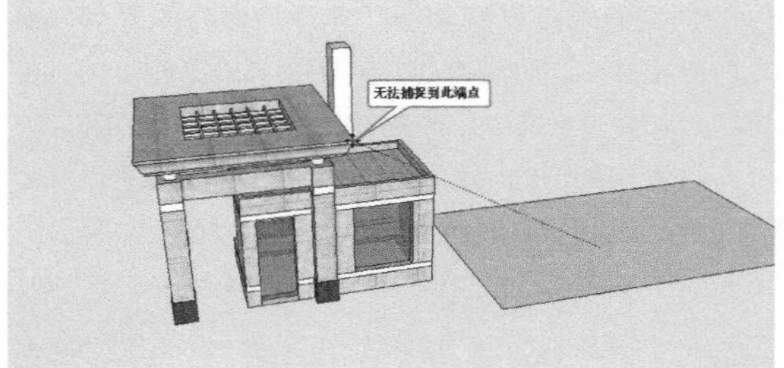

图7-12

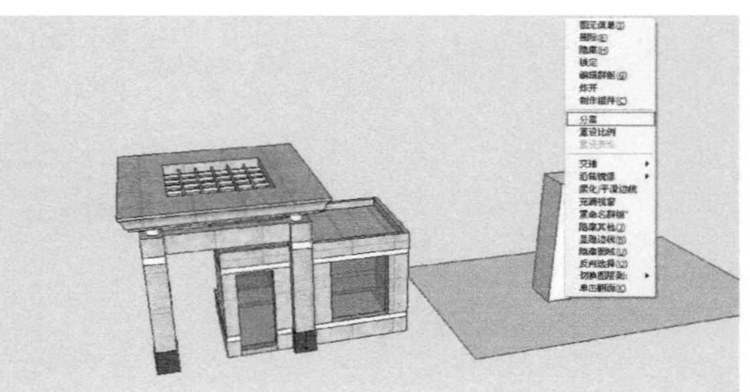

图7-13

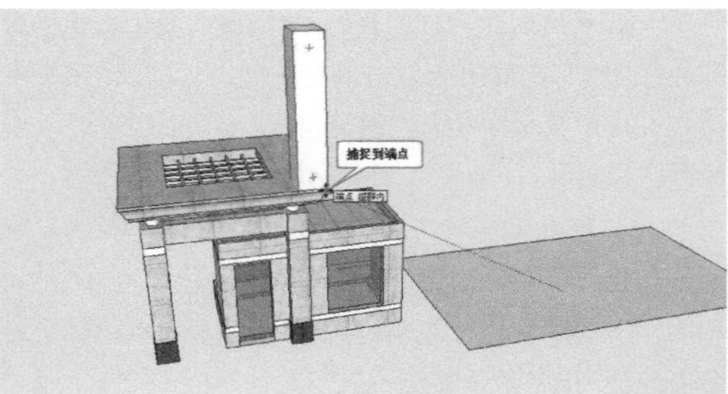

图7-14

技巧与提示

除了“分离”的方法，用户还可以使用“复制移动”的方法，如图7-15所示。

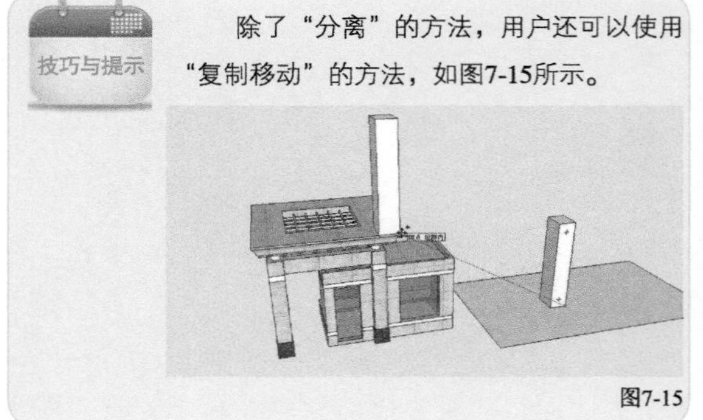

图7-15

重设比例： 该命令用于取消对组的所有缩放操作，恢复原始比例和尺寸大小。

重设变形： 该命令用于恢复对组的扭曲变形操作。

7.1.3 为组赋材质

在SketchUp中，一个几何体在创建的时候就具有了默认的材质，默认的材质在“材质”编辑器中显示为。

创建组后，可以对组应用材质，此时组内的默认材质将会被更新，而事先制定的材质将不受影响，如图7-16和图7-17所示。

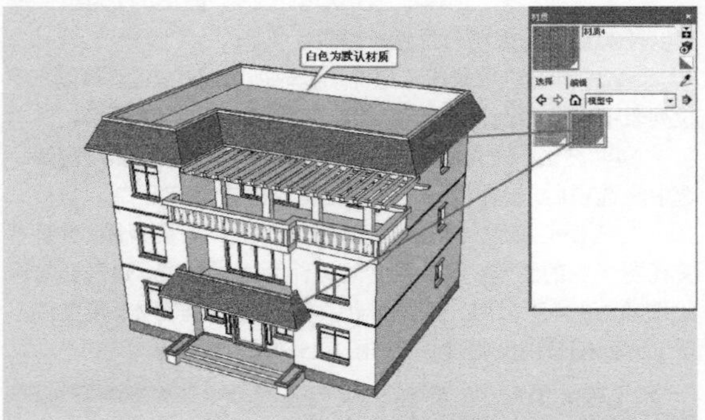

图7-16

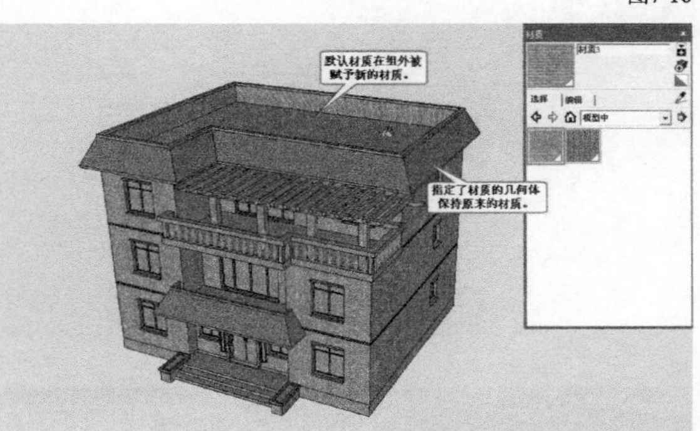

图7-17

7.2 组件

组件是将一个或多个几何体的集合定义为一个单位，使之可以像一个物体那样进行操作。组件可以是简单的一条线，也可以是整个模型，尺寸和范围也没有限制。

组件的优势

组件与组类似，但多个相同的组件之间具有关联性，可以进行批量操作，在与其他用户或其他SketchUp组件之间共享数据时也更为方便。

组件的优势有以下6点。

① 独立性：组件可以是独立的物体，小至一条线，大至住宅、公共建筑，包括附着于表面的物体，例如，门窗、装饰构架等。

② 关联性：对一个组件进行编辑时，与其关联的组件将会同步更新。

③ 附带组件库：SketchUp附带一系列预设组件库，并且还支持自建组件库，只需将自建的模型定义为组件，并保存到安装目录的Components文件夹中即可。在“系统属性”对话框的“文件”面板中，可以查看组件库的位置，如图7-18所示。

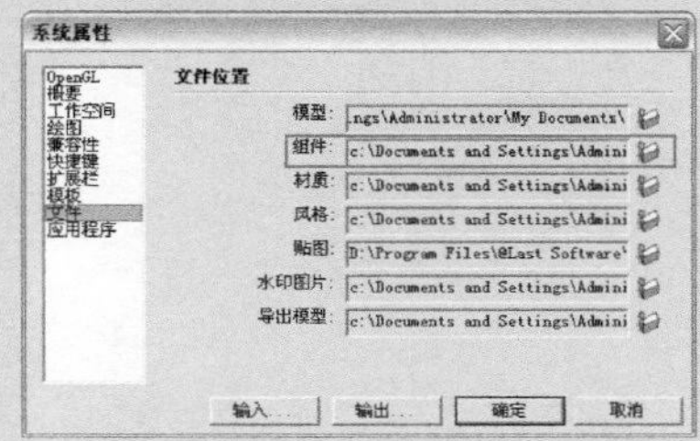

图7-18

④ 与其他文件链接：组件除了存在于创建他们的文件中，还可以导出到别的SketchUp文件中。

⑤ 组件替换：组件可以被其他文件中的组件替换，以满足不同精度的建模和渲染要求。

⑥ 特殊的行为对齐：组件可以对齐到不同的表面上，并且在附着的表面上挖洞开口。组件还拥有自己内部的坐标系。

群组与组件的关系

组与组件有一个相同的特性，就是将模型的一组元素制作成一个整体，以利于编辑和管理。

群组的主要作用有两个。

第1个是“选择集”，对于一些复杂的模型，选择起来会比较麻烦，计算机荷载也比较繁重，需要隐藏一部分物体加快操作速度，这时群组的优势就显现了，可以通过群组快速选到所需要修改的物体而不必逐一选取。

第2个是“保护罩”，当在群组内编辑时完全不必担心对群组以外的实体进行误操作。

而组件则拥有群组的一切功能且能够实现关联修改，是一种更强大的“群组”。一个组件通过复制得到若干关联组件（或称相似组件）后，编辑其中一个组件时，其余关联组件也会一起进行改变，而对群组（组）进行复制后，如果编辑其中的一个组，其他复制的组不会发生改变，如图7-19~图7-22所示。

图7-19

图7-20

图7-21

图7-22

7.2.1 制作组件

选中要定义为组件的物体，然后单击鼠标右键在弹出的菜单中执行“制作组件”命令（也可执行“编辑→制作组件”菜单命令，或者激活“制作组件”工具）即可将选择的物体制作成组件，如图7-23所示。

执行“制作组件”命令后，将会弹出一个“创建组件”对话框用于设置组件的信息，如图7-24所示。

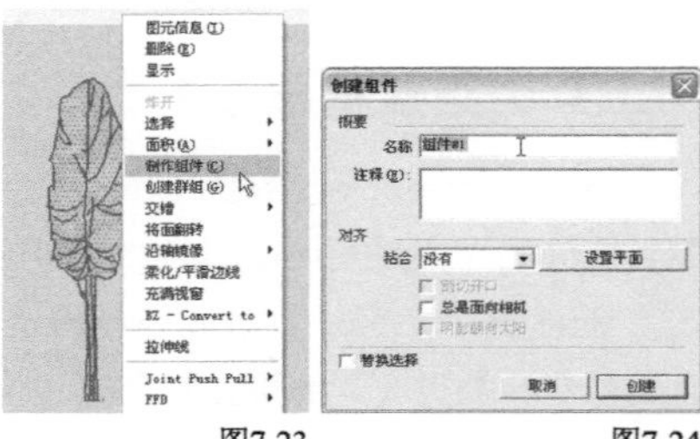

图7-23　图7-24

“名称/注释”文本框：在这两个文本框中可以为组件命名以及对组件的重要信息进行注释。

粘合：该命令用来指定组件插入时所要对齐的面，可以在下拉列表中选择“没有”“任意”“水平”“垂直”或“斜面”。

剖切开口：该选项用于在创建的物体上开洞，如门窗等。选中此选项后，组件将在与表面相交的位置剪切开口。

总是面向相机：该选项可以使组件始终对齐视图，并且不受视图变更的影响。如果定义的组件为二维配景，则需要勾选此选项，这样可以用一些二维物体来代替三维物体，使文件不至于因为配景而变得过大，如图7-25和图7-26所示。

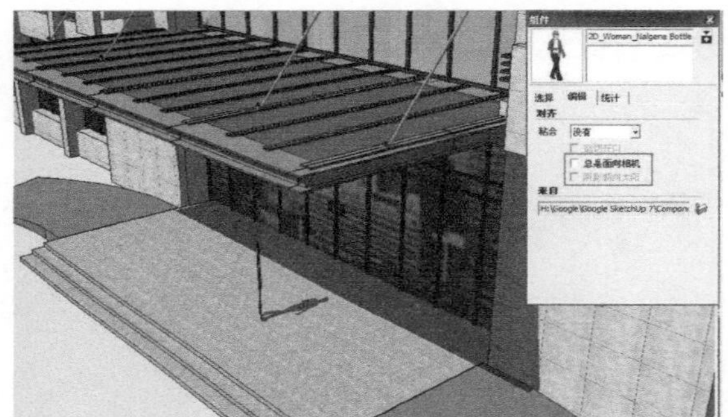

图7-25

图7-26

阴影朝向太阳：该选项只有在“总是面向相机”选项开启后才能生效，可以保证物体的阴影随着视图的改变而改变，如图7-27和图7-28所示。

图7-27

图7-28

"设置平面"按钮 设置平面 ：单击该按钮可以在组件内部设置坐标轴，如图7-29所示。

图7-29

替换选择：勾选该选项可以将制作组件的源物体转换为组件。如果没有选择此选项，原来的几何体将没有任何变化，但是在组件库中可以发现制作的组件已经被添加进来，仅仅是模型中的物体没有变化而已。

完成组件的制作后，在"组件"编辑器中可以修改组件的属性，只需选择一个需要修改的组件，然后在"编辑"选项卡中进行修改即可，如图7-30所示。

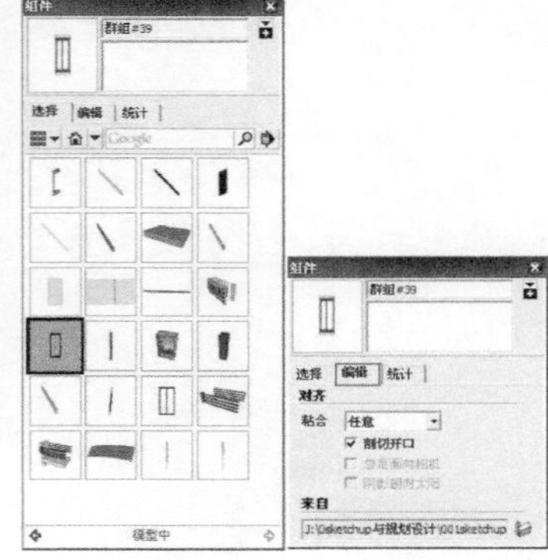

图7-30

制作的组件可以单独保存为.skp文件，只需选择组件，然后单击鼠标右键在弹出的菜单中执行"另存为"命令即可（或者执行"文件→另存为"菜单命令），如图7-31和图7-32所示。

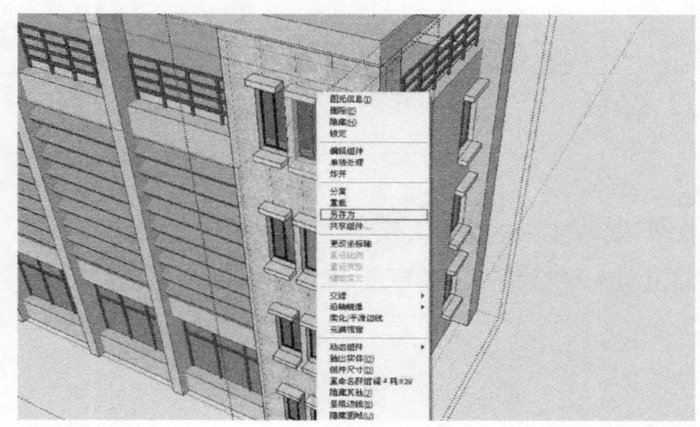

图7-31

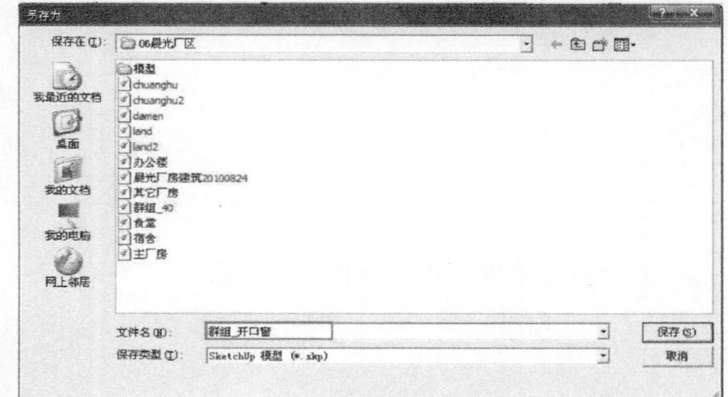

图7-32

重点 实战

制作建筑立面的开口窗组件

场景文件	a.skp
实例文件	实战——制作建筑立面的开口窗组件.skp
视频教学	多媒体教学>Chapter07>实战——制作建筑立面的开口窗组件.flv
难易指数	★★☆☆☆
技术掌握	"组件"编辑器

扫码看视频

01 用"矩形"工具在建筑立面上绘制出一个矩形，如图7-33所示。

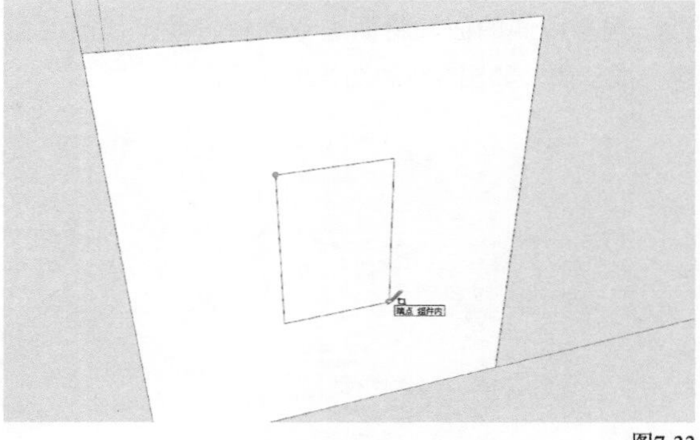

图7-33

02 选择该矩形将其制作成组件，在"创建组件"对话框中勾选"剖切开口"选项，如图7-34和图7-35所示。

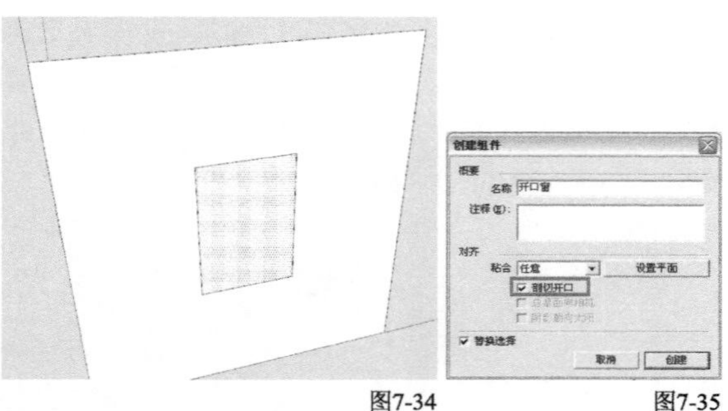

图7-34　图7-35

3 双击鼠标左键进入组件内编辑，用“推/拉”工具将其向内部推拉一定的厚度，如图7-36所示。

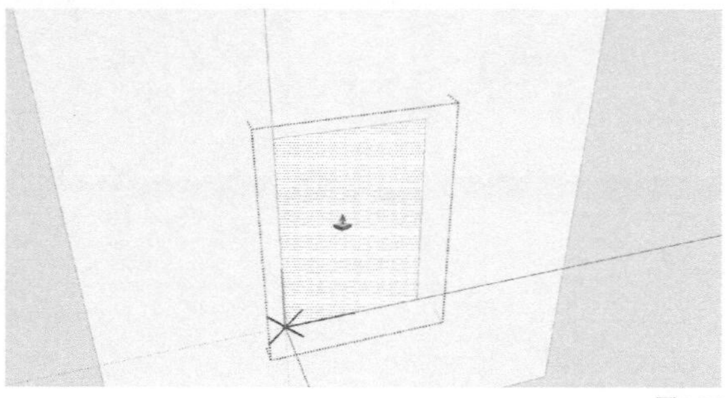

图7-36

4 然后删除前面的面，如图7-37所示。

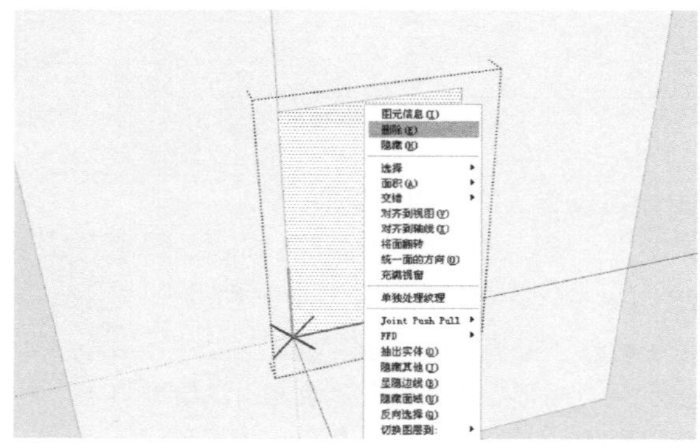

图7-37

5 选择内侧的面，将面进行翻转，并把周围的面统一成正面，如图7-38和图7-39所示。

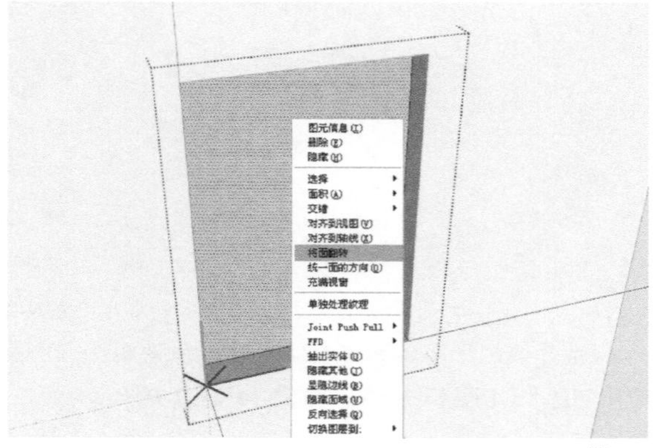

图7-38

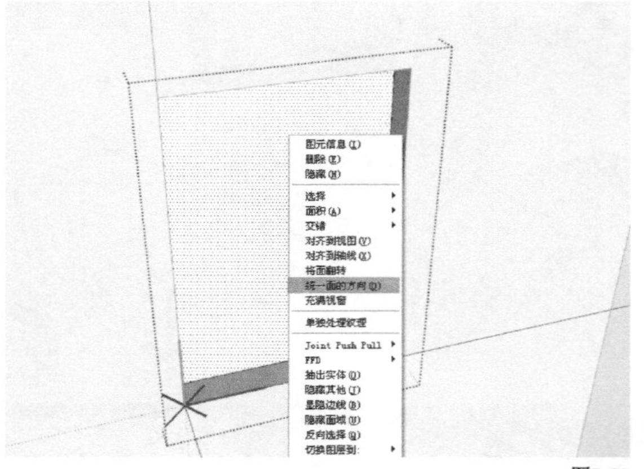

图7-39

6 这样就完成了一个开口组件的制作，如图7-40所示。

图7-40

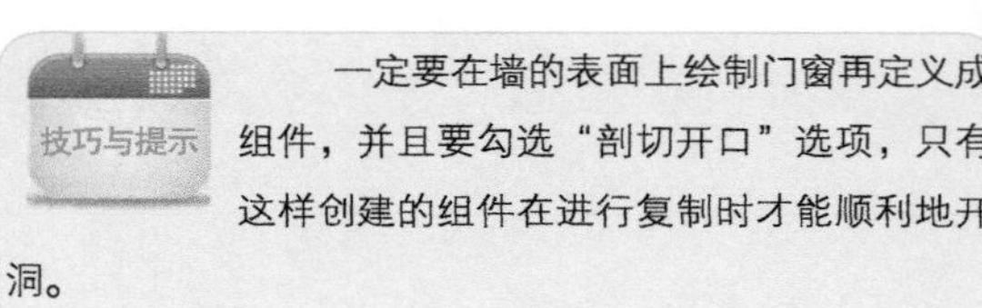

一定要在墙的表面上绘制门窗再定义成组件，并且要勾选“剖切开口”选项，只有这样创建的组件在进行复制时才能顺利地开洞。

7 进入组件内部编辑，完成窗台、窗框和窗棂等构件的创建和复制，如图7-41所示。

图7-41

7.2.2 插入组件

在SketchUp中插入组件的方法有以下两种。

第一种方法，执行“窗口→组件”菜单命令打开“组件”编辑器，然后在“选择”选项卡中选中一个组件，接着在绘图区单击，即可将选择的组件插入当前视图。

第二种方法，执行“文件→导入”菜单命令将组件从其他文件中导入当前视图，也可以将另一个视图中的组件复制粘贴到当前视图中（使用相同的SketchUp版本）。

在SketchUp 8.0中自带了一些2D人物组件。这些人物组件可随视线转动面向相机，如果想使用这些组件，直接将其拖曳到绘图区即可，如图7-42所示。

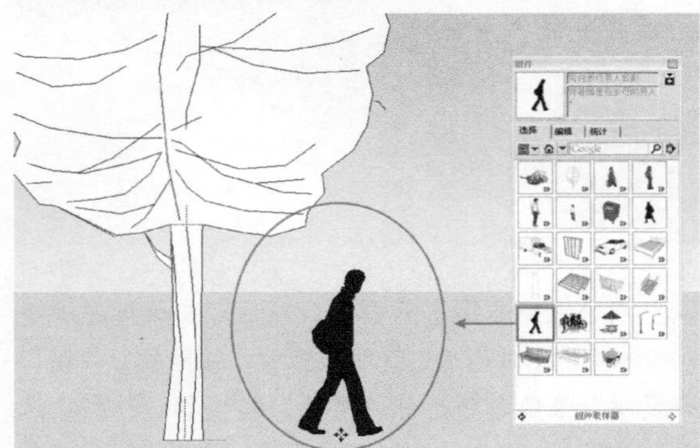

图7-42

当组件被插入当前模型中时，SketchUp会自动激活“移动/复制”工具，并自动捕捉组件坐标的原点，组件将其内部坐标原点作为默认的插入点。

要改变默认的插入点，须在组件插入之前更改其内部坐标系。如何显示内部坐标系呢？只需执行“窗口→场景信息”菜单命令打开“场景信息”管理器，然后在“组件”面板中勾选“显示组件坐标”选项即可，如图7-43所示。

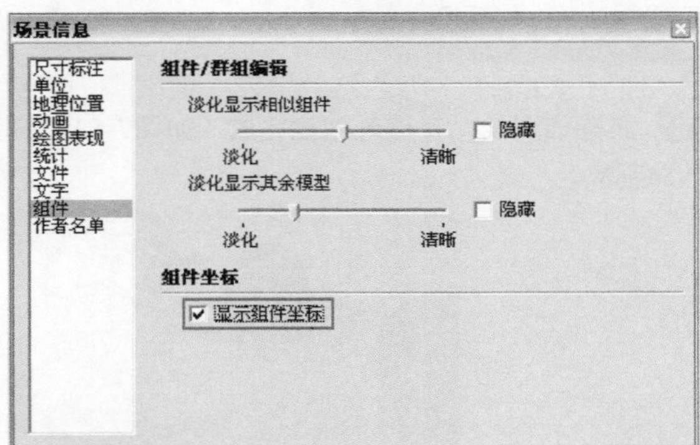

图7-43

疑难问答 问：在一些SketchUp作品中有树木和人物的配景，但不知道哪里能找到？

答：其实在安装完SketchUp后，就已经有了一些这样的素材。SketchUp安装文件并没有附带全部的官方组件，可以登录官方网站下载全部的组件安装文件（注意，官方网站上的组件是不断更新和增加的，需要及时下载更新）。另外，还可以在官方论坛网站下载更多的组件，充实自己的SketchUp配景库。

SketchUp中的配景也是通过插入组件的方式放置的，这些配景组件可以从外部获得，也可以自己制作。人、车、树配景可以是二维组件物体，也可以是三维组件物体。在上一章有关PNG贴图的学习中，我们对几种树木组件的制作过程进行了讲解，读者可以根据场景设计风格进行不同树木组件的制作及选用。

重点 实战

制作道路旁的行道树

场景文件	无
实例文件	实战——制作道路旁的行道树.skp
视频教学	多媒体教学>Chapter07>实战——制作道路旁的行道树.flv
难易指数	★★☆☆☆
技术掌握	“组件”编辑器

扫码看视频

利用组的关联性特征，可以使大规模种植行道树的工作变得简单快速。

01 使用AutoCAD打开“实例文件>Chapter07>实战——制作道路旁的行道树>行道树.dwg”文件，然后新建图层命名为“行道树”并置为当前图层，接着将层的颜色调整为绿色，如图7-44和图7-45所示。

图7-44

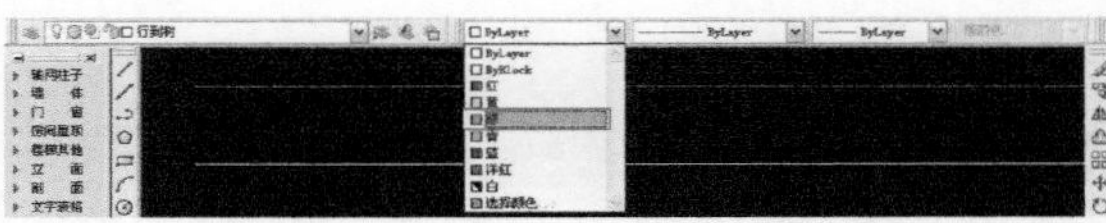

图7-45

02 绘制一个圆弧并定义为块，如图7-46所示。

图7-46

3 将块复制多个到道路两侧，如图7-47所示。

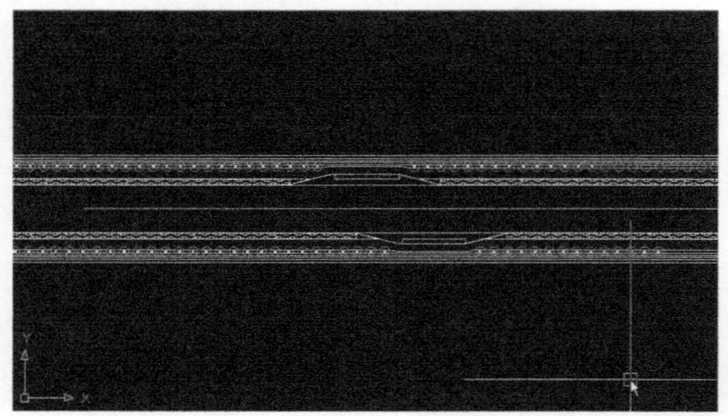

图7-47

4 仅显示行道树图层，然后选定所有行道树，并保存为“行道树.dwg”文件，如图7-48所示。

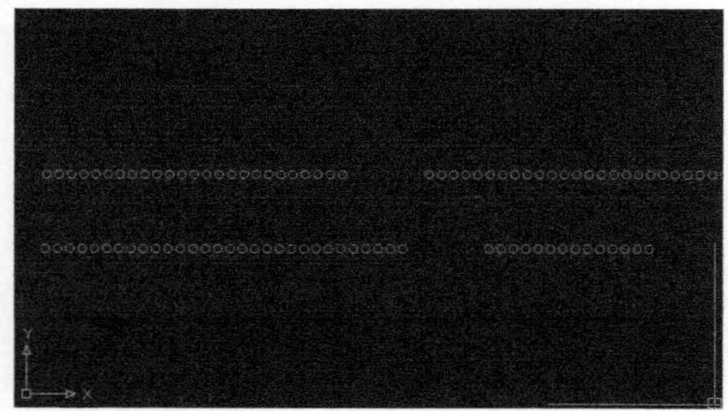

图7-48

5 打开SketchUp，执行“文件→导入”菜单命令，然后导入上一步新建的“行道树.dwg”文件，并设置导入单位为“米”或“毫米”（应与要拼合的道路场景的单位相一致），如图7-49和图7-50所示。

图7-49

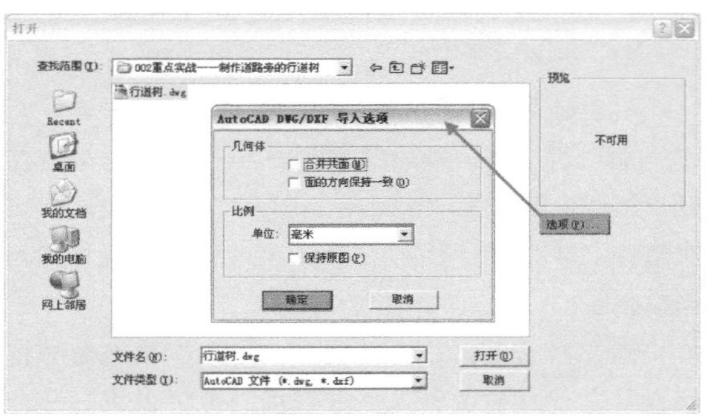

图7-50

6 导入之后行道树会自动成组，如图7-51所示。

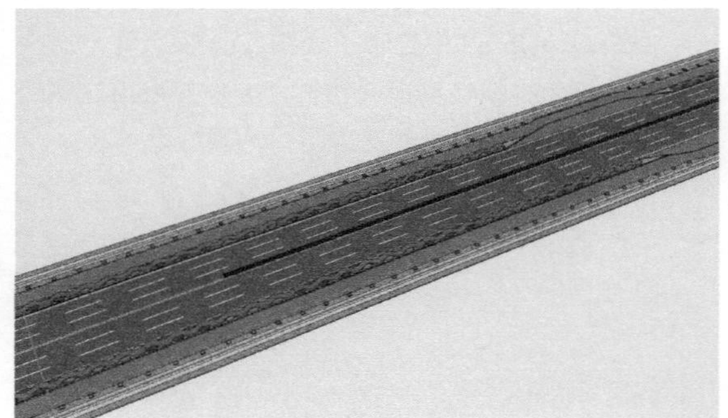

图7-51

7 双击鼠标左键进入群组，然后双击鼠标左键进入树木块的组件内部，选中圆弧线，接着执行“窗口→组件”菜单命令打开“组件”编辑器，并在“选择”选项卡中选中一个树木的组件，将树木组件拖到圆弧的中心位置，如图7-52所示。

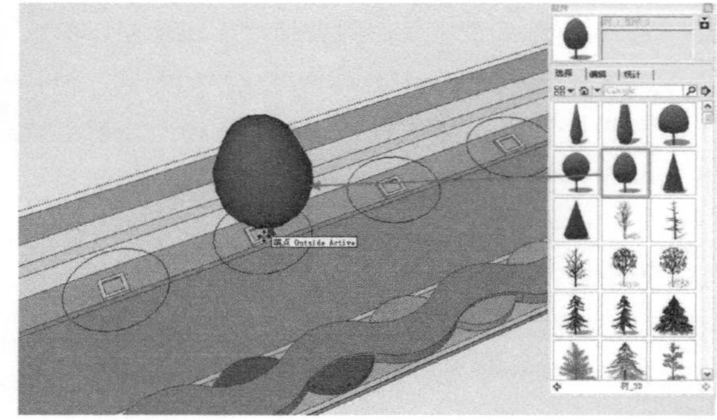

图7-52

8 删除圆弧线，行道树创建完成，如图7-53和图7-54所示。

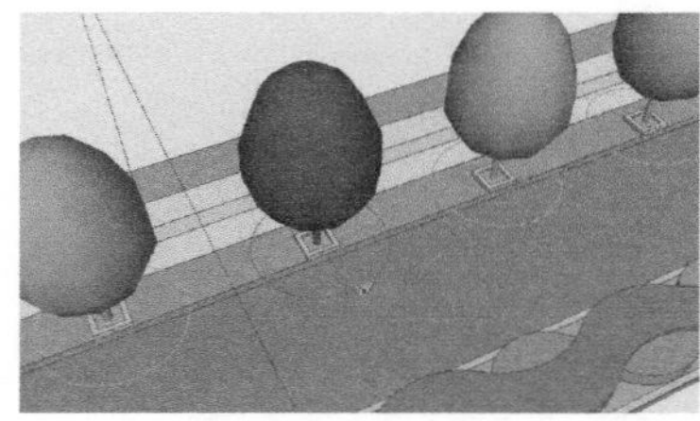

图7-53

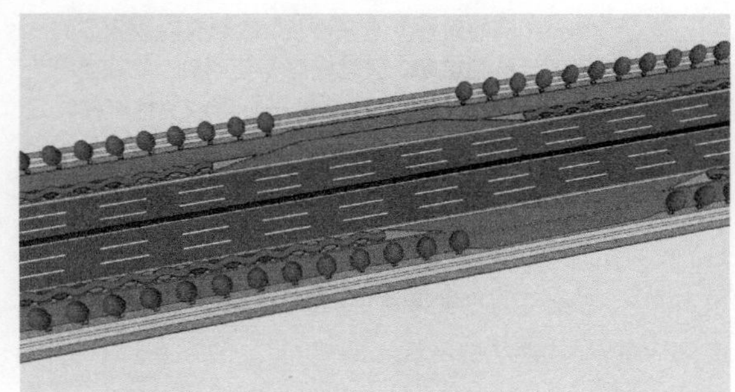
图7-54

7.2.3 编辑组件

创建组件后，组件中的物体会被包含在组件中而与模型的其他物体分离。SketchUp支持对组件中的物体进行编辑，这样可以避免炸开组件进行编辑后再重新制作组件。

如果要对组件进行编辑，最常用的是双击组件进入组件内部编辑，当然还有很多其他编辑方法，下面进行详细介绍。

1.组件编辑器

"组件"编辑器常用于插入预设的组件，它提供了SketchUp组件库的目录列表，如图7-55所示。

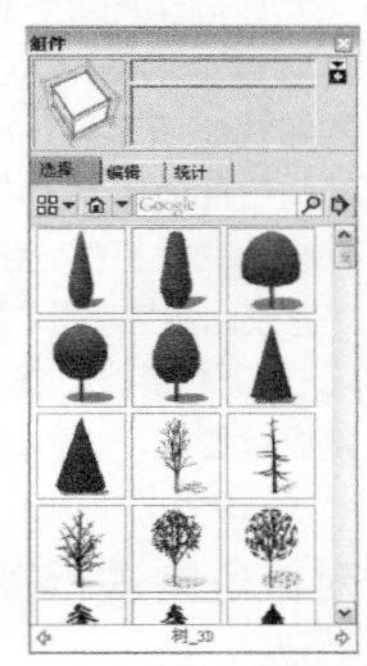
图7-55

<1>选择面板

"视图选项"按钮：单击该按钮将弹出一个下拉菜单，其中包含了4种图标显示方式和"刷新"命令，该按钮图标会随着图标显示方式的改变而改变，如图7-56~图7-59所示。

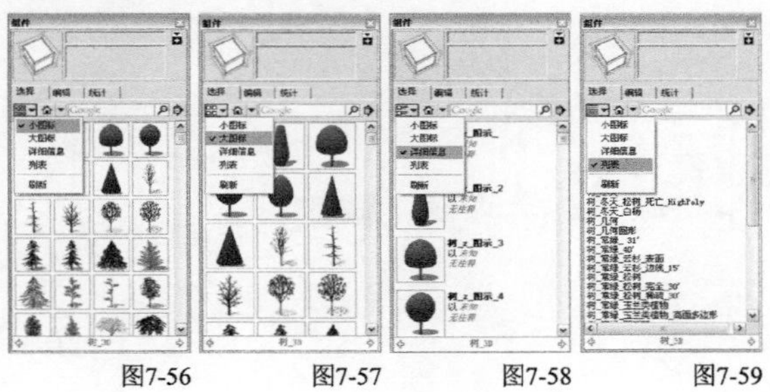
图7-56 图7-57 图7-58 图7-59

"模型中"按钮：单击该按钮将显示当前模型中正在使用的组件，如图7-60所示。

"导航"按钮：单击该按钮将弹出一个下拉菜单，用户可以通过"在模型中"和"组件"命令切换显示的模型目录，如图7-61所示。

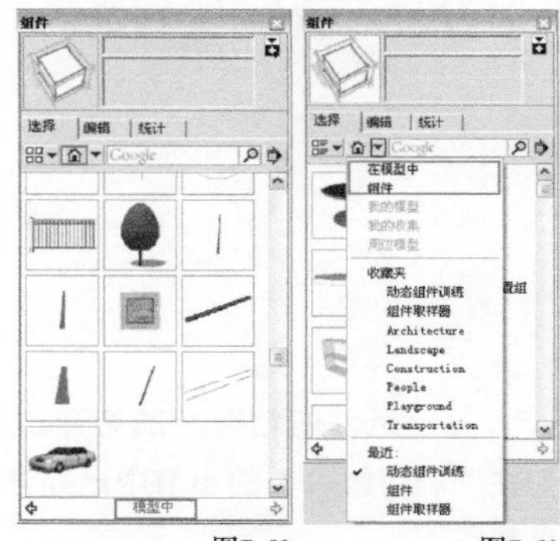
图7-60 图7-61

"详细信息"按钮：在选中模型中的一个组件时，单击该按钮将会弹出一个快捷菜单，其中的"另存为本地库"选项用于将选择的组件进行保存收集；"清理未使用的项目"选项用于清理多余的组件，以减小文件的大小，如图7-62所示。

图7-62

技巧与提示

如果选中的是组件库中的组件，那么单击"详细信息"按钮将会弹出如图7-63所示的菜单。

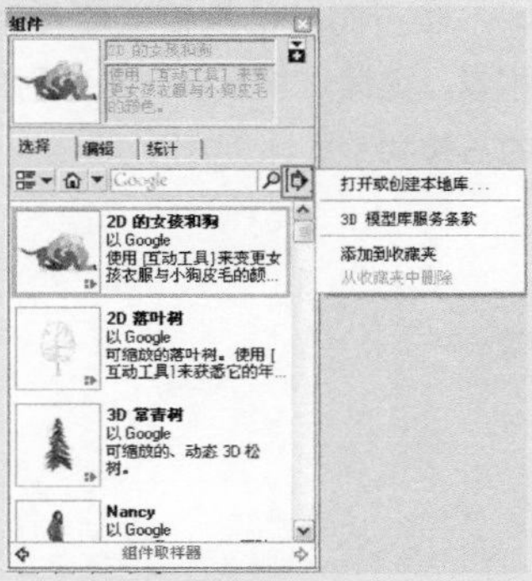

图7-63

在"组件"编辑器的最下面是一个显示框，当选择一个组件后，组件所在的位置就会在这里显示。例如，选择一个模型中的组件，那么这里将显示为"模型中"，如图7-64所示。显示框左右两侧的按钮用于浏览组件库时前进或者后退。

图7-64

<2>编辑面板

当选中了模型中的组件时，可以在“编辑”面板中进行组件的粘合、剖切和阴影朝向的设置，如图7-65所示。

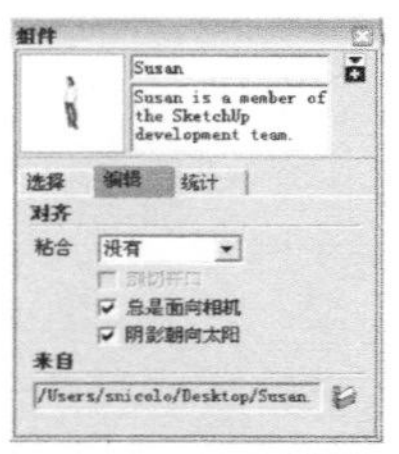

图7-65

关于组件的粘合、剖切开口以及阴影的朝向我们在“制作组件”的小节中已经详细介绍过，在此不再赘述。

<3>统计面板

当选中了模型中的组件时，打开统计面板就可以查看该组件中的所有几何体的数量，如图7-66所示。

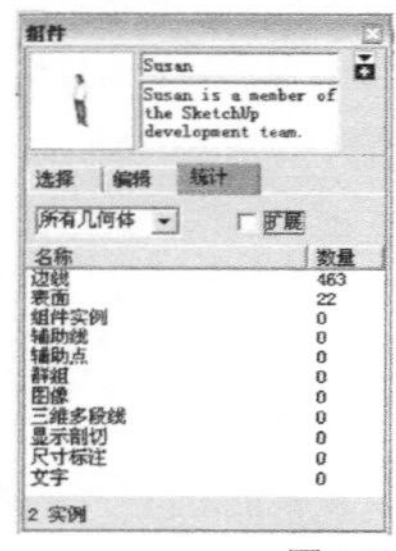

图7-66

2.组件的右键关联菜单

由于组件的右键菜单与群组右键菜单中的命令相似，因此这里只对一些常用的命令进行讲解。组件的右键菜单如图7-67所示。

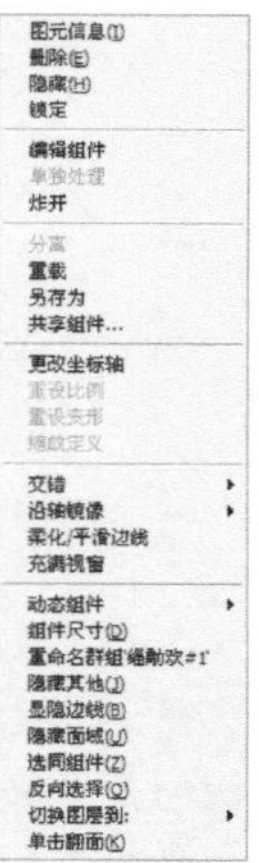

图7-67

锁定：该命令用于锁定组件，使其不能被编辑，以免进行误操作，锁定的组件边框显示为红色。执行该命令锁定组件后，这里将变为“解锁”命令。

单独处理：相同的组件具有关联性，但是有时候需要对一个或几个组件进行单独编辑，这时就需要使用到“单独处理”命令，用户对单独处理的组件进行编辑不会影响其他组件。

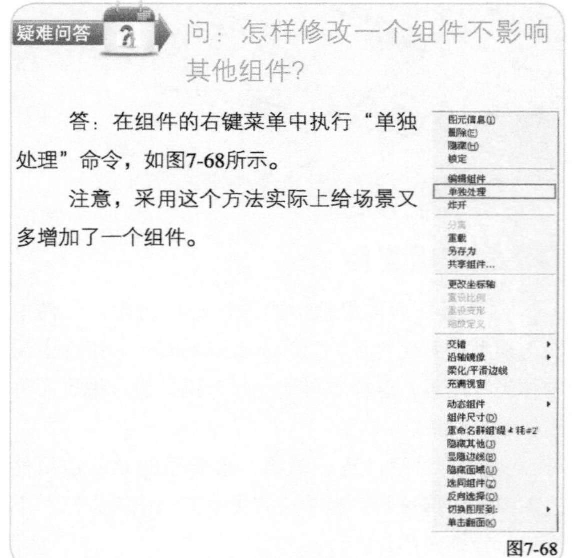

疑难问答 问：怎样修改一个组件不影响其他组件？

答：在组件的右键菜单中执行“单独处理”命令，如图7-68所示。

注意，采用这个方法实际上给场景又多增加了一个组件。

图7-68

炸开：该命令用于炸开组件，炸开的组件不再与相同的组件相关联，包含在组件内的物体也会被分离，嵌套在组件中的组件则成为新的独立的组件。

更改坐标轴：该命令用于重新设置坐标轴。

重设比例/重设变形/缩放定义：组件的缩放与普通物体的缩放有所不同。如果直接对一个组件进行缩放，不会影响其他组件的比例大小；而进入组件内部进行缩放，则会改变所有相关联的组件。对组件进行缩放后，组件会变形，此时执行“重设比例”或者“重设变形”命令就可以恢复组件原型。

沿轴镜像：在该命令的子菜单中选择镜像的轴线即可完成镜像。

重点 实战

对值班室进行镜像复制

场景文件	b.skp
实例文件	实战——对值班室进行镜像复制.skp
视频教学	多媒体教学>Chapter07>实战——对值班室进行镜像复制.flv
难易指数	★★☆☆☆
技术掌握	组件的右键关联菜单

扫码看视频

01 打开“场景文件>Chapter07>b.skp”文件，将创建好的大门一侧的值班室模型创建为组件，复制该组件到大门的另一侧，如图7-69所示。

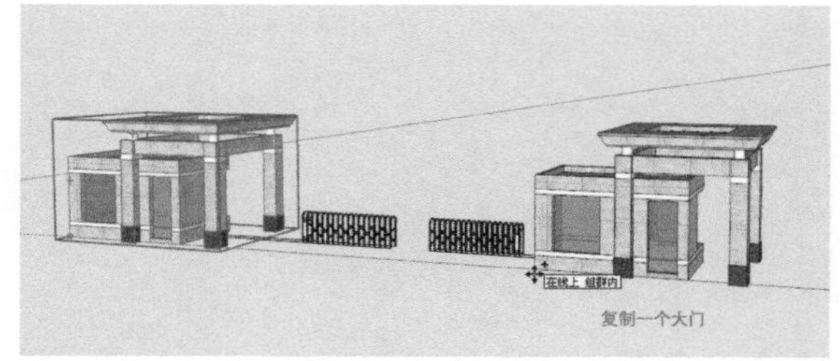

图7-69

2 选择复制的值班室组件，然后单击鼠标右键在弹出的菜单中执行“沿轴镜像→组的红轴”命令，如图6-70所示。

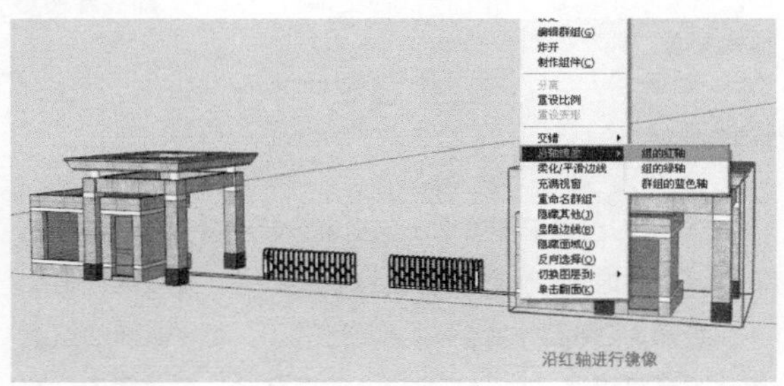

图7-70

3 完成值班室的镜像复制，如图6-71所示。

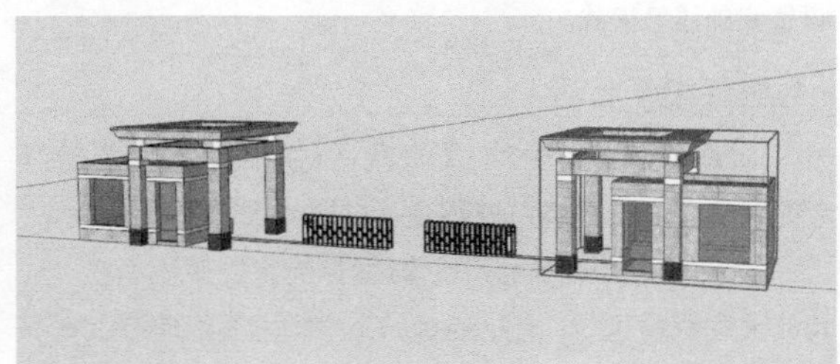

图7-71

组件的镜像只对选中的单体起作用，不会影响组件的定义。

3.淡化显示相似组件和剩余模型

<1>通过场景信息管理器

执行“窗口→场景信息”菜单命令打开“场景信息”管理器，在“组件”面板中可以通过移动滑块设置组件的淡化显示效果，也可以勾选“隐藏”选项隐藏相似组件或其余模型，如图7-72所示。

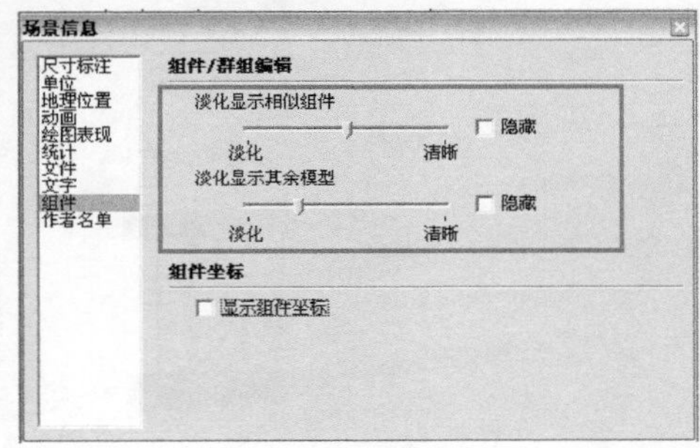

图7-72

<2>通过查看菜单

为了更加方便操作，可以执行“查看→组件编辑→隐藏剩余模型”菜单命令将外部物体隐藏，如图7-73所示。

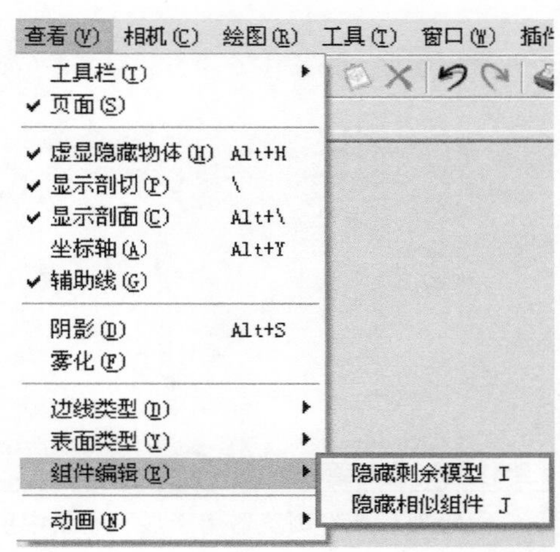

图7-73

从图7-73中可以看到，在“组件编辑”命令的子菜单中除了“隐藏剩余模型”命令外，还有一个“隐藏相似组件”命令，该命令用于隐藏或显示同一性质的其他组件物体。下面就对这两个命令的用法进行讲解。

① 隐藏剩余模型，显示相似组件，如图7-74所示

图7-74

② 隐藏相似组件，显示剩余模型，如图7-75所示。

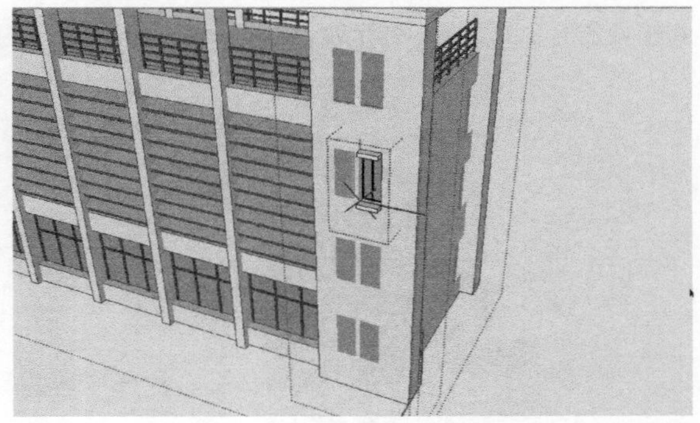

图7-75

③ 显示剩余模型，同时显示相似组件，如图7-76所示。

图7-76

4.组件的浏览与管理

“管理目录”浏览器用于显示场景中所有的组和组件，包括嵌套的内容。在一些大的场景中，组和组件层层相套，编辑起来容易混乱，而“管理目录”浏览器以树形结构列表显示了组和组件，条目清晰便于查找和管理。

执行“窗口→管理目录”菜单命令即可打开“管理目录”浏览器，如图7-77所示。在“管理目录”浏览器的树形列表中可以随意移动组与组件的位置。

图7-77

另外，通过“管理目录”浏览器还可以改变组和组件的名称，如图7-78所示。

图7-78

“过滤”文本框：在“过滤”文本框中输入要查找的组件名称，即可查找场景中的组或者组件。

“详细信息”按钮：单击该按钮将弹出一个快捷菜单，该菜单中的命令用于一次性全部折叠或者全部展开树形结构列表。

疑难问答 问：SketchUp为什么不能将组件中的元素排除到组件外?

答：在组件内部剪切（快捷键为Ctrl+X）将要排除的元素，然后退出组件（快捷键为Shift+O），接着进行粘贴（快捷键为Ctrl+V）就可以达到目的了。对于嵌套的组或组件，还可以通过执行“窗口→管理目录”菜单命令打开“管理目录”浏览器，在该浏览器中可以方便地选择或者设置组的层级模式。

5.为组件赋予材质

对组件赋予材质时，所有默认材质的表面将会被指定的材质覆盖，而事先被指定了材质的表面不受影响。

组件的赋予材质操作只对指定的组件单体有效，对其他关联材质无效，因此SketchUp中相同的组件可以有不同的材质，但是在组件内部赋予材质的时候，其他相关联组件的材质也会跟着改变，如图7-79和图7-80所示。

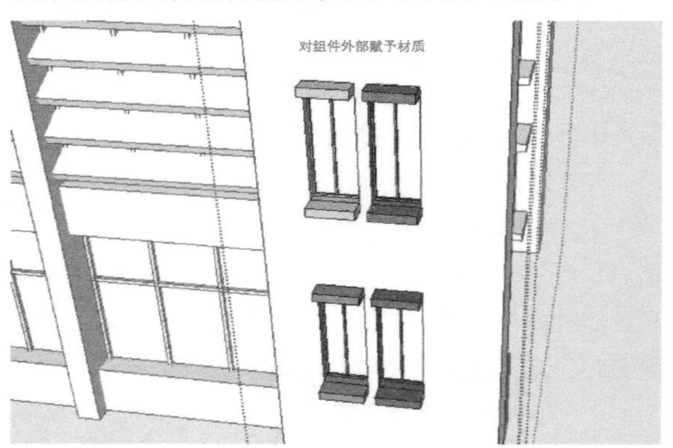

图7-79

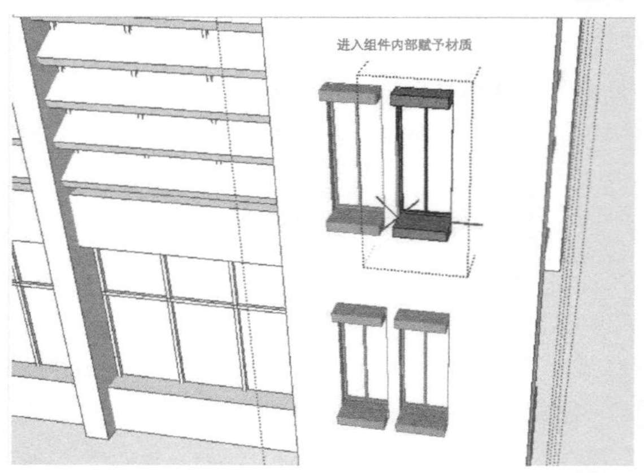

图7-80

7.2.4 动态组件

动态组件(Dynamic Components)使用起来非常方便，在制作楼梯、门窗、地板、玻璃幕墙、篱笆栅栏等方面应用较为广泛，例如，当你缩放一扇带边框的门窗时，由于事先固定了门（窗）框尺寸，就可以实现门(窗)框尺寸不变，而门(窗)整体尺寸变化。读者也可通过登录Google 3D模型库，下载所需动态组件。

但是动态组件的属性设置起来较为烦琐，需要用到函数命令，这点让很多人望而却步。

总结这些组件的属性并加以分析，可以发现动态组件包含以下方面的特征：固定某个构件的参数(尺寸、位置等)，复制某个构件，调整某个构件的参数，调整某个构件的活动性等。具备以上一种或多种属性的组件可被称为动态组件。

1.动态组件工具栏

“动态组件”工具栏包含了3个工具，分别为“与动态组件互动”工具、“组件选项”工具和“组件属性”工具，如图7-81所示。

图7-81

<1>与动态组件互动

激活“与动态组件互动”工具，然后将鼠标指向动态组件（启动SketchUp 8.0时，界面中默认出现的人物就是动态组件），此时鼠标上会多出一个星号，随着鼠标在动态组件上单击，组件就会动态显示不同的属性效果，如图7-82所示。

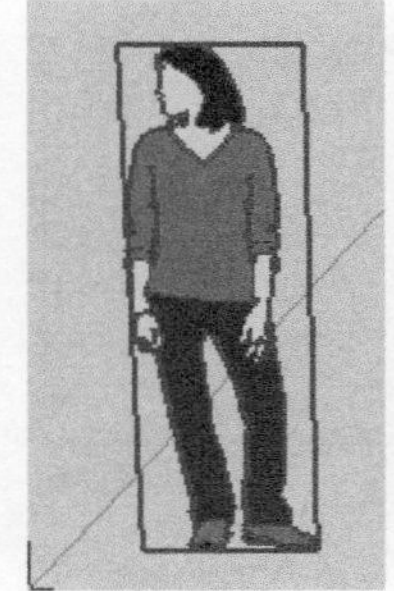

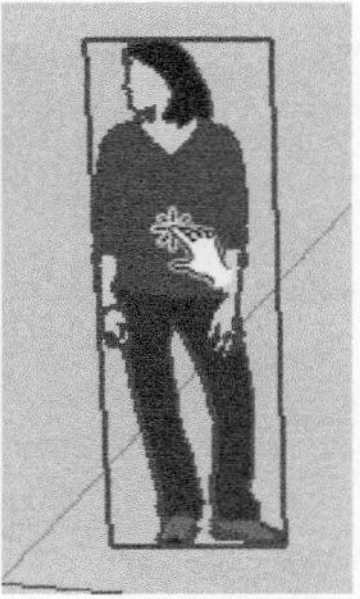

图7-82

<2>组件选项

激活“组件选项”工具将弹出“组件选项”对话框，如图7-83所示。

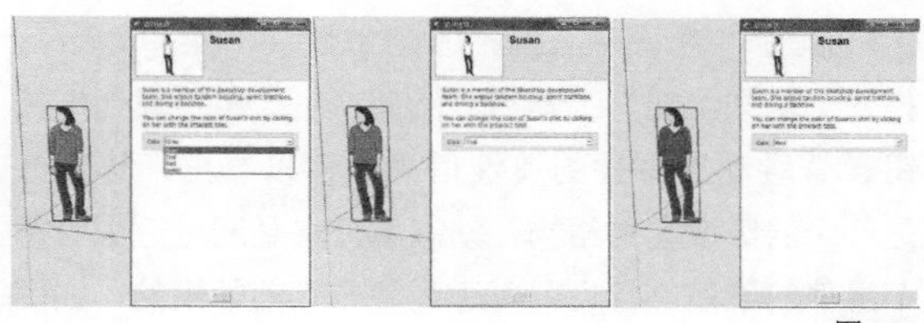

图7-83

<3>组件属性

激活“组件属性”工具将弹出“组件属性”对话框，在该对话框中可以为选中的动态组件添加属性，例如，添加材质等，如图7-84和图7-85所示。

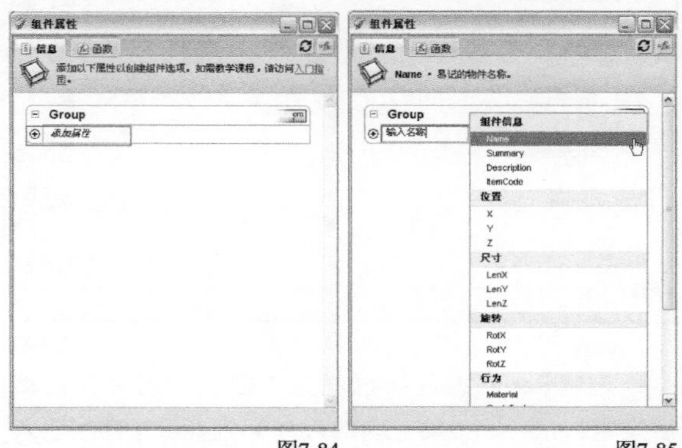

图7-84 图7-85

2.制作动态栅栏

我们以SketchUp自带的动态组件——“栅栏”为例，讲解动态组件的制作原理，读者可以尝试其他动态组件的制作。

1 执行“窗口→组件”菜单命令，打开“组件”编辑器，然后找到“栅栏”组件并将其拖曳至绘图区的适当位置，如图7-86所示。

图7-86

2 执行“查看→工具栏→动态组件”菜单命令，打开“动态组件”工具栏，然后单击“组件属性”按钮查看动态组件的属性信息。可以看出，该组件是一个层级嵌套式结构。动态组件就是通过分别对每个组件的属性进行设置而达到动态互动效果的，如图7-87所示。

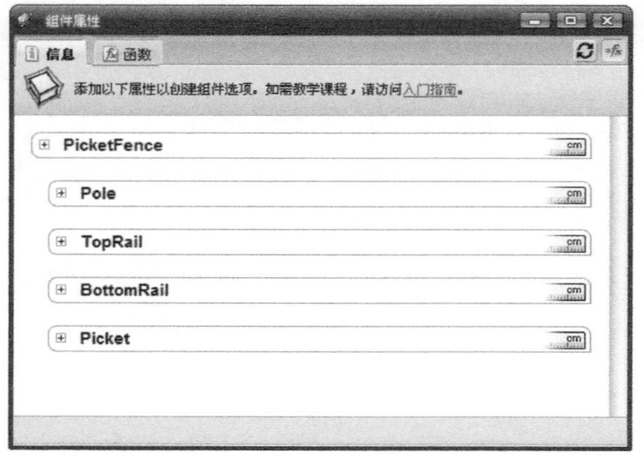

图7-87

3 选择Fence组件（也就是“栅栏”组件），然后设置LenY（沿y轴方向的尺寸）为4cm（直接输入=4，后面不加单位），接着设置spacing（间隔距离）为10cm（输入=10），如图7-88所示。

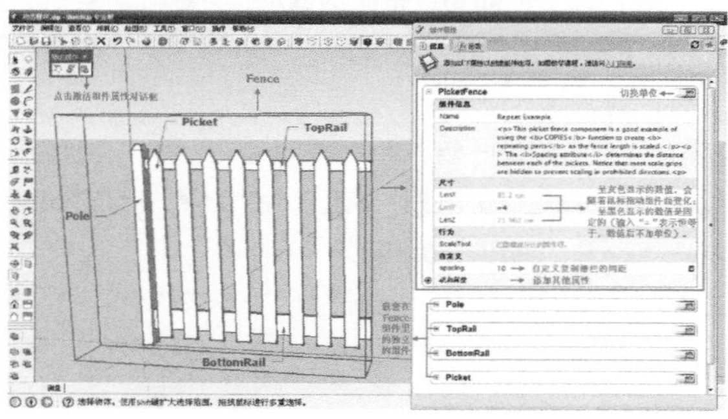

图7-88

> **技巧与提示**
>
> 为了使读者不至于混淆各个组件的属性，图7-88中对每个组件的名称进行了标注。
>
> LenX（沿x轴方向的尺寸）和LenZ（沿z轴方向的尺寸）的数值保持默认设置，但并不是固定的。
>
> 设置栅栏之间的间隔距离后，间隔效果如图7-89所示。
>
> 图7-89

4 进入Fence组件内部选择Pole组件，然后在“组件属性”对话框中设置沿x、y、z轴的位置为0，接着设置LenX（沿x轴方向的尺寸）和LenY（沿y轴方向的尺寸）为4cm，最后在LenZ（沿z轴方向的尺寸）的数值框内输入函数公式=PicketFence!LENZ，如图7-90所示。

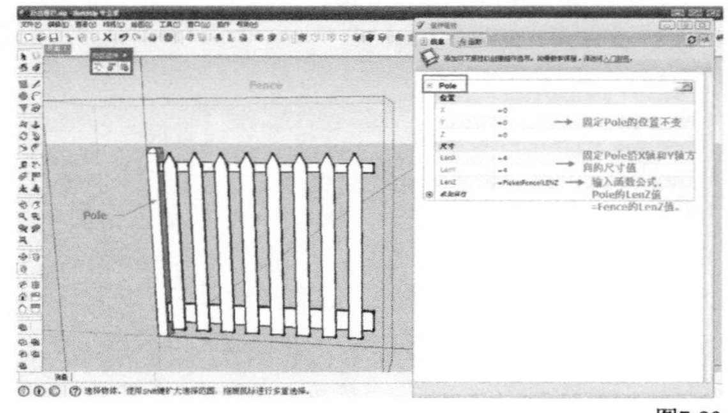

图7-90

> **技巧与提示**
>
> 组件的位置坐标以组件自身的位置坐标为准，数值为相对值。
>
> 输入的函数公式的含义为：Pole组件的LenZ值=Fence组件的LenZ值。也就是说，Pole组件会随Fence整体组件的z轴方向拉伸而拉伸。

5 选择TopRail组件，然后设置沿x轴位置为4cm、沿y轴位置为1.25cm，接着在z轴位置的数值框中输入函数公式=PicketFence!LENZ-9，最后设置LenY（沿y轴方向的尺寸）为1.5cm、LenZ（沿z轴方向的尺寸）为3.5cm，并在LenX（沿x轴方向的尺寸）的数值框中输入函数公式=PicketFence!LENX-Pole!LENX，如图7-91所示。

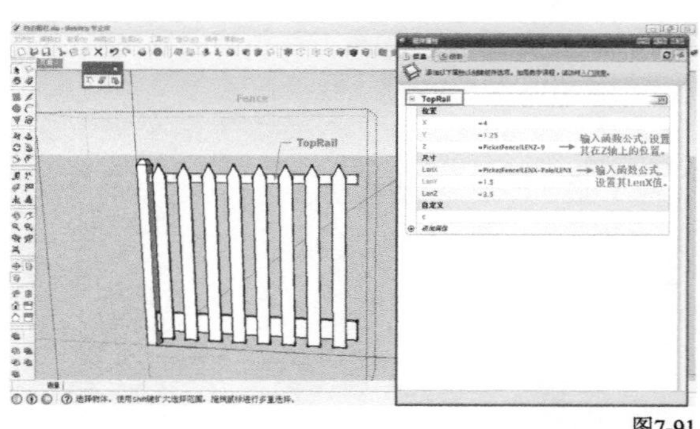

图7-91

> **技巧与提示**
>
> 在z轴位置的数值框中输入的函数公式的含义为：TopRail的Z值=Fence的Z值-9。9是TopRail组件最低点与Fence整体组件最高点的距离，如图7-92所示。TopRail组件沿z轴的位置会随Fence整体组件的z轴方向拉伸而变化。

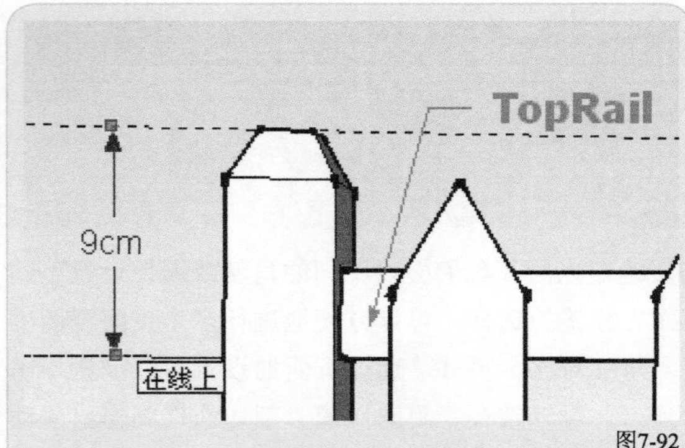

图7-92

在LenX（沿x轴方向的尺寸）的数值框中输入的函数公式的含义为：TopRail的LenX值=Fence的LenX值-Pole的LenX值。TopRail组件会随Fence整体组件的x轴方向拉伸而拉伸。

6 选择BottomRail组件，然后设置沿x轴位置为4cm、沿y轴位置为1.25cm、沿z轴位置为6cm，接着设置LenY（沿y轴方向的尺寸）为1.5cm、LenZ（沿z轴方向的尺寸）为8cm，最后在LenX（沿x轴方向的尺寸）的数值框中输入函数公式=PicketFence!LENX-Pole!LENX，如图7-93所示。

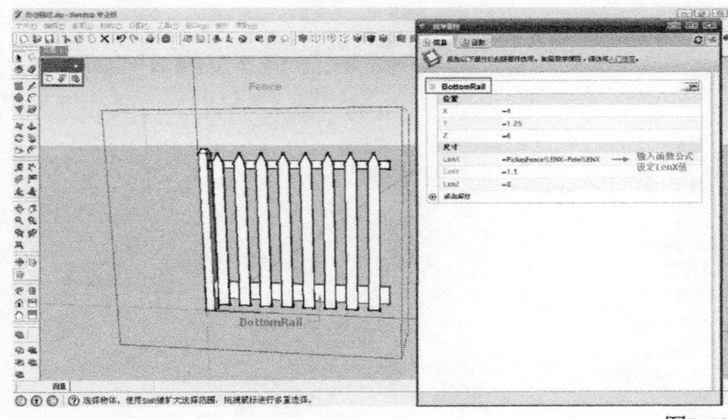

图7-93

在LenX（沿x轴方向的尺寸）的数值框中输入的函数公式的含义为：BottomRail的LenX值=Fence的LenX值-Pole的LenX值。BottomRail组件会随Fence整体组件的x轴方向拉伸而拉伸。

7 选择Picket组件，然后在x轴位置的数值框中输入公式=6+copy*PicketFence!spacing，并设置沿z轴位置为3cm、沿y轴位置为1.25cm，接着在LenZ（沿z轴方向的尺寸）的数值框中输入函数公式=PicketFence!LENZ-5，并设置LenX（沿x轴方向的尺寸）为5cm、LenY（沿y轴方向的尺寸）为7.5cm，最后添加行为属性COPIES，并输入函数公式=（PicketFence!LENX-4）/PicketFence!spacing-1，如图7-94所示。

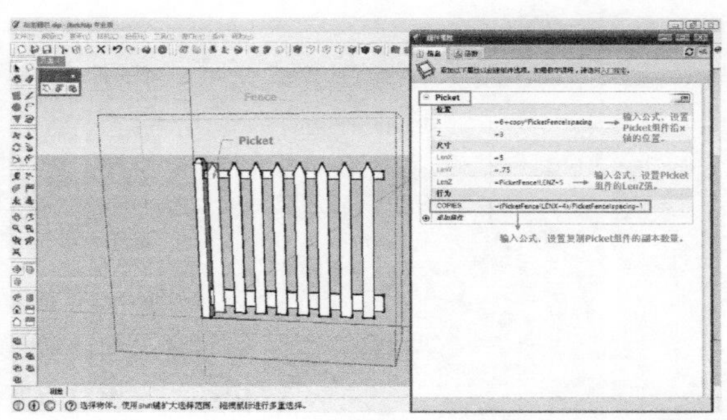

图7-94

在x轴位置的数值框中输入的函数公式的含义为：Picket沿x轴方向的位置=6+副本数量×间隔距离。其中6为第一条栅栏位置，“间隔距离”在Fence组件的自定义属性里已经设置为10cm。

在LenZ（沿z轴方向的尺寸）的数值框中输入的函数公式的含义为：Picket的LenZ值=Fence的LenZ值-5。其中5为Picket组件距离Fence整体组件最底面的高度。Picket组件会随Fence整体组件的z轴方向拉伸而拉伸。

在COPIES属性的数值框中输入的函数公式用于设定要为此部件创建的副本个数，该公式的含义为：创建的Picket副本个数=（Fence的LenX值-4）/ Fence的间距值-1。其中4为Picket组件距离Fence整体组件x轴最边沿的距离，如图7-95所示。Picket组件会随Fence整体组件沿x轴方向的延伸而复制相应数量的副本。

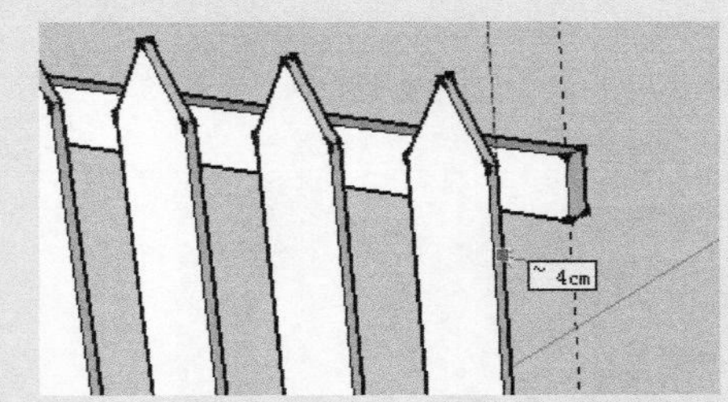

图7-95

8 完成前面一系列的设置后，拉伸或移动整个组件，效果如图7-96所示。

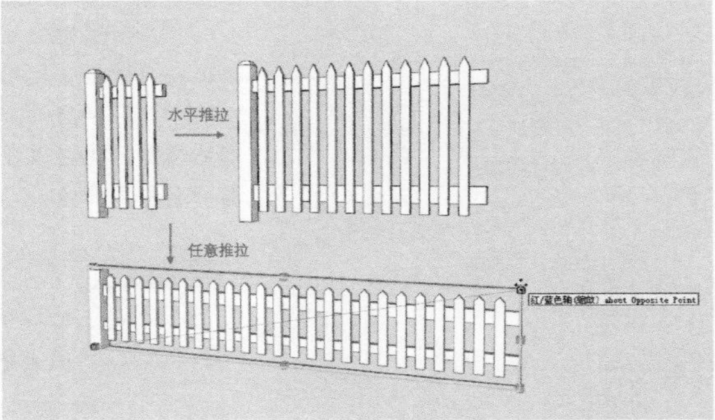

图7-96

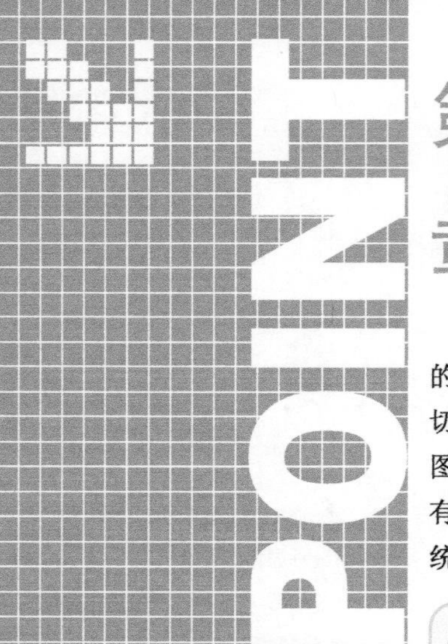

第8章 页面与动画

一般在设计方案初步确定以后，我们会以不同的角度或属性设置不同的储存页面，通过“页面”标签的选择，可以方便地进行多个页面视图的切换，方便对方案进行多角度对比。另外，通过页面的设置可以批量导出图片，或者制作展示动画，并可以结合“阴影”或“剖切面”制作出生动有趣的光影动画和生长动画，为实现“动态设计”提供了条件。本章将系统介绍页面的设置、图像的导出以及动画的制作等有关内容。

学习重点

- 掌握增加和删减页面的方法
- 掌握制作幻灯片动画的方法
- 掌握导出AVI格式动画的方法
- 了解阴影动画的制作方法
- 了解使用Premiere编辑动画的方法
- 掌握批量导出页面图像的方法

8.1 页面及页面管理器

SketchUp中页面的功能主要用于保存视图和创建动画，页面可以存储显示设置、图层设置、阴影和视图等，通过绘图窗口上方的页面标签可以快速切换页面显示。SketchUp 8.0新增了页面缩略图功能，用户可以在“页面”管理器中进行直观的浏览和选择。

执行“窗口→页面管理”菜单命令即可打开“页面”管理器，通过“页面”管理器可以添加和删除页面，也可以对页面进行属性修改，如图8-1所示。

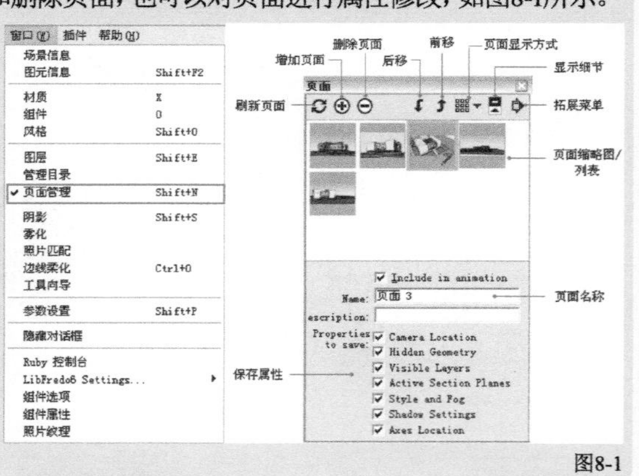

图8-1

“添加页面”按钮⊕：单击该按钮将在当前相机设置下添加一个新的页面。

“删除页面”按钮⊖：单击该按钮将删除选择的页面，也可以在页面标签上单击鼠标右键，然后在弹出的菜单中执行“删除”命令进行删除。

“刷新页面”按钮：如果对页面进行了改变，则需要单击该按钮进行更新，也可以在页面标签上单击鼠标右键，然后在弹出的菜单中执行“更新”命令。

“向下移动页面”按钮/“向上移动页面”按钮：这两个按钮用于移动页面的前后位置，也可以在页面标签上单击鼠标右键，然后在弹出的菜单中执行“左移”或者“右移”命令。

单击绘图窗口左上方的页面标签可以快速切换所记录的视图窗口。用鼠标右键单击页面标签也能弹出页面管理命令，如对页面进行更新、添加或删除等操作，如图8-2所示。

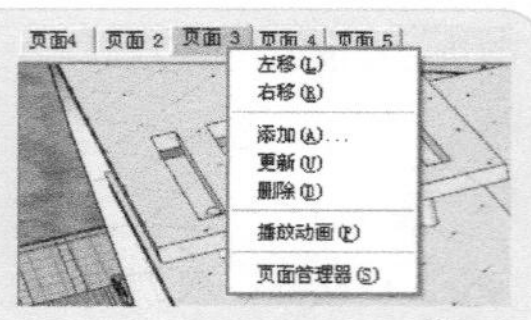

图8-2

"视图选项"按钮▦▾：单击此按钮可以改变页面视图的显示方式，如图8-3所示。在缩略图右下角有一个铅笔的页面，表示为当前页面。在页面数量多并且难以快速准确找到所需页面的情况下，这项新增功能显得非常重要。

图8-3

技巧与提示

SketchUp 8.0的"页面"管理器新增加了页面缩略图，可以直观显示页面视图，使查找页面变得更加方便，也可以用鼠标右键单击缩略图进行页面的添加和更新等操作，如图8-4所示。

图8-4

技巧与提示

在创建页面时，或者将SketchUp低版本中创建的含有页面属性的模型在SketchUp 8.0中打开生成缩略场景时，可能需要一定的时间进行页面缩略图的渲染，这时候可以选择等待或者取消渲染操作，如图8-5所示。

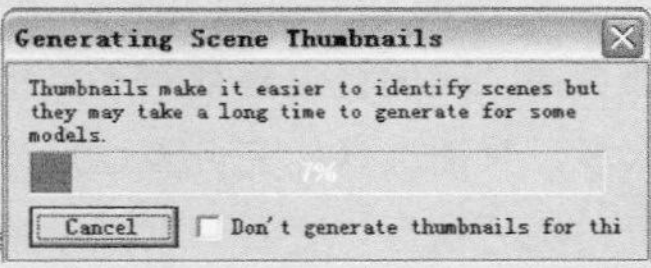

图8-5

"显示/隐藏详细情况"按钮▣：每一个页面都包含了很多属性设置，如图8-6所示。单击该按钮即可显示或者隐藏这些属性。

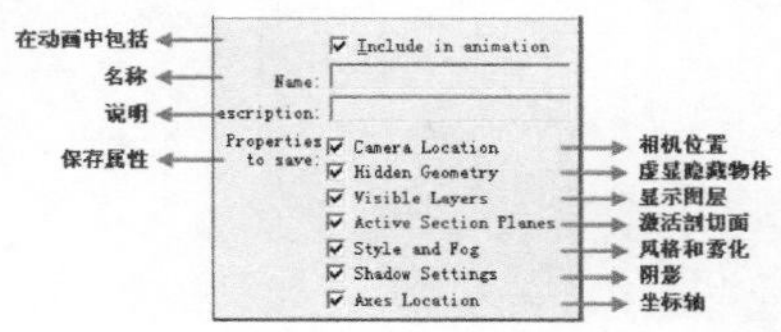

图8-6

Include in animation（在动画中包括）：当动画被激活以后，选中该选项则页面会连续显示在动画中。如果没有勾选，则播放动画时会自动跳过该页面。

Name（名称）：可以改变页面的名称，也可以使用默认的页面名称。

escription（说明）：可以为页面添加简单的描述。

Properties to save（保存的属性）：包含了很多属性选项，选中则记录相关属性的变化，不选则不记录。在不选的情况下，当前页面的这个属性会延续上一个页面的特征。例如，取消勾选Shadow Setting（阴影）选项，那么从前一个页面切换到当前页面时，阴影将停留在前一个页面的阴影状态下；同时，当前页面的阴影状态将被自动取消。如果需要恢复，就必须再次选中"阴影"选项，并重新设置阴影，还需要再次刷新。

重点 实战

为场景添加多个页面

场景文件	a.skp
实例文件	实战——为场景添加多个页面.skp
视频教学	多媒体教学>Chapter08>实战——为场景添加多个页面.flv
难易指数	★☆☆☆☆
技术掌握	"页面"管理器

扫码看视频

01 打开"场景文件>Chapter08>a.skp"文件，然后执行"窗口→页面管理"菜单命令，接着在弹出的"页面"管理器中，单击添加按钮⊕，完成"页面1"的添加，如图8-7所示。

图8-7

2 调整视图，重点表达入口的侧面效果，再次单击添加按钮⊕，完成“页面2”的添加，如图8-8所示。

图8-8

3 采用同样的方法，完成其他页面的添加，如图8-9~图8-14所示。

图8-9

图8-10

图8-11

图8-12

图8-13

图8-14

8.2 动画

SketchUp的动画主要通过页面来实现，在不同页面场景之间可以平滑地过渡雾化、阴影、背景和天空等效果。SketchUp的动画制作过程简单，成本低，被广泛用于概念性设计成果展示。

8.2.1 幻灯片演示

首先设定一系列不同视角的页面，并尽量使相邻页面之间的视角与视距不要相差太远，数量也不宜太多，只需选择能充分表达设计意图的代表性页面即可，然后执行“查看→动画→播放”菜单命令可以打开“动画”对话框，单击“播放”按钮▶播放即可播放页面的展示动画，单击"停止"按钮即可暂停动画的播放，如图8-15所示。

图8-15

技术专题 页面转换和延时的时间设定

执行"查看→动画→演示设置"菜单命令将打开"场景信息"对话框中的"动画"面板，在这里可以设置页面切换时间和定格时间，如图8-16和图8-17所示。为了动画播放流畅，一般将场景延时设置为"0秒"。

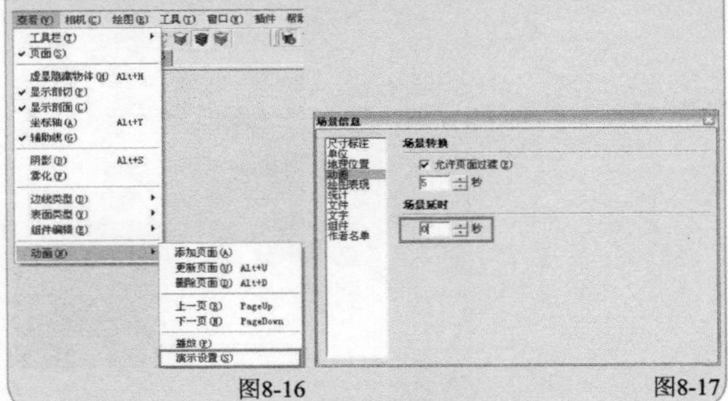

图8-16 图8-17

8.2.2 导出AVI格式的动画

对于简单的模型，采用幻灯片播放能保持平滑动态显示，但在处理复杂模型的时候，如果仍要保持画面流畅就需要导出动画文件了。这是因为采用幻灯片播放时，每秒显示的帧数取决于计算机的即时运算能力，而导出视频文件的话，SketchUp会使用额外的时间来渲染更多的帧，以保证画面的流畅播放。导出视频文件需要更多的时间。

想要导出动画文件，只需执行"文件→导出→动画"菜单命令，然后在弹出的"导出动画"对话框中设定导出格式为"AVI文件（*.avi格式）"，接着对导出选项进行设置即可，如图8-18和图8-19所示。

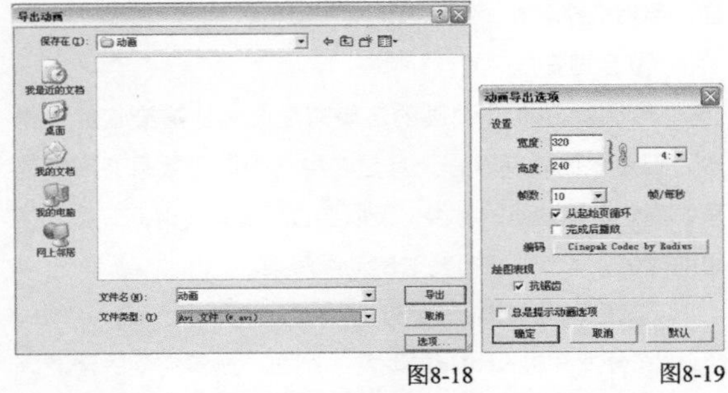

图8-18 图8-19

宽度/高度：这两项的数值用于控制每帧画面的尺寸，以像素为单位。一般情况下，帧画面尺寸设为400像素×300像素或者320像素×240像素即可。如果是640像素×480像素的视频文件，那就可以全屏播放了。对视频而言，人脑在一定时间内对于信息量的处理能力是有限的，其运动连贯性比静态图像的细节更重要。所以，可以从模型中分别提取高分辨率的图像和较小帧画面尺寸的视频，既可以展示细节，又可以动态展示空间关系。

技巧与提示 如果是用DVD播放，画面的宽度需要720像素。

"切换长宽比锁定/解锁"按钮：该按钮用于锁定或者解除锁定画面尺寸的长宽比。

技巧与提示 电视机、大多数计算机屏幕和1950年前电影的标准比例是4:3，宽银屏显示（包括数字电视、等离子电视等）的标准比例是16:9。

帧数：帧数是指每秒产生的帧画面数。帧数与渲染时间以及视频文件大小呈正比，帧数值越大，渲染所花费的时间以及输出后的视频文件就越大。帧数设置为8~10帧/每秒是画面连续的最低要求；12~15帧/每秒既可以控制文件的大小，也可以保证流畅播放；24~30帧/每秒的设置就相当于"全速"播放了。当然，还可以设置5帧/每秒来渲染一个粗糙的试动画来预览效果，这样能节约大量时间，并且发现一些潜在的问题，例如，高宽比不对、照相机穿墙等。

技巧与提示 一些程序或设备要求特定的帧数。例如，一些国家的电视要求帧数为29.97帧/每秒；欧洲的电视要求为25帧/每秒，电影需要24帧/每秒；我国的电视要求为25帧/每秒等。

从起始页循环：勾选该选项可以从最后一个页面倒退到第一个页面，创建无限循环的动画。

完成后播放：如果勾选该选项，那么一旦创建出视频文件，将立刻用默认的播放机来播放该文件。

编码：制定编码器或压缩插件，也可以调整动画质量设置。SketchUp默认的编码器为Cinepak Codec by Radius，可以在所有平台上顺利运行，用CD-ROM流畅回放，支持固定文件大小的压缩形式。

抗锯齿：勾选该选项后，SketchUp会对导出的图像作平滑处理。需要更多的导出时间，但是可以减少图像中的线条锯齿。

总是提示动画选项：在创建视频文件之前总是先显示这个选项对话框。

疑难问答 问：导出的动画一定要回到起点循环播放吗？怎样让它停到最后位置？

答：导出AVI文件时，在"动画导出选项"对话框中取消对"从起始页循环"选项的勾选即可，如图8-20所示。

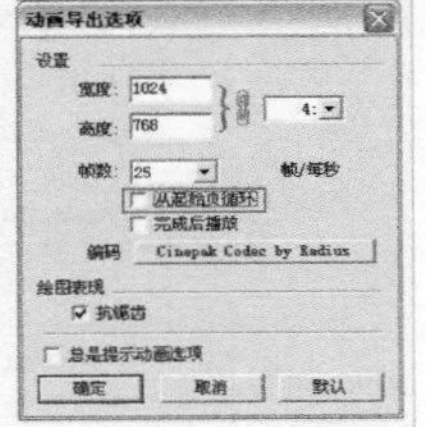

图8-20

疑难问答　问：SketchUp有时候无法导出AVI文件，是什么原因？

答：建议在建模的时候材质使用英文名，文件也保存为一个英文名或者拼音，保存路径最好不要设置在中文名称的文件夹内（包括“桌面”也不行），而是新建一个英文名称的文件夹，然后保存在某个盘的根目录下。

重点 实战

导出动画

场景文件	b.skp
实例文件	无
视频教学	多媒体教学>Chapter08>实战——导出动画.flv
难易指数	★★☆☆☆
技术掌握	导出动画

扫码看视频

在“添加页面”的实战练习中，我们已经设置好了多个页面，现在将页面导出为动画。

1 打开“场景文件>Chapter08>b.skp”文件，执行“文件→导出→动画”菜单命令，如图8-21所示。

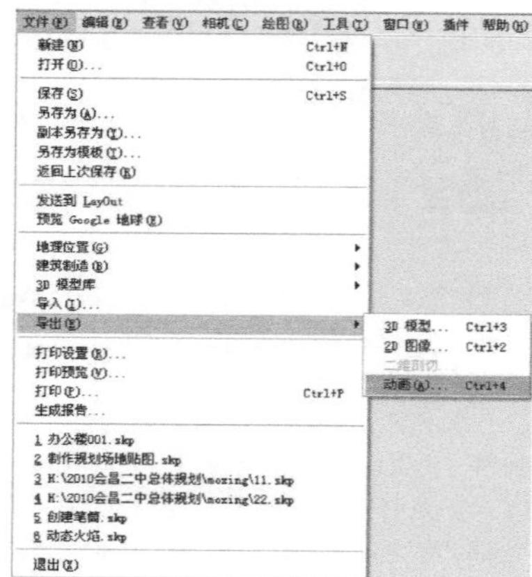

图8-21

2 在弹出的“导出动画”对话框中设置文件保存的位置和文件名称，然后选择正确的导出格式（AVI格式），接着单击“选项”按钮 选项... ，如图8-22所示。

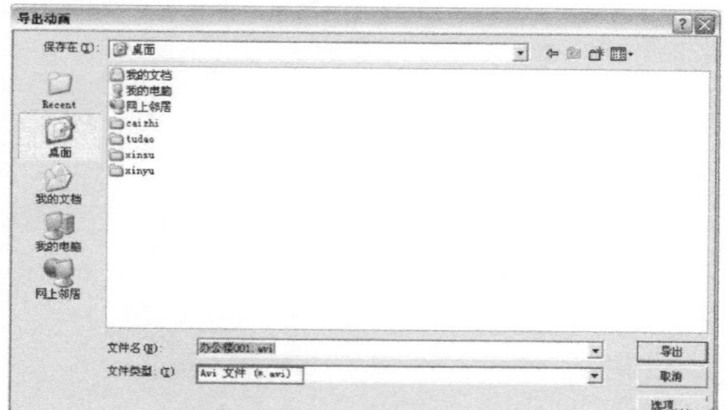

图8-22

3 在弹出的“动画导出选项”对话框中，设置动画大小为320×240，帧数为10，勾选“从起始页循环”选项，绘图表现选择“抗锯齿”，然后单击“确定”按钮 确定 ，如图8-23所示。

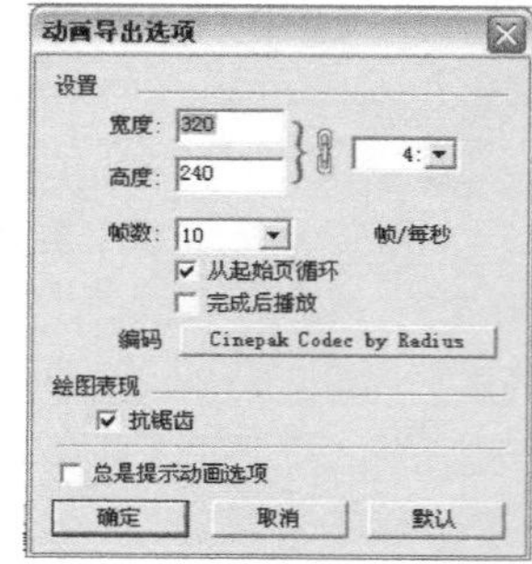

图8-23

4 动画文件被导出，导出进程表如图8-24所示。

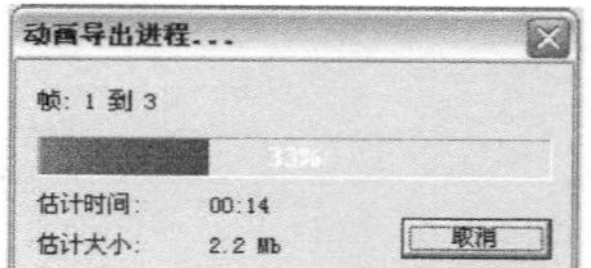

图8-24

技术专题　导出动画的注意事项

通过实践经验，我们总结出了导出动画时的以下注意事项。

① 尽量设置好页面

从创建页面到导出动画再到后期合成，需要花费相当多的时间。因此，我们应该尽量地利用SketchUp的实时渲染功能，事先将每个页面的细节和各项参数调整好再行渲染。

② 创建预览动画

在创建复杂场景的大型动画之前，最好先导出一个较小的预览动画以察看效果。把画面的尺寸设为200左右，同时降低帧率为每秒5~8帧。这样的画面虽然没有表现力，但渲染很快，又能显示出一些潜在的问题，如屏幕高宽比不佳、照相机穿墙等，以便做出相应调整。

③ 合理安排时间

虽然SketchUp动画的渲染速度比其他渲染软件快得多，但还是比较耗时，尤其是在导出带阴影效果、高帧速率、高分辨率动画的时候，所以要合理安排好时间，在人休息的时候让计算机进行耗时的动画渲染。

④ 发挥SketchUp的优势

充分发挥SketchUp的阴影、剖面、建筑空间的漫游等方面的优势，可以更加充分地表现建筑设计思想和空间的设计细节。

8.3 制作方案展示动画

除了前文所讲述的直接将多个页面导出为动画以外，我们还可以将SketchUp的动画功能与其他功能结合起来生成动画。例如，在第2章入门训练的时候，我们学会了结合“图层”功能生成火焰“燃烧”的动画效果。此外，还可以将“剖切”功能与“页面”功能结合生成“剖切生长”动画。由于涉及剖切操作，所以我们将在第9章进行详细讲解。另外，还可以结合SketchUp的“阴影设置”和“页面”功能生成阴影动画，为模型带来阴影变化的视觉效果，下面以某办公楼为例，讲解阴影动画的制作。

重点 实战

制作阴影动画

场景文件 c.skp
实例文件 实战——制作阴影动画.skp
视频教学 多媒体教学>Chapter08>实战——制作阴影动画.flv
难易指数 ★★★☆☆
技术掌握 “页面”管理器及“阴影设置”

扫码看视频

阴影动画是综合运用SketchUp的“阴影设置”和“页面”功能而生成的，可以带来建筑阴影随时间变化而变化的视觉效果动画，其制作过程如下。

01 打开“场景文件>Chapter08>c.skp”文件，然后执行“窗口→阴影”菜单命令打开“阴影设置”对话框，对“日期”进行设置，在此设定为8月1日，如图8-25所示。

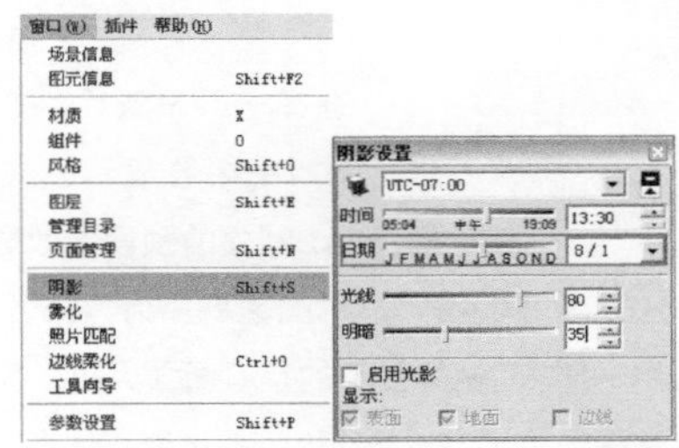

图8-25

02 在“阴影设置”对话框中，将时间滑块拖曳至最左侧，然后激活“显示/隐藏阴影”按钮，接着打开“页面”管理器创建一个新的页面，如图8-26和图8-27所示。

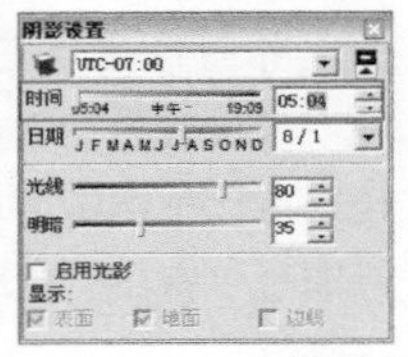

图8-26

图8-27

03 在“阴影设置”对话框中，将时间滑块拖曳至最右侧，然后添加一个新的页面，如图8-28和图8-29所示。

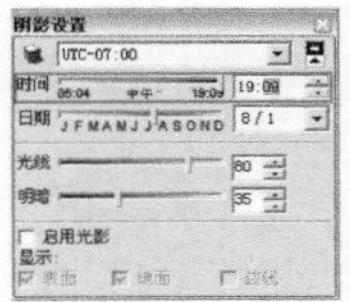

图8-28

图8-29

04 打开“场景信息”对话框，然后在“动画”面板中设置“允许页面过渡”为“5秒”、“场景延时”为“0秒”，如图8-30所示。

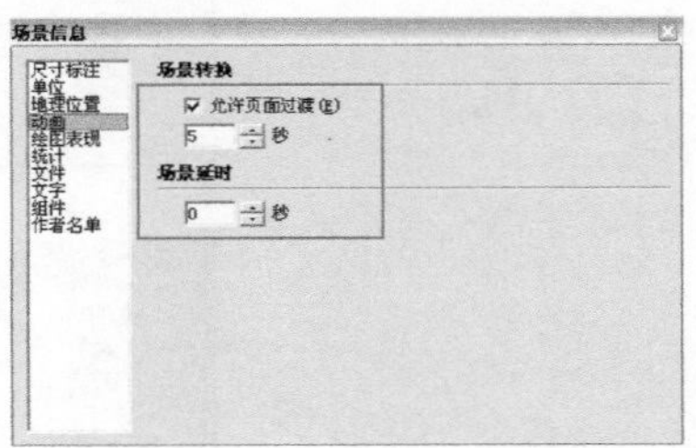

图8-30

05 完成以上设置后，执行“文件→导出→动画”菜单命令导出阴影动画，导出时注意设置好动画的保存路径和格式（AVI格式），如图8-31所示。

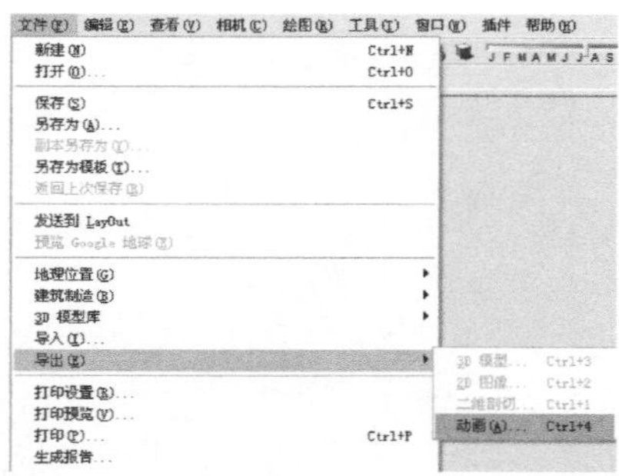
图8-31

读者可以打开学习资源查看该阴影动画的播放效果。完成导出后，可以再运用影音编辑软件（如Adobe Premiere Pro CS4等）对动画添加字幕和背景音乐等后期效果，这些将在下文进行简单介绍。

8.4 使用Premiere软件编辑动画

通过第三方视频编辑软件可以对输出的动画进行编辑，例如，合并动画、添加转场特效、音乐背景和文字标题等。Premiere软件是经常使用的视频编辑软件，能对视频、声音、图片、文本进行编辑加工，并最终生成电影。

8.4.1 打开Premiere

打开Premiere软件，会弹出一个“欢迎使用Adobe Premiere Pro”对话框，在该对话框中选择“新建项目”选项，然后在弹出的“新建项目”对话框中设置好文件的保存路径和名称，完成设置后单击“确定”按钮，如图8-32和图8-33所示。

图8-32

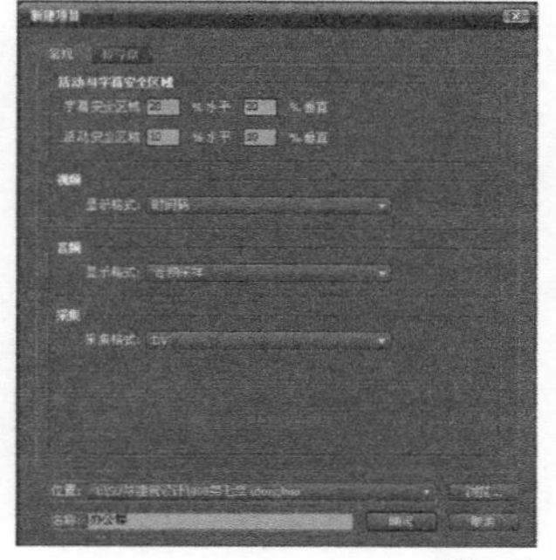
图8-33

8.4.2 设置预设方案

在“新建项目”对话框中单击“确定”按钮后，然后会弹出“新建序列”对话框，在该对话框中可以设置预设方案。每种预设方案中包括文件的压缩类型、视频尺寸、播放速度、音频模式等。为了使用方便，系统定义并优化了几种常用的预设，每种预设都是一套常用预设值的组合。当然，用户也可以自定义这样的预设，待以后使用。在制作过程中，还可以根据实际需要随时更改这些选项。

国内电视采用的播放制式是PAL制式，如果需要在电视中播放，应选择PAL制式的某种设置，在此选择“标准48kHz”，如图8-34所示。

图8-34

技巧与提示

选择一种设置后，在右侧的“预置描述”文本框内会显示相应的预设参数，例如，PAL制式的预设参数显示的是“画面大小”为720×576、“帧速率”为“25帧/秒”、16位立体声；NTSC制式显示的是“画面大小”为720×480、“帧速率”为“29.97帧/秒”、16位立体声，可以将设置好的参数保存起来。另外，如果是用DVD播放，就需要结合已经完成的动画文件，自定义一个设置。

选择一种设置后，单击“确定”按钮即可启动Premiere软件。Premiere软件的主界面包括“工程窗口”“监视器窗口”“时间轴”“过渡窗口”“效果窗口”等，如图8-35所示。用户可以根据需要调整窗口的位置或关闭窗口，也可以通过“窗口”菜单打开更多的窗口。

图8-35

8.4.3 将AVI文件导入Premiere

执行“文件→导入”菜单命令（快捷键为Ctrl+I）打开“导入”对话框，然后选择需要导入的AVI文件将其导入，如图8-36所示。

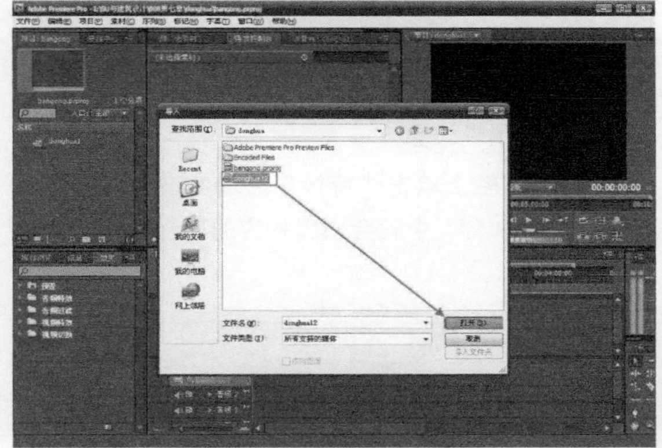

图8-36

导入文件后，在“工程”窗口中单击“清除”按钮可以将文件删除。双击“名称”标签下的空白处，可以导入新的文件。

导入工程窗口中的AVI素材可以直接拖曳至时间轴上，拖曳时光标显示为，也可以直接将视频素材拖入监视器窗口的源素材预演区。拖至时间轴上的时候，鼠标会显示为，这时不妨注意一下左下角状态栏中的提示“拖入轨道进行覆盖”，按住Ctrl键可启用插入，按住Alt键可替换素材。很多时候状态栏中的提示可以帮助您尽快熟悉操作界面。在拖曳素材之前，可以激活“吸附”按钮（快捷键为S键），将素材准确地吸附到前一个素材之后。

每个独立的视频素材及声音素材都可放在监视器窗口中进行播放。通过相应的控制按钮，可以随意倒带、前进、播放、停止、循环，或者播放选定的区域，如图8-37所示。

图8-37

为了在后面的编辑中便于控制素材，可以在动画播放过程中对一些关键帧作标记。方法是单击“设置标记”按钮，可以设置多个标记点。以后当需要定位到某个标记点时，可以在时间轴窗口中自由拖动“标记图标”位置，还可以用鼠标右键单击“标记图标”，然后在弹出的菜单中进行设置，如图8-38所示。

图8-38

对已经进入时间轴的素材，可以直接在时间轴中双击素材画面，该素材就会在效果窗口中的“素材源”标签下被打开。

8.4.4 在时间轴上衔接

在Premiere软件的众多的窗口中，居核心地位的是时间轴窗口，在这里可以将片段性的视频、静止的图像、声音等组合起来，并能创作各种特技效果，如图8-39所示。

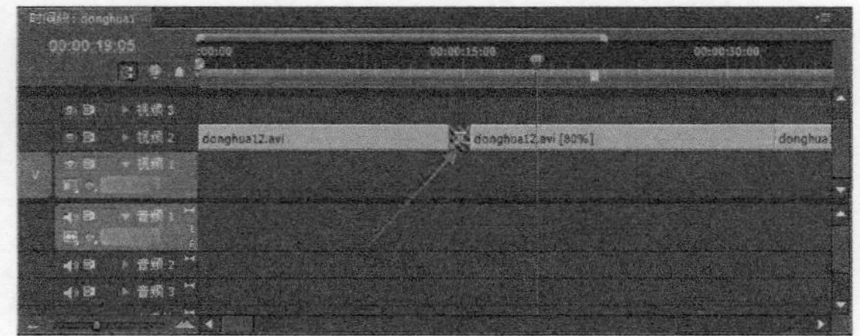

图8-39

时间轴包括多个通道，用来组合视频（或图像）和声音。默认的视频通道包括“视频1”“视频2”和“视频3”，音频通道包括“音频1”“音频2”和“音频3”。如需增减通道数，在通道上单击鼠标右键，然后在弹出的菜单中执行“添加或删除”轨道命令即可。

将“工程窗口”中的素材或者文件夹直接拖到时间轴的通道上后，系统会自动根据拖入的文件类型将文件装配到相应的视频或音频通道，其顺序为素材在工程窗口中的排列顺序。

改变素材在时间轴的位置，只要沿通道拖曳即可，还可以在时间轴的不同通道之间转移素材，需要注意的是，出现在上层的视频或图像可能会遮盖下层的视频或图像。

将两段素材首尾相连，就能实现画面的无缝拼接。若两段素材之间有空隙，则空隙会显示为黑屏。要在两段视频之间建立过渡连接，只需在“效果”选项面板中选择某种特技效果，拖入素材之间即可，如图8-40所示。

图8-40

如果需要删除时间轴上的某段素材，只需用鼠标右键单击该素材，然后弹出的菜单中选择“清除”命令。

在时间轴中可剪断一段素材。方法是在右下角工具栏中选择“剃刀”工具，然后在需要剪断的位置单击，此时素材即被切为两段。被分开的两段素材彼此不再相关，可以对它们分别进行清除、位移、特效处理等操作。时间轴的素材剪断后，不会影响到项目窗口中原有的素材文件。

在时间轴标尺上还有一个可以移动的“时间滑块”，时间滑块下方一条竖线横贯整个时间轴。位于时间滑块上的素材会在“监视器窗口”中显示，可以通过拖曳时间滑块来查寻及预览素材。

当时间轴上的素材过多时，可以将“素材显示大小”滑块向左移动，使素材缩小显示。

时间轴标尺的上方有一栏黄色的滑动条，这是电影工作区，可以拖曳两端的滑块来改变其长度和位置。在进行合成的时候，只有工作区内的素材才会被合成，如图8-41所示。

图8-41

8.4.5 制作过渡特效

一段视频结束，另一段视频紧接着开始，这就是所谓的电影镜头切换。为了使切换衔接的更加自然或有趣，可以使用各种过渡特效。

1.效果面板

在界面的左下角，会有“效果”选项面板，在“效果”选项面板中，可以看到详细分类的文件夹。单击任意一个扩展标志，则会显示一组不同的过渡效果，如图8-42所示。

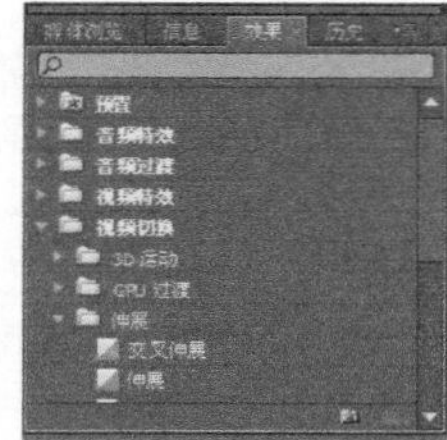

图8-42

2.在时间轴上添加过渡

选择一种过渡效果并将其拖放到时间轴的“特技”通道中，Premiere软件会自动确定过渡长度以匹配过渡部分，如图8-43所示。

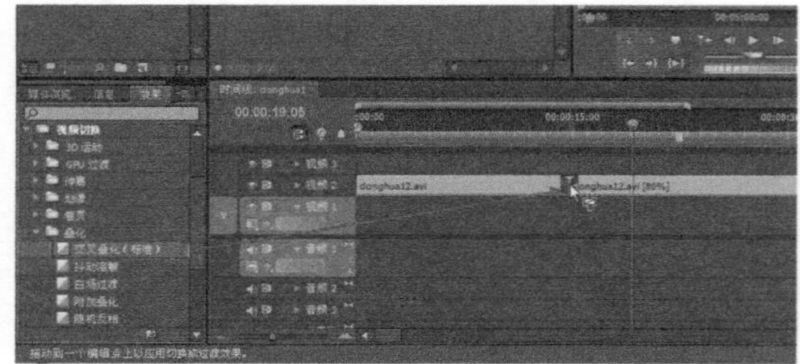

图8-43

3.过渡特技属性设置

在时间轴上双击“特效”通道的过渡显示区，在“特效控制台”中就会出现相应的属性编辑面板，如图8-44所示。

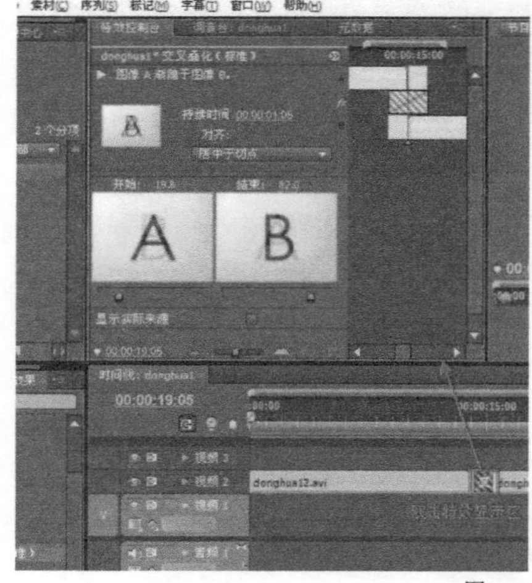

图8-44

有的时候过渡通道区较短，不容易找到，可以单击“放大”按钮（快捷键为=键）以放大素材及特效通道的显示。

在特效控制台中可以通过拖曳特效通道的位置来控制特效插入的时间长短，还可以拖拉尾部进行特效的裁剪。

8.4.6 动态滤镜

使用过Photoshop软件的人不会对滤镜感到陌生，通过各种滤镜可以为原始图片添加各种特效。在Premiere软件中同样也能使用各种视频和声音滤镜，其中视频滤镜能产生动态的扭曲、模糊、风吹、幻影等特效，以增强影片的吸引力。

在左下角的“效果”选项面板中，单击“视频特效”文件夹，可看到更为详细分类的视频特效文件夹，如图8-45所示。

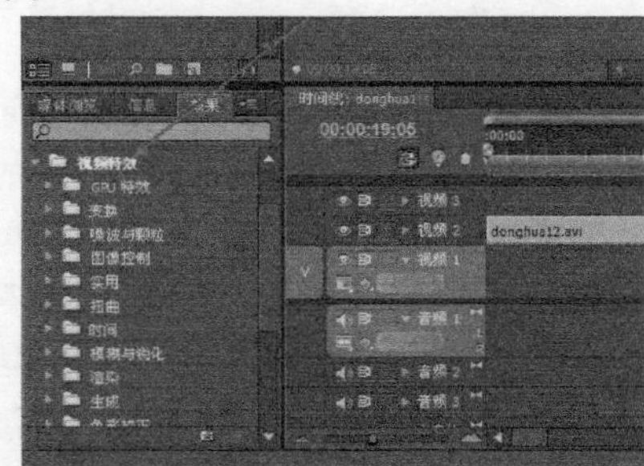

图8-45

在此以制作“镜头光晕”特效为例，在“视频特效”文件夹中打开“生成”子文件夹，然后找到“镜头光晕”文件，并将其拖放到时间轴的素材上，此时在“特效控制台”中将出现“镜头光晕”特效的参数设置栏，如图8-46所示。

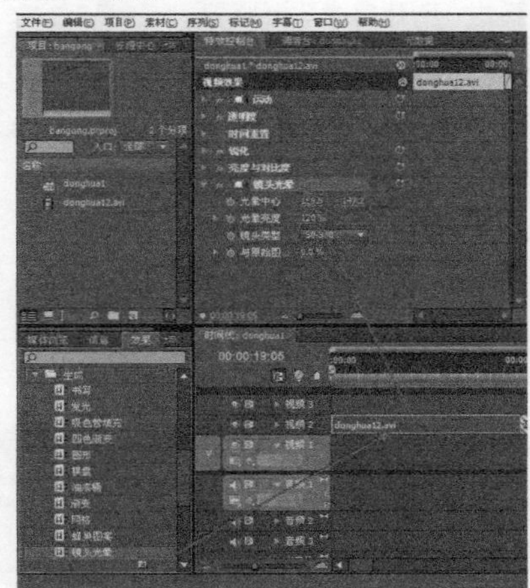

图8-46

在“镜头光晕”标签下，用户可以设定点光源的位置、光线强度，可以通过拖曳滑块（单击左侧按钮▶即可看到）或者直接输入数值来调节相关参数，如图8-47所示。

通过了解光晕的特效处理，读者不妨尝试一下其他的视频特效效果。多种特效可以重复叠加，可以在特效名称上进行拖曳改变上下顺序，也可以单击鼠标右键，然后在弹出的菜单中进行某些特效的清除等操作，如图8-48所示。

图8-47

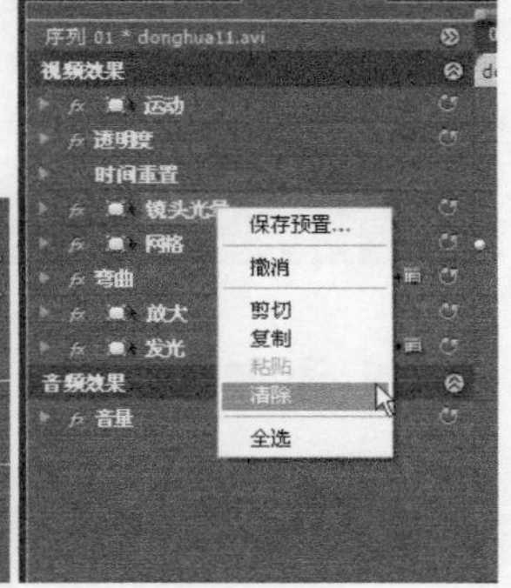

图8-48

8.4.7 编辑声音

声音是动画不可缺少的部分。尽管Premiere并不是专门用于处理音频素材的软件，但还是可以制作出淡入、淡出等音频效果，也可以通过软件本身提供的大量的滤镜制作一些声音特效。下面就为大家简单讲解声音特效的制作方法。

1 调入一段音频素材，并将其拖到时间轴的“音频1”通道上，如图8-49所示。

图8-49

2 使用“剃刀”工具（快捷键为C键）将多余的音频部分删除，如图8-50所示。

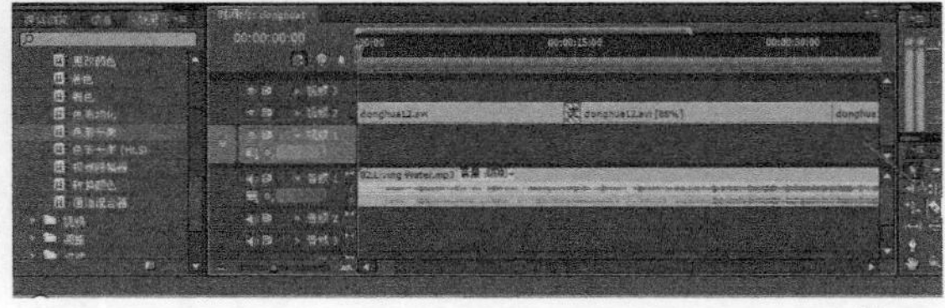

图8-50

3 添加音频滤镜，方法与添加视频滤镜相似。音频通道的使用方法与视频通道大体上相似，如图8-51所示。

图8-51

8.4.8 添加字幕

1 执行“文件→新建→字幕”菜单命令打开文字编辑器，如图8-52所示。

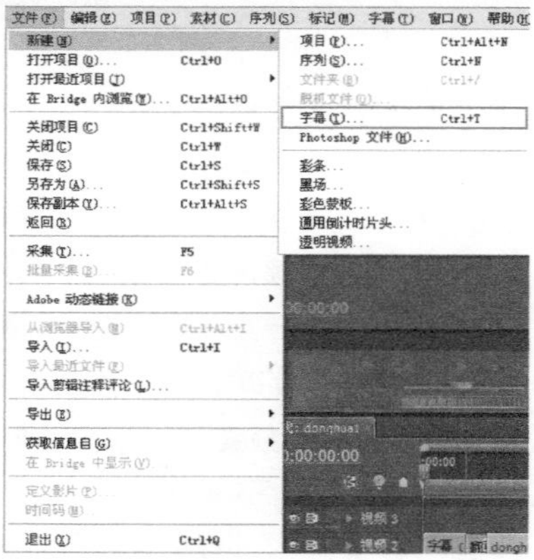

图8-52

2 在“字幕”工具栏中激活“文字”工具，然后在编辑区拖曳出一个矩形文本框，在文本框内输入需要显示的文字内容，然后在“字幕工具”“字幕动作”“字幕属性”“字幕样式”等面板中为输入的文字设置字体样式、字体大小、对齐方式、颜色渐变、字幕样式等效果，如图8-53所示。

图8-53

3 执行“文件→保存”菜单命令，将字幕文件保存后关闭“文字”编辑器。那么这时在“工程窗口”中就可以找到这个字幕文件，将它拖到时间轴上即可，如图8-54所示。

图8-54

4 动态字幕与静态字幕的相互转换在新建了上述静态字幕之后，可以在时间轴窗口中的字母通道上进行双击，然后在弹出的“字幕”编辑窗口中，单击“滚动/游动选项（R）”按钮，接着在弹出的“滚动/游动选项”对话框中修改字幕类型，如改为右移动字幕，如图8-55所示。这样，原本静态的字幕就变成了动态字幕，其通道的添加和管理与静态字幕一样，在此不再赘述。

图8-55

另外，制作字幕还可以使用Premiere软件自带的模板。执行“字幕→新建字幕→基于模板”菜单命令，将弹出“新建字幕”浏览器，在该浏览器中包含许多不同风格的字幕样式，选择其中一个模板打开，然后在“新建字幕”编辑器里对模板进行构图及文字的修改等操作，如图8-56和图8-57所示。

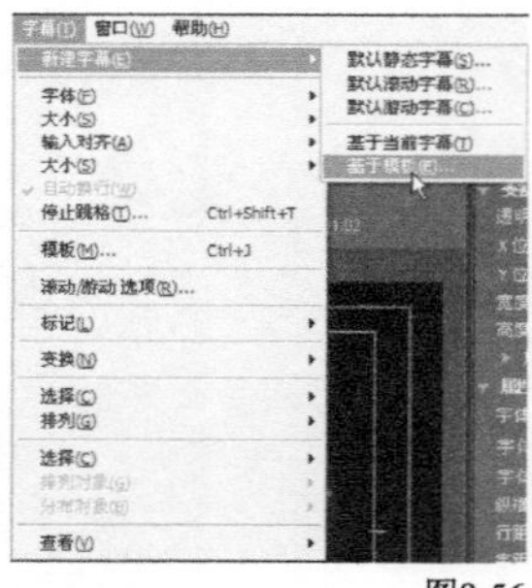

图8-56

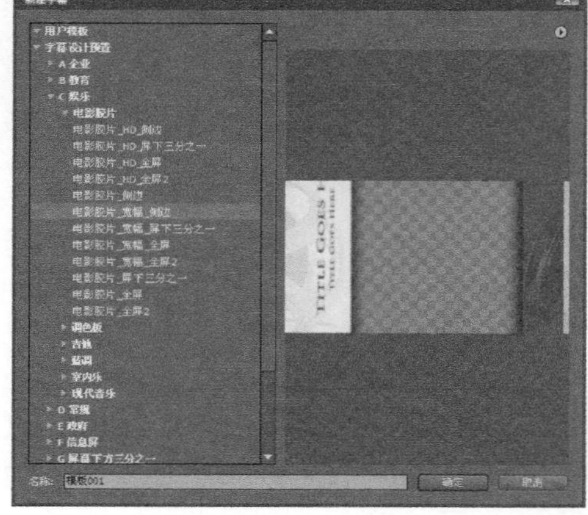

图8-57

技巧与提示

如果想让文字覆盖在动画图面之上，那么字幕文件所在通道要在其他素材所在通道之上，这样就能同时播放字幕和其他素材影片。另外，字幕持续显示的时间可以通过对字幕显示通道进行拖拉裁剪，如图8-58所示。如果是动态字幕的话，播放持续时间越长，运动速度相对越慢。

图8-58

8.4.9 保存与导出

1.保存PPJ文件

在Premiere软件中执行“文件→保存”菜单命令或者“文件→另存为”菜单命令都可以将文件进行保存，默认的保存格式为.prproj格式。保存的文件保留了当前影片编辑状态的全部信息，在以后需要调用时，只需直接打开该文件就可以继续进行编辑。

2.导出AVI文件

执行“文件→导出→媒体”菜单命令，打开“导出设置”对话框，然后在该对话框中为影片命名并设置好保存路径后，Premiere软件就会开始合成AVI电影了，如图8-59和图8-60所示。

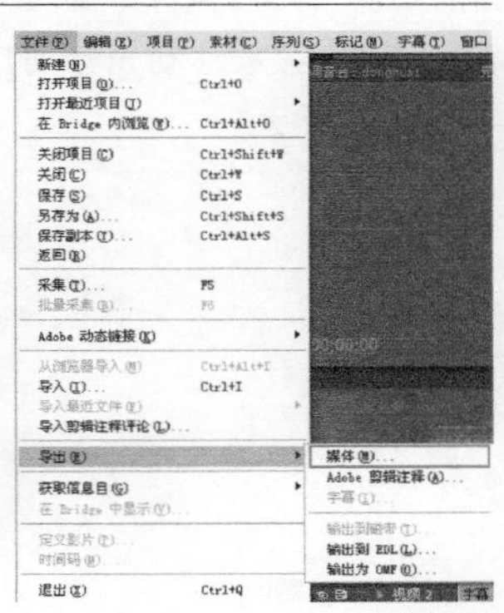

图8-59

图8-60

8.5 批量导出页面图像

当页面设置过多的时候，就需要批量导出图像，这样可以避免在页面之间进行烦琐的切换，并能节省大量的出图等待时间。

重点 实战

批量导出页面图像

场景文件	d.skp
实例文件	无
视频教学	多媒体教学>Chapter08>实战——批量导出页面图像.flv
难易指数	★★★☆☆
技术掌握	“页面”管理器及场景信息中的动画设置

扫码看视频

01 打开“场景文件>Chapter08>d.skp”文件，设定好多个页面，如图8-61所示。

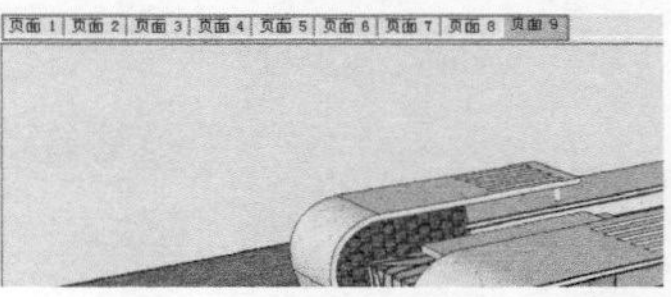

图8-61

02 执行“窗口→场景信息”菜单命令，然后在弹出的“场景信息”对话框中打开“动画”面板，接着设置“场景转换”为“1秒”、“场景延时”为“0秒”，并按Enter确定，如图8-62所示。

03 执行“文件→导出→动画”菜单命令，然后在弹出的“导出动画”对话框中设置好动画的保存路径和类型，接着单击“选项”按钮，如图8-63所示。

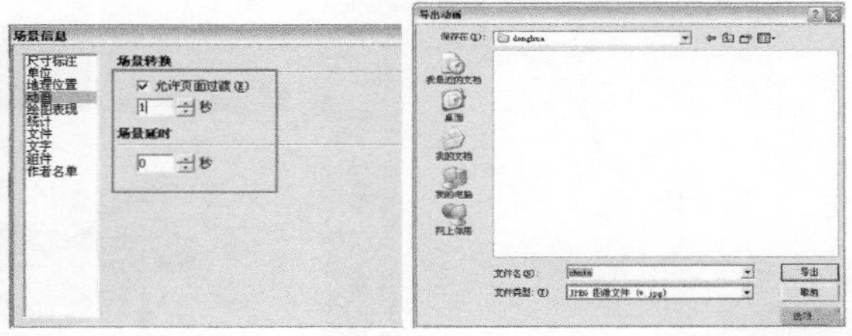

图8-62 图8-63

04 在弹出的“导出选项”对话框中设置相关导出参数，导出时不要勾选“从起始页循环”选项，否则会将第一张图导出两次，如图8-64所示。

05 完成设置后单击“导出”按钮开始导出动画，需要等待一段时间，如图8-65所示。

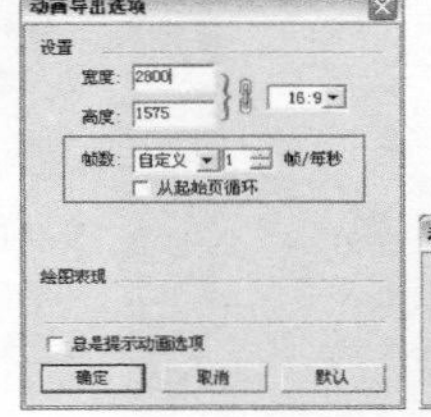

图8-64 图8-65

06 在SketchUp中批量导出的图片如图8-66所示。

图8-66

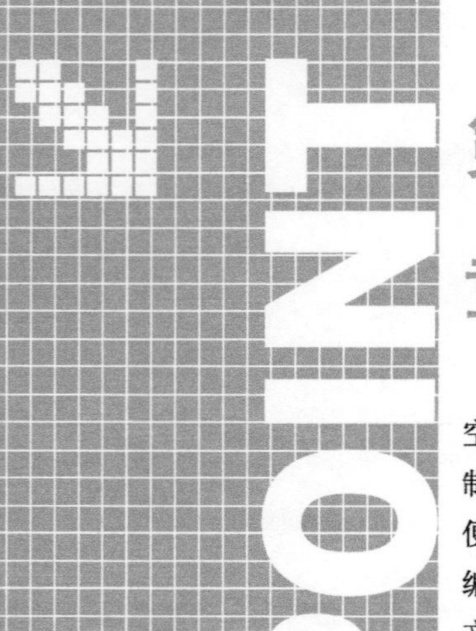

第9章 剖切平面

"剖切平面"是SketchUp中的特殊命令，用来控制剖面效果。物体在空间的位置及与群组和组件的关系，决定了剖切效果的本质。用户可以控制剖面线的颜色，或者将剖面线创建为组。使用"剖切平面"命令可以方便地对物体的内部模型进行观察和编辑，展示模型内部的空间关系，减少编辑模型时所需的隐藏操作。另外，剖面图还可以导出DWG和DXF格式的文件到AutoCAD中作为施工图的模板文件，或者利用多个页面的设置导出为建筑的生长动画等，这些内容将在本章进行详细讲述。

学习重点

掌握创建剖面的方法
掌握编辑剖面的方法
了解导出剖面的方法
了解制作"剖切生长动画"的制作原理

9.1 创建剖面

创建剖面的具体操作步骤如下。

1 选择需要增加剖面的实体，然后执行"工具→剖切平面"菜单命令，此时光标处会出现一个剖切面，接着移动光标到几何体上，剖切面会对齐到所在表面上，如图9-1和图9-2所示。

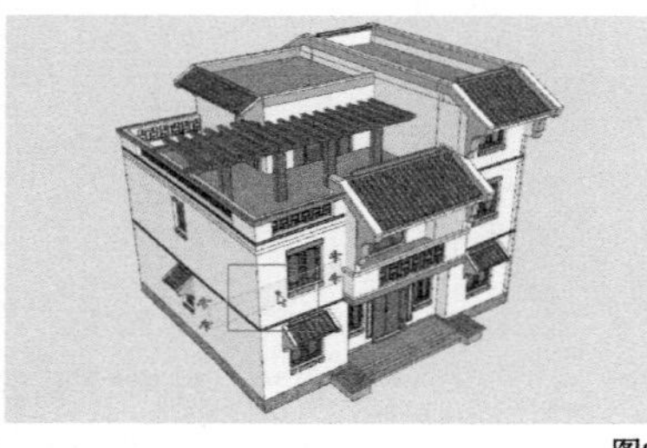

图9-1

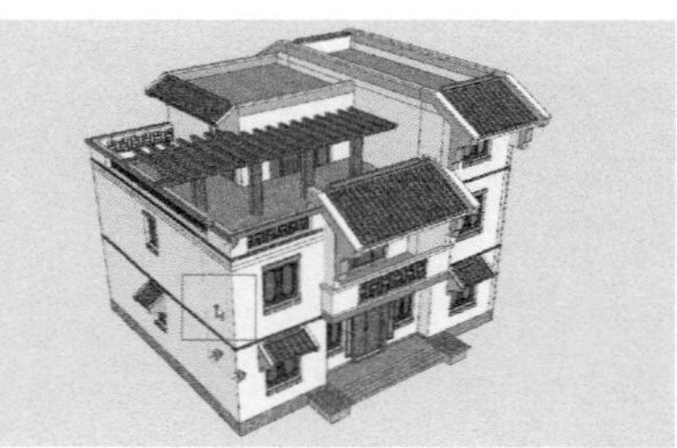

图9-2

技巧与提示

按住Shift键可以锁定剖面的平面定位。

2 移动剖面至适当位置，然后单击鼠标左键放置剖面，如图9-3和图9-4所示。

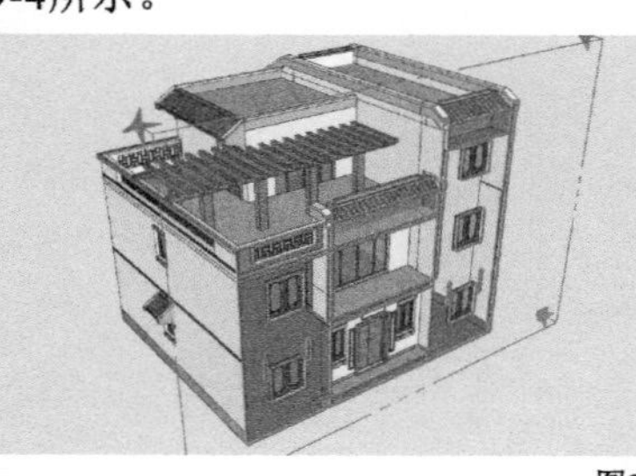

图9-3

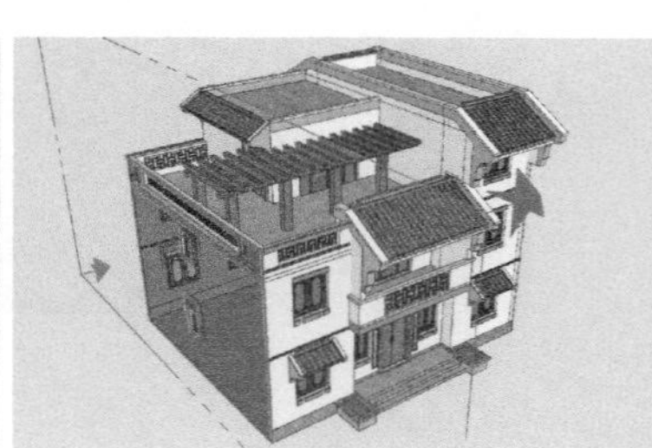

图9-4

疑难问答 问：剖面线的粗细能否调整？

答：可以，在"风格"编辑器中可以对剖面线的粗细和颜色进行调整，如图9-5所示。

SketchUp

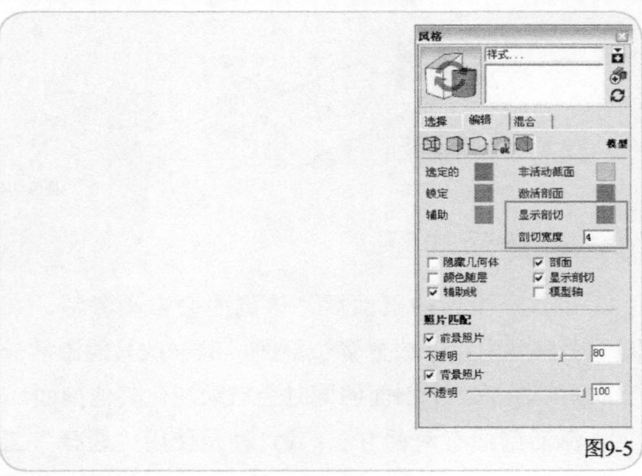

图9-5

9.2 编辑剖面

9.2.1 剖面工具栏

“剖面”工具栏中的工具可以控制全局剖面的显示和隐藏。

执行“查看→工具栏→剖面”菜单命令即可打开“剖面”工具栏，该工具栏共有3个工具，分别为“添加剖面”工具、“显示/隐藏剖切”工具和“显示/隐藏剖面”工具，如图9-6所示。

图9-6

“添加剖面”工具：该工具用于创建剖面。

“显示/隐藏剖切”工具：该工具用于在剖面视图和完整模型视图之间切换，如图9-7和图9-8所示。

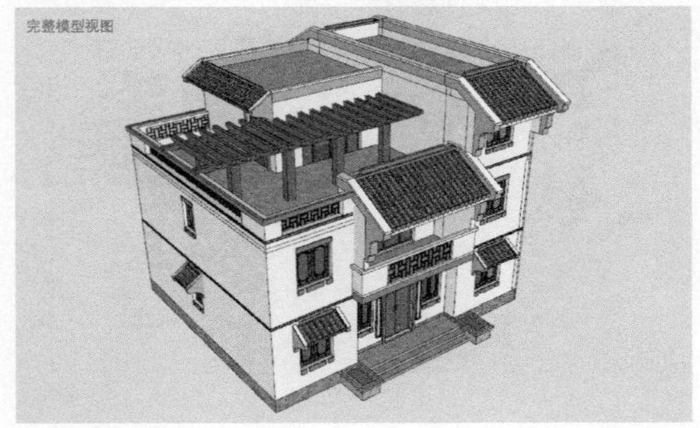

图9-7

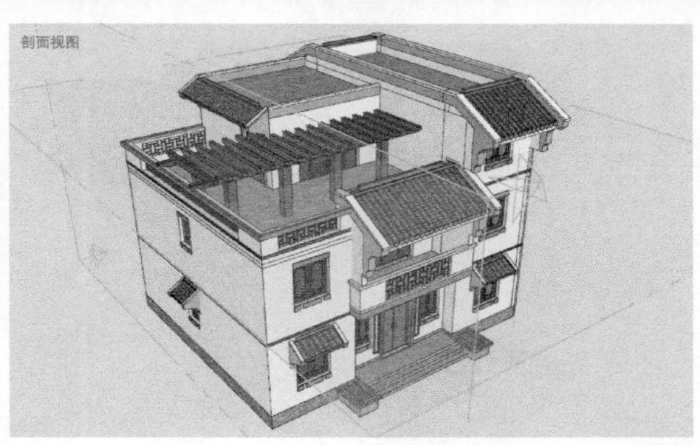

图9-8

“显示/隐藏剖面”工具：该工具用于快速显示和隐藏所有剖切的面，如图9-9和图9-10所示。

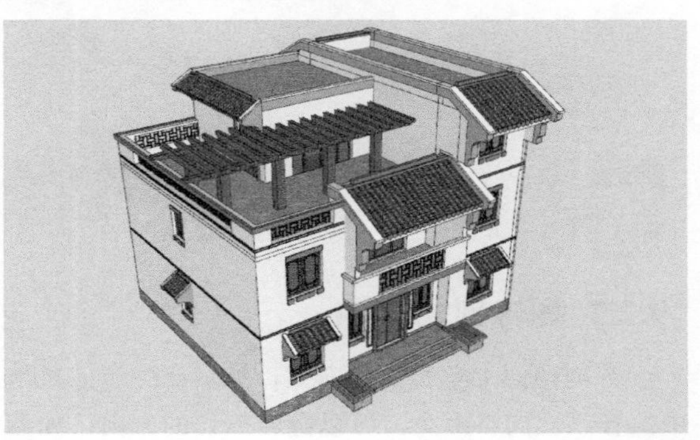

图9-9

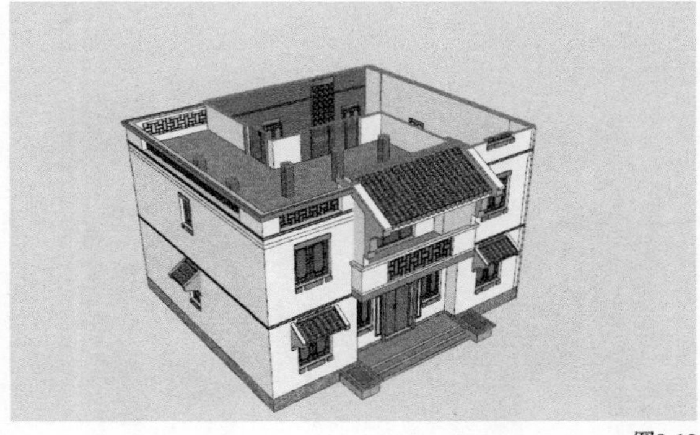

图9-10

9.2.2 移动和旋转剖面

和其他实体一样，使用“移动/复制”工具和“旋转”工具可以对剖面进行移动和选择，如图9-11和图9-12所示。

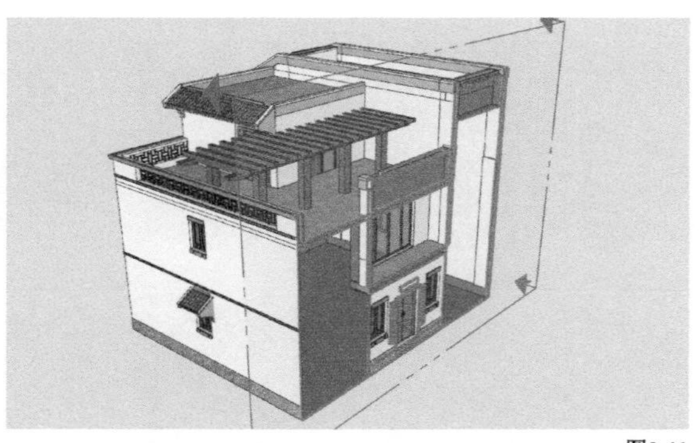

图9-11

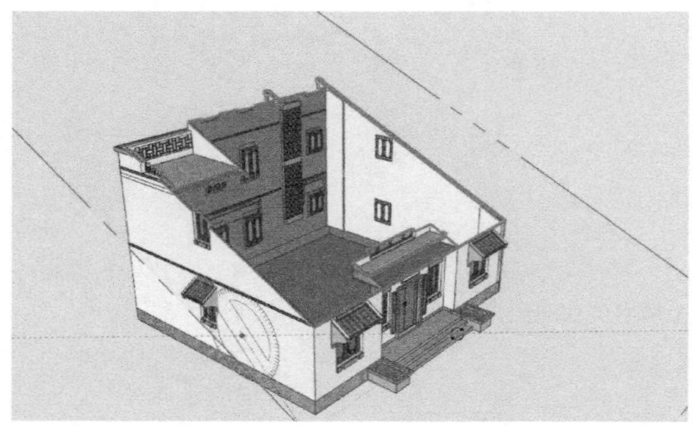

图9-12

在移动剖面时，剖切面只沿着垂直于自己表面的方向移动。

9.2.3 翻转剖切方向

在剖切面上单击鼠标右键，然后在弹出的菜单中执行“反向”命令，可以翻转剖切的方向，如图9-13和图9-14所示。

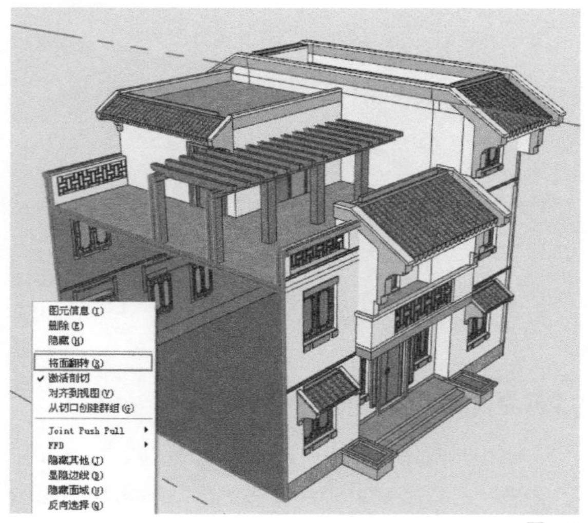

图9-13

图9-14

9.2.4 激活剖面

放置一个新的剖面后，该剖面会自动激活。在同一个模型中可以放置多个剖面，但一次只能激活一个剖面，激活一个剖面的同时会自动淡化其他剖面。

激活剖面有两种方法：第1种是使用“选择”工具在剖面上双击鼠标左键；第2种是在剖面上单击鼠标右键，然后在弹出的菜单中执行“激活剖切”命令，如图9-15和图9-16所示。

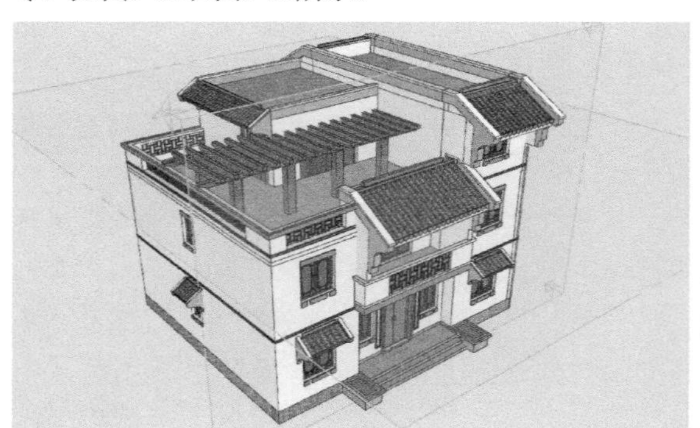

图9-15

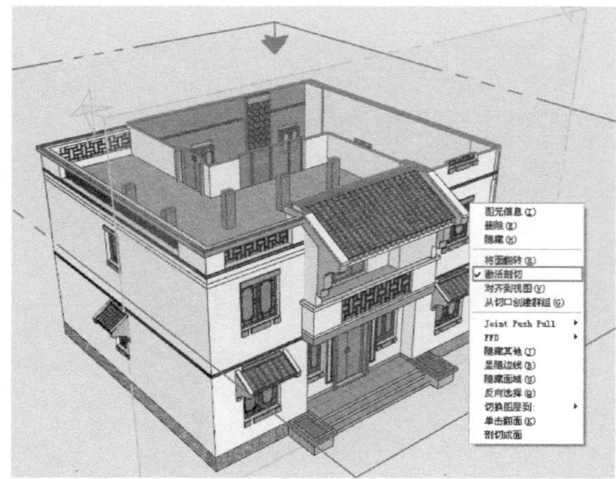

图9-16

虽然一次只能激活一个剖面，但是群组和组件相当于“模型中的模型”，在它们内部还可以有各自的激活剖面。例如，一个组里还嵌套了两个带剖切面的组，并且分别具有不同的剖切方向，再加上这个组的一个剖面，那么在这个模型中就能对该组同时进行3个方向的剖切。也就是说，剖切面能作用于它所在的模型等级（包括整个模型、组合嵌套组等）中的所有几何体。

9.2.5 将剖面对齐到视图

要得到一个传统的剖面视图，可以在剖面上单击鼠标右键，然后在弹出的菜单中执行“对齐到视图”命令，此时剖面对齐到屏幕，显示为一点透视剖面或正视平面剖面，如图9-17和图9-18所示。

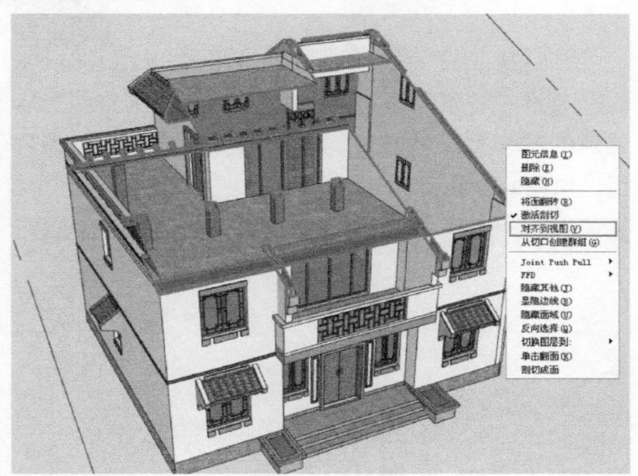

图9-17

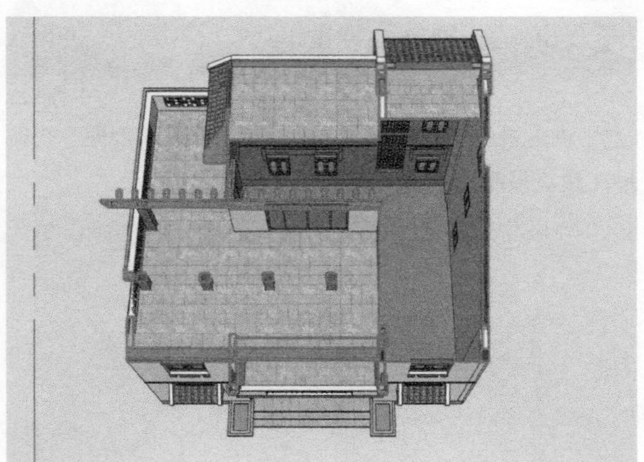

图9-18

9.2.6 创建剖切口群组

在剖面上单击鼠标右键，然后在弹出的菜单中执行“从切口创建群组”命令，在剖面与模型表面相交的位置会产生新的边线，并封装在一个组中，如图9-19和图9-20所示。

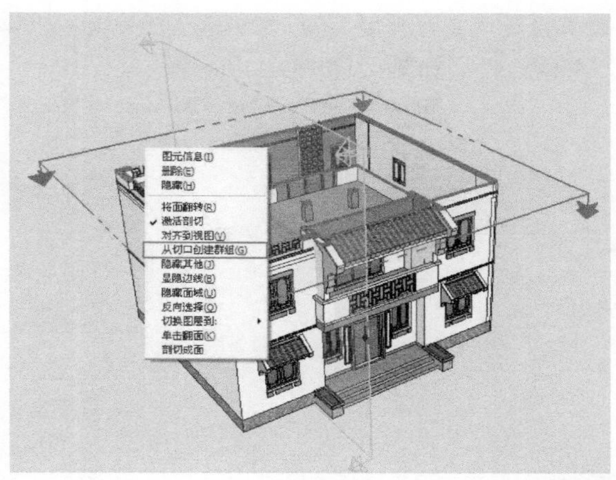

图9-19

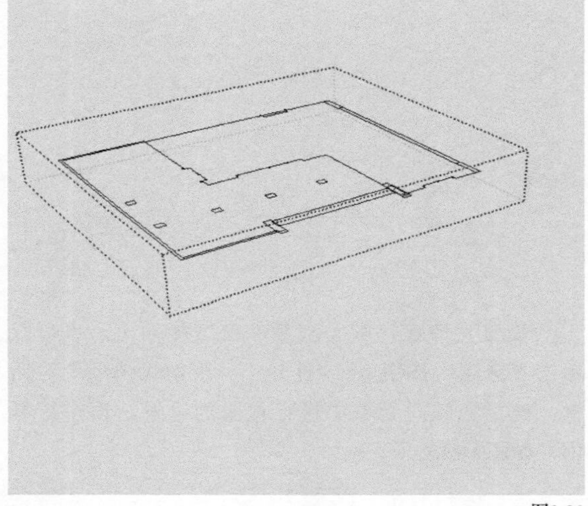

图9-20

从剖切口创建的组可以被移动，也可以被炸开。

9.3 导出剖面

SketchUp的剖面可以导出为以下两种类型。

第1种：将剖切视图导出为光栅图像文件。只要模型视图中有激活的剖切面，任何光栅图像导出都会包括剖切效果。

第2种：将剖面导出为DWG和DXF格式的文件，这两种格式的文件可以直接应用于AutoCAD中。

重点 实战

将剖面导出为DXF格式文件

场景文件	a.skp
实例文件	无
视频教学	多媒体教学>Chapter09>实战——将剖面导出为DXF格式文件.flv
难易指数	★☆☆☆☆
技术掌握	“剖面”工具及导出文件

扫码看视频

01 打开“场景文件> Chapter09>a.skp”文件，然后执行“文件→导出→二维剖切”菜单命令，接着设置“文件类型”为“AutoCAD DWG文件（*.dwg）”，如图9-21和图9-22所示。

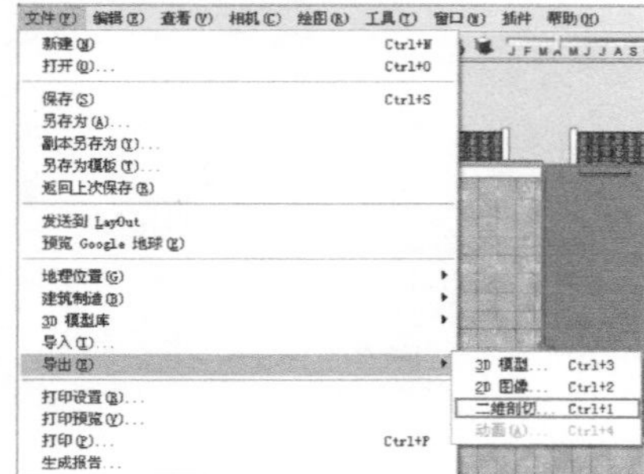

图9-21

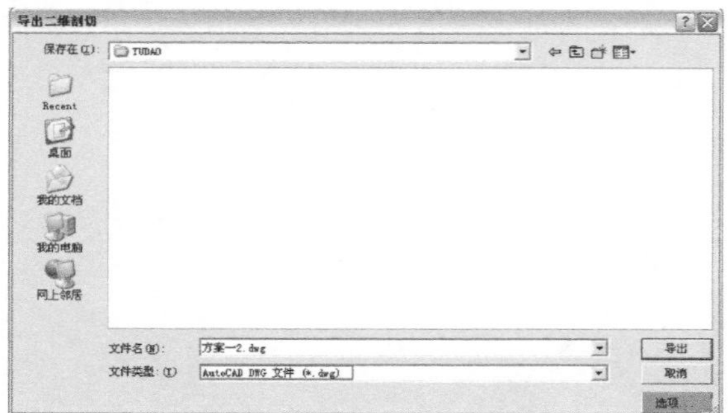

图9-22

2 设置文件保存的类型后即可直接导出，也可以单击“选项”按钮 选项 打开“二维剖切选项”对话框，然后在该对话框中进行相应的设置，再进行导出，如图9-23所示。

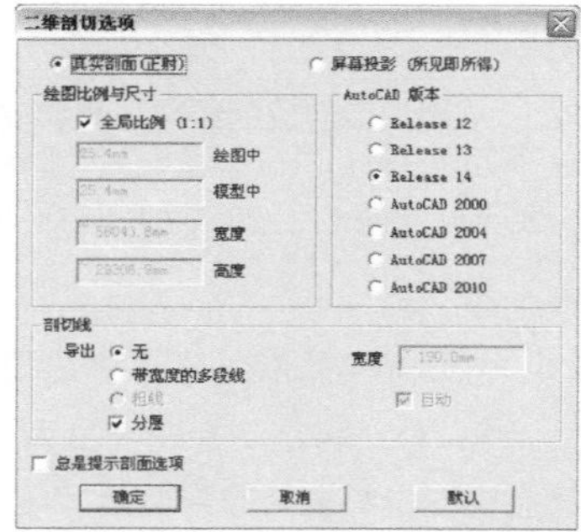

图9-23

3 将导出的文件在AutoCAD中打开，如图9-24所示。

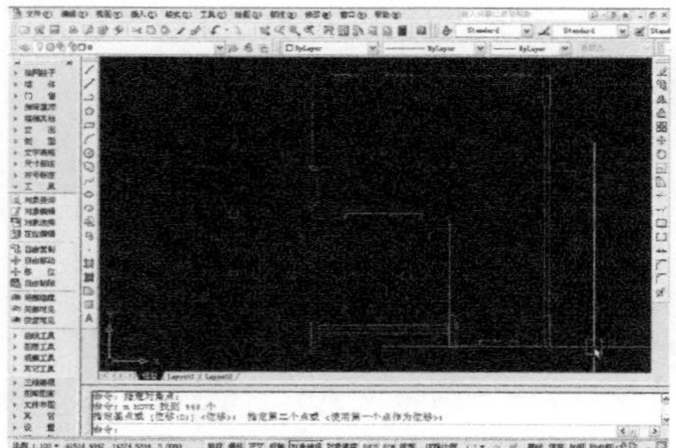

图9-24

9.4 制作剖面动画

结合SketchUp的剖面功能和页面功能可以生成剖面动画。例如，在建筑设计方案中，可以制作剖面生长动画，带来建筑层生长的视觉效果。在此以某办公楼为例，讲解剖面生长动画的制作步骤，希望读者能掌握其中的制作原理，并可以打开学习资源查看该生长动画的播放效果。

重点 实战

制作剖切动画（生长动画）

场景文件	b.skp
实例文件	无
视频教学	多媒体教学>Chapter09>实战——制作剖切动画（生长动画）.flv
难易指数	★★★★☆
技术掌握	“剖面”工具及“页面”管理器

扫码看视频

1 打开“场景文件> Chapter09>b.skp”文件，完成建筑的制作后，将需要制作动画的建筑体创建为群组，如图9-25所示。

图9-25

2 双击进入群组内部编辑，然后用“添加剖面”工具在建筑最底层创建一个剖面，如图9-26所示。

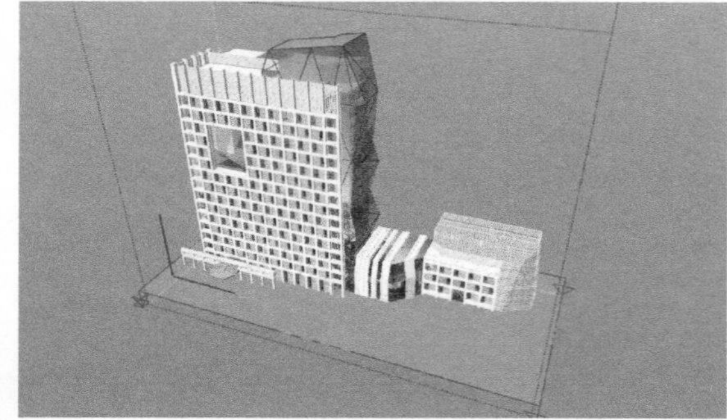

图9-26

3 将剖切面向上移动复制3份，复制时注意最上面的剖切面要高于建筑模型，而且要保持剖切面之间的间距相等（这是因为页面过渡时间相等，所以如果剖面之间距离不一致，就会带来“生长”的速度有快有慢不一致的效果），如图9-27所示。

图9-27

4 选中建筑最底层的剖面，然后单击鼠标右键，在弹出的菜单中执行“激活剖切”命令，如图9-28所示。

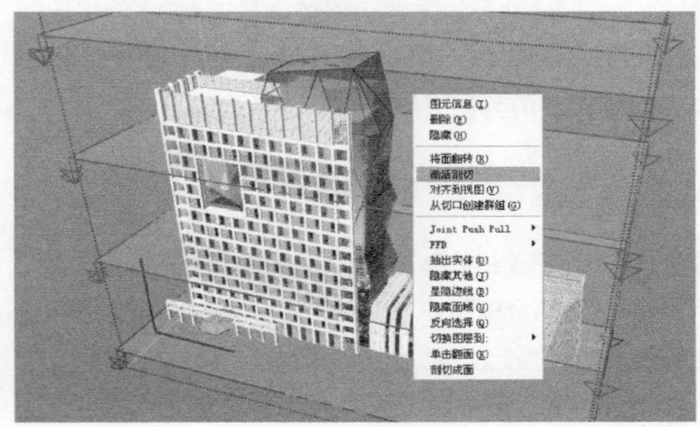
图9-28

5 将所有剖切面隐藏，按Esc键退出群组编辑状态，然后打开“页面”管理器创建一个新的页面（页面1），如图9-29所示。

图9-29

6 创建完页面1以后，显示所有隐藏的剖切面（快捷键为Shift+A），然后选择第2个剖切面进行激活，并将其余剖切面再次隐藏，接着在“页面”管理器中添加一个新的页面（页面2），如图9-30所示。

图9-30

7 采用相同的方法添加其余两个剖切面的页面（页面3和页面4），如图9-31和图9-32所示。

图9-31

图9-32

8 执行“窗口→场景信息”菜单命令打开“场景信息”对话框，然后在“动画”面板中设置“允许页面过渡”为“5秒”、“场景延时”为“0秒”，如图9-33所示。

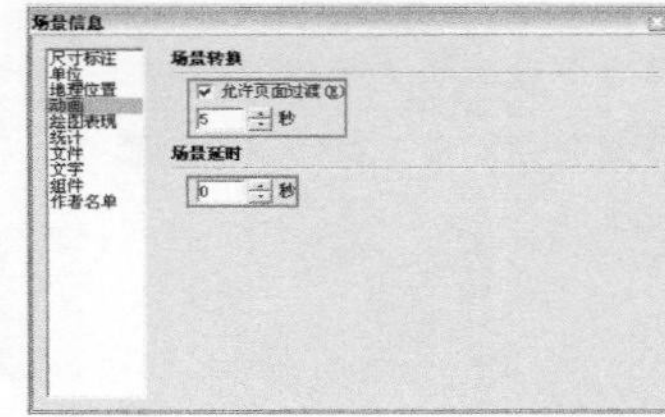
图9-33

9 完成以上设置后，执行“文件→导出→动画”菜单命令导出生长动画，如图9-34所示。读者可以打开本书配套学习资源查看生长动画的播放效果。

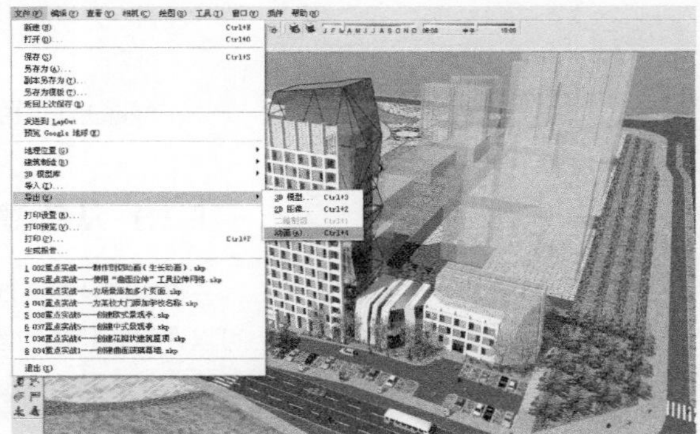
图9-34

完成导出后，可以再运用影音编辑软件（如Adobe Premiere Pro CS4等）对动画添加字幕和背景音乐等后期效果，在第8章中进行了简单介绍。

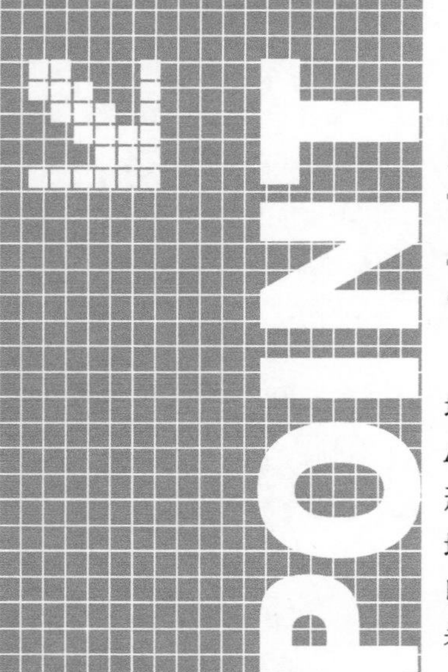

第10章 沙盒工具

不管是城市规划、园林景观设计还是游戏动画的场景，创建出一个好的地形环境能为设计增色不少。在SketchUp中创建地形的方法有很多，包括结合AutoCAD、AracGIS等软件进行高程点数据的共享并使用沙盒工具进行三维地形的创建、直接在SketchUp中使用“线”工具和“推/拉”工具进行大致的地形推拉等，其中利用沙盒工具创建地形的方法应用较为普遍。除了创建地形以外，沙盒工具还可以创建许多其他物体，如膜状结构物体的创建等，希望读者能开拓思维，发掘并拓展沙盒工具的其他应用功能。

学习重点

- 掌握几种创建地形的常用方法
- 掌握创建坡地建筑基底面的方法
- 掌握创建山地道路的方法
- 了解使用沙盒工具创建张拉膜的方法

10.1 沙盒工具栏

从SketchUp 5.0以后，创建地形使用的都是“沙盒”功能。确切地说，“沙盒”是一个插件，它是用Ruby语言结合SketchUp RubyAPI编写的，并对其源文件进行了加密处理。SketchUp 8.0将“沙盒”功能自动加载到了软件中。

执行“查看→工具栏→沙盒”菜单命令将打开“沙盒”工具栏，该工具栏中包含了7个工具，分别是“从等高线”工具、“从网格”工具、“曲面拉伸”工具、“水印”工具、“投影”工具、“添加细节”工具和“翻转边线”工具，如图10-1所示。

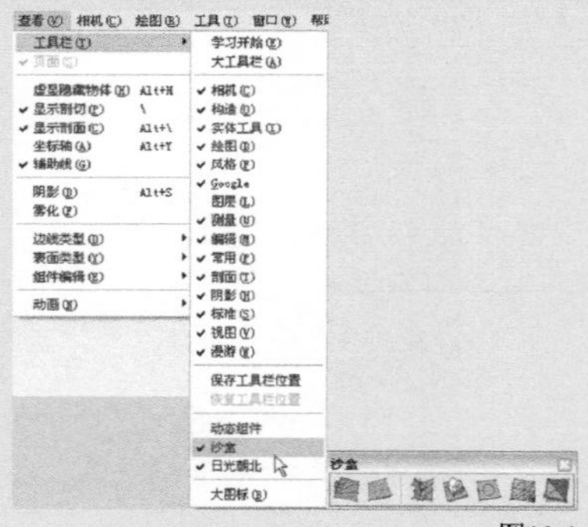

图10-1

SketchUp中的沙盒工具常用于创建地形，下面将具体详述。

10.1.1 从等高线工具

使用“从等高线”工具（也可执行“绘图→沙盒→从等高线”菜单命令）可以让封闭相邻的等高线形成三角面。等高线可以是直线、圆弧、圆、曲线等，使用该工具将会使这些闭合或不闭合的线封闭成面，从而形成坡地。

重点 实战

使用从等高线工具绘制地形

场景文件	a.skp
实例文件	实战——使用从等高线工具绘制地形.skp
视频教学	多媒体教学>Chapter10>实战——使用从等高线工具绘制地形.flv
难易指数	★★☆☆☆
技术掌握	“沙盒”工具栏中的“从等高线”工具

扫码看视频

SketchUp

1 执行“文件→导入”菜单命令，导入“实例文件>Chapter10>实战——使用从等高线工具绘制地形>地形高层.dwg”地形文件，由于地形文件有高程点，所以是三维地形文件。这种等高线比较精确，适用于建立精确的地形。

2 使用“线”工具绘制等高线，执行“相机→标准视图→顶视图”菜单命令（快捷键为F2键），将视图调整为顶视图，然后根据地形文件绘制等高线，接着在透视图中将等高线移动至相应的高度，如图10-2和图10-3所示。

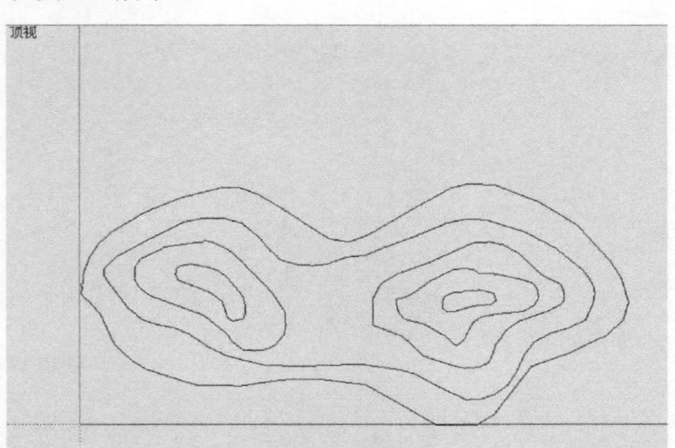

图10-2

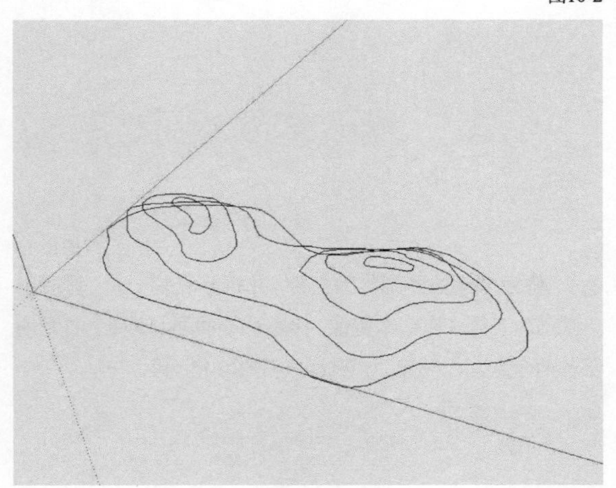

图10-3

3 选择绘制好的等高线，然后使用“从等高线”工具，此时会出现生成地形的进度条，生成的等高线地形会自动形成一个组，在组外将等高线删除，如图10-4所示。

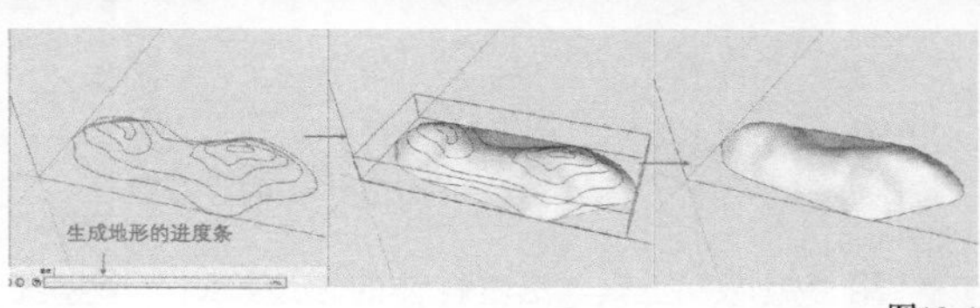

图10-4

重点 实战

创建张拉膜

场景文件	无
实例文件	实战——创建张拉膜.skp
视频教学	多媒体教学>Chapter10>实战——创建张拉膜.flv
难易指数	★★★★☆
技术掌握	“沙盒”工具栏中的“从等高线”工具

扫码看视频

1 用“线”工具绘制出底边长为3200mm，腰边长为2800mm的等腰三角形竖直截面，用“推/拉”工具将截面推拉出4800mm的厚度，然后将其创建为群组，如图10-5和图10-6所示。

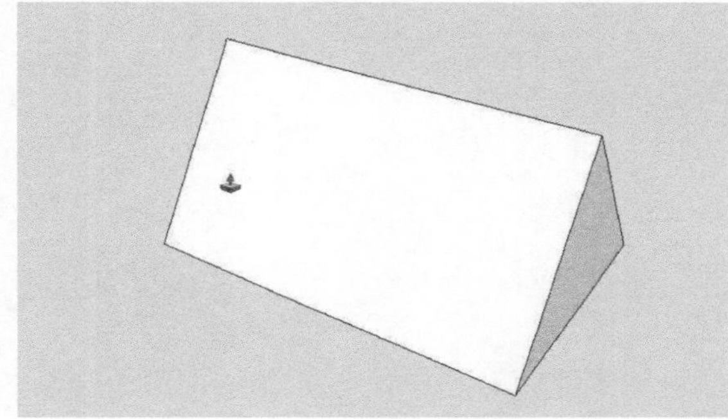

图10-5

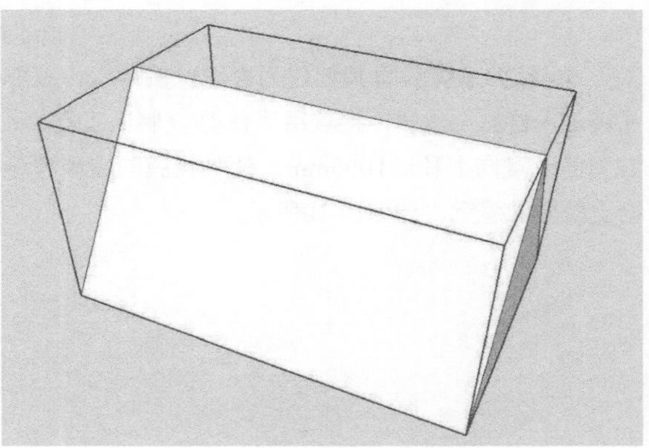

图10-6

2 在侧面上用“圆弧工具”绘制如图10-7所示的两条弧线。

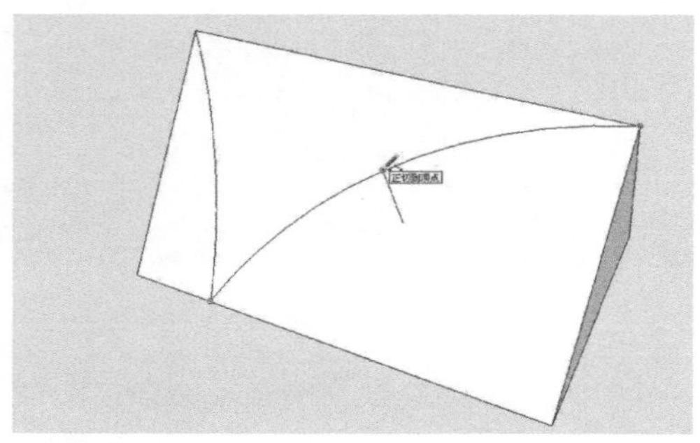
图10-7

3 用“矩形”工具沿着柱体的顶边绘制一个竖直矩形面，然后用“圆弧工具”在此面上绘制一条弧线，如图10-8和图10-9所示。

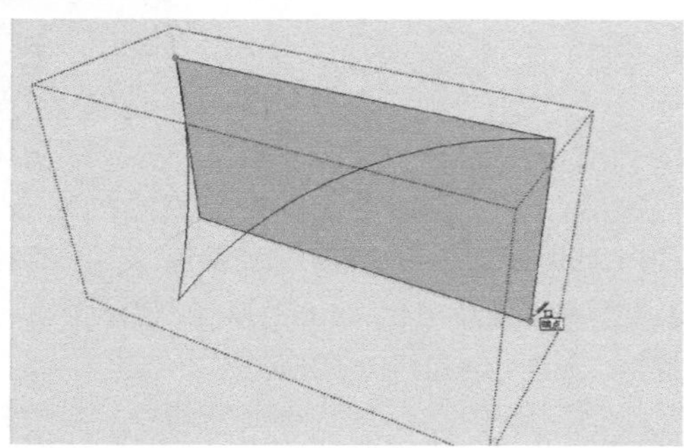
图10-8

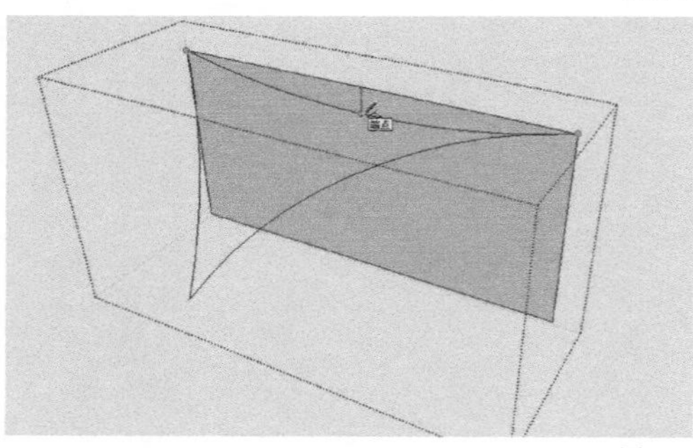
图10-9

4 选择这3条弧线将其创建为群组，然后双击鼠标左键进入群组内编辑，接着用“移动/复制”工具将右侧的节点向上移动1000mm，使张拉膜的造型有种向上拉伸的感觉，如图10-10所示。

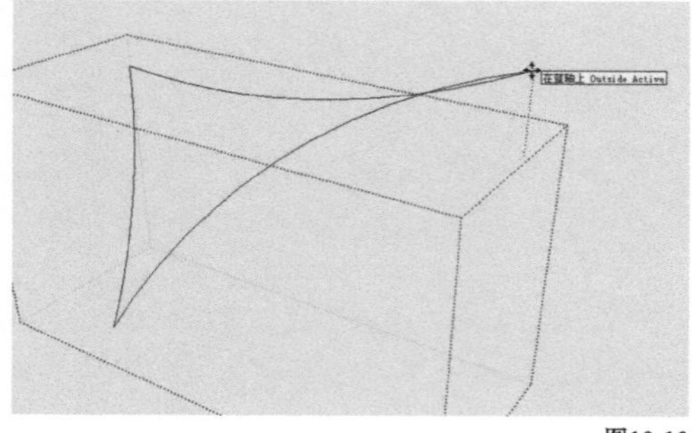
图10-10

5 选择这三条弧线后使用“沙盒”工具栏中的“从等高线”工具，如图10-11所示。可以看出此时系统自动生成了曲面，并自动成组。

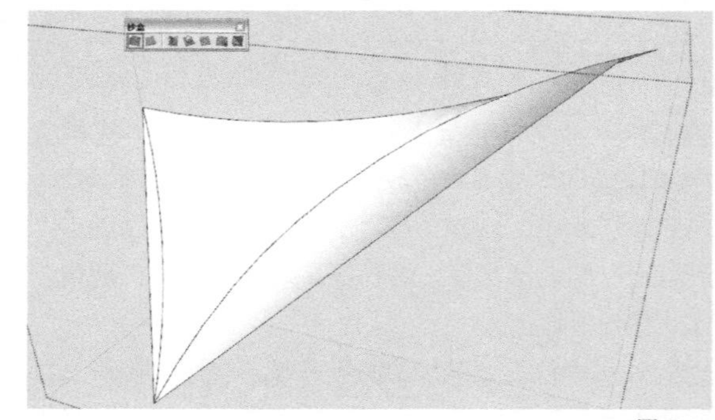

图10-11

6 选择生成的曲面群组将其炸开，删除两侧多余的面和线，如图10-12和图10-13所示。

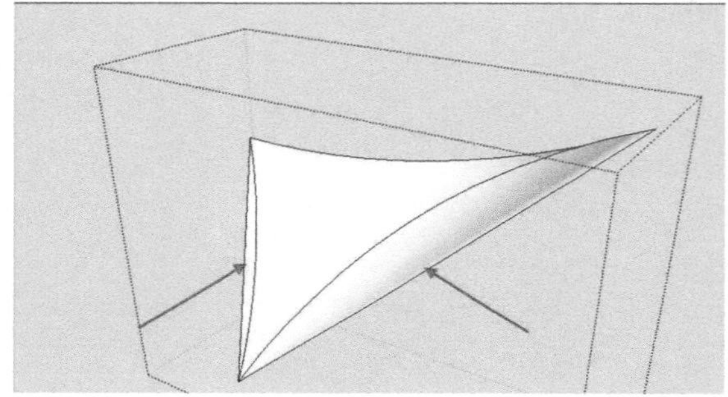
图10-12

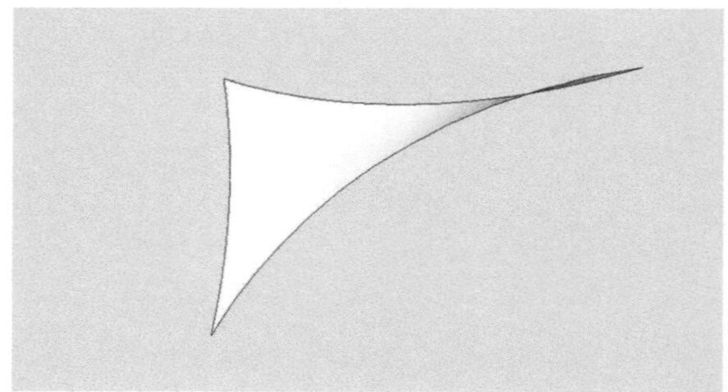
图10-13

7 将完成的曲面制作为组件，并将其复制一份，然后用“缩放”工具将副本镜像，接着移动曲面，使两个曲面顶部的两个点互相衔接，如图10-14和图10-15所示。

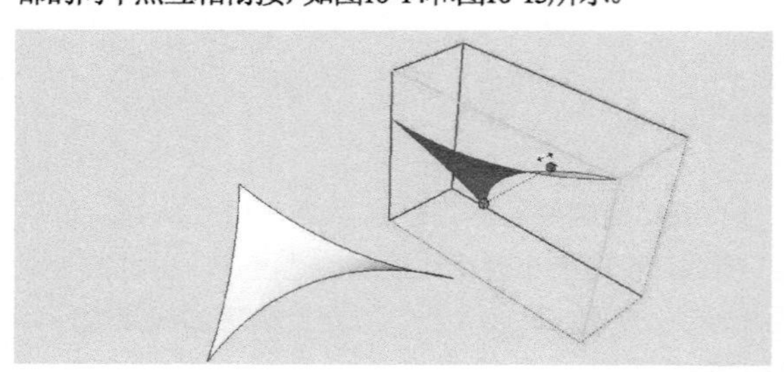
图10-14

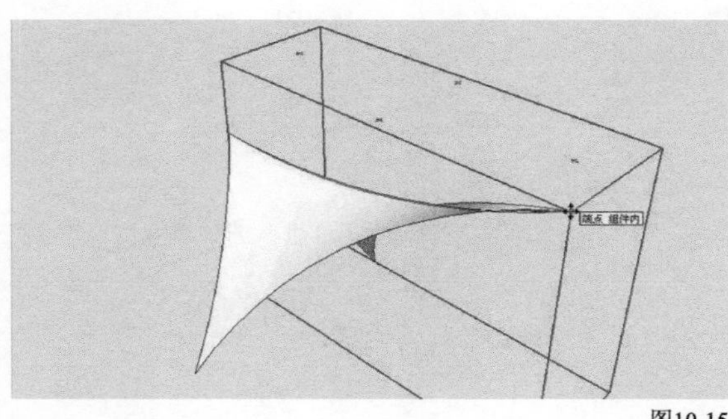

图10-15

8 绘制张拉膜的支撑杆件。用“圆”工具和“推/拉”工具创建一个圆柱体并赋予相应的材质，然后将其制作为组件，如图10-16所示。

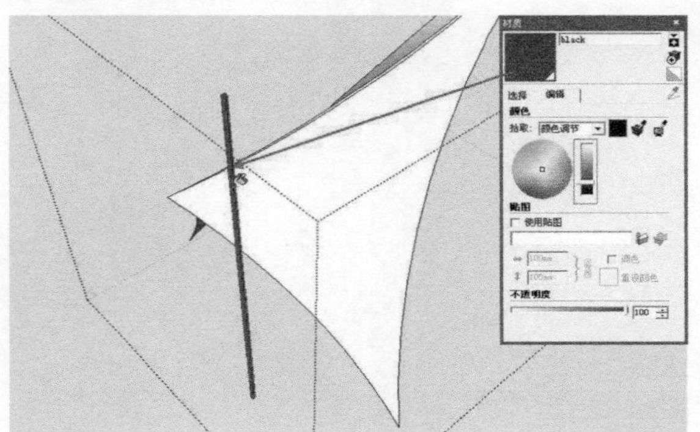

图10-16

9 用“旋转”工具调整支撑杆的倾斜角度，然后用“移动/复制”工具完成其他支撑杆的复制和移动，完成张拉膜的创建，如图10-17和图10-18所示。

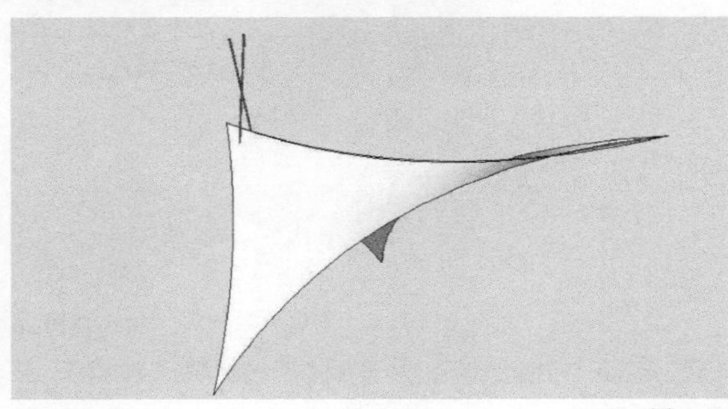

图10-17

图10-18

重点 实战

创建遮阳伞

场景文件	无
实例文件	实战——创建遮阳伞.skp
视频教学	多媒体教学>Chapter10>实战——创建遮阳伞.flv
难易指数	★★★★☆
技术掌握	“沙盒”工具栏中的“从等高线”工具

扫码看视频

1 用“多边形”工具绘制出半径3000mm的正六方形，然后在多边形上方2400mm高的位置绘制一个半径为20mm的圆，如图10-19和图10-20所示。

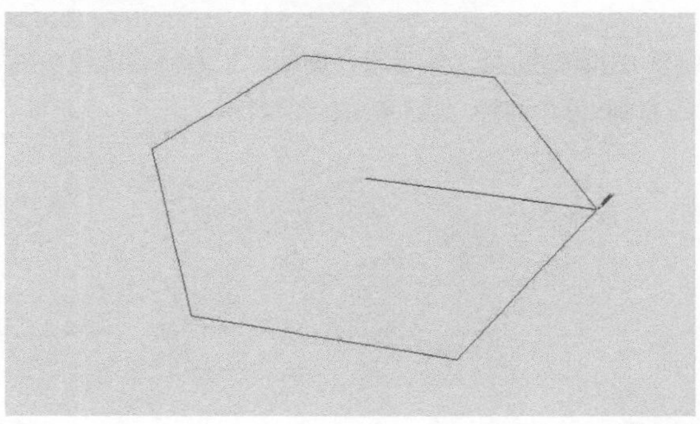

图10-19

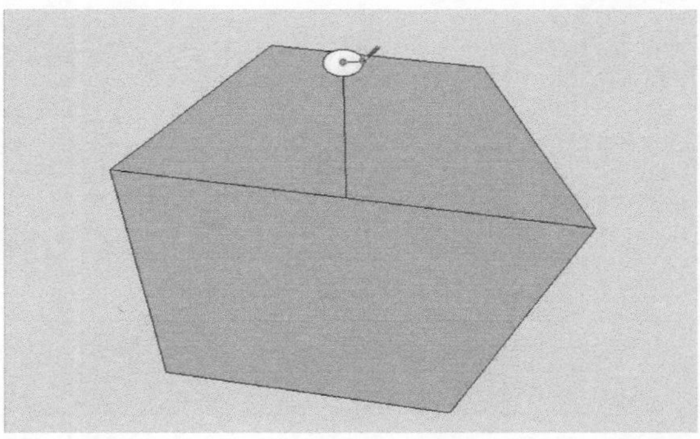

图10-20

2 以圆心为顶点绘制一个垂直于多边形面的矩形辅助面，然后用“圆弧工具”在矩形面上绘制出一条弧线，如图10-21和图10-22所示。

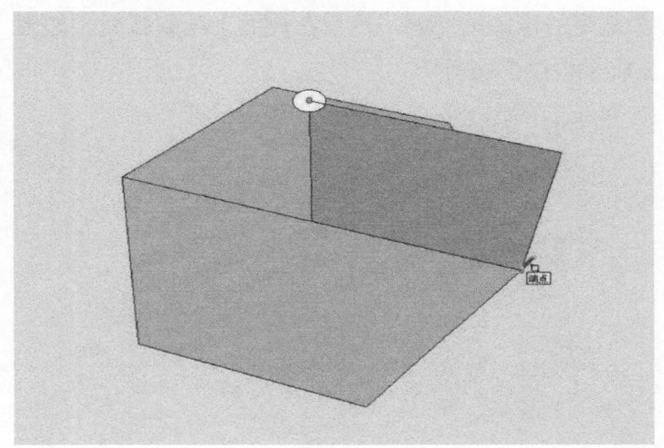

图10-21

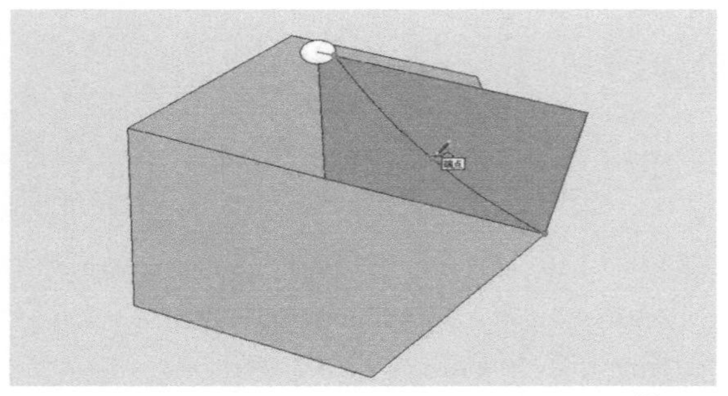

图10-22

3 删除辅助面，然后用“旋转”工具将弧线按圆心复制5份，如图10-23和图10-24所示。

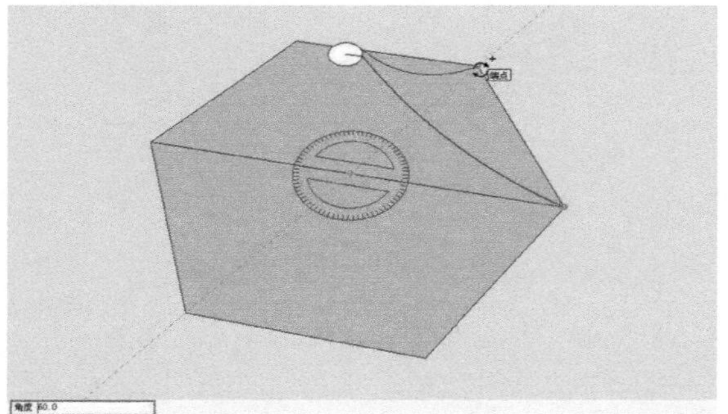

图10-23

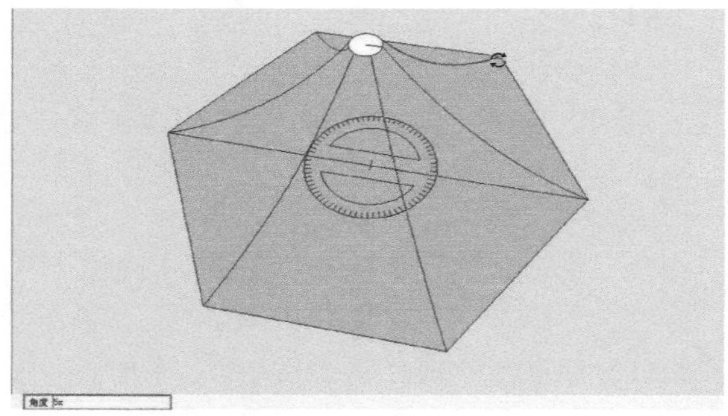

图10-24

4 采用相同的方法，沿着多边形的一条边绘制一个竖直的矩形辅助面，然后在此面上绘制弧线，如图10-25和图10-26所示。

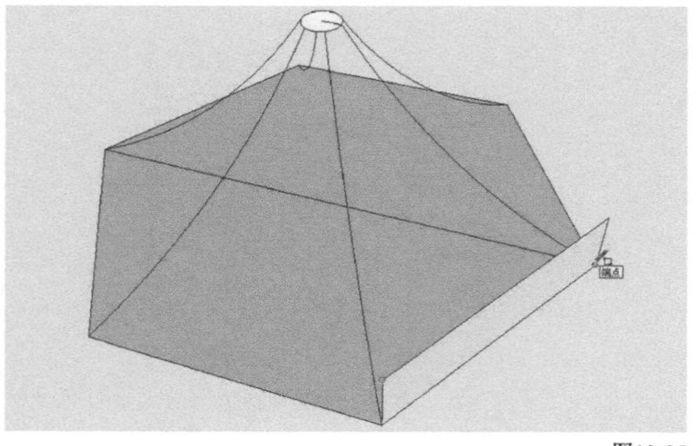

图10-25

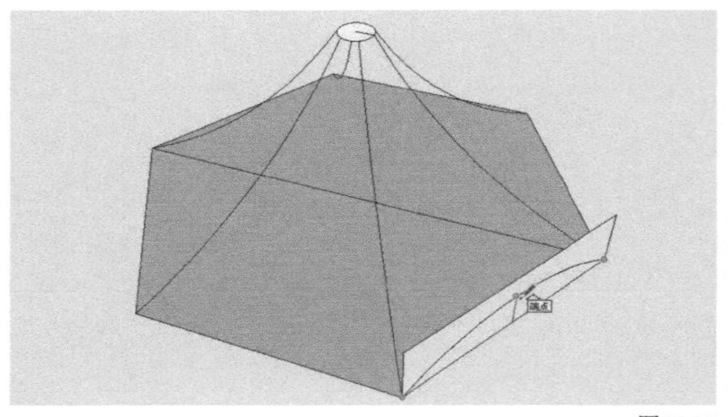

图10-26

5 删除辅助面，再次用“旋转”工具将弧线沿圆心复制5份，如图10-27和图10-28所示。

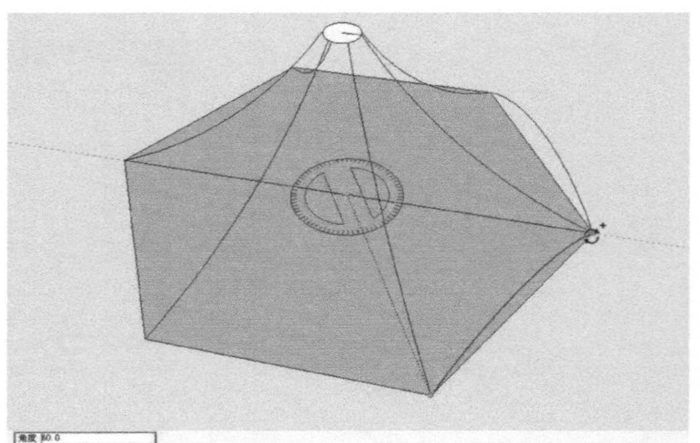

图10-27

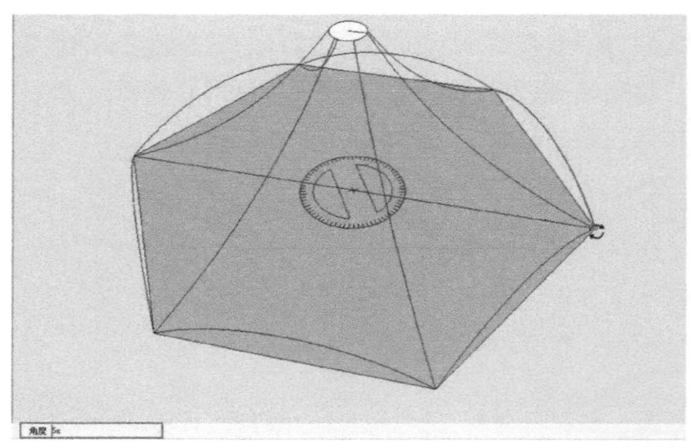

图10-28

6 选择上述绘制的所有弧线，激活“沙盒”工具栏中的“从等高线”工具完成膜的创建，如图10-29和图10-30所示。

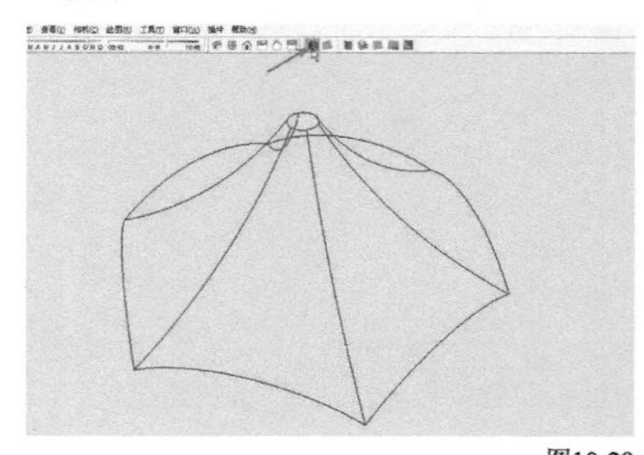

图10-29

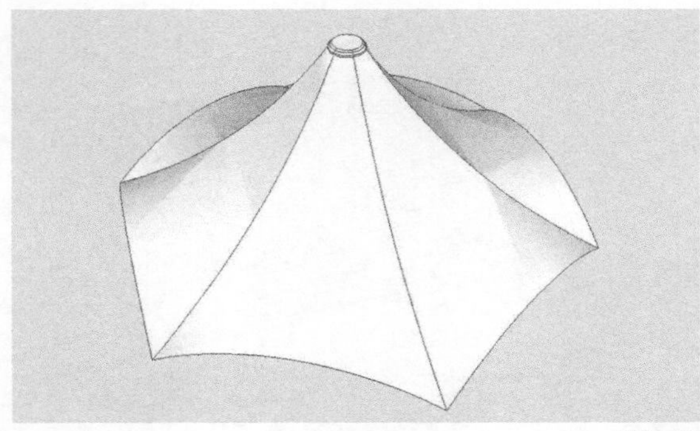

图10-30

7 最后用“圆”工具、“推/拉”工具、“移动/复制”工具等完成张拉膜杆件的创建，如图10-31所示。

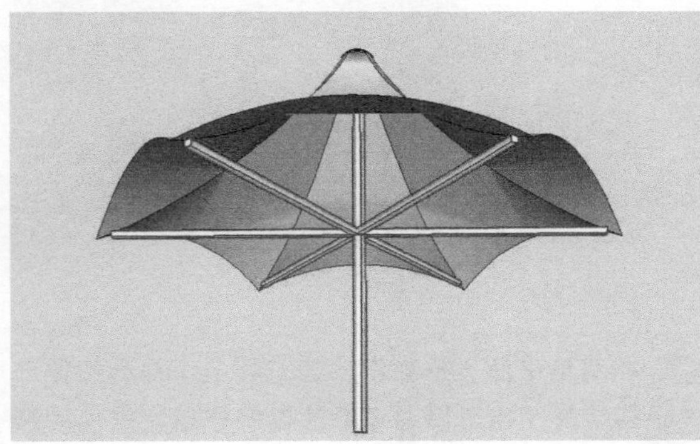

图10-31

8 可以将创建好的张拉膜复制多个，效果如图10-32所示。

图10-32

技巧与提示

通过张拉膜和遮阳伞的创建，可以得到如下认识：创建曲面物体最重要的是依靠辅助面实现几个关键弧线的定位，灵活使用“旋转”工具进行物体的“旋转复制”，并使用“沙盒”工具创建曲面，必要时还可以对其进行柔化处理。

10.1.2 从网格工具

使用“从网格”工具（或者执行“绘图→沙盒→从网格”菜单命令）可以根据网格创建地形。当然，创建的只是大体的地形空间，并不十分精确。如果需要精确的地形，还是要使用上文提到的“从等高线”工具。首先我们来学习一下怎样创建一个网格平面。

重点 实战

使用从网格工具绘制网格平面

场景文件	无
实例文件	实战——使用从网格工具绘制网格平面.skp
视频教学	多媒体教学>Chapter10>实战——使用从网格工具绘制网格平面.flv
难易指数	★☆☆☆☆
技术掌握	“沙盒”工具栏中的“从网格”工具

扫码看视频

1 激活“从网格”工具，此时数值控制框内会提示输入网格间距，输入相应的数值后，按Enter键确定即可，如图10-33所示。

网格间距 3000.0mm

图10-33

2 确定了网格间距后，单击鼠标左键，然后确定起点，移动鼠标至所需长度，如图10-34所示。当然也可以在数值控制框中输入网格长度。

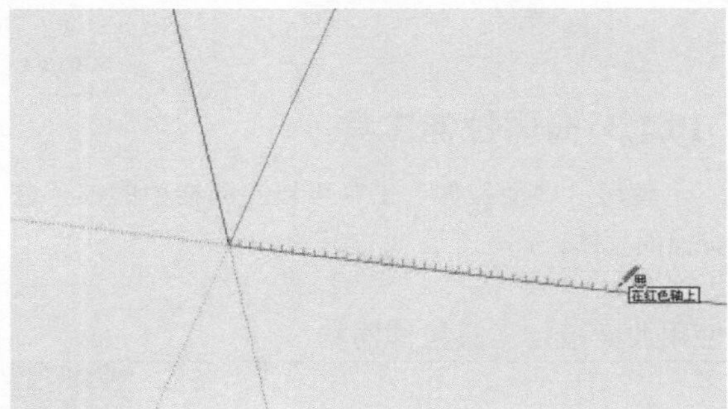

图10-34

3 在绘图区中拖曳鼠标绘制网格平面，当网格大小合适的时候，单击鼠标左键，完成网格的绘制，如图10-35所示。

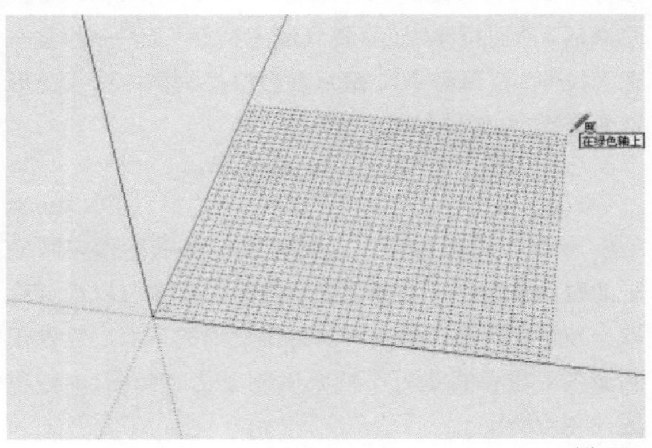

图10-35

4 完成绘制后，网格会自动封面，并形成一个组，如图10-36和图10-37所示。

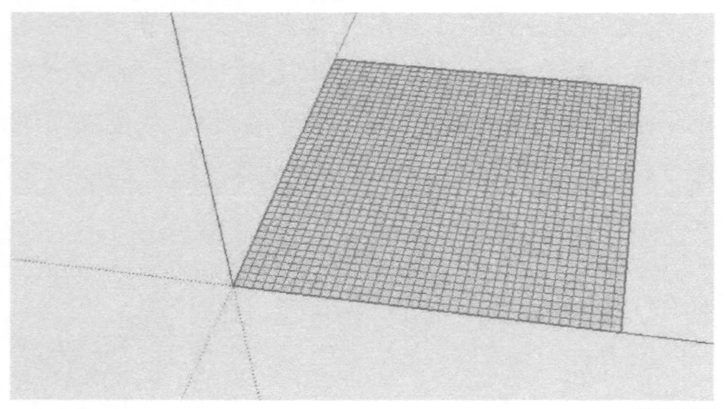
图10-36

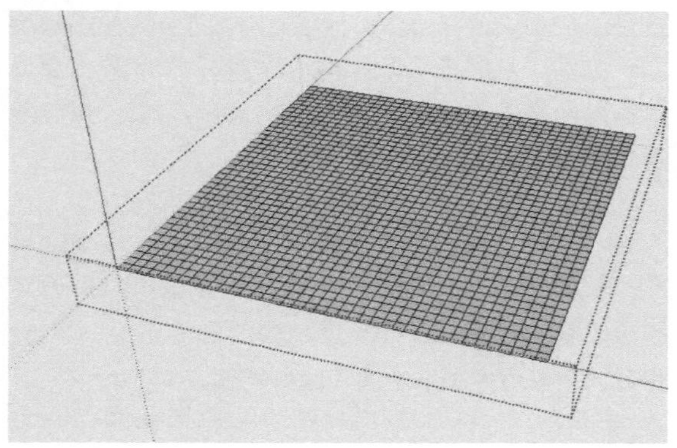
图10-37

10.1.3 曲面拉伸工具

使用“曲面拉伸”工具可以将网格中的部分进行曲面拉伸。

重点 实战

使用曲面拉伸工具拉伸网格

场景文件	b.skp
实例文件	实战——使用曲面拉伸工具拉伸网格.skp
视频教学	多媒体教学>Chapter10>实战——使用曲面拉伸工具拉伸网格.flv
难易指数	★★☆☆☆
技术掌握	“沙盒”工具栏中的“曲面拉伸”工具

扫码看视频

1 打开“场景文件> Chapter10>b.skp”文件，然后用鼠标双击网格群组进入内部编辑（或者将其炸开），接着激活“曲面拉伸”工具（或者执行“工具→沙盒→曲面拉伸”菜单命令），最后在数值控制框内输入变形框的半径，如图10-38示。

图10-38

2 激活“曲面拉伸”工具后，将鼠标指向网格平面时，会出现一个圆形的变形框，读者可以通过拾取一点进行变形，拾取的点就是变形的基点，包含在圆圈内对象都将进行不同幅度的变化，如图10-39和图10-40所示。

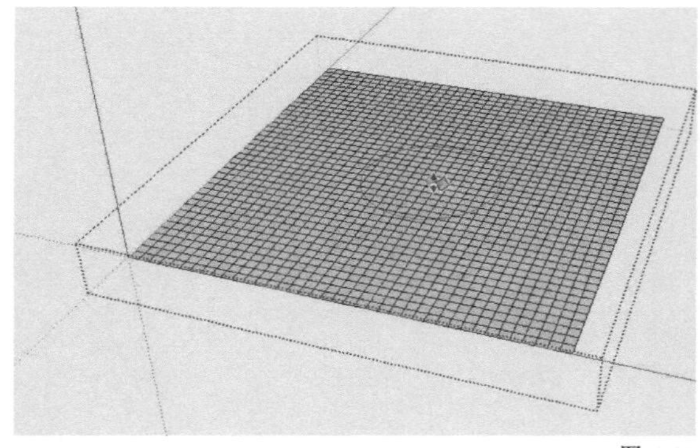
图10-39

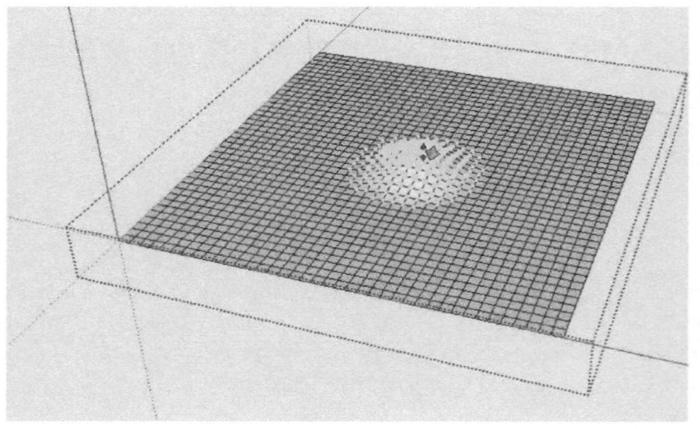
图10-40

3 在网格平面上拾取不同的点并上下拖动拉伸出理想的地形（也可以通过数值控制框指定拉伸的高度），完成根据网格创建地形的操作，如图10-41所示。

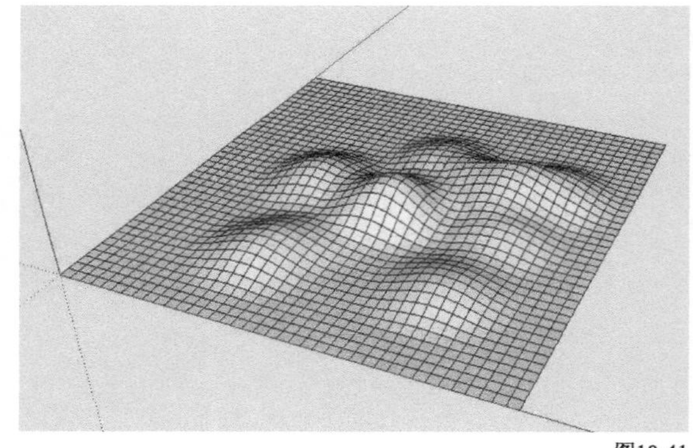
图10-41

一般情况下，要想达到预期的山体效果，需要对地形网格进行多次推拉，而且要不断地改变变形框的半径。

使用“曲面拉伸”工具进行拉伸时，拉伸的方向默认为z轴（即使用户改变了默认的轴线）。如果想要多方位拉伸，可以使用“旋转”工具将拉伸的组旋转至合适的角度，然后进入群组的编辑状态进行拉伸，如图10-42和图10-43所示。

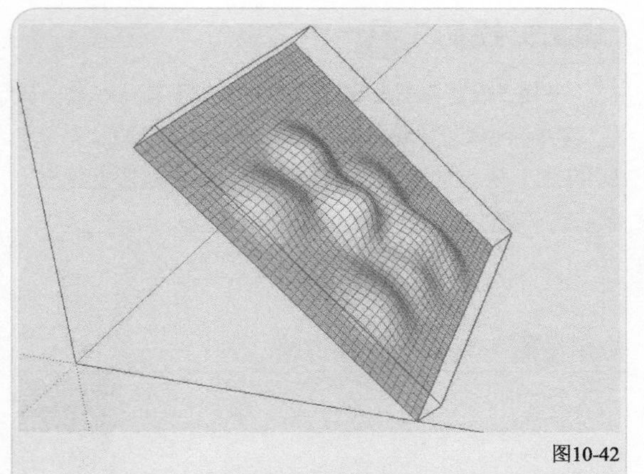

图10-42

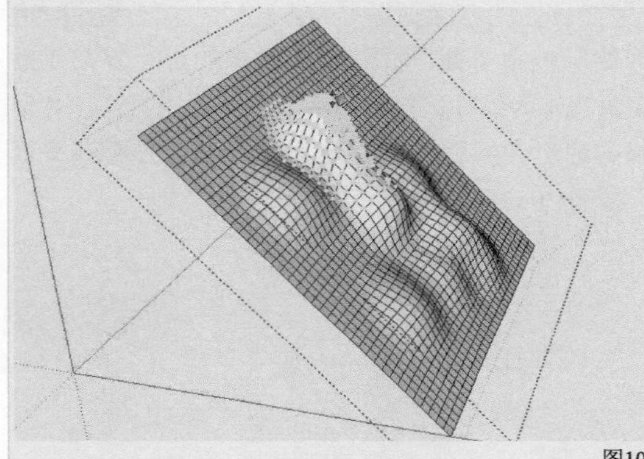

图10-43

如果想只对个别的点、线或面进行拉伸，可以先将变形框的半径设置为一个正方形网格单位的数值或者设置为1mm。完成设置后，退出工具状态，然后选择点、线（两个顶点）、面（面边线所有的顶点），接着激活“曲面拉伸”工具进行拉伸即可，如图10-44和图10-45所示。

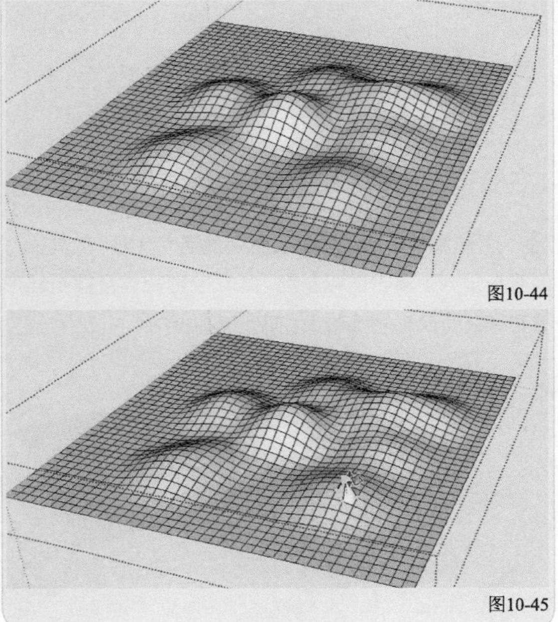

图10-44

图10-45

10.1.4 水印工具

使用“水印”工具（或者执行“工具→沙盒→水印”菜单命令）可以在复杂的地形表面上创建建筑基面和平整场地，使建筑物能够与地面更好地结合。

重点 实战

使用水印工具创建坡地建筑基底面

场景文件	c.skp
实例文件	实战——使用水印工具创建坡地建筑基底面.skp
视频教学	多媒体教学>Chapter10>实战——使用水印工具创建坡地建筑基底面.flv
难易指数	★★★☆☆
技术掌握	“沙盒”工具栏中的“水印”工具

创建建筑基底面的具体操作步骤如下。

1 打开“场景文件> Chapter10>c.skp”文件，然后在视图中调整好建筑物与地面的位置，使建筑物正好位于将要创建的建筑基面的垂直上方，接着激活“水印”工具，接着单击建筑物的底面，此时会出现一个红色的线框，该线框表示投影面的外延距离，在数值控制框内可以指定线框外延距离的数值，线框会根据输入数值的变化而变化，如图10-46和图10-47所示。

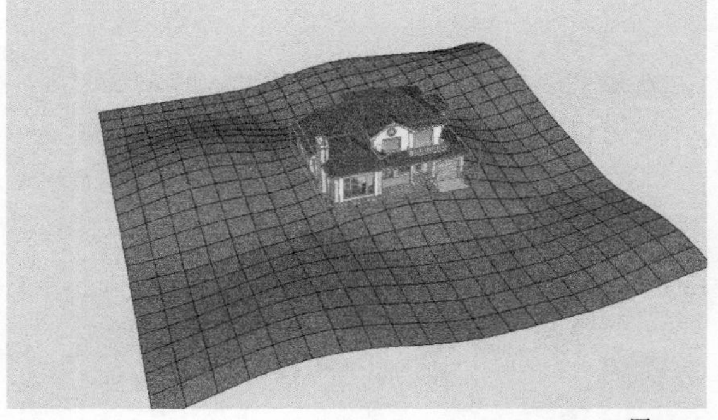

图10-46

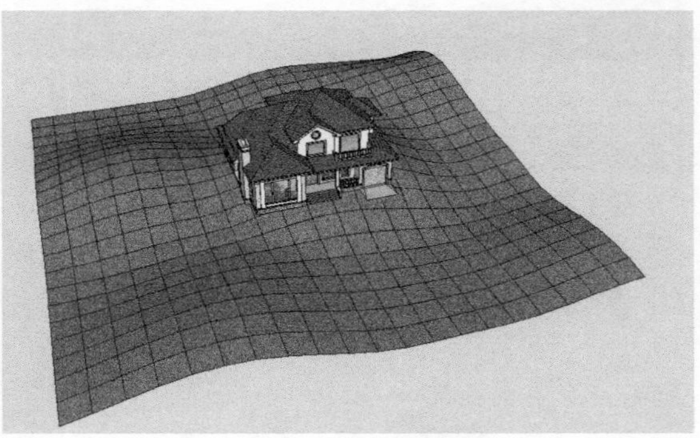

图10-47

2 确定外延距离后，将光标移动到地形上，然后单击鼠标左键并进行拖动，将地形拉伸一定的距离，最后将建筑物移动到创建好的建筑基面上，如图10-48和图10-49所示。

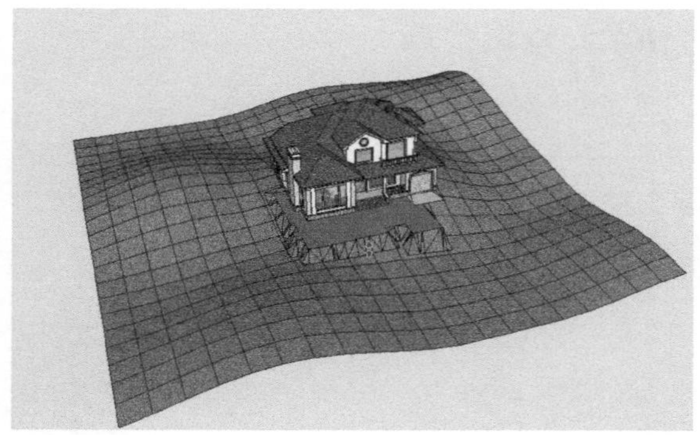
图10-48

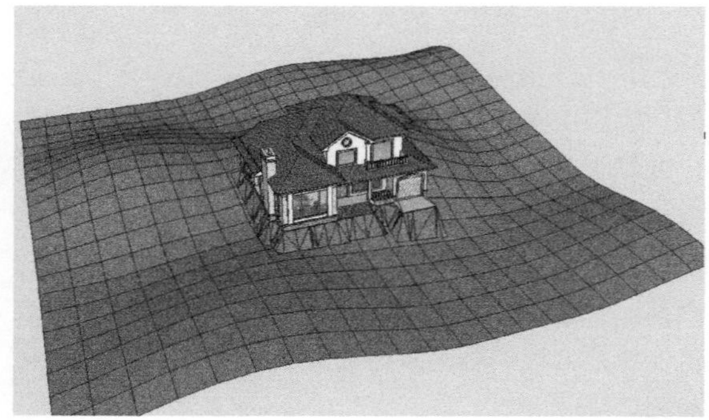
图10-49

技巧与提示

确定外延距离后，将光标移动到地形上时，光标将变为，单击后将变为上下箭头状。

如果需要对创建好的建筑基面进行位置修改，可以先将面选中，然后使用“移动/复制”工具移动至合适的位置，如图10-50所示。

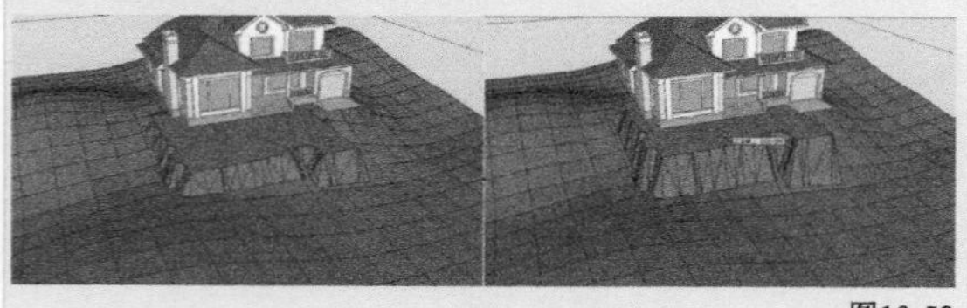
图10-50

技巧与提示

使用“水印”工具不支持镂空的情况，遇到有镂空的面会自动闭合；同时，也不支持90°垂直方向或大于90°以上的转折，遇到此种情况会自动断开，如图10-51所示。

图10-51

10.1.5 投影工具

使用“投影”工具（或者执行“工具→沙盒→投影”菜单命令）可以将物体的形状投影到地形上。与“水印”工具不同的是，“水印”工具是在地形上建立一个基底平面使建筑物与地面更好地结合。

实战

使用投影工具创建山地道路

场景文件	d.skp
实例文件	无
视频教学	多媒体教学>Chapter10>实战——使用投影工具创建山地道路.flv
难易指数	★★☆☆☆
技术掌握	“沙盒”工具栏中的“投影”工具

扫码看视频

1 绘制一个平面，并放置在地形的正上方，然后将该面制作为组件，接着激活“投影”工具，并依次单击地形和平面，此时地面的边界会投影到平面上，如图10-52所示。

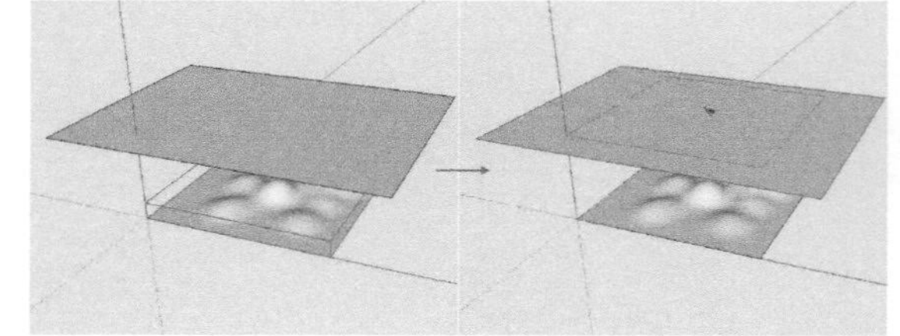
图10-52

2 将投影后的平面制作为组件，然后在组件外绘制需要投影的图形，使其封闭成面，接着删除多余的部分，只保留需要投影的部分，如图10-53所示。

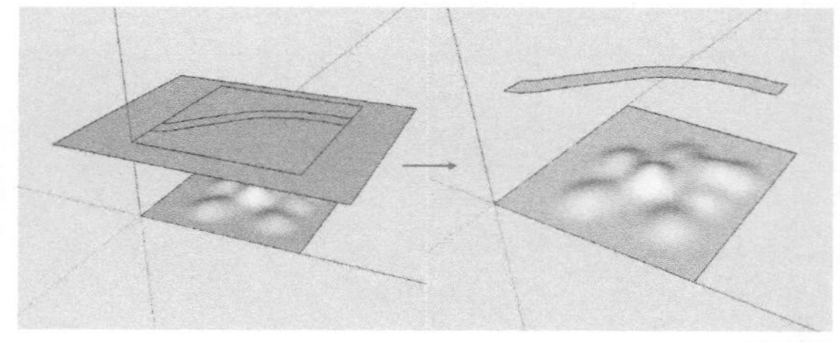
图10-53

3 选择需要投影的物体，然后激活“投影”工具，接着在地形上单击鼠标左键，此时投影物体会按照地形的起伏自动投影到地形上，如图10-54所示。

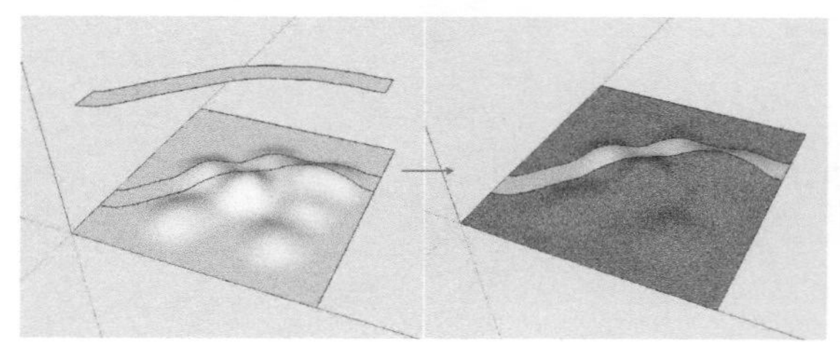
图10-54

10.1.6 添加细节工具

使用“添加细节”工具（或者执行“工具→沙盒→添加细节”菜单命令）可以在根据网格创建地形不够精确的情况下，对网格进行进一步修改。细分的原则是将一个网格分成4块，共形成8个三角面，但破面的网格会有所不同，如图10-55所示。

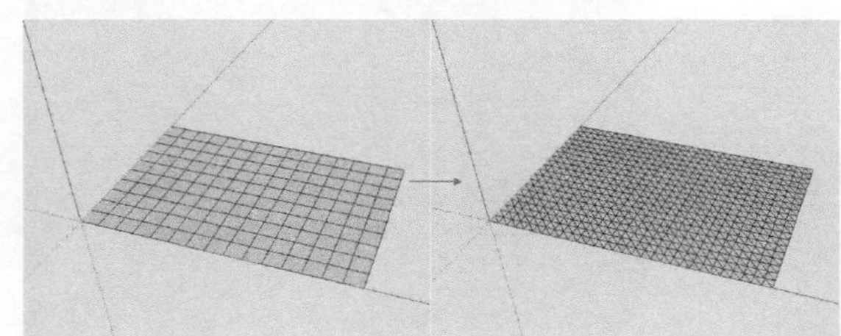

图10-55

如果需要对局部进行细分，可以只选择需要细分的部分，然后激活“添加细节”工具，如图10-56所示。对于成组的地形，需要进入其内部选择地形，或将其炸开后选择地形。

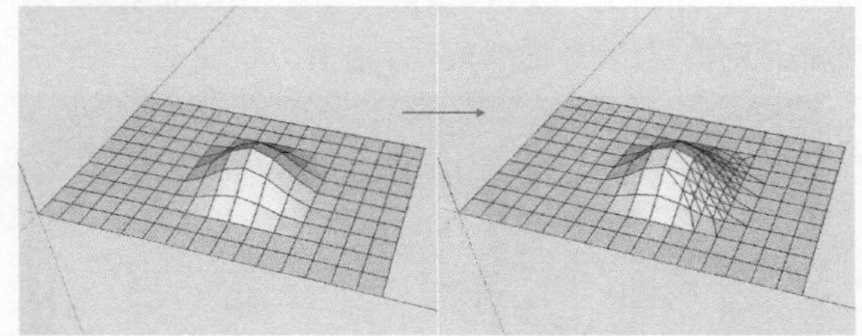

图10-56

10.1.7 翻转边线工具

使用“翻转边线”工具（或者执行“工具→沙盒→翻转边线”菜单命令）可以人为地改变地形网格边线的方向，对地形的局部进行调整。在某些情况下，对于一些地形的起伏不能顺势而下，执行“翻转边线”命令，改变边线凹凸的方向就可以很好地解决此问题。

实战

使用翻转边线工具改变地形坡向

场景文件	无
实例文件	实战——使用翻转边线工具改变地形坡向.skp
视频教学	多媒体教学>Chapter10>实战——使用翻转边线工具改变地形坡向.flv
难易指数	★☆☆☆☆
技术掌握	“沙盒”工具栏中的“翻转边线”工具

扫码看视频

1 执行“查看→虚显隐藏物体”菜单命令将网格隐藏的对角线显示出来，如图10-57所示。

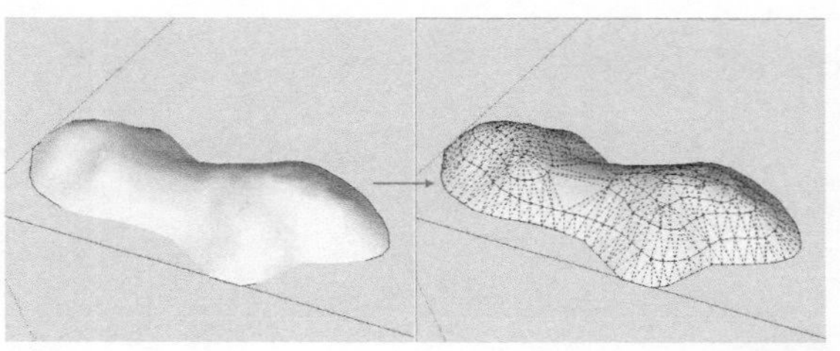

图10-57

2 从显示的网格线可以看到，网格底部的边缘并没有随着网格的起伏而顺势向下。激活“翻转边线”工具，然后在需要修改的位置上单击鼠标左键，即可改变边线的方向，如图10-58所示。

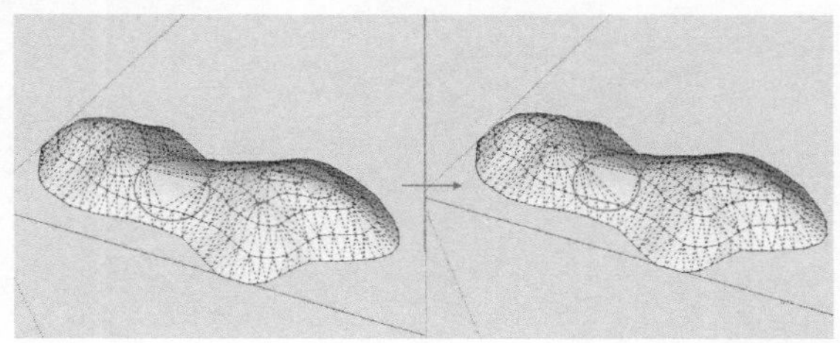

图10-58

10.2 其他创建地形的几种方法

除了以上所讲解的使用“从等高线”工具和“从网格”工具绘制地形的方法以外，还可以与其他软件进行三维数据的共享，或者进行简单的拉线成面的方法进行山体地形的创建。

重点 实战

使用推/拉工具创建阶梯状地形

场景文件	e.skp
实例文件	实战——使用推/拉工具创建阶梯状地形.skp
视频教学	多媒体教学>Chapter10>实战——使用推/拉工具创建阶梯状地形.flv
难易指数	★☆☆☆☆
技术掌握	“推/拉”工具

扫码看视频

1 打开“场景文件> Chapter10>e.skp”文件，如图10-59所示。

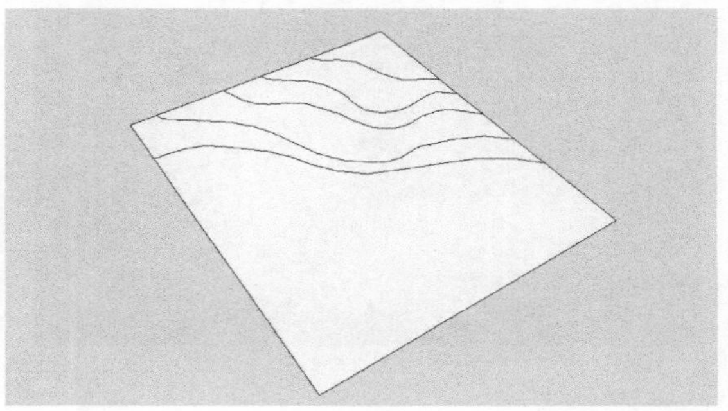

图10-59

2 假设等高线高差为5m，用“推/拉”工具依次将等高线多推拉5m的高度，如图10-60和图10-61所示。

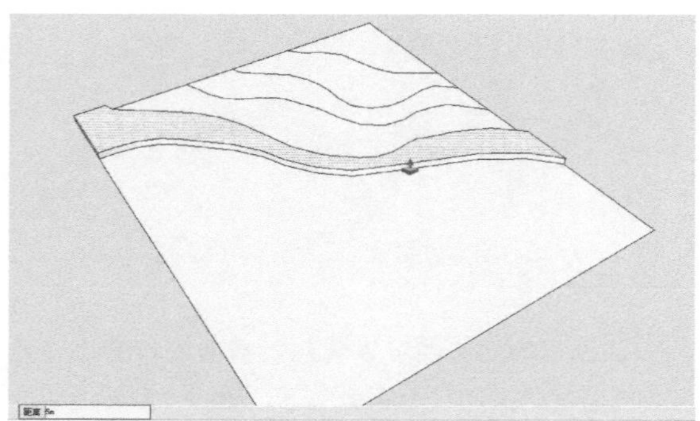

图10-60

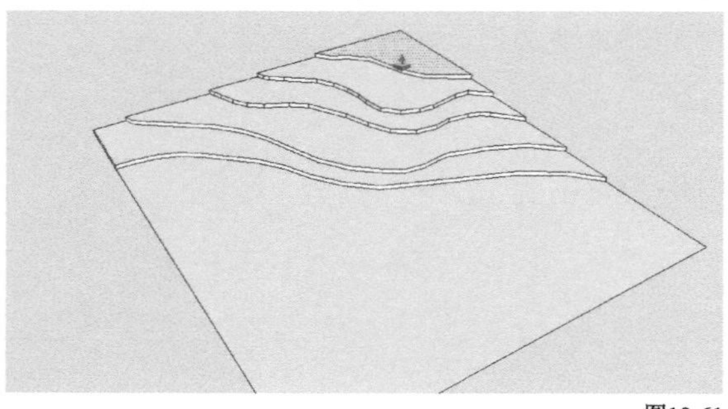

图10-61

技巧与提示

采用"推/拉"工具创建的山体虽然不是很精确，但却非常便捷，可以用来制作概念性方案展示或者大面积丘陵地带的景观设计。

重点 实战

与湘源控规结合根据高程点创建地形

场景文件	无
实例文件	实战——与湘源控规结合根据高程点创建地形.skp
视频教学	多媒体教学>Chapter10>实战——与湘源控规结合根据高程点创建地形.flv
难易指数	★★★☆☆
技术掌握	湘源控规及CAD文件的导入

扫码看视频

第1步：生成三维高程网格

1 打开【湘源控制性详细规划CAD系统】4.0版，然后打开地形所在的图层，如图10-62所示。

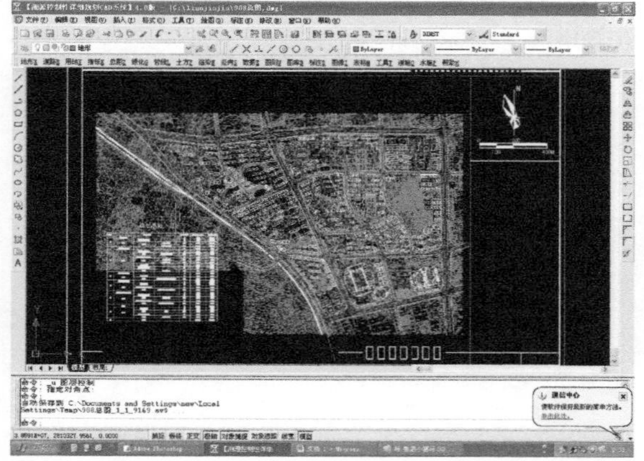

图10-62

2 在"工具"菜单中执行"加载应用程序"命令，然后在弹出的对话框中打开配套学习资源中的"插件>Y1.VLX"文件（这是一个插件），接着单击"加载"按钮 加载(L) 将其载入，这样就可以在CAD中加载这一插件程序，如图10-63所示。

图10-63

3 在命令提示行输入图层的快捷命令YY并按Enter键确定，此时系统会弹出"图层"对话框，在该对话框中单击"显示指定层"按钮 显示指定层 ，如图10-64所示。再单击地形图层，将地形单独显示出来。

图10-64

4 在"湘源控规"工具栏中执行"地形→字转高程"命令，生成现状高程点，如图10-65所示。

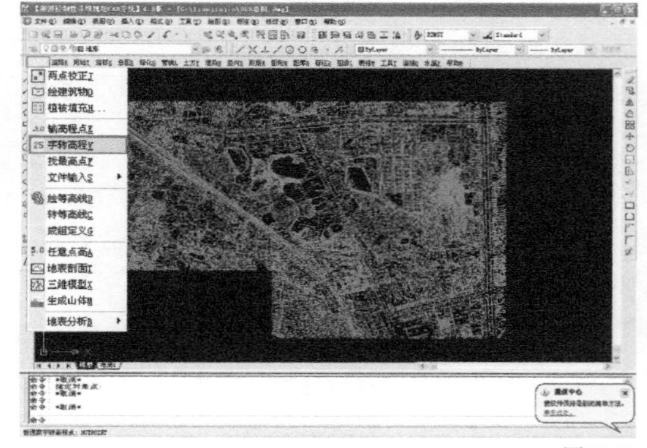

图10-65

5 根据命令提示，输入标高最低值（140）和标高最高值（210），然后框选图形，将所有的高程标注自动选择出来，如图10-66所示。

图10-66

6 在“湘源控规”工具栏中执行“地形→三维模型”命令，然后框选地块，接着根据命令提示设置网格间距为默认值20、沿z方向缩放倍数为5，最后按Enter键确定生成网格，如图10-67和图10-68所示。

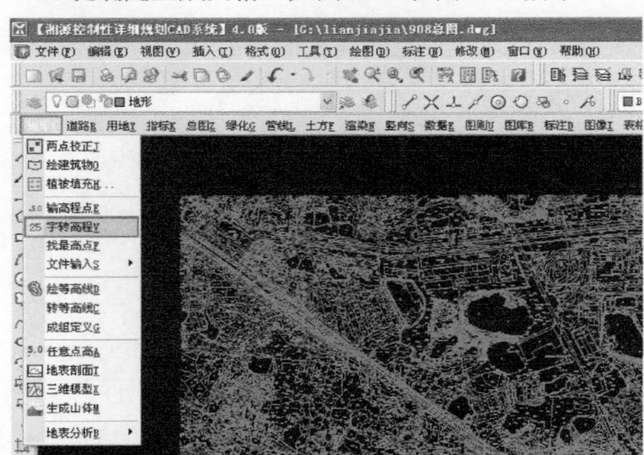

图10-67

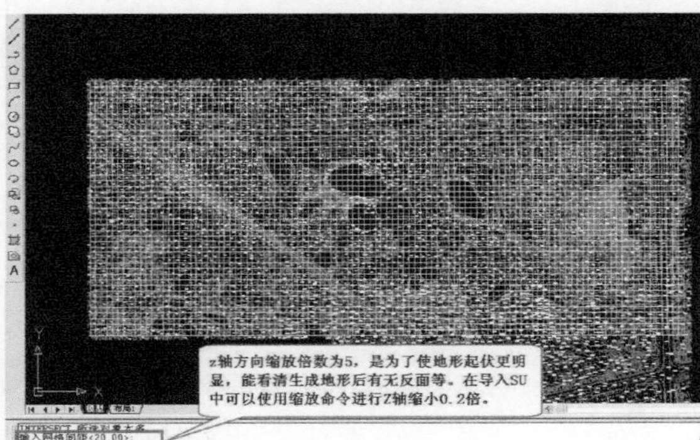

图10-68

7 单击选择网格，然后执行W（写块）命令，将刚刚生成的网格保存为一个新文件，如图10-69所示。

图10-69

第2步：将三维高程网格导入SketchUp

1 打开SketchUp界面，执行“文件→导入”菜单命令，导入“实例文件>Chapter10>实战——与湘源控规结合根据高程点创建地形>规划总平面图.dwg”地形文件，然后在“打开”将对话框中找到地形文件的路径、格式（*.dxf），接着单击右侧的“选项”按钮 选项(P)... ，设置导入单位为“米”，如图10-70所示。

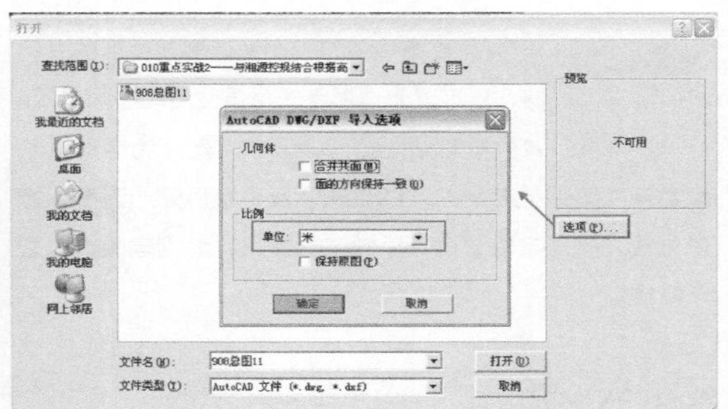

图10-70

2 导入成功后，就可以看到初始的三维现状地图了，如图10-71所示。

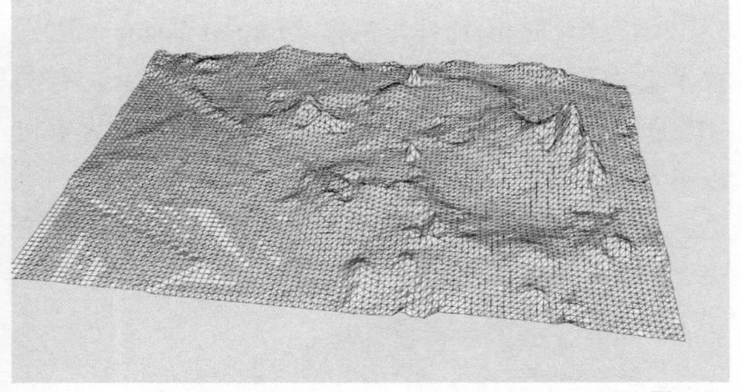

图10-71

第3步：对三维网格地形进行柔化处理

1 选择全部物体，然后单击鼠标右键，在弹出的菜单中执行“柔化/平滑边线”命令，如图10-72所示。

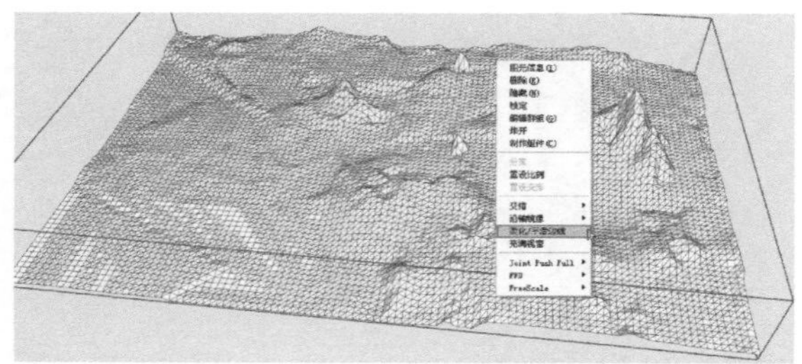

图10-72

2 在弹出的“边线柔化”对话框中调整角度范围值直到满意为止，如图10-73所示。

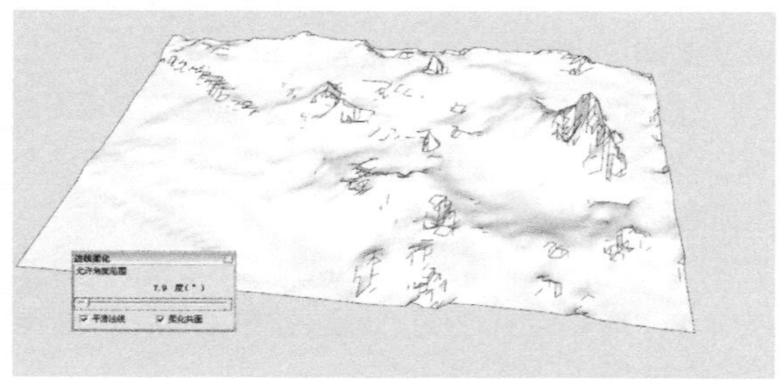

图10-73

技巧与提示 可以为地形打上阴影以增加地形的立体感，还可以为地形赋予材质贴图。在本书第6章的投影贴图部分，我们讲解了为地形赋予颜色渐变效果的贴图的详细步骤以及为地形赋予遥感图像的方法，有兴趣的读者可以尝试着练习，为创建的山体赋予材质。

重点 实战

结合GIS生成山体

场景文件	无
实例文件	无
视频教学	多媒体教学>Chapter10>实战——结合GIS生成山体.flv
难易指数	★★☆☆☆
技术掌握	GIS及3DS文件的导入

扫码看视频

1 运行ArcScene软件，执行“Export Scene→3D”菜单命令导出3D地形模型，如图10-74所示。有关GIS的场地建模方法在本书中不做具体介绍，大家可以参考相关书籍。

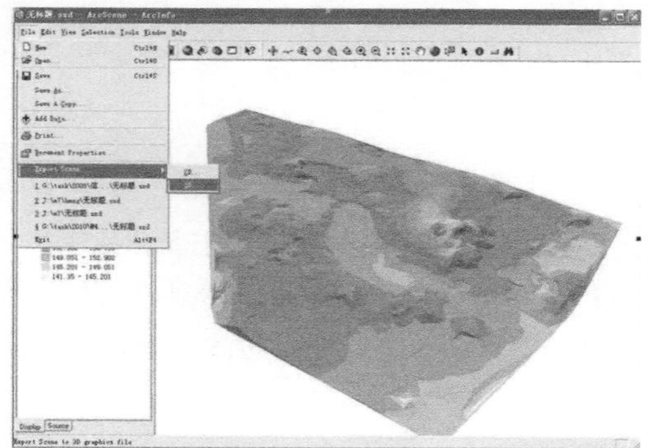

图10-74

2 打开SketchUp，执行“文件→导入”菜单命令，导入“实例文件>Chapter10>实战——结合GIS生成山体> GIS.3DS”3D模型，单位选择“米”如图10-75所示。

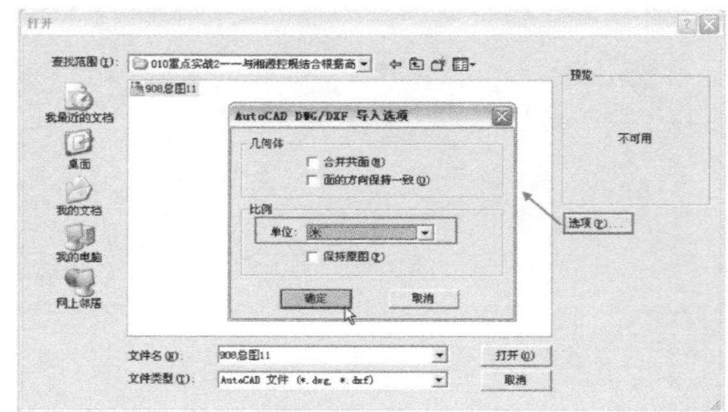

图10-75

3 导入后的模型面都为反面，因此需要在炸开以后单击鼠标右键，然后在弹出的菜单中执行“将面翻转”命令，对面进行翻转，如图10-76和图10-77所示。

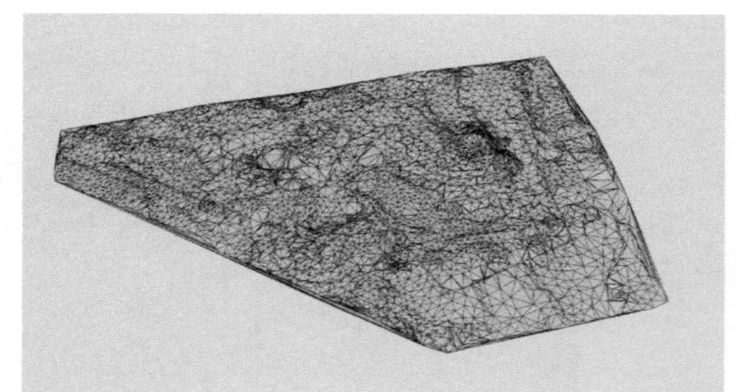

图10-76

图元信息(I)
删除(E)
隐藏(H)
炸开
选择
面积(A)
制作组件(C)
创建群组(G)
交错
将面翻转
沿轴镜像
柔化/平滑边线
充满视窗
BZ - Convert to
Joint Push Pull
FFD
FreeScale
添加照片纹理

图10-77

4 将全部的面翻转后，选择全部物体，然后单击鼠标右键，在弹出的菜单中执行“柔化/平滑边线”命令，将地形适当柔化，如图10-78所示。

图10-78

5 可以看到GIS所处理的地形效果比较好，如图10-79所示。

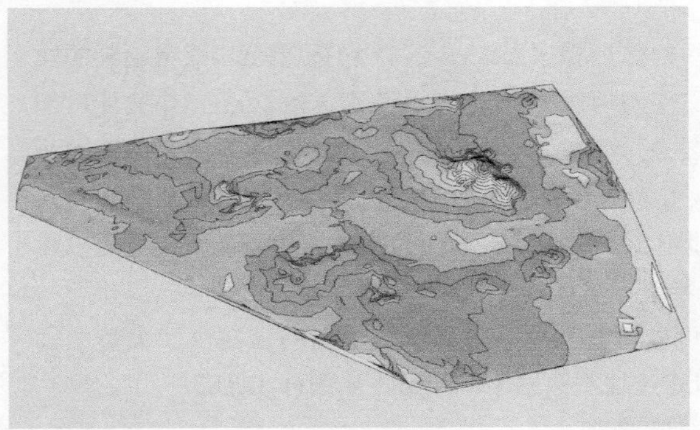

图10-79

6 由于规划的场地基本平整，因此可以只保留比较突出的山体，完成山体的创建，如图10-80所示。

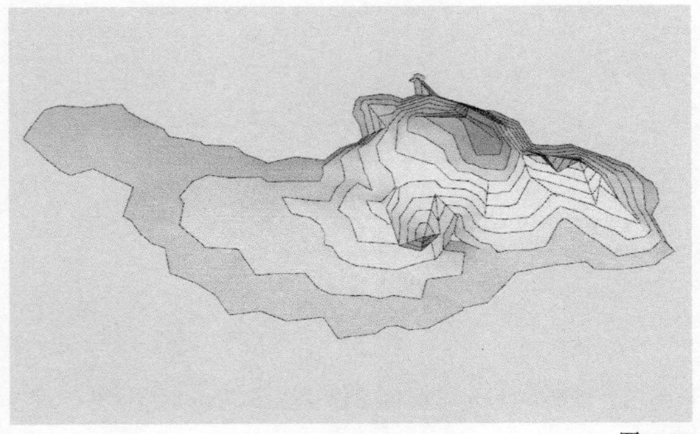

图10-80

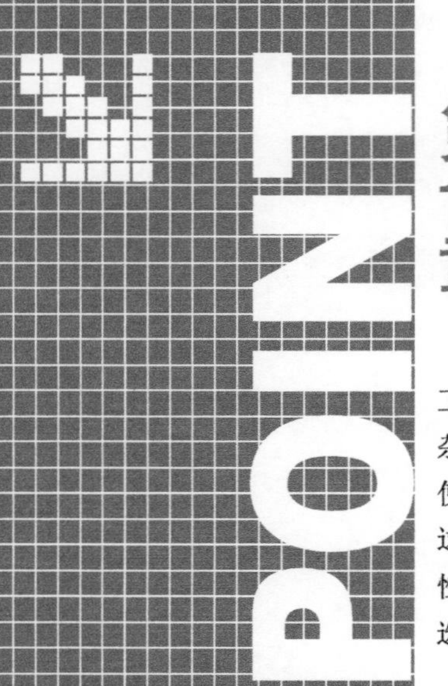

第11章 插件的利用

在前面的命令讲解及重点实战中，为了让用户熟悉SketchUp的基本工具和使用技巧，都没有使用SketchUp以外的工具。但是在制作一些复杂的模型时，使用SketchUp自身的工具来制作就会很烦琐，在这种时候使用第三方的插件会起到事半功倍的作用。本章介绍了一些常用插件，这些插件都是专门针对SketchUp的缺陷而设计开发的，具有很高的实用性。本章将介绍几款常用插件的使用方法，大家可以根据实际工作进行选择使用。

学习重点

掌握获取插件和安装插件的方法

了解几款常用插件的使用方法

11.1 插件的获取和安装

SketchUp的插件也称为脚本（Script），它是用Ruby语言编制的实用程序，通常程序文件的后缀名为.rb。一个简单的SketchUp插件可能只有一个.rb文件，复杂一点的可能会有多个.rb文件，并带有自己的子文件夹和工具图标。安装插件时只需要将它们复制到SketchUp安装目录的Plugins子文件夹即可。个别插件有专门的安装文件，在安装时可以像Windows应用程度一样进行安装。

SketchUp插件可以通过互联网来获取，某些网站提供了大量的插件，很多插件都可以通过这些网站下载使用，如图11-1所示。

图11-1

技巧与提示

另外，国内一些SketchUp论坛也提供了很多SketchUp插件，用户可以通过这些论坛来获取。

实战

安装插件

场景文件	无
实例文件	无
视频教学	多媒体教学>Chapter11>实战——安装插件.flv
难易指数	★★☆☆☆
技术掌握	SketchUp插件的安装

扫码看视频

1 选择需要安装的插件，然后单击鼠标右键，接着在弹出的菜单中执行“复制”命令，如图11-2所示。

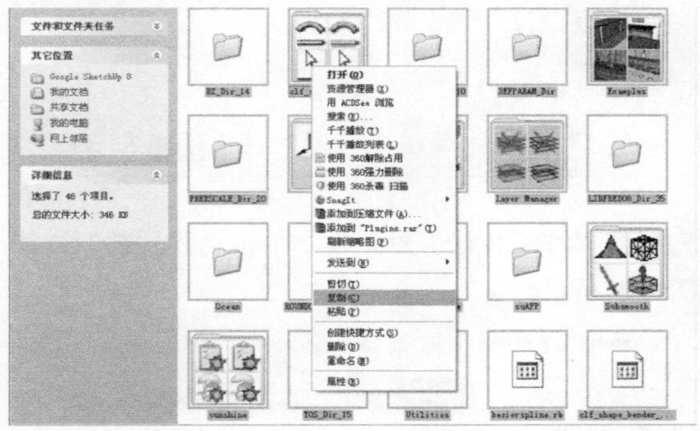

图11-2

2 在SketchUp启动图标上单击鼠标右键，执行“属性”命令，然后在弹出的“Google SketchUp 8属性”对话框中单击“查找目标”按钮查找目标(F)...，如图11-3所示。

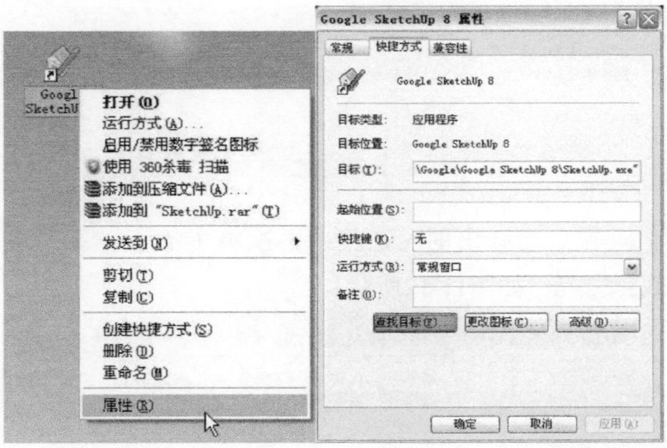

图11-3

3 在弹出的文件中找到Plugins文件夹，双击打开该文件夹，然后单击鼠标右键，接着在弹出的菜单中执行“粘贴”命令，如图11-4和图11-5所示。

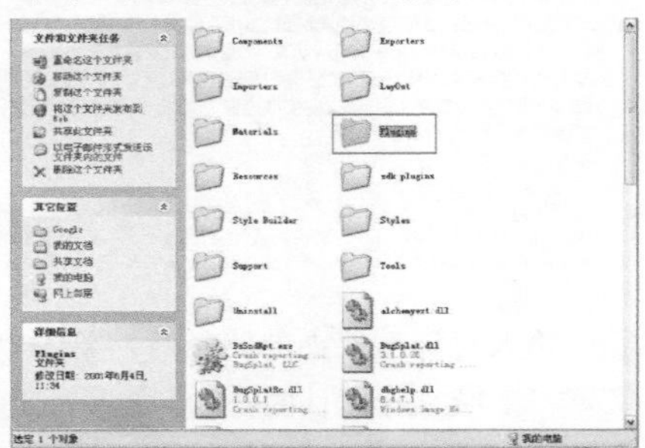

图11-4

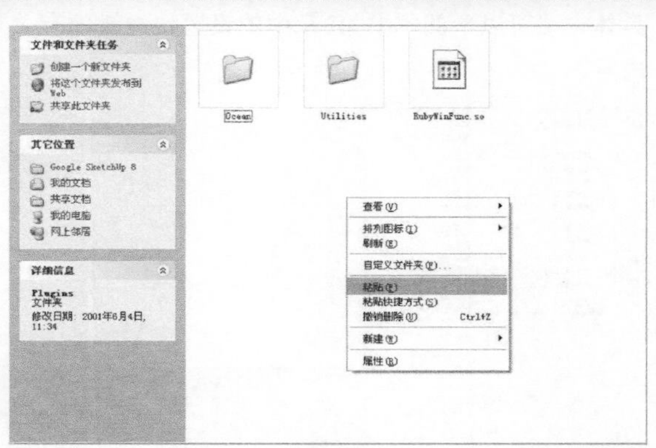

图11-5

4 将第1步所选择的插件文件粘贴进来就相当于安装好了插件，如图11-6所示。

图11-6

安装完插件文件后，重新启动SketchUp，就可以通过菜单来使用它们了。插件命令一般位于SketchUp主菜单的“插件”菜单下，如图11-7所示。

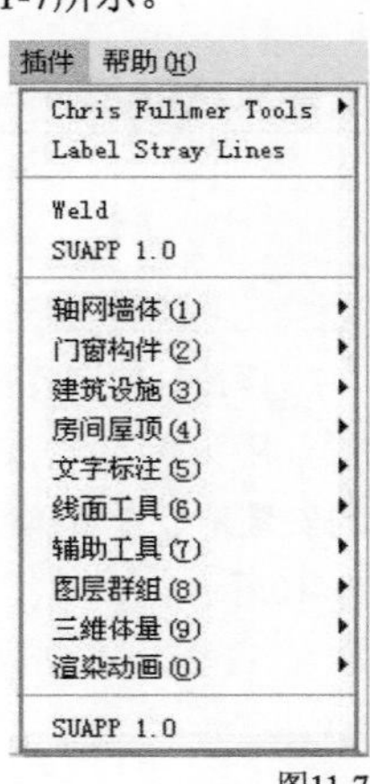

图11-7

但有的插件可能出现在“绘图”和“工具”等菜单中。另外某些插件还有自己的工具栏，使用起来非常方便。如果插件工具栏没有显示在界面中，可以执行“查看→工具栏”菜单命令调出其工具栏，如图11-8所示。

还可以为插件命令定义快捷键，如图11-9所示。具体方法可以参阅本书第3章中的设置快捷键的有关内容。

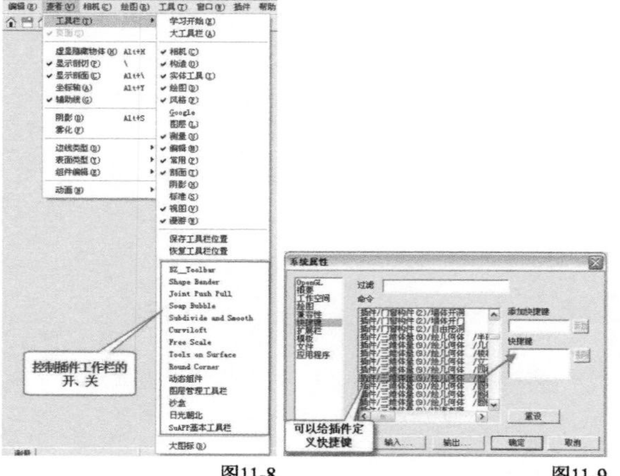

图11-8　　图11-9

11.2 建筑插件集（SUAPP）

SUAPP中文建筑插件集是一款基于Google出品的Google SketchUp Pro 8版本软件平台的强大工具集。它包含100余项实用功能，大幅度扩展了SketchUp的快速建模能力。方便的基本工具栏及优化的右键菜单使操作更加顺畅、快捷，并且可以通过扩展栏的设置方便地进行启用和关闭。

本SUAPP中文建筑插件集支持SketchUp 8.0版本（可兼容7.0与6.0系列），安装时请注意。

实战

安装SUAPP插件

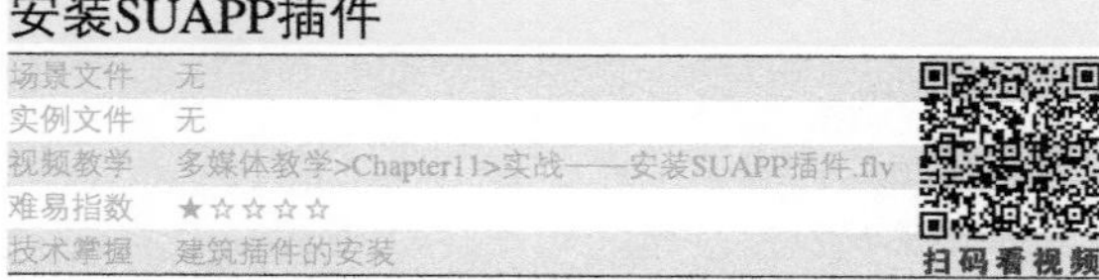

场景文件	无
实例文件	无
视频教学	多媒体教学>Chapter11>实战——安装SUAPP插件.flv
难易指数	★☆☆☆☆
技术掌握	建筑插件的安装

该插件的安装有别于其他的插件，安装步骤如下。

01 用鼠标双击安装文件图标，然后在弹出的安装对话框中单击“下一步”按钮，如图11-10所示。

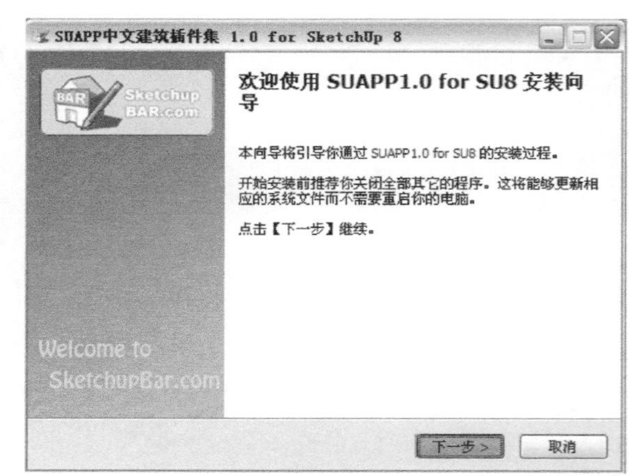

图11-10

02 在“许可协议”对话框中单击“我同意”，如图11-11所示。

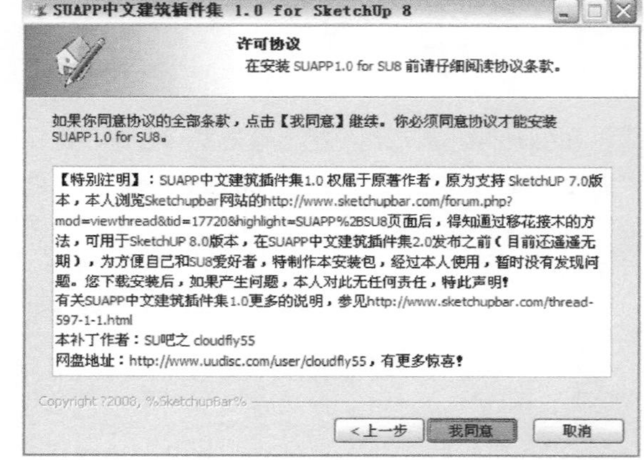

图11-11

03 在后面弹出的对话框中再次单击“下一步”按钮，如图11-12所示。

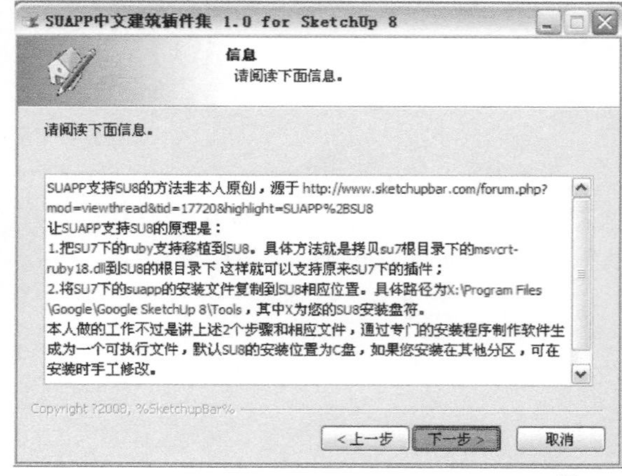

图11-12

04 输入目标文件夹的路径后，单击“安装”按钮，完成该插件的安装，如图11-13所示。

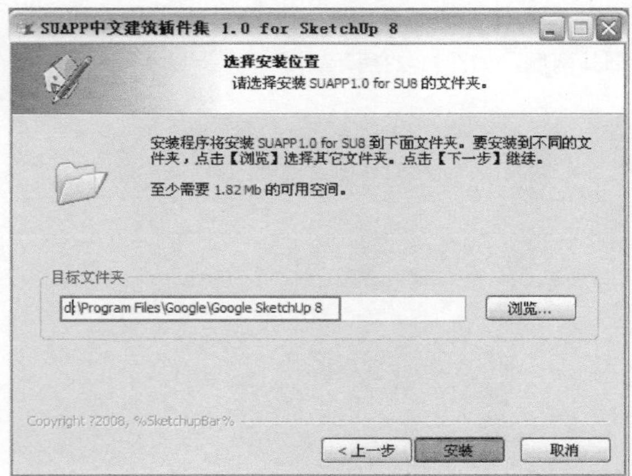

图11-13

正确安装SUAPP1.0 for SketchUp 8之后，在“系统属性”对话框中的“扩展栏”面板中将增加该插件的选项，通过勾选该选项可以启用或关闭SUAPP建筑插件集，如图11-14所示。

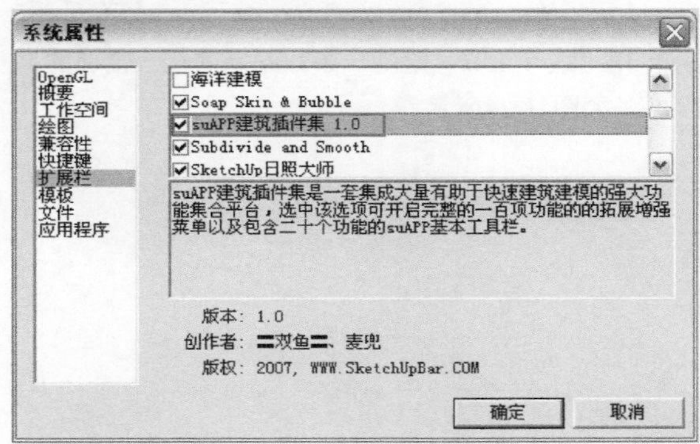

图11-14

11.2.1 SUAPP插件的增强菜单

SUAPP插件的绝大部分核心功能都整理分类在“插件”菜单中（10个分类118项功能），如图11-15所示。

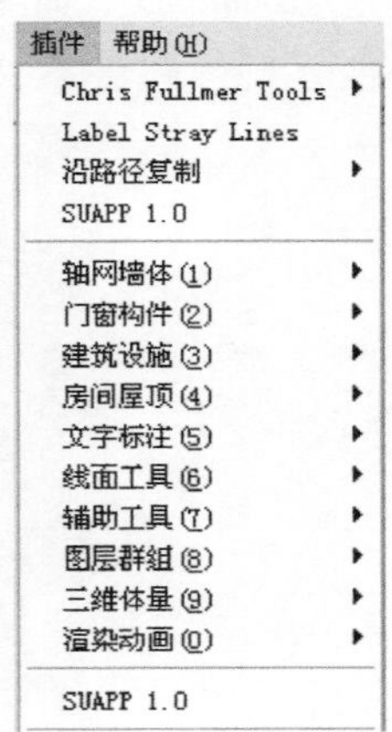

图11-15

11.2.2 SUAPP插件的基本工具栏

从SUAPP插件的增强菜单中提取了19项常用且具代表性的功能，通过图标工具栏的方式显示出来，方便用户操作使用，如图11-16所示。

图11-16

11.2.3 右键扩展菜单

为了方便操作，SUAPP插件在右键菜单中扩展了23项功能，如图11-17所示。

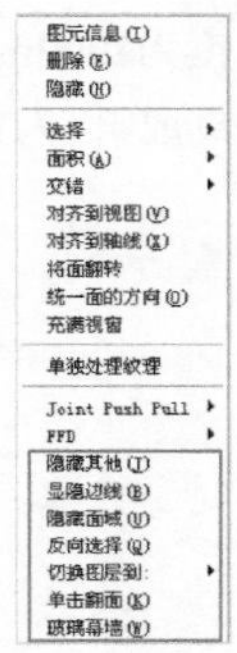

图11-17

以下面两个实战为例，讲解SUAAP插件集在实际建模中的运用，希望大家能对该插件产生兴趣，并尝试着摸索其他SUAAP插件命令的操作方法。

重点 实战

使用线面工具制作窗帘

场景文件　无
实例文件　实战——使用线面工具制作窗帘.skp
视频教学　多媒体教学>Chapter11>实战——使用线面工具制作窗帘.flv
难易指数　★★☆☆☆
技术掌握　SUAPP建筑插件

扫码看视频

01 用“徒手画笔”工具画出如图11-18所示的线形。

图11-18

02 选择曲线，然后执行“插件→线面工具→拉线成面”菜单命令，如图11-19所示。

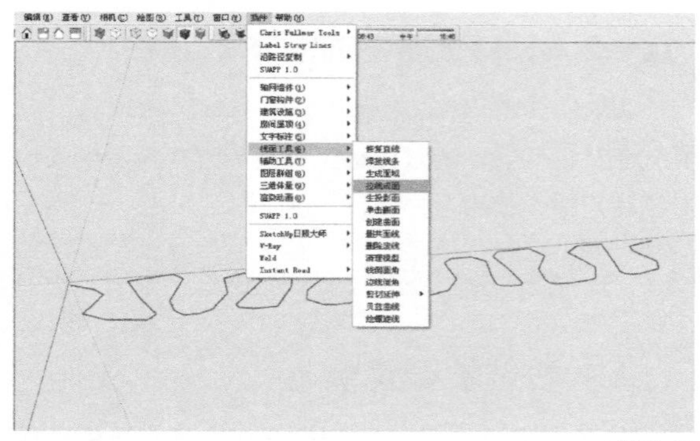

图11-19

3 单击线上某一点，然后向上移动光标，接着输入高度为2000mm，并在“自动成组选项”对话框中选择“自动成组”为YES，如图11-20和图11-21所示。

图11-20

图11-21

4 生成曲面，如图11-22所示。

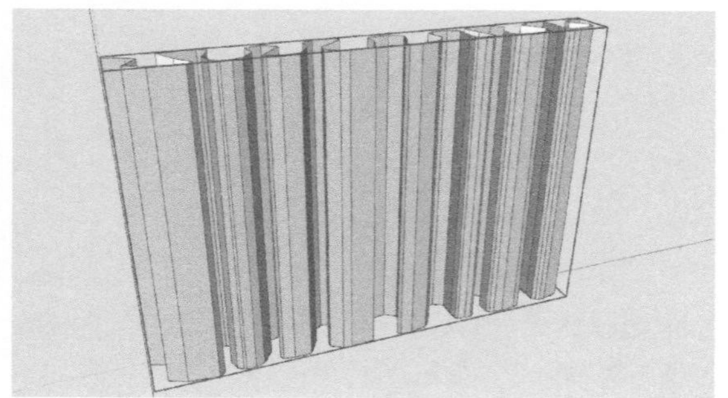

图11-22

5 为创建好的模型赋予相应的材质，并复制两份到其两侧，如图11-23所示。

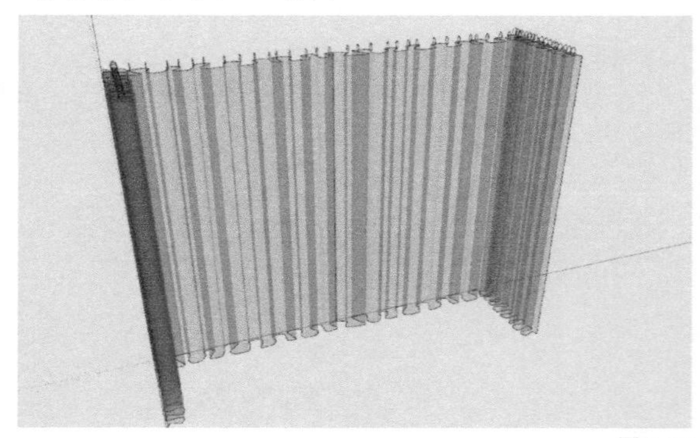

图11-23

重点 实战

结合绘制螺旋线命令创建旋转楼梯

场景文件	无
实例文件	实战——结合绘制螺旋线命令创建旋转楼梯.skp
视频教学	多媒体教学>Chapter11>实战——结合绘制螺旋线命令创建旋转楼梯.flv
难易指数	★★★☆☆
技术掌握	SUAPP建筑插件

扫码看视频

1 用“线”工具绘制一条3.3m高的线（楼梯的高度），如图11-24所示。

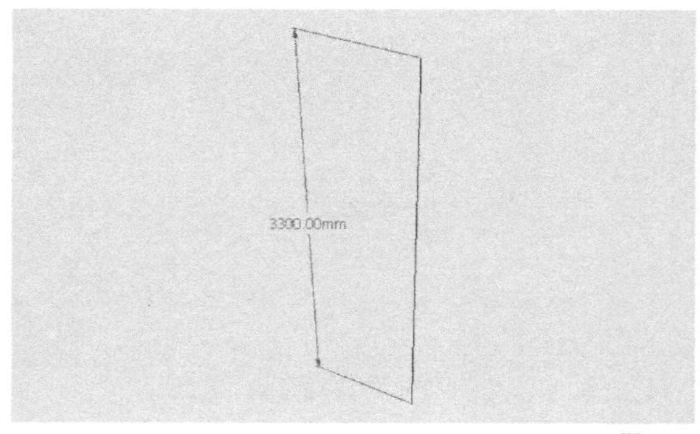

图11-24

2 用“圆”工具绘制半径分别为1000mm和3000mm的同心圆（楼梯井半径为1000mm，楼梯踏步宽为2000mm），如图11-25所示。

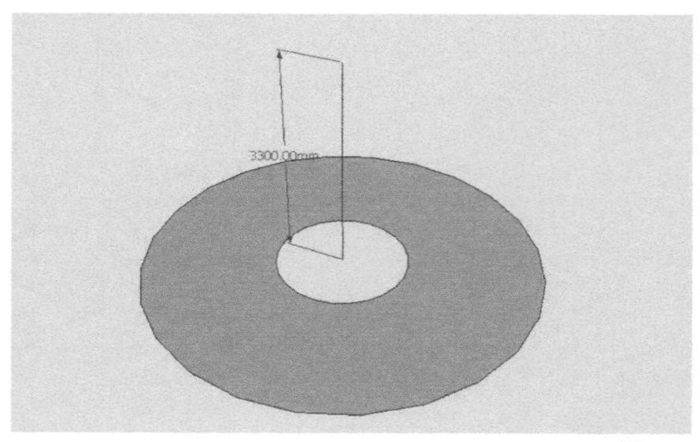

图11-25

3 以圆心为中心，绘制平行于红色坐标轴的一条直线，如图11-26所示。

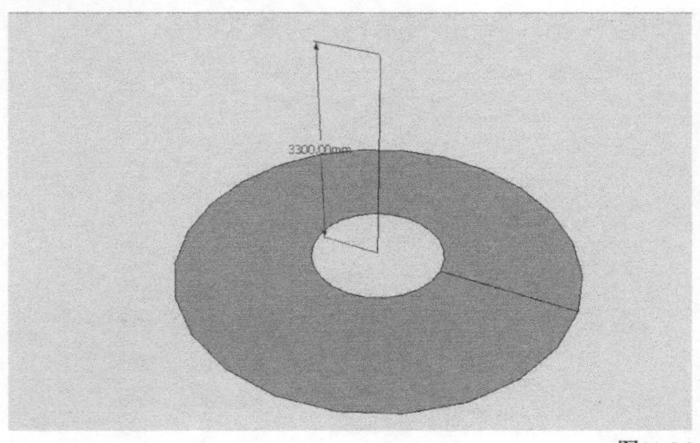

图11-26

4 选择该直线，然后激活“旋转”工具并按住Ctrl键将其旋转，此时会出现一条辅助线，松开Ctrl键输入15，按Enter键确定完成直线的旋转复制（一圈360°，将形成24阶台阶），如图11-27所示。

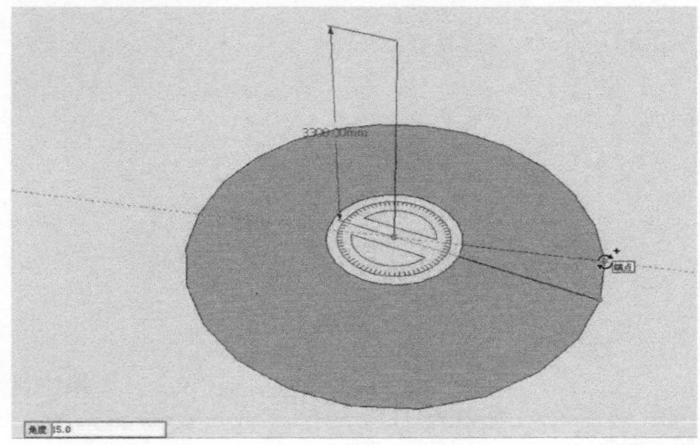

图11-27

5 用“删除”工具删除多余的线，然后将楼梯面用“推/拉”工具推拉150mm的厚度，接着将其制作为组件，如图11-28所示。

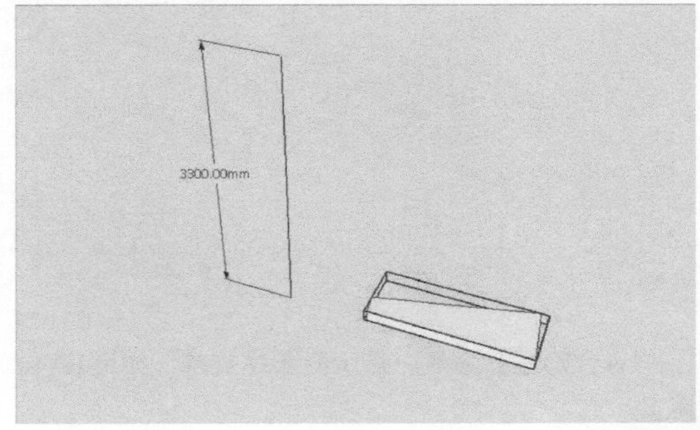

图11-28

6 选择制作好的台阶组件，然后激活“旋转”工具并按住Ctrl键将其旋转，松开Ctrl键输入15，按Enter键确定，接着输入24，按Enter键确定，完成台阶的复制，如图11-29和图11-30所示。

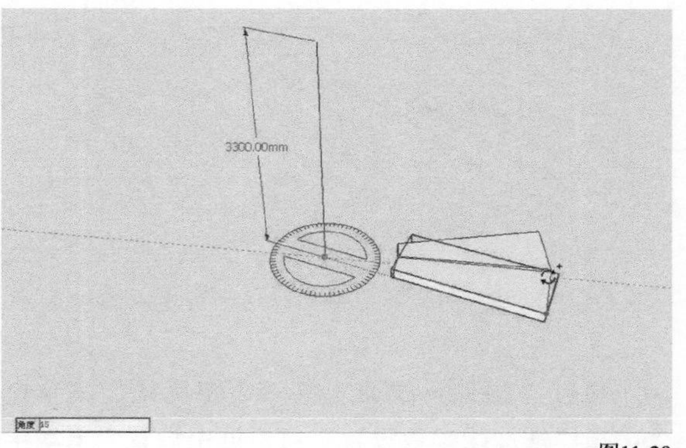

图11-29

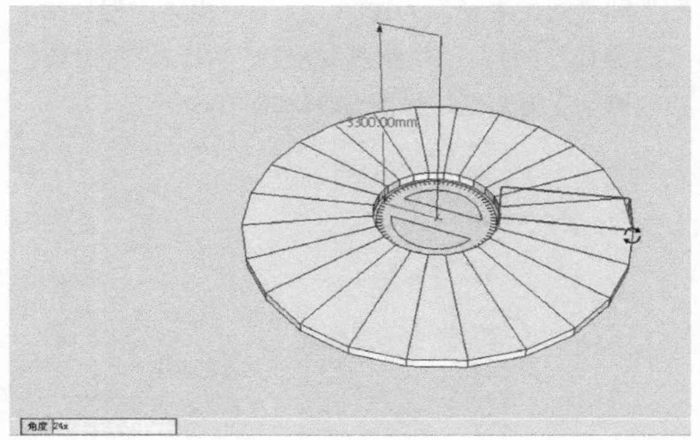

图11-30

7 将楼梯台阶向上移动至相应位置，如图11-31所示。

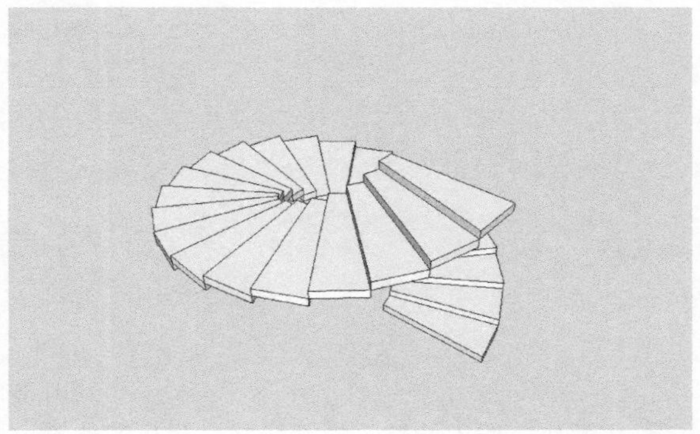

图11-31

8 移动完成后，24阶台阶总高度为3.6m，发现多出2个台阶，将其删除，如图11-32和图11-33所示。

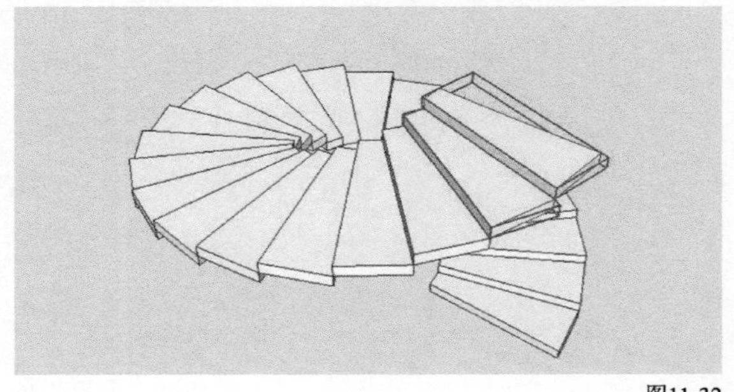

图11-32

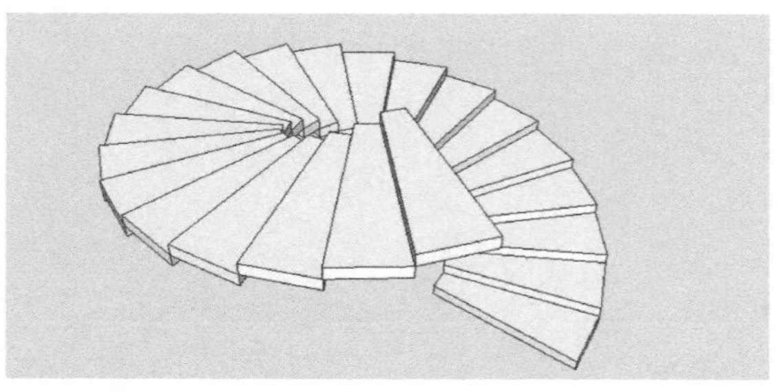

图11-33

9 执行“插件→线面工具→绘螺旋线”菜单命令，在“螺旋线参数设置”对话框中设置“末端半径”和“起始半径”为1000，“偏移距离”为3600，“总圆数”为1，“每圆弧线段数”为24，画出楼梯的内侧扶手螺旋线，如图11-34和图11-35所示。

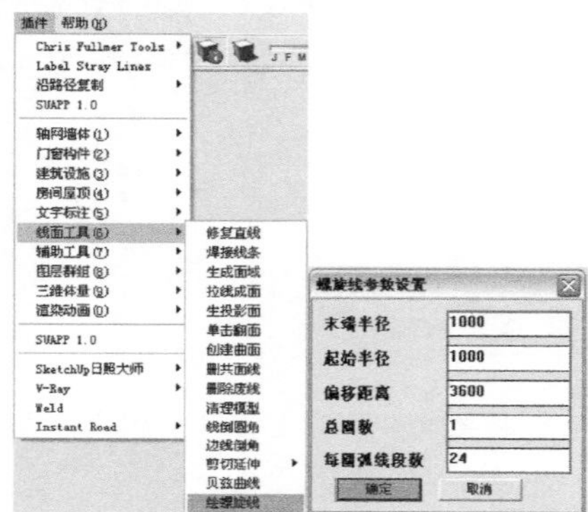

图11-34

图11-35

10 将制作好的内侧扶手螺旋线移至相应的位置，如图11-36所示。

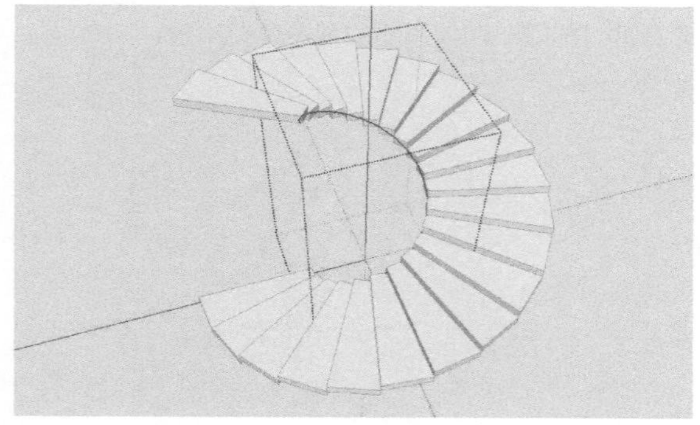

图11-36

11 使用相同的方法绘制外侧扶手的螺旋线，如图11-37和图11-38所示。利用此插件绘制的螺旋线为一个群组，并且组内的螺旋线为一整条曲线。

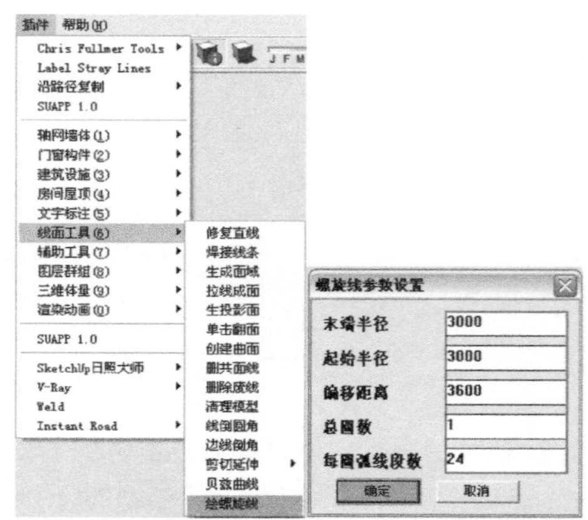

图11-37

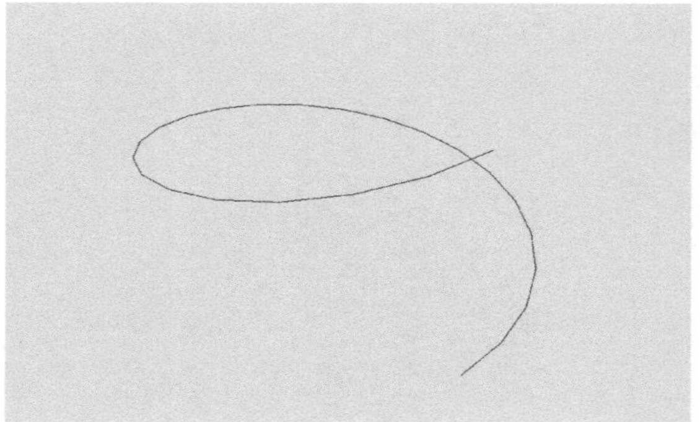

图11-38

12 将制作好的外侧扶手螺旋线移至相应的位置，如图11-39所示。

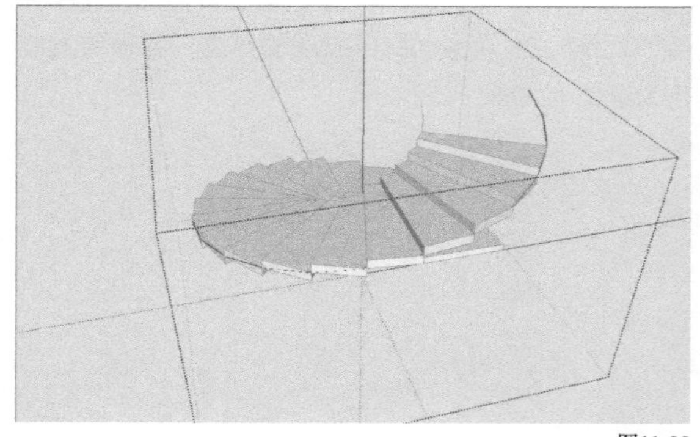

图11-39

13 对台阶进行隐藏，显示两条螺旋线，如图11-40所示。

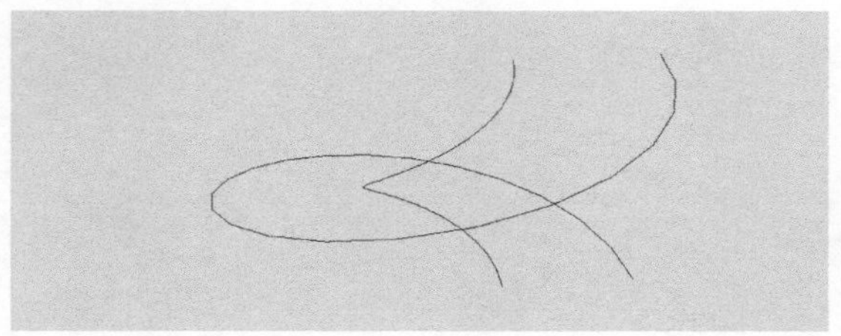

图11-40

14 双击外侧螺旋线的群组进行编辑，以螺旋线的端点为圆心，绘制一个半径为50mm的圆，然后用"跟随路径"工具将圆形截面沿螺旋线进行放样，如图11-41和图11-42所示。

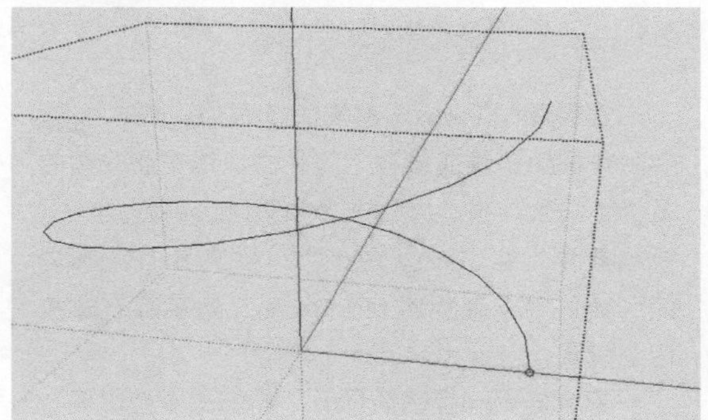

图11-41

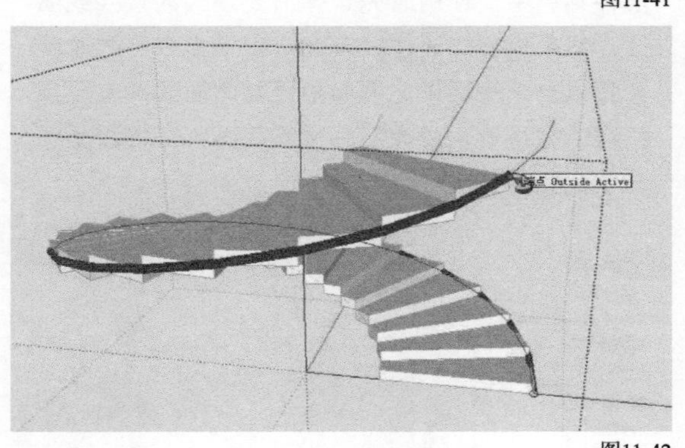

图11-42

15 使用相同的方法放样内侧扶手，如图11-43所示。

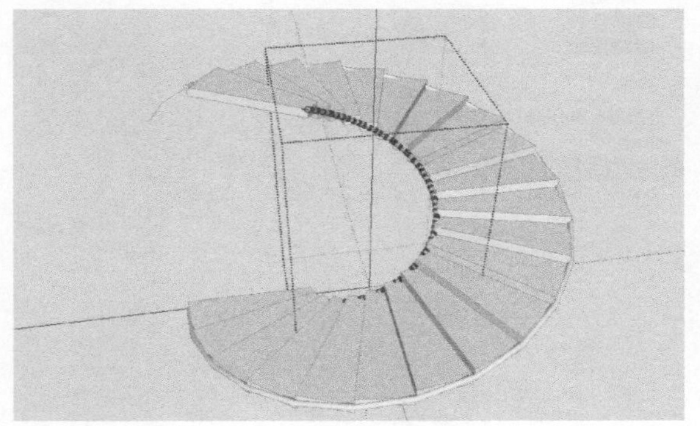

图11-43

16 选择放样好的扶手，然后单击鼠标右键，接着在弹出的菜单中执行"柔化/平滑边线"命令，使扶手更加光滑，如图11-44所示。

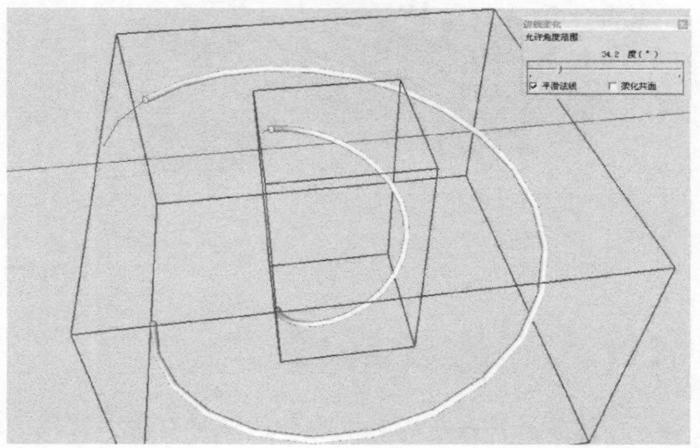

图11-44

17 将扶手用"移动/复制"工具向上移动1000mm的高度，如图11-45所示。

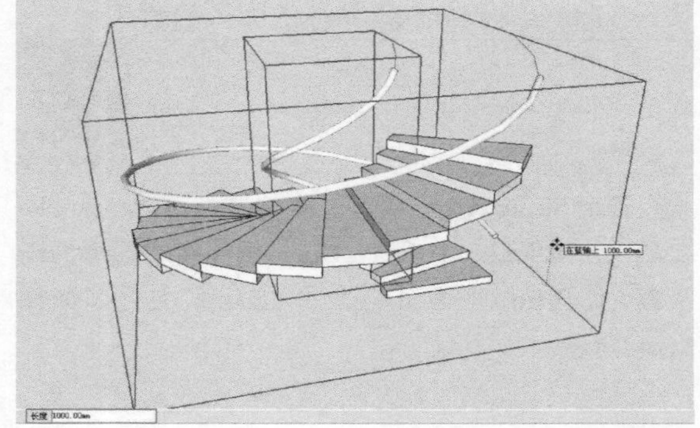

图11-45

18 用"圆"工具、"推/拉"工具以及"移动/复制"工具创建竖向栏杆，如图11-46所示。

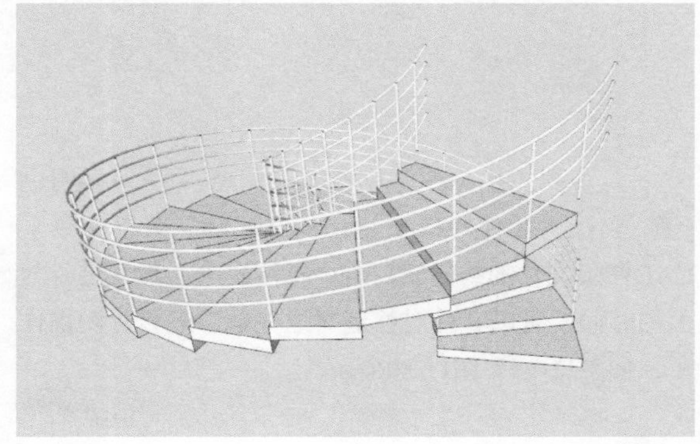

图11-46

19 打开"实例文件>Chapter11>实战——结合绘制螺旋线命令创建旋转楼梯>0135_Dar.jpg"贴图图片，为创建好的模型赋予相应的材质，如图11-47所示。

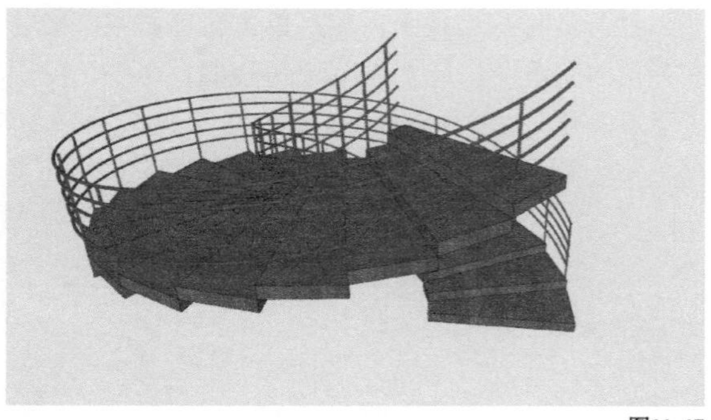

图11-47

11.3 标注线头插件

这款插件在进行封面操作时非常有用，可以快速显示导入的CAD图形线段之间的缺口。

实战

使用Label Stray Lines插件标注图形的断头线

场景文件 无
实例文件 实战——使用Label Stray Lines插件标注图形的断头线.skp
视频教学 多媒体教学>Chapter11>实战——使用Label Stray Lines插件标注图形的断头线.flv
难易指数 ★☆☆☆☆
技术掌握 Label Stray Lines插件

01 运行SketchUp，导入“实例文件>Chapter11>实战——使用Label Stray Lines插件标注图形的断头线>处理hou平面.dwg”CAD场景文件，如图11-48所示。

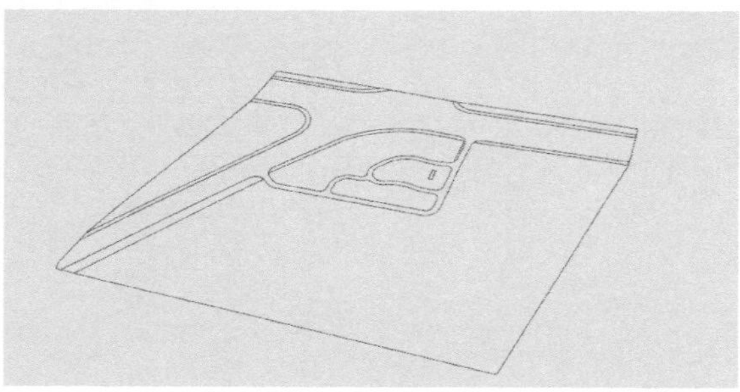

图11-48

02 执行“插件→Label Stray Lines”菜单命令，CAD图形文件的线段缺口就会标注出来，然后进行封面的时候就可以有针对性地对这些缺口进行封闭操作了，如图11-49和图11-50所示。

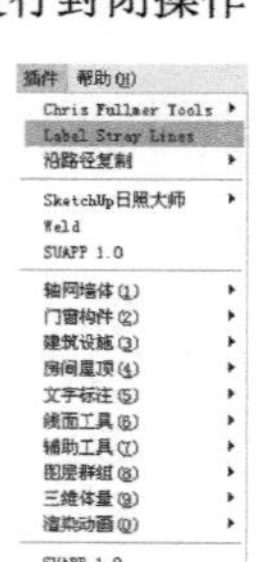

图11-49

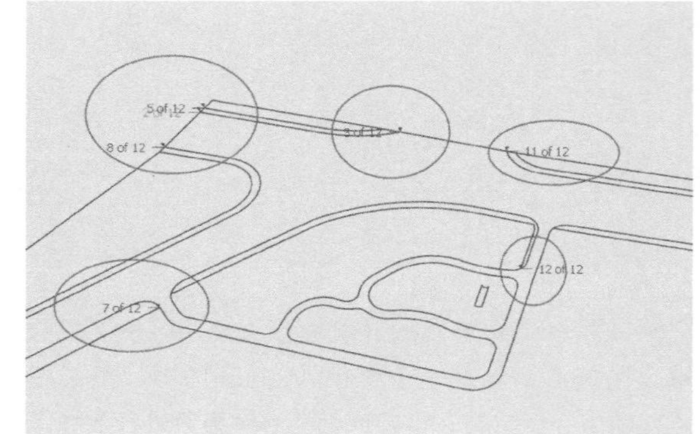

图11-50

11.4 焊接对象插件

在使用SketchUp建模的过程中，经常会遇到制作好的曲线或模型上的某些边线变成分离的多个小线段，很不方便选择和管理，特别是在需要重复操作它们时会更麻烦，而使用“Weld焊接”插件（安装程序为Weld.rb）就很容易解决这个问题。

安装好Weld焊接插件后，Weld命令会出现在插件菜单中，使用时先选择需要连接的直线或曲线，然后执行“插件→Weld”菜单命令，接着就会弹出一个对话框，询问是否封闭曲线（首尾点相连）或是否生成表面，按需要选择即可，如图11-51~图11-55所示。

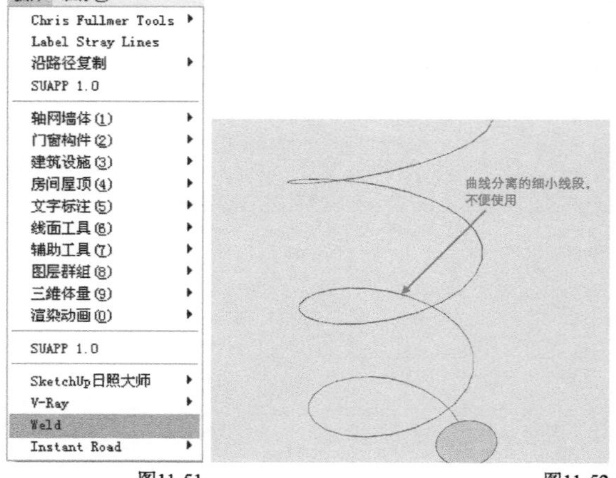

图11-51

图11-52

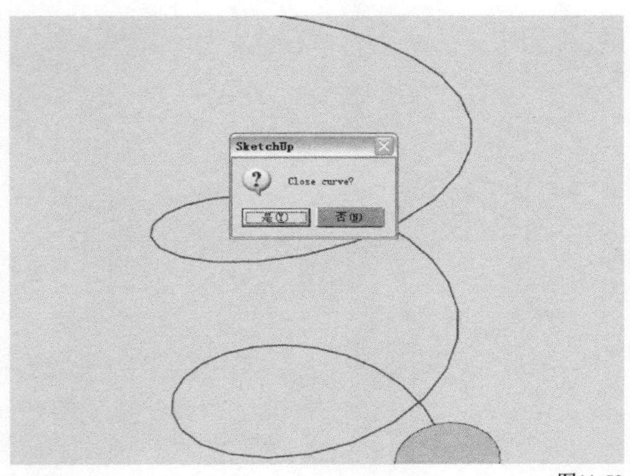

图11-53

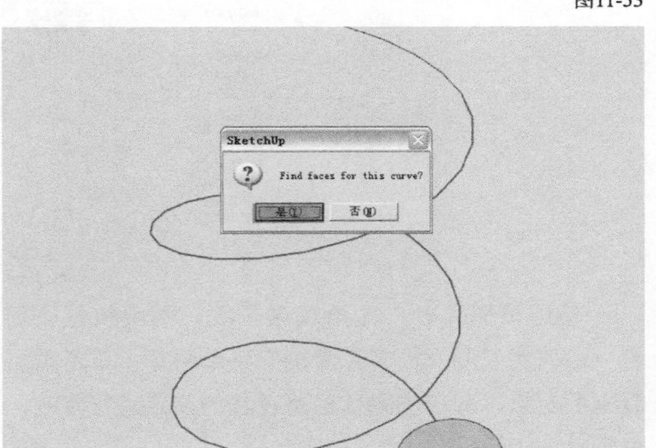

图11-54

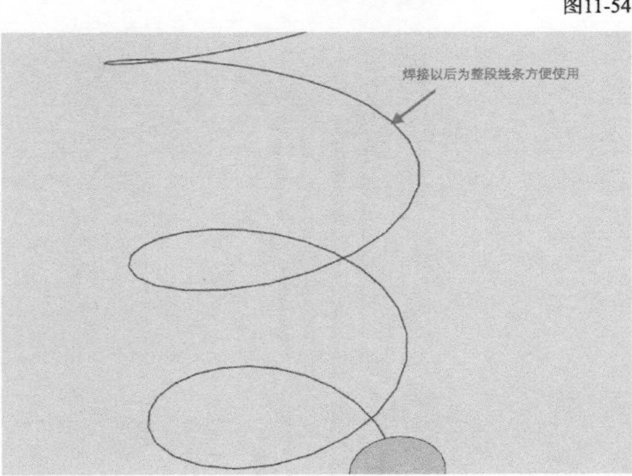

图11-55

11.5 拉伸线插件

安装好“拉伸线”插件后，插件菜单和右键菜单中都会出现“拉伸线”命令，使用时选定需要挤压的线就可以直接应用该插件，挤压的高度可以在数值输入框中输入准确数值，当然也可以通过拖曳光标的方式拖出高度。拉伸线插件可以快速将线拉伸成面，其功能与SUAAP中的“线转面”功能类似。

实战

结合拉伸线命令快速拉伸室内墙体

场景文件 a.skp
实例文件 实战——结合拉伸线命令快速拉伸室内墙体.skp
视频教学 多媒体教学>Chapter11>实战——结合拉伸线命令快速拉伸室内墙体.flv
难易指数 ★★☆☆☆
技术掌握 “拉伸线”插件

扫码看视频

有时在制作室内场景时，可能只需要单面墙体，通常的做法是先做好墙体截面，然后使用“推/拉”工具推出具有厚度的墙体，接着删除朝外的墙面，才能得到需要的室内墙面，操作起来比较麻烦。使用Extruded Lines插件可以简化操作步骤，只需要绘制出室内墙线就可以通过这个插件挤压出单面墙。

01 打开“场景文件>Chapter11>a.skp”文件，然后选择需要拉伸的线，接着单击鼠标右键，在弹出的菜单中执行“拉伸线”命令，如图11-56所示。

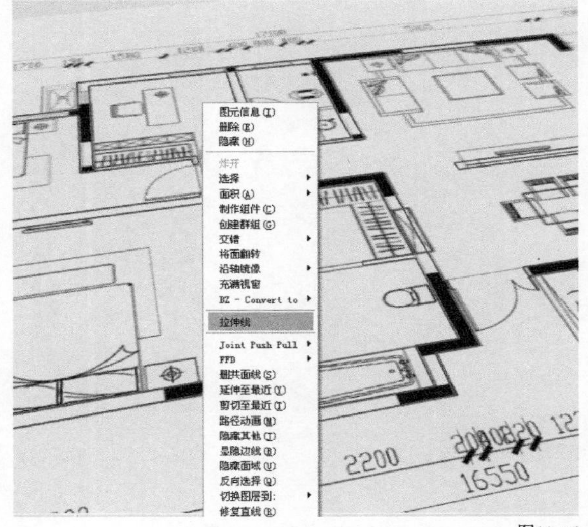
图11-56

02 移动鼠标至拉伸的高度（或者在数值控制框中输入相应高度3000mm），并且在弹出的“自动成组”对话框中选择No，然后单击“确定”按钮 确定 ，如图11-57所示。

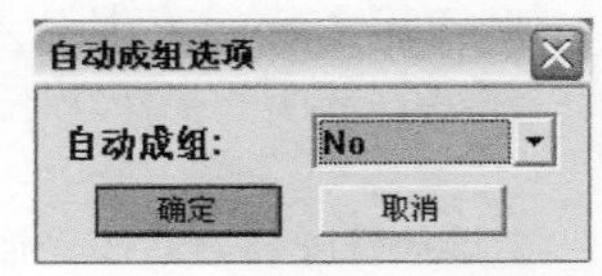

图11-57

03 完成墙体的拉伸，如图11-58所示。

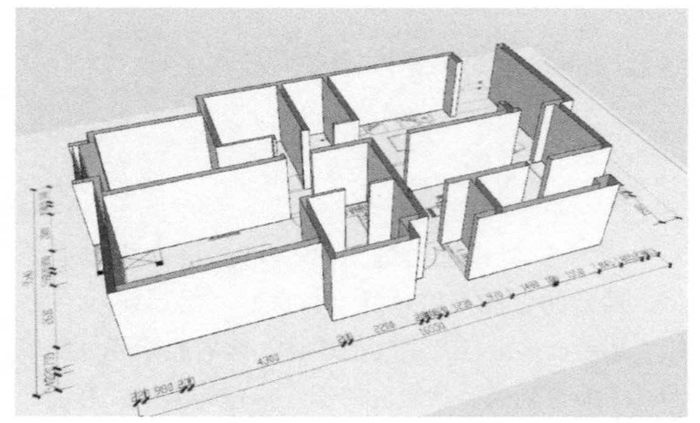

图11-58

技巧与提示

“拉伸线”插件不但可以对一个平面上的线进行挤压，而且对空间曲线同样适用。如在前面制作旋转楼梯的扶手侧边曲面时，有了这个插件后就可以直接挤压出曲面，如图11-59所示。

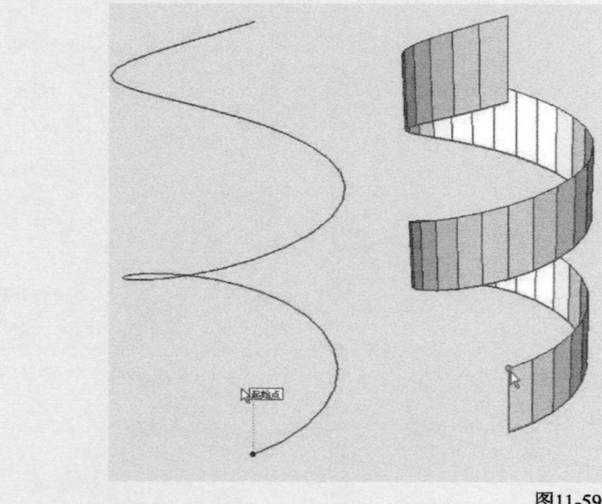

图11-59

11.6 沿路径复制插件

在SketchUp中沿直线或圆心复制多个对象是比较容易的，但是沿一条稍复杂的路径进行复制就很难了，遇到这种情况可以使用“沿路径复制（Path Copy）”插件来完成。“沿路径复制（Path Copy）”插件只对群组和组件进行操作。

该插件安装好后在“插件”菜单下的“沿路径复制”拓展菜单中会有两个子命令，分别是“沿节点复制”和“按间距复制”命令，如图11-60和图11-61所示。如果使用“沿节点复制”命令，对象会在路径线上的每个节点上复制一个对象；如果使用“按间距复制”命令，则要先在数值输入框中输入复制对象的间距。

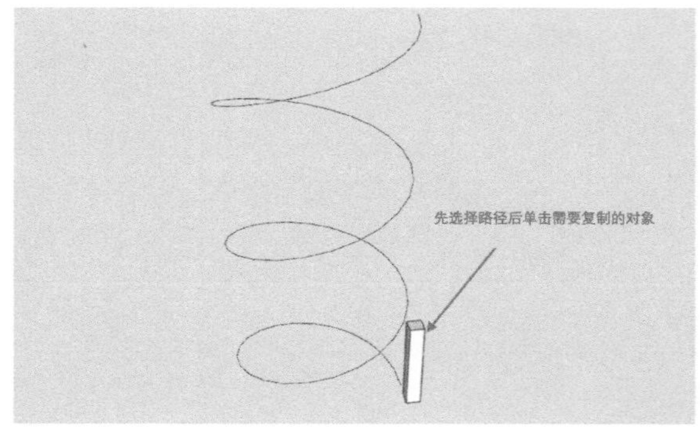

图11-60

插件 帮助(H)
Chris Fullmer Tools
Label Stray Lines
沿路径复制
沿节点复制
按间距复制
SUAPP 1.0
轴网墙体(1)
门窗构件(2)
建筑设施(3)
房间屋顶(4)
文字标注(5)
线面工具(6)
辅助工具(7)
图层群组(8)
三维体量(9)
渲染动画(0)
SUAPP 1.0

图11-61

使用该插件时，先拾取路径线，然后执行“插件→沿路径复制→沿节点复制”菜单命令，单击需要复制的对象，即可将物体沿路径线的节点进行复制，如图11-62所示。

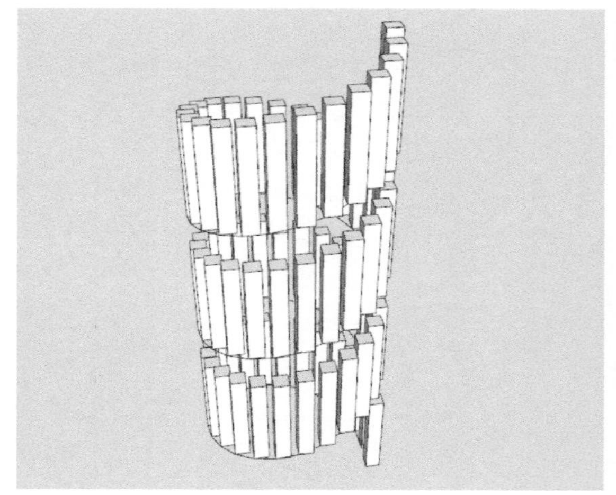

图11-62

技巧与提示

使用“沿路径复制（PathCopy）”插件时，如果路径线是由多段分离的曲线或直线组成时，就需要使用前面介绍的焊接插件将整个路径线焊接为整体才能使用。

11.7 曲面建模插件

在制作曲面时，往往是使用直线连接轮廓曲面节点进行封面的方法来获得曲面，但如果使用Soap Bubble插件来获得曲面就要快得多。

安装好Soap Bubble插件后，在SketchUp的界面中可以打开它的工具栏，其工具并不多，但这些工具在曲面建模方面功能非常强大，如图11-63所示。

图11-63

Skin（生成网格）工具：选择好封闭的曲线后，单击该按钮可生成曲面或平面网格，在数值输入框中可以控制网格的Division（密度），其取值范围为1~30，输入需要的数值后按Enter键可以观察到网格的计算和产生过程。

1. 选择封闭的曲线，如图11-64所示。

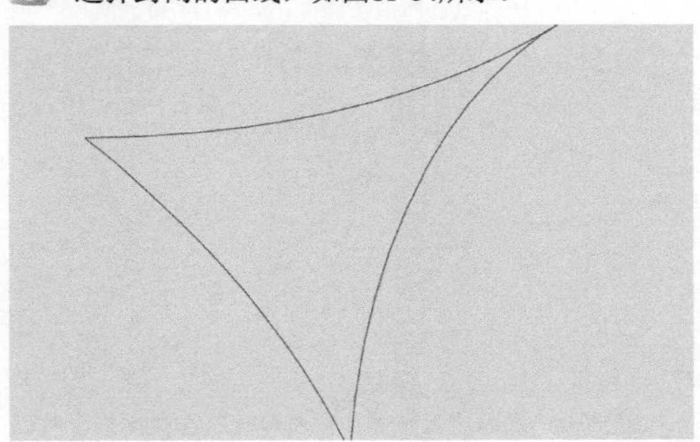

图11-64

2. 单击“生成网格”工具，输入细分值为20，生成细分的网格如图11-65所示。

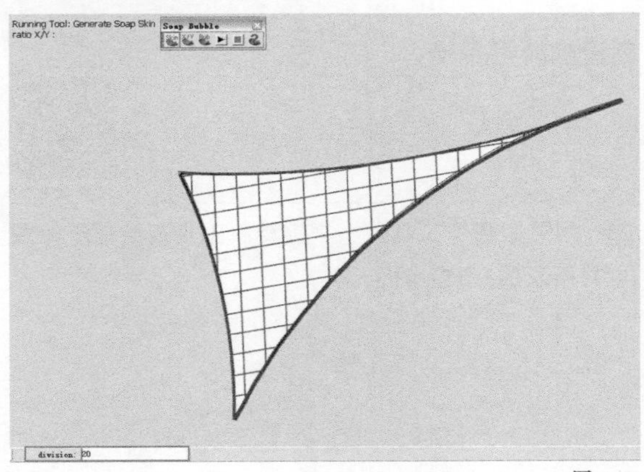

图11-65

3. 按Enter键确定，生成曲面物体，如图11-66所示。

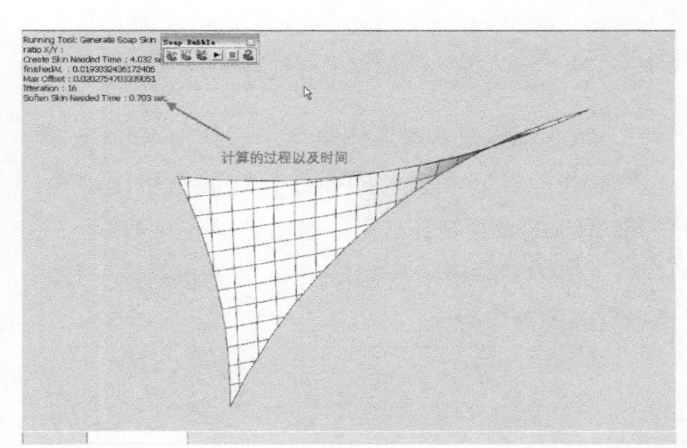

图11-66

X/Y（x/y比率）工具：当Skin命令结束后，会生成一个曲面群组。选择它执行此命令，在输入x/y比率（0.01—100）以后直接按Enter键确定，即可调整曲面中间偏移的效果，这个值主要会影响到后面曲面压边的效果。

Bub（起泡）工具：使用该工具同样需要选择网格群组，然后执行该命令，在数值输入框中输入Pressure（压力）值（该值可正可负）可使曲面整体向内或向外偏移，以产生曲面效果，图11-67和图11-68所示为压力值为200和100的不同效果。

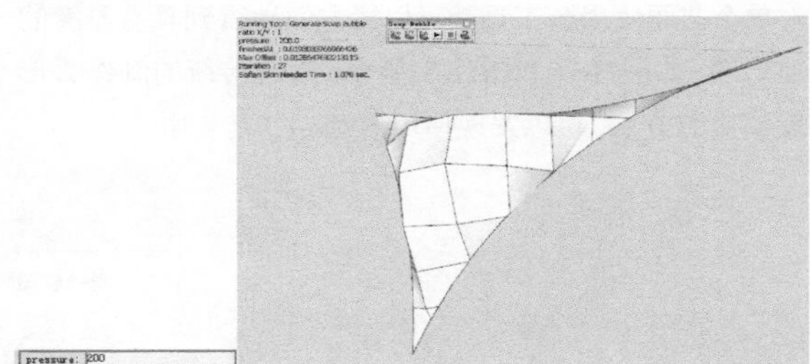

图11-67

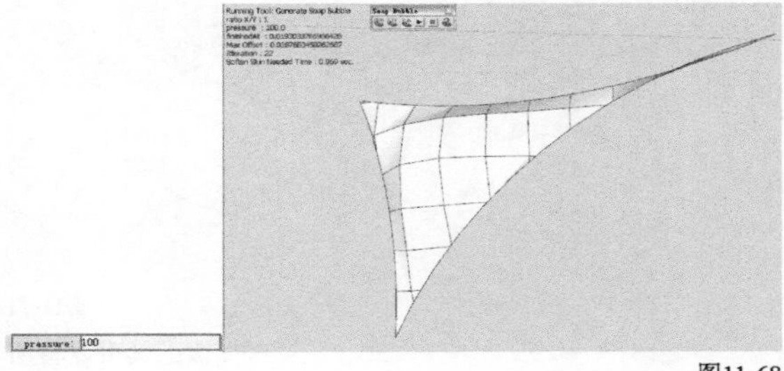

图11-68

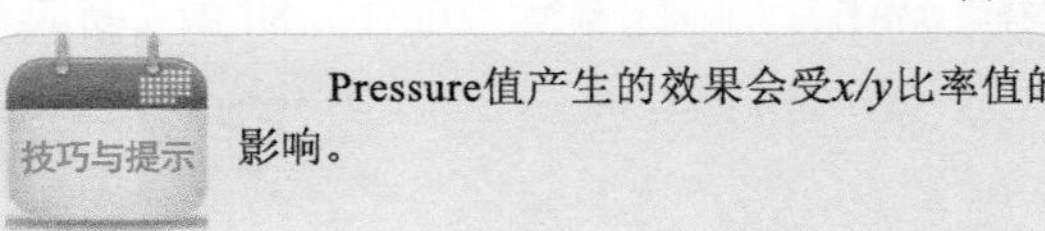

技巧与提示

Pressure值产生的效果会受x/y比率值的影响。

（播放和停止）工具：在生成曲面的过程中，可单击“停止”按钮停止计算，如果想重复上一次的操作可单击“开始”按钮。

11.8 组合表面推拉插件

Joint Push Pull插件是一个远比SketchUp的“推/拉”工具强大的插件，它的作用可媲美3ds Max的表面挤压工具。插件工具栏上有5个工具，如图11-69所示，在Joint Push Pull菜单下有5个对应的菜单命令。

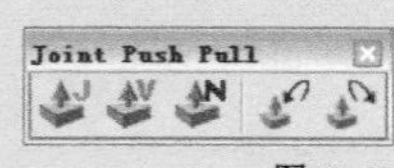

图11-69

Joint Push Pull（组合推拉）工具：该工具是Joint Push Pull插件最具特色的一个工具，它不但可以对多个平面进行推拉，最主要的是它还可以对曲面进行推拉，推拉后仍然得到一个曲面，这对于曲面建模来说非常有用。

操作步骤：选中面，激活“组合推拉”工具，此时会以线框的形式显示出推拉结果，这时可以在数值输入框中输入推拉距离，然后双击左键即可完成推拉操作。对单个曲面使用该工具就可以很方便地得到具有厚度的弧形墙，如图11-70和图11-71所示。对比传统的制作弧形墙使用的方法，可以发现使用该插件非常实用。

图11-70

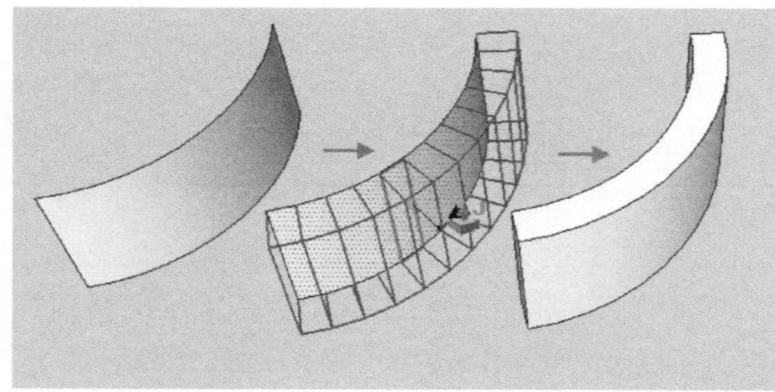
图11-71

Vector Push Pull（向量推拉）工具：该工具可以将所选择表面沿任意方向进行推拉，如图11-72和图11-73所示。

图11-72

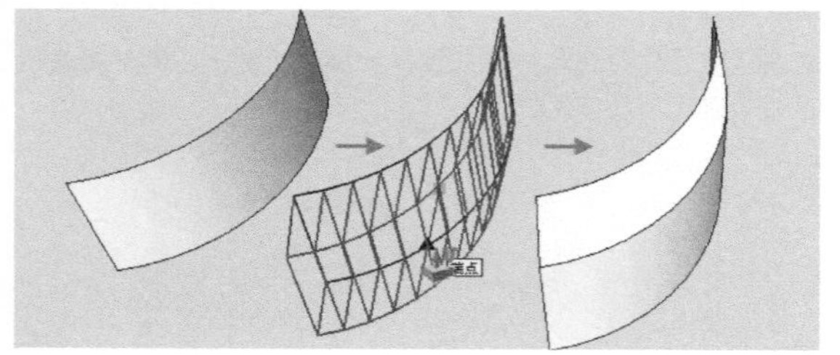
图11-73

Normal Push Pull（法线推拉）工具：该工具与Joint Push Pull工具的使用方法比较类似，但法线推拉是沿所选表面各自的法线方向进行推拉的，如图11-74和图11-75示。

图11-74

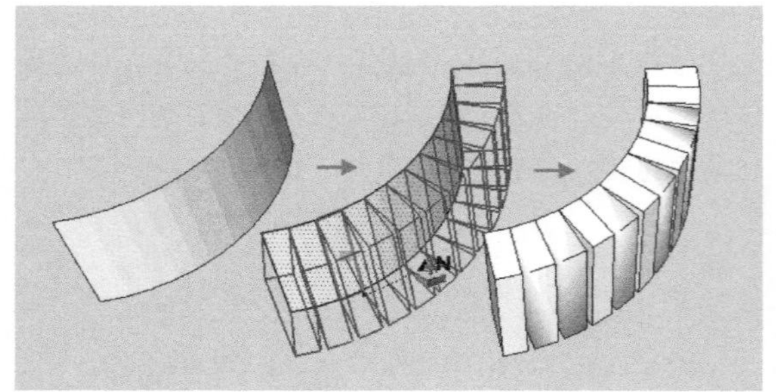
图11-75

技巧与提示

执行“查看→虚显隐藏物体”菜单命令将弧面以虚线进行显示以后，可以对单个弧形片面进行推拉操作，如图11-76所示。

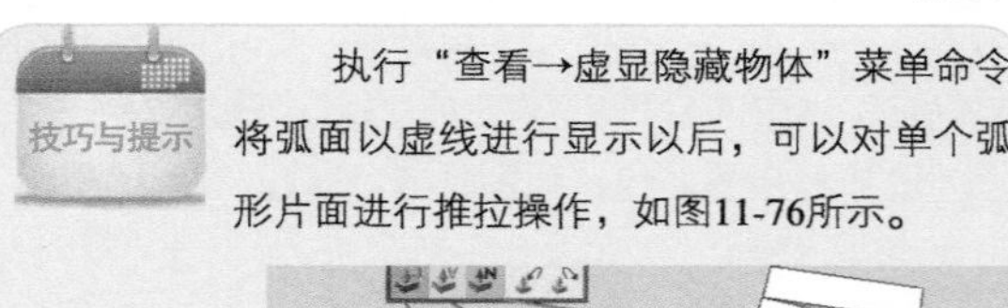

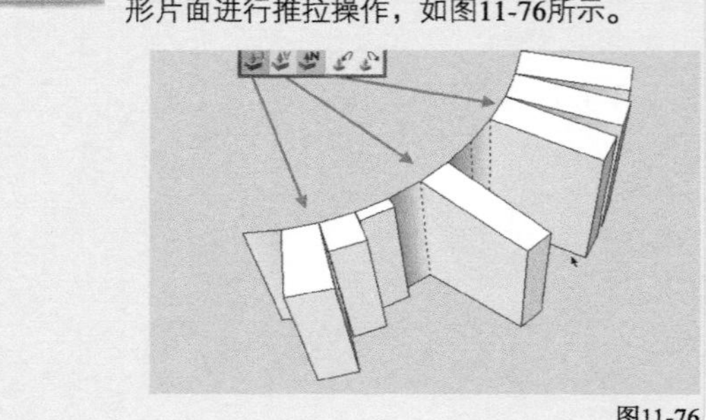
图11-76

取消上一次推拉工具：取消前一次推拉操作，并保持推拉前选择的表面。

重复上一次推拉工具：重复上一次推拉操作，可以选择新的表面来应用上一次推拉。

重点 实战

创建旋转吧台椅

场景文件	无
实例文件	实战——创建旋转吧台椅.skp
视频教学	多媒体教学>Chapter11>实战——创建旋转吧台椅.flv
难易指数	★★★☆☆
技术掌握	Joint Push Pull插件

扫码看视频

1 用“矩形”工具、“旋转”工具绘制出如图11-77所示的3个参考面。

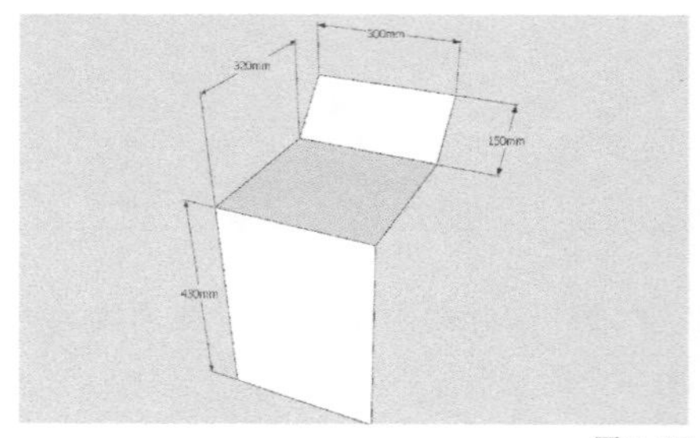
图11-77

2 用“圆弧工具”将座椅的金属外框的路径绘制出来，完成绘制后隐藏参考面，保留路径即可，如图11-78和图11-79所示。

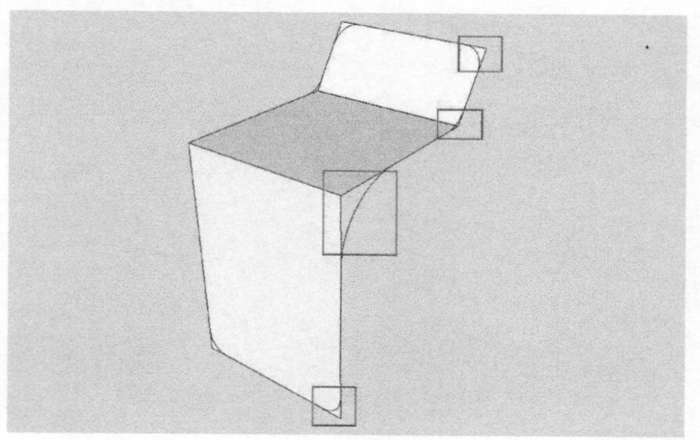

图11-78

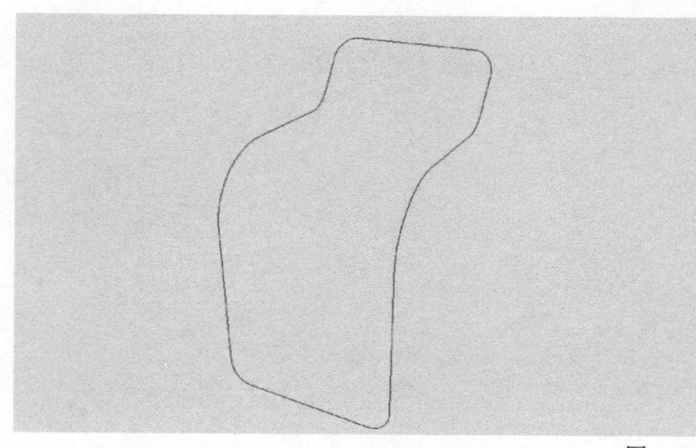

图11-79

3 用“矩形”工具完成金属外框截面的绘制，然后用“跟随路径”工具将其放样，如图11-80和图11-81所示。

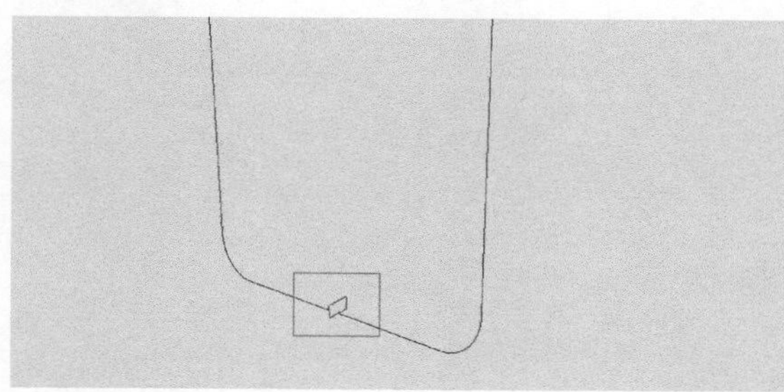

图11-80

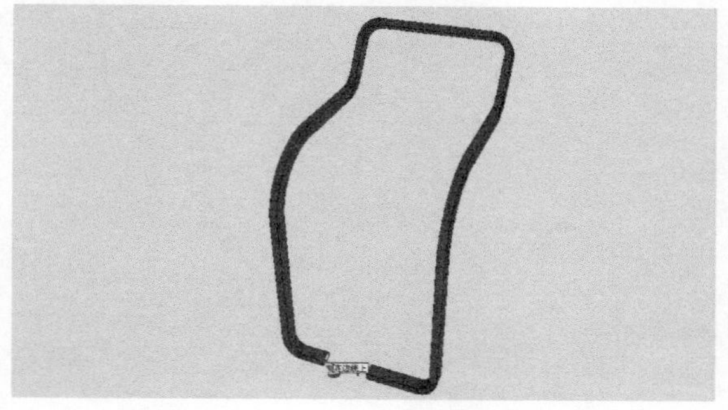

图11-81

4 将第2步隐藏的参考面显示出来，使用“推/拉”工具推拉出弧形面，如图11-82和图11-83所示。

图11-82

图11-83

5 打开曲面推拉的插件工具栏，然后激活“组合推拉”工具，在数值控制框中输入12mm，按Enter键完成椅面的厚度推拉，如图11-84和图11-85所示。

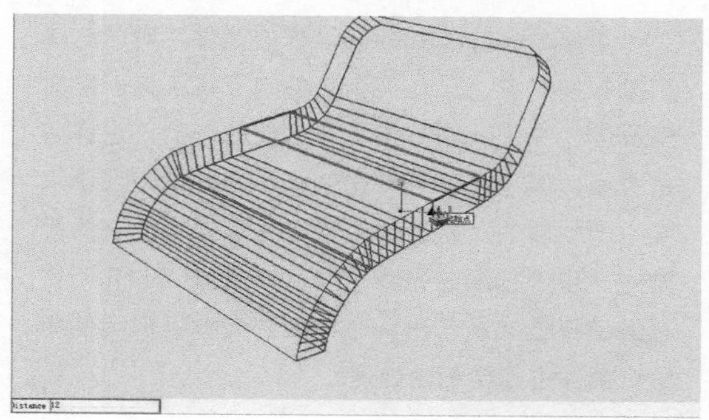

图11-84

图11-85

6 将其放置到与金属外框相契合的位置，然后完成底座和支撑杆等配件的创建并赋予相应的材质，如图11-86和图11-87所示。

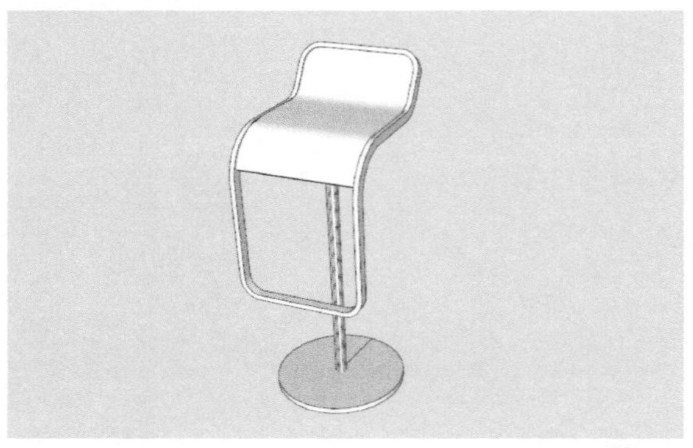
图11-86

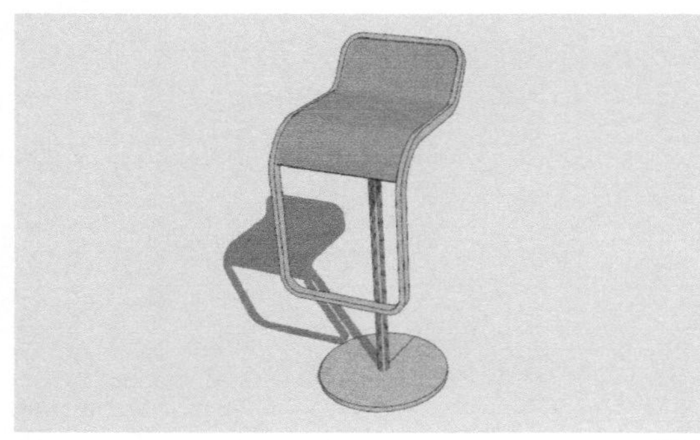
图11-87

11.9 表面细分/光滑插件

像Subdivide&Smooth这样的插件，对于高端三维软件来说，只是一个必备的平常工具，但对SketchUp来说，则产生了革命性的影响，也许有些夸张，但它的确可以让SketchUp的模型在精细度上产生质的飞跃。使用该插件可以将已有的模型进一步进行细分光滑，也可以用SketchUp所擅长的建模方式制作出一个模型的大概雏形后使用这个插件进行精细化处理。

安装好Subdivide&Smooth后，“工具”菜单下会出现它的菜单命令SubdivideandSmooth及其子菜单命令，并且它有自己的工具栏，如图11-88所示。

图11-88

Subdivide&Smooth（细分和光滑）工具：该工具是这个插件的主要工具。使用时先选择一个原始模型，对这个模型应用该工具时，会弹出一个参数对话框，在该对话框中可以设置细分的等级数，值越大，得到的结果越精细，但占用的系统资源也更多，所以还应注意不要盲目地追求高精细度，如图11-89~图11-92所示。

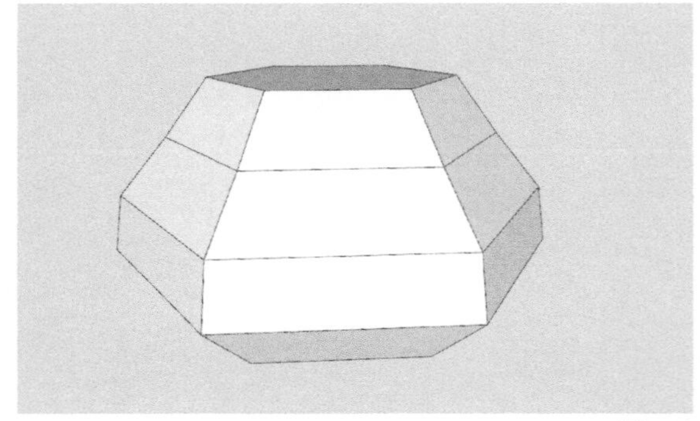
图11-89

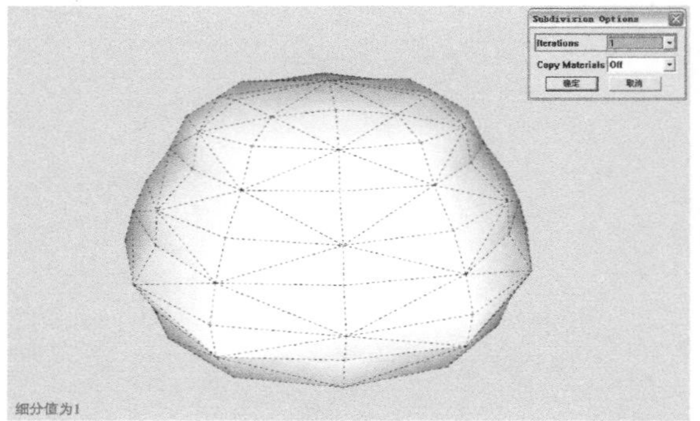

图11-90

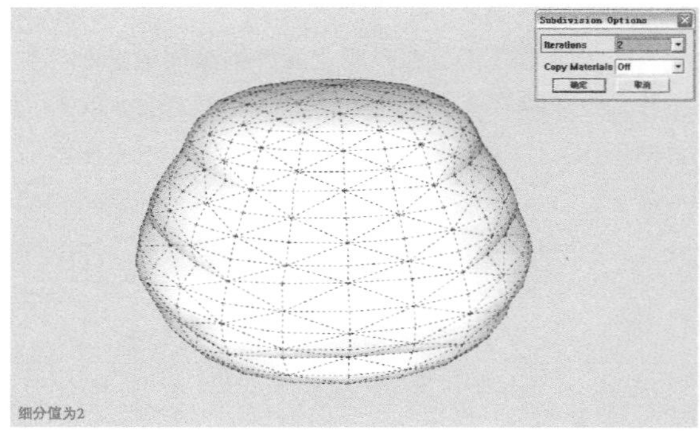

图11-91

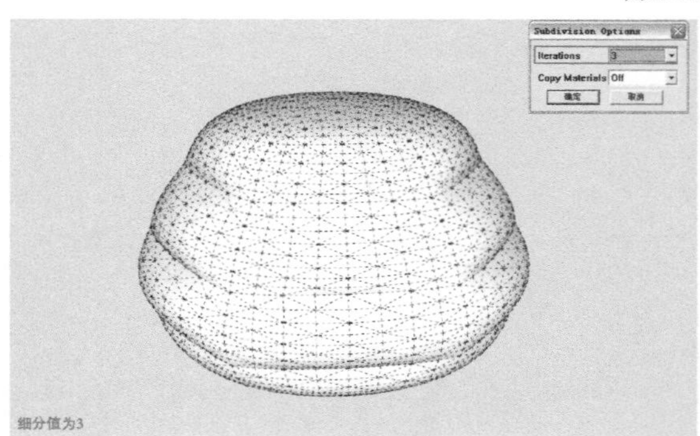

图11-92

在对群组进行细分和光滑的时候，会在群组物体周围产生一个透明的代理物体，这个代理物体像其他模型，可以在被选中后进行分割、推拉或旋转等操作，同时相对应的原始模型会跟着改变，如图11-93~图11-96所示。但是，由于插件可能存在不稳定性，推拉过程中会偶尔出现模型不跟随修改的情况，需要多试几次。

图11-93

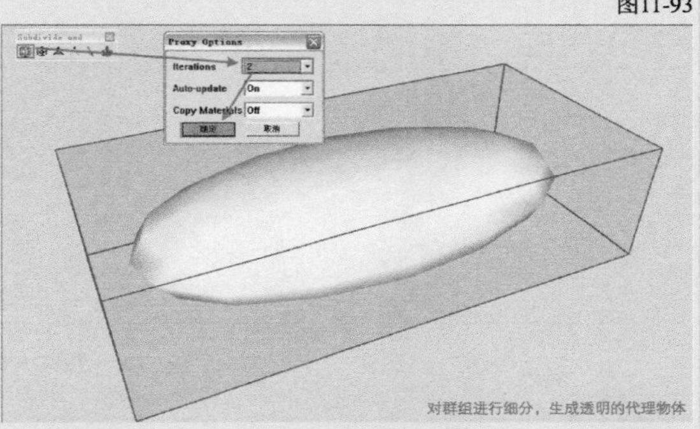

图11-94

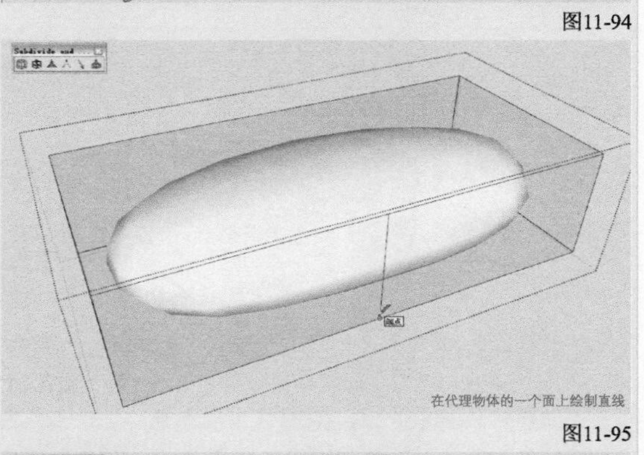

图11-95

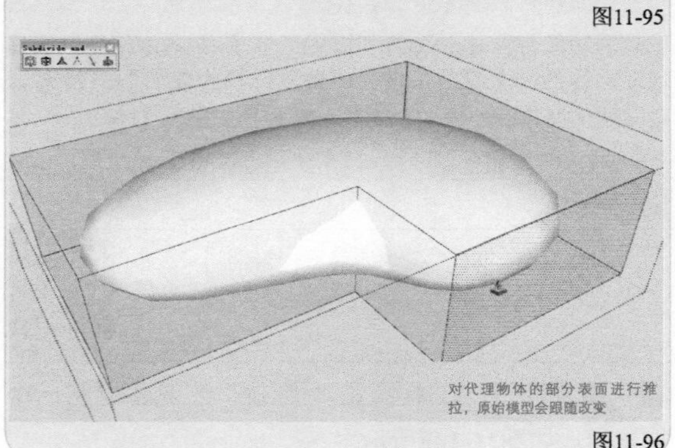

图11-96

SubdivideSelected（细分选择）工具：用来细分所选择的对象，该工具只产生面的细分，而不产生光滑效果，使用一次这个工具就会对表面细分一次，如图11-97所示。

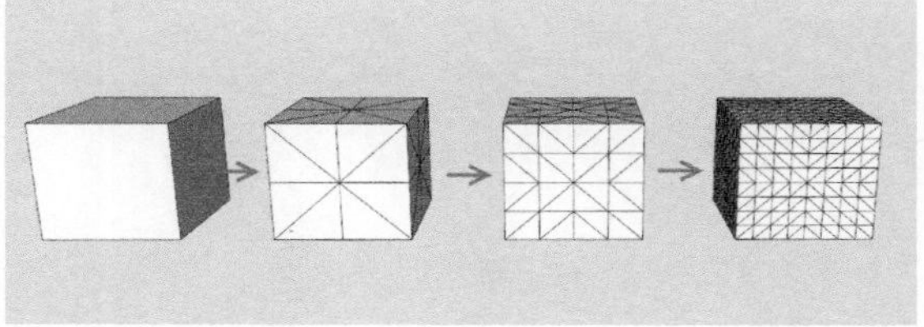

图11-97

SmoothallSelectedGeometry（平滑所有选择的实体）工具：用来平滑选择对象的表面。选择一个物体表面后，使用该工具可以对它们进行平滑处理，也可以连续单击该工具直到达到满意的平滑效果为止，如图11-98所示。

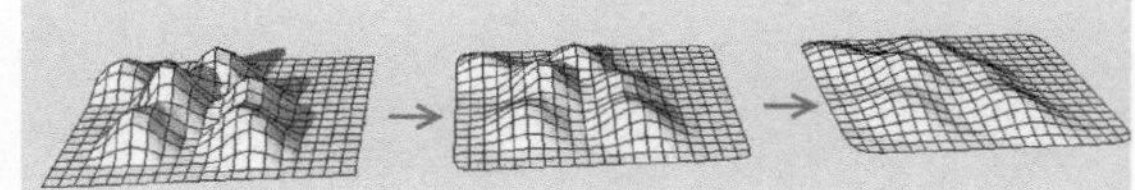

图11-98

CreaseTool（折痕工具）工具：该工具主要用来产生硬边和尖锐的顶点效果。在对模型光滑之前，使用该工具单击顶点或边线，光滑处理后就可以产生折痕效果，如图11-99和图11-100所示。

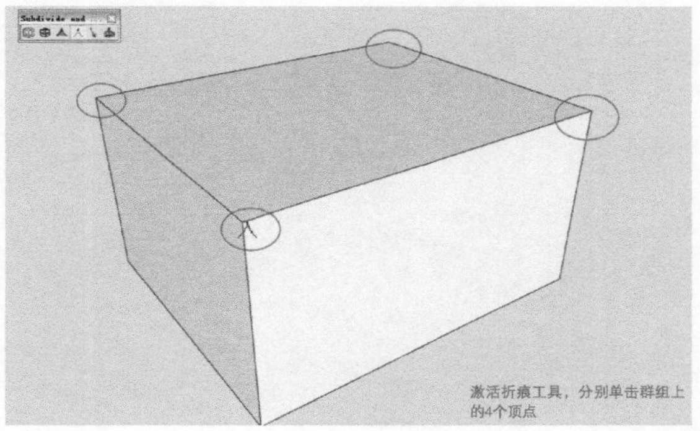

图11-99

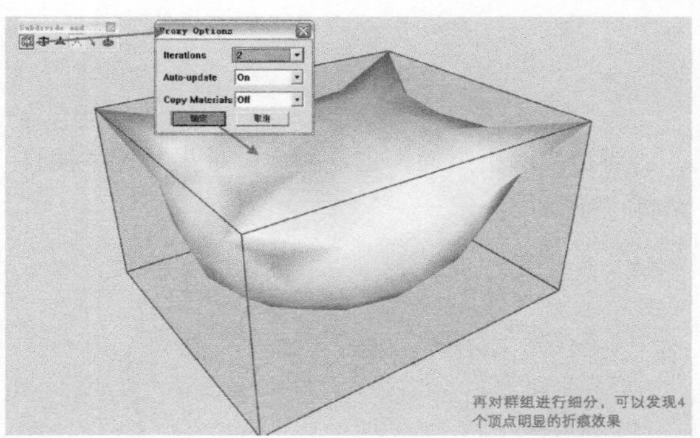

图11-100

这种方法不容易捕捉点或边线，而且也无法预知折痕效果。所以，推荐在产生代理物体之后使用折痕工具。进入群组，用鼠标左键单击代理物体的顶点或边线（此时点或边线会以红色进行亮显），模型就会自动产生折痕效果，再次单击顶点，模型又会恢复柔滑状态，如图11-101~图11-103所示。

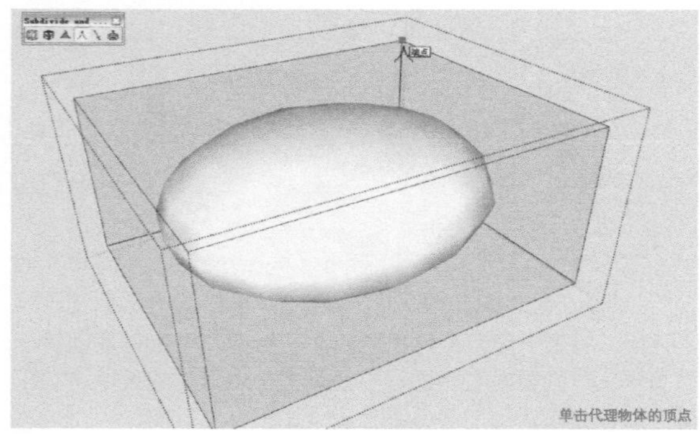

图11-101

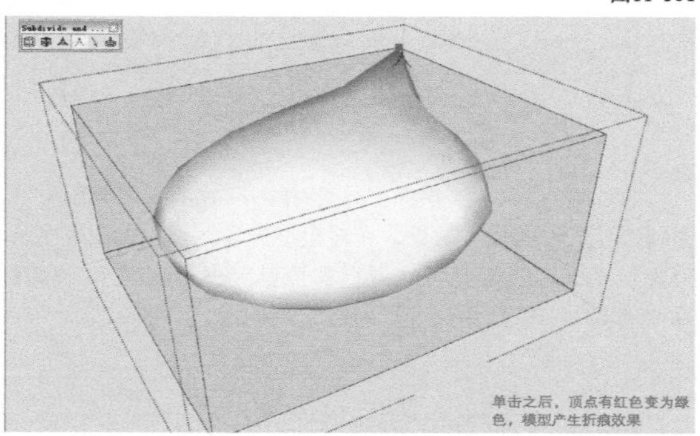

图11-102

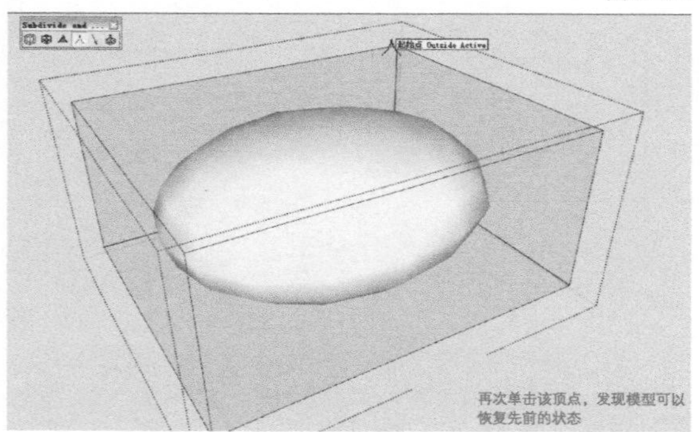

图11-103

对边线的折痕操作也是如此，效果对比如图11-104和图11-105所示。

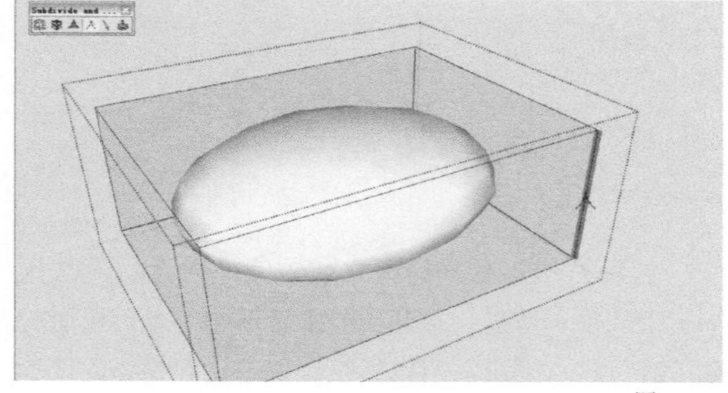

图11-104

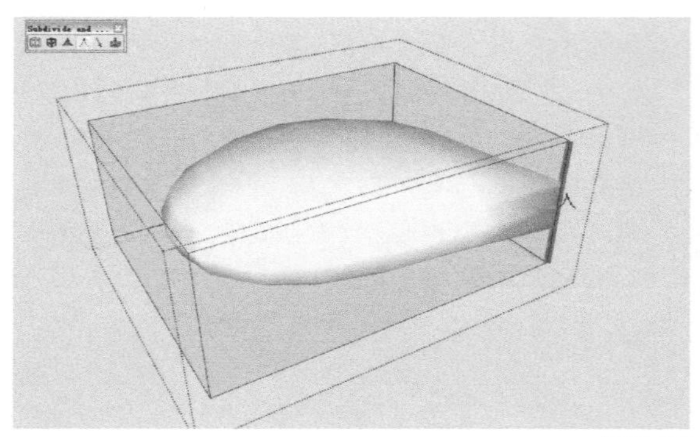

图11-105

KnifeTool（小刀工具）工具：该工具主要用来对表面进行手动细分，小刀划过的表面会产生新的边线，即产生新的细分。这个工具比较容易使用，可以随意对模型进行细分，以获得不同的分割效果，如图11-106和图11-107所示。

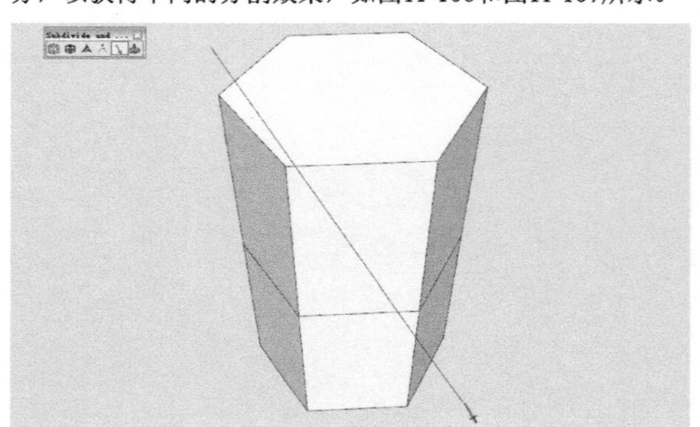

图11-106

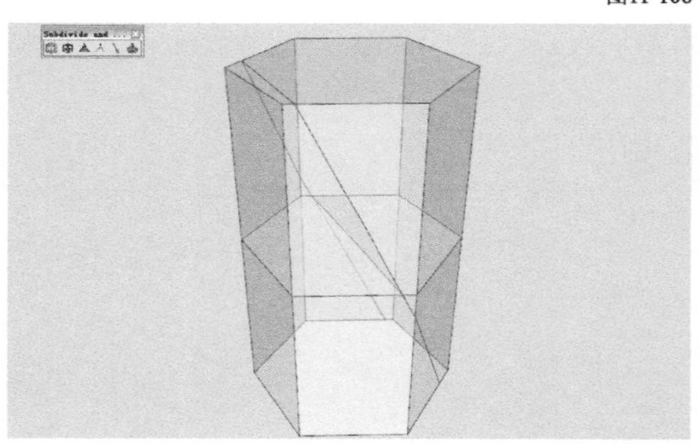

图11-107

ExtrudeSelectedFace（挤压选择的表面）工具：该工具的功能与SketchUp的“推/拉”工具基本相同。选择代理物体的一个表面，使用“挤压选择的表面”工具，会发现模型相应的表面产生了一定距离的挤压/拉伸。

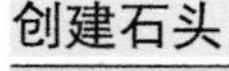
实战

创建石头

场景文件 无
实例文件 实战——创建石头.skp
视频教学 多媒体教学>Chapter11>实战——创建石头.flv
难易指数 ★★☆☆☆
技术掌握 表面细分光滑插件（Subdivide&Smooth）的“细分/光滑”工具及“移动/复制”工具

01 用“矩形”工具及“推/拉”工具绘制一个立方体，如图11-108所示。

图11-108

2 打开Sub smooth插件的工具栏，然后使用“细分和光滑”工具，接着在弹出的subdivision options对话框中将iterations的数值改成2，按Enter键确定，如图11-109和图11-110所示。

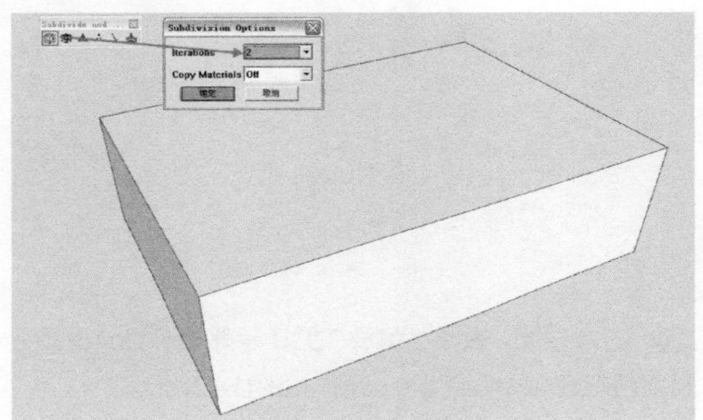

图11-109

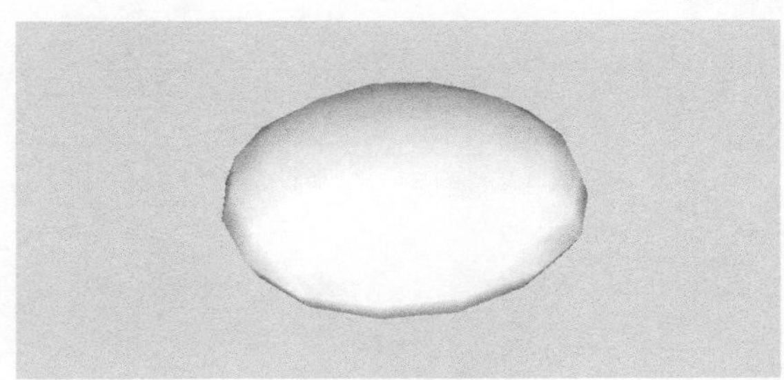

图11-110

3 打开虚隐边线显示（快捷键为Alt+H），然后用“移动/复制”工具调整其节点，直到比较像石头为止，如图11-111和图11-112所示。

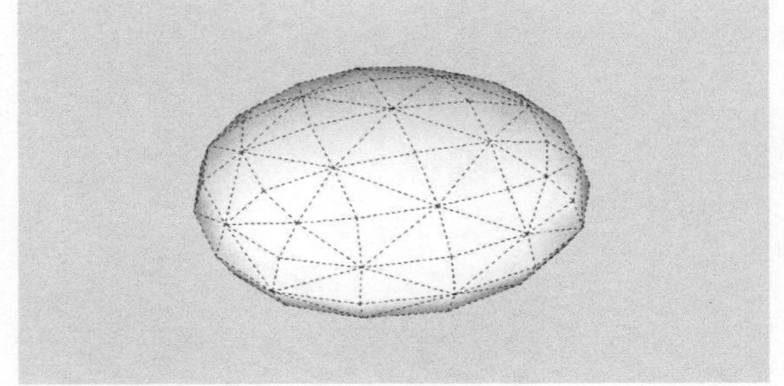

图11-111

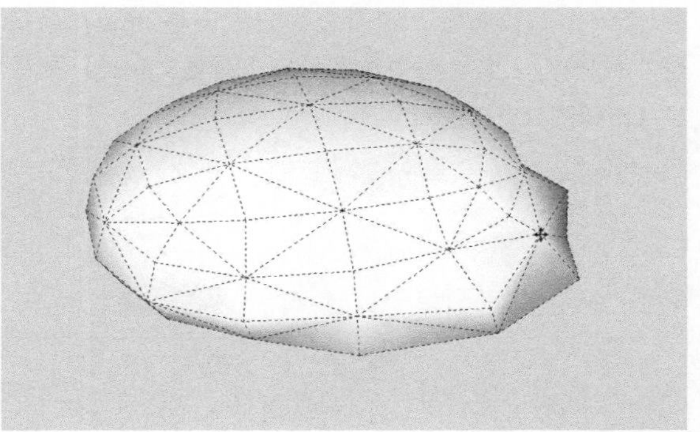

图11-112

4 打开“实例文件>Chapter11>实战——创建石头>ROCKt_B.jpg”贴图图片，为创建好的模型赋予相应的材质，完成石头模型的创建，如图11-113所示。

图11-113

技巧与提示

由于每块石头形状都不一样，所以调整节点时有很大的随意性，只要外形比较像石头即可，不必拘泥于细节，如图11-114所示。

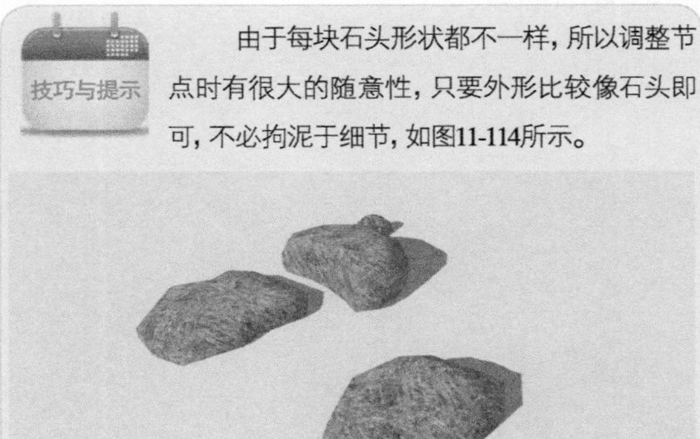

图11-114

重点 实战

创建汤勺

场景文件	无
实例文件	实战——创建汤勺.skp
视频教学	多媒体教学>Chapter11>实战——创建汤勺.flv
难易指数	★★☆☆☆
技术掌握	表面细分/光滑插件（Subdivide&Smooth）的“细分/光滑”工具及“移动/复制”工具、“缩放”工具

扫码看视频

1 用“矩形”工具绘制20mm×10mm的矩形，然后用“推/拉”工具推拉5mm的高度，接着用“偏移/复制”工具将上表面边线向内偏移2mm，最后用“推/拉”工具将中间部分向下推拉3.5mm，如图11-115和图11-116所示。

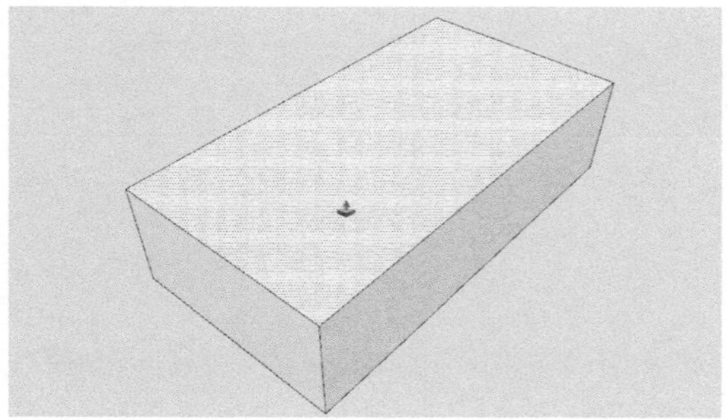

图11-115

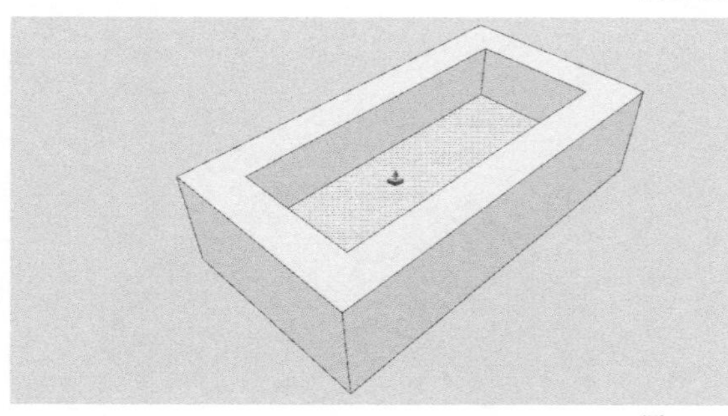

图11-116

2 选择物体的顶面，激活“缩放”工具对其进行缩放，纵向扩大1.5倍，横向扩大1.3倍，如图11-117和图11-118所示。

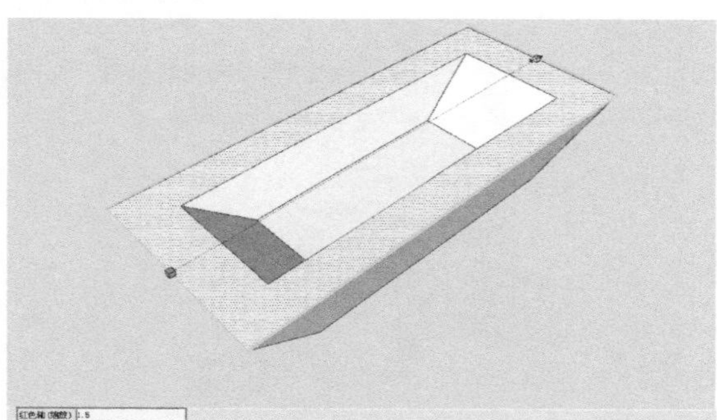

图11-117

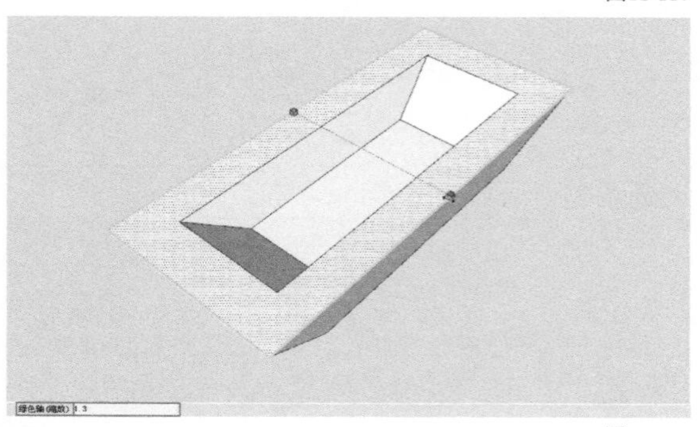

图11-118

3 用“矩形”工具和“推/拉”工具完成如图11-119所示矩形的体块，然后选择顶面，接着使用“移动/复制”工具将其向外侧移动20mm，如图11-120所示。

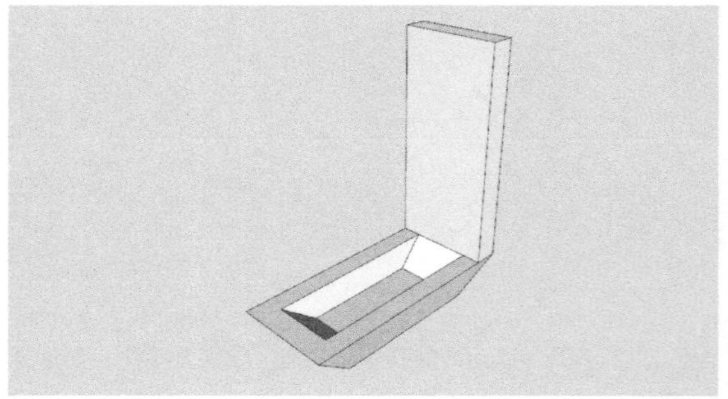

图11-119

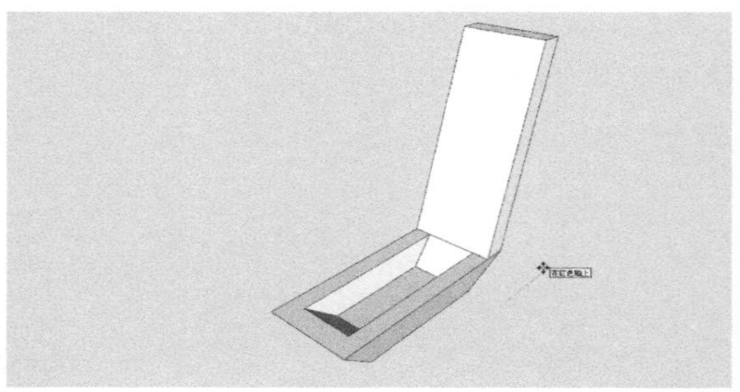

图11-120

4 选择顶面，激活“缩放”工具并按住Ctrl键，使顶面沿绿色轴中心缩放0.65倍，如图11-121所示。

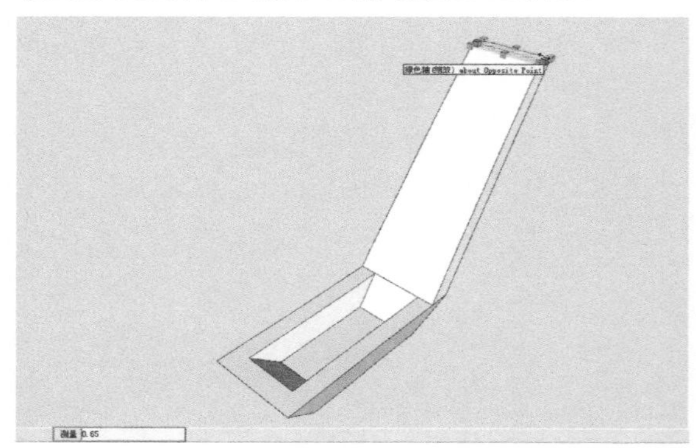

图11-121

5 采用相同的方法完成图中所示的上面一节手柄的体块，如图11-122所示。

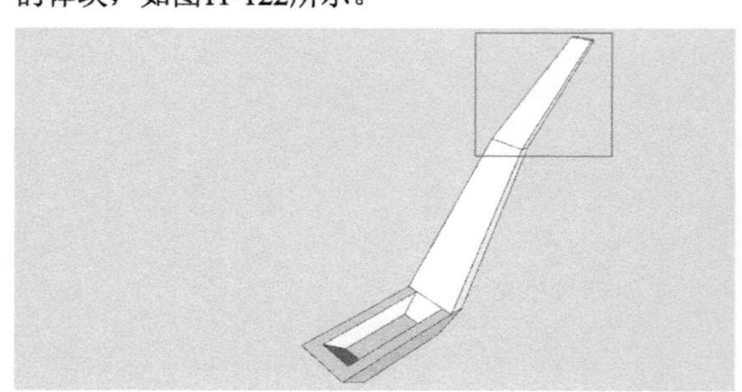

图11-122

6 全选物体，激活Subdividesmooth工具栏中的“细分和光滑”工具，然后在弹出的subdivisionoptions对话框中将iterations的数值改成2，接着单击“确定”按钮 确定 ，完成汤勺的制作，如图11-123和图11-124所示。

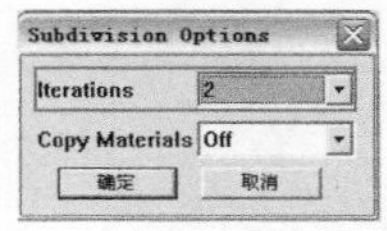

图11-123

图11-124

重点 实战

创建窗帘

场景文件	无
实例文件	实战——创建窗帘.skp
视频教学	多媒体教学>Chapter11>实战——创建窗帘.flv
难易指数	★★★☆☆
技术掌握	表面细分/光滑插件（Subdivide&Smooth）的“细分/光滑”工具

扫码看视频

1 用“矩形”工具绘制1000mm×1500mm的矩形，然后用“线”工具以及“圆弧工具”绘制出窗帘的纹理，如图11-125所示。

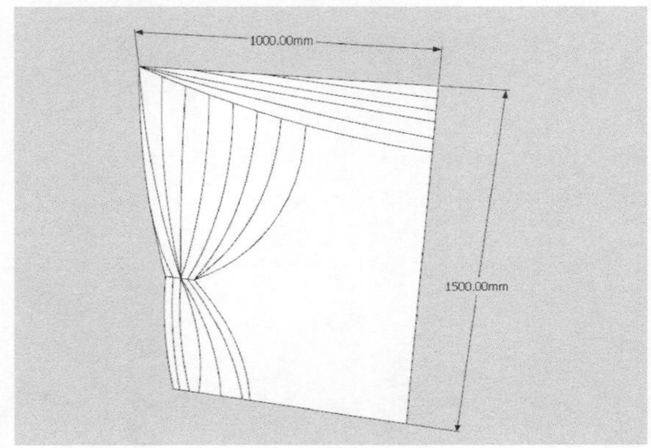

图11-125

2 用“推/拉”工具将其相间的纹理推拉出30mm的厚度，如图11-126所示。

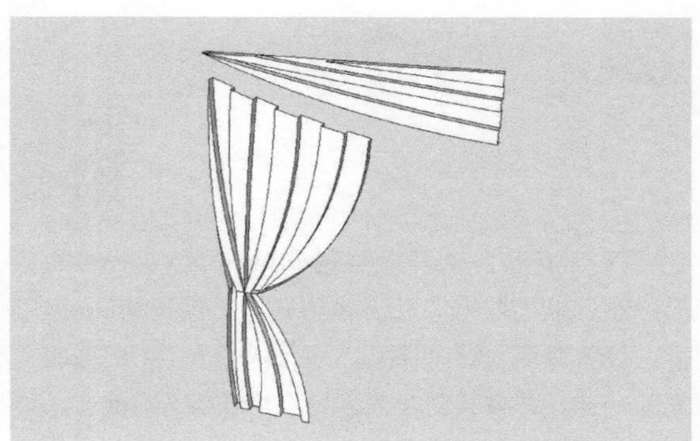

图11-126

3 全选物体，然后激活Subsmooth工具栏中“细分和光滑”工具，接着在弹出的subdivisionoptions对话框中将iterations的数值改成1，如图11-127和图11-128所示。

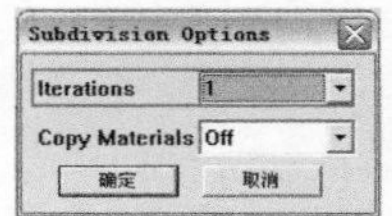

图11-127

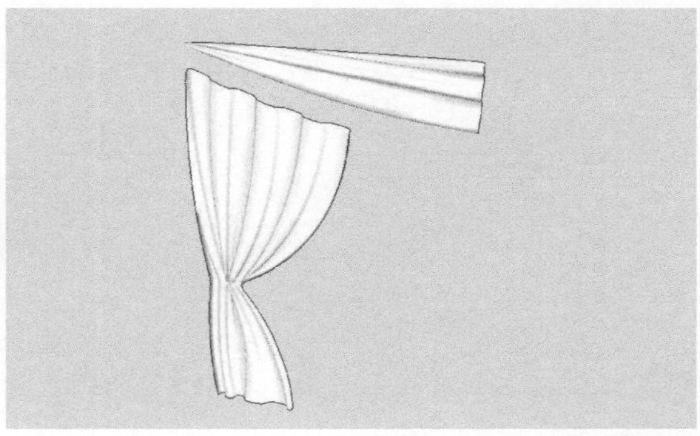

图11-128

4 选择制作好的窗帘，使用“移动/复制”工具和“镜像缩放”命令完成另一侧窗帘的创建，最后打开“实例文件>Chapter11>实战——创建窗帘>092249.JPG”贴图图片，为创建好的模型赋予相应材质，如图11-129所示。

图11-129

重点 实战

创建抱枕

场景文件	无
实例文件	实战——创建抱枕.skp
视频教学	多媒体教学>Chapter11>实战——创建抱枕.flv
难易指数	★★★☆☆
技术掌握	表面细分/光滑插件（Subdivide&Smooth）的“细分/光滑”工具

扫码看视频

1 用“矩形”工具绘制600mm×400mm的矩形，然后用“推/拉”工具将其向上推拉80mm的厚度，接着激活“移动/复制”工具并按住Ctrl键向上复制一份，并将其创建为群组（快捷键为G键），如图11-130和图11-131所示。

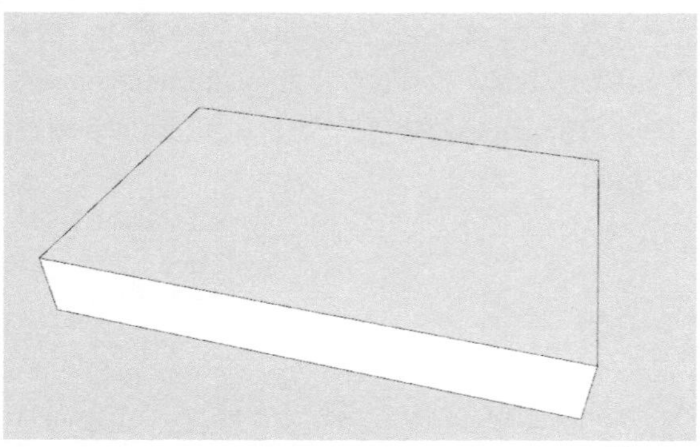

图11-130

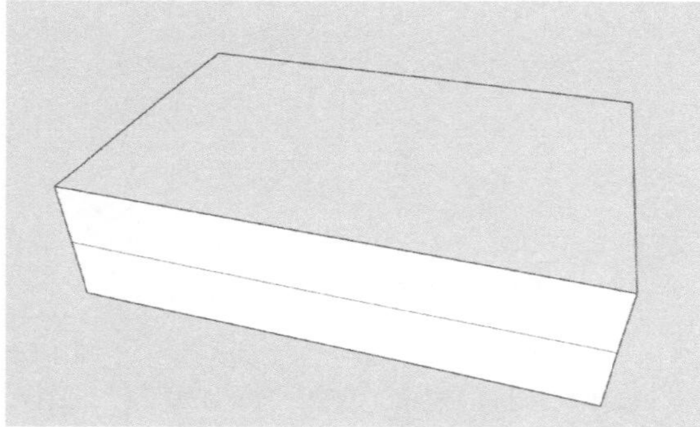

图11-131

2 激活Subsmooth工具栏中的“细分和光滑”工具，然后在弹出的Proxyoptions对话框中将iterations的数值改成2，如图11-132和图11-133所示。

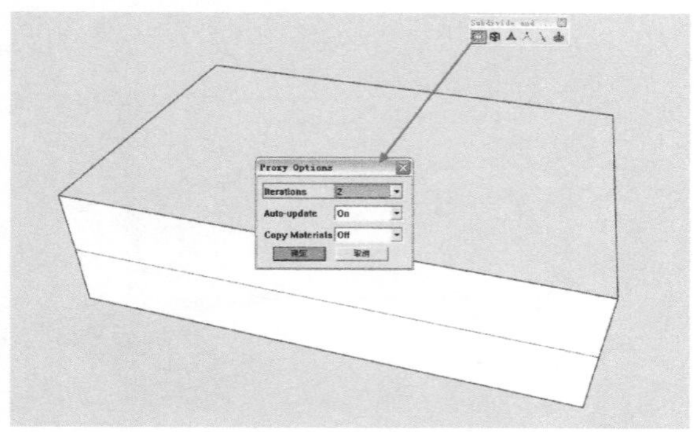

图11-132

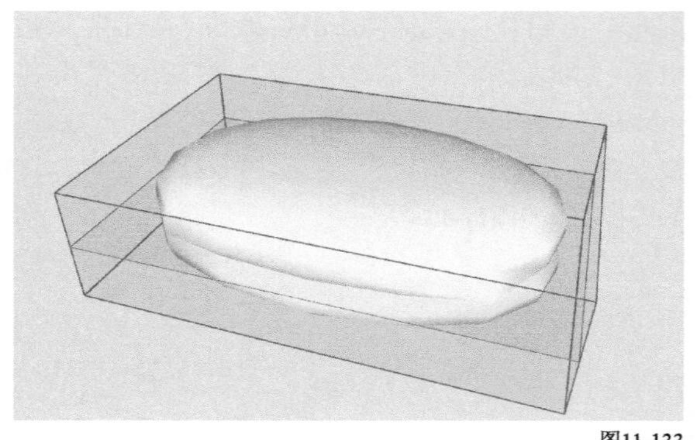

图11-133

3 双击鼠标左键进入群组内编辑，激活Subsmooth工具栏中的“折痕”工具，单击代理物体中间的面的4个顶点及两侧的边线，完成模型的折痕效果如图11-134~图11-137所示。

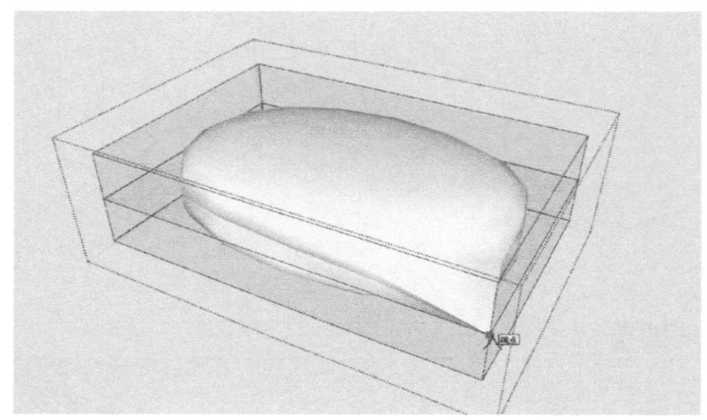

图11-134

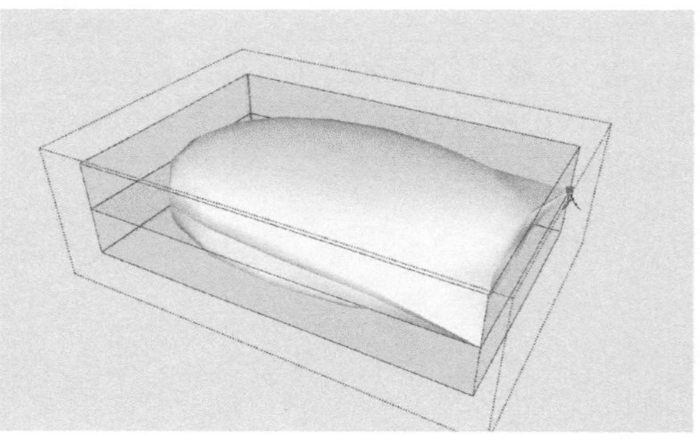

图11-135

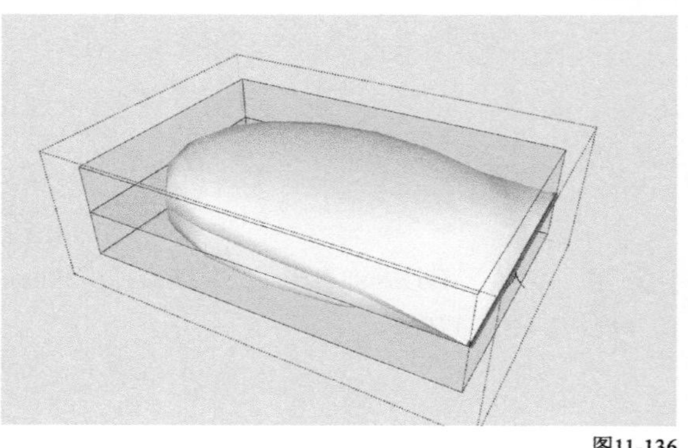

图11-136

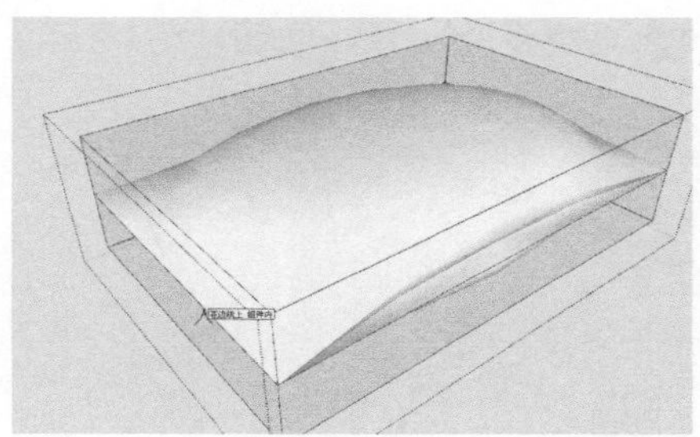

图11-137

4 退出群组，然后单击鼠标右键，接着在弹出的菜单中执行“炸开”命令，最后删除多余的线，如图11-138和图11-139所示。

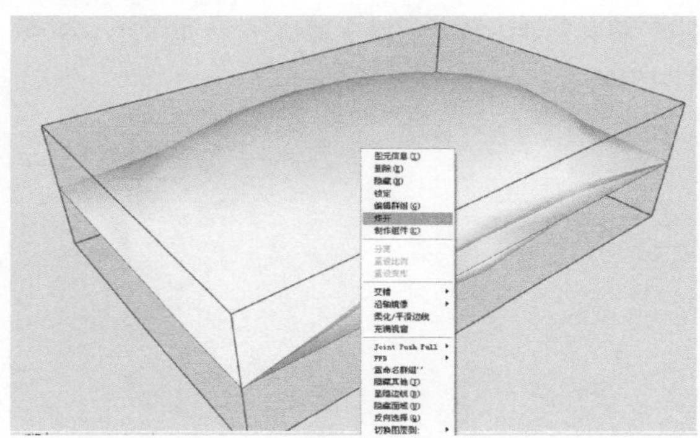

图11-138

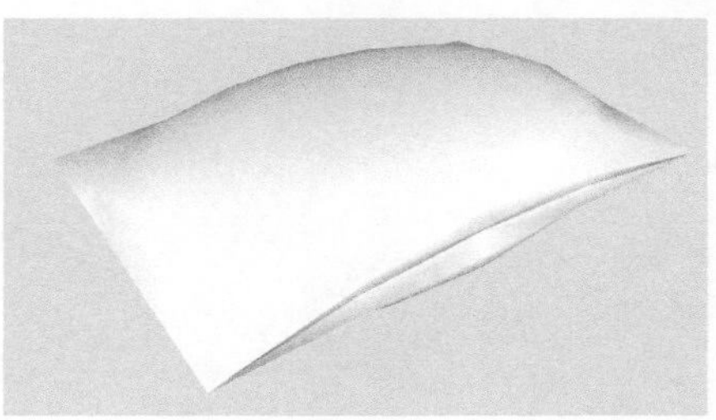

图11-139

5 导入“实例文件>Chapter11>实战——创建抱枕>11784263.jpg”贴图图片，放置到抱枕模型的上方，然后用“提取材质”工具提取图片的材质，并赋予抱枕上，这样可以保证贴图的完整，如图11-140和图11-141所示，最终效果如图11-142所示。

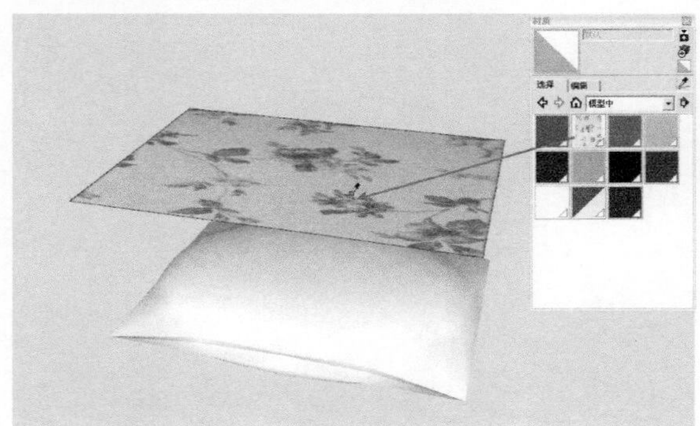

图11-140

图11-141

图11-142

重点 实战

创建沙发凳

场景文件	无
实例文件	实战——创建沙发凳.skp
视频教学	多媒体教学>Chapter11>实战——创建沙发凳.flv
难易指数	★★★★☆
技术掌握	表面细分/光滑插件（Subdivide&Smooth）的“细分/光滑”工具

扫码看视频

1 用“矩形”工具绘制120mm×120mm的矩形，然后在其上方50mm处用“矩形”工具绘制60mm×60mm的矩形，如图11-143所示。

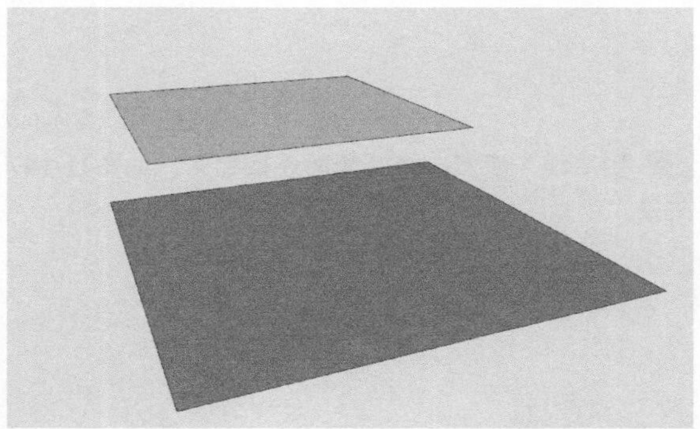

图11-143

2 用“推/拉”工具将上方的矩形推拉至底部的矩形处，然后用“线”工具将其顶面分割一角，并用“推/拉”工具向下推拉25mm的距离，如图11-144和图11-145所示。

图11-144

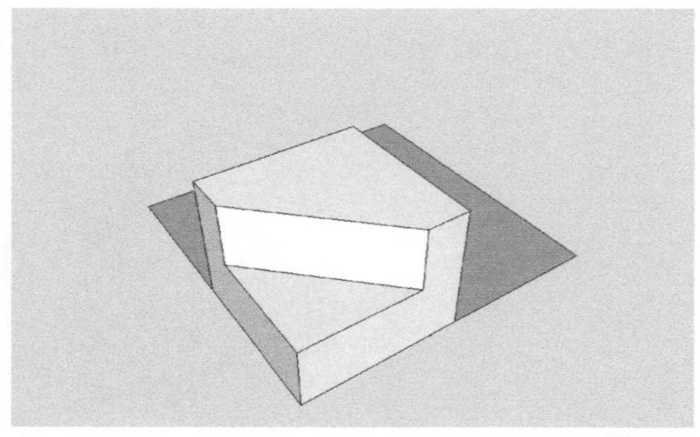

图11-145

3 采用相同的方法将其推拉的部分再次分割，并推拉至底面，如图11-146所示。

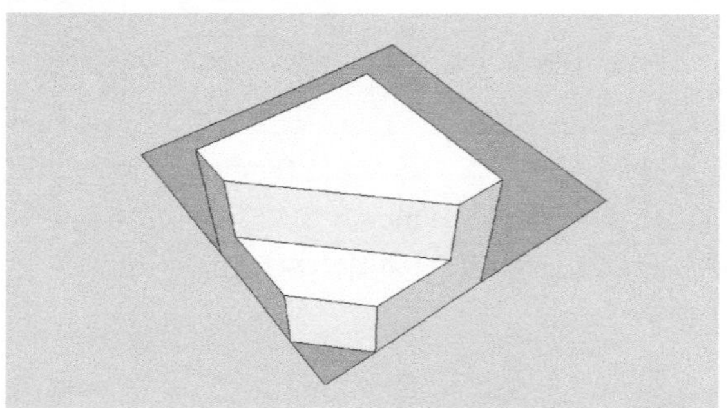

图11-146

4 用“线”工具将其侧面连接起来，如图11-147所示。

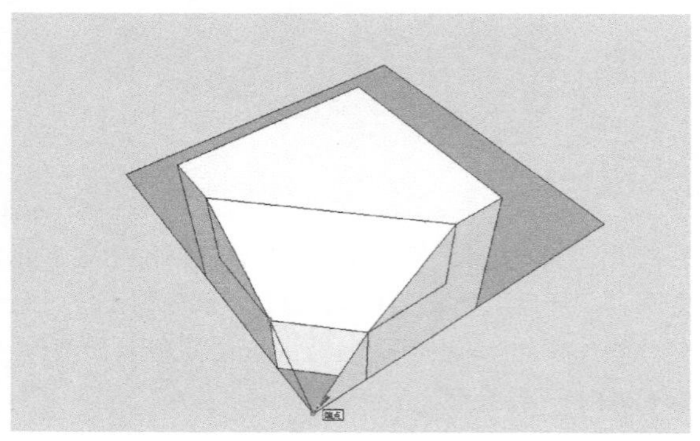

图11-147

5 删除多余的边线，如图11-148所示。

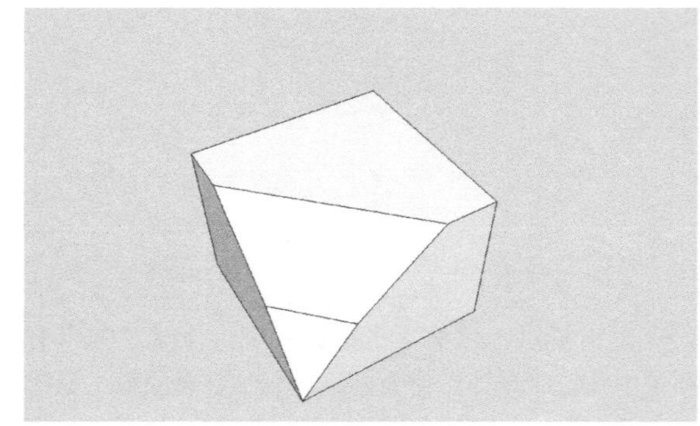

图11-148

6 将其创建为群组后镜像复制3份，如图11-149~图11-151所示。

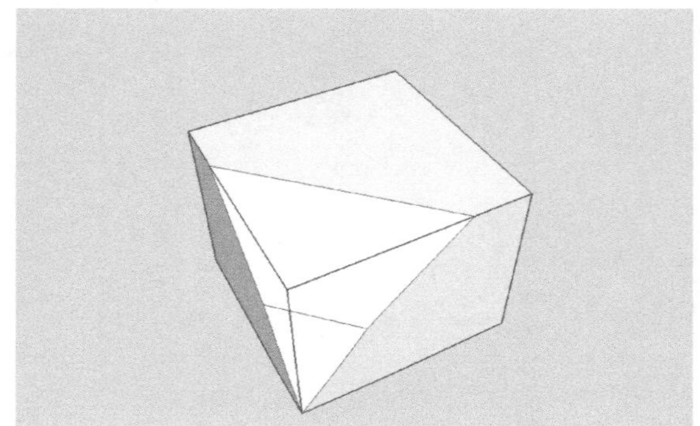

图11-149

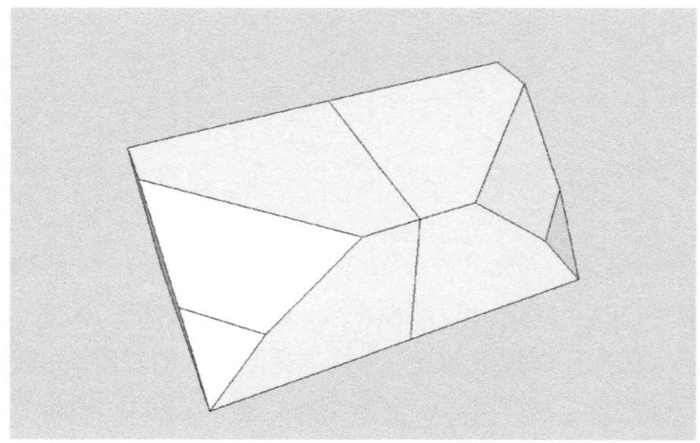

图11-150

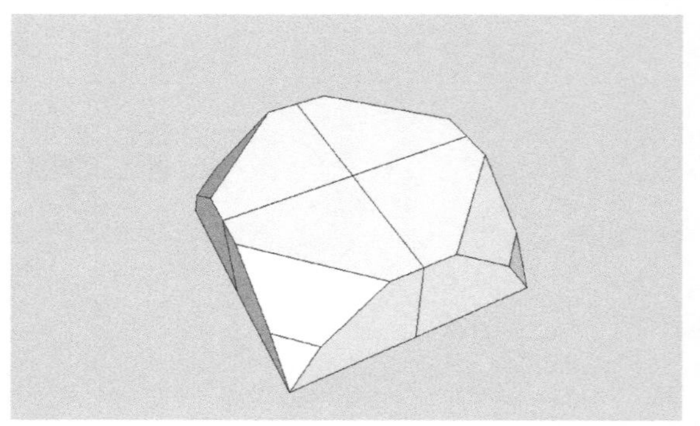

图11-151

7 选中所有物体，然后单击鼠标右键，接着在弹出的菜单中执行“炸开”命令，最后激活Subsmooth工具栏中的“细分和光滑”工具，如图11-152和图11-153所示。

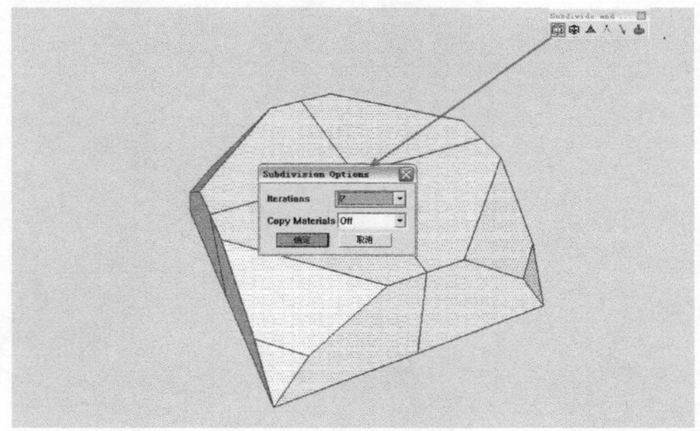

图11-152

图11-153

8 将制作好的物体制作成组件，并横向复制6份，纵向复制4份，如图11-154和图11-155所示。

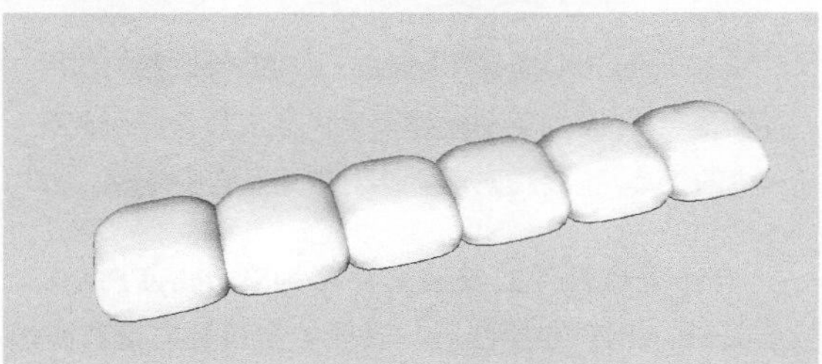
图11-154

图11-155

9 用“圆”工具和“推/拉”工具创建出纽扣，然后将其制作成组件并进行相应的复制，如图11-156和图11-157所示。

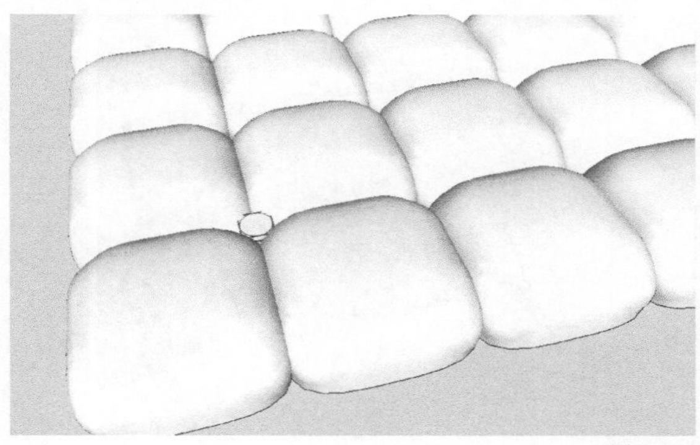
图11-156

图11-157

10 创建座椅的垫子以及支座，如图11-158和图11-159所示。

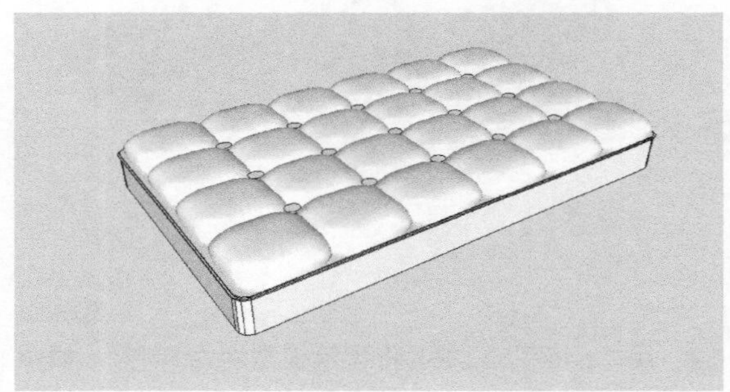
图11-158

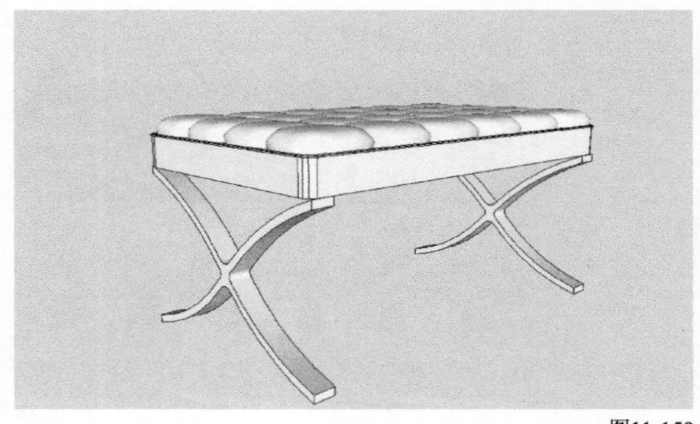
图11-159

11 打开“实例文件>Chapter11>实战——创建沙发凳>Metal_Co.jpg”贴图图片，为创建好的模型赋予相应的材质，最终效果如图11-160所示。

图11-160

重点 实战

制作墙体劈裂效果

场景文件	b.skp
实例文件	无
视频教学	多媒体教学>Chapter11>实战——制作墙体劈裂效果.flv
难易指数	★★☆☆☆
技术掌握	表面细分/光滑插件（Subdivide&Smooth）的“小刀”工具

扫码看视频

使用Subdivide插件，为实体墙面制作劈裂效果，步骤如下。

1 打开“场景文件>Chapter11>b.skp”文件，如图11-161所示。

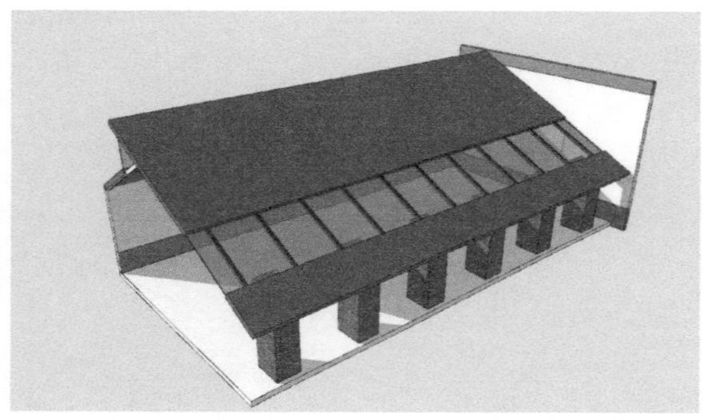

图11-161

2 用“小刀”工具将建筑模型切为2部分，如图11-162所示。

图11-162

3 完成后可以将建筑的左侧部分删除掉，如图11-163和图11-164所示。

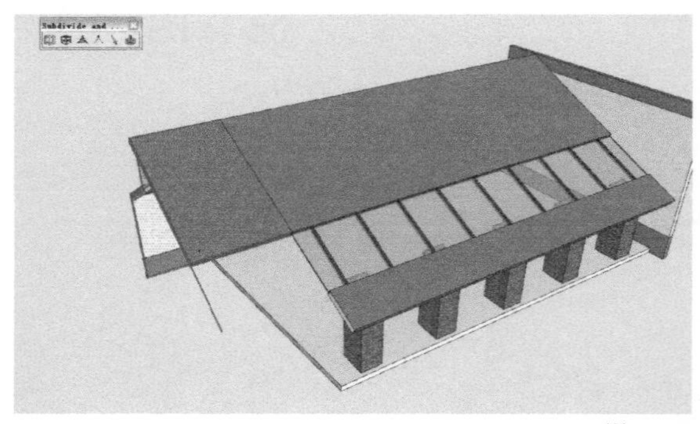

图11-163

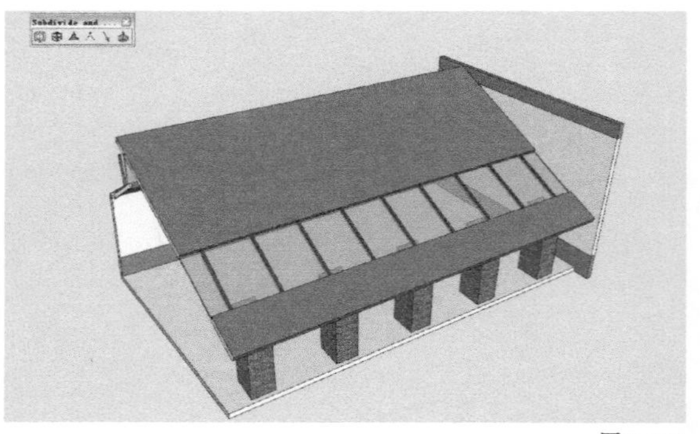

图11-164

执行“交错”命令或者实体工具栏的相关命令也可以做到以上割裂效果，但是明显没有使用该插件方便快捷。

11.10 自由变形插件

SketchyFFD插件和3dsMax的FFD修改器的作用几乎是一样的，对于曲面建模来说该工具是一个必不可少的工具，主要用来对所选对象进行自由变形。

自由变形插件的安装文件名为SketchyFFD.rb。安装好SketchyFFD插件后，只能单击鼠标右键在弹出的菜单中执行该命令。在选择一个群组对象后，单击鼠标右键，弹出快捷菜单，如图11-165所示。

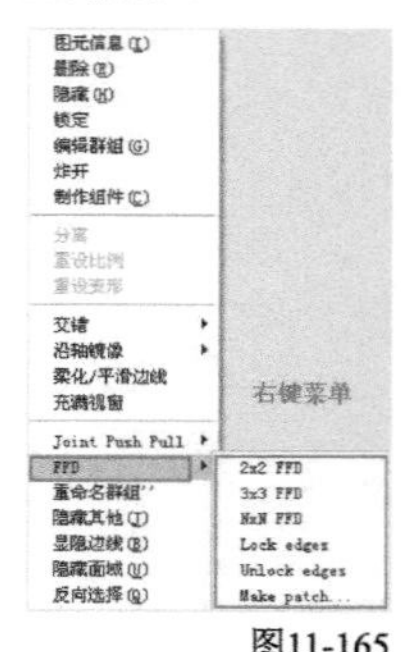

图11-165

技巧与提示 只有对群组才能添加2×2FFD、3×3FFD和N×NFFD控制器。当添加N×NFFD控制器时，会弹出一个对话框，在该对话框中可以自由设置控制点的数目，生成的控制点会自动成为一个单独的组，如图11-166~图11-168所示。控制点越多，对模型的控制力越强，但会增加操作难度，通常添加3×3FFD控制器就可以了。

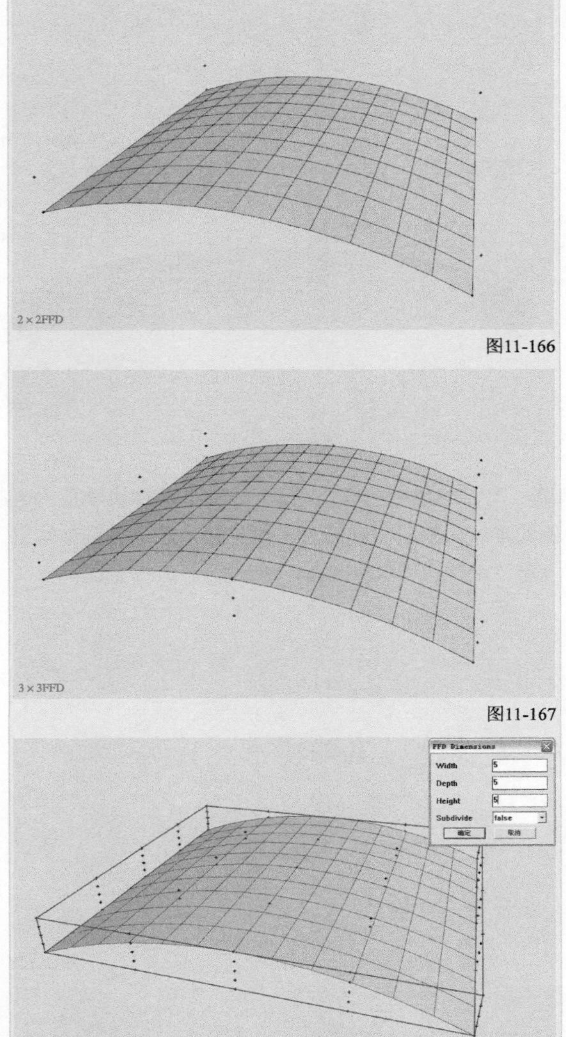

图11-166

图11-167

图11-168

在生成控制点以后，双击进入控制点的群组内部，然后用框选的方式选中需要调整的控制点，接着用“移动/复制”工具，对控制点进行移动，那么模型就会发生相应变形，如图11-169所示。

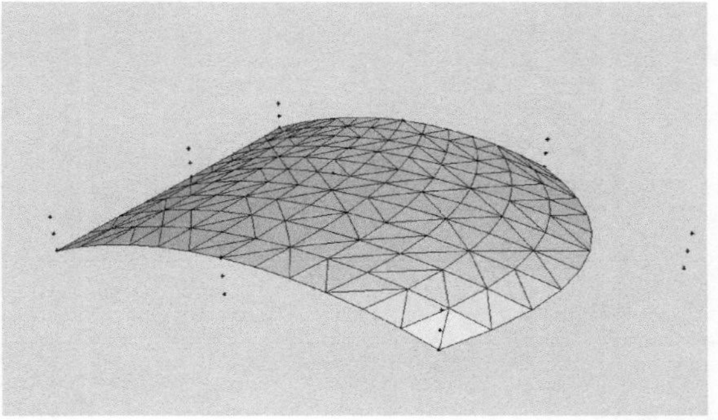

图11-169

在FFD菜单中，有Lock Edges（锁定边）功能，当把某些边锁定后进行FFD变形时，这些边将不受影响，如图11-170和图11-171所示。

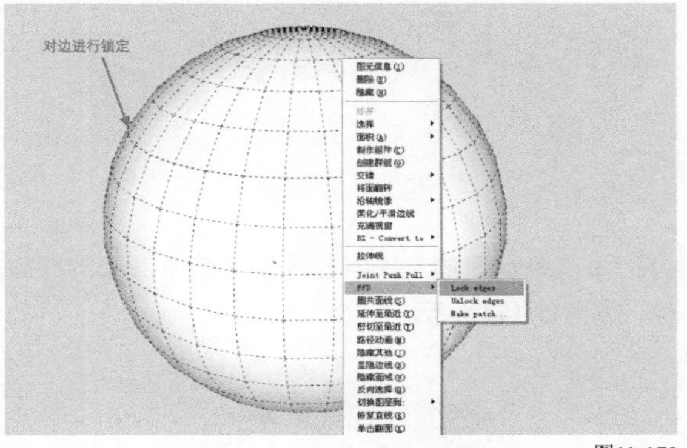

图11-170

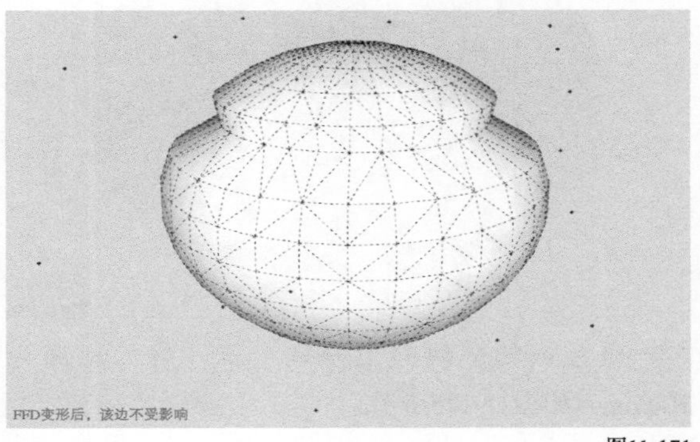

图11-171

重点 实战

创建莲花状喷泉

场景文件	无
实例文件	实战——创建莲花状喷泉.skp
视频教学	多媒体教学>Chapter11>实战——创建莲花状喷泉.flv
难易指数	★★★★☆
技术掌握	FFD插件及“模型交错”命令

扫码看视频

1 用“圆”工具绘制半径为4000mm的圆，然后在圆的平面上绘制一个垂直矩形面，接着在矩形面上用“圆弧工具”绘制出一个弧形截面（注意截面需要用两次圆弧工具绘制，这样截面的弧度才会自然），如图11-172和图11-173所示。

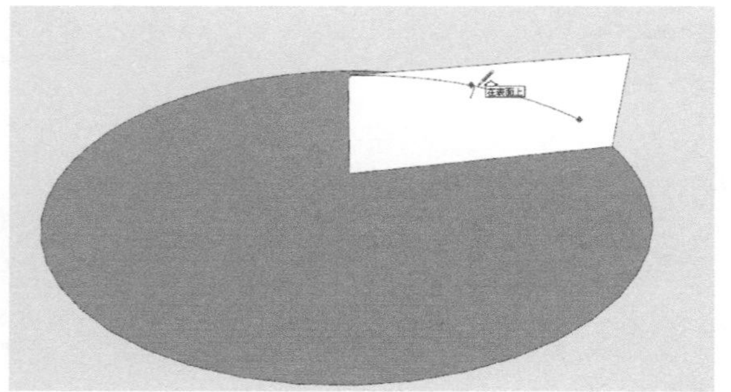
图11-172

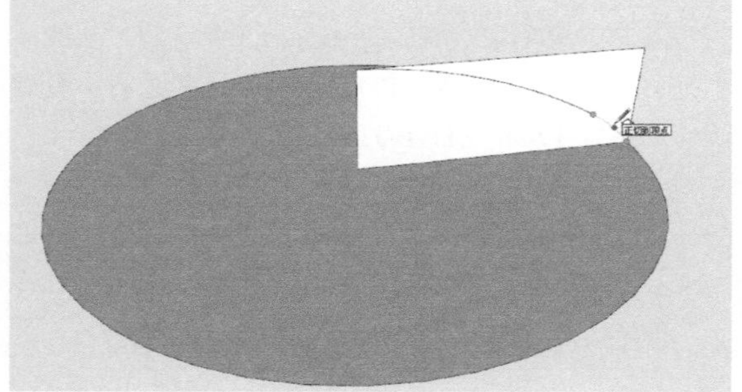
图11-173

2 用“路径跟随”工具将弧形截面沿圆进行放样，如图11-174所示。

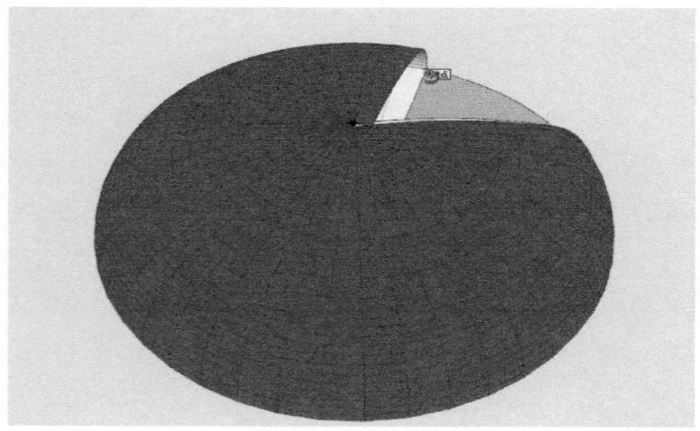
图11-174

3 将完成的体块向上复制一份，输入距离为100mm，如图11-175所示。

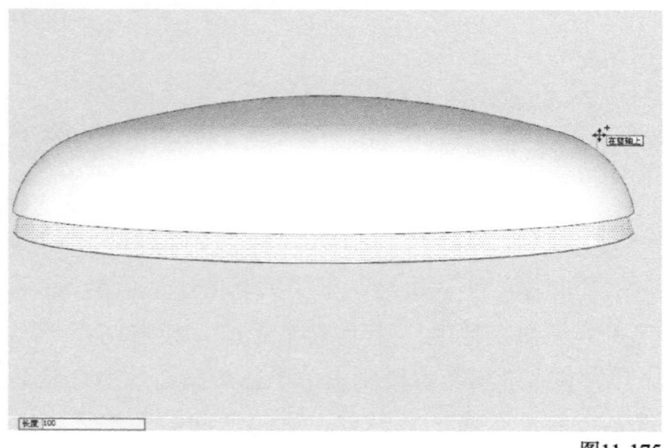
图11-175

4 用“线”工具和“圆弧工具”绘制一个花瓣型的平面，然后将其放置到放样截面的下面，如图11-176和图11-177所示。

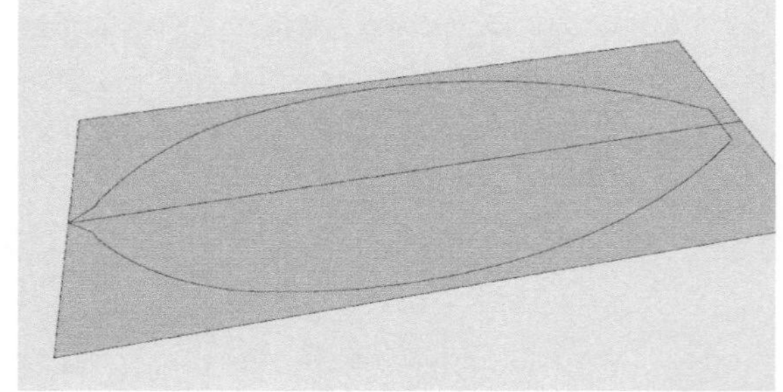
图11-176

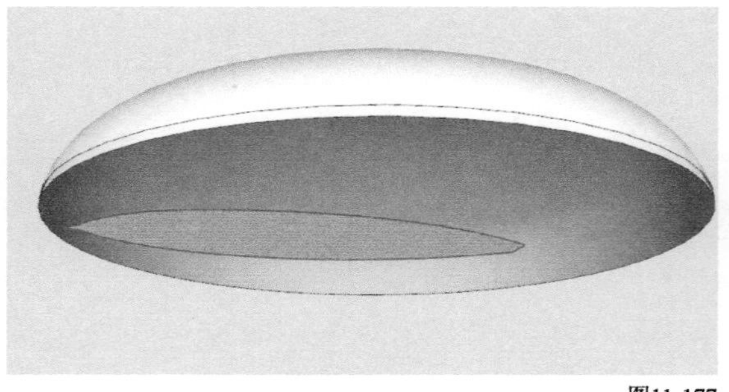
图11-177

5 用“缩放”工具将2个半圆弧形体块缩放为椭圆的形状，然后将花瓣形平面推拉出超过椭圆体块的高度，如图11-178和图11-179所示。

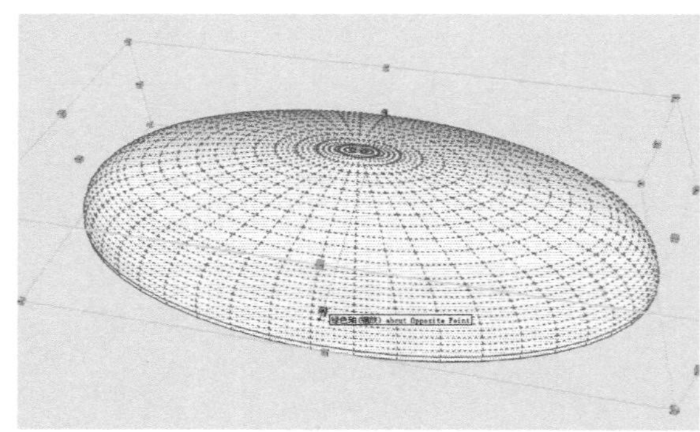
图11-178

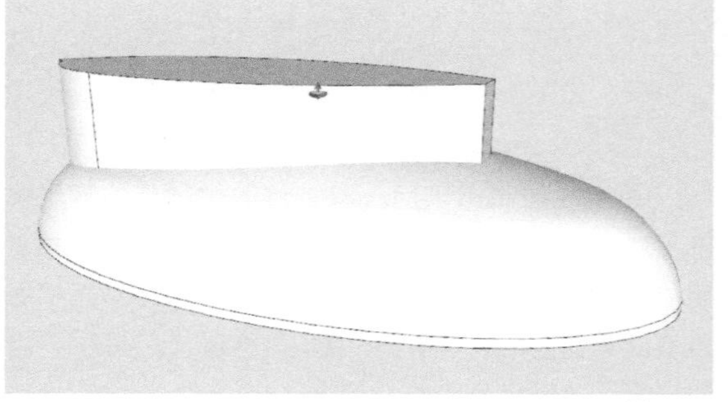
图11-179

6 全选物体，然后单击鼠标右键，接着在弹出的菜单中执行“交错→模型交错”命令，最后删除多余物体，将保留的花瓣形体块制作成组件，如图11-180和图11-181所示。

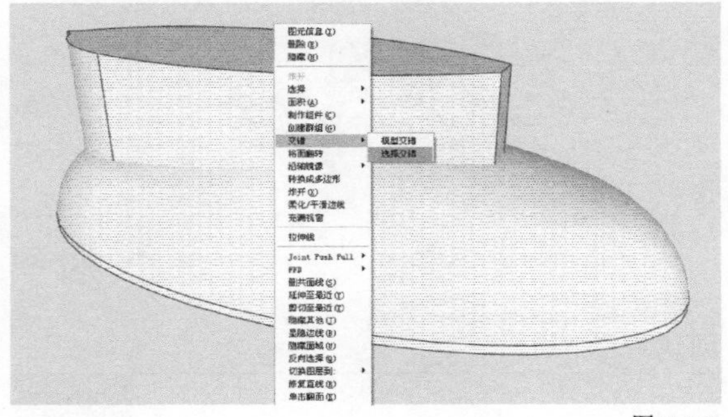

图11-180

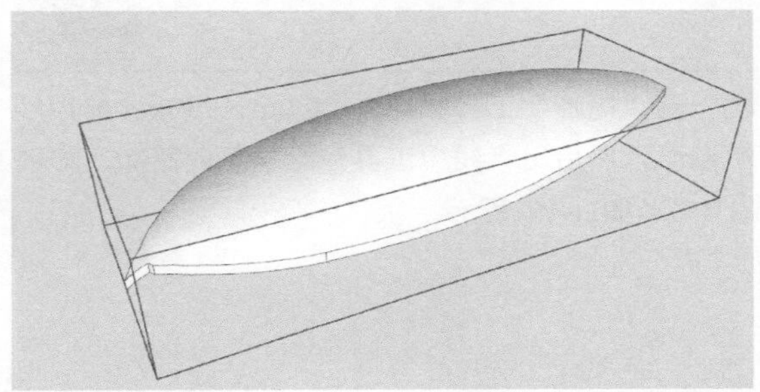

图11-181

7 用“旋转”工具将花瓣旋120°的位置，然后将花瓣的组件炸开并重新定义为组件（这样能更好地使用FFD插件），如图11-182和图11-183所示。

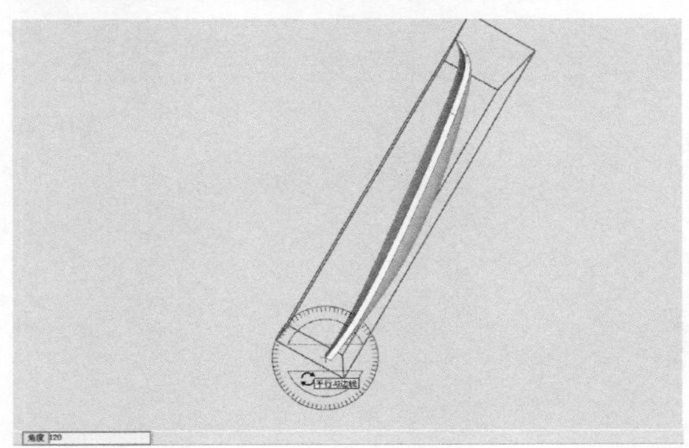

图11-182

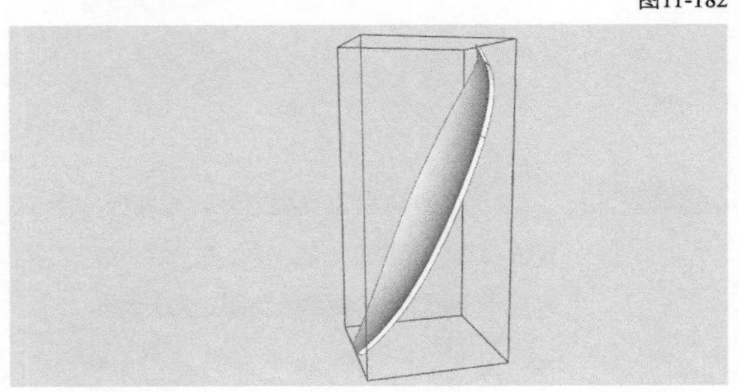

图11-183

8 使用“旋转”工具，将这个花瓣沿底部端点为中心进行复制，并赋予相应的材质，如图11-184所示。

图11-184

9 选择上面的花瓣复制一个放在下面，然后单击鼠标右键，接着在弹出的菜单中执行“FFD→3*3FFD”命令，为模型添加控制点，如图11-185所示。

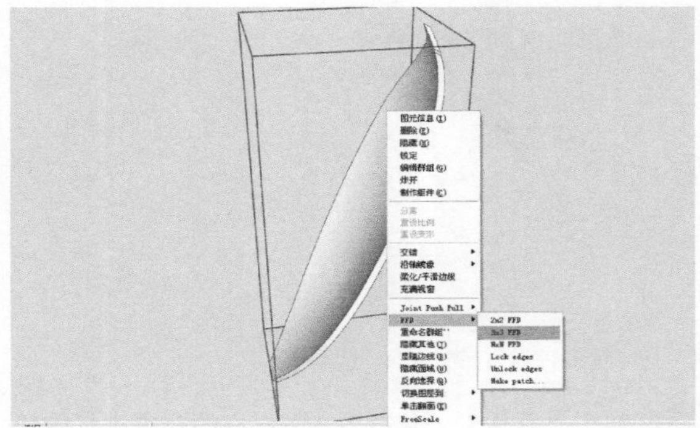

图11-185

10 双击控制点进入组件内部编辑，选中上面的几个控制点，然后使用“移动/复制”工具将其向右进行移动，如图11-186所示。

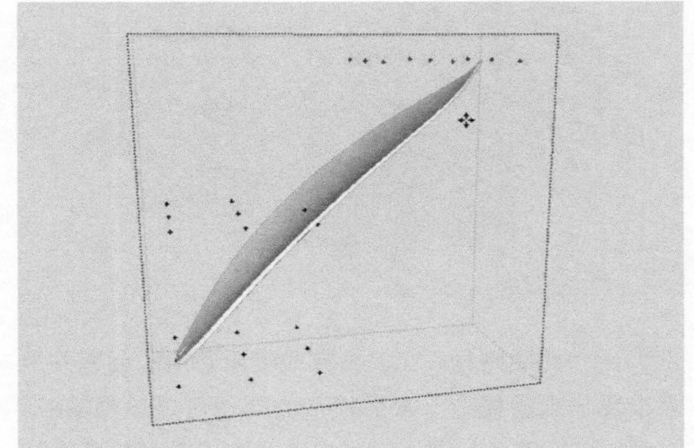

图11-186

11 重复上述操作，直到花瓣呈现向外翻转绽放的效果，如图11-187和图11-188所示。

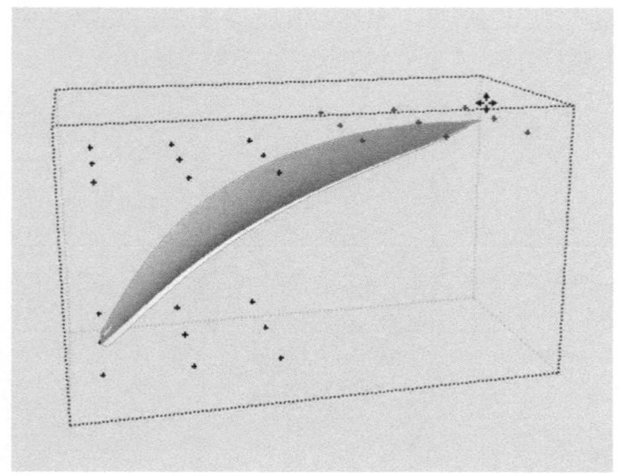

图11-187

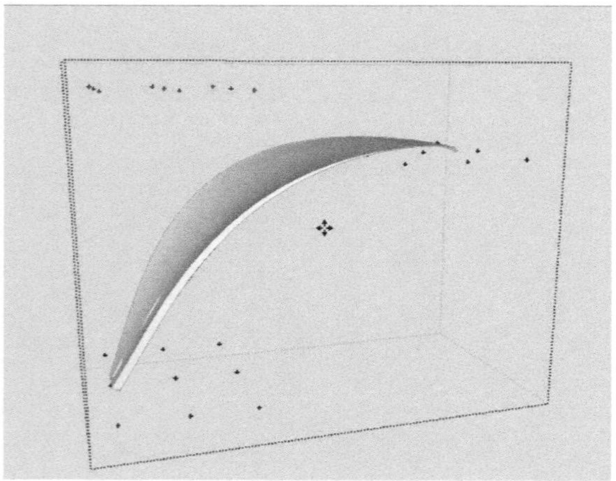

图11-188

12 使用“旋转”工具，将制作好的花瓣进行旋转复制，并赋予相应的材质，如图11-189所示。

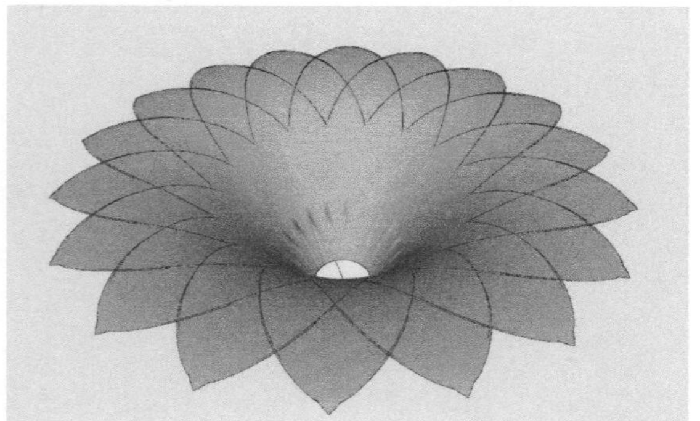

图11-189

13 用“跟随路径”工具完成喷泉基座的创建并为喷泉添加水的模型。水体模型的制作可以参照第6章有关PNG贴图的相关介绍，莲花状喷泉的最终效果如图11-190所示。

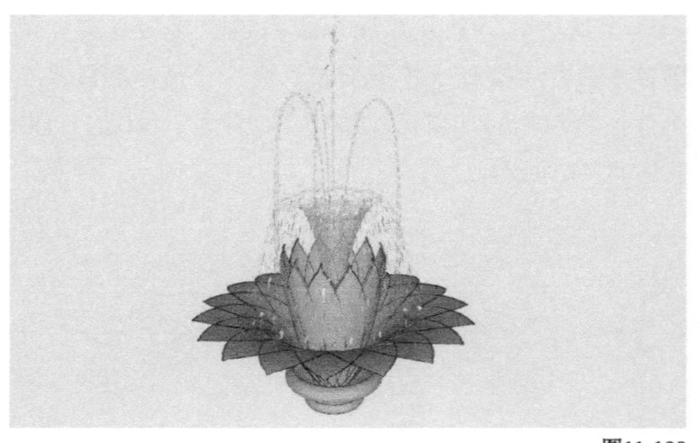

图11-190

重点 实战

创建草丛

场景文件	无
实例文件	实战——创建草丛.skp
视频教学	多媒体教学>Chapter11>实战——创建草丛.flv
难易指数	★★★☆☆
技术掌握	“模型交错”命令

扫码看视频

01 用“矩形”工具绘制120mm×130mm的矩形参考面，然后用“线”工具绘制草的截面，如图11-191和图11-192所示。

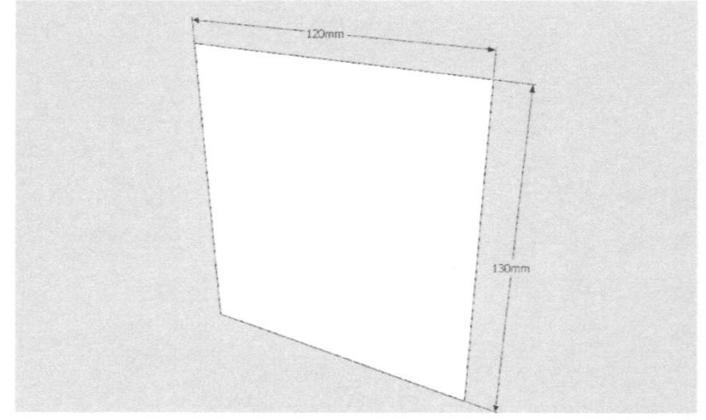

图11-191

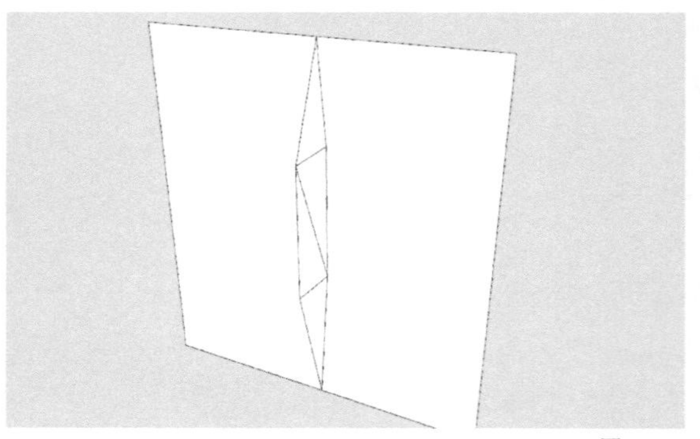

图11-192

技巧与提示

为了避免后面对截面进行弯曲操作所带来面过多、模型量大的问题，在此用“线”工具绘制3条短线将截面分为固定的3个面。

2 删除多余的线，将保留的截面创建为群组，如图11-193所示。

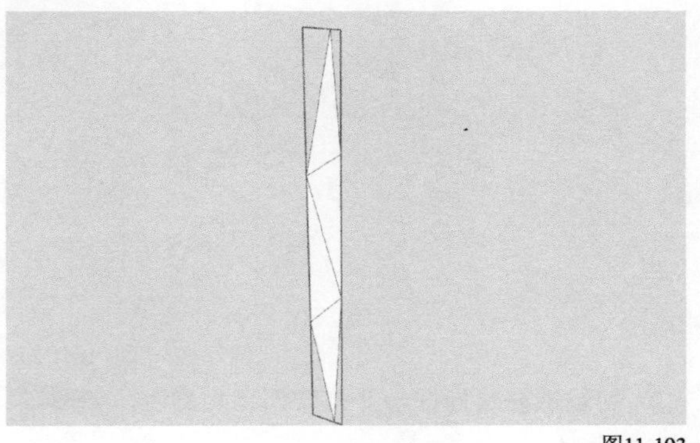

图11-193

3 选择群组，然后单击鼠标右键，接着在弹出的菜单中执行“FFD→3*3FFD”命令，如图11-194和图11-195所示。

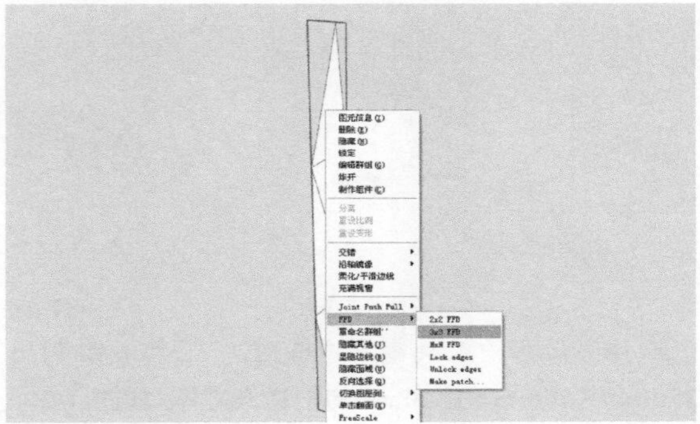

图11-194

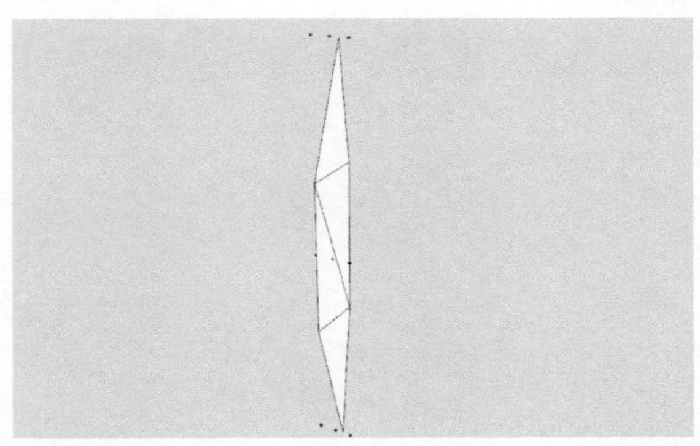

图11-195

4 双击进入FFD节点群组内编辑，选中并移动FFD节点，直到草的叶片显示出自然舒展的效果，如图11-196和图11-197所示。

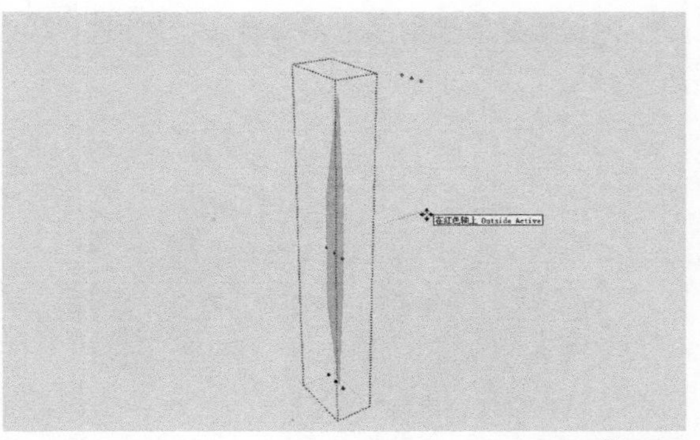

图11-196

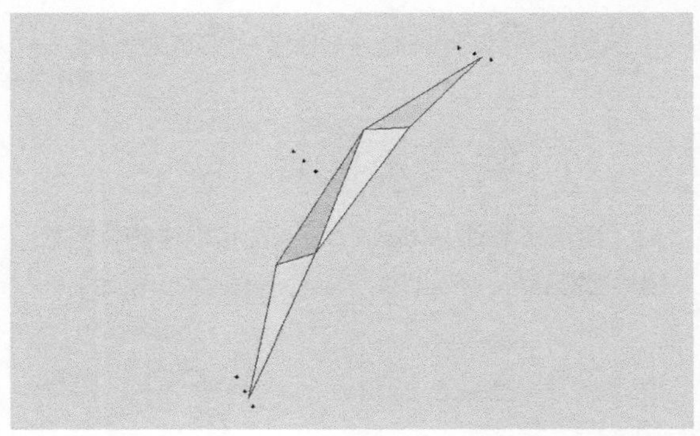

图11-197

5 删除FFD节点群组，对叶面进行复制、缩放及旋转等操作，如图11-198和图11-199所示。

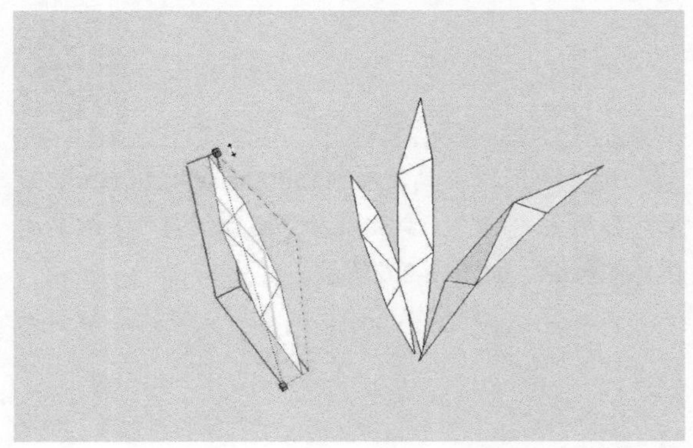

图11-198

图11-199

6 为创建好的模型赋予草的材质，如图11-200所示。

图11-200

11.11 倒圆角插件

倒圆角插件（Round Corner）可以将物体进行倒角圆滑操作，该插件的工具栏如图11-201所示。

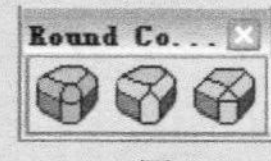

图11-201

重点 实战

创建石拱桥

场景文件	无
实例文件	实战——创建石拱桥.skp
视频教学	多媒体教学>Chapter11>实战——创建石拱桥.flv
难易指数	★★★☆☆
技术掌握	Round Corner插件

1 用“矩形”工具绘制15000mm×200mm的矩形，然后用“线”工具以及“圆弧工具”绘制出桥体的截面，如图11-202所示。

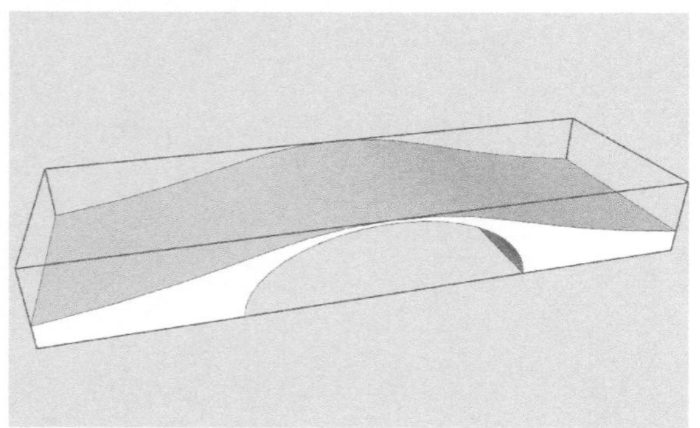

图11-202

2 删去多余的边线，然后用“推/拉”工具将桥体截面推拉10000mm的厚度，并将其创建为群组，如图11-203所示。

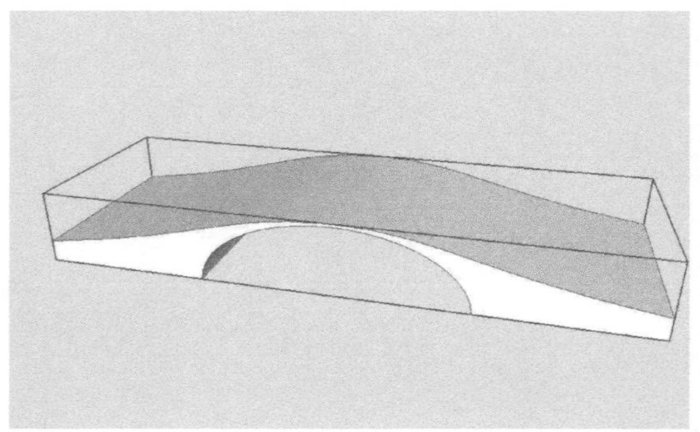

图11-203

3 创建桥洞的构件，并将其创建为群组，如图11-204所示。

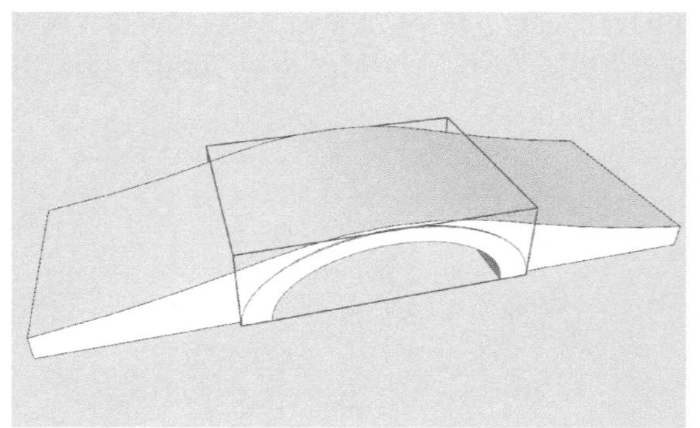

图11-204

4 用“矩形”工具和“推/拉”工具绘制出350mm×50mm×1200mm的护栏立方体，如图11-205所示。

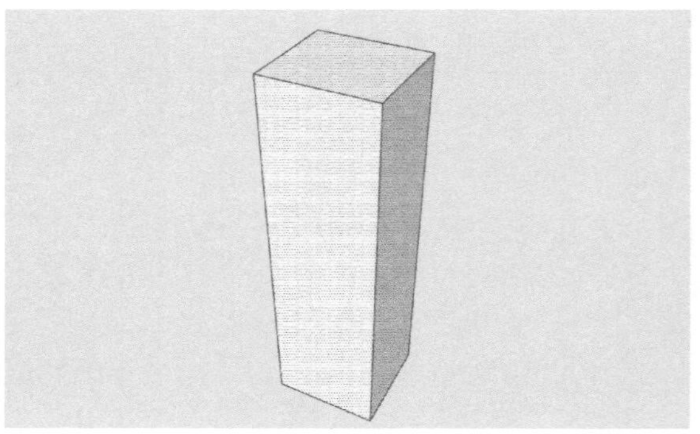

图11-205

5 选择立方体并激活Round Corner工具栏中的“倒圆角”工具，将偏移参数设为30mm，段数设为6，单击“确定”按钮 确定 ，然后按Enter键确定，完成立方体的倒角，如图11-206和图11-207所示。

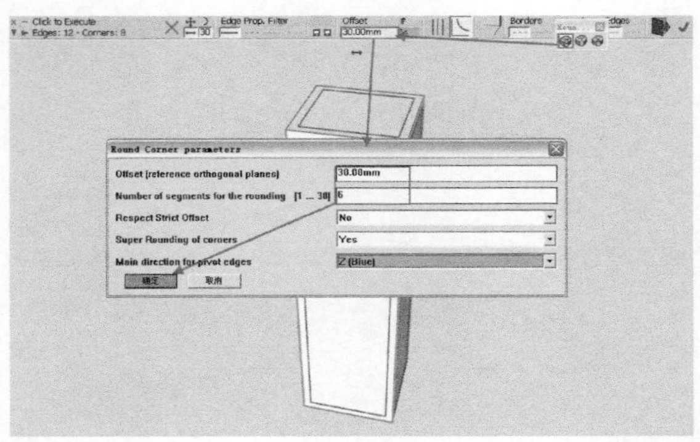

图11-206

图11-207

6 采用相同的方法绘制出护栏上的圆柱形构件，如图11-208和图11-209所示。

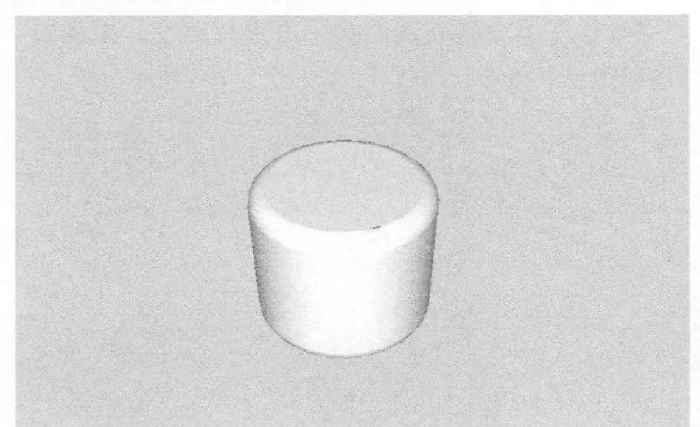

图11-208

图11-209

7 将上面制作好的构件，用“移动/复制”工具进行组合，将其制作成组件，如图11-210所示。

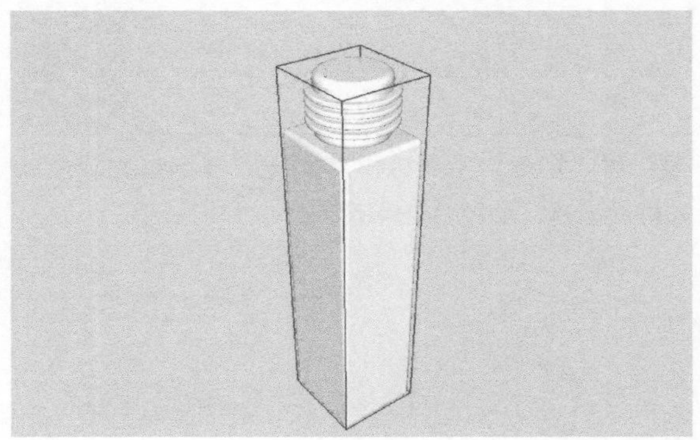

图11-210

8 将上面制作好的护栏构件进行复制并放置到相应位置，如图11-211所示。

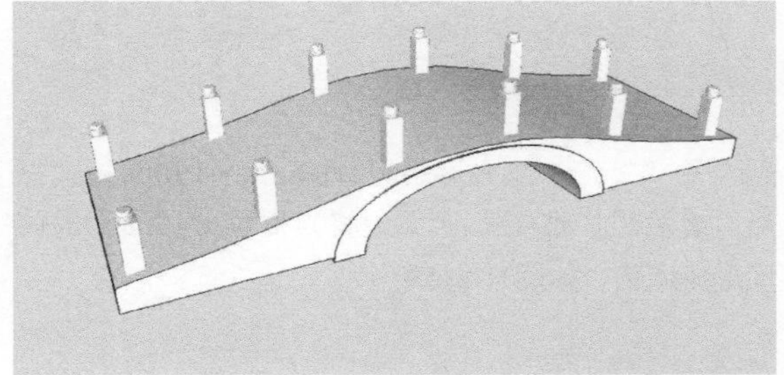

图11-211

9 用“圆弧工具”和“推/拉”工具完成护栏之间的墙体构件，并为石桥赋予相应的材质，如图11-212和图11-213所示。

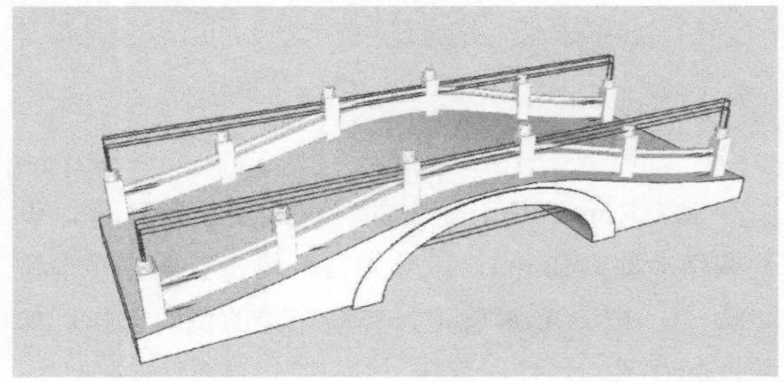

图11-212

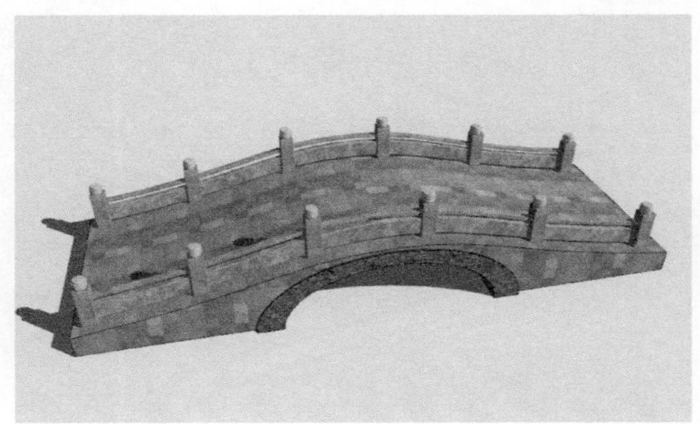

图11-213

重点 实战

创建双人床

场景文件	无
实例文件	实战——创建双人床.skp
视频教学	多媒体教学>Chapter11>实战——创建双人床.flv
难易指数	★★★☆☆
技术掌握	Round Corner插件

扫码看视频

1 用“矩形”工具和“推/拉”工具完成床的外框的创建，如图11-214所示。

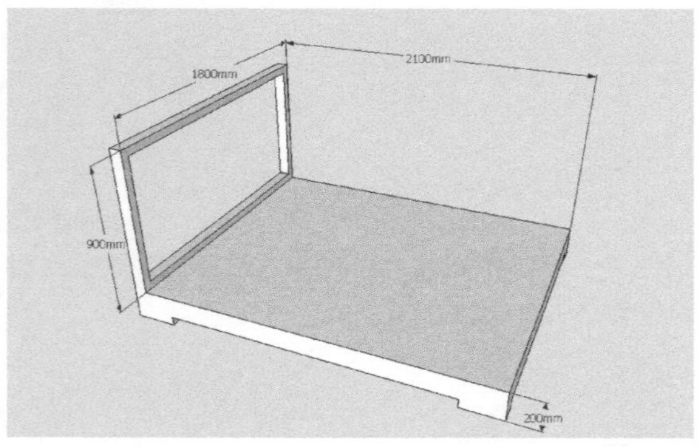

图11-214

2 用“矩形”工具绘制2100mm×1900mm的矩形，然后用“推/拉”工具将其推拉出150mm的高度形成床垫，如图11-215所示。

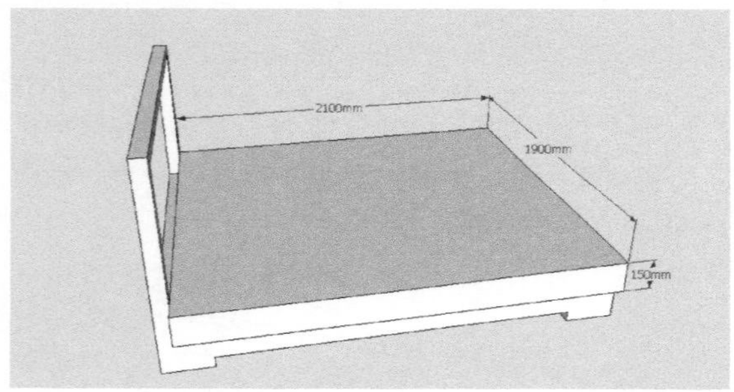

图11-215

3 激活Round Corner中的“倒圆角”工具，设置偏移参数为50mm，段数为12，单击“确定”按钮 确定，按Enter键确定，完成床垫的倒角操作，如图11-216~图11-218所示。

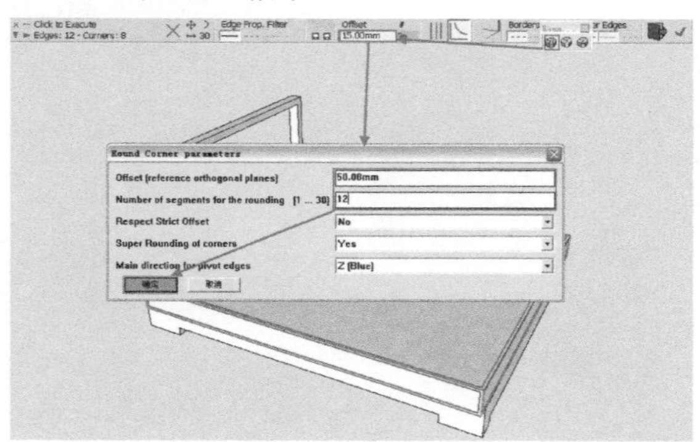

图11-216

图11-217

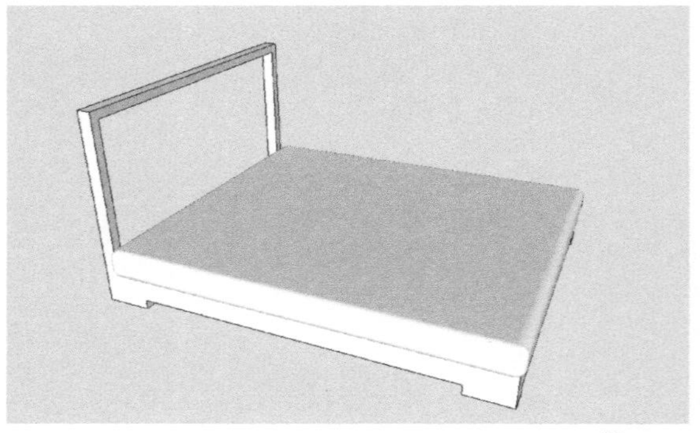

图11-218

4 创建床头，用“矩形”工具绘制一个矩形，然后用“推/拉”工具推拉出30mm的厚度，接着用“缩放”工具将其侧面按中心进行缩小，如图11-219和图11-220所示。

图11-219

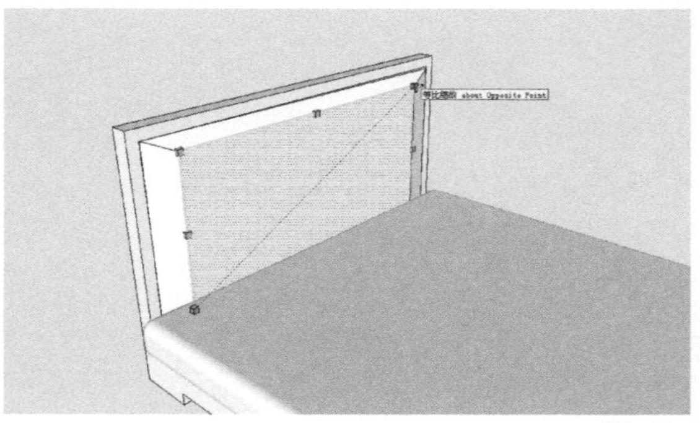

图11-220

5 将上一步创建的床头垫制作为群组，然后单击鼠标右键，接着在弹出的菜单中执行“柔化/平滑边线”命令，对其进行柔化处理，如图11-221和图11-222所示。

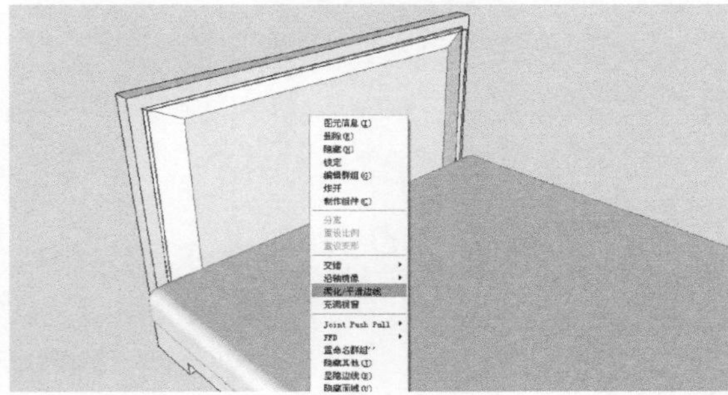

图11-221

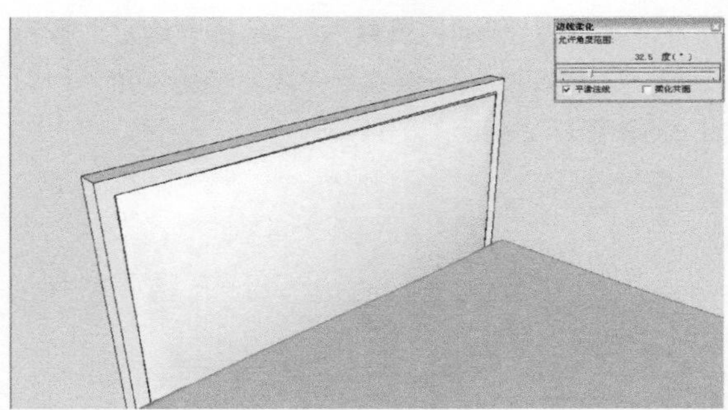

图11-222

6 添加抱枕模型，完成双人床模型的创建工作，然后打开“实例文件>Chapter11>实战——创建双人床>__47.jpg和__82.jpg”贴图图片，为创建好的模型赋予相应的模型材质，最终的效果如图11-223和图11-224所示。

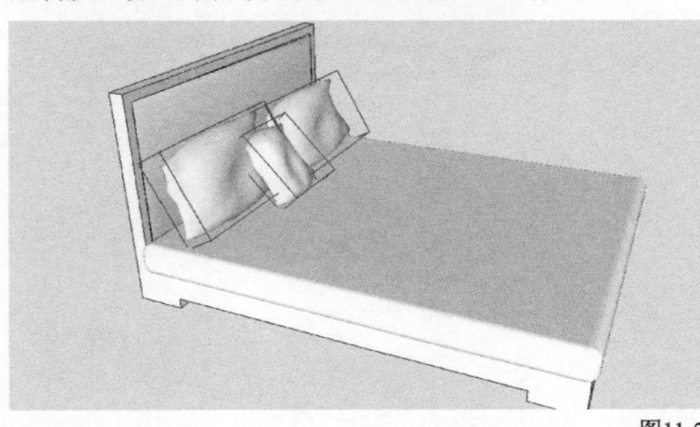

图11-223

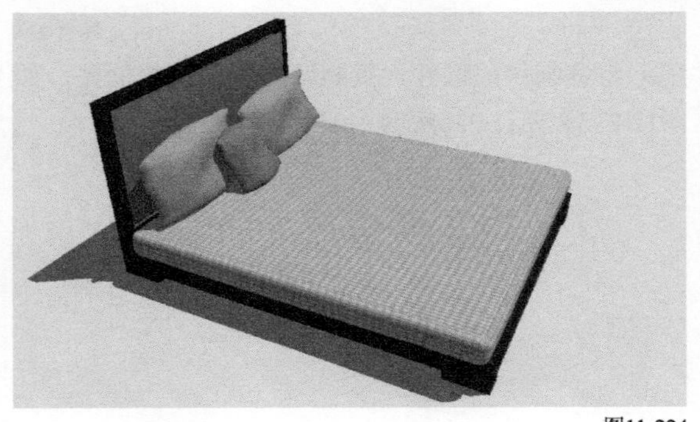

图11-224

重点 实战

创建客厅沙发

场景文件	无
实例文件	实战——创建客厅沙发.skp
视频教学	多媒体教学>Chapter11>实战——创建客厅沙发.flv
难易指数	★★★☆☆
技术掌握	Round Corner插件

扫码看视频

1 用“矩形”工具绘制2600mm×700mm的矩形，然后用“推/拉”工具推拉150mm的厚度形成沙发垫，如图11-225和图11-226所示。

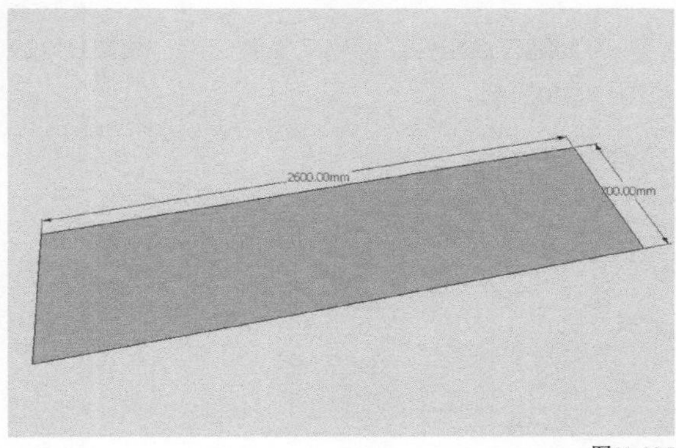

图11-225

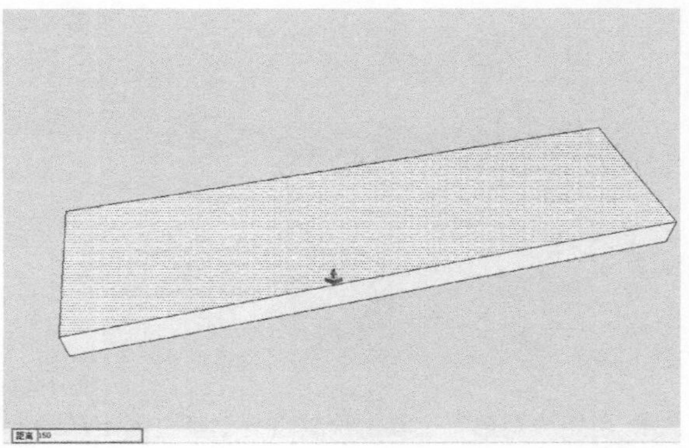

图11-226

2 激活Round Corner中的“倒圆角”工具，设置偏移参数为41mm，段数为3，单击“确定”按钮 确定 ，然后按Enter键确定完成沙发垫的倒角，如图11-227和图11-228所示。

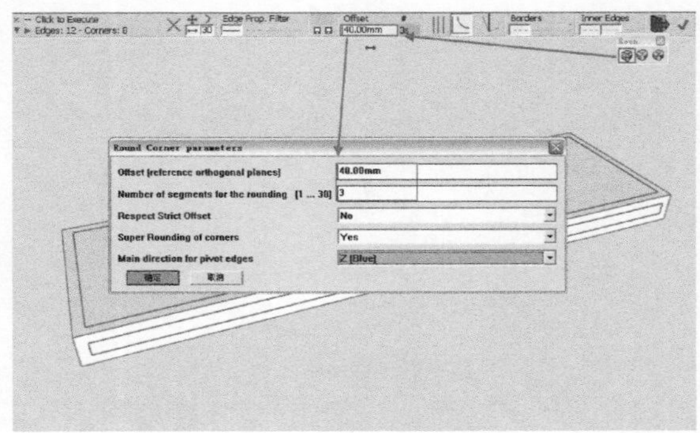

图11-227

图11-228

3 将其制作成组件，并向下复制一份，如图11-229和图11-230所示。

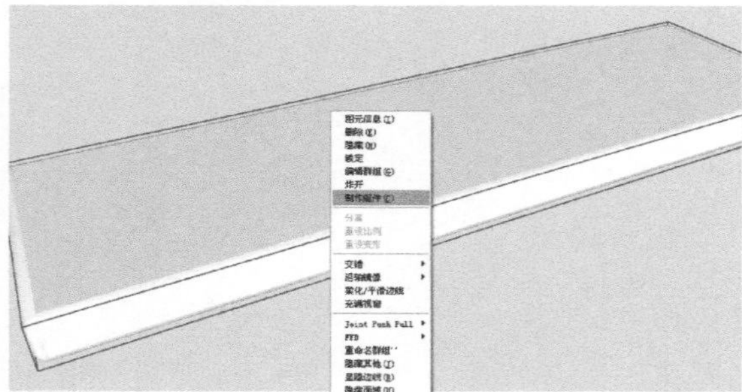

图11-229

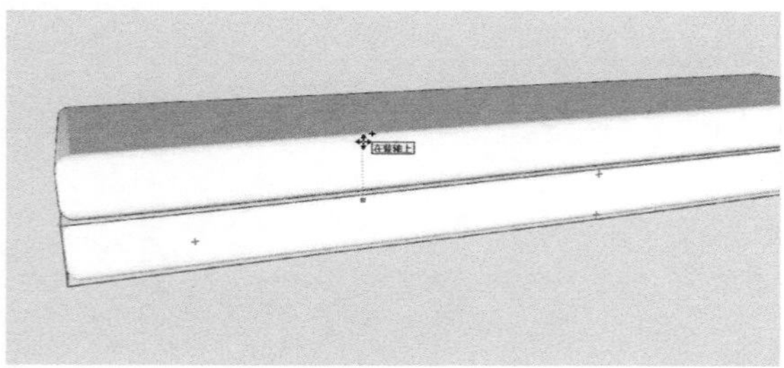

图11-230

4 用矩“矩形”工具绘制出一个竖直的矩形参考面，然后在此面上用“线”工具和“圆弧工具”绘制出沙发靠背的截面，接着用“推/拉”工具将其推拉出800mm的厚度，最后将参考面删除，形成靠垫模型，如图11-231和图11-232所示。

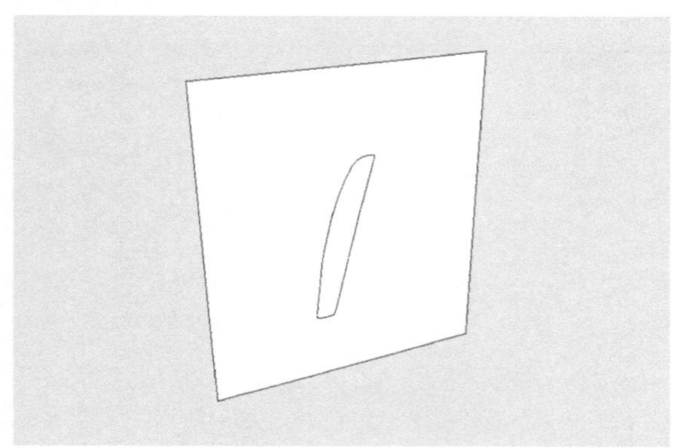

图11-231

图11-232

5 激活Round Corner中的“倒圆角”工具，设置偏移参数为15mm，段数为3，单击“确定”按钮 确定 ，然后按Enter键确定完成靠垫的倒角，如图11-233和图11-234所示。

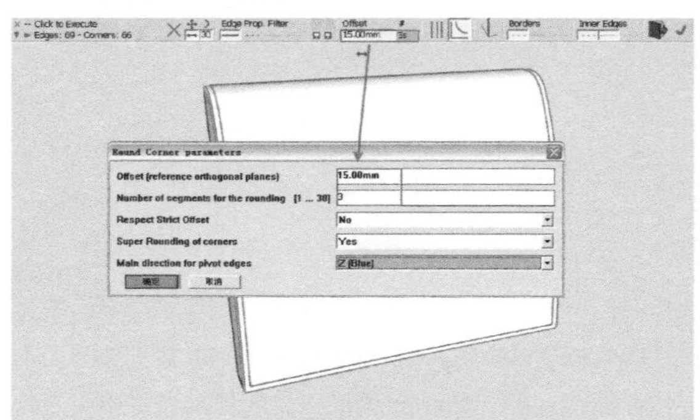

图11-233

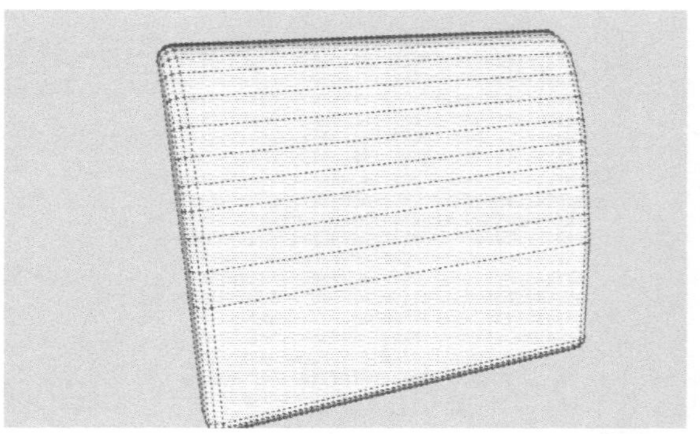

图11-234

6 将其制作成组件，复制两份到相应的位置，如图11-235和图11-236所示。

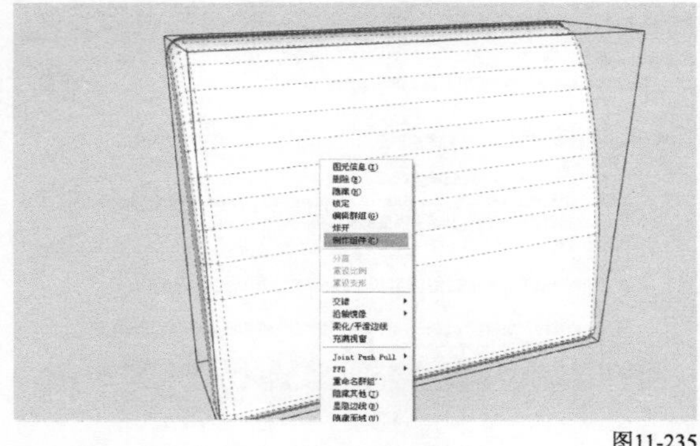

图11-235

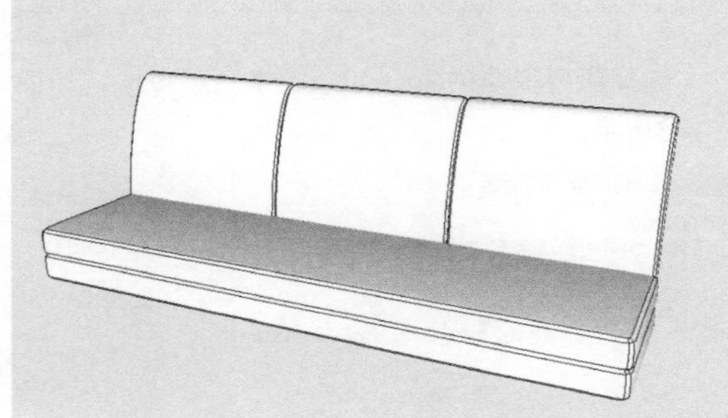

图11-236

7 采用相同的方法完成扶手的创建和倒角，并将其复制放置在沙发的两侧，如图11-237和图11-238所示。

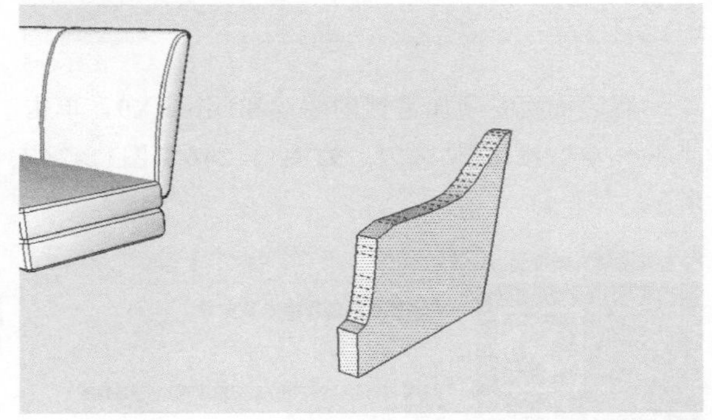

图11-237

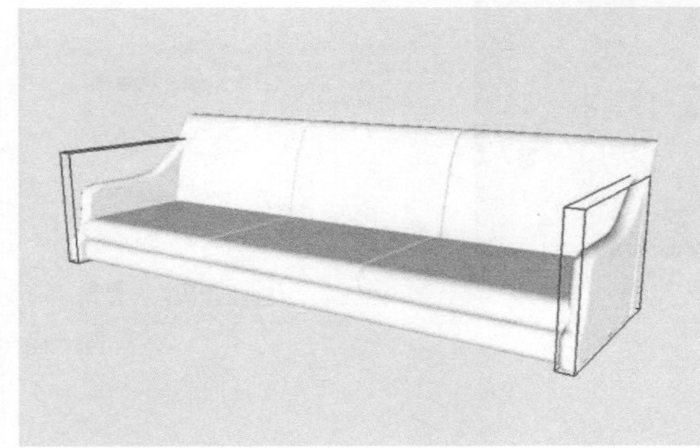

图11-238

8 为沙发添加支座及抱枕等模型，然后打开“实例文件>Chapter11>实战——创建客厅沙发>11784263.jpg和LFY12438.jpg”贴图图片，为其赋予材质，如图11-239和图11-240所示。

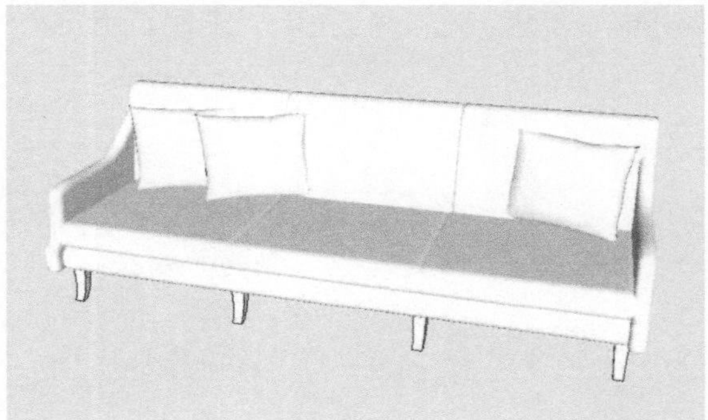

图11-239

图11-240

11.12 日照大师插件

11.12.1 日照大师特点

SketchUp日照大师（简称日照大师）是目前唯一结合SketchUp设计的符合中国建筑设计规范的建筑日照程序，可以计算冬至日和大寒日的累计日照时间。它具有以下特点。

第1是准确：符合日照计算的规则。计算结果符合标准，并和其他日照软件计算结果相同。

第2是高速：采用独创的Mass Matrix（复杂矩阵）算法，大大加快了计算速度，并进行了GPU优化，可以在很短的时间内计算上万个面的场景，远远超过其他日照分析软件。简单模型只用极短的时间得到结果，对于复杂的模型，也可以在几分钟内得出结果，所以非常方便建筑师在SketchUp上反复调整方案。如果计算机采用固态硬盘（Solid State Disk）还可大大提高计算速度。

第3是直观：利用DirectX技术，三维显示计算结果，可以旋转和缩放，可以显示超大的模型，转换观察角度没有停滞感，用户界面简单，一目了然，如图11-241所示。

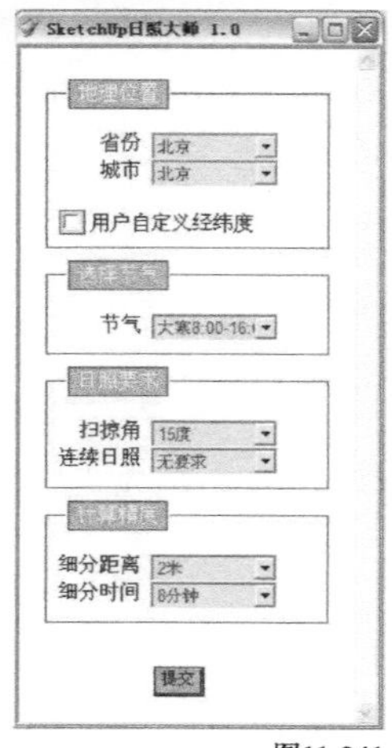

图11-241

11.12.2 安装与配置

SketchUp的模型往往细致而复杂，分析日照会消耗极大的资源，因此，日照大师需要较高性能的计算机。具体要求如图11-242所示。

项目	推荐指标
系统	64位Win7操作系统或Win XP
处理器	推荐2.4GB以上
内存	推荐4GB以上
硬盘	推荐SSD固态硬盘
显卡	推荐AMD-HD5750/NVIDIA-GTS450以上
SketchUp版本	6、7、8

图11-242

双击SketchUpSunShineMaster_1.0_setup，进入安装程序欢迎页面单击“下一步”按钮，然后进入协议页面，单击“我接受”按钮，如图11-243和图11-244所示。

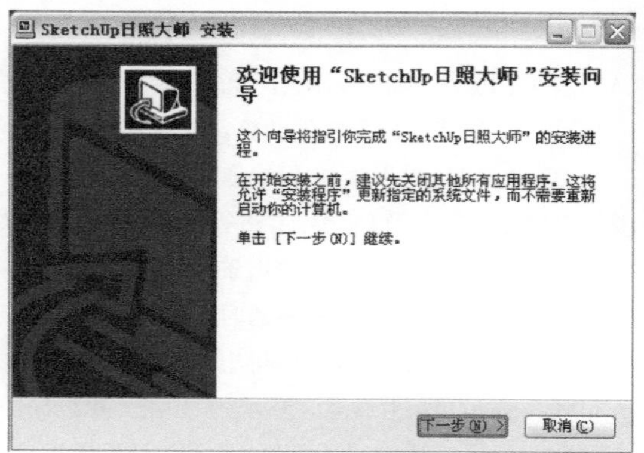

图11-243

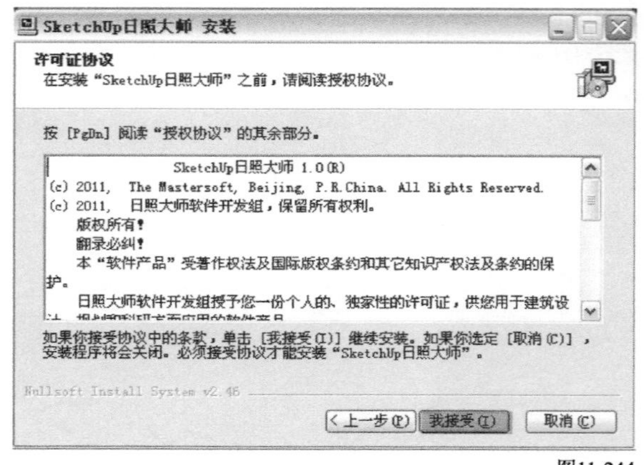

图11-244

选择所要安装的SketchUp版本，可多选，如图11-245所示。

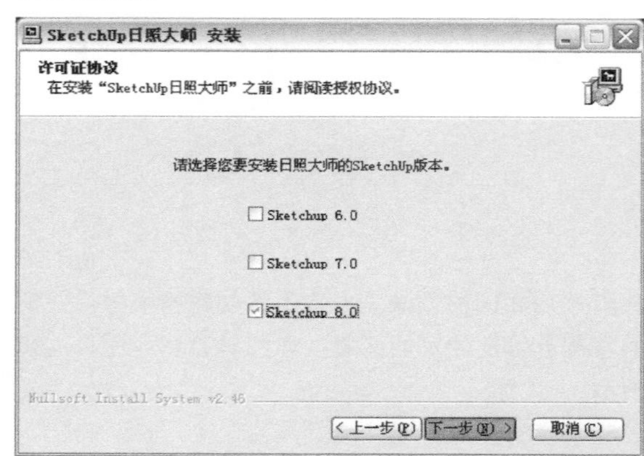

图11-245

然后依次安装加密锁的驱动和DirectX9，单击“下一步”按钮，如图11-246和图11-247所示。

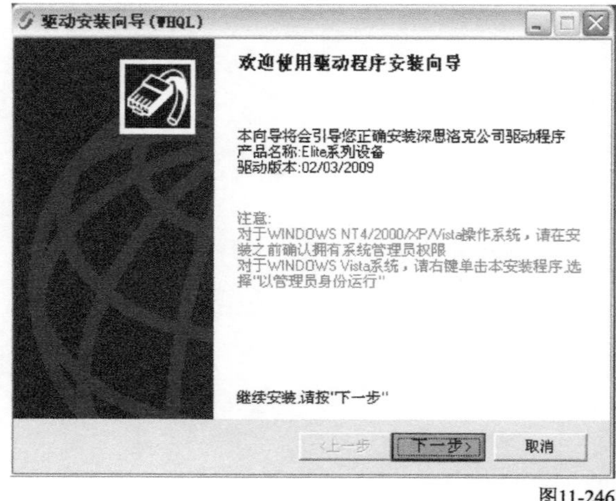

图11-246

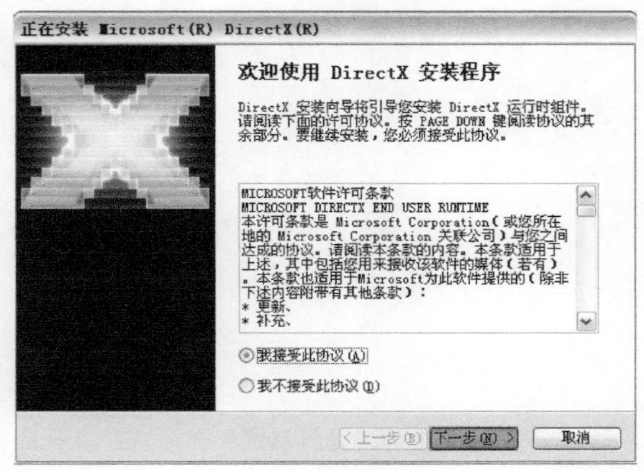

图11-247

安装顺利结束，建议重启计算机。

安装结束后，启动相应的SketchUp界面，单击“插件”菜单栏可以看到多了“SketchUp日照大师”的拓展菜单，菜单下有3个子项，分别是“参数设置”“计算日照”和“帮助文档”，如图11-248所示。

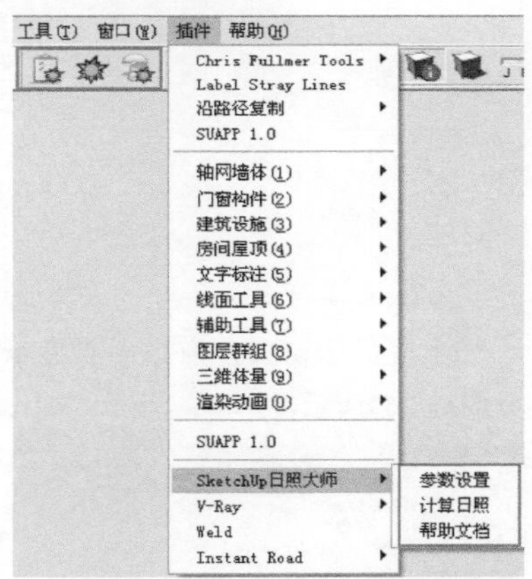

图11-248

执行“查看→工具栏→sunshine”菜单命令，弹出“日照大师”的工具栏，如图11-249所示。

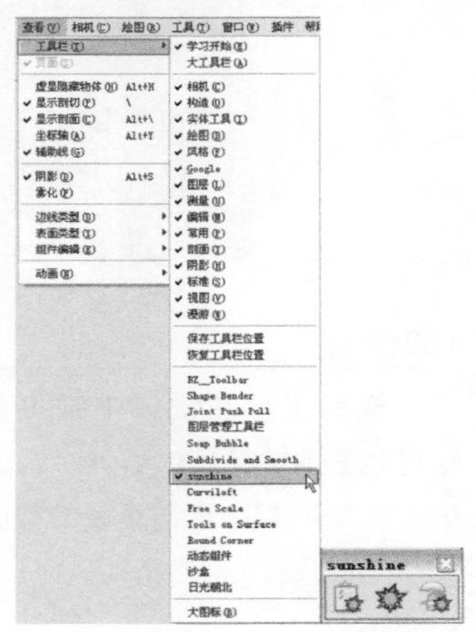

图11-249

11.12.3 参数设置

单击日照大师的工具栏上左边的“日照参数设置”按钮，弹出日照大师参数设置栏，如图11-250所示。

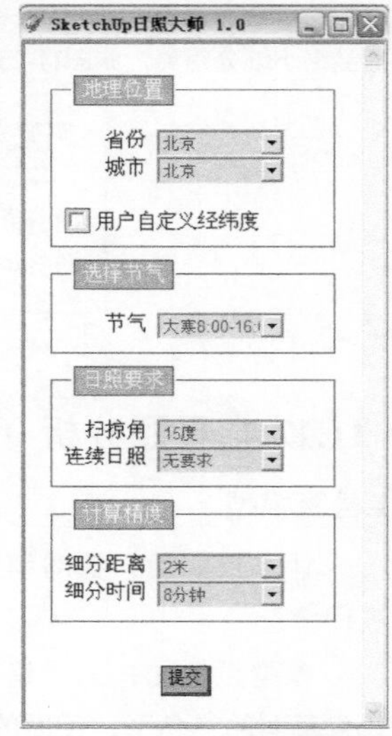

图11-250

地理位置：省份和城市两个下拉菜单中包括了中国主要的100多个城市的经纬度信息，选择模型所在地的相应的地理位置。如果下拉菜单中没有对应的城市，可以单击“用户自定义经纬度”，面板会自动切换输入方式，如图11-251所示。

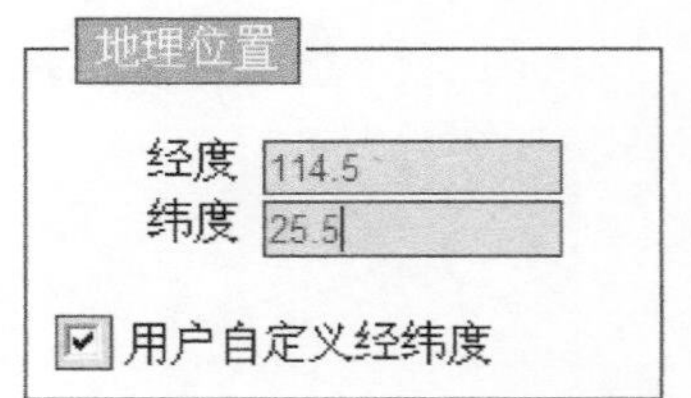

图11-251

选择节气：节气只有两种分别是冬至9:00-15:00（真太阳时），大寒8:00-16:00（真太阳时），如图11-252所示。

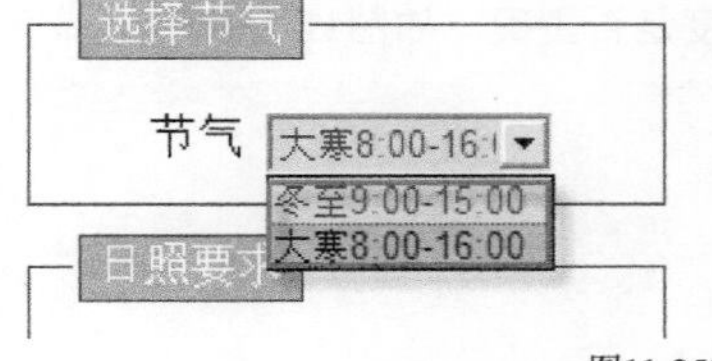

图11-252

日照要求：请依据当地具体规范要求选择适当的参数值，如图11-253所示。

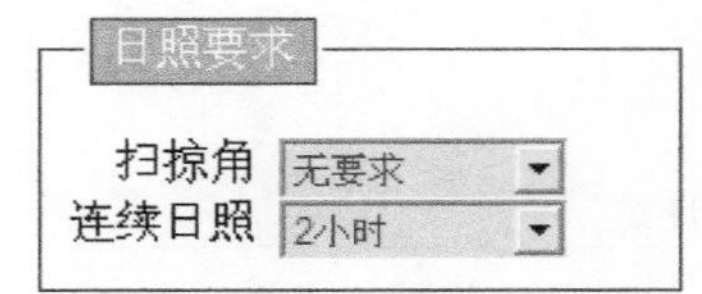

图11-253

计算精度：选择计算精度将大大影响计算的时间，一般来说，对于整个小区，可以选“择细分距离”为“2米”，“细分时间”为“8分钟”。如果模型很细致，可以适当缩小细分距离，如图11-254所示。

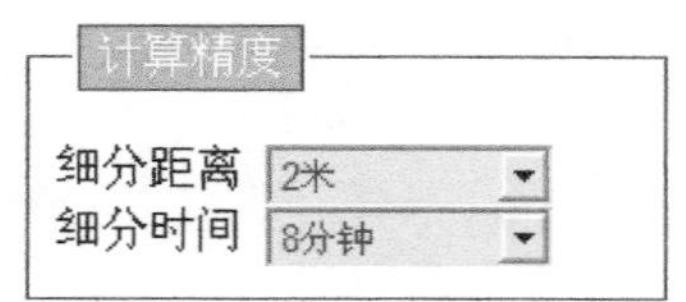

图11-254

11.12.4 日照分析

1.检查模型

计算日照前，要对模型的正反面和模型的大小进行检查。

模型正反面：为了追求计算速度，日照大师只计算正面的三角形，反面的三角形默认是透明的。所以，请设置好模型的正反面。操作步骤为选择需要反转的面，然后单击鼠标右键，接着在弹出的菜单中执行“将面翻转”命令，如图11-255所示。

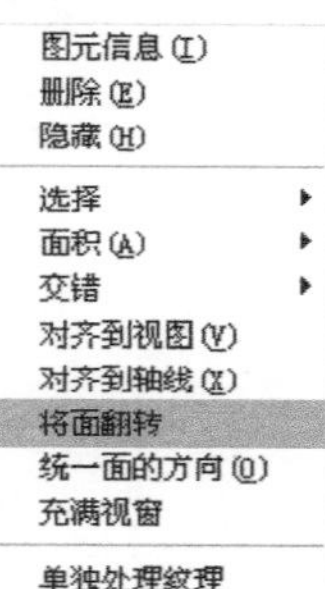

图11-255

模型大小：如果从别的软件中导入模型，应该用SketchUp提供的“测量距离”工具检查模型的尺度是否正确，如图11-256所示。

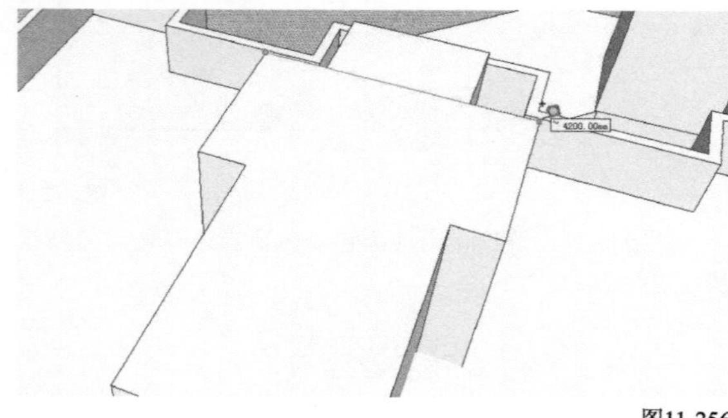

图11-256

2.计算

选择计算面：日照计算时要计算周围建筑物、山体等对计算建筑物的影响。选中场景中的所有物体为遮挡物，以避免遗漏，如图11-257所示。

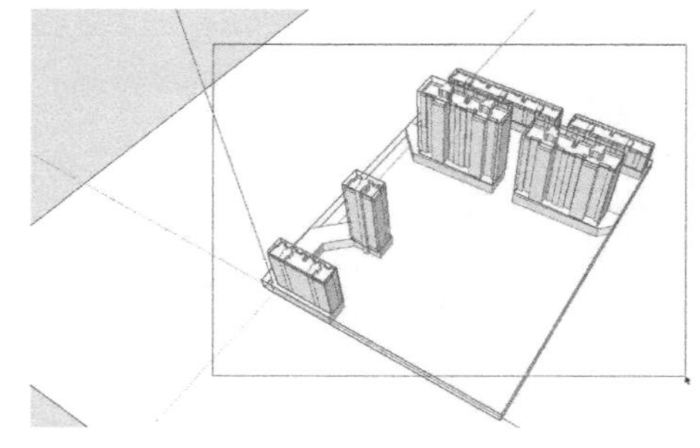

图11-257

单击Toolbar上的“计算日照”按钮，或者是执行“插件→SketchUp日照大师→日照分析”菜单命令。如果模型的大小超过100BK，单击按钮后可能需要等待几秒钟才能运行，如图11-258所示。

图11-258

出现显示窗口，窗口中心显示完成的百分比，如图11-259所示。

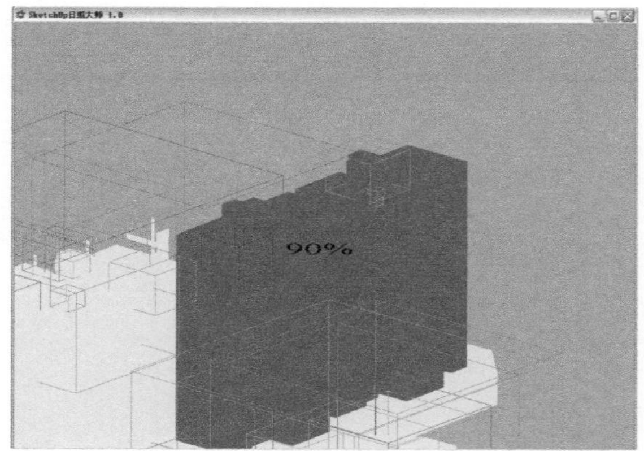

图11-259

3.观察

拖动鼠标左键或中键可以变换视角，中键滚轮可以控制视野的大小，右上角的截图按钮可以 截图 保存当前场景的截图，如图11-260所示。

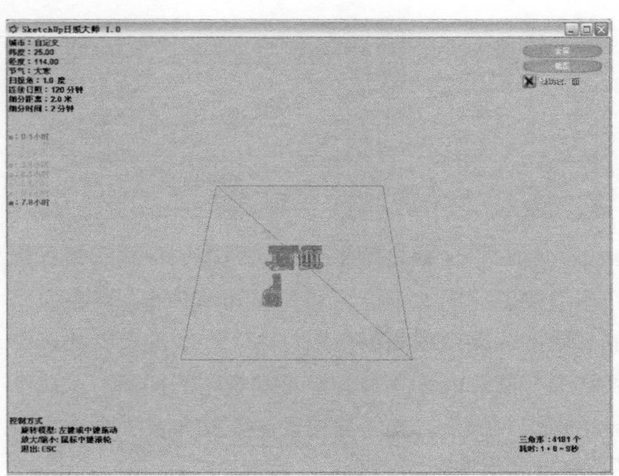

图11-260

重点 实战

计算小区日照

场景文件	c.skp
实例文件	无
视频教学	多媒体教学>Chapter11>实战——计算小区日照.flv
难易指数	★★☆☆☆
技术掌握	日照大师

扫码看视频

1 打开“场景文件>Chapter11>c.skp”文件，如图11-261所示。

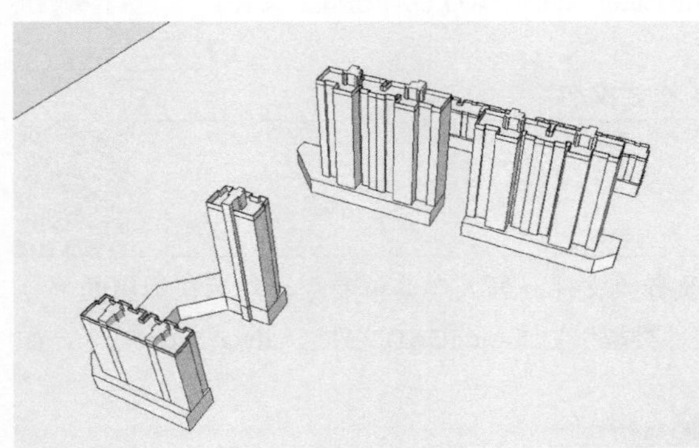

图11-261

2 在sunshine工具栏中激活“日照参数设置”工具，如图11-262所示。

图11-262

3 在弹出的参数设置对话框中调整相应的参数，“地理位置”勾选“用户自定义经纬度”，然后将“经度”设置为114.5，“纬度”设置为25.5；“节气”选择“大寒”；“日照要求”中的“扫描角”选择“无要求”，“连续日照”选择“2小时”；计算精度中的细分距离选择“2米”，细分时间选择“8分钟”，接着单击“提交”按钮，如图11-263所示。

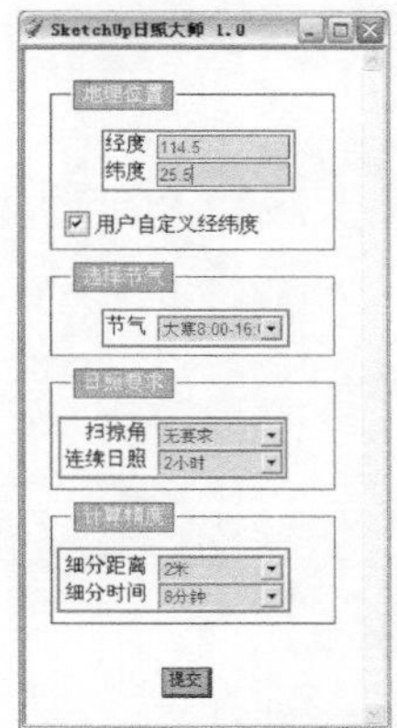

图11-263

4 选择需要计算日照的建筑体块，如图11-264所示。

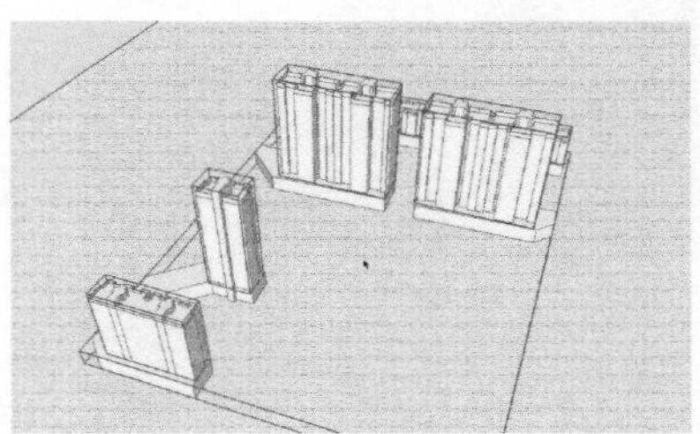

图11-264

5 激活“计算日照”工具，如图11-265所示。

图11-265

6 计算结果如图11-266所示。

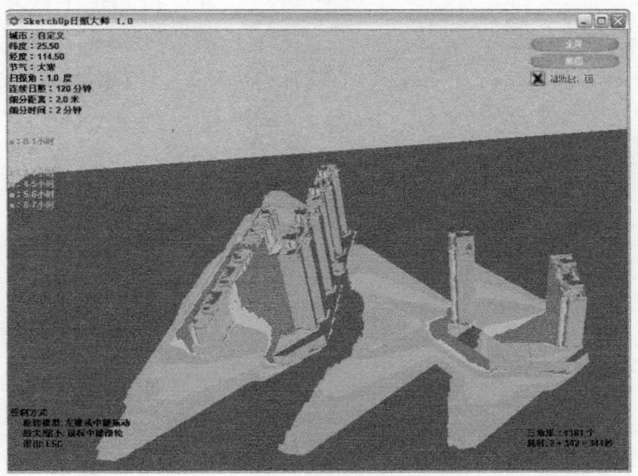

图11-266

通过本节的学习可以发现SketchUp插件的功能非常强大，如果没有这些插件，有些模型甚至无法完成。但插件也并非越多越好，安装太多的插件会消耗很多系统资源，同时容易引起一些冲突，因此要根据实际需求来选择插件。

POINT

第12章 文件的导入与导出

SketchUp可以与AutoCAD、3ds Max等相关图形处理软件共享数据成果，以弥补SketchUp在精确建模方面的不足。此外，SketchUp在建模完成之后还可以导出准确的平面图、立面图和剖面图，为下一步施工图的制作提供基础条件。本章将详细介绍SketchUp与几种常用软件的衔接，以及不同格式文件的导入、导出操作。另外，关于导出动画的操作在“页面与动画”章节做了详细介绍，在此不再赘述。

学习重点

掌握AutoCAD文件的导入与导出操作

掌握JPG图片的导入与导出操作

掌握3DS格式文件的导入与导出操作

12.1 AutoCAD文件的导入与导出

12.1.1 导入DWG/DXF格式的文件

作为真正的方案推敲软件，SketchUp必须支持方案设计的全过程。粗略抽象的概念设计是重要的，但精确的图纸也同样重要。因此，SketchUp一开始就支持导入和导出AutoCAD的DWG/DXF格式的文件。

重点 实战

导入DWG格式和DXF格式文件

场景文件	无
实例文件	无
视频教学	多媒体教学>Chapter12>实战——导入DWG格式和DXF格式文件.flv
难易指数	★☆☆☆☆
技术掌握	文件的导入

扫码看视频

01 运行SketchUp，执行“文件→导入”菜单命令，然后在弹出的“打开”对话框中设置“文件类型”为“AutoCAD文件（*.dwg. *.dxf）”，如图12-1和图12-2所示。

图12-1　　图12-2

02 单击选择需要导入的文件，然后单击“选项”按钮 选项(P)... ，接着在弹出的“AutoCAD DWG/DXF 导入选项”对话框中根据导入文件的属性选择一个导入的单位，一般选择为“毫米”或者“米”，最后单击“确定”按钮 确定 ，如图12-3所示。

SketchUp

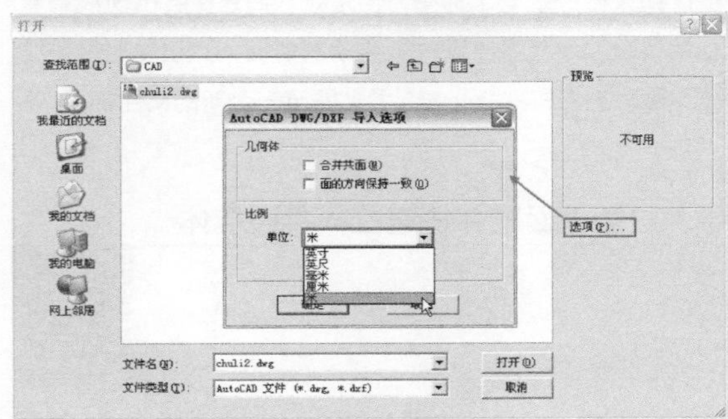

图12-3

3 完成设置后单击"确定"按钮开始导入文件，大的文件可能需要几分钟的时间，因为SketchUp的几何体与CAD软件中的几何体有很大的区别，转换需要大量的运算，如图12-4所示。导入完成后，SketchUp会显示一个导入实体的报告，如图12-5所示。

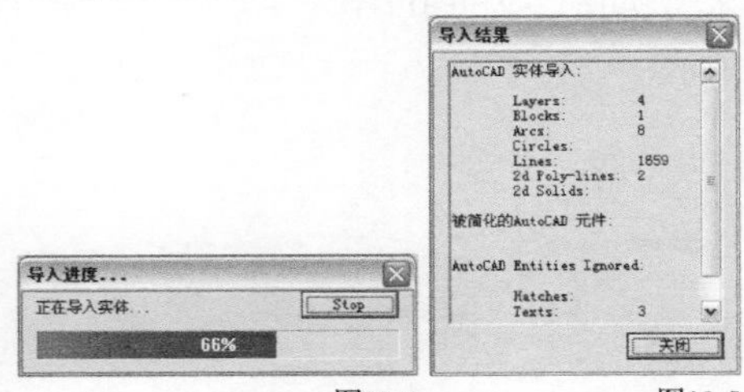

图12-4　图12-5

技巧与提示　如果导入之前，SketchUp中已经有了别的实体，那么所有导入的几何体会合并为一个组，以免干扰（粘住）已有的几何体，但如果是导入空白文件中就不会创建组。

技巧与提示　SketchUp支持导入的AutoCAD实体包括线、圆弧、圆、多段线、面、有厚度的实体、三维面、嵌套的图块以及图层。目前，SketchUp还不能支持AutoCAD实心体、区域、样条线、锥形宽度的多段线、XREFS、填充图案、尺寸标注、文字和ADT、ARX物体，这些在导入时将被忽略。如果想导入这些未被支持的实体，需要在AutoCAD中先将其分解（快捷键为X键），有些物体还需要分解多次才能在导出时转换为SketchUp几何体，有些即使被分解也无法导入，请读者注意。

在导入文件的时候，尽量简化文件，只导入需要的几何体。这是因为导入一个大的AutoCAD文件时，系统会对每个图形实体都进行分析，这需要很长的时间，而且一旦导入，由于SketchUp中智能化的线和表面需要比AutoCAD更多的系统资源，复杂的文件会拖慢SketchUp的系统性能。

技巧与提示　有些文件可能包含非标准的单位、共面的表面以及朝向不一的表面，用户可以通过"AutoCAD DWG/DXF 导入选项"对话框中的"合并共面上的面"选项和"面的方向保持一致"选项纠正这些问题。

合并共面上的面：导入DWG或DXF格式的文件时，会发现一些平面上有三角形的划分线。手工删除这些多余的线是很麻烦的，可以使用该选项让SketchUp自动删除多余的划分线。

面的方向保持一致：勾选该选项后，系统会自动分析导入表面的朝向，并统一表面的法线方向。

疑难问答　问：在AutoCAD和SketchUp中设置的单位都是毫米，为什么导入后的尺寸不一样呢？

答：一些AutoCAD文件以统一单位来保存数据，例如，DXF格式的文件，这意味着导入时必须指定导入文件使用的单位以保证进行正确的缩放。如果已知AutoCAD文件使用的单位为毫米，而在导入时却选择了米，那么就意味着图形放大了1000倍。

在SketchUp中导入DWG格式的文件时，在"打开"对话框的右侧有一个"选项"按钮，单击该按钮并在弹出的对话框中设置导入的单位为"毫米"即可，如图12-6所示。

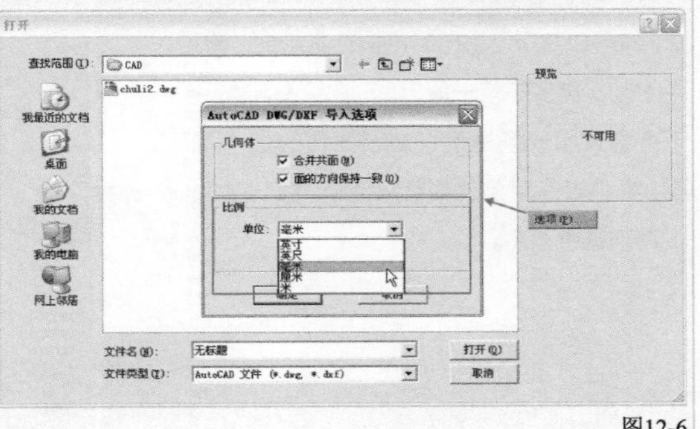

图12-6

不过，需要注意的是，在SketchUp中只能识别0.001平方单位以上的表面，如果导入的模型有0.01单位长度的边线，将不能导入，因为0.01×0.01 = 0.0001平方单位。所以在导入未知单位文件时，宁愿设定大的单位也不要选择小的单位，因为模型比例缩小会使一些过小的表面在SketchUp中被忽略，剩余的表面也可能发生变形。如果指定单位为米，导入的模型虽然过大，但所有的表面都被正确导入了，可以缩放模型到正确的尺寸。

疑难问答 问：在AutoCAD中创建好的模型导入SketchUp后都成了线框图，不存在面了，而且在AutoCAD中已经闭合好的图形，导入SketchUp中不能直接拉伸，需要重新绘制一遍，另外，当遇到不规则曲线时会非常麻烦，通常会产生多线段，这个问题有办法解决吗？

答：导入的AutoCAD图形需要在SketchUp中生成面，然后才能拉伸。对于在同一平面内本来就封闭的线，只需要绘制其中一小段线段就会自动封闭成面；对于开口的线，将开口处用线连接好就会生成面，如图12-7所示。

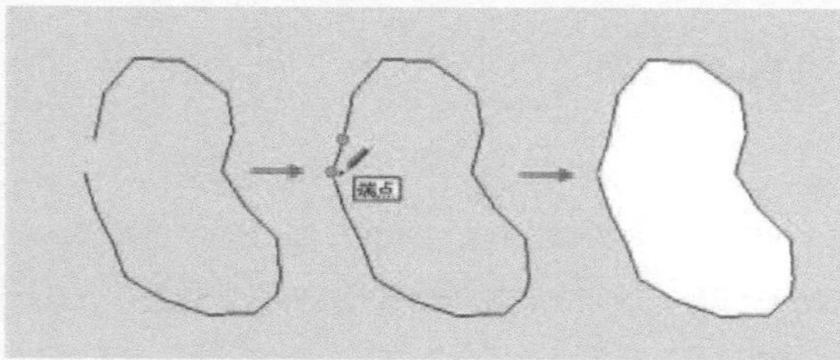

图12-7

在需要封闭很多面的情况下，可以使用在第11章中介绍的一款Label Stray Lines插件，它可以快速标明图形的缺口，读者可以尝试使用一下。另外，还可以使用第11章所讲的SUAPP插件集中的线面工具进行封面。具体步骤为：选中要封面的线，接着执行“插件→线面工具→生成面域”菜单命令，如图12-8所示。在运用插件进行封面的时候需要等待一段时间，在绘图区下方会显示一条进度条显示封面的进程。插件没有封到的面可以使用“线”工具进行补充。

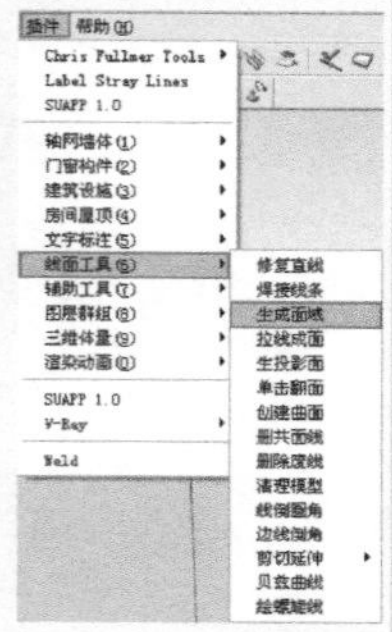

图12-8

疑难问答 问：在导入AutoCAD图形时，有时候会发现导入的线段根本不在一个面上，这是为什么？

答：可能是在AutoCAD中没有对线的标高进行统一。如果已经统一了标高，但是导入后还是会出现线条弯曲的情况，或者是出现线条晃动的情况，建议复制这些线条，然后重新打开SketchUp并粘贴至一个新的文件中。

实战

导入户型平面图并快速拉伸多面墙体

场景文件	a.skp
实例文件	实战——导入户型平面图并快速拉伸多面墙体.skp
视频教学	多媒体教学>Chapter12>实战——导入户型平面图并快速拉伸多面墙体.flv
难易指数	★★☆☆☆
技术掌握	文件的导入及SUAPP建筑插件

扫码看视频

01 打开SketchUp，执行“文件→导入”菜单命令，然后在弹出的“打开”对话框中选择需要导入的CAD图像文件，然后单击右侧的“选项”按钮，在弹出的对话框中将单位改成“毫米”，如图12-9和图12-10所示。

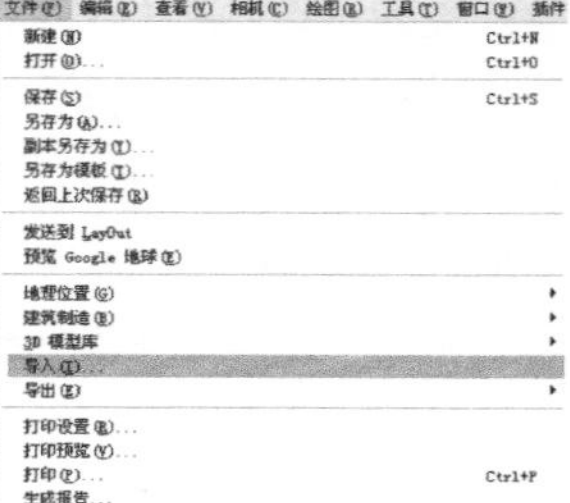

图12-9

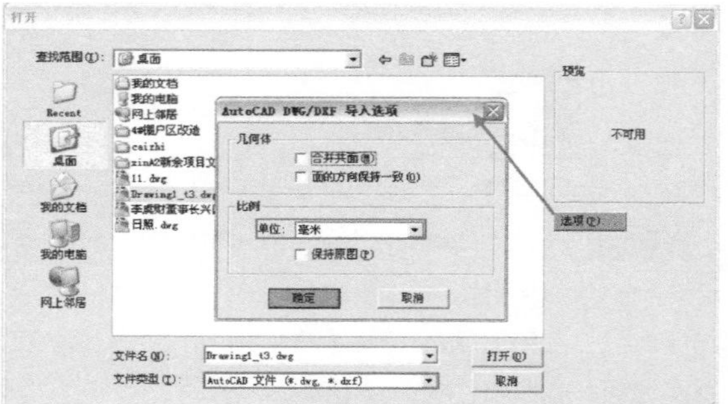

图12-10

02 将“实例文件>Chapter12>实战——导入户型平面图，快速拉伸多面墙体>户型平面图.dwg”图片导入SketchUp场景中，如图12-11所示。

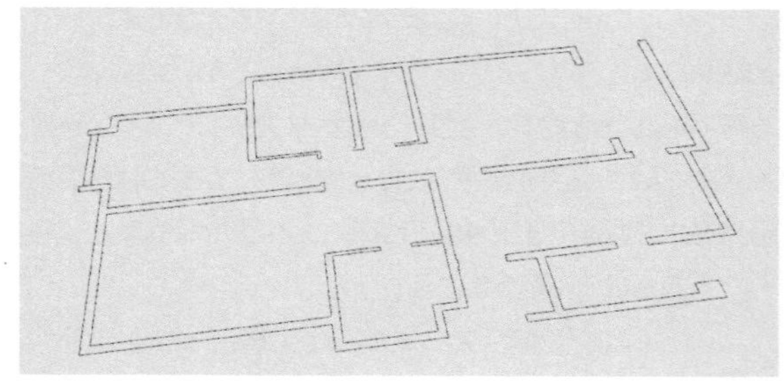

图12-11

3 全选导入的CAD图形文件，然后执行“插件→线面工具→生成面域”菜单命令，如图12-12所示。

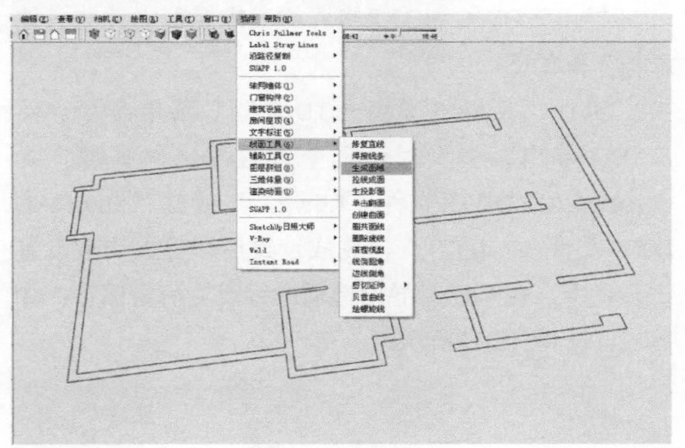

图12-12

4 执行命令后，墙体会自动封面，然后使用“推/拉”工具将面向上推拉形成墙体即可，如图12-13所示。

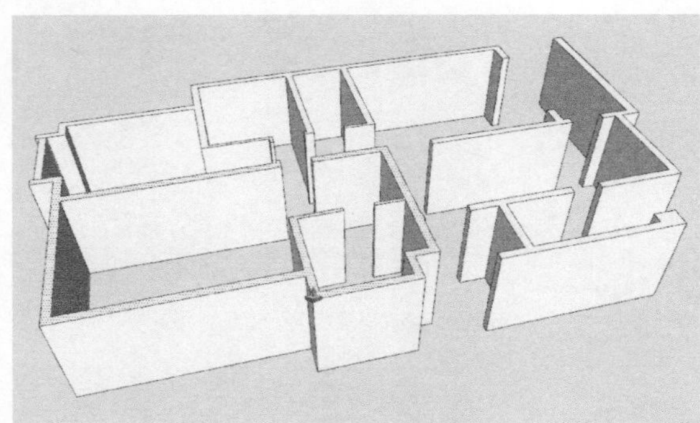

图12-13

12.1.2 导出DWG/DXF格式的二维矢量图文件

SketchUp允许将模型导出为多种格式的二维矢量图，包括DWG、DXF、EPS和PDF格式。导出的二维矢量图可以方便地在任何CAD软件或矢量处理软件中导入和编辑。

技巧与提示

SketchUp的一些图形特性无法导出到二维矢量图中，包括贴图、阴影和透明度。

实战

将文件导出为DWG和DXF格式的二维矢量图

场景文件	无
实例文件	无
视频教学	多媒体教学>Chapter12>实战——将文件导出为DWG和DXF格式的二维矢量图.flv
难易指数	★☆☆☆☆
技术掌握	文件的导出

扫码看视频

1 在绘图窗口中调整好视图的视角（SketchUp会将当前视图导出，并忽略贴图、阴影等不支持的特性）。

2 执行“文件→导出→2D图像”菜单命令，打开“导出二维消隐线”对话框，然后设置“文件类型”为AutoCAD DWG File（*.dwg）或者AutoCAD DXF File（*.dxf），接着设置导出的文件名，如图12-14和图12-15所示。

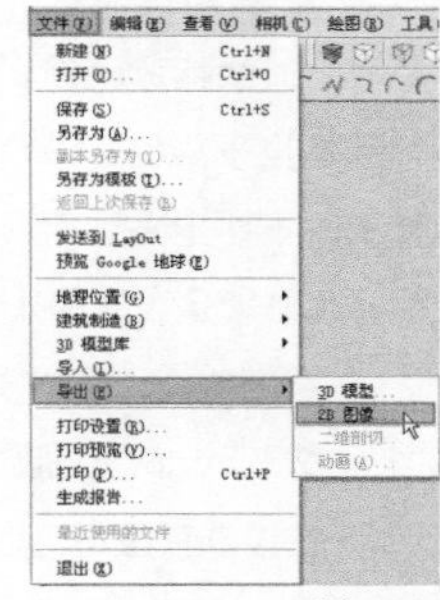

图12-14

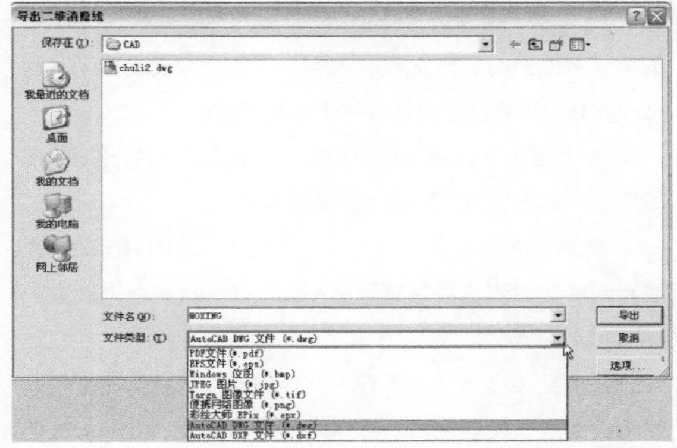

图12-15

3 单击“选项”按钮设置导出的参数，具体参数设置可以参照下文的技术专题讲解。完成设置后，单击“确定”按钮即可进行导出，如图12-16所示。

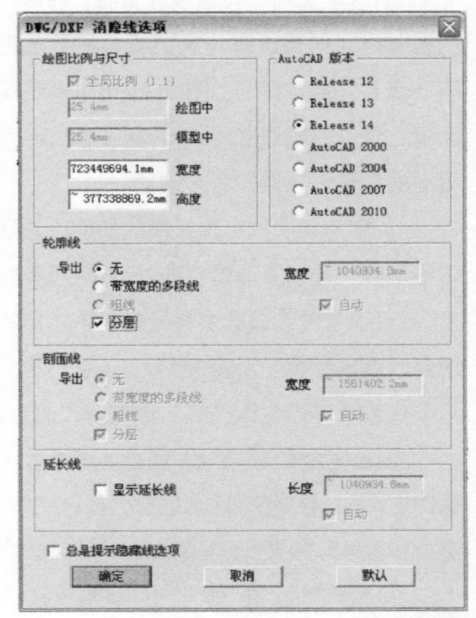

图12-16

技术专题 “DWG/DXF消隐线选项”对话框参数详解

①“绘图比例与尺寸”选项组

全局比例：勾选该选项将按真实尺寸1:1导出。

绘图中/模型中：“绘图中”和“模型中”的比例就是导出时的缩放比例。例如，绘图中/模型中=1毫米/1米，那就相当于导出1:1000的图形。另外，开启“透视显示”模式时不能定义这两项的比例，即使在“平行投影”模式下，也必须是表面的法线垂直视图时才可以。

宽度/高度：定义导出图形的宽度和高度。

②“AutoCAD版本”选项组

在该选项组中可以选择导出的AutoCAD版本。

③“轮廓线”选项组

无：如果设置“导出”为“无”，则导出时会忽略屏幕显示效果而导出正常的线条；如果没有设置该项，则SketchUp中显示的轮廓线会导出较粗的线。

带宽度的多段线：如果设置“导出”为“带宽度的多段线”，则导出的轮廓线为多段线实体。

粗线：如果设置“导出”为“粗线”，则导出的剖面线为粗线实体。该项只有导出AutoCAD 2000 以上版本的DWG文件才有效。

分层：如果设置“导出”为“分层”，将导出专门的轮廓线图层，便于在其他程序中设置和修改。SketchUp的图层设置在导出二维消隐线矢量图时不会直接转换。

④“剖面线”选项组

该选项组中的设置与“轮廓线”选项组相类似。

⑤“延长线”选项组

显示延长线：勾选该选项后，将导出SketchUp中显示的延长线。如果没有勾选该项，将导出正常的线条。这里有一点要注意，延长线在SketchUp中对捕捉参考系统没有影响，但在别的CAD程序中就可能出现问题，如果想编辑导出的矢量图，最好禁止该项。

长度：用于指定延长线的长度。该项只有在激活“显示延长线”选项并取消“自动”选项后才生效。

自动：勾选该选项将分析用户指定的导出尺寸，并匹配延长线的长度，让延长线和屏幕上显示的相似。该选项只有在激活“显示延长线”选项时才生效。

总是提示隐藏线选项：勾选该选项后，每次导出为DWG和DXF格式的二维矢量图文件时都会自动打开“DWG/DXF消隐线选项”对话框；如果没有勾选该项，将使用上次的导出设置。

“默认”按钮 默认 ：单击该按钮可以恢复系统默认值。

12.1.3 导出DWG/DXF格式的3D模型文件

导出为DWG和DXF格式的三维模型文件的具体操作步骤如下。

执行“文件→导出→3D模型”菜单命令，然后在“导出模型”对话框中设置“文件类型”为“AutoCAD DWG 文件（*.dwg）”或者“AutoCAD DXF 文件（*.dxf）”。完成设置后即可按当前设置进行保存，也可以对导出选项进行设置后再保存，如图12-17和图12-18所示。

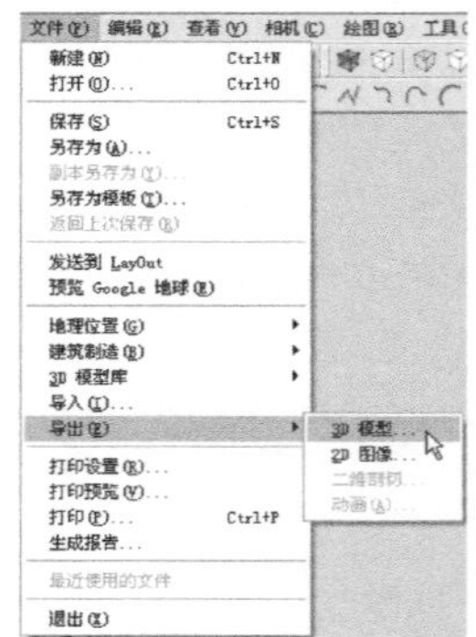

图12-17

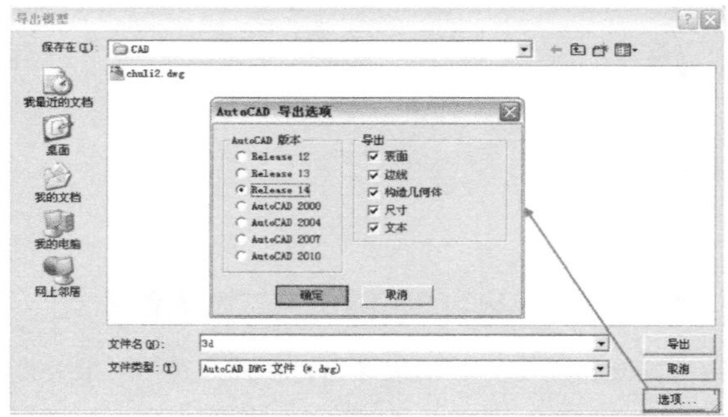

图12-18

技巧与提示

SketchUp可以导出面、线（线框）或辅助线，所有SketchUp的表面都将导出为三角形的多段网格面。

导出为AutoCAD文件时，SketchUp使用当前的文件单位导出。例如，SketchUp的当前单位设置是十进制（米），以此为单位导出的DWG文件在AutoCAD中也必须将单位设置为十进制（米）才能正确转换模型。另外有一点需要注意，导出时，复数的线实体不会被创建为多段线实体。

12.2 二维图像的导入与导出

12.2.1 导入图像

1.导入图片

作为一名设计师，可能经常需要对扫描图、传真、照片等图像进行描绘，SketchUp允许用户导入JPEG、PNG、TGA、BMP和TIF格式的图像到模型中。

实战

导入选定图片

场景文件	无
实例文件	实战——导入选定图片
视频教学	多媒体教学>Chapter12>实战——导入选定图片.flv
难易指数	★☆☆☆☆
技术掌握	文件的导入

扫码看视频

1 执行“文件→导入”菜单命令，将“实例文件>Chapter12>实战——导入选定图片>caiping.jpg”图片导入SketchUp场景中，如图12-19~图12-21所示。

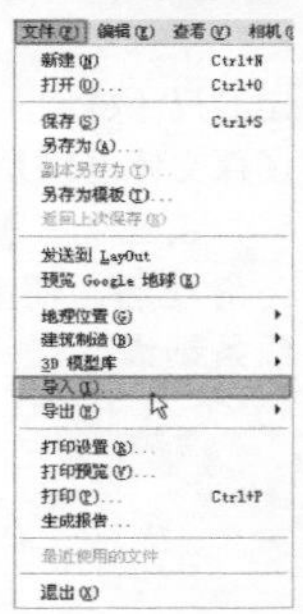

图12-19

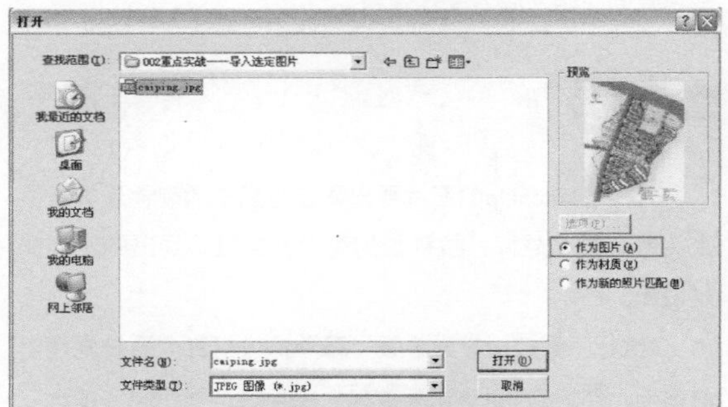

图12-20

图12-21

2 也可以用鼠标右键单机桌面左下角的“开始”按钮，选择“资源管理器”，打开图像所在的文件夹，选中图像，拖放至SketchUp绘图窗口中，如图12-22所示。

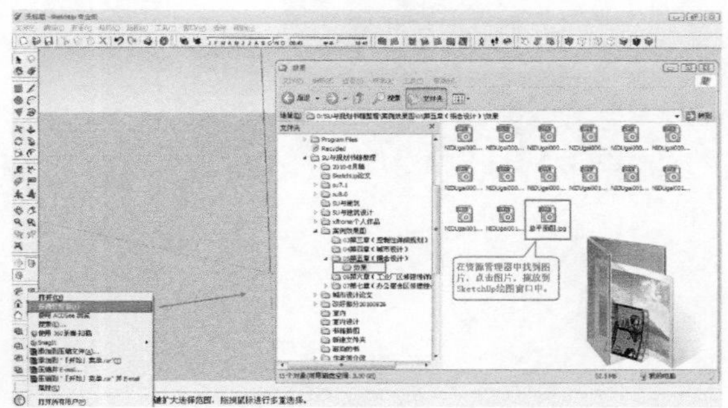

图12-22

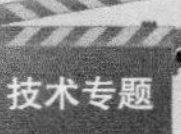

技术专题 改变图像高宽比

默认情况下，导入的图像保持原始文件的高宽比，用户可以在导入图像时按住Shift键来改变高宽比，也可以使用“缩放”工具来改变图像的高宽比。

技术专题 缩小图像文件大小

当用户在场景中导入一个图像后，这个图像就封装到了SketchUp文件中。这样在发送SKP文件给他人时就不会丢失文件链接，但这也意味着文件会迅速变大。所以在导入图像时，应尽量控制图像文件的大小。下面提供两种减小图像文件大小的方法。

① 降低图像分辨率。图像的分辨率与图像文件大小直接相关，有时候，低分辨率的图像就能满足描图等需要。用户可以在导入图像前先将图像转为灰度，然后降低分辨率，以此来减小图像文件的大小。图像分辨率也会受到OpenGL驱动能处理的最大贴图的限制，大多数系统的限制是1024像素×1024像素，如果需要大图，可以用多幅图片拼合而成。

② 将图像压缩为JPEG或者PNG格式。

2.图像右键关联菜单

将图像导入SketchUp后，如果在图像上单击鼠标右键，将弹出一个菜单，如图12-23所示。

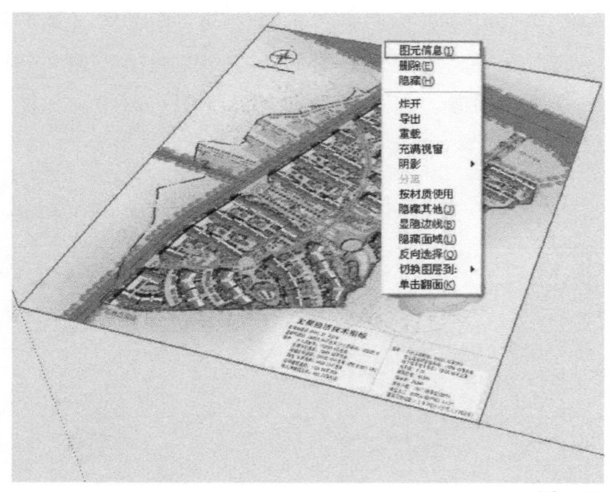

图12-23

图元信息：执行该命令将打开“图元信息”对话框，可以查看和修改图像的属性，如图12-24所示。

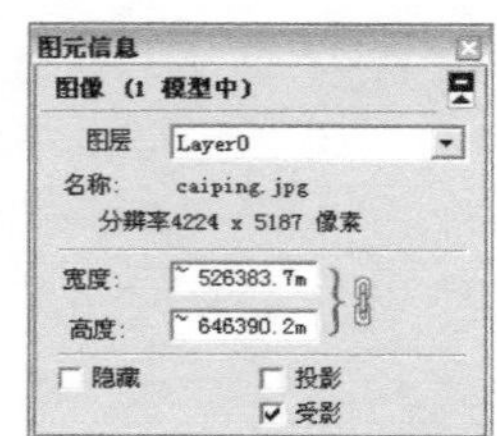

图12-24

删除：该命令用于将图像从模型中删除。

隐藏：该命令用于隐藏所选物体，选择隐藏物体后，该命令就会变为“显示”。

炸开：该命令用于炸开图像。

导出/重载：如果对导入的图像不满意，可以执行“导出”命令将其导出，并在其他软件中进行编辑修改，完成修改后执行“重载”命令将其重新载入SketchUp中。

充满视窗：该命令用于缩放视野使整个实体可见，并处于绘图窗口的正中。

阴影：该命令用于让图像产生投影。

分离：如果一个图像吸附在一个表面上，它将只能在该表面上移动。“分离”命令可以让图像脱离吸附的表面。

按材质使用：该命令用于将导入的图像作为材质贴图使用。

12.2.2 导出图像

SketchUp允许用户导出JPEG、BMP、TGA、TIF、PNG和Epix等格式的二维光栅图像。

1.导出JPG格式的图像

将文件导出为JPEG格式的具体操作步骤如下。

① 在绘图窗口中设置好需要导出的模型视图。

② 设置好视图后，执行“文件→导出→2D图像”菜单命令打开“导出二维消隐线”对话框，然后设置好导出的文件名和文件格式（JPEG格式），如图12-25所示。

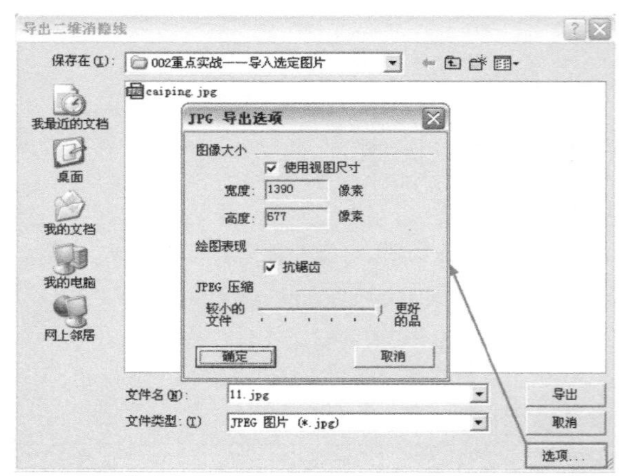

图12-25

使用视图尺寸：勾选该选项则导出图像的尺寸大小为当前视图窗口的大小，取消该项则可以自定义图像尺寸。

宽度/高度：指定图像的尺寸，以“像素”为单位。指定的尺寸越大，导出的时间越长，消耗的内存越多，生成的图像文件也越大，最好只按需要导出相应大小的图像文件。

抗锯齿：开启该选项后，SketchUp会对导出图像做平滑处理。需要更多的导出时间，但可以减少图像中的线条锯齿。

技巧与提示

导出为JPEG格式的文件时，在“抗锯齿”选项的下方会出现“JPEG压缩”滑块，向左滑动图片尺寸会变小，并且质量下降，导出时间变短；向右滑动则相反。

疑难问答

问：在SketchUp中如何才能导出高质量的位图？

答：SketchUp的图片导出质量与显卡的硬件质量有很大关系，显卡越好，抗锯齿的能力就越强，导出的图片就越清晰。

执行“窗口→参数设置”菜单命令打开“系统属性”对话框，然后在OpenGL参数面板中勾选“使用硬件加速”选项，并在“性能”选项组中选择最高级的模式，如图12-26所示。

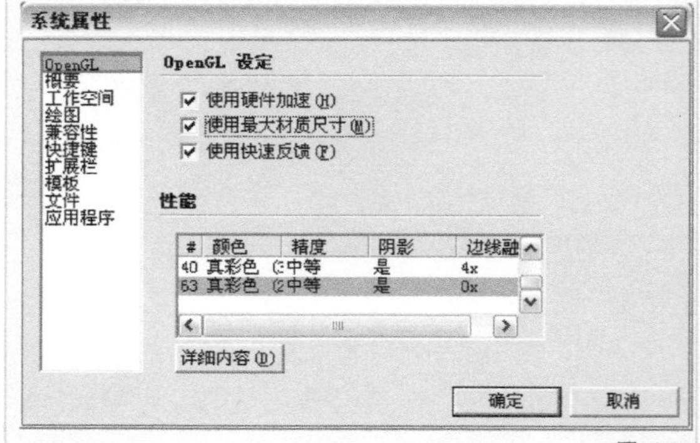

图12-26

除了上面的方法外，在导出图像时可以先导出一张尺寸较大的图片，然后在Photoshop中将图片的尺寸改小，这样也能增强图像的抗锯齿效果，如图12-27所示。

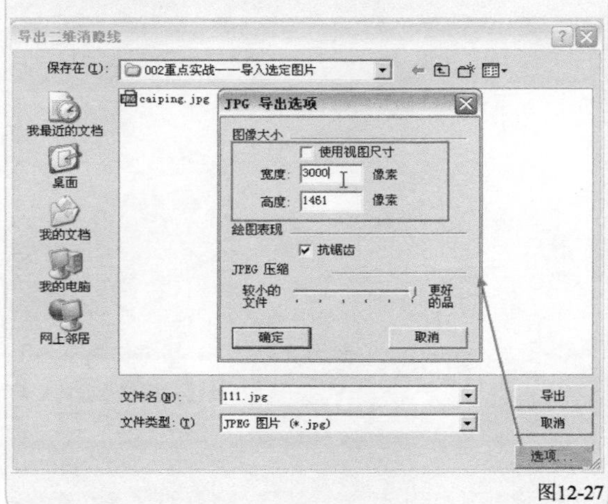

图12-27

问：想要将导出的图片大小设置为4000×3000，但是分辨率设置是固定了比例的，修改其中的一项，另一项会自动进行改变，例如，长度设为4000，那么宽度只能是2596，这是怎么回事?

答：在SketchUp中导出图像的长宽比例是依据绘图区的显示比例而来的，所以改不了。从SketchUp中直接导出的图像一般都需要进行后期处理，所以不必太在意导出图像的宽高比，在后期处理时对其进行裁剪即可。

2.导出PDF/EPS格式的图像

将文件导出为PDF或者EPS格式的具体操作步骤如下。

① 在绘图窗口中设置要导出的模型视图。

② 设置好视图后，执行“文件→导出→2D图像”菜单命令打开“导出二维消隐线”对话框，然后设置好导出的文件名和文件格式（PDF或者EPS格式），如图12-28和图12-29所示。

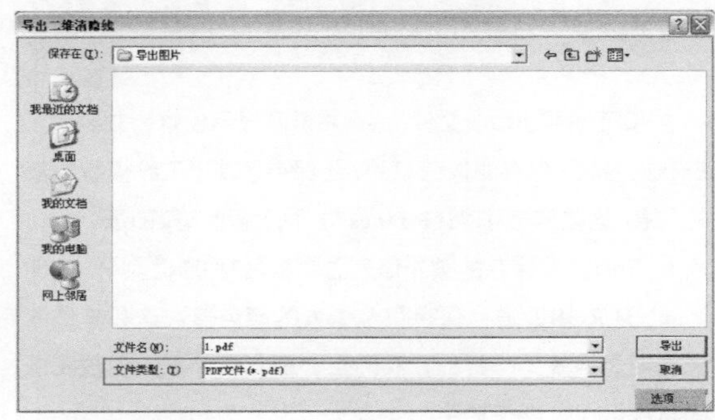

图12-28

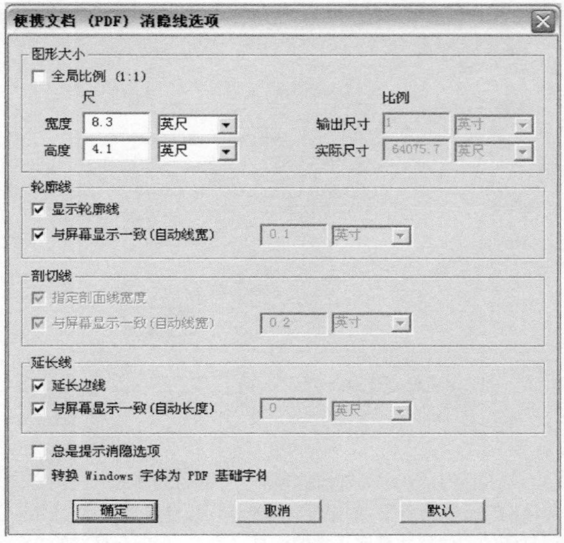

图12-29

PDF文件是Adobe公司开发的开放式电子文档，支持各种字体、图片、格式和颜色，是压缩过的文件，便于发布、浏览和打印。

EPS文件是Adobe公司开发的标准图形格式，广泛用于图像设计和印刷品出版。

导出PDF和EPS格式的最初目的是矢量图输出，因此导出文件中可以包括线条和填充区域，但不能导出贴图、阴影、平滑着色、背景和透明度等显示效果。另外，由于SketchUp没有使用OpenGL来输出矢量图，因此也不能导出那些由OpenGL渲染出来的效果。如果想要导出所见即所得的图像，可以导出为光栅图像。

SketchUp导出文字标注到二维图形中有以下限制。

① 被几何体遮挡的文字和标注在导出之后会出现在几何体前面。

② 位于SketchUp绘图窗口边缘的文字和标注实体不能被导出。

③ 某些字体不能正常转换。

3.导出Epix格式的图像

将文件导出为Epix格式的具体操作步骤如下。

执行“文件→导出→2D图像”菜单命令打开“导出二维消隐线”对话框，然后设置好导出的文件名和文件格式（EPX格式），如图12-30所示。

图12-30

使用视图尺寸：勾选该选项后，将使用SketchUp绘图窗口的精确尺寸导出图像，如果没有勾选则可以自定义尺寸。通常，要打印的图像尺寸都比正常的屏幕尺寸大，而Epix格式的文件存储了比普通光栅图像更多的信息通道，文件会更大，所以使用较大的图像尺寸会消耗较多的系统资源。

SketchUp不能导出压缩过的Epix文件。将文件导出后，在Piranesi软件中重新保存导出的文件能使文件适当变小。另外，现在的SketchUp版本还不支持全景导出。

导出边线：大多数三维程序导出文件到Piranesi绘图软件中时，不会导出边线。而不幸的是，边线是传统徒手绘制的基础。该选项用于将屏幕显示的边线样式导入Epix格式的文件中。

如果在风格编辑栏中的边线设置里关闭了“显示边”选项，则不管是否勾选了“导出边线”选项，导出的文件中都不会显示边线。

导出材质：勾选该选项可以将所有贴图材质导入Epix格式的文件中。

“导出材质”选项只有在为表面赋予了材质贴图并且处于贴图模式下才有效。

导出地平面：SketchUp不适合渲染有机物体，如人和树等，而Piranesi绘图软件则可以。该选项可以在深度通道中创建一个地平面，让用户可以快速地放置人、树、贴图等，而不需要在SketchUp中建立一个地面，如果用户想要产生地面阴影，这是很必要的。

关于Piranesi软件和Epix文件的导出事项

Piranesi绘图软件能对SketchUp的模型进行效果极佳的渲染。使用SketchUp提供的空间深度和材质信息，Piranesi软件可以快速准确地在三维空间中工作，用户可以填充颜色、应用照片贴图或手绘贴图、添加背景和细节等，这些效果是即时显示的，方便调试和润色图像，如图12-31~图12-33所示。

图12-31

图12-32

图12-33

要正确导出Epix文件，必须将屏幕显示设置为32位色。Epix文件除了保存图像信息外，还保存了基于三维模型的额外信息，这些信息可以让Piranesi软件智能地渲染图像。

Epix文件保存的额外信息主要包括3种通道。

① RGB通道：保存每个像素的颜色值。这和其他的光栅图像格式是一样的，实际上，Epix文件被大多数图像编辑器识别为TIFF文件。

② 深度通道：保存每个像素距离视点的距离值。这个信息帮助Piranesi软件理解图像中模型表面的拓扑关系，可以对其进行赋予材质、缩放物体、锁定方位以及其他一些基于三维模型表面的操作。

③ 材质通道：保存每个像素的材质，这样在填充材质时不必担心填充到不需要的部分。

一般来说，Piranesi软件需要一个平涂着色、没有贴图的Epix文件。SketchUp的一些显示模式不能在Piranesi软件中正常工作，例如，“线框显示”模式和“消隐”模式。另外，SketchUp的其他一些特性也不完全和Piranesi软件的要求相符合，如边线和材质。

12.3 三维模型的导入与导出

12.3.1 导入3DS格式的文件

导入3DS格式文件的具体操作步骤如下。

执行“文件→导入”菜单命令，然后在弹出的“打开”对话框中找到需要导入的文件并将其导入。在导入前可以先设置导入的单位，以便在SketchUp中精确编辑，在导入完成后会弹出一个实体导入的报告，如图12-34所示。

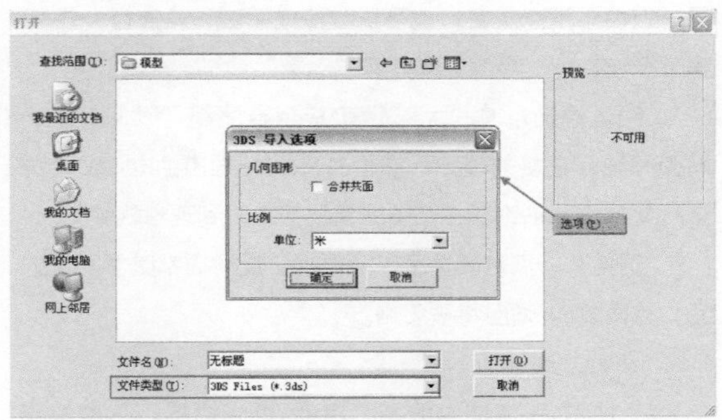

图12-34

12.3.2 导出3DS格式的文件

3DS格式的文件支持SketchUp导出材质、贴图和照相机，比DWG格式和DXF格式更能完美地转换SketchUp模型。

导出为3DS格式文件的具体操作步骤如下。

执行“文件→导出→3D模型”菜单命令打开“导出模型”对话框，然后设置好导出的文件名和文件格式（3DS格式），如图12-35和图12-36所示。

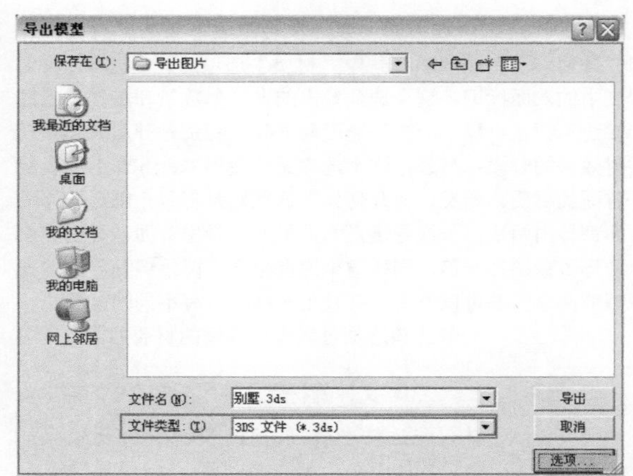

图12-35

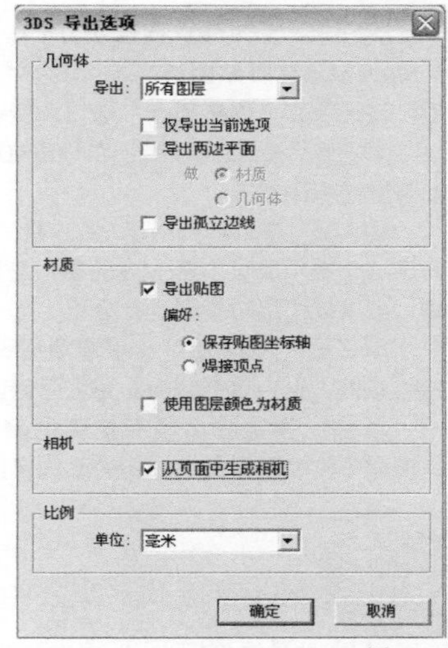

图12-36

几何体导出：用于设置导出的模式，在该项的下拉列表中包含了4个不同的选项，如图12-37所示。

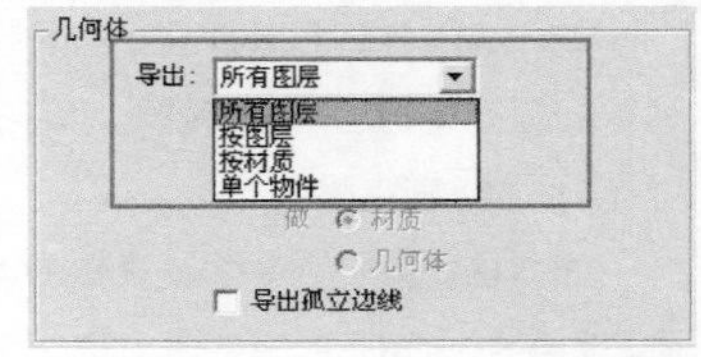

图12-37

所有图层：该模式下，SketchUp将按组与组件的层级关系导出模型。

按图层：该模式下，模型将按同一图层上的物体导出。

按材质：该模式下，SketchUp将按材质贴图导出模型。

单个物体：该模式用于将整个模型导出为一个已命名的物体，常用于导出为大型基地模型创建的物体，例如，导出一个单一的建筑模型。

仅导出当前选项：勾选该选项将只导出当前选中的实体。

导出两边平面：勾选该选项将激活下面的“材质”和“几何体”附属选项，其中“材质”选项能开启3DS材质定义中的双面标记，这个选项导出的多边形数量和单面导出的多边形数量一样，但渲染速度会下降，特别是开启阴影和反射效果的时候；另外，这个选项无法使用SketchUp中的表面背面的材质。相反，“几何体”选项则是将每个SketchUp的面都导出两次，一次导出正面，另一次导出背面，导出的多边形数量增加一倍，同样渲染速度也会下降，但是导出的模型的两个面都可以渲染，并且正反两面可有不同的材质。

导出贴图：勾选该选项可以导出模型的材质贴图。

3DS文件的材质文件名限制在8个字符以内，不支持长文件名，建议用英文和字母表示。此外，不支持SketchUp对贴图颜色的改变。

保留贴图坐标轴：该选项用于在导出3DS文件时，不改变SketchUp材质贴图的坐标。只有勾选“导出贴图”选项后，该选项和“焊接顶点”选项才能被激活。

焊接顶点：该选项用于在导出3DS文件时，保持贴图坐标与平面视图对齐。

使用图层颜色为材质：3DS格式不能直接支持图层，勾选这个选项将以SketchUp的图层分配为基准来分配3DS材质，可以按图层对模型进行分组。

从页面中生成相机：该选项用于保存时为当前视图创建照相机，也为每个SketchUp页面创建照相机。

单位：指定导出模型使用的测量单位。默认设置是“模型单位”，即SketchUp的系统属性中指定的当前单位。

导出3DS格式文件的问题和限制

SketchUp专为方案推敲而设计，它的一些特性不同于其他的3D建模程序。在导出3DS文件时一些信息不能保留。3DS格式本身也有一些局限性。

SketchUp可以自动处理一些限制性问题，并提供一系列导出选项以适应不同的需要。以下是需要注意的内容。

① 物体顶点限制

3DS格式的一个物体被限制为64000个顶点和64000个面。如果SketchUp的模型超出这个限制，那么导出的3DS文件可能无法在别的程序中导入。SketchUp会自动监视并显示警告对话框。

要处理这个问题，首先要确定选中“仅导出当前选项”选项，然后试着将模型单个依次导出。

② 嵌套的组或组件

目前，SketchUp不能导出组合组件的层级到3DS文件中。换句话说，组中嵌套的组会被打散并附属于最高层级的组。

③ 双面的表面

在一些3D程序中，多边形的表面法线方向是很重要的，因为默认情况下只有表面的正面可见。这好像违反了直觉，真实世界的物体并不是这样的，但这样能提高渲染效率。

而在SketchUp中，一个表面的两个面都可见，用户不必担心面的朝向。例如，在SketchUp中创建了一个带默认材质的立方体，立方体的外表面为棕色而内表面为蓝色。如果内外表面都赋予相同材质，那么表面的方向就不重要了。

但是，导出的模型如果没有统一法线，那在别的应用程序中就可以出现“丢面”的现象。并不是真的丢失了，而是面的朝向不对。

解决这个问题的一个方法是用“将面翻转”命令对表面进行手工复位，或者用“统一面的方向”命令将所有相邻表面的法线方向统一，这样可以同时修正多个表面法线的问题。另外，“3DS导出选项”对话框中的“导出两面平面”选项也可以修正这个问题，这是一种强力有效的方法，如果没时间手工修改表面法线，使用这个命令非常方便。

④ 双面贴图

表面有正反两面，但只有正面的UV贴图可以导出。

⑤ 复数的UV顶点

3DS文件中每个顶点只能使用一个UV贴图坐标，所以共享相同顶点的两个面上无法具有不同的贴图。为了打破这个限制，SketchUp通过分割几何体，让在同一平面上的多边形的组拥有各自的顶点，如此虽然可以保持材料贴图，但由于顶点重复，也可能会造成无法正确进行一些3D模型操作，如“平滑”或“布尔运算”。

幸运的是当前的大部分3D应用程序都可以保持正确贴图和结合重复的顶点，在由SketchUp导出的3DS文件中进行此操作，不论是在贴图、模型都能得到理想的结果。

这里有一点需要注意，表面的正反两面都赋予材质的话，背面的UV贴图将被忽略。

⑥ 独立边线

一些3D程序使用的是“顶点-面”模型，不能识别SketchUp的独立边线定义，3DS文件也是如此。要导出边线，SketchUp会导出细长的矩形来代替这些独立边线，但可能导致无效的3DS文件。如果可能，不要将独立边线导出到3DS文件中。

⑦ 贴图名称

3DS文件使用的贴图文件名格式有基于DOS系统的字符限制，不支持长文件名和一些特殊字符。

SketchUp在导出时会试着创建DOS标准的文件名。例如，一个命名为corrugated metal.jpg的文件在3DS文件中被描述为corrug~1.jpg。别的使用相同的头6个字符的文件被描述为 corrug~2.jpg，并以此类推。

不过这样的话，如果要在别的3D程序中使用贴图，就必须重新指定贴图文件或修改贴图文件的名称。

⑧ 贴图路径

保存SketchUp文件时，使用的材质会封装到文件中。当用户将文件Email给他人时，不需要担心找不到材质贴图的问题。但是，3DS文件只是提供了贴图文件的链接，没有保存贴图的实际路径和信息。这一局限很容易破坏贴图的分配，最容易的解决办法就是在导入模型的3D程序中添加SketchUp的贴图文件目录，这样就能解决贴图文件找不到的问题。

如果贴图文件不是保存在本地文件夹中，就不能使用。如果别人将SketchUp文件Email给自己，该文件封装了自定义的贴图材质，这些材质是无法导出到3DS文件中的。这就需要另外再把贴图文件传送过来，或者将SKP文件中的贴图导出为图像文件。

⑨材质名称

SketchUp允许使用多种字符的长文件名，而3DS不行。因此，导出时，材质名称会被修改并截至12个字符。

⑩ 可见性

只有当前可见的物体才能导出到3DS文件中，隐藏的物体或处于隐藏图层中的物体是不会被导出的。

⑪ 图层

3DS格式不支持图层，所有SketchUp图层在导出时都将丢失。如果要保留图层，最好导出为DWG格式。另外，用户可以勾选"使用图层颜色为材质"选项，这样在别的应用程序中就可以基于SketchUp图层来选择和管理几何体。

⑫ 单位

SketchUp导出3DS文件时可以在选项中指定单位。例如，在SketchUp中边长为"1米"的立方体在设置单位为"米"时，导出到3DS文件后，边长为1。如果将导出单位设成"厘米"，则该立方体的导出边长为100。

3DS格式通过比例因子来记录单位信息，这样别的程序读取3DS文件时都可以自动转换为真实尺寸。例如，上面的立方体虽然边长一个为1，一个为100，但导入其他程序后却是一样大小。

不幸的是，有些程序忽略了单位缩放信息，这将导致边长为"100厘米"的立方体在导入后是边长为1米的立方体的100×100×100倍。碰到这种情况，只能在导出时就把单位设成其他程序导入时需要的单位。

12.3.3 导出VRML格式的文件

VRML 2.0（虚拟实景模型语言）是一种三维场景的描述格式文件，通常用于三维应用程序之间的数据交换或在网络上发布三维信息。VRML格式的文件可以存储SketchUp的几何体，包括边线、表面、组、材质、透明度、照相机视图和灯光等。

导出为VRML格式文件的具体操作步骤如下。

执行"文件→导出→3D模型"菜单命令，然后在弹出的"导出模型"对话框中设置好导出的文件名和文件格式（WRL格式），如图12-38和图12-39所示。

图12-38　　图12-39

导出材质贴图：勾选该选项后，SketchUp将把贴图信息导出到VRML文件中。如果没有选择该项，将只导出颜色。在网上发布VRML文件时，可以对文件进行编辑，将纹理贴图的绝对路径改为相对路径。此外，VRML文件的贴图和材质的名称也不能有空格，SketchUp会用下画线来替换空格。

忽略背面材质：SketchUp在导出VRML文件时，可以导出双面材质。如果该选项被激活，则两面都将以正面的材质导出。

输出边线：激活该选项后，SketchUp将把边线导出为VRML边线实体。

使用图层颜色为材质：选择该项，SketchUp将按图层颜色来导出几何体的材质。

使用VRML标准定位：VRML默认以*xz*平面作为水平面（相当于地面），而SketchUp是以*xy*平面作为地面。勾选该选项后，导出的文件会转换为VRML标准。

生成相机：勾选该选项后，SketchUp会为每个页面都创建一个VRML照相机。当前的SketchUp视图会导出为"默认照相机"，其他的页面照相机则以页面来命名。

允许镜像组件：勾选该选项可以导出镜像和缩放后的组件。

检查材质遗漏：勾选该选项会自动检测组件内的物体是否有应用默认材质的物体，或是否有属于默认图层的物体。

12.3.4 导出OBJ格式的文件

OBJ是一种基于文件的格式，支持自由格式和多边形几何体。在此不进行详细介绍。

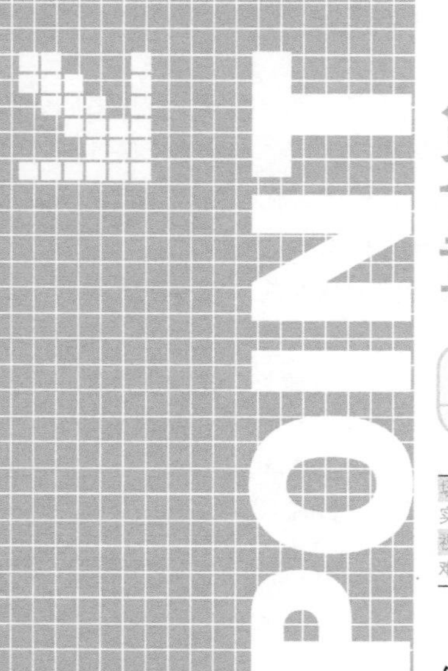

第13章 综合实例

13.1 室内建模实例——现代简约卧室

场景文件 无
实例文件 室内建模实例——现代简约卧室.skp
视频教学 多媒体教学>Chapter13>室内建模实例——现代简约卧室.flv
难易指数 ★★★☆☆

扫码看视频

扫码看电子书

学习重点

掌握在SketchUp中创建室内空间模型的方法

掌握从SketchUp中直接导出图像的流程及注意事项

掌握使用Photoshop软件进行简单的图像处理的方法

室内设计的宗旨是营造一个舒适的室内活动空间，使用SketchUp可以方便地添加门窗、家具、电器等组件，还可以很方便地调节地板、墙面和家具的材质，并可以直观地与业主沟通，创造更符合业主审美情趣的室内设计作品。本节以一个主卧的室内场景为例，讲解利用SketchUp辅助室内设计的工作流程。

本案例场景为一个卧室的空间，室内设计采用了较为现代的设计风格，大方简洁、时尚典雅。墙面图案采用了咖啡色系的竖向线条，使空间显得更加开阔，流线型的弧形吊顶天花板，不论是白天还是夜晚都为卧室带来一些梦幻般的光影效果。

案例流程概述

首先整理CAD平面图纸，然后根据CAD图纸创建室内的大体空间，接着为室内空间添置家具模型，最后导出图片利用Photoshop软件进行效果图的后期处理。

SketchUp模型效果，如图13-1和图13-2所示。

图13-1

图13-2

渲染后的效果如图13-3和图13-4所示。

图13-3

图13-4

SketchUp

13.2 景观建模实例——小区中心景观

场景文件	无
实例文件	景观建模实例——小区中心景观.skp
视频教学	多媒体教学>Chapter13>景观建模实例——小区中心景观.flv
难易指数	★★★☆☆

扫码看视频（上）

扫码看视频（下）

扫码看电子书

在景观设计及表现过程中，SketchUp为设计师提供了非常丰富的组件素材，SketchUp的图纸风格也比较清新自然，很容易达到手绘的效果。本节以一个简单的小区中心景观为例，介绍SketchUp在景观设计中的运用。

本案例为某小区的一个会所景观中心，广场铺装采用了具有传统风俗特点的"五蝠捧寿"图案。

最终的效果采用了较为独特的SketchUp表现风格，希望读者能够通过本章的案例掌握在SketchUp中如何营造景观的手法并能学会如何处理出具有SketchUp独特风格的表现图纸。

案例流程概述

首先在SketchUp中创建场地模型，然后创建场景中的景观小品，接着为场景添加素材模型，最后导出图片并在Photoshop里进行效果图的后期处理，渲染效果如图13-5~图13-8所示。

图13-5

图13-6　图13-7

图13-8

13.3 规划建模实例——居住小区

场景文件	无
实例文件	规划建模实例——居住小区.skp
视频教学	多媒体教学>Chapter13>规划建模实例——居住小区.flv
难易指数	★★★★☆

扫码看视频（上）

扫码看视频（中）

扫码看视频（下）

扫码看电子书

SketchUp在城市规划中的应用非常普遍，本节以一个综合居住小区的建模与渲染为例，系统介绍从导入CAD图纸到建模再到渲染模型直至最终出图的一系列步骤，帮助大家温故前面章节所学的知识，提高综合运用SketchUp各种工具命令的能力，并在这个过程中掌握修建性详细规划这一层次的建模深度及图纸要求。

案例流程概述

首先精简建筑方案的平、立面图，然后将图纸导入SketchUp中创建建筑模型，接着将SketchUp模型导入3ds Max中进行渲染出图，最后使用Photoshop进行图像的后期处理，渲染效果如图13-9~图13-12所示。

图13-9

图13-10

图13-11

图13-12

13.4 建筑建模实例——高层办公楼

场景文件	无
实例文件	建筑建模实例——高层办公楼.skp
视频教学	多媒体教学>Chapter13>建筑建模实例——高层办公楼.flv
难易指数	★★★★☆

扫码看视频

扫码看电子书

本节以一个高层办公楼为例，重点讲解在建筑方案设计中SketchUp的辅助分析以及建模的详细流程。本案例在设计初期就应用SketchUp对建筑方案的形体进行了分析，这种方法比传统手法更为简洁明了，在建筑方案创作中常常用到，也是SketchUp辅助建筑方案设计的一大优势。本节简单介绍了CAD图纸的分析与整理，以及SketchUp的场景优化设置，这些步骤是非常必要的，创建任何模型前都要做好前期的准备工作；本节案例涉及大量异形玻璃体块，多次运用了“交错”命令；另外，在创建玻璃分隔构件的时候，书中巧妙运用了“隐藏面域”和“线转圆柱”这两个插件命令，使玻璃边线构件的创建过程更加便捷，这些内容希望读者能够耐心阅读，体会到运用SketchUp创建复杂模型的乐趣所在。

案例流程概述

首先创建场地和建筑体块，然后将建筑体块拼合至场景中并营造场景环境，最后从SketchUp中直接导出图像并使用Photoshop进行后期处理，渲染效果如图13-13和图13-14所示。

图13-13

图13-14

13.5 建筑建模实例——公建综合体

场景文件	无
实例文件	建筑建模实例——公建综合体.skp
视频教学	多媒体教学>Chapter13>建筑建模实例——公建综合体.flv
难易指数	★★★☆☆

扫码看视频（上）

扫码看视频（下）

扫码看电子书

本节以一个公建综合体为例，用了较大篇幅介绍案例的设计理念，运用SketchUp搭建模型辅助方案设计分析，并将其运用到设计说明文本之中。这种分析方法和表达手段与传统的设计手法相比，能更加有效、直观地表达设计思维与理念。在方案分析阶段，SketchUp充分发挥了其灵活性和直观性的优点，将在未来的方案构思中受到设计师的普遍关注与应用。

案例流程概述

首先创建场地，然后分功能体块创建公建群体模型，接着将SketchUp模型导入3ds Max中进行渲染，最后在Photoshop中进行后期处理，渲染效果如图13-15和图13-16所示。

图13-15

图13-16

13.6 模型渲染实例——汽车4S店室外渲染

场景文件	a-1.skp
实例文件	汽车4S店室外渲染案例.skp
视频教学	多媒体教学>Chapter13>汽车4S店室外渲染.flv
难易指数	★★★☆☆

扫码看视频

扫码看电子书

本节将重点讲解VRay for SketchUp的渲染知识。VRay for SketchUp这款渲染器能和SketchUp完美结合，渲染输出高质量的效果图。本节选用一个汽车4S店的场景案例，讲解如何用VRay for SketchUp 1.49渲染室外场景。

案例流程概述

首先需要检查模型、调整角度和阴影、安装VRay for SketchUp等进行渲染前的准备工作，然后进行VRay材质设置，接着设置参数渲染出图，最后进行后期处理。本案例主要是以表达建筑形体为主，“灯光”选择了太阳光，渲染效果如图13-17所示。

图13-17

13.7 模型渲染实例——地中海风格客厅室内渲染

场景文件	a-2.skp
实例文件	地中海风格客厅室内渲染案例.skp
视频教学	多媒体教学>Chapter13>地中海风格客厅室内渲染.flv
难易指数	★★★☆☆

扫码看视频

扫码看电子书

本节将重点讲解VRay for SketchUp的渲染知识。VRay for SketchUp这款渲染器能和SketchUp完美结合，渲染输出高质量的效果图。打开“场景文件>Chapter13>a-2.skp”文件，本节选用一个地中海风格的室内案例，讲解如何用VRay for SketchUp1.49渲染室内场景。

案例流程概述

首先需要对室内空间的特点进行分析，然后制作室内空间表现图，接着分析平面关系确定构图，之后进行室内场景布光并对空间场景材质进行调整，最后设置参数渲染出图，渲染效果如图13-18~图13-20所示。

图13-18

图13-19

图13-20

索 引

（续）

实战——展览馆转角贴图制作	“材质”编辑器及转角贴图	P138
实战——创建珠宝箱贴图	“材质”编辑器及转角贴图	P139
实战——创建绿篱	“材质”编辑器及转角贴图	P140
实战——创建悠嘻猴笔筒贴图	“材质”编辑器及投影贴图	P141
实战——将遥感图像赋予地形模型	“材质”编辑器及投影贴图	P142
实战——创建魔毯金字塔贴图	“材质”编辑器及投影贴图	P142
实战——创建颜色渐变的山体贴图	“材质”编辑器及投影贴图	P143
实战——创建玻璃球贴图	“材质”编辑器及球面贴图	P145
实战——创建360°全景天空	“材质”编辑器及球面贴图	P146
实战——制作PNG贴图	“材质”编辑器及PNG贴图	P149
实战——修改源贴图制作合适的贴图	PS修改材质贴图	P154
实战——制作夜景灯光贴图	“材质”编辑器及PNG贴图	P155
实战——制作规划场地贴图	“材质”管理器	P157
实战——为建筑玻璃幕墙赋予城市贴图	“材质”编辑器及透明贴图	P157
实战——创建建筑阳台栏杆	“材质”编辑器及PNG贴图	P158
实战——创建二维仿真树木组件	“材质”编辑器及PNG贴图	P160
实战——创建二维仿真树丛组件	“材质”编辑器及PNG贴图	P161
实战——创建二维色块树木组件	“材质”编辑器及PNG贴图	P162
实战——创建三维树木组件	“材质”编辑器及PNG贴图	P164
实战——创建喷泉	“材质”编辑器及透明贴图	P166
实战——为水池添加水草贴图	“材质”编辑器及PNG贴图	P167
实战——创建流水水龙头贴图	“材质”编辑器及PNG贴图	P167
实战——制作建筑立面的开口窗组件	“组件”编辑器	P175
实战——制作道路旁的行道树	“组件”编辑器	P177
实战——对值班室进行镜像复制	组件的右键关联菜单	P180
实战——为场景添加多个页面	“页面”管理器	P187
实战——导出动画	导出动画	P190
实战——制作阴影动画	“页面”管理器及“阴影设置”	P191
实战——批量导出页面图像	“页面”管理器及场景信息中的动画设置	P197
实战——将剖面导出为DXF格式文件	“剖面”工具及导出文件	P201
实战——制作剖切动画（生长动画）	“剖面”工具及“页面”管理器	P202
实战——使用从等高线工具绘制地形	“沙盒”工具栏中的“从等高线”工具	P204
实战——创建张拉膜	“沙盒”工具栏中的“从等高线”工具	P205
实战——创建遮阳伞	“沙盒”工具栏中的“从等高线”工具	P207
实战——使用从网格工具绘制网格平面	“沙盒”工具栏中的“从网格”工具	P209
实战——使用曲面拉伸工具拉伸网格	“沙盒”工具栏中的“曲面拉伸”工具	P210
实战——使用水印工具创建坡地建筑基底面	“沙盒”工具栏中的“水印”工具	P211
实战——使用投影工具创建山地道路	“沙盒”工具栏中的“投影”工具	P212
实战——使用翻转边线工具改变地形坡向	“沙盒”工具栏中的“翻转边线”工具	P213
实战——使用推/拉工具创建阶梯状地形	“推/拉”工具	P213
实战——与湘源控规结合根据高程点创建地形	湘源控规及CAD文件的导入	P214
实战——结合GIS生成山体	GIS及3DS文件的导入	P216
实战——安装插件	SketchUp插件的安装	P218
实战——安装SUAPP插件	建筑插件的安装	P220
实战——使用线面工具制作窗帘	SUAPP建筑插件	P221
实战——结合绘制螺旋线命令创建旋转楼梯	SUAPP建筑插件	P222
实战——使用Label Stray Lines插件标注图形的断头线	Label Stray Lines插件	P226
实战——结合拉伸线命令快速拉伸室内墙体	“拉伸线”插件	P227
实战——创建旋转吧台椅	Joint Push Pull插件	P230
实战——创建石头	表面细分/光滑插件（Subdivide&Smooth）的“细分/光滑”工具及“移动/复制”工具	P234
实战——创建汤勺	表面细分/光滑插件（Subdivide&Smooth）的“细分/光滑”工具及“移动/复制”工具、“缩放”工具	P235
实战——创建窗帘	表面细分/光滑插件（Subdivide&Smooth）的“细分/光滑”工具	P237
实战——创建抱枕	表面细分/光滑插件（Subdivide&Smooth）的“细分/光滑”工具	P238
实战——创建沙发凳	表面细分/光滑插件（Subdivide&Smooth）的“细分/光滑”工具	P239
实战——制作墙体劈裂效果	表面细分/光滑插件（Subdivide&Smooth）的“小刀”工具	P242
实战——创建莲花状喷泉	FFD插件及“模型交错”命令	P243
实战——创建草丛	“模型交错”命令	P246
实战——创建石拱桥	Round Corner插件	P248
实战——创建双人床	Round Corner插件	P250
实战——创建客厅沙发	Round Corner插件	P251
实战——计算小区日照	日照大师	P257
实战——导入DWG格式和DXF格式文件	文件的导入	P258
实战——导入户型平面图并快速拉伸多面墙体	文件的导入及SUAPP建筑插件	P260
实战——将文件导出为DWG和DXF格式的二维矢量图	文件的导出	P261
实战——导入选定图片	文件的导入	P263

本书综合实例速查表		
实例名称	技术掌握	所在页
入门训练——燃烧的火焰壁炉	初步了解SketchUp的三维操作界面	P20

（续）

室内建模实例——现代简约卧室	掌握在SketchUp中创建室内空间模型的方法、导出图像的流程及注意事项以及使用Photoshop软件进行简单的图像处理的方法	P270
景观建模实例——小区中心景观	掌握在SketchUp中营造景观场景、景观小品以及使用Photoshop对图形进行后期处理的手法	P271
规划建模实例——居住小区	了解修建性详细规划的表现深度，掌握在SketchUp中创建精细模型的手法以及使用3ds Max进行模型的渲染	P271
建筑建模实例——高层办公楼	掌握运用SketchUp进行方案构思分析的方法，运用模型交错命令创建异形体的技巧	P272
建筑建模实例——公建综合体	了解本案例建筑的设计理念，掌握运用SketchUp进行方案构思分析的方法以及对前面知识的巩固	P272
模型渲染实例——汽车4S店室外渲染	了解VRay for SketchUp的特点和渲染场景的一般流程，以及室外空间与室内空间渲染的不同特点	P273
模型渲染实例——地中海风格客厅室内渲染	了解VRay for SketchUp的特点和渲染场景的一般流程，以及室外空间与室内空间渲染的不同特点	P273

本书疑难问题速查表

名称	所在页
问：SketchUp软件和3ds Max软件有什么区别？	P17
问：SketchUp软件和AutoCAD软件有什么区别？	P17
问：我的电脑开SketchUp画几笔就死机是怎么回事？	P19
问：为什么电脑一打开SketchUp，CPU就会跳到50%以上，即使什么都不做也不会降下来？	P19
问：怎样打开视图工具栏的图标？	P21
问：我将“每次启动时显示”选项前面的勾去掉了，再打开SketchUp时就没有向导界面了，可是我想重新显示向导界面，需要重新安装软件吗？	P27
问：打开一个SKP文件并操作了一段时间后，为什么桌面上会多出很多以阿拉伯数字命名的SKP文件？	P28
问：为什么工具栏中的图标那么少？怎样显示所需要的工具栏？	P30
问：是否能调整图标的大小？	P31
问：在SketchUp中隐藏的物体为什么会以网格方式显示，如图3-31所示？	P31
问：怎样取消物体的隐藏？	P31
问：如何查看软件的版本号？	P34
问：激活绘图工具的时候，如何取消鼠标处的坐标轴光标？	P35
问：用鼠标单击数值控制框为何没有任何反映？	P35
问：怎样能得到准确的日照和阴影？	P36
问：影响绘图速度的因素有哪些？	P38
问：打开一个较大的场景时，软件会运行地很慢，几乎无法工作，该怎么办？	P38
问：为物体赋予材质后边缘的黑线会消失，这是为什么？	P43
问：为群组赋色时不小心使正反面的颜色变为一样，编辑时很不方便，请问有什么好的方法可以让正反面的颜色还原到默认的状态？	P44
问：在轴测视图上绘制一个圆，默认是位于xy平面上，那么在没有参照点的情况下，如何绘制其他平面上的圆呢？有没有快速切换的工具或者快捷键？	P50
问：如何在绘图区里隐藏坐标轴？	P50
问：为什么在查看模型的时候会无故出现如图3-160所示的类似破面的效果？	P52
问：正在建模时，不知道为什么视图的透视突然变形得很厉害，请问该如何调整回默认的透视视图？另外，该如何控制透视变形参数？	P54
问：如何在SketchUp中准确设定物体的尺寸？	P61
问：如何绘制一条直线，使直线的起点在已有面的延伸面上？	P62
问：如何修改圆或圆弧的半径？	P63
问：如何修改圆的边数？	P63
问：在SketchUp中能否同时拉伸多个面？	P67
问：在SketchUp中怎样才能像3d Max那样编辑面或者线上的某一个点？	P72
问：在官方的视频教程中能够很轻松地就找到物体自身的旋转轴，而实际操作时必须在辅助线的帮助下才能找到，不然默认轴就是水平面，这是怎么回事？	P79
问：在SketchUp中可否像AutoCAD那样将一条直线直接偏移成为双线？	P91
问：如何创建一个已知边长和边数的多边形？	P113
问：在SketchUp中图层的概念非常模糊，即使不在当前图层，也会被轻易选中，始终都是跨图层操作，并且也没有图层锁定，有办法解决吗？	P122
问：如何保存场景中的材质，以便下次使用？	P126
问：在SketchUp中如何调整物体的透明度？	P127
问：能否在SketchUp中将部分物体显示为线框，而别的物体保持本身原有的材质显示呢？	P127
问：导致贴图不随物体一起移动的原因是什么，怎样才能使贴图随物体一起移动呢？	P129
问：在一些SketchUp作品中有树木和人物的配景，但不知道哪里能找到？	P177
问：怎样修改一个组件不影响其他组件？	P180
问：SketchUp为什么不能将组件中的元素排除到组件外？	P182
问：导出的动画一定要回到起点循环播放吗？怎样让它停到最后位置？	P189
问：SketchUp有时候无法导出AVI文件，是什么原因？	P190
问：剖面线的粗细能否调整？	P199
问：在AutoCAD和SketchUp中设置的单位都是毫米，为什么导入后的尺寸不一样呢？	P259
问：在AutoCAD中创建好的模型导入SketchUp后都成了线框图，不存在面了，而且在AutoCAD中已经闭合好的图形，导入SketchUp中不能直接拉伸，需要重新绘制一遍，另外当遇到不规则曲线时会非常麻烦，通常会产生多线段，这个问题有办法解决吗？	P260
问：在导入AutoCAD图形时，有时候会发现导入的线段根本不在一个面上，这是为什么？	P260
问：在SketchUp中如何才能导出高质量的位图？	P264
问：想要将导出的图片大小设置为4000×3000，但是分辨率设置是固定了比例的，修改其中的一项，另一项会自动进行改变，例如长度设为4000，那么宽度只能是2596，这是怎么回事？	P265

本书技术专题速查表

名称	所在页
技术专题——Google公司及其他主要软件产品	P10

（续）

常用SketchUp快捷键一览表

SketchUp常用命令			快捷键	图标	菜单位置
“标准”工具栏	新建文件		Ctrl+N		文件（F）→新建（N）
	打开文件		Ctrl+O		文件（F）→打开（O）...
	保存文件		Ctrl+S		文件（F）→保存（S）
	剪切		Ctrl+X		编辑（E）→剪切（T）
	复制		Ctrl+C		编辑（E）→复制（C）
	粘贴		Ctrl+V		编辑（E）→粘贴（P）
	删除		Delete		编辑（E）→删除（D）
	撤销		Ctrl+Z		编辑（E）→撤销
	重复		Ctrl+T		编辑（E）→放弃选择（T）
	打印		Ctrl+P		文件（F）→打印（P）...
	用户设置		——		窗口（W）→场景信息
“常用”工具栏	选择		空格键		工具（T）→选择（S）
	1	增加选择	激活后按住Ctrl		——
	2	交替选择	激活后按住Shift		——
	3	减少选择	激活后按住Ctrl+Shif		——
	4	全选	Ctrl+A	——	编辑（E）→全选（S）
	制作组件		Alt+O		编辑（E）→制作组件（M）
	材质		X		窗口（W）→材质浏览器
	1	邻接填充	激活后按住Ctrl		——
	2	替换填充	激活后按住Shift		——
	3	邻接替换	激活后按住Ctrl+Shift		——
		提取材质	激活后按住Alt		——
	删除		E		工具（T）→删除（E）
	1	隐藏边线	激活后按住Shift		
	2	柔化边线	激活后按住Ctrl		
	3	边线柔化	Ctrl+0		窗口（W）→边线柔化

（续）

“绘图”工具栏	矩形		B		绘图（R）→矩形（R）
	线		L		绘图（R）→直线（L）
	1	锁定参考	激活后按住Shift		
	圆		C		绘图（R）→圆形（C）
	圆弧		A		绘图（R）→圆弧（A）
	多边形		Alt+P		绘图（R）→多边形（G）
	徒手画笔		Alt+F		绘图（R）→徒手画（F）
“编辑”工具栏	移动/复制		M		工具（T）→移动（V）
	1	复制	激活后按住Ctrl		
	2	参考捕捉	激活后按住Shift		
	3	强制拉伸	激活后按住Alt		
	推/拉		U		工具（T）→推→拉（P）
	1	强制推/拉	激活后按住Alt		
	2	推/拉复制	激活后按住Ctrl		
	旋转		R		工具（T）→旋转（T）
	路径跟随		D		工具（T）→路径跟随（F）
	缩放		S		工具（T）→缩放
	1	中心缩放	激活后按住Ctrl		
	2	等比/非等比缩放	激活后按住Shift		
	3	中心等比/中心非等比缩放	激活后按住Ctrl+Shif		
	偏移复制		F		工具（T）→偏移（O）
“构造”工具栏	测量		Q		工具（T）→辅助测量线（M）
	1	删除所有辅助线	Ctrl+Q	——	编辑（E）→删除辅助线（G）
	尺寸标注		——		工具（T）→尺寸标注（D）
	量角器		P		工具（T）→辅助量角线（O）
	文本标注		——		工具（T）→文字（T）
	坐标轴		Y		工具（T）→设置坐标轴（X）
	1	显示/隐藏坐标轴	Alt+Y	——	查看（V）→坐标轴（A）
	3D文字		Alt+ Shift+T		工具（T）→3D文字
“相机”工具栏	转动		鼠标中键		相机（C）→转动（O）
	平移		Shift+鼠标中键		相机（C）→平移（P）
	实时缩放		Alt+Z		相机（C）→实时缩放
	窗口缩放		Z Ctrl+Shift+W		相机（C）→窗口（W）
	上一视图		——		相机（C）→上一视图（R）
	下一视图		——		相机（C）→下一视图（X）
	充满视窗		Shift+Z Ctrl+Shift+E		相机（C）→充满视窗（E）
“漫游”工具栏	相机位置		Alt+C		相机（C）→配置相机（M）
	漫游		W		相机（C）→漫游（W）
	1	水平/垂直移动	激活后按住Shift		
	2	奔跑	激活后按住Ctrl		
	绕轴旋转		Alt+X		相机（C）→绕轴旋转（T）
“视图”工具栏	顶视图		F2		相机(C)→标准视图(S)→顶视图(T)
	前视图		F3		相机(C)→标准视图(S)→前视图(F)
	左视图		F4		相机(C)→标准视图(S)→左视图(L)
	右视图		F5		相机(C)→标准视图(S)→右视图(R)
	后视图		F6		相机(C)→标准视图(S)→后视图(B)
	底视图		F7	——	相机(C)→标准视图(S)→底视图(O)
	等角透视		F8		相机(C)→标准视图(S)→等角透视(I)
	透视显示		V	——	相机（C）→透视显示（E）

（续）

“风格”工具栏	X光模式	T		查看（V）→表面类型→X光模式
	背面边线	——		查看（V）→边线类型→背面边线
	线框	Alt+1		查看（V）→表面类型→线框显示
	消隐	Alt+2		查看（V）→表面类型→消隐
	着色	Alt+3		查看（V）→表面类型→着色
	材质贴图	Alt+4		查看（V）→表面类型→贴图
	单色	Alt+5		查看（V）→表面类型→单色
	打开风格栏	Shift+0	——	窗口（W）→风格
	显示/隐藏延长线	Shift+1	——	查看（V）→边线类型→延长线
“剖面”工具栏	添加剖面	——		工具（T）→剖切平面（N）
	显示/隐藏剖切	\		查看（V）→显示剖切
	显示/隐藏剖面	Alt+\		查看（V）→显示剖面
	导出二维剖切	Ctrl+1	——	文件（F）→导出（E）→二维剖切...
阴影	阴影设置	Shift+S		窗口（W）→阴影（D）...
	显示/隐藏阴影	Alt+S		查看（V）→阴影
导出与导入	导出二维剖切	Ctrl+1	——	文件（F）→导出（E）→二维剖切...
	导出图像	Ctrl+2	——	文件（F）→导出（E）→图像（R）...
	导出3D模型	Ctrl+3	——	文件（F）→导出（E）→3D模型（M）...
	导出动画	Ctrl+4	——	文件（F）→导出（E）→动画...
页面与动画	打开页面管理器	Shift+N		窗口（W）→页面管理
	添加页面	Alt+A	——	查看（V）→动画→添加页面（A）…
	更新页面	Alt+U	——	查看（V）→动画→更新页面（U）
	删除页面（D）	Alt+D	——	查看（V）→动画→删除页面（D）
	查看上一个页面	PageUp	——	查看（V）→动画→
	查看下一个页面	PageDown	——	查看（V）→动画→下一页（N）
	设置动画演示	Shift+T	——	查看（V）→动画→演示设置（T）
	播放动画	Alt+空格键	——	查看（V）→页面→播放S）
群组与组件	创建群组	G	——	编辑（E）→创建群组（G）
	制作组件	Alt+O		编辑（E）→制作组件（M）
	关闭（退出）群组→组件	Shift+O	——	编辑（E）→关闭群组→组件
	打开组件对话框	O		窗口（W）→组件（C）
	显示/隐藏剩余模型	I	——	查看（V）→编辑组件→隐藏剩余模型
	显示/隐藏相似组件	J	——	查看（V）→编辑组件→隐藏相似组件
打开显示/隐藏	显示全部	Shift+A	——	编辑（E）→显示→全部
	显示上一次	Shift+L	——	编辑（E）→显示→上一次
	系统设置/参数设置	Shift+P	——	窗口（W）→参数设置
	打开风格栏	Shift+0		窗口（W）→风格
	打开页面管理器	Shift+N		窗口（W）→页面管→理
	打开材质浏览器	X		窗口（W）→材质
	打开图元信息	Shift+F2		窗口（W）→图元信息
	打开图层管理器	Shift+E		窗口（W）→图层（L）
	显示/隐藏延长线	Shift+1	——	查看（V）→绘图表现→延长线
	显示/隐藏剩余模型	I	——	查看（V）→编辑组件→隐藏剩余模型
	显示/隐藏相似组件	J	——	查看（V）→编辑组件→隐藏相似组件
	显示/隐藏阴影	Alt+S		查看（V）→阴影
	虚显/隐藏被隐藏物体	Alt+H	——	查看（V）→虚显隐藏物体（H）
	显示/隐藏坐标轴	Alt+Y	——	查看（V）→坐标轴（A）
	隐藏所选实体	H	——	编辑（E）→隐藏（H）